中国土木建筑百科辞典

工程机械

中国建筑工业出版社

图书在版编目（CIP）数据

中国土木建筑百科辞典.工程机械卷/李国豪等著.—北京：
中国建筑工业出版社,2001.11
ISBN 7-112-02302-5

Ⅰ.中… Ⅱ.李… Ⅲ.①建筑工程－词典 ②工程机
械－词典 Ⅳ.TU-61

中国版本图书馆 CIP 数据核字(2000)第 80243 号

中国土木建筑百科辞典
工　程　机　械

*

中国建筑工业出版社出版、发行（北京西郊百万庄）
新　华　书　店　经　销
北京市景煌照排中心照排
北京市兴顺印刷厂印刷

*

开本：787×1092 毫米　1/16　印张：36¾　字数：1253 千字
2001 年 11 月第一版　　2001 年 11 月第一次印刷
印数：1—2000 册　　定价：**120.00** 元
ISBN 7-112-02302-5
TU·1788　（9066）
版权所有　翻印必究
如有印装质量问题，可寄本社退换
（邮政编码 100037）
本社网址：http://www.china-abp.com.cn
网上书店：http://www.china-building.com.cn

《中国土木建筑百科辞典》总编委会名单

工程机械卷编委会名单

主 编 单 位：同济大学

哈尔滨建筑大学

主　　　　编：曹善华　顾迪民

编　　　　委：石来德　叶元华　章成器　黄锡朋

李恒涛　王琦石　刘绍华　黄锡翰

洪昌银　王铁苏　田维铎　汪锡龄

唐经世　高国安　孙景武　向文寿

茅承觉　张梦麟

撰稿人：（以姓氏笔画为序）

丁玉兰	丁志华	于文斌	马永辉	王广勋
王子琦	王琦石	方鹤龄	石来德	龙国键
叶元华	田维铎	朱发美	向文寿	刘友元
刘仁鹏	刘希平	刘绍华	刘信恩	孙景武
杜绍安	李以申	李恒涛	杨嘉桢	应芝红
宋德朝	迟大华	张世芬	张立强	张华
张德胜	陆厚根	陆耀祖	陈秀捷	陈国兰
陈宜通	邵乃平	幸淑琼	苑舟	范俊祥
茅承觉	罗汝先	岳利明	周体伉	周贤彪
郑骥	孟晓平	赵伟民	胡漪	段福来
洪致育	原思聪	顾迪民	倪寿璋	高国安
唐经世	黄锡朋	曹仲梅	曹善华	戚世敏
章成器	梁光荣	董苏华	董锡翰	谢明军
谢耀庭	嵩继昌	樊超然	蔺万亮	戴永潮

序　言

经过土木建筑界一千多位专家、教授、学者十个春秋的不懈努力，《中国土木建筑百科辞典》十五个分卷终于陆续问世了。这是迄今为止中国建筑行业规模最大的专科辞典。

土木建筑是一个历史悠久的行业。由于自然条件、社会条件和科学技术条件的不同，这个行业的发展带有浓重的区域性特色。这就导致了用于传授知识和交流信息的词语亦有颇多差异，一词多义、一义多词、中外并存、南北杂陈的现象因袭流传，亟待厘定。现代科学技术的发展，促使土木建筑行业各个领域发生深刻的变化。随着学科之间相互渗透、相互影响日益加强，新兴学科和边缘学科相继形成，以及日趋活跃的国际交流和合作，使这个行业的科学技术术语迅速地丰富和充实起来，新名词、新术语大量涌现；旧名词、旧术语或赋予新的概念或逐渐消失，人们急切地需要熟悉和了解新旧术语的含义。希望对国外出现的一些新事物、新概念、新知识有个科学的阐释。此外，人们还要查阅古今中外的著名人物，著名建筑物、构筑物和工程项目，重要学术团体、机构和高等学府，以及重要法律法规、典籍、著作和报刊等简介。因此，编撰一部以纠讹正名，解诂释疑，系统汇集浓缩知识信息的专科辞书，不仅是读者的期望，也是这个行业科学技术发展的需要。

《中国土木建筑百科辞典》共收词约6万条，包括规划、建筑、结构、力学、材料、施工、交通、水利、隧道、桥梁、机械、设备、设施、管理、以及人物、建筑物、构筑物和工程项目等土木建筑行业的主要内容。收词力求系统、全面，尽可能反映本行业的知识体系，有一定的深度和广度；构词力求标准、严谨，符合现行国家标准规定，尽可能达到辞书科学性、知识性和稳定性的要求。正在发展而尚未定论或有可能变动的词目，暂未予收入；而历史上曾经出现，虽已被淘汰的词目，则根据可能参阅古旧图书的需要而酌情收入。各级词目之间尽可能使其纵横有序，层属清晰。释义力求准确精练，有理有据，绝大多数词目的首句释义均为能反映事物本质特征的定义。对待学术问题，按定论阐述；尚无定论或有争议者，则作宏观介绍，或并行反映现有的各家学说、观点。

中国从《尔雅》开始，就有编撰辞书的传统。自东汉许慎《说文解字》刊行以来，迄今各类辞书数以万计，可是土木建筑行业的辞书依然屈指可数，大型辞书则属空白。因此，承上启下，继往开来，编撰这部大型辞书，不惟当务之急，亦是本书总编委会和各个分卷编委会全体同仁对本行业应有之奉献。在编撰过程中，建设部科学技术委员会从各方面为我们创造了有利条件。各省、自治区、直辖市建设部门给予热情帮助。同济大学、清华大学、西南交通大学、哈尔滨建筑大学、重庆建筑大学、湖南大学、东南大学、武汉工业大学、河海大学、浙江大学、天津大学、西安建筑科技大学等高等学府承担了各个分卷的主要撰稿、审稿任务，从人力、财力、精神和物质上给予全力支持。遍及全国的撰稿、审稿人员同心同德，精益求精，切磋琢磨，数易其稿。中国建筑工业出版社的编辑人员也付出了大量心血。当把《中国土木建筑百科辞典》各个分卷呈送到读者面前时，我们谨向这些单位和个人表示崇高的敬意和深切的谢忱。

在全书编撰、审查过程中，始终强调"质量第一"，精心编写、反复推敲。但《中国土木建筑百科辞典》收词广泛，知识信息丰富，其内容除与前述各专业有关外，许多词目释义还涉及社会、环境、美学、宗教、习俗，乃至考古、校雠等；商榷定义，考订源流，难度之大，问题之多，为始料所不及。加之客观形势发展迅速，定稿、付印皆有计划，广大读者亦要求早日出版，时限已定，难有再行斟酌之余地，我们殷切地期待着读者将发现的问题和错误，——函告《中国土木建筑百科辞典》编辑部（北京西郊百万庄中国建筑工业出版社，邮编100037），以便全书合卷时订正、补充。

《中国土木建筑百科辞典》总编委会

8

前　言

　　工程机械从 19 世纪末发明问世到现在大量使用，大约已有 100 多年的历史，但长期以来就其含义和包含的机械种类范围也各不相同。在美国此类机械包括：碎石机械、空气压缩机和自卸卡车等；日本则把挖泥船、钻坑机、凿孔机、自卸卡车和空气压缩机等也都包括进去；而前苏联则又包括了石料加工机械、水泥制品和钢筋混凝土结构工艺设备及机械工具等。正因如此，我国各行业对此类机械的命名也很不统一，如建筑机械、工程机械等等。本卷在编撰之始，曾就此征求了有关人士、专家的意见，并考虑到本卷为《中国土木建筑百科辞典》的一个分卷，主要服务于建筑界，经本卷编委会讨论后，定为"工程机械"。其范围主要包括：起重、运输、土方、桩工、混凝土、装修、路面、隧道、桥梁、线路、建筑制品、市政园林、石料加工等机械。

　　考虑到市政园林施工、经营所使用的机械与一般工程机械相同或相近，它们之间有着密切的联系，而且日益显得重要，因此作为单独一项收入；考虑到各类机械体系的完整，有些涉及其他专业的机械词目也有少量收入；随着液压、电子等新技术在工程机械上的广泛应用，出现了一些新机种，这些新机种在实践中基本已经定型的，均予以收入；此外，为使读者对液压技术有个比较清楚的了解，在收入词目中也适当收入了一些液压技术的词目。

　　本卷中许多机械、设备往往都具有相同的部件或机构，如减速器、底盘、回转机构、操纵机构等，为避免各机种此类词目的重复，在分类目录中将其单独列出，作为一类，即"机构基础"，统一撰写。而对于仅在某些专用机械上出现的零部件、构件、装置等词语，仍归属于专用机构系列。

　　本卷在编撰过程中，得到了同济大学、哈尔滨建筑大学、西安建筑科技大学、重庆建筑大学、西南交通大学、冶金部建筑科学研究总院、中国建筑科学研究院建筑机械化研究所、能源部（原煤炭部）经济干部管理学院等单位的大力支持和协助，在本卷面世之际，特向这些单位表示衷心的感谢。

　　恳请各界人士不吝赐教，以便合卷出版时予以更正。

工程机械卷编委会

凡　例

组　卷

一、本辞典共分建筑、规划与园林、工程力学、建筑结构、工程施工、工程机械、工程材料、建筑设备工程、基础设施与环境保护、交通运输工程、桥梁工程、地下工程、水利工程、经济与管理、建筑人文十五卷。

二、各卷内容自成体系；各卷间存有少量交叉。建筑卷、建筑结构卷、工程施工卷等，内容侧重于一般房屋建筑工程方面，其他土木工程方面的名词、术语则由有关各卷收入。

词　条

三、词条由词目、释义组成。词目为土木建筑工程知识的标引名词、术语或词组。大多数词目附有对照的英文，有两种以上英译者，用"，"分开。

四、词目以中国科学院和有关学科部门审定的名词术语为正名，未经审定的，以习用的为正名。同一事物有学名、常用名、俗名和旧名者，一般采用学名、常用名为正名，将俗名、旧名采用"俗称"、"旧称"表达。个别多年形成习惯的专业用语难以统一者，予以保留并存，或以"又称"表达。凡外来的名词、术语，除以人名命名的单位、定律外，原则上意译，不音译。

五、释义包括定义、词源、沿革和必要的知识阐述，其深度和广度适合中专以上土木建筑行业人员和其他读者的需要。

六、一词多义的词目，用①、②、③分项释义。

七、释义中名词术语用楷体排版的，表示本卷收有专条，可供参考。

插　图

八、本辞典在某些词条的释义中配有必要的插图。插图一般位于该词条的释义中，不列图名，但对于不能置于释义中或图跨越数条词条而不能确定对应关系者，则在图下列有该词条的词目名。

排　列

九、每卷均由序言、本卷序、凡例、词目分类目录、正文、检字索引和附录组成。

十、全书正文按词目汉语拼音序次排列；第一字同音时，按阴平、阳平、上声、去声的声调顺序排列；同音同调时，按笔画的多少和起笔笔形横、竖、撇、点、折的序次排列；首字相同者，按次字排列，次字相同者按第三字排列，余类推。外文字母、数字起头的词目按英文、俄文、希腊文、阿拉伯数字、罗马数字的序次列于正文后部。

检　索

十一、本辞典除按词目汉语拼音序次直接从正文检索外，还可采用笔画、分类目录和英文三种检索方法，并附有汉语拼音索引表。

十二、汉字笔画索引按词目首字笔画数序次排列；笔画数相同者按起笔笔形横、竖、撇、点、折的序次排列，首字相同者按次字排列，次字相同者按第三字排列，余类推。

十三、分类目录按学科、专业的领属、层次关系编制，以便读者了解本学科的全貌。同一词目在必要时可同时列在两个以上的专业目录中，遇有又称、旧称、俗称、简称词目，列在原有词目之下，页码用圆括号括起。为了完整地表示词目的领属关系，分类目录中列出了一些没有释义的领属关系词或标题，该词用〔　〕括起。

十四、英文索引按英文首词字母序次排列，首字相同者，按次字排列，余类推。

目　录

词目分类目录

说　　明

一、本目录按学科、专业的领属、层次关系编制，供分类检索条目之用。

二、有的词条有多种属性，可能在几个分支学科和分类中出现。

三、词目的又称、旧称、俗称、简称等，列在原有词目之下，页码用圆括号括起，如（1）、（9）。

四、凡加有 [　] 的词为没有释义的领属关系词或标题。

3

15

16

50

57

A

an

安全保护装置 protecting device for safety

为保护起重机及其部件避免超载或超限运动的起重机安全装置。分功能限制器和位置限制器，如起重力矩限制器、起重量限制器、工作行程限制器等。在起重机的运动或功能达到规定的极限状态时，能发出警报，或自动发生作用，保护起重机。
（谢耀庭）

安全销 pin for safety

在传动装置和机器中起过载保护作用的销轴。如安全联轴器等的过载剪断元件。结构简单，形式多样。一般为圆柱体或类似于螺栓形状。必要时在销上切出槽口。为防止断销时损坏孔壁，可在孔内加销套。设计时应考虑销剪断后不易飞出和便于更换。
（范俊祥）

安全装置 safety device

在工程机械上用来保护人身安全，防止机器发生意外事故的装置。例如防止起升超高、超载，运行距离超限，保证机身稳定等装置。　（田维铎）

安装（拆卸）稳定性 stability under erecting (dismantling) condition

起重机在安装和拆卸过程中，已安装部分或待拆卸部分在自重、风载荷和安装载荷作用下的抗倾覆能力。安装之前应对安装、拆卸过程中的重要阶段进行稳定性验算，以保证顺利进行起重机的安装和拆卸工作。
（李恒涛）

安装就位 erecting and seating

将各种设备、建筑构件等用起重设备以低速、平稳地安装在预定地点的过程。具有微动的起重设备，最适于进行安装就位工作。　（田维铎）

安装载荷 erection load

起重机在自身安装过程产生的载荷。由于某些因素产生的安装载荷，使起重机的结构或零部件产生的应力，有可能超过起重机的正常工作状态下产生的应力。是验算起重机的钢结构和零部件的一种载荷。
（李恒涛）

鞍形轴承 saddle block

机械挖掘机的动臂中部支承斗杆，形似马鞍的轴承。斗杆在推压机构作用下可在此轴承座内滑动完成推压动作，其结构型式因动臂和斗杆的结构不同而异。几种典型结构见图，其中(a)用于内插单梁方斗杆钢丝绳推压；(b)用于内插单梁圆斗杆钢丝绳推压；(c)用于外插双梁方斗杆齿条推压；(d)用于外插单梁方斗杆齿条推压。

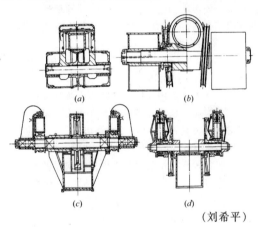

(a)　　　　　　　(b)

(c)　　　　　　　(d)

（刘希平）

按钮开关 push-button switch

推动传动机构，使动触点与定触点接通或断开，实现电路换接的手动低压指令电器。由按钮、传动机构和动静触点组成。一般有单刀、双刀、接通、按断、通断等形式，还有快速动作、无声动作、以及组合式的。

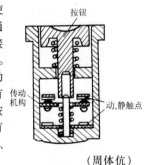

（周体伉）

ao

凹面摩擦卷筒 concave friction drum

工作表面采用内凹弧形旋转曲面的摩擦卷筒。常用于各种绞盘。由于靠近卷筒上下端部的直径较大，斜面作用可以防止工作时钢丝绳上下偏移，或绕出卷筒工作表面。　　　（孟晓平）

B

ba

巴氏合金 babbittmetal

　　俗称乌金。又称轴承合金或白合金。以锡或铅作软基体,内含悬浮锑、锡或铜、锡硬晶料的合金。由德国 Isaac Babbitt 发明,故称巴氏合金。其硬晶料起抗磨损作用,软基体可增加材料的塑性。具有良好的减磨性、抗胶合性、跑合性、工艺性和防腐蚀性能等,常用作轴瓦的内表面材料。

　　　　　　　　　　　　　　　　　　(戚世敏)

拔道钉机 spike puller

　　更换枕木之前用来拔出道钉的线路机械。在打道钉机上附加一反向安装的液压道钉锤,并加夹钉头的附件即可拔钉。　　　　(高国安 唐经世)

拔根机 rooter

　　在履带式拖拉机前端装有齿形拔根器的土方工程准备机械。运行时,用以拔起树根。拔根器有两种,一种是装在拖拉机推架上的钢齿;另一种是悬装在拖拉机前方的带齿钢板。前者用以拔除粗大的树干及树根,作业时,先将钢齿插入树干下部,然后举起推架,将树干连根拔起;后者用以拔除土中树根,并把拔出的树根连同大石块、树枝、杂物堆集在一起,作业时,放下钢板,耙齿切入土中,拖拉机开行,钢板下端的齿将树根耙起,连同其他杂物堆集在一起,以便运走。　　　　　　　　(曹善华)

坝顶门式起重机 gantry crane above dam

　　安装在水电站坝顶上的门式起重机。主要用来启闭闸门、拦污栅和吊运设备等。其特点是起重量大,起升高度高,工作速度低,跨度小。起吊方式分单吊点和双吊点两种。　　　　　　　(于文斌)

bai

白噪声 white noise

　　为便于数学处理而仿照白色光设定的一种理想化噪声。其特点是模拟它的功率密度谱均匀分布于整个频率区间,且等比例带宽的能量相等。

　　　　　　　　　　　　　　　　　　(朱发美)

摆板式混凝土搅拌机 swing plank concrete mixer

拌和料依靠摆动着的底板产生的不同加速度运动而进行搅拌的混凝土搅拌机。由圆柱筒和运动着的斜盘等组成。圆柱筒体由柔性橡胶做成,底板是刚性的。当运动着的斜盘置于筒体的底板下时,底板上的各点作简谐运动,因而筒体内的拌和料以变化着的不同加速度向各个方向运动,水泥颗粒迅速扩散包裹粗骨料的表面,搅拌效率高。由于没有易于磨损的叶片,不但维护方便,且特别适用于搅拌轻骨料混凝土和含有玻璃纤维的特种混凝土。　　　　　　　　　　(石来德)

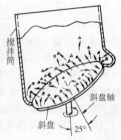

摆动缸式副臂回转机构 swing cylinder rotation mechanism of sub-boom

　　凿岩钻车中由摆动缸驱动主臂前端的副臂回转的钻臂回转机构。副臂的回转,使托架带动推进器实现一定角度的回转。　　　　(茅承觉)

摆动液压缸 tilt cylinder

　　绕自身轴线往复摆动而输出转矩的液压缸。摆动角度小于 360°。分为单叶片式和双叶片式两种。　　　　　　　　　　　　　　(嵩继昌)

摆动支腿 swing outrigger

　　为保证打桩时的稳定性及方便运输,桩架两侧可以绕竖直销轴在水平面内摆动的支腿。

　　　　　　　　　　　　　　　　　　(邵乃平)

摆式定向振动台 oscilatory directional vibrating table

　　利用激振器摆动减小水平振动,保持垂直振动的振动台。激振器由偏心块、驱动电机和外壳等组成,与摆轴铰结,通过轴承座固定在振动台上。工作时,激振器的偏心块产生环向激振力,垂直分力迫使摆轴上下振动,水平分力则使激振器绕摆轴摆动,致使摆轴在水平方向的振幅很小,因此,轴承座及振动台台面主要产生垂直方向的定向振动。　　　　(向文寿)

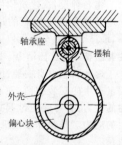

摆式钻臂　swing drill boom

凿岩钻车中在水平面和垂直面内均能摆动的钻臂。实现水平左右摆动的机构有:液压螺旋副式、液压缸曲柄式。优点是:结构简单、动作平稳、操作直观性好等;缺点是:确定炮位的动作复杂,需各个液压缸的动作配合较多,不能使凿岩机紧靠巷道底板或帮壁钻凿炮孔。
　　　　　　　　　　　　　　　　（茅承觉）

摆线齿轮　cycloidal gear

由一段外摆线和一段内摆线共同形成的曲面作为轮齿齿廓曲面的齿轮。内、外摆线是指由滚圆 S 沿导圆 C 的内、外表面作纯滚动时,滚圆上任一点 K_0 所走过的轨迹 $K_0K'K_n'$ 和 K_0KK_n,分别为内摆线和外摆线。表面接触应力小,重合度较大,无根切现象。由于加工精度高,齿廓间作用力不定,故目前多用于钟表等特殊的仪表中。
　　　　　　　　　　　　　　　　（樊超然）

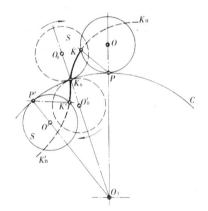

摆线针轮行星减速器　cycloid planetary gear reducer

以一变态外摆线的等距曲线作为行星轮的实际齿廓及一个由半径为 r_2 的小圆柱针销作为内齿轮齿廓形成一对齿轮啮合传动而传递运动和动力的减速器。是齿差行星齿轮减速器的一种。有相内接的

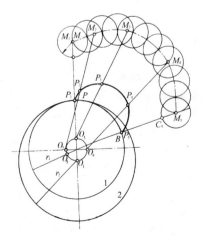

基圆 1 和滚圆 2(滚圆半径 $r_2 >$ 基圆半径 r_1),当滚圆 2 在基圆 1 上作纯滚动时,在滚圆 2 外与滚圆固接的一点 M 所形成的轨迹 $M_1 \sim M_5$,称为变态外摆线。具有承载能力大、传动效率高、传动比大、无干涉现象和结构尺寸小等特点。但要求制造精度高,且需用摆线齿磨床。
　　　　　　　　　　　　　　　　（苑　舟）

摆线转子泵　orbit pump

齿廓线为摆线的内啮合齿轮泵。具有结构简单,紧凑,噪声小,运转平稳,良好的高速性能等优点;但流量脉动大,在高压低转速时容积效率较低,加工精度要求高。目前多用于低压的液压系统。
　　　　　　　　　　　　　　　　（刘绍华）

摆线转子马达　orbit motor

齿廓线为摆线的特殊内啮合齿轮式液压马达。定子为内齿轮,转子为外齿轮,二齿轮中心有偏心距。由于齿数少,工作空间的容积大。高、低压油腔无隔离元件,结构简单、紧凑,体积小,质量轻;可高速运转,运转平稳,噪声小,容积效率高,寿命长。目前多用于低压系统。
　　　　　　　　　　　　　　　　（嵩继昌）

摆振压路机　vibratory pendular roller

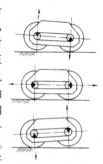

利用前后两组振动碾轮的振动相位差,使机械产生纵向摆动,时而前轮振实地面,时而后轮振实地面,以提高碾压质量的振动压路机。压路机前、后轴各装两个光面轮,前轴上两振动碾轮在同一振动相位,后轴上两振动碾轮在另一振动相位,相位差始终为180°。当前两轮因激振力向上而脱开地面时,后两轮着地振实地面;当前后两组振动轮的激振力抵消时,四轮着地,对地面无振动作用;当后两轮脱离地面时,前两轮着地振实地面,如此实现了机械前后方向的摆振。由柴油机、变速箱、碾轮、机架、偏心块激振器和同步机构等组成。具有质量轻、重心低、爬坡力大、集中振压一处、压实效果好、能够原地转弯等优点,但传动复杂,减振元件寿命短,通过性差,司机工作条件不好。
　　　　　　　　　　　　　　　　（曹善华）

ban

搬运车　cart

工业企业内部搬运小件物品的搬运车辆。包括手推车和各种型式的电瓶车等。用于短距离搬运物品,配置简单辅助装置后能自动装车或卸车。车轮大多采用充气轮胎,车速较低,路面平整时常采用实心轮胎。车轮直径较小,机动灵活。无人驾驶搬运

车有光电导向小车和电磁导向小车。　（叶元华）

搬运车辆　industrial truck

又称工业车辆。短途往返搬运物料的运输机械。用于物品的搬运、装卸和堆垛作业。包括各种型式的搬运车、叉车、跨车、翻斗车、牵引车和挂车等。其车轮大多采用轮胎,搬运路线机动灵活。分人力和机动两种。机动搬运车辆由动力装置、转向装置和制动装置等组成。常用的动力装置为内燃机和蓄电池-电动机。内燃机驱动有较高的行驶速度,较好的动力性能,补充燃料亦较方便,但有废气污染和噪声,一般不宜用于室内。传动装置、转向装置和制动装置与汽车相似,甚至就采用汽车配件。也有采用轨轮的,如缆车。　（叶元华）

板框式压滤机　plate type pressure filtrator

利用压力使含污物的液体强制通过一组开有凹槽的竖立板体,从而分离污物,使液体净化的设备。垒叠板体的一侧用千斤顶使各板牢牢贴紧,板体两面凹形槽面上放有滤布,液体流经相邻两板凹槽之间的空隙,通过滤布从最后一板背面的空心槽经过通道排出。滤布一般用合成纤维制成,也有在滤布下加上一层垫布的,可以改善过滤表面上的压力分布。最大的压滤机的竖立板体长达 $1.8\sim2m$,包含180多块板,总的过滤面积达 $800m^2$。具有操作方便,过滤效力高,泥饼干燥容易处理等优点,但制造成本较高。　（曹善华）

板梁式悬臂架桥机　cantilever bridge beam erecting machine with plate girder boom

起吊梁与吊车衡重的前后悬臂均为钢板梁的架桥机械。结构简单,制造方便,但只能用于起吊质量为80t及以下的桥梁结构。　（唐经世　高国安）

板筛　plate sieve

具有碳钢板筛面的筛分机械。由筛架和筛面构成。筛孔直径大于钢板厚度。使用寿命长,但有效面积系数低。　（曹善华）

板式电收尘器　plate-and-wire electrofilter

集尘极由一排排平行钢板或钢丝编成的平面网组成的电收尘器。　（曹善华）

板式输送机　apron conveyor

利用固接在牵引链上的一系列板条在水平或倾斜方向运送物料的连续输送机械。由驱动装置、牵引链条和板条等组成。对不同物料可选不同形式的板条:成件物品取平板条;粒度较大的物料取带挡边的搭接板条;粒度较小的物料取带挡边的槽形板条,以增加输送倾角,增加输送能力。输送能力一般在 $840m^3/h$ 以下,板条宽度在1600mm以内,输送速度在 $0.1\sim0.66m/s$ 之间。输送距离一般不大:带挡边的在地面上可达300m;在地下,例如在翻车机下的地坑中工作,有的可达600m。适宜输送沉重、大块、磨琢性大和灼热的物料,并可同时完成烘干、冷却和洗涤等工艺过程,但运动部件质量大,维修不便,成本较高。　（谢明军）

板弹簧　leaf spring

由单片钢板或多片钢板叠合构成的弹簧。由于板与板之间有摩擦力而具有较大的缓冲和减振能力,广泛用于汽车、拖拉机和铁道车辆的悬架中。常用的有半椭圆形、椭圆形和四分之一椭圆形等。用薄钢板或其他金属薄板制成的弹簧又称片弹簧,常用于仪器、仪表中,起压紧作用。　（范俊祥）

板条式表面振动器　beam type surface external vibrator

又称振动梁。工作部分为一钢梁的表面振动器。钢梁上安装一组附着式振动器,用绳索牵引移位。适用于振捣宽度较大的制品或现浇楼板、路面、地坪等。　（向文寿）

半浮式半轴　semifloating axle shaft

内端免受弯矩,外端却承受全部弯矩的半轴。其内端的支承方法与全浮式半轴相同,而外端的支承型式使车轮上各反力都必须经过半轴传给驱动桥壳。　（刘信恩）

半刚性悬架　semirigid suspension

一部分机重经弹性元件,另一部分机重经刚性元件传给支重轮的悬架。主要用在履带式工程机械上。台车架前端通过弹性平衡元件与机架连接,台车架后端与驱动轮轴铰接,驱动轮轴与机架刚性连接。其中的弹性元件有钢板弹簧和橡胶块两种。　（刘信恩）

半固定式沥青混凝土搅拌机　semifixed asphalt mixer

将几个机组分别安装在两辆以上的半挂或全挂式特制轮胎底盘上的沥青混凝土搅拌设备。只需少量装拆即可将全套设备按工艺流程迅速组合投入生产或迅速转移工地。　（倪寿璋）

半机械化　semi-mechanization

在某一生产过程中,只有多半部分或主要工序实行机械化的生产方式。　（田维铎）

半机械化盾构　semi-mechanical shield

机械并辅以人工挖掘土体的盾构。在手掘式盾构基础上,用铲斗或悬臂切削头开挖土体,铲斗和切削头安装在切口环内,沿开挖面左右上下摆动和前后伸缩,可挖掘大部分土体,并将挖下的土砂卸放到运输机上,而小部分土体仍需用人工辅助挖掘。　（刘仁鹏）

半门式起重机　semi-gantry crane

桥架一侧直接支承在高架或高建筑物的轨道上,

另一侧通过支承腿支承在地面轨道上或地基上厂型的门式起重机。利用现有的建筑物或其他结构,省去了一条腿从而降低了机器的自重和成本。　（于文斌）

半强制卸土铲运机　half-push dump scraper

铲斗后壁与斗底制成一体,绕斗底前缘铰链向前旋转时,土靠自重和斗后壁相对铲斗侧壁运动的强制作用被推出铲斗,实现卸料的铲运机。仅用在小型机种上。　（黄锡朋）

半拖挂洒水车　semi-trailer sprinkler

装有水罐和喷洒系统,靠外力牵引半拖挂的洒水车。水罐尺寸较长,有的长达7m,容量近10t。
（张世芬）

半液压挖掘机　semi hydraulic excavator

部分机构或装置采用液压传动,其他机构和装置采用机械传动的单斗液压挖掘机。如轮胎液压挖掘机中,行走装置由变速箱、主传动轴、差速器等机械部件传动的,属半液压挖掘机。有些大型矿用挖掘机中只有工作装置采用液压传动,其余机构和装置都是机械传动的,也属半液压挖掘机。　（曹善华）

半轴　half axle

中间连接差速器的左右两段驱动轴。机械直行时,左右半轴转速相等;转弯时,左右车轮要适应不同滚动情况,故两半轴有不同的转速。根据支承形式可分为全浮式半轴和半浮式半轴。　（陈宜通）

半自动玻璃制品吹制机　semi-automatic glass forming press

成型工序由人工控制的玻璃制品吹制机。由机架、初型模、成型模、供气系统等组成。人工将料滴加入初型模吹成小泡,然后从初型模转移到成型模,将小泡吹成制品。应用于吹制瓶、罐、灯泡等中空制品。　（丁志华）

半自动玻璃制品压制机　semi-automatic glass forming press

用人工或自动加料器将玻璃熔体加到模型中,冲压、脱模由人工操纵的玻璃制品压制机械。由机座、挤压机构、加压机构、安置模型的转台等组成。由压缩空气驱动加压机构下降或升举,用手动机构实现转台的间歇转动。可压制普通玻璃器皿。　（丁志华）

半自动操纵式气动桩锤　semi-automatic control pneumatic pile hammer

锤体上升时靠人工配气,下降时自动换气的单作用式桩锤。　（王琦石）

半自动化　semi-automatization

机械设备大部分自动化生产,但还有一部分需要人工操纵、控制各个生产环节及生产过程的工作状态。　（田维铎）

半自动混凝土搅拌站(楼)　semi-automatic oper-ating concrete batch plant

人工起动后即可自动控制混凝土拌和料生产循环的混凝土搅拌站(楼)。常采用接触器继电器系统进行控制,用时间继电器或凸轮时间继电器控制各工序的时间和各工序的衔接。　（王子琦）

拌筒恒速自控装置　drum constant speed controller

使搅拌筒恒速旋转的自动控制装置。由恒速控制阀组和旁通阀组组成。在搅动工况下液压泵输出的高压油经旁通阀组中的节流阀流入,在节流阀前后产生的压力差作用在恒速控制阀组上以控制液压泵的流量。不论汽车发动机转速升高或降低,总可使液压泵的流量、液压马达和搅拌筒的转速自动保持不变。

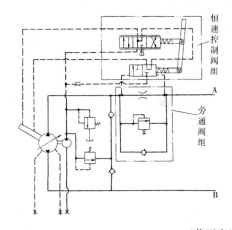

（蔺万亮）

拌筒倾翻式混凝土搅拌输送车　drum tilting type concrete truck mixer

增设有搅拌筒倾翻机构的拌筒倾斜回转式混凝土搅拌输送车。在汽车底盘的大梁内侧装有倾翻架,倾翻动作由一只伸缩液压缸完成。倾翻角度为0°～17°,当倾翻达到17°时,限位钢丝绳牵动倾翻液压缸的控制阀,能自动切换而停止倾翻动作。倾翻架翻转时装在架上的机构,包括搅拌筒、减速器等全部跟着翻转,但发动机和搅拌筒的转速和旋转方向在倾翻过程中均不受到影响。　（蔺万亮）

拌筒倾角　inclined angle of drum

混凝土搅拌输送车搅拌筒回转轴线对底盘车架上平面的安装角。　（蔺万亮）

拌筒倾斜回转式混凝土搅拌输送车　inclined axle revolving drum type concrete truck mixer

拌筒倾角为10°～18°的自落式卧筒型混凝土搅拌输送车。公称搅动容量较大的输送车拌筒倾角较小。由机架、传动系统、搅拌筒、进出料装置、供水系统、拌筒转速控制系统和底盘等组成。搅拌筒底部用法兰和止口支承在减速器的输出轴法兰上;搅拌筒口附近的滚道处用两只托轮支承,这种三点支承的结构能保证搅拌筒运转稳定。搅拌筒顺时针方向(面对搅拌筒口方向看)旋转,能进行加料、搅动或搅拌;逆时针方向旋转能进行出料。在功率消耗、输送混凝土的骨料最大粒径、拌筒容量和运输价格等方面均优于其他输送车。

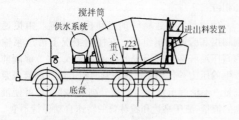

（蔺万亮）

拌筒水平回转式混凝土搅拌输送车 horizontal axle revolving drum type concrete truck mixer

拌筒倾角为零的自落式卧筒型混凝土搅拌输送车。主要适用于隧道施工,由于隧道的高度有限,搅拌筒不能倾斜安装。为了提高混凝土拌和料的装载量,搅拌筒口一般加盖封闭。　（蔺万亮）

拌筒托轮 drum roller

用以支承拌筒滚道的一种滚轮。自落式卧筒型混凝土搅拌输送车的搅拌筒采用三点支承结构:拌筒底部中心支承在减速器的低速输出轴法兰上;拌筒口附近的拌筒滚道由两个拌筒托轮支承。由滚轮、轴承、滚轮轴和支架等零件组成。

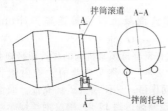

（蔺万亮）

拌筒直接驱动式减速器 drum direct drive type gearbox

输出轴法兰与搅拌筒底部中心法兰连接直接驱动拌筒旋转的减速器。　（蔺万亮）

bang

帮条锚具 anchorage with side-welding bar

将衬板和帮条焊在钢筋端部做成的后张法锚具。三根帮条均匀布置,与衬板的接触面应在一个平面上,以免受力时产生扭曲。适用于直径为 18～36mm 的冷拉Ⅱ、Ⅲ级钢筋固定端的锚固。　（向文寿）

蚌式铲斗 multi-purpose bucket

单斗装载机上的多用途工作装置。可完成铲装、推土及清理堆积物等作业,并能抓取管材、棒料及各种不规则形状的物料。由铲刀和一个可在液压缸作用下相对铲刀摆动的颚板组成。当颚板处于抬起位置时,由铲刀作业;放下颚板,使与铲刀合在一起即成铲斗。摆动颚板使其靠近铲刀,即可抓取和夹装物料。　（黄锡朋）

棒磨机 rod mill

以钢棒为研磨介质的粉磨机械。圆柱形棒径约为 40～100mm,棒长比筒体长度短 25～50mm,或为筒体直径的 0.8～1 倍,以利钢棒平行排列,防止交叉和乱棒。特点是棒的质量比球大,冲击能量大;棒与棒间为线接触,研磨效果好,产品粒度均匀,并可避免过粉碎。湿法操作,采用不多。　（陆厚根）

棒球磨机 rod-ball mill

以钢棒、钢球及钢段为研磨介质的管磨机。筒体分 2～4 个仓,第一仓装圆柱形钢棒,其余各仓依次装钢球和钢段。充分利用钢棒的冲击作用和选择性粉碎作用,对硬度大的物料适应性好,入磨物料粒度小于 38mm,粉磨效率比管磨机高,过粉碎少,单位电耗及研磨体消耗较低,粒度均匀,料浆流动性好,但更换钢棒不便,用于湿法磨制水泥生料以及选矿工业。　（陆厚根）

bao

包络线 envelope curve

机械上某零、部件按照一定的轨迹运动,沿该零、部件上某点作切线所形成的曲线。将曲线按照该零、部件运动轨迹全部描绘,即为包络图。

（田维铎）

包装 packing up

将产品通过各种物件进行保护与外界隔离的措施。有硬包装及软包装之分。硬包装是通过木板、木框、塑料框、金属框架、金属容器等保护产品,可防止被压、被砸,防潮并便于装卸;而软包装则常限于粉状及液态产品,要求有防水、防漏等效能。包装物件的外部,常有防潮、防倒置、吊装位置等标志,内部有防震、防水等物件。商业用的包装还需美观等装潢。　（田维铎）

报警器 warning signal alarm device

为保障起重机正常作业,在起重机运转发生危险前自动发出警报信号的起重机安全装置。最常用的是灯光报警器和音响报警器。是各类安全装置、指示器的重要组成部分,使起重机的操作者和作业现场人员引起注意,并及时采取措施,避免发生事故。　　　　　　　　　　　　　　　(曹仲梅)

刨边机　edge planer

利用置于床身侧面溜板上的刀架作直线往复运动,以刨削钢板边缘部分的专门化刨床。主要用来刨削焊接构件中各种类型的剖口。　(方鹤龄)

刨铲挖掘机　plane shovel excavator

铲斗固定在沿动臂移动的斗车上的挖掘机。由行走装置、装有动力装置和传动机构的转台、特殊结构的工作装置构成。挖掘时,动臂倾斜角不变,牵引绳(或液压缸)使斗车沿动臂移动,轨迹近于直线,主要用于平整场地和挖掘道路边坡。因其挖掘力及斗的装满参数都小,生产率低,已逐渐被铲运机、推土机和平地机等其他土方机械所代替。

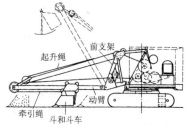

(刘希平)

刨床　shaper and planer

用刨刀对工件的平面、沟槽或成形表面进行刨削加工的机床。刨刀是单刃刀具,刨削时有回程损失,生产率较铣削低。但对窄长平面却具有较高的生产率。有牛头刨床、龙门刨床、单臂刨床、插床、刨边机及刨模机等类型。　　　　　　　(方鹤龄)

刨刀滚筒　drum for plane iron

地板刨平机中沿圆周组装若干刨刀的卧置回转圆筒。　　　　　　　　　　　　　　　(杜绍安)

刨刀滚筒壳体　drum shell

地板刨平机中沿圆周轴向开有若干个燕尾槽的金属圆筒,端盖与置于圆筒内的电机转子直接相联。　　　　　　　　　　　　　　　　　(杜绍安)

刨花板生产机械　chip board machine

以木材加工中的废料、树桠小径木、植物茎秆等切削成的刨花碎料为原料制成板材的机械。包括劈木机、刨片机、打磨机、干燥机、拌胶机、铺装机、预压机、热压机、挤压机、压延机、齐边机以及磨光机等。　　　　　　　　　　　　　　　　(丁玉兰)

刨花拌胶机　adhesive mixer

将刨花与胶合剂、固化剂、防水剂以及防火、防菌虫等药剂均匀拌和的刨花板生产机械。由搅拌器、搅拌槽、喷嘴、空气压缩机等组成。槽内的刨花在搅拌器的强制翻腾作用下形成悬浮状,同时利用空气压缩机由喷嘴喷出雾状胶合剂,直接与刨花接触而完成拌胶。　　　　　　　　　(丁玉兰)

刨花铺装机　chip spreader

能连续而均匀地将拌胶后的刨花铺撒到成型模框中或输送带上的刨花板生产机械。由进料斗、挡板、给料带、抛松辊、均平辊、小皮带、流量控制轮、抛料辊、薄钢带运输机等组成。利用料斗中带针辊和其下部的均平辊将刨花均匀地铺撒到水平运输带上,在运输带终点,刨花被流量控制轮和抛料轮均匀地抛撒到下方的模框中或输送带上。

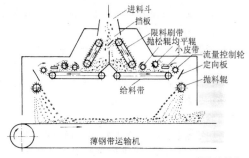

(丁玉兰)

刨平机后滚轮　rear roller of floor planer

地板刨平机中安装在刨刀滚筒后部,用于支承和调整刨刀滚筒升降的一个轮子。　　(杜绍安)

刨平机前滚轮　front roller of floor planer

地板刨平机中安装在刨刀滚筒前部、轴支承在机架侧板上的一对轮子。用于支承并引导刨刀滚筒改变作业位置。　　　　　　　　　　(杜绍安)

刨削厚度　planing thickness

地板刨平机或任何刨削机具在作业时,一次刨削工件,刨刀可切入工件的最大深度。　(杜绍安)

刨削机械　planing machine

用于板材方材平面和成型木制件表面加工的木工机械。经刨削加工后,可得到精确的尺寸、所需要的截面形状,与较光洁的表面。分为手工刨和木工刨床两大类。　　　　　　　　　　(丁玉兰)

薄膜式料位指示器　thin film level indicator

利用材料压迫橡皮膜而触动开关发出信号的极限料位指示器。装在贮料仓壁的上部,作料满指示器;装在贮料仓壁的下部,作料空指示器。料满时材料压迫上部指示器的橡皮膜,带动挺杆外移,使开关动作,发出料满信号,并停止装料;料空时下部指示器的橡皮膜带动挺杆和开关复位,发出料空信号,并开始装料。膜片易损坏,只适用于水泥、砂等材料的贮料仓中。　　　　　　　　　　(应芝红)

抱钩式起落架　grappling hook tripping device

用抱钩来提升筒式柴油桩锤的柴油桩锤起落架。由机体、导向板、左、右抱钩、拉杆、扭簧、偏心块、操纵杆、锁板等组成。左、右抱钩用拉杆连接，并通过销轴、扭簧为机体连接在一起。工作时，左右抱钩处于锁紧状态，用以提升筒式柴油桩锤。当向下拉动带有棘轮的操纵杆，使偏心块转动时，左右抱钩向外张开，这时，可以用起动钩提升筒式柴油桩锤的上活塞，进行打桩作业。

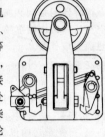

（赵伟民）

抱索器　hookup

使架空索道的吊具与牵引索自动接合或脱开的部件。装于吊具架上，通过固定在装、卸载站的挂接器和脱开器的作用使夹钳自动闭合或张开。分重力作用式和强制作用式两种。前者依靠吊具自重夹住牵引索，后者依靠固定安装的导板及本身的螺旋装置夹住牵引索。　　　　　（叶元华）

爆炸喷涂　spraying with explosive method

将一定量待喷粉末注入特制枪筒，同时引入一定量氧-乙炔混合气，并使枪筒上的火花塞放电引爆，使粉末受热达到熔融或半熔融状态，加速喷向工件的喷涂工艺。有效温度约为3000～3500℃，但颗粒飞行速度却高达700～800m/s。可得到高密度及较高结合强度的涂层。　　　　（原思聪）

bei

贝诺特法成孔机　BENOTO method boring machine

见全套管成孔机(228页)。

备件　spare parts

为机械中的易损件以及其他某些特殊零部件准

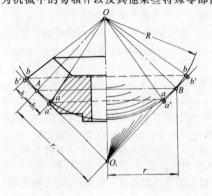

背锥

备的备用件。一旦这些零部件破损、丢失或发生其他问题时，可以立即自仓库中取出、更换，使机械很快地重新投入使用。　　　　　（田维铎）

背锥　back cone

与圆锥齿轮大端球面相切的圆锥。

（苑　舟）

beng

泵轮　impeller

在液力变矩器中，能将从原动机输出的机械能转换为液体能，并使工作液体动量矩增加的叶轮。

（嵩继昌）

泵轮力矩系数　torpue factor of impeller

评价液力元件传递能量的能力大小的参数 λ_B。即

$$\lambda_B = \frac{M_B}{\rho g n_B^2 D^5}$$

M_B 为泵轮力矩（N·m）；ρ 为工作液体密度（kg/m³）；g 为重力加速度（m/s²）；n_B 为泵轮转速（rpm）；D 为液力元件有效直径（m）。　　（嵩继昌）

泵壳　pump case

挤压式混凝土泵中，用于容纳泵体，内部能保持真空状态的容器。　　　　　（戴永潮）

泵式石棉打浆机　pump-pulper for asbestos cement starch

依靠泵内高速旋转叶轮产生的冲击作用和泵沿筒壁切线方向喷射产生的冲击作用松解石棉并制成料浆的机械。由筒体、污水泵、三通阀、管路等组成。在石棉得到进一步的松解后，加入一定量的水泥，制成均匀的石棉水泥料浆。具有结构简单、易损件少、动力消耗小和简化工艺等特点。

（石来德）

泵送距离　pumping distance

泵送混凝土拌和料时混凝土泵出口处至输送管出口处的管路长度。包括水平距离和垂直高度。由水平换算距离换算而来，反映了混凝土泵的工作能力。随混凝土拌和料坍落度等工作特性、流动速度、泵送压力、输送管直径和形状而变化。

（龙国键）

泵送压力　pumping pressure

将混凝土拌和料泵送至浇注现场所需的压力（MPa）。作为混凝土泵参数时，是混凝土泵出口处混凝土拌和料的压力。混凝土拌和料在输送管中运动受到的阻力包括混凝土拌和料对输送管的粘着力、摩擦力和混凝土拌和料通过锥管、弯管等异形管时内部的变形力及自身的重力、惯性力等。受混

凝土拌和料的级配、运动速度、输送管直径、方向、截面变化情况等因素影响。整条管路中各种阻力之和为泵送压力。通常用来推算混凝土泵在一定条件下混凝土拌和料可输送的距离或高度。

（龙国键）

泵送最大骨料粒径　maximum diameter of aggregate of pumping

泵送过程中不产生卡料现象的骨料的最大粒径。一般为输送管直径的三分之一。

（龙国键）

泵吸式钻孔机　pumping boring machine

用砂石泵从钻杆中吸出孔底的循环泥浆，并把钻碴带至孔外，同时不断地向孔内补充循环泥浆，实现排碴钻进的反循环钻孔机。由于钻杆内泥浆流速很高，对钻碴产生较大的动浮力，凡粒径小于钻杆内径的钻碴都能抽吸到孔外，这样就减少了钻碴的重复研磨，提高了钻机的功效。　　（孙景武）

bi

比挖取功　specific bucketing work

斗式提升机料斗挖取 1kg 质量的物料所需完成的功。即

$$A_s = \frac{A}{m} = \frac{A}{i_0 \varphi \rho Z}$$

式中 A 为挖取功；m 为料斗充填质量(kg)；i_0 为料斗容积(dm^3)；φ 为挖取时料斗的平均充填系数；ρ 为物料堆积密度；Z 为在挖取中料斗的平均数。

（谢明军）

闭式破碎流程　closed crushing process

物料经过破碎机破碎后，送到筛分机筛分，较大颗粒再送回原破碎机加工的破碎工艺过程。所得成品颗粒均匀，可以避免过度破碎，但设备较复杂。常用于混凝土骨料的制备。　　　（曹善华）

闭式液压系统　close hydraulic system

液压泵的排油腔经油管直接与执行元件的进油腔相连，而执行元件的回油腔经油管直接与液压泵的吸油腔相通的液压回路。形成封闭的环状回路。结构紧凑，和空气接触少，故传动平稳性好。执行元件的调速和换向靠调节阀或马达的变量机构实现，液压冲击小。但系统复杂，散热和过滤条件差，并需要设补油泵和补油油箱。多用于大功率的液压系统中。　　　（梁光荣）

闭锁钩　hook with locking clip

在钩嘴上装有防脱棘爪以防止重物在起重作业时脱钩的起重钩。常装在起吊较轻重物的起重钩及塔式起重机的起重钩上。由凸座、棘爪、棘爪轴、起重钩等组成。防脱棘爪应在吊重悬挂进入起重钩后自动关闭。按结构型式分为钢丝弹簧式、挡板弹簧式、罩盖弹簧式、罩盖配重式和操作手柄式等。

（陈秀捷）

闭锁器　valve

开闭料仓或卸料漏斗卸料口，控制卸料流量的料仓装置。有手动和机械驱动(电动机或气缸)两种，后者可进行远距离操纵。按工作机构种类分料槽式、平面式和扇式三种。　　　（叶元华）

闭胸挤压盾构　blind shield

靠向前顶进，向外挤压开挖面土体或允许部分泥土进入盾壳的盾构。在切口环端头装有带若干道进土闸门的挤压胸板，当采用全闭胸挤压推进时，将进土闸门全部关闭，开挖面土体在盾构千斤顶巨大推力作用下向外围四周挤压排开，而不进入盾构。也可根据施工需要，控制闸门启闭和调节开孔大小，放入部分泥土，以此来调整推进阻力和前进方向。掘进时不用人工或机械开挖，但仅适用于极软的土层。

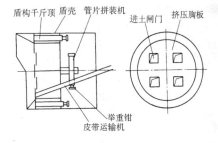

（刘仁鹏）

算板出料式球磨机　grid plate discharge ball mill

磨细的物料经出料算板上算孔卸出的球磨机。出料算板装在出料端空心轴前，磨细的物料通过算孔后，被算孔后面的扬料板提升，并滑落到装于空心轴内的螺旋筒中或圆锥形套筒中被算出磨机外。有利于加速卸料速度，并可控制产品细度，但电耗比中心卸料式球磨机高，是最常用的卸料形式。

（陆厚根）

算条筛　grid screen

见格栅筛(94 页)。

臂架浮式起重机　link jib floating crane

起重部分为臂架式起重机的浮式起重机。起重机装有可绕水平铰轴回转若干角度的起重臂，这种水平铰轴可以直接装设在平底船的甲板上，也可以装设在特种塔架上以减轻起重臂的重量和增大起重臂下面的作业空间，便于为高船舷的船舶服务。

（于文斌）

臂架式混凝土泵车　truck mounted concrete

pump with placing boom

简称泵车。安装在拖式或自行式底盘上并有布料杆的混凝土泵送机械。中小型由通用汽车底盘改装,大型的由专用汽车底盘改装。可以在高速公路上行驶,行驶时布料杆折叠并固定在底盘上。调节布料杆的臂架和转台就可以将混凝土拌和料直接输送到浇注位置。各种作业功能都由液压驱动,配有有线或无线遥控装置,操作方便。提高了混凝土泵的机动性能和前台工作效率。是商品混凝土成套机械中的关键设备。装在拖式底盘上的泵车主要用于隧道等特殊场合。采用人工铺设输送管可以用于远距离输送。　　　　　　　　　　　(龙国键)

臂架型斗轮堆取料机　luffing bucket wheel stoker-reclaimer

具有动臂、能实现堆料和取料作业的斗轮堆取料机。由斗轮机构、带式输送机、尾车、金属构架(臂架、转台、底架)、回转机构、俯仰与运行机构等组成。堆料时由堆料场带式输送机运来的散料经尾车卸至臂架上的带式输送机,从臂架头部抛至料场。取料时靠斗轮和臂架回转取料,斗内物料经卸料板卸至臂架上反向运行(与堆料时相反)的带式输送机上,再经设在回转中心下方的漏斗卸至堆料场带式输送机运走。　　　　　　　　　　　(叶元华)

bian

边沟刀　side-ditch blade

用螺栓、铰链和拉杆加装于平地机刮刀末端,用以开挖边沟的刀具。有三角形刀和梯形刀两种,分别用以挖出三角形或梯形截面的边沟。须于平地机停机时装拆。　　　　　　　　　　　(曹善华)

边滚刀　gauge cutter

位于刀盘外缘区,切削刀布置成圆弧部分的掘进机滚刀。　　　　　　　　　　　(茅承觉)

边梁式车架　side girder frame

由两根位于两边的纵梁与若干横梁铆接或焊接而构成的整体车架。　　　　　　　　　　　(陈宜通)

编织固结　fixing by weaving

钢丝绳与其他承载零件联接时,其一端绕过特制的心形套环后与自身编结在一起,并用细钢丝扎紧的一种绳端固定方式。捆扎长度约为钢丝绳直径的 20～25 倍。固定处的强度约为钢丝绳自身强度的 75%～90%。　　　　　　　(陈秀捷)

编织筛网　weaving sieve net

用金属丝、织物丝交叉编织成的筛网。
　　　　　　　　　　　(曹善华)

扁平式气流粉碎机　nozzle jet mill

粉碎-分级室为卧式扁平状的气流粉碎机。工作气体分配室与粉碎-分级室间用若干个与径向成一锐角的喷嘴相连通。高压气体通过喷嘴时,产生高达每秒数百米乃至 1000m 以上的喷气流。物料由文丘里喷射式加料器送入粉碎-分级室的粉碎区,在高速喷气流作用下粉碎,并随气流作回转运动,合格的颗粒被推送中心后,入旋风分离器被捕集,约有 5%～15% 的细颗粒经排出管排出后收集。产品粒度从小于 325 目至 $0.5\mu m$;用于研磨粉碎时,可达到原子级颗粒大小,特别适用于粉碎由各种聚集体或凝聚体构成的物料。规格以粉碎室内径尺寸表示。
　　　　　　　　　　　(陆厚根)

变幅机构　radius-changing mechanism

改变起重臂的倾角或起重小车在起重臂上位置,实现改变起重机幅度的机构。是起重机的主要机构之一。按变幅方式不同分为动臂变幅机构和小车变幅机构;按工作性质分为工作性的和非工作性的;按变幅过程中起重臂系统重心升降与否分为非平衡变幅机构和平衡变幅机构。　　　(李恒涛)

变幅机构三铰点　three-hinged of derricking mechanism

在汽车、轮胎起重机的液压缸动臂变幅机构中,变幅液压缸的上、下铰点和动臂后铰点的总称。其位置的确定对动臂仰角变化范围、变幅液压缸长度、行程和变幅力,臂架受力,以及起重机整机布置等方面均有较大影响。常被列为优化设计的研究对象。
　　　　　　　　　　　(孟晓平)

变幅绞车　luffing winch

又称变幅卷扬机。利用卷筒卷绕钢丝绳以改变起重机或挖掘机臂架幅度的装置。是起重机、机械式挖掘机的基本组成部分。　　　(刘希平)

变幅力　derricking force

起重机变幅时,变幅机构承受的作用力。用于计算变幅机构的功率和零部件的强度。分为正常工作变幅力和最大变幅力。　　　(李恒涛)

变幅速度　derricking speed

变幅机构的原动机处于额定转速时,起重臂头部或变幅小车沿水平方向移动的速度(m/min)。或用取物装置沿水平方向由最小工作幅度移动到最大工作幅度所需时间来表示。对起重机的平稳性及安全性影响较大。　　　　　　　(李恒涛)

变幅小车　trolley

由变幅机构驱动,可沿起重臂上的轨道往返运行的起重小车。吊钩或其他取物装置通过起升绳和导向滑轮支承在其上。随着小车往返,吊钩及重物也随着水平移动,实现变幅。耗能少,变幅范围大,

特别在变幅过程中重物无垂直位移,非常适用于安装就位作业。　　　　　　　　　　　　(李以申)

变矩式激振器　variable eccentric moment vibrator

可调节偏心力矩的激振器。通过改变动、定偏心块相对位置的方式来实现。　　　(赵伟民)

变矩系数　torque ratio

液力变矩器输出转矩与输入转矩之比 K。即

$$K = T_2/T_1$$

T_2、T_1 为输出与输入转矩(N·m)。　　(嵩继昌)

变量泵　variable displacement pump

排量可以调节的液压泵。通过改变变量参数来调节排量,如改变偏心距 e,斜盘倾角,缸体倾角等。分为单向变量和双向变量两种。单向变量只能改变流量的大小;双向变量既能改变流量的大小,又能改变流量的方向。　　　　　　　　　　　(刘绍华)

变量机构　variable displacement mechanism

改变液压泵排量的机构。对其要求是:①足够的调节转矩,调节摆角符合所需范围;②输出和输入尽量呈线性关系;③必须工作稳定,具有自锁能力;④较高的灵敏度和精度。主要有手动变量、手动伺服变量、液控变量、恒功率变量、恒流量变量和恒压变量等方式。　　　　　　　　　　　(刘绍华)

变量液压系统　changeable delivery hydraulic system

采用变量泵或变量马达的液压系统。通常变量泵的输出流量能随其工作压力的升高(降低)而自动减小(增大),即工作机构速度能自动适应其外载荷的变化,使原动机功率在液压泵调节范围内充分利用。传动效率和功率利用率较高,调速范围大,但结构复杂、成本高。多用于大功率的建筑工程机械上。　　　　　　　　　　　(梁光荣)

变频式激振器　variable frequency vibrator

可调节频率的激振器。由改变电机极数、改换传动皮带轮,或改变液压马达的流量等方式来实现。　　　　　　　　　　　(赵伟民)

变频装置　variable frequency device

可调节振动桩锤振动频率的装置。

　　　　　　　　　　　(赵伟民)

变速箱　transmission box

传动系统中的变速传动装置。由不同大小的变速齿轮组成,一般安装在主离合器之后,变换不同的啮合齿轮可实现不同档位,并将发动机的动力按不同速比传给驱动桥。通常设有 3～5 个前进档,一个或多个倒退档,使机械适应不同工况对牵引力和速度的要求,并保证发动机在较有利的工况下工作。有定轴变速箱、无级变速箱等。　　(陈宜通)

变速箱性能试验台　test stand for gear

变速器箱的输入输出转矩、功率、效率以及转速等性能的综合测试装置。由测试、记录、处理及控制系统组成,能方便地测试变速箱的多种参数信息,以鉴别其动力性、经济性、可靠性、操纵性等指标。

　　　　　　　　　　　(原思聪)

变速液压马达　speed variable motor

能够实现双速、三级变速的内曲线液压马达。

　　　　　　　　　　　(嵩继昌)

变位齿轮　X-gear

又称修正齿轮。为改善齿轮传动的性能,采用改变刀具中线和齿轮坯分度圆中心距离的变位修正法对标准齿轮进行修正后所加工出来的齿轮。它的齿形与标准齿轮相比,齿廓曲线不变,而齿厚、齿顶高、齿根高都发生改变,同时可避免根切现象。

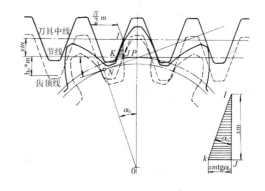

　　　　　　　　　　　(苑　舟)

变位系数　modification coefficient

又称移距系数。以切削标准齿轮的位置为基准,以与模数 m 的乘积 xm 表示刀具中线与齿轮坯分度圆所移动的距离的系数 x。xm 称为移距或变位。　　　　　　　　　　　(苑　舟)

变压器　transformer

利用电磁感应原理变换电压、电流和阻抗的电器元件。主要由铁芯和线圈(绕组)、两部分构成。在理想情况下,初、次级的电压之比与初、次级的线圈匝数之比成正比;初、次级的电流之比与初、次级的线圈匝数之比成反比;初、次级的阻抗之比与初、次级线圈匝数之比的平方成正比。在电力系统中,用来升高或降低交流电压;在电信系统和电子线路中,用来传递交流信号和实现阻抗变换;在各种电子设备中用作电源变压器。此外还有一些特殊的用途,如自耦变压器、仪用互感器和焊接变压器等。

　　　　　　　　　　　(周体伉)

变压器级次

焊接变压器次极空载电压高低的档次。用以调节焊接电流大小。钢筋级别高或直径大，要求级次高，以获得较大的电流。焊接时如火花过大并有强烈声响，说明电流过大，应适当降低级次；反之，如火花很小或没有火花，则应适当提高级次。当电压降低 5% 左右时，应提高级次 1 级。

（向文寿）

biao

标定　calibration

又称校准。应用专用设备确定测量装置的转换特性及其精度的实验过程。对于测量静态量的装置应进行静态标定；用于动态测量的装置则应进行动态标定。　　　　　　　　　　（朱发美）

标定功率　rated horsepower

表示内燃机允许连续运转或长期连续运转的最大有效功率。用符号 $N_b(kW)$ 表示。根据内燃机的用途和使用特点，并考虑其动力性、经济性以及使用寿命等，我国国家标准规定内燃机的标定功率分为四种，即 15 分钟功率、1 小时功率、12 小时功率和持续功率。按使用特点在内燃机铭牌上可标出其中的 1~2 种功率及其相应的转速。是内燃机主要的动力性指标之一。　　　　　　　　　（陆耀祖）

标定转速　rated speed

内燃机发出标定功率时相应的转速 n_b(r/min)。一般由内燃机的配套动力装置的速度所确定。　　　　　　　　　　　　　（陆耀祖）

标牌　mark sheet

固定于机器明显位置、用于指明机器的主要技术参数、厂家名称及出厂日期等的金属刻印牌。

（田维铎）

标牌螺钉　label screw

专用于固定金属商标或铭牌的螺钉。其头部多呈十字槽半圆形。　　　　　　　（范俊祥）

标准　standard

对重复性事物和概念所做的统一规定。以科学、技术和实践经验的综合成果为基础，经有关方面协商一致，由主管机构批准，以特定形式发布，作为共同遵守的准则和依据。按照领域，可分为技术标准和非技术标准；按照级别，分为国家标准、行业标准和企业标准；按照特性，分为基础标准、产品标准、方法标准、安全标准、卫生标准等。

（段福来）

标准公差　standard tolerance

国家标准规定的用以确定公差带大小的任一公差。此值经过计算、化整，并按照一定规则排列而成，它是权威数值，不能变动。在一定的公差等级下，某尺寸分段内的各尺寸的标准公差值相同。

（段福来）

标准化　standardization

将同类型的零、部件在尺寸、材料、性能、构造及重量等方面进行统一规定的技术措施。产品称为标准件。有利于零部件互换、选择、使用、维修、生产、设计。　　　　　　　　　　　（田维铎）

标准件　standard parts

将常用的机械零件标准化、系列化、通用化，并按照国家标准进行批量生产供应市场需要的零件。例如螺钉、滚动轴承、垫圈等。　　（田维铎）

标准载荷　nominal load

按承载能力极限状态法计算结构承受的正常载荷。有：自重载荷、额定工作载荷、惯性载荷及各种水平载荷。其与各自相应的载荷系数乘积为计算载荷。　　　　　　　　　　　　　（李恒涛）

标准载荷谱图　nominal diagram of load spectrum

按统计资料，人为地假定的一套载荷谱图形。依此来设计计算一些无法确定其真实载荷状态（载荷谱）的结构件、零件和机构。　　（顾迪民）

表面处理　surface treatment

改变材料表面状况和性能以及其他防止材料腐蚀的技术。按覆层材料类别和防护方法的不同，可分为金属清理；金属覆层；有机覆层，包括油漆等涂装工艺；无机覆层；转化膜，包括铝的阳极氧化、磷化与铬酸盐化、发蓝；电化学保护；暂时性防护等。

（方鹤龄）

表面粗糙度　surface roughness

旧称表面光洁度。加工表面上具有较小间距和峰谷所组成的微观几何形状特征。通常，波距在 1mm 以下，波距与波高之比小于 40。其符号以 $\sqrt{}$、$\triangledown$、$\heartsuit$ 分别表示用任何方法、去除材料、不去除材料所获得的表面；在此符号上再注以各种参数的数值。对于产品质量和机器的使用性能有着重要意义。

（段福来）

表面活化法　surface-active method

将放射性元素引入摩擦表面（活化）进行金属磨损测量的方法。摩擦表面具有放射性后，随着磨损，放射性同位素原子便与磨损物一同落入润滑油中，其数量与磨损物成正比，因此测定油中放射性元素的辐射强度即可确定金属磨损量。具有很高的灵敏度，可在机械运行和不拆卸零件情况下进行。近来用放射性同位素源 X 萤光法测量磨损不需活化，只需将磨屑过滤收集，用放射性同位素源照射，激发磨

屑中含量元素的特征 X 射线,再用仪器进行定量测定。 (杨嘉桢)

表面振动器 surface external vibrator

又称平板式振动器。在混凝土拌和料的上部表面进行振动密实作业的振动成型机具。由平板和附着式振动器组合而成。振动能量通过平板传递给混凝土拌和料。有电动、气动和电磁等几种形式,有效作用深度一般为 150~250mm。适用于振捣面积大、厚度小的制品或现浇楼板、路面和地坪等。 (向文寿)

表面振动器有效作用深度 effective action depth of surface vibrator

表面振动器工作时,激振力能引起混凝土拌和料振动并达到密实的最大深度。靠近底板的混凝土拌和料振幅最大,随着深度增加,振幅逐渐衰减,当深度超过一定尺寸时,振幅衰减到不足以使拌和料密实,这个深度就叫有效作用深度。与振动器本身的质量、底板面积、振动参数及混凝土的性质等有关,一般在无筋或单筋平板中约为 200mm,在双筋平板中约为 120mm。 (向文寿)

bing

并联式减振装置 connection in parallel vibration absorber

直径不同的拔桩弹簧套叠在一起的分置式减振装置。可减小整个振动桩锤的高度。

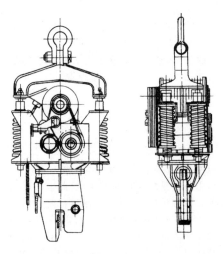

(赵伟民)

并联谐振 parallel resonance

又称电流谐振。在电感(含电阻 R)、电容与外加电动势相并联的电路中,当电路的总电纳等于零时所产生的谐振。这时,回路总电流与外加电动势相位相同,电路总阻抗为纯电阻,两支路电流远大于流入回路的总电流。 (周体优)

并联液压系统 shunt hydraulic system

各执行元件的进油腔同时与液压泵出口相连,而回油腔同时与油箱相连的液压系统。液压泵输出的流量等于进入各执行元件的流量之和。泵出口压力取决于外载荷小的执行元件的工作压力。故系统管路压力损失小,克服外载荷的能力较大,但不易实现复合动作。 (梁光荣)

bo

拨道距离 track lining distance

铁道线路起拨道机具每次拨道的水平移动距离。手持机具约 80mm,机动机械达 150mm。是机具主要参数之一。 (高国安 唐经世)

拨道力 track lining force

铁道线路起拨道机的拨移钢轨的力。约为 100kN 左右,是机具的主要参数之一。 (高国安 唐经世)

波浪线 waveform line

波浪形的实线。宽度为粗实线的 1/3,徒手绘制,用于表示断裂或中断。 (田维铎)

波切

碾轮滚压料层时,由于轮的质量过大,线压力过大,而出现将物料挤开的现象。当滚压塑性较大的土壤时,较为显著。波切倾向愈大的滚压过程,压实效果愈差。 (曹善华)

波瓦堆垛机 stacking machine for corrugated sheet

将石棉水泥波瓦湿坯叠放成垛的机械。常用的有悬臂式、回转式和平移式等结构形式,有液压和机械两种传动形式。 (石来德)

波瓦切边机 cutting machine for corrugated sheet

将石棉水泥湿瓦坯按规格沿瓦坯纵、横向切去多余料边的石棉水泥制品成型机械。有纵切机、横切机、纵横联合切割机、自动接坯切割机等数种。主要由刀具、辊道、传动装置等组成。刀具的切割力可以调整。 (石来德)

波形夹具 corrugated grip

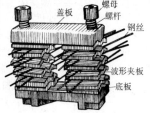

波形夹具

利用波形夹板将钢丝压弯并夹牢的先张法夹具。由盖板、底板、波形夹板、螺杆和螺母组成。在先张法构件生产中,如果预应力钢丝排列稠密,一般夹具不能满足要求时,采用这种夹具较为方便、可靠。其结构和尺寸应根据构件配筋情况确定。

　　　　　　　　　　　　　　　　　(向文寿)

玻璃液垂直搅拌机　vertical mixer for glass liquid

安装在熔窑卡脖上方,利用搅拌器螺旋桨叶对流经的玻璃液生产流进行均匀机械搅拌,以消除或降低窑内自然均化不能克服的缺陷,保证进入成形区的玻璃液的温度均匀性和化学均匀性,从而生产出光学性能和表面质量优良的浮法玻璃的机械。

　　　　　　　　　　　　　　　　　(董苏华)

玻璃制品成型机械　glass forming machine

将玻璃熔体加工成各种玻璃制品的机械。有压制、吹制、拉制成型机。生产各种器皿、灯具、平板玻璃等制品。　　　　　　　　　　(丁志华)

玻璃制品吹制机　glass forming blow-machine

将玻璃料滴吹制成空心薄壁或空心厚壁玻璃制品的机械。有半自动吹制机和自动吹制机两类。分两步成型制品,先将料滴放入初型模中吹成(或压成)雏形玻璃料泡,再将雏形料泡在成型模中吹制成玻璃制品,制品出模后送入退火炉。由压缩空气或电动机驱动。用于生产电灯泡、真空管壳及玻璃器皿等。

　　　　　　　　　　　　　　　　　(丁志华)

玻璃制品拉制机　glass forming drawing machine

将玻璃液从成形池的自由液面连续地拉制成玻璃管、棒、平板玻璃和玻璃纤维等制品的机械。有垂直引上和水平拉制之分。前者利用若干对可调速、能正反转的石棉辊子拉引玻璃板或管;后者靠由许多传送辊组成的辊式输送机进行拉制。制品在设备中退火和冷却;玻璃纤维则连续卷绕在高速旋转的拉丝机机头上。　　　　　　(丁志华)

玻璃制品压延机　glass rolling machine

采用压延法生产玻璃制品的机械。包括压延机、活动辊台、退火窑的输送槽道及传动系统。全部机构装在四轮小车即压延小车上。机组有两个独立传动站,一个装在压延机小车上,另一个装在退火窑中部。玻璃液从池窑溢流槽溢出,经托砖通过单辊或一对水冷压辊间隙,滚压成玻璃板,然后经滚道拉伸、展平进入退火窑中退火。能生产压花、夹丝、夹网玻璃、波形玻璃瓦、槽形玻璃以及磨光玻璃毛坯。

　　　　　　　　　　　　　　　　　(丁志华)

玻璃制品压制机　glass forming press

又称模压玻璃制品机。将塑性玻璃料滴放入模具中,用冲头压成制品的机械。有手动、半自动和自动三种。模具有单冲头单模、单冲头多工位模和双冲头多工位模。由冲压机构、转盘机构、模具风冷装置、机座及夹钳装置组成。常用的多工位阴模安置在一个转台上,转台由电动机或压缩空气驱动,间歇旋转,模具即依次到达操作位置,用气压或液压推动冲头施压,完成操作工序。用配气阀等控制机械的动作与供料机连锁,以协调动作。用于生产空心玻璃制品。　　　　　　　　　　　(丁志华)

玻璃制品引上机　glass drawing machine

采用垂直引上法拉引平板玻璃的玻璃制品拉制机。机腔是铁制矩形筒式结构,内设若干无级调速、同步转动并能反转的石棉辊,用以从玻璃池窑液面引出玻璃板。可垂直连续拉引,并在其中退火和冷却。传动方式有:链动式、四齿转动、长齿转动和万向联轴节传动等。　　　(丁志华)

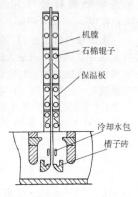

标注: 机膛、石棉辊子、保温板、冷却水包、槽子砖

剥离型单斗挖掘机　stripping excavator

专门用来挖掘矿层上部岩土并同时转堆到矿场采空区的大型单斗挖掘机。亦可用于矿山排土场倒堆。斗容量大,工作尺寸特别大,常采用铰接动臂或具有辅助动臂的特种构造型式;行走装置采用四履带或八履带台车,并具有履带台车的液压均衡装置,运行速度低,接地比压大;动力为发电机-电动机系统,多台直流电动机分别驱动,各机构独立;为减低工作时的动力载荷,起升机构采用低速电机,甚至不用减速器。国外大型剥离型挖掘机斗容量达 $132 \sim 150m^3$。　　　　　　　　(刘希平)

bu

不解体检验　non-strip inspection

应用各种检测仪表和设备,按照一定程序对机械各个总成进行检查,测定机械运行过程中的各项参数,以确定各总成系统技术状况的修理技术检验。在机械不解体情况下进行。所用设备按照现代测试原理制成。一般由检测性能参数信号的传感器、信号放大、处理和显示装置组成。按设置点不同分车内和车外两种。　　　　　　　　　　(杨嘉桢)

不可拆卸连接　undetachable joint

连接件被连接起来以后不能再随意拆开,如强行拆开,连接件的形状、外观、强度等将受到破坏而不能重新

使用的连接方式。例如焊接、铆接等。　（田维铎）

不可调式液力变矩器　unadjustable hydraulic torque converter

泵轮叶片或导轮叶片为不可调的液力变矩器。分为单级、两级和三级液力变矩器。应用最广泛。
（嵩继昌）

不确定度　uncertainty

用来表征测量结果对真值可能分散的一个区间。在测量过程中，由于计量器具的内在误差和测量条件误差的综合作用，引起测量结果的分散，这种分散程度一般不能准确地测量出来，只能估计出一个范围，这个误差范围即用不确定度来描述。
（段福来）

不脱钩强夯式地基处理机械　non-leaving hook type dynamic compaction ground treatment machine

通过不脱钩的装配式夯锤的冲击作用进行地基密实处理的强夯式地基处理机械。　（赵伟民）

不旋转钢丝绳　non rotating wire rope

又称不扭转钢丝绳。根据力矩平衡原理，捻制时使股与股间所产生的扭转力矩相互抵消，受力自由端不发生旋转的钢丝绳。具有总破断拉力大，耐磨性好，使用寿命长的优点。　（陈秀捷）

布料杆　placing boom

在一定半径范围内可以回转、伸缩的臂架和输送管总成。由多节臂铰接或套接而成，臂与臂之间用液压缸和连杆机构支撑在转台上可以回转，能方便地改变混凝土拌和料出料位置。可以装在汽车底盘上设计成臂架式混凝土泵车，也可以安装在独立的立柱上、塔式起重机上或其他底座上。最末端一节臂架的端部还装有一至二节软管。分为立柱式布料杆、移置式布料杆、固定式布料杆和手动布料杆。
（龙国键）

布料杆臂架

布料杆上支撑输送管的悬臂部分。由几节杆状箱形钢结构臂、连杆、液压缸组成，多数以铰接方式连接。有连接式、伸缩式和折叠式。　（龙国键）

布料杆臂架旋转接头　swivel pipe joint of placing boom

将各节输送管连接在一起并可使之相互转动的连接部件。由接头体、密封圈等组成，需相对运动的两管口装在密封圈和接头体内，接头体限制两管口错位分离并防止密封圈在混凝土拌和料压力作用下涨开。　（龙国键）

布料软管　delivery hose

安装在混凝土泵输送管末端的橡胶管。用人力推拉摆动，能在小范围内对不同施工作业点进行混凝土浇灌。　（戴永潮）

布料转速　revolving speed in charging period

离心成型机械生产制品时，在布料阶段管模的转速。这个转速必须使混凝土拌和料颗粒具有一定的离心力，以克服重力而保持与模壁接触不致落下。但也不能过高，以免拌和料显著分层。对于托轮式离心成型机，布料转速一般用托轮转速控制较为方便。按中国生产普通混凝土管的离心作业制度，布料阶段的托轮转速一般为 $80\sim150$ r/min。
（向文寿）

布氏硬度　brinell hardness

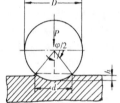

以钢球压入被测材料后压痕凹陷面积上的应力表示材料硬度的方法。1900 年由瑞典人布里涅耳（J. A. Brinell）首先提出。试验（图）时用载荷为 P(N) 的力，把直径为 D(mm) 的钢球压入被测材料表面，并保持一定时间，然后去除载荷，测量钢球在材料表面上所压出的压痕直径 d(mm)，计算出压痕的表面积 F，由下式求出每单位压痕凹陷面积所受的力 P/F，作为该材料的布氏硬度值，用符号 HB 表示。

$$HB = \frac{P}{F} = 0.102\frac{2P}{\pi D(D - \sqrt{D^2 - d^2})}$$

由于钢球本身存在变形问题，它的使用上限一般不超过 HB450，可用于测定退火、正火、调质状态下的钢材、铸铁及有色金属的硬度。　（方鹤龄）

布衣格摇臂式掘进机　Bouygues rocker arm tunnel boring machine，Bouygues rocker arm TBM

法国布衣格（Bouygues）公司 1976 年研制成的新型部分断面岩石掘进机。由水平支撑及推进机构、旋转机头、摇臂机构、刮板机构、护顶板、后支撑、激光导向装置、出碴系统、液压系统、防尘系统及操纵系统等组成。工作时，水平支撑缸首先撑紧在洞壁上，后支撑缸收起，推进缸向旋转机头旋加推力。

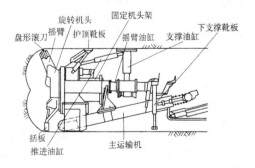

在旋转机头上装有 3~4 个铰接摇臂,每个摇臂端部装一盘形滚刀,摇臂可在头部一个摇臂缸的控制下,在垂直于机械轴线的平面上来回摆动。由机头旋转和摇臂摆动两种运动合成的结果,把切割全断面分割成 3~4 个同心圆环,每个摇臂只切割一个圆环内的岩石,使滚刀以螺旋线的轨迹运动而将岩石破碎。其特点是:滚刀数少,所需推力减小;易观察滚刀与岩石作业工况;便于拆装与维修;支护衬砌后整机能退出洞外;成本较低,适用于开挖较软岩石。

(茅承觉)

步履式单斗挖掘机 walking excavator

行走装置为步行式的单斗挖掘机。工作时机体支承在中心支座(称为托座)上;运行时机体交替地支持在中心支座和两侧的支座(称为履板)上。它的运行以间歇重复的循环进行,行走速度慢。动臂为格桁式结构。大型水利工程上多为拉铲,斗容量大,工作尺寸特别大。国外制有斗容量达 168m³ 的步履式拉铲挖掘机。 (刘希平)

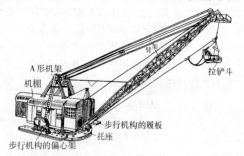

臂架
A 形机架
机棚
拉铲斗
步行机构的履板
托座
步行机构的偏心架

步履式桩架 walking pile frame

装有步履行走机构的桩架。由电动机或液压缸驱动行走机构在较短的一段轨道(俗称履靴)内滚动,带动整个桩架作直线行走,当走到轨道端头时,底架上的行程开关触头碰到撞块,行走电机断电,桩架就停下来,若欲继续前进,必须用液压支腿使桩架带着轨道一起离开地面,使轨道向前运动一段距离,再放下桩架,行走轮在轨道内再向前滚动,带动桩架再向前移动一段距离,重复上述动作,使桩架断续地向前推移,无限延长。行走、转向非常方便,与轨道式桩架相比,可省去大量的铺轨和移轨工作。

(邵乃平)

部分断面岩石掘进机 part face rock tunnel boring machine

又称循环作用式隧洞掘进机。工作机构为一截割头,仅能同时截割隧洞设计断面一部分的掘进机。为了开挖整个设计断面,必须在工作面内多次连续地移动截割头。按工作机构分为悬臂式、摇臂式。其特点:①可开挖任意形状断面的隧洞;②截割头的断面小,工作阻力也小;③整机外形尺寸比掘进断面小,便于现场维修和更换刀具,便于靠近工作面安装临时支架及支护;④空顶面积小,有利安全生产;⑤结构易于系列化。 (茅承觉)

部件 assembly

由若干个零件按照某种功能、需要、结构组成的一个组合件。本身具有一定的独立作用,例如,一个离合器、一个混凝土搅拌机的上料斗等。

(田维铎)

部件修理 replacing of components

采用更换部件的修理方法。换下来的部件修复后作为储备,供下次修理时换用。这样可以减少设备的停机修理时间,尽快恢复生产。

(原思聪)

C

ca

擦镀 brush plating, rubbing plating

见刷镀(253 页)。

cai

裁边机 edger

又称齐边机。锯切板边的锯机。由锯轴、支架、工作台等组成。锯轴上可安装一个至多个锯片,锯片间距可以调整。常用于细木工车间或胶合板整理车间的裁边工序。 (丁玉兰)

采矿型单斗挖掘机 mining excavator

只有一种专用采矿工作装置的单斗挖掘机。斗容量较大,一般为 4~12 m³,多数设计成专用式正铲;采用刚性少支点双履带运行装置,一般只有一种运行速度,接地平均比压较大。有液压式和机械式两种,机械式采矿型单斗挖掘机的动力装置多采用发电机-电动机动力系统,以多台直流电动机分别驱动。各机构是独立的。广泛用于矿山剥离、采掘和装载等作业。 (刘希平)

采矿型全液压挖掘机　full hydraulic mining excavator

具有履带行走装置,用于矿场采掘的大、中型单斗液压挖掘机。工作装置为正铲,在露天矿场进行矿石的挖掘装载,由于工作对象为矿石,作业时挖掘阻力和振动冲击较大,其底架、转台和工作装置的钢结构件均予加强。采用高压液压系统,双泵、三泵以及多泵驱动,并有液压伺服操纵。斗容量一般为2.5～12m³。研制大型机和超大型机是当前液压挖掘机的发展方向之一。目前国外已研制有斗容量达34m³、质量475t、功率2200kW的采矿型正铲挖掘机。　　　　　　　　　　　　　　　(曹善华)

采矿钻车　mining drill jumbo

用于井下采矿的凿岩钻车。有可以钻凿上向垂直扇形布置和上向垂直平行布置中深炮孔的扇形钻车;也有可在垂直面360°范围钻凿任意方向炮孔的环形钻车。根据行走装置分为履带式、轮胎式和轨轮式三种。　　　　　　　　　　　　　　(茅承觉)

采砂船　sand dredger

从水底采挖矿砂的船只。由船体、挖掘设备、输砂装置、动力装置等组成。船只大多为非自航式,挖掘设备有链斗式、铲斗式、绞吸式、抓斗式和喷射式等多种,采得的砂卸于驳船或采砂船船舱中。作业时用钢桩或锚缆碇泊定位。　　　　　　　(曹善华)

采样　sampling

在动态信号处理中,每隔一定时间将原始模拟信号瞬时值取出来,组成一系列幅值不同的脉冲信号的过程。为了使信号不失真地复原,瞬时值的时间间隔必须由采样定理决定。　　　　　　　(朱发美)

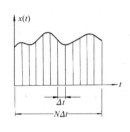

can

参数　parameter

某种工程机械本身功能、特点、结构、主要尺寸等的文字及数值表征。例如装载机的装运质量,起重机的起升高度、起升速度等。　　　　(田维铎)

参数故障　parametric failre

机械的参数(特性)超出允许的极限值。如:传动效率降低,生产率达不到规定指标;机械达不到最高速度标准值等。这类故障并不妨碍机械继续运转,但按技术标准要求来衡量,这种机械都是工作能力不佳的。现代机械参数故障具有特别重要的意义,因为现代机械对输出参数要求很高。使用参数故障的机械,可能造成严重的经济损失,增加额外的时间和费用损失,且可能引起功能故障。

　　　　　　　　　　　　　　　(杨嘉桢)

cao

操纵台　control board

集中设置开关、按钮、控制阀、各种仪表以及操纵手柄等的工作台。挂在司机胸前的称为携带式操纵台。　　　　　　　　　　　　　　(田维铎)

槽式台座

断面呈槽形的张拉台座。长度一般不大于76m,宽度随构件外形及制作方法而定,一般不小于1m。为便于混凝土运输及蒸汽养护,台座一般与地面相平,但需考虑地下水位和排水等问题。既可承受张拉力,又可作蒸汽养护槽。适用于张拉吨位较大的大型构件,如吊车梁、屋架等。

　　　　　　　　　　　　　　　(向文寿)

槽销　grooved pin

开有纵槽的销子。使用时借材料的弹性挤紧在未经铰光的销孔中,可多次装拆,多用于传递载荷。用圆管做成的更富有弹性。　　　　(范俊祥)

槽形立柱导轨　channel guide-way of leader

断面为槽形,使内夹式导向装置在其上上下滑动,为桩锤或钻具导向的立柱导轨。　　　　　(赵伟民)

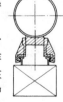

槽形立柱导轨

草皮灌喷机　greensward irrigator

在干旱季节对草皮进行喷灌作业的园田管理机械。喷洒器安装在一台两轮小车上,三只喷头(一只中间摇臂喷头,两只长臂喷头)同时喷水,两只长臂喷头呈一定反向角度,在喷水时产生旋转。旋转套管经多级降速,带动装有细钢丝绳的绕盘旋转收拢钢丝绳,牵动小车慢慢前移。行进至桩头附近,钢丝绳端头挡块触动联动阀,切断水源,小车自动停下,不需任何动力装置。

　　　　　　　　　　　　　　　(董苏华)

草皮清扫机　lawn cleaner

以汽油机或电动机为动力专门清除人工草坪中废纸及杂物的园林绿化机械。由动力装置、清扫耙、风机、机架、行走机构、垃圾箱等组成。机器前进时,通过清扫耙和风机共同作用将废物吸扫到垃圾箱里。按整机结构分为手推式与拖挂式。

　　　　　　　　　　　　　　　(胡　漪)

草皮施肥机　greensward fertilizer applicator

为使草皮生长发育健壮而定期施肥的园田管理机械。在肥料斗内装有磨碎、筛盖及搅拌装置。当机器一面行走,一面铺撒肥料时,车子后有一块拖板经过,以使肥料和草皮进一步接触和施肥的均匀。施肥的厚度由操纵手柄控制,并标有刻度和定位装置。　　　　　　　　　　　　　　　　　　(董苏华)

草皮通气机　greensward aerator

利用带尖齿的装置对草皮土壤进行扎孔通气的园田管理机械。用以调节草皮土壤水分,使草皮土壤形成疏松的结构层,增强土壤的透气性和增加好气性微生物的活动,加速土壤营养物质的分解,有利于草坪根系的吸收。机上装有搬运行走机构,采用简单的杠杆操作,就可使机器进行移动前进,方便地移入作业场地。孔穴直径为 12～15mm,孔间相隔约 50mm,穿孔深度约 70mm。　　　(张　华)

ce

厕所车　toilet car

在大型广场作为移动式公共厕所使用的专用环卫机械。车辆内装有大便器、小便器、洗手池、清水箱、污水箱、隔板等设施。有自行式和拖式两种型式。　　　　　　　　　　　　　　　　　　(张世芬)

侧叉式叉车　side loading fork lift truck

侧向叉卸物品的叉车。门架和货叉位于车体中部、面向正侧方。叉卸物品时,门架和货叉横向一起伸出,行驶时缩回将物品放在车体平台上。适宜搬运长件物料,搬运时所需通道窄,稳定性好。　　　　　　　　　　　　　　　　　　(叶元华)

侧滑试验台　test stand for lateral slide of vehicle

对轮式车辆行驶中及转弯、制动时产生侧向摆动或滑动进行综合测试的装置。具有测试、记录、显示处理等装置。车辆通过试验台时,即能很方便地测试各有关指标。　　　　　　　　　　(原思聪)

侧式磨光机　side polishing machine

电动磨盘磨石的旋转平面与水平面垂面,用于加工铅垂平面的水磨石机。　　　　　　(杜绍安)

侧向式气腿　offest air leg

见向上式气动侧向凿岩机(297 页)和气腿(218页)。

侧卸铲斗　side dump bucket

铰装在单斗装载机动臂前端,在液压缸作用下绕动臂侧向倾翻卸料的铲斗。装载机与运输车辆可并行作业,卸料不需调头,作业效率高,但铲斗结构较复杂。　　　　　　　　　　　　　　(黄锡朋)

侧装倾翻卸料式垃圾车

靠自身动力装置在车箱侧面装载垃圾,转运后倾翻车箱卸料的垃圾车。与圆形垃圾桶配合作业。

车顶前部有装料口,车箱前部一侧装有提升机构,能平稳地将垃圾桶提升、转向,并使其在装料口上方倾翻,将桶内垃圾倒空,然后复位到地面。当车箱前部垃圾堆积一定量时,靠液压举升机构将车箱举升使之向后倾斜,让前部垃圾滑到车箱后部,腾出前部空间可继续倒入垃圾,直至充满车箱。卸料时车箱举升机构起升,向后翻转车箱,使垃圾由车箱后门卸出。减轻了劳动强度,但不利环境保护。
　　　　　　　　　　　　　　　　　　(张世芬)

侧装压缩装载推挤卸料式垃圾车

靠自身动力装置在车箱侧面装载垃圾转运后,由推板从车箱后门推挤卸料的垃圾车。与圆形垃圾桶配合作业。车顶前部有装料口,车箱前部一侧有提升机构,能平稳地将垃圾桶提升、转向,并使其在装料口上方倾翻,将桶内垃圾倒空,然后复位到地面。当车箱前部垃圾堆积一定量时,安装在车箱内的整体推板将车箱前部垃圾往后面推动,使倒入车箱内的垃圾分布均匀,又对垃圾有一定的密实作用。卸料时,开启车箱后门,垃圾由推板从后门推出车外。　　　　　　　　　　　　　　　　　　(张世芬)

测功器　monitor

通过测定转速和转矩来计算出内燃机有效功率的仪器。按对转矩的处理方法不同可分为传递型及吸收型两大类。传递型测功器可装在内燃机与产生阻力矩的机械之间,感受内燃机输出功率时连接传动轴的转矩,并将其表示出来。吸收型测功器用水、电、空气等介质对内燃机产生阻力矩,当阻力矩与内燃机发出的转矩相平衡时,阻力矩就等于内燃机当时发出的转矩。如机械测功器、电力测功器、水力测功器、气力测功器等。　　　　　　　(原思聪)

测力器　dynamometer

测量钢筋冷拉应力的装置。常用的有弹簧测力器、钢筋测力计、电子秤测力器、拉力表等。
　　　　　　　　　　　　　　　　　　(罗汝先)

测量　measurement

把实际机件的量值与体现计量单位的标准量通过计量器具进行比较,确定被测量相当于计量单位的倍数的方法。如以 Q 表示被测的量,u 表示计量单位,二者比值为 $x = Q/u$,则有:$Q = xu$。即用计量单位表示的被测的量的数值。测量过程中要有适当的计量器具和测量方法。可分为直接测量与间接测量;绝对测量与相对测量;接触测量与非接触测量;单项测量与综合测量等。
　　　　　　　　　　　　　　　　　　(段福来)

测量误差　measurement error

实际测量值与真值之差。由于理论上的真值无法获得,常用重复测量所得的算术平均值作为真值

的近似值。各测量值与算术平均值之差称为离差或残差,习惯上统称误差。　　　　　　　　(朱发美)

测量装置　measuring device

将被测量变换成便于观察者直接感觉的测量信号的各种测量仪器和辅助装置的总称。除了包括传感器、指示记录和控制部分外,还包括放大、变换、传输及电源等部分。　　　　　　　　(朱发美)

测试　test and measurement

通过试验对机械设备、仪器仪表、电子电气装置等的性能参数或精度进行测量和检验的过程。例如用非电量电测法对铲运机牵引力的测量,起重机动力系统的测定,机械振动系数的测量等。
　　　　　　　　(朱发美)

测速发电机　tachometer generator

将机械转速变换成电信号的发电机。输出电信号与机械转速成正比,在自控系统和计算装置中可用作阻尼反馈元件、测速元件和微积分元件。按输出电信号的不同,可分为交流测速和直流测速。交流测速发电机的结构简单、体积小,维护容易,但精度较低;直流测速发电机有较高的精确度和灵敏度,但结构复杂,价格较高,且电刷与换向器之间的滑动接触,会影响工作的可靠性,并产生火花而引起对无线电的干扰。　　　　　　　　(周体优)

测微法　microscopic sizing

用测微仪、指示器(如:工具显微镜,万能显微镜,光学指示器,投影仪等)或其他仪器测量零件磨损前后的尺寸的磨损测量方法。是尺寸测量的传统方法,未考虑到磨损的特点。缺点是:在机器运行过程中不能进行测量,通常需要拆卸某些部件或卸下被测零件;在没有基准时,不能判定磨损量。一般情况也不能判定磨损表面的形状。　　　　　(杨嘉桢)

cha

叉车　fork lift truck

用货叉等工作装置提取货物,能自行装卸物料的搬运车辆。由动力装置、轮胎底盘和工作装置三部分组成。按动力源不同分电瓶叉车和内燃叉车两种。根据构造特点和不同的作业方式分平衡重式叉车、插腿式叉车、前移式叉车、侧叉式叉车等。适用于装卸、堆垛和搬运成件物品。将货叉换装成其他作业装置后,能搬运散料和特种物品。　　　　　(叶元华)

叉车最大提升高度　maximum lifting height of fork lift truck

叉车满载,门架垂直,最高位置的货叉水平段上表面至地面的垂直距离。　　　　　　　(叶元华)

叉车作业装置　attachments of fork lift truck

为扩大叉车作业范围而附加配装的各种工作装置。广泛使用的装置有30多种。串杆可搬运轮胎和水泥管段。集装箱吊具搬运大型集装箱。侧夹、桶夹搬运捆包、油桶或纸卷。侧移叉可使叉车在狭小作业场所,容易对准货物。铲斗用来搬运散料。旋转夹可回转360°,用以调整货物位置,便于堆放等。

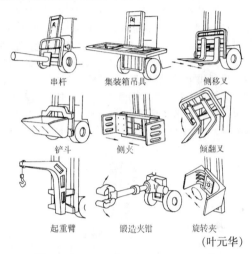

串杆　　　集装箱吊具　　　侧移叉

铲斗　　　侧夹　　　倾翻叉

起重臂　　锻造夹钳　　旋转夹
　　　　　　　　　　　　(叶元华)

叉分溜槽　two-way chute

依次分别向混凝土搅拌站(楼)中的两台搅拌机供料的叉形漏斗。扳动其上部的一块摆动档板,即可把其中的一个通口堵住,而使集料斗中的混合料全部经另一通口投入另一台搅拌机。　　(应芝红)

插板盾构　blade shield

在插板保护下进行土体开挖的盾构。将盾壳分成前后两段,并将前段盾壳解体成若干块活动插板,安装在机架上,可由液压千斤顶逐块地向前顶进或根据方向控制的需要分组向前顶进,待所有插板都已顶进后,插板千斤顶将机架向前拉移。后段盾壳仍为一圆钢筒,并以常速向前拉移,因而在进行土体开挖的同时,仍可进行衬砌工作,工效可大为提高。　　(刘仁鹏)

插齿机　gear shaper

用插齿刀按展成法原理加工齿轮齿形的机床。

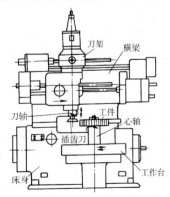

插齿时工件与刀具的相对运动与一对圆柱齿轮的啮合运动相仿。可以用来加工直齿和斜齿圆柱齿轮、多联齿轮和内齿轮等，使用专门刀具还能加工非圆齿轮、不完全齿轮和内外成形表面，如方孔、六角孔、带键轴等。 (方鹤龄)

插床 slotter

滑枕带着插刀作垂直往复运动的刨床。主要用于单件、小批量生产中插削直线的成形内、外表面，如键槽和型孔等。有普通插床、键槽插床、龙门插床和移动式插床等几种类型。普通插床（见图）的圆工作台可利用上、下滑座作纵向、横向和回转进给运动。键槽插床的工作台与床身连成一体，从床身穿过工作台向上伸出的刀杆，可使插刀一边作上下往复运动，一边作断续进给运动，由于工件的安装不受

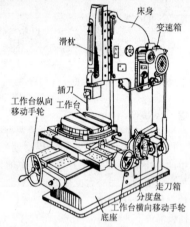

立柱限制，可用于加工大型零件孔中的键槽。 (方鹤龄)

插入式混凝土泵 insertional concrete pump

以插入的方式将混凝土拌和料挤入混凝土缸中再压送出去的混凝土泵。工作时把混凝土缸插入装有混凝土拌和料的受料斗中，通过混凝土分配阀和混凝土活塞的运动完成混凝土拌和料的连续输送。用于低坍落度混凝土拌和料的输送。 (龙国键)

插腿式叉车 straddle arm type fork lift truck

具有两条臂状支腿，货叉连同支腿一起插入货物底部的叉车。靠前后移动，正面叉卸物品。支腿端部装有小直径车轮，货物位于车轮支承面内，稳定性好，不需平衡重。对路面要求高，适用于室内堆垛、搬运货物。 (叶元华)

插桩漏斗 pile plug in funnel

静力压拔桩机中设在导向平台上为桩导向的装置。 (赵伟民)

差动轮系 differential gear train

两个中心轮都能转动，(即自由度为 2)的周转

轮系。确定各构件运动规律的先决条件是必须知道其中两个构件的运动规律。 (樊超然)

差动式气动桩锤 differential acting pneumatic pile hammer

锤体上升时由气体压力推动，下降时由气缸上下腔内气体的压力差推动的气动桩锤。死质量比双作用式气动桩锤小，可减至总质量的 55% ～60%。 (王琦石)

差动式溢流阀 differential relief valve

借助阀芯两侧作用面积差进行工作的溢流阀。工作时，压力油引入阀芯两侧面积不相等的 B 腔，当压力超过系统调定值时，由作用面积差产生的轴向

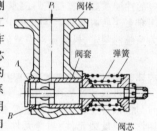

推力差克服弹簧力移动阀芯，打开阀口，使压力油经 A 处溢出，限制压力继续升高。弹簧尺寸小，结构紧凑，多用于中压系统。 (梁光荣)

差速器 differential

装在同一驱动桥的两侧驱动轮之间，可使两侧驱动轮以不同的角速度旋转，以避免驱动轮在滚动方向产生滑动的机构。常用的是普通锥齿轮差速器，当机械转弯行驶或在高低不平的道路上直线行驶或驱动轮实际滚动半径不相等时，差速器可使两侧驱动轮以不同的角速度在地面上滚动而不滑磨。 (陈宜通)

差速器锁 differentied lock

使差速器不起作用的锁止装置。起作用时，可使两半轴连成一体。由于普通差速器的"差速不差力"的传力特性，当一侧驱动轮掉入泥坑，则因附着力不够而产生滑转，这时作用在该驱动轮上的牵引力将大大减小；另一侧驱动轮虽然与路面的附着力可以更大，但由于普通差速器扭矩平均分配的特性，使这一驱动轮上的扭矩只能与滑转驱动轮上的扭矩相等，故总的牵引力就可能小到不足以克服行驶阻力，整个机械停止行驶。在这种情况下，使差速锁起作用，而把扭矩传给不滑转的驱动轮，以充分利用这一侧驱动轮的附着力来驱动机械行驶。

(刘信恩)

chai

柴油打桩机 diesel hammer pile driver

以柴油桩锤为主机的打桩机。由柴油桩锤和与之配合的桩架组成。是目前常用的打桩设备，但公

害较严重。 （王琦石）

柴油－电力浮式起重机 diesel-electric floating crane

又称内燃－电力浮式起重机。以柴油机－发电机机组作为动力装置的浮式起重机。机动性大，操纵方便，各执行机构都用电动机独立带动进行工作。电能由柴油机驱动发电机提供。 （于文斌）

柴油机 diesel engine

又称压燃式内燃机。以柴油作为燃料的内燃机。工作时活塞将空气吸入气缸，经压缩使缸内空气的压力和温度升高，当活塞接近上止点时由喷油设备将柴油以雾状喷入气缸内的燃烧室中引起燃烧作功，驱动曲轴旋转。 （陆耀祖）

柴油式 diesel type

以柴油机为动力设备或以压燃式内燃机工作原理为动力设备的机械。 （田维铎）

柴油桩锤 diesel pile hammer

利用二冲程柴油机工作原理，通过缸内空气压缩，使柴油燃烧而产生爆发力，以此爆发力加之锤体下落的冲击力进行沉桩的桩锤。有导杆式柴油桩锤和筒式柴油桩锤两种。锤体冲击力随外阻力大小成正比变化，因此在软土地层使用时，开始时效率较低。打斜桩效果较差，桩与垂线交角不宜大于30°。如何消除所产生的公害—噪声、振动和对空气的污染是有待解决的问题。 （王琦石）

柴油桩锤导向架 guide body of diesel pile hammer

与桩架上的立柱导轨相配合为桩锤上下滑动导向的部件。设在桩锤的后侧，由导向板和座板等组成。 （王琦石）

柴油桩锤工作循环 cycle operation of diesel pile hammer

锤体每上下往复运动一次，即每完成一次锤击，气缸内所经历的工作过程。锤体靠自身重力下降过程中，气缸内进行扫气、喷油、压缩、冲击和可燃混合气爆发燃烧的过程，及爆发力推动锤体上行过程中，气缸内进行排气和吸气的过程。 （王琦石）

柴油桩锤过热现象 overheat conditions of diesel pile hammer

柴油桩锤工作时，燃油在气缸中燃烧，放出大量热能，传到气缸壁和活塞等零部件上，而使其过度受热的现象。零部件过度受热将改变活塞与气缸壁的正常间隙，导致润滑油烧焦并牢固地粘附在活塞上，使活塞环不能正常工作。同时，由于温度过高，润滑油的粘度降低，使零部件的磨损增加；也使桩锤的能量降低和产生突然爆发，破坏了桩锤的正常工作。 （赵伟民）

柴油桩锤冷却系统 cooling system of diesel pile hammer

为及时适量地把在高温条件下工作的机件所吸收的热量散发到大气中去，使柴油桩锤在最佳温度范围内工作的一系列装置所组成的系统。可分为水冷和风冷。水冷是由上水箱和下水箱组成，靠水分蒸发进行冷却；风冷常用于小型桩锤，其冷却效果不如水冷，尤其是在桩锤长时间工作时，容易发生过热现象。 （王琦石）

柴油桩锤起落架 lifter of diesel pile hammer

用来提升锤体使桩锤启动并提升整个桩锤的装置。根据结构不同可分为：移轴式起落架，凸块式起落架和抱钩式起落架。 （王琦石）

柴油桩锤燃油供给系统 fuel system of diesel pile hammer

为保证柴油桩锤正常工作，有规律地向气缸内供应燃油的一系列装置所组成的系统。根据燃油雾化方式不同可分为：①低压燃油供给系统，由燃油箱、滤油器、输油管、低压燃油泵和燃油泵曲臂等组成；②高压供油系统，由燃油箱、滤油器、输油管、高压燃油泵、停止阀和喷嘴等组成。 （王琦石）

柴油桩锤燃油雾化方式 fuel atomization of diesel pile hammer

供入燃烧室中的燃油分散成细小油滴的方式。雾化是为供入燃烧室中的燃油与吸入气缸中的新鲜空气形成可燃混合气做准备。据雾化方式不同可分为冲击雾化和喷嘴雾化。 （王琦石）

柴油桩锤软土起动性能 diesel pile hammer operating in soft driving

桩锤在地基反力小、燃烧不良条件下，起动和连续运转的性能指标。 （王琦石）

柴油桩锤润滑系统 lubricating system of diesel pile hammer

将润滑油不断供给各相对运动零件摩擦表面的一系列装置所组成的系统。润滑方式为惯性润滑和强制润滑相结合。由惯性润滑油室，润滑油箱，三通阀，润滑油泵，分油器，注油阀等组成。用以减小零件的摩擦和磨损，清除摩擦表面上的磨屑等杂质，并冷却摩擦表面。此外，气缸壁和活塞环上的油膜能提高气缸的密封性。 （王琦石）

柴油桩锤最大爆发力 maximum explosive force of diesel pile hammer

燃油在气缸内燃烧、爆发致使气缸内气体压力达到的最大值。不仅决定了锤体的冲程，还决定了由爆发力所形成的沉桩力（大于沉桩阻力）的作用时间。作用时间越长，桩的贯入度也就越大，打桩效率就越高。 （王琦石）

chan

铲刀侧倾角 blade tilt angle

推土铲在垂直面内倾斜,铲刀刀片切削刃与水平面的夹角。一般不小于 6°。 　　（宋德朝）

铲刀回转角 blade angle

角铲型工作装置的推土铲在水平面内与拖拉机纵向轴线的夹角。依靠左右斜撑顶杆和斜撑杆的共同铰点在 U 型顶推架左右推臂上的安装位置来实现,一般分三档,其最大值为 25°。 　　（宋德朝）

铲斗 bucket

挖掘机、单斗装载机和铲运机等土方机械工作装置的斗形工作构件。具有挖掘和装载两种功能。一般呈中空的筒形,上部敞开,由斗身、斗底和斗框等部分组成。斗身和斗底要利于装土和卸土;斗框在斗身挖掘部位,是一加强的框架结构,要利于铲挖并能承受挖掘(铲装)载荷。分带齿和不带齿两种形式,前者用于挖掘坚实土壤;后者用于铲装松散物料。其主要技术指标是斗容量。 　　（曹善华）

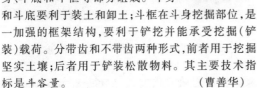

铲斗斗齿 bucket teeth

土方机械铲斗前缘所插装的齿状件。多用耐磨锰钢制成,数目 2~6 个不等。分插套式和卡销式两种,前者将斗齿直接套装在斗前缘齿座上,用螺栓或销子固定;后者利用卡销和橡胶卡圈将斗齿固装在齿座上,借橡胶卡圈吸收冲击,也利于拆换。斗齿能够使铲斗的挖掘力集中作用在几个齿上,有利于切入阻力较大的土壤和物料,挖掘硬土或装载石块时,还能耙动石块。挖粘性软土的斗齿宜细长;挖硬土和岩石的斗齿宜粗短;挖砂或清理作业的铲斗,以不装斗齿为好。 　　（曹善华）

铲斗堆尖容量 heaped capacity of bucket

铲斗平装容量和堆尖部分体积之和。平装容量是根据铲斗几何体,以斗形标定面以下铲斗的中心截面面积,乘以铲斗侧板以内的平均宽度的乘积确定。堆尖部分体积指斗形标定面以上部分的体积,一般根据该面四周物料都按一定斜度向上堆尖所形成的锥体体积计算。堆尖容量是铲斗的最大计算容量。 　　（曹善华）

铲斗缸 bucket cylinder

全称铲斗液压缸。具有斗形工作装置的工程机械中用来使铲斗转动或移动的液压缸。如单斗液压挖掘机中,液压泵压出的油进入液压缸的大腔或小腔,使活塞杆伸出或缩回,经过连杆传动使铲斗转动,完成挖掘及卸载工作。一般均采用双作用液压缸。 　　（刘希平）

铲斗平装容量 struck capacity of bucket

见铲斗堆尖容量。

铲斗挖掘 bucket digging

挖掘机工作装置用铲斗缸工作进行挖掘的一种作业方式。挖掘时,挖掘轨迹是以铲斗与斗杆连接铰点为中心,以该铰点至斗齿尖的距离为半径所作的圆弧线,弧线的包角(即铲斗的转角)及弧长决定于铲斗缸的行程。因挖掘行程较短,如要铲斗装满土壤,需要有较大的挖掘力以保证挖掘较大厚度的土壤,所以一般挖掘机的斗齿最大挖掘力都在铲斗挖掘时实现。铲斗挖掘常用于清除障碍,挖掘较松的土壤以提高生产率。 　　（刘希平）

铲斗自动放平装置 self levelling attachment of bucket

装载机铲斗卸料后,动臂降至低位时,使铲斗自动放平成铲掘状态的装置。一般用行程开关控制电磁气阀来实现。可以简化操作程序,提高作业效率。动臂在某一高度卸载后,操纵转斗控制阀,使转斗液压缸伸至预定长度,随活塞杆移动的凸块即与行程开关接触;打开电磁气阀,转斗控制阀回到中位,转斗液压缸停止伸缩,铲斗即停止转动。动臂放至低位,铲斗自动放平。 　　（黄锡朋）

铲抛机

利用挖土铲将土铲起,并用抛土器将土横向抛出于机身一侧的铲土运输机械。根据抛土器结构,分圆盘式和带式两种。用于农田建设中修筑梯田和开挖明沟等土方的挖掘和运移作业。 　　（曹善华）

铲土运输机械 combination excavator and hauler

利用刀型或斗型切削装置在机械行进中铲掘、切削土石方,并把所铲削的物料作短距离运输、自行卸载的土方机械之总称。包括推土机、单斗装载机、铲运机和平地机等机种,能完成刮削、铲运、装卸和堆积散粒物料,平整场地,以及露天矿剥离等土石方工程。依靠牵引力和速度进行作业,故对机械的行走装置和牵引传动系有较高要求。常用柴油机驱动,采用机械、液力机械或液压传动传递牵引功率。行走装置有轮胎式和履带式,工作装置多采用液压操纵。近年来,向大型化和超小型化发展;并研究自控、遥控技术的应用,以扩大机械使用范围,提高在地下、水下和高原等恶劣条件下的作业能力;进行节能和降低公害,提高机械的安全性和舒适性的研究,以改善机械性能。 　　（黄锡朋）

铲扬挖泥船 bucket dredger

利用船首甲板上所装的正铲或反铲装置切入水下土石层进行挖掘的单斗挖泥船。分全回转、局部回转和转盘回转等三种。铲斗容量最大达 $22m^3$(最小为 $0.4m^3$),能挖装大石块,也能集中力量于铲斗挖掘礁石、大卵石和大砾石。适用于排除障碍物,打捞沉物,拆毁旧堤,挖取大石块等作业。

(曹善华)

铲运机 scraper

利用装在前后轮轴或左右履带之间的铲斗,在行进中进行铲装、运输和卸铺的铲土运输机械。主要工作部分是一个铲斗。作业时,机械在行进中开启斗门、降下铲斗,装在斗体底部前面的切土刀片将土铲起并装入斗内,待装满后升起铲斗,关闭斗门,运至卸料场,开启斗门边行驶边卸料。为克服铲装作业之尖峰阻力,可用助铲机(一般为推土机)顶推帮助铲装。有拖式和自行式两种牵引方式及钢丝绳式和液压式两种操纵方式;按卸土方式有强制卸土式、半强制卸土式和自落卸土式。现代铲运机以自行轮式、液压操纵、强制卸土应用最为广泛。用于土方挖填和运输,可兼作平整场地和部分压实,作业效率高。适宜于施工场地较平坦,轻、中级土的铲运作业;在重级土作业,需要预先耙松,不宜在土中夹有块石、树根及沼泽地区作业。主要技术参数是铲斗容量,常用为 $7\sim35m^3$。最大的电动轮式铲运机的铲斗容量曾达 $200m^3$。 (黄锡朋)

铲运机铲斗 bowl of scraper

由斗体、斗门、斗后壁、刀片等组成的铲运机铲装和运土的敞开容器。刀片装在铲斗底前缘,用于切土;斗体可以升降,以调整铲土和铺料厚度;斗门铰装于铲斗前端,可启闭;斗后壁可相对于斗体移动,实现强制卸料。斗体、斗门、斗后壁的动作由传动操纵机构控制,一般为液压操纵。 (黄锡朋)

铲运机铲斗斗门开度 apron opening

铲斗切削刃接地,斗门提升至最高位置时,其下缘至切削刃间的距离。它的大小影响机械铲装和卸土作业的效率。对于升运式铲运机是指运土器下端调至最高位置时与切削刃的距离。 (黄锡朋)

铲运机铲斗门 apron of scraper

位于铲运机铲斗前端、铰装在斗体上,构成铲斗前壁的结构件。可增加铲斗容积,保持斗内土不洒落。铲土时打开,运土时闭合。调整其开启程度,可以改变切割土屑厚度或铺土厚度。 (黄锡朋)

铲运机铲装阻力 shovelled resistance of scraper

铲运机铲装作业中产生的各项阻力之总和。包括切削阻力、摩擦阻力、土堆拖曳阻力和装斗阻力。切削阻力是铲斗刀片切削土的阻力;摩擦阻力是铲斗刀片沿地面向前移动的阻力;土堆拖曳阻力是铲斗前部自然形成的土堆被推移时所产生的阻力;装斗阻力是被切削的土屑进入铲斗时的阻力。铲装阻力是铲运机作业过程中运行阻力的主要组成部分。

(黄锡朋)

铲运机调头处最小宽度 minimum width of non-stop turn of scraper

铲运机以牵引最大转角缓慢行驶时,急驶弯调头180°处所必须具备的空间最小宽度。表征机械的转向灵活性。 (黄锡朋)

铲运机顶推架 rear push frame of scraper

位于铲运机尾部,用于推土机助推作业时顶推的结构架。为缓冲顶推冲击力,常装有缓冲器。

(黄锡朋)

铲运机斗车 scraper portion of scraper

由牵引架、铲斗、尾架、车轮和传动操纵机构组成的铲运机铲运装置总成。牵引架是支承和牵引铲斗的构架,尾架位于铲斗后部,是承受助铲机顶推力的构架。斗车可以独立支承在前后转轴上(如拖式铲运机),也可通过牵引铰接装置支承在牵引车上(自行式铲运机)。 (黄锡朋)

铲运机牵引车 tractor of scraper

自行式铲运机专用的单轴或双轴轮式牵引车。斗车的牵引架通过牵引铰接装置与之相连。斗车和斗内土的部分质量支承在牵引车上,一般由内燃机驱动,广泛采用液力机械传动。为适应在不平地区高速运行,现代牵引车的车架通过油气悬挂装置支承在驱动轮上,通过调节油、气的压力和容量实现运行时为弹性悬挂,铲装时为刚性悬挂的变刚度悬架。

(黄锡朋)

铲运机牵引铰接装置 tractive articulated device of scraper

联接铲运机牵引车和铲运机斗车,并能使两者相对转动的装置。由纵向水平销、联接架和垂直主销等组成。牵引车通过纵向水平销与联接架相连,允许牵引车相对联接架摆动,以保证铲运机在不平地区行驶时四轮同时着地。斗车通过垂直主销与联接架相连,允许牵引车相对斗车在水平面内偏转,实现转向。现代铲运机为提高行驶平顺性、减少颠簸,常采用连杆机构和液压系统组成的联接装置。

(黄锡朋)

铲运机牵引最大转角 maximun steering angle of scraper

牵引车(拖式铲运机指拖杆)相对铲运机斗车的最大转动角度。铲运机取此转角运行时,其最外一点围绕转向中心作出的圆弧半径为最小转弯半径。它反映该机的机动性能。 (黄锡朋)

铲运机推拉设备 push-pull equipment of scraper

两台自行式铲运机串联进行推拉作业的快速连

接装置。一台铲运机铲装土时,另一台在后边顶推,起助铲作用,待装满土后,就作为牵引车协助后一台铲运机铲装土。两台铲运机均装满土后,快速脱开推拉装置,各自单独运行。省去助铲机,提高铲运机工效。 (黄锡朋)

铲运机卸土器 ejector of scraper

装在铲运机铲斗后端,由动力推移铲斗后斗壁强制卸土的装置。有钢丝绳式和液压式两种。钢丝绳式由钢丝绳滑轮组、回位弹簧、蜗形器和后斗壁组成;液压式由液压缸,后斗壁和连杆机构组成。 (黄锡朋)

铲运机运土器 elevator of scraper

装在铲运机铲斗切削刃上方,用来把切削刃切下的土屑装入斗内的刮板输送机。是链板斗式铲运机的重要装置,位置可以移动,以适应装土和卸土的要求,代替铲斗门的启闭。输送速度常用液压马达通过行星齿轮传动进行调节。 (黄锡朋)

铲运机最大切削深度 maximum cutting depth of scraper

铲运机铲斗切削刀片切入土内的最大深度。由结构决定,与操纵方式密切相关,并随铲斗容量的增加而增大,一般在 250~500mm 之间。 (黄锡朋)

铲运机最大摊铺厚度 maximum spreading depth of scraper

铲运机摊铺作业时,铲斗切削刀刃提升至地面以上的最大高度。表征该机能铺土层的最大厚度。 (黄锡朋)

chang

长臂点焊机 spot-welding machine with long electrode

电极臂杆外伸长度较大的钢筋点焊机。适用于大型网片的点焊。 (向文寿)

长吊钩 long hook

钩颈长度尺寸大于正常值的起重钩。用于双联滑轮组中,与动滑轮组联在同一根轴上,构成短型夹套的起重钩组。 (陈秀捷)

长螺旋钻孔机 full screw earth auger

钻头切削下来的土

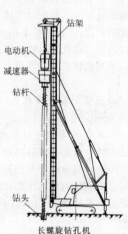

长螺旋钻孔机

（图中标注：钻架、电动机、减速器、钻杆、钻头）

屑沿钻杆上的螺旋叶片上升排出孔外的螺旋钻孔机。切土与提土连续进行,成孔速度快。用于 I、II、III 类土,及地下水位较低的地区。 (王琦石)

长网成型机 long shave machine

简称长网机。利用长网辊使木浆料脱水而形成湿板坯的纤维板生产机械。由网辊、网前箱、自重脱水装置、真空脱水装置、辊压脱水装置和板坯切边装置等组成。将一定浓度纤维浆料通过多个脱水装置连续均匀脱水;成型出一定厚度和一定含水率的湿板坯条;经自动锯边和横切成一定规格湿板坯。 (丁玉兰)

常闭式 normally applied type

机械在非正常或非工作情况下,机械或机构常处于啮合、合闸的状态。例如常闭式制动器,即表示该制动器在机械非工作或遇到停电(即非正常)时,制动器自行处于制动的状态。 (田维铎)

常开式 normally released type

在正常或非工作情况下,机械或机构常处于非啮合、非接电、非合闸的状态。例如常开式制动器,即表示机械在正常运行中制动器常处于非制动的状态。 (田维铎)

厂拌设备 plant mixer

集中于某一固定场所进行土壤和胶结料拌和,完成土壤稳定工艺过程的稳定土搅拌机。 (董苏华)

chao

抄取法制板机 Hatschek sheet machine

又称哈谢克法制板机。利用网筒过滤作用从石棉水泥料浆中抄取石棉水泥料并形成板坯的石棉水泥制品成型机械。由成型

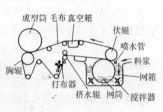

（图中标注：成型筒、毛布真空箱、伏辊、喷水管、料浆、胸辊、打布器、挤水辊、网筒、网箱、搅拌器）

筒、网箱和网筒、毛布、真空箱、传动装置、操纵台等组成。石棉水泥悬浮液在网筒上过滤排水形成薄料层,在和毛布接触时,吸附在毛布上,并由毛布传送,经真空箱脱水后,绕缠在成型筒上,至一定厚度时,扯坯装置将坯料自动扯下,形成板坯。常见的有二网箱、三网箱和四网箱几种机型。 (石来德)

抄取法制管机 Mazza pipe machine

利用网筒过滤作用从石棉水泥料浆中抄取石棉水泥料层并形成管坯的石棉水泥制品成型机械。由网箱和网筒、毛布、管芯、真空箱、成型辊组、清洗装置、液压控制机构及传动系统等组成。石棉水泥悬

浮液在网筒上过滤排水形成薄料层,而后粘附在毛布上,经真空脱水,缠绕在管芯上而成管坯。由压力辊组和液压系统对管坯加压密实。生产效率高,成品管子质量好,但结构复杂。　　　　　(石来德)

超调量　overshoot

　　在阶跃信号激励的响应中,所得超出稳定值的相应输出值。理想的二阶系统在阻尼比 ζ 为零时,理论上有100%的最大超调量。即

$$超调量 = 100 \times exp\left(-\frac{\pi\zeta}{\sqrt{1-\zeta^3}}\right) (当 \zeta \leqslant 0.1 时)$$

　　　　　　　　　　　　　　　　　(朱发美)

超临界转速混凝土搅拌机　over critical speed concrete mixer

　　搅拌筒倾斜放置、以超临界转速回转的转盘行星式混凝土搅拌机。搅拌筒回转方向与搅拌叶片的搅拌方向相反,搅拌叶片使拌和料像犁地那样翻动。能用较少的叶片得到理想的搅拌效果。(石来德)

超前式挖掘机

　　采用调整液压缸及连杆机构,使铲斗相对斗杆的角度可改变的机械式正铲挖掘机。工作装置除动臂、斗杆和铲斗外,还有用杠杆、钢丝绳滑轮组组成的各种连杆机构。回转和行走机构与传统的挖掘机相同。其特点:①在挖掘过程中,推压力对提升力起一定的辅助作用,增加挖掘力,在功率与机重相同时,此类机的斗容量比普通正铲增加约33%,工作装置及整机重量减轻;②有转角调整机构,可改变铲斗与斗杆间夹角,作业时,得到长的挖掘行程、大的挖掘范围,作业时间短,铲斗装满率高,适用于矿山采掘作业;③挖深小、工作装置铰点多,机械效率较低。挖掘方式有水平挖掘和圆弧挖掘两种。是国外新开发的矿山采掘用的专用挖掘机。　　　　　　　　　　　　　(刘希平)

超声波聚积法　ultrasonic coagulation

　　利用超声波激振使悬浮于气体中的尘粒相互碰撞、粘附和凝集,从而使微细尘粒凝集成团,以利收尘器收捕的聚尘方法。　　　　　(曹善华)

超声波料位指示器　supersonic level indicator

　　利用超声波反射原理测定料面位置的连续料位指示器。由超声波发生器和接收器组成,安装在贮料仓顶部。超声波从发生器发射,遇到材料被反射,由接收器接收。料面到指示器的距离可以由超声波从发射到接收的时间值求得。具有连续测定料面位置的优点;而且无触点,也不与材料接触,不受温度和湿度的影响,不受冲击,工作可靠。　　　(应芝红)

超声波探伤　supersonic flaw detecting

　　利用超声波通过两种不同介质界面时,产生折射和反射现象来发现零件内部隐蔽缺陷的无损检验。探伤时将高频声波(1~5Hz)从探头射入被检

物,当内部有缺陷时,缺陷与基体金属间便形成界面,使单方向射入的超声波一部分被反射回去,另一部分则穿透过去。然后将反射和穿透的超声波利用探头收集起来,再通过探伤仪使之成为电波在荧光屏下显示出来,即可检验出缺陷的部位和大小。有脉冲反射法和穿透法两种。　　　　(杨嘉桢)

超速限制器　overspeed limiter

　　又称限速器。装在吊笼内限制升降速度的起重机安全装置。用来防止坠笼事故。由限速和制动两部分组成,采用离心块进行限速,利用锥形制动器进行制动。当吊笼发生坠笼,下降速度达到限速器动作转速时,离心块迫使锥形制动器制动,从而使吊笼制动在导架上。按限速器起作用的旋转方向分为单向和双向两种。

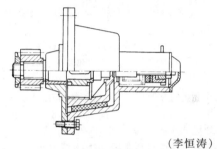

　　　　　　　　　　　　　　　　　(李恒涛)

超微粉碎　superfine grinding

　　物料粉碎至成品粒度为数微米以下至亚微米的过程。这类颗粒由于表面原子数与颗粒的总原子数之比接近于1,故表面能特高,常表现出许多奇特的性质,诸如同介质作用力显著加强,易于分散和流动,颗粒之间具有很强的复合作用等。在燃烧、催化反应、水泥的水化、陶瓷烧结等方面都有重要的应用。　　　　　　　　　　　　　　　(陆厚根)

超微粉碎机　superfine grinding machine

　　用以制备成品粒度为数微米以下至亚微米的粉碎机。常用的有振动磨、气流粉碎机及胶体磨等。对于硬度较低的脆性物料,或对于以聚集体或凝聚体形态存在的物料,球磨机、辊式磨机、高速锤式粉碎机等虽然有时也能起超微粉碎作用或超微解磨作用,但在产品细度上,或粒度分布上,或纯度上难以达到要求。　　　　　　　　　　　　(陆厚根)

超越离合器　over running clutch

　　随速度的变化或回转方向的变换能自动接合或脱开的离合器。在机械传动中广泛地用作速度转换装置、防逆转装置和间歇运动装置。有啮合式和摩擦式。可利用牙的啮合、

棘轮－棘爪的啮合或滚柱、楔块的楔紧作单向传递运动或扭矩。　　　　　　　　（幸淑琼）

超载　over load

机器、机件、电力系统、液压系统等承担的载荷已超过额定数值。除了极其特殊的情况外，皆不允许超载。　　　　　　　　（田维铎）

超重型平地机　extra heavy-duty grader

刮刀长度 4.2m 以上，发动机功率超过 220kW，机械质量大于 19000kg 的特大型自行式平地机。行走装置为三轴六轮，全轮驱动，全轮转向，铰接车架。适于平整 I 和 IV 级土壤的地面，IV 级以上土壤或冻土刮运时，须进行预松。　　　　　　　　（曹善华）

che

车床　lathe

主要用车刀对旋转的工件进行车削加工的机床。多用于加工轴、盘、套类和其他具有回转表面的工件，还可用钻头、扩孔钻、绞刀、丝锥、板牙和滚花工具等进行相应的加工，是机械制造和修理工厂中使用最广的一类机床。按用途和功能不同，可分为普通卧式车床、立式车床、六角车床、单轴自动车床、多轴自动及半自动车床、仿形及多刀车床、专门化车床等类型。　　　　　　　　（方鹤龄）

车床式离心成型机　lathe type concrete centrifugal casting machine

管模卡在前、后卡盘上转动的离心成型机械。

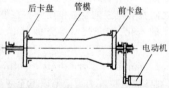

后卡盘　管模　前卡盘　电动机

因类似车床而得名。由电动机通过皮带轮驱动，可变速，转速最高可达 800~1000r/min。由于转速高，离心力大，混凝土制品的强度和密实度都有所提高，成型后可立即在砂地上脱模，自然养护。每台成型机只需配备 3~4 套管模就可满足生产周转。适于生产细而长的管状制品。构造较复杂，操作不便，使用不如托轮式离心成型机普遍。　　　（向文寿）

车刀　turning tool, turning knife

①车床上用来切削金属的单刃刀具，由刀体和刀头所组成，刀头通常用高速钢或钎焊硬质合金刀片所制成。按用途的不同，有外圆、端面、切槽、切断、螺纹和成形车刀等型式。

②安装在木工车床上用以旋削工件的刃具。常用的有圆刀、方刀、分割刀、斜刀、圆头刀、尖头刀、右

撇刀和左撇刀。圆刀用于粗车；方刀用于车制方槽或凹进的平直部分及直角等；分割刀用于工件深凹部分的细车；斜刀用于细车；圆头刀用于车削大小圆槽；尖头刀用于车削两边倾斜的凹槽；右撇刀用于车削工件左面的纵面或右边的圆角；左撇刀用途与右撇刀相反。　　　　　　　（方鹤龄　丁玉兰）

车架　frame

由纵梁和若干横梁用铆接或焊接而构成的框架。是整台机械的基础，在它上面安装所有零部件，使机械成为一个整体。车架支承着整个机械的大部分质量，在机械行驶和作业时，还承接较大的动载荷。要求车架有足够的强度和刚度，同时质量要轻。　　　　　　　（刘信恩）

车架铰接转向装载机　articulated frame steer loader

利用铰销连接前后车架的相对偏转实现转向的轮胎式装载机。车架可相对偏转 ±35°~±45°，机动性好；由于车桥与车架一起偏转，省去车轮的偏转机构，不需要转向驱动桥，易于实现全轮驱动；前后桥零件基本通用，使制造成本降低，结构简单，在轮胎式铲土运输机械中得到广泛应用。主要缺点是转向时机械抗侧翻的能力有所下降。　　（黄锡朋）

车间　work shop

进行某种生产任务的工业厂房。例如，装配车间是组装机器的厂房，金属加工车间是具有多种工作机床加工各种机械零件的厂房。　　（田维铎）

车用内燃机　automobile engine(motor engine)

作为汽车动力的内燃机。汽车行驶的路面情况多变，使用中内燃机的转速和负荷不断变化，要求汽车有良好的机动性。主要特点是结构紧凑，速度高，升功率高，起动方便，噪声及振动小，并具有优良的扭矩特性，以使汽车在不换档时对外界阻力变化的适应能力强。此外，由于汽车常以中等速度行驶，在常用转速范围内燃油消耗率应较低。　　　　　　　　（陆耀祖）

chen

沉降速度　sinking speed

在气力输送装置中，物料的球形颗粒在垂直管道的气流中从静止状态开始自由下落，终至匀速下降的临界速度。如球形颗粒在垂直向上的均匀气流中保持原地静止，该时的气流速度称颗粒的悬浮速度。两者数值相同。当颗粒处于速度大于该物料的沉降速度的气流中时，就会被气流带动。气力输送装置的输送风速应根据该物料的沉降速度确定。　　　　　　　　（洪致育）

cheng

称量斗车　trolly batcher

能沿轨道行走,用于双阶式混凝土搅拌站(楼)中混凝土组成料累积称量的称量装置。

（应芝红）

称量精度范围　accuracy range of weighting

在称量表盘的二分之一量程至最大量程间计量的实际质量与给定质量的相对误差值所规定的范围。中国规定水泥、水、骨料、掺合料和添加剂分别为 $\pm1\%$、$\pm2\%$、$\pm2\%$ 和 $\pm3\%$。 （王子琦）

称量料斗　batcher hopper

在杠杆秤中,用于盛装称量材料的斗状容器。由于所装材料不同,在构造上也略有不同。用于砂石的是矩形敞开式;用于水泥的是圆筒形密闭式;用于水等液体的是圆筒式,但在斗门处设有橡皮垫,以防泄漏。 （应芝红）

称量能力　total capacity of scale

混凝土搅拌站(楼)中称量装置的最大称量值。

（王子琦）

称量装置　batcher

混凝土搅拌站(楼)中,用以控制混凝土的配合比,对材料进行计量的装置。分为累积式称量装置和单独式称量装置;质量式称量装置和容积式称量装置。常应用杠杆秤和电子秤,按称量材料可分为骨料秤、水泥秤、量水秤或自动水表等。

（应芝红）

成拱　arching

散粒物料堵塞在料仓或卸载漏斗出料口,不能进行卸料的现象。是料仓和卸料漏斗工作中经常发生的有害现象,破坏卸料的连续性和可靠性。与物料的粒度、形状和湿度,漏斗的结构和几何形状有关。湿度和粘度大的散料易形成粘性料拱,大颗粒物料则形成机械性卡咬的料拱。常用的破拱措施有机械搅拌和振动、气动等。前者用人力或机械搅拌件直插入斗内破拱,后者则将压缩空气直接喷射在散料内部,或在斗壁内装设气囊并使气囊间隙鼓胀收缩,消除料拱。 （叶元华）

成件物品螺旋输送机　screw conveyor for unit-load materials

由两根相互平行并具有左右螺旋运送成件物品的螺旋输送机。一般由长 2.5~3m 的节段组成,相互铰接,可在倾斜方向运送物品。具有重量轻、尺寸小、设备紧凑、便于搬运、对工作场地适应性强等特点。在仓库、码头运送成件物品。当距离很大时,可采用几台输送机连接起来工作。 （谢明军）

成孔机械　boring machine

用于桩基础施工成孔的桩工机械。按其成孔方法不同可分为:挤土成孔机械和取土成孔机械。前者与施工预制桩的机械相同,把一根钢管打入土中,至设计深度后将钢管拔出,即可成孔。后者主要有:螺旋钻孔机、回转斗钻孔机、全套管成孔机、冲抓式成孔机、潜水钻孔机、压力水循环钻孔机、钻扩机和扩孔机等。 （王琦石）

成孔直径　drilling diameter

钻孔时钻头绕公共轴线钻出的孔径。

（王琦石）

成束镦粗头冷拉夹具

用于冷拉多根等长镦粗头钢筋的冷拉夹具。其中冷拉锚块可以更换,以适应钢筋根数和直径的变化。

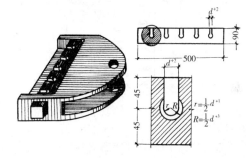

（罗汝先）

成套设备　complete set

由若干个、若干种机械及装置组成为系统的、完整的、可以加工或独立生产某种专门产品的设备。例如制氧成套设备、制造滚动轴承成套设备等。

（田维铎）

承载索　carrying cable,payload rope

①系于两支架之间,用以支承缆索起重机起重小车并作为其轨道的钢丝绳。依靠支架上的张紧装置保持一定的预张力,从而保持规定的垂度。一般均采用专用的密封式钢丝绳,具有表面光滑、抗腐蚀、耐磨损、能承受较大横向载荷等特点。工作中可借助转索器做适量转动,使表面磨损均匀,提高使用寿命。

②作为双索索道支承吊具轨道的钢丝绳。与普通钢丝绳不同,具有表面光滑、密封、抗腐蚀、耐磨的特点,能承受较大的横向力。

（谢耀庭　叶元华）

chi

尺寸　size

用特定单位表示长度值的数字。即仅表示长度的大小,包括长度、宽度、高度、厚度以及中心距等线

性量,而不包括角度量。由数字和长度单位组成。在技术图样中,以 mm 为通用单位,均可只写数字,不写单位。 (段福来)

尺寸补偿 tolerance compensation

通过修理或调整来恢复由于零件磨损、腐蚀、装配等原因引起的尺寸偏差的尺寸链精度的方法。 (原思聪)

尺寸偏差 size deviation

简称偏差。某一尺寸减其基本尺寸所得的代数差。其值可以为正、负或零。最大极限尺寸减其基本尺寸称上偏差(符号:孔为 ES,轴为 es);最小极限尺寸减其基本尺寸称下偏差(符号:孔为 EI,轴为 ei)。上下偏差统称为极限偏差。

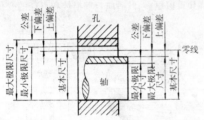

(段福来)

齿厚偏差 deviation of tooth thickness

齿轮分度圆上法向齿厚实际值减公称值之代数差 ΔE_s。 (段福来)

齿距累积误差 total cumulative pitch error

在齿轮分度圆上(允许在齿高中部测量)任意两个同侧齿面间的实际弧长与公称弧长的最大差值 ΔF_p。如指在分度圆上 K 个齿距间的实际弧长与公称弧长的最大差值(K 为 2 至齿数之半的整数),则称为 K 个齿距累积误差 ΔF_{pk}。此两项误差值通常采用相对法测量,即在分度圆周上逐齿测出单个齿距,并以齿轮全部齿距的平均值作为公称值与实际齿距值比较,经数据处理或作图而得到。 (段福来)

齿距偏差 deviation of circum ferential pitch

齿轮在分度圆上,实际齿距减去公称齿距之代数差 Δf_{Pt}。 (段福来)

齿轮泵 gear pump

通过密封在一个壳体中两个或两个以上的齿轮相互啮合转动而吸、压油的液压泵。具有结构简单、体积小、重量轻、成本低,对液压油的污染不太敏感,工作可靠,维修方便等优点。广泛地应用在各种液压机械上。按啮合形式分为外啮合齿轮泵和内啮合齿轮泵。 (刘绍华)

齿轮齿条传动 gear-rack drive

以齿轮轮齿与齿条上的齿相啮合,可将圆周运动转变为直线运动或将直线运动转变为圆周运动的齿轮传动。 (樊超然)

齿轮齿条千斤顶 rack and gear jack

以齿轮机构为传动装置的齿条千斤顶。通常用手摇把驱动齿轮转动,带动齿条上升;若使齿条下降,须将防逆转装置打开。比杠杆齿条千斤顶操作方便。 (孟晓平)

齿轮传动 gear drive

一对或多个齿轮的轮齿相互啮合,把运动和动力从一根轴传递到另一根轴上的啮合传动。是机械中应用最可靠、最广泛的一种传动。有圆柱齿轮传动、圆锥齿轮传动及蜗杆蜗轮传动三种主要形式。 (樊超然)

齿轮副接触斑点 contact tracks of the gear pair

安装好的齿轮副在轻微的制动下,运转后齿面上分布的接触擦亮痕迹。其大小在齿面展开图中,分别沿齿长和齿高方向上用百分比计算。 (段福来)

齿轮联轴器 gear coupling

由两个带有内齿及凸缘的外套筒和两个带有外齿的内套筒所组成,两个内套筒分别用键与两轴联接,两个外套筒用螺栓联成一体,并依靠内外齿相啮合以传递扭矩的可移式刚性联轴器。两个内套筒分别用键与两轴联接,两个外套筒用螺栓 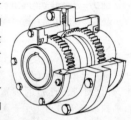 联成一体。联轴器的外齿顶制成椭球面,且保证与内齿啮合后具有适当的顶隙和侧隙,故在传动中,内套筒可有轴向、径向及角向的位移。能传递很大的扭矩,并可容许有较大的偏移量。 (幸淑琼)

齿轮式液压马达 gear-type hydraulic motor

由密闭在一个壳体中的两个或两个以上啮合齿轮构成的液压马达。当压力油作用于轮齿而使齿轮旋转时则在其轴上输出一定的转矩和转速。一般是高速小转矩。输出转矩是脉动的,不适用于要求平稳性较高的场合。具有体积小、重量轻、结构简单、耐冲击、抗污染能力强、惯性小等优点。(嵩继昌)

齿圈 gear ring

齿轮上没有轮毂和轮辐而只有轮缘和轮齿的齿轮。轮齿可以加工在齿圈的内表面或外表面上。 (樊超然)

齿圈径向跳动 radial run-out of gear

齿轮一转范围内,测头在齿槽内或轮齿上,于齿高中部双面接触,测头相对于齿轮轴线的最大变动量 ΔF_r。是公差与配合中的参数。 (段福来)

齿式松土机 tooth type ripper

见松土机(265 页)。

齿条齿轮式钻臂回转机构 rack-and-pinion rotation mechanism

由液压缸活塞带动齿条、齿轮的钻臂回转机构。齿轮轴与钻臂刚性连接，齿轮两侧与两根齿条啮合，齿条又各与一液压缸连接，两液压缸油路并联，当操纵液压缸时，活塞杆带动齿条作直线运动，齿轮联同钻臂即作360°回转。可使凿岩机紧靠巷道底板或帮壁钻凿炮孔，炮孔定位简单，定位时间短，但操作直观性差。　　（茅承觉）

齿条顶升机构 rack driven climbing mechanism

由电动机、减速器、制动器、齿轮齿条传动副和插销组成的自升塔式起重机顶升机构。可用于上加节方式接塔身，也可用于下加节方式接塔身。将整个装置置于塔身外套架上，当电动机通过减速器带动齿轮旋转时，齿条则做垂直方向运动，当将其与塔身的某个部件相固定后，则塔身外套架与塔身间则会产生相对运动，完成顶升动作。　　（李以申）

齿条动臂变幅机构 derricking mechanism with rack device

以齿轮齿条装置带动起重臂仰俯摆动，实现起重机变幅的动臂变幅机构。电动机的动力经减速箱、开式齿轮传动与起重臂铰接的齿条。结构紧凑，自重轻，效率高；但启、制动时有冲击，齿条磨损快。常用于工作性变幅的门座起重机。　　（李恒涛）

齿条千斤顶 rack-bar jack(rack jack)

采用齿条作为刚性顶升元件的千斤顶。一般有杠件齿条千斤顶和齿轮齿条千斤顶两种形式，均为人力驱动，只是传动形式不同。　　（孟晓平）

齿条式升降机 rack hoist

吊笼借助于齿轮齿条传动，沿导架做升降运动的附着式升降机。在高层建筑施工中，用来完成建筑材料、设备和施工人员的垂直运输工作。有单笼和双笼之分。工作可靠，是一种使用最多的施工升降机。　　（李恒涛）

齿向误差 tooth direction error

齿轮在分度圆柱面上，齿宽工作部分范围内，包容实际齿向线的两条最近的设计齿向线间的端面距离 ΔF_β。　　（段福来）

齿形链 silient chain

又称无声链。用销轴将多对具有60°角的工作面的链片组装在一起而成的链。传动时链片的工作面与链轮相啮

合。为防止链条在工作时从链轮上脱落，链条上装有内导片或外导片。啮合时导片与链轮上相应的导槽嵌合。齿形链传动平稳，噪声很小，常用于高速传动。　　（范俊祥）

齿形误差 tooth profile error

在齿轮端截面上，齿形工作部分内(齿顶倒棱部分除外)，包容实际齿形的两条最近的设计齿形间的法向距离 Δf_f。设计齿形可以是理论渐开线，也可以是修正的理论渐开线，包括修缘齿形、凸齿形等。　　（段福来）

齿牙辊破碎机 geared roll crusher

辊子表面带齿的辊式破碎机。根据所破碎物料，可以换装齿高不同的辊面，用来粗碎大块岩石。　　（曹善华）

chong

充气泵 aeration pump

俗称打气筒。小型喷漆枪中由人力操作产生压缩空气并排入储气筒的气体增压装置。为活塞式，排气部分的止回阀可制止储气筒内的压缩空气倒流。使用时只须抽压T形手柄，被压缩的空气通过止回阀进入储气筒，达到增加气体压力的目的。　　（王广勋）

充气式蓄能器 pneumatic accumulator

利用气体压缩能来储存压力能的蓄能器。根据气体(常用氮气)与油液是否接触分为直接接触式和隔离式。前者由于压缩气体直接与液压油接触，气体易混入油内，影响工作稳定性，应用较少；后者根据结构分为隔膜式、活塞式、气囊式等型式。　　（梁光荣）

充压式油箱 pressurized oil tank

又称压力油箱。在一定压力作用下存放液压油的密闭油箱。向密闭的油箱中通入一定压力的压缩气体(为防止气体溶解于油液中，可用隔膜或皮囊将气体与油隔开)，使泵的吸油口压力提高，防止液压泵产生吸空现象。　　（嵩继昌）

重复性 repeatability

在同一工作条件下，输入按同一方向作全测量范围连续变动多次时，仪器重复输出读值的能力。　　（朱发美）

重合度

又称端面重合度。两齿轮的实际啮合线与齿轮法节(基节)的比值(ε_α)。斜齿轮重合度为端面重合度再加上由于齿的倾斜而产生的附加重合度(轴向重合度)。是保证齿轮连续传动的基本条件，即需 $\varepsilon_\alpha \geqslant 1$。一般取 $\varepsilon_\alpha \geqslant [\varepsilon_\alpha]$，式中 ε_α 是随齿轮机构的使用要求和制造精度而定的值。一对齿轮的重合度大小，与二齿轮的齿数、轮齿的螺旋角、修正系数及啮合角等因素有关。　　（苑　舟）

冲锤 hammer

见冲击凿。

冲击 impact

载荷突然作用的现象。 （田维铎）

冲击电钻 impact drill

能使工具产生冲击和旋转复合运动的多用途电钻。配以不同工具（或配件）对混凝土、石料等建筑物进行钻孔、破碎、铲刮、开槽、锤击、夯实以及紧固螺母等各种工作。按驱动方式分电动冲击钻和气动冲击钻。 （迟大华）

冲击回转式凿岩机械 percussive-rotary rock drilling machinery

具有独立的冲击机构和回转机构，分别产生冲击力和旋转力矩以钻凿成岩孔的凿岩机械。如外回转转钎机构的凿岩机等。 （茅承觉）

冲击能量 impacting energy, blow energy

①打桩机在一个工作循环内，能使锤体获得的最大机械能。落锤一次冲击能量等于锤体重力乘以冲程。柴油桩锤可用近似公式：$E = 12WH$。式中 E 为冲击能量（N·m）；W 为锤体质量（kg）；H 为锤体冲程（m）。

②旧称冲击功，简称冲击能。在规定条件下，凿岩机活塞或锤体向前冲击达到工作位置时所具有的能量。单位为 J。

$$A = \frac{\pi}{4}(D^2 - d^2)c_1 p_0 \lambda S$$

式中 D 为气缸直径，m；d 为螺旋棒平径直径，m；c_1 为凿岩机冲程时的构造系数；p_0 为管网压力，MPa；λ 为活塞行程系数；S 为活塞的设计行程，m。

（王琦石　茅承觉）

冲击频率 impacting frequency, impact frequency

①打桩机锤体单位时间内的冲击次数。柴油桩锤每分钟冲击次数 $n = 60/t$；打斜桩时 $n = 60\sqrt{\cos\theta/H}$。式中 t 为每一循环时间（s）；H 为锤体冲程（m）；θ 为桩锤轴线与垂线的夹角（°）。

②凿岩机活塞单位时间内冲击钎尾的次数。单位为 Hz。

$$N = \frac{60}{1 + \alpha}\sqrt{\frac{c_1 p_0 F_1}{2\lambda S m_1}}$$

式中 α 为回程时间与冲击行程时间的比例系数；c_1 为凿岩机冲程时的构造系数；p_0 为管网压力，MPa；F_1 为气缸后腔的有效作用面积，m^2；λ 为活塞行程系数；S 为活塞的设计行程，m；m_1 为活塞质量，kg。

（王琦石　茅承觉）

冲击式凿岩机械 impact rock drilling machinery

利用有楔口的钻具，单纯以频繁的冲击作用钻凿成岩孔的凿岩机械。钻具在每次冲击之后旋转一定的角度，改变钻具冲击位置，此时不产生旋转力矩。如气动凿岩机等。 （茅承觉）

冲击式振动桩锤 percussive vibratory pile hammer

以振动方式产生冲击力进行沉拔桩作业的机械式振动桩锤。在激振器和夹持器之间设置了冲击头、锤砧、调节弹簧和螺栓等。当拧紧螺栓，使弹簧压紧，冲击头和锤砧之间无间隙时即成为无冲击的振动桩锤；调节冲击头使其与锤砧之间有一定的间隙时即产生冲击作用。 （赵伟民）

冲击误差 shock error

仪器因冲击带来的附加误差。 （朱发美）

冲击雾化 impact-atomization

供入燃烧室中的燃油受上活塞冲击而飞溅雾化的柴油桩锤燃油雾化方式。燃油雾化不好，有点火滞后现象，影响桩锤的起动和动力性能。当气缸过热时，由于燃油过早喷入而造成提前点火，使桩锤性能降低。而打斜桩时燃油易流出球碗。 （王琦石）

冲击系数 impact factor

由加、减速度运动或位移引起系统振动，并在系统中产生铅垂方向的附加载荷后的最大动力载荷与该振动系统的自重力载荷的比值。为与起升载荷动载系数相互区别故称冲击系数。有起升冲击系数、突然卸载冲击系数和行走冲击系数三种。 （顾迪民）

冲击载荷 impact load

起重机车轮或滚轮通过不平轨道接头或不平道路，起吊货物突然离地制动或突然卸载所引起的附加（减）载荷。用来验算该机构传动件的强度和相应的金属结构强度等。 （李恒涛）

冲击凿 chisel

又称冲锤，凿岩锥。用于在坚硬土层或岩层中施工的全套管成孔的钻具。 （孙景武　赵伟民）

冲击振动 impact vibration

既有振动又有冲击的载荷形式。如振动压路机碾压地面时，当激振器偏心块的激振力 F 大于振动轮的分配重力 G 的两倍时（$F \geqslant 2G$），其载荷状态即成为冲击振动，此时，土壤受到振动与冲击力的复合作用，密实的效果较好，尤其是碾压粘性土壤时，效果更为显著。 （曹善华）

冲击振动台 drop vibrating table

利用冲击作用使钢模内的混凝土拌和料密实成型的振动台。电动机通过皮带轮和圆锥齿轮副减速后，带动四根凸轮轴回转，凸轮通过滚轮将上框架（台面）顶起，然后自由落下，使固定在上下框架上的冲击梁相互碰撞产生振动。振动频率为 150～400 次/min。结构简单，坚固耐用，能耗低（为一般振动台的 1/2～1/3），能成型高达 1m 的制品，且制品具有较高的密实度和较好的表面质量,适用于生产外墙板、阳台护板、装饰构件、路面砖等。但由于在间隙冲击下工作,成型时间长,噪声大,应用范围受到一定限制。

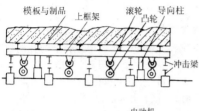

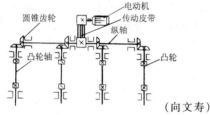

（向文寿）

冲压　stamping

利用冲模在压力机上对板料施加压力使它变形或分离,从而获得具有一定形状和尺寸的零件的机械制造方法。通常是在冷态下进行的,所以又叫冷冲压。只有当板料厚度超过8～10mm时,才采用热冲压。板料冲压基本工序可分为,分离工序:使冲压件与板料沿要求的轮廓线相互分离的工序,如剪切、落料、冲孔、切口及修边等;变形工序:使冲压毛坯在不破坏的条件下发生塑性变形,以获得所需的形状和尺寸,如弯曲、拉深及成形等。 （方鹤龄）

冲抓刀片　chell

简称抓片。设置在冲抓斗下部的挖土活瓣。由高强度铸钢制成。

（孙景武　赵伟民）

冲抓斗　hammer grab

全套管成孔机挖取土壤的工作装置。利用自身落下时的冲击力在管内直接挖取土,然后提升并排卸到孔外。

（孙景武　赵伟民）

冲抓式成孔机　impact-grab boring machine

用冲抓斗冲击抓土,提升排土循环作业的成孔机械。

（孙景武　赵伟民）

冲抓斗

chou

稠化液压油　thick hydraulic oil

简称稠化油。在石油基油液中加入增粘添加剂而形成的一种专用液压油。凝点低、氧化稳定性好、消泡性强。广泛用于低温环境下工作的工程机械液压系统中。 （马永辉　梁光荣）

chu

出厂编号　indification number

制造厂家在其机械产品出厂时,为了便于查证、登记、标志,给予每台机器的编号。我国工程机械是用汉语拼音字母和(或)阿拉伯数字一起编的顺序号。国外产品出厂编号的编制方法,由各自厂家制订,须具体分析。一般常打印在标牌上。 （田维铎）

出料溜槽　discharging chute

把混凝土拌和料从搅拌筒内向外引出的溜槽。可由人工手动操作,也可由电动或气动操作。用于鼓形混凝土搅拌机中。 （石来德）

出料叶片　discharge blade

安装在混凝土搅拌机搅拌筒中,用于卸出混凝土拌和料的叶片。 （石来德）

出料闸门　discharging gate

搅拌筒底部卸出混凝土拌和料的闸门。用于圆盘和圆槽形强制式混凝土搅拌机中,由气缸或液压缸推动开启或关闭。 （石来德）

出土装置　exhaust-earth device

用于定向排土的螺旋钻孔机的部件。固定于桩架立柱上端,钻具在其中通过。螺旋排出的土砂经其再定向排卸到运输工具上,并有为钻具定位导向的作用。 （赵伟民）

初筛　primary screening

又称预筛分。在粗碎之前必须先筛出大小相差悬殊的细小颗粒的筛分过程。大多用格栅筛完成。 （曹善华）

除尘室　dust chamber

又称重力沉降室。利用通路截面加大、气流速度降低、靠重力作用而沉降粉尘的空室。有时在空室内安装几块上下交错的垂直挡板,使气流折流减速以提高收尘效率。一般只作收集大粒粉尘的初级收尘设备。 （曹善华）

除节整形式原木剥皮机　idiomorphic log peeler

利用链锯除去节疤,同时由切削刀刨削树皮的原木剥皮机。其性能较刀辊式和锤辊式原木剥皮机为优。 （丁玉兰）

除荆机　bush cutter

履带式拖拉机前端悬装以尖端向前的V形刀架,用以砍伐施工场地上灌木丛和小树的土方工程准备作业机械。V形刀架由钢骨架和钢板焊成,其两侧下缘用螺栓装上刀片,刀架的尖端还装有翘起的凸架。作业时,刀片将机宽范围以内的树木砍下,同时,翘起的凸架把倒在地上的树木堆向两旁,以利机械前进。为保护司机,免被倒下的树木砸伤,驾驶室前装有用钢管焊成的护栅。

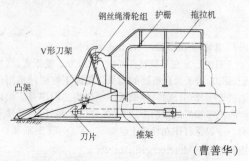

（曹善华）

除碳　carbon laydown cleaning, carbon deposit cleaning

除去零件表面因燃料或润滑油燃烧不完全或在高温作用下形成的积碳的过程。目前常用的方法有化学方法及电化学方法除碳。化学除碳分有机及无机两大类,在一般机械修理中,主要采用无机除碳剂,如苛性钠、碳酸钠、磷酸钠等;对于精密零件的除碳,则采用有机溶剂较好。电化学方法除碳是将碱溶液作为电解液,工件接于阴极,使其在化学反应和氢气剥离的共同作用下将积碳除去。　（原思聪）

除锈　rust cleaning, rust removal

除去零件表面因与空气中的氧、水分和腐蚀性气体接触而生成的产物的过程。目的在于防止腐蚀进一步发展、并恢复表面的应有性能。常见的除锈方式为机械除锈、化学除锈及电化学除锈。

（原思聪）

除雪机　snow remover

采用机械方法清除道路积雪的环卫机械。由工作装置和底盘组成。工作装置有犁板式、转子式和联合式三种。底盘可以是各种载重汽车、工程车辆或专用底盘。按整机性能分为兼用型和专用型。兼用型具有一机多用、利用率高、研制周期短等特点。随着现代交通事业的发展,要求提高机械的作业效率、安全性和可靠性,专用型除雪机得以迅速发展。　　（胡　漪）

除油　unoil

通过化学或其他方法除去零件表面油污。目前常用方法主要有碱性除油、有机溶剂除油及金属清洗剂除油等。　　　　　　　　　　（原思聪）

储漆罐　paint-storage tank

又称漆筒。喷漆枪中储存调制后供喷漆器喷涂使用的漆料、外形为圆柱体的液体容器。罐盖上装有漆料上升管,其一端伸向罐内漆料的底部,另一端与喷漆器相连接。喷漆枪工作时,喷漆器内产生的局部负压使漆料在大气压力的作用下压进漆料上升管而从漆料喷嘴中喷出,被空气雾化射向并附着于被涂物件的表面上。也有采用在罐盖上另装有导气管,使压缩空气经过减压器后进入罐内并对漆料表面施加气压的压力供漆方式。　　　（王广勋）

chuan

穿孔卡读数器　punch card reader

将穿孔卡配比预选器中穿孔卡的孔洞转换成电信号的器件。是一个电阻箱,每排电阻对应穿孔卡上的一种材料,组成电桥的一个臂。当穿孔卡上某处有孔时,与该孔相应的电阻被接通。更换一张穿孔卡,即改变穿孔的数量和位置,从而使电阻值改变,使电桥有一个对应的电压输出。　（应芝红）

穿孔卡配比预选器　mixing selector by punch card system

根据穿孔卡所标明的各种材料的质量进行控制的配比预选器。由穿孔卡、读数装置(包括穿孔卡读数器、测量电桥、放大器、可逆电机等)和预选指针组成。当穿孔卡插入穿孔卡读数器后,电桥有一个电压输出,经放大器放大,驱动可逆电动机带动预选指针转动;指示所要求的质量,为自动称量做好准备。变换配合比时,只需更换穿孔卡,预选的配合比种类不受任何限制。　　　　　　　　　（应芝红）

穿束器

采用后张法生产预应力混凝土构件时,将钢丝束、钢筋束和钢绞线束自构件预留孔道的一端穿入,从另一端引出的预应力混凝土机具。　（向文寿）

穿心式千斤顶　centre-hole jack

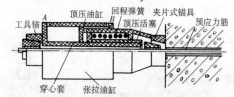

又称双作用千斤顶。沿千斤顶轴线上有一直通的穿心孔道,预应力筋从中穿过并固定在末端的工具锚上,能完成张拉和锚固两项工作的液压千斤顶。有多种型式适用于张拉采用夹片式和锥销式锚夹具的钢筋(丝)束和钢绞线束。配上撑脚、拉杆等附件,也可作为拉杆式千斤顶使用。是一种适应性较强的千斤顶,应用广泛。　　　（向文寿）

传递函数　transfer function

测量系统响应〔即输出 $y(t)$〕的拉普拉斯变换 $Y(s)$ 与激励〔输入 $x(t)$〕的拉普拉斯变换 $X(s)$ 之比。在零初始条件下,表示为 $G(s)$。

$$G(s) = \frac{Y(s)}{X(s)}$$

是表征测量系统动特性的主要参数。　（朱发美）

传动系统图 transmission system diagram

表示机械各传动链相互关系的综合简图。工程机械的传动系统图表明动力如何由发动机传送并分配到各个机构,使之产生所需要的力和运动。此外,还表明机械的变速方式和运动调整的有关数据,是分析机械内部传动规律的图样。有机械传动系统图和液压传动系统图两种。 (刘希平)

传动轴 transmission shaft

主要承受扭矩的直轴。在机器中主要起传递动力的作用。如汽车的驱动轴,把动力从齿轮箱传递到差动齿轮上。 (幸淑琼)

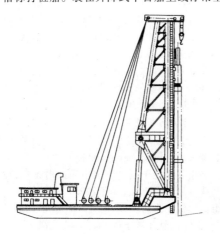

传感器 transducer

又称变换器。将被测的非电量变换成电信号的测量装置。在测量系统中传感器完成信号采集的功能,常称为一次仪表。根据不同的输入量,传感器可有不同特点,但一般包含敏感元件和转换元件两个基本环节,如应变式力传感器中的弹性敏感元件和应变片转换元件。某些传感器可以没有敏感元件(如热敏电阻,光电元件等)或两种元件合一(如固态压阻式压力传感器等)。 (朱发美)

传力杆安置机 dowel setter

桁架手推式振动切缝刀的可换工作装置。用以在路面施工中将整排传力杆利用激振力压入水泥混合料铺层内。由装在手推四轮桁架上的长钢板栅架和激振器构成。工作时,将栅架下端对准各传力杆,在栅架中央激振器激振力的作用下将栅架下压,从而使传力杆压入铺层一定深度。 (章成器)

船舶式液压挖掘机 shipbased hydraulic excavator

见铲扬挖泥船(22页)。

船式桩架 floating pile frame

俗称打桩船。装在升降式平台船或浮吊上的

桩架。由于施工条件恶劣,往往不制造特殊的打桩船,而通常将为桩锤导向的立柱用浮吊或起重船上起重机的臂架悬挂施工。 (邵乃平)

船坞塔式起重机 shipyard tower crane

用于修造船体的塔式起重机。在生产过程中,可吊装钢板、金属结构件、船只的零部件和船上的其他设备。

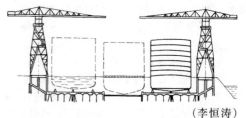

(李恒涛)

串并联液压系统 series-parallel hydraulic system

各执行元件的进油腔串联,而回油腔并联的液压系统。当某一执行元件工作时,其后各执行元件的进油道即被切断,故各执行元件间具有互锁功能,可防止误动作。 (梁光荣)

串联式减振装置 connection in series vibration absorber

提锤减振弹簧和拔桩减振弹簧串联在一根轴上的分置式减振装置。

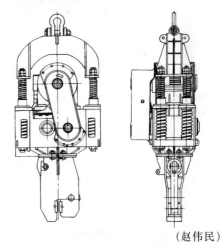

(赵伟民)

串联谐振 series resonance

又称电压谐振。在电阻、电感、电容与电动势相串联的电路中,当回路的总电抗等于零时所产生的谐振。这时,电路中的电压与电流相位相同,电路呈纯电阻性,总阻抗 Z 最小,并等于电阻 R,电路中电流最大,电感上的电压与电容上的电压相等,并等于外加信号电压的 Q 倍,Q 为品质因数。

(周体侃)

串联液压系统 series hydraulic system

一台液压泵向一组执行元件供油时,上一个执行元件的回油成为下一个执行元件进油的液压系统。液压泵的出口压力是各执行元件工作压力的叠加。可实现复合运动,但系统管路压力损失较大,多用于中小型建筑工程机械上。 (梁光荣)

串联振动压路机 tandem vibratory roller

具有前、后串联排列的两个振动碾轮的振动压路机。两轮都是驱动轮。具有激振性能好,牵引力大,碾压质量高等优点。 (曹善华)

串流式选粉机 air separator in series

又称高细度选粉机。利用立轴带动叶轮产生循环气流和立轴上所装撒料盘产生离心力的选粉机。由筒体、风叶轮、立轴、撒料盘、导风叶、进料口、卸料口等组成。通过立轴转速的改变或导风叶开度的改变来调节产品细度。具有生产高细度水泥时,产量不会急剧下降的优点。 (曹善华)

串窑 stepped kiln

又称阶梯窑。由几个窑室按阶梯形布置而成的半连续式砖瓦焙烧设备。第一个窑室前设有燃烧室,其余各窑室均设有投放燃料口和出灰坑,最后一个窑室设有烟囱。从燃烧室点火,前一个窑室的烟气加热后一个窑,达到燃烧温度时即投放燃料燃烧,逐个烧到最后一个窑室才熄灭,形成半连续性焙烧作业。热效率较高,产品质量较好,但各部位温差较大,作业条件较差。适于利用山坡地形条件下应用。 (丁玉兰)

chuang

窗函数 window function

具有有限宽度的特定函数。常用的有矩形窗、海宁窗、汉明窗和高斯窗等函数。在进行离散的傅立叶变换时,将其与无限长的信号相乘即可实现信号的截断。 (朱发美)

chui

吹管机 blowing iron machine

吹制玻璃管的玻璃制品吹制机。由机架及铰接在上面的机台、带空心金属轴耐火材料制的锥状吹管、传动装置等组成。玻璃液从池炉的充料槽流出,以带状缠绕在旋转着的吹管后部,料带前移成为均匀的玻璃层,于前端流出,空心轴送入压缩空气,使玻璃带液层在牵引机构拉引下形成玻璃管。用于生产直径小于40mm、壁厚小于3mm的玻璃管。 (丁志华)

吹膜辅机 donkey of blown-film

挤出吹塑法生产塑料薄膜所用的挤出机辅机。薄膜冷却系统将来自鼓风机的冷风沿薄膜周围均匀地定量、定压、定速、定向地吹向薄膜,进行冷却。牵引装置将由人字板压扁的薄膜压紧并送至卷取设备。卷取装置将薄膜平整、两边整齐,松紧适度地卷到卷轴上。切割装置用电热切割,飞刀切割,剪刀或齿状刀切割法将薄膜剪断。 (丁玉兰)

垂直度 perpendicularity

被测实际要素对基准要素成90°的程度。 (段福来)

垂直螺旋输送机 vertical screw conveyor

在垂直方向运送物料的螺旋输送机。由上部悬置在止推轴承内具有全叶式螺旋面的螺旋轴、圆管外罩、下部用于给料的水平短螺旋等组成。物料由水平螺旋供入具有一定转速的垂直螺旋面上,在离心力作用下,物料向叶片边缘移动,压在输送管壁上,产生摩擦力,使靠近槽壁处的物料颗粒减速,并与螺旋叶片产生相对运动,不随螺旋转动而向上运动。提升高度小于30m,一般在5～10m。 (谢明军)

垂直水枪 vertical monitor

沉井施工用的冲土水枪。由水枪喷嘴、直管、弯管和水枪稳流器等组成。垂直放置,不能回转,喷嘴垂直于工作面射水,一般布置在真空吸泥机周围,破土成浆后由吸泥机吸运。 (曹善华)

垂直振动输送机 vertical vibratory conveyor

利用输送槽的振动沿垂直方向运送物料的振动输送机。由激振器、槽体、支承弹簧等组成。槽体为一螺旋形上升的构件,在大于螺旋升角的方向产生振动便可使物料沿槽盘旋而上。按激振器的型式可分弹性连杆式、惯性式和电磁式三种;按振动质体数目可分单质体和双质体两种。 (谢明军)

锤辊式原木剥皮机 hammer log peeler

利用辊子上固定或活动齿锤的打击、挤压作用的原木剥皮机。其结构与刀辊式原木剥皮机基本相同。适用于加工树皮松脆易碎的树种。 (丁玉兰)

锤夯压路碾 towed rammer-roller

压路碾上具有夯锤的压实机械。夯锤装于碾轮之前,经夯锤夯实的地面,再由碾轮碾压,可获得密实平整的表面。由动力装置、传动系统、碾轮、夯架、夯锤、提升机构和机架等组成。作业效果好。 (曹善华)

锤式破碎机 hammer crusher

利用装在转子上的许多击锤敲击物料,使之碎裂的破碎机。由机壳、转子和轴、击锤、炉篦式格栅等组成。机壳为封闭体,内有破碎腔,腔内装转轴和转子,击锤铰悬在转子周沿。作业时,装入机壳破碎腔内的物料受到快速旋转转子上击锤的敲击,相互撞击,反撞在破碎腔内壁上而破碎,然后落到底部格栅上筛分,格栅孔可以调节,以改变破碎比。根据转子数目,分单转子式和双转子式两种,转子圆周速度在 30～50m/s 间。主要用来破碎中等坚硬的石料,如石灰石、页岩等,但不宜破碎湿粘和含水量大的物料,因其易于粘附在击锤上而影响工作。破碎比大,可达 10～40 乃至更大。　　　　　　　（曹善华）

锤式破碎机转子　rotor of hammer crusher

见单转子锤式破碎机(45 页)及双转子锤式破碎机(259 页)。

锤体　ram

又称冲击体或冲击部分。桩锤中往复运动进行锤击打桩的部件。筒式柴油桩锤的上活塞,活塞冲击式气动桩锤和活塞式液压桩锤中的活塞以及导杆式柴油桩锤、气缸冲击式气动桩锤中的气缸和缸式液压桩锤中的缸体以及电磁桩锤中的强磁锤头等均为锤体。　　　　　　　　　　（王琦石）

锤体冲程　ram stroke

锤体在工作时的最大下落距离。冲程大可有较大的冲击能量;但过大的冲程容易把桩打坏,使冲击频率降低,打桩效率也降低。柴油桩锤的冲程大都设计在 2～2.5m 之间。　　　　　　　（王琦石）

锤体下落高度控制器　hammer drop height controler

设置在桩锤筒壁上,用以控制锤体下落高度的液压桩锤的部件。通过控制器将信号输入液压控制系统,调整锤体的运动状态和打击能量。
　　　　　　　　　　　　　　　　　（赵伟民）

锤体质量　ram mass

除去燃料、润滑油和冷却水的锤体的质量。是标定柴油桩锤系列的参数,也是选用柴油桩锤的主要依据。　　　　　　　　　　　　　　（王琦石）

锤头位置反馈传感器　hammer position feedback senser

根据强磁锤头的位置,向控制装置发出反馈信号,以改变锤头工作状态的电磁桩锤的部件。
　　　　　　　　　　　　　　　　　（赵伟民）

锤砧　hammer anvil

直接承受锤体冲击,并把冲击传给桩帽的部件。导杆式柴油桩锤中的活塞及筒式柴油桩锤中的下活塞均起此作用。　　　　　　　　　（王琦石）

chun

纯扫式扫路机　pure sweeping sweeper

单纯利用扫刷清扫和收集垃圾的扫路机。作业时靠碟形的副扫刷和圆柱形主扫刷机械地强扫路面,碟形扫刷向前、向外倾斜成一定的角度,从前向内旋转,将垃圾、尘土扫入扫路机下面中间部位,再由横置于扫路机腹部的主扫刷将其扫入垃圾斗内。
　　　　　　　　　　　　　　　　　（张世芬）

纯吸式扫路机　pure suction sweeper

利用真空气动输送设备清除、收集和运送路面垃圾的扫路机。在一定的作业率下,将路面垃圾、尘土等污物吸入垃圾箱,含尘空气经除尘过滤成为清洁空气后排回大气。用于干粉尘密度大的路面清扫和特殊专业场合产生粉尘的路面清扫时均能获得独特效果,也适用于冬季北方城市路面的清扫。
　　　　　　　　　　　　　　　　　（张世芬）

ci

磁力启动器　magnetic starter

又称电磁启动器。由通用型接触器、过电流继电器或热继电器,控制按钮等标准元件按一定方式组合装在一个防护外壳中,用来对电动机的启、停、正反转、过载保护等进行控制的组合电器。
　　　　　　　　　　　　　　　　　（周体优）

磁力探伤　magnetic-particle inspection

使磁力线通过被检验零件(铁磁性物质)查找零件内部伤残的无损检验。零件表层有缺陷(裂纹、空洞、非磁性夹杂物)时,磁阻增加,磁力线发生偏散、漏磁而呈现磁极。当在零件表面撒以磁性铁粉,铁粉会被磁化而吸附于有缺陷处,从而显现出缺陷的位置和大小。探伤时必须使磁力线垂直通过缺陷。如磁力线和缺陷平行,磁力线偏散程度小,缺陷不易被发现。为此采用不同磁场方向检验。通常有纵向磁化法、横向磁化法、综合磁化法。磁化电流可为直流或交流。所用铁粉为干粉或粉液的磁性氧化铁粉。　　　　　　　　　　　　　　（杨嘉桢）

磁轮气割机　gas cutting machine with magnetic wheels

带有能吸附在钢管或钢板上的磁轮,能自动行走并进行全位置切割的气割机。　　（方鹤龄）

磁选设备　equipment for magnetic separation

利用各种物料在磁场中的磁性差异,借磁力和其他力(如重力、离心力、摩擦力、介质阻力等)对磁性和非磁性物料进行分选的设备。由磁力系统、分选装置、给料装置等组成。一般分:弱磁场磁选机、中磁场磁选机和强磁场磁选机等三种。强磁性物料的分选用弱磁场磁选机,弱磁性物料的分选用强磁场磁选机,中磁性物料的分选用中磁场磁选机。还可以根据结构形式,分滑轮式、圆筒式、带式等种。用于选矿和建筑材料工业。　　　　（曹善华）

磁滞损耗　magnetic hysteresis loss

　　铁磁材料在反复磁化过程中，由于磁畴不断地改变方向，使铁磁材料内的分子振动加剧，温度升高而造成能量的损耗。其表面形式就是具有磁滞回线，其大小与静态磁滞回线所包围的面积成正比。为了减小磁滞损耗，通常选用磁滞回线比较狭长、矫顽磁力、剩磁均较小的软磁材料作铁芯。

　　　　　　　　　　　　　　　（周体优）

磁座钻　magnetic base drill

　　又称吸附电钻。带有自身固定用电磁吸盘的电钻。由电动机、传动装置、钻头夹具、钻头、电磁吸盘、机架和断电保护器等组成。适用于在大型工件上和高空作业。工作效率较高，加工精度容易保证，操作方便，使用安全。增设某些附件，可以制成软轴电钻、钻模电钻、台架电钻等。　（王广勋）

cong

从动台车　driven bogie

　　无驱动装置的行走台车。用于起重机的支承并能降低和均衡车轮的轮压。　　（李恒涛）

cu

粗钢筋平直锤　steel bar straightening hammer

　　通过锤击使粗钢筋平直的钢筋调直机。电动机经皮带轮减速后带动偏心轮回转，使击锤作往复运动，锤打钢筋，进行调直。在没有大吨位冷拉设备的情况下使用。Ⅳ级钢筋不能用平直锤调直。

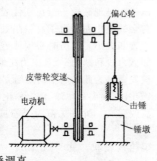

偏心轮
皮带轮变速
电动机
击锤
锤墩

　　　　　　　　　　　　　　　（罗汝先）

粗碎　coarse crushing

　　将物料破碎到成品粒度为 100mm 左右的过程。用简摆颚式破碎机、旋回式破碎机或大型反击式破碎机破碎爆破开采的石料，即可达到粗碎。是中、细碎的预备作业或成品生产过程。　（陆厚根）

cuan

窜气流量计　flowmeter for measuring of gas leak

　　测量发动机曲轴箱窜气量的流量计。当发动机磨损量增大时，通过气缸壁与活塞组之间窜入发动机曲轴箱中的气体量明显增加，因此可将它作为气缸活塞组磨损情况的一个量度。该流量计将其胶管与曲轴箱加油箱相接，气体流动时引起压力计水柱移动，根据水柱的高差来确定窜入曲轴箱内的气体数量，从而间接地测知气缸活塞组的磨损量。

　　　　　　　　　　　　　　　（原思聪）

cui

脆性断裂　brittle fractures

　　载荷引起的应力在达到材料弹性极限或屈服点以前发生，断裂前物体在宏观上能贡献的延性或韧性很小，几乎没有明显的塑性变形而突然发生的断裂现象。脆性断裂总是从构件内部存在的宏观裂纹作为"源"开始。这种裂纹常发生在低于材料屈服应力部位，并逐渐扩大，最后导致突然断裂。断口呈平齐光亮且与正应力相垂直，有人字纹或放射花样。断口附近截面收缩很小。危害性很大。

　　　　　　　　　　　　　　　（杨嘉桢）

淬火　quenching

　　把钢件加热到 Ac_1（钢加热时开始形成奥氏体的温度）或 Ac_3（亚共析钢加热时铁素体全部转变为奥氏体的温度）以上 30～50℃，保温后快速冷却的一种热处理操作工艺。淬火时的冷却速度必须大于钢件的临界冷却速度。常用的冷却介质是盐水、水和油。此外，还有硝盐浴或碱浴等。淬火是为了获得马氏体的组织，提高钢的硬度和耐磨性。但高锰钢的淬火是为了提高韧性，铬镍不锈钢的淬火是为了提高耐腐蚀性。有单液淬火、双液淬火、分级淬火和等温淬火等方法。　　（方鹤龄）

D

da

打道钉机 spike driver

利用锤击方法打击线路道钉的线路机械。由动力装置(15kW 左右风冷汽油机驱动的叶片泵)、液压道钉锤(冲击功大于 100kN·m,冲击频率达 3000 次/min)、枕木夹持器、液压马达驱动的行走轮、底架、铝管制的斜撑式下道机构等组成。质量约 1000kg。可单人操作,与人工锤击法相比,可减轻工人体力劳动,由于枕木纤维位移小,故对道钉的夹持力大,枕木与道钉的使用寿命也较长。

(高国安 唐经世)

打桩船 pile ship

见船式桩架(33 页)。

打桩机 pile driver

用冲击法打桩,即利用锤体下落冲击桩头时产生的巨大冲击力,克服桩端和桩侧面阻力而使桩下沉的桩工机械。由桩锤(振动桩锤除外)和与之配合的桩架组成。按桩锤结构可分为:落锤打桩机、柴油打桩机、气动打桩机、液压打桩机和电磁打桩机。

(王琦石)

打桩效率 pile driving efficiency

使桩贯入的有效冲击能量与冲击能量的比值。柴油桩锤的计算公式为:

当 $W \geqslant Q\varepsilon$ 时: $\eta = \dfrac{W + \varepsilon^2 Q}{W + Q}$;

当 $W < Q\varepsilon$ 时: $\eta = \dfrac{W + \varepsilon^2 Q}{W + Q} - \left(\dfrac{W - \varepsilon^2 Q}{W + Q}\right)^2$

式中 W 为锤体质量(kg); Q 为桩的质量(kg); ε 为恢复系数(0.4~0.5)。 (王琦石)

大端模数 module of largeend

圆锥齿轮大端周节与无理数 π 的比值。齿轮上大、小端的模数不等。大端模数为标准值。作为选择加工刀具的依据。 (苑 舟)

大观览车 big ferris wheel

随转盘在垂直平面内缓慢旋转而载人观光的游艺机。由电动机、转盘、吊篮组等组成,工作时,电机通过机械减速装置带动转盘旋转,均匀悬吊在转盘圆周上的吊篮组将乘客载入高空,观赏周围的景致。

(胡 漪)

大密封 main seal

见刀盘密封(46 页)。

大倾角带式输送机 belt conveyor with large inclination

向上输送的倾角大于光面胶带与物料间摩擦角限制的带式输送机。将普通光面胶带的工作覆面制成具有花纹的凹凸块阻挡物料下滑,可提高输送倾角,缩短把物料提升一定高度所需输送机长度,节省占地面积。目前国际上有波纹挡边的输送机,允许沿陡坡和垂直方向输送物料,其生产率与相同带宽、相同带速的槽形光面输送机相比,可提高 1.5~2.5 倍。 (张德胜)

大型道碴清筛机 high-capacity ballast cleaning machine

生产率大于 300m³/h,机械质量在 60t 以上的道碴清筛机械。作业时需封闭线路。

(高国安 唐经世)

大修 major overhaul

修理周期结构中最终全面性修理的技术保养。当多数总成即将达到极限磨损的使用极限,通过技术鉴定,按照需要进行一次全面彻底的修理,以恢复机械的动力性、经济性和可靠性,使机械的技术状况和使用性能达到规定的技术要求。修理时根据技术标准将机械全部分解,总成拆成零件。对零件进行清洗,检验分类,修复损坏件,更换报废件。然后按大修标准装配、试验、试车、调整、喷漆。(杨嘉桢)

大轴承 main bearing

见刀盘轴承(46 页)。

dai

带翅垫圈 tongued washer

径向制有突出部分的圆垫圈。靠其突出部分弯折锁定螺母以防松脱。

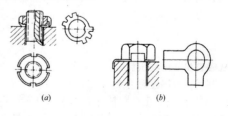

(a)   (b)

(戚世敏)

带传动 belt drive

利用紧套在带轮上的挠性环形带与带轮间的摩擦力来传递动力和运动的摩擦传动。按挠性带的截面形状,可分为平型带传动、三角带传动和圆型带传动等。其中平型带传动和三角带传动应用最广,圆型带传动只用来传递很小的功率。主要特点是:传动平稳,传动中心距大,噪声小,结构简单,能缓和冲击,过载时挠性带发生打滑而避免损坏装置;但不能保证准确的传动比。

（范俊祥）

带干燥带隧道窑 tunnel kiln with drier

干燥室与焙烧室串联在一起的隧道窑。可将湿坯直接码在窑车上,依次通过干燥、预热、焙烧、冷却四带烧成后出窑。工序简单,热利用率高,生产率高。

（丁玉兰）

带锯机 band saw

简称带锯。锯条环绕在上下或左右排列的两个锯轮上,用动力装置带动进行锯割木材的锯机。其规格一般用锯轮直径表示,也有用锯条宽度表示。分为立式带锯机和卧式带锯机两大类。

（丁玉兰）

带锯条 saw blade

安装在带锯机上用以锯割木材的刃具。采用优质碳素钢压延成薄钢带,经淬火、回火和表面研磨处理后,根据带锯机两锯轮大小及其轴心距离,截成一定长度的钢带条,再经开齿、焊接成环状的锯条。

（丁玉兰）

带式播种机 belt precision seeder

以橡胶带作为传送种子工作部件的精确播种机。由料斗、橡胶传送带、驱动轮、反转轮、切缝刀等组成。橡胶传送带沿长度方向布有等间距、等直径的孔,传送带位于料斗下方,由驱动轮驱动,反转轮相对驱动轮反向旋转,迫使种子进入传送带上的孔内,一个孔落入一颗种子。切缝刀位于播种机前方,在土中切出缝隙,种子从传送带上落入被切缝刀切出的缝隙中,等间距均匀排列并定量播种。经过精确分级的种子必须使用精确播种机。行走速度不高。

（陈国兰）

带式铲抛机

装有向上倾斜的胶带抛土器的铲抛机。土壤的抛掷距离达 15~18m。用于农田建设中修筑梯田和开挖明沟。

（曹善华）

带式磁选机 magnetic belt separator

利用弧形固定磁力系统和围绕于该系统外面的带条,使磁性和非磁性颗粒分离的磁选设备。由多个磁极、底箱、喷水管、带条等组成。多个磁极布置在大半径圆弧上,各段磁场强度不同,物料以液态流入贴近带条下面安放的料斗,其中磁性颗粒被吸附在带条下表面,随着带条运移而带到磁力系统影响范围外卸出,由于各段磁力不同,不同磁性的物料均被吸附并带出,再辅以喷水管的喷水扰动,物料得到较充分的分选。用于湿选细粒磁性物料。设备简单,调整方便,但工作的敏感性较差。

（曹善华）

带式供料器 band feeder

以输送带直线运动供给物料的供料器。结构与带式输送机相同。上托辊间距离比带式输送机小,能承受料仓内物料较大的压力。下分支没有支承。输送带两侧装有导料挡板,防止撒料。改变带速或出料口挡板高度可调节供料量。外形尺寸较大,供料密闭性差,输送带易磨损,不宜用于粒度大、粉尘大、灼热的物料。

（叶元华）

带式摩擦离合器 band friction clutch

利用离合器带来控制摩擦件的接合或分开的摩擦离合器。接合平稳,散热好,接合力小,结构紧凑,操纵时轴受弯矩。有内带和外带之分。

（幸淑琼）

带式磨光机 belt sander

靠两只转轮带动砂带而磨光木材或木制件表面的木工磨光机。分为竖式和卧式两种。

（丁玉兰）

带式抛料机 belt material thrower

使散粒物料具有很高速度,按一定方向抛出的装卸机械。常用的是长度短、速度高的变型带式输送机。散料送上胶带后被加速,在端部以抛物线轨迹飞出(一般可抛 25m 以上)。分直线带条抛料机和曲线带条抛料机两种。后者在胶带两侧边设置两导向轮,使带条工作分支成弧形。被抛物料受离心力作用紧贴胶带,加速效果好。具有长度短、结构紧凑的优点。可调整抛出角以改变抛掷距离。常用于把不怕破碎和撞击的散料装到船舱或车厢里,在建筑工地、货场、仓库作堆料机械用。

（叶元华）

带式输送机 belt conveyor

以挠性输送带作物料承载和牵引构件的连续输送机械。分普通带式、钢丝绳芯带式和钢丝绳牵引带式输送机、气垫带式输送机、双带式输送机、大倾角带式输送机等。由机架、滚筒、张紧装置、输送带、支承托辊、带式输送机驱动装置、装载装置、卸载装置、输送带清扫装置等组成。生产率高,噪声小,结构简单,应用广泛。近年来出现了连接矿山与电厂、矿山与港口、港口与重工业区之间的长距离带式输送机组,单机长度达 10km 以上,输送机线路总长超过 100km。

（张德胜）

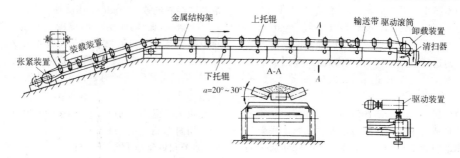

带式输送机

带式输送机驱动装置　driving unit of belt conveyor

使带式输送机的输送带产生运动的装置。由驱动滚筒、电动机、减速器、联轴器等组成。动力装置常用鼠笼式电动机，输送长度为 100～300m，驱动功率为 80～160kW 时，鼠笼电动机与减速器间用刚性联轴器。功率更大时，鼠笼电动机与液力联轴器配套使用。功率在 200～1600kW，且长距离输送，则采用绕线式电动机驱动。按驱动滚筒的数目和构造可分为单滚筒驱动、多滚筒驱动及电动滚筒驱动。

（张德胜）

带式输送机制动装置　brake equipment of belt conveyor

带式输送机倾斜输送物料时防止有载停车时发生倒转或顺滑现象的装置。织物芯胶带输送机常用带式逆止器、滚柱逆止器和液压电磁闸瓦制动器；钢丝绳芯胶带输送机用液压电磁闸瓦制动器和盘形制动器。带式逆止器结构简单，适用于倾角小于 18°的上行输送机。滚柱逆止器平稳可靠，按减速器进行选配。电磁闸瓦制动器耗电量大，适用于向下输送和水平输送时停机时间有要求的场合。液压电磁制动器用于上运或水平的带式输送机上。盘形制动器制动力矩大，散热性好，制动力矩可作无级变化。

（张德胜）

带式制动器　band brahe

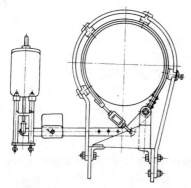

利用挠性钢带压紧制动轮产生摩擦力矩的制动器。因有较大的包角能产生较大的制动力矩，但制动时传动轴所受的弯矩较大。　　　（幸淑琼）

怠速　idling speed

内燃机没有载荷时曲轴的旋转速度。一般是指内燃机能稳定地在最低空转转速下运转的一种工况。实际怠速常略高于最低空转转速，根据内燃机具体情况和要求由制造厂规定。　　（田维铎）

袋式收尘器　bag filter

利用纤维织物袋过滤含尘气体的收尘设备。纤维织物可以是棉毛织物、玻璃纤维织物或涤纶绒布等。为使织物保有正常的过滤性能，经一定工作时间后，须振打抖落积尘。可以双向操作，收尘效率高达 98% 以上，但不宜用于湿度较大的含尘气体。

（曹善华）

袋式提升机　sack elevator

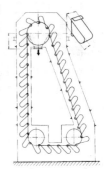

由一系列连接在牵引链上的料袋作为承载构件、向上运送散料的提升机。料袋由耐磨橡胶内嵌钢衬、两侧夹以钢板制成，并以支承钢杆连接，支承钢杆与两侧牵引链的关节相连，以形成料袋的关节。提升速度 0.3～0.4m/s，物料温度可达 80℃，采用特殊结构可达 400℃。最大物料块度在 50～350mm 之间，适于运送容易损坏的物料，以及粗大的块状物料或散状物料。设备价格高于斗式提升机。　　（谢明军）

dan

单板旋切机　rotary cutter

又称旋板机。将一定长度的圆木段旋切成单板的胶合板生产机械。将木段两端卡在旋转卡轴上作回转运动，切削刀具作匀速前进运动时，沿木段年轮方向可切削出旋制单板。卡轴旋转和刀架进刀要协调。具有调整旋板厚度方便、旋切木段径级范围广

和余留的木芯小等特性。 （丁玉兰）

单泵液压系统 single pump hydraulic system

由一个液压泵向一个或多个执行元件供油的液压系统。构造简单，成本低，维修方便。多用于不需要进行多种复合动作的建筑工程机械，如推土机、铲运机等。 （梁光荣）

单边驱动装置 one side driving device

工程机械的主动车轮或台车配置在行走底架一侧进行驱动的独立驱动装置。集中驱动、分别驱动均可布置成单边驱动方式。由于驱动力不对称，只适用于小型起重机的行走机构。 （李恒涛）

单侧小型枕底清筛机 single-side small-size ballast cleaning machine

置于线路一侧路肩上清筛枕底道碴的道碴清筛机械。由于机械位于铁路建筑限界之外，作业时无需封闭线路。 （高国安 唐经世）

单程式稳定土搅拌机 single pass soil stabilizer

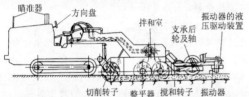

瞄准器　方向盘　拌和室　振动器的液压驱动装置

支承后轮及轴

切削转子　整平器　搅和转子　振动器

机械一次通过即可完成一条低级路面或稳定土路基的路拌式稳定土搅拌机。具有翻松转子（切削转子）、双轴式搅拌转子（拌和转子）、路面整型装置（整平器）、振动器和支承压实轮或支承履带台车等。由牵引车拖曳工作，可对路基原土进行翻松、搅拌、刮平、整型、振实和压平等一系列连续作业。为一大型多功能施工设备，在施工过程中由一辆水泥（石灰）撒布机或沥青洒布机与之平行行驶，生产效率高，是修筑高级公路路基的设备。 （倪寿璋）

单刀冻土犁 single tooth freezing soil plow

只装一只齿刀或长钩的冻土犁。多为悬挂式机械。 （曹善华）

单导向立柱 single-side leader

只具有一副导轨的桩架立柱。安装在立柱的正前面。 （邵乃平）

单吊点起重臂 tower crane jib with one suspension center

塔式起重机中只有一个截面具有与起重臂拉索相连接的起重臂。在该截面内，一般设一处与起重臂拉索相连接，但有时也可设二处；起重臂根部与塔身铰接，吊点位于臂中，整个起重臂呈外伸梁；设计计算时，起升平面内的力学模型是静定结构，故架设、安装和调整方便；长臂时与双吊点起重臂、多吊点起重臂相比则自重大。 （李以申）

单动式柴油桩锤 single acting diesel pile hammer

上活塞（锤体）由柴油燃烧爆发推动上升，靠自重下降的筒式柴油桩锤。上气缸上部是开口的，上活塞跳起时其动能全部转换为势能。上活塞向下运动时，除向上跳起所拥有的能量外，并没有再输入额外的能量。 （王琦石）

单斗机械挖掘机 mechanical excavator

用内燃机或电动机为动力装置，齿轮、蜗轮蜗杆、链条和钢丝绳滑轮组等机械零部件传递动力的单斗挖掘机。动力装置通过机械传动，将动力传给起升、变幅、推压、回转、牵引绞车和行走装置，使机械各相应部分动作，进行作业。常见的有反铲、正铲、抓铲和拉铲机械挖掘机，必要时可更换为起重、钻孔或打桩等工作装置。其主要技术参数是：铲斗容量（0.5～168m³）、机械质量和发动机功率。结构复杂，机重较大，操纵费力，技术性能较差，目前中小型挖掘机多被液压传动的挖掘机所代替。用于土方施工、剥离表土、砂石及矿石的采掘装载、河道疏浚和水利建筑等工程中。 （刘希平）

单斗挖掘机 single bucket excavator, excavator

利用单个铲斗挖掘装载原土和松碎矿岩的周期作用挖掘机械。由工作装置、转台和行走装置等组成。通常由柴油机或电动机驱动，液压传动系统或机械传动系统传动，前者称单斗液压挖掘机，后者称单斗机械挖掘机。行走装置有履带式、轮胎式、轨轮式、步履式等。转台可作360°或局部回转。建筑施工中常用的为柴油机驱动、全回转、液压传动履带式或轮胎式挖掘机。用于土方施工、军事工程和露天矿场、采石场中。 （曹善华）

单斗液压挖掘机 hydraulic excavator

利用液压传动系统传递动力的单斗挖掘机。常见的有反铲液压挖掘机和正铲液压挖掘机两种。中小型机可以根据作业需要装备以抓铲、钻凿、夹钳、吊钩等工作装置。其主要技术参数是铲斗容量、机重和功率，常据以选型和进行设计。具有结构紧凑，挖掘力大，质量轻，备有多种可换工作装置，易于实现机械、液压、电子结合的自动控制，工作平稳可靠等优点。发展迅速，已成为挖掘机械的最主要品种，广泛用于土方施工和矿岩采掘中。斗容量在0.4m³以下、质量小于10t的称小型机；斗容量0.4～2m³、质量50t以下的称中型机；斗容量2～3.5m³、质量50～70t的称大型机；斗容量3.5～34m³以上、质量超过70t的称巨型机。 （曹善华）

单斗装载机 front-end loader

机械在行进中利用装在前端的铲斗铲取土、矿物或其他松散物料的自行式铲土运输机械。工作装置由铲斗、动臂和转斗液压缸、升臂液压缸，以及连杆机构组成。如果换装其他相应的工作装置,还可以完成推土、挖土、起重和装卸棒料等作业。按行走装置的不同,有履带式和轮胎式两种。主要技术性能参数是额定载重量或铲斗容量。铲斗容量自 0.1~19m³。　　　　　　　　　　　　　(黄锡朋)

单独式称量装置　single batcher
混凝土搅拌站(楼)中只用作一种材料计量的称量装置。精度高,称量时间短。当所有材料均采用该种装置时,设备多,难以布置,近来采用此装置与累积式称量装置组合的方式。　　　　(应芝红)

单段破碎流程　single-stage crushing
原物料由破碎机破碎后,就用输送机送到筛分机分级,分级后作为成品发送的工艺流程。可以根据开式或闭式流程设计工艺路线。用于产量不大的碎石厂,所得产品不均匀,常用来制备铁路道碴和筑路碎石。　　　　　　　　　　　　(曹善华)

单发动机式　single engine type
整个机械只用一台发动机驱动。　　(田维铎)

单杆差动液压缸　cylinder with differential effect
活塞一侧有活塞杆,缸筒两端同时供给压力油,利用活塞两侧的面积差进行工作的活塞式液压缸。差动连接时活塞(或缸筒)向有杆腔的方向运动;反向运动时,则油路与非差动式液压缸相同。
　　　　　　　　　　　　　　　(嵩继昌)

单杆单作用液压缸　single acting cylinder
活塞一侧有活塞杆,并只能向活塞一侧供给压力油的活塞式液压缸。活塞仅单向为工作行程,返回行程是利用复位弹簧、自重或载荷将活塞推回。
　　　　　　　　　　　　　　　(嵩继昌)

单杆双作用液压缸　single-rod，double-acting cylinder
活塞一侧有活塞杆,可向活塞两侧分别供给压力油的活塞式液压缸。活塞双向均为工作行程。
　　　　　　　　　　　　　　　(嵩继昌)

单缸液压式混凝土泵　single cylinder hydraulic concrete pump
利用液压传动驱动一个混凝土缸来输送混凝土拌和料的液压传动式混凝土泵。由于混凝土拌和料的间隙吸入和排出,混凝土拌和料在输送管中脉动较大。改变混凝土分配阀与混凝土活塞运动方向之间的逻辑关系,也可以将混凝土拌和料从输送管吸入受料斗中,即实现反泵。适合于小排量的混凝土泵。　　　　　　　　　　　　　　　(龙国键)

单缸抓斗　single-cylinder clamshell
利用一个液压缸控制两个或多个颚片开合的液压抓斗。液压缸位于中央位置,有上、下活塞杆,分别与斗杆和各颚片上端铰接。作业时,上腔进油,缸体上移,通过连杆使颚片张开;闭斗时,下腔进油,缸体下降,连杆也随之下降,推动颚片闭合。能够强制切土,切土深度大,一次挖掘土量多,易装满。　　(曹善华)

单根镦头钢筋螺杆夹具
利用螺杆一端的凹槽将带有镦粗头的钢筋卡住,并利用另一端进行张拉和锚固的先张法夹具。适用于夹持单根冷拉Ⅱ、Ⅲ、Ⅳ级钢筋。配套使用的张拉设备为拉杆式千斤顶或穿心式千斤顶。　　　　　　　(向文寿)

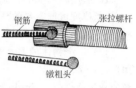

单根镦头夹具　button-head grip of monobar
利用凹槽将钢筋的镦粗头卡住,并借助抓钩式连接头和工具螺杆进行张拉和锚固的先张法夹具。适用于生产大型屋面板等构件,锚夹单根带镦粗头的冷拉Ⅱ、Ⅲ、Ⅳ级螺纹钢筋。配套使用的张拉设备为拉杆式千斤顶或穿心式千斤顶。　　　　　　　　　　　　(向文寿)

单根钢绞线夹具　mono-strand grip
利用锚环、退楔片和夹片锥面产生的楔紧作用锚夹单根钢绞线的先张法夹具。也可作为千斤顶的工具锚使用。锚环为一内壁呈圆锥形的短管。退楔片内外壁均呈圆锥形,合缝对开成两半,外壁锥度大,使夹具拆卸方便。夹片共三块,断面呈扇形,内侧开半圆形槽,并刻有齿顶较宽、齿高较小的特殊螺纹。适用于夹持 ϕ12 和 ϕ15 钢绞线。配套使用的张拉设备为穿心式千斤顶。　　　(向文寿)

单根钢绞线锚具　mono-strand anchorage
利用锚环和夹片的锥面产生的楔紧作用锚固单根钢绞线的后张法锚具。也可作为先张法夹具。锚环内壁呈圆锥形,与夹片锥度吻合。夹片共三块,断面呈扇形,内侧开半圆形槽,并有齿顶较宽、齿高较小的特殊螺纹。适用于锚固 ϕ12 和 ϕ15 钢绞线。配套使用的张拉设备为穿心式千斤顶。(向文寿)

单弓切坯机　bow-type cutter
利用切弓每次切出一块坯体的切坯机。由机架、受料输送机、传送输送机、切坯弓、曲柄连杆机构

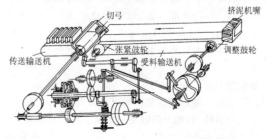

及动力装置等组成。动力装置通过曲柄连杆机构带动切弓完成上举、降下、前移动作。当切弓降下时，同时凸轮又使其向前移动，切弓与泥条以相同速度向前移动过程中切出坯体。坯体切割断面是垂直的，切割厚度可按需要调整。 　（丁玉兰）

单钩　single hook

仅有一个钩体的起重钩。制造及使用方便，应用广泛。 　（陈秀捷）

单管旋风收尘器　single cyclone collector

只有一只旋风筒的旋风收尘器。由进风口、旋风筒、排风口、卸灰口、闸门、灰仓等组成。常用来处理气体量不大的场合。也有将多个单管收尘器并联成旋风收尘器组的，共用一个灰仓，其优点是装置紧凑，可以处理大量含尘气体，又有较高的收尘效率。旋风收尘器组一般不多于8个单筒。 　（曹善华）

单罐式灰浆泵　single pot mortar pump

只有一个压送罐，进料压送间歇作业的气动式灰浆泵。 　（董锡翰）

单轨空中游艺列车

利用电控调速，在架空数米高的单根轨道上行驶的游艺列车。由数台电动机、列车头、数节车厢等组成。工作时，车厢运载游客在高空中徐徐开动，速度时快时慢。造型美观，运行平稳。 　（胡　漪）

单轨小车　monorail trolley

由人力推动在铁道线路一条钢轨上运移，以携带少量机具、材料的单轨轻便线路工程专用车。用于检修作业量小、施工点不远的场合。

　（唐经世　高国安）

单辊破碎机　single roll crusher

又称颚辊式破碎机。利用一块颚板和一个旋转辊子将装于两者之间的物料轧碎的辊式破碎机。辊子表面带齿，辊子前面就是弧形固定颚板，颚板用弹簧顶住。作业时，物料被带齿辊子卷入颚、辊之间而轧碎。辊面可拆换以改变齿高，高齿辊面用于破碎大块石料。其特点是不需大直径辊子就能轧碎大块物料，破碎比大。宜于破碎粘性片状石块。

　（曹善华）

单滚筒驱动　mono-pulley drive

只有一个驱动滚筒的带式输送机驱动装置。由电动机、联轴器、减速器、传动滚筒组成。为传递必要的牵引力，输送带与滚筒间必须有足够的摩擦力，通常采用加大包角和摩擦系数的方法来保证。

　（张德胜）

单机洒水车　sprinkler

装有水罐和喷洒系统利用自身行走动力将水加压进行前喷、后洒和侧喷的洒水车。机动性能好，适用于小城市或其他迂回范围小的场合，储水罐罐体尺寸小，容量一般为4t或4t以下。 　（张世芬）

单级液力变矩器　single-stage hydraulic torque converter

只有一个涡轮的不可调式液力变矩器。

　（嵩继昌）

单级真空挤泥机　single-stage vacuum-pumping screw extruder

又称栅板真空挤泥机。由中部设置的真空装置和挤泥机组成的螺旋挤泥机。在挤泥机中部，利用带孔栅的隔板将其分隔成两部分。当被绞刀推动前进的混合料经过孔栅隔板时，由于挤压作用而分成许多单独的细泥条，从其间逸出的气体由设置在分隔处上部的真空装置排出。排除气体后的泥料继续被绞刀推向机口，直至通过机口被挤压成连续的泥条。结构简单，但抽气不均匀，栅隔板处易堵塞。

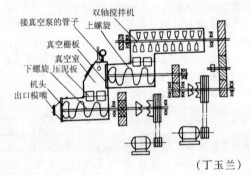

双轴搅拌机
接真空泵的管子
上螺旋
真空栅板
真空室
下螺旋　压泥板
机头
出口模嘴

　（丁玉兰）

单卷筒单轴起升机构　single drum single lifting mechanism

在减速箱输出轴上只装一个卷筒的起升机构。是起升机构的基本形式。由驱动装置、传动装置、制动器、卷筒、钢丝绳和取物装置组成。用于各种起重机。 　（李恒涛）

单卷筒卷扬机　single-drum winch

只有一个卷筒的卷扬机。在各类卷扬机中，历史最久，应用最广，数量最多，品种最全。无特别说明时，所谓卷扬机即指此。 　（孟晓平）

单连杆松土机

又称单铰链式松土机。松土器直接铰接在拖拉机后端的悬挂式松土机。结构简单，安装方便。但松土器的切削角随切削深度而变化，不能保证最佳切削角。 　（宋德朝）

单联滑轮组　single link pulley block

绕入卷筒的钢丝绳支数为1的滑轮组。钢丝绳绕过滑轮组只有一端固定在卷筒上，另一端固定在工作对象上（如臂架或取物装置上）。卷筒支座受力随钢丝绳排列变动而变化。结构简单，应用普遍。

　（陈秀捷）

单梁桥架 single girder of gantry

门式起重机中只有一根主梁的桥架。主要形式为箱形结构。用来支承起重小车，并将载荷传给支承腿。常用于起重量小的起重机上。　（于文斌）

单梁桥式起重机 mono-beam bridge crane

又称单梁吊。大车车架具有一根主梁的桥式起重机。用来装卸和转移货物。由可沿轨道行驶的大车、起升机构、行走机构、电气设备和司机室等组成。有电动和手动两种。　（李恒涛）

单梁式简支架桥机 freely supported bridge beam erecting machine with single boom

单梁式起重臂置于机械上方，吊梁小车车架成门形，跨于起重臂上方移动到位的架桥机械。

（唐经世　高国安）

单笼客货两用升降机 single-cage passenger-goods hoist

只有一个吊笼沿导架运行，可在高层建筑工地上实现客货垂直运输的附着式升降机。常为齿条式升降机。导架的接高采用上加节方式。为了保证乘坐人员的安全，吊笼内装有手动制动器和超速限制器。　（李恒涛）

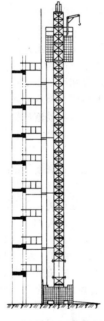

单笼客货两用升降机

单轮驱动式振动压路机 single drum driving vibratory roller

由一个振动碾轮和一个转向轮组成的振动压路机。振动碾轮也是驱动轮。结构较简单，工作效果好，是振动压路机中常见的形式。

（曹善华）

单螺杆挤出机 single worm extruder

挤压系统由一根螺杆和料筒组成的塑料挤出机。结构简单，加料性能较差，粉料、玻璃纤维、无机填料较难加工，物料在排气压的表面更新作用小，排气效果差，难于进行聚合物的着色。　（丁玉兰）

单面刨床 thicknesser

又称单面刨。一次只能刨削工件一个平面的刨床。刀轴安装在工作台上面，其高度固定不变，而工作台可以升降。工件经进料辊和送料辊滚压前进，通过刀轴的旋转刨削后可以获得要求的表面和规格。主要用于将平刨已刨过的木料，刨制成一定厚度和宽度的规格材。

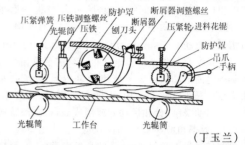

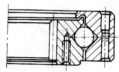

（丁玉兰）

单排滚球轴承式回转支承 slewing bearing with single range rolling ball

又称四点接触球型回转支承。只有一排承受载荷的球状滚动体的回转支承。由内座圈、外座圈、滚动钢球、隔离块和联接螺栓组成。可承受垂直力、径向力和倾覆力矩。滚动体与滚道之间为四点接触；在回转支承尺寸相同的情况下，承受载荷的滚动体数比交叉滚柱式多一倍。

（李恒涛）

单盘水磨石机 single-plate terrazzo grinder

装有一只电动磨盘的水磨石机。　（杜绍安）

单刃滚刀 single disc cutter

带有单列刀刃的盘形滚刀。　（茅承觉）

单绳抓斗 grab with single rope

打开和闭合斗爪机构，与支承（或起升）抓斗机构共用一根钢丝绳的抓斗。设有闭锁装置，结构复杂，生产效率低，不适用于大量或经常装卸散粒物品的场合。是一种早期使用的最通常的抓斗。

（陈秀捷）

单速电钻 single speed electric drill

工作头仅以一种转速进行工作的电钻。由电机、壳体、减速箱、钻头夹等组成。　（迟大华）

单索索道 single rope aerial ropeway

只有一根钢丝绳的架空索道。无承载索，牵引索兼作承载索用。与双索索道相比，结构简单，投资费少，生产率低。　（叶元华）

单卧轴式混凝土搅拌机 single-horizontal-axle concrete mixer

依靠装在单根水平轴上的螺旋带状叶片和铲刮叶片对拌和料进行搅拌的强制式混凝土搅拌机。由半圆槽形搅拌筒、水平轴、两个反向的螺旋带状搅拌叶片、两个铲刮叶片、动力和传动机构及底部出料装置组成。当水平轴旋转时，铲刮叶片将圆槽两端壁处的拌和料向内推送，两个螺旋带状叶片一方面搅拌拌和料，另一方面将拌和料向相对方向推送，形成强烈的对流搅拌，搅拌时间短。和立轴式混凝土搅

拌机相比,搅拌叶片的线速度小,叶片衬板的磨损少,能耗小,结构紧凑。 (石来德)

单相异步电动机 single-phase induction motor

又称电容分相式异步电动机。只需要单相交流电源供电的电动机。定子绕组为单相绕组,流过单相交流电时产生脉动磁场,不能自行启动,为此,需要另加启动绕组(分相启动),或制成裂口磁极(罩极启动)。效率和功率因数都比较低,过载能力较差,主要制成容量不超过 0.6kW 的小型电动机,广泛应用在家用电器和控制电路中。

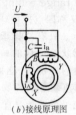

(a) 结构示意图　　(b)接线原理图

(周体优)

单向超速限制器 forward overspeed limiter

只能在吊笼下降方向起作用的超速限制器。离心块的支承轴在支承架上,呈反对称形式配置,离心块只能在一个方向上迫使锥形制动器起作用。

(李恒涛)

单向阀 check valve

只允许液压系统中的液流沿管道一个方向通过,而另一个方向则被截止的方向控制阀。在液压系统中多用于保压、锁紧和消除油路干扰等处。根据阀芯的形状分为球阀型(结构简单,密封性差)和锥阀型(阻力小,密封性好)两类。锥阀型又有直通式、直角式和液控式等型式。 (梁光荣)

单向式平板夯 forward plate compactor

只能沿一个方向移动的振动平板夯。

单向式振冲砂桩机 single directional vibro-compacted sand pile machine

工作装置为产生水平振动的振冲器的振冲砂桩机。工作时,振冲器借助由潜水电机带动的绕定轴旋转的偏心块所产生的激振力和装置的重力对地基进行强化处理,达到一定深度后,边填砂石,边振动提升,制成砂桩。

(赵伟民)

单向式振冲砂桩机

单向顺序阀 unidirectional sequence valve

由顺序阀与单向阀并联而成的组合阀。液流正向时顺序阀起作用;液流反向时,经过单向阀,顺序阀不起作用。常用来代替平衡阀在重物下降时起限速作用,但由于密封性和稳定性不如专用平衡阀,性能较差,仅用于要求不高的场合。 (梁光荣)

单悬臂门架 cantilever gantry

单悬臂门式起重机的金属结构架。由桥架和支承腿组成。桥架一侧外伸呈悬臂状。用于支承起重小车,形成起重机的骨架,在行走机构的驱动下沿地面轨道行驶。 (于文斌)

单悬臂门式起重机 gantry crane with cantilever

桥架一侧外伸呈悬臂状的门式起重机。起重小车可行驶到门架外侧,扩大了作业区域。在桥架主梁长度相同的条件下,由于受力情况改善,带悬臂的主梁比无悬臂的梁要轻些。常用在工作现场一侧有高大建筑物或其他设施的场合。 (于文斌)

单悬臂铺轨机 single-cantilever-beam track laying machine

吊臂向前伸出,作业时需将轨排拉到机械上,再用小车吊起,前行到位进行铺设的铺轨机。拆轨排时以相反顺序进行。更换作业工地时,要预先确定并调整其停放方向。 (高国安　唐经世)

单叶片摆动液压缸 single-vane actuator

以单叶片驱动而摆角小于300°的摆动液压缸。 (嵩继昌)

单元花饰套圈 unit of multiformed sleeve

见滚动压模(106 页)。

单元化运输 unit-load handling

将成件物品或散料放在一定形式的托盘或集装箱等器具内,组成规格化的单元件,采用起重运输机械进行装卸、储运的运输方式。托盘运输适用于工业企业内部或工业企业之间的运输,集装箱运输则适用于工业企业间的长距离运输。特点是转运时不需将物料从器具内取出,可高层堆垛,易于实现装卸机械化与自动化。缺点是器具需要返回。

(洪致育)

单枕捣固机 single-sleeper tamping machine

一次只能捣固一根轨枕下道碴的道碴捣固机械。一般设置有 16 个捣固头。 (唐经世　高国安)

单轴激振器 one eccentric rotor vibrator

只有一根偏心轴的机械式激振器。因为只有一根轴,所以在工作时,偏心块所产生的激振力的方向随轴的旋转而变化。为了保证沉桩,常采用拉伸弹簧橡胶垫块来抵消无用的水平振动,使之垂直振动。

(赵伟民)

单轴驱动 single axle drive

轮式车辆仅有单轴为驱动桥,其他车轴为从动桥的驱动方式。整机仅部分重量为附着重力,牵引力发挥不充分。　　　　　(黄锡朋)

单轴式灰浆搅拌机 sigle drum type mortar mixer

只有一根叶片轴的灰浆搅拌机。能耗小,结构紧凑。
　　　　　(董锡翰)

单轴式深层混合搅拌桩机 single axle deep jet mixing pile machine

只设有一根带有搅拌翼的旋转轴的深层混合搅拌桩机。按刀翼的布置形式分为D型翼、E型翼、F型翼。
　　　　　(赵伟民)

单柱升降机 mono-mast hoist

导架为单柱结构的附着式升降机。可以装有单笼和双笼。导架借助于升降机附着架支承在所施工的建筑物外侧。可做成齿条式、钢丝绳式和混合式。

单轴式深层混合搅拌桩机

　　　　　(李恒涛)

单柱式钻架 single-column drill rig

靠一根柱支撑在岩石面上的钻架。由横臂和立柱组成,与导轨式凿岩机配套,用于小断面导洞、隧洞开挖和井下采矿,钻凿水平或垂直的中深炮孔。工作时主柱必须支持在开挖隧洞的顶面与地面之间,横臂上装有导轨,可使导轨与地面倾斜成任意角度。　　　　　(茅承觉)

单转子锤式破碎机 single rotor hammer crusher

在单个转子周缘上安装若干个击锤的锤式破碎机。转子为高碳钢铸件,装于转轴上,其上有多排圆钢板,钢板周沿有孔,以铰装击锤,击锤两边对称,一边磨坏后,可以反装后再用。破碎比可达10～15。
　　　　　(曹善华)

单作用 single action

机械在工作中只产生对一个方向有效的作用力。例如单作用液压缸,其活塞只向一个方向伸出并只向该方向产生有效的作用力。另一种意义是机械工作部分向某一个方向只有一种作用力。例如单作用打桩机,就是指只有一种力(一般为打桩锤的重力)进行打桩。　　　　　(田维铎)

单作用伸缩套筒液压缸 single-acting telescopic cylinder

靠供给压力油外伸工作而靠载荷或自重返回的伸缩套筒式液压缸。使用于倾斜及竖直动作的场合。短缸筒可实现长行程。　　　(嵩继昌)

单作用式气动桩锤 single acting pneumatic pile hammer

由气体压力推动锤体上升,锤体靠自重下落的冲击式沉桩的气动桩锤。按操纵方式不同可分为人工操纵式气动桩锤、半自动操纵式气动桩锤和自动操纵式气动桩锤。按锤体不同分为气缸冲击式气动桩锤和活塞冲击式气动桩锤。　　(王琦石)

单作用式液压桩锤 single acting hydraulic pile hammer

锤体上升运动时由液压缸的下腔供油,锤体下落时仅靠其自身重力的冲击作用沉桩的直接作用式液压桩锤。　　　　　(赵伟民)

单作用叶片泵 single-acting vane pump

转子每旋转一圈,叶片间每个工作容积只完成一次吸、压油过程的叶片泵。按转子与定子中心间的偏心距 e 是否可调,有定量泵和变量泵之分。因为转子受单方向的径向力,轴承载荷较大,所以工作压力较低,一般用于低压系统。　　(刘绍华)

氮化 nitriding

使氮原子渗入钢件表层内,以提高钢件的表面硬度和耐磨性,提高疲劳强度和抗腐蚀性的化学热处理工艺。所用钢材通常含有铝、铬、钼等合金元素,这些合金元素极易与氮元素形成颗粒细密、分布均匀、硬度很高而且非常稳定的各种氮化物,可获得比渗碳层更高的硬度、耐磨性、耐蚀性和疲劳强度,且氮化处理温度低(500～570℃),变形小。因此,它主要用于对精度、畸变量、疲劳强度和耐磨性、耐蚀性要求都很高的工件,如各种高速传动精密齿轮、高精度机床主轴、高速柴油机曲轴、气缸套、阀门等。
　　　　　(方鹤龄)

dang

当量齿轮 virtual gear

模数及压力角分别与斜齿轮法面模数及法面压力角等值,且其齿形与斜齿轮法面齿形十分相近的虚拟直齿圆柱齿轮。对于斜齿圆柱齿轮和斜齿锥齿轮,在齿轮的一个特定截面上选择此虚拟直齿圆柱齿轮作为标准,以选择加工刀具及强度。其齿数称为当量(或虚拟)齿数。　　　　　(苑 舟)

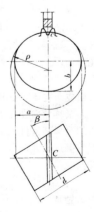

挡圈 collar

分隔、定位轴上其他零件

的环。常用的有螺钉锁紧挡圈、轴端挡圈、轴肩挡圈及弹性挡圈等。　　　　　　　　　　（戚世敏）

dao

刀辊式原木剥皮机　blade roller-type log peeler

利用高速旋转刀辊上刨刀的刨削作用的原木剥皮机。由刀架升降机构、剥皮刀辊、机架、跑车等组成。高速旋转的刀辊以一定压力压在原木表面，并沿原木轴线方向逐步将树皮刨成碎片。分为纵向刀辊式和横向刀辊式两类。　　　　　　　（丁玉兰）

刀具更换型盾构　exchangeable cutter shield

隧道掘进过程中刀具可更换的盾构。这种机型是日本三菱重工业株式会社设计制造，属泥水加压式盾构，刀盘可由径、轴向液压缸收缩到一个金属圆球内，圆球又可作180°滚动旋转，由前、后密封堵住泥浆流入盾构内部；球体顶住地下水压力和土压力，这样，由出入孔排除工作间内泥土后，换刀即在工作背面工作间内进行，在常压下随时很方便地进行换刀，解决了长隧道掘进时换刀难题。

（茅承觉）

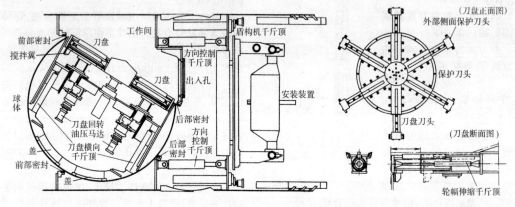

刀具更换型盾构

刀盘密封　cutterhead seal

俗称大密封（main seal）。防止灰尘侵入掘进机刀盘轴承、大齿圈及润滑油外泄的装置。一般共有4处密封：刀盘轴承前后各有密封一处，使与外界隔绝，成为一个独立的循环润滑系统；末级齿轮传动密封一处；传动系统的壳体密封一处。用人造橡胶制成直条，截取其所需长度粘接而成；密封的唇口内有镀铬弹簧钢片压在凸缘光滑面上而保持密封。

（茅承觉）

刀盘微动机构　inching unit of the cutterhead

使刀盘作微转定位的机构。用来微动（点动）刀盘位置以便更换盘形滚刀和进行其他维修工作。在多台驱动刀盘电动机中的一台上安装一台液压马达，当马达啮合时刀盘引起转动，液压阀很易控制刹住刀盘而定位。在控制电路上还装连锁装置，以防点动马达啮合时起动主电动机。　　（刘友元）

刀盘支承壳体　cutterhead support

又称导向壳体。支承回转刀盘，传递扭矩及推力的金属结构件。前部装有刀盘轴承，支承刀盘；后部与掘进机推进液压缸相连接；两侧各装有侧向支撑及液压缸，能使机械掘进稳定并起辅助调向作用。

（刘友元）

刀盘轴承　cutterhead bearing

俗称大轴承（main bearing）。承受掘进机刀盘推力、倾覆力矩和刀盘重力的轴承。一般为双列圆锥轴承，间隙用控制轴承内座圈间隔块尺寸来调整，间隔过大，则会引起刀盘振动，影响齿轮啮合及密封性能，同时还会影响轴承本身的寿命。轴承寿命可达10000 h，在此范围内，除变更施工场地需搬运检查外，一般不做检查。　　　　　　　（茅承觉）

刀片式抹光机　blade type trowelling machine

以组合刀状金属片进行回转压抹的地面抹光机。

（杜绍安）

刀座　cutter block

又称刀架、刀轴。木工刨床上安装刀具的机件。

（丁玉兰）

导程　lead

螺纹上任一点沿同一条螺纹线转一周所移动的轴向距离。单线螺纹的导程等于螺距；多线螺纹的导程等于螺距与线数之积。　　（范俊祥）

导杆式柴油桩锤　guide rod

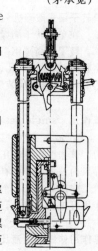

导杆式柴油桩锤

diesel pile hammer

活塞固定,气缸(锤体)沿导杆往复运动的柴油桩锤。因其打击能量小,寿命短,已逐渐被淘汰。

(王琦石)

导杆抓斗式掘削机械 rod-grab excavator

用安装在导杆前端的抓斗抓取和卸土,进行地下连续墙施工的抓斗式掘削机械。 (赵伟民)

导轨曲线 guide-rail curve

内曲线液压马达的定子内表面所作成的多段重复相同的曲线。不同的曲线形状将直接影响马达的输出转矩和转速的均匀性,影响导轨与滚轮的受力状况和使用寿命等。常见的类型有等加速度曲线、余弦曲线、正弦曲线和双圆弧曲线。 (嵩继昌)

导轨式气动独立回转凿岩机 drifter with independent rotation

回转、冲击可单独动作的导轨式气动凿岩机。多由风马达驱动钎杆连续回转,并可根据岩石硬度调节工作参数,如在软岩上凿岩作业时,可弱冲快转;在硬岩上作业时,可强冲慢转。 (茅承觉)

导轨式气动高频凿岩机 high-frequency drifter

见导轨式气动凿岩机和气动凿岩机(215页)。

导轨式气动双向回转凿岩机 drifter with twodirection rotation

钎杆可双向回转的导轨式气动凿岩机。当凿岩及拧接钎杆时向左旋转;当卸钎杆时向右旋转;同时还可只冲击而不回转,以便卸钎杆时使螺纹联接松动。 (茅承觉)

导轨式气动凿岩机 drifter

装在推进器的导轨上进行凿岩的气动凿岩机。分为:导轨式高频凿岩机、导轨式独立回转凿岩机、导轨式双向回转凿岩机等三类。机重为35～220kg,主要与凿岩柱架或与钻车配套,用于中硬以上岩石中钻任意方向岩孔,钻孔直径为40～150mm,孔深15～50m。

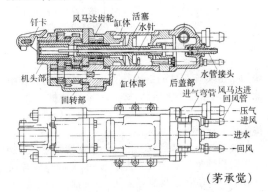

(茅承觉)

导架 hoist mast

附着式升降机中由若干升降机标准节连接成一定高度的格构式立柱。支承在升降机底架上,侧面借助于升降机附着架支承在所施工的建筑物外墙上。作为吊笼和对重的导轨,用来承受吊笼、对重、货物和风载荷。利用吊笼上的小起重机可进行接高或拆卸。 (李恒涛)

导控式溢流阀 piloted relief valve

由直动式溢流阀作导阀控制主阀动作的溢流阀。工作时,压力油从主阀下端经阻尼孔至主阀上端并作用于导阀芯。当压力小于调定值时,导阀及主阀均关闭;当压力增至调定值时,导阀先开启,少量控制油液经阻尼孔至导阀回油,在主阀两端形成压差 $P - P'$,从而克服主阀弹簧力,开启溢流。静态调压偏差较小,稳定性好,适用于高压、大流量,但动作不如直动式灵敏。有三级同心式和两级同心式两种。前者主阀芯三个密封面要求同心,加工、装配精度要求高,但密封性好,动作灵敏、定压精度高;后者结构简单,成本低,但性能低于前者。

(梁光荣)

导流料斗 diversion hopper

装在沥青混凝土摊铺机机架前部的,接受沥青混凝土混合料并卸入刮板给料器的料斗。是无斗底无前壁的敞开料斗。左右侧壁上直下斜,并可向内倾转,使斗内混合料出净。后壁即为调整闸板。

(章成器)

导轮 reactor

在液力变矩器中,改变工作液体流向从而使其动量矩发生变化的不转动叶轮。 (嵩继昌)

导热油沥青加热器 heat transfer oil heater for asphalt

以高温油液作为热介质加热沥青的装置。由圆形或椭圆形卧式沥青液贮罐、烧煤或燃油的火箱及盘绕在火箱和贮罐内的蛇形导热油管组成。热源是火箱中燃起的火焰,将导热管中耐高温油加热到260～320℃。导热管用油泵加压,先在火箱内的蛇形管中进行小循环加热,然后流向沥青罐内的蛇形管中,进行内外管路的大循环加热。在火箱顶部设有膨胀调节罐,可让蛇形管内的导热油受热膨胀后溢流,防止导热管内油压增高以策安全。 (倪寿璋)

导索器 steel wire guider

牵引绞车上用以导引钢丝绳缠绕方向,使之顺次整齐地绕于卷筒上的导向装置。由两部分合成,一是能够导引钢丝绳方向,但是不引起绳与绳之间摩擦的部件,通常由两对滚柱构成;一是能够平行于卷筒轴线,以卷筒长度为行程,而且移动速度与卷筒卷绕速度相配合的往复运动部件,通常是滑移机构。用于拉铲挖掘机等上。 (曹善华)

导向缸 guide cylinder

利用筒式柴油桩锤打斜度超过 10°的斜桩时，为防止上活塞跳出而在上气缸上端安设的缸筒。

（王琦石）

导向控制系统 guide control system

小口径管道水平钻机上用于控制和检测钻孔作业面与工作坑标准位置偏差的装置。由控制部分和方位检测部分构成。控制部分包括安装在切削头内的液压缸、控制箱和液压软管，可进行上、下、左、右位置调节和起导向作用。如果需要，还可装上稳定器。在方位检测系统中，装有使用经纬仪的目视经纬仪系统或使用激光束的激光靶系统。安装在导管中的目靶通过工作坑的标准位置测量其偏差，同时利用导管中的测斜仪随时检测出倾斜度，然后通过导向管内的导向液压缸进行调节。在导向激光靶系统中，当激光靶中的传感器与微机连接时，其偏差、推进力、推进距离、电流等都在显示器上自动显示并记录。

（陈国兰）

导向平台 guide table

为桩导向用的液压式压拔桩机的部件。由钢板焊接而成，并用法兰相连接。上设有若干个插桩用导向孔，以保证桩位准确。 （赵伟民）

导向套 guide casing

设在套管装置和地面接触部位，为套管导向的套管作业装置部件。 （孙景武 赵伟民）

捣固镐激振力 exciting force of tamping tine

捣固镐头工作时产生的振动力。其值取决于偏心块的质量和旋转速度，反映捣固机的工作能力。是铁道线路道碴捣固机械的主要参数之一。

（唐经世 高国安）

捣固镐下插深度 penetration depth of tamping tine

捣固镐头沉入枕木底部以下的深度。铁道线路道碴捣固机械的主要参数之一。

（唐经世 高国安）

捣固镐振动频率 vibration frequency of tamping tine

捣固镐头单位时间的振动次数。其值取决于偏心块的回转转速。是铁道线路道碴捣固机械的主要参数之一。 （唐经世 高国安）

捣固机拨道装置 lining equipment of ballast tamping car

在铁道线路平面内横向拨移轨排的装置。一般与起道装置设置在一起。 （高国安 唐经世）

捣固机起道滚轮 lifting roller of ballast tamping machine

置于起道夹钳端部，用以夹持钢轨轨头的成对滚轮。作业时沿轨头滚动。当滚轮通过钢轨鱼尾板或焊接接缝时，滚轮副被强行张开而顺利通过。

（高国安 唐经世）

捣固机起道夹钳 lifting clamp of ballast tamping machine

道碴捣固机械进行捣固作业和起道捣固作业时，用来夹持钢轨轨头部，进行起道，并有利于机械作业稳定性的装置。换位时有的须将夹钳放松，有的则为滚轮式夹钳。 （高国安 唐经世）

捣固机起道装置 lifting equipment of ballast tamping machine

用于铁道线路起道、起道捣固等作业的装置。多置于捣固架前方，装有两对滚轮以夹持轨头。滚轮由液压缸拉动沿立柱上、下移动以实现起道作业。

（高国安 唐经世）

捣固机上下道时间 on/off track time of tamping machine

铁路道碴捣固机械搬上或搬下轨道并摆正位置所需的时间。用以控制在繁忙线路上道碴捣固作业的有效时间，并保证作业安全。需要下道避让列车的各种中型捣固机械均须规定有此参数值。

（唐经世 高国安）

捣固机同步杆 synchronous rod of tamping machine

使道碴捣固机械的捣固镐头同步夹持或同步分离的连接杆。 （唐经世 高国安）

捣固架 tamping unit(tamping bank)

铁道线路道碴捣固机械的工作装置。由捣固架升降装置、捣固镐、激振机构、夹持机构等组成。有悬臂式捣固架和简支式捣固架两种。

（唐经世 高国安）

捣固架纵向可移式正线捣固机 plain track tamping machine with longitudinally movable tamping units

左右捣固架可分别纵向移动的正线捣固机。用于之字形摆放轨枕的铁道线路上进行轨枕下道碴捣固。 （唐经世 高国安）

捣石棒 tamping rod

碎石桩排水式地基处理机械中，设置在管螺旋中用于密实碎石桩的捣固装置。工作时，随着管螺旋的提升，垂直上下运动，捣实碎石，形成桩。

（赵伟民）

捣实梁 tamping beam

沥青混凝土摊铺机上由偏心轴驱动作上下运动的板梁构件型悬挂装置。左右各一，中间以铰连接偏心轴，以适应路拱要求。左右两轴的偏心块成180°相位角，使左右捣实梁交替捣实沥青混合料，以减轻对地面的振动。分基本段和加宽段，以备不同

宽度的路面选用。　　　　（章成器）

倒频谱　cepstrum

又称功率倒频谱。对功率谱取对数后进行傅立叶变换,再取其绝对值的平方所得到的新函数 $C_P(q)$。即对频域上难以分析、识别的谱图提供了新的分析方法,从而扩大和提高了谱分析技术的应用范围和分析能力。其表达式为

$$C_P(q) = |F\{\log G_x(f)\}|^2$$

（朱发美）

倒梯形起重臂　boom with inverted trapezoid cross-section

横截面轮廓为倒梯形的箱形起重臂。是普通矩形起重臂的一种改进型。上盖板较宽,两侧腹板偏离对称中心线向里倾斜,通常在下翼缘与腹板下部之间沿长度方向焊有与起重臂节等长的加强板条。承受压应力的下盖板较窄,有利于下盖板抗局部屈曲稳定,腹板压应力区的加强板条提高了其抗屈曲能力,因此可增高或减薄腹板,改善截面的抗弯性能,并使起重臂内部有较大的可利用空间。故适合于大起重量、多伸缩臂节的大型伸缩臂。

（孟晓平）

倒焰窑　fall-flame kiln

燃烧产物在挡火墙的引导下由窑顶向下倒流的间歇式砖瓦焙烧设备。由窑腔、窑顶、窑墙、燃烧室、挡火墙等组成。分为圆形和方形两种。烧成制度灵活,温度均匀,但燃料消耗较大。

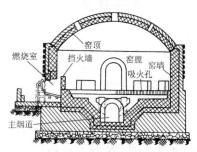

（丁玉兰）

道碴捣固镐头　tamping tine

铁道线路道碴捣固机械的工作头。由耐磨钢材制成。用以插入道碴层内,借振动作用使枕木下部的道碴密实。在道岔下捣固道碴时有专用的道岔捣固镐头。

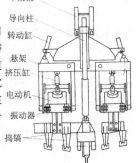

（唐经世　高国安）

道碴捣固机械　tamp-**ing machine**

简称捣固机械。提高轨枕下道碴密实度,以保证铁道线路稳定的线路机械。分手持式道碴捣固机、轻型液压道碴捣固机和重型道碴捣固机三类。

（唐经世　高国安）

道碴肩加压板　ballast shoulder pressing plate

在道碴稳定机上装于枕端稳定器的外侧,用以防止夯拍时道碴从侧面挤出的装置。

（高国安　唐经世）

道碴肩清筛机　ballast shoulder cleaning machine

用于道碴床肩部的道碴清筛机械。也用来将筛后的道碴补充入轨枕盒。　　（高国安　唐经世）

道碴肩稳定器　ballast shoulder consolidator

用以振动夯拍道碴层肩部的装置。常利用两个长臂装到道碴稳定机上。夯拍板是两块用纵向铰相连的板,从而适应任何肩部角度,甚至在站线(即道碴肩部角度为180°)作简单调整也可使用。振动力总是沿肩部角的等分线上作用。

（高国安　唐经世）

道碴漏斗车　ballast hopper wagon

铁道施工与修理时运铺道碴的线路机械。石碴可从若干个底门卸到线路两侧与中间,或任一侧,或仅卸到中间。　　　　（唐经世　高国安）

道碴清筛机械　ballast cleaning machinery

用以清筛铁道线路上脏污、板结道碴的线路机械。线路道碴长期使用后,排水性能降低,线路弹性丧失,须将污秽板结道碴挖出、清筛,再将清洁能用的石碴回填到路基上。主要工作装置为道碴挖掘装置,筛分机和输送装置。机械类型有单侧小型枕底清筛机,双侧小型枕底清筛机,道碴肩清筛机,中型道碴清筛机,大型道碴清筛机等。

（高国安　唐经世）

道碴稳定机　ballast consolidating machine

装有振动式道碴稳定器在道碴面上进行振动夯拍的线路机械。可以减小因横向力作用引起的轨道扭曲,借以延长线路使用期限。车上装有轨枕盒稳定器、道碴肩稳定器与枕端稳定器等。

（高国安　唐经世）

道碴整形机　ballast distributing equalizing and profiling machine

又称配碴整形机。用以进行铁道线路道碴的分配、调整和整形的机械。分两种,第一种机械的工作装置由置于两轴之间的配碴犁,左右路肩犁与枕木刷组成。第二种还附有可容 10t 左右道碴的漏斗,既可将线路上多余的道碴用输送机装入漏斗,又可

经六个斜槽向缺碴地段补充道碴。

（高国安　唐经世）

道岔捣固机　switch and crossing tamping machine

可捣固道岔轨枕下道碴的道碴捣固机械。其捣固架可横向移动。捣固头可分别折叠以便作业，司机座紧靠捣固架。　　　　　　　　（唐经世）

道岔清理机　switch cleaner

利用轨道车牵引以清除铁路道岔中积累的污物与积雪的线路机械。其工作装置有二，一为发动机经离合器驱动的圆柱形刷，可将道岔中的污物剔出；一为发动机经离合器驱动的离心式扬尘器，将刷子剔出的污物扬起，经由可回转 270° 的排污口排弃。用以保证道岔正常工作，确保行车安全。

（高国安　唐经世）

de

德马克式掘进机　Demag tunnelling machine

由原德国曼内斯曼·德马克公司（Mannesmann Demag）制造的全断面岩石掘进机。具有下列特点：①采用单刃和双刃盘形滚刀；②采用平面和截圆锥面二种刀盘；③采用前后两组水平支撑，来锁定机器和调整方向；④采用多轴传动方式和把刀盘电动机及减速器放在前后支架之间，通过各自的传动轴带动刀头内的小齿轮和大齿圈，驱动刀盘回转。1990 年左右已归属于奥地利钢铁联合公司（Voest Alpine），简称奥钢联，1997 年 1 月奥钢联下属生产掘进机的隧道机械公司由芬兰·太姆诺克（Tamrock）公司控股，还生产全断面岩石掘进机。

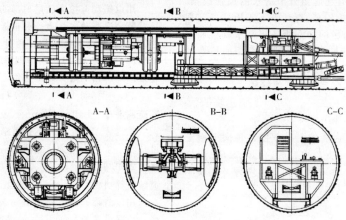

德马克式掘进机

（刘友元　茅承觉）

deng

灯光报警器　lamplight warner

用灯光作为信号发出警报的报警器。通常用绿色灯光表示安全，黄色灯光表示进入危险的临界状态，红色灯光为不安全状态。　　　（曹仲梅）

"登月火箭"游艺机

将一组火箭模型装在倾斜 20° 的环形转盘上、并与转盘中心的月球模型做反方向转动的游艺机。由动力装置、环形斜转盘、月球模型装置、火箭模型组等组成。工作时，电动机驱动转盘与月球模型做反方向转动，乘客在上仿佛以极高的速度围绕着月球轨道上、下飞行。　　　　　（胡　漪）

等离弧喷焊　plasma coating, plasma plating

利用等离子弧作为热源的喷焊方法。等离子弧通过焊枪孔道时，受机械压缩效应、热压缩效应及电磁收缩效应作用，能量进一步集中，温度可高达

15000～30000K，可熔化已知的所有工程材料。因而待喷材料不受熔点限制，热量高度集中，零件受热面小，热影响区小，同时等离子弧的稳定性及可控性好，电弧的功率、温度、刚柔度、焰流形状及性质等都可调整，可得到质量良好并稳定的喷焊层。另外也易于实现机械化、自动化，生产效率高。

（原思聪）

等离子喷涂　plasma spraying

将待喷涂材料在电弧等离子体中加热、熔融并雾化且高速喷向工件的喷涂方法。加热温度高（可达 10000℃以上），可熔化各种难熔材料；喷出速度大（300～500m/s），使涂层与基体的结合强度及涂层密度都较高；使用还原性气体（H_2）或惰性气体（Ar）作为工作气体，能减少工件及涂层的氧化；喷涂时工件温度可控制在 200℃左右，因而涂层淬硬性好，可得到高耐磨性涂层。涂层种类、性质及质量都很优越。

（原思聪）

等效载荷　equivalence load

采用一定的方法计算出代替实际交变载荷的假想载荷。通常作用在起重机零件上的载荷变化范围较大,为了计算零件疲劳、磨损和发热,按一定的方法找出一个与实际载荷等效的假想载荷。

（李恒涛）

di

低臂双梁铺轨机 low-double-beam track laying machine

双梁吊臂铰装于平车端部,作业时吊臂前端各用支腿支承的铺轨机。轨排用门形小车铺设（或拆卸）,着力于路肩而成简支,受力情况好。

（高国安　唐经世）

低副 low pair

机构中作相对转动或移动的两个杆件之间呈面接触的运动副。有回转副和滑动副之分。在平面机构中,每个低副引入两个约束,丧失两个自由度,只保留一个自由度。

（田维铎）

低速轮胎起重机 low speed wheel crane

装在专用低速轮胎底盘上的轮胎起重机。行走速度常在 30km/h 以下。是较早出现的一种型式。桁架臂、机械传动、内燃发动机设在上车转台上或电动机驱动,电源直接来自电网。适用于港口码头、仓库场地装卸和转运货物。

（顾迪民）

低速液压马达 low-speed motor

额定角速度低于 50rad/s 的液压马达。主要有曲轴连杆式马达、静力平衡式马达、内曲线式马达和球塞马达。低速稳定性较好,启动机械效率较高,可以直接和工作机构相连接,大大简化机器的传动装置。但转动惯量大,制动较为困难。

（嵩继昌）

低温镀铁 low-temperature iron plating

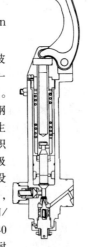

用不对称交流-直流电特殊波形电流或直流电在较低温度下（一般为 30～50℃）进行的镀铁工艺。镀铁时,镀件接阴极,可溶性低碳钢接正极,镀槽通电后,在阴极上发生铁的还原反应,镀件表面得到沉积层,而阳极则不断溶解,以补充阴极反应所消耗的铁离子。低温镀铁设备简单,材料来源充足,镀层均匀、表面平滑,结合强度高,可达 350N/mm²、镀层硬度高,一般都有 HRC40～50,甚至可高达 HRC63～65,耐磨性好,镀层厚度可达 2～6mm,电

低压燃油泵

流效率高达 95%,沉积速度快,约每小时 0.6～1mm。目前已广泛用于修复各种轴类及导轨等,获得较好效果。

（原思聪）

低压燃油泵 low pressure fuel pump

柴油桩锤低压燃油供给系统中,用燃油泵曲臂驱动,有规律地向气缸内供应燃油的油泵。泵油压力较低,为低压柱塞式。供油量可通过调节杠杆来调整。

（王琦石）

堤坝塔式起重机 dam tower crane

在堤坝的建筑施工中,用来吊装钢筋网,吊运与浇筑混凝土的塔式起重机。通常为自升式或内部爬升式超重型塔式起重机。

（李恒涛）

滴油杯 drop oier dipper

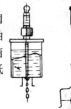

断续向滑动轴承滴入润滑油的器具。油杯中的润滑油通过孔、针阀或灯芯等自动滴入油道,给油量不大,适用于低速轻载的轴承上。

（戚世敏）

底笼 base of hoist

支承附着式升降机并保证其正常工作、与基础相连接诸部件的统称。由升降机底架、导架的基础节、电缆筐和护栏等组成。设有供人员与装卸物料的出入门,可借助于吊笼自行开关。

（李恒涛）

底盘 chassis

在工程机械上除发动机和工作装置以外的其他系统和装置的总称。主要包括传动系统、行走系统、转向系统、制动系统。主要功用是支承整机,使工程机械按所需的速度和牵引力,沿指定的方向行驶。按行走机构类型不同可分为轮式底盘和履带式底盘两类。

（刘信恩）

底卸式正铲斗 bottom unloading face bucket

依靠打开底部或前部进行卸土的正铲铲斗。底开式铲斗的斗底利用液压缸或链条控制,挖掘时紧闭,卸土时打开,土壤从底部卸出,卸土干净,但要专门的开启机构,而且斗底下垂使卸载高度减小,是机械传动正铲挖掘机采用的形式。前开式铲斗由前后两半构成,两者上端用铰链连接,卸土缸装在后斗壁中,缸回缩时,通过杠杆使前部翘起卸土,卸土快而干净,不影响卸载高度,是正铲液压挖掘机普遍采用的形式。

（曹善华）

地板磨光机 floor polisher

具有磨削滚筒和移动轮,对木质地板进行磨光作业的地面修整机械。

（杜绍安）

地板刨平机 plank floor planer

具有高速转动的刨刀和行走轮,对木质地板表面进行平整加工的地面修整机械。

（杜绍安）

地锚拉铲 land anchor scraper

利用地锚上的反向滑轮作切向移动,使铲斗在扇形范围内运动的骨料拉铲。由铲斗、卷扬机、导向滑轮、反向滑轮和地锚等组成。反向滑轮装在地锚上,用一组地锚实现反向滑轮的切向移动。适用于小型双阶式混凝土搅拌站(楼)。　　(王子琦)

地面附着系数 coefficient of ground adhesion

车辆或自行式工程机械运行时,地面对它的最大可能行走反力与机重(力)的比率。决定于地面条件和行走装置的状态。若机械的行走牵引力大于地面附着力,则行走装置打滑,不能前进。

(曹善华)

地面清洗机 ground cleaner

对室内高级地面(如大理石地面、水磨石地面等)上的污垢进行洗刷的环卫机械。由溶剂罐、回收罐、泵、橡皮罩、洗涤刷等组成。作业时洗涤液通过喷洒管流到橡皮罩下的地面上,由盘形的洗涤刷洗刷地面,然后通过泵将地面上的洗涤液收集到回收罐内。　　(张世芬)

地面污垢清除机 ground dirt cleaner

利用自身的动力带动工作刷高速旋转,对地面的油泥污垢进行清除、收运的环卫机械。主要用于货场、码头、车间、工作间等地面污垢的清除。工作刷采用钢片刷,可清除2~5mm厚的地面污垢。

(张世芬)

地面修整机械 floor finishing machine

对建筑物地坪(或物件)进行平整加工的装修机械。包括水磨石机、抹光机、地板刨平机、地板磨光机。　　(杜绍安)

地铁用捣固机 subway tamping machine

当地下铁道采用石碴道床时用的道碴捣固机械。其铁路限界要求与一般标准轨铁路限界不同,而且照明要求高。　　(唐经世　高国安)

地下连续墙施工机械 machine of construction continuous concrete wall

为了避免山体滑坡和减少地下施工的开挖土方量及建设围堰等,建立地下连续墙的桩工机械。按切削方式有抓斗式、压入铲斗式、重力凿式和回转式掘削机械。　　(赵伟民)

第二计量刮板 secondary feed scraper

装在滑模式水泥混凝土摊铺机上对经过首次振实的混合料铺层表面高度进行第二次刮走余料的装置。可让进入整平区的混合料厚度符合规定的虚厚度。　　(章成器)

dian

点划线 dotted dash line

一定长度的实线和小短划线相间的线型。线宽为粗实线的三分之一。定长度实线每段长约15~20mm;小短划线长约1mm、间隔约1mm。有单点划线及双点划线,单点划线主要用于绘轴线、对中中心线;双点划线主要用于绘假想投影轮廓线及中断线等。　　(田维铎)

点火提前角 ignition advance angle

汽油机在压缩过程中,从火花塞点火到活塞上止点所对应的曲轴转角。该角度过大或过小都会使汽油机的功率和经济性下降。在一定的运行条件下(如转速、节气门开度等),有一最佳值,由实验选定。

(岳利明)

点接触钢丝绳 point contact wire rope

绳股中螺距不等、直径均相同的各层钢丝相互交叉捻制的钢丝绳。钢丝间接触应力较高,表面粗糙,在反复弯曲的工作过程中钢丝易于磨损折断,使绳索的使用寿命较短;但制造工艺简单,价格低,故在工程机械中仍得到应用。　　(陈秀捷)

点盘式制动器 drop plate type brake

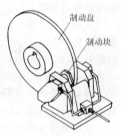

制动块通过液压驱动装置夹紧装在轴上的制动盘的制动器。为增大制动力矩,可采用数对成对地布置的制动块,在径向上以使制动轴不受径向力和弯矩。散热条件好,装卸也比较方便。　　(幸淑琼)

点蚀 pitting wear

作滚动摩擦的表面,由于交变接触应力的作用而产生表面接触疲劳,久而久之在摩擦表面出现麻点脱落的腐蚀磨损。原因主要是接触部位实际承压面小,压强超过金属屈服极限,从而产生显微塑性变形。由于载荷的重复作用,表层经多次塑性变形而疲劳产生微裂纹。润滑油渗入裂缝,在滚动压力作用下起着油楔作用,使裂纹扩展,最后成点状剥落形成洼坑。点蚀速度与材料性能、接触面压力、载荷循环次数等因素有关。　　(杨嘉桢)

电刨 power planer

刨削加工各种木制件的电动工具。装上台架亦可作小型台刨使用。按结构可分为直接传动和间接传动两种。直接传动式是将三相鼠笼型电动机制成外转子式,并将刨刀直接装在转子上;间接传动式是电动机转轴通过齿轮或皮带传动将动力传递给装有刨刀的滚筒刀架上,由防松弹簧、调节手柄、电动机、传动机构、滚筒刀架、刀片和底板等组成。刨刀的线速度一般为20~30m/s。　　(王广勋)

电铲 electric shovel

见动力铲（64 页）。

电锤　electric hammer

用于混凝土结构上的凿孔、开槽、打毛作业的电动手持工具。主要有弹簧冲击锤、曲柄连杆气垫锤和电磁锤等。　　　　　　　　　（迟大华）

电磁打桩机　magneto electric pile driver

以电磁引力为动力的打桩机。由电磁桩锤和桩架组成。　　　　　　　　　　　（赵伟民）

电磁导向小车　electromagnet guided cart

靠电磁导向无人驾驶的无轨搬运车。固定的行驶线路地面埋设电缆，并通以规定频率的交流电而产生磁场。小车偏离电缆时，车下方两个探测线圈感应出不同的电压，使力矩电机转动并纠正小车导轮方向，使其始终沿着电缆中心线行走。根据行走路线需要，地下可敷设多根电缆，通以不同频率交流电，利用车上选频装置，选择不同线路。车前车后都装探测线圈时，小车能倒退行走。　　（叶元华）

电磁换向阀　solenoid directional valve

靠电磁铁的吸力推动滑阀在阀体内作相对运动的换向阀。有交流式和直流式；干式、湿式及油浸式。因为电磁铁的吸力有限，只适用于流量小于 $0.67\times10^{-3}\mathrm{m}^3/\mathrm{s}$ 的场合。　　（梁光荣）

电磁激振器　electric-magnetic vibrator

利用铁心通电磁化，吸引衔铁快速往返运动而激起振动的激振器。激振力小，工程机械上极少采用。　　　　　　　　　　　（曹善华）

电磁离合器　electromagnetic clutch

利用激磁线圈的电流所产生的磁力来操纵各接合元件以达到接合或分离从而传递扭矩的离合器。结构简单，工作可靠，寿命较长，可通过调整励磁电流来调节从动轴的速度和扭矩，便于无级调速。有电磁摩擦离合器、电磁粉末离合器和电磁滑块离合器等几种。

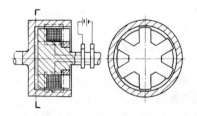

（幸淑琼）

电磁式附着振动器　electro-magnetic external vibrator

利用磁性引力和弹簧推力的交替作用而产生振动的附着式振动器。底板上装有铁芯，铁芯外绕线圈，电枢横梁用螺栓固定在弹簧中间。调整弹簧的压缩量，便可改变电枢横梁与铁芯间的间隙，从而改变振动器的振幅。当线圈通过脉冲电流时，铁芯断续产生磁力，横梁即被周期地吸引和推开，从而产生振动。当直接输入 50Hz 交流电时，振动频率为 6000 次/min，当通过整流器半波整流时，振动频率为 3000 次/min。结构简单，工作可靠，但效率较低。

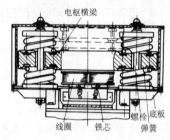

（向文寿）

电磁式瓦坯切割机　electromagnetic cutter

利用电磁铁拉动切爪弓切出瓦坯的烧土制品成型机械。由绒布辊、切爪弓、电磁铁、传动机构等组成。当泥条从机口运行到绒布辊后，因其自重而产生的摩擦力可令电磁铁工作。通电时，使切爪弓上升到瓦坯之上而留出有用的瓦爪；断电时，切爪弓下降并切去瓦坯上多余的瓦泥。　　（丁玉兰）

电磁式振动输送机　electromagnetic vibratory conveyor

用电磁激振器驱动的振动输送机。由电磁激振器、槽体及支承弹簧等组成。其形式有多种，主要区别在于电磁铁型式、主振弹簧型式和供电方式。常用的电磁铁有 π 型、山型和 H 型；常用的主振弹簧有板弹簧、螺旋弹簧和橡胶弹簧；常用的供电方式有交流供电、可控半波整流供电、半波加全波整流供电和降频供电。可无级调整槽体的振幅和输送能力，便于实现自动化，但成本较高。　　（谢明军）

电磁式振动台　electro-magnetic vibrating table

利用磁性引力和弹簧推力的交替作用而产生振动的振动台。一般采用电磁式附着振动器作为振源。虽构造简单，但效率较低，只有小型简易振动台才采用这种形式。　　　　　　（向文寿）

电磁制动器　electromagnetic brake

利用电磁效应的制动器。有电磁粉末制动器（图 a）和电磁涡流制动器（图 b）两种形式。电磁粉末制动器：激磁线圈通电时形成磁场，磁粉在磁场作用下磁化，形成磁粉链，并在固定的导磁体与转子间聚合，靠磁粉的结合力和摩擦力实现制动。激磁电流消失时，磁粉处于自由松散状态，制动作用解除。便于自动控制，适用于各种机器的驱动系统。电磁涡流制动器：激磁线圈通电时形成磁场，制动轴上的电枢旋转切割磁力线而产生涡流，电枢内的涡流与磁场相互作用形成制动力矩。其寿命长，维修方便，调速范围大,常用于起重机的起升机构中。但低速时效率低、温度高,必须采取散热措施。

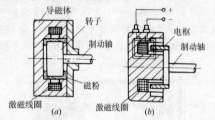

(a) 导磁体 转子 制动轴 磁粉 激磁线圈

(b) 电枢 制动轴 激磁线圈

(幸淑琼)

电磁转矩 electromagnetic torque

电动机旋转磁场各极磁通 φ 与转子电流 I_2 相互作用而在转子上形成的旋转力矩。是电动机将电能转换成机械能最重要的物理量之一。 (周体优)

电磁桩锤 magneto electric pile hammer

应用电磁原理,使锤头上下往复运动,产生打桩力的桩锤。由钢管式砧铁、工作行程线圈、空行程线圈、强磁锤头、锤头位置反馈传感器等组成。工作时,接通上升变流器,在空行程线圈内形成单极化电流脉冲,使强磁锤头向上运动。当锤头到达上限位置时,位置传感器向控制系统发出断开上升变流器和接通下降变流器的信号。由于下降变流器接通后,在工作行程线圈内也形成单极化电流脉冲,使锤头强行刹住,然后向下运动,冲击桩头。当锤头到达下限后,位置传感器又向控制系统发出信号,使下降变流器转换成逆变流状态,并接通整流状态的上升变流器,使强磁锤头往复工作。 (赵伟民)

电动冲击夯 electric rammer(tamper)

以电动机为动力带动偏心块旋转,利用偏心块离心力使夯锤冲击地面,并使机械移位的夯实机。最常见的有电动蛙式夯。 (曹善华)

电动附着式振动器 electric external vibrator

电动机驱动的附着式振动器。偏心块安装在电动机两端伸出的转子轴上,随转子轴回转而产生振动,振动频率与电动机转速相等。为了提高振动效率,有的附着式振动器利用变频机组供电。为了适应不同的施工条件,有些附着式振动器的偏心块是可调的,能获得不同的激振力。适用于振捣钢筋密集、料层较薄的结构和构件。 (向文寿)

电动钢筋切断机 steel bar power shear

以电动机为动力,采用机械传动的钢筋切断

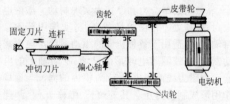

齿轮 皮带轮 固定刀片 连杆 冲切刀片 偏心轴 电动机 齿轮

机。电动机通过一对皮带轮和两对减速圆柱齿轮带动曲柄连杆机构的滑块作往复运动,使装在滑块上的冲切刀片相对固定刀片运动而切断钢筋。是目前工地上使用最多的一种,最大可切断直径为40mm的钢筋,当钢筋较细时,一次可同时切断几根甚至十几根。 (罗汝先)

电动钢筋弯曲机 steel bar power bender

以电动机为动力,采用机械传动的钢筋弯曲机具。工作装置主要由工作圆盘、心轴、成型轴、挡铁轴组成。当工作圆盘转动时,心轴位置不变化,而成型轴绕心轴作圆弧转动,如果钢筋一端被挡铁轴顶住,则钢筋被成型轴绕着心轴进行弯曲。调整成型轴上的偏心套并更换不同直径的心轴,钢筋就被弯曲成需要的圆弧。更换正齿轮改变传动比,可使工作盘得到几种不同转速。通用性强,结构简单,操作方便,应用广泛。

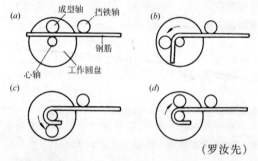

(a) 成型轴 挡铁轴 *(b)* 钢筋 心轴 工作圆盘 *(c)* *(d)*

(罗汝先)

电动钢丝冷镦机 steel wire power cold-header

以电动机为动力,在常温下将钢丝端部镦粗的钢筋镦头机。有固定式和移动式两种。由电动机、皮带轮、凸轮、滑块、压臂和机架等组成。电动机通过减速后带动凸轮轴转动。凸轮轴上有一个加压凸轮和一个顶镦凸轮。加压凸轮通过压模将钢丝夹紧,顶镦凸轮通过滑块对钢丝施加顶镦压力,使钢丝端部镦粗。效率高,镦粗头形状规则,与热镦相比没有因退火使镦粗头质量不稳定的现象,应用广泛。 (罗汝先)

电动滚筒驱动 electric-pulley drive

把电动机的壳体、定子、转子和整个传动机构或机构的一部分放在滚筒内部的带式输送机驱动装置。有复式齿轮传动装置、封闭式行星传动装置、外心式行星传动装置。冷却方式有油冷式和风冷式两种。采用该装置可使整机宽度和质量减少,适用于环境潮湿、有腐蚀性和结构紧凑的场合,以及功率在55kW以下的输送机。缺点是结构复杂,制造精度要求高,在连续工作情况下由于冷却不良使电动机

的工作条件变差。　　　（张德胜）

电动葫芦 electric hoist

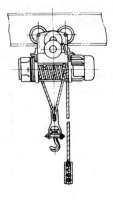

以电动机驱动的起重葫芦。电动机的动力经减速装置、卷筒、星轮或起重链轮卷放起重绳或起重链条，带动取物装置升降。可以单独作用，也可以作为电动单轨起重机、电动单梁、电动双梁、桥式、塔式、龙门起重机的起重小车。按挠性构件的不同，有钢丝绳的、环链的和板链的三种。起升速度较快，提升高度较大。

（曹仲梅）

电动回转游艇

船体自行调速并在圆形水池水面上回转的游艺机。由数台电动机、数条游艇、大形圆水池等组成。工作时，游人可在游艇内自行操纵游艇速度沿水池回转。船体可自身驱动、自由波动，相互追逐。

（胡　漪）

电动机 motor

俗称马达。将电能转换为机械能的动力转换装置。有直流电动机和交流电动机两类。　（周体优）

电动机式激振器 electric vibrator

利用两端输出轴上装有偏心块的特制电动机进行振动的激振器。电动机和激振装置合为一体，结构紧凑，通常用于小型振动桩锤。　（赵伟民）

电动机速度特性 torque-speed characteristic

又称电动机机械特性。电动机在一定输入条件下，转子转速 n 和电磁转矩 T 之间的关系曲线。

（周体优）

电动剪刀 power-driven shears

又称电剪刀。通过机械传动，使上、下刀片形成冲剪运动，可按曲线形状裁剪板材的电动手持机具。由电动机、传动机构、上刀片和下刀片等组成。上、下刀片刃的夹角一般为 25°，横向间隙约为被剪切材料厚度的 7%。主要参数为剪切最大厚度、剪切最小半径、剪切速度和剪切频率。

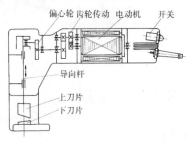

（王广勋）

电动角向锯磨机 electric angle saw grinding machine

用于切割和磨光金属或各种建材的手持机具。其电机驱动轴与输出轴通过一对锥齿轮传动呈 90°夹角，以利于边角作业。　　（迟大华）

电动绞盘 electric capstan

由电动机驱动的绞盘。工作装置通常为凹面摩擦卷筒，动力经机械减速装置传到卷筒。常用于林业及船舶和码头等处。　　　（孟晓平）

电动卷扬机 electric winch

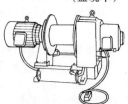

以电力为动力的卷扬机。由电动机作为原动机，通过减速装置、制动器、卷筒、电气控制系统、操纵装置及必要的安全装置、指示器等组成。在卷扬机中使用最广泛，使用量最多。　（曹仲梅）

电动卷扬张拉机 electric winch tensioning machine

以电动卷扬机为动力张拉钢丝的预应力筋张拉设备。由电动卷扬机、弹簧测力器、电气自动控制装置及专用夹具等组成。操作时，先将测力器调至所需张拉力的刻度，并用夹具将钢丝夹牢，然后开动卷扬机收绕钢丝绳，钢丝即被张拉。当达到预定张拉力时，电源自动切断，随即把钢丝锚固在定位板上，而后放松钢丝绳，松开夹具，即完成一次张拉操作。其最大特点是，一次张拉行程长，可达 5m。主要用于预制厂在长线台座上张拉直径为 3～5mm 的冷拔低碳钢丝。

（向文寿）

电动块式制动器 electro block brake

由电动机驱动杠杆系统旋转的离心力的块式制动器。结构简单，制造方便，但由于杠杆系统工作时具有较大的惯性，故其动作迟缓。　（幸淑琼）

电动链锯 electric chain saw

简称电锯。以交流电动机为动力的链锯。锯链首尾相连成环形，沿锯板边缘循环运动而锯割木材。使用方便，无污染，但使用场地必须配备电源。

（丁玉兰）

电动螺杆张拉机 electric tensioning machine with screw rod

用电动机驱动，通过螺杆对钢丝进行张拉的预应力筋张拉设备。由电动机、减速器、螺杆、螺母、弹簧测力器、夹具和配电箱等组成。主要用于预制厂在长线台座上张拉直径为 3～5mm 的冷拔低碳钢丝。构造简单，移动方便，操作容易，应用甚广。

（向文寿）

电动磨石子机 power-driven polishing cobblestone machine

对以水泥、大理石、石子为基体的工件表面用砂轮进行磨光作业的专用电动手持机具。由电动机、传动机构、砂轮和防护罩等组成。碗形砂轮装在两个夹紧法兰盘之间，砂轮轴与电动机转子轴交叉成90°角，以砂轮的端面为工作面。特别适用于对场地狭小、形状复杂的物件表面磨光，如盥洗设备、晒台和标牌等。劳动强度低，工作效率高。　(王广勋)

电动喷浆机　electric paint sprayer

料浆泵靠电力驱动的喷浆机。料浆泵多为离心泵。　(周贤彪)

电动曲线锯　electric curve saw

按各种给定曲线进行金属、木材及其他材料的板材成形锯切加工的手持机具。由电机带动曲柄滑块机构驱动导杆进行锯割。

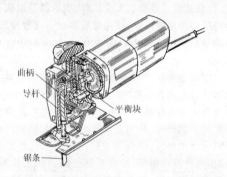

曲柄
导杆
平衡块
锯条

(迟大华)

电动软轴偏心式振捣器　electric eccentric weight type vibrator with flexible shaft

电动机通过软轴带动偏心轴旋转而产生振动的内部振捣器。振动棒是一根密封的钢管，内装偏心轴。软轴的一端接偏心轴，另一端与电动机增速器的输出轴连接。软管套在软轴外，保护软轴工作，并对操作者和电动机起减震作用。工作时，电动机通过增速器增速后，经软轴带动偏心轴旋转而产生振动。振动经轴承和振动棒壳体传给混凝土拌和料使之密实成型。结构简单、性能可靠，但振动频率低，轴承和软轴寿命短，振捣效果差。近年来，随着轴承和软轴质量的提高，采用单相串激式电动机的动力，振动频率可达15000次/min。　(向文寿)

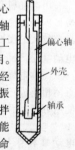

偏心轴
外壳
轴承

电动软轴行星式振捣器　electric planetary type vibrator with flexible shaft

电动机通过软轴带动振动棒里的滚锥绕滚道作行星运动而产生振动的内部振捣器。分外滚道和内滚道两种。振动棒内装有与转轴连成一体并悬吊着

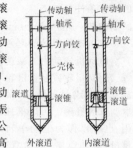

传动轴
轴承
方向铰
壳体
滚道
滚锥
外滚道
传动轴
轴承
方向铰
滚锥
滚道
内滚道

的滚锥，当转轴旋转时，滚锥沿振动棒内壁的滚道滚动（外滚道），或套住振动棒中心的滚道滚动（内滚道），从而产生行星运动，即滚锥除绕其轴线和驱动软轴同速自转外，还沿振动棒内壁（中心）的滚道公转，从而使振动棒产生高频振动，频率一般为电动机转速的3～4倍。由于这种振动器不设增速装置，驱动软轴与电动机转速相同，改善了轴承和软轴的工作条件，因而得到了广泛应用。　(向文寿)

电动筛砂机　electro-magnetic sand screen

由电磁振动驱动筛具工作的筛砂机。
(董锡翰)

电动升降平台　electric lifting platform

由电动机经机械传动驱动升降机构进行作业高度调整的装修升降平台。　(张立强)

电动式　electric drive type

以电动机为动力装置的机械设备。
(田维铎)

电动式料位指示器　electric level indicator

利用材料制动电动机构的蜗杆触动开关而发出信号的极限料位指示器。料满后，叶片被埋，通过轴制动蜗轮，蜗杆仍由微型电动机带动旋转，蜗杆克服端部弹簧的压力沿轴向移动，使开关动作，发出信号。　(应芝红)

电动凸轮式点焊机　electric cam type spot-welding machine

利用电动机驱动凸轮对钢筋焊点加压的钢筋点焊机。能自动或单动操作。自动操作时只需踩住离合器踏板，电动机即通过减速箱和离合器带动凸轮和时间调节片连续回转。凸轮回转将弹簧压缩，并通过压力臂及电极对钢筋周期地施加压力；时间调节片则定时接通和切断焊接电流。单动操作时，脚踩踏

板一次，即焊接一点。结构简单，操作容易，耗电省，噪声小，但电极臂杆有效外伸长度小，不能焊接大型钢筋网架。　(向文寿)

电动蛙式夯　electric frog rammer

依靠旋转惯性力使夯锤夯击地面，并跳跃前进的电动夯实机。由夯锤、夯架、偏心块、带传动和电动机等组成。夯架在偏心块离心力作用下，上、下摆

动,夯架前端装夯锤,夯架下摆,夯锤冲击地面;夯架上摆,机械向前跳跃一步。故夯锤冲击、机械前移连续进行,形如蛤蟆跳跃。体积小,夯实效果好,搬移方便。适于在小面积地带(如小基坑、基槽和边沟等)作夯实工作。

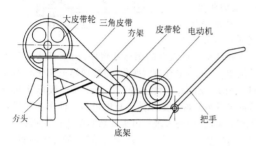

（曹善华）

电动小火车

电控调速,造型酷似火车,供儿童乘坐的游艺机。由电动机、火车头、车厢等组成,并配有铁轨、小火车站等辅助设施。工作时,车厢运载儿童在铁轨上徐徐开动,速度时快时慢,伴有火车鸣叫声。富有真实感,乘坐舒适。　　　　　　　（胡　漪）

电动液压千斤顶　electro-hydraulic jack

由电动液压泵提供液压油的液压千斤顶。由电动机、液压泵、液压阀、顶升液压缸、托座和机座等组成。由于电动液压泵供液,其顶升速度、起重量都比手动液压千斤顶大,并操纵方便。缺点是不能在无电源的场合工作。　　　　　　（顾迪民）

电动凿岩机　electric rock drill

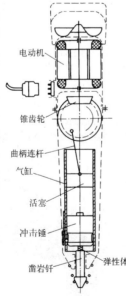

以电动机驱动的凿岩机。按凿岩方式分为冲击回转式和回转式两种。前者一般由电动机、传动系统、冲击机构、回转机构等组成,机重25~31kg,用于 $f=6\sim15$ 的中硬、坚硬岩石钻孔,钻孔深可达 5m;后者俗称岩石电钻,一般由防爆电动机、传动系统、回转机构、滑轨等组成,机重40~92kg,可安全用于有瓦斯和煤尘的矿井中,也适用在 $f<10$ 的软岩、中硬岩中,钻孔深可达 5m。与气动凿岩机相比,具有能量利用率高、设备配套简单、振动小、噪声小、成本低等优点;在可靠性、耐久性、安全性和维修等方面均不如气动凿岩机。　　　　　　（茅承觉）

电动振动夯土机　electric vibratory rammer

利用电动机驱动振动体内的偏心转子快速旋转,带动夯板振动的振动夯土机。偏心转子装在夯板上,作业时,土壤颗粒在夯板振动和整机质量复合作用下重新排列而密实。机械依靠激振力的水平分力移动,装有扶手,以控制机械运动。使用时需要有外电源。　　　　　　（曹善华）

电动直联式内部振捣器　electric rigid type internal vibrator

电动机与振动棒联成一体,或装入振动棒壳体内直接驱动振动子的内部振捣器。大型内部振捣器由于功率大,用软轴传动已不可能,故都采用电机直联形式。常用于水坝等大型混凝土工程。工作时,将 4~8 台振动器组合在一起,装在特制钢架上,用起重机起吊进行振捣作业。利用变频机供给中频电以提高电动机转速,从而提高振动频率。

（向文寿）

电动抓斗　electric grab

又称马达抓斗。将标准电动葫芦装到抓斗上作为开闭机构的抓斗。实际上是将双绳抓斗的闭合卷筒装设在抓斗上部。闭合绳不再像双绳抓斗那样受闭合绳向上的拉力,抓斗自重全部都在起挖掘作用,因此抓取能力大,适用于抓取矿石等难抓取的物料。因其只悬挂在起重绳上,因此只需配置普通单卷筒卷扬机。但重心高,重量较大。　　（曹仲梅）

电动装修吊篮　electric hanging scaffold basket

以电动机驱动升降装置(或平移装置)进行吊篮工作位置调整的装修吊篮。　　　　（张立强）

电镀　electroplating

利用电解作用,在金属制品表面上均匀地沉积出薄薄一层附着良好,但性能与基体材料不同的金属覆层的技术。基体材料除钢铁外,还有非金属,如ABS塑料、聚丙烯、聚砜和酚醛塑料。但塑料电镀前,必须经过特殊的活化处理和敏化处理。镀后可在机械制品上获得装饰保护性和各种功能性的表面层,还可修复磨损和加工失误的工件。使制品外形美观,提高耐磨、耐蚀、导电、光反射等性能。常用的有挂镀、滚镀、连续镀和刷镀等方式。　（方鹤龄）

电工技术　electrotechnology

研究电磁理论及在工程技术领域中应用的技术科学。　　　　　　　　　　　　（周体伉）

电焊机　electric welding machine

将电能直接转化为热能来焊接金属的设备。现在,电焊机已越出变压器、电机的制造范畴,不但综合了电气、机械、焊接工艺的技术,还广泛应用电子、超声、真空等离子物理及激光理论等学科的领域。

焊机的构成除焊接电源外，还包括控制箱、焊枪或焊炬、送丝机构、焊接小车、气路和水路等部分，可统称为焊接设备。 　　　　　　　(方鹤龄)

电焊钳 electrode holder

　　在手工电弧焊中用来夹持焊条，并能将电流引入焊条的手持工具。有300A、500A两种规格。 　　　　　(方鹤龄)

电弧喷涂 arc spraying

　　以线状待喷涂金属或合金作为两个不同的消耗电极，当它们被送到接近相交点，产生电弧，并从端部开始熔融，在压缩空气吹动下形成雾化溶滴，高速喷向工件的喷涂方法。有效温度可达 5000℃，颗粒速度可达 150~240m/s。所用设备和工艺都比较简单，在修理企业中使用普遍。 　　　(原思聪)

电化学除锈 rust galvano-chemical cleaning

　　在化学除锈溶液中通以电流清洗零件表面的除锈方法。可加快除锈速度，减少溶液消耗，并减少对零件基体的腐蚀。根据零件所接电源极性的不同，可以分为阴极除锈和阳极除锈两种不同方法。阳极除锈是靠阳极产生的氧气对锈层的撕裂作用和阳极(工件)本身溶解而达到除锈目的，这种方法除锈质量好，无氢脆现象。阴极除锈主要是靠产生的氢气对锈层的破坏作用使锈层脱离，其总的效率比阳极除锈要高，且对基体金属无腐蚀作用，但除锈后要进行去氢处理。 　　　　　　(原思聪)

电火花成型加工 electrical discharge forming machining

　　利用成型工具电极相对工件作简单进给运动，以便在工件上加工出与工具电极形状相对应的型孔或型腔的电火花加工方法。与电火花穿孔加工不同，是一种三维型腔和型面的加工，比穿孔加工更为复杂。主要用来加工模具，如冲模、锻模、压铸模、挤压模、花纹模等。可在淬火后进行，免去了热处理变形的修正，多种型腔可整体加工，避免了常规机加工因拼装而带来的误差。可加工高温合金等难加工的材料。 　　　　　　　　　(方鹤龄)

电火花加工 EDM, electrical discharge machining

　　又称放电加工或电蚀加工。利用浸在液体介质中的两电极(工具电极和工件)间脉冲放电时产生的电蚀作用来蚀除各种导电材料的特种加工方法。由脉冲电源、伺服进给机构、工具电极和工件三部分组成。加工时，工具电极和工件分别接到脉冲电源的负极和正极上，两极间充满液体介质(常用煤油或变

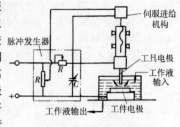

压器油)，由伺服进给机构控制工具电极向工件进给，当两极间的间隙达到一定距离时，施加在两电极上的脉冲电压将液体介质击穿，产生火花放电。在放电的细微通道中，温度可达 1 万摄氏度以上，压力也有急剧变化，使被加热至熔化状态的材料溅出，就能在工件上加工出与工具电极形状相对应的型孔或型腔。如果使工具电极与工件作各种形式的相对运动，则还可进行电火花切割及电火花回转加工等。可以加工任何硬、脆、韧、软、高熔点的导电材料；加工时无切削力，有利于小孔、窄槽以及各种复杂截面的型孔、型腔的加工；可以完成用一般切削加工方法不能完成的工作，如加工曲线型孔等。 　　(方鹤龄)

电火花线切割加工 EDWC, electrical discharge wire-cutting

　　利用轴向移动的金属丝作工具电极，工件按所需形状和尺寸作轨迹运动切割导电材料的电火花加工方法。不需要制造形状复杂的工具电极，就能加工出以直线为母线的任何二维曲面；能切割 0.05mm 左右的窄缝；加工中并不把全部多余材料加工成为废屑，提高了能量和材料的利用率；能切割各种硬、脆、高熔点等难以加工的材料。主要用于模具制造，在样板、凸轮、成形刀具、精密细小零件和特殊材料的加工中也得到广泛的应用。 　　(方鹤龄)

电极压力 electrode pressure

　　点焊时，电极对钢筋施加的最高压力。主要和钢筋直径有关，直径大，压力也应大。直径 3mm 的I级钢筋压力取 1~1.5kN，10mm 的取 3~4kN，20mm 的取 5.5~7kN。压力过大或过小，均影响压入深度，焊点不牢。对于热轧钢筋，压入深度为钢筋直径的 30%~45%，对于冷拔低碳钢丝，为 30%~35%。 　　(向文寿)

电剪 electric shears

　　又称电冲剪。电动机驱动，通过机械传动，使冲

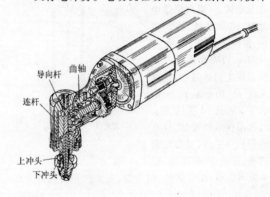

头形成冲剪运动，可对各种板材按曲线形状下料及开各种形状孔的电动工具。由电动机、传动机构、导向杆、上冲头和下冲头等组成。主要参数为剪切最大厚度、剪切最小半径、剪切速度和剪切频率。

（王广勋）

电缆卷筒　cable drum

塔式起重机上用来卷绕和储放电源电缆的卷扬机构。通常由动力源、传动机构、卷筒和集电环组成。电能经电源电缆输入，经集电环输送给塔式起重机的电缆。根据构造的不同分为重锤式（以重锤为动力源）、摩擦盘式（由行走台车带动）、液力滑差联轴节型和力矩电机型。后两种结构轻巧紧凑，工作可靠，目前应用较多。

（谢耀庭）

电缆筐　cable basket

用来存放附着式升降机电缆的部件。由钢筋焊接成筒状框架，侧面围以钢丝网。常置于底笼内由吊笼拖动的电缆的下方。

（李恒涛）

电力测功器　electronic monitor

利用发电机的基本原理，把定子和外壳做成可转动的吸收型测功器。主要有直流电力测功器、交流电力测功器、电涡流式测功器及电扭计等。其中应用最广的是直流电力测功器。当内燃机驱动转子转动时，转子和定子之间产生磁通，两者之间的作用力和反作用力总是一样大小，用称量机构测出定子转动的力就可测出内燃机的转矩。测量精度高，负荷与转速之间的调节范围比较大，工作比较稳定。

（原思聪）

电力传动　electrical drive

利用电力机械将电能转变为机械能，以驱动机器工作的传动。常用的电动机传动机构，由传输机械能的电动机和控制电动机运转的电气控制装置等组成。电动机传动分为交流电动机传动和直流电动机传动；另外还有电磁传动等方式。（范俊祥）

电力传动起升机构　electrical lifting mechanism

电动机经传动装置驱动卷筒，实现取物装置升降运动的起升机构。属于分别驱动方式。是起重机的主要驱动形式。多用于塔式起重机和桥式类型的起重机中。

（李恒涛）

电力传动起重机　electric transmission crane

发动机的机械能由发电机转换成电能，或直接来自电网的电能经电力系统和电动机传给工作机构的起重机。直流和交流电均可采用。塔式起重机多采用交流电，轮胎起重机则采用直流电。

（李恒涛）

电流互感器　current transformer

又称仪用变流器。用于测量大电流线路电流的仪用互感器。工作原理、构造与普通变压器相似，原绕组导线粗，匝数 N_1 少，甚至只有一匝，串联于待测电流的线路中；副绕组导线细，匝数 N_2 多，与电流表、功率表或其他仪表的电流线圈相串联。通常副边的额定电流为 5A 或 1A。由于 $I_1/I_2 = N_2/N_1 = K_i$，被测电流 $I_1 = K_i I_2$，通过测量 I_2 就可按变比 K_i 测出原边线路中的大电流。使用时副绕组应接地，并且绝对不允许开路，如需拆换电流表必须先将副线圈短路，以保证安全。

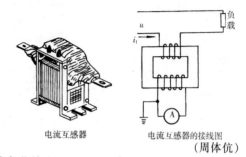

电流互感器　　　电流互感器的接线图

（周体优）

电气化铁路作业机械　electric railway operating machinery

电气化铁路施工与维修的专用机械。常用的有接触网架线作业车、接触网安装车、接触网放线车、接触网带电检修车等。　（高国安　唐经世）

电热钢筋镦头机　steel bar electric-heating header

利用电加热和顶锻方法将钢筋端部镦粗的钢筋镦头机。在手动对焊机的两个电极上分别装上一根紫铜棒和一个镦头模具而构成。工作时，先把端头除锈、磨平的钢筋夹入模具，并留出一定的镦粗余量（$1.5d \sim 2.0d$），然后接通电源，调整电流级数，同时接上冷却水，再用操纵杆使钢筋与紫铜棒端头接触，在一定压力下经多次脉冲式通电加热，待钢筋端部发红变软，立即加压顶锻，直到预留的镦粗余量完全压成灯笼形为止。

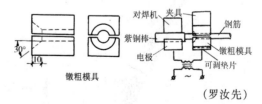

（罗汝先）

电热钢筋镦头模具　electric-heating die for steel bar header

在电热钢筋镦头机中，用来镦粗钢筋头的模具。由上下两块组成，均用紫铜制作，端部具有使钢筋镦粗的喇叭口，尺寸根据镦粗头的要求而定。

（罗汝先）

电热喷漆　electric heating spraying

使漆料和压缩空气被电热加温后喷射向被涂物

件表面上的喷漆方法。 （王广勋）

电热喷漆枪 electric heating paint-spray gun

在喷漆器部分装有电热设备，使漆料和压缩空气经过时由电热加温的大型喷漆枪。由于漆料被加温（达到 60℃～70℃），使粘度降低，所以不必掺加醋酸戊酯等稀释，可以节省大量化工原料，减少调漆工序，简化喷漆过程，改善漆膜的流平性和泛白性现象，提高喷漆表面质量。 （王广勋）

电热张拉设备 electroheat tensioning equipment

在钢筋上通电使之热胀伸长，待达到要求的伸长值时锚固，随后停电冷缩，使混凝土构件产生预应力的预应力筋张拉设备。主要由变压器导电夹具和导线组成。常用三相低压变压器或弧焊机供电。设备简单，操作方便，无摩擦损失，便于高空作业；但耗电大，应力控制不易准确。适用于以冷拉钢筋作预应力筋的一般构件和圆形构筑物，对抗裂度要求较严的结构则不宜采用。 （向文寿）

电收尘器 electrical dust collector

依靠静电场作用的收尘设备。由集尘极、电晕极、气体均布装置、清灰装置、集尘斗、高压整流设备等组成。分管极式和板极式两种。粘附于集尘极上的粉尘用水连续冲洗的称湿式电收尘器，用振打装置定时抖动集尘极去尘的称干式电收尘器，近年来还发展有高电压宽板距的电收尘器和屏蔽式电收尘器等。具有收尘效率高（达 99% 以上），处理量大，动力消耗少，可以处理高温气体等优点，但初次投资费用大，设备笨重。主要用于水泥回转窑、烘干机，水泥磨机等主机上收尘。 （曹善华）

电压互感器 voltage transformer

测量高压线路中电压的仪用互感器。工作原理、构造与普通变压器相似，原绕组匝数 N_1 多，并联于待测的高压线路中，副绕组匝数 N_2 少，并联接入电压表，其他仪表及保护电器的电压线圈中。由于 $V_1/V_2 = N_1/N_2 = K$，被测电压 $V_1 = KV_2$，通过仪表对 V_2 的测量而测出高压线路的电压值。使用时副绕组应接地，并且绝对不允许短路，以保证安全。

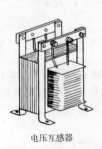
电压互感器

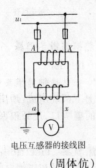
电压互感器的接线图
（周体伉）

电液换向阀 electro-hydraulic directional valve

由电磁滑阀和液动滑阀组合而成的换向阀。电磁阀起先导控制作用，改变液流方向，控制液动滑阀的阀芯位置；液动滑阀的换向时间可用装于控制油路上的单向阻尼器进行调节。便于实现换向缓冲，可用较小的电磁铁控制较大的液流。广泛用于大流量液压系统中。 （梁光荣）

电液伺服阀 electro-hydraulic servovalve

将输入的微弱电信号转变为输出的大功率液压能（流量、压力）的液压控制阀。按放大级数分为单级、双级和多级；按第一级放大器结构分为滑阀式、单喷嘴式、双喷嘴式及射流元件式；按阀内部结构所采用的反馈形式又分为滑阀位置反馈，载荷压力反馈和载荷流量反馈等。灵敏性好，精度高，特别适用于大功率和闭环系统中，广泛应用于位置控制、速度控制、加速度控制、压力控制及同步控制等自动控制系统中。 （梁光荣）

电泳 cataphoresis

将固体物料混入特殊粘接剂，并利用电解作用使之沉积在零件表面形成一层薄膜，然后加热固化的镀膜工艺。电泳成膜过程中，不单是离子起作用，而且还有填充料、树脂及助溶剂，变化非常复杂。电泳时零件作阳极。利用电泳可得到防腐蚀保护层或固体润滑剂。常用的电泳固体为二硫化钼，粘接剂为水溶性环氧树脂漆。 （原思聪）

电站塔式起重机 power station tower crane

用于电站堤坝、基础、机房及冷却塔等建筑施工中的混凝土工程，机组和设备的安装工程的塔式起重机。起重力矩可达 40000kN·m。 （李恒涛）

电制动 electric braking

利用电动机自身磁场与感应电流的相互作用，在转子绕组中产生与原来旋转方向相反的电磁转矩（制动转矩）的制动方法。常用的有反接制动、能耗制动和涡流制动等。 （周体伉）

电子秤 electronic scale

混凝土搅拌站（楼）中，用电子检测、计量、控制混凝土配合比的称量装置。有指针式电子秤和数字式电子秤。由传感部分（电阻应变式传感器）、控制部分（主要有测量电桥或单片微处理器）和显示部分（旋转式指针或平板型荧光数码管）三部分组成。电阻应变式传感器由弹性元件和电阻应变片构成，在外力作用下，弹性元件变形，电阻应变片感受应变，并将其转换为电阻量变化，通过电桥输出一个与外力量值成正比的电压信号，此信号通过控制部分与基准量比较，测出被称材料的质量，并由显示部分显示。装置没有繁杂的杠杆系统，体积小，重量轻，结构简单,安装方便;变换配合比方便,自动化程度高。

（应芝红）

电子秤测力器　electronic dynamometer

将力转换成电量并用电子仪表实现测量的测力器。通常由应变式测力传感器、带测量电桥的测量放大器和显示仪表组成。传感器通过应变片将力转成电阻的变化,电桥将该电阻的变化转换成电压或电流的变化,经放大驱动指示器显示被测力的数值。具有测力范围大、重量轻、操作简便等优点。

（罗汝先）

电子示功器　electronic indicator

由压力传感器、放大器及电子指示器等组成,用以绘制示功图的仪器。常用的指示器为电子示波器及光线示波器。使用电子示功器,不仅能画出高速发动机的示功图,也能画出单个工作循环的示功图。

（原思聪）

电钻　electric drill

用于金属、塑料等成孔的电动手持机具。按转速分为单速式和多速式;以工作头的运动形式分为旋转式和冲击式两种。　　　　　（迟大华）

电钻最大钻孔直径　max diameter of electric drilling

在电钻不超载情况下,对 45 号钢材能钻削的最大孔的直径。　　　　　　　　　　（迟大华）

垫片　spacer

置于机件或机座底下的薄片。依靠其弹性或塑性变形来充填间隙而达到垫平或密封目的。有平垫片和钢纸垫等。一般用紫铜、石棉、橡胶、软钢和硬纸等材料制成。　　　　　　　（戚世敏）

垫圈　washer

置于螺母或螺栓头下面的圈状零件。常用的有平垫圈、斜垫圈、弹簧垫圈和带翅垫圈等。平垫圈用于增大支承面,遮盖较大的孔眼及保护零件表面;斜垫圈用来将槽钢、工字钢翼缘之类倾斜面垫平,使螺母支承面垂直于螺杆避免螺杆受弯曲。

（戚世敏）

diao

吊锤卷扬机　hammer hoist winch

安装在桩架平台上,通过顶部滑轮组,专门用于提升桩锤的卷扬机。具有溜放性能和单独的操纵机构。　　　　　　　　　　　　（邵乃平）

吊点耳板　suspension loop

在起重机起重臂或平衡臂上设置的固定起重臂拉索销轴或平衡臂拉索销轴的销轴连接板。

（李以申）

吊截锯　pendulum cross cut saw

悬吊安装的移动式横切圆锯机。锯架上端悬吊于屋梁,下端安装锯轴和锯片,可以前后摆动。只能安装一个锯片和用手工送料。工作时,用右手将锯拉向后方,左手按住木料进行锯割。　　（丁玉兰）

吊篮　basket

装修吊篮中,周围装有护栏或壁板的作业平台或框架形操作室。两侧有悬吊钢索,通过提升机构和平移机构调整和固定其在建筑立面上的装修位置。施工人员在其上操作,所需工具及物料也置于其上。　　　　　　　　　　　　（张立强）

吊篮平移机构　traveling mechanism of hanging scaffold basket

装修吊篮中,由具有驱动装置的悬臂台车和轨道组成的使吊篮沿建筑物立面作水平移动的机构。用以改变吊篮水平方向的工作位置。

（张立强）

吊篮平移速度　horizontal translation speed of hanging scaffold basket

装修吊篮工作中,在调整吊篮的水平工作位置时,吊篮随台车沿轨道水平方向的运动速度。

（张立强）

吊篮提升高度　lifting height of hanging scaffold basket

又称吊篮提升范围(lifting range of hanging scaffold basket)。装修吊篮在工作中,吊篮沿竖直方向升降的极限距离。是装修吊篮的主要参数之一。

（张立强）

吊篮提升机构　hoisting mechanism of hanging scaffold basket

装修吊篮中,为提升和悬挂吊篮而设置的卷扬机构。由钢丝绳、滑轮、卷筒等组成。使吊篮沿建筑立面而垂直于地面移动,以改变垂直方向的工作位置。　　　　　　　　　　　　（张立强）

吊篮提升速度　lifting speed of hanging scaffold basket

又称吊篮升降速度。装修吊篮工作中,吊篮进行升降调节时竖直方向的运动速度。是装修吊篮的主要参数之一。　　　　　　　　（张立强）

吊篮悬臂　cantilever for basket

装修吊篮中,使吊篮挑悬在建筑物立面而伸出屋顶外缘的吊臂。承载吊篮及其上的载重。根部固定在屋面上的机架上,在伸出的端部装有导向滑轮,使钢丝绳绕过以便吊篮在竖直方向移动。有固定悬臂和可动悬臂。　　　　　　（张立强）

吊篮载重量　load capacity of hanging scaffold basket

吊篮安全工作所允许的最大承载能力。包括施工人员、工具和一定施工材料的质量。是装修吊篮的主要工作性能参数。

(张立强)

吊篮自重　mass of basket

装修吊篮中,吊篮自身的质量。不包括索具的质量。

(张立强)

吊笼　cage

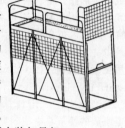

装运建筑材料、设备和施工人员,沿附着式升降机的导架做升降运动的笼形部件。借助于支承滚轮、驱动装置等支承在导架上,并在驱动装置驱动下,沿导架做升降运动。吊笼顶上装有小起重机,用来装卸导架。

(李恒涛)

吊笼质量　mass of cage

附着式升降机的吊笼自身质量。不包括其上设置的小起重机质量。为计算电动机功率和升降机对重的依据之一。直接影响附着式升降机的起重性能和整机自重。

(李恒涛)

吊笼最大提升高度　maximum lifting height of cage

吊笼处于正常作业状态达到最高位置时,吊笼笼底上表面与升降机底架下表面之间的距离。是附着式升降机的主要几何参数,决定了整机自重、价格和适用范围。

(李恒涛)

吊桩机构　pile hoist

设在机械式压桩机、液压式压拔桩机上将桩吊入作业位置的起重机构。

(赵伟民)

die

叠式钻臂　superimposition drill boom

凿岩钻车中推进器和钻臂可叠置的钻臂。

(茅承觉)

碟形刷

见扫路机副刷(235 页)。

碟形弹簧　disk spring

用薄钢板冲压而成,外观呈无底碟状的弹簧。实用中一般是将很多碟形弹簧组合起来,并装在导杆上或套筒中工作。只能承受轴向载荷,是一种刚度很大的压缩弹簧。常用在空间尺寸小、外载荷很大的缓冲减震装置中。

(范俊祥)

ding

顶部滑轮组　top sheave block

俗称天轮。固定在立柱顶端的滑轮组。桩架悬挂桩锤、吊桩、吊料等动作都是通过该滑轮组来实现的。

(邵乃平)

顶锻力　upset force

对焊时,顶锻阶段施加给钢筋端面上的力。应足以将全部熔化金属从接头内挤出,而且还要使邻近接头处(约 10mm)的金属产生适当的塑性变形。

(向文寿)

顶锻留量　upset allowance

对焊时,考虑钢筋因顶锻缩短而预留的长度。包括有电顶锻留量和无电顶锻留量两部分。前者是断电前顶锻缩短而预留的长度,后者是断电后继续顶锻缩短而预留的长度。选择顶锻留量应使钢筋焊口完全密合并产生一定的塑性变形。一般取 4～6.5mm,级别高或直径大的钢筋取大值。其中,有电顶锻留量约占 1/3,无电顶锻留量约占 2/3。

(向文寿)

顶锻速度　upset speed

对焊时,顶锻阶段动夹具的移动速度。速度越快越好,特别是顶锻开始的 0.1s,应将钢筋压缩 2～3mm,使焊口迅速闭合不致氧化,然后断电并以 6mm/s 的速度继续顶锻至结束。　(向文寿)

顶管设备　thrusting pipe device

用顶管法在地下铺设管道的管道施工机械。主要由油泵、导轨、千斤顶等组成。依据土质资料以及地下障碍物和附近建筑物等情况,可选用人工挖土、挤压和水冲等顶管施工方法。　(陈国兰)

顶管用顶铁　supporting iron plate

挤压法顶管设备中,用于传递千斤顶推力的结构件。使千斤顶的推力均匀地传给水泥预制管。有整环形和弧形顶铁,均由钢板焊接而成。大、中口径管道顶进时整环形顶铁和弧形顶铁配套使用;小口径管道顶进使用一只千斤顶时,在弧形顶铁与千斤顶之间必须设置横向顶铁传递推力。弧形顶铁可使土斗车到达基坑后,方便地吊出基坑,并可与长度不够的千斤顶配用。

(陈国兰)

顶护盾　roof support

安装于掘进机刀盘支承壳体顶部,防止碎石下坠及稳定机械前部的机构。　(刘友元)

顶梁　top beam

机械式压桩机中连接左右桁架、导向龙门的上部,安设压梁滑轮组用的梁。

(赵伟民)

顶升横梁　forced cross-beam

自升塔式起重机在顶升过程中与施力元件(顶升液压缸或顶升螺杆等)两端的施力点相联的两个梁状构件。可将顶升力分别传给顶升运动中的升降部分及固定部分。　　　　　　　　(李以申)

顶升机构　climbing mechanism

自升塔式起重机中,用于增减添加节的机构。当用上加节接高塔身法接高塔身时,需将塔身以上的结构顶升起来;当用下加节接高塔身法接塔身时,需将整个塔身顶起。由于驱动装置不同,有液压顶升机构、钢丝绳滑轮组顶升机构、螺杆顶升机构和齿条顶升机构等。　　　　　　(孟晓平)

顶推架　push arms,frame

后端与拖拉机支重轮架铰接,前端与推土铲铰接,用来顶推推土铲的构件。直铲型工作装置顶推架断面为箱形 I 型结构,亦称主推臂,左右各一根;角铲型工作装置顶推架断面呈箱形 U 型结构。顶推架应具有足够的强度和刚度。　　(宋德朝)

定长钻臂　length-fixed drill boom

凿岩钻车中长度固定的钻臂。　　(茅承觉)

定滑轮　fixed pulley

装在固定心轴上的滑轮。主要用以改变钢丝绳作用力方向,但不省力。　　　　　(陈秀捷)

定量泵　fixed displacement pump

排量不能调节的液压泵。对于齿轮泵和双作用叶片泵,因为改变结构参数调节排量比较困难,常做成定量泵。　　　　　　　　(刘绍华)

定量水表　fixed volume water meter

由电磁阀和水表控制配水量的搅拌机配水系统。由电磁阀、供水管、带有螺旋叶轮和定位开关的水表组成。供水前,将水表指针置于表盘刻度的所需位置上;供水时,按下供水按钮,电磁阀接通,水由管道中流向搅拌筒内,此时,管道中叶轮被水流冲转,带动水表指针转动,当指针回到零位时,截断安装在零位处的微动开关,电磁阀关闭,停止供水。通常应用于大容量搅拌机中。　　　　(石来德)

定量液压系统　constant delivery hydraulic system

采用定量泵和定量马达(或液压缸)的液压系统。构造简单,价格便宜,维修使用方便。可采用节流调速、方便准确,适于多数工程机械的需要。主要缺点是传动效率和功率利用率较低。多用于中、小功率的建筑工程机械上。　　　　(梁光荣)

定盘行星式混凝土搅拌机　planetary concrete mixer with fixed cylinder

圆盘形搅拌筒固定,拌和铲绕行星架轴线自转,行星架又绕圆盘形搅拌筒中心线公转的行星式混凝土搅拌机。安装在机罩上的电动机通过三角胶带传动和一对开式齿轮带动齿轮传动箱绕圆盘形搅拌筒中心线转动,齿轮箱内的一组齿轮带动装有 4 个拌和铲的十字接头轴旋转,4 个拌和铲既绕圆盘形搅拌筒中心线作公转,又绕行星架的轴线自转。4 个叶片排列在不同的高度上,从而使搅拌筒中不同高度的物料层和各处的拌和料均得到有效的搅拌。另有两个装在行星架上的铲刮叶片,将粘在筒壁上的物料铲刮至搅拌区。盘底开有卸料口,由气缸的活塞杆操纵扇形闸门卸料。

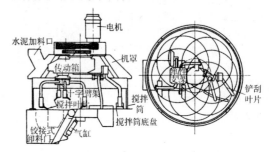

(石来德)

定偏心块　stationary eccentric bolck

通过键固定在轴上的偏心块。　　(赵伟民)

定期维修　fixed-time maintenance

在规定的间隔期或固定累计产值(量)的基础上,按事先安排的计划进行的维修活动。

(原思聪)

定期诊断　periodic diagnosis

每隔一定时间,例如一月或数月对处于运行状态下的机械进行常规检查。　　　(杨嘉桢)

定位公差　location tolerance

关联实际要素对基准在位置上允许的变动全量。是位置公差的一种。包括同轴度、对称度和位置度三种公差。　　　　　　(段福来)

定向公差　orientation tolerance

关联实际要素对基准在方向上允许的变动全量。是位置公差的一种。包括平行度、垂直度和倾斜度三种公差。　　　　　　(段福来)

定向振动平板夯　directional vibratory plate compacter

激振器的激振力可调整到任何方向,而无其他方向分力的振动平板夯。具有激振力大、整机可以调整成自移式机械等优点。　　　(曹善华)

定向振动压路机　directional vibratory roller

激振力沿固定方向作用的振动压路机。激振源是对称排列的一对偏心块激振器,也可以是液压激振器。　　　　　　　　(曹善华)

定轴变速箱　dead axle transmission box

所有齿轮都有固定回转轴线的变速箱。换档方式可以是人力换档,也可以是动力换档。

（陈宜通）

定轴轮系　ordinary gear train

又称普通轮系。各齿轮几何轴线的位置相对于机架固定不变的轮系。

（樊超然）

定轴锥式破碎机　cone crusher with eccentrical axle

活动锥偏心地套装在立轴上,运转时,锥体作偏心旋转的锥式破碎机。由于活动锥轴线与立轴轴线不重合,其运动轨迹是一个圆柱面,圆柱半径等于偏心距,活动锥只有转动,没有摆动。作业时,物料受到较大的挤压和弯折作用,适于破碎坚硬脆性石料,一般用于粗碎和中碎石块。

（曹善华）

定柱式回转支承　slewing bearing with stationary pillar

由定柱、上部支承和下部水平支承组成的回转支承。定柱与起重机机架相固接。上部支承是推力向心球面轴承,主要承受垂直载荷;下部支承是几组支承滚轮,以承受水平载荷。用于固定式定柱起重机、塔式起重机和浮式起重机。是一种使用较早的回转支承。

（李恒涛）

dong

动臂　boom

单斗挖掘机中,支承斗杆和铲斗,并改变挖掘幅度的金属杆件。是工作装置的组成部分,其作用宛如人的上臂,多为箱形变截面的钢结构件。反铲液压挖掘机的动臂有整体臂、组合臂之分,利用液压缸使动臂绕下铰点转动,也可固定于某一位置,以利铲斗挖掘。正铲机械挖掘机的动臂为整体结构,借钢丝绳滑轮组吊悬在一定倾角(一般为 45°)上。

（曹善华）

动臂变幅机构　derricking mechanism with movable arm

起重臂在垂直平面内绕其根部销轴做仰俯摆动实现起重机变幅的变幅机构。用于门座起重机、塔式起重机、轮胎式起重机和履带式起重机。按其驱动方式不同有:钢丝绳滑轮组、螺杆、扇形齿轮、齿条和液压动臂变幅机构。具有起升高度大、变幅功率大等特点,但变幅过程中重物出现上下波动。应用广泛。

（李恒涛）

动臂缸　boom cylinder

动臂液压缸的简称。单斗液压挖掘机工作装置中推动动臂,使之绕支座转动的液压缸。缸的上端铰接于动臂腹部,下端铰装于转台支座上,大腔进油时动臂举升,动臂下降则靠自重,多装有下降限速装置,以保安全。

（曹善华）

动臂式塔式起重机　luffing jib tower crane

铰接于塔身顶部的起重臂通过支承在其头部的变幅钢丝绳的作用,使之作俯仰运动进行变幅的塔式起重机。与小车变幅式塔式起重机相比,在具有同样塔身高度时,可获得较大的起升高度。

（李恒涛）

动臂抓斗式掘削机械　boom clam shell excavator

在经过改装的挖掘机工作装置上安装抓斗装置抓取和卸土,进行地下连续墙施工的抓斗式掘削机械。

（赵伟民）

动滑轮　movable pulley

装在移动心轴上的滑轮。工作时将随载荷的起落而升降,同时又绕自身的心轴转动。用以达到省力的目的,但不改变钢丝绳作用力方向。

（陈秀捷）

动力铲　shovel, electric shovel

发电机-电动机机组或电动机驱动的机械传动采矿型正铲挖掘机。也是发动机驱动的机械传动正铲挖掘机的旧称。斗容量较大,常用于挖掘爆破后的矿(岩)石。

（曹善华）

动力换档变速箱　powershift gearbox

通过离合器来实现变速齿轮和轴的接合及分离的变速箱。离合器的分离和接合用液压操纵,压力源由发动机带动的液压泵提供。操纵轻便,换档快,动力切断的时间短,可实现载荷下不停车换档,提高了机械的生产率。

（陈宜通）

动力稳轨车　dynamic track stabilizer

采用水平振动和垂直加压使轨道在载荷作用下振动,从而达到轨道稳定的线路机械。常附有轨道检测系统,可自动控制轨道的水平与平顺。

（唐经世　高国安）

动力因数　dynamic factor

机械切线牵引力 P_K 与风阻力 P_W 的差值与整机质量 G 的比值 D。即单位机重所能产生的牵引力,可用下式表示:

$$D = \frac{P_K - P_W}{G}$$

用来比较不同重量、不同流线型的机械运输工况的动力特性。

（刘信恩）

动偏心块　adjustable eccentric block

又称可调偏心块。本身可绕轴旋转,工作时,通过定位销轴与固定偏心块固连在一起的偏心块。
　　　　　　　　　　　　　　　　　　(赵伟民)

动平衡　dynamic balancing

宽度较大的回转体,除静平衡外,靠其力偶矩所得到的平衡。若不能达到动平衡时,会使支承有附加惯性力作用。
　　　　　　　　　　　　　　　　　　(田维铎)

动态标定　dynamic calibration

测定测量装置对给定的典型输入(如正弦输入、阶跃输入等)响应来确定装置的动特性的试验过程。通过标定可以得到装置的动态参数(如:时间常数、阻尼比和固有频率等),并可确定装置的使用频率范围、误差,滞后时间等。
　　　　　　　　　　　　　　　　　　(朱发美)

动态抗倾覆稳定系数　dynamic stability factor of withstanding tipping

表示自行式机械动态抗倾覆能力的系数。计算时除考虑自重载荷、工作载荷(起重机中为起升载荷)外,还考虑惯性力、离心力、风载荷和支承面(或轨道)倾斜引起的载荷。除工作载荷(对于起重机为起升载荷)外,所有载荷相对机械的倾翻线形成的稳定力矩 M_S' 与工作载荷相对倾翻线形成的倾覆力矩 M_T' 之比即为动态稳定安全系数 K'。
　　　　　　　　　　　　　　　　　　(李恒涛)

动态试验载荷　dynamic test load

起重机进行超载动态试验时施加的载荷。取最大额定起升载荷的110%乘以动载系数 φ_6。φ_6 按下式计算:

$$\varphi_6 = \frac{1}{2}(1 + \varphi_2)$$

式中 φ_2 为起升载荷动载系数。对建筑用的起重机,$\varphi_2 = 1 + 0.35v$,v 为额定起升速度(m/s)。
　　　　　　　　　　　　　　　　　　(李恒涛)

动态特性　dynamic characteristics

测量系统或测量装置对瞬变输入信号的传输或转换的特性。可用传递函数或频率响应函数来表征。主要决定于系统本身的结构参数,如时间常数、阻尼比、固有频率等。因此也称这些参数为系统的动态特性参数。
　　　　　　　　　　　　　　　　　　(朱发美)

冻土铲　freezing soil spade

推移冻土碎块的机具。由悬架、刮板和抓齿等组成,悬架与刮板铰接,还装有斜拉杆,以保证刮板不因推移冻土而改变位置。机具悬装在拖拉机上,利用抓齿将冻土碎块刨起,并由刮板推运到指定地点。
　　　　　　　　　　　　　　　　　　(曹善华)

冻土锤　freezing soil splitter

又称冻土劈。利用重锤敲击破土钎,使冻土破碎的冻土破碎机。为增强破冻效果,常伴以振动作用。作业时,利用动力将锤提升到一定高度,自由降落,冲击破土钎,劈开冻土层。劈开一块冻土以后,就需移到新的工作位置继续作业。其工作部件有楔式、铁砧式,可以有振动和振动冲击作用。常用于破碎较厚的冻土层。
　　　　　　　　　　　　　　　　　　(曹善华)

冻土进钻速度　boring speed in freezing soil

冻土钻孔机钻头在单位时间内钻进冻土层的深度。决定于钻孔机功率、孔眼大小、钻头形状和冻土性质。是衡量机械工作能力的一项重要技术指标。
　　　　　　　　　　　　　　　　　　(曹善华)

冻土锯　freezing soil saw

利用锯齿锯割冻土地面,锯出窄沟的冻土破碎机。其工作部分有带锯、圆盘锯和圆盘铣刀等。一般铰装在履带拖拉机上,利用拖拉机动力进行锯割。须与冻土犁配套使用,作业时,先用冻土锯顺着要挖沟渠的边沿锯出两条锯缝,深达1m左右,再用冻土犁把锯缝之间的冻土破碎犁去。由于定形破冻,沟渠形状整齐,无需再加工,用装载机装运冻土碎块也较方便。
　　　　　　　　　　　　　　　　　　(曹善华)

冻土拉刀型　freezing soil drawing plow

利用齿刀的楔形刃口破碎冻土的冻土犁。由机架、齿刀和深度控制架等组成,悬挂在拖拉机后。控制架装在机架上,位于齿刀之前,可以上、下移动,其底部为一平板,当固定在一定位置以后,齿刀低于平板以下的部分就是入土深度。破冻厚度0.5m,适用于破碎一般冻土层。
　　　　　　　　　　　　　　　　　　(曹善华)

冻土犁　freezing soil plow

采用楔形犁尖强制插入冻土后,移动时强力破碎冻土的冻土破碎机。分拖式和悬挂式两类,其作用类似松土机。根据冻土既硬又脆,不易挤压变形,但易于分层破裂的特点,工作装置多制成钩形和齿形,依靠重力,使钩或齿插入冻土。入土深度可以调节,拖拉机牵引移动时,冻土犁以水平姿态移动作业,齿尖(或钩尖)保持原有入土深度,强行拉过冻土层使之松散、拱起,完成破碎作业。分小冻土犁、大冻土犁、单刀型、多刀型、拉刀型等种。结构简单,连续破冻生产率大,工作效率高。适用于冻土层不太厚的地带。
　　　　　　　　　　　　　　　　　　(曹善华)

冻土破碎机　machinery for breaking freezing soil

利用机械方法使冻土碎裂成块粒的土方机械。根据破碎原理分:气体冲击式和机械力作用的楔刀式、铣切式等;根据工作装置结构,有犁式、锤式、锯式、钻式等。一般铰装在履带式拖拉机上成悬挂式机械,也有制成拖式,由拖拉机牵引。一次通过,可以破碎 0.2～1m 厚度的冻土层。用于寒冷地区的冬季土方施工，或冬季农田基本建设。

（曹善华）

冻土钻孔机 freezing soil boring machine

冻土爆破作业中钻凿炮眼用的机械。由工作部分、行走装置、发动机和车架组成，工作部分为钻杆，发动机驱动钻杆旋转，钻头钻进冻土。钻头可以根据不同情况拆换，有长螺旋、短螺旋、麻花钻、扩孔钻等。若换上特殊钻头以后，还可以钻挖植树坑、电杆坑、支架孔等。钻孔方向可以调节，可钻垂直孔、斜孔和水平孔，钻孔深度一般为 0.75～1.5m。

（曹善华）

dou

斗底开启机构 bucket bottom opening mechanism

控制挖掘机铲斗斗底开启和闭合的机构。大多为液压缸或杠杆机构，要求挖掘作业时能够牢固闭合，卸土时能够有控制地打开。液压缸开启机构利用活塞在缸内伸缩，通过连杆使斗底绕铰销转动，可以做到有控制地开启。杠杆开启机构用于机械传动挖掘机上，由链条、门杆和杠杆等组成，拉动链条，门杆从斗壁中拔出，斗底在自重下开启卸土，斗底闭合依靠铲斗迅速降落时的惯性力，但往往不能控制自如。

（曹善华）

斗杆 stick

以动臂为支承，使端部所装的铲斗能作弧线或直线运动的单斗挖掘机工作装置杆件。其作用宛如人之小臂。多为箱形变截面的整体钢结构件。液压挖掘机的斗杆借液压缸可以绕动臂转动，必要时，也可换装长短不同的斗杆，或制成伸缩斗杆。机械挖掘机的斗杆套装在动臂中部的鞍形轴承中，可以绕轴承转动，也可以伸缩，以改变铲斗位置。

（曹善华）

斗杆缸 stick cylinder

斗杆液压缸的简称。单斗液压挖掘机工作装置中推动斗杆，使之绕斗杆与动臂连接铰点转动的液压缸。缸的一端铰于动臂，另一端与斗杆尾部铰接，挖掘时大腔进油，回程时小腔进油。

（曹善华）

斗杆挖掘 stick digging

挖掘机用斗杆缸工作进行挖掘的一种作业方式。挖掘时，铲斗斗齿尖的挖掘轨迹是以动臂与斗杆的连接铰点为中心，以斗齿尖至该铰点的距离为半径所作的圆弧线，弧线的长度与包角决定于斗杆缸的行程。当动臂位于最大下倾角并以斗杆挖掘，可得最大的挖掘深度，并且也有较大的挖掘行程。在较坚硬的土质条件下工作时，能够保证装满铲斗，故中小型挖掘机常以斗杆缸工作来挖掘较坚硬的土壤。

（刘希平）

斗链 bucket-chain

链斗挖沟机和链斗挖泥船上绕于支架外转动，牵引铲斗挖掘的挠性件。多采用多排套筒滚子链。

（曹善华）

斗轮 bucket wheel

斗轮堆取料机的取料工作装置。由铲斗轮、轮体和挡板组成。分无格式、半格式和有格式三种。无格式斗轮的铲斗没有斗底，在非卸料区内用固定在机座上的圆弧挡板堵住斗中散料，而在卸料区内没有圆弧挡板只有一个固定于机座的斜溜槽。当铲斗随轮体旋转至卸料区时，斗中物料在自重作用下经斜溜槽滑到带式输送机上。由于卸料区间大，转速可高，故生产率高且能卸较粘物料。半格式斗轮与无格式相同，只是将斗壁向斗轮中心延伸一段，使圆弧挡板与轮体之间距离加大。减少在圆弧挡板与轮体间的卡料。有格式斗轮铲斗的斗底是一个扇形斜溜槽，在非卸料区有固定的侧挡板堵料。铲斗随轮体转至一定高度后，斗内物料沿扇形斜溜槽向斗轮中心滑动。铲斗到达卸料区后，因没有侧挡板阻挡，散料经斜溜槽、卸料板滑到带式输送机运出。无卡料现象，适用于坚硬散料。

（叶元华）

斗轮堆取料机 bucket wheel stoker-reclaimer

利用斗轮和带式输送机连续取料或堆料的轨道行走式装卸机械。是散料堆场的专用设备，与装车（船）机、带式输送机、卸船（车）机组成储料场运输机械化系统。作业规律性很强，易实现自动化。生产能力每小时可达 1 万多吨。分臂架型斗轮堆取料机、门式斗轮堆取料机两种。只具一种功能的（堆料或取料）则称斗轮堆（取）料机。控制方式有手动、半自动和自动等。

（叶元华）

斗容量 bucket capacity

土方机械斗形工作装置的容量。以铲斗的纵截面面积乘以斗宽求出，是标志土方机械工作性能、机重和功率的一个重要指标。根据计算条件分铲斗堆尖容量和铲斗平装容量两种。我国有关标准中，常以斗容量（单位：m^3 或 L）作为土方机械的主参数。机械设计中常据此确定其他参数，机械技术运用时也据此选型，并确定配套的运土工具。

（曹善华）

斗式扩孔机 bucket reamer

斗的侧板为可活动的刀翼，伸出或张开时扩孔切土，缩回时收土的扩孔机。有伸缩斗式、回转斗式。

（赵伟民）

斗式石棉水泥料浆储浆池　bucket rabbling vat for asbestos cement starch

储存石棉水泥料浆并不断搅拌和向抄取机供浆的设备。由混凝土或铸铁槽、装有搅拌叶片和提料斗的旋转架等组成。搅拌叶片不断搅动料浆，使之保持均匀性。提料斗不断将料浆提升并倾入通向抄取机的溜槽中，向抄取机不断供料。

（石来德）

斗式水泥混凝土摊铺机　hopper concrete spreader

以料斗横向布料的轨模式混凝土摊铺机。在机架横梁上装有横向移动的摊铺斗，当此斗从自卸汽车受料后，摊铺机停驶，摊铺斗开始横向移动，同时打开斗底，在路面基层上横向铺一段水泥混凝土铺层，然后摊铺机前移一段距离后停住，摊铺斗继续作业，逐段形成水泥混凝土铺层。

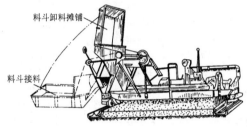

（章成器）

斗式提升机　bucket elevator

利用一系列固接在牵引链或胶带上的料斗在竖直或接近竖直方向内向上运送散料的提升机。由料斗、驱动装置、顶部和底部滚筒（或链轮）、胶带（或牵引链条）、张紧装置和机壳等组成。机壳密闭，可以防止物料飞扬，占地面积较小，但要求均匀供料，以防底部堵塞。提升高度一般在 60m 以下，有的已达 350m，生产率通常小于600t/h，有的已达2000t/h。料斗装在胶带上的称为带斗提升机，提升速度一般为1.0～2.5m/s，有的可达5m/s，料斗在胶带上的间距较大，卸载时物料主要依靠离心力抛出。料斗装在牵引链上的称为链斗提升机，提升速度一般为0.4～1.0m/s，料斗密集布置，卸载时物料主要依靠重力沿前一料斗的斗背滑出。

（谢明军）

斗式提升机料斗　bucket for bucket elevator

斗式提升机中装载和运送物料的承载构件。有深斗、浅斗和组合斗等多种形式，根据提升机的工作速度和物料的特性选取。深斗的斗口与其后壁夹角小，装料较多，但较难卸空，适用于运送干燥的松散物料。浅斗的斗口与其后壁夹角大，装载量小，易卸空，适用于运送潮湿和粘性物料。深斗和浅斗均等

距布置于牵引构件上。导槽斗斗壁有导向侧边，呈三角形，密集布置，当绕过上滚筒卸料时，前一料斗的两导向侧边和前壁形成后一料斗的卸料导槽，适用于工作速度不高和运送沉重的块状物料及脆性物料。组合型斗有深斗区和浅斗区，中间的隔板可防止斗在绕过上滚筒时过早卸料，适用于运送流动性好的粉末状物料。

（谢明军）

du

独立驱动装置　separate driving device

工程机械有轨行走机构各主动车轮或主动台车，分别由独立的驱动装置驱动的有轨行走驱动装置。由电动机、联轴节、制动器、减速箱、开式齿轮、轴和车轮或台车等组成。有单边驱动、双边驱动和对角线驱动装置。具有结构紧凑、自重轻和便于维修的特点。

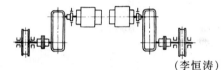

（李恒涛）

独立伸缩机构　separate control telescoping device

在起重臂的伸缩过程中，能单独控制各伸缩节进行独立伸缩运动的起重臂伸缩机构。常采用液压缸和控制阀操纵各伸缩节进行伸缩。可以实现同步伸缩或顺序伸缩。与同步伸缩机构和顺序伸缩机构相比自重大，成本高。

（李恒涛）

独立悬架　independent suspension

两侧车轮独立地与车架弹性连接的悬架。在弹性元件的变形范围内，两侧车轮可以单独运动，而互不影响。多采用螺旋弹簧和扭杆弹簧作为弹性元件。

（刘信恩）

镀铬　chromium plating, chromium treatment

利用电解方法，使铬离子沉积到零件表面，从而形成某种要求的金属铬层的电镀工艺或过程。镀铬层具有较高的耐磨性及较低的摩擦系数，具有较高的耐热性。同时，在潮湿的大气中很稳定，能长期保持光泽，与钢、镍、铜等基体金属有较高的结合强度。有硬质镀铬和多孔性镀铬等方法。广泛应用于提高零件的耐磨性、修复尺寸、提高反射性能及装饰等方面。

（原思聪）

duan

短吊钩　short hook

又称普通型起重钩。钩颈长度尺寸小于正常值

的起重钩。常和单联滑轮组的动滑轮组联成长型夹套的起重钩组。 　　　　　　　　　　(陈秀捷)

短路　short circuit

　　电路中,某一支路的两端直接连通,使两端电压为零的状态。若被短接的支路含有电源,则会产生极大的短路电流,导致电路中元器件或导线的损坏。
　　　　　　　　　　　　　　　　(周体伉)

短螺旋钻孔机　partial screw earth auger

　　钻头切削下来的土屑靠提升有局部螺旋叶片的钻杆排除孔外的螺旋钻孔机。工作方式是断续的。先将钻头放下进行切削钻进,钻头把切下来的土屑送到螺旋叶片上。当叶片上堆满土以后,把钻杆连同土屑一起提出孔外进行卸土。

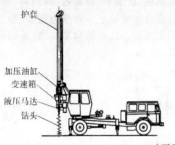

护套
加压油缸
变速箱
液压马达
钻头

　　　　　　　　　　　　　　　(王琦石)

断裂　fracture

　　金属零件在机械力、热、腐蚀等的作用下,物体本身的连续性遭到破坏,从而发生局部开裂或分裂成几个部分的现象。有脆性断裂和疲劳断裂之分,任何断裂都是由一个微小局部开始到整体发展的过程。按其特征一般可分为裂缝的起源、扩展、最后导致断裂三个阶段。但因影响因素不同,断裂过程三个阶段的明显程度在断口上的表征也不同。断裂是机械零件失效的重要原因。影响断裂的因素很多,涉及到材料、制造、修理和使用各个方面。

　　　　　　　　　　　　　　　(杨嘉桢)

锻锤　forging hammer

　　利用锤头自由落下或在气体压力作用下向下运动时产生的冲击力使金属材料产生塑性变形的锻压机械。主要用于金属坯料在热态下的自由锻和模锻。优点是:结构简单,锤头的提升高度和打击轻重容易控制,操作灵活,适用性强,工作速度高。但工作条件差,能量利用率低,工作时冲击大,震动和噪声大,需要有沉重的砧座,对厂房和地基的要求高。有空气锤、蒸汽-空气锤、对击锤、液压锤和高能率锤等类型。 　　　　　　　　(方鹤龄)

锻压　forging

　　利用锻压机械对金属坯料施加压力,使其产生塑性变形以获得具有一定机械性能,一定形状和尺寸的锻件的机械制造方法。能消除粗大的铸造组织,同时将铸锭中的气孔、缩孔等缺陷锻合在一起,使其内部组织更加致密、均匀,机械性能得以提高。冷锻一般是在室温下加工,热锻是在高于坯料金属的再结晶温度下加工。介于两者之间的温锻,其加热温度不超过再结晶温度。按成形方法可分为自由锻、模锻、冷镦、径向锻造、辊锻、成形轧制、挤压等。
　　　　　　　　　　　　　　　(方鹤龄)

锻造起重钩　forging hook

　　用锻造方法加工制造的起重钩。常用 20 号钢、20SiMn、36Mn₂Si 等材料,锻造后需经退火处理,表面应光洁,无伤疤及裂纹等。 　　　　(陈秀捷)

dui

堆焊　build-up welding, pile-up welding, surfacing bead welding

　　在金属零件表面熔敷耐磨、耐腐蚀或其他特殊性能金属层的焊接方法。堆焊层可显著改善工件的工作性能和提高使用寿命,还可以节约贵重金属材料。有埋弧堆焊、振动堆焊等工艺方法。常用的堆焊材料有各种钢、合金铸铁、镍基合金、钴基合金和铜合金,以及碳化钨与适当基体金属组成的复合材料等。用堆焊方法修复零件的磨损表面具有结合强度高和不受堆焊层厚度限制,以及随所用堆焊材料的不同而可得到不同耐磨性能修复层的优点。是一种重要的修复技术。 　　　(方鹤龄　原思聪)

对称度公差　symmetry tolerance

　　被测实际中心要素对基准中心要素的允许变动全量。 　　　　　　　　　　　(段福来)

对角线驱动装置　diagonal driving device

　　工程机械的主动车轮或台车在底架上呈对角线方式布置的独立驱动装置。主动车轮的轮压之和不受机械回转时工作装置位置的影响。常用于中小型可回转的工程机械。 　　　　　(李恒涛)

对角支撑　angle-gripper

　　见 X 形支撑(369 页)。见 X 形支撑(369 页)。

dun

墩式台座

　　采用混凝土墩作承力结构的张拉台座。由台墩、台面和横梁等组成。长、宽一般不大于 150m 和 2m,根据场地大小,构件类型和产量等因素确定。台座端部应留出张拉操作用地和通道,两侧要有构件运输和堆放的场地。对于台墩与台面共同受力的台座,设计时应进行台墩抗倾覆和台面水平承载力验算。适用于生产中型构件或多层叠浇构件。

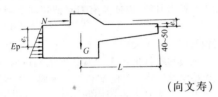

（向文寿）

盾构超挖割刀　over cutter of shield

安装在盾构切削刀盘的外圆周边，可沿径向伸出刀盘以外进行超挖的盾构切削刀具。盾构沿曲线掘进时，通过的空间横断面大于盾构直径，为减小盾构对土层的扰动和盾构推进阻力，应进行必要的超挖，尤其是对土质较坚硬的隧道施工，超挖效果更为明显。有时为防止盾构下跌，可利用刀盘左右摆动回转进行超挖，而下部大约90°范围内不予超挖。

（刘仁鹏）

盾构大轴承　large roller bearing of shield

按周边支承方式承受盾构切削刀盘轴向和径向载荷的轴承。大中型盾构的切削刀盘，由于不平衡载荷较大，在采用支承鼓或中间梁型的周边支承方式时，需要的轴承直径很大，而轴向尺寸短，结构紧凑，应具有同时承受轴向和径向载荷的能力，故而轴承的外座圈或内座圈往往和传动大齿轮结合成一整体，但要求有良好的润滑条件。　　（刘仁鹏）

盾构刀盘密封　cutter head seal of shield

防止泥水侵入刀盘支承装置内的装置。一般采用人造橡胶多唇密封，为提高密封效果并减少密封件磨损，应在相邻密封件之间注入润滑油脂，并始终保持一定的压力以抵抗泥浆的侵入，同时保证密封件与刀盘回转体之间处于良好润滑状态。

（刘仁鹏）

盾构刀盘支承装置　cutter head suport system of shield

固定安装在盾壳结构上，支承盾构切削刀盘回转的装置。根据刀盘结构型式，可分别采用中心轴支承或周边支承装置，前者有一安装在滚动轴承内的中心主轴，主轴的一端与刀盘盘体连接，制作精度和传动效率高，适用于泥水盾构或其他中小型盾构；后者采用支承鼓或中间梁型的周边支承方式，整个刀盘支承在大轴承上，可承受较大的不平衡载荷，并为盾构中央留出较大的空间，有利于安装运输机械和人孔气闸以及故障排除，适用于大中型盾构和土压平衡盾构。　　　　　　（刘仁鹏）

盾构仿形割刀　copy cutter

在曲线隧道掘进中，可沿径向伸出刀盘仿照实际需要的横断面形状进行超挖的盾构切削刀具。盾构在曲线隧道中，所通过的空间横断面为一个以盾构直径为短轴的椭圆。根据预先设定好的程序进行近似椭圆的仿形切削，可以提高盾构掘进的精确度。

（刘仁鹏）

盾构辐条型刀盘　spoke type cutter head of shield

仅有辐条梁而无面板的盾构切削刀盘。开口率相当于100%，沿辐条梁正面布置切削刀具，辐条梁后面设有搅拌杆。由刀具切削下来的土砂，通过搅拌杆的强刀搅拌，增强土砂的塑流性、不透水性和均匀性。　　　　　　　　　　　　（刘仁鹏）

盾构辅助车架　trailer truck of shield

拖挂在盾构后面安装盾构部分机电设备和施工器材的车架。盾构内部空间有限，不可能将盾构全部设备和器材都布置在盾构内，根据盾构设备安装和施工操作的需要，设置诸如液压设备车架、电器设备车架、压浆车架等紧接在盾构后面。一般采用型钢和钢板焊接结构，本身无行走动力。

（刘仁鹏）

盾构活动平台　retractable deck

手掘式盾构切口环内若干层可以伸缩的活动工作平台。工作人员可在此平台上自上而下地分层开挖土层，平台数目按盾构直径的大小确定，平台由液压千斤顶操纵，为了防止开挖面土层坍塌，也可作为开挖面土层的支撑设备使用。　　　（刘仁鹏）

盾构活动前檐　movable hood

手掘式盾构切口环顶部可以伸缩的保护罩。采用液压千斤顶操纵，在盾构掘进过程中，活动前檐向前伸出，顶压或插入开挖面土层中，施工人员可在其掩护下安全操作，实际上可作为开挖面土层支撑设备的一个组成部分。　　　　　　（刘仁鹏）

盾构进土槽口开关装置　slit open/close unit

见盾构面板型刀盘(70页)。

盾构举重钳　grip unit of shield

用来钳住隧道管片进行拼装的机具。是管片拼装机的一个专用部件，其构造和动作必须与所拼装的管片相适应，通常采用插销吊环式，有时配用液压千斤顶支撑定位机构。　　　　　（刘仁鹏）

盾构掘进机　tunnelling shield machine

简称盾构。用于土质隧道暗挖施工并使隧道衬砌结构一次拼装成形的机械。具有移动的金属外壳(盾壳)，壳体内装有各种施工机具，并在其掩护下进行土体开挖、土碴排运、盾构推进和衬砌拼装等作业，使隧道衬砌结构一次完成。施工时不影响地面建筑和交通，无噪声，无振动，施工用地面积小。有手掘式、半机械化式、机械化式和挤压式等种。根据对开挖面所采取的土层稳定措施分为气压式和平衡式；根据结构构造分，有开放式和密闭式；根据断面形状分，有圆形、矩形和马蹄形。公元1818年，法籍英国工程师布留涅尔(Brunel)设计了世界上第一台矩形盾构,1825～1943年用于建造英国泰晤士河隧道。我国从本世纪50年代末,开始研究盾构技术,上海有两条黄浦江越江隧道采用国产盾构施工。现在已成为建造城市地下铁道、电缆通讯隧道以及市政给排水隧道等主要施工机械。　　　(刘仁鹏)

盾构灵敏度　shield sensitivity

　　盾构长度 L 与直径 D 之比。即 $k=L/D$ 。在确定盾构的长度时,应注意与盾构的外直径相适应,为了提高盾构的操纵灵敏性,应使盾构长度尽量短一些。　　　　　　　　　　　　　　(刘仁鹏)

盾构螺旋运输机　serew conreyor of shield

　　通过螺旋叶片的旋转将泥土推移而进行运输的机械。是土压平衡盾构的专用排土设备。根据螺旋的构造分为中心轴螺旋式和无中心轴带状螺旋式两种,前者适用于一般泥土运输,后者可用于运输砾石等块状物料。　　　　　　　　　　　(刘仁鹏)

盾构密封隔板　bulkhead

　　见密闭式盾构(187页)。

盾构面板型刀盘　face plate type cutter head of shield

　　在盾构辐条型梁上安装有封闭型面板的盾构切削刀盘。辐条的配置要以盾构直径大小为根据,随着直径的增大,最外围的辅助辐条也相应增多,由于切削刀具系沿辐条梁安装,故沿辐条梁两侧的面板上开有进土槽口,槽口上设有开关装置,槽口的开口率根据土体中砾石的最大粒径决定,一般为20%～60%。当盾构长时间停止工作或遇紧急事故时,可以将进土槽口完全关闭。开关装置采用液压操纵,通常为侧向滑门式,或利用刀片及刀架作前后移动开闭槽口。　　　　　　　　　　　(刘仁鹏)

盾构泥浆搅拌机　agitator

　　将盾构泥土室内的泥土或泥浆进行搅拌的机械。一般装有4～8个叶片,由安装在密封隔板后面的电动机或液压马达通过减速器传动,可正反两个方向旋转。　　　　　　　　　　　　(刘仁鹏)

盾构泥水分离装置　slurry treatment equipment

　　把从盾构内排出的泥浆分离成泥砂和淡泥浆的机械。包括振动筛、旋流器、泥浆泵、压滤机或离心分离机等。能将分离出的泥砂运走,而将淡泥浆再行调整返回盾构内重复循环使用。　　(刘仁鹏)

盾构平面割刀　blade bit of shield

　　安装在盾构切削刀盘正面的盾构切削刀具。沿刀盘辐条梁和进土槽口两侧布置排列,刀盘正反两个方向旋转,都能起切削土体的作用。由于近刀盘中心的刀具在一圈里所走的距离比远离中心的刀具要小,所以布置在刀盘较外侧的刀具数要多于近刀

盘中心的刀具数,以使所有刀具的切削负荷能接近于均匀分布。　　　　　　　　　　　　(刘仁鹏)

盾构气闸　air lock

　　人员和器材出入气压盾构的气压区时,可保持气压稳定的设施。由闸室和闸门组成。人行气闸按一次出入人数每人占用面积不少于 $0.6m^2$ 计算,闸筒直径一般为2m;进料气闸的尺寸应根据隧道断面、运输机械和所运送的物料大小而定。　(刘仁鹏)

盾构千斤顶　shield jack

　　推进并控制盾构前进方向的动力装置。通常沿盾构支承环圆周均匀布置,安装的台数和盾构总推力大小是评定盾构功能的主要参数之一,柱塞顶端装有铰接式顶块,以适应盾构转向和斜偏的需要,同时也可将顶压在隧道管片环面上的力扩散均匀分布,以改善管片受力情况。　　　　　(刘仁鹏)

盾构切口环　cutting edge

　　盾构前端刃口段。盾构掘进时,首先插入土中,为了减少掘进阻力,刃口要加工成刀口状,并焊有斜坡状的加强肋板。为稳定开挖面和开挖操作的需要,在手掘式盾构切口环内应安装正面支撑机构、活动平台和活动前檐等,在机械化盾构切口环内则装有刀盘。　　　　　　　　　　　　(刘仁鹏)

盾构切削刀具　cutter bit of shield

　　安装在盾构切削刀盘上,随着刀盘旋转进行切削开挖土体的刀具。根据所切削的土质条件不同,具有各种不同形状的刀具,如割刀、盘形刀和球形刀等,通常对软土地层开挖采用割刀,利用刨削原理进行切削。割刀有整体式和嵌焊硬质合金式。另外根据刀具在刀盘上的安装位置又分为平面割刀、超挖割刀和仿形割刀等。　　　　　　　　　(刘仁鹏)

盾构切削刀盘　shield cutter head

　　普通机械化盾构中全断面旋转切削开挖土体的装置。主要由刀盘盘体、切土刀具、支承装置、轴承密封和动力传动系统等组成。除切削和搅拌土体外,起一次支撑土体的作用。根据不同土质和施工条件,刀盘可设计成面板型和辐条型。　　　　　(刘仁鹏)

盾构同步压浆　simultaneously grouting

　　盾构推进与盾尾压浆同步进行的施工技术。可使盾构推进产生的盾尾建筑间隙及时得到充填,较好地防止地表沉陷。通常采用微机系统,根据盾构千斤顶推进速度算出所产生的建筑间隙体积和压浆注入量,并对压浆泵进行调节,同时还设定压浆压力的上下限值,使压浆泵在设定压力范围内自动控制所需注入量。　　　　　　　　　　　(刘仁鹏)

盾构网格切削装置　latticed cutting system

　　见网格盾构(286页)。

盾构压浆系统　grouting system

向盾尾后部隧道管片外表面压注充填浆液的全套装置。主要包括压浆泵、贮浆筒、浆液注入管以及有关仪表附件等。在盾构推进中,必须及时向盾构外径与管片外径之间的环形空隙压浆充填,以防止引起地表沉陷。以往多是通过管片中的注浆孔进行压浆,盾构每推进一段后,必须调换压浆孔,工艺繁锁;而最近已设计成从盾构内固定压浆孔进行压浆的装置,能对盾尾后的间隙进行早期充填,提高了隧道施工质量。 （刘仁鹏）

盾构正面支撑千斤顶　face jeck of shield

手掘式盾构中用来支撑开挖面土层,不使土层发生扰动的液压千斤顶。一般为具有追随机能的液压千斤顶,装在盾构切口环内,并与木板、钢梁或其他活动网格板结合,当盾构前进时,对开挖面的支撑力和支撑位置保持不变,以防止开挖面坍塌,保持顶压支护状态。 （刘仁鹏）

盾构支承环　guard ring of shield

支承盾构全部载荷的结构。位于盾构中段,前端与切口环相连,后段与盾尾相接,一般由二圈或二圈以上环状腹板、若干块纵向加强筋板一起与外围表板焊接成箱形结构,内部装有盾构千斤顶、固定平台(横拉杆)和竖梁等,要承受全部水、土压力、盾构千斤顶推力以及各种施工特殊载荷,是整个盾构的支承结构,必须具有足够充分的强度和刚度。 （刘仁鹏）

盾构转盘　rotavetor of shield

盾构的排土提升机构。沿盾构切口环内圆安装,呈环形圆盘状,内设若干径向隔板,工作时,绕盾构中心回转,不断将挖下的土砂由下部连续向顶部提升,然后通过排土漏斗或溜槽,将土卸向排土运输机。对于大直径网格盾构和闭胸挤压盾构,可大大提高功效。 （刘仁鹏）

盾壳　shield shell

盾构的外壳。通常是一个钢制圆柱筒体,是盾构的主体结构,要求承受地下水、土压力,盾构千斤顶推力以及各种施工特殊载荷。盾构内的各项设备和操作人员均在其保护下进行工作,以确保安全。沿长度方向可划为切口环、支承环和盾尾三部分。 （刘仁鹏）

盾尾　shield tail

盾构后端拼装隧道管片的掩护段。是一个薄壁圆筒,一端与支承环连接,另一端为悬臂自由端。盾尾的内径应略大于管片的外径,其长度应考虑到盾构千斤顶端部所占长度、掩护拼装管片的环数和宽度,以及密封构造的需要。 （刘仁鹏）

盾尾密封　tail seal

安装在盾尾内径与管片外径之间的环形空隙中以防止填充浆液及泥水流入隧道的装置。由于盾尾内径略大于管片外径,施工时,隧道外的泥水会从此间隙流入隧道;另外盾构推进时,盾尾钢板在管片外表留有环向空隙,要及时压浆充填,以防止地面沉陷,而这种浆液也同样会通过盾尾间隙流入隧道,因而必需在盾尾间隙处安装有效的盾尾密封。有橡胶板型、橡胶充气型以及钢丝刷型等,根据盾构尺寸及土质条件,可单独或混合采用单道至三道密封。 （刘仁鹏）

盾尾密封膏　tail sealer

用于增强盾尾密封效果的一种以高分子聚合物为基料的止水性材料。定时向钢丝刷盾尾密封装置中注入,可增强盾尾密封和隧道管片环外表面之间的密封性,减少摩擦和提高钢丝的耐腐蚀能力,延长盾尾密封件的使用寿命。 （刘仁鹏）

duo

多泵液压系统　more pumps hydraulic system

采用三台或三台以上的液压泵分别向多个执行元件供油的液压系统。按主机的工作情况,各泵可单独为某执行机构供油,各机构能互不干涉地同时动作,完成复杂的复合动作,提高作业效率。近年来在大型挖掘机和起重机中广泛应用。 （梁光荣）

多刀冻土犁　multi-teeth freezing soil plow

装有若干个齿刀或长钩的冻土犁。多为悬挂式机械。 （曹善华）

多点点焊机　multi-point spot welding machine

能一次完成两个或两个以上焊点,或在不移动工件及焊机的情况下,自动顺序地焊接两个或两个以上焊点的钢筋点焊机。一般还兼有钢筋调直、网片牵引及切割等功能。具有生产效率高,焊接质量好等优点。是定型网片实现自动化生产的主要设备。 （向文寿）

多点支承履带装置　multi-support-roller crawler

接地履带板数与支重轮数之比小于2的履带行走装置。其支重轮的直径较小,数目较多,相距较近。整条履带在支重轮间近于不弯,故支重轮下的压力和支重轮间的压力几乎相等(对土壤的压力分布较均匀)。主要用于轻级和中级的土壤或所受的外载荷较小的挖掘机中。 （刘希平）

多吊点起重臂　tower crane jib with multi-suspension centers

在设计计算时,起升平面的力学模型为多支点外伸梁,因而是多次超静定结构的起重臂。特点与

双吊点起重臂相类似,但不常用。 （李以申）

多斗挖掘机 multi-bucket excavator

用若干铲斗连续运转同时进行挖掘、运送和卸料的挖掘机械。由动力、传动、行走、工作和带式输送装置组成。分链斗式和轮斗式。其特点是连续作业,生产率高,单位能耗较小,适合于硬度较低、不含大石块的土壤挖掘。用于大型建筑、水利和采矿工程以及工作线长的管道铺设工程,也用于开挖运河。 （刘希平）

多斗运树拖车 multibucket trailer for tree

由拖拉机或汽车牵引,用于转运被移植树木的车辆。拖车上设有若干锥状贮仓,每一个贮仓可垂直或向后倾斜放置树木。贮仓可单排或成对排列,视树木大小而定。可与树木移植机配合,组成一个植树系统来使用。 （陈国兰）

多段破碎流程 multi-stage crushing

原物料粒径较大,或产品要求粒径较小,需经粗碎、中碎乃至细碎的破碎工艺流程。实践中以两段破碎流程效果最好。多段破碎流程的产品均匀,生产量大,一般用来制备混凝土骨料。 （曹善华）

多缸抓斗 multiple-cylinder clamshell

利用多个液压缸控制等数量颚片开合的液压抓斗。各液压缸围绕中心架周围布置,每缸的一端与中心架上的一个耳架铰接,另一端与颚片外侧连接。大腔进油,抓斗闭合,闭斗力大;小腔进油,抓斗开启,开斗速度快。多用于大型抓斗。 （曹善华）

多管旋风收尘器 multi-cyclone collector

又称复式旋风收尘器。由多个旋风筒体并联组成,具有共同的进、出风口和卸灰口的旋风收尘器。为使各个单体旋风筒的气流阻力尽量接近,纵深方向的单体不宜超过 8 个,横阔方向的单体不宜超过 12 个。用于处理气体量很大,收尘效率要求高的场合。具有结构紧凑、效率高等优点,但加工复杂,气体在各个单体内的分布不易均匀,也容易堵塞。 （曹善华）

多滚筒驱动 multi-pulley drive

驱动滚筒的数目大于或等于 2 的带式输送机驱动装置。有头部双滚筒驱动;头尾单滚筒驱动;头部双滚筒驱动加尾部单滚筒驱动;还有头、尾、中部驱动等形式。随着输送机生产率不断提高和运输距离不断增大,驱动滚筒的圆周力相应增加。在使用条件和滚筒表面状态一定时,圆周力的增大主要靠增大包角。因此要采用多滚筒驱动。 （张德胜）

多级活塞气马达 multistage piston-type pneumatic motor

又称多级活塞风马达。将多个气马达的曲轴连成一体,利用压缩空气驱动各个气马达活塞在不同的时刻开始作功,把压缩空气的压力能转换为转动机械能,从而逐级增加输出能力的装置。气动活塞沿曲轴回转中心的径向均匀分布,压缩空气进入活塞缸,推动活塞沿缸筒内壁作直线运动,带动曲轴旋转输出机械功。用于气动增压拉铆枪中。主要参数为工作气压、额定转速、耗气量和导气管内径。 （王广勋）

多级液力变矩器 multi-stage hydraulic torque converter

各级涡轮之间彼此刚性连接,以提高涡轮轴输出转矩的不可调式液力变矩器。级数越多,变矩范围越大。但级数增多,不仅能量损失大、效率低,而且结构复杂,造价贵,因而现有的液力变矩器很少超过三级。 （嵩继昌）

多级液压缸 mult-stage cylinder

见伸缩套筒式液压缸(242 页)。

多锯片圆锯机 circular gang-saw

又称圆排锯。几个圆锯片一起安装在一个锯轴上的圆锯机。锯片间的距离可随加工要求而调整。 （丁玉兰）

多卷筒卷扬机 multiple-drum winch

设有三个或三个以上卷筒的卷扬机。是普通单卷筒卷扬机和双卷筒卷扬机的发展型,增加的卷筒有缠绕式或摩擦式的。用于需多种动作分别或同时进行作业的场合。 （孟晓平）

多孔性镀铬 porous chromium-plating

利用硬质镀铬层中存在的内应力及网状裂纹,对其进行加工,使镀层形成多孔状以贮存润滑油并构成油膜的镀铬工艺。一般有点状及沟状两种,可用电化学方法及机械方法得到。 （原思聪）

多联齿轮泵 multiple gear pump

同一传动轴驱动两个或两个以上单独工作的齿轮泵。各泵常同装在一个壳体内。结构紧凑,尺寸小,便于主机的总体布置。目前广泛应用在建筑工程机械上。 （刘绍华）

多路换向阀 multiple directional valve

由两个以上换向阀为主体的组合阀。根据不同的工作要求,还可配备安全溢流阀、单向阀和补油阀等。具有结构紧凑,压力损失小,操纵力小,操作方便,寿命长等优点。主要用于多个执行元件的集中控制,大多为手动操纵或先导操纵。有分片式和整体式,按滑阀的连通方式分为串联式、并联式和串并联式。 （梁光荣）

多履带多斗挖掘机 multi-crawler multi-bucket excavator

见履带式多斗挖掘机(173 页)。

多能桩架 versatile pile frame

能适用多种桩锤、钻具,并能借助于本身的动力进行吊桩、吊锤、行走、回转,立柱倾斜度的调整和自身起架、落架等动作的桩架。多用于大面积、多桩位的桩基础工程施工。主要由行走机构、回转机构、卷扬机、平台、立柱、斜撑、操作室、电器部分和附属起落架等部分组成。 （邵乃平）

多速卷扬机 variable-speed winch

又称调速卷扬机或变速卷扬机。动力装置或传动系统具有调速功能的卷扬机。可根据作业需要改变钢丝绳的收放速度,以改善工作性能,提高生产率。 （孟晓平）

多头夯土机 multi-tamper compactor

利用成排布置的多个夯锤,轮流冲击地面的夯实机。各夯锤由链钩顺次提升到一定高度,再脱钩沿导架降落冲击地面。或由电动机经过连杆机构使装成一排的夯锤顺次夯击地面。用于夯实回填土。 （曹善华）

多轴激振器 multi-eccentric rotor vibrator

有两根以上轴的机械式激振器。通常轴数为偶数,以避免轴上的偏心块产生对沉拔桩不利的水平干扰力。 （赵伟民）

多轴式螺旋钻孔机 multiple axle auger

具有并列的若干螺旋叶片轴同时工作的螺旋钻孔机。常用于地下连续壁的施工。 （赵伟民）

多轴式深层混合搅拌桩机 multi-axle deep jet mixing pile machine

设有两根以上带有搅拌翼的旋转轴的深层混合搅拌桩机。常用于连续壁的施工。 （赵伟民）

惰轮 idler

俗称过桥齿轮、中间齿轮。同时与两个齿轮啮合,既是前一齿轮的从动轮,又是后一齿轮的主动轮,且齿数不影响传动比的大小,但改变最终齿轮传动方向的齿轮。 （樊超然）

E

e

鹅首架 goose boom

又称象鼻架。铰接于支承结构顶部,一端为吊重提供悬挂点,另一端由牵索或拉杆提供垂直摆动力的杠杆式起重臂。常见于门座起重机的组合式臂架中,端部装有滑轮,尾部铰接于主起重臂顶端,可以绕主起重臂顶部起伏,支承结构为臂架,摆动力由拉杆或拉索提供,变幅时能使重物水平移动,减少变幅功率和重物摆动现象。有直线形和曲线型两种。轻型小吨位的下回转式塔式起重机也常用这类起重臂,其支承结构为塔身,由变幅钢丝绳提供摆动力。 （孟晓平）

额定功率 rated power, nominal power

动力装置在规定的工作条件(环境温度、海拔高度、工作延续时间等)下所容许输出的功率(kW)。或指消耗能量的设备在规定条件下所需输入的功率。 （曹善华）

额定滑转率

履带或轮式行走装置在规定的工作条件(地面情况、行驶距离等)下所容许的滑转率。 （曹善华）

额定起重幅度 rated operation radius

臂架式起重机起升额定起重量时的起重幅度。在一定臂长下,比空钩幅度略大些。表示起重机起重特性的一个重要几何参数。 （李恒涛）

额定起重力矩 rated load moment

最大额定起重量载荷与相应额定幅度的乘积。是衡量起重机起重性能好坏的重要参数。在轮胎式起重机的标准系列参数中,对其值有所规定;对于塔式起重机为最大幅度与相应额定起重量载荷之积。 （李恒涛）

额定起重量 rated load(capacity)

起重机允许吊起重物的最大质量。单位为 t。对于可变幅的起重机,与起重臂的长度和幅度的大小有关。常用起重量表或起重量曲线表示在操纵室内,以便操作人员控制起重机的使用情况。对于采用起重钩为取物装置的汽车、轮胎起重机,则包括取物装置的质量。 （李恒涛）

额定生产率 rated productivity

在各种不同的工作状况下,单位时间内机械安全作业所能完成的最大工作量。常作为机械标牌上标明的一项重要指标。在实际计算时,常以理论生产率乘以机械工作效率系数、司机操作熟练系数及使用管理系数,故较理论生产率值为低。 （田维铎）

额定值 rated value

机械或电器产品在额定工作状态下为设计、制造、使用所规定的技术数据。可直接标明在机械或电器铭牌上。用户按此使用机械或电器是最经济合理和安全可靠的,还能保证其有正常的使用寿命。

(周体伉)

额定转速 rated revolution speed

原动机械如电动机、内燃机、液压马达等在一定的能量(例如电流、电压,燃油供给,液压油供给等)供应下主轴每分钟的正常转速。为原动机的主要参数之一。 (田维铎)

颚式破碎机 jaw crusher

利用活动颚板对固定颚板的开合运动,使置于两颚板之间的石块受到挤压、弯折等作用的破碎机械。由固定颚板、活动颚板、偏心轴、肘板和机架等组成。固定颚板装于机架,活动颚板在肘板推动下,作周期性摆动。根据摆动形式,分简摆式、复摆式和综合摆式等几种。适于破碎各种坚硬、韧质的物料,常当作粗碎大块石料的初碎机。其主要技术参数是进料口尺寸,即上端进料口的长度和宽度。

(曹善华)

颚式破碎机固定颚板 stationary jaw plate

安装于颚式破碎机机座前壁内,与活动颚衬板对应构成破碎腔的齿槽衬板。活动、固定颚板的齿峰与齿谷错开,增强对物料的弯折作用。选用的材质与活动颚板的相同,磨损之后可调头更换使用。

(陆厚根)

颚式破碎机活动颚板 mobile jaw plate

颚式破碎机上往复摆动运动的破碎部件。简摆式的颚板悬挂在偏心轴上;复摆式的装在转轴的偏心轴颈上。由偏心连杆机构驱动作往复摆动。大型者用铸钢制成箱形截面;小型者制成肋板结构。表面安装可拆换的竖向齿槽衬板,齿峰角 90°～120°,齿高为齿矩的 1/2～1/3。衬板分平面型和弧面型,前者加工与维修方便;后者出料端有一平直段,不易

堵料,生产能力大,磨损小,因加工不便,应用不广。小型衬板用白口铸铁;大型用高锰钢铸造。

(陆厚根)

er

二冲程内燃机 two-stroke engine

曲轴每转一周,活塞经过两个行程(换气－压缩行程和膨胀－换气行程)完成一个工作循环的内燃机。 (陆耀祖)

二级保养 second-order maitenance

经规定运行时间间隔后,以维修工人为主,操作者配合,对机械进行专业性的、比较全面的清洗、换油、检查、调整、排除故障,保持机械技术状况良好的技术保养。主要内容除全面执行一级保养内容外,根据机械使用情况,进行部分零部件的拆卸检查,对已磨损失去精度的零件进行更换。对电气装置、配电线路以及操纵控制部位作全面检查,以达到灵敏、全机整洁,安全好用。 (杨嘉桢)

二硫化钼润滑剂 molybdenum desulfide grease

以 MoS_2 粉剂与润滑脂按一定比例合成的润滑剂。一般 MoS_2 的比例不超过 30%。是一种良好的润滑剂,摩擦系数低,抗压性大,适用于各种高速、重载机器设备轴承的润滑。只需少量涂抹,即可达到优异的效果。滴点一般都高于 160℃,呈灰色软膏,价格较贵。 (田维铎)

二氧化碳保护焊 carbon dioxide protected welding

以惰性气体二氧化碳作为保护气体,将其从喷嘴中以一定速度喷出,把电弧、熔池与空气隔开,以杜绝有害作用,从而获得性能良好的焊缝或堆焊层的振动堆焊。此外,二氧化碳的氧化还可以抑制氢的有害作用,因而对油、水、锈不敏感,同时由于焊层内含氢小,焊层的应力小,产生裂纹的倾向也小。

(原思聪)

F

fa

发电机 generator

将机械能转换成电能的装置。有交流发电机和直流发电机两类。 (周体伉)

发动机储备功率 reserve power of engine

工程机械发动机除具有驱动机械正常作业和行驶所需功率以外,应有的多余功率。用于应付特殊情况。 (曹善华)

发动机后置式 rear engine type

动力装置为内燃机、且置于行驶式建筑工程机

械或车辆的后部。传动系统简单,司机视野好,但操纵系统复杂。 　　　　　　　　　(田维铎)

发动机前置式 front engine type

　　动力装置为内燃机、且置于行驶式建筑工程机械或车辆的前部。 　　　　　　　(田维铎)

发动机上置式 uper engine type

　　动力装置为内燃机、装于行驶式建筑工程机械上部或上车上。 　　　　　　　(田维铎)

发动机下置式 lower engine type

　　动力装置为内燃机、装于建筑工程机械下车或下部。 　　　　　　　　　(田维铎)

发动机转速调节变量 engine speed control displacement

　　利用发动机转速控制液压泵输出流量的变量方式。主液压泵构成两个主回路,发动机带动另一小泵,通过调压阀向控制油路供油。调压阀的开度由与发动机相联的离心平衡器决定,从而改变控制油路的压力。它可在最小转速到额定转速的范围内充分利用发动机的扭矩和功率。

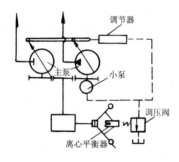

　　　　　　　　　　　　　　(刘希平)

发动机自吸粪车

　　见无泵吸粪车(291页)。

发火次序 firing order

　　发动机各气缸的工作顺序。即发动机从第一气缸开始,按照一定的次序发火燃烧,周而复始。工作顺序是根据使发动机平衡性好、运转平稳性好和零部件受力好的原则安排的。例如直列6气缸发动机的发火顺序一般为 1—5—3—6—2—4 或 1—4—2—6—3—5。

　　　　　　　　　　　　　　(岳利明)

发蓝 blueing

　　又称发黑。可使钢件表面生成一层厚 $0.6\sim0.8\mu m$ 致密的 Fe_3O_4 膜,以提高钢件表面抗蚀性的一种钢铁氧化处理法。通常在低温盐浴中进行,成分为 50% $NaNO_2$、40% $NaNO_3$ 和 10% KNO_3,温度为 $330\sim350℃$,处理时间约 $3\sim5min$。若将钢件浸入温度为 150℃,成分为 $NaOH600g/L$、$NaNO_250\sim$

$60g/L$、$Na_3PO_430\sim40g/L$ 水溶液中 $90\sim120min$,这种处理称为发黑。 　　　　　(方鹤龄)

发条弹簧 spiral spring

　　又称蜗旋弹簧。拧紧后,相邻各圈互相接触的平面蜗卷弹簧。有摩擦和能量损耗,其特性曲线为曲线,可储存较大的能量,常用作钟表和有关仪器的动力元件。材料截面形状有矩形和圆形,前者单位体积储能能力较大,应用较为普遍。

　　　　　　　　　　　　　　(范俊祥)

阀杆 valve lever

　　气动桩锤中受阀杆夹驱使,通过扭转运动控制配气阀进、排气的杆件。 　　　　(王琦石)

阀杆夹 valve lever clamp

　　装在锤体上使阀杆产生扭转运动的零件。

　　　　　　　　　　　　　　(王琦石)

法向侧隙 normal backlash

　　齿轮副工作面接触时,另一侧齿面间的最小距离 j_n。 　　　　　　　　(段福来)

fan

翻车机 car dumper

　　使有轨车辆翻转或倾斜进行卸料的装卸机械。适用于运输量大的港口,建设工程中铁路车辆、矿车的卸料。由金属构架、驱动装置和夹紧机构组成。分转筒式、侧卸式、端卸式三种。转筒式翻车机的金属构架形似转筒,载货敞车推入金属构架夹紧后转动 $140°\sim170°$,车内散料在自重作用下卸入地下料仓。侧卸式翻车机金属构架为一摇架,车辆在摇架上被夹紧后,随同摇架绕上方的轴转 $140°\sim170°$ 在侧方卸料,故不需建造地下料仓。端卸式翻车机金属构架为一平台,车辆推上卸车平台并夹紧后,一起绕与车轴平行的轴转 $50°\sim70°$,物料由端部车门卸出。 　　　　　　　　　　(叶元华)

翻斗车 dumper

　　短距离输送物料且料斗可倾翻的搬运车辆。由料斗和行走底架组成。料斗通常装在轮胎行走底架前部,借助斗内物料的重力或液压缸推力倾翻卸料。分前翻卸料、回转卸料、侧翻卸料、高支点卸料(卸料高度一定)和举升倾翻卸料(卸料高度可任意改变)等。为适应工地道路不平,避免物料撒落,行驶速度一般不超过 20km/h。在建筑工地常用来运输砂石、灰浆、砖块、混凝土等建筑材料。根据不同的施工作业要求,可快速换装起重、推土、装载等多种工作装置,具有多功能和高效率的特点。

　　　　　　　　　　　　　　(叶元华)

翻斗提升机 dumping lifter

料斗提升到要求高度后倾翻卸料的提升机械。料斗到达卸料位置后用人力、机动力或料斗与混凝土拌和料重力倾翻卸料。混凝土拌和料从料斗的敞口倒出。 （龙国键）

翻松转子 cutting rotor

松土搅拌机、单程式稳定土搅拌机上带齿刀的筒式松土装置。齿刀沿筒体成螺旋形排列。 （倪寿璋）

翻土铲斗 soil-loosing bucket

利用铲斗前缘中间的长齿翻松土壤，以利挖掘的铲斗。为单斗挖掘机的一种特殊铲斗。挖掘力可集中在突出的中间齿上，有利于翻松硬土或有裂纹的软岩。 （刘希平）

反铲 backhoe

单斗挖掘机上，铲斗朝向机身方向进行挖掘作业的工作装置。也是反铲挖掘机的简称。适用于挖掘下掌子面，常用来开挖基坑、沟渠和河道等。分液压传动和机械传动两种。液压传动反铲由铲斗缸、斗杆缸和动臂缸推动作业，作业时，动臂缸收缩将动臂放下，作为支承，由铲斗缸或（和）斗杆缸推动铲斗运动，进行挖掘并装土，然后动臂提起铲斗，转向卸土点卸土。建筑工程土方施工中采用甚为普遍。机械传动反铲借钢丝绳滑轮组使斗杆和铲斗转动而挖土。 （曹善华）

反铲挖泥船 backhoe dredger

利用反铲装置挖掘河底泥砂的挖泥船。反铲装于甲板上，多为液压传动，斗容量 $1\sim4m^3$，挖掘力大，能挖取卵石、块石和粘土等。只能挖浅水下砂石，适用于清理围堰等场合。 （曹善华）

反铲液压挖掘机 hydraulic backhoe excavator

具有反铲工作装置的单斗液压挖掘机。由反铲装置、转台、行走装置和发动机组成。作业时，机械停在工作点，依靠液压缸推动铲斗进行停机面以下、由远而近地挖掘，挖满后转台转向卸土处翻斗卸土。行走装置有液压传动履带式和轮胎式，也有由发动机经变速箱、主传动轴和差速器驱动的轮胎式，但机构复杂。具有挖掘性能好、重量轻等优点，用于挖掘下掌子面，常用来开挖基坑、河道和沟渠。斗容量一般在 $0.25\sim1.6m^3$ 之间，也有 $0.01m^3$ 斗容量的微型机和斗容量超过 $2m^3$ 的反铲。 （曹善华）

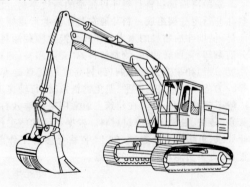

反复载荷学说 doctrine of repeated loading

说明重复加载与所作用对象之间物理关系的振实理论。认为物料在快速反复加载情况下，所产生的周期性挤压作用能够提高混合料的密实效果。此学说对低频振动有较大的现实性，但对频率 1000Hz 以上的高频振动，实际振动效果远超过反复加载的效果。 （曹善华）

反击式破碎机 impact crusher

利用装在转子上的板锤高速打击物料，使物料冲击到反击板上，然后反弹，再受到板锤打击，物料在转子与反击板之间反复冲击和撞击的破碎机械。按转子数目，有单转子和双转子两种，单转子反击式破碎机又有单向转动和可逆转动两种；双转子反击式破碎机有同向旋转和反向旋转两种。其特点是破碎空间大，能够充分利用冲击能量，是一种高效破碎机，适用于破碎石灰石等脆性物料，破碎比一般是20左右，最大可达 $50\sim60$，缺点是反击板容易损坏，破碎后颗粒不均匀，含有大块料。 （曹善华）

反击式破碎机转子 rotor of impact crusher

用以刚性固装击锤的高速旋转破碎部件。大多为整体铸钢转子，结构坚固耐用，易于安装击锤，质量大、惯性大，有利于破碎；小型的可用钢板焊接成空心转子。击锤的固定方式分：螺栓紧固、嵌入紧固、楔块紧固。锤的形状有长条形、T形、I形、S形、槽形等，用高锰钢制成。 （陆厚根）

反接制动 reverse connection braking

利用电动机反转进行制动的电制动方法。将接在三相异步电动机定子上的三根电源线任意对调两根（反接），改变定子绕组原有电流的相序，使其产生反向的旋转磁场，相应产生与电动机原来转向相反的制动转矩，使电动机迅速减速，但不能使电动机反转，故在电动机行将停转时应立即切断电源，为了提高制动的准确性，可以采用速度继电器等进行自动控制。这种制动方法简单可靠，制动力强，但制动过程中冲击和振动较大，易损坏传动机构，只适用于 10kW 以下且启动不太频繁的电动机。 （周体伉）

反馈 feedback

又称回授。将放大电路（或某个系统）的输出信号通过某种电路部分或全部引回到输入端。若反馈信号削弱输入信号使净输入量减小称负反馈。放大器中引入负反馈可改善放大器的工作性能；系统中引入负反馈可实现自动调节。若反馈信号加强输入信号使净输入量增大称正反馈。正反馈只用在振荡电路和脉冲电路中。　　　　　　（周体优）

反力夹头　reaction clamp

可夹持已定位的桩头,使逆反力夹头对桩产生静压力,并保证机器正常工作的依附式压拔桩机的部件。根据所施工桩的承载能力要求,在依附式压拔桩机上可设有若干组反力夹头。

（赵伟民）

反循环式扩孔机　reverse circulating reamer

连接在钻杆的前端,在钻孔结束后,能施工扩大桩井并用反循环原理输土的扩孔机。有杠杆式、翼式、行星式。　　　　　　　　（赵伟民）

反循环钻孔机　contrary circulating boring machine

在钻进过程中用反循环原理进行排碴的压力水循环钻孔机。常见的反循环方式有泵吸式、喷射式、气压式。　　　　　　　　　（孙景武）

反转液力变矩器　backward running torque converter

在牵引工况区,涡轮转向和泵轮转向相反的液力变矩器。叶轮在循环圆中按着液流方向的排列顺序为泵轮－导轮－涡轮。其液力损失大,效率低,具有较大的负透穿性。　　　　　（嵩继昌）

反转有级调矩式偏心装置　reversing graduated adjustable moment eccentric device

旋转轴反转,带动定偏心块转至动偏心块的另一侧而改变偏心力矩的有级调矩式偏心装置。（赵伟民）

fang

方差　variance

又称二阶中心矩。随机过程 $X(t)$ 与均值之差的平方的均值。表达式为:
$$\sigma_x^2(t) = D[X(t)] = E\{[X(t) - \mu_x(t)]^2\}$$
表示随机过程 $X(t)$ 在 t 时刻对于均值 $\mu_x(t)$ 的偏离程度。　　　　　　　　　　　（朱发美）

方套筒二片式夹具　two-wedge grip with rectangular sleeve

利用方套筒和两块夹片的斜面产生的楔紧作用锚夹钢筋的先张法夹具。由方套筒、夹片、方弹簧、插片和插片座组成。插片座与方套筒焊在一起。夹片齿形根据钢筋外形确定。适用于锚夹热处理钢

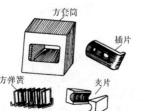

筋。配套使用的张拉设备为穿心式千斤顶。

（向文寿）

方向控制阀　directional control valve

简称方向阀。改变液压系统中各油路之间液流通断关系,控制其流动方向的液压控制阀。按功用分为单向阀和换向阀两类。　　　（梁光荣）

方向控制回路　directional control circuit

控制液压系统各油路中油流的接通、切断或改变流向的液压基本回路。控制执行元件的起动,停止及换向等一系列动作。在工程机械液压系统中常用的有换向回路、顺序回路、锁紧回路和浮动回路等。　　　　　　　　　　　（梁光荣）

防抽冒安全装置　oversucking defender

为防止真空泵吸粪车吸粪作业时,粪罐内真空度过高而产生抽瘪现象的装置。当罐体内真空度大于 $530 \times 10^2 Pa \sim 560 \times 10^2 Pa$ 时,安全装置自动打开,外界空气流入罐体内,使真空度下降,当罐体内真空度降到 $530 \times 10^2 Pa$ 以下时,安全装置自动关闭。　（张世芬）

防冻剂撒布车

将盐(氯化钠)、氯化钙等防冻剂撒布在冰冻的路面或压实的积雪上,促使其快速融化的环卫机械。由撒布装置与底盘组成。撒布装置分为旋转滚筒式与漏斗式。前者药剂通过桨叶输送;后者通过漏斗内的螺旋机构强制输送,均匀程度优于旋转滚筒式。

（胡漪）

防冻液　anti-freeze solution

寒冷季节,用于内燃机冷却系统作为冷却介质的冰点较低的混合液体。最常用的是乙二醇和水的混合液,也可用酒精或甘油和水的混合液。配合比不同,冰点也不同。可防止散热器、气缸体和气缸盖冻裂。　　　　　　　　　　　（岳利明）

防溅护罩　profective casing

置于射钉枪枪管前端,用于安全防护的活动金属罩。工作时金属罩紧抵工作面,以防溅出碎片伤人。　　　　　　　　　　　　（迟大华）

仿形加工　copying cutting

按照样板或靠模控制刀具或工件的运动轨迹进行切削加工的方法。按运动方式不同,有平面仿形和立体仿形。按作用方式可分为直接作用式(机械仿形)和随动作用式(液压仿形、电仿形、电液仿形和光电仿形等)。直接作用式仿形是把仿形触头与刀具刚性联结,借弹簧力或重锤使仿形触头与样板保持接触。机床工作台纵向移动时,样板曲面就将力传递至仿形触头,使刀具执行仿形运动。随动作用式仿形是把样板给仿形触头的位移信号转换成电信号(电压)或液压信号(压力差),经功率放大后驱动机床执行部件,驱动元件可以是直流电机、液压缸或

油马达等,采用这种控制方式的样板和触头承受的压力较小。 （方鹤龄）

fei

飞溅润滑 plash lubrication

利用旋转零件将油池中的油飞溅到轴承上的润滑方式。常用在减速器、变速箱及内燃机的曲轴箱中。 （戚世敏）

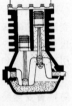

飞溅润滑

飞轮 fly wheel

利用转动惯性来调整传动轴转速波动及往复运动机械死点的钢质轮。飞轮安装在传动轴上空转,其质量主要集中于轮缘部位。当驱动能量超过外载阻力功时,飞轮将这些多余的能量贮存起来并阻止轴速过分增大;当阻力功超过驱动能时,飞轮的惯性又将放出一部分能量,可防轴速降低太多,所以其主要功能是:贮能、调速。为了降低飞轮重量,应尽可能在高速轴上。材质应均整、强度高,加工应良好。轴上安装的盘形件如皮带轮、齿轮也同时起着飞轮作用。 （田维铎）

飞轮矩 flywheel moment

表示飞轮惯性的基本数值 ΣGD^2。其中 ΣG 为飞轮各部位的质量(kg);ΣD 为相应各部位的回转直径。所以将飞轮的质量尽量集中于轮缘使其回转直径增大,而飞轮的惯性愈大,调速性能愈好,机器运转的不均匀性愈小。 （田维铎）

非电量电测 electric measurement to non-electric quantity

应用电测方法测量各种非电量(机械量、热学量、物性和成分、状态量、时间等)的测试。一般包括信号采集(被测非电量转换为电信号)、信号变换、传输(放大、调制、解调、数/模变换、模/数变换)、信号显示和记录、信号处理等几个部分。 （朱发美）

非定向振动平板夯 non-directional vibratory plate compacter

激振器的激振力方向随时间历程作 360°方向变化的振动平板夯。作业时,对土壤颗粒产生多个方向的扰动力。非自移式,由牵引机拖曳移位。 （曹善华）

非定向振动压路机 non-directional vibratory roller

激振力按 360°方向连续变化的振动压路机。一般采用单偏心块激振器,偏心块旋转时离心力方向不断变化,产生非定向振动。较少采用。 （曹善华）

非独立悬架 unindependent suspension

两侧车轮共同装在一个完整车桥上的悬架。车桥与车架弹性连接,当一侧车轮上、下跳动时,必然引起另一侧车轮的摆动。大多数采用钢板弹簧作为弹性元件,钢板弹簧本身起减振作用,又兼导向机构的作用。 （刘信恩）

非工作性变幅机构 radins-changing mechanism no-load

起重机只在空载状态下进行变幅的变幅机构。起重机在起升、装卸和转移重物的过程中,幅度固定不变。结构简单,变幅次数少,变幅速度低,变幅力小和变幅功率低。常用于大型起重机上。 （李恒涛）

非工作状态计算风压 computative pressure of out-of-service wind effect

起重机处于非工作状态下承受的计算风压值 q_{III}。按两分钟时距的平均风速进行计算。用于验算起重机机构的零部件、金属结构强度和整机抗倾覆稳定性和计算起重机的防风抗滑装置及锚定装置。 （李恒涛）

非工作状态稳定性 stability under out-of-service condition

又称自身稳定性。起重机在非工作状态下的抗倾覆能力。在计算抗倾覆稳定系数时,只考虑自重、坡度和风载荷。 （李恒涛）

非平衡变幅机构 non-equilibrium derricking mechanism

起重机在变幅过程中,起重臂系统的重心和重物均有升降运动的变幅机构。变幅时,消耗的功率大,常用于非工作性变幅或带有轻载时变幅。 （李恒涛）

非气动灰浆喷射器 non-pneumatic mortar sprayer

仅靠灰浆输送泵的压力将灰浆喷涂到建筑物表面的灰浆喷射器。 （周贤彪）

非气动喷头 non-pneumatic sprayer head

仅靠灰浆输送泵的压力将灰浆喷挤出去的喷射器喷头。有胶膜式喷头、直通式喷头、螺旋式喷头和切向涡流式喷头等多种型式。 （周贤彪）

非确定性信号 non-deterministic signal

又称随机信号。不能用明确的数学关系式描述的信号。需用概率统计特性予以描述。 （朱发美）

非线性度 nonlinearity

实际装置输出、输入关系偏离理想的线性关系的程度。 （朱发美）

非自行浮式起重机 non-propelled floating crane

依靠拖轮拖航的浮式起重机。浮船无航行动力
装置，但通过甲板上的铰锚机和铰缆车的配合工作，
可使浮船在一定的范围内做短距离的前后移动。
（于文斌）

肥料撒播机　fertilizer distributor

将肥料撒播到苗圃中作业的园田管理机械。用
以提高土壤的肥沃性，补充苗圃土壤养分。主要由
传动机构、料箱、调节机构、撒播装置等组成。按行
走方式分为悬挂式、牵引式、自行式和手扶式。
（张　华）

废气净化　exhaust emission control

又称排放控制。泛指减少内燃机排出废气中所
含有害成分的各种措施。有害成分主要有：一氧化
碳(CO)、碳氢化合物(H_nC_m)、氮氧化合物(NO_n)、二
氧化硫(SO_2)、铅化合物和臭气等有害气体，以及各
种固体微粒(碳烟)。有机内净化和机外净化两类措
施。
（岳利明）

废气涡轮增压柴油机　exhaust-turbo charged

用柴油机本身气缸排出的废气能量驱动涡轮，
从而带动与涡轮同轴的离心式压气机，对进入气缸
的空气进行预先压缩以实现增压的柴油机。涡轮增
压器与柴油机曲轴无机械上的联系，不消耗柴油机
的有效功，而是充分利用了废气的能量。柴油机增
压主要采用这种方式。
（陆耀祖）

废气涡轮增压器　exhaust gas turbocharger

安装在内燃机进、排气管路上利用排气能量提
高内燃机进气压力的涡轮旋转装置。利用内燃机的
排气能量，驱动涡轮旋转，由此并驱动同轴的离心式
压气机旋转，用以提高内燃机的进气压力，可大幅度
地提高发动机的功率。按涡轮中的气流方向可分为
轴流式和径流式两种，前者多用于大型柴油机，后者
多用于车辆和工程机械用柴油机中。　（岳利明）

fen

分辨率　resolution

仪器可能检测到被测量的最小变化值。例如
YJ-5 静态应变仪的分辨率为 $1\mu\varepsilon$。　（朱发美）

分电器　ignition distributor

内燃机点火系统中将点火线圈感应产生的高压
电流分别引送至各气缸火花塞的部件。当分电器轴
旋转时，轴上的凸轮可使断电器上的触点定时断电
而使低压电路突然中断，此时点火线圈感应产生高
压电流，再由高压电线经分电器分别引至各气缸的
火花塞，按工作顺序点火。分电器中一般还装有离
心式点火提前装置、真空式点火提前装置、辛烷值选
择器以及电容器等。
（陆耀祖）

分度头　dividing head

能将工件作任意的圆
周等分或直线移距分度的
机床附件。主要用于铣
床，也可用于钻床和平面
磨床，还可放置在平台上
供钳工划线用。主要类型
有通用分度头、自动分度
头和光学分度头三类。通用分度头按分度方法和功
能可分为万能分度头、半万能分度头和等分分度头
三种。常用的万能分度头可把工件轴线装置成水
平、垂直、或倾斜的位置，能够进行简单分度、差动分
度和角度分度、通过配换齿轮还可使分度头主轴与
万能铣床纵向工作台的进给丝杠相连接，以便进行
直线移距分度或铣削螺旋面和等速凸轮的型面。
（方鹤龄）

分度圆　graduated circle

齿轮上具有标准模数和标准压力角的圆。分度
圆直径 d_f 等于该齿轮的标准模数 m 与齿数 Z 的乘
积，即：$d_f = mZ$。任何一个齿轮都只有一个分度圆。
（樊超然）

**分功率调节变量　dividing power control dis-
placement**

两个或多个液压泵在液压系统中各用一个功率
调节机构调节泵流量的变量方式。特点是液压泵的
流量各随所在回路的压力变化而变化。只有当两个
回路压力都处在调节范围以内，才能利用全部功率。
当某一回路处于空载时，发动机输出功率仅为另一
泵所需功率，有一半功率(若两泵功率相等)未能利
用。
（刘希平）

**分离式液压钢筋切断机　portable hydraulic steel
bar shears**

切断机与液压源分开的手持钢筋切断机。液压
源由电动机和液压泵组成，可移动，用高压软管和切
断机相连。减轻了手持部分的质量，操作省力。
（罗汝先）

**分离式液压钢筋弯曲器　portable hydraulic steel
bar bender**

弯曲器和液压源分开的手持钢筋弯曲机具。液
压源由电动机和液压泵组成，可移动，用高压软管和
弯曲器相连。这种结构减轻了手持部分的质量，操
作省力，适用于施工现场。
（罗汝先）

**分散维修　decentralized maintenance, area
maintenance**

维修人员及其他资源配置在各生产部门，由各
部门负责安排维修工作并予以实施的组织方式。
（原思聪）

分绳装置　rope unhitching device

　　钢丝绳牵引带式输送机上实现两根牵引钢丝绳间距扩大或缩小的一种导向托轮组。装在头部的分绳装置，使钢丝绳与输送带脱开，使牵引绳进入驱动绳轮；装在张紧装置处的分绳装置也使绳与带脱开，使牵引钢丝绳进入钢丝绳的张紧装置。　　（张德胜）

分置式减振装置　division vibration absorber

　　减振部件分别设置在激振器的两侧的减振装置。有串联式、并联式。　　　　　　（赵伟民）

粉料供给系统　filler feeding system

　　沥青混凝土填充料（石粉）的供给系统。有贮存石粉原料的专用筒仓、石粉斗式提升机、石粉螺旋输送机、石粉给料器和并列于热骨料料斗的石粉料斗等。　　　　　　　　　　　　　　（倪寿璋）

粉料撒布机　spread for powdered material

　　用于将石灰、水泥和工业废渣粉等粉料（稳定土胶结料）均匀撒布至稳定土中，为稳定土路拌施工做前期准备的路面机械。主要供修筑高等级公路、机场跑道、广场的基层和底基层时使用。按动力牵引方式，有自行式粉料撒布机和拖式粉料撒布机；其撒布方式有布料滚轮布料和气动喷洒布料；其粉料输送方式有螺旋输送、刮板输送和气力输送。　　（董苏华）

粉磨　grinding

　　又称磨碎。在外力作用下使小块物料变成粒度为 150 μm 以下细粉的过程。主要采用冲击和研磨的方法。分粗磨（入磨粒度 60～150μm）和细磨（入磨粒度小于 60μm）。可以干式或湿式粉磨，其流程可为开路亦可为闭路。常用设备为球磨机、辊式磨、振动磨、气流粉碎机。是化工、选矿、水泥、电力等部门制备原料、燃料、半成品及成品的主要作业。

　　　　　　　　　　　　　　　　　　（陆厚根）

粉磨机械　grinding machine

　　将块粒状物料利用机械方法研磨成细粉（粒径 150μm 以下）的机械。分干磨式和湿磨式两类，常用的有球磨机、棒磨机、立式磨和超微粉碎机如振动磨、喷射磨等。是建筑材料生产中细磨物料，水泥生产中粉磨生料和熟料，以及工业中制备煤粉的主要设备。　　　　　　　　　　　　　　（曹善华）

粉碎　comminution

　　固体物料在外力作用下，由大块变小块的过程。只有当作用力大，作用速度快，在料块或颗粒中产生的瞬间应力大大超过物料机械强度时，才能产生粉

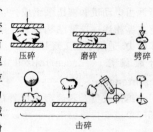

压碎　　磨碎　　劈碎

击碎

碎。粉碎方式包括破碎与粉磨。外力作用方式有人力、机械力、电力和爆破力等。常用粉碎方法是：压碎、劈碎、击碎及磨碎等。粉碎机械都采用几种粉碎方法的组合。粉磨作业的能量利用率极低，例如大型球磨机仅达 0.6%，气流粉碎机为 2%。能量大多以热、声能的形式损失，因此，往往采用强化细碎作业以减小入磨粒度，借此提高综合经济效益。

　　　　　　　　　　　　　　　　　　（陆厚根）

粉碎动力学　kinetics of grinding

　　把粉碎过程作为速度过程进行数学模拟的理论。在一个可以用概率函数和分布函数加以描述的重复粉碎过程中，第 n 段粉碎之后的分布函数近似对数正态分布。这一观点已被用于矩阵模型和动力学模型。前者把粉碎过程看作一系列相继发生的粉碎事件，后一次的给料是前一次的产品，粉碎周期愈长，所得到的粉碎事件的数目愈多；后者将粉碎作为连续过程，粉碎周期愈长，物料粉碎愈多。应用粉碎模型可以从已知的给料特性、操作变量和设计变量预测粉碎产品的粒度特性。是粉碎功耗定律的发展。　　　　　　　　　　　　　　（陆厚根）

粉碎功耗定律　law of power consumption of comminution

　　以粒径的函数表征的功耗与粒度减小之间的规律。分表面积假说和体积假说。前者指功耗与物料所生成表面积成正比，适用于磨碎；后者指功耗与物料的体积或质量成正比，适用于破碎。粉碎条件十分复杂，计算结果与实际难吻合。美国工程师庞德（F.C.Bond）基于大量实际资料的统计，得出功耗与生成粒径的平方根成反比的经验公式，称为裂纹理论。可用于粉碎机或粉碎作业参数的计算。

　　　　　　　　　　　　　　　　　　（陆厚根）

粉碎淋灰机

　　在淋制石灰膏过程中兼有粉碎石灰块功能的淋灰机。由淋水管、淋灰筒、甩锤及筛底等主要结构组成。

　　　　　（董锡翰）

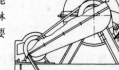

粪车报满器

　　真空系吸粪车吸粪达到粪罐额定容量时需停止作业的自动报警装置。目前有很多种形式，有：浮子式机械闭锁气路；无触点接近开关式；粪液导电触发式；橡胶皮膜接触式等等。新装时工作都十分灵敏，但维修保养复杂，不能保持较长的可靠性。这是由于粪气腐蚀线路和积垢粘附卡死机件；发酵气泡溢塞气路和传感器；行车中粪液溢出的杂质冲进气路，挂住传感器，并威胁发动机等原因所致。

　　　　　　　　　　　　　　　　　　（张世芬）

feng

风动拉铆枪　pneumatic pull-type rivetter

　　见气动拉铆枪(214页)。

风动磨腻子机

　　见气动磨抛光机(214页)。

风动凿岩机　pneumatic rock drill

　　见气动凿岩机(215页)。

风机式吸污车　fan sewage tank truck

　　利用离心式风机产生的高速高压气流抽吸污物的吸污车。离心式风机高速旋转,在吸泥管管口处形成一种高速高压气流,沉泥井内的污物在高速高压气流作用下沿吸引管被送入罐体内,经罐体内的分离过滤装置使污物留在罐体内,经过滤后的空气被风机吸出,排入大气。既能吸入泥水混合的污物,也能吸入含于污水中的砖头、石块等固态物质。

　　　　　　　　　　　　　　　　　　(陈国兰)

风冷内燃机　air-cooled engine

　　用空气作冷却介质,使高速流动的空气直接将高温零件(气缸、气缸盖等)的热量带走,从而保持在适宜的温度状况下工作的内燃机。风冷系主要由风扇、导风罩和气缸体、气缸盖上的散热片组成。内燃机工作时,风扇被驱动,将空气沿导风罩流向气缸体和气缸盖上的散热片表面,使热量散发到大气中去。与水冷内燃机相比,风冷内燃机的结构较简单,使用维修方便,特别适用于缺水地区。但其热负荷及噪声较大,平均有效压力较低。　　　　(陆耀祖)

风力系数　factor of wind load

　　又称体型系数。起重机结构所承受的实际风力与理论计算风力的比值。与结构的构造、体型和尺寸有关,由风洞或实物试验确定。用来计算结构上的风载荷。　　　　　　　　　　　　(李恒涛)

风扫磨　air swept mill

　　磨内通热风,完成粉磨兼烘干作业的粉磨机械。来自燃烧炉的热风或窑尾热废气,在磨尾抽风机的抽吸作用下入磨。物料在粉磨的同时被烘干,磨细物料被热风带入分离器,粗粉返回磨内再粉磨,细粉经旋风收尘器捕集即为产品。主要用于粉磨煤粉,入磨粒度小于25mm,物料含水量在8%以内。增设烘干仓时,物料含水量可达12%。特点是热废气利用率高,允许入磨物料含水量高,流程简单,但单位产量电耗较高,不适于硬质难磨物料。　　(陆厚根)

风送液力喷雾车　air-assisted hydraulic pressure sprayer

　　以风机产生的气流辅助输送药液雾滴的绿化喷雾车。由底盘、发动机、药液箱、药泵、风机和喷雾装置等组成。按行走方式,有牵引式、悬挂式和自行式三种。凡工作装置直接与行走车辆牵引装置联结的为牵引式;悬挂在行走车辆悬挂装置上的为悬挂式;装在载重汽车、拖拉机和其他工程车辆底盘上,采用独立的动力装置或从行走底盘取力的为自行式。操作简便,风量大,射程远,生产率高,雾滴分布均匀,药液覆盖效果好,适用于大、中行道树株以及园林、苗圃的病虫害防治作业。　　　　　　(张　华)

风速仪　wind speed indicator

　　显示风速的安全指示、报警仪器。用于露天高大的起重机上,当风速超过正常工作风速时,使起重机停止工作。由测风仪、风速传递指示系统等组成。当风速超过工作风速时,自动切断总电源,使起重机处在非工作状态。　　　　　　　　(曹仲梅)

风压高度变化系数　factor of changing wind effect height

　　修正因高度变化对计算风压影响的系数。起重机正常工作状态计算风压,不考虑风压高度变化系数;非工作状态计算风压则应考虑高度变化。任何高度上的风压值均以10m高度处的风压值乘以风压高度变化系数K_h。　　　　　　　(李恒涛)

风载荷　wind load

　　以一定速度流动的空气垂直吹向起重机所产生的水平力。分为工作状态风载荷和非工作状态风载荷。风载荷P_w等于风力系数C、风压高度变化系数K_h、计算风压q及起重机垂直风向的迎风面积A之乘积。　　　　　　　　(李恒涛)

"疯狂的老鼠"游艺车

　　在架空1～2m高的复杂曲线轨道上运动,犹如鼠窜的游艺机。由电动机、数套链传动机构、钢结构轨道、数辆小滑车组成。数套链传动机构分布在几处上、下坡弯曲处,数辆小滑车均相隔一定距离。工作时,小车由链传动机构牵引至高处,下滑时获得高速,由于曲线轨道曲率大、拐弯多,小车运动忽上忽下,忽快忽慢,一会儿左转,一会儿右转,伴有冲撞,行如鼠窜。　　　　　　　　(胡　漪)

峰值切断器　PV cutter

　　排水带式地基处理机械中,安装在心轴的前端,用以切断排水带的刀具。由切断器和输送带装置组成。　　　　　(赵伟民)

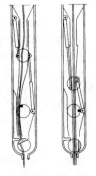

峰值切断器

fu

浮动回路　floating circuit

把执行元件的进、出油口直接连通自行循环或同时接通油箱,使之处于无约束的浮动状态的方向控制回路。通常采用 H 型换向阀、二位二通阀、补油阀、脱开制动器等方法来实现。多用于工程机械的回转、起重机的"抛钩"(使吊钩从高处自重下降)、装载机的"撞斗"(料斗无约束自由摆动)等工作场合。

（梁光荣）

浮动抹光板　floating fine surface finisher

装在滑模式水泥混凝土摊铺机上对路面混凝土铺层作最终抹光,并最后确定路缘断面形状的装置。所附的修边器可以适应路面宽度和路缘形状进行调整。

（章成器）

浮动式密封装置　double cone seals

由两个被压在二锥面之间的 O 形橡胶圈组成的密封装置。O 形圈一般用聚胺酯或丁腈橡胶制成,油封环用特殊的耐磨铸铁制造。装配后由于具有一定的轴向力,密封圈被压扁,故密封效果良好、可靠,结构亦不复杂。适用于低速、重载、工作条件恶劣的情况下,例如搅拌机主轴、履带托轮轴等处。

（田维铎）

浮动支撑　floating gripper

掘进机机架以两侧扭力液压缸与水平支撑非刚性连接,可在掘进中同时进行水平或垂直调整的掘进机支撑机构。必要时还可用于纠正机械的滚转角位移。机械的坡度调节也可靠扭力缸完成,即以掘进机的前支承为支点,扭力缸伸长,则大梁上升,掘进机打下坡;反之上坡。当掘进机受反扭矩作用产生偏转,亦可由扭力缸校正,即一边液压缸伸长,另一边液压缸收缩。

（茅承觉）

浮链　floating chain

又称漂链。刮板输送机输送物料时,链条浮于所输送物料之上的现象。物料堆积密度大且大粒料所占比例高,细粒状或粉尘状物料含水量较高而易于粘附,以及输送机太长等情况均容易出现这种现象。防止浮链可采用附设反轨(但将引起料槽利用系数降低);也可采用将刮板倾斜 70° 焊接在链条上的办法,使运动阻力产生向下压的垂直分力。

（谢明军）

浮球式料位指示器　float ball level indicator

利用装满贮料仓的材料挺起空心金属球而触动开关发出信号的极限料位指示器。装在贮料仓顶部,只能作料满指示器。

（应芝红）

浮式起重机　floating crane

又称起重船。以专用浮船作为支承和运行装置,以水上和港口作为作业场地,沿水道自行或拖行的特种专用起重机。用于港湾中大型笨重货物的装卸,海中的打捞和钻探作业,船舶的拼装工程,船坞作业以及港口建筑工程等作业。有自行式和非自行式;按上部起重机型式分为浮式门型、浮式臂架、浮式全回转和浮式桅架起重机;按动力装置分有蒸汽式、蒸汽－电力式、涡轮－电力式和柴油－电力式。可在船的两侧起吊,起重量大。但要在吊重的反侧设置平衡重或利用压舱水防止浮船过分倾斜。

（于文斌）

浮式起重机平底船　flat-boat of floating crane

浮式起重机的支承和浮行部分。浮在水面上,承受浮式起重机全部自重和吊重载荷,可沿水道自行或拖行。为长方形箱体,具有水平或倾斜的船底,主要尺寸参数是长度、宽度、舷高和吃水深度。

（于文斌）

浮式挖掘机　floating excavator

见铲扬挖泥船(22 页)。

幅度指示器　radius indicator

显示幅度或显示幅度及相应起重量的起重机安全装置。用于工作幅度是可变的或起重量随幅度变化而变化的臂架式起重机。对摆动臂式起重臂,一般用重锤原理或杠杆原理指示;对水平小车式起重臂用蜗轮蜗杆原理制成。

（曹仲梅）

辐射式支腿　radiate outrigger

支腿相对起重机回转中心呈辐射状配置的起重机支腿。支腿直接铰接在回转支承的支架上。起重机工作时,载荷经回转支承直接传给支腿而不经过车架,改善了车架受力状态,减小了车架截面尺寸,降低了起重机自重。起重机处于运输状态时,支腿可以收回并靠在其两侧,以便满足行驶时外形尺寸小的要求。用于大型起重机。

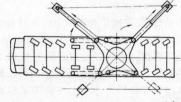

（李恒涛）

辐射移动缆索起重机　radial travelling cable crane

一个承载索支架固定不动,另一个承载索支架沿圆弧形轨道运行的移动缆索起重机。作业范围呈扇形场地。在大型露天矿场,有时设一个固定支架和数个移动支架沿几条半径不同的同心圆轨道运行。

（谢耀庭）

辅助支承 auxiliary support

降低掘进机前支承单位比压的机构。是焊接结构件,与前支承一样与洞底接触,一端侧面与前支承侧向铰接,另一端连接液压缸的活塞杆,液压缸装在刀盘支撑壳体上。 (茅承觉)

辅助钻杆 auxiliary drill rod

装设在内、外钻杆之间的伸缩式钻杆。用以加大钻具的掘削深度。 (孙景武 赵伟民)

腐蚀磨损 erosive wear

由于摩擦副间存在化学腐蚀介质(氧及酸性物质),而引起零件表面层金属破坏的磨损。零件在一定环境中工作时,同时与周围介质发生化学或电化学反应,形成反应产物,这些产物和表面的结合性能都较差,在相对运动中被不断磨去,产生物质损失。由于介质的性质、作用状态及摩擦材料性能的不同,磨损状态也不同。有氧化磨损、化学及电化学蚀损等。金属塑性变形能力加强了腐蚀物质的扩散和渗透;良好的润滑条件,由于有油膜层覆盖而可大大地减弱腐蚀磨损。 (杨嘉桢)

负荷特性 load characteristic

内燃机转速不变时,其性能(油耗率 g_e、排气温度 T_r 等)随负荷(功率 N_e、扭矩 M_e 或平均有效压力 P_e)而变化的规律。在不同的转速下具有不同的负荷特性曲线,常用的是标定转速下的负荷特性曲线。可评定转速一定时内燃机在不同负荷下的运转经济性和热负荷。 (陆耀祖)

负载 load

电路中导体和电器元件(如电灯、电热器、电动机、电阻等)的统称。 (周体伉)

附加载荷 additional load

起重机处于正常工作状态下,受到的非经常性作用的载荷。有:最大工作风载荷、起重机在起升载荷作用下产生的水平载荷及起重机偏斜运行引起的侧向力等。 (李恒涛)

附着力 adhesion

地面作用于驱动轮或支承履带的最大切向反作用力。其值为机械附着重力与附着系数的乘积。如驱动轮或支承履带作用在地面上的切向作用力达到或超过附着力值,驱动轮或行走履带在地面滑转,机械不能前进。 (黄锡朋)

附着式升降机 anchored hoist

由升降机附着架支撑在所施工的中、高层建筑物外侧,导架可随建筑物逐步接高,吊笼可沿导架上下运动的施工升降机。在建筑现场用来垂直运输建筑材料、设备和施工人员。由头架、升降机对重、安装导架用的小起重机、升降机底架、底笼、升降机附着架、电气设备、安全装置和司机室等组成。按传动方式不同分为齿条式、钢丝绳式和混合式三种;按吊笼的数量有单笼和双笼;按导架形式有单柱和双柱。 (李恒涛)

附着式液压挖掘机 adhesive hydraulic excavator

用钢丝绳滑轮组吊悬进入竖井,并用锚碇装置固着于井壁,再以支腿撑紧于井壁进行挖掘作业的单斗液压挖掘机。工作装置为反铲,机体垂直吊置,驾驶室在上方,反铲位于机体下方。斗容量一般小于 $0.4m^3$,用于竖井、深坑等特殊工程施工的出渣和挖掘作业。 (曹善华)

附着式振动器 external vibrator

又称外部振动器。安装在模板上,通过模板传递振动,使混凝土拌和料密实成型的振动成型机具。分电动式、电磁式和气动式三种。由于其振动有效作用范围小,且受模板重量、刚度和面积的制约,仅适用于振捣面积较大、钢筋较密,厚度较薄,以及不宜使用内部振动器的结构和构件。 (向文寿)

附着式振动器有效作用范围 effective action range of external vibrator

附着式振动器工作时,激振力能引起混凝土拌和料振动并达到密实的范围。以振动器为中心,距中心 R 处的混凝土拌和料的振幅衰减到极限振幅,不足以使拌和料密实,则以 R 为半径的圆就是有效作用范围。与振动器功率、频率、混凝土性质,以及模板的刚度有关。由于不同的条件对其振动波的传递影响极大,有效作用范围尚无法用公式来计算,只能通过实测决定。用以指导安装振动器的位置和数量。 (向文寿)

附着塔式起重机 tied tower crane

底架固定在基础上,塔身由塔式起重机的附着装置支承在所施工的建筑物上的自升塔式起重机。由地面开始沿塔身每隔一定距离,设一附着装置使其与建筑物固结在一起,从而提高了整机的稳定性。常用于中、高层建筑物的施工。 (李恒涛)

附着重力 adhesive weight

自行式工程机械或车辆使机械与地面间产生附着力的重力。即机械作用在驱动轮上的重力,若是全轮驱动机械,等于机械全重。 (曹善华)

附着重力利用系数 utilization coefficient of adhesive weight

驱动轮或支承履带对地面切线方向的作用力与附着重力的比值。反映利用附着重力转化为牵引力的充分程度。其值愈大,附着力利用愈充分,但行走机构滑转率也愈大。切向作用力达地面附着条件限制的最大值时,附着重力利用系数最大。对于轮式机械,此值等于附着系数。 (黄锡朋)

复摆颚式破碎机　compound swing jaw crusher

活动颚板既作摆动，又作上下搓动的颚式破碎机。活动颚板上端铰装在偏心轴上，当偏心轴旋转时，活动颚板在偏心作用和肘板推动下，既绕偏心轴摆动，也作上下平面移动，此时，板的悬挂点和板与肘板的连接点的运动轨迹都是圆弧，而板上其他各点的运动轨迹是椭圆。因而，物料除受到挤压和弯折作用外，还受到搓磨作用，适于破碎粘性石料，此外，由于活动颚板向下搓动，易将石料推向出料口，卸料容易，生产率较高，缺点是颚板磨损大。　（曹善华）

复动式柴油桩锤　double acting diesel pile hammer

上活塞（锤体）由柴油燃烧爆发推动上升，靠重力作用及压缩空气推力下降的筒式柴油桩锤。上气缸上部是封闭的，另有两个与上气缸连通的密闭气室。当上活塞向上跳起时，上气缸顶部和气室中的空气被压缩，活塞冲程减小。上活塞上跳动能一部分转换为势能，另一部分转换为压缩空气的势能，但能量之和与单动式相等。上活塞向下运动时，并没有再输入额外的能量。但可缩短锤体冲程和提高冲击频率。　（王琦石）

复合传动　compound mechanism

以两个活动度的机构为基础，从外部输入两种运动后，从动件输出的运动为两种输入运动合成的机械传动。此种传动形式能实现一些特殊的轨迹和获得特殊规律的运动，因此广泛用于生产过程的自动化和工程机械中。常用的机构有：凸轮－连杆机构、凸轮－齿轮机构、齿轮－连杆机构、齿轮－槽轮机构和差动机构等。　（范俊祥）

复合导向立柱　compound leader

在立柱正面安装有两种规格、两副导轨的桩架立柱。能适应两种规格桩锤或钻具施工。
　（邵乃平）

复合式搅拌桩机　composite mixing pile machine

又称行星式搅拌桩机。利用行星复合运动原理工作的深层混合搅拌桩机。钻具由公转外管、自转内管、搅拌翼、前端刀头等组成。工作时，自转内管带动搅拌翼和前端刀头回转，把土壤切削成槽孔状，到达所需深度后，自转内管转动的同时，公转外管也转动，把土壤切削成圆柱状，并由搅拌翼和前端刀头的喷口，向土壤中喷射改良材料，形成桩。　（赵伟民）

复合桅杆起重机　combine derrick crane

装有主、副起重臂的桅杆起重机。除装有主起重臂以外，还可在桅杆中部安装辅助起重臂，作辅助起重作业。辅助起重臂使桅杆承受横向载荷，因此桅杆要有足够的强度和稳定性。此外，有时在主起重臂上加装鹅头，设置副钩，进行辅助作业。　（谢耀庭）

复合振动　combined vibration

由若干个频率和振幅各不相同的简谐振动叠加而成的振动。　（曹善华）

复位　restoring to normal position

使开关、把手、踏板、杠杆以及其他各种操纵、控制装置恢复到原来正常的工作位置或零位的现象。　（田维铎）

副臂回转钻臂　sub-boom rotation drill boom

凿岩钻车中副臂能回转的钻臂。　（茅承觉）

副变速箱　accessory gear box

用以增加变速挡数的第二变速箱。装于主变速箱之后，只变速，不倒挡。经过主、副变速箱的配合，可得许多换挡速度。　（曹善华）

副车架　auxiliary frame

在轮式铰接式工程机械中，用来连接后车架与驱动桥的车架。一般副车架与车架铰接，而与驱动桥刚性连接。机械行驶在不平路面时，副车架连同驱动桥可以绕铰销中心摆动，使机械四轮同时着地。
　（刘信恩）

副吊桩卷扬机构　auxiliary pile hoist mechanism

有两套吊桩卷扬机构的桩架中，起重量较小的卷扬机构。一般在两点吊桩时采用。　（邵乃平）

副起升机构　auxiliary lifting mechanism

起重机上负担次要或者辅助性起升重物的起升机构。对于大型起重机，由于工作需要常装有主、副两套起升机构。起升重量轻、起升高度大的重物时，可用副起升机构工作。当安装大型构件和设备时，主、副起升机构可以配合使用。节省能源，扩大起重机的使用范围。　（李恒涛）

副起重臂　fly jib

简称副臂。为了增加起重机的作业范围（高度和幅度）附加装在主起重臂头部的一段可调角度的起重臂。其轴线与主起重臂的夹角不可调的称加长臂。不用时则折叠、收回或拆除。头部装有副起升机构钢丝绳导向滑轮。装设副起重臂是一种较为经济的方案。按工作方式不同有折叠副臂和伸缩副臂。广泛用于汽车起重机和轮胎起重机。
　（孟晓平）

G

gai

改善性修理 corvective maintenance

为弥补原设计制造上的不足,结合设备修理进一步提高其可靠性、维修性及经济性的改良性修理工作。 （原思聪）

钙基润滑脂 calcium soap grease

以钙皂加润滑油合成的润滑脂。呈黄色到黑色,具有抗水性、熔点低、价廉等特点,滴点在 75～90℃ 之间,一般在滚动轴承及滑动轴承中应用较多。 （田维铎）

概率密度函数 probability density function

直接表达随机变量在某区间取值的概率。对于随机变量 X,如果存在一个非负可积函数 $f(x)$,其中 $x(-\infty,\infty)$ 使对任意区间 $(b-a)(b>a)$ 都有:

$$P(a<x<b)=\int_{a}^{b}f(x)dx$$

式中,$P(a<x<b)$ 为 a、b 区间上的概率,则称 $f(x)$ 为 x 的概率密度函数。它给出了信号的幅值域分析方法。 （朱发美）

gan

干法带式制板机 belt sheet machine for dry process

利用均匀的石棉水泥干拌和料与 10%～14% 的水搅拌后辊压制成板坯的石棉水泥制品成型机械。由铺料装置将搅拌后的物料均匀地铺在传送带上,至一定厚度后经加压辊加压成板坯。结构简单,生产效率高。若将加压辊表面雕刻花纹,可成表面带花纹的石棉水泥板。 （石来德）

干摩擦 dry friction, coulomb friction

两物体以净干表面直接接触而相对移动时的摩擦。通常是指两接触表面在无润滑条件下,表面之间可能存在着自然污染膜时的摩擦。 （曹善华）

干式粉磨机 dry mill

干法作业的粉磨机械。物料入磨前须烘干。磨内须通风,藉以冷却物料,改善物料易磨性;排除磨内水蒸气,减少糊球和篦孔堵塞现象;增加细粉流速,提高粉磨效率。分开路和闭路两种流程,后者与选粉机组成闭路系统。主要用于建材工业粉磨水泥生料、熟料、粉煤灰,电力工业粉磨煤粉等。 （陆厚根）

干式混凝土喷射机 dry concrete spraying machine

干混凝土拌和料在压缩空气作用下输送至喷嘴处加水喷出的混凝土喷射机。压缩空气使混凝土拌和料在管道中悬浮起来向前运动,至喷嘴拌和室内与水混和,再在压缩空气作用下从喷嘴高速喷出,喷涂到建筑物表面。喷出的混凝土质量不均匀,喷射过程中粉尘较大,但结构简单,易于维护保养。 （龙国键）

干式摩擦离合器 dry type friction clutch

摩擦片表面不与液体相接触的摩擦离合器。 （幸淑琼）

干式筛分 dry screening

筛分过程中不加水的常用作业方式。适用于所筛物料比较清洁、细尘很少,或没有粉尘飞扬的场合,一般可以保证筛分质量。 （曹善华）

干式凿岩 dry type rock drilling

凿岩机械用压缩空气排除岩粉的凿岩作业方式。 （茅承觉）

干油杯 grease cup

将润滑脂压入轴承的润滑装置。一般设置在轴承盖上。有旋盖式(图 a)和压注式(图 b)两种。常用在润滑要求不高,不需经常供油、低速重载、不允许润滑油流失及有水淋或潮湿的环境之处。

(a)旋盖式 (b)压注式

（戚世敏）

干燥–搅拌筒 dryer drum mixer

连续作业式沥青混凝土搅拌机上,砂石混合料烘干、加热与搅拌一起进行的自由下落搅拌装置。筒的前半部为干燥加热区,冷湿骨料从受料端进入,火焰也由此引入。筒的后半段为热拌区,沥青喷管和石粉输入管从卸料端引入。前后区段的筒内壁均装提升叶片,为了防止加热区的火焰窜入热拌区烧焦喷入的沥青或使其老化,前区的提升叶片结构应能使两区之间形成料帘,以挡住火焰进入后区,但可让热气通过。此料帘还可挡住飞尘,降低烟囱的排污程度。搅拌段的叶片结构呈螺旋状,伴有间断反向叶片,使得沥青混合料既能得到均匀搅拌又能向卸料端推进。　　　　　　　　　(倪寿璋)

gang

刚度　stiffness

衡量机械零件,尤其是杆状零件及结构件在弯曲载荷下产生变形—挠度的技术指标。刚度不足,会使机械运转失去平稳,震动大。提高刚度的有效措施是减小支点距离及增大杆件及结构件的断面惯性矩。　　　　　　　　　　(田维铎)

刚-柔性支承腿门架　rigidity-flexible gantry

双悬臂门式起重机两支承腿间跨度超过35m时,一侧支承腿与桥架主梁为刚性连接,而另一侧为铰接的双悬臂门架。用来支承起重小车,并将载荷传给轨道。　　　　　　　　　(于文斌)

刚性间接作用式液压桩锤　rigid nondirectaction hydraulic pile hammer

通过液压缸与刚性的连杆机构和锤体相连接,使锤体上下往复运动,产生沉桩力的间接作用式液压桩锤。　　　　　　　　　(赵伟民)

刚性拉杆式组合臂架　double link jib with rigid pull rod

由拉、压杆件组合成门座起重机的起重臂。由直线型象鼻架、刚性拉杆、主臂架及人字架组合成四连杆机构。在变幅时,象鼻架端部作近似水平运动。常用于港口和船厂的门座起重机上。　　(于文斌)

刚性联轴器　rigid coupling

内部无弹性元件,不能吸振和缓冲的联轴器。安装时必须严格"对中",自身无调整偏差的能力。常见的有凸缘联轴器和夹壳联轴器。　(幸淑琼)

刚性式振动桩锤　rigid type vibratory pile hammer

动力装置直接与激振器刚性连接的机械式振动桩锤。由于动力装置直接受到激振力的影响,所以动力装置必须用抗振结构。　　　　　(赵伟民)

刚性鼠道犁　rigid submerged gulley plough

切土犁直接焊在挤孔器上的鼠道犁。作业时,两者为一整体,便于导向,所开出暗沟比较平整。　(曹善华)

切土犁
挤孔器

刚性悬架　rigid suspension

车架与车桥刚性连接在一起的悬架。一般采用螺栓连接,靠低压轮胎缓和地面的冲击。主要用于车速较低的工程机械中,如装载机、压路机、铲运机等。　　　　　　　　　　　　(刘信恩)

刚性支承腿门架　rigid leg gantry

双悬臂门式起重机两支承腿间跨度小于35m时,桥架与两个支承腿全部采用刚性连接的双悬臂门架。用来支承起重小车,将载荷传递到地面轨道。借用行走机构的驱动可沿轨道行驶。　(于文斌)

缸锤　ram cylinder

桩锤中往复运动进行锤击打桩的气缸或缸体。导杆式柴油桩锤和气缸冲击式气动桩锤中的气缸,以及缸筒式液压桩锤中的缸体均为缸锤。
　　　　　　　　　　　　　　　(王琦石)

缸筒式液压桩锤　cylinder type hydraulic pile hammer

液压缸的活塞杆固定在外壳上,缸筒与锤体相连接,带动锤体上下往复运动的直接作用式液压桩锤。　　　　　　　　　　　(赵伟民)

钢板弹簧悬架　leaf spring suspension

车架和车桥之间主要用钢板弹簧连接的弹性悬架。钢板弹簧是由若干片不等长的合金弹簧钢板组合而成,近似一根等强度梁,可以承受各方向的力和力矩,有一定的缓和冲击能力。　(刘信恩)

钢管混凝土螺杆夹具

在钢管中注入混凝土(或热熔锌液)把钢筋(丝)束锚固,并通过螺杆进行张拉和锚固的后张自锚法夹具。螺杆把钢板固定在钢管两端。钢筋(丝)从前钢板孔插入,穿过钢管后从后钢板孔伸出。从钢管壁上的浇注孔注入C38细石混凝土,待凝固后即可进行张拉。也可注入热熔锌液,两小时后即可张拉。适用于锚固Ⅴ级钢筋或直径为12mm的Ⅳ级钢筋以及直径为5mm的刻痕钢丝。配套使用的张拉设备为拉杆式千斤顶或穿心式千斤顶。

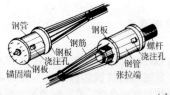

钢管　　钢板
钢筋
钢板　　螺杆
钢板　　浇注孔
浇注孔　钢管
锚固端　　张拉端

　　　　　　　　　　　　　　　(向文寿)

钢管式轭铁　steel pipe yoke

呈钢管状,兼有桩锤外壳和工作磁铁作用的电磁桩锤的主要部件。　　　　　　　(赵伟民)

钢轨处理机具　machine and device for rails

铁道线路钢轨的锯、磨、推凸、校直、对焊、钻孔等作业所用机具的统称。多为质量不大的中小型机具。　　　　　　　　(高国安　唐经世)

钢轨对焊机　rail flash-buff welding machine

铁道线路上就地焊接长钢轨的专用设备。作业时,先行拆除钢轨的连接扣件(鱼尾板),将两钢轨端部对好,用液压缸将其压紧(约500kN的力),施以低电压(6V左右)大电流(20000A)电阻焊。也可用

来调整轨缝和焊接损伤的钢轨。焊头重约 2.5t,由对焊机上的伸缩起重臂吊运。(高国安　唐经世)

钢轨刷　rail sweeper

用以清扫道碴整形机作业时落在轨头上道碴的刷子。　　　　　　　　　　(高国安　唐经世)

钢轨探伤仪　rail testing instrument

利用超声脉冲反射法和超声脉冲穿透法无损探测轨头和轨腹各种缺陷和裂纹的仪器。用以确保行车安全。探测时将仪器放在钢轨上推行。仪器具有报警系统。　　　　　　　　(高国安　唐经世)

钢轨注油器　rail lubricator

装在钢轨旁,利用列车通过时,车轮压动油泵杠杆,向轨头内侧挤压喷涂黄油的机具。用于线路曲线地段。可使轨头与车轮轮缘的磨损大大减少。

　　　　　　　　　　　　　　(高国安　唐经世)

钢轨钻孔机　rail drill

用以在钢轨腹板上钻孔以实现钢轨相互连接的机械。由高速汽油机、减速器、固定机构、自动进给机构等组成的小型线路机具。(高国安　唐经世)

钢筋测力计　steel bar type dynamometer

利用标有标准距离的钢筋在受拉时的变形长度进行测力的测力器。测力钢筋安装在被拉钢筋的后面,根据被拉钢筋所需的冷拉力,计算出钢筋测力计标准距离内的相应变形长度,这个变形长度就代表冷拉钢筋的控制冷拉应力。为了使工作应力只用到屈服强度的 50% 以下,测力钢筋截面应大于被冷拉钢筋截面的两倍,或选用同截面但强度比冷拉钢筋高的钢筋。为了提高测量精度,钢筋测力计标准距离应比较大,一般采用 4m。

　　　　　　　　　　　　　　　　(罗汝先)

钢筋成型机械　steel bar forming machine

将钢筋加工成建筑物或构件要求的几何尺寸、表面质量和形状的钢筋加工机械。包括除锈、调直、切断、弯曲等工序所用的机械。　　(罗汝先)

钢筋除锈机　steel bar rust cleaner

清除钢筋表面铁锈的钢筋成型机械。常用的有机械式除锈机和钢筋酸洗除锈设备。除专用除锈机(设备)外,除锈也可在钢筋加工的其他工序,如冷拉、调直中同时完成。　　　　　　　(罗汝先)

钢筋点焊机　spot-welding machine for reinforcement

焊接钢筋网或骨架中交叉点的钢筋焊接机械。主要由焊接变压器、时间调节器、电极和加压机构等组成。将已除污的钢筋交叉点放入点焊机的两电极

间,然后加压通电,即可获得牢固的焊点。常用的有杠杆弹簧式点焊机、电动凸轮式点焊机、气压传动式点焊机、悬挂式点焊机、长臂点焊机和多点点焊机等。钢筋用点焊代替绑扎,可提高工效,节约钢材,成品质量好,因此在土木建筑工程中应用广泛。

　　　　　　　　　　　　　　　　(向文寿)

钢筋电渣压力焊机　electro-slag welding machine for reinforcement

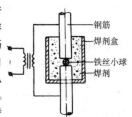

利用电流通过渣池产生的电阻热将钢筋端部熔化,然后施加压力使钢筋焊合的钢筋焊接机械。由焊接电源、控制箱、操纵箱、夹具、焊剂盒等组成。施焊前,将钢筋分别夹持在固定和活动电极夹具中,在钢筋接头处放入用细铁丝绕成的小球或导电剂(对细钢筋可采用直接引弧法),并在焊剂盒内装满焊剂。施焊时,接通焊接电流,使铁丝小球(导电剂)、钢筋端部及焊剂相继熔化,形成导电的渣池。持续数秒钟后将上钢筋缓慢下送,使钢筋端部继续熔化。待熔化量达到一定数值时,切断焊接电流,迅速顶锻,挤出全部熔渣和熔化金属,便形成电渣焊接头。有手动和自动两种。适用于现场竖向焊接Ⅰ～Ⅲ级钢筋。　(向文寿)

钢筋电阻对焊　upset butt welding

利用钢筋本身的固有电阻和对接处的接触电阻在通电时产生的热量,将钢筋端部加热到塑性状态,然后迅速加压顶锻将两根钢筋对焊在一起的工艺。所用设备为钢筋对焊机。由于这种工艺要求钢筋端面平整,焊机相对容量大,只适于焊接小截面钢筋,现已较少采用。　　　　　　　(向文寿)

钢筋对焊机　butt welder for reinforcement

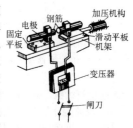

利用电加热和轴向顶锻的方法将两根钢筋对焊在一起的钢筋焊接机械。有手动、半自动和自动三种。主要由机架、焊接变压器、固定和活动电极、加压机构及控制元件等组成。将钢筋分别夹持在两电极夹具中,并使其端面接触,通电加热后迅速施加轴向力顶锻,两根钢筋就被焊接在一起。广泛用于Ⅰ～Ⅳ级钢筋以及预应力钢筋与螺丝端杆的焊接。

　　　　　　　　　　　　　　　　(向文寿)

钢筋镦头机　steel bar header

将钢筋或钢丝的端部加工成灯笼形圆头的钢筋成型机械。分冷镦和热镦两类。冷镦机又有手动、

电动和液压之分。钢筋镦粗部分用作预应力钢筋或冷拉钢筋的锚固头。　　　　　　　　　（罗汝先）

钢筋焊接机械　welder for reinforcement

将钢筋接长或制作成钢筋网、骨架和预埋件的钢筋加工机械。包括钢筋对焊机、钢筋点焊机、钢筋摩擦焊机、钢筋电渣压力焊机、埋弧压力焊机、弧焊机和钢筋气压焊设备等。钢筋施工采用焊接方法代替手工绑扎，可节约钢材，提高工效，降低成本，改善结构力学性能，在土木建筑工程中应用广泛。

（向文寿）

钢筋挤压连接　rebar squeeze joining

利用钢套筒受挤压后产生塑性变形，咬住变形钢筋横肋而形成接头的工艺。一般分两次挤压，先在工场用压力机将钢筋和钢套筒的一端挤压连接好，再在施工现场用手提式挤压机将另一端与所连接的钢筋挤压。特点是：①作业时不产生火花和火焰，特别适合在易燃、易爆处施工；②不受外界环境的影响，雨天、冷天和水下都能施工；③钢套筒经挤压后，强度提高，而且同钢筋连结牢固，接头质量可靠；④操作简单；⑤用卡板检验压痕即可确定连接质量。　　　　　　　　　　　　　　　（向文寿）

钢筋加工机械　steel bar processing machinery

使钢筋表面质量、几何尺寸、形状和强度达到使用要求的各种加工机械的统称。包括钢筋强化、成型、焊接和预应力机具等四类。　　（罗汝先）

钢筋冷拔机械　steel bar dieing-drawing machine

将光面钢筋从拔丝模里拔出，使其直径变小的钢筋强化机械。有立式单筒拔丝机和卧式双筒拔丝机两种。钢筋冷拔后，强度可提高 40%～90%，但塑性降低，延伸率变小。　　　　（罗汝先）

钢筋冷拉机械　steel bar cold-drawing machine

将Ⅰ、Ⅱ、Ⅲ、Ⅳ级热轧钢筋和 5 号钢钢筋在常温下进行强力拉伸以提高屈服强度的钢筋强化机械。常用的有卷扬式钢筋冷拉机，阻力轮式钢筋冷拉机，丝杠式钢筋冷拉机和液压钢筋冷拉机。

（罗汝先）

钢筋冷扭机械　steel bar cold twister

在常温下将钢筋扭成麻花状的钢筋强化机械。钢筋经冷扭后，强度提高，长度增加，外形类似螺纹钢筋，能有效地节约钢材。

（罗汝先）

钢筋冷轧机械　steel bar cold mill

将低碳光面钢筋在常温下轧成变截面钢筋的钢筋强化机械。有一对或两对工作

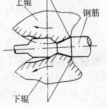

上辊
钢筋
下辊

辊轮，钢筋喂入后辊轮即将钢筋间断轧扁。具有两对辊轮的轧机其轧扁面是互相垂直的。钢筋冷轧后可提高与混凝土的粘结力，强度极限提高 15%～20%，屈服极限提高 17%～40%，但只能用于冷轧Ⅰ级钢筋。　　　　　　　　　　　　（罗汝先）

钢筋螺纹连接　thread joining of steel bar

利用两根钢筋端部的螺纹实现机械连接的方法。在专用机床上将钢筋端部加工出螺纹，安装时，用内壁有阴螺纹的套筒连接。现场作业简化，只需一把定扭矩扳子拧紧钢筋即可。速度快，质量好。

（向文寿）

钢筋摩擦焊机　friction welding machine for reinforcement

利用钢筋端面相互摩擦产生的热，使端部达到塑性状态，然后停车迅速顶锻，完成焊接的钢筋焊接机械。由电动机、传动装置、固定和活动卡盘、托料和压料架等组成。将两根钢筋分别夹持在固定和活动卡盘中，并施加一定的预应力使两端面相互压紧。当活动卡盘带动钢筋高速回转时，由于两钢筋端面产生很大的摩擦热，使端部加热到塑性状态，然后立即停车，同时加压顶锻，两钢筋即被焊接在一起。操作简单，焊接参数容易调节，接头质量稳定。

（向文寿）

钢筋气压焊设备　flame-butt welding equipment for reinforcement

利用氧-乙炔火焰将钢筋端部加热到塑性状态，然后加压顶锻，使两根钢筋焊合的钢筋焊接机械。由氧气瓶、乙炔瓶、加热器（主要是多火口烤枪）、加压器（包括液压泵、液压缸和油管）和钢筋夹具等组成。先将钢筋置于夹具中夹牢，并施加一定的初压力使钢筋端面贴紧，由于端面不平而出现的间隙不得超过 3mm。然后采用强碳化焰对准钢筋接缝处加热，直至间隙完全闭合为止。接着改用中性焰加热，这时火焰应在以焊缝为中心的两倍钢筋直径范围内均匀摆动。当钢筋端部加热到所需的温度时，对钢筋再次加压，使接缝处凸起形成接头。设备简单，操作方便，焊接质量好，能节约钢材，适用于各种位置的钢筋焊接。但施焊前要对钢筋端面进行打磨，施焊时要掌握好火候和顶锻压力，否则会影响焊接质量。　　　　　　　　　　（向文寿）

钢筋强化机械　intensification machine for steel bar

采用冷拉、冷拔、冷轧、冷扭等加工方法提高钢筋屈服强度的钢筋加工机械。　（罗汝先）

钢筋切断机　steel bar shears

利用活动刀片相对于固定刀片作往复运动或摆动而把钢筋切成所需长度的钢筋成型机械。有电

动、手动和液压等多种驱动形式。

（罗汝先）

钢筋热剂焊　cad weld

利用氧化铁和铝之间的铝热反应所产生的热量炼制热剂钢水，把钢水浇注于钢筋接头处的铸型中，将钢筋端部熔化，并填充接头间隙，冷却后形成接头的钢筋焊接工艺。设备简单，操作简便，不需电源，尤适于野外作业。但焊缝金属为较粗大的铸造组织，性能较差，需对接头进行焊后热处理。

（向文寿）

钢筋闪光对焊　flash butt welding

简称闪光焊。施焊时，有火花般的熔化金属微粒从钢筋两端面间隙处喷出的对焊工艺。所用设备为钢筋对焊机。按操作方法不同分为连续闪光焊、预热闪光焊和闪光－预热－闪光焊三种。这种工艺对钢筋端面要求不严，不需磨平，因而简化了操作，提高了工效。此外，闪光可防止接口处氧化，并闪去接口中原有杂质和氧化膜，故接头质量好，是目前钢筋对焊采用最多的工艺。

（向文寿）

钢筋酸洗除锈设备　steel bar acid-dip pickler

简称酸洗池。盛装酸液，浸洗钢筋以除掉铁锈的钢筋除锈机。用钢板或混凝土作池身，表面衬以聚氯乙橡胶或橡胶贴面砖，也可用耐酸混凝土浇筑而成。池中盛硫酸或盐酸配制的酸洗液。将钢筋置于池中浸洗 10～30min，铁锈即被除掉，取出后再放入碱性溶液中，中和残存于钢筋表面的酸液，最后用清水反复冲洗，并干燥。

（罗汝先）

钢筋填充连接　sleeve joint of steel bar

将填充材料灌入套筒与变形钢筋之间的缝隙中，使之机械地连在一起而形成接头的工艺。常用的填充材料为高强度膨胀砂浆或环氧树脂。套筒截面与钢筋等强，长度为钢筋直径的 10～15 倍。为了提高连接效果，套筒内壁应做成螺纹状。

（向文寿）

钢筋调直机　steel bar straightener

消除钢筋曲折变形的钢筋成型机械。钢筋经调直后，能够增强构件受力性能，避免提前产生裂纹，提高钢筋切断长度的准确性。常用的有蛇形管钢丝调直器、手工粗钢筋调直器、钢筋调直切断机、双头钢筋调直联动机、数控钢筋调直切断机以及粗钢筋平直锤等。

（罗汝先）

钢筋调直切断机　steel bar straightening and shearing machine

兼有除锈，调直和定尺切断功能的钢筋调直机。弯曲钢筋经调直筒调直到预定长度，与定尺板接触时，定尺拉杆就将滑动刀台拉到锤头下方，锤头锤击上刀架，钢筋即被切断。

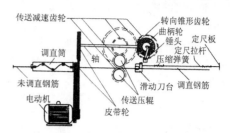

（罗汝先）

钢筋调直切断弯箍机　steel bar straightening-shearing-bending aggregate

将钢筋的除锈、调直、切断和弯曲工作组合在一台设备中的钢筋成型机械。能将直径 6～8mm 的盘圆钢筋连续加工成 13cm×13cm～50cm×50cm 的方形钢箍，或边长为 13～87cm 的矩形钢箍。

（罗汝先）

钢筋弯曲机具　steel bar bender（bending machine）

将钢筋弯曲成所需要的几何形状的钢筋成型机械。分手工弯曲机具和机械弯曲机具两类。

（罗汝先）

钢筋轧头机　bar head mill

将钢筋端部轧细以便穿过拔丝模的轧机。机内有上下一对轧轮，轧轮上有不同直径的半圆槽，钢筋放入对应直径的圆槽内反复轧细，直到能穿过拔丝模为止。

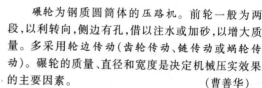

（罗汝先）

钢轮压路机　steel drum roller

碾轮为钢质圆筒体的压路机。前轮一般为两段，以利转向，侧边有孔，借以注水或加砂，以增大质量。多采用轮边传动（齿轮传动、链传动或蜗轮传动）。碾轮的质量、直径和宽度是决定机械压实效果的主要因素。

（曹善华）

钢片刷　steel sheet brush

地面污垢清除机的工作刷。以钢丝或薄钢片为主要材料，以数十根钢丝缠绕为一撮，每撮都栽在钢制的栽毛体上，形成一圈圈刷子，每撮钢丝的顶端任其散开，便于清除污垢。根据钢丝直径的粗细可分为轻型和重型刷。

（张世芬）

钢绳抓斗式掘削机械　grap excavator with wire rope

通过钢绳控制抓斗的抓取和卸料，进行地下连续墙施工的抓斗式掘削机械。

（赵伟民）

钢丝弹簧式减振装置　coil spring vibration absorber

以钢丝弹簧作为减振部件的减振装置。

（赵伟民）

钢丝绳　wire rope

由多根高强度钢丝（抗拉强度约为 1200～2000MPa）捻成股，再由股绕绳芯捻制而成的挠性构件。按捻绕次数分为单绕、双绕、三绕；按股捻制成绳的方向分为右旋和左旋绳；按股与绳捻绕的相互方向有同向捻、交互捻和混合捻；按绳股内相邻层钢丝的接触状态分有点接触、线接触、面接触绳。股的截面形状有圆形、异形股和多股不扭转绳。绳芯材料有石棉纤维芯、有机纤维芯和金属芯三种。此外还有光面钢丝绳和镀锌钢丝绳。在任何方向均具有挠性，可承受冲击载荷，重量轻（与链条相比），强度高，极少骤然断裂；在机构上运行平稳，适于高速传动。用于起重机起升、变幅、牵引及旋转机构中，桅杆起重机的桅杆张紧绳，缆索起重机与架空索道的支承绳以及其他许多场合。钢丝的韧性根据耐弯曲次数和扭转次数的多少分为特号、Ⅰ号和Ⅱ号三种。起重机多采用Ⅰ号，特号用于升降人员和大型浇铸，Ⅱ号用于系物等次要用途。（陈秀捷）

钢丝绳安全系数　safety coefficient of wire rope

钢丝绳的破断拉力与钢丝绳工作时所承受的最大静拉力之比。由机构重要性、工作类型及载荷情况而定。

（陈秀捷）

钢丝绳报废标准　discard standard for wire rope

以断丝、磨损、腐蚀和变形程度等表达钢丝绳必须停止使用的法规数据。所谓钢丝绳的寿命，就是达到报废标准的使用期限。为操作和检验人员使用的依据。主要由规定长度内的断丝数决定。此外，绳端断丝情况、断丝的局部密集程度、断丝的增长率、绳股断裂情况、绳径减少情况、外部及内部磨损程度、外部及内部腐蚀程度、变形情况、受热或电弧而造成的损坏情况、钢丝和绳股的松弛等项都是很重要的内容。　　　　　　　　　（陈秀捷）

钢丝绳操纵推土机　cable control bulldozer

用钢丝绳操纵推土铲升降的推土机。操纵部分由绞盘、钢丝绳、滑轮组等组成。推土铲靠自重使刀刃切入土壤，入土力小，遇到硬土层时，需先松土而后才能进行推土作业。推土铲的提升，由绞盘通过钢丝绳滑轮组来实现。操纵不轻便，推土铲位置不易控制，平整作业质量不易保证，钢丝绳易磨损。

（宋德朝）

钢丝绳滑轮组顶升机构　rope driven climbing mechanism

由电动机、减速器、制动器、卷筒、钢丝绳滑轮组和插销等组成的自升塔式起重机顶升机构。由于钢丝绳滑轮组只能传递拉力，故常见于上回转下加节方式接塔身的塔式起重机中。塔身外套架坐在底座上，下部留有空间以便放置准备使用的塔身添加节；以钢丝绳滑轮组提供动力，将添加节逐渐上升，达到与塔身底部相连，并进一步上升带动整个塔身上升。

（李以申）

钢丝绳牵引带式输送机　rope-belt conveyor

用特种输送带作为承载构件，用钢丝绳作为牵引构件的带式输送机。由输送带、牵引钢丝绳、驱动装置、输送带张紧装置、钢丝绳张紧装置、支承装置、主绳轮、张紧重锤、滚筒、分绳轮等所组成。钢丝绳与输送带各自成为独立的闭合系统。驱动轮驱动钢丝绳，胶带通过两侧的耳槽嵌在两根钢丝绳上，依靠耳槽与钢丝绳的摩擦力拖动输送带运行，实现物料的输送。

（张德胜）

钢丝绳式铲运机　cable scraper

工作装置由钢丝绳操纵的铲运机。一般为拖式铲运机。工作装置各种动作由装在牵引车上的绞盘通过钢丝绳滑轮组控制，至少设有两个卷筒。一个卷筒用来升降铲斗，另一卷筒用来顺序启动斗门和实现卸料。结构复杂、操纵费力、故障多、寿命短，切削刃切入土中仅靠斗重，切入力小。　（黄锡朋）

钢丝绳式伸缩机构　cable driven telescoping device

利用机械传动，通过钢丝绳和滑轮组带动起重臂各伸缩节进行伸缩的起重臂伸缩机构。

（李恒涛）

钢丝绳式升降机　rope hoist

由钢丝绳驱动吊笼沿导架作升降运动，从而垂直运输建筑材料和设备的附着式升降机。由头架、导架、升降机附着架、升降机底架、吊笼和卷扬机等组成。由于卷扬机装在底架上，吊笼自重轻而且无升降机对重，改善了导架的受力状态。具有自重轻、结构简单的优点；但是由于操纵人员处于地面，其视野受限制，起升高度不宜过高。

（李恒涛）

钢丝绳直径　diameter of wire rope

钢丝绳横断面外接圆

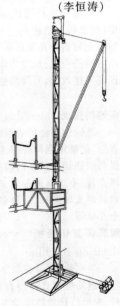

钢丝绳式升降机

的直径。可用游标卡尺测取。与绳中钢丝直径、股中钢丝数目及绳的结构型式等有关。　（陈秀捷）

钢丝束镦头锚具　multi-wire button-head anchorage

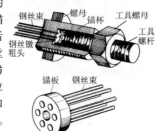

将钢丝两端的镦粗头分别卡在锚杯和锚板上,张拉后靠拧紧螺母将钢丝束锚固的后张法锚具。锚杯用于张拉端,通过工具螺杆和螺母同千斤顶相连。锚板用于固定端。适用于锚固 12～45ϕ^s5 钢丝束。配套使用的张拉设备为拉杆式千斤顶或穿心式千斤顶。

（向文寿）

钢丝压波机

将碳素钢丝压成波浪形的预应力混凝土机具。碳素钢丝强度高,但表面光滑,与混凝土粘结较差。因此,在先张法构件中将构件端部的钢丝压成波浪形,以提高碳素钢丝与混凝土之间的粘结力。

（向文寿）

钢纸垫　paper gasket

经强力压缩具有耐油、耐腐蚀性能的硬纸。常依照零件的断面形状裁剪。用于轴承端盖、减速器壳体等处的密封。　（戚世敏）

钢质锥形锚具　conical steel anchor device

又称弗氏锚具或锥形锚楔。利用锚环和锚塞的锥面产生的楔紧作用将钢丝束锚固的后张法锚具。适用于锚固 6、12、18 和 24ϕ^s5 钢丝束。配套使用的张拉设备为锥锚式千斤顶。　（向文寿）

钢桩碇泊挖泥船　pile anchor dredger

利用船尾所装的两根钢桩,使船只作业定位和工作移动的挖泥船。桩具由桩架、导杆、钢桩和绞车等组成。碇泊时,绞车通过钢丝绳滑轮组将钢桩沿导杆沉入水中固定定位。工作移动时,先将一根钢桩放下,船身以此为中心转动,并挖取一个圆弧形地带的泥砂,然后拔起此桩,将另一钢桩放下,船身已后退一步,再以此桩为中心转动一角度挖取后面一个圆弧形地带泥砂。是浅水中挖泥常用的碇泊方式。

（曹善华）

港口塔式起重机　port tower crane

在港口、码头上对船只进行物料的装卸、搬运和修理的塔式起重机。通常具有较大的起升高度,各机构具有良好的调速性能。底座为大型门架,或者采用高架轨道,以便火车车箱和平板车通过。

（李恒涛）

杠杆秤　lever scale

混凝土搅拌站(楼)中,利用杠杆传力进行称量的机械式称量装置。主要由称量料斗和杠杆系统组成。在自动化杠杆秤中,常用水银触头作为控制元件。使用可靠,维修方便,可手动操作,也可自动控制。但结构笨重,操作麻烦,使用一段时期后秤刀变钝,精度降低。　（应芝红）

杠杆秤杠杆系统　level syssem of lever scale

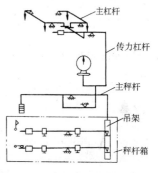

在杠杆称中由主杠杆、传力杠杆、主秤杆和秤杆箱组成的,用于承受所称材料的质量,并传力、计量的系统。秤杆箱内设置一组秤杆,称量时,只能释放一根秤杆上的制动闸,使这根秤杆作用在吊架上,与主秤杆相连,参与称量。在变换配合比时不必拨动砝码,只需更换秤杆即可实现远距离控制;也可用于累积称量,用第一根秤杆称第一种材料,然后换第二根秤杆称第二种材料。　（应芝红）

杠杆齿条千斤顶　rack-lever jack

以杠杆机构为传动装置的齿条千斤顶。顶升重物时用一根长杆上下扳动杠杆机构,拨动齿条上升;下降时可用同一根长杆打开止退装置,使齿条自由下降。构造简单,制作容易,重量轻,常作为随车工具,用于更换轮胎等临时性修理工作。

（孟晓平）

杠杆式夹桩器　lever type chuck

利用液压缸的液压力推动杠杆,产生夹桩力进行工作的固定式夹桩器。　（赵伟民）

杠杆式扩孔机　lever reamer

扩孔刀通过杠杆的动作而张开扩孔的反循环式扩孔机。有上撑式、下撑式。　（赵伟民）

杠杆式压砖机　lever type press

通过曲柄连杆机构带动冲头运动而压制砖坯的耐火制品成型机械。由侧柱、曲柄连杆机构、冲头、工作台、动力装置等组成。动力装置带动曲轴转动,从而带动连杆前后移动,使上、下摇杆靠近或伸直,与下摇杆铰接的冲头上下运动进行压制成型。

结构复杂、单压成型压力大、坯体密实欠均匀。

（丁玉兰）

杠杆弹簧式点焊机 lever spring type spot-welding machine

利用杠杆系统加压，并通过调整弹簧压缩程度而获得所需电极压力的钢筋点焊机。靠脚踏踏板带动杠杆系统加压并控制通电时间，要求焊工技术熟练，且劳动强度较重。

（向文寿）

gao

高臂单梁铺轨机 high-single-beam track laying machine

单梁吊臂（桁架梁或箱形梁）高置于机械上方的铺轨机。可以是单臂，也可以是双臂。

（高国安　唐经世）

高变位 modification of working depth

高度变位齿轮的简称，又称等移距变位齿轮。一对齿轮的变位系数绝对值相等（$X_1 + X_2 = 0$），即一个齿轮采用正变位（刀具远移齿轮坯中心），另一个齿轮采用负变位（刀具移近齿轮坯中心），进行加工而成的一对齿轮。变位齿轮分度圆与节圆重合，对应于标准齿轮其中心距不变，齿全高也不变。只是对齿顶高和齿根高进行修正变位。一般两齿轮中的小齿轮取正变位，大齿轮取负变位。可减少齿轮尺寸，改善大小齿轮的磨损情况，相对提高两轮的承载能力。但重合度略有减少，且必须成对地设计、制造、使用。互换性差。 （苑　舟）

高副 high pair

又称点接触副或线接触副。机构中作相对运转的两个杆件点接触或线接触的运动副。例如车轮对钢轨的滚动、齿轮轮齿之间的啮合皆为线接触。接触点（或线）即相当于一个联系，只约束接触点（或线）公法线方向的自由度，而其接触处的切线移动及转动仍保留有两个自由度。

（田维铎）

高架仓库 high rack warehouse

在多层货架上存储货物的仓库。利用各种起重运输机械进行货物的入库、存取和出库等作业。并用电子计算机进行控制，以实现仓库各项作业自动化。特点是这种仓库不再仅是收发和保管各种货物的场所，而是组织和协调生产的重要部门。入出库作业使用滚道、带式输送机和升降台等，存取作业一般使用巷道堆垛机。自动控制设备使用顺序控制器、可编程序控制器及电子计算机等。但货位密集，应加强消防措施。 （洪致育）

高空作业车 aerial work vehicle

用来运送工作人员和器材到指定高度进行作业的特种工程车辆。由上车和下车组成。上车分为动臂式和垂直升降式。动臂式有伸缩臂式、折叠臂式和混合式三种形式。动臂式上车由作业平台、臂架、升降变幅机构、回转机构、转台、调平机构和上、下操纵机构等组成。垂直升降式有剪叉式和伸缩套架式两种形式。其上车包括作业平台、升降架、升降机构和上操纵机构等。下车有汽车式、轮胎式、履带式和拖式。汽车式下车是在汽车底盘上加装有取力器、液压动力装置、副车架、平台、支撑架、支腿及其操纵机构和备用动力等部件。轮胎式和履带式下车的结构与所采用的工程车辆底盘相同。拖式下车的主要部件有车架、动力装置、轮轴和稳定器等。动臂式高空作业车的上车和下车通过回转支承连成一体。

（郑　骥）

高空作业车辅助下落装置 auxiliary falling device of aerial work vehicle

在主动力装置失效等事故发生后，可以使高空作业车作业平台降落到起始位置的备用装置。包括备用动力装置等。 （郑　骥）

高空作业车上操纵装置 upper control device of aerial work vehicle

位于高空作业车作业平台上，操纵上车液压传动系统中的换向阀，以改变动作方向的装置。有手柄操纵先导阀和电液控制器控制两种。在操纵盘上还装有监控仪表、报警器和指标灯等。

（郑　骥）

高空作业车稳定器 stabilizer of aerial work vehicle

用于保持或增加高空作业车作业稳定性，但不起支承和调平整个高空作业车作用的装置。构造和型式与高空作业车支腿相似，但结构简单。

（郑　骥）

高空作业车下操纵装置 lower control device of aerial work vehicle

位于高空作业车回转平台上，操纵上车液压传动系统中的换向阀，改变动作方向的装置。可超越上操纵装置进行操作。有手柄直接操纵和电液控制器控制两种。其他组成与以上操纵装置相同。

（郑　骥）

高空作业车支腿　outrigger of aerial work vehicle

支承和调平整个高空作业车,保持和增加作业稳定性的装置。分别设置在副车架前后端两侧。构造型式有八字型和 H 字型两种。前者分斜撑式和铰接摆动式,工作时每只支腿在一只双作用液压缸作用下,将高空作业车支起,使轮胎离地;后者工作时,由一只水平液压缸将支腿水平伸出到规定的跨度后,由垂直液压缸驱动支腿将高空作业车支起。四个支腿的垂直液压缸均可单独动作,将高空作业车调平。

（郑　骥）

高空作业机械　aerial work machine

用以运送工作人员和器材到指定高度进行作业的市政机械。包括高空作业车和高空作业平台等。通常设置有功能相同的上(在作业平台上)、下(在回转平台或底架上)两套操纵机构。作业人员能自行调节作业平台在高空的位置。用于高树修剪;路灯、供电及通讯电缆、城市交通设施的安装与维修;建筑装修;消防救护;高空摄影;桥梁检测等。用于高树剪枝的称作高树剪枝车,用于消防救护的称作高空消防车。

（郑　骥）

高空作业机械最大作业幅度　max. working radius of aerial work machine

高空作业机械支承中心或回转支承中心至作业平台护栏外缘的最大水平距离与人员进行安全作业所能达到的操作距离(高空作业车为 0.5m;高空作业平台为 0.6m)之和。

（郑　骥）

高空作业机械最大作业高度　max. work height of aerial work machine

从高空作业机械支承面到作业平台台面的最大垂直距离与人员进行安全作业所能达到的高度(1.7m)之和。是高空作业机械主参数之一,单位为 m。

（郑　骥）

高空作业机械作业平台　work platform of aerial work machine

高空作业机械上用于装载工作人员和器材的装置。形式有斗、篮及其他类似装置。篮式设有台板、护栏和护围。护栏竖立于作业平台的四周,用以防止作业人员跌落。护栏高度通常为 1～1.1m。护栏下部设置的围板称为护围,用于防止使用器材掉落。斗式有单斗和双斗。为满足特殊要求,有的作业平台可在水平方向伸缩和摆动。

（郑　骥）

高空作业机械作业平台自动调平机构　auto levelling mechanism of work platform for aerial work machine

使高空作业机械作业平台在升降和变幅过程中自动保持水平状态的机构。按自动调平原理,分为吊斗式、机械式和电－液式三类。吊斗式靠自重下垂平衡,结构最简单。机械式又分平行拉杆式、平行拉杆－圆锥齿轮扭杆式和钢丝绳－滑轮式。平行拉杆式采用平行四边形原理,结构简单,工作可靠,但只能用于不带伸缩臂的高空作业机械上;平行拉杆－圆锥齿轮扭杆式是在平行拉杆式基础上,应用安装在拉杆上的可伸缩扭杆和两对锥齿轮转角相等的原理,使之可用于带伸缩臂的高空作业机械;钢丝绳－滑轮式是平行拉杆式的一种特例,具有平行拉杆式的优点,同时可随伸缩臂伸缩。电－液式的结构极大简化。能远距离控制,但对电器、液压元件的可靠性和油液过滤精度要求很高。　（郑　骥）

高空作业平台　aerial work platform

安装在轮式底架(移动式)或底座(固定式)上的高空作业机械。分剪叉式、臂架式、套筒油缸式、桁架式和桅柱式。主要用于建筑物内部装修、设备安装、电气检修、美工壁画等。　（郑　骥）

高浓度泥浆盾构　high density slurry shield

在泥土室内注入粘性泥浆,与泥土室内土砂搅拌混合形成密度为 1.2～1.6 的高浓度泥浆的土压平衡盾构。在土质松软、透水系数大、积水砂砾层以及覆土浅地段掘进时,通过对泥土室内高浓度泥浆加压后,一方面在开挖面土层表面形成一层不透水的泥膜,另一方面对开挖面土层保持一定的渗透区域,并可保持与开挖面地下水、土压相平衡,对稳定开挖面有独到功效。弃土由螺旋运输机排送,然后再以流体形式排往地面泥水分离处理场。

（刘仁鹏）

高树修剪机

见高空作业机械。

高速轮胎起重机　high speed wheel crane

装在专用高速轮胎底盘上的轮胎起重机。行走速度可与载重汽车相比,能与载重汽车列队行驶。与汽车起重机相比,有轴距短、转弯半径小、能吊重行驶等优点。　（顾迪民）

高速液压马达　high-speed motor

额定角速度高于 50rad/s 的液压马达。主要有齿轮式马达、叶片式马达和轴向柱塞式马达。转动惯量小,易启动、换向和制动。启动时机械效率较低,低速稳定性较差。　（嵩继昌）

高压清洗车　high pressure water cleaning sewer truck

清洗、疏通下水管道的管道疏通机械。高压水由水泵经高压胶管进入清洗车射水头(喷头),将水流的压力能转变为动能,分裂并清除污水管道内的沉积物。水流的反作用力推动喷头带着胶管逆污水管道的坡降前进,同时水流扰动管道中沉积物,帮助清除分裂的沉积物流向另一阴井,进而达到清洗管道的目的。　　　　　　　　　　　　(陈国兰)

高压清洗吸污车　cleaning sewer and sewage tank truck

能同时完成疏通、吸泥、运污工作的管道疏通机械。将高压软管放入沉井内,高压水泵产生的高压水驱动高压胶管前端的喷头沿下水管道向前推进,在"水压式水击"作用下,高压水通过喷嘴产生巨大动能,击碎下水道内的沉积物,并流回到胶管所插入的沉井内,然后开动真空泵,用吸泥管抽吸沉井内的污物,同时还进行泥水分离,污水放回沉井,将分离后的污泥运到指定场所倾倒。　　　　(陈国兰)

高压燃油泵　high pressure fuel pump

柴油桩锤高压燃油供给系统中用气缸内压缩空气驱动的燃油泵。将一定量的燃油提高到一定压力,按照规定的时间通过喷嘴供入气缸。结构及工作原理与柴油机的高压油泵相类似,只是驱动方式有所不同。在驱动装置下部有一气道与下气缸壁上的孔相通,气缸内的压缩空气由此进入驱动装置使油泵工作。

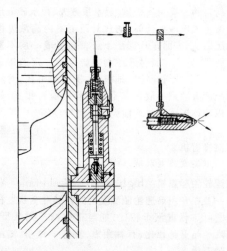

(王琦石)

高压水泵　high pressure water pump

利用机械方法使水具有很大能量,从低处扬送到高处,或以较大动能喷出的设备。分离心式和活塞式两种。用电动机或柴油机拖动。水力土方机械中多采用离心式高压水泵,其压力和流量必须能使射出的水流束足以冲散土体,并使之崩散成浆。

(曹善华)

高压油泵　fuel injection pump

又称喷油泵。柴油机燃油供给系中使燃油产生高压,并定时、定量地向喷油器输送高压燃油的装置。按结构型式分为柱塞式喷油泵和转子式分配泵两类,其中以柱塞式喷油泵应用最广。

(陆耀祖)

ge

格构式塔身　lattice tower

采用型钢作为主肢或腹杆焊接成为空间桁架结构的塔式起重机的塔身。截面多为正方形。处于正方形各顶点的杆件称为主肢,连接各主肢的杆件称为腹杆;主肢主要承受轴向力和弯矩,腹杆主要承受水平力和扭矩。与筒形塔身相比,材料的使用较合理,重量较轻,但截面尺寸较大,是一种常用的构造形式。塔身还可做成伸缩塔身或折叠塔身,用于整机拖行的塔式起重机。　　　　(李以申)

格栅筛　grid screen

又称算条筛。由平行等距安放的许多栅条构成筛面的筛。用来初筛并剔去过大块料。栅条彼此间用横杆连系固定,栅条截面有梯形、矩形和丁字形等,常用者为梯形截面,梯形短边在下,以增大颗粒通过能力。分固定式和振动式两种,常装在粗碎破碎机进料口之上。　　　　　　　(曹善华)

格栅压路碾　grid towed roller

碾轮表面有格栅状环形凸肋的拖式压路机。开始碾压时,碾轮的全部宽度都与土壤接触,随着土层被逐渐压实,只有环形凸肋压挤土壤,最后只有格条的凸肋外表面与土壤接触,也即在碾压进程中,随着土壤的压实,对土壤的压力可以逐渐增大,以提高压实效果。　　　　　　　　　　　(曹善华)

格子型磨机　grid mill

磨细的物料或料浆经卸料端算条筛卸出的球磨机。算条辐射状布置,用螺栓楔块固定在带算孔的算板上,相当于算板出料式球磨机卸料算板前加装一层算条格筛,工作原理亦同。算条磨损后易更换,湿磨比干磨产量高30%,用于选矿工业。

(陆厚根)

隔膜式灰浆泵　diaphragm mortar pump

柱塞与灰浆不直接接触,通过中间介质(水)和弹性隔膜将柱塞往复运动所产生的压力变化传递给灰浆,间接地达到泵唧效果的灰浆输送泵。隔膜用橡胶或皮革材料制成。　　　　　　　(董锡翰)

隔膜式混凝土泵　diaphragm concrete pump

利用被液体(水或油)压缩的隔膜压送混凝土拌和料的混凝土泵。当泵体与输送管不通而与受料斗连通时,隔膜向外运动,泵体内腔增大,混凝土拌和料被吸入。关闭进料口,泵体内腔与输送管连通,液体压力压缩隔膜,使泵体内腔容积减小,混凝土拌和

料被压入输送管。隔膜由橡胶、皮革等材料制成,容易损坏。　　　　　　　　　　　　　　　　　（龙国键）

隔膜式蓄能器　spherical accumulator

用橡胶隔膜将液压油与压缩气体隔开的充气式蓄能器。外形呈球状,体积小,压力高。多用于航空机械。　　　　　　　　　　　　　　　　　　（梁光荣）

各态历经过程　ergodic process

用时间平均法对某一样本函数求得的数字特征,能够替代用集合平均法对整个随机过程所求数字特征的平稳随机过程。　　　　　　　（朱发美）

gen

根切　tooth undercut

用范成法(亦称包络法或展成法)加工渐开线齿轮时,对于齿数较少的齿轮,常常在加工过程中,将轮齿根部的齿廓切掉一部分的现象。对齿轮强度不利,应予以避免。使直齿齿数多于 16 个,斜齿及修正齿皆可避免或减少根切。　　　　（苑　舟）

gong

工厂　factory,mill,plant

生产、加工、制造、组装、修配、修理、改装某些机械或物品的场所。例如,拖拉机制造(工)厂、铝加工厂等。　　　　　　　　　　　　　　　　（田维铎）

工场　workshop

以露天作业为主的工厂或大工厂中进行露天作业的场地。例如土方工程机械试验工场。

　　　　　　　　　　　　　　　　　　（田维铎）

工程机械　construction machinery

见建筑工程机械(139 页)。

工程机械环境试验　construction machinery environment test

为使工程机械在广泛的环境条件中完全满足各种规定功能式特性而进行的一系列试验。如大气温度、大气压力试验等。高温试验、低温试验可以验证机械在这些情况下能否发挥出正常的性能,各种材料是否超出耐热耐寒极限;又如高原试验,可检验机械从平原到高原时压力发生变化的情况下,有何影响,能否发挥正常功能。　　　　　（原思聪）

工程机械耐久性试验　construction machinery durability test

为评价工程机械在规定条件下,完成规定功能时的耐久性试验。一般在模拟使用条件的试验装置上进行试验时,要求试验装置能方便地调节转速、加载等,还要有控制装置,监测和试验结果处理装置

等。在试验中还应考虑经济性,比如改变运转条件、运转速度和负荷来进行试验。也有在实用过程中的评定试验法。　　　　　　　　　　（原思聪）

工程机械排气试验　construction machinery exhaust test

为测量工程机械在实际使用中排放污染气体的成分、浓度、排气量等是否在限定值以下而进行的试验。对工程机械常用的柴油机,常检测 CO、HC、NO_X 等成分及排烟浓度等。以便安装排气还原装置及控制燃料蒸发的装置等,减少大气污染。

　　　　　　　　　　　　　　　　　　（原思聪）

工程机械液压系统　hydraulic system of construction machinery

由动力元件、执行元件、控制元件及辅助元件组成用于工程机械(如起重机、挖掘机、装载机、螺旋钻机等)的液压系统。通常包括液压转向、起升、伸缩、变幅、回转、支腿、行走等基本回路。特点是功率大、压力高、调速范围大、复合动力要求高、微动性能好。按油液循环方式分为开式和闭式系统;按液压泵(或马达)的型式分为定量和变量系统;按系统中液压泵的数目分为单泵、双泵及多泵系统;按液压泵对执行元件的供油路线分为串联、并联及串并联系统;按调速方法分为节流调速、容积调速和容积节流调速系统等。　　　　　　　　　　　　（梁光荣）

工程机械用内燃机　construction machinery engine

作为工程机械动力的内燃机。工程机械经常在全负荷下运行且负荷变化剧烈;行驶和工作速度不高;振动大;作业条件和环境差。故一般采用高速柴油机作动力,配置全程式调速器并装有校正装置;要有足够的结构强度和刚度以承受冲击力;内燃机与底盘通常采用三点支承或弹性支承以防作业时的冲击力传至内燃机;使用高效空气滤清器。有些还要求曲轴前端输出部分或全部功率。

　　　　　　　　　　　　　　　　　　（陆耀祖）

工程塑料喷涂　engineering plastics spraying

使用工程塑料作为待喷材料的喷涂。优点在于可降低摩擦表面的摩擦系数,减少摩擦损失;减少机器的振动和噪声;零件修复后的耐磨性好。常用于修复轴类零件,如轴瓦、轴承、机床导轨及一些静配合面等。常用的塑料有聚乙烯(PE)、聚酰胺(尼龙、PA)、聚甲醛(POM)、聚氯醚(氯化聚醚)、聚苯醚(PPO)等。共同特点是强度、硬度、刚性较好,有较好的减摩耐磨性能。若在塑料中加入各种添加剂,还可进一步改善性能。　　　　　（原思聪）

工程钻孔机　circulation boring machine

见压力水循环钻孔机(309 页)。

工业塔式起重机　industrial tower crane

用于工业生产过程中材料的搬运和大型专用设备安装的塔式起重机。　　　　　（李恒涛）

工作幅度　operating radius

起重机起升重物后的实际起重幅度。起重机起吊重物后，由于起重臂的弹性变形，实际幅度与计算值略有变化。随起重量的不同而异。　（李恒涛）

工作平台　platform

装修升降平台中，四周装有护栏，可进行空中装修作业的工作台。作业时由升降支架使其升降到指定的工作高度。有可转动工作平台和可伸展工作平台两种。　　　　　　　　　　（张立强）

工作平台承载能力　load capacity of platform

装修升降平台工作中，工作平台能够承受的最大载荷。包括施工人员、工具和必要的施工材料的质量。是装修升降平台的主要工作性能参数。
（张立强）

工作平台回转角度　slewing angle of platform

装修升降平台中，可转动工作平台工作时可回转角度的范围。　　　　　　　　（张立强）

工作平台面积　area of platform

装修升降平台的工作平台台面的有效工作面积。是装修升降平台的主要工作参数。（张立强）

工作平台升降速度　up-down speed of platform

装修升降平台工作中，为调整工作高度工作平台上升或下降时的运动速度。下降速度可略快于上升速度。是装修升降平台的主要工作性能参数。
　　　　　　　　　　　　　　　（张立强）

工作平台外伸长度　extended length of platform

装修升降平台中，可伸展工作平台的台面活动部分可外伸的距离。　　　　　（张立强）

工作平台自重　mass of platform

装修升降平台中，整个工作平台自身的质量。
　　　　　　　　　　　　　　　（张立强）

工作平台最大举升高度　operating ceiling of platform

装修升降平台从停机平面到工作平台最高举升位置之间的垂直距离。标志其所能达到的最大工作高度。是装修升降平台的主要工作性能参数。
　　　　　　　　　　　　　　　（张立强）

工作平台作业高度差　lifting and lowering range of platform

又称工作平台起升范围。装修升降平台的工作平台台面从最低位置到最高位置间的极限距离或可调整范围。表示装修升降平台的作业高度范围。
　　　　　　　　　　　　　　　（张立强）

工作速度　operating speed

工程机械各机构在工作时的额定速度。取决于工作需要，其值的大小将直接影响机械性能的好坏和生产率的高低。是工程机械的重要技术参数。起重机的工作速度有：起升速度、行走速度、回转速度和变幅速度等。　　　　　　　　　（李恒涛）

工作图　working drawing（figure）

机械零件的正投影图。图上标注全部必要的尺寸和技术要求，作为制造和检验零件的依据。
　　　　　　　　　　　　　　　（田维铎）

工作行程线圈　work stroke coil

在锤头的工作行程中，产生单极化电流脉冲的电磁桩锤的部件。设在电磁桩锤的下部。
　　　　　　　　　　　　　　　（赵伟民）

工作性变幅机构　on-load derricking mechanism

俗称带载变幅机构。起重机能在带有起升载荷情况下进行变幅的变幅机构。为了提高起重机的生产率和更好地满足装卸工作的需要，要求在吊装重物时改变起重机的幅度。具有结构复杂、重量大和变幅功率大的特点。　　　　　（李恒涛）

工作轴荷　axle load distribution under operating state

工程机械处于工作状态、在额定载荷下各车桥所受的轴荷。　　　　　　　　（田维铎）

工作状态计算风压　computative pressure of in-service wind effect

起重机处于正常工作状态下，起重机和货物所承受的计算风压值。分为正常工作状态计算风压 q_{I} 和工作状态最大计算风压 q_{II}，按阵风风速计算。q_{I} 用来选择电动机功率，q_{II} 用于计算机构零部件的强度和金属结构的强度、刚度和稳定性。
　　　　　　　　　　　　　　　（李恒涛）

工作状态稳定性　stability under in-service condition

起重机在起升额定起重量时的抗倾覆能力。用稳定系数表示，分静态稳定性和动态稳定性。
　　　　　　　　　　　　　　　（李恒涛）

弓锯锯轨机　rail cutting device with hack saw

以电动机为动力源，经减速器、可调曲柄机构使锯条作往复运动的锯轨机。主要工作参数是锯弓的工作频率（1/min）、行程和机重，用前两者连同锯弓压重质量的大小来确定锯轨速度。缺点是作业慢，自重大，优点是照料方便。
　　　　　　　　　　　（高国安　唐经世）

公差　tolerance

允许尺寸的变动量。等于最大极限尺寸与最

小极限尺寸之代数差的绝对值;也等于上偏差与下偏差之代数差的绝对值(参见尺寸偏差的图,28页)。为了保证机械零件的互换性,必须对其几何参数按标准规定公差。此值的大小体现对零件的精度要求和加工的难易程度。　　　　(段福来)

公差带　tolerance zone

限制几何参数变动的区域。在尺寸参数中,即为由代表上、下偏差的两条直线所限定的区域。常以图示之,称为公差带图。图中确定偏差的一条基准直线,即零偏差线,称为零线,一般零线表示基本尺寸。　　　　(段福来)

公差单位　tolerance unit

又称公差因子(tolerance factor)。计算标准公差的基本单位,是基本尺寸的函数。在尺寸至500mm时,其公差单位 $i(\mu m)$ 与基本尺寸 $D(mm)$ 之间关系为: $i = 0.45\sqrt[3]{D} + 0.001D$。　　　　(段福来)

公差等级　tolerance grade

确定尺寸精确程度的等级。国家标准将标准公差分为20级,用IT(ISO tolerance的缩写)与阿拉伯数字表示为:IT01、IT0、IT1……IT17、IT18。按此顺序等级依次降低,而相应的标准公差值依次增大。属于同一等级的公差,虽然其数值随基本尺寸分段不同而变化,但被认为具有相同的精确程度。　　　　(段福来)

公称搅动容量　nominal agitating capacity

搅动容量的化整值。　　　　(蒉万亮)

公法线长度　base tangent lenght

齿轮的 K 个轮齿间,在同一圆周上与两侧轮齿齿廓的交点之间的距离 W。在数量上等于所包容的 $K-1$ 个基圆上的周节 P_b 长度与一个基圆上的齿厚 S_b 的总和,即: $W = (K-1)P_b + S_b$。测量方法是用一卡尺的两个长脚跨过 K 个轮齿,长脚与轮齿相切于 A、B 两点,则两长脚间的距离即为被测量的公法线长度 W。对于斜齿轮应在其法面内

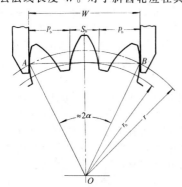

测量。对于圆锥齿轮应以大端为标准进行测量。是检验齿轮精度常用的方法之一。

　　　　(苑 舟)

公法线长度变动　variation of base tangent length

在齿轮一周范围内,实际公法线长度最大值与最小值之差 ΔF_w。是公差与配合的参数。

　　　　(段福来)

公法线平均长度偏差　deviation of base tangent mean length

齿轮一周内,公法线长度平均值减公称值之代数差 ΔE_w。　　　　(段福来)

公路铁路两用机械　trackmobile machinery

轮胎前后加装可升降的轨行轮,既可在公路上用轮胎行驶,也可在轨道上摆正后沿轨道运行的线路机械。在有平行公路的铁道区间,此类机械应用尤其方便。　　　　(唐经世　高国安)

公铁两用汽车　on/off track lorry

装有前后轨行轮和升降装置,改装后可在轨道上行驶的客货汽车。可用作检查车或机具、人员与材料的运输车以完成线路作业。也可加装水泵、挖掘装置、钻土器、空气压缩机、起重设备或架线升降台。或在调车场用于调车。调车作业时还可在车钩处加装重力转移器,将所调车辆的部分重力转移到汽车驱动桥上以增加其牵引力。

　　　　(唐经世　高国安)

公铁两用拖拉机　on/off track tractor

后轮轮距相应于铁路轨距,装有后轨行轮及其升降装置,改装后可在轨道上行驶的后轮驱动四轮拖拉机。轨行时,拖拉机前轮完全悬空。可根据需要在机械上装设捣固装置,遥控或非遥控起拨道装置、铺碴犁板、路基除草装置等。

　　　　(唐经世　高国安)

公铁两用挖掘机　on/off track excavator

装有前后轨行轮及其升降装置,轮距相应于铁路轨距,改装后可在轨道上运行作业的轮胎挖掘机。可在铁路线上进行挖掘、清理、抓取、起重等作业。也可下道,在路边完成上述作业。

　　　　(唐经世　高国安)

公转外管　revolution outside pipe

以公转运动的形式将土壤切削成圆柱状的复合式搅拌桩机的部件。　　　　(赵伟民)

功率　power

机械运动部分单位时间内所作的功。时间的单位为秒(s),功的单位为千牛·米(kN·m),每秒作735kN·m的功为1马力(HP);每秒作1000kN·m的功为1千瓦(kW)。　　　　(田维铎)

功率表 wattmeter

又称瓦特表。测量电路有有功功率的电表。为了能测量功率,必须能反映电流与电压的乘积,因而应具有电流线圈和电压线圈。在电动系功率表中,定圈作为电流线圈与被测电路串联,称为电流支路;动圈和附加电阻串联后与被测电路并联,称为电压支路。测量功率时,由表上读得的偏转格数,乘上相应的分格常数,就等于被测功率的数值。

(周体优)

功率因数 power factor

有功功率 P 对视在功率 S 的比值。用 $\cos\varphi$ 表示,即 $\cos\varphi = P/S$。φ 角为电压与电流的相位差。

(周体优)

功能故障 functional failure

机械在使用过程中丧失了正常工作能力,或工作能力显著下降,或技术经济指标显著改变已达不到规定的要求,不能继续完成自己的功能时的机械故障。这种故障通过操作者的直接感受或测定其输出指标判断。如发动机不能发动、变速器不能运转和传递动力等。机械的功能故障是因为个别零件损坏或卡滞造成的。 (杨嘉桢)

功能诊断 functional diagnosis

针对新使用或刚维修后的机械,需要通过测量输出或输出与输入关系来检查运行工况和功能是否正常的机械故障诊断。并且按检查结果,对机械进行调整。 (杨嘉桢)

功效 capacity;productivity

生产能力或生产率。例如:"通过改进……,使机械的工效提高三倍"。实际上是使生产能力提高了三倍。 (田维铎)

供料器 feeder

又称给料器。料仓装置中从料仓卸料口均匀连续取料的设备。分直线式(带式、板式)供料器、回转式(链式、圆盘、螺旋)供料器和往复式(往复、振动)供料器。停止工作时,对料仓起闭锁器作用。用于对各种要求定量、连续进料的生产工艺设备进行喂料。选用时须考虑供料量、物料特性、外形尺寸、安装方式、环境保护等因素。 (叶元华)

供水量变动误差 variable error of water supply

三次放水量的实测最大值和最小值的相对误差。设 N 为三次放水量最大值和最小值之差,N_0 为供水系统调置满量程的 50%、70%、90% 位置时各测三次放水量的平均值,则供水量变动误差为:$\Delta N' = (N/N_0) \times 100\%$,是衡量搅拌机供水系统性能的指标之一。 (石来德)

供水误差 error of water supply

三次放水量的实测值与实测平均值之差的平均相对误差。设 ΔN_1、ΔN_2 和 ΔN_3 为三次放水量实测值与实测平均值 N_0 之差,N_0 为供水系统调整至满量程的 50%、70%、90% 位置时各测量三次的平均值,则供水误差为:$\Delta N = (\Delta N_1 + \Delta N_2 + \Delta N_3)/N_0$,是衡量搅拌机供水系统性能的指标之一。 (石来德)

共振 resonance

又称谐振。物体在激振力作用下,当激振力的频率等于或接近物体固有频率时,振幅便急剧增大的物理现象。发生共振时的频率称为共振频率。振动压路机能引起土壤共振时的作业效果最为显著。 (曹善华)

共振筛 resonance screen

激振频率接近于自振频率时的振动筛。筛框经弹簧支承于可动机架上,后者再用弹簧支承在固定机架上。筛框振动时,通过起储能作用的弹簧,将运动传递给可动机架,从而使筛框和可动机架在彼此相反方向完全平衡地运动。支承弹簧在筛框返回行程中,偿还能量使筛框获得加速度。用另一筛框取代可动机架,便构成双层共振筛。因在共振条件下工作,只须供给克服筛分运动阻尼的能量即可连续工作,电耗少,筛分效率高,运转平稳,但给料不均将引起振幅变化,故管理技术要求高。适用于中、细粒石料筛分。筛孔尺寸为 $0.5\sim80\text{mm}$,最大入料粒径为 100mm。 (陆厚根)

共振学说 doctrine of resonance

说明激振体与被振体如何引起共振的振实理论。认为当激振体的激振频率与被振体的固有频率相等或十分接近时,振幅急剧加大,产生最大的振动效果。 (曹善华)

gou

构架式台座

采用钢结构或钢筋混凝土结构作承力支架的张拉台座。当张拉力和倾覆力矩较大,用实体墩式台座不经济时采用。承力支架底面要垫卵石夹砂垫层,上面要回填土,并分层夯实。适用于叠层生产各种板、梁等中小型构件。 (向文寿)

构件 structure component

用不同材料或不同大小、形状的单件组成的部件。一般指建筑用的部件,例如钢筋混凝土空心楼板、大楼板等,也称为建筑构件、预制构件。对于工程机械中的如起重臂等,也称为钢结构构件。在《机械原理》中,连杆机构的单件,也称为构件。

(田维铎)

gu

骨料仓容量 capacity of aggregate storage bin

骨料贮料仓能贮存各种砂石骨料的实际容量。其值小于骨料贮料仓的几何容积,充满程度受材料静止角的影响。一般要求能满足两小时生产的需要,并以经常生产的一种混凝土的配合比为基准进行计算。 (王子琦)

骨料拉铲 scraper for aggregate

卷扬机使铲斗作径向往复运动,反向滑轮作切向运动,使铲斗在扇形范围内扒取骨料的骨料运输设备。由铲斗、卷扬机、导向滑轮、反向滑轮

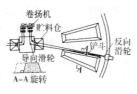

等组成。铲斗牵引钢丝绳经导向滑轮绕入卷扬机牵引卷筒,铲斗回程钢丝绳经反向滑轮、导向滑轮绕入卷扬机回程卷筒。用于双阶式混凝土搅拌站(楼)。有配重车拉铲、地锚拉铲、悬臂拉铲、桥式拉铲。 (王子琦)

骨料摊铺机 aggregate spreader

将不同骨料撒布在路基或路面上的路面机械。分石料摊铺机和石屑撒布机。 (倪寿璋)

骨料运输设备 aggregate transportation equipment

把堆场上的砂石材料运送到各相应的骨料贮料仓的设备。常用的有带式输送机、骨料拉铲、龙门抓斗和装载机等。带式输送机需附设上料设备,后三种可自行堆料扒升或自装自卸。塔式混凝土搅拌站(楼)由于运送高度大,必须采用带式输送机。 (王子琦)

骨料贮料仓 aggregate storage bin

混凝土搅拌站(楼)中贮存各种砂石的贮料仓。大型混凝土搅拌站(楼)常设有1~2个砂子贮料仓和3~4个石子贮料仓,以贮存各种粒度的砂石,适应不同的混凝土品种。 (王子琦)

鼓风机 blower

排气压力比通风机大比空气压缩机低的排风设备。属速度型空气压缩机,其出口压力一般在$(1\sim 10)\text{N}/\text{cm}^2$,主要型式为离心式及轴流式。在冶金厂中应用的出口压力达$(30\sim 40)\text{N}/\text{cm}^2$的风机,亦称鼓风机。在建筑工程机械中,大多应用转子式即罗茨鼓风机,利用两个亚铃型转子凹凸啮合、高速回转、径向鼓风,这种鼓风机也可以作真空泵使用。 (田维铎)

鼓轮式混凝土喷射机 drum concrete spraying machine

通过鼓轮的旋转将混凝土拌和料从进料口带至出料口后用压缩空气喷射出的混凝土喷射机。一般适合于干式喷射。 (龙国键)

鼓筒式淋灰机 drum lime watering treater

装有淋水管和甩锤的鼓筒形淋灰机。 (董锡翰)

鼓形混凝土搅拌机 drum shaped concrete mixer

搅拌筒似鼓形的自落式混凝土搅拌机。搅拌筒水平安放在四个支承托轮上,内壁镶有耐磨衬板,并装有四个斜置的进料叶片和八个弧形搅拌叶片。当搅拌筒由传动轴上的小齿轮带动旋转时,拌和料被搅拌叶片提升至一定高度,然后靠自重落下进行搅拌。搅拌均匀的拌和料靠手动或电动卸料溜槽插入搅拌筒内卸出。构造简单,过去应用较广。但搅拌周期长,能耗大,噪声大,劳动强度大。成品质量较差,近年来已趋淘汰。

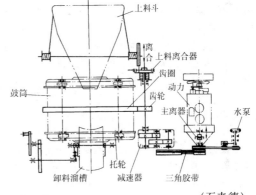

(石来德)

固定 fix

将设备或机械零、部件安置在预定地点后不再产生相对运动的状态。 (田维铎)

固定导向支架 fixed screw holder

固定于桩架立柱的下端,为钻具导向的钻杆导向支架。 (赵伟民)

固定缆索起重机 stationary cable crane

承载索支架固定不动的缆索起重机。支架大多使用缆风绳固定,构造简单。作业区为长条状。 (谢耀庭)

固定筛 stationary grizzly screen

筛面固定不动的筛分机械。多用格栅筛,有时也用板筛。倾斜放置,物料倾于高端,在自重作用下沿筛面滑下,小于筛面缝隙或筛孔的颗粒通过筛面达到分级。筛面的倾角与物料的静摩擦角有关,一般倾斜角为$35°\sim 45°$,粘性物料可达$50°$左右。结构

简单、坚固、不需动力,但生产能力低,筛孔易堵、效率低,仅适用于粒径 50mm 左右的粗筛。
(陆厚根)

固定式布料杆 stationary placing boom
固定在施工现场的布料杆。可以在一定半径范围内旋转,改变布料高度和半径。布料半径大于 20m 时常装有配重。可以装在独立的底座上,也可以装在塔式起重机的立柱上,或者作为平衡重装在塔式起重机尾部。也有在臂架上装有起重机构兼作起重机用。
(龙国键)

固定式灰浆搅拌机 stationary mortar mixer
固定安装使用的灰浆搅拌机。用于相对固定的场合。
(董锡翰)

固定式回转起重机 stationary swing crane
没有行走机构,只能固定在一个位置上作业,起重臂可回转 360°或一定角度的起重机。有桅杆起重机、塔桅起重机。
(董苏华)

固定式混凝土泵 stationary concrete pump
安装在固定底座上的混凝土泵。
(龙国键)

固定式混凝土搅拌站(楼) stationary concrete batch plant
固定安装使用的混凝土搅拌站(楼)。生产能力大,一般为 $80 \sim 150$ m³/h。用在商品混凝土工厂、混凝土预制制品厂和水利工程工地等。
(王子琦)

固定式集装箱吊具 fixed spreader
又称整体式集装箱吊具。按集装箱的一种尺寸规格设计的集装箱吊具。由金属框架、转锁装置、导向装置、防摇装置等组成。重量轻,构造简单、制造维修方便,但只能吊运一种规格的集装箱。
(曹仲梅)

固定式夹桩器 stationary chuck
夹头型式固定不可更换的液压式夹桩器。有杠杆式、楔式、直接式。
(赵伟民)

固定式平衡重 fixed counterweight
平衡力矩或平衡质量固定不变的平衡重。虽省去了移动平衡重的牵引装置,但无法调整其平衡力矩(平衡重重力与其离平衡点距离之积)以平衡在作业中经常变化的倾覆力矩。常用适当大小的铸铁块或混凝土块组成。
(顾迪民)

固定式装修吊篮 stationary hanging scaffold basket
吊篮悬挂装置固定在建筑物顶部上,工作台只能作竖直升降的装修吊篮。作业范围只限于建筑立面竖直方向的某一定宽度内。
(张立强)

固定塔式起重机 stationary tower crane
塔身底架与支承地基固定连接、不能水平行走

的塔式起重机。早期塔式起重机多为这种型式,由于整机稳定性好,构造较简单,安全可靠,故仍广泛使用。当塔身很高时,除底部固定外,还可用缆风绳加以锚固,以增强塔身强度和稳定。
(孟晓平)

固定悬臂 stationary cantilever
装修吊篮中,用联接装置固定在建筑物屋顶部,工作时不能活动的吊篮悬臂。
(张立强)

固结 fixed connection
将机械零、部件以至于整机联结到某物体上并使之不能作相对运动的状态。
(田维铎)

固有频率 natural fregency
物质系统作自由振动时的频率。是系统的固有特性,由本身的性质(弹性等)决定,与外界条件无关。n 个自由度的系统有 n 个频率,按大小顺序排列,最小的一个,称为第一固有频率或基频。
(曹善华)

故障机理 failure mechanism
引起故障的物理、化学、机械、电气、人的原因及其因果关系、原理等。
(原思聪)

故障率 failure rate
工作到某时刻尚未失效的产品,在该时刻后单位时间内发生故障的条件概率。是衡量产品可靠性的主要指标之一。故障率越低,产品可靠性越高。故障率不但与制造和修理质量有关,也与使用因素、结构特点等有关。
(原思聪)

故障模式 failure mode
由某种故障机理引起的结果和现象。通常按故障形式来分类,如断裂、腐蚀、磨损等。
(原思聪)

故障频率 failure freguency
在规定的间隔期内,设备发生的故障次数与设备实际开动时间(台时)之比。是反映和考核设备技术状态的一个主要指标。
(原思聪)

故障前平均工作时间 MTTF, mean time to failure
又称失效前平均工作时间。将一批产品投入使用,直至每个产品都发生故障(或失效)为止,它们有效使用时间的平均值或数学期望值。是衡量产品可靠性的重要指标。对不可修复产品,也称为平均无故障工作时间。
(原思聪)

故障强度 failure intensity
设备一次故障所造成的停机时间。统计中采用平均故障强度即故障停机台时与故障次数之比。
(原思聪)

故障停机率 down time rate for failure
故障停机台时与设备实际开动台时加故障停机台时之比。是考核设备技术状态、故障强度、维修质

量和效率的一个指标。　　　　（原思聪）

故障停机时间　down time

从设备发生故障停机开始,至故障被排除后又投入生产为止的停机时间。　　　　（原思聪）

故障物理学　physics of failure

探索部件或零件故障的起因,即探索故障机理工作的总称。通常包括故障分析,调查现象,建立故障发生过程的模型等工作,以及根据故障再现实验的证明,确定防止故障和劣化的方法。

（原思聪）

故障修理　operate to failure

设备在使用过程中出现故障后进行的修理。

（原思聪）

gua

刮板链条　scraper chain

刮板输送机或埋刮板输送机中连接刮板的牵引构件以及承载构件。通常由不同型式的刮板和链条焊接而成,也有整体铸造的。链条主要有套筒滚子链、双板链、模锻链等类。链条的选取需要考虑被输送物料的特性因素,如滚子链适用于易产生浮链的物料而不适用于粉尘状的物料。　　　（谢明军）

刮板输送机　scraper conveyor

由一系列固接在链条(或绳索)上的刮板在料槽中输送物料的连续输送机械。具有结构简单、上下两分支可同时作为工作分支在两个方向运送物料、沿输送机长度内任意位置装卸物料等优点。但对物料有破碎作用,料槽和刮板磨损较大,功耗也较大,输送距离不超过 50~60m,生产率可达 150~200t/h。　　　　　　　　　　　　　　　　（谢明军）

刮板输送机刮板　scraper of apron conveyor

刮板输送机或埋刮板输送机中用以承载和推移物料的构件。刮板输送机的刮板常为梯形、矩形和圆盘形等型式。埋刮板输送机的刮板则有 T、U、O、H、L 以及平形等型式,其中 U 形使用最普遍,可用于水平、倾斜和竖直输送,而 T 形、L 形适用于水平输送。输送一般物料以及粘性较大的物料,可选结构较简单的型式。埋刮板输送机机槽越大,所选用的结构型式越复杂。　　　　　　　　（谢明军）

刮刀侧移机构　blade side-moving mechanism

利用液压或机械方法使平地机刮刀向车架一侧倾斜伸出的机构。液压式包括两个升降液压缸和一个侧推液压缸,后者伸出,前者一伸一缩,即将刮刀推出于机械纵轴线一侧。机械式由齿轮齿条机构和拉杆组成,小齿轮推动齿条沿导架横向移动,两拉杆一伸一缩,实现刮刀的侧移。刮刀侧移以后,可以进

行边坡的平整和修筑。　　　　（曹善华）

刮刀回转机构　blade revolving mechanism

利用液压或机械方法使平地机转环连同刮刀转动一个角度,从而使刮刀斜交于机械纵轴线工作的机构。液压式依靠液压缸活塞杆的伸缩推动转环回转。机械式的回转机构由手柄、传动轴、齿轮和装在转环上的齿圈组成,转动手柄,齿轮即推动带齿圈的转环回转。刮刀回转以后,改变了在水平面上的安装角,可以将平整作业中多余的土向侧边推出。

（曹善华）

刮刀最大切土深度　maximum cutting depth of blade

平地机作业时刮刀切入地面(停机面)的最大深度。是平地机的重要技术性能指标之一。

（曹善华）

刮光机　shaving machine, scraper

①以刮刀进一步修平拼板、板材和胶合木制件等表面的木工刨床。刮刀安装在床身上或可升降的工作台上,工作中刮刀固定不动,利用机械方法进给工件。改变刮刀刃口的伸出量,可调节切屑厚度,其调节范围为 0~0.5mm。

②利用刮削的方法对胶合板作表面加工的胶合板生产机械。由上、下进料辊、中心压辊、刀床和工作台组成。工作台由电动机带动升降,以便通过压辊作用使胶合板强制贴在刀床上,由安装在刀床上的刮刀对板面进行刮削。适用于松木和硬阔叶材制的、表面较粗糙的胶合板表面加工。

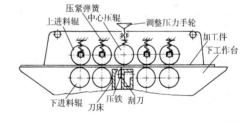

（丁玉兰）

刮灰叶片　scraper

又称刮板。淋灰机上固联在链节上用以刮取砂子及灰膏的金属板。　　　　　　　（董锡翰）

刮土板　scraping blade

装在光轮压路机上清扫碾轮表面泥土的装置。为一条形钢板,装于碾轮支架上,且平行于轮子轴线,碾轮滚转时,与板产生相对运动,板缘沿碾轮全宽将泥土刮去。　　　　　　　　（曹善华）

刮土器　scraper

装于挖沟机或压路机上清扫粘附在铲斗内或碾轮上泥土的装置。为一特殊形状的刮板,固装在斗架或碾轮支架上,当铲斗或碾轮转动时,刮板从斗内

穿过或在碾轮外刮过,把泥土刮下。对清扫粘性土壤有明显的作用。　　　　　　　　　　　　(曹善华)

挂车　trailer

有承载车厢而无动力,必须由牵引车拖动的搬运车辆。有全挂车和半挂车之分。半挂车搭挂在半挂牵引车上,部分重力通过支承联接装置作用于牵引车底盘。车厢有敞式、闭式、自卸式、平板式、液罐式、双层架式、中凹低货位式和长货物框架式等多种型式。使用挂车可减少牵引车在装卸货物时的等待时间,并能充分利用牵引车的动力性能,多装货物。　　　　　　　　　　　　　　　　(叶元华)

挂瓦　babbit lining

将巴氏合金融熔后浇敷在轴瓦内表面的工艺。
　　　　　　　　　　　　　　　　(戚世敏)

guai

拐臂式液压挖掘机　hydraulic excavator with turnable boom

动臂可以在水平投影面上折转角度的单斗液压挖掘机。可以挖掘运行方向侧面的土方,有利于在狭窄地带开挖构筑物近旁的边沟或基槽。近来还发展有动臂由多个节段组成,可以在水平投影面上多次折转,使铲斗可以进行任何空间位置和方向挖掘的挖掘机。斗容量一般在 1m³ 以内。用于隧道内部和路基边沿等处的土方作业。　　　　(曹善华)

guan

冠帽　cap

用链条固定在机架上,用以控制冲抓斗开启机构的装置。　　　　　　　(孙景武　赵伟民)

管道防振装置　pipe vibration proof device

用于防止射水管在工作时产生振动引起不良影响的射水式沉桩机的部件。　　　　(赵伟民)

管道施工机械　machinery for laying pipe

用于市政工程中在地面以下铺设各种管道的市政机械。有顶管设备、铺管机、小口径管道水平钻机等。　　　　　　　　　　　　　　　　(陈国兰)

管道疏通机械　cleaning machinery for pipe

市政工程中用于疏通、冲洗、抽吸、掏挖和运输下水道、沉泥井中污泥的市政机械。有吸污车、高压清洗车、高压清洗吸污车、泥水分离吸泥车、雨水井掏挖机和污泥装运车等。　　　　　(陈国兰)

管接头　coupling

管路与管路或管路与各种液压元件的可拆式连接件。要求工作可靠、密封良好、液流阻力小、结构简单、安装和制造方便等。有卡套式管接头、焊接式管接头、扩口薄管接头、铰接管接头等。(嵩继昌)

管螺旋　pipe auger

在钢管的外周焊有螺旋的碎石桩排水式地基处理机械的钻具。　　　　　　　(赵伟民)

管模　pipe mould

离心成型机械生产管状制品用的钢模。由筒体、跑轮、挡板及合缝螺栓等组成。筒体为两个半圆形模板,外壁纵环向有肋条,用合缝螺栓联接成一体,具有较大刚度。　　　　　(向文寿)

管磨机　tube mill

又称多仓管磨机。筒体长度比直径大 2～7 倍的球磨机。用隔仓板将筒体分隔成 2～4 个仓。按粉磨过程粒度的变化,各仓装填相应尺寸的球、段,使之分阶段粉磨。粉碎比大、粉磨效率高、单位动力产量大,是水泥厂粉磨原料和熟料的主要设备。筒体内安装自动分级衬板时,研磨体沿磨机轴向按直径大小自动分级,近入料端的研磨体尺寸大,近卸料端者尺寸小,不但与粉磨过程物料粒度变化相适应,而且,省去隔仓板,减小物料前进的阻力。
　　　　　　　　　　　　　　　　(陆厚根)

管片储运机　segment feeder

储放并向盾构管片拼装机运送管片的机械。可以将管片按照拼装的先后顺序储放,并逐块运送到拼装点由管片拼装机进行拼装。具有反向运送的功能,可将由于拼装产生破损的管片运离盾构。
　　　　　　　　　　　　　　　　(刘仁鹏)

管片拼装机　segment erector

又称举重臂。用来拼装隧道预制管片的设备。安设在盾尾内的盾构中心,随着盾构推进的同时,不断拼装隧道管片,使隧道结构一次成型。有环型支承和中心轴支承两种,用于钳住一块管片绕盾构中心回转、沿径向伸缩和沿盾构轴线平移,以保证拼装的管片可在任何位置上安装就位。　　(刘仁鹏)

管片真圆保持器　segment stag for maintainmg roundness

使刚拼装好的隧道管片环保持圆形状态的器具。通常安装在盾构后面的辅助车架上,有时也安装在盾构支承环结构上,利用液压顶升拱架托住管片环拱顶,调节和控制顶升拱架的位置使管片环保持圆形,防止刚拼装好的隧道管片因自重或受不均匀土压而变形。　　　　　　(刘仁鹏)

管式电收尘器　tube-and-wire electrofilter

集尘极为圆形或多边形金属管的电收尘器。与板式电收尘器相比,电场效力大,气体分布较均匀,能够可靠地除尘,缺点是安装复杂,电晕极振打困难。　　　　　　　　　　　　　(曹善华)

管形阀　tubular valve

利用管状阀体的旋转控制混凝土拌和料吸入、压出的混凝土分配阀。安装在受料斗中,出口与输送管连通,另一端与压送混凝土缸相通。混凝土活塞运动到位换向,阀体旋转到另一混凝土缸口,进入下一行程。包括水平 S 管阀、垂直 S 管阀、C 形阀、裙阀等多种形式,有的还装上吸料导管以改善吸入性能。　　　　　　　　　　　　(龙国键)

管形立柱　tubular leader

截面形式为管形的桩架立柱。由顶节、支承节、底节及标准节组成,各节之间用法兰连接,以便拆装和运输。同一型号桩架立柱的标准节可以互换。

(邵乃平)

贯入度　pile penetration

桩锤每冲击一次使桩沉入的有效深度。

(王琦石)

惯性离心力　centrifugal force

简称离心力。非惯性系统中,物体作弧形运动时,由于物体的惯性所引起的一种离开弧线中心的像似的力。如车辆在弯道行驶时,乘车者似受到一个使他向外倒去的力,此力即惯性离心力(F)。决定于物体质量 m,运动速度 v 和弧线瞬时半径 r,即:

$$F = mv^2/r$$

(曹善华)

惯性润滑油室　inertia oil chamber

筒式柴油桩锤中设在上活塞顶部凹槽内盛有润滑油的容器。当上活塞工作时,润滑油靠惯性作用从油室四周小孔中流出,润滑上活塞与气缸壁。油室盖上装有调节油塞,用以调整润滑油量的大小。

(王琦石)

惯性式振动磨　inertia vibrating mill

由惯性力激振的振动磨。借两端带有可调偏心块的主轴回转时产生的惯性力,驱动支承于弹簧上的磨体作圆或椭圆形振动,从而使研磨介质产生激烈的自旋和整体地在磨内转

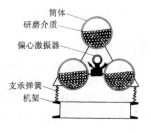

动,其研搅作用使物料处于剪切应力状态,因固体物料尤其脆性物料的抗剪强度低于抗压强度,有利于实现超微粉碎。高频率、小振幅适用超微粉碎。改变电动机转速,可调节激振频率;调整两偏心块间夹角,可改变振幅。振动加速度必须比重力加速度大 6～10 倍才能满足粉磨要求。用于粉磨水泥,比表

面积可由 2600cm^2/g 提高到 6000cm^2/g,是提高水泥早期强度的有效途径。　　　　　(陆厚根)

惯性式振动输送机　inertial vibratory conveyor

利用偏心块激振器驱动的振动输送机。由偏心块激振器、槽体、支承弹簧等组成。一般采用中等大小的频率和振幅,频率为 10～30Hz,振幅为 1～10mm。　　　　　　　　　　　(谢明军)

惯性振动筛　inertial vibrating screen

借偏心块回转惯性力激振的振动筛。附有偏心块的两个飞轮分装在转轴的两端,轴承安装在筛框上。筛框倾斜 5°～15°,并支承在弹簧上,框内设两层筛网。振动频率 20～30Hz;振幅 1.0～6mm,可通过飞轮上的偏心块调节。属快速筛分机,筛分效率高,但加工与装配精度要求高。筛孔小于 25～30mm。用于煤炭、冶金、矿山、建材的中细筛分作业。分水平惯性筛和倾斜惯性筛两种。

(陆厚根)

灌铅固结　fixing by leading

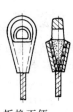

又称锥形套筒固结。钢丝绳与其他承载零件联接时,将其一端穿过锥形套筒后拆散,并使头部钢丝弯成小钩,浇入锡、铅或锌液,凝固后成一体使绳端固结的方法。固结处的强度与钢丝绳自身强度大致相同,牢固可靠,但工艺较复杂,拆换不便。

(陈秀捷)

罐式混凝土喷射机　chamber concrete spraying machine

混凝土拌和料通过上下罐钟形阀的顺序启闭,靠压缩空气输送至出料口后喷出的混凝土喷射机。一般适合于干式喷射。有的在下罐中装有螺旋给料机构,则也适合于湿式喷射。　　　(龙国键)

罐窑　jar-shaped kiln

一种底小、身大、半球形拱顶的罐状间歇式砖瓦焙烧设备。由窑体和燃烧室组成。砖坯按一定形式码入窑内,燃烧室中燃烧的火焰通过坯垛焙烧砖坯。结构简单,建造容易。但劳动强度大,燃料消耗多,烧成周期长。　　　　　　　　　　　　(丁玉兰)

guang

光电导向小车　light guided cart

靠光电导向无人驾驶的无轨搬运车。沿地面固定的白漆线行走。导轮前装有作为光源的电珠和两只光学探头。白漆反射光线由光学探头里的硅光三极管接收。导轮偏离白线中心时,两个硅光三极管产生不同的电信号,使力矩电机启动并纠正导轮方向,

使其始终沿着白线中心线行走。使用条件:地面平整清洁,白线附近无强烈光线干扰。 （叶元华）

光电跟踪电火花切割 photoelectric tracking electrical discharge cutting

用光电跟踪法控制电火花切割轨迹的电火花切割加工法。其切割轨迹是按照一定比例和要求画出的工件轮廓图线,通过光电跟踪系统来控制工作台的运动而得到的。目前采用的光电跟踪系统有脉冲相位法和光电通量法两种,此外还可以分为带轨迹补偿和不带轨迹补偿的两种。 （方鹤龄）

光卷筒 smooth drum

表面光滑无槽的卷筒。常用于多层卷绕。钢丝绳的挤压和磨损较严重,卷绕过程中容易乱绳,影响钢丝绳的使用寿命。 （李恒涛）

光轮压路机 smooth drum roller

又称光碾压路机。具有光面刚性碾轮的压路机。碾压以后,地面平整,不需再加工。常用于路基和路面面层的压实。 （曹善华）

光面辊破碎机 smooth roll crusher

辊子表面光滑的辊式破碎机。用于一般中碎作业,成品粒度均匀。 （曹善华）

光面岩石 rock block with pre-conditioned smooth surface

表面经过平整加工的岩石试样。 （刘友元）

gui

硅酸盐制品机械 silicate product machine

以硅质材料和石灰为主要原料,生产建筑用块状制品的机械和设备。主要有石灰消解器、坯体成型机械、蒸压釜等。 （丁玉兰）

硅酸盐砖成型机械 forming machine of lime-silicate brick

将松散的混合料制成一定形状和尺寸的砖坯的硅酸盐制品机械。一般采用半干压制成型和振压成型。分摩擦压砖机、气动螺旋压砖机、液压螺旋压砖机、杠杆式压砖机、转盘式压砖机、振动成型机、振动加压成型机以及振动冲压成型机等。 （丁玉兰）

轨道检查车 track measuring car

检查轨距,钢轨平直度和下沉度,车辆的垂直振动和水平振动,并能自动记录的专用线路检测机械。可以自行,也可挂在列车尾部检查并记录轨道状况。 （高国安 唐经世）

轨道检查仪 track measuring instrument

用以检查轨道轨距、超高、位移等情况的检测仪器。有轨距仪（俗称轨尺）、道岔仪、超高仪、位移仪等多种,一般装有水平仪,且用矩形铝管制成,质量仅2~5kg。位移仪用于检查轨道相对于固定点的移动情况,尤宜用于曲线地段。 （高国安 唐经世）

轨道救援起重机 railway rescue crane

遇列车脱轨、倾翻、颠覆等恶性事故时,作紧急救援用的轨道式起重机械。起重量有100t与160t两种。 （唐经世 高国安）

轨道-轮胎两用式行走机构 rail-tyre travel gear

起重机底盘上设有两套齐备的或可更换的供在轨道或无轨道路上行驶的行走机构。 （李恒涛）

轨道平车 railway trailer

铁道区间工程的无槽线路专用工程车。每辆载重量为20t或30t,可与重型轨道车配套使用,也可挂于列车尾部回送。 （唐经世 高国安）

轨道式多斗挖掘机 track-mounted multi-bucket excavator

行走装置为轨轮的多斗挖掘机。根据挖掘机的质量不同,轨道式运行装置具有3~200个车轮。车轮轮径约为600~700mm,且多数装成均衡的多轴台车,一般可在水平面内转动,以便于通过弯道。挖掘机机体通过铰点支持在几个台车上。矿山用的横向挖掘的链斗式挖掘机大多采用轨道式行走装置。 （刘希平）

轨道式起重机 railway crane, track crane

在沿地面铺设的轨道上行驶,转移作业场地时要拆卸和重新安装的运行式回转起重机。有塔式起重机、门座起重机等。 （董苏华）

轨道式液压挖掘机 rail mounted hydraulic excavator

装有两个转向架,在钢轨上运行的单斗液压挖掘机。转台布置在两个转向架之间偏后,可以全回转。长距离转移时,编入列车,此时,工作装置搁置在底架上。用于铁路新线建线、铁路修理和散粒物料的装卸作业。 （曹善华）

轨道式桩架 rail-borne pile frame

通过行走机构的驱动轮使整个桩架沿铺设的轨道上行走的桩架。工作时用夹轨器将桩架底架固定在轨道上;传动方式多为电动,可外接电源或装备柴油发电机组供电。造价较低,行走机构简单,但在工作场地需要铺设轨道,且对轨道的水平度要求较严。整套机构比较庞大,在现场组装和用后拆迁都比较麻烦,因此应用不太广泛。 （邵乃平）

轨道塔式起重机 rail-mounted tower crane

在轨道上运行的自行式塔式起重机。是最早出现的自行式塔式起重机,通常为电力驱动,工作平稳,安全可靠,生产效率较高,覆盖作业面积大,能带载行走,因在专设轨道上行走,故不受现场路面条件影响。目前在建筑工地上用得相当广泛,尤其适合

于施工期较长的建筑群。　　　　　　(孟晓平)

轨缝调整器　rail gap regulator

线路上调整轨缝到规定值的专用机具。作业时先拆除钢轨上的连接扣件，将轨缝调整器置于钢轨轨缝处，用其两端的夹紧斜铁将轨头夹紧，再用手动液压泵向液压缸泵油使轨缝得以调整。可以产生250kN 左右的推力，质量约 60kg，由两人上下道。

(高国安　唐经世)

轨轮式采矿钻车　rail mining drill jumbo

见采矿钻车(17 页)。

轨轮式掘进钻车　rail tunnelling drill jumbo

具有轨轮式行走装置的掘进钻车。主要用于有轨运输条件的各种断面的水平隧洞、巷道和其他地下工程掘进的凿岩作业。

(茅承觉)

轨模　rail-form for paving course

由钢板制成的[形模板。模板外侧焊有轨枕，上置铁轨节段，一般每段长 3m。　　(章成器)

轨模式水泥混凝土摊铺机　rail-form type concrete paver

行走轨道和路面模板结合在一起铺筑一般水泥混凝土路面的水泥混凝土摊铺机。按其摊铺方式有斗式、螺旋式、刮板式三种。通常在其后面有路面整形机配合完成对铺层进行振实、整平、抹光或拉毛等施工作业。　　　　　　　　　　(章成器)

轨枕盒稳定器　sleeper crib consolidator

置于道碴稳定机两轴之间，利用曲柄式振荡器激振，以夯拍轨枕盒内道碴的装置。一般有八个夯拍块，两个一组跨置于一根钢轨的内外侧，借以同时夯拍两个轨枕盒内的道碴。每四个一组用液压缸使之沿立柱升降。振荡器多由液压马达经弹性联轴节驱动。　　　　　　　　　　(高国安　唐经世)

轨枕螺栓钻取器　sleeper screw puller

当混凝土轨枕螺栓废旧失效或损坏，需予更换时，用以钻开硫磺锚固砂浆，以便取出螺栓的特种空心钻。　　　　　　　　　　(高国安　唐经世)

gun

辊式磁选机　roller magnetic separator

利用圆辊状感应磁铁的磁场，使物料中磁性颗粒吸附在辊状铁盘上带出的磁选设备。由给料斗、磁力系统、分隔板、出料口等组成。磁力系统包含一个用导线绕成的线圈铁芯和铁芯外的圆辊感应体，后者由装在铁轴上的交错垒叠的黄铜盘和铁盘组成，形成了强度不同的磁场。物料倒入以后，磁性颗粒吸附于铁盘上，由圆辊带出磁场外甩出，并沿着分隔板分别落入出料口。适用于干选弱磁性物料。

(曹善华)

辊式磨光机　roll type sander

利用高速转动的砂辊磨光板面的胶合板磨光机。由砂辊、进料辊、送料辊或橡胶履带、压辊等组成。常用的是三辊磨光机，最多可设八个砂辊。分为上辊式与下辊式两种。前者靠循环的橡胶履带进料，后者靠下辊进料。毛板从数道砂辊和压辊间通过，即被磨光。

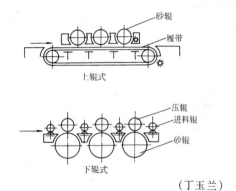

(丁玉兰)

辊式磨机　roll mill

又称立式磨。利用环-辊或环-球间碾压和研磨作用粉磨物料的粉磨机械。操作时通入热风干燥物料并将磨细物料扬起，经粉磨室上部分级器分级，粗粉返回重磨，细粉被带出磨外，用旋风收尘器捕集为产品。分辊-盘式；球-环式；辊-碗式；悬辊式等。结构紧凑，粉磨效率高，电耗低，产品粒度均匀，调整细度灵活，便于自动控制，噪声小，扬尘少。尤其入磨粒度达 50～150mm 时，可简化破碎流程；可大量利用悬浮预热器窑和窑外分解窑的窑尾废热气，处理含水量达 8% 的原料。用于粉磨水泥生料及煤粉，但不适用于硬度大、含石英质多的原料。磨辊对物料的磨蚀性敏感、制造与操作要求高。　　　　　　　　　　(陆厚根)

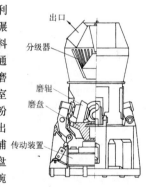

辊式破碎机　roll crusher

利用旋转的辊子将夹在中间的物料轧碎的破碎机。分双辊和单辊两种，旋转时，利用辊面与物料之间的摩擦力将物料夹入空隙中轧碎。辊子的轴承,一为固定,一为活动,后者用弹簧顶住。当空隙中有特别坚硬的物件落入而有导致事故的危险时,活动辊子可以移开,让物件掉出。用来破碎中等硬度的石料,如泥灰石、石灰石等。是主要的中碎机,常与颚式破碎机配套,组成联合机。 (曹善华)

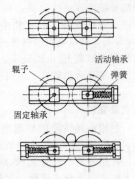

辊式压板机 rolling machine

俗称扣压机。对石棉水泥板(瓦)坯加压,使之进一步脱水并起合坯作用的石棉水泥制品成型机械。由数对压辊、加压机构和传动装置等组成。加压方式通常采用液压或杠杆弹簧,压力可根据工艺要求进行调整。对增加石棉水泥制品的密实性、改善物理力学性能有一定作用。 (石来德)

辊筒式磨光机 rolling sander

利用裹着砂纸的辊筒的转动磨光木材或木制件零件表面的木工磨光机。常用的为三辊筒磨光机。用于门、窗等较大构件的磨光。 (丁玉兰)

辊压成型机

roller compression moulding machine

利用压辊对浇灌入模的混凝土拌和料反复碾压使之密实成型的压制成型机械。

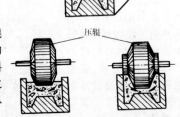

压缩量可达 30% 左右。分外辊压和内辊压两种,前者用于生产板类或槽型、工字型断面的构件;后者用于生产直径 1 000～2 000mm、长度达 3 600mm 不承受内部压力的混凝土和钢筋混凝土管。可以用于干硬性和超干硬性混凝土拌和料,制品强度可达 60MPa,传动功率小,噪声低。 (向文寿)

辊轴式拉引机 roller glass drawing machine

以成对垂直排列的石棉辊轴为夹持器,拉制较大直径玻璃管的机械。由机膛、成对垂直排列同步转动的石棉辊轴、传动装置等组成。玻璃熔料从槽子砖的环际拉引出来,在槽子砖的中心部分供给压缩空气进入玻璃管内,通过冷却器被石棉辊轴夹持

向上拉引。制造的玻璃管耐压 10MPa。用于食品、化工、医疗工业的输送管道。 (丁志华)

滚齿机 gear hobbing machine

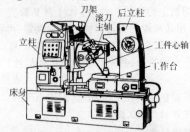

主要用齿轮滚刀按展成法原理加工齿轮齿形的机床。滚切时工件与刀具的相对运动与齿条和齿轮的啮合运动相仿。可以用来加工直齿圆柱齿轮、斜齿圆柱齿轮和蜗轮等。使用特制的滚刀也能加工花键和链轮等各种特殊齿形的工件。图示为工作台移动的立式滚齿机。 (方鹤龄)

滚刀式剪草机 cylind lawn-mower

依靠滚刀轴水平旋转与固定刀片配合,进行切草作业的剪草机。由动力装置、剪草器、机架、行走机构、集草斗等组成。机器前进时,滚刀将草搂集到固定底刀处进行挤压剪切,滚刀旋转产生的风力将剪下的草带入集草斗。按整机结构分为拖挂式、乘座式、尾座式和手推式;按滚刀轴数量分为单轴式和多轴式。是一种剪草精度和效率较高的剪草机。 (胡 漪)

滚动效率 rolling efficiency

整机牵引力 P_{KP} 与驱动轮切线牵引力 P_K 的比值 η_f。用下式计算:

$$\eta_f = \frac{P_K v - P_f v}{P_K v} = \frac{P_{KP}}{P_K}$$

P_f 为车轮滚动阻力;v 为车轮实际滚动速度。反映由地面对滚动车轮产生的滚动阻力所引起的功率损失。 (刘信恩)

滚动压模 rolling sectional pattern

组合式滚压器中在墙面上滚压出条形花饰纹样的工作装置。一个或多个单元花饰套圈按一定规律排列组合起来,套在滚筒的外侧,若干个拉杆通过两端支承滚筒的压盖将其相互压紧,形成具有凹凸外工作表面的整体,再通过轴承支承于压模轴上并可一起滚动,从而在墙面上滚压出具有多种墙面装饰艺术特色的条形纹样。 (王广勋)

滚动轴承 rolling bearing

轴与其支承面作滚动摩擦的轴承。一般由外座圈、内座圈、滚动体和保持器等四种零件组成。根据承受载荷方向的不同,有径向式、推力式和径向推力式三种形式。转动阻力小,启动省力,效率高,但耐冲击性能不及滑动轴承,高速时噪声大。这类轴承

已完全标准化、系列化,选用方便。　（戚世敏）

滚动轴承式回转支承　slewing rolling bearing

俗称弹子盘。采用大型专用滚动轴承作为工程机械回转部分的回转支承。由内座圈、外座圈、滚动体、隔离套、联接螺栓和防尘圈组成。内或外座圈可分为上下两部分,以便安装滚动体。为了驱动转台回转,在内座圈或外座圈上加工有齿圈,与回转机构的输出小齿轮相啮合。按滚动体的形状分有:滚球式、滚柱式和滚锥式;按滚动体的排数分为单排、双排和三排三种。具有回转摩擦阻力小、承载能力大和高度小的特点。广泛应用于工程机械上。

（李恒涛）

滚动阻力系数　coefficient of rolling resistance

滚轮在水平地面作等速直线滚动时,所需牵引力 F 与其质量 G 的比值,即:

$$f = F/G$$

式中 f 为滚动阻力系数。　（曹善华）

滚翻防护装置　ROPS，roll-over protective structure

土方工程机械发生滚翻时,用来保护驾驶员不致在机械与地面之间被压伤的金属结构。通常由驾驶室周围的立柱及护顶架等组成。根据国际标准化组织 ISO/3471 的规定,该保护装置必须做水平侧向载荷和垂直上方载荷试验,以其某一部分变形或断裂所吸收的能量及承受的最小载荷作为判定的基准,不同机种有不同的规定指标。　（宋德朝）

滚管式桩架　tubing-roller-mounted pile frame

用滚管的方式来移位的桩架。桩架底架下面四角的半圆形滑动轴承(大卡瓦又称蟹钳)骑在两根坐落在枕木上的无缝钢管上,当桩架左右和前后移位时,利用桩架本身卷扬机或通过地锚滑轮,使桩架在无缝钢管上左右滑动或前后滚动。　（邵乃平）

滚龙取料机　bridge type bucket wheel reclaimer

又称桥式斗轮混匀取料机。具有一个桥架,在料场专用的斗轮堆取料机。由桥架(包括主梁和输送机架)、小车、带式输送机、斗轮机构、大车运行机

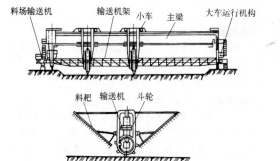

构、料耙等组成。桥架不能升降,处于较低位置,且装有带式输送机。斗轮机构设在可沿桥架运行的小车上。小车运行时,斗轮旋转即能取料,斗内物料卸至带式输送机,然后从侧端送往料场输送机。斗轮前方有固定于小车的料耙,小车运行时带动料耙沿料堆横向运动,使料堆上面散料下滑并被斗轮取走。料耙还能使分层堆放的物料下滑时混匀。

（叶元华）

滚轮脉冲振动台　impulsive roller vibrating table

利用滚轮周期地撞击台面而产生振动的振动台。工作时,电动机通过齿轮同步器将动力等速反向传给安装在台面下的两根传动轴,轴上几对转动圆盘以及安装在每个圆盘上的滚轮都随之转动。滚轮转动时撞击台面产生振动,使混凝土拌和料密实。改变滚轮的数量或传动轴的转速,即可在较大范围内调节脉冲频率。为了降低噪声,各滚轮均裹有橡胶层。机构简单,坚固耐用,噪声小,可用于生产多品种构件。

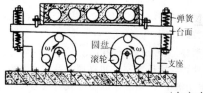

（向文寿）

滚轮式回转支承　roller-type slewing bearing

又称支承滚轮回转支承。转台支承在沿槽状环形轨道滚动的几组滚轮上的回转支承。由轨道、滚轮和中心轴枢组成,滚轮的踏面有锥形、柱形和鼓形三种。滚轮承受转台以上的垂直载荷,中心轴枢则承受水平载荷和倾覆力矩,反向滚轮也可承受倾覆力矩。常用于大型工程机械中。　（李恒涛）

滚切式挖掘机　rotor excavator

利用成排滚刀连续切削土壤的履带挖掘机。挖下的碎土由带式输送机运出,能完成挖、装、卸联合作业。筒形滚刀架装在机械前方,周缘装有若干排滚刀,机械前进,刀架旋转,滚刀排由上而下连续切土,掌子面上切出许多条沟条,沟条之间的土条因自重而崩落。用于水利和筑路工程中。

（曹善华）

滚筒式沥青混凝土搅拌机　drum asphalt concrete mixer

在同一滚筒内,进行砂石料的烘干、加热,并利用砂石料在滚筒旋转中的自行跌落,实现与热沥青拌和的沥青混凝土搅拌设备。其砂石料的加热方式为顺流式,即砂石料的运动方向与燃烧气体的流

方向一致。具有防污染工艺流程简单,良好的经济性和可移动性等特点。 （董苏华）

滚筒式树枝切片机　drum limb chippers

由水平轴带动、在垂直平面内高速旋转的筒状刀盘通过动刀与底刀配合进行切片的树枝切片机。由动力装置、切片装置、投料槽、排料管、行走轮等组成。工作时,刀盘旋转产生的气流使削下的木片沿排料管输送到运输车或料仓中。 （胡　漪）

滚筒刷

见扫路机主刷(236页)。

滚压　rolling

利用具有一定质量的碾轮,缓慢滚过地面或料层,使之获得永久残留变形而密实的工艺过程。随着碾压次数的增加,物料的密实度增加,而永久残留变形减小,最后实际残留变形为零,此时必须换以更重的碾轮。其工作效果决定于碾轮质量和滚动速度。具有加载循环延续时间长,物料应力状态变化速度慢,所加载荷大等特点。适用于各种土壤和松散颗粒的压实。 （曹善华）

滚压理论　theory of rolling

碾轮与所压料层之间物理关系的力学表述。认为:碾轮滚压时,对料层的实际载荷只分布在轮缘陷入土中的前半个弧形接触面上;碾轮的实际压实能力决定于轮子的线向压力和碾轮直径,线向压力愈大,直径愈小,压实能力愈高;双轮和多轮碾压时,主动轮前不会造成波纹形表面,被动轮前经常形成波纹形表面,被动轮下陷愈多,波纹愈大。 （曹善华）

滚轴筛　roll screen

筛面由若干根滚轴平行排列组成,利用滚轴之间的空隙和滚轴旋转时对碎石的摩擦力进行筛分作业的机械筛。滚轴上隔一定间距有突出环体,相邻两滚轴的突出环体作交错排列,从而构成筛面。由电动机经皮带传动带动每根滚轴旋转,为避免石块被滚轴卡住,各轴转速应该由上而下逐渐增大。用于石料的初筛。 （曹善华）

滚柱限速器　roller governor

依靠滚柱在特殊的有缺口的圆盘间楔紧而限速的限速器。带缺口的圆盘与传动件相连,松套在驱动轴上,缺口内有带弹簧(装在盘的槽内)的滚柱,圆盘外面有一与轴固定的圆柱形外圈,重物下降时,圆盘的转速不能超过轴的转速,否则,滚柱在离心力作用下,移向缺口内狭窄的空间楔紧,起限速作用。由于它是单向作用的,所以不限制另一转向的速度。常用于机械式挖掘机、起重机等机械的起升和变幅机构中。 （刘希平）

guo

锅炉　boiler

燃料燃烧放出的热量通过金属壁面传导,将水加热成蒸汽的设备。由锅和炉组成,前者由锅筒和许多钢管构成;后者供燃料燃烧,产生高温烟气,借导热、对流和辐射三种换热方式,将烟气中热量传给锅中的水而产生蒸汽。烟气在管内流过,水在管外受热的为火管锅炉;水在管内受热,烟气在管外流过的为水管锅炉。是工业、农业、交通运输、发电、生活等所需蒸汽的来源,也曾是旧式工程机械的一种动力装置。 （曹善华）

锅驼机　horizontal steam engine

由锅炉和蒸汽机共同装于机架上组成的小型蒸汽动力装置。锅炉为卧式,产生的蒸汽经过过热器再热以后,导入蒸汽机工作而产生动力。功率较小者常装于轮式车架上,成移动式。具有工作可靠,能够超负荷运转等优点,但装置笨重、热效率很低。用于缺乏电源地区,以拖动各种施工机械,也用以拖动发电机发电。 （曹善华）

国际标准　international standard

由国际标准化组织(ISO)制订、发布的技术标准。集中反映了许多工业化国家的现代科学技术水平,利于国际技术交流和贸易往来。 （段福来）

国家标准　state standard

由国家标准化主管机构批准、发布,在全国范围内统一的标准。我国国家标准的代号为GB。 （段福来）

过电流继电器　overcurrent relay

当线圈的输入电流大于某一预定值时,能控制报警器或自动切断被控电路的继电器。（周体伉）

过渡滚刀　transition cutter

布置在刀盘外圆过渡曲面上的掘进机滚刀。刀具结构和正滚刀相同,由于紧靠洞壁和大角度倾斜安装,故刀座结构与正滚刀刀座不同。 （茅承觉）

过渡过程　transient

仪器由一种稳定工作状态转入另一种稳定工作状态时所经历的中间过程。这一过程的持续时间常常仅为几百分之一秒,甚至更短。 （朱发美）

过渡配合　transition fit

可能具有间隙也可能具有过盈的配合。此时孔的公差带与轴的公差带相互交叠。即在这批零件中,任取一对孔与轴,不能预言二者哪个尺寸大,当孔大时出现间隙,而轴大时则出现过盈。

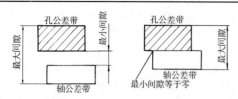

（段福来）

过渡转速　revolving speed in transition period

离心成型机械生产制品时，在过渡阶段管模的转速。管模的转速不能直接从布料转速提高到密实成型转速，因为转速提高过快，旋转加速度过大，会使混凝土拌和料颗粒沿圆周切线方向产生相对滑移，从而破坏颗粒间初期的粘结状态，造成分层。因此，管模达到密实成型转速之前，必须在略低转速下运转一个阶段，这个转速就叫过渡转速。对于托轮式离心成型机，过渡转速一般用托轮转速控制较为方便。按中国生产普通混凝土管的离心作业制度，过渡阶段的托轮转速一般为 150～280r/min。　　（向文寿）

过剩维修　over maintenance

又称过度维修。在计划（或定期）维修中，由于按规定间隔期或固定累计运转台时安排强制性的维修活动，而不考虑设备的实际技术状态，致使维修活动超出实际需要的现象。　　　　（原思聪）

过盈　interference

孔尺寸减相配合的轴尺寸之代数差。此差值为负值。对于过盈配合或过渡配合，孔的最小极限尺寸减轴的最大极限尺寸称最大过盈；对于过盈配合，孔的最大极限尺寸减轴的最小极限尺寸称最小过盈。最大、最小过盈统称为极限过盈。　（段福来）

过盈配合　interference fit

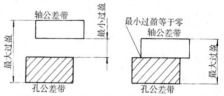

旧称静配合。具有过盈（包括最小过盈等于零）的配合。此时孔的公差带在轴的公差带的下方。即在这批零件中，任何一个孔都比任何一个轴小，也就是任何一对孔、轴装配都会出现过盈。　（段福来）

H

海港塔式起重机　seaport tower crane

修建海港防波堤用的塔式起重机。主要用来投放石块、锥形混凝土和四角形防波石块等。具有抵抗海风作用的良好抗倾翻稳定性。底架为大高度的门架，行走机构采用防水性能良好的液压传动。装有稳定卷筒，可防止悬吊重物的摆动。

（李恒涛）

焊剂　welding flux

焊接时能够熔化并形成熔渣和气体，对焊接熔池起保护和冶金作用的颗粒状焊接材料。由大理石、石英、萤石等矿石和钛白粉、纤维素等化学物质所组成。按化学成分不同，有酸性、中性和碱性的三种。按制造方法的不同，有熔炼焊剂和陶质焊剂两大类。各种焊剂应与一定的焊丝配合使用才能获得优质的焊缝。多用于埋弧焊和电渣焊中。

（方鹤龄）

焊接　welding

通过加热或加压，或者两者并用，并且用（或不用）填充材料，使两工件产生原子间结合而连接成为一个不可拆卸的整体的机械制造方法。有熔化焊、压力焊、钎焊等方法。熔化焊时焊件接头部分需要局部加热到熔化状态，并加入填充金属，凝固后，形成一定截面形状的焊缝。常见的有电弧焊、气焊等。压力焊时焊件接头处不论加热或不加热，都需要施加一定的压力使两个焊件焊接起来，常见的有接触焊、摩擦焊等。　　　　　　（方鹤龄）

焊接变形　welding distortion

焊接过程中由于局部加热时所形成的不均匀温

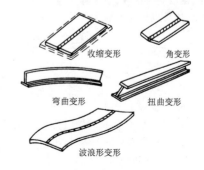

收缩变形　　角变形
弯曲变形　　扭曲变形
波浪形变形

度场，以及由此引起的局部塑性变形和组织变化所产生的内应力而引起的焊件尺寸和形状变化的现象。有收缩变形、角变形、弯曲变形、波浪形变形、扭曲变形等形式(图)。可以采用机械方法矫正，也可用手工锤击矫正。采用局部加热产生压缩塑性变形使较长的焊件在冷却后收缩的火焰矫正法，具有机动性强、设备简单的优点，得到广泛采用。　　　(方鹤龄)

焊接电流　welding current

点焊时，从电极流过钢筋的电流。应与钢筋直径成正比、通电时间成反比。电流过大，焊点出现过烧，熔化金属飞溅；电流过小，焊点四周无铁浆挤出，也会影响焊接质量。电流大小用变压器级次表示。级次高，电流大。　　　　　　　　　(向文寿)

焊接缺陷　weld defects

焊接过程中产生的不符合标准要求的缺陷。有内部缺陷与外部缺陷之分。前者包括气孔、夹渣、未焊透和裂缝等，后者有焊缝咬边(咬肉)、表面波纹、飞溅、弧坑、焊瘤、表面气孔、夹渣和裂纹等。一般可通过外观检查、钻孔检查、X射线、γ射线、超声波等方法检查。　　　　　　　　　　　(董苏华)

焊接筛网　welding sieve net

用金属丝编织后，在丝与丝交叉点加以焊接的筛网。具有筛孔形状不走样的优点。　(曹善华)

焊接通电时间　welding time

点焊时，从接通焊接电流到切断焊接电流所持续的时间。根据钢筋直径和焊接电流大小确定，采用强参数时为0.1～0.5s，采用弱参数时为半秒到数秒。时间过长则金属熔化过多，产生溢流现象；过短则热量不足，焊接不良，均导致焊点强度降低。　　　　　　　　　　　　　　　(向文寿)

焊炬　welding torch

气焊时，用来调节气体混合比和流量，以产生一定特性的火焰进行焊接的工具。按可燃气体与氧气混合方式的不同，可分为射吸式(图)和等压式两种。目前国内生产的焊炬均为射吸式，共有四个规格，每一规格的焊炬均备有5个大小不同的焊嘴，以便焊接不同厚度的工件。在不熔化极气电焊或等离子弧焊机中，用以夹持电极，馈送焊接电流，喷出保护气体的操作器具也称为焊炬。

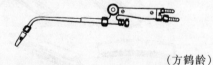

　　　　　　　　　　　　　　　　　(方鹤龄)

焊丝　welding wire

焊接时作为填充金属或同时用来导电的金属丝。在气焊和钨极气体保护焊时，用作为填充金属；在埋弧焊、电渣焊和其他熔化极气体保护焊时，既是

填充金属，同时也是导电电极，常用的有冷拉焊丝、铸造焊丝和药芯焊丝等类型。　　　(方鹤龄)

焊条　covered electrode

在手工电弧焊中作为熔化电极用的焊接材料。由焊条芯和涂敷在其表面上的药皮所组成，焊条芯起导电和填充焊缝金属的作用，药皮可提高电弧燃烧的稳定性，防止空气对熔化金属的有害作用，保证焊缝金属的脱氧和加入合金元素，以提高焊缝金属的机械性能。药皮的类型有酸性和碱性之分。按用途可分为结构钢焊条、耐热钢焊条、不锈钢焊条、堆焊焊条、低温钢焊条、铸铁焊条、镍及镍合金焊条、铜及铜合金焊条、铝及铝合金焊条等。

　　　　　　　　　(方鹤龄　向文寿)

hang

夯锤　tamper

用以冲击地面的铁质或钢筋混凝土块体，或夯实机中与地面直接接触的工作部件。前者用起重臂或门架提升至一定高度，然后迅速下降，冲击地面。后者则是向地面传递冲击、重力、振动和复合作用的构件。　　　　　　　　　　　　　　(曹善华)

夯击面积　taming area

夯实机作业时，机械的底板与地面接触的作业面面积。　　　　　　　　　　　　　　(曹善华)

夯击能量　tamping energy

夯击机械作业时，每一工作循环所完成的功。等于冲击部分重力 G 及其下落高度 H 的乘积，即：

$$W = GH$$

式中 W 为夯击能量。　　　　　　　　(曹善华)

夯实　tamping

利用重块从某一高度周期性地自由降落产生的冲击力使料层密实的工艺过程。夯实效果决定于重块质量 M 和降落高度 H，由于冲击时间极短，对物料所产生的应力变化速度很快。用于密实土壤，尤其对粘性土壤有较好的密实效果。　　　(曹善华)

夯实机　compacter

利用冲击或冲击振动作用分层夯实回填土或地面的压实机械。有内燃式、电动式、落体式等种。按照作用原理分冲击式和振动冲击两种。与压路机相比，具有夯实深度大，搬运方便，便于在小面积(如小基坑)作业等优点，但施工费用较高。　(曹善华)

夯头　tamper

夯实机中直接对地面进行冲击、振动或振压的工作部件。大多制成夯锤或夯板。　　　(曹善华)

行业标准　occupation standard

旧称专业标准或部标准。对没有国家标准而又需要在全国某个行业范围内统一技术要求的标准。
（段福来）

hao

耗气量　air consumption

在规定条件下,气动机械或气动工具在单位时间内所消耗的在标准状态下自由空气的体积量。单位为 m³/min。
（茅承觉）

he

合成树脂带　synthetic resin belt

又称化学排水管。断面为长方形,由芯体和过滤部分组成合成纤维聚酯材料制成的具有良好集水效应的带。是排水带式地基处理机械的排水通路。
（赵伟民）

荷兰式打浆机　hollander

利用料浆在高速旋转的打浆辊刀片和槽底梳算刀片的间隙中产生的强烈水力冲击,使石棉进一步松解并制成石棉水泥料浆的机械。由椭圆环形槽、打浆辊和槽底梳算等组成。椭圆形槽底呈高低曲线状,使石棉水泥料浆流动。打浆辊由电动机通过减速器驱动旋转,当料浆流至打浆辊处,因打浆辊的高速旋转而迅速增高流速,在打浆辊刀片和槽底梳算刀片间产生了强烈的冲击和涡流,使石棉进一步松解,同时加入水泥制成石棉水泥料浆。亦可用于制造纸浆。
（石来德）

heng

恒功率变量机构　constant power variable displacement mechanism

又称压力补偿变量机构。保持功率恒定的变量机构。最适合建筑工程机械的要求。当外载荷增大时,自动压力升高而速度降低;当外载荷减小时,压力降低而速度升高。可使机器经常处于高效率工况下运转。
（刘绍华）

恒流量变量机构　constant flow variable displacement mechanism

保持流量恒定的变量机构。即:$Q = qn = $ 常数。Q 为液压泵的流量;q 为泵的排量;n 为泵的转速。当转速增加时相应地减小排量,或者当转速减小时相应地增加排量,使流量保持不变。如建筑工程机械液压转向系统,为了维持一定的转向速度,在车速(或发动机转速)发生变化时,要求流量不变,故必须使用有这种变量机构的液压泵。
（刘绍华）

恒压变量机构　constant pressure variable displacement mechanism

保持压力恒定的变量机构。当外载荷发生变化时,将液压泵的输出压力与给定值进行比较,自动地调节斜盘倾角改变排量,直至液压泵的输出压力保持为给定值。
（刘绍华）

恒压调节变量　constant pressure control displacement

用恒压力控制的变量机构使液压泵供油压力恒定的变量方式。正常情况下,顺序阀关闭,液压泵在调节器弹簧作用下,以一定摆角输出流量。外负荷增大时,主回路的工作压力升高,到一定程度时,顺序阀开启,主回路的部分油液入控制油路,建立控制压力 ΔP,压缩弹簧使泵摆角减小,流量相应减小。因节流阀的作用,控制压力 ΔP 与所通过的控制流量成比例,流量减小,ΔP 也降低,调节器又使泵摆角增大,相应流量也增加,直到平衡,借以保证主回路压力基本恒定。

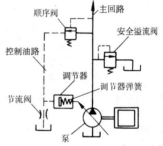

（刘希平）

恒压恒功率调节变量　constant pressure and constant power control displacement

恒压调节变量与恒功率调节变量结合在一起的变量方式。在一般负荷下,按恒功率调节液压泵流量,可以无级调速,充分利用功率。超负荷时,按恒压调节液压泵流量,可以使液压泵输出油量与执行元件需要油量相平衡,基本上没有溢流损失。
（刘希平）

珩磨　honing

用夹有油石条(也称珩磨条)的珩磨头对已精加工过的表面在低切削速度下进行光整和精整加工的一种加工方法。珩孔时,珩磨头(图)由珩磨机的主轴带动作旋转和直线往复运动,同时通过珩磨头中的弹簧或液压力控制油石外涨,对准加工的孔壁作径向进给运动。珩

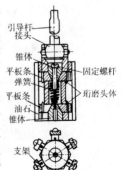

磨头的转速和轴向往复数互为质数,使磨料在孔壁上刻划下互不重复的交叉网纹,从而获得很小的表面粗糙度。但不能提高孔的位置精度,也不能珩磨有色金属。主要用于加工孔径 5~500mm 或更大的各种圆柱孔,如缸孔、阀孔、连杆孔和高精度轴承孔等。在一定条件下,也能加工外圆面、平面、球面和齿面等。　　　　　　　　　　　(方鹤龄)

桁架臂起重机　latticed jib crane

采用桁架结构起重臂的起重机。品种较多,有桁架臂汽车起重机、桁架臂轮胎起重机、桁架臂履带起重机和塔式起重机等。桁架起重臂自重轻,有利于提高起重机的起重性能,特别是在大幅度情况下尤为显著。由于分段组装,作业前的辅助时间长,但工作可靠。在起重机中占有较大的比重。　　(李恒涛)

桁架起重臂　lattice jib

由型钢、管材焊接成格构式结构件的起重臂。常由若干节段用螺栓或销轴连接成所需长度。按桁架截面形状有正方形、矩形和三角形三种。特点是自重轻,有利于提高起重机的起重性能;但装、拆时间长,制造时工艺性差。　　　　　(李恒涛)

桁架式悬臂架桥机　cantilever bridge beam erecting machine with truss boom

起吊梁与吊平衡重的前后悬臂均为桁架梁的架桥机械。能拆卸与架设长 32 ~40m、重 130~160t 的整孔(整片)预应力钢筋混凝土梁或钢板梁。
　　　　　　　　　　　(唐经世　高国安)

横抱式振动桩锤　horizontal chuck vibrating pile hammer

在振动中心以下位置把持桩,使激振力有效地传到桩上的机械式振动桩锤。夹桩器可在桩的任意位置上夹持桩,减少了吊桩所需的空间,只要有桩长的高度即可进行打拔桩作业。　　(赵伟民)

横挖式多斗挖掘机　transversal-excavating continuous excavator

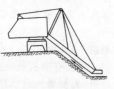

铲斗的运动平面垂直于机械运移方向的多斗挖掘机。工作装置布置在一侧,可进行停机面以上或以下的掌子面挖掘。用于路堑修筑,河道边坡平整,以及采矿场剥离表土和采矿。
　　　　　　　　　　　(曹善华)

横向稳定性　traverse stability

车辆和自行式工程机械抵抗侧向倾翻的能力。决定于机械横向稳定力矩和倾翻力矩,前者必须绝对大于后者。机械转弯或在斜坡上行驶时,由于惯性离心力和机械重力沿下坡方向分力的作用,倾翻力矩增大,横向稳定性更为重要。　　(曹善华)

横向行驶稳定性　cross stability on travel

自行式机械在弯道上行驶或直道上转向行驶时抗侧滑或侧翻的能力。机械在行驶过程中,受离心力和横向风力的作用,产生侧向滑移甚至横向倾翻。为保证机械横向行驶稳定性,其限制条件为:自行式机械的轮距 B 与机械的重心高度 h_g 的 2 倍之比大于 φ;φ 为随轮胎花纹、气压和路面而异的附着系数。　　　　　　　　　　　(李恒涛)

横置管道式吸尘嘴

吸风口和吹风口在吸尘管道上成横置排列的扫路机吸尘嘴。由横置管道、密封条、吹风嘴和吸风嘴组成。工作时吸尘嘴与地面密封、高速气流在两端吹风口形成正压,在中间吸风口形成负压,靠吹风口的风力将地面垃圾吹动,靠吸风口的吸力将垃圾吸起并经管道吸入垃圾斗,达到净化路面的目的。

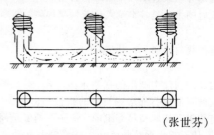

(张世芬)

hong

烘干磨　dryer-mill

带烘干仓的管磨机。分尾卸提升循环式和中卸提升循环式。烘干仓位于粗磨仓前,内设轴向布置扬料板。入磨物料在扬料板带动下提升一定高度后抛落,与通过烘干仓的热风或热废气进行热交换,被烘干后由排料叶片送入粗磨仓磨磨。磨细物料由尾部或中部卸出,经提升机送至选粉机分选。粗粉返回磨内再粉磨,细粉经收尘设备捕集即为产品。入磨粒度小于 25mm,物料含水量在 5%~12% 以内。可利用水泥悬浮预热窑和窑外分解窑以及冷却机废气的余热,适应干法水泥生产技术的发展,但结构与流程复杂。　　　　　　　　　　　(陆厚根)

hou

后部出草　back discharge grass

剪草机剪下的草由位于滚刀或旋刀后面的集草装置收集。　　　　　　　　　(胡　漪)

后车架　caster frame

铰接式车架的后半车架。由两根纵梁与若干横梁焊接而成。后车架与后驱动桥的连接方式是采用铰接式,故驱动桥遇到道路不平时,可随地形变化而摆动,从而减轻因地形或遇到障碍物时对车架和车架铰接销轴的冲击力,使机械行驶或作业时的稳定性与平顺性较好。　　　　　　　　(陈宜通)

后端卸料装载机　rear dump loader

铲斗装在机械前端,在前端装料,经举升,越过司机室顶部向后端卸料的单斗装载机。作业时机械不需要调头,可直接停在其后面的运输车辆卸料,节省时间,但卸料时铲斗需越过司机头部,不安全。行走机构以履带式居多。　　　　　　(黄锡朋)

后滚轮升降机构　lifter of rear roller

地板刨平机中由铰接的支承摇臂、升降拉杆及弹簧组成的支承机构。拉杆在扶手管中伸缩,使安装在支承摇臂上的后滚轮随其摆动升降,以调整刨刀对地板的切削厚度。　　　　　　　(杜绍安)

后轮偏转转向装载机　rear wheel steer loader

后桥车轮偏转转向的轮胎式装载机。因工作装置装于前端,故后轮载荷小,转向阻力矩小,且允许较大的后轮偏转角,机动性好。　　　　(黄锡朋)

后张法锚具　post-tensioning anchorage

在后张法结构或构件中用来保持预应力筋拉力并将其传递到混凝土上的永久性锚固预应力混凝土机具。分为螺杆式、镦头式、锥销式和夹片式等几种。根据结构和构件外形、预应力筋的品种、规格、数量和使用的张拉设备等选用。

　　　　　　　　　　　　　　(向文寿)

后支承　rear support

安装于掘进机后部下面,在掘进机支撑机构复位时,支承机械后部重力的机构。一般有左右两组,每组各设有一方形导向套,上端与机体连接,下端与靴板铰接。靴板为弧形,以便与洞底接触,如有需要还可在靴板上安装防滑刺。导向套均由油缸控制。当水平支撑缩回或停止掘进时,可借液压缸伸长使靴板接触洞底,以支承后部重力;当水平支撑撑紧洞壁后,可缩回液压缸带动靴板离开洞壁,机械开始掘进;机械掘进时导向套的伸缩,能起到机械垂直调向作用。

　　　　　　　　　　　　　　(茅承觉)

后装倾翻卸料式垃圾车

靠自身动力装置或其他辅助装置在车的后部压缩装载垃圾,转运后,靠倾翻车箱卸料的垃圾车。车的后部装有接受垃圾倒入的填塞器,内装有传送垃圾、向车箱内推进和压实的装置,使车箱内垃圾充填密实,分布均匀。按作用原理可分为旋板式和压板式两种。车箱后部还设有垃圾桶提升翻转架,通过翻转架可以将垃圾倒入槽斗内。倾卸垃圾时填塞器先举升,而后液力举升机构将车箱举升,并向后翻转,在重力作用下卸出垃圾。　　　　(张世芬)

后装压缩装载推挤卸料式垃圾车

靠自身动力装置或其他辅助装置在车的后部压缩装载垃圾,转运后由推板从车箱后部推挤卸料的垃圾车。车的后部装有接受垃圾倒入的填塞器,内装有传送垃圾并向车箱内推进和压实的装置。可使垃圾在车箱内充填密实,分布均匀。按作用原理可分为旋板式和压板式两种。车箱后部还设有垃圾桶提升翻转架,通过翻转架可以将垃圾桶内的垃圾倒入槽斗内,卸垃圾时,填塞器先举升,车箱内垃圾由推板推挤排出。　　　　　　(张世芬)

厚薄规　thickness gauge

又称塞尺、间隙片。检测两个结合面之间缝隙大小的量规。其上下面是测量面,非常平整、光洁。厚度为(0.03～0.1)mm 组的,每片间隔 0.01mm;厚度为(0.1～1)mm 组的,每片间隔 0.05mm。使用时,可用一片或多片重叠一起插入间缝。例如,用 0.03mm 一片能插入,但用 0.04mm 片不能插入,即说明间缝在 0.03mm 至 0.04mm 之间,因而这是一种界限量规。

　　　　　　　　　　　　　　(田维铎)

hu

狐尾锯　drag saw

又称原木横截锯。锯条悬置于锯架尾部,构成形似狐尾的往复锯。　　　　　　　(丁玉兰)

弧焊机　arc welder

利用电弧产生的高温将钢筋端面和焊条末端熔化进行焊接的钢筋焊接机械。施焊前,先将焊件和焊条分别与弧焊机的两电极相连,然后将焊条端部轻轻地和焊件接触,造成瞬间短路,随即很快提起 2～4mm,使空气产生电离而引燃电弧,高温电弧将焊条端部和电弧燃烧范围内的焊件金属很快熔化,焊条金属过渡到熔化的焊缝内,凝固后即形成焊缝或接头。分交流弧焊机和直流弧焊机两种。前者又称弧焊变压器,结构简单,价格低廉,保养和维护方便;后者又分为弧焊发电机和弧焊整流器,焊接电流稳定,焊接质量高。常用于钢筋搭接焊、帮条焊和坡口焊。除广泛应用于土建工程外,机械制造业也大量采用。

　　　　　　　　　　　　　　(向文寿)

弧面蜗杆减速器　enveloping worm reducer

将蜗杆的螺旋齿做在圆弧回转体上,由节面为弧面蜗杆与蜗轮啮合进行传动的减速器。承载能力和效率比普通圆柱蜗杆减速器有较大提高。包括三种类型:①圆弧面蜗杆传动,是由一普通蜗轮和圆弧面蜗杆所组成。②平面齿齿轮包络蜗杆传动,是由平面齿齿轮(即蜗轮)和一圆弧面蜗杆所组成。③双包圆弧面蜗杆传动,是将具有非常优越的啮合性能的圆弧面蜗杆传动和

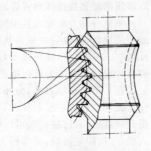

有很好工艺性能的平面齿齿轮包络蜗杆传动综合在一起的一种新型弧面蜗杆传动。　　　(苑　舟)

弧形筛　bow-screen

　　湿法粉磨系统中,利用离心力使料浆强制喷洒在弧形筛面上进行分级的水力分级机。料浆从喷嘴切向喷到弧形筛面上,细料浆由于离心力作用,沿径向通过筛孔流出,并因重力沿筛的外缘流入筛的机壳外层排出,成为成品。未能通过筛孔的料浆沿筛面内缘流入机壳内层排出,成为回浆,再次送回磨机粉磨。能及时选出合格成品,提高磨机的粉磨效率。
　　　　　　　　　　　　　　　　　(曹善华)

互换性　interchangeability

　　同一规格的零、部件,在装配或更换时,不需任何挑选、调整或修配,便能满足规定的功能要求的特性。按互换性程度的不同,可分为完全互换与不完全互换。对标准化的部件或机构还可分为外互换与内互换。外互换是指标准化的部件或机构与其外部联结件的互换,如滚动轴承与轴及壳体孔的结合;内互换是指标准化的部件或机构内部零件之间结合的互换性,如滚动轴承中钢球与内、外沟道的配合。零部件的互换性为生产的专业化、自动化创造了条件,有利于降低成本,提高产品质量,减少修理机器的时间和费用。　　　　　　　　　　(段福来)

互谱密度函数　cross-spectral density function

　　互相关函数的傅立叶变换。定义式为

$$S_{xy}(f) = \int_{-\infty}^{\infty} R_{xy}(\tau) e^{-j2\pi f\tau} d\tau$$

对于有限长度的样本其定义为:

$$S_{xy}(f) = \lim_{T\to\infty} \frac{X^*(f) \cdot Y(f)}{T}$$

$X(f)$为随机信号$x(t)$的有限傅立叶变换;$Y(f)$为$y(t)$的有限傅立叶变换。

　　　　　　　　　　　　　　　　　(朱发美)

互锁机构　gearshift mechanism

　　在变速箱操纵机构中,用来防止同时挂上两个档的装置。有摆架式和锁销式两种结构型式。图示为摆架式

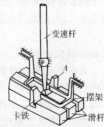

互锁机构,摆动的铁架用轴销悬挂在操纵机构壳体内。变速杆下端置于摆架中间,可以作纵向移动。摆架两侧有卡铁,当变速杆下端在摆架中间移动而拨动某一根滑杆时,卡铁则卡在相邻滑杆的拨槽中,因而防止了相邻滑杆也被同时拨动而造成同时换上两个档。　　　　　　　　　　　　(陈宜通)

互相关函数　cross-correlation function

　　由两个随机信号$X(t)$,$Y(t)$的二维联合概率密度所确定的二阶原点混合矩。表达式为:

$$R_{xy}(t_1, t_2) = E[X(t), Y(t)]$$
$$= \int_{-\infty}^{\infty}\int_{-\infty}^{\infty} x \cdot y f(x_i t_1; y_i t_2) dx dy$$

在具有各态历经性的平稳随机信号中,定量地描述了两个随机信号任意两个状态之间的相关关系。也可以表示两个样本函数$x(t)$在某时刻t的波形与$y(t)$在$(t+\tau)$时刻的波形间的相似程度。

　　　　　　　　　　　　　　　　　(朱发美)

护盾　shield

　　装在掘进机外围,使机械能顺利地在恶劣地层中掘进的防护构件。　　　　　　(刘友元)

护盾式全断面岩石掘进机　shielded full face rock TBM

　　在整机外围设置与机械直径相一致的圆筒形防护结构的全断面岩石掘进机。适于在破碎或复杂条件下岩层的

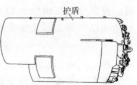

掘进。基本构造与支撑式全断面岩石掘进机相似,可分为单护盾式、双护盾式和三护盾式三类。单护盾式是采用一套推进系统,用衬砌块或钢支架顶推系统,适用于软岩或岩石破碎时;双护盾的护盾做成可伸缩的前后两节,采用两套推进系统,岩石完整时用支撑式推进系统,岩石破碎时则用衬砌块或钢支架顶推系统;三护盾即前、中、后三节护盾,两套支撑靴板和两套推进液压缸系统,掘进时两套支撑靴板和推进液压缸交替工作,可实现连续掘进。

　　　　　　　　　　　　　　　　　(茅承觉)

hua

花卉设备　flowers-and-plant equipment

　　用以进行花卉的培育、运输、包装等工作的园林机械。主要有:花卉运输车、机械装盆机、颗粒肥料制片机、温室培育花卉设备、花卉分束机、花卉捆扎机等。　　　　　　　　　　　　(胡　漪)

花键轴　splined shaft

　　又称多槽轴。在轴的表面开有多个分度相等并

与轴线平行的键槽的轴。用于
将旋转运动传递给与之相配的
轮毂等。适用大动力、振动载荷
及在工作中需要轴与毂产生某
些轴向相对运动的情况。

（幸淑琼）

铧式开沟机　plow ditcher

利用犁铧切削土壤的开沟机。由支架、铧、牵引
钩等组成。一次通过挖出沟渠,生产率较高,但牵引
阻力大,须与大功率拖拉机配套使用。适用于农田
建设中开挖截面较小的排水沟。　　　　（曹善华）

滑差离合器　skid-differential clutch

通过控制主、从动片间的压力,改变片间相对滑
转率,以调节传递功率的湿式摩擦离合器。用来调
节输入变矩器的功率。离合器主动片一般与发动机
输入端相连,从动片与变矩器泵轮相连。调节输入
变矩器功率,可使发动机在供给工作装置液压泵所
需功率的同时,仍可稳定在高效工况工作,发动机的
功率得以合理分配,从而提高了机械的生产率和经
济性。　　　　　　　　　　　　　　　（黄锡朋）

滑动导向支架　sliding screw holder

可沿桩架的立柱导轨上下滑动,为钻具导向的
钻杆导向支架。　　　　　　　　　　　（赵伟民）

滑动副　sliding pair

又称移动副。机构中两个杆件之间只能在一个
轴线上作相对滑动的低副。例如滑块与导槽之间的
联系,为平面机构,消除了滑块的转动及另一个方向
的滑动。

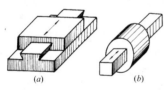

(a)　　　　　　　*(b)*

（田维铎）

滑动漏斗　sliding chute

网袋排水式地基处理机械中,用于固定装砂用
聚乙烯网袋,并为投入的砂石导向用的管状漏斗。

（赵伟民）

滑动轴承　plain bearing

轴与其支承面作滑动摩
擦的轴承。有径向滑动轴承
(图 *a*)和推力滑动轴承(图 *b*)
两种。推力滑动轴承能承受轴
向载荷,一般由轴承座和推力

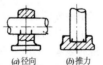

*(a)*径向　*(b)*推力

轴颈等组成,推力轴颈大多采用空心轴颈和多环轴
颈,多环轴颈可承受较大的轴向力且可承受双向轴
向载荷。　　　　　　　　　　　　　　（戚世敏）

滑阀机能　function of spool valve in mid-posi-tion

滑阀式换向阀的阀芯处于中间位置时各通油口
的内部通路连接形式。常用的有 O 型(中位时液压
泵不卸荷,执行元件两腔锁紧)、H 型(液压泵卸荷、
执行元件两腔浮动)、Y 型(液压泵口关闭、执行元件
浮动)、P 型(中位时形成差动回路)、K 型(液压泵卸
荷,执行元件一腔锁紧)和 M 型(液压泵卸荷,执行
元件两腔锁紧)等型式。　　　　　　　（梁光荣）

滑阀式液压激振器　plunger type hydraulic vi-brator

以滑阀来控制振动的直流式液压激振器。

（赵伟民）

滑降式扩孔机　sliding reamer

见翼式扩孔机(324 页)。

滑块凸轮式差速器　slider cam differential

由主动套及在套内可以滑动的长短滑块、内凸
轮花键套、外凸轮花键套等组成的差速器。当内外
凸轮随驱动轮有相对转动时,主动套上的滑块将与
内外凸轮产生较大的摩擦力,该摩擦力在差速器内
部造成较大数值的内摩擦力矩。当两车轮转速有差
异时,使转得较快的车轮分配到较小的扭矩,而转得
较慢的车轮分配到较大的扭矩。当一侧驱动轮掉入
泥坑而滑转时,可将大部分扭矩传给另一侧不滑转
的驱动轮。也可用在多桥驱动车辆的中、后桥之间。

（刘信恩）

滑轮　pulley

用来改变挠性件(钢丝绳)运动方向并平衡挠性
件(钢丝绳)分支拉力的承装零件。常用来组成滑轮
组,以达到省力或增速的目的。有轮缘、轮辐和轮毂
三部分。按用途分为定滑轮、动滑轮及均衡滑轮;按
制造工艺可分为锻造滑轮、铸造滑轮和焊接滑轮。
近年来已出现了由尼龙材料制造的滑轮,具有强度
高,自重轻等特点。　　　　　　　　　（陈秀捷）

滑轮式磁选机　pulley-type magnetic separator

利用磁滑轮的磁力,辅以机械力使磁性和非磁
性颗料分离的磁选设备。其工作部分是一电磁磁系
滑轮,磁性颗粒受磁力吸引依附于其上面被带出,非
磁性颗粒受重力和机械力作用,沿另一路径移动而
排出,从而实现分选。可用来分选块状物料。

（曹善华）

滑轮直径　diameter of pulley

又称滑轮名义直径。滑轮槽底直径。与滑轮卷
绕直径的关系为 $D = D_0 - d$。式中 D 为滑轮直径
(mm); D_0 为滑轮卷绕直径(又称计算直径),是以钢
丝绳中心计算的直径(mm); d 为钢丝绳直径(mm)。
为提高钢丝绳的寿命,滑轮直径应尽可能选大些,为
此滑轮最小卷绕直径 D_{0min} 应按下式选用: $D_{0min} =$

cd。式中 c 为与机构工作级别和钢丝绳结构有关的系数,一般在 16～28 之间。 （陈秀捷）

滑轮组 pulley block

钢丝绳依次绕过若干个定滑轮和动滑轮所组成的传动装置。按功用分为省力滑轮组及增速滑轮组;按结构分为单联滑轮组及双联滑轮组。 （陈秀捷）

滑轮组倍率 part line of pulley block

悬挂载荷的钢丝绳分支数与引入卷筒的钢丝绳分支数之比值。等于卷筒圆周速度与载荷起升速度之比。单联滑轮组倍率为承载分支数,双联滑轮组倍率为承载分支数之半。 （陈秀捷）

滑轮组效率 efficiency of pulley block

在滑轮组中,绕入卷筒钢丝绳不计阻力时的理想拉力与实际拉力之比值。钢丝绳穿过单个滑轮时,进入端上的力与输出端上的力之比值为单个滑轮的效率 η。若滑轮组倍率为 a,则效率 $\eta_{组}$ 由下式求得:

$$\eta_{组} = \frac{1 - \eta^a}{a(1 - \eta)} < 1$$

（陈秀捷）

滑模式水泥混凝土摊铺机 slip-form concrete paver

在机架两侧装有随机移动的铺路模板,对干硬性水泥混凝土进行连续摊铺和整面,一次通过即可完成一条摊铺带的水泥混凝土摊铺机。其工作装置有:螺旋摊铺器,计量刮板,弯管式振捣棒,摊铺夯实梁,整型板和带修边器的浮动抹光板等,大型摊铺机还附有第二计量刮板和双摆动式整平板。行走装置一般为履带式,大型机则为四个履带台车组成的底盘。

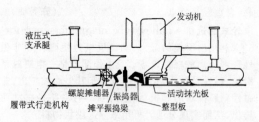

滑模式摊铺机整面系统装置示意图

（章成器）

滑行式振动冲模 sliding vibrating impact concrete mould

可沿模板移动的振动冲模。有两种型式,一种是制品固定,冲模移动;另一种是制品移动,冲模固定。混凝土拌和料在振动和压力的共同作用下得以密实成型。广泛用来成型长直制品和石棉水泥制品,也可用干硬性混凝土拌和料制作曲面壳体。

（向文寿）

滑移竖桅杆法 the method of erecting mast with sliding its end

借助于辅助桅杆安装桅杆起重机的方法。当桅杆运到安装地点后,先卧置于枕木上并使其重心位于桅杆工作时的支承点之上,然后用辅助桅杆的起重钩钩在待装桅杆重心之上 1～1.5m 处,开动卷扬机吊起桅杆,这样桅杆的下端沿着地面滑移到就位点,最后使桅杆处于直立状态。所用辅助桅杆的承载能力,等于待装桅杆及附件的自重,长度比待装桅杆的一半长 3～3.5m。 （李恒涛）

滑移速度 sliding velocity

斗式提升机料斗中的物料颗粒在卸料过程中沿物料滑移平面的相对运动速度。其经验公式为:

$$v_c = \frac{wh(\omega t)^2}{2}\cos(\theta_0 - \varphi_0)$$

式中 ω 为驱动滚筒角速度;h 为极距;θ_0 为滑移初始角;φ_0 为物料内摩擦角。 （谢明军）

滑移转向装载机 wheel skid steer loader

依靠左右车轮转速和转动方向不同,轮胎在地面滑移中实现转向的轮胎式装载机。采用整体刚性车架、短轴距;左右两侧车轮有独立的传动系统,全轮驱动;车轮轴固定在车架上,不能偏转。车辆转向半径和转向中心取决于两侧车轮速差、转动方向以及前后轴荷分配。当四个车轮载荷均布,两侧车轮以等速反向转动时,可得到以四个车轮支承中心为转向中心的最小转向半径,实现原地转向。机动性很好,可在狭窄作业范围内工作;但机械纵向稳定性差,转向时车轮侧滑使轮胎磨损严重。适宜在平坦地面作业,铲斗载重量多小于 1t。 （黄锡朋）

滑转率 slippage, slip coefficient

车轮或履带在地面上行驶时,沿着行驶相反方向相对于地面的单位时间滑动量与理论速度的比率。轮式行走装置都发生在驱动轮上,履带式行走装置因履齿剪切作用使土壤剪切变形,导致履带支承面对于地面的滑移。常用下式表示:

$$\delta = \frac{v_t - v}{v_t} = \frac{v_\delta}{v_t}$$

式中 δ 是滑转率,v_t 是理论速度,v 是实际速度,v_δ 是单位时间的滑移量。 （曹善华 刘信恩）

滑转效率 slip efficiency

驱动轮理论功率和驱动轮滑转损失功率之差与理论功率的比值 η_δ。即:

$$\eta_\delta = \frac{P_K v_T - P_K(v_T - v)}{P_K v_T} = \frac{v}{v_T}$$

式中 v_T 为驱动轮理论速度;v 为实际速度;P_K 为

驱动轮切线牵引力；$P_K v_T$ 为驱动轮理论功率；$P_K(v_T - v)$ 为驱动轮滑转所引起的功率损失。

（刘信恩）

化学除锈 rust chemical cleaning

利用化学溶液除去零件表面油污、锈迹、铸皮、锻皮、轧皮以及各种腐蚀产物的除锈方法。一般不影响基体金属。由于金属氧化物都是碱性的，故通常采用酸性溶液，如硫酸、盐酸、磷酸等，以达到良好的除锈效果。

（原思聪）

化学热处理 chemical heat treatment

改变金属工件表层的化学成分、组织和性能的金属热处理工艺。将金属工件置于含有特定介质的容器中，加热到适当温度后保温，使介质中的活性原子不断地被工件表面吸附，形成固溶体或化合物，并向工件内部扩散渗入，形成一定的扩散层，以改变工件表层的化学成分和组织，从而达到使工件表面具有某些特殊的机械或物理化学性能。常用的工艺方法有渗碳、氮化、碳氮共渗等。

（方鹤龄）

化油器 carburetor

又称汽化器。汽油机上形成可燃混合气的重要部件。主要由浮子室、喉管、节气门及各种供油装置组成。当高速空气流经喉管时，便将浮子室中的汽油吸出，使之击碎、雾化、并与空气混合形成可燃混合气，从而进入气缸压缩点火燃烧。化油器中的各种供油装置用以满足汽油机各种工况对混合气浓度的需要，而节气门开度的大小可控制进入气缸的混合气数量。

（陆耀祖）

huan

环槽式挤泥机 chute press

又称辊式挤泥机。利用槽辊旋转时的摩擦力连续挤出泥条的烧土制品成型机械。由受料箱、压泥辊、槽辊、刮刀等组成。混合料进入受料箱后，被压泥辊压入槽辊内，靠槽辊旋转时的摩擦力带走，在机头附近被插入槽内的刮刀刮出，进入弯道机头经机口被挤压成连续的泥条。适于成型规格范围较宽的烧土制品。

（丁玉兰）

环梁安装机构 steel rib erector

在全断面岩石掘进机上，为安装隧洞环梁支护结构用的机构。环梁是钢拱架，由设在掘进机前部靠近挡尘板部位的环形装配轮梁进行安装，钢拱架由掘进机底部从机尾通向机首的单轨吊车输送，经轮梁卡住，再由减速器带动轮梁旋转到预定位置装配；安装环梁以防止岩层塌方、岩石崩落，保护机械和施工人员的安全。

（刘友元）

环 - 球磨 ring-ball mill

又称皮特斯磨（Peters mill）。利用磨环与磨球之间研磨作用粉磨物料的辊式磨机。用可调弹簧、液压装置或液压、气压装置加压于不回转的上环，传动装置驱动下环回转，磨球在上下环之间滚动。入磨物料受离心力作用被甩到环、球间粉磨，磨细物料从环周溢出，被上升气流带入分离器，粗粉返回磨室，细粉随气流排出机外。可粉磨兼烘干，主要用于制备煤粉。

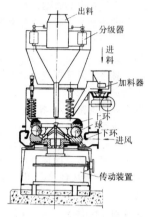

（陆厚根）

环式原木剥皮机 ring-type log peeler

靠均匀固定在旋转的内圆环上钝刀对树皮进行挤压、割刮的原木剥皮机。工作中原木在圆环中前进，通过气动或液力装置使剥皮钝刀对原木施加适当压力，在原木连续前进和刀具不断旋转中啃刮树皮。生产率高，但必须分径级进料。

（丁玉兰）

环室供气式喷头 annular sprayer head

在灰气混合室前部圆周设置配气环，使压缩空气沿灰浆料流圆周切向吹出，以形成旋转的锥状灰浆射流的气动喷头。

（周贤彪）

环卫机械 enviromental sanitary machine

净化环境所用机械和设备的统称。包括扫路机、除雪机、洒水车、吸粪车、地面清洗机、地面污垢清除机、垃圾车、厕所车及垃圾中转站设备等。用于城市道路、广场、车站、码头等路面垃圾的收集和运送；积雪的清除；路面的冲刷和洒水；粪便的清运；室内高级地面的清洗；厂房地面污垢的清除以及城市垃圾的转运等作业。

（张世芬）

环向振动台 circulatory vibrating table

激振力大小不变，而方向不断改变的振动台。在台面下安装单根传动轴，其上装有一个或几个质心可调偏心块，工作时电动机带动传动轴旋转，产生方向在 $360°$ 内不断变化的激振力。构造简单。但混凝土拌和料在模内会产生横向移动，且易吸入空气，台面各部位的振幅也不均匀，振实效果较差，只有小型简易振动台才采用这种形式。

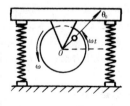

（向文寿）

环形外壳 ring cage

设置在内套管的外部,用以支承和控制内套管位置的冲抓斗开启机构的部件。

(孙景武 赵伟民)

环形钻架 ring drill rig

悬吊于竖井掘进吊盘上的环状吊架式钻架。用于钻凿向下炮孔。 (茅承觉)

缓冲补油回路 cushion replenishment circuit

克服因运动部件的惯性作用造成的液压冲击,并对执行元件的低压腔出现的局部真空进行补油的压力控制回路。保证液压系统的正常工作,减少噪声、振动和破坏现象。用缓冲补油阀或蓄能器来实现。 (梁光荣)

缓冲器 buffer

用来吸收轨道起重机或起重小车在行走至终端而碰撞时的动能,缓和冲击的起重机安全装置。当运行速度低于每分钟40m时,只需装有终点限位开关和挡止器。有木质的、橡胶的、弹簧的、液压的和塑料的多种缓冲器。 (于文斌)

换档 gear

通过改变变速箱中齿轮的啮合来改变行走速度的操作。行走机械的速度间隔称为档,如前进一档,前进二档,倒档以及行走停止的空档。 (陈宜通)

换档拨叉 gear shift fork

装在变速箱中用以进行换档的叉形机件。用变速杆拨拨叉拨动变速箱中的滑动齿轮或啮合套,变更排档的位置以实现换档。 (陈宜通)

换档机构 gearshift

变速箱中可将变速齿轮变换啮合位置,起变速作用的联杆式机械结构。由变速杆、拨叉轴及换档拨叉等主要零件组成。 (陈宜通)

换档离合器 clutch for shift

装在动力换档变速箱中,用以实现换档的湿式摩擦离合器。由外鼓、内鼓、主从动片、液压缸活塞和分离弹簧等组成。外鼓和液压缸做成一体,与固装在轴上的齿轮相固接,内鼓与空套在轴上的齿轮相固接,主、从动片花键分别与内外鼓连接。如压力油引至液压缸,活塞使主从动片压紧,动力即由一侧齿轮经主、从动片间的摩擦传至另一齿轮,实现换档;释放压力油,主、从动片在弹簧作用下分离,该档传动中断。 (黄锡朋)

换能器 converter

缓解冲击,存贮并释放能量的液压桩锤的部件。位于桩锤下部。液压桩锤工作时,锤体下落冲击换能器,并将能量通过换能器传给桩,使桩下沉,同时压缩换能器内的油、水或气体,使之蓄能并逐渐释放能量,使桩在受锤体冲击后持续下沉。这样既可不损坏桩头,又可较长时间保持有效打击力,使桩锤打击沉桩曲线趋于合理。有液压式、注水式和油-气式。 (赵伟民)

换位修理法 position changing repair method

对一些表面磨损程度不同的零件,将磨损严重的部位切除,重新焊接新的部分,或旋转角度,改换位置,再将其加工到名义尺寸的修理方法。在齿轮修理中应用较广。 (原思聪)

换向阀 directional valve

靠阀芯与阀体的相对运动的方向控制阀。有转阀式和滑阀式两种。按阀芯在阀体内停留的工作位置数分为二位、三位等;按与阀体相连的油路数分为二通、三通、四通和六通等;操作阀芯运动的方式有手动、机动、电动、液动、电液等型式。 (梁光荣)

换向回路 exchange direction circuit

改变液压执行机构运动方向的方向控制回路。通常采用各种换向阀或双向变量泵来实现。按控制方式分为直动式和先导式两类。直动式用手动阀、机动阀或电磁阀直接实现换向;先导式利用先导阀控制换向阀实现换向。 (梁光荣)

换向机构 reversing mechanism

利用不同控制方法使从动件改变运动方向的机构。常与其他机构联合使用,广泛用于刨床、冲床、车床和汽车等机械。这种机构的具体形式很多,如皮带、齿轮、摩擦轮、棘轮、螺旋或离合器等。此外,利用交流电动机的换相及液压、气压换向阀等也都能使机构换向。 (范俊祥)

hui

灰浆搅拌机 mortar mixer

利用拌和作用制作灰浆的灰浆制备机械。由搅拌鼓筒、搅拌叶片、装料斗、出料口、虹吸管及传动装置组成。分为移动式和固定式,周期式和连续式,单轴式和双轴式,倾翻出料式和活门出料式等类型。因为灰浆中无大骨料及其粘性特点,只用强制搅拌,不能用自落式搅拌。主要应用于施工现场。

(董锡翰)

灰浆喷射器 mortar sprayer

把灰浆输送泵送来的灰浆喷涂到建筑物表面的喷涂机械。由喷射器壳体、喷射器喷头、空气阀门等组成。按灰浆离开喷嘴时的运动特性,分为射流式灰浆喷射器和挤涂式灰浆喷射器;以动力源分,有气动灰浆喷射器和非气动灰浆喷射器。可代替人工抹灰作业。 (周贤彪)

灰浆输送泵 mortar pump

又称灰浆泵。沿管道连续压送灰浆的装修机械。用于建筑施工中灰浆的垂直和水平方向的输送。当与压缩空气配合使用时,还能进行墙面及屋顶面的喷涂抹灰工作。有柱塞式、隔膜式、直接作用式、气动式及螺旋式等类型。

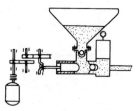

（董锡翰）

灰浆制备机械　mortar material mocessing machine

将装修用灰浆混合材料加工成可用成品的装修机械。包括灰浆搅拌机、淋灰机及筛砂机等。主要应用在建筑工程施工后期的装修工程中。

（董锡翰）

恢复性修理　recovry maintenance

对失效产品进行的旨在恢复其原定各项技术指标的修复工作。　　　　　　　　（原思聪）

回程误差　hysteresis error

在相同条件下,输入量由小增大,以后又逐渐减小,在全量程范围内循环一周时的两者之差。以同一输入量所对应的两个输出量的最大差值与满量程输出的百分比来表示。

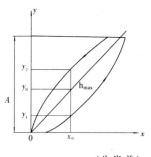

（朱发美）

回火　tempering

将淬火后的钢件重新加热到 Ac_1（钢加热时开始形成奥氏体的温度）以下的一定温度,保温后冷却下来的金属热处理操作。可以消除钢件在淬火时产生的内应力;降低脆性,提高塑性和韧性,获得工件所要求的机械性能;稳定工件尺寸;降低硬度,以利切削加工。按回火温度的不同可分为:①低温回火（150～250℃）,可降低钢中残余应力和脆性,而保持钢在淬火后所得到的高硬度和耐磨性。常用于各类高碳钢的刀具、模具、量具等;②中温回火（350～500℃）,可使钢有足够的硬度和高的弹性极限,并保持一定的韧性。常用于各类弹簧的热处理;③高温回火（500～650℃）,可使钢件得到强度、塑性、韧性都较好的综合机械性能。

（方鹤龄）

回料搅溶机　waste dissolver

将石棉水泥制品生产过程中未硬化的边角料和废料坯重新制成石棉水泥料浆的机械。主要由筒体、装有搅拌叶片的立轴和传动装置等组成。附设

污水泵,作输送料浆之用。　　　　　（石来德）

回送　transportation in train formation

将铁道线路机械编入列车内移送的一种运送方式。　　　　　　　　　　（高国安　唐经世）

回弹量

混凝土喷射机工作时,拌合料不能粘附在工作面上而被回弹落地的数量占总喷射量的份额。与拌和料配合比、拌合方式、喷射压力、喷射角度以及操作人员的熟练程度等有关。对于干式混凝土喷射机一般为 10%～30%;对于湿式混凝土喷射机一般为 5%～10%。　　　　　　　　　　（戴永潮）

回转斗　drilling bucket

又称钻斗。呈圆筒斗状,旋转切取土壤的回转斗钻孔机的部件。直径与桩径相同,斗底装有切土刀,斗内可装一定量的土。有钻进型、切断型、凿岩型、扩孔型。　　　　　　（孙景武　赵伟民）

回转斗式扩孔机　rotary bucket reamer

部分斗壁为可回转张开的扩孔掘削刀的斗式扩孔机。由扩大翼、主刮刀、副刮刀,扩大量检测器、扩孔用液压缸、斗底等组成。工作时,铲斗顺时针回转的同时,扩孔液压缸将回转斗组成部分扩大翼连同刮刀一起推压扩孔。扩孔倾斜部的大部分土壤以刮刀上面落入斗底,侧面落下的土壤沿主刮刀形成的通道进入斗中。成孔后,扩大翼和刮刀同时收回,然后提升至地面将土排出。　　　　　（赵伟民）

回转斗钻孔机　drilling bucket boring machine

由钻杆带动回转斗旋转切取土壤,然后提升至孔外卸土,进行循环作业的取土成孔机械。由回转斗、伸缩式钻杆、加压装置、前导架和底盘等组成。工作时,动力由前导架输入,带动伸缩式方形钻杆旋转,使回转斗切取土壤。当斗内装满土壤后,提升钻具,操纵控制连杆机构,打开回转斗底卸土。然后再放入孔中切取土壤,这样循环作业直至达到要求深度。

（孙景武　赵伟民）

回转副　rolation pair

又称转动副。机构中两个杆件之间只能在一个平面内作相对转动的低副。例如铰链、轴颈与轴承等。对于平面机构，因为沿轴线的轴向及法向都受约束，故回转副只有一个自由度。

(a) *(b)*

（田维铎）

回转机构　slewing mechanism

使起重机或其他机械的回转部分绕其回转中心线，实现回转运动的机构。配合其他机构完成货物的空间运输任务或其他工作循环。由驱动装置、传动装置和回转支承组成。驱动装置的动力经传动装置的 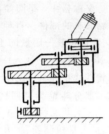 输出小齿轮传至固定在车架上的大齿圈，实现转台绕其回转中心线转动。按传动方式不同分为机械传动、电传动和液压传动。（李恒涛）

回转接头　swivel joint, swivel

①防止在回转斗工作时钢绳受扭的机构。上端通过钢绳套与钢绳相连，下端通过活性铰与内钻杆相连。　　　　　（孙景武　赵伟民）

②能使连接在一起的两根90°弯管作相对转动的接头。将一根弯管和回转接头固定在支架上，另一根弯管即可在支架上自由回转360°，便于混凝土拌和料的摊铺工作。

（戴永潮）

回转马达　slewing motor

驱动挖掘机或起重机上部转台相对下部行走装置（或固定部分）作回转运动的马达。可为电动机或液压马达。　　　　　　　（刘希平）

回转式掘削机械　rotary excavator

采用水平或垂直回转的切削刀切取土的地下连续墙施工机械。有单轴、双轴、水平切削、垂直切削等型式。　　　　　　　　（赵伟民）

回转式泥条切割机　rotary mud-bar cutter

切弓作回转运动而切割泥条的泥条切割机。由主动辊、切弓、动力装置、台架等组成。由挤出机机口挤出的泥条与台架上级辊间产生的摩擦力，带动上悬的切弓作回转运动而切割泥条。所切泥条的长度由主动辊的周长控制。结构简单，操作方便，节省动力，但切割后泥条两端呈弧形，切坯后废泥较多。

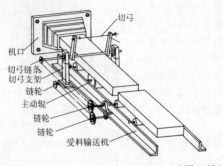

（丁玉兰）

回转式凿岩机械　rotary rock drilling machinery

利用专门的钻头，在旋转力矩和一定轴向压力作用下钻凿成岩孔的凿岩机械。如岩石电钻等。

（茅承觉）

回转水枪　rotary monitor

水枪喷嘴和上弯头可以绕中心螺栓回转360°的水枪。由水枪上弯头、水枪下弯头、管身和可拆换的喷嘴组成，上、下弯头铰接，并有中心螺栓，允许上弯头带管身在平面内全回转。用于开挖基坑和竖直的土体。　　　　　　　（曹善华）

回转速度　slewing speed

回转机构的原动机处于额定转速下，机械回转部分绕其回转中心的转速。单位为 r/min。受回转启、制动时惯性力的限制。对于起重机，受起重臂头部惯性力作用点的最大圆周速度（小于180m/min）和启动时间（4~8s）的限制。当回转半径平均为10m时，一般回转速度 $n \leqslant 3$r/min。有空载回转速度和满载（额定载荷）回转速度之分。（李恒涛）

回转锁定装置　slewing lock

在行驶或不需要转动时，防止转台转动的装置。最简单的是采用插销固定。在底架和转台上各留有插销孔，将插销孔对齐插入插销、实现转台固定。插销可以采用液压传动进行插入或拔出。

（李恒涛）

回转卸料装载机　swing dump loader

铲斗工作装置装在转台上，前端装料后，回转至侧面卸料的轮胎式装载机。机械不需要调头，也不需要严格对车，作业效率高，适宜于场地狭窄地区作业。因需增设一套回转装置，使机构复杂，制造成本增加。　　　　　　　（黄锡朋）

回转窑　rotary kiln

窑体作低速回转的耐火熟料煅烧设备。由集尘室、窑体、窑头小车、热烟室、冷却筒、动力装置等组成。内衬耐火材料的钢制窑体倾斜支承在数对托轮上，通过动力装置作低速回转。被烧物料自高端（窑尾）喂入，利用倾斜窑体的转动，逐渐向低端（窑头）运动，与低端吹入的高温烟气相遇而加热煅烧后，从窑头卸入与窑体反向倾斜的旋转冷却筒,经冷却后卸料。可分为直筒式、一端扩大式、两端扩大式三种。　　　　　　　　　　　　　　　　　　(丁玉兰)

回转支承　slewing bearing

又称回转支承装置。支承工程机械水平回转部分并将其自重和载荷传给车架的部件。装有工作装置的转台支承在回转支承上,借助于回转机构的驱动实现绕回转中心作水平回转,以满足工作需要。其上作用有:垂直力、水平力和力矩,并用来计算和选择回转支承。按结构不同分为定柱式、转柱式、支承滚轮式和滚动轴承式。前两种主要用于塔式起重机和门座起重机,后两种常用于起重、土方挖掘等工程机械。　　　　　　　　　　　　　　(李恒涛)

回转抓斗　rotary clamshell

利用液压装置使斗体能在水平面内绕自身轴线转动的液压抓斗。常采用高速液压马达通过齿轮减速器带动中心轴转动,由于中心轴与斗体连接,抓斗随之转动。适用于木材等长件物料的装车作业。　　　　　　　　　　　　　　　　　　(曹善华)

回转阻力矩　resistance moment of slewing

起重机或挖掘机上车回转时,回转机构的工作载荷。用来计算回转机构功率,选择驱动装置、回转支承和传动零件的强度。用符号 M_{SW} 表示,其数值等于回转支承的摩擦阻力矩 M_f 与转台倾斜引起的阻力矩 M_S、风力引起的阻力矩 M_w、变速引起的惯性阻力矩 M_p、起升重物偏摆引起的阻力矩 M_q 之和。根据计算目的不同,M_{SW} 中各项应进行适当取舍。　　　　　　　　　　　　　　　　　　(李恒涛)

hun

混合盾构　mixed face shield

刀盘上同时装有割刀和盘形滚刀的盾构。适用于隧道施工中既有土质段又有岩石段的地质,割刀括落土层,盘形滚刀破碎岩石。刀具在刀盘上安装位置,割刀顶应低于盘形滚刀磨损圈顶。　　　　　　　　　　　　　　　　　　(茅承觉)

混合锅　mixing pot

塑料混合机械中容纳物料并在其中对物料进行搅拌的容器。用锅炉钢板焊接经过精细加工而成的深桶状容器,装有铝质锅盖,供投料并防止物料飞扬和避免有害气体逸出用。底部前侧留有出料口。锅壁有加热夹套层,夹套层外部包着玻璃丝的保温绝热层,以防止热量散失。　　　　　　(丁玉兰)

混合锅折流板　baffle of mixing pot

混合锅内使混合料形成旋涡状运动的零件。用钢板焊接而成,内部空腔装有热电偶,以控制料温。

其断面近似流线型,垂直悬挂在混合锅盖上,下端伸入混合锅内部近锅壁处。它根据物料多少而上下移动,在锅内保持某一适当位置。　　(丁玉兰)

混合捻钢丝绳　mixed twist wire rope

又称混绕钢丝绳。钢丝绕成股与由股绕成绳的捻向部分相同、部分相反的钢丝绳。性能介于同向捻钢丝绳和交互捻钢丝绳之间;但制造困难,故应用较少。　　　　　　　　　　　　　(陈秀捷)

混合式高空作业车　mixture type aerial work vehicle

将伸缩臂式和折叠臂式动臂结构合于一体的臂架式高空作业车。主要在大作业高度的高空作业车上采用。优点是整机运输状态长度和高度小,但构造复杂,有一臂带伸缩臂和二臂带伸缩臂两种,前者以增加作业高度为目的,后者可增大作业幅度。

　　　　　　　　　　　　　　　　　　(郑　骥)

混合式升降机　rope-rack hoist

采用两种驱动方法,分别提升各自吊笼的双笼附着式升降机。一个导架上支承两个吊笼,其一由齿轮齿条驱动,另一个则采用卷扬机钢丝绳驱动。可以客货两用,提高了生产率,并可达到降低制造成本的目的。　　　　　　　　　　　　　(李恒涛)

混合式卸料　mixing discharge

斗式提升机料斗内的物料以离心式和重力式同时卸料的方式,即从料斗的整个物料表面卸出的卸料方式。提升速度可取 0.6～1.5m/s。牵引构件可取链条或胶带,采用间隔布置的浅斗。判别方式:极距 h 处于驱动滚筒半径和斗外接圆半径之间。判别式参见离心卸料。常见于输送潮湿、流动性较差的粉状或小颗粒物料。　　　　　(谢明军)

混合维修　mixed maintenance

分散和集中相结合的维修组织方式。兼有二者的优点。目前在我国各大中型企业普遍使用。

　　　　　　　　　　　　　　　　　　(原思聪)

混凝土泵　concrete pump

又称混凝土输送泵。通过管道将混凝土拌和料连续压送到浇注现场的专用机械。混凝土拌和料是固体、气体和液体三相混合物,在管道中呈一般宾汉姆体(Bingham body)的力学特性,靠其内部的压力差来推动其运动。分为活塞式混凝土泵、隔膜式混凝土泵和挤压式混凝土泵。　　　　(龙国键)

混凝土泵排量　concrete pump delivery

单位时间内泵送混凝土拌和料的体积。混凝土泵泵送机构单位时间内容积变化量的理论计算值称为理论排量。实际排量除受混凝土泵的结构形式、磨损程度、泵送时的压力等因素影响外,还取决于混凝土拌和料的流变特性。因此实际排量不便于表征混凝土泵的特征,而通常用理论排量作为混凝土泵的主要参数。有的国家用输送坍落度为 20cm 的所谓标准混凝土拌和料时的实际排量作为混凝土泵的主要参数。 （龙国键）

混凝土泵球形阀 globe valve of concrete pump
又称球阀。利用球体或半球体旋转来控制混凝土拌和料吸入和压出的混凝土分配阀。磨损快且难以修复,密封性能差,寿命短。
（龙国键）

混凝土泵容积效率 volumetric efficiency of concrete pump
混凝土泵实际排量与理论排量之比。混凝土分配阀的结构合理、切换速度快、泵送压力低、混凝土拌和料流变特性适中,则容积效率高。垂直泵送时在混凝土泵与垂直输送管之间增加一段水平输送管,可以防止混凝土分配阀切换过程中重力引起混凝土拌和料的逆流,提高混凝土的容积效率。
（龙国键）

混凝土泵送能力指数 concrete pumpability factor
混凝土泵出口处混凝土拌和料实际压力与排量乘积的最大值。是衡量混凝土泵输送混凝土拌和料的综合指标,以 M 表示: $M = P \times Q$。P 为工作时泵出口处混凝土拌合料的压力,Q 为实际排量。受混凝土泵的理论排量、最大混凝土压力、功率、效率等因素影响。 （龙国键）

混凝土泵送时间 concrete pumping time
混凝土拌和料倒入受料斗到这些混凝土拌和料开始泵出输送管出口所经历的时间。由混凝土泵排量、输送管长度、混凝土泵待料时间确定。混凝土泵送时间太长会因为混凝土拌和料初凝或泌水而造成堵管或降低施工质量。输送管路很长时应选用排量较大的混凝土泵。一般不超过半小时。
（龙国键）

混凝土泵圆柱阀 cylindric valve
阀芯为一圆柱体的混凝土分配阀。在圆柱体内有混凝土流道,通过阀芯转动使集料斗(输送管)与工作缸连通或隔断,从而将混凝土拌和料吸入和排出工作缸。具有构造简单,加工容易,刚度大等优点。但阀芯与阀体的接触面大,砂粒易嵌入,转动阻力增加,磨损加快,寿命短,现已很少采用。
（戴永潮）

混凝土成型机械 concrete forming machinery
使混凝土拌和料密实地充满模型的机械的统称。主要有振动、压制、真空脱水和离心成型机械。为了提高成型效果,还有同时采用两种甚至多种成型方法组合的成型机械,如振动加压、振动冲压、振动真空、离心振动滚压等成型机械。混凝土拌和料浇灌入模后一般含有占混凝土体积 5%~20% 的空洞和气泡(大流动性混凝土除外),因此,必须经过密实成型才能保证混凝土具有要求的强度、表面质量和外形尺寸。 （向文寿）

混凝土出料残留量 residual volume of concrete in drum for discharge
在达到规定出料时间时,仍滞留在搅拌筒内的混凝土拌和料的量值。以公称容量的百分数减去合理粘罐量的百分数表示。以 Q_1 为首罐投入搅拌筒内的物料的质量,Q'_1 为首罐出料残留在搅拌筒中混凝土拌和料的质量,以 K 为合理粘罐量占公称容量的百分数,则混凝土搅拌机出料残留量为: $Q = (Q'_1/Q_1) \times 100\% - K$,是衡量搅拌机出料性能的指标。 （石来德）

混凝土吊桶 concrete skip hoist
吊运混凝土拌和料的桶状或斗状容器。混凝土拌和料由搅拌机械或水平运输机械直接装入吊桶后,由起重机等设备吊到浇注位置,打开卸料门或者倾翻吊桶将料卸出。 （龙国键）

混凝土分配阀 concrete valve
使混凝土缸与输送管道(或受料斗)连通或隔断以保证混凝土拌和料定向吸入或压出的装置。分为球形阀、往复式板阀、旋转式板阀、管形阀几种。改变其与混凝土活塞之间运动的逻辑关系,可以实现混凝土泵的反泵。控制受料斗与混凝土缸之间通道的,为混凝土吸入阀;控制混凝土缸与输送管之间通道的,为混凝土压出阀。 （龙国键）

混凝土缸 concrete cylinder
用于装置活塞,并借活塞的往复运动,吸入及压送混凝土拌和料的圆筒形部件。由无缝钢管加工而成。内壁常镀一层硬铬或进行其他表面耐磨热处理,以提高耐磨性。内径越大、行程越短,越有利于混凝土拌和料的吸入,即对混凝土拌和料的适应性越好。 （龙国键）

混凝土活塞 concrete piston
混凝土缸内往复运动压送混凝土拌和料的圆盘形部件。由耐磨橡胶或耐磨热塑性塑料制成。接触混凝土拌和料一侧的活塞唇口比混凝土缸内径大 10mm 左右。在活塞与缸壁之间强制加油润滑以提高寿命。易损件更换方便。
（龙国键）

混凝土机械 concrete machinery
生产、输送、浇灌混凝土并使其密实成型的机械和设备。包括混凝土搅拌机、搅拌站(楼)、混凝土输送机械和设备、混凝土密实成型机械和设备。广泛应用于建筑、筑路、水电、港口、机场等建设工程中。
（石来德）

混凝土浇注机　concrete placer

又称气压式混凝土输送罐。利用压缩空气通过管道吹送混凝土拌和料到浇注现场的专用机械。

　　　　　　　　　　　　　　　（龙国键）

混凝土搅拌机　concrete mixer

将一定配合比的水泥、骨料和水等搅拌成匀质混凝土拌和料的混凝土机械。通常由搅拌筒、搅拌叶片、上料机构、出料机构、定量供水机构、动力和传动机构及支架或行走轮构成。分自落式混凝土搅拌机和强制式混凝土搅拌机两大类。可以独立地应用于土木建筑工程施工现场，也可以与其他机械一起构成搅拌站(楼)，应用于混凝土预制构件厂及商品混凝土工厂。　　　　　　　　　　（石来德）

混凝土搅拌机搅拌筒　mixing drum of concrete mixer

容纳混凝土拌和料并在其内进行搅拌的容器。有鼓形、双锥形、圆盘形和圆槽形等几种。内壁均镶有耐磨衬板。　　　　　　　　　　（石来德）

混凝土搅拌输送布料泵车　truck mixer with concrete pump and placing boom

用于混凝土拌和料搅拌输送、泵送、布料综合作业的车辆。在汽车底盘上倾斜地装有可以正反转的搅拌筒，拌筒出口下部装有横置的混凝土泵，拌筒侧顶部装有布料杆。装好混凝土拌和料后可边旋转搅拌，边驶往工地，到达工地，混凝土拌和料卸出后由混凝土泵和布料杆输送至指定位置。受车辆载重量限制布料范围为 12～17m，适合于商品混凝土搅拌站(楼)输送少量的混凝土拌和料。

　　　　　　　　　　　　　　　（龙国键）

混凝土搅拌输送车　concrete truck mixer, agitator truck, concrete delivery truck

安装在自行式底盘上的专门用于搅拌、输送混凝土拌和料的车辆。分为自落式卧筒型混凝土搅拌输送车和强制式立筒型混凝土搅拌输送车。还有前端卸料式混凝土搅拌输送车。主要由进料装置、搅拌筒、操纵系统、供水系统、机架和底盘等组成。在运输混凝土的路途中，搅拌筒不断地低速旋转对混凝土进行搅动，从而保证被输送的混凝土拌和料不产生初凝和离析。

　　　　　　　　　　　　　　　（蔺万亮）

混凝土搅拌站(楼)　concrete batch plant

由供料、贮料、配料、搅拌、出料等设备组成的生产混凝土拌和料的成套装置。不仅能保证混凝土的质量，而且能提高生产能力和设备利用率、节约水泥、降低生产成本。分为固定式和移动式，塔式和双阶式；有手工操作、半自动和全自动。常用于集中搅拌混凝土。

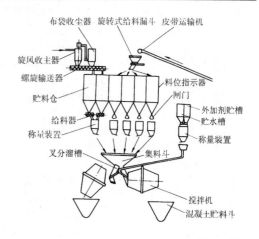

　　　　　　　　　　　　　　　（王子琦）

混凝土搅拌站(楼)操作台　control panel for concrete batch plant

用于安装各种按钮开关和指示仪表等电器设备，并能对混凝土搅拌站(楼)运转进行操作的控制台。分自动操作台、遥控操作台、穿孔卡操作台等。自动操作台能对混凝土搅拌站(楼)的运转进行自动控制；遥控操作台能使操作人员在远离中央操作台的地方，对混凝土搅拌站(楼)的运转进行控制；穿孔卡操作台具有穿孔卡变换配合比的功能。　　　　（应芝红）

混凝土搅拌周期　mixing cycle of concrete

完成装机(一台或数台)中搅拌主机的配料、搅拌、出料等工作循环所需要的最长时间。即搅拌站(楼)中一台搅拌主机两次出料时间的时间间隔。中国规定在标准工况下，强制式搅拌机不得大于1.5min，自落式搅拌机不得大于 3 min。　　　　　　　（王子琦）

混凝土开槽机　concrete notching machine

用于混凝土结构中开挖沟槽的开槽机。由底板、刀具、传动机构和电动机组成。　　（迟大华）

混凝土路面破碎机　concrete pavement breaker

道路大修或敷设管道时破碎旧的水泥混凝土路面的养路工程车。由气锤、空气压缩机及发动机组成，用转台安装在重型汽车底盘上。气锤位于转台后部，气锤在破碎混凝土路面时用悬链围住，以避免碎片飞射伤人。转台的旋转和气锤的升降均用气缸活塞杆实现。当气锤在一点上冲击路面出现裂纹后，转台使其换位，然后用气闸固定转台，气锤便冲击路面的近傍点。　　　　　　　（章成器）

混凝土路面整平机　concrete finisher

使摊铺的水泥混凝土料密实并整形成路面的路面机械。工作时跟在水泥混凝土摊铺机之后，将摊铺层进行振实、整平和抹光形成路面。在机架下的前部、中部和后部分别设有整平梁、振动梁和修整梁

三个工作装置。有的路面整平机在振动梁与修整梁之间还设有纵横向切缝和填缝装置。　（章成器）

混凝土喷射机　concrete spraying machine

在压缩空气作用下将混凝土拌和料向建筑物表面，使其得到加强和保护的机械。由混凝土拌和料输送机构、输送管、压缩空气源和喷嘴等组成。以输送机构区分它的主要特征，喷嘴的特性在很大程度上决定着混凝土施工的质量。分为干式混凝土喷射机和湿式混凝土喷射机；还有转子式混凝土喷射机，螺旋式混凝土喷射机，罐式混凝土喷射机和鼓轮式混凝土喷射机等。主要用于地下工程、护坡和其他建筑物表面的加固和保护。　　（龙国键）

混凝土输送车搅拌筒　drum of truck mixer

用以对混凝土拌和料进行搅拌或对预拌混凝土进行搅动的容器。拌筒倾斜回转式混凝土搅拌输送车的搅拌筒一般为梨形，内部装设有两条对称分布的螺旋带搅拌叶片，传统的叶片采用阿基米德螺面，为了改善出料性能近来改用对数螺面。采用耐磨钢板焊接制成。其上设有容易开启的人孔。搅拌筒顺时针旋转（面向车尾看），进行进料、搅动或搅拌作业；逆时针旋转进行出料作业。　　（蒉万亮）

混凝土输送设备　concrete transporting equipment

将混凝土拌和料输送到施工现场的设备。分为混凝搅拌输送车、开敞式混凝土翻斗输送车、自卸卡车和利用管道输送混凝土的混凝土泵。

（蒉万亮）

混凝土输送时间限度　time limitation of conveying

输送车从进料至输送到现场卸料完毕允许的最长时间。对于有搅动作用的输送设备，规定为90min或搅拌筒旋转300转，取其中时间短者。在夏季和输送快速干硬性混凝土时此时间限度应缩短。　　（蒉万亮）

混凝土贮料斗　concrete hopper

拌好的混凝土被卸入运输设备之前暂时贮存的料斗。混凝土搅拌站（楼）的生产和混凝土输送设备不可能精确地衔接，而且混凝土输送设备的容量往往比搅拌机的容量大，故需用贮料斗暂时贮存混凝土拌和料，以提高运输效率。可以几台搅拌机共用一个，也可以每台搅拌机配备一个。但是，移动式混凝土搅拌站（楼）一般不设置，以降低搅拌机的安装高度。　　（应芝红）

混凝土最大输送范围　concrete maximum conveying scope

输送车从装料地点出发，在混凝土输送时间限度内能到达的施工现场所划定的范围。

（蒉万亮）

huo

活动度　manoeuverability

机构中杆件可以活动的范围。机构中各杆件由运动副联接，相互间具有一定的牵连关系，不能保留固有的六个自由度。如为平面机构，则将失去三个自由度，机构中一定有一杆件与地球固定，所以对于一个具有 K 个杆件的平面连杆机构，每一杆件有三个自由度，其总自由度为 $3(K-1)$ 个。每一个低副要消除两个自由度，每一个高副要消除一个自由度，故如机构中共有 p 个低副、q 个高副，则此平面机构的活动度为：$W=3(K-1)-2p-q$。

（田维铎）

活动外伸支腿　movable outrigger

装修升降平台中，在小型支承底盘上设置的辅助活动支承。保持整机工作时的稳定性，降低对地面的压强。多为液压缸驱动的支腿结构。在进行工作位置转移时，须将支腿收起来。　（张立强）

活络三角带　articulated v-belt

由多层挂胶帆布贴合，经硫化并冲切成小片，逐步搭接后用螺栓联接而成的三角带。截面尺寸的标准和三角胶带相同，而长度规格不受限制。便于安装调紧，局部损坏可局部更换，但强度和稳定性等均不如三角胶带。质量大且价格高。

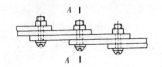

（范俊祥）

活门出料式灰浆搅拌机　mortar mixer with discharge gate

通过设在搅拌筒下方的活门进行卸料的灰浆搅拌机。结构简单，操作方便。　（董锡翰）

活塞　piston

内燃机气缸体内沿缸体轴线往复运动，在高温高压燃气的推动下做功的机械零件。用铸铁、铝合金等材料制造，以活塞环防止流体泄漏。

（岳利明）

活塞冲击式气动桩锤　piston impacting pneumatic pile hammer

活塞作为锤体的单作用式气动桩锤。

（王琦石）

活塞环　piston ring

又称胀圈。具有切口并保持气缸不漏气也不漏油的金属弹性环。在自由状态时切口张开，装入气缸体后切口仅有极少间隙，外圈借弹力与气缸体表面贴紧。工作时,受工作介质压力的作用贴紧活塞环槽的一侧,由活塞环外圆柱面和贴紧端面共同起密封作用。保持气缸压力、不漏气的,称作压缩环或气环;保持气缸不漏油并且把气缸润滑油及时刮回油底壳的称作油环。　　　　　　（岳利明）

活塞式混凝土泵　piston concrete pump

利用活塞往复运动压送混凝土拌和料的混凝土泵。由混凝土缸、混凝土活塞和混凝土分配阀组成。当混凝土活塞往后运动时,混凝土分配阀将混凝土缸与受料斗连通而与输送管隔断,混凝土拌和料被吸入混凝土缸中;混凝土活塞向前运动时,混凝土分配阀将混凝土缸与受料斗隔断而与输送管连通,混凝土拌和料被压送到输送管中。混凝土缸一般水平放置,在混凝土泵车上则倾斜放置。分为机械传动式混凝土泵、液压传动式混凝土泵。

（龙国键）

活塞冲击式气动桩锤

活塞式蓄能器　piston accumulator

利用自由浮动的活塞把液压油与压缩气体隔开的充气式蓄能器。工作可靠,结构简单,但低压下反应不灵敏,动作频率低。主要用于蓄能和吸收脉动。

（梁光荣）

活塞式液压缸　piston type cylinder

以活塞在缸筒内作往复运动的液压缸。主要由缸筒、活塞、活塞杆、缸头、端盖、导向套和密封件等组成。活塞把缸筒分隔成左右两腔,借助于压力油的作用在缸内作往复运动。按使用要求不同分为双杆式、单杆式和无杆式三种。　　　　　（嵩继昌）

活塞式液压桩锤　piston type hydraulic pile hammer

液压缸的缸体固定在外壳上,活塞杆与锤体连接,带动锤体往复运动的直接作用式液压桩锤。

（赵伟民）

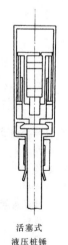

活塞式液压桩锤

活塞水泵　piston water pump

利用活塞在缸体内往复运动进水、挤水而建立压力的水泵。缸体一端与进水管相连,另一端与出水管相连,活塞上有阀门,活塞移向出水管端时挤水,反向运动时进水。间歇作用,单缸工作压力脉动很大,工程机械上很少采用。　　（曹善华）

活塞行程　stroke

俗称行程。活塞在气缸中作往复运动时,在上、下两个止点间运行的距离。　　　（陆耀祖）

火力夯　explosion rammer

又称内燃夯、爆炸夯。按二冲程内燃机原理,使燃油在夯体内燃爆,将活动部分抬起,然后落下,依靠冲击力和燃油燃爆力工作的夯实机。由气缸和上、下两活塞构成,气缸下部套装有夯锤,缸体与夯锤之间有弹性件拉住,下活塞杆穿过缸体与夯锤连成一体,整机轴线向前倾斜。作业时,燃油在气缸缸体内燃爆,向下挤压地面,向上将缸体抬起,然后缸体再将夯锤提离地面,再在自重作用下,整机坠落夯击地面。由于机械轴线偏斜前方,整机一跃一坠,机身就步步前进。体积小、夯深大,但施工费用高,零件易损坏,操作人员容易疲劳。用于小面积场地夯土。

（曹善华）

火焰喷焊　flame coating,flame plating

利用火焰(如氧-乙炔焰)作为热源所进行的喷焊方法。原则上可分为三个步骤:首先对已准备好的零件预热,然后喷涂合金粉,最后将涂层加热,使其与基体金属互相溶合。若使用不同的合金粉,就可使零件表面分别具有耐磨、耐热、耐腐蚀等特殊性能。喷焊层薄而均匀,厚度可根据需要控制在0.1~1.5mm之间,且表面光滑、成型好。设备简单,使用灵活,便于推广。　　　　　（原思聪）

火焰自动调节系统　fire auto-control system

连续作业式沥青混凝土搅拌机上按冷骨料的含水量和温度以及沥青混合料成品与废气的温度来自动调节火焰并使之获得稳定燃烧的整套装置。包括:置于冷骨料仓中的含水量插头与测温器,置于成品出料口与烟囱口的测温计以及微型计算机,还有液压送风的喷燃器、鼓风机与油风联动装置。将前馈数据和反馈数据输入微型计算机运算,并考虑时差的修正值,及时发出调整喷燃器的指令,使供油量和送风量自动调整,而保持恒定的油风比,使火焰在温度变化后仍保持稳定燃烧。

（倪寿璋）

货物偏摆载荷　load of oscillatory goods

由于风力和惯性力作用,悬挂在钢丝绳上的重物相对悬挂中心产生偏摆,从而对悬挂点产生的水平载荷。用于起重机的结构计算。　　　（李恒涛）

J

ji

击杆 firing ran

射钉枪中由压缩弹簧顶推,用以撞击击针的金属圆柱。待发时扳机杠杆顶住击杆;引发时,突然释放使其在弹簧力作用下撞击击针。 （迟大华）

击针 firing pin

用以撞击射钉枪弹壳上的信火,引燃弹药的针状金属杆。 （迟大华）

击针体 holder firing pin

装放和引导射钉枪击针运动的圆柱形机件。由转动栓引导,扣上扳机作引发准备。 （迟大华）

机动平车 auto-flat-car

装有动力的轨道平车。可以自行或牵引其他车辆。用以在轨排铺拆工地与拼装基地(或附近车站)之间转运轨排,也可作运输工具。

（高国安 唐经世）

机构 mechanism,gear

通过运动副联接若干个杆件,按一定传动要求组成的运动系统。在这个运动系统中某一个杆件运动时,其他杆件必须按一定的规律产生运动。在《机械原理》中,机构中的杆件常是被抽象化、简化了的线段所代替,不能表现出其大小、形状,所以通常所称的机构,只表示具有某种作用、功能及运动,而不具有强度及确实尺寸。机构中诸杆件必须有一个杆件是固定的。例如四连杆机构、回转机构等。其表示方法都是示意图来说明。 （田维铎）

机构图 mechanism drawing(figure)

表示机械传动系统及原理的图形。不考虑比例、外观及细部构造。 （田维铎）

机架 frame

供安装、固定机器有关机构、零、部件,并承受该机器各种载荷的主体构架。有时也称为机身、机体。可以为焊接或铸造结构。 （田维铎）

机棚 apparatus cab

建筑工程机械上(尤其是大、中型)主要机械设备的篷罩。大都用金属板制成,用来保护设备及使清洁、隔声、隔热等。 （田维铎）

机器运转不均匀系数 fluctuating coefficient of revolution speed under running machinery

机器主轴最大角速度 ω_{max} 与最小角速度 ω_{min} 之差与机器主轴正常运转的平均角速度 ω_m 之比。前者表示机器主轴转速波动大小,称为绝对不均匀度,但不能表示出运转不均匀的容许程度,而二者的比值 $\delta = (\omega_{max} - \omega_{min})/\omega_m$ 则可依不同的机器、不同的要求而提出限值(例如碎石机 $\delta = 0.2 \sim 0.05$,发电机为 $0.005 \sim 0.003$ 等),以满足设计要求。 （田维铎）

机体侧移机构 frame side-moving mechanism

平地机中使主车架(连同工作装置)在后轮轴上横向移动的机构。当平地机停驻时由人工摇动手柄进行,通过蜗轮蜗杆和齿轮齿条传动,使机体在后桥上左右移动,以提高平地机在斜坡上作业的机身稳定性。 （曹善华）

机体滑动装置 body sliding device

用于主机体移位的依附式压拔桩机的装置。由反力支架、机体滑动液压缸、反力夹头等组成。工作时,用反力夹头夹住桩头,然后通过机体滑动液压缸推动主机体沿反力支架滑动,使依附式压拔桩机移位。 （赵伟民）

机械操纵平地机 mechanical control grader

利用齿轮齿圈、蜗轮蜗杆、曲柄连杆、拉杆等机构来控制刮刀的升降、倾斜、回转、侧移的平地机。机件复杂,操纵费力,动作不精确,已趋于淘汰。

（曹善华）

机械传动 mechanical drive

利用机械零部件传递动力和运动的一种传动方式。应用广泛,历史悠久,工作可靠,但一般自重较大。主要有:①摩擦传动;②啮合传动;③连杆机构传动等。 （范俊祥）

机械传动起升机构 mechanical lifting mechanism

具有机械传动的起升机构。属于集中驱动。特点是传动装置和操纵系统复杂。常用于轮胎起重机上。 （李恒涛）

机械传动起重机 mechanical transmission crane

发动机的动力经机械传动装置传给工作机构的起重机。具有传动可靠、制造简单、设计和工艺都比较成熟的优点。但传动零件多、结构复杂、自重大和操纵不便。主要用于工作条件恶劣和工作繁重的矿山、码头及货场等场合。 （李恒涛）

机械传动式混凝土泵 mechanical concrete pump

利用机械传动装置压送混凝土拌和料的活塞式混凝土泵。由动力装置带动曲柄连杆机构使活塞在混凝土缸内往复运动，以实现混凝土拌和料的吸入和压送。混凝土活塞运动与混凝土分配阀运动之间的逻辑配合也以机械方式联锁或由混凝土拌和料的运动力来实现。一旦出现堵管，容易产生系统过载或发动机熄火，故工作可靠性差。　（龙国键）

机械工作状态　machine under operating state

机械所有的工作部件在额定载荷下处于正常运转的情况。此时，机械各部分保持完整、良好，动力装置发出额定功率，机械上装有定量的燃料、水、载有定额的乘员及随机辅件。　（田维铎）

机械工作状态全长　machine overall operating length

工程机械在工作状态下，其前端最远点沿机械本身纵向中心线横向垂直切面至后端最远点横向垂直切面间的水平距离。　（田维铎）

机械工作状态全高　machine overall operating height

机械在工作状态下，自停机面或轨道顶面至机械最高点间的垂直距离。地面应坚实无沉陷；对于具有履带板刺的机械，按着板刺插入土中后，履带板与地面齐平的地面算起。　（田维铎）

机械工作状态全宽　machine overall operating width

机械在工作状态下，通过机械两侧最远点作两平行于机械纵向中心线的垂直平面，其间的距离。　（田维铎）

机械故障　mechanical failure

机械在使用过程中随着时间的推移，在内部和外界各种作用的影响下，能力逐渐耗损，技术状况变坏，各项指标偏离正常状态，动力性下降，经济性变坏，噪声增大及某些零部件失效，可能酿成事故的状况。表现在结构上主要是零件损坏（磨损、变形、断裂）及零件间相互关系破坏（间隙增大，过盈丧失，紧固装置松动或失效）。故障表现形式不同，导致故障的原因也不同。按故障发生的特点有渐发性故障、突发性故障、功能故障、参数故障、实际故障、潜在故障、允许故障。　（杨嘉桢）

机械故障诊断　diagnosis of mechanical failure

当机械发生异常和故障前后，对机械所进行的状态识别和鉴定工作。机械在运行过程中，由于内外部多种因素作用结果，运行状态不断变化，为防止严重的故障发生，就必须在事故发生前的机械运行过程中，对机械的运行状态及时地作出判断，掌握机械的现在状态与异常或故障之间的关系，预知、预测未来。内容包括机械运行状态的识别、预测和监视

三个方面。　（杨嘉桢）

机械夯　mechanical rammer

利用机械力使夯锤上升，然后自由降落，冲击地面的夯实机。有落锤夯土机和小型夯土机两种。　（曹善华）

机械化　mechanization

某一工种的生产过程中其主要工序都采用机械进行的生产方式。例如土方工程中，土壤的开挖、装车用挖掘机，运输用自卸汽车，密实用压路机及夯土机等。　（田维铎）

机械磨合　running-in

将装配好的机械或总成在空载和逐渐加载的条件下运转，使零件配合表面的不平度凸峰被逐渐磨掉，从而增大两接触表面的实际接触面积，降低接触应力的工艺过程。有冷磨合和热磨合之分。可避免产生严重的粘着磨损和表面擦伤而造成的早期损坏。　（原思聪）

机械使用周期　service time between capital repairs

机械在相邻两次大修之间的工作时间。是反映机械特征、完善程度、使用条件等的主要参数，是计划修理制下衡量机械设备可靠性的重要依据。　（原思聪）

机械式　mechanical type

以齿轮、皮带、链、连杆等机械零、部件进行传动的机械。　（田维铎）

机械式钢筋除锈机　mechanical rust cleaner

用机械方法除掉钢筋铁锈的钢筋除锈机。常用的有弯曲滚轮式和钢刷式两种。前者将钢筋绕过几个辊轮，使其在通过时反复弯曲而除掉铁锈，主要用于细钢筋，常与调直机组合在一起使用；后者由电动机带动圆盘钢丝刷转动，用钢丝刷清除铁锈，主要用于粗钢筋。钢丝刷除锈机又有固定式和移动式两种，前者装有排尘装置，以改善劳动环境，后者安装在小车上，轻便灵活。　（罗汝先）

机械式激振器　mechanical vibrator

通过机械偏心装置产生激振力的激振器。有单轴、双轴、多轴等。　（赵伟民）

机械式夹桩器　mechanical chuck

通过机械方式产生夹桩力的夹桩器。有手动杠杆式、销接式。　（赵伟民）

机械式筛砂机　mechanical sand screen

以机械方式驱动筛具工作的筛砂机。一般由偏心凸轮旋转使筛具振动工作。　（董锡翰）

机械式压桩机　mechanical pile pressing machine

压桩力由机械方式传递的静力压拔桩机。由底

盘、机架、顶梁、压梁、压桩力传递系统、压桩力测量系统、动力装置等组成。

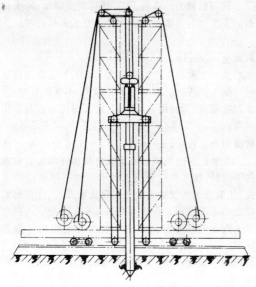

（赵伟民）

机械式振动桩锤 mechanical vibratory pile hammer

利用机械式激振器产生激振力或振动冲击力进行沉拔桩作业的振动桩锤。有刚性式、柔性式、冲击式、横抱式、全抱式、扭振式。　（赵伟民）

机械寿命 life

机器或工具自投入生产使用至经过多次修复，到再不能达到正常使用为止的累积工作小时数。

（田维铎）

机械图像 machinery image

机械系统在运行过程中，各种随时间变化的动态信息、反映机器状态的各种参数，经过各种动态测试仪器拾取，并用记录仪器记录下来的图像。是进行机械故障诊断的原始数据。按其性质可分为三类：①随机信号图像；②周期信号图像；③瞬时信号图像。实测记录到的机械图像往往是上述三种图像的组合。　（原思聪）

机械外形尺寸 overall dimensions

又称机械外廓尺寸。机械体形的最长、最宽及最高尺寸。以长×宽×高（$l×b×h$）表示，单位一般为 mm 或 m。　（田维铎）

机械维修度 maintainability of machinery

可修复产品（可以是元件、零件、附件、部件、机件、系统、设备、装备等）在规定条件下及规定时间内进行维修时，由故障状态恢复到能完成规定功能状态的概率。是对机械维修性的一种度量。维修时间因故障或失常情况不同而异，是一个随机变量，有其统计分布形式。　（原思聪）

机械维修性 maintain ability of machinery

机械产品维修的难易程度。是设计时所赋予机械本身的直接影响其维修工作的一种固有属性。不但与本身结构有关，而且还受制造等多种因素影响，是维修机械所需工作量大小、人员多少、费用高低以及对维修设施要求的综合反映。直接关系到机械的可靠性、经济性、机动性以及机械的可用率，是衡量机械产品品质优劣的一个重要方面。

（原思聪）

机械有效度

可修产品在某一特定瞬间维持其正常功能的概率。有效性的一种度量。可表示为：

$$有效度 = \frac{可能工作时间}{可能工作时间 + 不可能工作时间}$$

兼有可靠性和维修性的概念，是分析系统有效性的基础。常用来衡量机械能够得到充分利用的程度。在研究产品的有效度时，通常只考虑维修时间对它的影响，并以求平均值的方法求出，即一系统适于使用程度的有效度（A）可表示为：

$$A = \frac{MTBF}{MTBF + MTTR}$$

MTBF 为平均故障间隔时间，MTTR 为修理的平均时间。　（原思聪）

机械有效性

表征产品能否得到充分利用的能力。指在任一瞬时，产品能立即投入使用的能力。既取决于产品的可靠性，又取决于产品的维修性。有效性高，则产品可用工作时间长，相应停工时间短。

（原思聪）

机械振动压路机 mechanical vibratory roller

利用偏心块激振器带动碾轮振动的振动压路机。偏心块多装在碾轮轮轴上，由发动机经齿轮或胶带带动旋转，所产生的惯性离心力，使碾轮振动。具有传动可靠、检修方便等优点。　（曹善华）

机械制造 machine building

以有关的自然科学和技术科学为理论基础，结合在生产实践中积累的技术经验，研究和解决机械中各种零件和构件在加工和装配过程中的有关理论、工艺和装备的应用学科。包括铸造、锻压、钣金工、焊接、热处理、切削加工、表面处理和装配等。

（方鹤龄）

机械装运状态 machine under shipping condition

工程机械处于被装卸或运输的情况。按照该机的规定拆卸下某部分或全部工作装置及其他附属装置，放掉燃油及水，机上其他部件也都须按规定处于装运位置。　（田维铎）

机械作用筛分机　mechanical screen

又称机械筛。通过机械传动产生筛面运动的筛分机械。主要有摇动筛、旋转筛、振动筛等。

（陆厚根）

机油泵　oil pump

从机油盘将机油抽出，并以一定的压力和流量输送到润滑系统的油泵。目前常用齿轮式和转子式两种。

（岳利明）

机油冷却器　oil cooler

又称机油散热器。用来冷却在发动机中循环的机油、防止油温过高的装置。机油除起润滑作用外，还吸收发动机零部件中的热，避免机油温度逐渐升高，粘度下降，润滑效能减弱。因此必须装此装置，使机油散热，并保持在一定的温度范围内。

（岳利明）

机油滤清器　oil filter

发动机润滑系中用以将机油中所含的金属屑、燃烧的炭粒、机油变质后的胶质以及外界侵入的污染物等滤清的装置。按其滤清杂质颗粒的大小可分为粗滤器和精滤器。

（岳利明）

机油消耗率　specific oil consumption

内燃机每小时单位有效功率所消耗的机油量。用符号 $g_m(g/kW \cdot h)$ 表示，是内燃机的经济性指标之一。

（陆耀祖）

机座　pedestal, base

又称底座。机器最下部分与基础或停放地面相接触或与行走车轮相连接的构架。承受机器的各种载荷，需制造牢固，多为封闭式或箱形式。

（田维铎）

积放式运载挂车

推式悬挂输送机中具有起动、运行、停止和积放等功能的承载挂车。分单式挂车和复式挂车。前者用于运送外形小、重量轻的货物；后者由主挂车和一个以上的副挂车组成，副挂车由主挂车牵引。具有这种承载挂车的输送机称为积放式悬挂输送机，具有以下功能：可以组成自动积放的中间仓库；可在两个工序间储存，而实现不间断的输送；可分岔也可合流；主输送链速可不受工艺速度的限制；可以变速，各线有不同的速度；还可于各线间将挂车竖直升降。

（谢明军）

基本臂　basic boom（jib）

起吊最大额定载荷时的最短主起重臂。对于桁架起重臂是指中间臂节全部拆除，仅由下端的基础臂节和上端的顶部臂节组成的主臂；对于伸缩臂系指各伸缩臂节全部缩回时的主臂。　（孟晓平）

基本参数　basic parameter

能够表征工程机械各种主要性能的参数。一般，每种工程机械的基本参数都有两个以上。例如塔式起重机的起重质量、起重力矩、起升速度、起升高度及轨距等。

（田维铎）

基本尺寸　basic size

设计给定的尺寸。一般按标准选取。用以决定极限尺寸和极限偏差的基准或起始。在《公差与配合》国家标准中用它取代公称尺寸及名义尺寸。

（段福来）

基本偏差　fundamental deviation

国家标准规定的用以确定公差带相对于零线位置的上偏差或下偏差。一般为靠近零线的那个偏差。公差带在零线上方时为下偏差，公差带在零线下方时为上偏差。为满足不同配合性质的需要，国家标准对孔和轴分别规定了 28 种基本偏差，并以一定的拉丁字母表示，孔用大写，轴用小写。

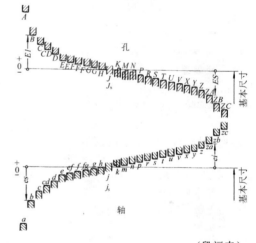

（段福来）

基本载荷　basis load

始终或经常作用在起重机上的载荷。如：自重载荷、起升载荷及机构启制动所引起的水平或垂直载荷。

（李恒涛）

基波　fundamental wave

在复杂周期信号的频谱中，频率最低的一个正弦分量。

（朱发美）

基础件　assembly parts

具有一定独立性和通用性的机械部件。某些基础件已标准化，由专门的厂家生产。基础件与其他种部件或机械匹配，可组成一种新的机械设备，例如齿轮减速器、变速器、空气滤清器等。　（田维铎）

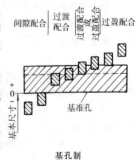

基孔制

基孔制 hole-basic system of fits

基本偏差为一定的孔的公差带,与不同基本偏差的轴的公差带形成各种配合的制度。其孔的公差带下偏差等于零。此配合制度的孔称为基准孔。图中孔的上偏差为两条虚线,表示其公差大小变化时,与轴的公差带之间关系会有变化,如可能形成过渡配合或过盈配合。 (段福来)

基圆 base circle; generating circle

发生和形成渐开线的圆。当一直线 BK 沿一圆周作纯滚动时,直线上任意点 K 的轨迹 AK,就是该圆的渐开线。这个圆称为渐开线的基圆;直线 BK 叫做渐开线的发生线;角 θ_i 叫做渐开线的展角。 (樊超然)

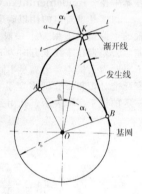

基圆齿距偏差 deviation of basic pitch

齿轮实际基圆齿距减去公称基圆齿距之代数差 Δf_{Pb}。 (段福来)

基轴制 shaft-basic system of fits

基本偏差为一定的轴的公差带,与不同基本偏差的孔的公差带形成各种配合的制度。其轴的公差带上偏差等于零。此配合制度的轴称为基准轴。图中轴的下偏差为两条虚线,表示其公差大小变化时,与孔的公差带之间关系会有变化,如可能形成过渡配合或过盈配合。 (段福来)

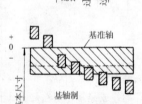

激光导向机构 laser guidance unit

指示掘进机掘进方位的激光装置。包括激光发射器、激光前靶及激光后靶等。激光发射器发出的光束通过后靶投射到刀盘后面的前靶上,当激光束穿过激光后靶达到激光前靶,一条光线对准在方位允许偏移量范围内时,即表示机械在预定方向掘进。反之,则应调整机身直至方向正确为止。 (茅承觉)

激光后靶 rear target of laser

装在掘进机后部的激光接收标板。是一块约 300mm 见方的透明有机玻璃板,固定在驾驶室边上,靶上有方格坐标刻度,背部不涂红漆以利光线透过直射向前靶,依靠刻度可定出光束点的坐标位置,并根据激光前靶上光束点的座标位置,可显示机械水平和垂直偏移量。 (茅承觉)

激光前靶 front target of laser

装在掘进机前部的激光接收标板。是一块约 300mm 见方的透明有机玻璃板,背部涂上红漆以阻挡光线透过,固定在刀盘后面的刀盘支承壳体上,靶上有方格坐标刻度,可定出光束点的坐标位置,并根据激光后靶上光束点的坐标位置,可显示机械水平和垂直偏移量。 (茅承觉)

激励 excitation

作用于系统,并激起系统出现某种响应的外力或其他输入。如用振动台的正弦波激励被测系统,求其频率响应函数。 (朱发美)

"激流勇进"游艺船

船体在曲线水道内运行、并由高坡冲向坡下水域激起大浪的游艺机。由电动机、曲线水池、木船、机械传动装置、水循环装置等组成。工作时,木船载客沿循环水道徐徐运行,由链或齿形带将其牵引至斜坡最高点后,脱开传动,木船将全部势能转化为动能,以高速冲向坡下水池。 (胡漪)

激振板 vibratory plate

装有激振器的夯板。作业时能够振实较大面积的地面和料层。 (曹善华)

激振块 vibratory element

激振器中产生离心激振力的偏心块或偏心轴。 (曹善华)

激振力 vibrating force, excition force

使振动体产生振动的力。其方向或作往复变化,如液压振动,或作 360°方向变化,如偏心块旋转振动。液压振动的激振力决定于液压缸内活塞推力,与活塞面积和液体压力有关;单轴偏心块的激振力等于偏心块旋转时所产生的离心力,与偏心块质量、偏心距和转速有关;双轴式偏心块的激振力等于两偏心块离心力的向量和,若两偏心块的初始相位对称、转速相等、转向相反,则离心力时而叠加,时而抵消,形成往复定向振动。 (曹善华)

激振器 vibrator

以激振力或振荡脉冲的方式产生振动的装置。是振动机械的激振源。有偏心块式、液压式、行星式和电磁式等种。工程机械上最常用的是偏心块激振器。有机械式、电动机式、变频式、变矩式、液压式。 (曹善华 赵伟民)

极限尺寸 limits of size

　　允许尺寸变化的两个界限值。以基本尺寸为基数来确定。两个界限值中较大的一个称为最大极限尺寸；较小的一个称为最小极限尺寸。

（段福来）

极限力矩联轴器　safe coupling

　　传递力矩有一定限值的联轴器。能避免剧烈的起动、制动，以及因操作不当而使起重臂碰到障碍物时，机件和结构件过载而引起损坏。由圆锥形摩擦接合、圆盘形多片摩擦接合构成。当传递力矩过大时摩擦面开始滑动而起到安全联轴器的作用。一般采用在回转机构中。对蜗杆减速器传动机构，必须装在蜗轮蜗杆啮合副之后；对齿轮传动机构，可装在高速轴，亦可装在低速轴。

（曹仲梅）

极限料位指示器　limit level indicator

　　指示贮料仓中料面的极限位置，并控制装料系统的料位指示器。贮料仓料满时，料满指示器发出指令，使运输设备停车，停止装料；贮料仓中的料面下降到最低位置即料空时，料空指示器发出指令，使运输设备启动，进行装料。常用的有薄膜式料位指示器、浮球式料位指示器和电动式料位指示器。

（应芝红）

极限磨损　limit abrasion

　　零件经过较长时间的稳定磨损后，出现磨损速度急剧增长的磨损。此时，由于摩擦表面之间的间隙和表面形态改变，在达到一定程度后，伴随着冲击、振动增加，产生表面疲劳现象。润滑油流失加快，润滑条件变坏，机械效率下降，精度丧失，产生异常噪声，摩擦副温度上升，最终导致零件失效。

（杨嘉桢）

极坐标钻臂　polar coordinates drill boom

　　凿岩钻车中以极坐标方式变换位置的钻臂。炮孔位置是以钻臂的回转半径和回转角度确定。

（茅承觉）

急回机构　quick return motion mechanism

　　在一切有返回行程的机构中，从动件工作行程时间大于返回行程时间的机构。其共同点大都是从动件在工作行程中近于等速，而在空行程中具有急回作用。机构的这种特性只依赖于机构本身的运动学特性，可用急回系数加以描述。多用于各类机床，常用的类型有：摆动导杆机构、偏置曲柄滑块机构、曲柄导杆机构等。

（范俊祥）

棘轮止动器　ratchet stop

　　由棘轮、棘爪组成防止机械逆转的止动器。在一些需要长时而安全可靠地支持在空中的机构中，除装设制动器外，还要装上止动器。

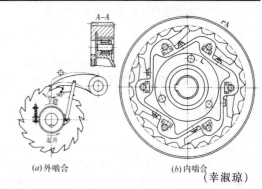

(a) 外啮合　　　　　(b) 内啮合

（幸淑琼）

集草装置　grass catcher

　　剪草机上收集剪下的草的装置。用薄铁板或塑料等材料制成，形状有箱形、斗形等。　（胡漪）

集料斗　collecting hopper, hopper

　　①设置在称量料斗下，将各种称量过的材料集中并投入到搅拌机中去的斗形容器。

　　②承接和贮存混凝土拌和料的容器。内部装有搅拌装置，工作时对混凝土拌和料进行二次搅拌，防止离析，改善可泵性。　（应芝红　戴永潮）

集中驱动装置　concentrated driving device

　　由一台动力装置通过机械传动系统，同时驱动工程机械的所有主动车轮沿轨道滚动的有轨行走驱动装置。动力经制动器、联轴节、减速箱、传动轴和开式齿轮传给主动车轮。有单边集中驱动和双边集中驱动两种。传动件多，传动复杂，不便于维修，传动轴长且对车架的变形较为敏感，要求车架有较好的刚度。

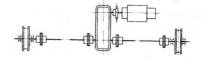

（李恒涛）

集中式减振装置　central vibration absorber

　　全部减振部件集中在一起的减振装置。可自成

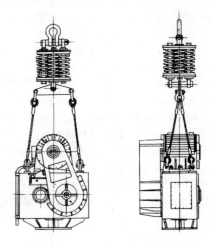

一体,悬挂于起重吊钩与振动桩锤之间。

(赵伟民)

集中维修 centralized maintenance

企业内部所有的维修工作,包括计划安排、修理、管理,以及全部维修人员,都由一个机构统一领导的组织方式。 (原思聪)

集装摆臂式垃圾车 refuse collector with swing arms

靠自身液压吊臂将封闭垃圾箱装上车架或从其上卸下的垃圾车。垃圾箱为封闭型容器,上设两个垃圾投入口,后门有启闭开关,汽车后桥上方有两个可以同步运动的液压吊臂,操纵双吊臂可以把载重的垃圾箱吊放在车架上,把空的垃圾箱吊放在垃圾台上,卸载作业也由吊臂完成。车后部两侧有液压支腿以保证车辆作业稳定。 (张世芬)

集装拉臂式垃圾车 refuse collector with draw arms

靠液压缸作用拉臂将封闭垃圾箱装上车架或从其上卸下的垃圾车。主要由液压缸、垃圾箱、副车架、开门机构等组成。垃圾箱后端底部装有滚轴,在上、下车架时支承在地面。换箱动作时,垃圾箱保险钩在制动液压缸作用下开启,主缸动作使拉臂绕铰点顺时针旋转,在副车架上的垃圾箱则被推置地上,当地面上的垃圾箱上的吊环与拉臂勾住,拉臂在主缸作用下,绕铰点逆时针旋转,垃圾箱被提上车架,放平后,制动缸动作,拉起保险钩使垃圾箱固定在底盘上。卸载作业时,制动缸不动作,使保险钩始终钩住垃圾箱,当主缸动作拉臂顺时针旋转,使垃圾箱倾翻不下滑,垃圾箱后门打开,箱内垃圾在重力作用下卸出。不仅用于居民集中点、工地、商业区、菜场、高层楼房的垃圾收集、转运,也用于垃圾的中转运输车辆。 (张世芬)

集装箱吊具 container spreader

专用于吊运集装箱的自动取物装置。起吊和放下集装箱完全由起重机司机操纵。通过吊具上的转锁对准集装箱顶部或底部的四个角配件孔,提取吊运集装箱。一种吊具或已调整好尺寸的吊具只适用于起吊一种规格的集装箱。有固定式、组合式、伸缩式三种。在集装箱充分标准化的前提下,用此类吊具吊运效率很高。 (曹仲梅)

集装箱吊具防摇装置 spreader anti-sway device

又称集装箱吊具减摇装置。防止或减小吊具摇摆的装置。有力矩马达式、摩擦离合器式和液压缸杠杆式三种。吊具上除起升绳外还有四根相互间有一个夹角的斜拉防摇绳,其上端绕在(或固定在)卷筒上(或杠杆上)。吊具向一方摆动,驱动卷筒或杠杆使另一方的防摇绳张力增加,从而起到防摇作用。 (曹仲梅)

集装箱吊具转锁装置 spreader twist lock

又称集装箱吊具锁紧装置。使吊具与集装箱自动锁紧卡死在一起的安全连接装置。由油缸、推杆、曲柄和旋锁、限位行程开关等组成。每套旋锁都设有一套安全保护装置,当吊具准确地落到集装箱箱顶,使四个限位开关顶杆都与箱顶接触并使之上升到极限位置,触动限位开关,旋锁才能动作。当四套旋锁装置都锁紧后,才能起吊集装箱。当集装箱被吊在空中时,限位开关顶杆回到原位,旋锁锁死保证安全。 (曹仲梅)

集装箱跨车 container straddle carrier

移动、装卸和堆垛集装箱的跨车。用于集装箱码头和集装箱堆场作业。工作装置通过4个同步起升的液压缸和集装箱吊具吊运集装箱。集装箱吊具有固定式和伸缩式两种。固定吊具四角各有一个转锁,吊装时同时插入集装箱顶部的4个长方孔内,通过拉杆同时转动4个转锁锁住集装箱。适用于20英尺、30英尺和40英尺的集装箱。伸缩式吊具由固定吊架和伸缩吊架组合而成,带转锁的伸缩吊架由液压机构控制伸缩和转锁,可吊运不同尺寸的集装箱。 (叶元华)

挤板辅机 dondey of extruded board

挤出法生产板材的挤出机辅机。主要有三辊压光机、牵引装置、切割装置等。由挤出机机头出来的熔料,进入三辊压光机压光并逐渐冷却,在导辊的引导下进入牵引装置,由切割装置进行切边和截断。 (丁玉兰)

挤出机辅机 donkey of extruder

塑料挤出成型机组中所配置的辅助机械。使从机头挤出的初具形状和尺寸的高温熔体通过冷却定型、再冷却,由高弹态变为室温下的玻璃态,从而获得所要求的制品或半制品。包括膜、管、板等制品的挤出成型机组中的各种辅助机械。如吹膜辅机、挤管辅机、挤板辅机等。 (丁玉兰)

挤管辅机 donkey of extruded pipe

挤出法生产管材所用的挤出机辅机。其冷却定型装置可保证正确的几何形状、尺寸精度、光洁度,并完成定径冷却的作用;冷却装置利用冷却水槽或喷淋水箱对初冷的管子进一步冷却到近于室温。牵引装置可提供一定牵引力和牵引速度,以便均匀引出管材。切割装置采用圆锯切割成定长的管材。 (丁玉兰)

挤孔器　extruder

见鼠道犁(251页)。

挤涂式灰浆喷射器　squeeze-coating type mortar sprayer

将灰浆以低速膏状挤涂到建筑物表面的灰浆喷射器。　　　　　　　　　　　　　　　　（周贤彪）

挤压成型机　concrete extrusion machine

对管模内的混凝土拌和料进行挤压使之密实成型的压制成型机械。分胶囊挤压与螺旋挤压(图)两种，前者将压缩空气或高压水压入胶囊中使之膨胀产生挤压力；后者利用螺旋绞刀的旋转运动将拌和料挤压到管模中去。主要用于管状制品的成型。由于单纯的挤压，密实效果较差，一般均辅以振动以提高制品质量。　　　　　　　　　　　　　　（向文寿）

管模
螺旋挤压
芯管
混凝土

挤压法顶管设备　equipment for pushing tube with extrusion

依靠工具管挤压土壤进行施工的顶管设备。由挤压工具管、土斗车、轨道、顶管用顶铁、纠偏千斤顶、后靠板、内套环等组成。根据土壤在外力作用下能被压缩的特性，将装有挤压口的工具管闷顶入土，使管前土壤被挤压进工具管内，然后割断土体，并将它整块地由土斗车运出。适用于地下无障碍物的软粘土层。　　　　　　　　　　　　　　（陈国兰）

挤压工具管　working tube

挤压法顶管设备中由挤压口、割土绳和纠偏装置构成的部件。挤压口使管口土壤在千斤顶作用下被压缩进入工具管的土斗车内，然后用卷扬机拉钢绳割土，用割土绳将土体割断，由基坑中的卷扬机牵引运出管道。　　　　　　　　　　　　　（陈国兰）

挤压软管　pumping tube

安装在挤压式混凝土泵的泵壳内，能从集料斗中将混凝土拌和料吸入，并借助滚压轮的滚压作用将混凝土拌和料排出的挠性橡胶管。　　　　　　　　　　　　　　　　　　（戴永潮）

挤压式灰浆泵　squeeze mortar pump

利用滚轮连续辗压弹性软管以排挤和吸入灰浆，从而产生泵唧作用的灰浆输送泵。有直管式和转轮式。常用于喷涂饰面、输送灰浆等施工中。　　　　　　　　　　　　　　　　　　（董锡翰）

挤压式混凝土泵　squeeze concrete pump

利用滚压轮挤压软管压送混凝土拌和料的混凝土泵。滚压轮在软管上挤压使滚轮下的软管内壁贴合在一起形成密封带，同时将密封带前的混凝土拌和料向输送管压送。滚压轮离开后，软管本身由于弹性而恢复原状，管内形成真空，混凝土拌和料被吸入挤压软管。采用多个滚压轮前后挤压，可达到连续输送目的。为了提高软管恢复原状的能力，在软管外抽真空，改善对混凝土拌和料的吸入性能。混凝土拌和料的压力一般不超过 2.0MPa。适合于粗骨料粒径较小的混凝土拌和料的输送。　　　　　　　　　　　　　　　　　　（龙国键）

挤压胸板　front bulkhead

见闭胸挤压盾构(9页)。

给进机构　feed mechanism

当原动件作连续运动时，从动件实现自动或半自动、连续或间歇给进运动的机构。在自动化、半自动化机械中应用广泛。类型很多，常用的有棘轮机构、槽轮机构、螺旋及具有停歇的连杆机构、凸轮机构和齿轮机构与液压传动等。　　　　（范俊祥）

计划修理制　planed repair system

对机械和设备按预定计划进行使用、保养及修理的制度。该制度立足于在对大量机械设备的故障规律有充分认识的基础上进行。若计划合理，则在使用、保养及修理过程中有章可循、有条不紊。但实际上机械的故障率是受实际使用条件影响的，故对具体某一台机械，该制度可能造成过度维修或失修。　　　　　　　　　　　　　　　（原思聪）

计划预防修理制　planed preventive repair system

以机械或设备的使用时间作为维修时机，选择标准的计划修理制。其立足点在于选择故障发生前某时刻作为维修时机。一般适宜于下述两个方面：①对可能导致重大事故的故障，力争做到防患于未然；②对复杂结构中的内部零件，当其达到失效程度而需修理时，会带来一系列附加的拆卸和装配等工作，当此种情况出现时，将消耗大量维修时间，不仅增大维修成本，而且降低机械的利用率。　　　　　　　　　　　　　　　　　　（原思聪）

计划预期修理制　planed anticipate repair system

有计划地组织机械的使用、保养和修理的计划修理制。保养工作必须严格按规定执行、而计划修理主要是把机械所完成的工作量作为编制送修计划的依据，在送修前则又要求通过技术检验，根据实际情况送修。　　　　　　　　　　　（原思聪）

计量刮板　measuring scraper

装在滑模式水泥混凝土摊铺机上能作竖向调整以控制混合料流厚度的闸板式计量装置。可让规定厚度的混合料进入振捣区域而将余料刮走。　　　　　　　　　　　　　　　　　　（章成器）

计权网络　weigt network

各信号衰减量随频率按规定标准变化的电路网络。在噪声测量仪器(声级计)中,通过一组滤波器(即计权网络)使输出量更接近于人耳对噪声的感觉。 (朱发美)

计算风压 computative pressure of wind effect

风对结构物表面单位面积上产生的正压力。单位为 N/m^2。设计规范中规定,按空旷地区离地 10m 高处计算风速确定,用来计算起重机承受的风载荷。分为工作状态计算风压和非工作状态计算风压。

(李恒涛)

计算机辅助工程 CAE,computer aided engineering

将设计与制造等有关的应用软件、图形处理系统、数据管理系统等功能结合在一起的一种系统。产品或工程的模型建立、设计、模拟、分析、制造、测试、制图和编制文件等工作都包含在一个计算辅助过程之中,可进一步提高产品或工程的进度和效率;提高管理水平。 (戚世敏)

计算机辅助设计 CAD,computer aided design

借助计算机帮助设计人员进行的设计。将人的创造性与组织作用和计算机的特点结合起来,运用到设计之中。任何一种产品或一项工程都存在设计问题,且设计工作往往占了大量时间,借助计算机设计这一新技术,可大大缩短设计周期,提高设计效率,节省人力、物力。 (戚世敏)

计算机辅助制造 CAM,computer aided manufacturing

又称计算机辅助生产或生产自动化。借助计算机来帮助人进行管理、控制和操作各种设备的生产模式。可提高产品质量,降低生产成本,缩短生产周期,减轻人的劳动强度,以及节省人力、物力。

(戚世敏)

计算载荷 computation load

各项标准载荷与各自相应的载荷系数之积形成计算内力的各项载荷。经组合后用来计算起重机械或其他机械的金属结构和各机构零部件的载荷。

(李恒涛)

技术保养 technical maintenance

工程机械运行作业中,为确保机械使用时有良好的技术状况和较长的使用期限,对机械及各总成所采取的各种技术措施。其目的是保证机械有良好的工作性能,减少零件磨损,提高设备完好率,延长使用期限,运行安全及有优良的外表。实际运用中,把保养和修理组成一个整体,制定技术保养和修理制度,明确规定技术保养与修理制度的性质、作业内容和技术要求、间隔时间及劳动定额等。同时按作

业时间所完成不同内容,分为一级保养、二级保养和三级保养,以及大修、中修和小修等。 (杨嘉桢)

技术维护 technical service

设备在运输、保管和使用过程中,为保持其完好状态或维持其工作能力的维修工作。主要包括:设备点检、定期检查;计划外修理;设备润滑及设备定期维护。 (原思聪)

继电器 relay

受输入参量(光、磁、电、热、声等)控制而自动转换接点通断的电器。当输入参量达到预定值,输出参量将发生跳跃式变化,从而实现控制、保护、调节和传递信息等目的。是自控、遥控遥测和通信系统的重要元件,品种多、用途广。 (周体优)

jia

加工 machining,processing

将毛坯或原材料经过铸、锻、焊、轧、锯、车、铣、刨、钻、镗、磨、研等各种手段使之成为半成品或成品的过程。 (田维铎)

加工硬化 work hardening

又称冷作硬化。金属材料在其再结晶温度以下塑性变形时,随着变形量的增大,塑性变形抗力亦迅速增大,即硬度和强度显著升高,同时塑性和韧性下降的现象。它会给金属材料的进一步加工带来困难,如冷拉钢丝,由于加工硬化使进一步拉拔耗能大,甚至被拉断。因此,必须在其加工过程中安排中间退火工序,以便消除加工硬化,恢复它进一步变形的能力。工业上也利用这一现象来提高金属材料的强度,特别是对于纯金属以及不能用热处理进行强化的合金,如钼丝、铜线、不锈钢等。 (方鹤龄)

加筋瓦接坯机 green sheet receiving machine for reinforced corrugated sheet

附有电磁自动喂网机构的钢丝网石棉水泥瓦接坯机。通过自动喂网机构,将钢丝网片放在两层瓦坯之间,完成加筋接坯工序。 (石来德)

加宽三角形履带板 triangle-section crawler shoe

横截面为三角形,纵截面为梯形,有利于在沼泽松软地面上运行的土方机械履带板。用特殊螺栓固定于轨链上,履带宽度加大,由于在松软地面上运行时相邻两履带板的侧面将土挤实,增大了土壤表层密实度;同时,由于行走时将地面压成锯齿形,增大了附着力;再加以是宽型履带,增大了支承面积,故机械接地比压较小,一般是 $20\sim35kPa$。

(曹善华)

加宽摊铺侧板 widening paving curb plate

石料摊铺机中铰装在料斗后方左右侧壁,借以调整摊铺宽度的两块侧板。　　　（倪寿璋）

加泥式土压平衡盾构 mud adding shield

在泥土室内注入特殊的粘土,以提高泥砂的流动性和减小渗透性的土压平衡盾构。在内摩擦角大、流动性差和透水性大的砂层或砂砾层中掘进时,刀盘切削下来的土砂往往不能有效地充满泥土室和螺旋运输机的全部空间,而形成空穴,因而不能取得稳定的土压平衡。可在盾构泥土室内,注入特殊粘土材料,再利用刀盘和搅拌叶的搅拌,使室内的土砂转变为具有流动性好、透水性小的泥土,并充满泥土室和螺旋运输机的全部空间,以达到维持土压平衡、保证正常工作的目的。　　　（刘仁鹏）

加气剂搅拌料槽 air entraining agent mixing tank

装有搅拌器和水泵的加气剂贮存装置。搅拌器用于搅动不稳定溶液,水泵用于泵液。

（应芝红）

加气喷嘴 feed air nozzle

利用压缩空气再次喷吹湿拌和料使其加速后向外喷射的喷嘴。用于湿式混凝土喷射机。

（戴永潮）

加水喷嘴 feed water nozzle

将干拌和料与压力水混合后向外喷射的喷嘴。用于干式混凝土喷射机。

（戴永潮）

加水式土压平衡盾构 pressure water shield

在排土调节箱中注入压力水,以平衡开挖面地下水压力的土压平衡盾构。当在含砂量超过一定限度、透水性大的土层中掘进时,由于这种土壤通过螺旋运输机排出时不能起防水堵塞作用,而引起地下水流动,造成开挖面土体坍塌,因而在螺旋运输机的排土口须加装一只排土调节箱,并往箱中注入压力水,使其与开挖面地下水压相平衡,然后将所开挖的土砂排往地面。所需泥水分离装置亦较为简单。

（刘仁鹏）

加压梁 impressing beam

与主机相连的套管作业装置的机架。

（孙景武　赵伟民）

加压套 impressing casing

设置在夹紧套的外部,连接压拔管装置和摇管装置的传力部件。　　（孙景武　赵伟民）

夹轨器 rail clamp

置于露天工作、在轨道上行走的起重机底座下部,防止大风吹走起重机,造成倾翻事故的钳形夹持轨道器件。起重机处于非工作状态时,夹轨器的钳口夹

住轨道头的两个侧面,使起重机与钢轨联在一起。有手动和手、电两用两种。　　　（李恒涛）

夹紧套 clamping casing

设在套管装置中部,用以夹紧套管传递轴向力和回转扭矩的套管作业装置部件。

（孙景武　赵伟民）

夹钳式拉引机 vertical drawing machine with tongs

又称拔管机。拉制厚壁玻璃管的玻璃制品拉制机。分石棉辊子式和链式两种。前者由若干对无级调速、同步转动的石棉辊组成,每个辊子中间都有一半圆形的槽,每对石棉辊中间就形成了拉引玻璃管拉力点和拔管的孔道。后者设有两根上下布置的封闭链装置,封闭链装置由驱动轮、滚子、薄板链和弹簧夹子组成。弹簧夹子夹持玻璃管,在薄壁链带动下向上拉引,由回转盘和打断器配合切断玻璃管,弹簧夹子由连杆操纵开启。经常使用上封闭链,仅在开始引上拉管或拉引大型玻璃管时才使用下封闭链。　　　（丁志华）

夹壳联轴器 clamp coupling

将纵向剖分的两半筒形夹壳用螺栓联接起来的刚性联轴器。在装卸时不用移动轴,安装方便。

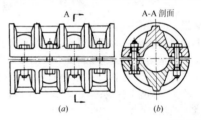

（幸淑琼）

夹桩力 pile locking force

夹桩器在夹桩时所能产生的最大正压力。

（赵伟民）

夹桩器 pile chuck

用以夹持桩并传递由激振器产生的沉桩力的装置。有机械式、气动式、液压式。　（赵伟民）

夹桩筒 chuck drum

与逆反力夹头连在一起,用于夹桩并为桩导向的依附式压拔桩机的部件。　　（赵伟民）

佳伐式掘进机 Jarva tunnelling machine

由原美国佳伐(Jarva)公司制造的全断面岩石掘进机。产品单一,只生产支撑式（开敞式）掘进机。由刀盘部件;刀盘支承壳体;刀盘轴承;推进液压缸;机架;皮带机;刀盘回转传动机构;后下支承;钢环梁;前X形支撑;支撑板及传动轴等主要部件组成。具有下列特点:①采用单刃、双刃和三刃盘形滚刀;②采用平面刀盘;③采用两组X

形支撑或 T 型支撑；④刀盘回转驱动电动机及减速系统一般都置于机械尾部，通过一主轴传动使刀盘回转，这样整机重心居两支撑之间，使整机工作稳定，刚度好，遇软岩、破碎带，机头不易下沉，方向也不易打偏，减少了侧滚现象；但一根主轴粗

又长，受力情况复杂。1979 年美国佳伐公司已归属于瑞典阿脱拉斯·柯普科(Atlas Copco)公司,1995年佳伐公司被撤消，其 MK 机型归属于罗宾斯公司(Atlas Copco Robbins inc.)一种产品。

（刘友元　茅承觉）

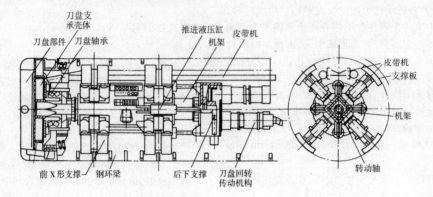

佳伐式掘进机

驾驶室　driver's cab

司机操纵车辆或建筑工程机械作长途行驶的座室。大型的驾驶室并有卧铺。常设于车辆或工程机械的前方使视野良好，内设操纵手柄、踏板及仪表等。

（田维铎）

架空索道　aerial ropeway

利用架设在空中的钢丝绳作为承载件承挂吊具并由牵引索拖动吊具输送物料或人员的连续输送机械。亦可将吊具承挂在牵引索上直接由牵引索拖动。吊具采用料斗、料罐；运送人员时采用挂箱、挂椅。由装载站、卸载站、支架、承载索、牵引索、驱动装置、抱索器、吊具、锚固装置和张紧装置、电气设备等组成。能在复杂地形条件下作业。可架设于两山之间，也可跨越河流、幽谷。按用途分货运和客运两种；按所用钢丝绳数分单索和双索；按承载吊具的运行方式有往复式和循环式。客运索道多用单索循环式和双索往复式，安全措施严格，有防止牵引索从托绳轮上脱落的挡绳器和防止牵引索断裂时客厢下滑的安全卡等。

（叶元华）

架桥机扁担梁　carrying pole of bridge erecting machine

悬臂架桥机架设预应力钢筋混凝土梁时，在架桥机与梁片之间所专门设置的钢制长扁担。扁担两端用钢丝绳捆住梁片，架桥机通过扁担将梁片吊起，以避免梁片弯折而损坏。

（唐经世　高国安）

架桥机换装龙门架　transfer gantry of bridge beam erecting machine

专门用来将普通平车运送的梁（或梁片）换装到

架桥机械专用机动平车上,以向简支式架桥机供应梁片的门架。

（唐经世　高国安）

架桥机械　bridge beam erecting machine

桥梁墩台建成后，在其上拼装上部桥梁结构或架设整孔(整片)上部桥梁所用的机械。一般指整孔(整片)架设时用的机械。

（唐经世　高国安）

jian

间接诊断　indirect diagnosis

通过二次诊断信息来间接判断机械中关键零、部件的状态变化。多数的二次诊断信息属于综合信息,因此,在间接诊断中常出现伪警和漏检两种可能性。

（杨嘉桢）

间接作用式液压桩锤　nondirect acting hydraulic pile hammer

通过液压缸与其他机构和锤体相连接,使锤体上下往复运动,产生沉桩力的液压桩锤。有柔性间接作用式液压桩锤、刚性间接作用式液压桩锤。

（赵伟民）

间隙　clearance

孔尺寸减相配合的轴尺寸之代数差。此差值为正值。对于间隙配合或过渡配合,孔的最大极限尺寸减轴的最小极限尺寸称为最大间隙;对于间隙配合,孔的最小极限尺寸减轴的最大极限尺寸称为最小间隙。最大、最小间隙统称为极限间隙。

（段福来）

间隙配合　clearance fit

旧称动配合。具有间隙(包括最小间隙等于零)

的配合。此时孔的公差带在轴的公差带的上方。即这批零件中，任何一个孔都比任何一个轴大，也就是任何一对孔、轴装配都会出现间隙。

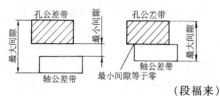

（段福来）

间歇式球磨机　batch ball mill

间歇作业的球磨机。筒体中部有带盖的孔口，供加料、卸料及检修用。每当一批物料磨细后，停机启盖，装上带小孔的短管，再使筒体转至孔口朝下位置卸料。按粉磨时间控制产品细度。主要用于陶瓷工业，并以瓷质材料作研磨介质及衬板，湿法操作，进料粒度小于 1mm，产品细度为 10000 孔/cm² 筛网，筛余不大于 2％。结构简单、但效率低、操作不便。也有实验室用的小容量磨，为干法操作。

（陆厚根）

间歇作业式沥青混凝土搅拌机　batch type asphalt mixer

按分批搅拌的传统工艺进行生产的沥青混凝土搅拌设备。生产工艺是：骨料的干燥和加热是连续进行的，而搅拌则是间歇进行的，成品可暂贮在成品料仓中待运。主要组成部分有：冷料供给系统，冷料干燥加热系统，热料输送机，热料筛分机，粉料供给系统，沥青保温与定量供给系统，物料称量装置，搅拌机、成品贮仓及除尘系统等。分批制备好成品质量有保证，且其干燥筒加热火焰从卸料端喷入，热利用率高。

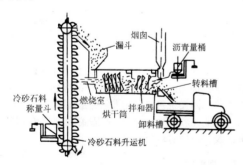

（倪寿璋）

减速器　raducer

又称减速箱，减速机。用来降低工作转速、提高工作转矩的传动装置。有用齿轮传动或其他方式传动的，如谐波减速器等。通常安装在机械的原动部分和工作部分之间。

（苑　舟）

减压阀　pressure-reducing valve

降低液压系统某一局部回路压力的压力控制阀。利用高压油流经小孔、缝隙等处的液压阻力损失将较高的油压变为较低油压而输出，使同一液压系统具有两个或几个不同压力的回路，以满足不同载荷的工作需要。按工作特点分为定压式（输出压力为恒值）、定差式（输入与输出压力之差为恒值）和定比式（输入与输出压力之比为恒值）三类。

（梁光荣）

减压回路　reducing pressure circuit

利用减压阀从高压主油路并联引出的一条具有较低稳定压力的压力控制回路。为控制、润滑、制动器、离合器等使用低压的油路提供油源。包括一级减压和二级减压回路。

（梁光荣）

减振装置　vibration absorber

为了避免或减少振动传给桩架或起重机，而设置在激振器上的装置。按其使用的弹簧材料分为钢丝弹簧式、橡胶弹簧式；按其布置方式分为集中式、分置式。

（赵伟民）

减震器　shock absorber

安装在机械悬架系统中，用以使车架和车身振动衰减的装置。广泛采用的是液力减震器。

（刘信恩）

检验　inspection

确定零件的实际几何参数是否在规定的极限范围内，并判断合格与否的过程。不能测得被测量的实际数值。如用极限量规判断工件是否符合设计要求；用观察、比较和感觉等方法确定零件的外观质量是否达到使用要求等。

（段福来）

剪板机　plate shear

用来剪裁直线边缘板料毛坯的设备。按刀片安装形式可分为平刃剪床和斜刃剪床两类，前者多用于剪切薄板料，后者可用于剪切较厚的板料。

（方鹤龄）

剪草高度　cutting height

剪草机作业时的留茬高度。　　　（胡　漪）

剪草机　lawn mower,mower

以汽油机或电动机驱动不同工作装置进行切草作业的园林绿化机械。按工作装置的工作特点分为旋刀式、滚刀式、往复式、甩刀式和气垫式。行走机构有手推式和自行式等。剪下的草由集草装置收集。根据出草方式的不同有自由出草、后部出草、前部出草。具有高度调节机构，可获得不同的剪草高度；剪草宽度则由切割机构的长度确定。　　（胡　漪）

剪草机底刀　bottom knife of mower

滚刀式剪草机上与滚刀配合产生剪切作用的固定刀。由刀片和刀架组成，通过紧固螺钉联接在一起。　　　　　　　　　　　　　　　（胡　漪）

剪草机滚刀　cylind knife of mower

滚刀式剪草机上与固定底配合进行切草作业的运动部件。由4~6把具有螺旋形切削刃的刀片焊接在同一圆柱面的刀架上构成。　　　(胡 漪)

剪草宽度 cutting width

剪草机在平整的草坪上一次行进的作业宽度。近似等于滚刀式和往复式剪草机切割机构的长度，或等于旋刀式和气垫式剪草机的刀顶圆直径。是剪草机的主要性能参数。　　　(胡 漪)

剪叉式高空作业车 scissors type aerial work vehicle

依靠液压缸驱动剪叉架使作业平台升降的垂直升降式高空作业车。剪叉架固定在底盘上。作业平台铰接固定在剪叉架上端。为了能跨越障碍物进行作业，作业平台亦可设计成带水平轨道并能作水平移动的。　　　(郑 骥)

剪刀式升降支架 scissors type lifting support

装修升降平台中，由多节活络的十字交叉铰接杆叠加组成活动平行四边形的升降支架。由驱动装置通过传动件改变其中某一杆的角度，即可带动所有杆件联动，实现工作平台的升降。　　　(张立强)

剪式钻臂 shear type drill boom

凿岩钻车中根据剪刀原理设计的钻臂。
　　　(茅承觉)

简摆颚式破碎机 simple swing jaw crusher

活动颚板上端经过心轴支承在机架上，在偏心轴和连杆机构推动下，绕心轴作钟摆运动(简单摆动)的颚式破碎机。摆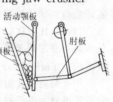

动时，时而靠近固定颚板，时而离开，将放在两颚板间的物料轧碎。活动颚板上的各点轨迹，是以心轴为中心的圆弧。所加工的物料主要受到轧压作用而破碎。适于破碎大块坚硬石料，破碎比在4~6之间。结构简单，坚固耐用，用于各种粗碎作业；缺点是产品中超过出口尺寸的颗粒比率较高。　　　(曹善华)

简图 schemtic drawing

用国家标准中所规定的机构简图符号绘制的机械基本结构图形。不考虑比例、细部构造，只显示机

械的工作原理。　　　(田维铎)

简谐振动 harmonic vibration

又称谐振动、简谐运动。物理量随时间按正弦或余弦规律变化的过程。一般用下式表示：

$$A = A_0\sin(\omega t + \theta)$$

式中 A 为振幅；A_0 是 A 可能达到的最大值；ω 为振动角频率；θ 为始值；t 为时间。任何复杂振动都可以分解为许多不同振幅和频率的简谐振动，因此是最基本和最简单的振动。　　　(曹善华)

简易墩式台座

台墩截面较小、不设置牛腿的墩式台座。预应力钢丝的拉力通过锚固在混凝土台墩上的角钢传给台面。当台墩截面尺寸为50cm×50cm时，沿台座宽度每米可承受200kN的张拉力。适用于单层生产多孔板、槽板、檩条、小梁等中小构件。　　　(向文寿)

简易桩架 simple pile frame

在桩基础施工作业中，不能自行移动作业位置的桩架。是一种较为古老而原始的打桩设备，通常配合落锤打桩，工作效率低，一般只在小规模工程中采用。　　　(邵乃平)

简易桩架

简支式捣固架 free-supported tamping unit

置于道碴捣固机械车轴或转向架之间的捣固架。是现代重型捣固机普遍采用的形式。

　　　(唐经世　高国安)

简支式架桥机 freely supported bridge beam erecting machine

起重臂前端支承在桥墩(桥台)上成简支，利用沿起重臂移动的小车吊起梁片并前移到位安装的架桥机械。因架桥机先行定位，然后拖梁、吊梁、架梁，施工作业比较安全。此外，不需铺设架梁专用的桥头岔线，且可在隧道内、隧道口架梁。

　　　(唐经世　高国安)

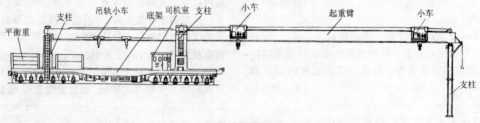

简支式架桥机

碱性除油　alkaline unoil

用碱溶液或在其中加入乳化剂（如肥皂、水玻璃、树胶等）及其他辅料，以除去零件表面油污、金属碎屑及浮渣等物的方法。单一的碱溶液只能除去可被皂化的油脂（如动、植物油），加入乳化剂后则对清洗不能皂化的矿物油脂有良好效果。当加入乳化剂并将溶液加热，则油膜由于受热膨胀和表面张力作用而破裂并聚集成油滴，油滴外面形成乳化剂吸附层，阻止油滴向一起聚集。同时乳化剂还湿润金属表面，使油膜和油滴与金属表面分离，从而实现清洗目的。　　　　　　　　　　　　　　（原思聪）

建设机械　construction machinery

见建筑工程机械（139 页）。

建筑工程机械　construction machinery

又称建设机械。从事建筑工程所需要的机械和设备的统称。服务于工业和民用房屋、电站、铁路和公路、港口及军事工程等各种建筑工程。包括①起重机械、②运输机械、③土方机械（含压实机械）、④桩工机械、⑤钢筋混凝土及其制品机械、⑥装修机械、⑦路面机械、⑧隧道施工机械、⑨桥梁施工机械、⑩线路机械、⑪建筑制品制备机械、⑫市政、园林和环卫机械、⑬石料开采、加工机械、⑭其他专用机械和设备等。目前流行简称这些机械为建筑机械或工程机械，二者内容基本一致，但在习惯上稍有差异，后者主要指③、⑦、⑧、⑨和⑩等机械。在机械的操纵、控制日益自动化的发展中，特种用途的建筑工程机器人已开始应用。　　　　　　　（顾迪民）

建筑机械　construction machinery, building machinery

见建筑工程机械（139 页）。狭义上解释，也可认为主要是工业与民用建筑工程的施工机械。　　　　　　　　　　　　　　（田维铎）

建筑塑料机械　building plastic machine

以合成或天然高聚物为基料，生产建筑用塑料成品或半成品的机械。包括混合机械、炼塑机械、挤出成型机械、注射成型机械、液压成型机械、压延成型机械及其辅助机械。用于生产建筑用的塑料地板、面砖、内隔墙板、门窗板、屋面波纹瓦、装饰板、壁纸、墙布、装饰薄膜、管材、建筑小五金以及挂镜线、踢脚板、楼梯扶手、防滑条等塑料制品和制件。　　　　　　　　　　　　　　（丁玉兰）

建筑塔式起重机　building tower crane

在工业与民用房屋建筑的施工中，用来吊装预制构件、钢结构件、砌块、钢筋、模板和运送其他建筑材料进行起重运输作业的塔式起重机。为施工现场的主要起重设备。起重力矩常在 250kN·m 以下。　　　　　　　　　　　　（李恒涛）

建筑型单斗挖掘机　constructional excavator

见通用履式挖掘机（275 页）。

建筑制品机械　building product machinery

用于生产和加工建筑工程中常用制品和构件的机械。包括砖瓦及耐火制品机械、木工机械、胶合板生产机械、刨花板生产机械、纤维板生产机械、建筑塑料机械、石棉水泥制品机械、石材加工机械以及玻璃制品成型机械等。　　　　　　　（丁玉兰）

渐发性故障　gradual failure

机械零、部件由于自然磨损和物理化学变化，造成机械性能参数恶化的老化过程发展而产生的机械故障。特点是故障发生的概率与使用时间有关。使用时间越长发生故障的概率越多，且在机械有效寿命后期明显地表现出来。此时即标志机械需修理而不可继续使用。这类故障与材料的磨损、腐蚀、疲劳及蠕变等过程有密切关系。由于这种故障是逐渐发展的性质，故能通过早期试验和测试来预测。　　　　　　　　　　　　　　（杨嘉桢）

渐开线齿轮　involute gear

以渐开线形成的曲面作为轮齿齿廓曲面的齿轮。瞬时传动比恒定，制造方便且中心距安装误差不影响其传动比恒定。　　　　　　　（樊超然）

渐开线齿轮可分离性　separable character of centredistance of involute gear

渐开线齿轮机构的中心距离略有变动时而仍能保证其传动比不变的特性。因渐开线齿轮两轮的角速度与两轮的基圆半径成反比，而当齿轮制成以后，其基圆半径已确定不变，所以虽然中心距发生微小的改变，但传动比并不会因此而改变。这个特性是它的一个重要优点。　　　　　　　　（范俊祥）

渐开线函数　involute function (Inv)

在渐开线齿轮传动中，齿廓曲线上各点展角 θ_i 随相应各点压力角 α_i 变化的函数。即 $\theta_i = \mathrm{tg}\alpha_i - \alpha_i$ 工程上常用 $\mathrm{inv}\alpha_i$ 表示展角 θ_i，即 $\theta_i = \mathrm{inv}\alpha_i = \mathrm{tg}\alpha_i - \alpha_i$。　　　　　　　　　　　　　　（樊超然）

渐开线行星齿轮减速器　involute reducer

用渐开线作为轮齿齿廓，以行星轮系传动方式作为内传动元件的减速器。在中心轮的周围均匀分布着多个行星轮，用来均分载荷、缩小齿轮尺寸和平衡各啮合处的径向分力及行星轮公转所产生的离心惯性力，且几乎都具有内啮合传动。结构尺寸较小，同体积和同重量条件下传递的功率大，工作可靠。应用在大功率传动中。但结构复杂，制造精度要求较高。　　　　　　　　　　　　　　（苑　舟）

键　key

纵向嵌入到轴孔和轮毂槽中，用以传递扭矩的零件。　　　　　　　　　　　　　（幸淑琼）

键槽 key way

按其所安装键相应的形状及尺寸在轴和毂孔中开的凹槽。作为装配时嵌入键用。平键的槽孔是平直的;在毂孔与斜键配合的毂孔表面上制出与斜键相同斜度的槽。 （幸淑琼）

jiang

浆料输送 slurry transport

在管道中,对粉粒状物料与水混合成的料浆进行输送的输送方式。作业过程分为前处理、输送和后处理三部分。前处理为粉碎物料,与液体混合及调节浓度;用泵使料浆在管道中进行输送;后处理为料浆浓缩脱水,干燥物料及污水处理。料浆输送运量大,目前已达每年 437 万吨;运距大,最大已至440km。设备简单,投资省。不受气候与地理条件限制。 （洪致育）

僵性 inflexibility

挠性零件整体缺乏柔软性的情况。例如钢丝绳的僵性使绳的弯、直困难等。这是一个比较抽象的概念,目前尚无统一的测量标准。 （田维铎）

jiao

交叉滚柱式回转支承 slewing bearing with crossed roller

具有一排以滚柱为滚动体,两相邻滚动体相互交叉配置的回转支承。由内座圈、外座圈、滚动体、隔离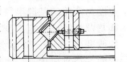块、联接螺栓和防尘圈组成。不带齿的座圈分为上下两半,装配时用螺栓连接成一体。滚动体与滚道间为线接触。可承受轴向力、径向力和倾覆力矩。 （李恒涛）

交互捻钢丝绳 twist against twist wire rope

又称交绕钢丝绳。钢丝绕成股与由股绕成绳的捻向相反的钢丝绳。不易松散、扭转和打结,但挠性较差,使用寿命较短。起重机械中应用较多。按股捻制成绳的捻向有右旋和左旋之分。 （陈秀捷）

交流电动机 alternating current motor

将交流电能转换成机械能的电动机。有同步电动机和异步电动机。同步电动机在正常运行时转子转速与旋转磁场的转速相同,转速恒定,功率因数可以通过改变转子磁极的励磁电流来调节,比异步电动机的高,但需要直流励磁电流。结构复杂,起动操作麻烦,适用于不要求调速的生产机械或大容量的电动机;异步电动机的转子转速总是低于旋转磁场的转速,结构简单,价格便宜,运行可靠,使用和维护方便,在工农业生产中得到广泛应用。 （周体伉）

交流发电机 alternating current generator

将机械能转换成交流电能的发电机。主要是同步交流发电机。因发电机正常运转时转子转速与电枢旋转磁场的转速总是同步而得名。由定子和转子两个基本部分组成、定子结构与异步电动机定子结构相同,电枢绕组放置在定子铁芯内壁槽中;转子是直流电励磁的电磁铁,有显极(凸极)和隐极式两种。 （周体伉）

交流式液压激振器 alternate flow hydraulic vibrator

以交变液压油流产生振动的液压式激振器。特点是工作油流不作循环流动,只做脉动。 （赵伟民）

交线 intersecting line

平面与物体表面相交或物体与物体表面相交二者的共有线。 （田维铎）

浇注系统 gating system

在铸造工艺中,为了将金属液流导入型腔,而在铸型内开设的通道。一般由外浇口、直浇口、横浇口、内浇口所组成。浇注系统的作用是:使金属液平稳地进入型腔,避免对型壁和型芯的冲刷;防止熔渣和其他夹杂物进入型腔;调节铸件的凝固顺序,并能在金属液体凝固时起一定的补缩作用。

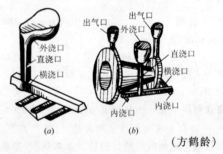

(a) *(b)* （方鹤龄）

胶合板磨光机 sander of plywood

又称砂光机。以砂粒为磨料对胶合板作表面加工的胶合板生产机械。有辊式磨光机和宽带磨光机两种。 （丁玉兰）

胶合板生产机械 plywood machine

将三层或多层单板胶合制成薄板的机械。包括原木剥皮机、单板旋切机、单板刨切机、单板锯切机、单板干燥机、单板剪裁机、涂胶机、平压机、磨光机等。 （丁玉兰）

胶接 adhesive bonding

利用胶粘剂在接合面上产生的机械结合力、物理吸附力和化学键合力而使两个胶接件连接起来的工艺方法。不仅适用于同种材料,也适用于异种材料,工艺简单,不需要复杂的工艺设备。胶接操作不必在高温高压下进行,因而胶接件不易产生变形,接头应力分布均匀。胶接接头具有良好的密封性、电绝缘性和耐腐蚀性。工艺过程易实现机械化和自动化。   (方鹤龄)

胶膜式喷头 rubber porous membrance sprayer head

在喷头出口封以胶质多孔膜片,灰浆从膜孔射出的非气动喷头。   (周贤彪)

角变位 modification of working presure angle

角度变位齿轮的简称。又称不等移距变位齿轮。一对齿轮的变位系数之和不等于零的变位齿轮。分度圆与节圆不重合,两轮中心距发生变化。分正传动和负传动两种。正传动优点是两轮相对滑动系数降低,齿轮磨损减轻,齿轮强度有所提高。但重合度减少较多,且成对设计、制造、使用,互换性差。负传动角变位优点是适当选择变位系数 x_1 和 x_2,可满足中心距的设计要求,且重合度略有增加。缺点是齿轮强度有所降低,轮齿磨损加剧。且需成对设计、制造、使用,互换性差。在齿轮传动中,一般齿轮多采用正传动的角变位。   (苑 舟)

角铲型工作装置 angle dozer

又称斜铲式工作装置。推土铲在水平面内相对拖拉机纵向轴线可向左或向右回转成某一夹角的推土装置。由推土铲、"U"形顶推架、斜撑顶杆、斜撑杆等组成,推土铲和"U"形顶推架顶部球铰连接。推土铲在水平面内倾斜作业时,随推土机行进,推土铲铲起的土沿着推土铲表面斜向移动而卸于一侧,其铲、运、卸过程同时连续进行。一般还能调整切削角和垂直面内的倾斜角,对硬土进行铲掘。作业范围较广,特别适用于公路路拱施工及埋设管道等作业。   (宋德朝)

角模数 angular modulus

又称周期角。将内曲线马达中运动规律相同的全部柱塞集中于一个作用辐角内,相邻两个柱塞之间的夹角。它的研究可把运动规律相同的一组柱塞引入到一段工作曲面上,为分析液压马达的工作均匀性、力平衡、配流器工作过程带来极大的方便。可用下式表示:

$$\Delta \varphi = \frac{2\pi m}{xZ}$$

$\Delta \varphi$ 为角模数;x 为作用次数;Z 为柱塞数;π 为圆周率;m 为 x 与 Z 的最大公约数。   (嵩继昌)

角式塑料液压机 angle hydraulic press

由两个相互成直角排列的工作缸组成的液压成型机。其垂直工作缸供压制用,水平工作缸作启闭模具用。液压缸的柱塞与可沿导轨移动的活动板相连。在其下部还设有顶出缸。适合于压制复杂的、大型的或外部具有浮现物的制品。   (丁玉兰)

角向滚压器 in-corner wall-face rolling press

在阴角墙面上滚压出各种清晰美观、富有立体感条形纹样的墙面装饰组合式滚压器。   (王广勋)

角向磨光机 angle polishing machine

用于加工与水平面成某一角度平面的水磨石机。电动磨盘旋转轴线可调,使磨石旋转平面与水平面成某一角度。   (杜绍安)

绞刀功率 rotor power

绞吸式挖泥船绞刀作业所需的发动机功率。一般为发动机总功率的 15% ~ 20%。   (曹善华)

铰接 joint with hinge

通过销钉及两个零(部)件上的销孔将两个零(部)件进行联接,允许一件对另一件产生某些摆动的状态。销钉亦可用螺钉代替。   (田维铎)

铰接臂式挖掘平整装置 excavating-grading attachment with hinged boom

挖掘机的动臂与斗杆铰接,利用机械联动,或多组连杆,或平整机构使铲斗作直线运动的挖掘平整装置。机械联动式通过控制动臂和斗杆的相互转动角度,来保证铲斗直接移动;多组连杆式装有动臂四边形连杆和斗杆四边形连杆,其间装有三角形连杆块,通过控制臂和杆的相对位置,来保证铲斗直线运动。这两种方法通用性差。平整机构式实际上是装有反铲和平整两套机构,反铲机构作用时,铲斗作弧线运动;平整机构作用时,铲斗作直线运动,通用性强,但机构复杂。   (曹善华)

铰接臂挖掘机 hinged-boom excavator

工作装置的各构件彼此铰接的单斗液压挖掘机。动臂下端用销轴装于转台前方支架上,可俯仰;斗杆后端铰装于动臂上端,可绕之转动;铲斗与斗杆之间利用四连杆或六连杆机构铰接,借以使铲斗绕斗杆可以作大角度转动。因之,利用动臂、斗杆、铲斗三种液压缸的推动,可以将铲斗置于任何位置上进行挖掘。是液压挖掘机最普遍的工作装置结构形式。   (曹善华)

铰接盾构 articulatod shield

分成前后两段的盾构主体,用铰接千斤顶将连接起来的盾构。通过千斤顶,可以使盾构两段在任何方向产生相对转动,以适应曲线隧道的掘进,同时也大大减少了因盾构转弯而引起的超挖量,从而提高盾构施工质量。   (刘仁鹏)

铰接式车架 hinged frame

两段半架之间用铰链连接的车架。采用这种车架的工程机械转向时靠前后两段半架绕铰销相对偏转来实现,如装载机、铲运机、压路机等;而当整机为全轮驱动时,采用铰接式车架可避免复杂的转向驱动桥,并有利于使工作装置迅速对准工作面,以提高劳动生产率。　　　　　　　　　　　　　（刘信恩）

铰接式压路机　articulated frame roller

车架由前后两部分组成,彼此用垂直销轴铰接的压路机。依靠前后车架相对偏转实现转向。其特点是转向灵活,转弯半径小,但降低了抗倾翻稳定性,在平面上转弯时,支承面积减小、机械重心容易移向支承面的边缘而有翻车危险。　　（曹善华）

铰接式振动压路机　articulated frame vibratory roller

前碾轮车架与后碾轮车架用垂直销轴铰接,依靠前后车架相对偏转实现转向的振动压路机。前碾轮为刚性光面轮,后碾轮是两个低压羹基轮胎。光面轮内装有由液压马达驱动的偏心块激振器,靠重力和激振力工作;后轮靠静载工作。由动力装置、泵、分动箱、液压马达、转子泵等组成,柴油机通过三个液压泵分别带动前碾轮、后碾轮和铰接转向机构。是一种把轮胎压路机和振动压路机结合在一起的机种,具有压实深度大(达1m)、压实效果好、生产率高、机动灵活等优点。　　　　　　　　（曹善华）

铰接式支腿　pivoted outrigger

支腿的活动部分做成水平摆动式的起重机支腿。借助液压缸的伸缩,使支腿横梁绕其与车架侧面连接的销轴,在水平平面内摆动。为增大支腿跨距,横梁也可以做成伸缩的。当起重机处于运输状态时,支腿由液压缸回缩带动并靠拢在车架两侧。　　　　　　　　　　　　　　　（李恒涛）

绞盘　capstan

由人力或机械动力转动垂直设置的卷筒,水平卷绕挠性构件(钢丝绳、链条等)完成牵引作业的起重机具。有手动绞盘和电动绞盘两种。除卷筒部分外,与普通卷扬机无原则性区别,常用于搬运工作及船舶码头。　　　　　　　　　　　　（孟晓平）

绞吸式挖泥船　rotor type suction dredger

利用船首所装绞刀,伸出船外沉于河底绞切泥砂形成泥浆,再用泥浆泵排泥的挖泥船。绞刀是装于转子上的多个刀片,由机械传动件带动转子旋转,刀片排列呈螺旋形,或每一刀片自身扭成螺旋形,所挖成泥浆,由泥浆泵从吸泥口吸入,经过吸泥管、泵体、出泥口、排泥管输出。一般为非自航式,作业时,用钢桩或锚缆碇泊。宜于挖砂、砂质土、淤泥等,如装上带齿绞刀,也可挖粘土。适于在风浪小、流速低的内河、湖泊和沿海港口作业。　　　　（曹善华）

脚踏截锯机　sawing cut saw

安装于地面上的移动式横截圆锯机。主要由锯框、锯轴、底座、电动机、偏心套、脚踏板、支架和平衡块等组成。适用于横向锯截板材、板皮和方材。　　　　　　　　　　　　　　　　　（丁玉兰）

搅拌铲臂　mixing arm

使混凝土搅拌机搅拌筒中的拌和铲与转子或搅拌轴相连接的支承臂。　　　　　　　（石来德）

搅拌次数计数器　mixing number counter

对混凝土搅拌站(楼)中搅拌罐数进行计数的装置。用以自动控制一个批量的混凝土拌和料的生产。　　　　　　　　　　　　　　　　（应芝红）

搅拌机拌和轴转速　mixing axle speed of mixer

混凝土搅拌机拌和轴单位时间内的转数。单位为 r/min。　　　　　　　　　　　　　（石来德）

搅拌机出料容量　discharging capacity of mixer

从混凝土搅拌机搅拌筒内卸出的成品混凝土的最大体积。单位为 L。　　　　　　　　（石来德）

搅拌机出料时间　discharging time of mixer

从搅拌筒内卸出不少于公称容量95％的混凝土拌和料所需要的时间。单位为 s。　　（石来德）

搅拌机公称容量　nominal capacity of mixer

从混凝土搅拌机搅拌筒内卸出的成品混凝土的最大允许体积的圆整值。单位为 L,用来表示混凝土搅拌机型号的参数。　　　　　　　（石来德）

搅拌机搅拌时间　mixing time of mixer

从混合干料全部投入搅拌筒并开始搅拌起,到搅拌成匀质混凝土拌和料所需的时间。单位为 s。是衡量搅拌机性能的指标之一。　　（石来德）

搅拌机搅拌筒转速　drum speed of mixer

混凝土搅拌机搅拌筒单位时间内的转数。单位为 r/min。　　　　　　　　　　　　　（石来德）

搅拌机进料容量　charging capacity of mixer

混凝土搅拌机搅拌筒能容纳未经搅拌的混合料体积。单位为 L。　　　　　　　　　　（石来德）

搅拌机漏浆量　leaking volume of motar at mixting

由混凝土搅拌机搅拌筒底部卸料口密封处泄漏出的水泥砂浆量。以上料容重的百分数表示。是评价卸料口密封性能的指标。　　　　（石来德）

搅拌机能耗　energy consumption of mixer

混凝土搅拌机生产单位体积成品混凝土拌和料所消耗的能量。单位为 kW·h/m³。是衡量搅拌机性能的重要指标之一。　　　　（石来德）

搅拌机配水系统　water distribution system

定量地向搅拌筒内供水的混凝土搅拌机给水机构。有水箱式配水系统、时间继电器式配水系统和

定量水表等三种。　　　　　　　　（石来德）

搅拌机上料机构　elevating feeding mechanism

将物料提升并倾入混凝土搅拌机搅拌筒中的机构。分卷扬机提升和液压缸提升两种。

　　　　　　　　　　　　　　　（石来德）

搅拌机上料时间　feeding time of mixer

从提升上料斗开始到混合料全部卸入搅拌筒内的时间。单位为 s。　　　　　　　（石来德）

搅拌机生产率　productional capacity of mixer

混凝土搅拌机单位时间内搅拌出成品混凝土拌和料的体积。单位为 m³/h。　　　（石来德）

搅拌机循环时间　cycle time of mixer

又称搅拌周期。两次连续上料过程开始之间的时间。是上料时间、搅拌时间和出料时间的总和。单位为 s。　　　　　　　　　　　（石来德）

搅拌机转子转速　rotor speed of mixer

混凝土搅拌机转子单位时间内的转数。单位为 r/min。　　　　　　　　　　　（石来德）

搅拌容量选择器　batch size selector

在混凝土搅拌站（楼）中按需要选择搅拌容量的装置。当需要的搅拌容量小于搅拌机的公称容量时，要采用该装置来变换搅拌容量，此时，各种材料的质量要随搅拌容量而变化。　　（应芝红）

搅拌筒衬板　drum liner

安装在混凝土搅拌机搅拌筒内壁的耐磨板。由耐磨合金钢制成，磨损后可以更换。　（石来德）

搅拌筒齿圈　drum ring gear

安装在混凝土搅拌机搅拌筒上并带动搅拌筒旋转的齿圈。对于鼓形和双锥形搅拌机，安装在搅拌筒的中部外表面；对于梨形搅拌机，则安装在近底端部。　　　　　　　　　　　　（石来德）

搅拌筒刮板　scraper of mixing drum

刮削粘附在混凝土搅拌机搅拌筒壁上的混凝土拌和料的铲片。　　　　　　　　（石来德）

搅拌筒滚道　drum tire

搅拌筒托轮滚动的轨道。靠其将搅拌筒支承在托轮上。　　　　　　　　　　（石来德）

搅拌筒托轮　support roller of mixing drum

支撑混凝土搅拌机搅拌筒的辊轮。有铸铁轮、铸铁芯的橡胶轮和尼龙轮等几种，用滚动轴承安装在机架的芯轴上，在用摩擦轮驱动搅拌筒旋转的机构中，有一对托轮为驱动轮。　（石来德）

搅拌筒转速　revolution of drum per minute

混凝土搅拌输送车搅拌筒每分钟的回转数。单位为 r/min。有搅动转速；搅拌转速；进料转速和出料转速等。　　　　　　　　　　（蔺万亮）

搅拌叶片　mixing blade

固定在混凝土搅拌机搅拌筒内壁或轴上带动拌和料运动的叶片。由耐磨合金材料制成。在自落式混凝土搅拌机中，根据搅拌原理的不同，叶片的形状和安置角都不一样；在强制式搅拌机中，叶片和搅拌筒衬板之间保持一定距离，并能调节。

　　　　　　　　　　　　　　　（石来德）

搅拌溢浆量　overflow volume of motar at mixing

搅拌时溢出混凝土搅拌机搅拌筒外的水泥砂浆量。以进料容重的百分数表示。是评价搅拌机构的性能指标之一。　　　　　　　（石来德）

搅拌溢料量　overflow volume of concrete at mixing

搅拌时溢出混凝土搅拌机搅拌筒外的混凝土拌和料的量。以上料容重的百分数表示。是评价搅拌机构性能的指标之一。　　　　（石来德）

搅拌翼　stirring blade

设在自转内管上呈刀板状的用于对土壤进行掘削搅拌的复合式搅拌桩机的部件。　（赵伟民）

搅拌站钢筋混凝土料仓　reinforced concrete-made hopper

用钢筋混凝土制作的贮料仓。耐磨损，寿命长，可贮存湿料。只适用于固定式混凝土搅拌站（楼）。

　　　　　　　　　　　　　　　（王子琦）

搅拌站钢制料仓　steel-made hopper

用钢材制成的贮料仓。自重小，装配容易，寿命长，但存放湿料易生锈。在混凝土搅拌站（楼）中广泛采用。　　　　　　　　　（王子琦）

搅拌站（楼）混凝土卸料高度　discharge height of concrete for batch plant

从搅拌机出料口或混凝土贮料斗下缘到地平面间的垂直距离。中国规定生产能力为 10～15m³/h 时不得小于 1.25m，生产能力为 20～25m³/h 时不得小于 1.5m，生产能力≥30m³/h 时不得小于 3.8m。有的可根据施工需要进行调节，以适应各种运输工具。　　　　　　　　　　　（王子琦）

搅拌站（楼）水箱容量　capacity of water tank for batch plant

混凝土搅拌站（楼）中计量水箱的几何容积。计量水箱可以是容积式的配水箱，也可以是质量式的称水箱。一般要求能满足一罐搅拌容量的需要。

　　　　　　　　　　　　　　　（王子琦）

搅拌站水泥贮料仓　cement storage bin

贮存水泥的贮料仓。大型混凝土搅拌站（楼）常设置两个，以贮存两种标号的水泥，适应不同的混凝土品种。　　　　　　　　　　（王子琦）

搅动容量　agitating capacity

混凝土搅拌输送车能运输的预拌混凝土经捣实后的最大体积。单位为 m³。预拌混凝土的质量按 2400kg/m³ 计算。　　　　　　　　　　　（蔺万亮）

jie

阶梯式挤出机　double-stage extruder

由两台按阶梯形布置的挤出机组成的塑料挤出机。可由两台单螺杆挤出机组成，也可以由一台双螺杆挤出机和一台单螺杆挤出机组成。两机各设独立的驱动系统和加热冷却系统，在两机联接处设排气装置。通常双螺杆为第一阶挤出机，完成加热和混合物料作用；第二阶挤出机使物料熔融、塑化，挤出成型。混炼充分，能耗合理。

　　　　　　　　　　　　　　　　　（丁玉兰）

接长刀　lengthening blade

用螺栓和铰链接装于平地机刮刀一端的辅助刮刀。用以增大刮刀的工作宽度。

　　　　　　　　　　　　　　　　　（曹善华）

接触网安装车　contact system catenary installing car

装有作业平台和随车起重机，用以检修接触网悬挂装置与上部设备，或与放线车联挂进行架线作业的专用线路机械。由动力装置、传动系统、轨式行走装置和工作装置等组成。工作装置为一可以回转的顶部作业台，传动系统能保证机械运行时达 80km/h 的高速和架线作业时 5km/h 以内的低速。

　　　　　　　　　　　　（高国安　唐经世）

接触网带电检修车　contact system alive circuit overhaul car

对电气化铁道接触网在不停电情况下进行检修保养与技术状态检测的专用线路机械。可在普通轨道车上加装绝缘升降工作平台和绝缘过渡小平台，再在平台上设置等位检测弓和检修机具而成。也可专门设计成接触网检修梯车。

　　　　　　　　　　　　（高国安　唐经世）

接触网放线车　contact system catenary reeling car

由普通铁路平车加装司机室和三个线盘组成，用以完成铁路接触网线的架线、紧线和安装零部件等作业的专用线路机械。须与接触网安装车联挂进行工作。　　　　　　　（高国安　唐经世）

接触网架线作业车　contract system catenary laying car

用以进行电气化铁路接触网线（承力索、定位索与接触导线）的架线、紧线调整、零部件安装等作业

的线路机械。由装有动力装置和三个线盘的放线车构成。　　　　　　　　　　　（高国安　唐经世）

接地　ground

电器设备与大地间的良好连接。与大地直接接触的金属体称为接地体或接地极，连接接地体与电气设备的导线称为接地线。接地体和接地线统称为接地装置。目的是要保证电气系统和电气设备的正常运行和人身安全。　　　　　　（周体优）

接地比压　ground contacting pressure, ground specific pressure

工程机械的承载部位（例如履带）对地面接触范围内单位面积上的压力值。数值等于整机质量除以机械的接地面积。因此，亦称平均接地比压。对于不同性质的地面，各有其许用的接地比压，如承载部位的接地比压超过许用值时，就会使机械的工作陷入困境。　　　　　　　　（田维铎　刘希平）

接电持续率　rate of joining continuity

在重复短时工作制工作下的起重机电动机中，其工作时间与其一循环周期时间（工作时间加停歇时间）之比值。常以 JC15%、JC25%、JC40%、JC60% 和 JC100% 等符号表示。表明电动机发热升温和散热降温的情况，并决定该电动机允许输出容量的大小。　　　　　　　　　　　（顾迪民）

接近角　angle of approach

通过行走式工程机械前端凸出部分的最低点与前轮或履带前端相切的平面对水平地面的夹角。与整机的通过性能有关，是一设计参数。

　　　　　　　　　　　　　　　　　（田维铎）

节流阀　throttle valves

靠改变节流口大小来改变液阻的流量控制阀。根据用途分为简式（基本型）、单向式（单方向起节流作用）和单向行程式（靠行程开关控制阀的流量）三种。按结构形式分有截止式，旋塞式和蝶式等。常用阀瓣形式有针形、窗形和沟形。不能代替截止阀和闸阀用于截断管道流体。　　　　（梁光荣）

节流阀流量特性　delivery characteristics of throttle

通过节流阀的流量 Q 与阀前后压差 Δp 及阀口流通面积 A 三者之间的关系。可由下式表示：

$$Q = C \cdot A \cdot \Delta p^m$$

C 为流量系数，随节流孔的形状和油液的粘度而变化；m 为由节流孔形状决定的指数，一般为 $0.5 \leqslant m \leqslant 1$，对薄壁小孔 $m = 0.5$，对细长孔 $m = 1$。

　　　　　　　　　　　　　　　　　（梁光荣）

节流调速液压系统　restriction's regulating speed hydraulic system

由定量泵、流量控制阀、溢流阀和执行元件组

成,靠改变流量控制阀阀口开度来调节和控制进入执行元件的流量,从而调节运动速度的液压系统。按流量阀安装位置分为进油节流调速、回油节流调速和旁路节流调速三类。结构简单,成本低、使用维护方便,但能量损失大,调速范围窄,效率低。多用于功率不大、调速要求精确的场合,如机床液压系统。

(梁光荣)

节气门　throttle valve

装在化油器喉管后,用以控制进入气缸的混合气数量的总阀门。在汽车上它同时由控制钮及加速踏板操纵。节气门开大则汽油机功率增大。节气门全开时,汽油机处于全负荷运行状态;相反,节气门关小时,则汽油机功率减小直至处于怠速状态。

(陆耀祖)

节温器　thermostat

根据内燃机工作状况和气候条件,自动调节通过散热器冷却水流量的装置。安装在冷却水循环通路中,通过改变冷却强度,使内燃机保持在最适宜的温度状态下工作。分为叠筒式(也称皱纹筒式)和蜡式两种类型。

(岳利明)

节圆　pitch circle

一对齿轮啮合传动时,两齿轮上在节点外相切的一对圆。两齿轮齿廓相啮合,过两齿廓接触点所做的齿廓公法线与两齿轮中心连线必交于一定点,这个点称为啮合节点(pitch point)。分别以两齿轮中心为原点,以啮合节点到圆心的距离为半径所做的两个圆,分别称为两齿轮的节圆(单个齿轮上不存在节圆)。

(樊超然)

桔槔　jiegao

利用杠杆原理,一端挂有平衡重的原始起重机具。古时井上汲水的一种工具,通常用绳子悬吊在井旁的树木或架子上,一端系水桶,另一端挂重物,一起一落,使汲水省力。源于商朝(公元前 1765 年到 1760 年间)。

(孟晓平)

截交线　section intersection line

零件被平面截切,在零件表面产生的交线。

(田维铎)

jin

金刚砂轮切缝机　corundum disk groover

切割已凝固的水泥混凝土路面纵、横缝槽的路面切缝机。切割刀具(金刚砂轮)大多装在双轮手推车上。

(章成器)

"金鱼戏水"游艺机

将一组金鱼模型装在刚性杆件末端、在空中绕回转体水平旋转同时垂直起落于圆形水池的游艺机。由动力装置、回转体、圆形水池、连杆和金鱼模型组等组成。金鱼模型回转、起伏的快慢通过液压无级调速控制。时而迎风飞舞、时而擦过水面,激起浪花朵朵,此起彼伏,趣味浓厚。

(胡　漪)

金属覆层　metallic coating

用各种方法制成金属覆层表面处理的统称。其中应用较多的有电镀、金属喷涂和表面合金化。热浸金属覆层、包覆和气相沉积等方法也有一定的应用。热浸金属覆层是将工件的基体材料浸入熔融金属液内,并与熔融的金属相互作用而生成。常见的有锌、铝、锡、铅、铅锡合金等金属覆层。包覆是利用热－机械作用,把抗高温氧化、抗热腐蚀、抗脆裂的延展性良好的金属先制成箔,其厚度在 $25\sim250\mu m$ 之间,包覆在零件上,再在充满惰性气体的高压釜内,长时间地加热,使包覆材料与基体间产生略有相互扩散的结合。气相沉积是利用金属蒸气凝结在基体材料上而形成的覆层。金属蒸气的产生可以采用真空蒸发、溅射或离子镀等方法。气相沉积覆层方法不仅用于金属,还适用于无机物和塑料的覆层。

(方鹤龄)

金属喷涂　metal spraying

用熔融金属的高速粒子流喷在金属基体表面上的金属覆层技术。其特点是:工件尺寸无上限,基体受热一般不超过200℃,覆层与基体间的附着力可高达 7MPa。喷涂后的表面粗糙度可降到 R_a $1.25\mu m$。用于机械修复,提高机械零件的耐蚀性、减摩性和耐磨性。常用的喷涂设备为电弧喷枪,适用于金属线材喷涂。火焰喷枪适用于金属线材、金属陶瓷和难熔氧化物喷涂。等离子弧喷枪适用于各类粉末的喷涂。

(方鹤龄)

金属清洗剂　metal cleaning detergent

适宜于清洗金属表面的合成洗涤剂。其表面活性物质能降低界面张力而产生湿润、渗透、乳化、分散等多种作用,具有很强的去污能力。它无毒、无腐蚀、不燃烧、不爆炸、无公害,废液呈中性或弱碱性,可直接排入下水道。还具有一定的防锈能力,成本也较低。使用中既可浸洗,又可喷洗,还可用超声波

清洗。对改善劳动条件、保证使用安全、节约有机溶液等有重要作用。　　　　　　　（原思聪）

金属热处理　heat treatment of metals

通过加热、保温和冷却的方法，来改变金属内部的组织结构，以获得所需性能的加工工艺。可分为整体热处理和表面热处理两大类。整体热处理包括退火、正火、淬火、回火等；表面热处理包括表面淬火和化学热处理等。与其他加工工艺相比，热处理一般不改变工件的形状和整体的化学成分，而是通过改变工件内部的显微组织，或改变工件表面的化学成分，得到更加优良的使用性能。为使工件具有所需要的力学性能、物理性能和化学性能，除合理地选用材料和各种成形工艺外，热处理工艺往往是必不可少的。钢铁是机械工业中应用最广的材料，所以钢铁热处理是金属热处理的主要内容。　　　　　　（方鹤龄）

金属芯钢丝绳　wire rope with metal core

绳芯为钢丝股的钢丝绳。能耐高温，并能承受较大的横向压力，但挠性较差。宜用于高温或多层卷绕的场合。近来有采用螺旋金属管作为绳芯的，管中储有润滑油。　　　　　　（陈秀捷）

紧定螺钉　fiting screw

具有不同的头部和末端形状，并在圆柱形杆上制有螺纹的钉杆。头部形状常用方头或内六角孔；末端形状常用的有锥端、平端和圆柱端。适应于不同的拧紧程度和安装空间。　　　　（范俊祥）

紧键　tight key

在安装时预先受预紧力的键。如斜键。

　　　　　　　　　　　　　　　（幸淑琼）

紧螺纹联接　fasten thread joint

联接装配时，即需拧紧螺母，在承受工作载荷前，螺纹就承受预紧力的作用，而在工作过程中又承受工作载荷的螺纹联接。多用于载荷变化或有冲击振动，要求联接紧密或具有较大刚性的场合。

　　　　　　　　　　　　　　　（范俊祥）

紧配合联接　joint by interference fit

又称过盈配合联接。利用配合零件轴与孔之间过盈配合的不可拆卸联接。装配时不需要键、销，对轴件及孔件无损伤。　　　　　　（田维铎）

进料导管　charge guide pipe

拌筒口中间设置的用以引导混凝土料进入搅拌筒和防止其外溢的装置。一般由圆筒形管和两个三角形叶片组成。对于公称搅动容量相同的输送车，有进料导管时其搅拌筒可以做得小些。

进料导管　进料斗

　　　　　　　　　　　　　　　（翦万亮）

进料叶片　flight blade

带动拌和料进入混凝土搅拌机搅拌筒的叶片。

　　　　　　　　　　　　　　　（石来德）

jing

精确播种机　precision seeder

又称间距播种机。播种后使一个种子占有一个确定的空间，种子与种子之间距离相等，并成行播种的种子撒播机。有带式播种机和轮式播种机两种。播种机作为工作装置悬挂在拖拉机上，根据播种机所需的间距和拖拉机的轮距，播种机构可单组、双组或三组安装在拖拉机的悬挂机架上同时撒播种子。与任意撒播相比，可节省劳动力，减少种子消耗，降低成本。　　　　　　　　　　（陈国兰）

精确度　accuracy

又称精度。是精密度（偶然误差大小）和准确度（系统误差大小）的综合反映。　　　（朱发美）

精轧螺纹钢筋锚具　dywidag threaded bar anchorage

精轧螺纹钢筋专用的后张法锚具。由螺母和垫板组成。螺母分平面螺母和锥面螺母两种，后者能保证预应力筋的正确对中，并因端面开槽而能增强螺母对预应力筋的夹持能力。垫板相应也分为平面垫板和锥面垫板两种。由于锥面螺母传给锥面垫板的压力沿45°方向向四周传递，因此垫板的边长应等于螺母最大外径加两倍垫板厚度。配套使用的张拉设备为拉杆式千斤顶或穿心式千斤顶。

　　　　　　　　　　　　　　　（向文寿）

井点隔膜泵　diaphragm pump for well point

依靠隔膜的变形使轻型井点抽水系统中产生真空的机械。利用橡胶膜片将泵的吸（排）室与活塞等运动件隔开，从而避免了液体对机件的腐蚀，有利于延长泵的使用寿命。　　　　　　（陈国兰）

井点降水设备　equipment for well point

利用埋入土层中的井点滤管和泵吸作用，将地下水抽吸排出的市政机械。使施工地点的天然地下水位人为地下降成一个漏斗形的降水曲线，使基坑或沟槽保持在降水曲线范围内。分轻型井点和喷射井点两种。　　　　　　　　（陈国兰）

井点滤管　filter tube for well point

轻型井点中安装在井管端部，埋设时作为高压水冲射管对土壤进行冲动使其下沉，并在抽水时起过滤及吸水作用的装置。　　　　　（陈国兰）

井点深水泵　deep water pump for well point

轻型井点中可沉入水井中进行吸水和排水的水泵。吸水深度可达20m。由电动机、传动轴、泵体、排水管、吸水管、滤网等组成。吸水管下端的滤网用来防止砂石及其他杂物进入水泵。水泵运行时,水通过滤网经下导流壳道道进入叶轮,随之逐级增加压力,最后由排水管至泵座弯管排出。　　　(陈国兰)

井点水射泵　shoot pump for well point

依靠叶片旋转时的离心作用使轻型井点抽水系统中产生真空的机械。由水射器、离心泵及水箱组成。水射器是泵的关键部件,通过离心泵供给水射器工作流体,并使水箱储存工作流体,供离心泵循环使用,使它保持一定压力。　　　(陈国兰)

井点真空泵　vacuum pump for well point

依靠活塞的往复运动使轻型井点抽水系统中产生真空的机械。地下水在真空作用下被吸入泵内,依靠工作室容积间歇的改变而输送液体。真空泵的真空度应与井管长度相适应,一般应大于5000Pa。　　　(陈国兰)

井管　well tupe

轻型井点排水管路系统中联接滤管与弯联管的钢管。直径为50mm。地下水在真空吸力作用下,经滤管进入井管,然后经集水总管排出。

(陈国兰)

井式升降机　derrick hoist

俗称井架。以缆风绳固定、由方形截面的空间格构式井架为导架、吊笼用钢丝绳提升在井架内上、下运动的钢丝绳式升降机。常用于中国南方建筑工地上垂直运送砖、混凝土、灰浆等建筑材料。卷扬机设在地面,司机视野较差,故起升高度常在30m以下。　　　(顾迪民)

井下装载机　under ground loader

用于地下矿石装载作业的单斗装载机。与通用单斗装载机构造基本相同,由于受井下条件限制,整机高度较低,各系统的总成和部件纵向布置,整机纵向尺寸较大。且因井下通风条件差,必须带有柴油机废气净化装置。能在井下独立完成矿物的装、运、卸任务。随着废气净化措施的不断完善,正逐渐成为地下矿山的主要装载设备。

(黄锡朋)

径向滑动轴承　(radial)plain bearing

又称普通轴承、向心滑动轴承。承受径向载荷的滑动轴承。一般由轴瓦、轴承体和润滑装置三部分组成。其工作面(轴瓦)与轴颈直接接触。两者呈线接触,承载能力大,耐冲击,噪声低。有整体式(图a)和剖分式(图b)等结构形式,整体式轴与轴瓦之间的间隙不能调整,结构简单,轴颈只能从端部装卸,一般用于转速低、轻载的场合。剖分式轴与轴瓦之间的间隙可以调整,安装简单,便于维修。

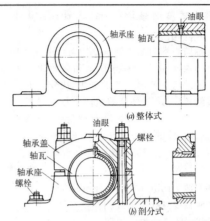

(a) 整体式

(b) 剖分式

(戚世敏)

径向间隙补偿　compensation of radial clearance

在液压泵或液压马达中,为减少液压元件中的内部泄漏,所采取的自动补偿运动副间径向间隙的措施。　　　(刘绍华)

径向式滚动轴承　radial ball and roller bearing

又称向心滚动轴承。主要承受径向载荷的滚动轴承。有球轴承(图a、b)、滚子轴承(图c、d)和滚针轴承(图e)等,其中球轴承及滚子轴承分别有单列(图a、c)和双列两种(图b、d)。球轴承亦能承受一定轴向载荷,单列适用于刚性较大的轴,双列具有自动调心性能,可用于刚性较差、多支点的轴及轴承孔同心度较差的地方;滚子轴承比同尺寸球轴承承载能力大,但单列不能承受轴向载荷,对轴的挠曲敏感,要求轴的刚性大,可分别安装内外座圈,双列可承受一定的轴向载荷,有自动调心性能,常用在重型机械部件中;滚针轴承外径尺寸小,可不带内座圈或外座圈使用,承载能力大,主要用于外径尺寸受限制的地方。

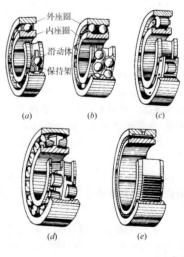

(a)　　(b)　　(c)

(d)　　(e)

(戚世敏)

径向推力式滚动轴承 radial thrust ball and roller bearing

又称向心推力滚动轴承。能同时承受径向和轴向载荷的滚动轴承。有球轴承和圆锥滚子轴承两种。球轴承承受轴向载荷的能力,决定于球与外座圈的接触角(即球与外座圈接触点处的法线与半径方向的夹角),接触角大,轴向载荷大,常需成对安装,分别装在轴的两个支点或集中于一处,其止推方向需相反;圆锥滚子轴承比球轴承承载能力大。

(戚世敏)

径向柱塞泵 radial piston pump

柱塞轴线与缸体轴线相互垂直的柱塞泵。分为曲轴式和回转式两种。回转式应用在固定设备上较多;曲轴式则在建筑工程机械上应用较多。

(刘绍华)

径向柱塞式低速大转矩马达 radial type low-speed high-torque piston motor

柱塞轴线垂直于缸体轴线,转子转速低,转矩大的柱塞液压马达。有曲轴连杆式、静力平衡式和内曲线式三种。

(嵩继昌)

径向综合误差 radial composite error

被测齿轮与理想精确测量齿轮双面啮合传动时,在被测齿轮一转内,双啮中心距的最大变动量 $\Delta F_i''$。

(段福来)

静电喷漆 electric static spraying

利用高压静电场作用将带电的漆料涂抹于物体表面的喷漆方法。将要喷漆的工件悬挂起来,接以地线,侧面接以高压直流负极的电极网。接电后工件的周围便形成了高压静电场,当喷漆的雾状微粒进入电场后,受到电极网的感应而带有负电荷,移向带有相反电荷的工件表面上,并均匀地附着。由于没有大量漆雾被通风吸走,故可比普通喷漆方法节省 30% ~ 50% 的涂料,特别是对网状、管状工件节省更为显著。且能加快喷漆速度,提高生产率。

(王广勋)

静电喷雾 electrostatic spraying

使雾滴带有电荷,并在静电场的作用下运动和沉积的喷雾方法。特点是:能提高雾滴在喷射目标上的沉积量;提高植物枝叶背面的雾滴附着量;减少喷雾过程中微小雾的飘移;节省药液消耗。使雾滴带电的方式有电晕、接触和感应充电三种。

(张 华)

静力平衡式低速大转矩液压马达 static-balanced low-speed high-torque motor

利用五星轮实现各柱塞与偏心转轴之间运动联系的径向柱塞液压马达。可以做成壳体固定而曲轴回转。或者壳体回转而曲轴固定的形式。区别于连杆式液压马达的主要结构特点是以五星轮代替连杆,柱塞与曲轴之间无机械连接。结构比较简单,工艺性较好;主要运动件之间采用静压平衡,所以工作压力可较高,使用寿命较长,转矩脉动较小,低速稳定性较好。缺点是柱塞侧向力较大,五星轮摆动要占一定空间。

(嵩继昌)

静平衡 static balancing

宽度不大的回转体,其重心与回转轴线重合时的状态。否则即称静不平衡,此时会对支承产生附加惯性力,引起机器振动。

(田维铎)

静态标定 static calibration

用标准静态量作为输入,求测试装置的输入、输出关系,以确定其标定曲线及灵敏度、非线性度、回程误差等参数的专门实验过程。

(朱发美)

静态抗倾覆稳定系数 static stability factor of withstanding tipping

又称静态稳定安全系数。表示自行式机械静态抗倾覆能力的系数。计算时只考虑机械自重载荷和工作静载荷(起重机中为起升载荷)。静态稳定安全系数 K 等于相对起重机倾翻线内侧的稳定力矩 M_S 与相对倾翻线外侧的倾覆力矩 M_T 之比。

(李恒涛)

静态试验载荷 static test load

起重机进行超载静态试验时施加的载荷。现行标准中规定取最大额定起升载荷的 125% 为静态试验载荷。

(李恒涛)

静作用压路机 static roller

利用静压力进行密实作业的压路机。

(曹善华)

jiu

纠偏千斤顶 jack for rectifying a deviation

挤压法顶管设备中,用于纠正顶管过程中工具管偏离设计基准线的液压千斤顶。由高压油泵提供的高压油,通过分配阀使均布在工具管后部的上、下、左、右四组液压千斤顶顶出或缩进,使偏斜的工具管重新回到设计基准线上。

(陈国兰)

ju

局部回转挖掘机 partial revolving excavator

转台和转台上部结构可以绕垂直中心轴线作小于 360°正逆向转动的单斗挖掘机。多采用转柱式回转支承结构,由单个液压马达驱动或液压缸推动。由于局部回转,机械作业方式和作业范围受限制,运土车辆停靠及开行路线布置不方便,一般用于悬挂

式挖掘机。　　　　　　　　　　　（曹善华）

局部气压盾构　confined plenum process shield

仅在开挖面附近局部范围施以气压，而盾构操作区和隧道内均处于常压的气压盾构。为了进入气压区处理和排除故障，需要在盾构内设置密封隔板和气闸。　　　　　　　　　　（刘仁鹏）

矩形立柱　ractangle leader

矩形等截面结构形式的桩架立柱。分多节组成，结构紧凑，接头处用螺栓连接，以便拆装和运输。　　　　　　　　　　　　　　　（邵乃平）

矩形盾构　rectangular shield

断面形状为矩形的盾构。根据需要，可以用来一次开挖矩形断面的隧道，但由于在施工技术上形成矩形难度较大，一旦产生盾构旋转不易得到纠正时，会使衬砌拼装发生困难，同时还由于矩形衬砌结构受力不合理，实际上很少应用。

（刘仁鹏）

锯床　sawing machine

以圆锯片、锯带或锯条等有齿锯或无齿锯为刀具锯切金属或非金属材料的机床。有圆锯床（图）、带锯床和弓锯床等。

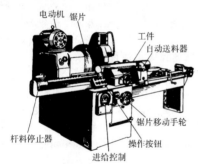

（方鹤龄）

锯轨机　rail cutting device

锯割钢轨的机具。有圆锯与弓锯两种，动力装置有汽油机与电动机。手持式多用汽油机驱动。

（高国安　唐经世）

锯机　sawing machine

又称锯床。以动力带动锯片或锯条运动而锯割木料的制材机械。工作时，锯刃以旋转运动或往复运动进行锯割。常见的有圆锯机、带锯机、往复锯、链锯以及截边机等。　　　　　　（丁玉兰）

锯链　sawing chain

链锯机进行锯割的刃具。由锯齿链节和传动链节相联而组成。每个锯齿链节由一个左切齿、一个右切齿和一个介于其间的中间刨齿以联结环和铆钉联结构成，斜锉的锋利切齿是用于切断木材纤维；平锉的较长刨齿是用于铲去或刨去锯路中被切断的纤

维并排出锯路。　　　　　　　　　（丁玉兰）

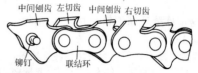

锯式泥条切割机　saw-type cutter

利用锯形切刀切割泥条的泥条切割机。由泥条输送部分和切割部分组成。电动机通过传动机构带动传送带，实现输送泥条的动作；靠离合器的启闭控制，用同一电动机通过相应的传动机构带动锯形切刀而实现切割动作。　　　　　（丁玉兰）

锯台　saw table

台式锯机中放置木材的承载装置。对中、小型锯机，常用以代替送料跑车。　　　（丁玉兰）

锯条辊压机　strecher

又称压锯机。利用压辊压伸锯片或锯条，使其平直，而且安装后具有符合要求的预张力的木工刀具修磨机械。由上下压辊、电动机、传动装置、操作手柄和机体等组成。　　　　　（丁玉兰）

锯条焊接机　saw brazing clamp

将已开齿并截成一定长度的齿带焊成环形带锯条的木工刀具修磨机械。由上、下烙铁或代替烙铁的碳精块和固定锯条的螺栓压板等组成。新型焊接机还附有电热设备。有大、中、小三种类型，以适合焊接不同宽度的锯条。　　　（丁玉兰）

锯条挤齿机　swage

又称押料机。将齿尖交叉挤向左右两侧，使其突出而形成齿条的木工刀具修磨机械。由机架、电动机、拨齿机构、押料机构等组成。

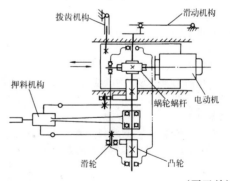

（丁玉兰）

锯条开齿机　saw tooth punch

又称冲齿机。在薄钢带上冲制出锯齿的木工刀具修磨机械。由偏心压杆、冲头、冲模、弹簧和齿距调节装置等组成。其冲头和冲模可按需更换，以冲制各种不同规格和齿形的锯条。　（丁玉兰）

锯座　saw bench

支承大型电动锯机的重型机架。一般多用铸铁制成。　　　　　　　　　　　　（丁玉兰）

聚氨酯泡沫塑料缓冲器　polyurethane foamed plastic buffer

以聚氨酯泡沫塑料为缓冲件的缓冲器。缓冲性能好于橡胶,缓冲能力较大,体积小,重量轻,工作温度范围大。是一种新型的缓冲器,目前已开始大量生产,应用于各种起重机上。　　　（于文斌）

juan

卷板机　plate roller

用来卷曲钢板的设备。由两个固定辊和一个可调辊构成,调节可调辊的位置可以控制卷制的

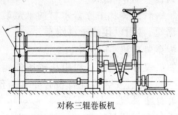

对称三辊卷板机

曲率。在常温状态下可以弯卷圆筒、锥筒和圆弧零件。有三辊对称式和三辊不对称式等类型。一般钢板厚可达25mm,宽度可达3200mm。　（方鹤龄）

卷筒　drum

建筑工程机械用来卷绕、贮存和收放钢丝绳,两端有挡板的筒状部件。主要尺寸参数有卷筒直径、卷筒长度和壁厚。按制造方法分为焊接和铸造卷筒;按表面状态分为有槽卷筒和光卷筒;按钢丝绳卷绕层数分为单层卷绕的和多层卷绕的。尺寸大、数量少的多采用焊接方法制造,材料为 Q235 钢板;而批量大的则用铸造方法制造,其材料为铸铁或铸钢。　　　　　　　　　　　　（李恒涛）

卷筒长度　length of drum

卷筒上缠绕钢丝绳部分的轴向全部长度。取决于需要缠绕的钢丝绳长度及直径。双联滑轮组应包括卷筒中间无绳槽部分的长度及固定钢丝绳端部所需长度。　　　　　　　　　　　（陈秀捷）

卷筒基准层

在规定的拉力下,钢丝绳在卷筒上顺序紧密排列,恰为二分之一卷筒容绳量处的卷绕层。　　　　　　　　　　　　　　（孟晓平）

卷筒容绳量　rope capacity

在规定拉力下,钢丝绳依次紧密缠绕至最高层时,卷筒容纳钢丝绳的工作长度。卷扬机基本参数之一,用以反映卷扬机作业范围(提升高度、牵引距离、机房与作业点的距离等),也是确定卷筒尺寸的重要依据。　　　　　　　　　（孟晓平）

卷筒直径　diameter of drum

按钢丝绳中心计算的最小缠绕直径。其大小直接影响钢丝绳的寿命,可根据钢丝绳直径和机构的类别由式 $D = h_1 \cdot d$ 确定。式中 h_1 为与机构类别有关的系数(14~25);d 为钢丝绳直径(mm)。　　　　　　　　　　　　　（李恒涛）

卷扬机　winch

又称绞车。由转动的卷筒带动缠绕在卷筒上的钢丝绳使重物升降或移动的起重机具。由原动机、减速装置、制动器、挠性件、机架和控制部分组成。按驱动方式分为手动、气动、液压传动和电动四种;以绳速分为快速、慢速和多速;按卷筒数分为单卷筒、双卷筒及多卷筒。可单独应用,也可作为其他起重机械或建筑机械的一个机构。用于建筑、矿山、林业等部门。卷扬机钢丝绳额定拉力、卷扬机钢丝绳额定速度、卷扬机钢丝绳偏角和卷筒容绳量等是卷扬机的重要工作参数。　　　　　　（曹仲梅）

卷扬机钢丝绳额定拉力　rated pull of winch rope

卷扬机动力装置在额定转速和额定功率下稳定运转时,在卷筒基准层处钢丝绳的静拉力。为卷扬机主参数,用来计算设计载荷,标定产品型号和性能等。对双卷筒卷扬机,指仅用一个卷筒工作时的数值;两个卷筒同时工作时,为各卷筒钢丝绳拉力之和。　　　　　　　　　　　（孟晓平）

卷扬机钢丝绳额定速度　rated speed of winch rope

在卷扬机钢丝绳额定拉力工况下,卷筒基准层上钢丝绳的线速度。卷扬机基本参数之一,用来计算传动比、功率和估计生产率等。　（孟晓平）

卷扬机钢丝绳偏角　deflection angle of winch rope

卷入(或绕出)卷筒的钢丝绳在卷扬机钢丝绳额定拉力作用下形成的直线段与垂直于卷筒轴线的平面之间的夹角。此参数影响到钢丝绳的排列和磨损,一般不得大于5°。　　　　　　　（孟晓平）

卷扬驱动式落锤　winch drive drop hammer

落锤打桩机的锤体由卷扬机提升至一定高度后,靠自重下落的冲击作用进行沉桩的落锤。　　　　　　　　　　　　　　（赵伟民）

卷扬上料机构　elevating feeding mechanism by winch

依靠卷扬机提升料斗的混凝土搅拌机上料机构。由料斗导轨、卷扬机及限位开关等组成。上料时,合上传动轴端的离合器,由电动机带动卷扬机提升料斗。当料斗上升到上止点时,自动限位装置使离合器自动脱开,同时制动器合上,物料靠自重和振动作用卸入搅拌筒内。料斗下落时,扳动料斗下降

手柄,使卷扬机卷筒的制动器放松,料斗靠自重落下。　　　　　　　　　　　　　　　　　(石来德)

卷扬式钢筋冷拉机　winch type cold-drawing machine

由卷扬机经滑轮组产生拉力的钢筋冷拉机械。由电动卷扬机,地锚,动、定滑轮和转向滑轮,冷拉夹具,测力器等组成。卷扬机卷筒上的钢丝绳两端分别穿绕在两对滑轮组上。卷筒旋转时,夹持钢筋的一组动滑轮将钢筋拉伸;另一组动滑轮反向移动,为下次冷拉做准备。钢筋所受的拉力经活动横梁传送给测力器,从而测出拉力的大小。对于拉伸长度,可通过标尺直接测量或用行程开关来控制。设备构造简单,维修费用少,拉伸行程长,便于同时控制冷拉率和冷拉应力,在钢筋冷拉中普遍采用,但占地面积较大。

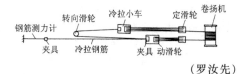

（罗汝先）

jue

绝对误差　absolute error
被测量的指标值与实际值的差值。
　　　　　　　　　　　　　　　　　(朱发美)

绝缘高空作业车　isolation type aerial work vehicle
车体装有绝缘体可靠近带电的现场进行工作的高空作业车。绝缘体可以是作业平台内衬板,或高空作业车某一结构组成部分,如上臂、下臂、支承结构等。绝缘体由高绝缘材料制成。　(郑　骥)

掘进方位偏离量　directional deviating during the tunnelling
掘进机掘进时,开挖出的隧洞中心线与设计中心线在水平方向和垂直方向产生的偏移距离(cm)。
　　　　　　　　　　　　　　　　　(刘友元)

掘进机　tunnel boring machine
能实现破碎岩土、装碴及运输、除尘、衬砌各工序联合作业的隧道机械。用于开挖铁道、公路隧道,水利水电引水隧洞,矿山运输巷道,城市地铁和下水道以及其他地下工程。根据掘进断面成形方式分为部分断面岩石掘进机和全断面岩石掘进机;根据适用范围分为中硬岩掘进机、软岩掘进机、盾构掘进机。随工程对象和地质条件的不同,机械的类型、结构和功能等方面均有相应的区别。
　　　　　　　　　　　　　　　　　(茅承觉)

掘进机出碴转载装置　muck transfer equipment of TBM
将岩碴从掘进机出碴输送机上转载到运碴车辆的装置。一般为胶带转载机。　(刘友元)

掘进机挡尘板　dust plate of TBM
装在刀盘支承壳体上,防止岩尘逸出的环形圆板。外缘装有橡胶板,使圆板与洞壁间间隙可靠地密封。　　　　　　　　　　　　　　(刘友元)

掘进机刀盘　cutterhead
掘进机中破岩并铲拾岩碴的部件。由末级传动大齿圈带动回转。包括刀具、铲斗及刀盘结构件等。刀盘结构件是钢板焊接拼装结构,端面安装刀具,外缘装有铲斗。按外形分为平面刀盘、球面刀盘和锥面刀盘三类。　　　　　　　　　(茅承觉)

掘进机防滑机构　non-return protecting unit of TBM
在向上掘进坡度较大的隧洞时,阻止掘进机向下回滑的机构。在掘进机的尾部,安装一对靠液压缸伸缩的支撑机构,当上坡掘进时,支撑撑紧洞壁,以防止掘进机沿坡度下滑。　　(茅承觉)

掘进机滚刀　rolling cutter
装于掘进机刀盘上,可在岩石面上边滚边压破碎岩石的工具。由刀圈、刀体、刀轴轴承及端面密封等零件组成。有盘形滚刀、球齿滚刀和楔齿滚刀三类;按在刀盘上布置位置分为中心滚刀、正滚刀、过渡滚刀和边滚刀四种;按圈数分为单刃滚刀、双刃滚刀和三刃滚刀三种。　　　　　　　(茅承觉)

掘进机后配套　back-up system of TBM
掘进机掘进时后部配合工作的设备总称。如变压器、液压系统、岩碴转载装置、出碴矿车、矿车牵引装置等。　　　　　　　　　　(刘友元)

掘进机后退直径　withdrawal diameter of TBM
掘进机拆除刀盘部分构件后的最小直径(m)。保证掘进机能从衬砌后的隧洞中顺利退出。
　　　　　　　　　　　　　　　　　(刘友元)

掘进机后拖车　trailer of TBM
又称滑橇。拖在掘进机主机后面,装有电气、液压及其他附属设备等的滑动挂车。为焊接的金属结构件。掘进时,被牵拉随主机前进。
　　　　　　　　　　　　　　　　　(刘友元)

掘进机机架　main frame of TBM
用以联接掘进机主要部件及传递破岩反扭矩的构架。包括内机架和外机架两部分。推进缸一端装于与外机架相连接的支撑板上,另一端装于与内机架相连的机械前端机头架,机械推进时内机架连同与其连接的机头架向开挖掌子面。内、外机架间有滑动导轨,减少滑动摩擦。　(刘友元)

掘进机纠偏转机构　rolling corrector of TBM

消除掘进机滚转角位移的机构。位置在前、后支撑之间，主要由左右两个液压缸组成。当机械受反扭矩作用产生偏转时，将一边液压缸伸长，另一边液压缸缩短，即可纠正偏转。

（茅承觉）

掘进机掘进直径　boring diameter of TBM

掘进机掘进后得到的实际隧洞直径（m）。工程上认为此尺寸与掘进机直径等值。

（刘友元）

掘进机内机架　inner kelly

掘进过程中掘进机机架的移动部分。装有刀盘、刀盘支承壳体及刀盘回转驱动装置。

（刘友元）

掘进机喷雾防尘装置　water spray system of TBM

喷射水雾，抑制岩尘飞扬，达到降尘作用的装置。位于刀盘前端，面向工作面。包括水泵、进水装置和喷嘴。灭尘水由水泵升压，经过刀盘中心的进水装置，供喷嘴喷射水雾。

（刘友元）

掘进机推进机构　prople unit of TBM

推动掘进机前进及使掘进机支撑机构前移复位的机构。由推进缸、支座、销轴等组成。推进缸一端与掘进机刀盘支座相联，另一端与支撑板铰结，机械掘进时支撑板顶紧隧洞两壁，使推进缸以支撑板为反推力的支座推压机头前进；支撑前移复位是由后支承落于洞底，支撑回收脱离洞壁，然后，推进缸即可回缩支撑而前移复位。

（茅承觉）

掘进机外机架　outer kelly

掘进过程中掘进机机架的不动部分。支撑机构用螺栓与其联接，借以传递机械破岩的反扭矩。

（刘友元）

掘进机运刀机构　rolling cutter transportating unit of TBM

更换滚刀时，在掘进机机尾、机首间设置的运送滚刀的机构。一般由安装在掘进机底部的单根钢轨及单轨吊车组成。　　　　　　（刘友元）

掘进机支撑机构　gripper unit of TBM

掘进机掘进过程中，承受反推力、反扭矩及机械部分重力的机构。由支撑液压缸、支撑板及支撑座等组成。根据支撑方式分为 X 形支撑、T 形支撑和水平支撑三种。　　　　　　（茅承觉）

掘进机直径　diameter of TBM

掘进机的公称设计直径（m）。即刀盘最外缘边滚刀所围成的最大圆周直径。　　（刘友元）

掘进钻车　tunnelling drill jumbo

又称液压凿岩钻车。用于巷道、隧道掘进时钻凿炮孔的凿岩钻车。可利用液压缸控制钻臂在水平和垂直两个方向上的摆动，来调整和改变所钻凿孔眼的位置和角度。钻臂有单臂、双臂和多臂三种。行走装置有履带、轮胎和轨轮式三种。　　（茅承觉）

jun

均方值　mean-square value

又称 $X(t)$ 的二阶原点矩。随机变量 $X(t)$ 的平方的均值。表达式为：
$$\psi_x^2(t) = E[X^2(t)]$$
在工程上表示信号的平均功率。其平方根称有效值。　　　　　　（朱发美）

均衡滑轮　balance pulley

均衡两支钢丝绳拉力的滑轮。一般应用在双联滑轮组中。　　　　　　（陈秀捷）

均值　mean value

随机过程 $X(t)$ 所有样本函数在某时刻 t 的平均值。在概率论中又称数学期望或一阶原点矩。表示随机过程 $X(t)$ 在各个时刻的摆动中心。表达式为：
$$\mu_x(t) = E[X(t)] = \int_{-\infty}^{\infty} xf_、(x,t)dx$$

（朱发美）

菌形锥式破碎机　mushroom type cone crusher

活动锥短而扁，其下部扩大成蕈状的锥式破碎机。固定锥也是上小下大的锥体，作业时，两锥靠近部分上有一个平行空间。活动锥由球面轴承支承，当旋摆时，由于有一个平行空间，物料受到很大的碾磨作用，物料通过平行空间所需的时间较长，故成品均匀，没有板状、棒状成品，但出料缓慢，锥的下部磨损剧烈。适于破碎粘性物料，一般供中碎和细碎石料之用。

（曹善华）

K

kai

开槽机 notching machine

建筑施工中,用以开槽和刨边或成型刨削的手持机具。主要分为型材开槽机和混凝土开槽机。

（迟大华）

开敞式混凝土翻斗输送车 open-top tilting type concrete truck mixer

用伸缩液压缸使上部有开敞式进料口和椭圆形窄出料口的翻斗翻转,以实现出料的混凝土输送设备。翻斗的底部呈椭圆形,其中混凝土的离析程度要比在长方形的翻斗中小得多;椭圆形的窄出料口在卸料时会对混凝土拌和料起到一定程度的搅动作用。有的在窄出料口处加设一根装有搅拌叶片的轴,用以在出料时对混凝土拌和料再搅动。容量一般为 $3\sim5m^3$,运送距离一般为 $6\sim10km$。如对混凝土骨料的级配和配比选择合理,确保有足够的细骨料,则在输送 30km 后仍能进行泵送作业。

（翦万亮）

开底装置 bottom discharge device

钻进型回转斗中用以打开斗底进行卸土的开启机构。当回转斗被装满提升至前支架处时,开启装置的踏板被在前支架驱动轴端的推杆压下,推动连杆和止动销转动,打开斗底。

（孙景武　赵伟民）

开放式盾构 open type shield

开挖面和操作区直接联通的盾构。可以对开挖面土层进行直接的观察,适用于较干硬、能自立和较稳定的土层中开挖隧道;对稳定性较差或含水土层,应采用压缩空气或化学注浆加固等措施来改善土质条件,以利掘进。　　　　（刘仁鹏）

开沟机 ditcher

在拖拉机牵引下利用犁铧或转刀,开出沟渠的机械。分铧式、旋转式、链式等种。用于农田建设中开挖明沟。　　　　　　　　（曹善华）

开沟铺管机 pipelayer with ditch-excavating device

利用开沟器开挖沟道,并进行管道铺设的专用机械。由行走装置、机架、开沟器、铺管装置和动力装置组成。开沟器一般由链斗、链刀或犁片组成,亦

有用带齿螺旋滚筒的。开沟纵坡也可用激光束自动控制。铺管装置包括管箱和铺设器,前者贮放管子,后者把管子引向沟槽并放置。随着机械运移,边开沟边铺放瓦管或波纹塑料管。行走装置为履带式。如果机械尾部再添装土壤回填器,则开沟以后,还能加铺底滤料和上滤料,最后把碎土回填到沟槽内。

（曹善华）

开炼机辊筒 bowl of open-plasticator

塑料开炼机中使物料产生挤压和剪切而完成混炼、塑化过程的零件。外表面为白口铸铁,内部为灰口铸铁,以达到外硬、内韧、强度高又耐磨。筒内留有空腔,以供用饱和蒸汽或电进行加热。

（丁玉兰）

开式破碎流程 open crushing process

物料经过破碎机破碎以后,较大颗粒不回到原破碎机,而进入下步加工的破碎工艺流程。所需设备简单,生产组织方便,但是加工后的成品不均匀,废品率高,动力耗费较大。常用于铁路道碴和路基路面石料加工。

（曹善华）

开式液压系统 open hydraulic system

执行元件的回油直接流到油箱的液压系统。散热条件好,抗污染性强,结构简单,但空气容易进入系统,影响工作平稳性。执行元件换向借助于换向阀,有较大的液压冲击。动力元件采用定量泵或单向变量泵。　　　　　　　　（梁光荣）

开式油箱 open oil tank

液压油的液面与大气相通的油箱。可分为整体式和分离式两种。　　　　　　　（嵩继昌）

kang

抗倾覆稳定系数 stability factor of withstanding tipping

又称稳定安全系数。表示自行式机械在任何工况下的稳定程度的系数。以倾翻线内侧的稳定力矩 M_S 和外侧的倾覆力矩 M_T 的比值表示,比值大于 1。由于计算时考虑的载荷不同,分静态抗倾覆稳定系数和动态抗倾覆稳定系数。在自行式起重机总体设计中应给予特别重视。

（李恒涛）

kao

靠背轮 coupling

见凸缘联轴器(278 页)。

靠山 fence

又称导板、靠尺。锯床台面上用以决定被加工木料厚度和宽度的活动导轨。　　　(丁玉兰)

ke

可拆卸连接 detachable joint

可以根据需要随时拆开且不影响连接件的形状、强度及重新使用的连接方式。例如螺钉连接、键连接等。　　　　　　　　　　　　　　(田维铎)

可动悬臂 movable cantilever

装修吊篮中,根部铰接在可沿建筑物顶部移动的台车上的活动吊篮悬臂。通过设置的机构可使之俯仰、转动及随台车平移,并可在工作中调整吊篮的竖直和水平位置。　　　　　　　　　(张立强)

可靠性 reliability

产品在规定的条件下和规定的时间内,确保完成规定功能的能力。　　　　　　　　(戚世敏)

可靠性设计 reliability design

产品在满足规定可靠性指标、完成预定功能的前提下,进一步使产品的技术性能、重量、成本、时间等各方面取得协调,求得最佳的设计;或是在性能、重量、成本、时间和其他要求的约束下,能取得实际高可靠度产品的设计。　　　　　　(戚世敏)

可扩展工作平台 expansible platform

装修升降平台中,台面能有限度地向一侧作水平悬臂外伸,以扩大作业范围或实现跨越施工的工作平台。工作参数为工作平台外伸长度。

(张立强)

可调节式松土机 ripper with adjustable cutting angle

松土器齿刃切削角可以调节的悬挂式松土机。除装有松土器升降液压缸外,还装有改变切削角的调整液压缸,与松土器横梁、框架、拖拉机机体组成四连杆机构,通过调整缸的伸缩来改变齿刃切削角,以适应作业条件和土质条件。主要用于大型松土机。　　　　　　　　　　　　　　(宋德朝)

可调式夹桩器 adjustable chuck

又称万能式夹桩器。能改变夹头的形状和位置,以适应各种形状桩要求的液压式夹桩器。

(赵伟民)

可调式液力变矩器 adjustable torque converter

泵轮叶片或导轮叶片为可调的液力变矩器。从而改变液力变矩器的特性。　　　　(嵩继昌)

可移式混凝土泵 portable concrete pump

又称拖式混凝土泵。安装在可移动底盘上的混凝土泵。靠外来牵引力拖行移动,适合于相对固定场合,如高层建筑、地下隧道、桥梁等工程。在铁轨上拖行的混凝土泵,又称轨道式混凝土泵。

(龙国键)

可转动工作平台 swivel platform

装修升降平台中,能绕升降支架轴线作水平转动的工作平台。用以适应多方位的空中作业。工作参数为工作平台回转角度。　　　　(张立强)

可转夹钳 rotatable pincer clamp

型材切割机上固定各种型材的机械紧定机构。

(迟大华)

kong

空间凸轮 three-dimension cam(spatial cam)

工作曲线为空间曲线的凸轮。除应用较多的圆柱凸轮(图 a)外,还有锥形凸轮(图 b)及圆弧回旋体凸轮(图 c)等。此类凸轮的共同特征是凸轮的凹槽曲线的空间曲线。

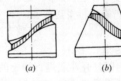

(a)　　　　(b)　　　　(c)

(范俊祥)

空气槽 air activated chute

利用从多孔隔板送入的压缩空气充入物料,使物料流态化进行输送的气力输送装置。由薄钢板制成矩形槽,槽中夹装多孔隔板,槽的倾角为 4°~8°。多孔隔板上装物料,压缩空气由板下供入,均匀地透过孔眼向其上的物料充气,使物料处于流态化状态,将充气物料向槽的下倾方向输送。构造简单,无运动部件,制造维修方便,密封性好,有利于环境保护。适用于低压输送干燥物料,但不宜输送易成团、结块的潮湿、粘性物料。　　　　　(洪致育)

空气滤清器 air cleaner

从空气中除去超过规定尺寸的尘埃微粒和气悬物的装置。有粗滤器、精滤器之分。大多利用颗粒沉降、织物过滤、水溶去尘或静电除尘等方法,工程机械上多采用过滤方法。主要由滤芯和壳体两部分组成,有惯性式、过滤式和油溢式等数种。

(曹善华　岳利明)

空气弹簧 air spring

利用密闭容器中空气的可压缩性制成的,起弹簧作用的器件。变形与载荷关系特性曲线为曲线,可根据需要进行设计。能在任何载荷作用下保持自振频率不变,能同时承受径向和轴向载荷,也能传递一定扭矩,通过调整内部压力可获得不同的承载能力。结构形式有囊式和膜式等,常用于车辆的悬架和机械设备的防振系统。　　　　　　　(范俊祥)

空气弹簧悬架　air spring suspension

在车架和车桥的连接中采用空气弹簧的弹性悬架。由空气弹簧、减振器和导向机构组成。常见的是囊式空气弹簧,橡胶囊中充入压缩空气,具有可变的刚度,容易得到较低的自然振动频率,以提高机械的行驶平顺性;改变气囊内的气压,可实现车身高度的自动调节。其所受的纵向力、横向力及其力矩由导向机构承受。　　　　　　　(刘信恩)

空气压缩机　air compressor

简称压气机。出口压力超过 $10N/cm^2$ 以上的送风机。有容积型及速度型两类。容积型又分为往复式及回转式两种。往复式中有活塞式及隔膜式。工程机械中常使用活塞往复式的。回转式有螺杆式、滑片式及转子式,这三种近来也应用日广。速度型有轴流式、离心式及涡流式。离心式的主要用于大型空气压缩站。　　　　　　　(田维铎)

空气自动断器　air automatic circuit breaker

又称空气开关、断路器、自动断路器、自动开关。电路内出现过载、短路或欠电压等情况时能自动分断电路的开关电器。常由三部分组成:(1)感受元件,感受电路中不正常的情况和操作命令,通过传递元件使执行元件动作;(2)执行元件,包括执行接通和分断电路的触头及灭弧室;(3)传递元件,包括传动操作机构、自动脱扣机构等。　　　(刘希平)

空行程线圈　nonstroke coil

在锤头空行程中产生单极化电流脉冲的电磁桩锤的部件。设在电磁桩锤的上部。　　　(赵伟民)

空载加速度　unloaded acceleration

振动桩锤在空载运转时,一个周期内在铅垂方向的加速度最大值。　　　　　　　(赵伟民)

空载振幅　amplitude, unloaded amplitude

振动机具空载运转时,以平衡位置为基准的振动位移量的最大值。是选用振动机具的主要依据之一,与混凝土拌和料的和易性和振动机具的振动频率有关。拌和料和易性好,振动频率高,振幅应小些,反之应大。振幅过大或过小都会降低捣实效果。过小时粗颗粒不动,拌和料捣不实;过大时,易使振动转化为跳跃捣击,拌和料内产生涡流,呈现分层,并吸入大量空气,使混凝土密实度降低。

　　　　　　　(向文寿　赵伟民)

空载轴荷　axle load distribution under unload operating state

工程机械在工作状态、没有外载荷情况下车桥上的轴荷。　　　　　　　(田维铎)

"空中飞船"游艺机

将一组木船装在刚性杆件末端,在空中绕回转体水平旋转同时垂直起伏运动的游艺机。由动力装置、回转体、连杆和木船组等组成。飞船回转、起伏的快慢通过液压无级调速控制。　　　(胡　漪)

空中游艺自行车

在架空 2m 高的轨道上由双人蹬骑的游艺机。由钢结构高架轨道、数辆小车等组成。通过人踏脚蹬经链传动带动小车缓慢行走,几辆小车相互间隔一定距离。可边踏脚蹬、边观赏周围的景致,领略高空骑车所具有的独特趣味。　　　　　(胡　漪)

"空中转椅"游艺机

将一组座椅装在挠性索末端,在距地面一定高度的空中绕回转体水平旋转起伏的游艺机。由电动机、回转体、挠性索、座椅组等组成。工作时,电机驱动回转体可动部分旋转,利用电控调速,并借助离心力的作用使挠性索旋转、伸张,从而使座椅飞旋起伏,有如乘座滑翔机。　　　　　(胡　漪)

孔　hole

在《公差与配合》中,主要指圆柱形的内表面,也包括其他内表面中由单一尺寸确定的部分(如键槽宽)。　　　　　　　(段福来)

控制屏　control board

由薄钢板及角钢焊接而成的屏状或柜状配馈电装置。一般都装有控制开关、检测仪表、控制电器、保护电器及指示灯等。分高压开关柜和低压控制屏(又称配电屏)。适用于发电厂、变电站及大中型工矿企业。　　　　　　　(周体伉)

控制梃杆　control lever

和锤体一起作直线运动,用以控制配气阀的杆件。调整其位置可使锤体行程在 25% ~ 100% 之间无级调节,即对冲击能量进行了无级调节。

　　　　　　　(王琦石)

kua

跨车　straddle carrier

车体跨在货物上方,利用专用工作装置装卸、堆垛和短距离输送物料的搬运车辆。分通用跨车和集装箱跨车两种。通用跨车用于港口、车站、建筑工地等搬运木材、钢材、混凝土制品等长形货物和装在托盘上的单元货物。工作装置能配多种附具,使用最广的是液压提升靴,可边提升边夹紧所载货物离地。

司机室布置在车架上部,视野好。 (叶元华)

kuai

块式制动器 bolck brake

　　靠制动瓦块压紧制动轮产生摩擦力矩的制动器。由于单个制动块对制动轴受力不均,故通常多用一对制动块。有外抱(图 a)和内涨(图 b)两种。

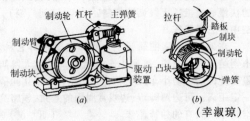

(a)　　　　　　(b)

(幸淑琼)

快速冲击夯 rapid impact rammer

　　利用夯锤的快速冲击,使土颗粒不断移位排列而密实的夯实机。电动机经减速器和曲柄连杆机构带动夯锤作快速夯击,当夯锤跳离地面时,操作者可以推动机械前移,为减轻机身振动,装有缓冲弹簧组。夯实效果好,操作移动方便,但机件容易损坏。用于基坑、基槽和小面积场地夯土。 (曹善华)

快速接头 disconnect coupling

　　不用工具和特殊装置就可快速装卸的管接头。用于管路某一处需经常接通和断开的场合。

(嵩继昌)

快速卷扬机 high-speed winch

　　钢丝绳额定速度约为 30m/min 以上的卷扬机。驱动轴与卷筒之间有通过离合器连接或直接连接两种方式。前者通过杠杆系统操纵离合器、制动器,离合器脱开时重物靠自重下落,速度由制动器控制;后者由电气系统控制卷扬机正、反转或制动,可实现遥控。带有离合器的可用于打桩、冲抓等作业。

(孟晓平)

快速停锤装置 quick stop hammer device

　　为了防止振动桩锤在停锤时,越过共振区的时间过长所产生的不良影响而使用的装置。一般采用电气反接制动方式。 (赵伟民)

快速下落控制阀 high speed drop control valve

　　活塞式液压桩锤中,设在液压缸的活塞上,促使锤体接近自由落体状态工作的液压阀。当锤体下落时,快速开启,使液压缸下腔的液压油直接流入上腔。 (赵伟民)

kuan

宽带式磨光机 wide girdle-type sander

利用张紧的宽砂带磨光板面的胶合板磨光机。由粗、细砂带和粗、细砂辊、张紧辊、压板、进料皮带、机座等组成。粗、细砂带被砂辊和张紧辊张紧,粗砂带在前,细砂带在后,平行置于进料皮带之上,毛板通过送料皮带和砂带辊之间即被磨光。

(丁玉兰)

宽频带信号 broad band signal

　　由分布在较宽频域上的多种频率谐波成分合成的信号。如白噪声的频带理论上为无限宽。

(朱发美)

kuang

矿车 wagon

　　在轻便铁轨上输送散料的搬运车。靠人力、绞车或牵引车拖动,在建筑工地输送散状建筑材料。由斗、车架、行走轮、联接器等部件组成。固定式矿车斗与车架固定联接,须靠翻车机将矿车翻转卸料。翻斗式矿车斗支承在车架翻转轨上,斗可在翻转轨上翻转卸料。 (叶元华)

kun

困油现象 pen-up phenomenon

　　液压泵(马达)在工作油腔封闭情况下,连续改变油液所占容积而产生压力剧烈变化的现象。使液压泵(马达)产生振动和噪声,降低容积效率,影响工作平稳性和寿命。可在结构上采取卸荷措施,以减轻其影响。 (刘绍华)

kuo

扩幅式混合搅拌桩机 swing spreadable mixing pile machine

　　利用可调整刀头的回转来完成普通或扩头桩的深层混合搅拌桩机。由供水回转接头、套管式导杆、刀体等组成。工作时,由兼作扩幅刀的切削刀切削钻进,到达预定深度后,一边提升钻杆,一边用扩孔液压缸张开扩幅刀,同时通过供水回转接头和套管式导管向地基内注入固化材料进行混合搅拌,形成桩。 (赵伟民)

扩孔机 reamer

　　用各种机械装置扩大桩的根部直径的成孔机械。通过扩大钻头直径来提高桩的抗拔能力。有螺旋式、反循环式、斗式。 (赵伟民)

扩孔式全断面岩石掘进机 full face rock TBM with reaming type

先打导洞,紧接分级或一次扩孔掘进成洞的全断面岩石掘进机。由导孔掘进机和扩孔掘进机两部分组成。施工时先用导孔掘进机打导洞,导洞贯通后再用扩孔机扩孔。与其他全断面岩石掘进机相比较,(1)导洞也是探洞,可详细了解工程地质和水文地质资料,有助于合理组织施工;有利于通风、地下水、瓦斯及预防性安全等处理;(2)只要有小直径掘进机,马上可以对大直径隧洞进行导洞施工,然后再订制扩孔掘进机也不影响工期;(3)提高了能量利用率;(4)存在问题是投资费用较高,施工时间较长。

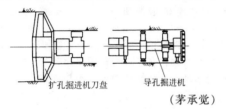

扩孔掘进机刀盘　　　导孔掘进机

（茅承觉）

扩孔型回转斗　belling bucket

在两侧壁上装有扩孔刀,用于扩头桩施工的回转斗。

（赵伟民）

扩散式旋风收尘器　diffusion cyclone collector

在旋风筒内加装反射屏,使含尘气体在筒内形成内涡流上升,促使粉尘进一步下降的旋风收尘器。是旋风收尘器的改进型式。含尘气体从进气管沿蜗形壳体进入旋风筒,沿筒壁从上而下回转和移动,尘粒在离心力作用下抛向筒壁并沉淀到集尘斗。下降的气体被反射屏反射,大部分无尘或少尘气体经中心排气管排出,一部分含尘气体进入集尘斗,在斗内流速降低,尘粒与筒壁碰撞后坠落,气体在收尘器中心形成内涡流上升,再到反射屏,进一步使尘粒下降,净化后的气体沿排气管排出。　　（曹善华）

L

la

垃圾车　refuse collector

依靠自身动力装置或其他辅助装置(人工或设备)装载垃圾并进行转运和自卸作业的环卫机械。按其装载方式可分为自装式和他装式。常见的有侧装倾翻卸料式,侧装压缩装载推挤卸料式,后装倾翻卸料式,后装压缩装载推挤卸料式,集装拉臂式,集装摆臂式,他装倾翻卸料式和旋罐式垃圾车等。

（张世芬）

垃圾箱　debris box

垃圾贮存容器。按使用要求不同有多种形式:有容积 $0.3m^3$ 与垃圾车配合的截锥圆桶;容积 $2.5m^3$ 左右,用于地下垃圾台的垃圾箱;有容积为 $1.5m^3$ 左右,用专用叉车和载重汽车收运的垃圾箱;有容积约 $0.7m^3$,单臂吊汽车用的活底垃圾箱;也有容积约为 $17m^3$,集装箱式垃圾车专用垃圾箱。

（张世芬）

拉铲　dragline

利用铲斗质量依靠钢丝绳牵拉由远而近挖掘土壤的单斗挖掘机工作装置。也是拉铲挖掘机的简称。由桁架动臂和拉铲斗组成。拉铲斗呈六面体,上部和前端敞开,斗底前部装斗齿,利用钢丝绳滑轮组和链条悬吊于动臂端部。作业时,将铲斗掷于地面,斗齿因斗重切入土中,收紧牵引钢丝绳拉动铲斗,使之挖土装土,装满后,吊起铲斗转向卸土处卸土。适于挖掘停机面以下的基坑和沟渠,也可进行水下挖掘,挖掘范围大,但工作精确性差。广泛用于水利施工、土壤改良工程和采砂场上。

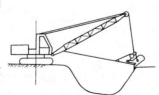

（曹善华）

拉床　broaching machine

用拉刀拉削工件上各种成形孔、平面和成形表面的机床。通常都采用液压传动,拉削时工件固定不动,拉刀由液压缸的拉杆拉动从所要加工的孔中或表面上过过,一次加工成形,加工精度、表面质量和生产率都较高,适用于成批大量生产。按加工表面不同,可分为内拉床和外拉床。内拉床用于拉削内表面,如花键孔、方孔等,有卧式和立式之分。外拉床用于拉削外表面,有立式、侧式和连续式等几

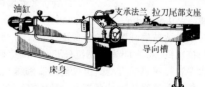

油缸　　　支承法兰　拉刀尾部支座

导向槽

床身

种。此外,还有齿轮拉床、内螺纹拉床、全自动拉床和多刀多工位拉床等。

(方鹤龄)

拉杆式千斤顶　rod tensioning jack

又称单作用千斤顶。通过活塞杆对预应力筋施加张拉力的液压千斤顶。主要由液压缸、活塞、拉杆(即活塞杆)、撑脚、连接头等组成。工作时,先用连接头将拉杆和预应力筋连接起来,并将撑脚顶在构件端部,然后往液压缸的一个液压腔里供油,使拉杆缩进液压缸张拉预应力筋。当预应力筋张拉到设计张拉力后,立即拧紧螺丝端杆上的螺母将预应力筋锚固,即完成一次张拉操作。构造简单,操作容易,适用于后张法、先张法和后张自锚法张拉采用螺杆式或镦头式锚夹具的单根粗钢筋、钢筋束或碳素钢丝束。

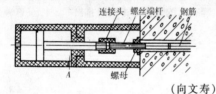

(向文寿)

拉力表　tensionmeter

利用弹簧受拉力时在弹性限度内的伸长与力的大小成正比的原理制成的测力器。弹簧变形量在显示装置上转换成力值,可直接读出。结构简单,使用方便,但测力范围较小。也可串联在滑轮组上使用,以扩大量程,但应考虑滑轮组的摩擦阻力。

(罗汝先)

拉铆枪　pull-type rivetter

用于铆接抽芯铝铆钉的枪型手持机具。如气动拉铆枪等。应用于建筑装修、车辆、通风管道、船舶和飞机等装配工作中。　(王广勋)

拉伸弹簧　tension spring

又称拉簧。两端制有挂钩,主要用来承受拉力的弹簧。常用的为圆柱形拉伸螺旋弹簧,挂钩形式亦很多,图示的LⅠ和LⅡ型挂钩制作方便,用途较广。但在挂钩过渡处附有很大弯曲应力,只适用于钢丝直径较小($d \leqslant 10mm$)的弹簧。

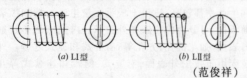

(a) LⅠ型　　(b) LⅡ型

(范俊祥)

拉丝机　coil winder

拉制连续玻璃纤维原丝的专用设备。有单筒人工换筒拉丝机、双筒自动换筒拉丝机、分拉拉丝机、变速大卷装拉丝机等机型。由拉丝机头和排线机构组成。利用高速旋转的拉丝机头,把从熔窑或坩埚底部漏板孔中流出的玻璃液拉成一定支数的连续玻璃纤维原丝,并缠绕在拉丝机头的绕丝筒上。排线机构主轴上有钢丝式或缝隙式排线器,随主轴作旋转运动的同时,也沿轴向移动,使玻璃原丝有规律地排列在机头的丝筒上。

(丁志华)

lai

莱歇磨　loesche roller mill

利用辊－盘粉磨物料的辊式磨机。由德国硬质材料磨碎和水泥机械公司(Loesche Hartzerkleinerungs und Zement-maschinen Gmb H & Co. KG)首先制造。四个锥形磨辊由液压装置加压于回转磨盘上。入磨物料在离心力作用下甩到辊、盘之间受碾压与研磨。磨细物料溢出盘周挡圈,被上升气流带至上部截锥形离心分离器分级,粗粉落回研磨室再粉磨,细粉随气流排出磨外,再用收尘设备捕集为产品。改变分离器转子转速,可调节产品细度。通以窑尾或冷却机热废气,可粉磨兼烘干,适用于研磨含水量在15%～18%以内的水泥原料。

(陆厚根)

lan

缆车　haulage carriage

在倾斜轨道上由钢丝绳牵引行驶、间歇往返载客或运货的运输机械。适用于水位差较大的岸坡和高差大的陡坡地区作业。由牵引卷扬机、缆车架、导向绳轮、托轮、安全装置等组成。常用往复线路,牵引钢丝绳绕在摩擦轮上,两端各连接一缆车架。驱动摩擦轮,缆车架便在平行的轨道上各自上、下运行。

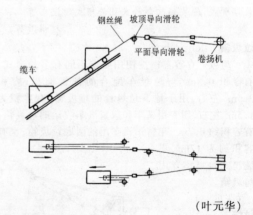

(叶元华)

缆风绳　guy

用以保持桅杆稳定和直立位置的拉索。一端固定在桅杆顶部上支座上,另一端固定在地锚上,将载荷由桅杆传递到地锚。采用直径较大的单根钢丝绳,安装时加一定的预紧力,以便减少垂度和桅杆的摆动。
　　　　　　　　　　　　　　　　　　(谢耀庭)

缆风绳锚　guy anchor

　　埋设于地面下,用以固定缆风绳的锚固装置。承受缆风绳拉力。常用有桩式绳锚和混凝土平衡重块式绳锚。桩式绳锚用于拉力不大的缆风绳;平衡重块式绳锚可按缆风绳拉力大小制作,因此不受拉力限制,但制作费用高,一般不能重复使用。
　　　　　　　　　　　　　　　　　　(谢耀庭)

缆绳桅杆起重机　guy-derrick crane

　　由前后、左右多条(不得少于 3 条)缆风绳(牵索)支承桅杆顶部并使之保持直立的桅杆起重机。由桅杆、起重臂、起升机构、变幅机构和回转机构等组成。最简单的只有一个起升机构。用于在固定地点进行装卸工作。为了保证起重臂不受缆风绳影响而能回转,桅杆往往很高,且比起重臂长。结构简单。
　　　　　　　　　　　　　　　　　　(于文斌)

缆索起重机　cable crane

　　承载索两端分别固定在两塔状支架顶部,带取物装置的起重小车沿承载索运行的桥式类型起重机。由两个支架、承载索、起重小车、起升机构、小车牵引机构及支架运行机构组成。按结构形式分为固定式和移动式;按承载索数量分为单索、双索和四索三种。取物装置悬挂在起重小车下面,起重小车由钢丝绳牵引机构牵引沿承载索运行。具有跨度大、作业范围广的特点,可跨越山谷或河川,或用于其他起重机难以抵达作业现场的大型工程中。

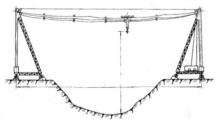

　　　　　　　　　　　　　　　　　　(谢耀庭)

缆索起重机摆动支架　oscilating mast of cable crane

　　下端铰接在基座上或行走台车上,上端连接承载索,向后倾斜并吊有平衡重的缆索起重机支架。承受轴向载荷,并可随着承载索拉力的变化而绕铰点摆动。　　　　　　　　　　　　(谢耀庭)

缆索起重机固定支架　stationary supporting of cable crane

　　用来支承固定缆索起重机之承载索的固定承载结构。按构造分为桅杆支架和塔式支架。一般采用格构式结构。支架底部与基础用螺栓固定,承受承载索的载荷。　　　　　　　　　　　(谢耀庭)

缆索起重机起重小车　trolley of cable crane

　　悬吊重物沿承载索往返移动的小车。由车轮、车架和起重绳滑轮组成。悬吊的取物装置随小车移动,将重物送到指定地点。车轮位于承载索上面,车架位于承载索下面,两端固定着牵引索。按起重量大小,有双轮、四轮和八轮之分。后者需设平衡车轮架,使各轮受力均匀。　　　　　　　(谢耀庭)

缆索起重机塔式支架

　　下端安装在基座上或运行台车上,上端连接缆索起重机承载索的塔形格构式缆索起重机固定支架。根据用途分为机器塔架和副塔架。前者设有机房,安装各个传动机构和控制台;后者装有张紧装置,使承载索保持一定的张力。　　　　　(谢耀庭)

缆索起重机桅杆支架　derrick mast of cable crane

　　下端铰接在固定基座上,上端连接承载索和缆风绳的柱状缆索起重机固定支架。用以支撑承载索。支架依靠缆风绳保持稳定和传递载荷。
　　　　　　　　　　　　　　　　　　(谢耀庭)

lao

老化规律　aging law

　　机械零件在载荷、速度、温度等不同条件的综合作用下,引起机械在使用过程中发生的(或可能发生的)材料初始性能的变化规律。也即是机械及其零件的输出参数随时间而变化的规律。是揭示机械材料内部不可逆变化过程的物理本质。因其始终包含时间因素,故用以估计机械工作能力的耗损状况。
　　　　　　　　　　　　　　　　　　(杨嘉桢)

lei

雷达　radar

　　利用无线电波发现目标并测定其位置的设备。组成部分有发射机、天线、接收机、显示器等。分脉冲雷达和连续波雷达两种。脉冲雷达的发射机发出高频脉冲,经天线或无线电束,按一定方向间歇发射,天线不断旋转,波束扫过空间进行搜索,碰到物体,反射回来被原天线收集,经接收机处理,在显示屏上显示其距离、方向、高度等。连续波雷达一般采用调频无线电波,依靠发射波与反射波之间的频率差来测定距离。用于侦察、警戒、导航、地形测量和气象探测等方面。　　　　　　　　　(曹善华)

雷蒙磨　Roymond mill

　　见悬辊磨(306 页)。

累积式称量装置　cumulative batcher

各种材料依次加入同一称量料斗进行累积计量的称量装置。可以节省设备，但称量时间长，并易产生误差积累。在混凝土搅拌站（楼）中常用该装置累积计量砂和石子，或累积计量水和添加剂。

（应芝红）

leng

冷拔力　dieing-drawing force

冷拔机上拔丝卷筒作用于钢筋（丝）上的力。其大小由钢筋的压缩率、摩擦力、模具角度以及附加变形等因素决定。可通过计算拉拔应力而求得，拉拔应力不得超过钢筋的强度极限。　（罗汝先）

冷拔速度　dieing-drawing speed

钢筋冷拔机械工作时钢筋（丝）通过拔丝模出口处的速度。　（罗汝先）

冷拔总压缩率

由盘条拔至成品钢丝的横截面总压缩率。可按下式计算：

$$\beta = \frac{d_0{}^2 - d^2}{d_0{}^2} \times 100(\%)$$

式中 d_0 为盘条钢筋直径（mm）；d 为成品钢丝直径（mm）。冷拔总压缩率越大，钢丝的抗拉强度越高，但塑性也越差。为了保证甲级冷拔丝的强度和塑性相对比较稳定，必须控制总压缩率。在一般情况下，$\phi5$ 钢丝宜用 $\phi8$ 盘条拔制，$\phi4$ 和 $\phi3$ 钢丝宜用 $\phi6.5$ 盘条拔制。　（罗汝先）

冷加工　cold working

金属在其再结晶温度以下的加工变形。通常包括金属切削加工、冷轧、冷拔、冷镦、冷挤压、冷冲压等工艺。冷加工的过程通常都伴有金属的加工硬化，使金属的强度和硬度得到提高，而塑性和韧性则下降。　（方鹤龄）

冷拉夹具　cold-drawing jig

冷拉钢筋时用以夹持钢筋端部的工具。常用的有楔块式夹具、手动偏心块夹具、成束镦粗头冷拉夹具等。　（罗汝先）

冷料板式给料器　plate feeder for cold aggregate

冷料供给系统中以料斗底板按一定速度往复运动而供料的料斗。底板离斗底卸料口有一定间隙，底板将卸料口漏下的骨料分次定容地供给集运的输送带。　（倪寿璋）

冷料干燥加热系统　cold aggregate dry-heat system

在间歇作业式沥青混凝土搅拌机中，将沥青混凝土用的骨料烘干并加热到工作温度（180℃以上）的装置。包括冷料干燥筒和燃烧系统。燃烧系统由燃油罐、燃油泵（烧煤者为煤粉炉）、鼓风机和喷燃器等组成。　（倪寿璋）

冷料干燥筒　cold aggregate drying cylinder

冷料干燥加热系统中，将沥青混凝土骨料连续烘干并加热到工作温度的卧置旋转圆筒。圆筒轴线与水平成 3°～5°，筒体支承在四只滚轮上，横向有水平滚轮防止下滑，筒体外安装大齿圈，经动力传动作慢速旋转。筒体内壁装有 2～3 排提升长叶片，在旋转过程中，从进料端不断送入的骨料，由提升叶片不断提升又自重散落，同时逐步向前作轴向移动，在此过程中喷入筒内的火焰热量被骨料吸收而逐渐烘干并升温，至骨料移动到出料端时已达到足够的工作温度。筒的长度与直径取决于所需加热的容积，筒的转速取决于材料自重与离心力。

（倪寿璋）

冷料供给系统　cold aggregate feeder

在间歇作业式沥青混凝土搅拌机中，将冷湿骨料按照配比粗称量并供给到干燥筒去的装置。供给方式均为定容式。有一次定容的给料斗和连续定容的给料器。给料器有多种形式，最普遍的有板式、闸门式和圆盘式。向干燥筒供料的大多用带式输送机。　（倪寿璋）

冷料圆盘给料器　disk feeder for cold aggregate

冷料供给系统中以斗底水平旋转进行定量供料的料斗。一般为圆筒形，斗底呈圆盘状，当斗底圆盘旋转时，斗内材料由闸板控制的卸料口连续定量地刮到传送带上送走。生产效率不高且体积较大，只用于骨料品种少的搅拌设备中。

（倪寿璋）

冷料闸门式给料器　gate feeder for cold aggregate

冷料供给系统中以斗底闸门调节料流并附有振动器的供料斗。连续定量落下的骨料经输送带直接送往干燥筒，或再经一集运带送往干燥筒，在工作中这种料斗常数只并列在一支架上，可装多种骨料。

（倪寿璋）

冷铆　cold riveting

铆钉本身及工作环境都处于常温下进行的铆接。冷铆钉杆直径常不大于 10mm。冷铆后，钉杆的径向收缩极小，铆孔密封性好。

（田维铎）

冷磨合　initial running-in

发动机在不压缩的情况下进行的磨合。是发动机磨合过程采取的第一个主要步骤。此时不装气缸盖、燃料供给系和点火系及电气设备，发动机被安装在试验台上,由电机驱动曲轴转动进行磨合。

（原思聪）

冷却风扇　cooling fan

通过推动气流使产生热源设备及其周围温度降低的装置。一般多为轴流式风扇,风量大、风压低,用于发动机、连续工作的减速器等处。用以防止机件、燃料、润滑油及周围的温度过高而破坏机器的正常运转。　　　　　　　　　　　　　（田维铎）

冷却片　cooling fin

又称散热片。在产生热量设备的外表设置众多的金属翅片以增加散热面积进行自然空气冷却的器具。冷却效果不显著,但造价低,不用人工维护,被冷却的设备温度不会低于当时的气温。

（田维铎）

冷却器　cooler

又称散热器。用强制冷却方法控制液压系统油液温度的液压辅助元件。根据冷却介质的不同分为水冷和风冷两类。水冷靠水的循环流动带走油液中的热量,多用于固定式液压机械;风冷靠自然通风或风扇吹风及强制吸风来冷却,多用于移动式液压机械。根据冷却器的形状,还可分为管式、板式、翅片式等多种类型。　　　　　　　　　　（梁光荣）

冷压机　cold press

无供热装置的平压机。只适宜在20℃以下,以固化冷固胶生产人造板材时使用。　　（丁玉兰）

冷作强化　strain hardderning

又称加工硬化、应变硬化等。金属材料在冷态下塑性变形时,随着变形增加,强度和硬度有所升高,而塑性却随之下降的现象。这主要是因为,金属在冷态下发生塑性变形时,位错移动所需的临界切应力越来越大,位错的数量及密度增大,位错之间的距离变小,晶粒不断细化,晶格畸变程度剧增,因而彼此的干扰作用愈加显著。在工业上常利用这种现象来提高金属材料的强度。特别是对纯金属及不能用热处理进行经强化的合金,这种方法就显得格外重要。此外在该过程中,除机械性能发生变化外,金属的物理、化学性能也有所变化,如电阻有所增大,抗蚀性能有所降低等。

（原思聪）

li

离地间隙　ground clearance

地平面与工程机械中央部分最低点之间的垂直距离。所谓"中央部分",是指机械纵向中心线左右两侧、轮距或轨距25%以内的地方。

（田维铎）

离合器　clutch

按工作需要随时将原动机械或机械内部的主动轴与从动轴接合或分离、实现运动和动力的传递或脱离的部件。在各种机械中与其他装置配合实现机械的起动、停车、换向和变速、传动轴间在运动中的同步和相互超越、机器起动和超载时的安全保护;还可以防止从动轴的逆转,控制传递扭矩的大小和满足接合时间等方面的要求。因此,所有机动车辆都必须装设离合器。按其构造和作用原理之不同,有牙嵌离合器、摩擦离合器、离心式离合器、超越离合器、电磁离合器等几类。

（幸淑琼）

离去角　angle of departure

通过行走式工程机械后端凸出部分的最低点与该机后轮或履带后端相切平面对水平地面的夹角。这个夹角大小,影响整机在不平地面的通过性能。

（田维铎）

离散谱　discrete spectrum

又称不连续谱。由不连续线条组成的频谱。每一线条代表一个谐波分量。是周期信号或准周期信号频谱的特点。　　　（朱发美）

离心成型机械　concrete centrifugal casting machine

利用旋转管模带动混凝土拌和料转动,在离心力作用下,使拌和料密实成型的混凝土成型机械。有车床式、托轮式和皮带式三种。混凝土制品在离心成型过程中,一般要经慢、中、快速三个阶段。慢速为布料阶段,这时拌和料被投入模内,均匀分布在模壁上,并初步成型;中速为过渡阶段,目的是避免成型机增速太快,使拌和料颗粒沿圆周切线方向产生相对滑移,造成分层;快速为密实阶段,拌和料在很大的离心力作用下被压实,并将多余的水分和空气排出。生产壁厚超过60mm的管子,常采用二次分层投料,这样可进一步增加混凝土密实度,提高抗渗性能。制品经离心成型后,水灰比降低约10%,强度和密实度显著提高,28天强度比一般振动成型的混凝土强度提高20%～30%。适于生产管状制品,如上下水管、电杆、管柱及管桩等。

（向文寿）

离心辊压成型机　centrifugal and roll pressing concrete pipe casting machine

在离心力和辊压力作用下,使混凝土拌和料密实成型的混凝土成型机械。管模套在可转动的悬辊轴上,利用悬辊轴与管模两端挡圈的摩擦力使管模旋转。待管模正常运转后,先往承插口加入混凝土拌和料,然后再向管模其余部分连续加料。由于离心力的作用,拌和料均匀分布于管模内壁。当拌和料厚度超过管模两端挡圈高度后,拌和料即开始承受辊压力(管模和混凝土的重力),逐渐使管壁密实。

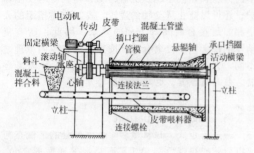

（向文寿）

离心喷雾 centrifugal spraying

将药液输送到高速旋转的雾化元件上,在离心力作用下,药液沿着雾化元件外缘抛射出去,雾化成细小雾滴的喷雾方法。雾滴较小,雾滴大小与雾化元件的旋转角速度、结构尺寸的大小、药液的物理性质(密度、表面张力等)以及喷雾量有关。雾化元件的驱动方式有电力、风力和人力三种。

（张 华）

离心时间 duration of centrifugal process

离心成型机械工作时各阶段的延续时间。与制品管径大小、配筋情况和混凝土拌和料性质等有关,应通过试验确定。一般慢速布料为 2~5min,中速过渡为 2~5min,快速密实为 7~30min。

（向文寿）

离心式离合器 centrifngal clutch

利用转速变化产生的离心力作用来控制接合与分离的离合器。离心体滑装在主动件上,由原动机驱动主动件旋转加速而将其径向甩出,从动件是鼓形圆筒状零件,与主动件同心装配。当主动件达到规定的角速度时甩出的离心体与从动件内壁压紧,由摩擦力强制其进入运动状态而传递扭矩。有自动联接和自动分离两种。

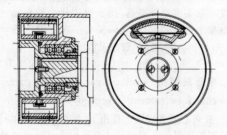

（幸淑琼）

离心式选粉机 centrifugal air separator

借高速旋转的撒料盘给予粉末颗粒的离心力和同轴安装的快速旋转大风叶所产生的循环气流,使粗细颗粒分离的选粉机。整机密闭,由撒料盘、大小风叶、选粉容器、挡风板、喂料口、卸料口等组成。

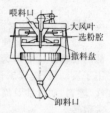

撒料盘由电动机驱动。气流在密闭容器内循环,成品的细度可以通过挡风板开度大小和大风叶增减个数给予调节。用外壳圆筒的直径表示其规格。用于建筑材料工业。

（曹善华）

离心式液力变矩器 centrifugal hydralic torque converter

液流由轴线中心向涡轮外缘流动的液力变矩器。具有不透性或负透性,变矩系数较大($K = 3.6 \sim 6$),但效率较低($\eta = 0.82 \sim 0.86$)。

（嵩继昌）

离心水泵 centrifugal pump

依靠叶轮旋转,使水产生离心力,将机械能转变为水的动能和压力能的扬水设备。由泵壳、叶轮和转轴等组成。当泵体内的水随叶轮快速旋转时,离心力将水甩向四周并流向泵壳的螺旋道内,水的流速变慢而水压增加,然后从出水管流出。此时叶轮中心形成局部真空,水源中的水被连续吸入。扬程为 8

~125m。结构简单,体积小,起动迅速,连续作用,总效率为 0.6~0.8。但起动前必须在泵内注水。如需更大的扬水高度,可以在轴上并列多个叶轮,将水自第一个叶轮通过导轮(又称透平轮)依次引导使水流获得更大的压力而得到更大的扬程。

（曹善华 田维铎）

离心调节器 centrifugal type requlator

又称离心调速器。用离心锤(球)控制动力设备能源供给数量而使主轴转速保持在规定范围内的装置。离心锤(球)轴与主轴相联,当载荷发生变化时,主轴转速随之变化,致使摆锤(或球)因离心力产生径向移动而控制能源供给数量。构造简单,工作可靠,为内燃机、蒸汽轮机等所普遍采用。

（田维铎）

离心卸料 centrifugal discharge

斗式提升机料斗中的物料在离心力大于重力的作用下,物料颗粒向料斗外边缘移动并从外缘抛出的卸料方式。牵引构件多为胶带,提升速度较高,可达 1~3m/s,有的高达 5m/s。料斗可选浅斗或深斗,在胶带上等间距布置,料斗的间距应使得从料斗中抛出的物料不致碰到前面的料斗。判别方式:极距 h 小于驱动滚筒半径,h 由下式决定:

$$h = g/\omega^2$$

式中 g 为重力加速度;ω 为驱动滚筒角速度(rad/s)。常见于运送干燥和流动性好的粉末状、小颗粒状物料。

(谢明军)

梨形混凝土搅拌机 bowl concrete mixer

搅拌筒由两个截头圆锥形筒体焊接并将一端封闭的自落式混凝土搅拌机。搅拌筒安装在曲梁的心轴上,由装在同一曲梁上的电动机、减速器、小齿轮和筒体外的大齿圈带动旋转。曲梁一端铰接在支架上,中间由气缸的活塞杆支承。搅拌筒内壁有搅拌叶片,搅拌时,搅拌筒与水平线成 5°~15° 夹角。卸料时,活塞杆推动曲梁绕支架转动倾翻至 55° 时卸料。

(石来德)

犁板式除雪机 snow remover with snow-plough

除雪犁板安装在汽车、工程车辆或专用底盘上的除雪机。除雪犁板包括主犁板、刮雪器、侧翼板等。主犁板有单面犁、V 形型、变向犁三种形式,安装在车辆前端的悬架上,可将雪排向道路的一侧或两则。前悬架具有缓冲和保护车架的功能。刮雪器安装在车辆中部,由于合理地利用了车辆自身质量,能刮削相当硬的积雪。侧翼板装在车的侧面,可以加大除雪宽度或某些特殊作业。作业速度高、工作可靠,改装容易,是最通用的除雪机。

(胡 漪)

犁式松土机 plow type ripper

用犁铧翻松土壤的松土机。分拖式和悬挂式两种。拖式由犁铧、拖杆、拖轮以及犁铧的升降装置等组成。在拖拉机牵引下,铧刃在犁铧自重作用下切入土中实现翻松土壤。悬挂式是犁铧通过连杆机构悬挂在拖拉机机体尾部,用液压缸操纵松土犁的升降,控制翻松深度。 (宋德朝)

犁式卸料器 plow tripper

带式输送机在卸料处卸去物料或使物料改变输送路线所用的犁形挡板。卸如成件物品常采用平直挡板。卸料挡板结构简单,对输送带有附加滑移作用,增加了带的阻力和磨损,故只用在短距离、小流量的带式输送机上。 (张德胜)

犁扬机 elevating grader

机械在行进中利用犁片将土刮起,并利用机内运土胶带将碎土卸于土堆或装入车辆的连续作业土方机械。分拖式和自行式两种。犁片呈圆盘形,安装在机架的犁片梁上,其安装位置可以调整,以调节切土角和犁片与运土胶带之间的距离。运土胶带横

装于机架上,由多个节段组成,可以调节长度和倾角。用于筑路工程上堆筑较低的路堤或开挖路堑,也用于开挖不深的沟渠。

(曹善华)

理论生产率 theoretical productivity

在理想条件下单位时间内所完成的工作量。所谓理想条件,是指影响机械工作的内部和外部状况都处于正常、良好的条件下,例如:机械在发出其额定功率情况下运转正常、无事故,机械的工作环境无干扰等等。

(田维铎)

理论挖掘力 theoretical digging force

不考虑挖掘机工作装置自重和土重、液压系统和连杆机构的效率、工作液压缸的背压而计算出的工作液压缸理论推力所能产生的斗齿切向挖掘力。通常是指工作液压缸的理论挖掘力。是评价同类型、同等级挖掘机技术性能的重要指标。是考虑了:(1)工作液压缸的闭锁能力;(2)整机的工作稳定性;(3)整机与地面的附着性能;(4)土壤(或其他作业对象)的阻力;(5)工作装置的结构强度等条件后,求得的工作液压缸能实现的挖掘力值,称为挖掘机的整机理论挖掘力。众多工况下计算得的整机理论挖掘力值,可作为挖掘机设计方案分析比较的依据。

(刘希平)

理论正确尺寸 theoretical exact size

确定被测要素的理想形状、方向、位置的尺寸。该尺寸不附带公差,在图样上对此尺寸数字围以方框,以区别于未注公差的尺寸,如 50。

(段福来)

力传感器 force transducer

将感受到的力变换为与力成一定比例关系电信号的传感器。因转换元件的不同,有应变式、电位器式、电容式和差动变压器式等。

(朱发美)

立式带锯机 vertical saw

上下两锯轮中心的连线垂直于地面的带锯机。有跑车带锯、平台带锯和轻型带锯等几种,应用较为广泛。

(丁玉兰)

立式单筒拔丝机 vertical single drum wire-drawing machine

只有一个垂直拔丝卷筒的钢筋冷拔机械。有两种传动方式:一种是电动机经皮带轮、置换齿轮副和圆锥齿轮副构成的减速器驱动卷筒旋转;另一种是电动机、置换齿轮副和蜗轮副构成的减速器驱动卷筒旋转。置换齿轮可以更换,以改变拔丝速度。拔丝机上还装有拔丝模盒、卸线架、吊丝机等装置。适用于专业拔丝厂,常采用 3~5 台联结组成连续拔丝机,以提高拔丝效率。

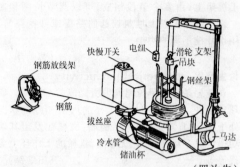

钢筋放线架　快慢开关　电纽　滑轮 支架 吊块　钢丝架　钢筋　拔丝座　冷水管　储油杯　马达

（罗汝先）

立式吊斗　vertical lifting bucket

直立放置并吊运混凝土拌和料的运输容器。可由起重机吊起作为垂直运输容器，也可吊到车辆上作水平运输。下部装有卸料门，卸料时不必将吊斗倾翻。　　　　　　　　　　　　　（龙国键）

立式挤出机　vertical extruder

将料筒、螺杆、减速器等垂直布置的塑料挤出机。螺杆伸到由料筒延长而构成的加料斗中，可在360°的范围内搅取物料，螺槽可完全充满物料，在高速下可将难加入的物料加入料斗。如螺杆直径相同，允许的最大扭矩比普通挤出机大四倍，产量为两倍。用于挤出管、带、板以及异型材。

（丁玉兰）

立式内燃机　vertical engine

气缸中心线垂直于水平面的内燃机。

（陆耀祖）

立式排锯　vertical gang saw

一个锯框内垂直安装两根或多根锯条的往复锯。能一次将大木料锯成三块或多块板材。

（丁玉兰）

立式平板电收尘器　vertical electrofilter

含尘气体在机内的流动方向垂直于地面的板式电收尘器。　　　　　　　　　　　　　　（曹善华）

立筒式混凝土搅拌输送车　open top type revolving blade concrete truck mixer

装有立式强制搅拌筒的混凝土搅拌输送车。搅拌筒的中心轴上安装有叶片，叶片只能单向旋转，对混凝土拌和料进行强制搅拌或搅动，由立筒的上部开口进料，搅拌筒底部的出料口卸料。搅拌输送混凝土的质量好，出料干净，维修和冲洗简便，但消耗功率大，搅拌筒和叶片的磨损剧烈，立筒在底盘上安装受机动车允许高度和宽度的限制，一般都是小容量的混凝土输送车，只适用于运输超高强度的混凝土。　　　　　　　　　　　　　　　　　（蒯万亮）

立柱导轨　guide-way of leader

桩架立柱上为桩锤或钻具导向的轨道。由两平行

的圆管或型钢及支承板组焊在立柱上，与立柱构成一体，是立柱的重要组成部分。在制造当中，对导轨的平行度和直线度要求较高。根据其结构形式不同可分为槽形立柱导轨和π形立柱导轨。　　　　　（邵乃平）

立柱导轨宽　leader guide way width

立柱两根导轨的中心线距离。标准化尺寸为330mm 和 600mm 两种。　　　　　　　　　（邵乃平）

立柱回转机构　leader rotation mechanism

安装在立柱顶节下部，可以使顶节相对于下部立柱回转的机构。由牙嵌联轴器、滑动轴套、锥齿轮、立柱下座驱动液压缸、主销等组成。由于立柱需要转动，所以斜撑的支承处的连接应做成允许立柱转动的结构。　　　　　　　　　　　　　（邵乃平）

立柱可倾角度　leader slantable angle

立柱绕下铰点前后倾斜的最大角度。中国目前生产的桩架，一般在前倾 5°、后倾 18.5°范围内。国外桩架有的可达到前倾 5°、后倾 45°范围。有的桩架立柱左右也可有较小范围的倾斜。　　　（邵乃平）

立柱倾斜速度　leader slant speed

利用斜撑伸缩机构长度的调整作用，使立柱上铰点带动立柱围绕下铰点在单位时间内可倾斜的最大角度。　　　　　　　　　　　　　　　　（邵乃平）

立柱式布料杆　column placing boom

装在独立立柱上的布料杆。立柱为圆筒形钢管或桁架。可以固定在地面或建筑物上。一般还能自行升高。布料半径大于 20m 时常配有平衡重。

（龙国键）

立柱水平伸缩机构　level slide mechanism of leader

安装在桩架前平台中部，在水平伸缩台车后端驱动水平伸缩台车的机构。有机械式和液压式两种。机械式由电机、减速器、驱动轮、丝杠组成；液压式由水平伸缩液压缸来推动。　　　　　（邵乃平）

立柱水平调整范围　leader slide level distance

立柱水平伸缩台车在桩架平台前端能够向前伸出的最大距离。一般为 0～600mm。　　　（邵乃平）

立柱水平移动速度　leader slide level speed

立柱下铰点在单位时间内水平移动的距离（m/s）。　　　　　　　　　　　　　　　　（邵乃平）

励磁机　exciter

专作励磁用的直流发电机。用在交流同步发电机、直流电动机等需要励磁的场合。　　　（周体优）

励磁装置　exciting device

又称激磁装置。使电流通过励磁线圈而产生磁场的装置。多指独立存在的电源。　　　　（周体优）

利巴斯多层缠绕装置　Lebus multiple-winding device

以利巴斯(Lebus)命名的在卷筒上
避免多层缠绕时乱绳的装置。带有利巴
斯槽的套筒可装在原卷筒的壳体上,从
而使80%的钢丝绳缠绕时平行于卷筒
侧板,并为后一层钢丝绳形成绳槽。利
巴斯装置使钢丝绳寿命提高50%。

(顾迪民)

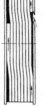

利巴斯多
层缠绕装置

沥青泵　asphalt pump

将加热融化的液态沥青加压后沿管
道输送的机械。用于沥青混凝土搅拌工
厂、沥青混凝土摊铺机、沥青喷洒机上。泵壳内装有一
对啮合的圆柱齿轮,在共同旋转时,将沥青液从进料口
吸入泵体,再通过出料口压入输送管。　　　(章成器)

沥青电加热器　electric heater of asphalt

安置于油池或油罐底部而与沥青隔绝的以电阻
加热的器具。有螺旋电阻丝式、迭片式、单管式和排
管式等。加热效率都不高。　　　　　　　(倪寿璋)

沥青罐车　asphalt tanker

具有保温性能,运输高温液态沥青、乳化沥青、煤
焦油的沥青混凝土路面机械。按其运输方式,有汽车
运输沥青罐车和铁路运输沥青罐车。　　　(董苏华)

沥青混合料强制搅拌器　asphalt mixture forced action mixer

卧式双轴带叶桨的沥青混合料搅拌器。若干叶桨
按规定的侧转角固定在两根方轴上,当主、从动轴由动
力驱动旋转时,各叶桨就将矿料与沥青搅拌成均匀的
混合料。受料口在容器上部中央,由称量装置打开底
部闸门将料卸入;卸料口在容器下部中央,打开扇形闸
门而卸料。卸料闸门的启闭机构视搅拌器容量而定,
有气动的、液压的和杠杆式的。　　　　　　(倪寿璋)

沥青混凝土厂称量系统　measuring system of asphalt concrete mixing plant

沥青混凝土搅拌工厂中以质量或容积来计量
沥青混凝土组成料的称量设备。分骨料称量器、石
粉称量器和沥青称量器。　　　　　　　　(倪寿璋)

沥青混凝土搅拌工厂　asphalt plant

按沥青混凝土的搅拌工艺流程组装的整套固
定沥青混凝土搅拌设备。同时具有石料(砂石料及
石粉)堆场及其输送装置,沥青的贮藏及其加热、供
给装置,从而形成永久性的工厂。　　　　(倪寿璋)

沥青混凝土搅拌设备　asphalt mixer

将不同粒度的碎石、砾石、砂子与石粉等物料与
沥青混在一起搅拌成为沥青混凝土的路面机械。服
务于城市道路工程的有沥青混凝土搅拌工厂(固定
式),用于工程量较大的公路工程的有半固定式沥青
混凝土搅拌机,用于小型公路工程的有移动式沥青
混凝土搅拌机。搅拌设备的型式分间歇作业式和连

续作业式,还有滚筒式沥青混凝土搅拌机。

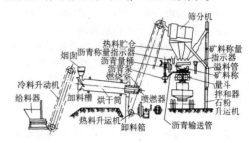

(倪寿璋)

沥青混凝土摊铺机　asphalt paver

将沥青混凝土均匀摊铺在路面基层上,并进行
初步振实和整平的路面机械。由牵引、摊铺和振实、
熨平两部分构成。前者包括接料装置、刮板输送器、
螺旋摊铺器,装有履带或轮胎行走装置。后者包括
牵引臂、振实机构和熨平装置。作业时,摊铺机的前
推辊轮顶推着送料汽车,使之保持固定距离,以接受
沥青混凝土料,接料斗底的刮板输送器,将料送给螺
旋摊铺器向左右两面均匀摊铺。有自行式和拖式。

(章成器)

沥青火力加热器　fire heater for asphalt

以燃油或煤炭燃烧所产生的热能来加热沥青的
独立装置。有焰管式和液管式两种。均为连续作用
再加热流态沥青液的设备。　　　　　　　(倪寿璋)

沥青加热固定喷燃器　stationary burner for asphalt

固定装在沥青喷洒机上用于加热沥青的喷管和
喷嘴。喷管由无缝钢管制成并盘绕成螺旋状,一端
通燃油箱,另一端接喷嘴。喷嘴前面装有导管,使火
焰喷射集中有力,喷嘴和导管分别位于后罩和前罩
的中心线尾部。前罩端部内壁是盘绕的喷管,其下
设油盆,盛以煤油,可在喷燃器点燃之前预热喷管,
整个喷燃器的固定支架在喷管进口端。

(章成器)

沥青加热燃油箱　fuel tank for hot-asphalt

沥青喷洒机加热系统的燃油贮存容器。为一卧
置圆筒,在通入的压缩空气压力下,燃油从出油管流
向滤清器,通过固定喷燃器或手提喷燃器,与空气混
合成雾状从喷嘴射出,用于燃烧。燃油箱上部有加
油口和滤网,还有压力计。　　　　　　　(章成器)

沥青加热设备　hot-asphalt plant

在路面工程中用来快速加热流态无水沥青的设
备。加热温度可达160～170℃。主要工作机构是
焰管锅炉、沥青泵、喷燃器。利用齿轮泵把沥青压入
锅炉下部的分配室,使沥青均布在锅炉全长,沥青流
过锅炉内部的焰管后,进入锅炉上部的集料室,热沥
青经三通阀、软管输出。加热设备的火箱内有连着

管道的喷燃器,由鼓风机送入空气,由齿轮泵压送燃油。热沥青的温度有热电偶和电流计加以控制。沥青泵、燃油泵及鼓风机均由内燃机通过减速器驱动,内燃机的废气用来保暖沥青泵、加热锅炉安全阀。整套加热设备安装在有滑橇的机架上,可作短程拖移。 (章成器)

沥青加热手提喷燃器 portable burner for asp-balt

修补路面或在沥青喷洒机工作前加热沥青泵与管路系统的带有手柄的喷管和喷嘴。盘绕成螺旋状的喷管,一端以软管通燃料箱,另一端接喷嘴。喷嘴前面有导管,使火焰喷射集中有力。喷管的进口端装一木手柄,并附有开关。 (章成器)

沥青加热系统 asphalt heat system

沥青喷洒机上用来再加热沥青罐中的沥青,以便在运输途中或工作时保持足够温度和流动性的一套加热设备,由 U 型加热火管、固定喷燃器、手提喷燃器、燃油箱和压缩空气罐等组成。 (章成器)

沥青库 asphalt storage

在黑色路面施工中,作为沥青贮存、加热和供给的设施。有沥青贮仓、加热系统和输送管道。分固定式和可移式两种。 (倪寿璋)

沥青量桶 asphalt batcher bin

按油石质量配合比折合成沥青容积计量的容器。 (倪寿璋)

沥青路面加热机 asphalt road heater

修理黑色路面时用来熨热沥青路面及沥青混凝土路面和基层的养路工程车。还可在雨季路面修理时用来熨干路面,在冬季路面修理时用来融化冻土。主要工作机构是装有喷燃器的熨板,工作时横置在路段上,喷燃器发出的火焰和炽热气体把熨板下的路面表层加热。熨板用铰链悬挂在有车轮的机架上,可由操纵杆控制其升降位置,以适应运输或工作。机架上有燃油箱,有手摇泵将燃油压向喷燃器,喷油压力用安全阀和压力计来调整。 (章成器)

沥青路面铣削机 asphalt road miller

沥青路面修复时将旧路面材料铣削掉的养路工程车。有热铣削机、冷铣削机两种。主要部件是旋转的铣辊,辊上装着按螺线布置的硬质合金刀片,工作时辊的轴线横于路面。或以一定斜角切入路面。铣削掉的沥青路面材料经再生后可再铺设路面。热铣削机备有沥青远红外线加热器、丙烷气罐。工作时,气罐中的丙烷气经覆盖路面的一整排红外线加热器,燃烧后转化为热辐射能使原路面沥青材料受热软化,以减少切削阻力。红外线加热器具有良好抗震性能,铣削过程完成时,红外线加热器可以抬离地面。冷铣削机配备有洒水装置,以消除粉尘,减少

铣削工具的磨损。新型的沥青路面铣削机还附有剥离料收集装置和装载装置。 (章成器)

沥青喷洒机 asphalt distributor

将液态沥青均匀喷洒在路面上的路面机械。由沥青罐、沥青泵、加热系统和喷洒系统构成。安装在汽车底盘上的称沥青喷洒布车。沥青在喷洒前,先由两只燃烧器将火焰喷入沥青罐内的两条火管,使沥青被加热熔化为液态,再由沥青泵将液态沥青从罐内抽出,经循环管、三通阀,压向位于车后下方的喷洒管,并从一排等距布置的喷嘴喷出。边行驶、边喷洒,使薄膜状沥青均布于路面。喷嘴角度、喷洒宽度及喷洒量均可调节。沥青还可由三通阀控制,使其回入沥青罐重复加热,以保持液态而便于喷洒。有自行式、手推式和拖式。 (章成器)

沥青喷洒机操纵机构 operating mechanism of asphalt distributor

控制沥青液均匀喷布于路面基层的部件。用来拨动沥青管路的三通阀和操纵沥青洒布管。前者可构成沥青流动的多种环路,后者控制洒布管的升降、摆动及喷洒角。装在沥青喷洒机后部的操作台上,通过手轮、操纵杆由人工操纵。 (章成器)

沥青喷洒机计量仪表 metric meter of asphalt distributor

显示沥青加热程度、沥青加热系统压力、沥青输送量的仪表。有加热系统管路压力表、油箱压力表,沥青贮罐温度计,沥青泵转速表。 (章成器)

沥青破碎机 asphalt breaker

道路大修时破碎旧的沥青混凝土路面的养路工程车。一般由推土机的推土铲改制,是由三个铲齿连成的破碎器,顺着推土铲弧面套装在推土铲中央,用螺栓固紧,利用推土机的推力破碎沥青混凝土。 (章成器)

沥青熔化器 asphalt melter

加热、融化沥青材料的设备。融化沥青材料并加热到 160℃～180℃,然后供给沥青喷洒机和沥青搅拌机。由焰管或沥青锅组成,沥青锅外用矿棉隔热,外面还有钢壳保护,并用柴油喷燃器和锅内焰管加热沥青。沥青泵用来将沥青液打入沥青锅,并促使加热融化的沥青沿管循环流动、出料。整机装在机架与滑橇上,以便装在重型拖车上搬运或近程拖移。 (章成器)

沥青洒布管 asphalt spraying pipe

以喷嘴在路面基层上均匀喷洒沥青液的可操纵的管路。位于沥青喷洒机的后下部,由一段中央固定管和两段边管连接组成,管的下侧均布若干管接头,上侧有开关,每隔 150mm 有一喷嘴。沥青液就从洒布管向喷嘴喷洒在路基上。整排喷嘴的定位

角可以由洒布管一起调整,以改善喷洒的覆盖质量。边管长度有多种规格,可以拆换,以调整喷洒宽度。中央固定管的中点用隔板隔断,分成左右两段,以适应左右边单独喷洒。　　　　　　　(章成器)

沥青循环加热管　circulating conduit pipe for asphalt

沥青喷洒机上吸送沥青液并进行循环加热的管路。由较粗的垂直管、横管和弯管等组成。
　　　　　　　　　　　　　　　　(章成器)

沥青循环洒布系统　circulating-spraying system for asphalt

使沥青罐中的沥青液沿管路循环加热并洒布到路面去的管路系统。由循环管、洒布管、手提洒布器、球铰管接头和沥青罐总阀门等组成。
　　　　　　　　　　　　　　　　(章成器)

沥青远红外加热器　infrared heater for asphalt

在电热管外涂上一层氧化铁等涂料,使之发出远红外射线,通过金属表面传热给沥青的加热器具。加热效果较好。　　　　　　　(倪寿璋)

沥青贮仓　asphalt storage

专用于贮藏沥青的容器。分固定式油池和可移式油罐和油桶。油池是水泥混凝土筑成的矩形坑槽,内分主池和副池,主池底向副池倾斜 3°～5°,以利沥青向副池流动。为了贮存不同牌号的沥青,主、副池又分隔成若干贮仓,池底有加热设施。油罐为钢板焊接的筒形大容器,有加热设施。油桶是一种传输、供应的辅助容器。各种容器的容量均按工程每日需要量加储备系数来设计。　　　(倪寿璋)

lian

连杆摆角　oscillation angle of the connecting rod

曲轴连杆或低速大转矩液压马达的连杆轴线与柱塞轴线之间的夹角。由于一般取偏心距 e 与连杆长度 L 和偏心轮半径 R 之比在 0.2 以下[即 $e/(L+R)<0.2$],最大摆角一般不超过 12°。
　　　　　　　　　　　　　　　　(嵩继昌)

连杆机构　linkage

又称低副机构。由若干个刚性构件通过低副(转动副、移动副)联接而成的传动机构。其基本作用有以下三点:①刚体导向;②实现轨迹;③实现函数。分为平面连杆机构(Planar linkage)和空间连杆机构(spatial linkage)两类。平面连杆机构中各构件上各点的运动平面场相互平行;空间连杆机构各构件上各点的运动平面场相互不平行。平面连杆机构中最常用的是四连杆机构,常称四杆机构,其构件数

目最少(仅含有四个),且能转换运动。多于四杆的机构也多是以四杆为基础演化而成的。
　　　　　　　　　　　　　　　　(范俊祥)

连挂装置　draw device

挂车或拖式工程机械上借以挂接到牵引车上去的装置。有杆式、钩式、插销式等多种结构。要求连接可靠,挂拆方便迅速。　　　　　(曹善华)

连接　joining,connecting

又称联接。将两个零件、部件以至整机用机械方法结合在一起,使两者处于不能相对运动的状态。分可拆卸连接及不可拆卸连接。　　(田维铎)

连接式布料杆臂架　joint type boom

采用紧固件将其一部分与另一部分连接而成的布料杆臂架。可以取下紧固件将臂架的一部分拆卸下来便于运输和安装。必须装配好后才能工作,连接位置不能作相对运动,出料口位置的变化靠液压缸和连杆改变臂与臂之间的铰接角度来实现。主要用于长度超过 24m 的臂架。　　　　(龙国键)

连续料位指示器　continuous level indicator

连续测定贮料仓中料面的位置,随时指示贮料状况,并随时控制装料系统的料位指示器。除了具有极限料位指示器功能外,还能在发出料空指令之前提前向材料最少的某个贮料仓装料,以避免出现两个贮料仓同时发出料空指令的情况。常用的有超声波料位指示器。　　　　　　　(应芝红)

连续谱　continuous spectrum

谐波分量在频域上连续取值所形成的频谱。是非周期信号频谱的特点。图中纵坐标是频谱密度(幅值/频率),故此图称频谱密度图。

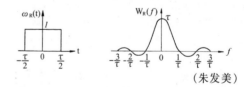

　　　　　　　　　　　　　　　　(朱发美)

连续闪光焊　continuous flash butt welding

闪光过程连续不断的钢筋闪光对焊。将两根待焊钢筋夹持在钢筋对焊机的两个电极夹具中,通电后使其端面轻微接触,由于钢筋本身固有的电阻和接触处产生的电阻在通电时发热,使触点金属很快熔化,熔化的金属微粒象火花一样从钢筋端面间隙处喷出,这种现象称为闪光。徐徐移动钢筋,使两端面继续保持轻微接触,新的触点不断形成,闪光过程就连续不断。待钢筋烧完规定的闪光留量后,钢筋端部被加热到接近熔点,随即施加轴向力迅速顶锻,即形成焊接接头。适用于直径较小的钢筋纵向对接。　　　　　　　　　　　　　(向文寿)

连续式灰浆搅拌机　continuous mortar mixer

按工艺程序,同时连续进出料的灰浆搅拌机。效率高,适于较大型施工工程。　　　　(董锡翰)

连续式混凝土搅拌机　continuous concrete mixer

加料、搅拌和出料均连续进行的混凝土搅拌机。由动力装置、搅拌装置、水箱及供水计量装置、骨料和水泥计量装置、添加剂流量控制装置等组成。搅拌装置由底部设有耐磨橡胶衬的 U 形圆槽和装有螺旋叶片的轴构成,轴由电动机或液压马达带动旋转。为了增强搅拌效果,圆槽的出料端向上倾斜 15° 左右。为了能同时连续按配比供给骨料、水泥、水和添加剂,预先调整好各自的计量机构,并使其同步。该机具有称量连续、配比稳定、搅拌时间短、产量大、自动化程度高等特点,适用于大中型建筑工程。
　　　　　　　　　　　　　　　　(石来德)

连续式压榨机　continuos press filtrator

使污水过滤后所遗留的湿泥干燥的设备。分连续螺杆式和连续盘式两种,前者有一多孔圆筒,内装低速旋转的单头螺杆,螺杆挤压污泥脱水,适用于含粗长纤维的污泥脱水;后者有两个内侧打小孔的大直径圆盘,圆盘平面之间有交角,转动时形成了压缩楔体,污泥在楔体中受挤压脱水。　　(曹善华)

连续输送机械　continuous conveyor

从装载地点到卸载处连续不停地运输物料的运输机械。包括:带式输送机,板式输送机,刮板输送机,埋刮板输送机,悬挂输送机,链式输送机,提升机,自动扶梯及自动人行道,架空索道,螺旋输送机,气力输送装置,水力输送装置,振动输送机,输送辊道等。是生产过程中有节奏的流水作业运输线所不可缺少的组成部分。既可进行成件物品的输送,也可进行散粒物料的输送。　　　　(张德胜)

连续运输机生产率　productivity of continuous conveyor

连续运输机每小时所输送物料的质量或容积。单位是 t/h,或 m³/h。由下式计算:
$$Q = 3.6qv$$
式中 Q 为计算质量生产率(t/h);q 为物料线密度(kg/m);v 为输送速度(m/s)。　　　　(张德胜)

连续诊断　continuous diagnosis

采用仪表和机械信息处理系统,对机械运行状态进行不断监控。
　　　　　　　　　　　　　　　　(杨嘉桢)

连续作业式沥青混凝土搅拌机　continuous asphalt mixer

所有配料的供给和搅拌过程都是连续进行的沥青混凝土搅拌设备。搅拌滚筒与干燥加热滚筒连成一体,可在一个筒内拌和成均匀并有足够温度的沥

青混凝土成品卸入贮仓中。与间歇式搅拌机相比,可省去热骨料内部转输和二次筛分、称量,粉尘排出量少,机构简化。但由于火焰随料流进入,热效率差;而骨料是在烘干前一次称量,拌制成品的质量难以保证。因此,新型搅拌机已采用由电子计算机控制的火焰自动控制系统和油石比自动调节系统,可保证拌制质量。

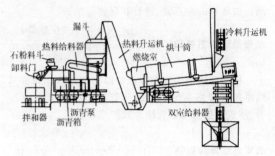

　　　　　　　　　　　　　　　　(倪寿璋)

联合刨床　combination planer

又称上下刨、手工动力刨。是手工送料与动力送料相结合的木工刨床。上层是手工送料,下层是动力送料,两者方向相反。下层辊子能及时迅速调整,可刨削干、湿、软、硬等各种木料。
　　　　　　　　　　　　　　　　(丁玉兰)

联合钻车　combine drill jumbo

凿岩、装岩或运输联合作业的凿岩钻车。有履带式、轮胎式和轨轮式三类。　　　　(茅承觉)

联轴器　coupling

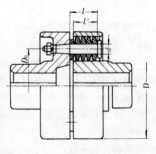

主要用来联接轴与轴(有时也联接轴与其他回转零件)以传递运动和扭矩的装置。也可用作安全装置。只有在机器停车后经拆卸才能使两被联接的轴脱开。按被联接件的性质不同有刚性联轴器和挠性联轴器之分。
　　　　　　　　　　　　　　　　(幸淑琼)

炼塑机械　plasticator

将经预混合的原料在高温和高速剪切速率下使其进一步混合塑化的机械。分为塑料开炼机、塑料密炼机两种。　　　　(丁玉兰)

链传动　chain drive

利用链条与链轮轮齿的啮合来传递动力和运动

的啮合传动。平均传动比准确,传动效率高,轴间距离适应范围较大,能在温度较高、湿度较大的环境中使用,但一般只能用作平行轴间传动,且瞬时传动比波动,高速时传动噪声较大。

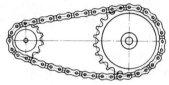

（范俊祥）

链斗式挖沟机　chain bucket trencher

见挖沟机(282页)。

链斗式挖掘机　chain bucket excavator

利用装在无端链上的多个铲斗连续挖掘、运送和卸料的多斗挖掘机。其工作装置由铲斗、斗链、斗架、带式输送机等组成。铲斗按一定间距装在两条平行的斗链上,无端斗链环绕安装在斗架的主、从链轮上。斗架的倾角可调节。作业时,铲斗随斗链运动,在挖掘面上自下而上进行挖土、装土,并将土带出挖掘面;当铲斗绕过驱动轮时,将土卸入料斗,再卸到带式输送机上运出。分纵向挖掘和横向挖掘两种。基本技术参数为铲斗容量（一般为15～3000L)、挖掘深(高)度、生产率、功率和机重。用于开挖沟渠、运河、整修边坡和矿场的剥离、开采等作业。　　　　　　　　　　　　　　　　（刘希平）

链斗挖泥船　bucket-chain dredger

利用甲板上所装链斗装置连续挖掘河底泥砂的挖泥船。链斗装置由支

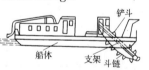

架、斗链和铲斗组成。斗链首尾连接成环,围绕在支架外,由支架上链轮带动移动。斗链上等距地装有多个铲斗,铲斗挖得的泥砂通过卸槽送入泥驳或抽运到卸泥地点。按卸泥设备分:泥驳链斗式、泥浆泵链斗式和高架卸泥链斗式等种。适于开挖软砂土,用于码头泊位、滩地、水工构筑物水下基坑、基槽等挖掘位置较准的工程施工。　　　　（曹善华）

链斗卸车机　chain bucket car unloader

以链斗提升机为取料装置、车辆用散料卸载的装卸机械。在专门铺设的轨道上,跨越铁路敞车卸料。由链斗提升机、带式输送机、升降机构。大车运行机构和机架组成。链斗从敞车内取料并将物料提升,卸至横置的、可双向运行的带式输送机上,在卸车机轨道的外侧抛落物料。升降机构是一卷筒滑轮组,使链斗提升机升降,调节取料深度。加装刮板、刮斗、钢丝刷等附具,可卸清车底残留物料。

　　　　　　　　　　　　　　　　（叶元华）

链节　pitch(link)

链条与链轮相啮合的部分。例如,套筒滚子链的每一链节是由两个链板压合在销轴(外链节或销轴链节)或套筒(内链节或滚子链节)上而构成的。销轴穿过相邻链节的套筒而形成能转动的铰链。

　　　　　　　　　　　　　　　　（范俊祥）

链锯　chain saw

以锯链作为刃具的木材往复锯。有电动链锯和汽油链锯两类。　　　　　　　　　　（丁玉兰）

链锯式冻土锯　freezing soil chain-saw

工作装置为无声链上等距安装的多个锯齿的冻土锯。无声链围绕在锯架外,锯架可倾斜,借以改变入土深度。整个冻土锯悬装于履带拖拉机上。拖拉机移动,链轮拉动链条运转,锯齿锯割冻土,形成缝隙,以利冻土犁犁去两缝隙之间的冻土,锯深可达1m。常用于冬季土方施工和冬季开挖沟渠。

　　　　　　　　　　　　　　　　（曹善华）

链锯式树木修剪机　chain tree pruner

通过发动机的高速旋转,带动切割链条在导板中不断运动,从而切割树枝的树木修剪机。由动力装置、传动机构、锯齿链、机架等组成。能切断20cm直径的树枝。操作时容易掌握,其振动与冲击较圆盘式小,切口平滑,整机重量约3.6kg。　　（胡　漪）

链式干燥室　chain drier

坯体装在链传动的吊篮内进行连续干燥的砖瓦焙烧设备。由干燥室、吊篮运输机组成。后者是在两根闭环链带上间隔悬挂的若干只吊篮,其上搁置坯板以供码放坯体,通过链传动使各吊篮水平或垂直方向移动。由鼓风机从逆流方向送入热空气进行干燥。适用于空心砖、瓦坯等薄壁制品的干燥。机械化程度高,热效率高,干燥速度快。　　　　　　（丁玉兰）

链式供料器　chain feeder

以焊接环链引导物流的供料器。料仓卸料口斜槽上方,闭合环链套在同一驱动轴的各链轮上,多条并排布置,与料仓出料口宽度相适应形成一道链幕,靠链条自重阻止物料流出。链轮带动链条时,物料以接近链条的速度沿斜槽流出。改变链轮转速即可调节供料量。适用于大、中粒度散料。　　　　　　　　　　　　　　（叶元华）

链式开沟机　chain ditcher

利用连接成环的无端链条上若干刮刀开挖明沟的开沟机。链条围绕装于支架两端的驱动链轮和张紧链轮上,支架可以改变倾角,以调节沟深。由拖拉机牵引作业,一次通过完成开沟作业。（曹善华）

链式切坯机　chain-type cutter

利用链传动的钢丝每次切出一块坯体的切坯机。由切割钢丝框架、环形带、动力装置等组成。利用合成运动原理使切割钢丝自动垂直切出坯体,其尺寸由切割框架内的钢丝切割速度调整。适用于切割大块、薄壁、空心的制品。　　　　　　（丁玉兰）

链式洗砂机　chain sand washer

利用链条上等距安装的钢质刮片将盛在槽内的污砂在水中翻动的洗砂机。金属洗砂槽下部水平,上部倾斜向上,沿槽的轴线方向装有两条带刮片的无声链,由链轮驱动向上移动。污砂和水都装在水平部分,刮片搅动,洗净污砂,并将干净的砂沿着倾斜部分向上推送而卸出,污水从槽底出水口排出。
　　　　　　　　　　　　　　（曹善华）

liang

量规　gauge

不可读数的定值专用检验工具。用它检验零件时,只能判断零件是否合格,而不能获得零件尺寸、形状和位置误差的具体数值。按被检验对象的特点可分为:光滑极限量规、圆锥量规、位置量规、花键量规、螺纹量规等。按其用途可分为:工作量规、验收量规、校对量规等。在工作量规中有通规和止规两种,常成对使用,其中通规应通过被测零件,而止规则不应通过被测零件。　　　（段福来）

量块　gauge block

又称块规。平面平行的没有刻度的端面量规。作为长度测量的基准,用于检定和校对量仪和量具;还可作直接测量高精度工件的尺寸及精密划线用。常见的形状为长方体,测量面(工作面)是一对研磨得极为光滑平整的相互平行表面。使用时,可单块使用,也可将多块组成量块组。另外还有用于角度测量的量块。　　　　　　　　（段福来）

量水秤　water scale

用于混凝土搅拌站(楼)中计量水的质量的称量装置。分杠杆秤和电子秤两种。采用一种特殊的给水阀,可以粗称和精称以保证称量的精度。
　　　　　　　　　　　　　（应芝红）

两辊涂胶机　two-roll spreader

设有两个涂胶辊的涂胶机。由辊子、胶槽和传动机构等组成。由下方给胶,将下辊的三分之一浸入胶槽内,使其转动载胶并传至上辊,单板穿过上下两辊间即被两面涂胶。涂胶量可随两辊间的距离和辊筒沟纹的形式及数量而调整。　（丁玉兰）

两轮并联振动压路机　two-drum transversal vibratory roller

见双轮振动压路机(256页)。

两轮压路机　tandem roller

具有前后两个碾轮的双轴双轮自行式压路机。由碾轮、动力装置、变速箱、轮边传动、操纵机构和机架等组成。以内燃机为动力,大多为机械传动和液压操纵。前碾轮由两个相同的筒体焊成,为转向轮;后碾轮直径较大,为驱动轮。前轮支架与机架铰接,以利转向。前后碾轮均装有刮土板,以清除轮面上的粘附物,并有洒水装置。一般为中型压路机,机重6～10t,碾轮内可以加水或砂。适用于压实路基和碾压路面。　　　　　　　　（曹善华）

两栖挖泥船　land-and-water dredger

船体上装有支撑轮的挖泥船。可在水上作业,也可靠支撑轮在地面工作。　（曹善华）

两轴式铲运机　two axles scraper

以单轴牵引车为动力的两轴四轮自行式铲运机。按发动机数可分为单发动机式和双发动机式。
　　　　　　　　　　　　　（黄锡朋）

量化　quantization

把采样点上的离散模拟数据转换成数字量的过程。其原理是将采样点上模拟数据的幅值与一组标准离散电平(level)值相比较,以最接近采样点幅值的电平值来代替该幅值。每一标准离散电平值对应一个数字量。　　　　　　（朱发美）

liao

料仓　bunker of bulk material

又称存仓。大容量存放散料的钢板、钢筋混凝土或混凝土构筑物。上部大多是圆柱或棱柱形,下部收缩为开有卸料口的锥形漏斗。仓内物料靠自重从底部卸料口卸出。高架料仓可减少占地面积,通常用带式输送机从仓顶进料,并从卸料口运出。高度与宽度之比常在10～15之间。可单独设置,也可将若干个单仓组成仓群。有向大型化方向发展的趋势,圆筒仓直径已达30m。高度尺寸小于宽度尺寸的为浅料仓,其中水平截面为长条形,底部收缩成一长条形缝隙作为卸料口的称为料槽。车辆从料槽上口进料,从下口卸到带式输送机转运。（叶元华）

料仓闸门　storage bin gate

混凝土搅拌站(楼)中用以向称量料斗给料,控制贮料仓卸料口开启程度以调节给料量的装置。常用气动式扇形闸门。两个反向回转的扇形闸门构成颚式闸门,可减小操作力。适用于粗骨料的贮料仓卸料口。　　　　　　　　　（应芝红）

料仓装置　bin and bunker for handling bulk material

散状物料搬运机械化系统中起中间储存、系统缓冲和均衡作业等作用的仓储设备。由料仓、料斗、闭锁器、供料器、计量和除尘等设备组成。存放容易起拱的物料时还包括破拱装置。　　　（叶元华）

料槽式闭锁器　trough valve

工作机构为转动料槽的闭锁器。料槽铰接于卸料口下方，用平衡重块帮助其转动。关闭卸料口时料槽处于水平状态，卸料口来的物料以静止自然坡角堆积在其上面，物料卸出速度取决于料槽倾斜角度。具有调节物料流量的性能，不会卡住物料。为使料槽充分地倾斜，需占用较大的高度尺寸。
　　　　　　　　　　　　　　　　（叶元华）

料斗线容积　linear volumetric capacity of bucket elevator

斗式提升机中牵引链（或带）单位长度上物料的容积（dm^3/m）。是决定料斗尺寸的重要参数，由下式计算：

$$i_0/a = Q/3.6v\rho\psi$$

式中 i_0 为物料容积（dm^3）；a 为斗距（mm）；Q 为生产率（t/h）；v 为提升速度（m/s）；ρ 为物料堆积密度（t/m^3）；ψ 为料斗充填系数。　　　（谢明军）

料位指示器　level indicator

指示贮料仓中料面的高度，并控制装料系统的装置。分为极限料位指示器和连续料位指示器两种。　　　　　　　　　　　　　　　　（应芝红）

lie

列车接近报警器　train approaching alarm device

可以提前发出报警信号，预报列车到达时间的便携式设备。便于巡道操作和检查人员及时下道，施工人员和机械及时撤离线路，平交道道口及时放下护栏。是铁路的重要安全防护设备。由报警发射机与接收机组成。有效报警距离受线路区间地形影响。　　　　　　　　　　　（高国安　唐经世）

列车速度监测仪　train speed monitor

用于定点检测列车运行速度、时间和方向的电子仪器。为携带式（重约 5kg），可为铁路运输、养护、施工和设计部门提供准确可靠的检测数据。
　　　　　　　　　　　　　（高国安　唐经世）

劣化　degradation

磨损和腐蚀造成的损耗，疲劳造成的损坏和变形，原材料的附着物和尘埃等造成的污染等使设备原有性能逐渐降低的现象。　　　（原思聪）

裂筒式混凝土搅拌机　cracking drum concrete mixer

两个绕水平轴旋转的半球形筒体合起来进行搅拌、分开来进行卸料的自落式混凝土搅拌机。其中一个半球筒体由十字架装设在回转轴的尾端，另一个则滑套在水平轴上。筒内装有形状独特的搅拌叶片，使拌和料形成交叉的物料流。能搅拌含大颗粒粗骨料的拌和料，搅拌时间短，出料快且干净，特别适用于水坝工地。

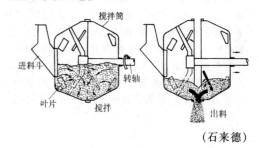

　　　　　　　　　　　　　　　　（石来德）

lin

淋灰机　lime watering treater

对生石灰进行粉碎、淋水水解以制备石灰膏的灰浆制备机械。有盘式淋灰机、鼓筒式淋灰机及粉碎淋灰机等类型。　　　　　　　（董锡翰）

淋灰筒　lime watering drum

淋灰机中淋制石灰膏的筒状容器。
　　　　　　　　　　　　　　　　（董锡翰）

淋水管

装在淋灰机加料口周边内侧，带有很多小孔的喷水管。用以冲淋石灰并防止灰粉飞扬。
　　　　　　　　　　　　　　　　（董锡翰）

磷化　phosphating

金属在含有游离磷酸和易溶的碱、酸液中，利用表面附近的溶液酸碱度的变化获得难溶磷酸盐膜的转化膜表面处理技术。一般在接近溶液沸点的温度下进行。多用于钢铁制品高级涂装层的预处理，还可与防锈油脂结合应用，延长有效保护期。
　　　　　　　　　　　　　　　　（方鹤龄）

ling

灵敏度　sensitivity

测试装置输出量的增量 Δy 与输入量的增量 Δx 之比。即 $K = \Delta y/\Delta x$。是测量装置静特性的基本参数之一。具有理想的线性装置，其灵敏度为常数，非线性装置的灵敏度为装置特性曲线的斜率。　　　（朱发美）

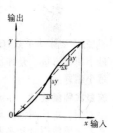

零件 parts

组成机械的最基本单元。例如一根轴、一个齿轮、一个键等。在加工过程中,也属于一个独立物件。   (田维铎)

零件图 detail(machine parts)drawing

直接指导制造和检验机械零件的图样。可以用剖视以及其他规定的画法画出,并应准确、完整、清晰地表达零件的各部形状、构造,标注全部有关尺寸。注明或标注零件在制造、检验、装配、调整过程中应达到的技术要求,如表面粗糙度、尺寸偏差、形状和位置偏差、热处理等。零件图右下角设标题栏,内中填写零件的名称、材料、数量及比例等。   (田维铎)

liu

流程 technical process

按照生产要求,从原材料到半成品或成品进行各种有秩序的装、卸、运送及各式加工的过程。
                                                        (田维铎)

流量控制阀 delivery control valve

在液压系统中靠调节阀芯开口大小控制流量的阀。常用的有节流阀、调速阀、分流阀和集流阀等。
                                                        (梁光荣)

流量脉动 flow pulsation

液压泵瞬时流量随时间而产生有规律增减变化的现象。同时引起压力脉动,直接影响液压系统工作的平稳性。用流量脉动系数和流量脉动频率来评价。   (刘绍华)

流量脉动频率 flow pulsation frequency

单位时间内流量脉动的次数。外啮合齿轮泵的流量脉动频率为:

$$f_Q = Z\frac{\omega_B}{2\pi}$$

f_Q 为流量脉动频率;Z 为齿轮的齿数;ω_B 为齿轮旋转角速度(rad/s)。   (刘绍华)

流量脉动系数 flow pulsation coefficient

反映流量脉动幅度的系数。用最大瞬时流量和最小瞬时流量的差值与最大瞬时流量的比值表示。即:

$$\sigma_Q = \frac{Q_{\mu max} - Q_{\mu min}}{Q_{\mu max}}$$

σ_Q 为流量脉动系数;$Q_{\mu max}$ 为最大瞬时流量;$Q_{\mu min}$ 为最小瞬时流量。是评价流量脉动的指标之一。此值越小越好。   (刘绍华)

流量式称量装置 flow batcher

用流量计对液体进行计量的一种容积式称量装置。一般使用自动水表。   (应芝红)

long

龙门架 Ⅱ-type hoist

用缆风绳固定、由钢丝绳提升吊笼的双柱升降机。常用于中国北方建筑工地上垂直运送砖、灰浆、混凝土以及预制楼板等货物。起重量为1~2t,起升高度一般在30m以下。
                (顾迪民)

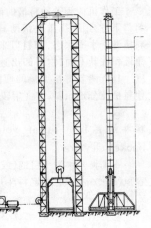

龙门刨床 planer

具有门式框架和卧式长床身的刨床。加工时工件固定在工作台上通过门式框架作直线往复运动,空行程速度大于工作行程速度。刨刀可装在横梁上的垂直刀架或立柱上的侧刀架中,作垂直或水平的间歇进给运动。主要用于刨削大型工件,也可在工作台上装夹多个中小型零件同时加工。有的还附有铣头和磨头,变型为龙门刨铣床和龙门刨铣磨床,工作台既可作快速的主运动,也可作慢速的进给运动,主要用于重型工件在一次安装中进行刨削、铣削和磨削平面等加工。

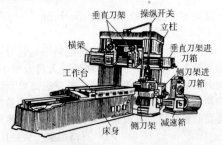

垂直刀架　操纵开关　立柱　横梁　垂直刀架进刀箱　工作台　侧刀架进刀箱　床身　侧刀架　减速箱

                                        (方鹤龄)

龙门抓斗 gantry grab

龙门起重机上利用颚片合开运送骨料的骨料运输设备。龙门起重机的两个水平往复运动的综合,使骨料在任意水平方向移动;抓斗完成抓取、提升及卸载。用于混凝土搅拌站(楼)。   (王子琦)

lu

路拌式稳定土搅拌机 mixing-in-place soil stabilizer

在道路上就地拌和土壤和胶结料使土壤稳定,

以修筑土路面或高级路面路基的稳定土搅拌机。分自行式和拖式两种。主要工作装置是翻松、粉碎土壤的转筒松土器和掺加稳定剂的喷洒器。机械一次驶过，即完成拌和作业，然后用其他机械加以压实、平整。　　　　　　　　　　　　　（章成器）

路拱调节器　crown controller

沥青混凝土摊铺机上用以强制改变熨平板中央拱度的调节机构。安置在熨平板的中央，由长螺杆和两边的螺母座组成，还附有卧置的量尺。在大型摊铺机上，前、后均安装有路拱调节器。
　　　　　　　　　　　　　　　　　（章成器）

路肩犁　shoulder plough

置于道碴整形机配碴犁后面两侧，配合配碴犁推移道碴的工作装置。　　（高国安　唐经世）

路面机械　pavement construction machinery

修筑公路、城市道路或机场跑道等的路面所用各类施工机械的统称。其分类是：土路面机械，主要是稳定土搅拌机、粉料撒布机；碎石路面机械，主要是骨料摊铺机；沥青混凝土路面机械，如沥青储存、熔化和加热设备、沥青喷洒机、沥青混凝土搅拌设备与摊铺机等；水泥混凝土路面机械，如水泥混凝土摊铺机与整形机，水泥混凝土搅拌运输车等，相应的养路工程机械亦属此类。道路工程中，按照路面施工的流水作业程序和规模，合理选择并组织专用路面机械配套施工，能提高路面质量，加快工程进度，节约劳动力。　　　　　　　　　（章成器）

路面切缝机　expansion joints cutter

将铺筑完成的水泥混凝土路面，按一定间距切出纵横缝槽，以适应混凝土涨缩需要的混凝土路面整平机。有振动切缝刀，振动切缝盘和金刚砂轮切缝机等多种。　　　　　　　　（章成器）

路面整型装置　screed unit for pavement

单程式稳定土搅拌机上将已搅拌好的稳定土按路型要求进行整型的工作装置。　　（倪寿璋）

辘轳　Chinese windlass

利用轮轴原理，用摇把直接驱动卷筒卷绕绳索，提供牵引力的原始形态卷扬机。出现于公元前1115年至1079年之间，用于井上汲水，现仍可见。

　　　　　　　　　　　　　　　　　（孟晓平）

履带　track,tread cater-piller

围绕在车体两侧车轮上的钢质链轨。每条履带总成由履带板、履带节、履带销和销套等组成，功用是将机械的重量传给地面，并保证履带式机械能发出足够的牵引力。履带经常在泥水、凹凸不平地面及土壤中工作，条件恶劣，因此除要求履带有良好的附着性外，还要求有足够的强度、刚度和耐磨性，重量要尽可能轻。

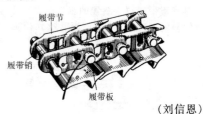

履带节　履带销　履带板
　　　　　　　　　　　　　　　　　（刘信恩）

履带板　track lug

履带上与地面接触的零件。承受整机重量，工作条件恶劣，受力情况不良，易磨损。需用强度高、耐磨的钢材轧制而成。断面形状对工程机械的牵引附着性能和其他一些使用性能有很大影响，如挖掘机采用三筋式的，装载机采用二筋式的，推土机采用单筋式的，推土机在湿地或沼泽地作业时采用三角形履带板。　　　　　　　　　　（刘信恩）

履带车辆压力中心　center of pressure distribution for crawler

沿履带支承长度变化的车辆接地比压分布图之几何中心。其位置影响车辆运行阻力、通过性能和作业稳定性。是履带车辆的重要评价指标。
　　　　　　　　　　　　　　　　　（黄锡朋）

履带接地长度　crawler base

沿履带纵向中心线量取自驱动轮中心线至导向轮中心线间的距离。　　　　　（田维铎）

履带接地面积　ground contact area of crawler

履带的宽度与履带接地长度的乘积。
　　　　　　　　　　　　　　　　　（田维铎）

履带抢险起重机　crawler rescue crane

安装在履带运行底盘上的抢险起重机。具有良好的越野性能和牵引性能，宽履带可在沼泽地运行；可吊重运行，行驶速度低；公路长途运输需用平板拖车。　　　　　　　　　　　　（谢耀庭）

履带式采矿钻车　crawler mining drill jumbo

见采矿钻车(17页)。

履带式多斗挖掘机　crawler multi-bucket excavator

行走装置为履带的多斗挖掘机。其履带行走装置可用对称的或不对称的；可为双履带或 3 个、5 个、6 个履带（见图）。纵向挖掘的链式多斗挖掘机，其行走装置所受载荷大致对称，多用双履带行走装置；矿用横向挖掘多斗挖掘机等大型机常根据机重来决定其采用的履带数目和支承面积，在斗架的一边需置较多履带。　　（刘希平）

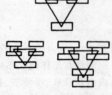

履带式掘进钻车　crawler tunnelling drill jumbo

具有履带式行走装置的掘进钻车。主要用于水平及倾斜的各种断面隧洞、巷道和其他地下工程掘进作业。

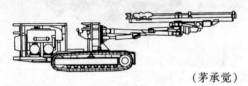

（茅承觉）

履带式铺管机　crawler pipelayer

起吊装置安装在履带式底盘上的铺管机。装有固定式配重的铺管机只需沿管线移动，而不需要回转进行吊装作业；装有移动式配重的铺管机可根据作业时的最大稳定力矩移动配重的位置，铺管作业完成后，可将配重收起。还有带液压支腿的铺管机，支腿在沟的一侧伸出，用于增大铺管和铺管时的稳定力矩。　　（陈国兰）

履带式起重机　crawler crane

起重作业部分装在履带底盘上的自行式起重机。中小型的常是单斗挖掘机的变型。由上车、回转支承和履带底盘组成。适于在松软、泥泞和不平的场地条件下工作。具有履带的接地面积大、对地面比压小、牵引系数高和爬坡能力强等优点。但行驶速度低，机动性差，自重大和制造成本高。起重臂多为桁架结构，起重量可达 300t 以上。

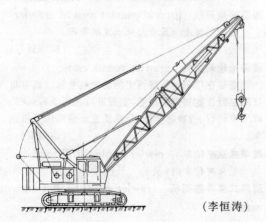

（李恒涛）

履带式驱动桥　track driving axle

在履带式工程机械上，变速箱和驱动链轮之间所有传动机构及其壳体的统称。由主传动器、转向离合器、最终传动和驱动桥壳等零部件组成。将变速箱传来的动力经主传动器锥齿轮减低转速，增大扭矩，并将旋转轴线改变为横向之后，经转向离合器将动力传至驱动链轮带动机械行驶。

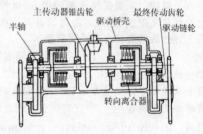

（陈宜通）

履带式推土机　crawler bulldozer, track-type bulldozer

俗称链轨式推土机。具有履带行走装置的推土机。根据施工现场的土质条件可用不同的履带板。具有附着力大、爬坡能力强、通过性好、行走装置耐磨等特点。但机动性较差，行走装置结构复杂，维修困难。目前世界上功率最大的已达 735kW。

（宋德朝）

履带式桩架　crawler tread pile frame

装有履带行走机构的桩架。由履带式起重机或履带式挖掘机动臂上配以桩架立柱组成。根据桩架立柱支承结构的不同，可分为悬挂式履带桩架和三点式履带桩架。　　（邵乃平）

履带式装载机　crawler loader

采用履带行走装置的单斗装载机。具有接地比压低，在松软土质上附着性能好，单位插入力比同吨位轮胎式装载机大，重心低，稳定性好等优点，适宜在潮湿、松

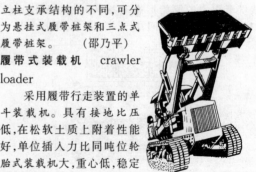

软地面,工作量集中,不需要经常转移工地和地形复杂地区作业。目前世界上最大的斗容量为 4.5m³。

（黄锡朋）

履带塔式起重机 crawler-mounted tower crane

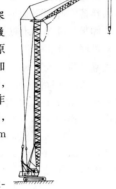

以履带底盘为行走底架的自行式塔式起重机。由履带式起重机改装而成,以原起重机主臂架为塔身,再加上长副臂。转移比较灵活,适合于施工场地条件差、作业目标分散的大面积工地,起重能力通常在 1200kN·m以下。

（孟晓平）

履带挖掘机 crawler excavator

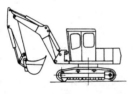

具有履带行走装置的挖掘机械。其接地支承面积大,接地比压小,能在较软土质的施工场地上运行,保证机械作业时的稳定性和转场移位时的通过性。为一般单斗和多斗挖掘机的基本型式。大型斗轮挖掘机有采用多履带行走装置的。

（曹善华）

履带行走装置 crawler unit

主要由履带、驱动链轮、支重轮、引导轮和履带张紧装置等组成的车辆行走部分。功用是支持整机,并把发动机传到驱动链轮上的驱动扭矩和旋转运动转变为履带式工程机械工作及行走所需的驱动力和前后运动。

（陈宜通）

履带运行阻力系数 coefficient of travelling resistance of crawler

履带式车辆行驶时,抵抗车辆运行阻力与车辆质量的比值。理论上与车辆质量 G、履带宽度 b、接地比压 p 和土壤抗陷系数 p_0 有关,即:

$$w = \frac{bp^2}{Gp_0}$$

式中 w 为运行阻力系数。实践中常用测定法来确定运行阻力系数。

（曹善华）

绿化喷雾车 running type sprayer for tree

又称喷药车。将药箱、药泵和雾化元件等装在车辆上可进行行走喷雾作业的园林植保机械。按药液喷雾方式的不同,有液力喷雾车和风送液力喷雾车两种。

（张　华）

绿篱修剪机 hedge trimmer

以汽油机或电动机驱动刀片修剪绿篱的园林绿化机械。按工作特点分为旋刀式和往复式两种。

（胡　漪）

滤水机 filtrator

利用透水的圆筒或板,使悬浮液中的水分析出的脱水设备。有压力滤水式和无压滤水式两种。滤水容器为带有细孔的金属或塑料筒或板。用以增加湿法生料粉磨系统中的料浆稠度。

（曹善华）

滤油器 filter

过滤液压系统的油,使其具有必要清洁度的液压辅助元件。由滤芯(或滤网)和壳体(或骨架)组成。按过滤精度分为粗滤油器、普通滤油器、精滤油器及超精滤油器。按滤芯结构分为网式、线隙式、纸质式、磁性式及烧结式滤油器。

（梁光荣）

lun

轮边传动装置 final transmission of wheel drive

工程机械轮式行走装置中,装于车轮边缘,直接驱动轮子旋转的传动环节。有齿轮式、行星式、链式等种。齿轮式包括驱动小齿轮和装在轮缘上的齿圈(或装在轮轴上的大齿轮),构成开式传动,结构简单;行星式的太阳轮装于轮轴上,若干个行星轮带动太阳轮旋转,体积小,传动性能好;链式通过链条拖动驱动轮旋转,效率低,易磨损。

（曹善华）

轮斗式挖沟机 wheel bucket trencher

见挖沟机(282 页)。

轮斗式挖掘机 wheel bucket excavator

利用装在转轮上的多个铲斗连续挖掘、运送和卸料的多斗挖掘机。有环轮式和斗轮式两种。工作装置由铲斗、固定铲斗的转轮、轮架(或臂架)、带式输送机等组成。作业时,铲斗随转轮转动挖掘土壤(或物料),当铲斗随转轮转到一定高度时,物料靠自重落至受料输送带上运出。基本技术参数为铲斗宽度及容量(一般为 200～4000L)、挖掘深(高)度、生产率(一般为 372～10080m³/h)、功率和机重等。用于挖沟、水利工程、码头装卸和矿山剥离等作业。

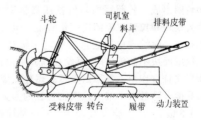

（刘希平）

轮距 wheel base(wheel track)

工程机械行走轮胎左右两个对称车轮与地面接触中心线之间的水平距离。如对称两侧各用两组轮胎时,则轮距为每侧两组轮胎的中心垂直平面之间的距离。如前后轮距不同时,则应分别标注为"前轮距"及"后轮距"。 (田维铎)

轮廓算术平均偏差 arithmetical mean deviation of the profile

在取样长度内,被测轮廓上各点至轮廓中线距离绝对值的算术平均值 R_a。标注时 R_a 符号省略,如 $\overset{1.6}{\triangledown}$ 表示 R_a 值为 $1.6\mu m$。为表征表面粗糙度的主要参数。 (段福来)

轮廓最大高度 maximum height of the profile

在表面粗糙度取样长度内,轮廓峰顶线(通过轮廓最高点并平行于轮廓中线的线)和谷底线(通过轮廓最低点并平行于轮廓中线的线)之间的距离 R_y。标注时,如 $\overset{R6.3}{\triangledown}$ 表示 R_y 值为 $6.3\mu m$。 (段福来)

轮碾机 wheel roller

利用碾轮在碾盘上滚动,将置于碾盘上的物料碾碎的破碎机械。由动力装置、传动系统、碾盘、转轴、碾轮和安全装置等组成。碾轮通常有两个,由转轴带动而滚转,或依靠碾盘转动时的摩擦力带动碾轮滚转。安全装置就是碾轮的弹性支架,当碾盘上有大块特别坚硬的物件时,碾轮可以抬起,免于损坏机件。根据构造,有轮转式和盘转式两种;根据碾磨工艺,有干磨、半干磨和湿磨等,物料含水量在 $10\% \sim 11\%$ 以下者为干磨,含水量达 $15\% \sim 18\%$ 以上呈浆状者为湿磨,介乎中间状态者为半干磨。广泛用于建筑材料加工厂,用来细碎建筑材料、矿渣和粘土等。碾磨细致,成品均匀,质量好。

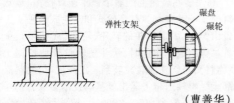

弹性支架　碾盘　碾轮

(曹善华)

轮碾机碾轮 roll of wheel roller

轮碾机上用以碾压、破碎物料的滚轮。由铸铁轮毂和轮圈组成。轮圈用白口铸铁或高锰钢铸造,并用金属楔块和拉紧螺栓固定在轮毂上。也可用石料整体制作。轮转式碾轮通过曲柄与主轴相连,当遇到大块或硬块不能破碎时,碾轮自动升高位置,越过硬物后在自重作用下复原。盘转式碾轮安装在可沿机架导槽升降的水平轴上。碾轮直径约为宽度的 $3.25\sim3.5$ 倍。 (陆厚根)

轮碾机碾盘 disc of wheel roller

盛装被破碎物料并使之承受碾轮碾压的盘形破碎部件。轮转式的碾盘固定不动,盘面镶以带椭圆形算孔的衬板,用以控制产品粒度。盘转式的碾盘安装在主轴上,并被其带动回转,盘底支承在四个托轮上。碾盘外周装有铸铁托架,其上安放筛板。物料在碾盘内碾碎后被固定刮板刮移到筛板上,过筛的物料落在筛板下面的环形受料槽中,被槽中的刮板从卸料口卸出。未过筛物料被刮板刮移到碾轮下重新破碎。 (陆厚根)

轮式播种机 cell wheel precision seeder

以铝制网格轮作为传送种子工作部件的精确播种机。由料斗、工作轮、反转轮、发射盘、切缝刀等组成。工作轮在料斗下方转动,反转轮迫使料斗出口处的种子落入工作轮上沿圆周方向均布的等直径小孔内。发射盘位于工作轮底部,当工作轮旋转,将种子带入工作轮底部时,发射盘使种子离开工作轮落入被安装在工作轮前方的切缝刀切出的土缝中。 (陈国兰)

轮式驱动桥 wheel driving axle

在轮式工程机械上,变速箱或传动轴之后,驱动轮之前的所有传动机构的统称。由主传动器、差速器、半轴、最终

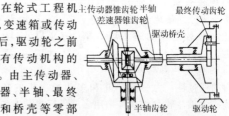

主传动器锥齿轮　半轴　最终传动齿轮
差速器锥齿轮
驱动桥壳
半轴齿轮　驱动轮

传动和桥壳等零部件组成。将变速箱传来的动力经主传动器减低转速,增大扭矩,并将旋转轴线改变为横向方向后,传至差速器,然后经差速器中行星齿轮、半轴齿轮、半轴,将动力传至最终传动齿轮,再一次减低转速、增大扭矩后,将动力传至驱动轮,使机械行驶。 (陈宜通)

轮胎 tyre,tire

轮式工程机械的行走装置以橡胶或人造橡胶制成,支承整机重量直接附着地面并产生牵引力的弹性部件。轮式工程机械上大都

采用有内胎的充气轮胎,可缓和与吸收由地面产生的冲击和振动,还有实心轮胎、无内胎充气轮胎。按使用条件不同,充气轮胎还有高压、低压、超低压轮胎及标准轮胎和宽基、超宽基轮胎。 (刘信恩)

轮胎衬带 linning band

衬在轮胎内胎与外胎之间的一个带状橡胶环。其作用是使内胎不与轮辋及外胎的硬胎圈直接接触。以防内胎被擦伤或卡到胎圈与轮辋之间被夹

伤。　　　　　　　　　　　　　　（陈宜通）

轮胎动力半径　tire power radius

弹性车轮在土壤上的运动看作半径为 r_k 刚性车轮在变形后的路面（也看作刚性的）上运动，r_k 称为轮胎的动力半径。r_k 可用下式近似计算：

$$r_k = r_0 - \Delta b$$

r_0 为轮胎的自由半径；b 为断面宽度；Δ 为修正系数，由不同土壤条件和轮胎气压确定。

（刘信恩）

轮胎多头振实机　wheel type multi-tamper vibratory compactor

在专用轮胎底盘上通过减振装置成排地装上若干个振动头的振动夯土机。由柴油机、总离合器、传动系统、振动头、液压操纵系统、机架和悬挂减振装置等组成，还装有用以振实边坡和台阶的振动装置。行走装置由发动机直接驱动，振动头则由柴油机驱动发电机发电，通过电源带动激振电动机产生激振力进行工作。机动性好，适用于对非粘性土壤的振夯。常用于筑路、筑坝、基坑等施工。　　（曹善华）

轮胎花纹　tire tread

轮胎与地表接触部分具有一定形状的纹面。用以提高轮胎在地面上的附着力。随使用情况不同，有用于转向轮的纵向花纹，耐切割和耐磨性好的岩石型横向花纹，牵引型的人字形和八字形花纹，还有混合花纹及块状花纹等。

纵向花纹　　　岩石型花纹

牵引型花纹　　混合花纹　　块状花纹

（刘信恩）

轮胎接地面积　ground contact area of tyre

轮胎花纹与坚硬、平整地面相接触面积的总和。随地面性质、载荷大小、轮胎内气压等的情况不同而变化。使用这个名词时，应注明具体条件。

（田维铎）

轮胎内胎　inner tube, tire tube

装在轮胎外胎内的一个环形软胶管。其管壁上装有气门嘴，空气由气门嘴压入，使内胎具有一定的弹性。保持规定的气压，使轮胎能够承受机械的静、动载荷。　　　　　　　　　　　（刘信恩）

轮胎起重机　wheel crane

起重机各机构和整车行驶的操纵集中在上车的司机室，起重作业部分装在专用轮胎底盘上的轮胎式起重机。由底盘、回转支承和上车组成。用于工业与民用建筑、军事及交通等部门完成装卸和安装工作。与汽车起重机相比具有车身较短，转弯半径小、只有一个设在转台上的司机室、可全周作业并能吊重行驶、全轮转向全轮驱动、越野性能好、不使用支腿时也能起吊重量较小的重物行驶等特点。但行驶速度较汽车式起重机低，重心高，机动性受到限制。按行驶特性不同分为低速、高速、越野和全路面轮胎起重机。

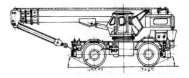

（李恒涛）

轮胎驱动振动压路机　vibratory roller with pneumatic tyre driven

由一个振动碾轮和两个驱动轮胎组成的振动压路机。兼有振动压实和轮胎碾压双重作用。压实质量好，作业后地面平整，一般无需再加工。

（曹善华）

轮胎式采矿钻车　rubber-tyred mining drill wagon(jumbo)

见采矿钻车（17页）。

轮胎式掘进钻车　rubber-tyred tunnelling drill jumbo(wagon)

具有轮胎式行走装置的掘进钻车。主要用于水平或缓慢倾斜的各种断面隧洞、巷道和其他地下工程掘进的凿岩作业。

（茅承觉）

轮胎式沥青混凝土摊铺机　rubber-tyred asphalt paver

以轮胎行走的自行式沥青混凝土摊铺机。机动性比履带式好，新型四轮驱动全液压沥青混凝土摊铺机的牵引力也能达到或超过履带式，保证了坡道路面的正常施工和稳定摊铺。由受料斗、输送带、

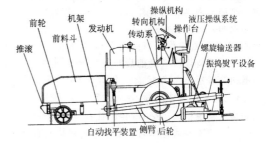

前轮　机架　操纵机构　转向机构　液压操纵系统
推滚　前料斗　发动机　传动系　操作台　螺旋输送器
　　　　　　　　　　　　　　振捣熨平设备
自动找平装置　侧臂　后轮

螺旋布料器、熨平板及料斗伸缩液压缸、铺层厚度调节液压缸、熨平板伸缩与升降液压缸构成。工作时,装在车体前面的受料斗,接受从自卸汽车上卸下的沥青混凝土料,输送带随即将料送往车体后部的熨平器前,再由螺旋布料器向两边撒布至摊铺宽度范围内。然后,边行进边振捣熨平板进行捣实、熨平完成摊铺作业。　　　　　　　　(章成器)

轮胎式起重机　crane on tyres

装在带有充气轮胎底盘上的自行式起重机。按底盘的构造分为汽车起重机和轮胎起重机两种。
　　　　　　　　(顾迪民)

轮胎式推土机　wheel bulldozer

具有轮式行走装置的推土机。为改善通过性能和牵引性能,可采用宽基或超宽基轮胎,乃至全轮驱动。与履带式推土机相比,具有行驶速度快、行驶阻力小、机动性能好等优点,但附着能力差。适用于重度较小的土砂推堆作业。世界上最大功率已达1075kW。　　　　　　　　(宋德朝)

轮胎式桩架　tire-mounted pile frame

装在专用轮胎底盘上的桩架。　　(邵乃平)

轮胎式装载机　wheel loader

采用轮胎式行走装置的单斗装载机。具有行走速度快,机动性好,作业循环时间短,作业效率高等优点,适宜在地面条件较好地区作业。由于宽基低压工程用轮胎技术的发展,有效地提高了轮胎使用寿命和地面附着能力。目前世界上最大的铲斗容量达19m³,功率为1000kW;最小的铲斗容量为0.1m³,功率为10kW。　　　　　　　　(黄锡朋)

轮胎式装载机横向稳定性　traverse stability of wheel loader

轮胎式装载机在运行或作业过程中抵抗横向倾侧和倾翻的能力。有一级稳定性和二级稳定性之分。正常情况下,机械以两个车轮接地点与可摆动车桥的铰销所组成的三角形为支承面,当机械因地面坡度、不平度、离心力等产生的横向力与自身重力的合力作用线通过支承三角形的一侧边时,达到横向一级稳定临界状态。合力作用线超出侧边时,即出现横向一级失稳,外侧一车轮离地,车身绕该侧边倾侧,不能正常工作。当横向力与自身重力的合力作用线通过装载机一侧前后车轮接地点连线时,达到横向二级稳定临界状态。合力作用线超出该连线,整机绕该连接线倾翻,导致翻车。　　(黄锡朋)

轮胎塔式起重机　tyre-mounted tower crane

采用轮胎式底盘作为非工作行走机构的自行式

塔式起重机。一般来说,工作时要使用起重机支腿以保持起重机抗倾覆稳定性,其动力取自轮胎式底盘的发动机。　　　　　　　　(李以申)

轮胎挖掘机　wheel excavator

具有轮胎行走装置的挖掘机械。多为单斗工作装置。机动性大,行驶速度快,适于在公路和城市道路上运行。挖掘作业时必须打2~4个支腿,以保证作业稳定性,减轻车轴载荷,避免损坏轮胎。是小型和一部分中型挖掘机采用的型式。轮胎式液压挖掘机斗容量一般在1m³以内。

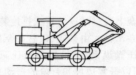

　　　　　　　　(曹善华)

轮胎外胎　casing

保护内胎,与地面直接接触、具有一定强度的弹性外壳。内为织布帘层,外包橡胶或人造橡胶。主要由胎面、胎体和胎圈组成。胎面与地面接触,要求具有一定的耐磨性,并具有一定形状的花纹,以提高轮胎在地面上的附着力。胎体用以保持外胎的形状和尺寸,承受车轮受压时胎内的张力,并吸收胎面的冲击。胎圈用以使外胎牢固地安排在轮辋上。
　　　　　　　　(陈宜通)

轮胎压路机　pneumatic tyred roller

采用充气轮胎作为碾轮的压路机。一般装前轮3~5个,后轮4~6个,改变充气压力可改变接地比压。采用液压、液力机械或机械传动,后轴驱动或全轴驱动,铰接式车架,以及宽基轮胎。其压实过程有揉搓作用,使所压料层的颗粒结构不破坏而相互嵌填,均匀密实,能以较少的碾压次数,达到较大的压实效果,机动性好,行速快。适于道路路基和碎石、砾石,以及沥青混凝土路面的压实。

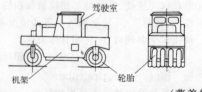

驾驶室　机架　轮胎

　　　　　　　　(曹善华)

轮胎压路碾　pneumatic tyred towed roller

以充气压力可调的橡胶轮胎为碾轮的拖式压路机。实际上是一辆装有一排轮胎的拖车,作业时,拖车车厢内装以石块、砂或铁块等作为压重,由拖拉机牵引。具有质量大(可达70t),碾压后的料层表面平整,碾压均匀等优点,用于筑路和机场工程中。
　　　　　　　　(曹善华)

轮胎自由半径　tire free radius

　　充气轮胎不受任何载荷时的半径 r_0。数值可由轮胎标准中查出。　　　　　　　　（刘信恩）

轮系　gear train assembly

　　齿轮轮系的简称。由一系列齿轮相互啮合而组成的齿轮传动系统。有定轴轮系和周转轮系两种。
　　　　　　　　　　　　　　　　　（樊超然）

轮窑　annular kiln

　　窑道呈环形可轮流焙烧制品的砖瓦焙烧设备。窑侧设数个窑门，相邻两窑门之间的窑道为一个窑室。每个窑室有排烟口，在两条平行窑道之间或边部设总烟道。窑顶设火眼投煤孔。环形窑道内坯垛固定，火焰不断前移，当烧成带之前达到一定温度后，整个烧成带即可前移一个火眼，烧好的制品被冷却而卸出，因而可连续操作。结构简单，投资省、产量大，但劳动强度高，作业条件差。　　（丁玉兰）

轮转式轮碾机　rotary wheel roller

　　碾轮滚转，碾盘固定的轮碾机。工作时，碾轮既绕自身水平转轴自转，又绕机械垂直中心轴公转，利用盘与轮之间相对运动所产生的剪力将嵌在空隙中的物料碾碎。两个碾轮安装在离垂直中心轴不同距离处，借以增大滚碾面积，为了平衡离心力，在较近的碾轮上填上压重。一般用于湿磨或半干磨。连续碾磨，生产率高，成品质量好。广泛用于制砖厂、建筑材料厂中碾磨粘土、矿渣等物料。　　（曹善华）

轮转式压瓦机　rotary tile press

　　可作间歇回转的多工位压瓦机。由上、下瓦模、辊筒、传动机构、升降机构等组成。上瓦模由升降机构带动做上下往复运动，以进行压制；固定下瓦模的多边形辊筒可作间歇回转，形成多工位，可分别完成加料、压制、取坯等工序。可同时压制 1～4 块瓦坯。　　　　　　　　　　　　　　　　　（丁玉兰）

luo

罗宾斯式掘进机　Rohbins tunnelling machine

　　由原美国罗宾斯（Robbins）公司制造的全断面岩石掘进机。1952 年开始生产了世界上第一台能实用的支撑式（开敞式）隧洞掘进机，还生产双护盾掘进机，研制三护盾掘进机。支撑式掘进机具有下列特点：①采用单刃盘形滚刀；②刀盘分为平面、锥面、微凸球面和球面四种，根据开挖的岩层情况及岩石节理走向选用；③采用一对水平支撑机构，结构简单，但因离机头较远，稳定性差，有侧滚现象；④刀盘回转驱动电动机、减速器均安装在刀盘支承壳体后部，因此刀头偏重，整机重心前移，遇软岩、破碎带，机头易下沉，方向易打偏；设置了前支撑后，受力情

况有了一定改善。1993 年罗宾斯公司已归属于瑞典阿脱拉斯·柯普科（Atlas Copco）公司，1995 年改名为阿脱拉斯·柯普科·罗宾斯公司（Atlas Copco Robbins inc.），1998 年始停止了生产掘进机，部分技术人员转入美国博太克（Boretec）公司，随即博太克公司更名为罗宾斯公司，继续生产罗宾斯品牌掘进机。

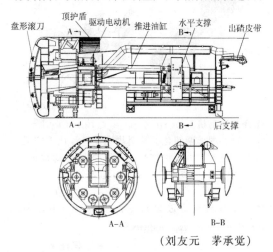

A-A　　　　　　　　　B-B

　　　　　　　　　　　　　　　（刘友元　茅承觉）

螺钉　screw

　　具有螺纹且无螺帽的钉杆。结构与螺栓大体相同，但头部形状多样，以适应不同的装配空间、拧紧程度和联接外观等需要。　　　　　（范俊祥）

螺杆顶升机构　screw driven climbing machanism

　　主要由电动机、减速器、螺旋传动副和插销等组成的自升塔式起重机顶升机构。电动机、减速器和螺母支承在塔身顶部，丝杠两端则支承在塔身外套架上，由螺母和丝杠组成的螺旋传动副可使回转运动变为直线运动，因此当螺母被带动旋转后，引起丝杠上下移动，带动塔身外套架直线运动，完成顶升工作。螺旋传动副使整个传动平稳，但效率低。　　（李以申）

螺杆动臂变幅机构　derricking mechanism with screw device

　　以螺杆装置带动起重臂仰俯摆动，实现起重机变幅的动臂变幅机构。电动机的动力经开式齿轮传给螺杆并使之转动，与起重臂铰接的螺母在螺杆的驱动下，绕其根部销轴摆动。仅用于非工作性变幅机构。具有自重轻、外形尺寸小、传动平稳、效率低等特点。　　　　　　　　　　　　（李恒涛）

螺杆镦粗头夹具

　　利用锚板上的凹槽将带有镦粗头的钢筋卡住，并通过螺杆进行张拉和锚固的后张自锚法夹具。适用于锚夹 4～8 根直径为 12mm 的冷拉 Ⅱ、Ⅲ、Ⅳ 级钢筋。使用方便，锚固可靠，但要求每根钢筋长度相等，方能使预应力筋受力均匀。要做到这一点比较

困难。因此,一般仅在构件一端采用,另一端则采用其他形式夹具配合使用,以发挥其优点,克服其缺点。配套使用的张拉设备为拉杆式千斤顶或穿心式千斤顶。

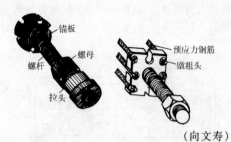

（向文寿）

螺杆式注射机 worm-type injection mold

物料的熔融塑化及注射均在螺杆作用下完成的注射成型机。由塑化部件、料斗、螺杆传动装置、注射液压缸、注射座及其移动液压缸等组成。

（丁玉兰）

螺杆塑化柱塞式注射机 piston-type injection mold with worm plasticize

物料的塑化和注射分别由螺杆和柱塞完成的塑料注射成型机。主要由螺杆、柱塞、单向阀等组成。在螺杆作用下塑化后的物料通过止回阀进入第二个料筒,熔料在柱塞的作用下被注射到模具型腔中去。

（丁玉兰）

螺杆销片夹具

利用销片和锚板孔的锥面产生的楔紧作用将钢筋束夹牢,并通过螺杆进行张拉和锚固的后张自锚法夹具。由销片、锚板、螺杆和螺母组成。销片为两个半圆片,中部开有半圆形凹槽,槽壁有倒齿。锚板有四孔、六孔、八孔和十孔几种。适用于锚夹直径为12mm 的冷拉Ⅱ、Ⅲ、Ⅳ级钢筋以及 8mm 的Ⅴ级钢筋。配套使用的张拉设备为拉杆式千斤顶或穿心式千斤顶。

（向文寿）

螺杆锥形夹具

利用锚环和锚锥的锥面产生的楔紧作用将钢筋束夹牢,并通过螺杆进行张拉和锚固的后张自锚法夹具。适用于夹持直径为12～14mm 的冷拉Ⅱ、Ⅲ、Ⅳ级钢筋。锚固可靠,对预应力筋制作要求不严,如钢筋束的钢筋长度不一时,可在安装夹具时调整。是目前常用的夹具之一。但加工较复杂,安装预应力筋时较困难。配套使用的张拉设备为拉杆式千斤顶或穿心式千斤顶。

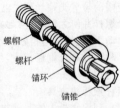

螺距 pitch

螺纹相邻两个牙形上对应点间的轴向距离。

（范俊祥）

螺栓 bolt

带有螺帽并有螺纹的圆柱形钉杆。结构型式很多,头部多为六角形。在受冲击、振动或变载荷的条件下,为增大柔性,其光杆部分制成细段或中空。用于连接两个或更多零件的机械紧固件。联接易于装拆,较其他机械紧固件用得广。

（范俊祥）

螺丝端杆锚具 threaded end anchorage

焊在钢筋端部的螺丝杆,张拉后靠拧紧螺母将钢筋锚固的后张法锚具。也可以作为先张法夹具使用。适用于锚固直径 18～36mm 的冷拉Ⅱ、Ⅲ级钢筋。配套使用的张拉设备为拉杆式千斤顶或穿心式千斤顶。

（向文寿）

螺纹 screw thread

在圆柱或圆锥母体表面上依螺旋线形制出的具有特定截面的凸出部分。螺纹按其截面形状（牙形）分为三角形螺纹、矩形螺纹、梯形螺纹和锯齿形螺纹等。其中三角形螺纹主要用于联接,矩形螺纹、梯形螺纹和锯齿形螺纹主要用于传动。螺纹分布在母体外表面的叫外螺纹,在母体内表面的叫内螺纹。在圆柱母体上形成的螺纹叫圆柱螺纹,在圆锥母体上形成的螺纹叫圆锥螺纹。按螺旋线方向分为左旋螺纹和右旋螺纹两种,一般用右旋螺纹。还可分为单线的和多线的,联接用的多为单线;用于传动时要求进升快或效率高,常采用双线或多线,但一般不超过四线。

（范俊祥）

螺纹连接 screw joint

用螺纹件（或被连接件的螺纹部分）将被连接件连成一体的可拆卸连接。常用的螺纹连接件有螺栓、螺柱、螺钉和紧定螺钉等,多为标准件。采用螺栓连接时,无需在被连接件上切制螺纹,亦不受被连接件材料的限制,构造简单,装拆方便,但一般情况下需要从被连接件的两边进行装配。根据传力方式的不同,可分为受拉连接和受剪连接。螺钉连接多用于受结构限制而不能用螺栓的场合。螺钉连接不能用螺母,且有光整的外露表面,但不宜用于经常装拆的场合,以免损坏被连接件的螺纹孔。用紧定螺钉连接时,紧定螺钉旋入被连接件之一的螺纹孔中,其末端顶住另一被连接零件,以固定两个零件的相对位置,并可传递不大的力或力矩。 （范俊祥）

螺旋传动 screw drive

利用螺杆和螺母偶件的相对运动来传递动力和

运动的机械传动。主要用于将旋转运动转换成直线运动,将转矩转换成推力。按工作特点,分为传力螺旋、传导螺旋和调整螺旋;按摩擦性质,可分为滑动螺旋传动和滚动螺旋传动。滑动螺旋传动又可分为普通滑动螺旋传动和静压螺旋传动。　　(范俊祥)

螺旋副式钻臂回转机构　spiral rotation mechanism

　　由液压缸带动螺旋套的钻臂回转机构。
　　　　　　　　　　　　　　　　　(茅承觉)

螺旋供料器　screw feeder

　　利用螺旋叶片推动物料的供料器。结构与螺旋输送机相似。输送槽大多为管状。有单管和双管;等螺距和不等螺距;等直径和不等直径;单头和双头等多种型式。改变转速可调节供料量。给料精确度高,并可密封送料。适用于粘性和磨琢性较小的粉粒状物料。　　　　　　　　　　(叶元华)

螺旋管输送机　helical tube conveyor

　　又称螺旋输送管。利用旋转管筒内壁所焊的螺旋叶片推动管内物料移动的螺旋输送机。旋转管筒外有多道支承圈,支承在滚子上。转速低,可水平或向下微倾输送物料。管内没有转动件,物料不会卡住和阻塞。螺旋管的外径一般较大。　(谢明军)

螺旋挤泥机　screw extruder

　　俗称挤泥机。利用螺旋绞刀将泥料和掺料的混合料连续挤压成为紧密而具有规定断面形状泥条的烧土制品成型机械。混合料进入料斗,经打泥板或压泥辊的作用使其进入泥缸,在旋转着的螺旋绞刀作用下不断拌和推送前进,经机头和机口压实后挤出连续的泥条。有普通螺旋挤泥机、真空螺旋挤泥机两种。用于粘土砖和粘土瓦坯体的塑性或半硬塑成型。　　　　　　　　　　　　(丁玉兰)

螺旋角　helical angle

　　在螺纹中径上的螺旋线与垂直于螺杆轴心线的平面所成的角。　　　　　　　　(范俊祥)

螺旋片式滚筒刷　helically lined roller brush

　　刷毛栽排成片,刷毛片安装在刷蕊上成圆周均布,并与刷芯轴线成螺旋线状排列的扫路机滚筒刷。当刷子旋转时,每片刷毛片一端的刷毛先与地面接触,随后刷毛与地面的接触点依次向另一端推移,垃圾沿着扫路机的前进速度和刷毛的圆周速度的合成方向抛出。由于刷毛连续地与地面接触,而且每一刷毛片与地面接触范围较小,因而使刷子传动件承受的载荷较均匀,消耗功率较小。　　(张世芬)

螺旋千斤顶　screw jack

　　用螺杆或用螺旋装置推动的升降套筒作为刚性顶升件的千斤顶。最简单的形式是用顶升螺杆直接顶升重物,通常用可拆卸手柄转动顶升螺杆升降。

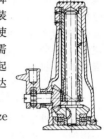

另一形式是由螺母套带动升降套筒顶升重物。摇动带有棘爪装置的手柄,经圆锥齿轮传动,使套筒升降;若使重物下降,则需转换棘爪装置的锁死方向。起重量达 50t,起升高度达400mm。　　　　　　　(孟晓平)

螺旋式灰浆泵　screw squeeze pump

　　利用螺旋转子在定子中的偏心转动,使充满其间的灰浆在螺旋推引和环动惯性力的作用下,沿管道连续排送的灰浆输送泵。　　　　(董锡翰)

螺旋式混凝土喷射机　screw concrete spraying machine

　　混凝土拌和料由螺旋给料机构推送的混凝土喷射机。靠由螺旋叶片尾部输入压缩空气在前端产生的负压和前端输入的压缩空气助吹将混凝土拌和料喷出。适用于干式和湿式喷射。　　(龙国键)

螺旋式开沟铺管机　pipelayer with spiral ditch-excavating device

　　开沟器为带齿螺旋滚筒的开沟铺管机。滚筒装于支架上,利用液压缸可以将支架放到停机面以下。作业时,机械开行,滚筒旋转,齿刀切削土壤。机械转场时,将支架顶起置于运输位置。适于在坚实度较差的湿软地带铺放排水管。　　(曹善华)

螺旋式扩孔机　auger reamer

　　见钻扩机(366页)。　　　　　　(赵伟民)

螺旋式喷头　screw sprayer head

　　利用锥形管内的螺旋叶片,使灰浆旋转增速,形成旋转射流的非气动喷头。　　　　　(周贤彪)

螺旋式升降支架　screw lifting support

　　装修升降平台中,以数节螺旋丝杠支承并顶升或降落工作平台的升降支架。　　　　(张立强)

螺旋式水泥混凝土摊铺机　screw concrete spreader

　　以螺旋叶片横向布料的轨模式混凝土摊铺机。在机架前装置着两只横向对称布置的螺旋分料器,

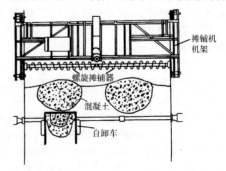

当自卸汽车将混凝土混合料堆卸在摊铺机前面时,分别运转的两螺旋分料器将混凝土料由中央向两侧分料,随着摊铺机前行,形成混凝土料的均匀铺筑层。　　　　　　　　　　　　(章成器)

螺旋式压桩机　auger-type pile pressing machine

在螺旋钻具上加设压桩装置,使螺旋钻具切刮土壤时,将桩压入土壤中的静力压拔桩机。工作时,一边钻孔,一边对桩施加压力,快速将桩压入土中。当桩达到施工要求深度后,螺旋钻具反转提升,将桩侧土壤压实。　　　　　　　　　　(赵伟民)

螺旋式张紧装置　screw tensioning device

①用螺旋调整柔性件支承座或导向轮位置的张紧装置。螺旋调整的范围较小,且需人工经常进行调节。结构紧凑。

②依靠螺杆螺母的相对运动使承载索固定端产生位移而张紧的装置。由终端的套筒垫套、连接板和两根螺杆组成,螺母固定在连接板上,螺杆一端支承在底座轴承上。当用扳手同时转动两螺杆时,连接板则沿螺杆轴方向移动,连接板带动承载索固定端一起移动并张紧。对于有两根承载索的起重机,则需设平衡装置连接承载索固定端,保证两索张力相同。
　　　　　　　　　　(田维铎　谢耀庭)

螺旋输送机　screw conveyor

利用旋转的螺旋叶片在槽中推动散料前进的连续输送机械。在输送过程中可同时对物料进行搅拌、混合、加热和冷却等工艺操作。适于输送各种粉状、粒状和小块状物料。用于水泥厂、水泥仓等处运送水泥和粉粒料。有螺旋管输送机、垂直螺旋输送机、成件物品螺旋输送机、挠性螺旋输送机等。机壳一般为固定的 U 形槽,螺旋由轴和在轴上沿螺旋线布置的叶片组成。输送干燥的、粘性小的粉粒状料用实体叶片螺旋;输送粘性较大或块状物料用带式叶片螺旋;输送易结块的物料用浆式叶片螺旋。输送距离一般在 70m 以内,输送倾角小于 20°,生产率最大可达 500m³/h,并可在多处装、卸料,密封性好。但磨损和能耗较大。　　　(谢明军)

螺旋摊铺器　distributing screw conveyer

利用螺旋叶片连续、均匀摊铺混凝土的沥青混凝土摊铺机工作装置。左右两台横贯于摊铺路段,成对布置,分别驱动。用于对摊铺路段均匀分料。转轴上绕着连续的螺旋叶片,位于摊铺机料斗卸料端,当转轴转动时,螺旋叶片即将输送带送来的混凝土料由路段中线向两边均匀布料。在摊铺机上可以升降,并能在 3°倾角范围内变动,以确保摊铺层厚度和路面断面形状。　　　　　　　(章成器)

螺旋弹簧　helical spring

用弹簧钢丝绕制成的螺旋形弹簧。类型较多,按外形可分为普通圆柱螺旋弹簧和变径螺旋弹簧;按螺旋线的方向可分为左旋弹簧和右旋弹簧。变径螺旋弹簧有圆锥螺旋弹簧、蜗卷螺旋弹簧和中凹形螺旋弹簧等。弹簧钢丝的截面有圆形和矩形等,以圆形截面最为常用。　　　　　　　(范俊祥)

螺旋弹簧悬架　spiral spring suspension

车架和车桥之间采用螺旋弹簧连接的弹性悬架。主要用于独立悬架,特别是前轮独立悬架中。无减振作用,必须另加减震器,此外,只能承受垂直载荷,必须装设导向机构传递垂直力以外的各方向力和力矩。　　　　　　　　　　(刘信恩)

螺旋弹簧自由高度　free height of helical spring

螺旋弹簧不受外力时的总高度。　　(范俊祥)

螺旋洗砂机　spiral sand washer

利用螺旋叶片在斜槽中推移污砂,再利用压力水冲洗砂粒的洗砂机。斜槽呈盆形,倾斜 18°～20°,进料口低,卸料口高,螺旋叶片装于转轴上,转轴旋转时将砂由低向高推移,压力水从转轴上方孔口喷出,污水积于槽底,从排水孔排出。　　(曹善华)

螺旋线　helical line

状似螺蛳壳纹理的曲线。在机械中常指用一直径为 d 的圆柱体,把一锐角为 φ 的直角三角

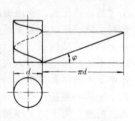

形绕到圆柱体上,绕时使直角三角形的相应底边与圆柱体的底面相重和,则斜边就在圆柱体表面上形成一条盘旋上升的曲线,称此曲线为螺旋线。也可以在圆锥体上形成螺旋线。　　　　　　　　　　(范俊祥)

螺旋卸车机　screw car unloader

以螺旋叶片为取料装置的铁路车辆用散料卸载机械。由螺旋取料装置、升降机构和机架组成。取料装置为两个叶片旋向相反的螺旋,螺旋叶片转动时,将物料从车辆的两侧门推出。螺旋可升降以适应物料层的高度。作业能力可达 1000t/h。要求配用侧开门铁路敞车,卸料地段应有高路基或坑道堆场。　　　　　　　　　　(叶元华)

螺旋形钢筋成型机　steel bar coil-former

将钢筋弯曲成螺旋形的钢筋弯曲机具。钢丝引入设备后,即能自动成型、切断,还可按要求改变螺旋圆圈的直径、螺距和长度,自动化程度较高。也可在钢筋弯曲机的工作圆盘上插入与螺旋直径相同的心轴或圆柱作为螺旋形钢筋成型机使用。

这时，应先按螺旋形钢筋展开的直线长度将钢筋切断，然后象弯曲作业那样把钢筋放到机器上，成型机圆盘不停地朝一个方向旋转，即能绕成螺旋形钢筋。

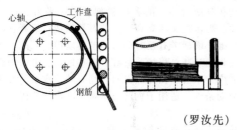

（罗汝先）

螺旋钻孔机　earth borer, sprial drill

由动力驱动具有螺旋叶片钻杆和钻头旋转，在施工现场为基础桩钻孔的成孔机械。主要由钻具、导向装置、出土装置和桩架等组成。原理与麻花钻相似。亦为单斗液压挖掘机可换工作装置。长螺旋钻杆大于10m；短螺旋钻杆长度为3～5m，最大钻孔直径为600mm，最大钻土深度为12m。适用于岩石和冻土的钻孔，如桥、涵、闸门工程的灌注桩和爆破扩桩等工程。根据结构不同可分为：长螺旋钻孔机、短螺旋钻孔机和多轴式螺旋钻孔机。

（王琦石　刘希平）

洛氏硬度　Rockwell hardness

以压头压入被测材料的压痕深度表示材料硬度的方法。1919年由美国冶金学家洛克韦尔（S. P. Rockwell）提出。试验（图）所用的压头有硬质和软质两种，硬质压头为锥角120°的金刚石圆锥，软质压头为直径1.588mm的钢球。硬度值用 HR 表示。

$$HR = \frac{K - (h_1 - h_2)}{0.002}$$

1 用金刚石作压头时 $K = 0.2$mm；用钢球作压头时 $K = 0.26$mm。为了用一种硬度计测定从软到硬的材料硬度，采用不同的压头和总载荷，组成不同的标度，常用的有 HRA、HRB 和 HRC 三种。

（方鹤龄）

落锤　drop hammer

落锤打桩机的锤体被提升至一定高度后，靠自重下落的冲击作用进行沉桩的桩锤。有卷扬驱动式、液压缸钢绳驱动式。

（赵伟民）

落锤打桩机　drop hammer pile driver

由落锤和桩架组成的打桩机。是一种古老的打桩机械。结构简单，使用方便，但贯入能力低，生产效率低，对桩的损伤较大。

（赵伟民）

落锤夯　drop weight tamper

见落锤夯土机。

落锤夯土机　drop weight tamper

又称落锤夯。夯锤以自由落体方式冲击地面，使地面产生永久变形而密实的机械夯。由主机和夯锤组成，主机多为运行式起重机，每停放一处，可夯实一个120°扇形面积的地面，适用于大孔隙土地基的夯实，质量一般为1500～4000kg，冲击力大，夯深可达3m，夯实效果好，但生产效率低。

（曹善华）

落下物防护装置　FOPS, falling object protective structure

防止从上方落下的石块等物体砸伤驾驶员，而安装在驾驶室上部的金属框架。为高强度钢管构成的护顶框架结构。根据国际标准化组织 ISO/3449 的规定，该装置必须做重物落下试验，即将具有一定质量、没有锋利刃角的物体从一定高度自由落下，护顶结构不发生过大变形或断裂来判定合格与否。

（宋德朝）

M

ma

麻刀拌和机　hemp mixer

用于施工现场将麻刀等纤维与石灰膏拌和使之均匀混合的灰浆制备机械。

（董锡翰）

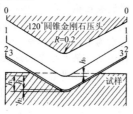

马雅尼制瓦机　Maynani board machine

由马雅尼发明的生产石棉水泥瓦的石棉水泥制品成型机械。由键带、往复运动的辊子、真空盒、毛布与加压辊等组成。将浓度为25%～40%的石棉水泥料浆直接送入键式成型机的毛布上，通过在毛布上作往复运动的辊子，将料浆摊平，同时通过链带下的真空抽吸装置使料浆脱水密实，最后压制成整块的石棉水泥波瓦。可用较多量在制品中呈三维乱向排列的短纤维，所制成的波瓦的弧顶与弧腰增多，有利于增大承载能力，并提高搭接的密封性。

（石来德）

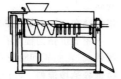

码坯机 setting machine

在窑车或干燥车上将砖坯按预定形式码成坯垛的砖瓦焙烧辅助机械。由分坯台、码坯夹具、传动装置和操作台等组成。切好的砖坯在分坯台上按码坯要求排列，由码坯夹具夹起，横向送到分坯台旁的窑车或干燥车上。传动方式有液压、气动和机械三种。

（丁玉兰）

mai

埋带式输送机 hid belt conveyor

由带有长方形孔眼的胶带、轧制钢带或金属丝带回绕于驱动滚筒和张紧滚筒之间首尾相连而构成的一种连续输送机械。是埋刮板输送机的特种型式，结构比较简单且价格低廉。物料从一端装入封闭槽内，从另一端或中间处通过带上的孔眼或从侧壁卸料。只适宜于生产率小于 20t/h 及输送长度在 30m 以内的情况，且多用于沿水平（或倾角小于 12°）方向输送干燥、易于流动的粉末状或小颗粒状物料。

（谢明军）

埋刮板输送机 en-masse conveyor

利用完全埋入物料之中的，由牵引链及固接在其上的刮板组成的刮板链条，在封闭的料槽内输送物料的连续输送机械。可水平、倾斜和竖直输送。水平输送时，刮板链条对物料层的切割力大于槽壁对物料的阻力，物料可随刮板链条一起运动。竖直输送时，利用物料在轮廓形刮板链条的空隙间的起拱原理和刮板的上推力，使物料能紧随刮板链条一起向上输送。设备简单，质量轻，体积小，输送线路布置灵活，能构成复合线路，可多点加料和多点卸料，能输送飞扬性、有毒、高温、易燃易爆的散料。但不宜输送粘性和磨琢性大的物料。生产率可达100m³/h左右，输送距离可达150m。

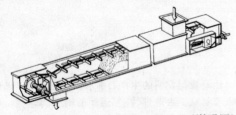

（谢明军）

埋弧堆焊 submerged arc build-up welding

用焊剂将电弧掩盖起来所进行的堆焊。可以采用较大的电流密度且无金属飞溅，还防止了大气对电弧和溶池的影响，并防止了热量的迅速散失。熔敷率高，焊缝质量好，热效率高，电弧稳定，堆焊层表面平整，劳动生产率高，特别适合于修复磨损量大、外形比较简单的零件，如支重轮、链轨节及各种轴类零件。

（原思聪）

埋弧压力焊机 submerged arc welding machine

电弧在焊剂层下燃烧将两焊件相邻部位熔化，然后加压顶锻使两焊件焊合的钢筋焊接机械。有手动和自动两种。前者由机架、工作平台、焊接电源、焊接机头和高频引弧装置等组成；后者在前者基础上增加带有延时调节器的自动控制系统。比弧焊机工效高，焊接质量好，成本低，且电弧埋在焊剂内，不会因弧光外露而灼伤眼睛、皮肤，改善了劳动条件。适用于钢筋与钢板丁字形接头焊接。

（向文寿）

脉冲栓流式气力输送装置 impulsive plug flow type pneumatic conveyor

见栓流式气力输送装置(253页)。

man

满量程输出 full-span output

在规定条件下，仪器测量范围的上限和下限输出值之间的代数差。

（朱发美）

满载 full load

机器、机件、电力系统、液压系统等所能承担的额定载荷。

（田维铎）

慢速卷扬机 low-speed winch

钢丝绳额定速度约在 10m/min 左右的卷扬机。通常为单卷筒卷扬机，电机驱动，圆柱齿轮传动或蜗杆传动。新产品多为球面蜗杆及行星齿轮传动，由电气系统操纵卷扬机正、反转及制动。主要用于安装工程，可完成几百吨及上千吨的大件吊装。

（孟晓平）

mao

毛面岩石 rock block with rough and multiple pass disc cutting surface

光面岩石表面经盘形滚刀多次滚压并清理岩碴后得到的岩石试样。用以模仿现场掘进中盘形滚刀连续滚压岩石掌子面的情况。

（刘友元）

锚杆桩车 anchor pile driver

在具有不稳定因素的地基上打设锚杆桩的桩工机械。常用于防止滑坡的挡土墙，或地下建筑物等的施工中。

（赵伟民）

锚杆钻车 jumbolter

主要供钻凿锚杆孔及安装锚杆的凿岩钻车。有履带式、轮胎式和轨轮式三类。

（茅承觉）

锚缆碇泊挖泥船 cable anchor dredger

利用铁锚和钢缆使船只作业定位和工作移动的

挖泥船。碇泊装置由绞盘、铁链、铁锚、钢缆和动力装置组成,其作用与普通船只的碇泊相同。是深水中挖泥常用的碇泊方式。 （曹善华）

锚盘 anchor plat

排水带式地基处理机械中,安装在合成树脂带的端部,用以保证合成树脂带在土层中定位的部件。 （赵伟民）

铆钉夹头 clamping head for rivet

拉铆枪中用来夹持抽芯铝铆钉拉杆以进行拉铆工作的圆筒状多爪弹性夹具。 （王广勋）

铆钉枪 rivet gun

用于锤打铆钉的手持式风动工具。在压缩空气驱动下,枪体内的活塞以高频、高速冲击铆钉模,使铆钉杆端形成钉头。

（田维铎）

铆接 rivet joint

又称铆钉连接。将铆钉穿过拟连接钣件上的孔洞并将铆钉伸出端打出成钉头而连接两块或多块钣件的不可拆卸连接。铆接时噪声大、工艺复杂、生产率低,现在除特殊工艺要求的情况外,已多被焊接所代替。有冷铆及热铆之分。

（田维铎）

mei

梅花抓斗 orange-peel clamshell

又称多颚抓斗。颚片上端铰装于中心支架下部,借液压缸或钢丝绳开合形似梅花的抓斗。分单缸与多缸两种,前者由一个中心液压缸通过连杆推动多个颚片开合;后者每颚片有一个液压缸控制,液压缸围绕中心架周缘布置,同步伸缩。钢丝绳滑轮组梅花抓斗通

过连杆机构开合。作业时吊悬在挖掘机动臂上掘地工作,用于抓取不规则形状的巨石或大块物件。

（曹善华）

煤岩掘进机 coal rock tunnel boring machine

又称悬臂式掘进机。俗称小炮头掘进机。用于地下采煤工程的部分断面岩石掘进机。不同形式的截割头安装在悬臂式工作机构上,悬臂又可沿工作面的水平或垂直方向作左右或上下摆动。按悬臂伸缩方式分为固定式、内伸缩式、外伸缩式;按截割头分为钻削式、铣盘式、滚筒式、综合式;按截割头布置方式分为横轴式、纵轴式;按装载机构分为铲斗式、耙爪式、环形刮板式、圆盘式、螺旋式;行走机构有履带式、轮胎式、迈步式;其输送机构有刮板链式、胶带式两种。 （茅承觉）

men

门架高度 height of gantry

门式起重机轨道顶面到门架主梁下缘之间的垂直距离。是主要几何参数之一,用来满足在垂直方向起吊物品到一定高度的要求。

（于文斌）

门架跨度 gantry span

在垂直于门式起重机轨道方向上,门架支承腿中心线之间的水平距离。为门架的主要几何参数之一,用于门架的设计。 （于文斌）

门架式底架 gantry chassis

塔式起重机的底部结构外形呈空间门状的塔式起重机底架。其下方有较大的空间可供利用,设计计算时其力学模型为空间刚架结构。

（李以申）

门架式液压挖掘机 portal hydraulic excavator

以门架为支座和行走装置的单斗液压挖掘机。转台装在门架上部中间,可以全回转,门架的腿架下有钢轮,由动力驱动可以在轨道上运移。用于料

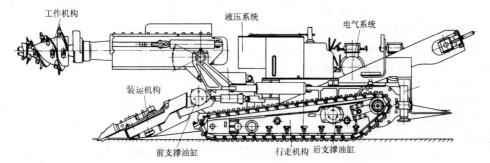

工作机构　　　　液压系统　　　　电气系统

装运机构

前支撑油缸　　　行走机构　后支撑油缸

煤岩掘进机

场、仓库，尤其是铁路货场装卸散粒物料。

（曹善华）

门式斗轮堆取料机 gantry bucket wheel stoker-reclaimer

具有一个门架和可升降桥架，能实现堆料和取料作业的斗轮堆取料机。门架横梁上有一条固定的和一条可移动、并能双向运行的堆料带式输送机。门架一侧的料场带式输送机线路上设有随门架运行的尾车。无格式斗轮通过圆形滚道、支承轮、挡轮套装在可沿升降桥架运行的小车上，桥架内装有取料带式输送机。堆料时物料经料场带式输送机、尾车转至堆料带式输送机上，然后抛至料场。门架的移动以及堆料带式输送机的双向运动，使料堆具有整齐的形式。由横向运行的小车及其旋转的斗轮连续取料，斗内物料卸在装于桥架的取料带式输送机上，最后转卸到料场带式输送机运走。通过桥架的升降和门架的运行将料堆取尽。

（叶元华）

门式浮式起重机 gantry floating crane

起重部分为门式起重机的浮式起重机。起重机架由两个门型支架及桥架构成，门型支架被固装在平底船上，其上固装着桥架，载重小车沿桥架运行。也可以装设两根伸到水面上空的悬臂以增大起重机的作业范围。 （于文斌）

门式起重机 gantry crane

又称龙门起重机。上有起重小车运行的桥架通过两侧支承腿支承在地面轨道或地基上的桥式类型起重机。主要由起重小车、行走机构、金属结构、电器设备及安全装置等组成。借助于起重小车、桥架行走机构的运行和起升机构的升降运动完成货物的运输任务。按结构形式分为半门式、无悬臂的、单悬臂的及双悬臂的四种。取物装置可装有吊钩、电磁盘、抓斗或特种抓取器。多用于大型露天货场装卸，水工建筑及工业生产中进行安装工作。主要参数有门架跨度、高度和起重量。 （于文斌）

门式起重机端梁 end beam of gantry crane

门式起重机中联结主梁端部的水平横梁。有箱形结构与桁架结构两种形式，借助于可拆卸结构与支承腿联结，并将载荷传给支承腿。 （于文斌）

门式起重机下横梁 sill of gantry crane

在门架下方联结同侧两支承腿根部的水平结构件。有箱形结构与桁架结构两种形式，将支承腿立柱连接成空间结构。承受轴向载荷。 （于文斌）

门式起重机支承腿 leg of gantry crane

支承门式起重机主梁的立柱。与主梁的联结方式分为刚性连接和柔性连接。按结构形式分为桁架结构和箱形结构。支承腿的下端装有支承装置，主要有均衡梁、销轴及车轮组等。用来支承桥架，将载荷传递到轨道或路面。 （于文斌）

门式起重机主梁 gantry crane girder

俗称主梁。支承在门式起重机两个支承腿之上呈梁状的金属构件。承受起重小车及吊重载荷和水平载荷。为起重小车提供运行轨道。有单主梁与双主梁；桁架结构与箱形结构之分。 （于文斌）

门座起重机 portal slewing crane

起重臂和回转平台装在沿轨道运行的刚性门架上的轨道式起重机。可沿地面轨道运行，门座下能通过铁路车辆或其他地面车辆。由金属结构、起升机构、变幅机构、回转机构、行走机构和电气设备等部分组成。主要用于港口装卸，船厂吊装和水利工程浇灌混凝土作业。港口用门座起重机起重量不大，但工作速度较高；船厂和电站用门座起重机的起重量和外形尺寸都较大，但工作速度较低。

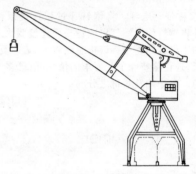

（于文斌）

门座起重机门座架 portal

门座起重机的底架。支承着起重机的回转、起升和变幅机构及臂架系统，沿一定的轨道运行，承受其上部的结构自重和起吊重物的载荷。结构形式有撑杆式、交叉式、桁架式及圆筒形。按支承回转装置形式分为转柱式和大轴承式两种。 （于文斌）

门座起重机人字架 A type frame of portal slewing crane

门座起重机组合臂架的支承构件。本身支承在转盘上，有桁架式和框架式两种。上横梁上有若干支座，支承刚性拉杆、变幅机构、起升绳导向滑轮等；中部有安装变幅机构的平台；根部与转盘连接。为了安装与运输方便，人字架常可拆分为上下两部分（或三部分），用法兰或销轴连接。 （于文斌）

门座起重机转柱 rotating pillar of portal slewing crane

支承门座起重机回转部分并与其一起转动的立柱。转柱插入门座架中，承受起重机回转部分的垂直力、水平力和不平衡力矩。有全转柱（高转柱）和转柱（低转柱）两种。 （于文斌）

mi

迷宫式密封装置   labyrinth sealing device

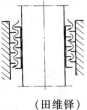

在轴与壳体接合处设置多层曲折间隙的密封装置。这些曲折间隙不影响轴与壳体的相对运动,但半流体要通过这些曲折的间隙时,因多次节流而产生阻力,使流体通过困难,达到防漏、防尘的目的。   （田维铎）

密闭式盾构   closed shield

在切口环和支承环之间,设置一道密封隔板,将开挖面与操作区截然分开的盾构。密封隔板和开挖面土层之间形成一密闭泥土室,掘进时,密封泥土室内充满泥浆或泥土,并造成一定的压力以平衡开挖面土层的土压力,施工人员不能直接和开挖面土层接触,所有操作均在密封隔板后常压下进行。有泥水加压盾构和土压平衡盾构两大类。工作安全可靠,施工效率高。   （刘仁鹏）

密封装置   sealing device

用于防止液体或气体泄漏起密封作用的零件或组件。按密封工作形式的不同可分为间隙密封和接触密封。间隙式密封有迷宫密封、离心离封、螺旋密封、气动密封、水力密封等,接触式密封有毛毡密封、压盖填料密封、成型填料密封、皮碗密封、涨圈密封、机械密封等。影响其工作质量的主要因素是密封结构、密封件的材质、被密封零件的表面质量以及安装使用条件等。

（嵩继昌   田维铎）

密炼机转子   rotor of close-plasticator

塑料密炼机中使物料产生折卷和轴向往返切割作用的机件。有横断面为椭圆形、三角形和圆形三种形式。以椭圆形转子的混炼效果最好,较多采用此种形式。为满足强度、刚度、耐磨和良好传热性要求,大多采用铸钢制造。一般设计成中空结构,以便通蒸汽进行加热。   （丁玉兰）

密实成型转速   revolving speed for consolidation

离心成型机械生产混凝土制品时,在密实成型阶段管模的转速。在这个转速下,管模对混凝土拌和料施加 0.05～0.12MPa 的反压力,将混凝土拌和料压实,同时挤出多余的水分和空气。对于托轮式离心成型机,密实成型转速一般用托轮转速控制较为方便。按中国生产普通混凝土管的离心作业制度,密实成型阶段的托轮转速一般为 350～500r/min。   （向文寿）

mian

面接触钢丝绳   face contact wire rope

又称密封式钢丝绳。绳股内钢丝形状特殊而呈面接触的钢丝绳。可防灰尘,耐腐蚀,抵抗潮湿能力较强;缺点是制造工艺复杂,弯曲困难。多用于缆索起重机及架空索道的承重索,不宜作起重绳。有单层密封式和多层密封式两种。   （陈秀捷）

面轮廓度公差   profile tolerance of any surface

实际轮廓面对其理想轮廓面所允许的变动全量。   （段福来）

mo

模锻   die forging

将加热后的金属坯料放在上、下锻模的模膛内,施加冲击力或压力,使坯料在模膛内产生塑性变形,从而获得与模膛形状相同锻件的锻造方法。大多数金属是在热态下模锻的,所以又称为热模锻。与自由锻相比,能锻出形状更为复杂、尺寸比较准确的锻件,生产效率较高。但模锻需要专用的模具和模锻设备,成本较高。因此,一般适用于大批量生产,锻件质量小于 150kg 的小型锻件,或批量虽不大,但对锻件的形状和性能有较高要求的场合。按所用设备的不同,可分为锤上模锻、压力机上模锻、平锻机上模锻和电热镦等。   （方鹤龄）

模拟记录   analog recording

对随某参数连续变化的物理量所进行的记录。"连续"包括两个意思:一是随时间而连续变化,二是它的数值变化是连续的。按其对记录的处理、显示方式不同,有多种形式。常见的模拟记录装置有自动平衡显示器、笔写示波器、电磁示波器及磁带机等,其存储精度大约以 0.1% 左右为极限。

（原思聪）

模数   module

为了便于齿轮的设计、制造和检验,把周节 P 与无理数 π 的比值 P/π 人为地规定成的简单数值。如 1、2、3 等。以 m 表示,即 $m = P/\pi$。是齿轮尺寸计算中一个重要的基本参数,单位用毫米表示。

（苑 舟）

模压成型机   compression moulding machine

利用压力机对钢模内的混凝土拌和料施加压力使之密实成型的压制成型机械。加压设备为 10 000～50 000kN 的普通压力机。钢模应坚固结实,底模和压模均钻有许多小孔,并铺以滤纸。混凝土拌和料浇灌入模后移到压力机上,用 2.5～2.7MPa 的压力压制,挤出的水分经滤纸从底模和压模的小孔中渗出,水泥浆附着在制品表面形成光滑的面层。经五小时自然养护后,混凝土强度可达 20～24MPa。生产率高,制品质量好,适于生产板类构件,最大平面尺寸达 6m×3m,厚度达 200mm,不需热养护,可大幅度减少钢模数量。 （向文寿）

摩擦传动　friction drive

靠机械零件接触面间摩擦力传递动力和运动的机械传动。包括带传动、绳传动和摩擦轮传动等。易于实现无级变速,多用在轴间距较大的场合,过载打滑还能起到缓冲和保护传动装置的作用,但这种传动一般不能用于大功率的场合,亦不能保证准确的传动比。 （范俊祥）

摩擦角　angle of friction

在极限摩擦状态下,两物体接触处的全反力(即法向反力与最大静摩擦力的合力)与法向反力之间的夹角。摩擦角 φ 与摩擦系数 f 的关系:
$$\text{tg}\varphi = f$$
（曹善华）

摩擦卷筒　friction drum

利用卷筒表面与钢丝绳之间的摩擦力传递牵引力的卷筒。工作原理类似皮带传动,但包角往往大于360°(多圈缠绕),以适应较大的钢丝绳拉力。有圆柱面及凹面两种。常用于钢丝绳工作长度较长的场合。 （孟晓平）

摩擦离合器　friction clntch

利用摩擦力来传递运动和扭矩的离合器。接合时,主、从动摩擦件在一定压力下压紧,主动轴转动时,接合面间产生足够大的摩擦力带动从动轴转动;分离时,压紧力消失,接合面分离,摩擦力随之消失,从动轴不动。这种离合器接合和分离迅速、操纵方便、振动冲击小,超载时其摩擦件发生打滑,有过载保护作用;但从动轴和主动轴不能严格同步,摩擦件的微量打滑将会导致能量损失,并会发热和磨损,所以需经常调整和更换。按其构造和工作条件有圆盘摩擦、圆锥摩擦、带式摩擦、干式摩擦、湿式摩擦等类型。 （幸淑琼）

摩擦轮传动　friction drive

利用两个或两个以上互相压紧的轮子间的摩擦力传递动力和运动的摩擦传动。可分为定传动比传动和变传动比传动两类。传动比基本固定的定传动比摩擦轮传动,又有圆柱面摩擦轮传动、圆柱槽摩擦轮传动和圆锥摩擦轮传动三种类型。前两种类型用于两平行轴之间的传动,后一种用于两交叉轴之间的传动。结构简单、传动平稳、传动比调节方便、过载时尚能产生打滑而避免损坏装置,但传动比不准确,而且通常轴上受力大,所以主要用于传力不大或

需要无级调速的情况。 （范俊祥）

摩擦式压瓦机　friction-gear tile press

利用摩擦轮带动冲头上下运动而压制瓦坯的压瓦机。在螺旋立轴上装有摩擦轮,其上方的横轴上装有两个垂直的摩擦盘。当横轴带动两摩擦盘旋转时,通过手柄操作,使两个旋转的摩擦盘分别与摩擦轮压紧而带动冲头上下运动,便完成瓦坯的压制。 （丁玉兰）

摩擦式压砖机　friction-gear press

通过摩擦轮带动冲头压制砖坯的成型机械。由摩擦轮、摩擦盘、丝杠、滑块、拨叉、横轴、导轨、出砖装置、动力装置等组成。横轴上装有两个等速同向旋转的摩擦盘,由杠杆系统操纵随横轴左右移动,分别与摩擦轮靠紧,使摩擦轮作正转或反转,从而使丝杠在大螺母中转动,同时带动冲头上下进行压制。冲头在上限位置且摩擦轮保持不动时,可进行加料、出坯工序。

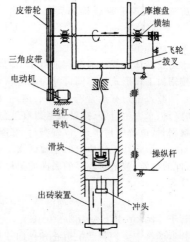

（丁玉兰）

磨床　grinding machine

利用磨具对工件表面进行磨削加工的机床。大多采用高速旋转的砂轮进行磨削,也有使用油石、砂带等其他磨具和游离磨料进行加工的。如珩磨

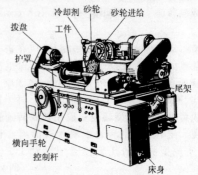

机、超精加工机床、砂带磨床、研磨机和抛光机等。能加工硬度较高的材料,如淬火钢、硬质合金等;能作高精度和表面粗糙度很小的磨削,也能进行高效率的磨削,如强力磨削等。常用的有外圆磨床、内圆磨床、平面磨床、无心磨床、刀具及工具磨床等类型。

（方鹤龄）

磨光机滚筒体 shell of drum

地板磨光机的磨削滚筒中,具有轴向缝隙并设置磨料纸装夹机构的金属圆筒。与传动件联接的驱动轴装在端盖上。 （杜绍安）

磨光机偏心夹具 eccentric fixture

地板磨光机中设于磨削滚筒内的、用以夹紧裹在滚筒表面的磨料纸端部的一对偏心轴夹具机构。

（杜绍安）

磨轨机 rail grinder

用 2~5kW 的高速汽油机作动力源,驱动可换装的砂轮,研磨钢轨轨面上的波形纹痕和轨侧飞边等表面缺陷的机械。另有动力输出轴,可接 3~4m 长的软轴,以带动手持砂轮,便于磨修和扩大工作范围。有人力推行单轨式,重约 20kg;人力推行双轨式,重约 100kg。 （高国安 唐经世）

磨合规范 running-in standard

为完成合理的磨合工艺所制定的指令性文件。旨在通过调整磨合转速、磨合时间等参数,使磨合零件表面具有良好的适应正常工作的能力,使磨合过程的金属总磨损量最小,磨合时间和费用最少。

（原思聪）

磨机通风量 ventilation of mill

干法粉磨机械内通过的风量。提高粉磨效率的措施之一,能及时带出已达细度要求的颗粒,避免过粉磨;排除物料蒸发的水分,防止糊球和箅孔被堵;降低磨内及出磨物料温度;负压操作,避免扬尘。开路系统粉磨高细度水泥或入磨物料含水量大时,效果明显,提高产量 5%~15%。以细磨仓风速乘以磨内有效通风面积表示。开路管磨机风速为 $0.7~1.2m/s$;开路球磨机为 $0.3~0.7m/s$。 （陆厚根）

磨锯机 sawing mill

磨锐锯齿并使齿形正确的木工刀具修磨机械。由机架、砂轮装置、锯条移动装置、动力装置等组成。根据锯齿形状选装砂轮后可磨出合乎要求的齿形。一般有三种齿形的砂轮可供选用。 （丁玉兰）

磨料磨损 abrasive wear

配合副间存在的磨料颗粒,引起摩擦表面微粒切削和擦伤作用所造成的表面磨损。在相对运动中微观凸峰相互撞击引起疲劳,导致微粒脱落。加上外来尘渣及润滑油中杂质混入形成磨料。在径向力作用下,磨料嵌入金属表面,作相对切向运动时,产生剪切、犁皱和刮削作用,造成了零件表面的磨损。磨料磨损的特性和数值,取决于材料的性质、表面粗糙度、运动速度、装配和润滑质量及配件的作用力等因素。 （杨嘉桢）

磨料纸 coated abrasive

用一定粒度的磨料粘敷在纸基或布基上的磨削材料。 （杜绍安）

磨盘 grinding plate

水磨石机中装有磨石、进行旋转磨削作业的工作装置的总称。包括转盘、磨石夹具和磨石等部分。

（杜绍安）

磨盘护罩 splash guard for grinding

水磨石机中保护磨盘并防止研磨泥浆飞溅的安全罩。金属板制成的圆柱形罩,上边缘固定在机架上。 （杜绍安）

磨钎机 bit grinder

磨整体钎钎头的凿岩辅助设备。由立柱支架、气动夹具、气动机及杯形砂轮等组成。工作时先将钎杆放入 V 型块及球形架上,压缩空气经风管接头进入气动夹具,将钎杆锁紧。进入气动机内的压缩空气带动杯形砂轮旋转完成磨削工作。

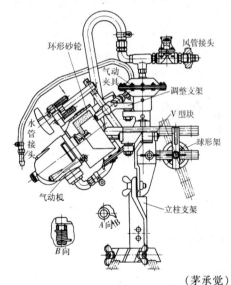

（茅承觉）

磨石 grind stone

由磨料粘结成型的不同形状的专用磨具。

（杜绍安）

磨石夹具 fixture for grind stone

水磨石机中夹持磨石并通过螺栓使之与转盘联接的专用夹紧器。 （杜绍安）

磨碎机衬板 mill liner of mill; lining plate of mill

磨碎机筒体的内衬。保护筒体不受磨损,并以其不同的表面形状调整各仓研磨体的运动状态。分普通型衬板和自动分级型衬板两类；前者分压条型、凸棱型、阶梯型、大波型、小波型、平型衬板等。粉碎仓采用表面不平度大的衬板，用螺栓固定在筒体内壁上。细磨仓采用小波型或平型衬板，绕筒体圆周镶砌，最后一块用锲形断面用螺栓固紧。衬被用高锰钢、耐磨白口铁、冷硬铸铁、中锰稀土球墨铸铁等铸成，并向合金材料如镍硬铸铁、高铬铸钢、铬锰硅合金钢等发展。非金属材料有耐磨橡胶、辉绿岩铸石等。橡胶衬板使用寿命为高锰钢两倍，能耗低10%，研磨体消耗下降20%，噪声小，但不耐高温，不宜用于干式粉磨机。近年，正推广采用圆角方形螺旋自动分级衬板，提高产量10%～14%，降低电耗20%～25%。 （陆厚根）

磨碎机隔仓板 diaphragm plate of mill

用于分隔管磨机筒体，使之分区进行物料粉碎的箅板。分隔研磨体，使其尺寸沿筒体卸料方向递减；筛析物料，防止大颗粒进入弱碎区；控制磨内料流速度亦即粉磨时间，以调节细度。分单层和双层两类。单层式由若干块扇形或弓形箅板组成，用中心圆板连成整体，并通过撑脚螺栓固定在筒体上。双层式又分过渡仓式和提升式。前者用于湿法管磨机，后者用于干法管磨机。箅孔的排列方式有同心圆式和辐射状两种。前者阻力小，物料通过量大，用于双层隔仓板。箅孔形状沿卸料方向为喇叭形。干法磨开孔率不小于7%～9%。用高锰钢或高碳钢制造，为保证表面硬度，不宜退火处理。（陆厚根）

磨碎机筒体 mill shell

粉磨机械上盛装研磨体并使之产生冲击及研磨作用的容器。分圆筒形和圆锥形两种。用结构钢或16Mn钢焊接成，两端与端盖用螺栓连接，并通过端盖空心轴支承在主轴承上。周边传动的磨机，靠卸料端筒体外套装一大齿圈。为保护筒体，内壁镶耐磨衬板。管磨机筒体内还装设隔仓板，各仓分装不同形状衬板，愈近出料端衬板表面愈平滑，与粉磨过程中物料粒度的变化相适应。各仓筒壁开设磨门，供调换研磨体、衬板、隔仓板及取样、检修用。 （陆厚根）

磨碎机械

见粉磨机械(80页)。

磨碎机研磨体 grinding media

装填在磨碎机筒体内的研磨介质。分钢球、钢棒、钢段或铁段等。球径30～100mm，级差10mm；段径16～25mm，长径比1.0～1.3；棒径40～100mm，长度比仓长短25～50mm。粗碎仓用球或棒；细磨仓用段。材质有普通碳素锻钢球、低合金钢段球如45Mn2、60Mn、GCr15、中锰铸球、高铬铸球等。普通碳素锻钢球球耗约800g/t水泥，含铬12～19铸球球耗仅90g/t水泥，虽成本高，但综合经济效益佳。 （陆厚根）

磨损 wear

两配合零件的工作表面在相对运动中，由于摩擦、表面微观轮廓相互作用，以及周围介质的影响，表面材料产生残余变形或发生分离，使尺寸和几何形状逐渐发生变化，材料不断损失的现象。根据造成磨损的条件和特点，可以分为：磨料磨损、粘附磨损、腐蚀磨损和点蚀等几类。零件的磨损随着使用时间的增长，具有一定的规律性，这种规律性称为磨损特性。在正常运行过程中，按照磨损的增长速率，可分为跑合磨损、自然磨损和极限磨损三个阶段。 （杨嘉桢）

磨损测量方法 wear measuring method

进行机械零件磨损过程实况分析研究时，测定磨损量的方法。无论采用试验机试样试验、台架试验或使用试验，均需测定摩擦副表面质量损失。磨损测量方法很多，有用普通手段测量磨损零件尺寸变化的简单方法及利用核-物理过程进行测量的复杂方法。实际应用中有：测微法，油中测铁法，铁谱分析法，人工基准法及表面活化法等。 （杨嘉桢）

磨削滚筒 polishing drum

地板磨光机中表面裹以磨料纸，在高速转动中对木质地板进行磨削光整的圆筒形工作装置。 （杜绍安）

磨削宽度 polishing width

地板磨光机的磨削滚筒向前推进时对地面的磨削宽度。 （杜绍安）

抹刀片 trowel

又称镘刀。呈圆板或刀片状的压抹机件。 （杜绍安）

抹刀片调整角度 adjusting angle of trowel

为适应加工表面的干硬程度，抹光机抹刀片在抹盘上组装时与加工平面倾斜角度的可调整范围。 （杜绍安）

抹光机 trowellig machine

具有旋转压抹机件，对凝固前的水泥地坪或构件表面进行光整加工的地面修整机械。有平板式抹光机和刀片式抹光机两种。以抹光机抹盘分有单盘抹光机和双盘抹光机，按动力源分为电动式抹光机和内燃机抹光机。 （杜绍安）

抹光机抹盘 trowelling plate

安装圆形或刃状刀片并带动其作水平转动以进行压抹光整的转盘。 （杜绍安）

抹盘工作直径 diameter of trowelling plate

抹光机抹盘刀片旋转所覆盖的圆面直径。 （杜绍安）

mu

木材抓斗　timber loading clamshell

又称双颚板抓斗。具有两个无齿颚，开合似夹钳的双颚液压抓斗。可以抓装圆木、方木或其他长件物品，用于伐木场或仓库码头。　　（曹善华）

木工刨床　woodworking planing machine

又称刨机。用以刨削木材或木制件表面的机床。通常将2~4把刨刀安装在位置固定的刀轴上，以人力或动力推送木料通过高速旋转的刨刀进行剥削。分为平刨床、单面刨床、双面刨床、三面刨床、四面刨床、圆盘刨、联合刨床及刮光机等。

　　　　　　　　　　　　　　　（丁玉兰）

木工刨刀　planing knife

又称刨铁。安装于手工刨或刨床刀轴上用以刨削木材的刃具。一般用优质钢制成。常分为标准型刨刀、前斜型刨刀、后斜型刨刀和前后斜型刨刀四种。其刃口成20°~35°的角度，以适合于刨削不同硬度的木料。　　　　　　　　（丁玉兰）

木工车床　woodworking turning machine

又称旋床。能将木材或坯件旋削成圆形断面的木工机械。一般由机座、转轴、刀架、尾架和电动机等组成。用于加工圆柱、圆盘、桌椅腿、柱顶、拉手、把柄等木制件。　　　　　　　　　（丁玉兰）

木工成型铣床　profiler

又称六面刨床。能将木制工件铣成一定型式的木工铣床。由四面刨床再加两个水平刀座组成，可将工件的六个面同时刨光。　　　　（丁玉兰）

木工附属机具　auxiliary tool of woodwork

加工和修理锯、刨、钻、铣、旋等切削刃具的木工机械。包括锯条开齿机、锯条焊接机、锯条辊压机、押料机、锉锯机、刃磨机等。　　　（丁玉兰）

木工机械　woodwork machine

木材加工、木制品制作以及建筑木构件预制、安装过程中所用机械的统称。包括制材机械、细木工机械和木工附属机具等。可分为锯割机械、刨削机械、木工车床、铣削机械、钻孔机械、磨光机械、木工刃具修磨机械以及其他辅助机械。　（丁玉兰）

木工磨光机　sander

利用装有各种型号砂纸的工作部件将木质零件或木制品的表面磨光的木工机械。常见的有盘式、带式、轴式和辊筒式等几种。　　（丁玉兰）

木工刃具修磨机械　shaper and cutter sharpen of wood working machine

木工机械所用各类刃具的矫形、开齿、焊接、磨锐等机械的统称。常用的有锯条开齿机、锯条辊压机、锯条焊接机、刃磨机以及磨锯机等。

　　　　　　　　　　　　　　　（丁玉兰）

木工铣床　woodworking milling machine

以多刀刃具旋切木制工件，使工件达到规定大小、形状和表面等要求的铣削机械。不仅可加工直线和平面，还能加工曲线和复杂的曲面。目前已逐步演变成为各种专用机床，如木工成型铣床、开榫机、裁口机等。

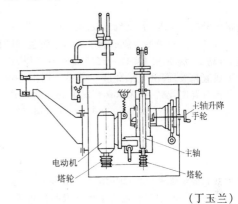

　　　　　　　　　　　　　　　（丁玉兰）

木工铣刀　milling knife

安装于木工铣床上用以铣削木制工件的刃具。通常是一种沿圆周方向具有多齿刃的铣刀，工作时，夹紧在铣床主轴上，随主轴旋转，进行切削工作。有整体式和组合式等类型。

　　　　　　　　　　　　　　　（丁玉兰）

木工钻床　woodworking drilling machine

又称打孔机。利用装有一个或多个刃具刀轴的旋转进行开孔的钻孔机械。由机身、机头、工作台、动力装置等组成。以加工圆孔为主，如安装角凿、铣刀等刀具后，还可加工各种沟槽。分为立式和卧式两类。　　　　　　　　　　（丁玉兰）

木工钻头　bit of woodworking drilling machine

安装于钻削工具或木工钻床上用以进行打孔的刃具。其切削刃均在顶端。有匙形、蜗牛形、锥形、中心形、双螺旋形、蛇形、单螺旋形、拔塞形、埋头孔形等各种形式。　　　　　　　　（丁玉兰）

木螺丝　wood screw

头部开有沟槽，三角形螺纹部分杆件呈前端削尖的圆锥形钉杆。常用金属材料制成，头部形状有圆形、圆碟形（圆形埋头）、锥形（埋头）等。可直接拧到木材中去，使被连接件之间紧固连接。

　　　　　　　　　　　　　　　（范俊祥）

木制料仓　wood-made hopper

用木材制成的贮料仓。自重小，装配容易，但寿命短。只用于临时性装置中。　　　（王子琦）

N

na

钠基润滑脂 sodium soap grease

以钠皂加润滑油合成的润滑脂。呈黄色到暗褐色;耐高温,滴点在 140℃~150℃;不耐水浸,遇水会形成乳化液,润滑效果陡降。适用于周围环境或设备本身温度较高、但无水淋情况下的轴承润滑。

(田维铎)

nai

耐火熟料煅烧设备 calcining equipment of grog

将耐高温的原料煅烧成生产耐火制品熟料的设备。有回转窑和竖窑两种。 (丁玉兰)

耐火制品机械 refractory product machine

以耐高温的天然矿石或其他合成材料为主要原料,生产耐火砖及异型耐火制品的机械。包括成型机械、煅烧设备及辅助设备等。 (丁玉兰)

耐振电机 vibration proof motor

为了保证振动桩锤正常工作,采用焊接结构等抗振措施的特制电机。 (赵伟民)

nao

挠性联轴器 flexiable coupling

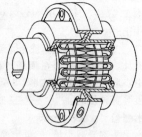

又称弹性联轴器。内部装有弹性元件的联轴器。可以补偿被联接轴间的偏移,具有缓冲减振的能力。常用的弹性材料有橡胶、塑料等和各种弹簧。 (幸淑琼)

挠性螺旋输送机

flexible spiral conveyor

又称可弯曲螺旋输送机。橡胶螺旋安装在挠性轴上运送散料的螺旋输送机。螺旋可根据工作现场和工艺要求进行任意弯曲布置,可做到用一根螺旋进行空间输送物料的目的。结构简单,安装维修方便;可避免物料堵塞;不锈蚀、噪声小;当物料加入过多时,螺旋可上浮,避免输送机承受过大载荷。螺旋长度一般不超过 15m。螺旋弯曲时最小曲率半径为 800mm。 (谢明军)

nei

内部爬升塔式起重机 climbing tower crane

设置在建筑物内部井道式空间(如电梯井道、楼梯间等)内,并支承在楼板上或井道壁孔内,在施工过程中随建筑物的高度增加而借助于爬升机构自行爬升的自升塔式起重机。利用建筑物结构作为塔式起重机的下部塔身,就可以用短矮的塔式起重机建造超高层建筑物,节省了设备费用;但当建筑物完工后需解体拆除,并要对建筑物结构予以加强,以承受施工载荷,这一切将增加施工费用。 (李以申)

内部运行阻力 internal travelling resistance

车辆和自行式工程机械行驶时,由于行走装置机件内部摩擦而产生的阻力。如履带式行走装置的内部运行阻力包括:驱动轮、导向轮、支重轮的滚动阻力,轴颈摩擦阻力和履带销轴与销套的摩擦阻力等。与行走装置的结构尺寸、构造和行走牵引力有关。 (曹善华)

内部振捣器 internal vibrator

又称插入式振捣器。插入混凝土拌和料中进行振捣的振动成型机具。按振动棒激振原理分偏心式和行星式;按动力设备与振动棒之间的传动方式分软轴式和直联式。由于振动棒将振动能量直接传给混凝土拌和料,因此振动密实的效率高,一般只需 10~20s 即可把棒体周围 10 倍于棒径范围内的混凝土拌和料捣实。适用于大体积混凝土、基础、柱、梁、墙、厚度较大的板,以及预制构件的捣实工作。是混凝土振动器中应用最多的一种。

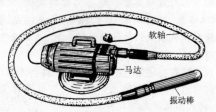

软轴

马达

振动棒

(向文寿)

内部振动器有效作用半径 effective action radius of internal vibrator

内部振动器工作时,激振力能引起混凝土拌和料振动并达到密实的最远点距振动器中心的距离。与振动棒直径、振动参数(振幅、频率、激振力)、混凝土性质(骨料粒径、坍落度等)有关。振捣时间一定时,振动棒直径越大,振动参数越适合混凝土性质,则有效作用半径越大。根据试验确定,粗略估算时,一般定为振动棒半径的 10 倍左右。有效作用半径 R 用来确定振动器工作时的插点间距,以保证不出现"死角",当插点呈方格形排列时,间距不超过 1.5R;当插点呈交错形排列时,间距不超过 1.75R。

(向文寿)

内齿式回转滚盘　swing ring with internal teeth

座圈内侧加工有齿的滚动轴承式回转滚盘。是挖掘机械、工程起重机等上车的回转支承装置。为了减少回转小齿轮齿数,提高其承载能力,改善传动性能,常采用高度变位齿形,除了标准变位齿形以外,也可采用短齿变位齿形。　　　(曹善华)

内夹式导向装置　inside clamping guide device

通过导板内夹于导轨的方式为桩锤导向的桩锤导向装置。　　　　　　　　　(赵伟民)

内摩擦角　angle of internal friction

颗粒物料在极限内位移状态下,颗粒之间接触处的全反力(指法向反力和最大内静摩擦力的合力)与法向反力之间的夹角 φ_0。与内摩擦系数 f_0 有下列关系:

$$\text{tg } \varphi_0 = f_0$$

对于颗粒间无胶结的极松散的物料(如非常干燥的砂粒),天然堆放状态的料堆坡角(自然静止角)接近于内摩擦角。　　　　　　　(曹善华)

内啮合齿轮泵　internal gear pump

由内啮合齿轮组成的齿轮泵。结构紧凑,重量轻,自吸能力强、流量脉动小、噪声低;但加工较困难。　　　　　　　　　　(刘绍华)

内啮合齿轮传动　internal gearing

内表面上分布的齿轮与外表面分布的齿轮相互啮合传递运动和动力的齿轮传动。其相邻两轴的转向相同。　　　　　　　　　(樊超然)

内曲线径向柱塞式低速大转矩液压马达　internal-curve radial type low-speed high-torque piston motor

利用具有特定内曲线的凸轮环使两个柱塞在缸体旋转中发生多次往复运动的径向柱塞液压马达。结构紧凑,体积小;可产生很大转矩并且脉动小;转速均匀,即使在低速下也很均匀。　　(嵩继昌)

内燃夯　internal combustion rammer

见火力夯(125 页)。

内燃机废气净化装置　Diesel waste gas cleaning plant

对内燃机排放出的气体中有害成分进行净化处理的装置。装在内燃机排气管上,在隧道和矿井中用以保护井下工作人员的身体健康和保证掘进工作顺利进展。也泛指城市汽车的废气净化器。　　(刘友元)

内燃机特性　internal combustion engine characteristic

内燃机按给定条件稳定运转时,主要性能参数(功率 N_e、扭矩 M_e、油耗率 g_e 等)与内燃机工作状况的主要参数(转速、负荷等)之间的变化规律。以曲线表示称内燃机特性曲线。其中主要有负荷特性、速度特性、调速特性和万有特性等。特性曲线可用来评定内燃机在不同运转条件下的动力性和经济性,从而分析在某一工况下内燃机运转的可能性和适应性。　　　　　　　　　　(陆耀祖)

内燃式　internal combustion engine drive type

以内燃机为动力装置的机械设备。

(田维铎)

内燃压路机　internal combustion engine roller

采用内燃机为动力装置的压路机。动力由内燃机经主离合器、逆转机构、变速箱、差速器传到轮边传动,然后驱动碾轮转动。当逆转机构接上相应离合器时,就可使变速箱中齿轮作正转或反转,从而使压路机前进或后退。是当前压路机的常见传动形式,但传动机构复杂,机构布置困难,维修保养很不方便。　　　　　　　　　(曹善华)

内燃凿岩机　internal combustion rock drill

以汽油机驱动的凿岩机。由汽油机、压气机、凿岩机组成。汽油机为单缸、二冲程;压气机气缸内上下分别装汽油机活塞和冲击活塞,其间形成一个燃烧室,两个活塞在缸内作同步上下运动;凿岩机的转动可借助冲击活塞刻有螺旋槽的冲击杆来代替螺旋棒,或由曲柄主轴带动外回转转钎机构来实现,机重 23~28kg,用于 f = 10~14 的中硬岩石中钻孔,孔深可达 6m。还可改装成破碎、铲凿、挖掘、劈裂、捣实等各种机具。因工作时污染环境、构造复杂、维修困难、凿岩效率低,所以只适用于缺乏电源和压缩空气及钻孔量不大的场所。

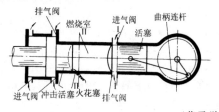

(茅承觉)

内燃振动压路机　vibratory roller with internal combustion engine

以内燃机为动力装置的振动压路机。多采用柴油机驱动,有机械传动和液压传动两种,前者经变速箱、齿轮传动、胶带等带动工作;后者经液压泵通过液压元件带动工作。 (曹善华)

内塔身 inner tower

被套在伸缩塔身里面的塔身结构。在运输时套缩在外塔身内一起转移。 (李以申)

内套筒 inner sleeve

位于冠帽内部,用以控制冲抓斗开启机构的部件。 (孙景武 赵伟民)

内真空制管机 inner suction pipe machine

又称塑法内真空制管机。将浓度为50%~70%的石棉水泥料浆通过管芯真空脱水和滚压方法制成管坯的石棉水泥制品成型机械。由喂料装 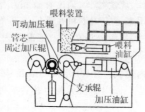 置、传动装置、加压系统、真空脱水系统等组成。石棉水泥半干料由喂料装置加入压辊和管芯之间,管芯内部抽真空,将半干料吸附在管芯上,逐渐卷制成管坯,达到一定厚度时,加压辊升压,强化真空脱水,并使管坯密实。 (石来德)

内钻杆 inner drill rod

伸缩式钻杆的内侧钻杆。上端通过回转接头与钢绳连接,下端和回转斗相连。通过外钻杆和辅助钻杆将动力传递给回转斗。 (孙景武 赵伟民)

neng

能耗 energy comsuption

机械在运转过程中,为克服各种阻力所消耗的能量。单位以千瓦·小时(kW·h)计。常作为评价机械性能优劣的一项重要指标。改进工作装置的构造、运动规律,改善传动系统、减小摩擦阻力,以及变换生产流程等,都可以使能耗降低。 (田维铎)

能耗制动 energy loss braking

将电动机轴上的旋转动能转变为电能消耗在回路电阻上的电制动方法。多用于直流电动机的制动。制动时,将电枢绕组从电源断开而与一制动电阻相联接。当电枢因惯性继续以原来的方向旋转时,电枢绕组切割主磁极磁通而产生的感应电动势和感应电流与运行时的方向相反,使直流电动机处于发电机的状态,这时电磁转矩的方向与转子旋转的方向相反,系一制动转矩。在此制动转矩作用下,电动机很快地停止转动。当转速为零时,感应电动势和电流也降为零,制动转矩自动消失。异步电动机进行能耗制动时,在切断电源的同时,要向定子绕组中通入直流电,以使在电动机内产生一个恒定不动的磁场,如像直流电动机一样,待电动机停转后,再切断直流电源。 (周体优)

ni

泥泵 mud pump

见泥浆泵。

泥驳 mud barge

输送泥浆的非自航货船。船舱宽大,泥浆置于舱内运至卸泥地点,用泥浆泵抽吸卸载。可单只或编队由拖船拖曳,或用顶推船推行。构造简单,使用可靠。凡装有动力装置能够自航者,称机动泥驳。 (曹善华)

泥浆泵 mud pump

又称泥泵。利用离心力压送泥浆的水利排泥设备。为单级泵。由泵体和泵轮组成,泵体前盖中央有吸泥口,与吸泥管相连,泵体边缘有出泥口,与输泥管相连。泵轮为两个圆板,其间有2~3片螺旋叶片。泵轮旋转时,泥浆因离心力被抛向周缘而输出,此时泵轮中央成为局部真空,泥浆沿吸泥管流入。分移动式和固定式两种。能压送含有大量颗粒和土块的泥浆,流量大,但扬程较低。 (曹善华)

泥水分离器 mud water separator

使泥浆中砂、石、土粒沉淀离析的设备。为一容器,流速较大的泥浆进入容器以后,速度消失,颗粒物因重力下降,逐渐沉积,水分从容器上部溢出,颗粒物从容器底部卸出。 (曹善华)

泥水分离吸泥车 mud tank truck

用于清除城市下水道沉砂井内的沉积泥砂和垃圾的管道疏通机械。由储泥罐、真空吸排系统、分离脱水装置、传动装置、液压操纵系统、电控系统等组成,共装于汽车底盘上。吸管放入水下污泥中,通过真空泵使真空系统形成负压,将带水的污泥吸入储泥罐,经分离脱水装置脱水后,污水进入储水罐排回沉砂井。连续作业时,吸嘴潜入水下吸泥,不受水位和流量的限制;进行循环作业,直至沉砂井内沉积物吸清或储泥罐内污泥积满,即停止抽吸。 (陈国兰)

泥水加压盾构 pressurized slurry shield

在密闭的泥土室内充满压力泥浆,使之与开挖面土层压力保持平衡的密闭式盾构。切削刀盘浸没在泥浆中切削开挖面土层,把切削下来的泥土与泥土室内泥浆搅拌混合,并由泥浆泵排往地面泥水处理场,经过泥水分离处理以后,排除泥土,而稀泥浆由泥浆泵打入盾构泥土室重复循环使用,调整泥土室泥浆压力,使其与开挖面土层地下水压力保持平

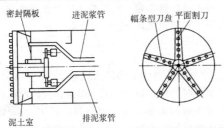

密封隔板　进泥浆管　幅条型刀盘　平面割刀

泥土室　排泥浆管

衡,同时由于泥浆的触变性,可保持开挖面的稳定平衡。适用于滞水砂层等恶劣地层,是一种现代化新颖的盾构技术。　　　　　　　　　　　(刘仁鹏)

泥条切割机　mud-bar cutter

将挤泥机挤出的连续泥条切割成规定长度泥条的烧土制品成型机械。常用的有回转式泥条切割机、锯式泥条切割机等。　　　　　　(丁玉兰)

逆反力夹头　anti-reaction clamp

与反力夹头相配合,夹持并压入或拔出桩的依附式压拔桩机的部件。　　　　　　(赵伟民)

逆流截止阀　non return valve

又称单向阀。安装在接近混凝土泵的输送管上,能防止停泵时垂直管道内的混凝土拌和料由于自重而反向流动的装置。　　　　　(戴永潮)

逆转机构　reversible steering gear

在转向恒定的单发动机驱动的传运系统中,使各机构能独立逆转的机构。常用的几种是:圆锥齿轮逆转器、齿轮传动和链传动交替工作的逆转器、圆柱齿轮逆转器或行星齿轮逆转器以及靠自重作用实现反向运动的逆转器。　　　　　(刘希平)

nian

碾轮　drum

又称压轮。直接对地面或料层进行碾压,并作为整机行走装置的压路机工作轮。有刚性轮和轮胎两种。刚性轮用于一般压路机上,呈横置圆筒状,多以铸铁(或钢)制成,内空,外表面可有羊足、凸块、格栅状突出物,也可以是光面轮。作业时为增加压实效果,可以充填砂、碎石或注水,以增大碾轮重力,为此,其侧面盖板上开有孔口。刚性轮具有质量重、静载大、碾压厚度深、使用耐久等优点。轮胎碾轮为充气式,用于轮胎压路机,常成排布置,兼作压路机的行走轮,为增大静载,可在轮胎上车厢内充装重物,还可调节充气压力。轮胎碾轮能保证土层的均匀压实,被压过的表面平整光洁,一般不需再加工。
　　　　　　　　　　　　　　　(曹善华)

碾轮单位线压力　unit linear pressure of roller

碾轮滚压料层或地面时,作用在料层或地面上的单位轮宽压实力。设碾轮重力(包括轮上载荷)为

G,碾轮宽度为 b,则单位线压力 q 为:

$$q = G/b$$

是衡量碾轮压实能力的一项重要指标。
　　　　　　　　　　　　　　　(曹善华)

碾压宽度　width of rolling

碾轮滚压地面或料层的宽度。等于碾轮宽度。
　　　　　　　　　　　　　　　(曹善华)

nie

捏合机搅拌器　agitator of kneader

塑料捏合机中作旋转运动而带动物料上翻下落的装置。常用的有 S 形和 Z 型两种(图)。通常一对搅拌器的旋转方向相反、转速不等,速比为 1:2。

　　　　　　　　　　　　　　　(丁玉兰)

啮合传动　mesh drive

靠主动件与从动件啮合或借助中间件啮合传递动力或运动的机械传动。包括齿轮传动、链传动、螺旋传动和谐波传动等。用于大功率的场合,传动比准确,但一般要求较高的制造精度和安装精度。
　　　　　　　　　　　　　　　(范俊祥)

啮合角　pressure angle; mesh angle

两相互啮合的齿轮在传动时,其节点的速度矢量(即两齿轮节圆的公切线方向)与啮合线之间所夹的锐角。在数值上与节圆压力角相等。对于在正确安装状态下的渐开线齿轮,啮合角与分度圆压力角也相等。　　　　　　　　　　(苑　舟)

啮合线　line of action

两齿轮上的一对齿廓在啮合过程中,啮合点在固定平面上所走过的轨迹。啮合线在渐开线齿轮传动中为一条定直线,且与两齿廓啮合点的公法线重合。　　　　　　　　　　　　(苑　舟)

niu

牛头刨床　shaper

滑枕带着刨刀作水平直线往复运动的刨床。因滑枕前端的刀架形似牛头而得名。主要用于单件小批量生产中刨削中小型工件上的平面、成形面和沟槽。中小型牛头刨床的主运动大多采用曲柄摇杆机构传动,故滑枕的移动速度是不均匀的。大型牛头刨床多采用液压传动,滑枕基本上是作匀速运动。滑枕

的返回行程速度大于工作行程速度。由于采用单刃刨刀加工,且有回程损失,故生产率较低。有普通牛头刨床、仿形牛头刨床和移动式牛头刨床等类型。

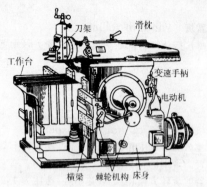

（方鹤龄）

扭矩储备系数 coefficient of torque reservation

又称扭矩适应性系数。内燃机的最大扭矩值与标定工况下的扭矩值之比 μ_m。

$$\mu_m = \frac{M_{emax}}{M_e}$$

M_{emax} 为外特性曲线上的最大扭矩值（N·m）；M_e 为标定工况时的扭矩值（N·m）。用来评价内燃机在标定工况下短期克服外界突增负荷的能力。μ_m 值越大则内燃机短期克服外界突增负荷的能力越强。工程机械、拖拉机用内燃机应具备较大的扭矩储备系数。　　　　　　　　　　　　（陆耀祖）

扭振式振动桩锤 torsional vibratory pile hammer

通过同步但回转面有较大距离的偏心装置产生振动力偶的机械式振动桩锤。有平行轴式、同心式、四轴式。　　　　　　　　　　　　　（赵伟民）

O

ou

偶然误差 random error

由偶然因素的影响而产生的,其大小或符号均不固定的误差。不能预知和完全消除,只能用统计的方法加以估计。　　　　　　　　　　　（朱发美）

P

pa

爬坡能力 grade ability

工程机械在空载或最不利的装载条件下,以规定的最低行驶速度通过规定的路面所能爬上的最大坡度。　　　　　　　　　　　　　　（田维铎）

爬升机构 climbing mechanism

内部爬升塔式起重机所附设的,使其实现自行向上爬升的机构。工作原理与顶升机构相似,即设有两套支承装置,采用步进方式轮流支承与升降,带动起重机实现垂直移动。区别在于前者的支承点轮换作用在楼板上(或支承孔中)向上爬升,后者的支承点轮换作用在塔身节上向上顶升或下降拆塔。按

传动形式有液压传动、螺旋传动和钢丝绳滑轮组传动三种。　　　　　　　　　　　　　　（李以申）

爬升速度 climbing-up speed

塔式起重机的爬升机构的驱动装置处于额定速度时,起重机被顶升部分的升降速度（m/min）。由于爬升机构工作过程属于安装工况,确定爬升速度主要考虑安全因素,对生产率影响不大,不宜取大值。国产自升塔式起重机的爬升速度为 $0.35 \sim 0.75$m/min。　　　　　　　　　　　（李恒涛）

耙式分级机 rake classifier

又称矩形耙式分级机。利用耙齿耙动和料浆流动使粗细粒料分开的水力分级机。耙动机构悬装于倾斜槽中,料浆沿槽子纵向流动,经耙齿耙动,细粒料悬浮于水流中溢出,粗粒料沉于槽底卸出,从而达

到分级目的。有单耙式、双耙式和四耙式等种。其工作效率决定于耙架运动速度、耙齿高度、槽底倾斜度、溢流堰高度和料浆浓度。供粗、中粒度物料的分级和脱泥之用。　　　　　　　　　（曹善华）

耙式钻头　drill bit with teeth

具有耙齿形切削刃的钻头。在钻头上焊有六个 45 号钢制作的耙齿，齿尖处镶有硬质合金刀具。对钻透含有大量砖头、瓦块的土层效果较好。

（王琦石）

pai

排草口　discharge opening

旋刀式剪草机罩壳上用以排出剪下的断草的开口。可按集草装置的位置开在罩壳的侧面或后部。

（胡　漪）

排气挤出机　squeeze-up extruder

在两根非排气挤出机的三阶螺杆连接处设置一与真空泵相通的排气口，利用真空泵抽出气体的塑料挤出机。当基本塑化的物料进入排气段后，由于该段螺槽突然加深，加之排气口与真空泵相连，压力可骤降至零压或负压，物料中夹带的空气和低分子挥发物等气体由排气口被真空泵抽出。

（丁玉兰）

排气烟度　exhaust gas opacity

柴油机工作时排出废气中含有碳烟的浓度。碳烟是黑色固体微粒，它污染环境，阻碍视线。可用烟度计进行测量。　　　　　　　　　（岳利明）

排绳器　rope guided device

引导起重机钢丝绳在卷筒上进行有次序缠绕的装置。常附设于多层卷绕的卷筒上。可防止乱绳。

（李恒涛）

排水带式地基处理机械　belt drain treating machine

利用合成树脂带形成排水通路进行软弱地基处理的软弱地基处理机械。由心轴、合成树脂带、锚盘、峰值切断器、自动卷桶等组成工作装置。工作时，在机器的心轴定位后，在排水带前端安装锚盘，同心轴一起压入地基中，到达所需深度后，

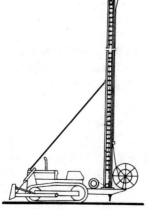

抽回心轴，切断排水带，完成一个位置的施工。用于水上或陆地。　　　　　　　　　（赵伟民）

排水量　displacement

船体入水部分所排开水的重量。通常以吨（t）作单位。船只浮于水面时，排水量等于船的重量。船在最大允许吃水时的排水量，称满载排水量。

（曹善华）

排屑风扇　cleaning fan

由电动机带动扇形叶片产生轴向风力以排除电动曲线锯工作时产生的锯屑的装置。　（迟大华）

pan

盘锯式冻土锯　freezing soil disc-saw

工作装置为圆盘锯的冻土锯。锯盘轴支承在机架上，机架通过销轴悬装于履带拖拉机后部，利用链传动或液压马达使锯盘旋转锯冻土，切出缝隙，并有液压缸或钢丝绳控制锯盘的入土位置。顺着所开沟渠两边往返锯出两条窄缝，锯深一般为 0.3～0.6m，再由冻土犁将窄缝之间的冻土犁碎。常用于冬季农田改良和冬季沟渠挖掘。　　　　　（曹善华）

盘式磁选机　disk magnetic separator

利用连续运转的带条下面的磁力系统和带条上面的感应磁盘来调节磁吸引力的磁选设备。由带条、带条驱动轮、张紧轮、磁力系统和铁盘等组成。带条围绕在驱动轮和张紧轮外运转，带条上分支的下面装有固定磁力系统，上面临空处装有若干个反向旋转的铁盘。物料在带条上，磁性颗粒受到感应铁盘的磁力吸引而吸附在盘的周缘，并由于离心力作用，被甩离铁盘，掉落于带条侧面卸出。改变铁盘的距离和斜度可调节磁力，以分选磁分率不同的物料。适用于干选弱磁性物料。　　　　（曹善华）

盘式打磨机　disk sanders

通过带齿磨盘的作用，将卷曲的刨花打碎和将较宽的刨花撕成所要求宽度的刨花板生产机械。由上、下磨盘，机体，进、出料口，传动装置等组成。上、下磨盘均带齿，其齿高和齿宽从盘中心向边缘逐渐变小。下磨盘旋转，上磨盘固定在机盖上不动。靠磨齿的作用，刨花逐渐被撕裂和打碎，在离心力作用下，由盘心向边缘移动而卸出。　　　（丁玉兰）

盘式淋灰机　tray-type lime watering treater

盘状容器内装有立轴搅动破碎铲的淋灰机。

（董锡翰）

盘式磨光机　dish sander

利用转轴上贴有砂纸圆盘的旋转而磨光木材或木制件表面的木工磨光机。其形式古老，但应用广泛。　　　　　　　　　　　（丁玉兰）

盘形滚刀　disc cutter

刀圈呈盘形的全断面岩石掘进机滚刀。由刀圈、刀体、轴承、密封、端盖和心轴等组成。刀圈是可拆卸的,磨损后可更换。

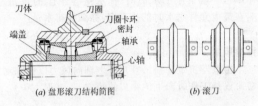

(a) 盘形滚刀结构简图　　　*(b)* 滚刀

（茅承觉）

盘形滚刀刀圈　cutter ring of disc cutter

掘进机滚刀上带刀刃的环形体。截面形状分为楔刃和平刃两类,楔刃角根据刀具在刀盘上布置位置不同及岩石不同而异,一般在 60°～120° 范围内,平刃又可分为窄形、宽形、加宽形几种。楔刃与岩石表面接触宽度随着磨损的增加而逐渐加大,接触面积也随之增大,要达到和磨损前一样的切深则需要更大的推压力,或在一定的推压力作用下切深将减小,从而影响了掘进机工作的稳定性。而平刃与岩石表面的接触面积磨损前后变化很小,因而近几年来平刃刀具的使用逐渐增多。材料为合金钢,要求表面硬度高且耐磨,在高温 450℃ 左右时刃部仍能保持一定硬度(HRC52～55),因此刀圈材质和热处理工艺非常关键。

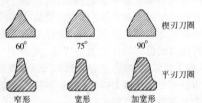

60°　　　75°　　　90°　　　楔刃刀圈

窄形　　　宽形　　　加宽形　　　平刃刀圈

（茅承觉）

盘形滚刀刀刃圆角　tip radius on disc cutter

盘形滚刀刀刃刃口上的圆弧半径 R(mm)所表示的刃圆角。

（刘友元）

盘形滚刀刀体　cutter hub of disc cutter

盘形滚刀的毂部。外装刀圈,内装轴承及端面密封件。一刀体可用于更换 5～6 次刀圈,每更换一次刀圈应排出废油,更换新油。更换刀圈时须盘转滚刀检查轴承转动灵活性和松紧度,轴承装配要有预紧力,过盈配合,装配后要做扭矩检查,过紧或过松会损坏轴承;每更换三次刀圈,就要更换一次端面密封。端面密封装配要求:滚刀

盘形滚刀
刀刃圆角

装配后,充入压力为 0.5MPa 压缩空气,保持 15min,如压力下降,则应重新装配调整。　（茅承觉）

盘形滚刀刀座　cutter saddle of disc cutter

安装掘进机盘形滚刀的支座。焊接于刀盘上;刀轴与刀座的联结螺栓采用特制的防松螺旋弹簧。

（茅承觉）

盘形滚刀滚压岩石试验　cutting test on the rock by the disc rolling cutter

了解盘形滚刀滚压岩石时的破岩特性和刀具受力特征的试验室试验。可分为盘形滚刀线性切割岩石试验、盘形滚刀回转切割岩石试验。

（刘友元）

盘形滚刀回转切割岩石试验　rotary cutting test on the rock by the disc rolling cutter

在试验室内用盘形滚刀在岩石试样上进行圆周滚压岩槽的盘形滚刀滚压岩石试验。以模仿现场掘进时滚刀刀刃切割轨迹为圆周的情况。

（刘友元）

盘形滚刀间距　disc cutter spacing

相邻盘形滚刀刀刃刃口相对刀盘中心距离之差(mm)。等于掘进时相邻刀刃刃口切割的两同心圆轨迹间的距离。　（刘友元）

盘形滚刀偏角　disc cutter offset angle

盘形滚刀刀圈纵向平面在刀盘上的投影线与其轨迹圆上通过刀刃点的切线之间的夹角(°)。亦为滚刀安装轴线与通过刀刃的直径之间的夹角 β。

（刘友元）

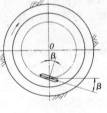

盘形滚刀切入深度　disc cutter penetration

掘进机掘进过程中,刀盘回转一转时盘形滚刀的进刀深度(mm)。　（刘友元）

盘形滚刀倾角　disc cutter incline angle

盘形滚刀刀圈纵向平面与隧洞轴线的夹角 θ(°)。

（刘友元）

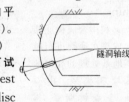

盘形滚刀线性切割岩石试验　linear cutting test on the rock by the disc rolling cutter

隧洞轴线

盘形滚刀倾角

直线滚压切槽的盘形滚刀滚压岩石试验。

（刘友元）

盘形滚刀压痕试验　disc cutter indentation test

用垂直于岩石试样表面的盘形滚刀的一段作压头,在推力作用下压入岩石试样的试验室试验。从盘形滚刀刀圈上切取一段为压头,根据试验要求把

岩石加工成约 10cm 以内的四方体作为试件,放置在比试件略大的钢管内,周围用高标号砂浆填实,使试件稳定可靠。借以了解刀具破岩机理和预测刀具受力情况。 (刘友元)

盘形滚刀轴向刀间距 disc cutter axial spacing

相邻刀刃刃口沿刀盘回转轴线方向的距离之差(mm)。 (刘友元)

盘圆钢筋放圈装置 uncoiler apparatus

又称开盘装置。利用卷扬机使夹具往复运动将盘圆钢筋从料架上拉出的装置。也可用在轻便轨道上往返运行的电动跑车上的夹具牵引盘条开盘。用放圈装置代替人工放圈,可以提高工效,减轻劳动强度,钢筋材料太硬时,工效尤其明显。 (罗汝先)

盘转式轮碾机 wheel roller with rotary disc

碾盘绕垂直中心线旋转,带动碾轮滚转,从而碾磨物料的轮碾机。工作时,碾轮由于与碾盘间的摩擦力而绕自身转轴自由旋转,但无公转。结构较简单,用于细碎各种物料。 (曹善华)

pang

庞德粉碎功指数 Bond work index

粉碎比功 W_i。测定程序为美国 Allis-Chalmers 公司建立。采用有效内径 305mm,有效长度 305mm 的标准球磨机。在试验室条件下,可表示为

$$W_i = f(F, P, P_1, G)$$

F 为入磨粒度,以 80% 通过量的筛孔孔径表示;P 为产品粒度,以 80% 通过量的筛孔孔径表示;P_1 为分级筛的孔径;G 为磨机每一转平均过 P_1 筛的物料量。试验磨测定值即为物料易磨性值,有可靠的再现性,在磨机功耗计算上有实用价值。 (陆厚根)

旁通管栓流式气力输送装置 by-pass piped plug flow type pneumatic conveyor

见栓流式气力输送装置(253 页)。

pao

抛雪筒 barrel snowthrower

转子式除雪机上用来控制风扇抛出的雪流,使之沿着理想轨迹下落的装置。为绕着自身轴心线回转的筒状结构,可改变抛雪方向。常见的伸缩式或活动扬雪帽可改变抛雪距离,有的还能改善驾驶员视野。可以是手动操纵,也可以在驾驶室内通过液压或机械操纵。 (胡 漪)

抛掷指数 index of throw

表征物料颗粒运动状况的振动输送机设计参数。为物料颗粒垂直于槽底方向的振动分加速度与重力分加速度之比:

$$D = \frac{\omega^2 A_1 \sin\delta}{g \cos\alpha_0}$$

式中 ω 为振动角频率;A_1 为槽底振幅;δ 为振动方向角;g 为重力加速度;α_0 为槽底与水平面的夹角。当 $D < 1$ 时,物料始终与槽底接触,而不能被抛起,只有相对静止或滑动;当 $D > 1$ 时,物料既有滑动又有抛掷运动;当 $D = 1$ 时,物料处于将要跳起而未跳起的临界状态。D 一般在 $1.5 \sim 3.3$ 范围内选取。 (谢明军)

跑车带锯 wide band saw

又称大带锯、主锯、剖料带锯。附有送料跑车的立式带锯机。由锯轮、锯身、压铊、重锤、操纵台、机座、跑车等部分组成。工作时,将木料卡紧在跑车上,跑车顺着轨道往复运动,木料通过锯条而完成锯割。主要用于剖解原木和大木料。 (丁玉兰)

跑合磨损 run-in abrasion

新的或修理后开始投入运行的机械,在较短时间内磨损强烈,尔后又趋于平缓的磨损。新加工的摩擦副表面具有一定的粗糙度,几何形状和装配位置存在一定偏差,使真实接触面积较小,而压强加大,润滑油易被挤而产生干或半干摩擦。同时,表面微观峰谷相嵌,在摩擦力作用下,凸峰被剪切,碎粒又混入润滑油中。因此,机械在开始工作的一段较短时间内磨损比较严重。随后摩擦表面跑合结束,表面逐渐磨平,配合间隙由原始状态过渡到稳定状态,磨损速度便减缓。人们有意利用跑合期的轻微磨损为正常运行时的稳定磨损创造条件。 (杨嘉桢)

泡沫收尘器 foam scrubber filter

利用水的泡沫层过滤含尘气体的湿式收尘器。用多孔筛板将容器分隔成上、下两室,水从进水槽流到筛板上,一部分溢出,一部分穿过筛板孔眼向下滴流,含尘气体从筛板顶部进入,穿过孔眼时与水接触形成无数泡沫,尘粒为水膜所截留,随水流排出,净化后的气体从筒壳的顶部逸出。操作方便,收尘效率高,但耗水量大,粉尘回收困难,不宜处理粘性和胶凝性粉尘。 (曹善华)

pei

配比预选器 mixing selector

能预先选定混凝土配合比,使电子秤自动地变换称量质量的装置。在指针式电子秤中常用电位器式配比预选器和穿孔卡配比预选器。电位器式配比

预选器是通过一个转换开关选择传感器电位器组的任一电位器，来实现配合比的变换。预选的配合比种类受电位器数量的限制。 （应芝红）

配碴型 ballast plough

置于道碴整形机两轴或两转向架之间，用以推移道碴的工作装置。与路肩犁配合可将道碴从一侧移向另一侧，从中间移向路肩，或从路肩移向待捣固的地带。 （高国安 唐经世）

配电盘 distribution boad

小型低压配电、馈电、控制及指示装置。有板式及箱式结构，装有控制开关、熔断器、电度表及其他电器仪表、指示灯等。常用在小型控制系统及居民楼房的配馈电中。可挂在墙上或嵌入墙面中。 （周体伉）

配合 fit

基本尺寸相同的，相互结合的孔和轴公差带之间的关系。由于孔、轴公差带相对位置的不同，可以组成间隙配合、过渡配合和过盈配合三种不同松紧的配合性质。 （段福来）

配合铲装法 conjugate shovelrun method

装载机在前进同时配合以转动铲斗进行铲装的作业方法。铲斗一次不需要插得很深（约$0.2\sim0.5$斗底深），靠插入运动与铲斗反复转动及提升运动的配合，使插入阻力大为减小，一般为一次铲装法阻力的$1/2\sim1/3$，铲斗易装满，是一种经济性好，生产率高的作业方法，特别适用于铲装表层密度较大的矿石和不均匀块状物料。但对司机的操作水平要求较高。 （黄锡朋）

配合公差 variation of fit

允许间隙或过盈的变动量。在数值上等于相配合的孔与轴公差之和。在间隙配合中，等于最大间隙与最小间隙代数差的绝对值；在过盈配合中，等于最小过盈与最大过盈代数差的绝对值；对于过渡配合，是最大间隙与最大过盈代数差的绝对值。 （段福来）

配流轴 valve spindle

能对缸体旋转的径向柱塞泵、曲轴连杆式低速大转矩马达、内曲线径向柱塞式低速大转矩马达等实现进油和排油的轴。 （嵩继昌）

配气机构 valve timing mechanism

控制内燃机进气和排气的机构。内燃机在完成一个工作循环以后，为了持续地工作，必须将膨胀作功后的废气排出气缸，并及时地吸入新鲜空气或可燃混合气。配气机构按内燃机各缸工作顺序，适时地开启和关闭进、排气门，以保证充分换气。 （岳利明）

配重车拉铲 balance car scraper

利用配重车上的反向滑轮作切向运动，使铲斗在扇形范围内运动的骨料拉铲。由铲斗、卷扬机、导向滑轮、反向滑轮、配重车、轨道等组成。装在配重车上的反向滑轮通过一套曲柄摇杆棘轮机构使车轮转动，铲斗往复运动的同时，配重车自动地沿轨道移动。调整摇杆长度可调节车轮的速度，使铲斗始终贴着料堆的侧面行走。适用于小型的双阶式混凝土搅拌站（楼）。 （王子琦）

pen

喷杆 lance

长度可调的手持杆状涂料喷具。由喷头、上铜管、下铜管、开关、阀门、管道接头和壳体等组成。上铜管可在下铜管中伸缩，以调节喷杆长度。 （周贤彪）

喷焊 spray plating

对喷涂层进行加热，使其熔融，并与基体形成冶金结合的过程。一般在喷涂完了时随即进行或边喷涂边加热。喷焊层孔隙很少、表面平整、致密。根据选用粉末不同，可获得不同硬度、耐磨、耐蚀、耐热、耐冲击、抗氧化及绝热等性能的表面层。按工艺方法的不同，有火焰喷焊及等离弧喷焊等。应用范围很广，与喷涂一样是重要的维修技术之一。 （原思聪）

喷灰量 capacity of spray coating

单位时间内喷涂灰浆的体积。是灰浆喷射器的主要性能参数。 （周贤彪）

喷浆机 paint sprayer

用于喷涂石灰浆或大白粉浆等料浆液的涂料喷刷机械。由网式吸入器、料浆泵、贮浆筒、喷杆及输浆管等组成。料浆泵将料浆液经起过滤作用的网式吸入器泵入贮浆筒，使贮浆筒上部的气体压缩，从而使料浆液建立起压力；料浆液在该压力作用下流到喷杆，由喷嘴散成旋雾状，喷涂到建筑物表面上。有手动喷浆机和电动喷浆机等。 （周贤彪）

喷漆器 paint-injector

喷漆枪中用来输送压缩空气和漆料流体的器具。由空气喷嘴、漆料喷嘴、混合室和扩散器等部分构成。当压缩空气以高速流出空气喷嘴时，在混合室内产生负压，储漆罐内的液体漆即被大气压力压进漆料上升管而从漆料喷嘴中喷出，并与之相混，经过扩散器时，混合流体的压力又逐渐上升，漆料被雾化，一同排出器外，射向并附着于被涂物件的表面上。大型喷漆枪在喷漆器的头部还装有可以调整喷射面积大小和形状的刻度盘。结构简单，使用方便，应用广泛，但效率较低。 （王广勋）

喷漆枪 paint-spray gun

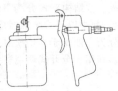

借助于储气筒中压缩空气的气流把漆液喷射于构件表面形成涂层的手持机具。由储气筒、导气管、储漆罐、漆料上升管和喷漆器等组成。施工速度快,节省漆料,漆层厚度均匀,附着力强,漆件表面光洁美观,应用广泛。有人力充气的小型喷漆枪、需空气压缩机供气的大型喷漆枪和电热喷漆枪等几种常见的型式。可利用普通喷漆、电热喷漆、静电喷漆、无雾喷漆和气溶喷漆等方法作业。主要参数为工作气压、喷射有效距离、喷射面积和储漆量等。有时特指由储漆罐和喷漆器等组成的手持部分。 （王广勋）

喷气干燥机 air injection-type drier machine

利用热气体将板料或板坯脱水到规定含水率的胶合板生产机械。由机壳、机门、喷箱、离心式鼓风机和轴流式鼓风机、蒸汽管道、进给装置、滚筒式和网带式干燥装置等组成。热气体利用鼓风机强制送入机内的喷箱,由喷箱喷出。板料由进给装置按一定速度送入机内,以一定速度前移,在对流和辐射加热作用下被干燥。用于干燥单板、纤维板坯等。 （丁玉兰）

喷泉 fountain

将水加压后经管道输送,通过喷头喷出变幻多姿的水流,用来美化和洁净环境的设施。喷头喷出的水流花型有雪松、玉柱、喇叭花、趵突、莲蓬、孔雀、盘龙、水帘、蒲公英、三层花等二十多种。控制方式有简单式、组合式、时控、程控、声控(音控)、微机控制和激光声控等。只对水型变化控制的为简单式;其他控制方式任意两个或两个以上组合为组合控制。 （张 华）

喷洒角调整手柄 spraying angle control lever

沥青喷洒机中调整沥青喷洒角度的操纵机构。位于机械后部操作台上。喷洒机作业前,应调整喷嘴由朝上转到与地面成水平位置,以免喷嘴堵塞。开始喷洒时,按需要角度使喷嘴朝下转。停止洒布后,又要使喷嘴朝上。以上动作由此手柄控制。 （章成器）

喷射泵 injection pump

见射流泵(240页)。

喷射幅 spray amplitude

又称喷雾幅、喷射半径。喷漆枪将雾化的漆料混合流体垂直喷射在被涂物件的平整表面上时,由喷漆器轴心线到被涂漆面边缘的最大距离。 （王广勋）

喷射井点 spraying well point

利用每根井管自成一个真空系统而降低地下水位的井点降水设备。由高压水泵、喷射井管、管路系统组成。以水为介质,高压水经过滤管下部的喷射扬水器喉部形成负压而产生真空,使地下水被抽吸入喷射扬水器中,与工作水混合,一起扬升到地面。用于地下水位高、开挖的基坑或基槽深度大、降低地下水位超过 9～20m 的施工工程。 （陈国兰）

喷射面积 spray area

喷漆枪将雾化的漆料混合流体垂直喷射,达到喷漆质量要求的被涂表面平面面积。是喷漆枪的主要参数。 （王广勋）

喷射器喷头 sprayer head

形成均匀灰浆流体并将该流体喷挤出去的灰浆喷射器部件。有气动喷头和非气动喷头两类。 （周贤彪）

喷射器壳体 case of sprayer

用以安装喷射器喷头,连接输浆管和输气管(对气动式)的灰浆喷射器主体。 （周贤彪）

喷射式供料器 injection type feeder

利用高速气流形成的低压吸集物料的气力输送装置压送式供料器。在喷射口外罩以外管,由外管上方的进料口供入物料。气流以喷射口高速喷出,在该处形成略低于 100kPa 的静压力,使物料能畅通地进入输送管。用于中、低压压气式气力输送装置。 （洪致育）

喷射式挖泥船 jet dredger

利用高速水射流冲刷河底泥砂,并利用射流泵形成的局部真空吸泥的挖泥船。由船体、射流泵、喷嘴、锚碇装置和操纵室等组成,大多为非自航式。适用于清淤、挖砂和冲填泥砂等。结构简单,维修方便,磨损少,宜于深水作业,但工作效率较低。 （曹善华）

喷射式钻孔机 jet boring machine

将高压射水或压缩空气通过安装在排碴管口处的喷射头,使钻杆的喉管处形成负压,迫使夹有钻碴的循环泥浆快速流出,实现排碴钻进的反循环钻孔机。因设有喉管而使排碴粒径受到限制。多用于深孔施工中。 （孙景武）

喷射有效距离 spray effective distance

喷漆枪将压缩空气和雾化的漆料混合流体垂直喷射向并附着于被涂物件的平整表面上时,由喷头口到被涂表面之间的距离。一般约为 250mm。是喷漆枪的主要参数。 （王广勋）

喷涂 thermal spraying, spray coating

使金属、合金、金属陶瓷及陶瓷材料等熔融或部分熔融,并获得高的动能,成为雾化颗粒、喷到各工件表面,构成附着牢固的保护层的修理方法。生产中多喷涂各种金属材料,因而通常称为金属喷涂或金属喷镀。目前主要有四种:电弧喷涂、火焰喷涂、等离子喷涂及爆炸喷涂。利用喷涂技术,可以在各种基体上获得具有耐磨、耐蚀、隔热、导电、绝缘、密封、润滑以及其他特殊机械的物理、化学性能的涂层。应用范围非常广泛,涉及到国民经济各个部门以及包括尖端技术在内的各个领域。 (原思聪)

喷涂机械 spray coating machine

将灰浆和涂料等喷射涂抹到建筑物表面的装修机械。包括灰浆喷射器和涂料喷刷机械等。喷涂装修既美化了建筑物,又加固和保护了建筑物表面。 (周贤彪)

喷雾 spraying

将液体分散并用喷雾器械喷射到大气中成为雾滴的过程。按工作原理分为液力、气力、离心和静电喷雾等。作业方式有针对性喷雾和飘移性喷雾两种。 (张 华)

喷雾车导流器 air deflector for running type sprayer

用来改变风送液力喷雾车雾化装置气流方向的部件。有径向辐射式和直通式两种。前者可使气流在离心力作用下沿风机径向流动;后者可使气流沿风机轴向流动。 (张 华)

喷雾车工作幅宽 work width of sprayer

垂直于喷雾车前进方向的有效喷撒宽度。是表示喷雾车整机性能的主要参数之一。 (张 华)

喷雾车集流导向器 collector deflector for running type sprayer

风送液力喷雾车上汇集并定向导引气流的装置。使风机进气速度场均匀,提高风机的效率并能引导气流对目标物进行更有效的喷射。 (张 华)

喷雾车射程 range of sprayer

自喷出口起,喷出的药液所达到的有效距离。水平方向的有效距离为水平射程;垂直方向的有效距离为垂直射程。主要与喷雾时的工作压力、喷头的结构尺寸、风机的出口流速及送风量等因素有关。 (张 华)

喷雾角 spray angle

在靠近喷头处由雾流边界构成的角度。用以表示喷雾车喷头的特性。 (张 华)

喷雾量 discharge rate

喷雾车喷头单位时间内喷出的药液体积或重量。主要与喷头的结构尺寸有关,喷孔直径大或螺旋芯槽的断面大则喷量大,反之小。 (张 华)

喷油器 fuel injector

柴油机燃油供给系中将高压燃油以一定的压力、喷雾角度和雾化质量喷射到气缸燃烧室中去的部件。由针阀偶件、喷油器体和调压弹簧等零件组成。按结构型式分为开式喷油器和闭式喷油器两类,其中以闭式喷油器应用最广。闭式喷油器又可分为一般用于直接喷射式燃烧室柴油机的孔式喷油器和用于分开式燃烧室柴油机的轴针式喷油器。 (陆耀祖)

喷油提前角 injection advance angle

柴油机在压缩过程中,喷油器喷油开始到活塞上止点所对应的曲轴转角。该角度对柴油机的燃烧过程、压力增长率和最高爆发压力都有直接的影响,过大过小都会使柴油机的动力性和经济性下降。对于每一工况都有一个最佳值,由实验选定。 (岳利明)

喷嘴 nozzle, spray nozzle

①将混凝土拌和料高速喷射到工作面的装置。是混凝土喷射机的主要部件。有加水喷嘴、加气喷嘴和直接喷嘴三种。

②各种喷射器(灰浆喷射器和喷漆器等)的出口。喷射物(灰浆、油漆和其他涂料)在压力差的作用下通过流通截面变化的管嘴状零件喷涂在工件表面上。按喷射物料的性质和各类涂饰表面的要求不同,喷嘴口可制成不同截面形状和孔径的细孔,以控制喷涂面积的大小和形状,形成不同的射流,来满足不同的要求。可用金属或非金属(玛瑙)制造。 (戴永潮 顾迪民)

喷嘴雾化 nozzle-atomization

燃油由高压燃油泵经喷嘴喷入燃烧室直接喷散雾化的柴油桩锤燃油雾化方式。雾化完全,燃油的喷射量可以无级调节,因而锤体的行程、冲击次数均可调节。在土质较软的情况下,不受锤体冲击强度的影响,可一次启动连续工作。 (王琦石)

peng

膨润土盾构 bentonite mud shield

用膨润土泥浆代替普通粘土类泥浆作为循环支护液的泥水加压盾构。 (刘仁鹏)

碰碰车 dodgems

在有限场地内,自行驾驶、相互碰撞的成组电动游艺机。由低压直流带电顶棚、围栏、数辆小车等组成。小车装有直流电动机、受流器、操纵机构等,并外包缓冲橡胶。游客自行操纵方向盘行驶,相互追逐,由于场地限制,碰碰撞撞,趣味无穷。 (胡 漪)

pi

劈木机 hack machine

将较大径级的圆木芯劈开的刨花板生产机械。由刀轮、惯性轮、臂刀、传送带、减速器等组成。将已截成一定长度的短圆木芯直立放在传送带上，移至装有劈刀的刀轮下，劈开后落在其下部的传送带上运出。　　　　　　　　　　　　　　　（丁玉兰）

皮带式离心成型机　belt driving concrete centrifugal casting machine

利用皮带带动管模转动的离心成型机械。由于管模只与皮带接触，且有防护罩，所以噪声小，较安全。

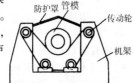

（向文寿）

疲劳断裂　fatigue fractures

金属零件长时间处于交变载荷作用下，在局部应力最高、强度最弱的基体上形成微裂纹，然后发展成宏观裂纹，裂纹继续扩大到材料强度极限或裂纹长度达到断裂韧性允许的临界值时，所导致低应力瞬时脆断现象。疲劳断裂是在反复应力作用下，发生了疲劳累积损伤的结果，故非立刻发生，而须经历较长时间。微裂纹一般起源于应力集中最大处或较弱的晶粒部位，然后在交变应力作用下发生晶体滑移和不稳定的破断。断口的宏观特征是脆性的，无明显塑性变形。形态分布为扩展区（断口呈细晶粒、平滑状）和瞬时断裂区（断口呈粗晶粒状）。

（杨嘉桢）

pian

偏心距　eccentricity

作用载荷（或力）离开参考轴线的距离。在偏心块激振器上则是偏心块质心离开转动中心的距离。

（曹善华）

偏心块激振器　eccentric vibrator

依靠装在高速转轴上的偏心块（或高速偏心轴）所产生的惯性离心力引起振动的激振器。激振力方向与离心力方向一致。分定向振动和非定向振动两种，前者激振力方向固定，后者激振力方向作360°变化。激振力大小决定于偏心质量、偏心距和转速。

（曹善华）

偏心块式滑动压瓦机　slip tile press with wobbler

借助偏心轮运动使上模随冲头上下移动来压制瓦坯的压瓦机。上模固定在冲头的导板上，随冲头上下移动；下模安装在台架的可移动滑板上，随滑板左右滑动。传动装置和飞轮带动偏心轮，使上模随冲头上下运动而完成压制动作。拉模和翻模由人力操作。

（丁玉兰）

偏心力矩　eccentric torque

振动桩锤的偏心装置中偏心体的重量与其重心至转轴中心距离的乘积。　　　　　（赵伟民）

偏心轮连杆机构　eccentric-and-rod mechannism

利用偏心轮的回转得到摆动（图 a）或往复直线运动（图 b）的连杆机构。根据具体结构的不同，分别与曲柄摇杆机构或曲柄滑块机构等效。由于使用偏心轮能得到较短的曲柄（曲柄长度为偏心轮的中心 B 到回转中心 A 的距离），颚式破碎机、偏心振动筛等都应用此种机构。

(a)　　　　　　　　　　(b)

（范俊祥）

偏心式定向振动台　directional vibrating table

台面只在垂直方向上振动的振动台。台面下装有两根带有同样偏心块的轴，利用齿轮同步器使两轴以相同的角速度朝相反的方向旋转，使激振力的

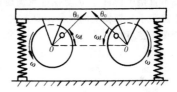

水平分力相互抵消，而垂直分力则同向叠加，因此只产生垂直方向振动。克服了环向振动台的缺点，密实成型效果好，在生产中应用较广。　（向文寿）

偏心振动筛　eccentric vibrating screen

又称陀螺筛。借偏心轴激振的振动筛。设有2～3层筛网的筛框，倾斜地悬装在筛轴的偏心轴颈上，筛框的两端用弹簧支撑以免倾覆。当偏心距为3～6mm 的筛轴回转时，筛框以2倍的偏心距即6～12mm 的振幅作环向振动。为平衡惯性力对机架轴承的有害作用，筛轴设两个带平衡配重的飞轮。用于筛孔 150～200mm 的粗筛，亦可用于筛孔小于0.05～0.1mm 的中、细筛，物料含水量不应超过6%。由于颗粒在筛面上抖动，筛分质量好，产量高，运转平稳。但因转速达 600～1200r/min，筛网与轴承磨损快。　　　　　　　　　　　（陆厚根）

偏心轴　eccentric shaft

重心与回转中心不重合的，或是带有偏心块的轴。　　　　　　　　　　　　　　（赵伟民）

偏心装置　eccentric device

用于产生激振力的机械式激振器的部件。一般由定偏心块、动偏心块、转轴、同步齿轮等组成。按调矩范围分为有级调矩式、无级调矩式。

（赵伟民）

偏旋式振动磨 eccentric vibrating mill

利用回转偏心轴驱动磨体作圆振动的振动磨。磨筒体安装在转轴的偏心部分，并由弹簧支承。为保持振动系统平衡，在偏心部分的180°相位上装有平衡锤。振幅不能调节，应用较少。 （陆厚根）

片式起重钩 piecemeal hook

又称叠片式吊钩或板钩。由冲剪成钩状的多片钢板铆接而成的起重钩。常用厚度不小于20mm的Q235B、20号钢、16Mn钢板制造，轧制的方向与起重钩高度方向一致。为减少钢丝绳磨损及使载荷均匀分布于每片钢板上，钩口装有软钢垫块。尾部制有圆孔并装有轴承，用以与其他构件联接。制造工艺简便，工作可靠，可以更换损坏的钢板，不必整体报废。 （陈秀捷）

piao

飘移性喷雾 drift spraying

雾流不直接朝向目标物，雾滴靠气流运载，在飘流过程中沉积于目标物上的喷雾作业方式。主要特点是雾滴覆盖密度均匀。 （张 华）

pin

频率响应 frequency response

在正弦信号激励下，仪器输出信号的幅值和相位随输入量的频率而变化的特性。其特性曲线随阻尼不同而变化。 （朱发美）

频谱 frequency spectrum

信号包含的全部谐波分量的幅值或相角按频率排列形成的图形。包括幅值谱和相位谱。能够完整地表示出信号的频率结构。根据信号的特性，可以是离散谱，也可以是连续谱。信号的功率（或能量）按频率分布的连续频谱称为功率谱（或能量谱），此类频谱不含相角的信息。 （朱发美）

ping

平板式抹光机 disk type trowelling machine

以转动的圆形金属片进行压抹施工的地面抹光机。 （杜绍安）

平刨床 surface planer

简称平刨，又称平压刨。用于精确地刨平木材表面的刨床。主要由机座、台面、刀轴、导板、台面升降机构、防护罩和电动机等部分组成。可刨削工件的一个基准面或两个相邻的平面成直角，亦可调整导板、更换刀具和加设模具后刨削成斜面或曲面。

（丁玉兰）

平地机 grader

利用刮刀平整地面的平整机械。由车架、发动机、传动系统、刮刀、刮刀回转、升降、侧移机构和行走装置等组成。刮刀装在机械前、后轮轴之间，能够升降、倾斜、侧移、回转，动作灵活准确，操纵轻便，平整场地有较高精度。分拖式和自行（自动）式两种，根据刮刀大小，又分轻型、中型、重型、超重型等种。适用于构筑路基，平整路面，修筑边坡，开挖边沟，也可以搅拌路面混合料，扫除积雪、散粒物料，以及进行土路和碎石路的养护工作。 （曹善华）

平地机铲土角 cutting angle of grader

平地机刮刀刃口切土点的切线方向与地面的夹角。 （曹善华）

平地机车轮倾斜机构 wheel inclining mechanism of grader

利用液压或机械方法使平地机的车轮与地面倾斜的机构。液压式依靠液压缸推动角尺形杠杆的一端，使装于杠杆另一端的轮子倾斜。机械式平地机的车轮装在转向梯形的两角，小齿轮推动扇形齿轮，使转向梯形改变形状而使车轮侧斜。倾斜机构只装于从动轮上，保持平地机横交于斜坡作业时的机身稳定，不致侧倾。 （曹善华）

平地机刮刀 blade of grader

平地机前后桥之间所装的刮土刀片。用钢板制成，截面呈弧形，下缘装刀片，背面两侧各有托架，托架的撑杆长度可以调节，以改变刮刀铲土角。刮刀长度是平地机的主要技术参数之一。 （曹善华）

平地机牵引架 draw frame of grader

平地机上将牵引力传递给刮刀的三角形支架。下面焊装有转环，前端铰接于主机架上，利用升降液压缸或垂直拉杆，可以绕前铰点上下转动，使刮刀升降。 （曹善华）

平衡 balancing

使稳定力矩抵消失稳力矩的措施。有静平衡及动平衡两种形式。 （田维铎）

平衡臂 counter jib

装在起重臂另一侧的，放置平衡重并使平衡重的重心距起重机回转中心线具有合适距离的钢结构平面框架构件。常见于上回转式塔式起重机中，其上可设置起升机构、变幅机构和平衡重移动机构等。设有平衡重移动机构的平衡臂，其下侧要设置可供平衡重块作水平移动的导轨。 （李以申）

平衡变幅机构 equilibrium-derricking mechanism

起重机在变幅过程中,起重臂系统和重物的重心不产生升降运动的变幅机构。常采用活动平衡重,使起重臂系统的重心在变幅时处于一个固定点上,或保持其近似于水平的运动轨迹。采用钢丝绳滑轮组的特殊绕法,可保证变幅时重物的水平移动。 (李恒涛)

平衡阀 counterbalance valve

又称限速阀。工程机械液压系统中靠液压执行元件回油产生较大的背压来限制重物下降速度的专用压力控制阀。通常装在重物下降时的回油路上,由进油路压力控制动作。有锥阀式,滑阀式和组合式三种。锥阀式采用锥面密封,效果好,"锁"的作用强,但微动性差;滑阀式采用圆柱面间隙密封,微动性好,但密封性差;组合式是前两种的组合,密封靠锥面,节流靠圆柱面,集中了两者的优点,但结构复杂。 (梁光荣)

平衡性修理 balancing maintenance

从整个生产线或全局出发,决定其中某台设备的延时修理或过渡修理,以期取得全局最佳效益的修理工作方式。另外,也指对某台具体机械设备中失效零件采取与该机关键部件寿命相平衡的修理工作。 (原思聪)

平衡悬架 balaneed suspension

在多桥驱动(如三桥驱动)的机械上能保证中、后驱动桥车轮上的垂直载荷相等的悬架。中、后桥装在平衡杆的两端,平衡杆中部与车架铰链式连接,当机械在不平路面上行驶时,一个驱动桥被抬高,则另一个驱动桥就下降,使驱动轮在任何情况下都同时着地,而且平衡杆中部到两驱动桥中心线距离相等,则两驱动轮上的垂直载荷相等。 (刘信恩)

平衡重式叉车 counter balanced fork lift truck

工作装置设在车体前方,车体尾部装有平衡重块的叉车。靠前后移动,正面叉卸物品。工作装置包括门架、链轮和链条、叉架、货叉、起升和倾斜液压缸等。门架为伸缩式,可前后倾斜 $6° \sim 12°$,便于装卸和带载行驶。普通门架的内门架直接由起升缸带动。能自由起升的门架、叉架上升到顶部与内门架相碰后才使内门架运动。内门架不动而货叉所能起升的最大高度叫做自由提升高度。自由提升高度大的叉车可在低矮作业场所工作。 (叶元华)

平衡重移动机构 device of moving counter weight

塔式起重机中,能使平衡重沿平衡臂做水平移动的机构。移动平衡重的目的是满足各工况下不同起重机的抗倾覆稳定性要求;由动力、传动执行部分及设在平衡臂上的导轨和滚动小车三部分组成,通常按传动执行部分分为液压缸驱动和钢丝绳滑轮组牵引两种。 (李以申)

平衡重移动速度 moving speed of counterweight

平衡重移动机构的原动机处于额定转速,10m 高处的风速不超过 3m/s 时,平衡重水平移动的速度(m/min)。 (李恒涛)

平均等待时间 MWT,mean waiting time

一段时期里设备停机后等待维修的时间的平均值。是维修组织效率的标志。通常是由于进行必要的行政管理手续、等待派工和所需备件等原因造成的。 (原思聪)

平均故障间隔时间 MTBF,mean time between failures

又称平均故障间隔期。可修复产品在相邻两次故障之间的时间平均值或数学期望值。是衡量产品可靠性的主要标志。其值越大,产品的可靠性越高。 (原思聪)

平均模数 average module

圆锥齿轮齿宽中点处分度圆上的模数。计算求得,非标准值。 (苑 舟)

平均停机时间 MDT,mean down time

由平均修复时间 MTTR 加平均等待时间 MWT 组成。是衡量维修效率的尺度。 (原思聪)

平均无故障工作时间 MTTF,mean time to failure

不可修复产品故障前工作时间的平均值或数学期望值。是衡量产品可靠性的主要标志,其值越大,产品的可靠性越高。 (原思聪)

平均修复时间 MTTR,mean time to repair, mean repair time

又称平均修理时间。可修复产品由故障状态修复到完好状态所需时间的平均值。是衡量维修性的一个重要指标。 (原思聪)

平均有效压力 mean effective pressure

内燃机每工作循环单位气缸工作容积所发出的有效功。用单位活塞面积假设的压力 p_e(Pa)来表示其值。由于平均有效压力与扭矩的关系为

$$p_e = 3140 \frac{M_e \tau}{V_h i}$$

M_e 为扭矩(N·m);τ 为冲程数;V_h 为气缸工作容积(L);i 为气缸数。故对于总排量一定的内燃机来说,p_e 也反映了单位气缸工作容积输出扭矩的大小。是内燃机主要的动力性指标之一。

(陆耀祖)

平面刀盘 flat-face cutterhead

全断面岩石掘进机中正滚刀的刃口包络面成平面的掘进机刀盘。结构简单、制造容易、刀具布置方便;但掘进时机械稳定性较差,直接影响边刀寿命。用于掘进较软且不稳定的岩石。在通过复杂破碎地层时可以减少空顶距离,减少冒顶事故。

(茅承觉)

平面度公差 flatness tolerance

实际平面对其理想平面所允许的变动全量。

(段福来)

平面框架底架 chassis of plane frame

塔式起重机底部结构呈井字状或十字状水平框架的塔式起重机底架。在设计计算时,其力学模型为平面框架结构。

(李以申)

平面式闭锁器 plane valve

工作机构为一平板的闭锁器。结构紧凑、简单,高度尺寸小。但平板承受压力大,导槽阻力大,且易卡住物料。常用于小颗粒流动性好的物料,以及开闭次数不多的场合。

(叶元华)

平面凸轮 two-dimension cam

与从动杆互作平行平面运动的凸轮。常用的有具有变化的半径,形如圆盘的盘状凸轮和作直线往返运动的移动凸轮两种。

(范俊祥)

平台带锯 pony band saw

又称小带锯。锯割各种板材的立式带锯机。由锯身、锯条、锯轮、升降手轮、压铊、锯卡子、导板、工作台、电动机等组成。具有锯割能力强、效率高等特点,既适用于改制各种板枋为成材,也可用于小原料剖料。

(丁玉兰)

平台回转速度 platform rotation speed

桩架平台在单位时间内回转的周数(r/min)。

(邵乃平)

平稳随机过程 stationary random process

统计特性不随时间变化而变化的随机过程。可以是各态历经过程,也可以是非各态历经过程。

(朱发美)

平行度 parallelism

被测实际要素对基准要素成0°或180°的程度。

(段福来)

平行移动缆索起重机 parallelly travelling cable crane

两承载索支架沿平行支线轨道同步运行的移动缆索起重机。作业范围为矩形场地。 (谢耀庭)

平行轴扭振式振动桩锤 parallel axes torsional vibratory pile hammer

同步齿轮设在两平行轴中间,偏心体分设在各轴的不同端,形成扭振力偶的扭振式振动桩锤。

(赵伟民)

平型带 flat belt drive

截面为狭长矩形,以矩形长边所在的内表面为工作面的传动带。截面尺寸有标准规格,可选取任意长度,用胶合、缝合或金属接头联接成环形。常见的有胶带、编织带、强力锦纶带和高速环形带等。胶带是平型带中用得最多的一种;编织带挠性好,但易松弛;强力锦纶带强度高,寿命较长;高速环形带薄而软,挠性及耐磨性好,且能制成无端环形,传递平稳,专用于高速传动。 (范俊祥)

平型带传动 flat belt drive

依靠紧套在平滑轮面上的环形平型带与轮面间摩擦力进行传动的带传动。常用的传动类型有开口传动(图a)、交叉传动(图b)和半交叉传动(图c)等。其中开口传动适用于两轴平行且回转方向相同的传动;交叉传动适用于两轴平行但要求回转方向相反的传动,

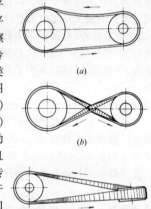

(a)

(b)

(c)

因皮带在交叉处要相互摩擦,故寿命较短;半交叉传动适用于两轴在空间交错(交角通常为90°)的传动,使用时应注意皮带进入皮带轮的方向必须对准该轮的中央平面,否则工作时要落带,且不能逆设。因为这种传动打滑率高,结构不紧凑,已成为一种落后的传动方式。 (范俊祥)

平压机 straightening press

使各层涂胶的单板受到均匀压力而粘合的胶合板生产机械。有液压控制和机械控制两类。液压控制平压机应用较广。常用的有冷压机和热压机两种。

(丁玉兰)

平移钻臂 parallel travelling drill boom

凿岩钻车中能使推进器平行移动的钻臂。由平动液压缸与连杆、曲柄、主臂和转柱上的耳环组成四边形机构即平动机构。使推进器在垂直平面内绕主臂前端的回转轴线旋转一个角度,以便钻凿有一定俯角或仰角的炮孔。 (茅承觉)

平整机械 grading machine

利用刀形工作装置平整场地的土方机械。包括各种平地机。也用于构筑各种截面形状的土方构筑物。

(曹善华)

屏蔽 shielding

用金属箔、网或薄型铁磁材料罩住要防护的部位,以防静电或电磁干扰的技术。前者称为静电屏蔽,后者称为电磁屏蔽。 (朱发美)

po

坡度阻力 slope resistance

机械沿斜坡向上开行时,由于坡度产生的抵抗机械开行的重力分力。坡度阻力 F 是:

$$F = G\sin\alpha$$

式中 G 是机械重力; α 是斜坡坡角。 (曹善华)

破拱器 arch breaker

破除材料在贮料仓卸料口处形成拱塞的装置。对水泥等粉末材料采用气动破拱器,在水泥筒仓下部靠近卸料口处敷设若干块多孔板,压缩空气从这些细小的孔中喷出,料斗底部的水泥在气流作用下处于悬浮状态,具有良好的流动性。对粒度大的材料采用机械破拱器,常在贮料仓外壁加装附着式激振器。 (应芝红)

破碎 crushing

固体物料在机械力作用下,由大块变小块的过程。分粗碎、中碎、细碎。是混凝土粗骨料和铁路道碴等石料制备的操作工序,或是粉磨作业的预备工序。用颚式、圆锥式、锤式、反击式、辊式破碎机制备。 (陆厚根)

破碎比 reduction ratio

大块物料的平均直径 D 与经过破碎后小块物料平均直径 d 的比值 i:

$$i = \frac{D}{d}$$

物料破碎加工时,大块和中等尺寸物料的 i 值一般控制在 $2\sim8$ 之间,不然,会增加能量消耗,容易产生细尘;小块物料的 i 值可以达到 $10\sim30$,个别情况下甚至超过 100。也有以破碎机最大进、出料口的宽度之比来表示的,称公标破碎比。 (曹善华)

破碎机固定锥座 stationary conical crushing ring

锥式破碎机中同活动锥对应构成破碎腔的锥形固定机座。粗碎用的锥座,锥面陡直,内表镶高锰钢衬板。中细碎用的锥座,锥面下部有一平缓区段,短头型平行区最长,标准型最短,中间型介于两者之间。锥座外壁制有梯形螺纹,并拧在支承环的内螺纹上,调节螺纹可改变出料口宽度。支承环通过弹簧压紧在机座上。遇不能破碎的物料,弹簧被压缩抬起锥座,起保险作用。 (陆厚根)

破碎机辊子 crushing roll

辊式破碎机中对物料施加滚轧使之破碎的旋转部件。由轮毂和圆筒状辊子组成,两者连接处加工成圆周锲形面,通过螺栓拉紧锲形圆环使之锲紧成一体。辊子用高锰钢铸造,磨损之后可更换;分光面、槽形面、齿面三种。齿面者多用一块块带齿钢盘,通过螺栓拼装成一体;单辊式辊子的齿呈鹰嘴状,用螺栓固定在轮毂上。 (陆厚根)

破碎机活动锥 mobile crushing cone

锥式破碎机中作旋摆运动的正截锥形破碎部件。粗碎用者用小锥顶角型,锥面陡直。浇铸的锥体压装在主轴上,表面镶高锰钢衬板,其间浇注锌合金使之紧贴。主轴顶端装一锥状螺母,并通过其支承于顶部横梁的支承环上,借此悬挂锥体。主轴的下部插入偏心轴套内,随偏心轴套的旋转而作旋摆运动。中、细碎者用大锥顶角型,锥面平缓形似菌状,又分标准型、短头型和介于两者间的中间型三种,破碎腔中平行区段以短头型为最长,标准型为最短。与粗碎用活动锥的区别在于:锥体底部为球面形,并支承在球面轴承上;主轴顶端装一撒料盘,随旋摆运动而均匀加料。 (陆厚根)

破碎机给料口尺寸 size of crusher feed

破碎机喂料口的大小。颚式破碎机以给料口长度×宽度表示规格。给料粒度为宽度的 85%。 (陆厚根)

破碎机钳角 nip angle

钳住进料颗块的破碎构件间的最大夹角。例如,颚式破碎机钳角指活动颚板与固定颚板之间的夹角,其值应小于颚板与颗块间摩擦角的 2 倍。由于进料粒度值变化甚大,实际取值还要低于 2 倍才能确保钳住物料。 (陆厚根)

破碎机械 crusher

利用挤压、劈裂、冲击、弯折、碾压及其复合作用等机械力把大块物料破碎成碎块的机械设备。主要类型有粗碎用的颚式破碎机、锥式破碎机;中碎用的锤式破碎机、辊式破碎机;细碎用的轮碾机等。是建筑工程施工、建筑材料加工和矿山工业碎矿的主要加工机械,用来破碎石块制备混凝土骨料、铁路道碴和建筑粒料等。 (曹善华)

破碎腔 crushing region

由破碎构件构成进行破碎工作的空间。例如,颚式破碎机由固定颚板、活动颚板以及机壳侧壁构成;锥式破碎机由固定圆锥和活动圆锥构成。 (陆厚根)

破碎筛分厂 crushing and screening plant

生产成品碎石的加工厂。通常包括:采石场,破碎车间,筛分车间或筛分洗涤车间,贮石场和辅助车间(动力、供水、照明和机修)。爆破后的原石料由车辆运到料场,然后送入粗碎机和中碎机进行两段、三段或四段流程的破碎,其间利用筛分机按成品粒度分成所需的规格等级,如果石料污秽,还要进行冲洗,最后的成品存贮于贮石场,再向用户发送。按照工艺流程,有开式和闭式两种;根据生产特点,有通用式(可以制备各种不同品种的碎石)和专用式(只制备规定尺寸的固定产品)两种。是长期经营的企业,生产量很大,为建筑材料生产、铁路建筑、公路施工和建筑工程提供所需要的碎石。　(曹善华)

破碎筛分联合机 crushing and screening aggregate

按照石料的加工顺序,配置有破碎机械、筛分机械、冲洗机、输送机等单机的联合机组。有开式破碎流程和闭式破碎流程两种工艺流程。联合机是长期经营的碎石工厂的基本设备,也是采石场上半固定式石料加工装置的主要机组。在筑路工程和建筑施工中,为了适应场地分散的情况,常使用移动式破碎筛分联合机。　(曹善华)

破土器 breaker

装有镐状长齿的斗。专用于破碎硬土、冻土和块石。单斗液压挖掘机的一种可拆换工作装置。　(刘希平)

pou

剖视图 sectional view

假想利用剖切平面切开零件,将处于观察者和剖切平面之间的部分移去,而将其余部分向投影面投影所得到的图形。主要用于表达零件内部或被遮盖部分的构造,是机械设计图常使用的图形。　(田维铎)

pu

铺层电气调平装置 electric autoset leveling device for paying course

沥青混凝土摊铺机中以微型电气开关式传感器检送基层不平度信息,控制液压缸的铺层自动调平装置。传感器装在小盒内不受气候影响。两个纵坡传感器的开关由装在小轴上的凸轮来执行任一个启闭动作,从而控制电磁阀电流,使牵引臂升降缸变动进油方向来调节熨平板位置。两个横坡传感器以悬挂在横梁上的摆来启闭微型开关　(章成器)

铺层电子调平装置 electronic autoset leveling device for paving course

沥青混凝土摊铺机上以电子传感器检送基层不平度信息,控制液压执行机构的铺层自动调平装置。

由检测装置和执行机构两部分构成,前者包括参照基准件、纵坡传感器、横坡传感器及相应的接触件、电源与电气系统,后者包括牵引臂升降缸、电磁换向阀或比例控制阀。　(章成器)

铺层滑模 slip-form for paving course

随滑模式水泥混凝土摊铺机行进,在混凝土铺层两边按规定摊铺宽度滑移的一对长钢板。铰装在机架两侧梁的下缘,滑模高度可由液压缸调整。　(章成器)

铺层拉毛器 roughening device for paving course

装在水泥混凝土路面整平机上,当机械间歇停驶时,以横向移动方式将已压实平整的路面混凝土铺层表面弄粗糙,以增大摩擦系数的器具。一般是装在悬挂装置框架上的钢丝刷或硬毛刷。也指由人力推移的压花辊。　(章成器)

铺层抹光板 smoothing plate for paving course

装在水泥混凝土路面整平机上,当机械停驶时,横向移动对混凝土铺层作最后抹光的平板装置。　(章成器)

铺层抹光带 smoothing strip for paving course

由橡胶织物制成,装在水泥混凝土路面整平机上,当机械前行时作横向摆动,对混凝土铺层作最后抹光的宽带装置。　(章成器)

铺层液压调平装置 hydrostatic autoset leveling device for paving course

沥青混凝土摊铺机中以液压转子阀式传感器检送基层不平度信息,控制液压执行机构的铺层自动调平装置。传感器设置于熨平板两端,并按熨平板设计标高调整零位,其触臂随基层起伏而转动,从而控制牵引臂的升降液压缸。　(章成器)

铺层振实器 paving course vibrator

混凝土路面整平机上装有振动器的悬挂式矩形振捣板。在机械间断停驶时,以横向移动对路面的水泥混凝土铺层进行振实。　(章成器)

铺层自动调平装置 autoset leveling device for paving course

沥青混凝土摊铺机上自动补偿路基或基层的不平而调整沥青混凝土铺层厚度达到表面平整度要求的工作装置。分铺层电子调平装置、铺层液压调平装置和铺层电气调平装置等种。这几种调平装置的信息源虽有不同,而其执行机构则均是装在牵引臂端与机架之间的液压缸。当牵引臂端随着机架因地面起伏而升降时,所构成的调整信息源就立即迫使液压缸改变进油方向,使牵引臂端进行反向升降予以补偿,从而使摊铺机的熨平板始终维持在一个水平面高度。自动调平装置还可以用于路面纵坡与横

坡的不平度调整。　　　　（章成器）

铺钢轨机　rail laying machine

铺设（或拆除）单根钢轨的线路机械。用于线路换轨作业。　　　　（高国安　唐经世）

铺管机　pipelayer

起重臂横置于机械纵轴线，专门用于吊起管道放入沟道中的起重机械。相对于起重臂的机械另一侧，置有平衡重，以保持作业稳定性。分履带式铺管机和下水道支撑推进式铺管机。也有装配激光发射器，以控制纵向坡度。行走装置多为履带式。用于铺设城市给排水管和石油管道。除了铺设沟内的管线及做除锈和绝缘操作时将管子吊起等用途外，还可在管子与管段焊接时把管子吊起，以及在管线施工时用于管子、管段及其他重物的装卸及转运。

　　　　（曹善华　陈国兰）

铺轨机　track laying machine

铺设（或拆除）组装成轨排的线路机械。在铺轨基地将钢轨、轨枕及扣件组装成轨节（称为轨排），用专用平车运到工地，即可用铺轨机铺设。有单悬臂式、双悬臂式、龙门架式等。　　（高国安　唐经世）

铺轨龙门架　track laying gantry

换装轨排用的轨行式龙门架。由于标准轨线路轨枕长度一般为2.5m，铺轨龙门架轨距约3.3m，使轨排两侧仍留有间隙以利作业。多用于轨排拼装基地换装作业，正线上因需另铺轻轨线路而极少采用。

　　　　（高国安　唐经世）

铺收长轨列车　track re-laying train

铁道线路新建或大修时，更换轨排、钢轨或长轨的全套线路机械。一般由三部分构成，即拆旧部分，完成搜集扣件、用液控滚轮钳拆钢轨与搜集轨枕三个工序；平碴部分；铺新部分。后两部分完成铺放枕木、新轨和紧固件等工序，并将旧轨放在路肩上，然后移到线路中间以备运走。　　（高国安　唐经世）

普通机械化盾构　conventional mechanical shield

全部由机械挖掘土体的盾构。按切削机构分，有切削刀盘式、行星轮式和摆动切削式等。目前几乎都采用切削刀盘式，由刀盘旋转进行切削开挖，并通过卸土漏斗和溜槽将挖下的土砂卸放到排土运输机上，连续地向后方排出。切削刀盘可正反两个方向旋转，一旦盾构产生偏移，即可借用刀盘回转产生的反力矩予以纠正。　　　　（刘仁鹏）

普通液压油　general hydraulic oil

没有加入或只加入微量专门添加剂的石油基液压油。通用性强，价格便宜，但抗泡性、抗氧化性、粘温性能差，传动声响大。目前工业上常用的普通液压油有机械油、汽轮机油、变压器油、11号汽缸油和柴油机油。　　　　（马永辉　梁光荣）

谱分析　spectrum analysis

对随时间变化的信号作信息内容等价的转换，并在频域上进行描述的一种信号分析技术。其主要目的是揭示随机信号的频率结构（频率组成和分布），信号能量在频域上的分布等。使用的主要手段是傅立叶变换。主要用于各种乘载工具的舒适性（平顺性）的评价和测量；各种环境谱的测定；设备运行状态监测故障诊断等。

　　　　（朱发美）

瀑落式自磨机　waterfall autogenous mill

又称哈丁泻落式自磨机。美国哈丁（Hardinge）公司首创的湿式自磨机。卸料端空心轴颈外端装圆锥形筛筒，筛缝宽约为5mm，不能过筛的矿粒由空心轴颈内自返装置直接返回磨内。料浆用螺旋泵送到振动筛分级，粗粒由带式输送机返回磨机，筛下物再泵送至螺旋选矿机分级。具有两套驱动装置，旋向可改变。能耗仅为干磨的3/4，产品粒度均匀，输送方便、不扬尘。　　　　（陆厚根）

Q

qi

奇异信号　singular signal

函数本身或其导数（或积分）具有不连续跳变点的信号。如单位阶跃信号、单位脉冲信号等。

　　　　（朱发美）

企业标准　enterprise standard

由企（事）业或其上级有关机构批准、发布的标准。　　　　（段福来）

启动　starting

①使动力机械或机器轴、车辆等自静止状态过渡到稳定的转速或行进状态的过程及措施。可以通过人力、电力、气力、液力以及小型的内燃等措施来实现。应尽量平稳升速、带载，以减小冲击。

②电动机接通电源后，从静止状态开始转动达

到稳定转速的过程。启动瞬间的电枢电流称为启动电流,启动瞬间的电磁转矩称为启动转矩。对于任何一种电动机来说,启动时的基本要求是有足够大的启动转矩,启动电流不超过安全范围。启动转矩和启动电流是评价电动机启动性能好坏的两个指标。启动电源小、启动转矩大,电动机启动性能就好。启动方法有星形－三角形降压启动和自耦变压器降压启动等。　　　　　　（田维铎　周体优）

启动机　starter

使内燃机由静止过渡到自行运转的机器。内燃机本身不能自行起动,必须靠外力旋转曲轴,直到曲轴达到内燃机气缸开始着火所需的转速以后,内燃机才能由自己发出的功维持稳定运转。一般是电动机或小型汽油机。　　　　　　　　（岳利明）

启动力矩　starting torque

将机器的传动器由静止状态转变到额定转速时所需的转动力矩。由于各传动零部件的惯性及静摩擦阻力影响,常较额定转速下的转动力矩大。如带载启动,启动力矩还应加上载荷及其惯性的转矩。电动机过载性能强、启动力矩大,可以带载启动;内燃机只能空载启动。　　　　　（田维铎）

启动时间　starting time

将动力机械主轴或机器的传动轴由静止状态驱动到额定转速所需的时间。启动时间加长,可以减小机器的冲击载荷,使机器运转平稳,机身的稳定性好,但生产率降低。启动时间的长短,常根据机器的种类、用途、特性等的不同而异。　（田维铎）

起拨道机　track lifting and lining machine

用内燃机作动力源,利用液压力将钢轨顶并拨移的铁道线路养护专用机械。多为液压传动,起拨道两用。可以双股起道,亦可单股起道。因作业时占据线路,配备有下道装置。

　　　　　　　　　（高国安　唐经世）

起拨道器　track lifting and lining jack

利用液压力将钢轨顶起并横向拨移的铁道线路养护专用工具。为手动液压式,起拨道两用。在钢轨内侧或外侧作业时均不侵入限界。最大起拨道力可达100kN以上。质量为20kg。

　　　　　　　　　（高国安　唐经世）

起道高度　track lifting height

铁道线路起拨道机每次起道的顶起高度。手持机具约120mm,机动机械约300mm。是机具的主要参数之一。　　　　　（高国安　唐经世）

起道力　track lifting force

铁道线路起拨道机的顶起力。手持式为100～150kN,机动式大于200kN。是机具的主要参数之一。　　　　　　　（高国安　唐经世）

起道器　track jack

利用液压力或机械力将钢轨顶起的铁道线路养护专用工具。有手持液压式与齿条式两种。最大起道力可达100～150kN。质量一般为20kg。

　　　　　　　　　（高国安　唐经世）

起动钩　ram lifting hook

提升筒式柴油桩锤的上活塞进行打桩作业的柴油桩锤起落架的主要部件。　　　（赵伟民）

起苗机　seedling lifter,plant lifter

用于大面积整行区域树木出圃的园林种植机械。由牵引五铧犁架、三边切土U型挖掘犁刀、树根驱土滚筒、液压升降机等构成。能挖掘胸径12cm左右的树苗,能较好地驱除根须上的大部分积土,苗木留存根须比人工挖掘所留根须多,种植后成活率高。但不能用作选择性的单株出圃。　（董苏华）

起升冲击系数　lifting impact factor

计算起重机起升质量突然离地或下降制动时的冲击系数。原自重载荷乘上该系数为冲击载荷的值。该系数常在0.9～1.1之间。取0.9表示附加载荷为10%的自重载荷,方向与自重载荷相反;附加载荷与自重载荷方向一致时,系数取1.1。

　　　　　　　　　　（顾迪民）

起升高度　load-lifting height

起重机支承面到取物装置允许最高位置之间的垂直距离。对起重钩和货叉从其支承面算起;对其他取物装置从其最低点算起。　（李恒涛）

起升高度限制器　hoisting limiter

当取物装置达到规定的最高或最低极限位置时,自动停止起升机构运动的安全保护装置。不限制相反方向的运动。通常由行程限位开关和简单的传动机构组成,安装在起重臂头部或起升机构卷筒轴上。　　　　　　　（谢耀庭）

起升机构　lifting(hoisting)mechanism

俗称卷扬。起重机械中用来完成重物垂直升降的机构。一般由驱动装置、减速器、制动器、卷筒、钢丝绳和取物装置等组成。按传动方式分为:机械传动、电传动和液压传动;按卷筒的数量和布置的方式不同有:单卷筒、双卷筒、串联双卷筒和并联双卷筒。按工作性质分有主起升机构、副起升机构。是起重机的主要机构。

　　　　　　　　　　（李恒涛）

起升绞车　lift winch

又称起升卷扬机。利用卷筒卷绕钢丝绳以起升或牵引重物的装置。是起重机械和机械式挖掘机的基本组成部分,常与滑车配合使用。机械式挖掘机中用以提升铲斗,与推压绞车配合工作,完成挖掘作

业。　　　　　　　　　　　　　　　（刘希平）

起升速度　hoisting speed

起升最大额定起重量，且起升机构的原动机处于额定转速时，取物装置的提升速度。单位为 m/min。对于有多层卷绕卷筒的起升机构，指起重钢丝绳绕在卷筒最里层时的提升速度。其值的大小直接影响起重机的功率和生产率。是起重机的主要性能参数之一。　　　　　　　　　　（李恒涛）

起升载荷　hoisting load

起重机起升的重物、取物装置和其他随同起升物质量的重力。单位为 N 或 kN。是起重机外载荷中的主要载荷。用于起重机的总体、机构、钢结构和零部件的设计计算。　　　　　　（李恒涛）

起升载荷动载系数　dynamic factor of lifting load

用动静法计算起重机起升质量突然离地或下降制动时，作用在承载结构和机构上的动力载荷的系数。用一个大于 1 的系数乘上起升载荷作为考虑了上述动力载荷后的当量载荷。一般在 1.0～2.0 之间，与起升速度、系统刚度和操作猛然程度成正比。　　　　　　　　　　　　　　（顾迪民）

起重臂　boom（jib）

俗称臂架、吊臂。支承起升绳、取物装置或变幅小车的双向压弯的金属结构件。由连接销轴、钢丝绳或液压缸支承在起重机的转台或塔身上。对于可俯仰摆动的起重臂，由变幅机构改变其倾角，以改变起重机的幅度和起升高度；水平的起重臂是用变幅小车在其上来回运动而改变幅度。按结构不同分为桁架式起重臂和箱形起重臂；按功用不同分为起重机动臂、主起重臂、副起重臂、伸缩臂、折叠臂、鹅首架等。　　　　　　　　　　　　（李恒涛）

起重臂摆角限制器　jib angle limiter

限制动臂起重机的起重臂最大倾角和最小倾角的安全保护装置。由行程限位开关和连杆系统组成，一般安装在起重臂根部。当起重臂倾角达到极限值时，连杆系统或撞块即触动行程开关，停止起重臂继续沿原方向运动。开关动作后，仍允许反方向运动。　　　　　　　　　　　　　　（谢耀庭）

起重臂拉索　jib tie

一端连接在塔式起重机塔顶撑架（或塔尖或塔帽）顶端，另一端用以悬吊小车变幅式起重臂使之处于指定位置（一般是水平位置）的受拉索具。多采用钢丝绳或棒状杆件，长度可做少量调整，以满足整机调整及磨损后的要求。钢丝绳常用于中小型塔式起重机的单吊点起重臂；棒状杆件长度不易变化，受拆装运输方便的要求和杆件刚度限制，一般分段制造，常用于双吊点起重臂及多吊点起重臂。对于常见的三角形截面起重臂，每个吊点截面可以只设一根索具牵引正置的上弦，也可设置二根分别牵引正置的下弦或倒置的上弦，但后者最好还需设置平衡装置，否则易于产生附加扭矩。　　　　　（李以申）

起重臂伸缩机构　boom telescoping device

使起重臂改变长度，完成伸缩运动的机构。多节箱形起重臂借助于伸缩机构，改变其长度以变更起升高度和幅度。按传动方式分为液压式、液压机械式和手动三种；按伸缩顺序有同步伸缩、顺序伸缩和独立伸缩之分。是具有伸缩式箱形起重臂的起重机不可缺少的机构。常用于液压传动的自行式起重机和军用的抢险起重机上。　　　　　（李恒涛）

起重幅度　radius

臂架式起重机回转中心垂直轴线至其起重钩中心垂直轴线的水平距离。起吊重物时的幅度称工作幅度。是表示起重机工作范围的一个主要参数。　　　　　　　　　　　　　　（顾迪民）

起重幅度利用率　utilization coefficient of radius

起重机可利用的工作幅度范围与最大工作幅度之比。是衡量起重机使用性能好坏的参数之一。　　　　　　　　　　　　　　（李恒涛）

起重钩　hook

俗称吊钩。由直杆和弯杆两部分组成，用于起重机械的取物装置。直杆称钩颈，是圆形截面，顶部螺纹或孔，用以与其他构件联接；弯杆称钩体，多为带圆角的梯形截面。按结构型式有单钩和双钩、长吊钩和短吊钩之分。按制造方法分锻造起重钩和片式起重钩。其尺寸根据起重量选用。　　（陈秀捷）

起重钩下放深度　lowering depth

起重机的取物装置下放到支承面之下时，取物装置下极限位置到支承面之间的距离。单位 m。　　　　　　　　　　　　　　（李恒涛）

起重钩组　hook block

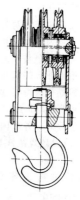

又称吊钩组。悬挂在起重机械的挠性件上，用以直接或间接地提取各类物品的取物装置。由起重钩、螺母、推力轴承、起重钩横梁、滑轮、滑轮轴及拉板等组成。按结构分为短钩型起重钩组及长钩型起重钩组。在起重机械中应用较为普遍。　　（陈秀捷）

起重葫芦　hoist

悬挂在吊架上，利用挠性件带动取物装置升降的起重机具。由驱动装置、传动装置、制动装置以及挠性件卷放或夹持装置组成。

有手拉(手扳)、电动和气动三种形式;挠性件用环链或钢丝绳。 (曹仲梅)

起重机 crane

使挂在取物装置上的重物在空间实现垂直升降和水平移动的起重机械。在整个作业循环中,一般经过装载、运行、卸载、返回原处四个过程,各机构经常处于起动、制动、正向、反向和停歇相互交替,因此是一种周期性间歇作业的机械。一般由工作机构、金属结构、电气(或液压)系统等三大部分组成。按结构和性能分为固定式回转起重机、运行式回转起重机和桥式类型起重机等;按传动方式分为机械传动式、液压传动式和电力传动式;按工作装置分为桁架臂式和箱形伸缩臂式。广泛用于各种场合和行业中的起重、运输、装卸和安装等作业。 (曹仲梅)

起重机安全装置 safety devices of crane

防止起重机超载和倾翻的保护装置。有:安全保护装置、缓冲器、报警器、指示器和限速器等。 (李恒涛)

起重机参数 parameters of crane

表征起重机性能、结构特点、技术经济指标等方面的数据。是设计和选用起重机的依据,有起重量、跨度、起重幅度、起升高度、各机构的工作速度等。对某些起重机还有生产率、轮距、轨距、外形尺寸、最大轮压、自重等。 (曹仲梅)

起重机拆除时间 dismantlement time of crane

起重机由工作状态拆卸成运输状态的部件所需时间。是衡量起重机辅助时间长短的重要指标。 (李恒涛)

起重机动臂 luffing jib

通过俯仰运动改变自身的倾角,以调整起重机起升高度和工作幅度的起重臂。广泛用于各种类型的臂式起重机。可根据需要利用变幅机构改变起升高度和幅度,为吊装作业提供方便。 (孟晓平)

起重机工作级别 classification of the appliance

按使用条件对各种起重机械人为地来分级的一种标准。为使用户和制造厂对各种场合下工作的起重设备有一个共同的比较标准;为设计者能估计不同使用条件下的起重机的服役期限,按起重机利用等级和载荷状态将起重机分为若干工作级别(如从一级到八级,即 A1~A8)。等级愈高,表明其使用条件愈苛刻。各个国家有其各自的分级方法。中国《起重机设计规范》GB 3811 执行 ISO 的分级标准。 (顾迪民)

起重机机构工作级别 classification of the mechanism

按使用条件对起重机械的各工作机构人为地分成若干级别的一种标准。中国《起重机设计规范》GB 3811 执行 ISO 的分级标准。按起重机机构利用等级和载荷状态分为八个等级(M1~M8)。设计者按其工作级别设计机构以满足各种场合下使用的起重机。起升机构的工作级别常是该起重机的起重机机构工作级别。 (顾迪民)

起重机机构利用等级 class of utilization of mechanism

对起重机机构的设计寿命人为地作出规定的一种分级标准。按起重机各机构设计寿命可分为若干利用等级。中国规定:从假定的使用年限内处于运转状态的总小时数 200 小时起为第一级,以公倍数为 2 逐级上升到 100 000 小时,共分十级。该小时数仅作为机构零部件的设计依据,不是机构的保用期。 (顾迪民)

起重机架设时间 erective time of crane

起重机工作之前由运输状态架设成工作状态所需时间。架设时间属于辅助时间,愈短愈好,近年来,采用了不同的新结构,几小时内即可完成起重机的架设。 (李恒涛)

起重机具 load hoisting attachment

用来提升、举起重物的轻小型起重机械。体积小,重量轻,结构紧凑,操纵方便。主要有起重葫芦、绞盘、千斤顶、卷扬机和桔槔等。 (曹仲梅)

起重机利用等级 class of utilization of appliance

按起重机设计寿命期内总的工作循环次数(即起重次数)人为地分等的一种标准。中国《起重机设计规范》GB 3811 规定:从 1.6×10^4 次数起为一级,公倍数为 2 逐级升到大于 4×10^6 次数,共十级。前四级称不经常使用等级,第五、六级为经常使用等级,第七、八、九和十级为繁忙使用等级。与四种载荷状态搭配可以确定有八个等级的起重机机构工作级别。 (顾迪民)

起重机倾翻临界状态 critical state of crane tipping

起重机在起吊临界起重量时,倾翻线内外两静力矩处于互相平衡的一种状态。即稳定力矩 M_S 与倾覆力矩 M_T 之比等于 1 的一种理想状态。 (李恒涛)

起重机稳定性 crane stability

非固定式的起重机在自重和外载荷作用下的抗倾覆能力。以稳定系数表示抗倾覆能力的大小。根据计算工况不同,有工作状态稳定性、非工作状态稳定性、安装(拆卸)稳定性、静态稳定性和动态稳定性。稳定性的计算是起重机设计的重要内容;稳定系数选择合理与否直接影响起重机的性能和经济指标。 (李恒涛)

起重机械　lifting appliance

完成提升、装卸、转运货物和安装工作的各种起重机具、各类起重机和垂直升降机的总称。中国是最早发明起重机具的国家，早在公元前 1765～1760 年间发明了桔槔，约在公元前 1115～1079 年间发明了辘轳，当时主要用来汲水、冶炼和采盐作业。随着生产的发展，起重机械得到了进一步的发展，15 世纪前期世界上出现了回转起重机；1827 年制成第一台用蒸汽驱动的回转起重机；1846 年第一次研制成由液压传动的起重机；1880 年第一台电力驱动的载人升降机投入使用；电力回转起重机于 1885 年制成。中国在 1958 年制造了第一台起重量为 5t 的汽车起重机。随着中国工农业的发展，起重机械得到了较快的发展。通常由钢结构、工作机构、控制系统和安全装置等组成。主要参数有：起重量、起升高度和起升速度。　　　　　　　　　　　（李恒涛）

起重机支腿　outrigger of crane

用来支承工作状态时的轮胎式起重机的装置。一般有四个，布置在起重机外侧，可增加起重机支承平面的轮廓尺寸，以便提高起重机抗倾覆稳定性。由液压缸或螺旋丝杠、钢结构件、联接销轴、液压锁和支脚等组成。当起重机工作时，支腿外伸支脚撑地抬起起重机；当起重机处于行驶状态时，支腿回缩呈运输状态。按结构不同分为：蛙式支腿、X 式支腿、H 式支腿、辐射式支腿和铰接式支腿五种。　　　　　　　　　　　（李恒涛）

起重夹钳　lifting tongs

通过钳口之间的夹紧力夹持或借助钳口的形状支承重物的取物装置。有杠杆夹钳和偏心夹钳两种。杠杆夹钳夹持物品的能力是依赖夹持物与通过杠杆在钳口处产生的法向力的作用而在钳口处产生的摩擦力；偏心夹钳是依靠偏心块张紧作用产生的法向力，并由法向力在钳口、偏心块与夹持物间产生的摩擦力。工作十分可靠，夹紧力总是与被提升载荷的重量成正比。可自动卸载，工作效率较高。对提升不同形状、规格的物件需要有不同的夹钳形状。　　　　　　　　　　　（曹仲梅）

起重力矩　load moment

起重量载荷与相应工作幅度的乘积。表示起重机的起重能力。在轮胎式起重机的系列参数中，为最大起重量载荷和相应的最小工作幅度之积；对于塔式起重机则表示最大工作幅度与相应额定起重量载荷之积。单位为 N·m。　　　　（李恒涛）

起重力矩限制器　load moment limiter

当起重力矩超过规定值时，自动停止向上提升或增大幅度的变幅运动的安全保护装置。常用的有电子式和机械式两种，可自动控制幅度与载荷的乘积值不超过极限值。电子式具有较高精度，调整方便；机械式构造简单。　　　　　（谢耀庭）

起重量　lifting capacity

起重机安全工作所允许的起吊重物的质量。单位是 kg 或 t。在设计计算时，对起吊重物产生的载荷称为起升载荷，以力为单位，N 或 kN 表示。为起重机械最主要的性能特征。　　　　　（曹仲梅）

起重量特性曲线　capacity characteristic curve

额定起重量与幅度的关系曲线。对于可变幅的起重机，根据幅度与其对应的额定起重量的数值，在直角坐标系上绘制的曲线。纵坐标表示起重量，横坐标表示幅度。可表明起重机的起重能力，供操作人员使用起重机时参考。　　　（李恒涛）

起重量限制器　load limiting device

起吊的重物质量超过规定值时，自动停止起升机构提升运动的安全保护装置。该装置不限制下降运动。常用有电子式和机械式。电子式的常与起重力矩限制器组合为一体，提升重物时，起重量传感器输出电信号到处理器，后者将信号放大、比较后输出控制信号到起升机构控制回路，从而达到控制作用，精度较高，并可显示；机械式的基本原理是利用杠杆及弹簧来控制行程。　　　　　（谢耀庭）

起重索　hoisting rope

缆索起重机上用于提升载荷的钢丝绳。一端固定在一个支架上，另一端经过缆索起重机起重小车和取物装置的滑轮组及导向滑轮固定并卷绕在另一支架上的起升机构卷筒上。　　　（谢耀庭）

起重索具　hoisting

用环链、钢丝绳等挠性构件捆扎起吊物件以便吊运的取物装置。除了挠性构件外，还有圆环、挂钩等其他零件。　　　　　　　　（曹仲梅）

气泵　vaccum pump

又称真空泵。利用机械、物理、化学或物理化学的方法对容器抽气，以获得真空的装置。利用机械方法的称机械泵，以转子真空泵应用最广；利用高速油或汞的蒸汽分子将空气带走，然后由机械泵抽除的称扩散泵；利用气体分子电离后被物体吸走的称离子泵；还有利用水流（或水蒸气）喷射抽气的称射流泵。　　　　　　　　　（曹善华）

气电示功器　air-electric indicator

由压力传感器、压缩气体传动放大系统及图形记录器等组成，用以绘制示功图的机械－电动式示功器。通常是在发动机缸盖内装压力传感器，气缸内的气体压力作用在特制的膜片上，当气体压力超过参考压力时，膜片向上移动，并使压缩气体推动小活塞运动，使触点闭合，接通电路。反之，气体压力低于参考压力时电路断开。可测量较高转速的发动

机,但不能得到单个工作循环的示功图,而是许多工作循环的平均示功图。 （原思聪）

气垫带式输送机　air cushion belt conveyor

没有托辊支承装置而代之以胶带与支承面间的空气膜——气垫的带式输送机。胶带绕过驱动滚筒和张紧滚筒,上下两个分支分别在气室中运行。胶带支承在由不锈钢板弯成的弧形钢板上,压缩空气通过支承板上的气孔喷出而在胶带与支承板之间形成气膜——气垫,胶带在气膜上滑行。制造、运行和维修均比一般带式输送机方便,并能经济、快速和无污染地进行输送,胶带能自动对中,物料不易混搅而扬起灰尘,输送速度比一般输送机高。

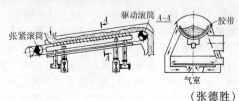

（张德胜）

气垫式剪草机　air-cushion mower

由立轴带动刀片在水平面内旋转进行切草并利用与刀片同速旋转的叶轮产生的气流使机身悬浮的剪草机。由动力装置、刀片罩壳、刀片、叶轮、操纵机构等组成。作高速旋转的割刀靠冲击实现切割,剪下的草无导向、不收集。因气体浮力使机体略离地面,作业人员推动行走时轻便省力。

（胡　漪）

气垫输送装置　air cushion transporter

简称气垫。利用压缩空气形成的气膜,托起重物降低摩擦阻力,便于物品移动的物料搬运装置。由气源、承载平台和若干个气垫单元组成。气垫单元为一气囊,充气后气囊膨胀并保持 0.025～0.25mm 的离地间隙。在外力作用下,水平移动重物。气源可以是工厂的压缩空气系统或是移动式空气压缩机组。主要用于短距离搬运沉重大件物品。

（叶元华）

气顶　pneumatic jack

以压缩空气推动,顶在岩石面上,稳定凿岩钻车或钻架的机构。 （茅承觉）

气动打桩机　pneumatic hammer pile driver

以气动桩锤为主机,以蒸汽或压缩空气为动力的打桩机。由气动桩锤和与之配合的桩架组成。

（王琦石）

气动灯　pneumatic lamp

气动发动机、发电机和灯具为一整体结构的灯。

（茅承觉）

气动灰浆喷射器　pneumatic mortar sprayer

借助空气压缩机的气体压力使灰浆形成射流进行喷涂施工的灰浆喷射器。 （周贤彪）

气动锯　pneumatic saw

又称风动锯。由压缩空气驱动锯条高速往复运动对铝合金、橡胶、木材等板材进行直线或曲线锯割的手持机具。压缩空气经旋转式气压节流阀进入,叶片式气马达,使转子旋转,经齿轮减速后由曲轴机构带动导杆下端的锯条作直线高速往复运动。为减少导杆上下高速运动带来的振动,前部设计有平衡装置。主要参数为最大锯割厚度、耗气量、工作气压和导气管内径。 （王广勋）

气动卷扬机　pneumatic winch

以气动马达为动力装置来驱动卷筒旋转的卷扬机。通常以压缩空气为工作介质,以空气压缩机为动力源,利用气流阀门控制转速。具有操纵简便、无级调速、过载自动停止和运转平稳等优点,适于运送易碎物品;还具有防火、防爆、耐高温及不怕潮湿等特点。但因受气源限制,应用并不普遍。

（孟晓平）

气动拉铆枪　pneumatic pull-type rivetter

又称风动拉铆枪。以压缩空气为动力的拉铆枪。接通导气管,配备适应铆钉规格的铆钉夹头,把抽芯铝铆钉插入铆钉夹头内,然后插入预制的需要铆接的孔内,撤动拉铆枪扳机,气门即打开,压缩空气进入多级活塞气马达,产生达到铆接要求的工作拉力后,自动完成拉铆。为减少铆接时的后座力,装有空气缓冲机构。主要参数为工作气压、工作拉力、铆接直径和导气管内径。其包括气动增压拉铆枪等。 （王广勋）

气动磨抛光机　pneumatic polishing machine

又称风动磨腻子机。对木器、电器、车辆、仪表和机床等产品的外表腻子或涂料进行磨光或抛光作业的气动手持机具。气门开启,压缩空气进入底座内腔,推动腔内钢球沿导轨作高速圆周运动,以离心力带动下部由夹板夹持住带砂布的底座作高速运动,进行磨光作业。特别适宜于湿磨作业。将绒布代替砂布可进行抛光、打蜡作业。主要参数为工作气压、耗气量、导气管内径和磨削压力。

（王广勋）

气动喷头　pneumatic sprayer head

靠压缩空气形成灰浆射流的喷射器喷头。按压缩空气对灰浆的作用方式分为中心供气式喷头和环室供气式喷头。 （周贤彪）

气动撬浮机　pneumatic barring down tool

用以撬掉隧道、矿井巷道和采场顶板悬浮石块的气动工具。 （茅承觉）

气动球阀泵　pneumatic globe valve pump

具有气路和料液路双系统的球阀控制式气动

泵。由压缩空气驱动,压缩空气和稀释后的涂料液供喷枪进行喷涂工作。当喷枪暂停作业时,泵仍然运行,使湿涂料经回流装置自动排回贮料桶中。泵上安装有压力表和气、料调节器,可根据施工需要及气源情况进行人工调节。

(王广勋)

气动式 pneumatic type

以气动马达或气缸为驱动装置驱动工作装置的机械。 (田维铎)

气动式拔桩机 pnematic extractor

以压缩空气为动力,使锤头向上冲击而将桩拔出的压拔桩机。由气动拔桩装置、起重机等组成。

(赵伟民)

气动式灰浆泵 pneumatic mortar pump

利用压缩空气推动灰浆沿管道输送的灰浆输送泵。有单罐式和双罐式。 (董锡翰)

气动式夹桩器 pneumatic chuck

通过压缩空气产生夹桩力的夹桩器。

(赵伟民)

气动式内部振捣器 pneumatic internal vibrator

利用气动马达驱动的内部振捣器。气动马达与振动棒直接连接,传动简单,结构紧凑,工作可靠,无爆炸和触电的危险,适用于矿山建设。但能耗高,低温工作时不稳定。 (向文寿)

气动往复式附着振动器 pneumatic reciprocating type external vibrator

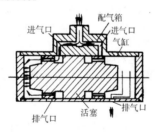

利用压缩空气推动活塞作往复运动而产生振动的附着式振动器。由气缸、活塞等组成。气缸上有左右对称的进、排气口。活塞上有两条环形槽,通过气孔分别与气缸左右腔相通。当活塞在右边极限位置时,气缸右腔充气,左腔排气,活塞被推向左。当活塞移到左边极限位置后,气缸左腔充气,右腔排气,活塞被推向右,如此周而复始。构造简单,工作可靠,但频率低,能耗高,目前已很少应用。

(向文寿)

气动行星式附着振动器 pneumatic planetary type external vibrator

利用压缩空气推动转子绕定子作行星运动而产生振动的附着式振动器。由机壳、定子、转子、叶片、前、后侧盖,消音器等组成。能产生很高的频率(7000~12000 次/min),是一种有效的振捣工具,但消耗动力大,零件易磨损。

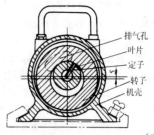

(向文寿)

气动凿岩机 pneumatic rock drill

又称风动凿岩机。俗称风钻。以压缩空气为动力的凿岩机。由启动装置、配气和冲击机构、钎杆回转机构、钎杆连接机构、冲洗吹风装置和润滑装置等组成。活塞冲击频率在 41Hz 以上的为高频凿岩机,其生产率与频率成正比增长,冲击力亦随之加大,但耗风量和反坐力也增大。按支撑和操作方式可分为:手持式、气腿式、向上式、导轨式等四类。适用于任何硬度的岩石。优点是结构简单,维修方便,工作可靠,重量轻;缺点是能量利用率低。一般根据凿岩地点和岩孔方向先确定凿岩机的类型,然后根据岩石硬度、孔深等选择凿岩机规格。 (茅承觉)

气动凿岩机冲洗吹风装置 compressed air and water supply hitch of rock drill

又称气动凿岩机排粉装置。凿岩机排出钻孔底部岩粉的装置。按排粉方法分为湿式与干式两种。湿式又可分为两种情况:①冲洗,水通过水针和钎杆中心孔到达孔底,将岩粉和为泥浆,而后排出孔外;②吹洗,水针管外又套一风管,两管之间的间隙约1mm,工作时分别通入水与压缩空气,防止钎杆内残留水倒流入机器内部,并有助于冲洗水顺利地进入钎杆中孔。干式即停止活塞冲击,使压缩空气通过钎杆中心把孔底岩粉强力吹出孔外,此法岩粉飞扬,恶化作业条件,如在钻孔出口设集尘器则可降低空气的含尘量。 (茅承觉)

气动凿岩机导向套 cylinder guide of pneumatic rock

在气动凿岩机缸体与机头之间,导正活塞并起密封作用的零件。 (茅承觉)

气动凿岩机进气操纵阀 compressed air operation valve of rock drill

控制凿岩机的起动、停止和进风量大小的闸阀。按开口截面大小有停止、轻运转、中运转、全运转及强力吹洗五个位置,即零位是停止工作,停风、停水;1 位是轻运转,注水、吹洗、引眼时用;2 位是中运转,注水、吹洗,破碎较软岩石时用;3 位是全运转,注水、吹洗、正常情况下钻眼时用;4 位是强力吹洗孔眼,此时停水、停止凿岩工作。 (茅承觉)

气动凿岩机螺旋棒 rifle bar of pneumatic rock drill

见气动凿岩机钎杆回转机构。

气动凿岩机螺旋母　rifle nut of pneumatic rock drill
　　见气动凿岩机钎杆回转机构。

气动凿岩机配气冲击机构　impact and compressed air distribution mechanism of rock drill
　　气动凿岩机上压缩空气输入分配并推动活塞作往复运动以冲击钎尾的机构。由配气机构、气缸、活塞和气路等组成。按配气机构的动作原理和结构形式分为：①靠活塞在气缸中作往复运动中的压缩余气与自由空气间的压力差来实现滑阀位置变换的滑阀配气冲击机构；②在活塞端面打开排气口之前，引进压缩空气推动配气阀，靠压缩空气与自由空气的压力差来实现阀位变换的控制阀配气冲击机构；③依靠活塞在气缸中往复运动的位置变换来实现配气的无阀配气冲击机构。　　　　（茅承觉）

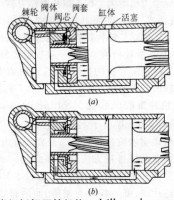

棘轮　阀体　阀套　　缸体　活塞
　　　　阀芯

(a)

(b)

气动凿岩机钎杆回转机构　drill steel rotary mechanism of rock drill
　　又称气动凿岩机转钎机构。使凿岩钎每受一次冲击后，转动一个角度以改变钎刃钻凿位置的机构。按其结构有内回转和外回转之分。内回转转钎机构由棘轮、棘爪、螺旋棒、螺母、活塞、转动套、钎尾套和钎子等组成。螺旋棒一端有右旋外螺纹槽与活塞内的螺母配合，另一端装有2～4个棘爪与固定在机体上的棘轮相啮合；装在机头内的转动套，一端与活塞花键配合，另一端与六方形的钎尾套压配合，传递活塞或回转马达的扭矩。当活塞冲击时，活塞只作直线运动，此时棘爪是顺齿，螺母可带动螺旋棒转动一个角度；当活塞回程时，由于棘爪是逆齿，棘轮固定，螺旋棒不能转动，迫使活塞转动一角度，从而带

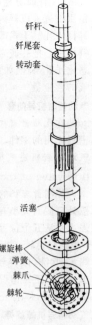

钎杆
钎尾套
转动套

活塞

螺旋棒
弹簧
棘爪
棘轮

动钎杆转动。活塞每往复一次，钎子转动一次。外回转转钎机构是由独立的发动机带动钎杆作连续的转动，转钎速度可以调节。　　　　　　（茅承觉）

气动凿岩机转动套　rotary sleeve of pneumatic rock drill
　　见气动凿岩机钎杆回转机构。

气动增压拉铆枪　supercharging pneumatic pull-type rivetter
　　又称风动增压拉铆枪。带有增压气缸的气动拉铆枪。压缩空气进入增压气缸提高工作气压后再进入多级活塞气马达，使拉铆枪工作拉力更加增大。　（王广勋）

气动桩锤　pneumatic pile hammer
　　用气体压力推动锤体上升，通过锤体下落的冲击力沉桩的桩锤。由气缸、活塞、动力装置和配气机构等组成。动力装置采用蒸汽锅炉或空气压缩机。有单作用式气动桩锤、双作用式气动桩锤和差动式气动桩锤。需配备一套动力装置，使用不方便；但可做成超大型的，能满足大型桩基础施工要求；冲击能量可在25%～100%的范围内无级调节，打桩精度高；大锤可以打小桩，桩头应力小。工作时不会产生过热现象，也不排出有害气体。　　　　（王琦石）

气缸　cylinder
　　内燃机中气缸盖、气缸体、气缸套和曲轴箱的总称。气缸盖用来封闭气缸上部，构成燃烧室。气缸体是气缸的机体，与活塞相匹配并为活塞导向的筒体。气缸套镶入气缸体内形成气缸工作表面。曲轴箱是支承曲轴和贮存润滑油的壳体。
（岳利明）

上止点

气缸冲击式气动桩锤　cylinder impacting pneumatic pile hammer
　　气缸作为锤体的单作用式气动桩锤。　　（王琦石）

气缸工作容积　piston displacement
　　内燃机工作循环时，活塞到达下止点时气缸的最大容积与活塞到上止点时气缸的最小容积（包括燃烧室容积）的差值 V_h(L)，即活塞在上、下止点之间所扫过的容积。　　　　（陆耀祖）

气割　gas cutting
　　又称氧气切割或火焰切割。利用氧气与高温金属的

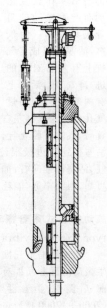

气缸冲击式气动桩锤

燃烧反应来分离切割金属材料的方法。只有那些燃点低于熔点；金属氧化物的熔点低于金属本身的熔点；金属燃烧时能放出大量的热，而且金属本身的导热性较低的金属材料才可用此法进行切割。因此，它只适用于切割中、低碳钢和普通低合金钢，而不适用于高碳钢、铸铁、高合金钢及铜、铝等有色金属及其合金的切割。　　　　　　　（方鹤龄）

气焊　gas welding

　　利用可燃气体如乙炔和氧气混合燃烧的高温火焰作为热源来熔化母材和填充金属的熔化焊。火焰温度低，加热慢，生产率低；热源比较分散，工件受热范围大，热影响区较宽，焊后易变形；火焰对熔池保护性差，接头质量不高。主要用于焊接薄钢板和黄铜。也常用来焊补铸件，焊接有色金属及其合金、以及钎焊刀具，热处理加热等，也可以对焊件进行焊前预热和焊后缓冷以及焊接变形的矫正等。（方鹤龄）

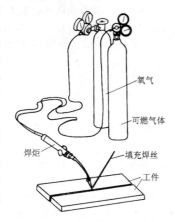

氧气

可燃气体

焊炬

填充焊丝

工件

气力喷雾　pneumatic spraying

　　利用较小的压力将药液流束导入高速气流，在高速气流的冲击下，药液流束被雾化成细小雾滴的喷雾方法。高速气流由风机和空气压缩机产生。雾滴较液力喷雾的小，雾滴大小取决于气流速度的大小以及药液导入高速气流的角度。　　（张　华）

气力输送混合比　mixing ratio of pneumatic conveying

　　气力输送装置在单位时间内所输送的物料质量与空气质量之比。气力输送装置重要参数之一。其值取决于气力输送装置的类型、输送管道的布置、被运物料的物理性质和气源机械的类型等。
　　　　　　　　　　　　　　　　（洪致育）

气力输送装置　pneumatic conveyor

　　利用气流在管道内输送散粒物料的连续输送机械。按不同的输送原理分悬浮气力输送装置、栓流式气力输送装置、流态化气力输送装置（空气槽）和容器式气力输送装置。与其他连续输送机械相比，具有工作条件好、占地小、选择线路容易、输送生产率高等优点。缺点：能耗较高，对输送物料的块度、粘度和温度有一定的限制。　　（洪致育）

气力输送装置的单位功耗　unit power consump-tion of pneumatic conveyor

　　气力输送装置在生产率 1t/h、输送长度 1m 时所消耗的平均功率。其值取决于气力输送的类型、输送管的布置、被运物料的物理性质和气源机械类型等。　　　　　　　　　　　　　（洪致育）

气流粉碎机　fluid energy mill

　　又称流能磨或喷射磨（jet mill）。利用气流能量粉碎物料的超微粉碎机。藉喷嘴喷出的高速气流的巨大动能，使物料颗粒互相冲击碰撞，或与固定板（例如冲击板）冲击碰撞粉碎后，经过高速主旋流形成的离心力场时，按粒度大小自行分级。有自行分级性能的为扁平型、循环管型和特罗斯特型。气流速度分为亚声速、等声速和超声速。一般气流速度为 200～500m/s，有的高达 800～1000m/s 及以上。最常用的气体为过热水蒸气和压缩空气，压强分别为 1.0MPa 以上与 0.7MPa 以下。用于加工成品粒度小于 5μm、甚至小于 1μm 的物料。成品具有颗粒细、粒度分布窄、表面光滑、形状近球形、纯度高、活性大、分散性好等特点。机形小、没有运动部件、但能耗大。也有用氮气和二氧化碳粉碎热敏性和易燃易爆物料的。　　　　　　　　　　　（陆厚根）

气落式自磨机　aerofall autogenous mill

　　又称伟斯顿气落式自磨机。加拿大德·伟斯顿（D. Westen）首创的干式无介质磨机。结构特点：筒体直径为长度的 3 倍，使被粉碎物料有足够的抛落冲击能量，在无钢球或很少钢球的情况下完成粉碎作业；筒体及空心轴颈短，物料易于给入和分级，缩短物料在磨内的滞留时间，并抑制其离析，强化粉碎的选择性和提高产量。物料粉碎后藉风力排出，经沉降分离器、旋风收尘器捕集为产品，粗粒返回再磨。可粉碎兼烘干。优点是一次完成破碎和粉磨作业，简化流程，降低基建投资 30%～40%；降低电耗 30%～40%，节省研磨体消耗；具有选择性粉碎特性，过粉碎现象少，不受矿石种类限制。但是，比湿式能耗大 1.3 倍左右。　　　　　　（陆厚根）

气门　valve

　　内燃机中用来控制进、排气道开启和关闭的零件。由气门头部和气门杆两部分组成。用合金钢制造。
　　　　　　　　　　　　　　　　（岳利明）

气囊式蓄能器　bladder-type accumulator

　　靠圆筒体内的橡胶皮囊把液压油与压缩气体隔开的充气式蓄能器。漏气损失小，反应灵敏，可以吸收剧烈的压力冲击和脉动。是目前应用最广的蓄能器。
　　　　　　　　　　　　　　　　（梁光荣）

气门

气溶喷漆 aerosol painting

利用气溶体的压力将漆料喷涂于物体表面的喷漆方法。将混有喷漆的气溶体(常为一种碳氢化合物的氟氢衍生物)装在小罐内,由于气溶体压力的作用,喷涂时只需打开阀门,即可将漆液喷涂在被涂物件的表面上,同时在罐内始终保持着这个压力,直到漆料全部用完为止。常应用在小型物件表面喷漆或作修补之用。 (王广勋)

气胎式制动器 tyre brake

利用坚韧的耐热橡胶轮胎充气后,使摩擦件压紧制动轮而产生摩擦力的制动器。制动平稳、迅速,操纵方便。但由于制动频繁,制动轮温度较高,气胎容易老化破损。 (幸淑琼)

气腿 air leg

以压缩空气压力推动的凿岩机支腿。由三层套管、活塞和连接构件等组成。外管即气缸,上部与架体固定,下部安有下管座,为防止岩粉带入内部,下管座装有密封胶套;中管为伸缩管,上部固定着活塞,下部固定着顶叉和顶尖;内管为风管,装在架体上;套管上部横臂与凿岩机机身连结。工作时,压缩空气经由凿岩机操纵阀横臂孔进入气缸,操纵调节阀和换向阀使伸缩管沿导向套伸出或缩回,推动凿岩机前进或快速退回。具有控制系统集中,操作方便等特点。 (茅承觉)

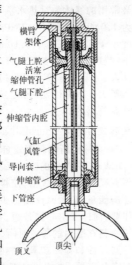

横臂
架体
气腿上腔
活塞
缩伸管孔
气腿下腔
伸缩管内腔
气缸
风管
导向套
伸缩管
下管座
顶叉
顶尖

气腿式气动高频凿岩机 high-frequency air-leg rock drill

见气腿式气动凿岩机和气动凿岩机(215页)。

气腿式气动集尘凿岩机 air-leg rock drill with dust collector

本身具有集尘结构,与集尘器配套使用的气腿

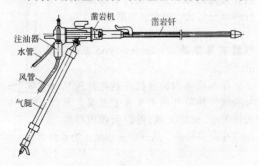

凿岩机
凿岩钎
注油器
水管
风管
气腿

式气动凿岩机。 (茅承觉)

气腿式气动凿岩机 air-leg rock drill

用气腿支承、推进的气动凿岩机。一般由凿岩机、气腿和注油器三部分组成。凿岩机设有消声、减震、除尘装置,凿岩机与气腿连接后其最大转动角度为140°。分为:气腿式高频凿岩机、气腿式集尘凿岩机等两类。机重为20~35kg,主要用于f=8~18中硬和坚硬岩石中进行湿式钻孔,钻孔深度可达5m。 (茅承觉)

气压传动式点焊机 pneumatic spot-welding machine

利用气缸对钢筋焊点加压的钢筋点焊机。能自动或单动操作。自动操作时只需踩住踏板,电极加压,接通和切断焊接电流,电极维持压力,电极上升等程序就能循环进行。单动操作时,每焊一点踩动踏板一次。生产效率高,操作省力,可精确调节通电时间和电极压力,焊接质量好,因此应用广泛。但设备比较复杂。 (向文寿)

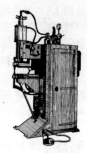

气压盾构 pneumatic shield

在隧道内或开挖面附近通入压缩空气,以平衡地下水压,抑制涌水,疏干和稳定开挖面的盾构。通常在软土或滞水地层中采用开放式盾构开挖隧道时,要在隧道内设置气闸,从气闸至开挖面之间,都处在气压之下。工作条件差、效率低,但由于设备简单和具有较成熟的施工经验,故至今仍有采用。 (刘仁鹏)

气压升降平台 pneumatic lifting platform

又称气动式升降平台。以自备压缩气体,通过气压元件顶推气缸驱动升降机构、进行作业高度调整的装修升降平台。 (张立强)

气压式钻孔机 pneumatic boring machine

在钻杆的适当位置上输入高压空气与钻杆内循环泥浆混合扩散,钻杆内外产生很大的比重差,使夹有钻碴的循环泥浆沿钻杆上排排至孔外,实现排碴钻进的反循环钻孔机。多用于深孔施工中。 (孙景武)

汽车起重机 truck crane

上、下车均有司机室,分别操纵起重机各机构和整车行驶;作业部分安装在通用或专用汽车底盘上的轮胎式起重机。回转支承将其分成上下两部分。回转支承之上为上车回转部分,由转台、起重臂、起升机构、回转机构、变幅机构、操纵室、平衡重和取物装置等组成;回转支承之下为下车行走部分,由发动机、取力器、司机室、传动系统、行走系统、转向系统、

稳定器、液压油箱、下车液压系统和起重机支腿等组成。按起重量大小分:小型(12t 以下);中型(16～40t);大型(40t 以上)和特大型(100t 以上)四类。与轮胎起重机相比,底盘制造成本低,行驶速度快,能进行长距离转移及工作时辅助时间短等特点,特别适于工作量小而需频繁转移作业场地的情况。缺点是车身重,爬坡和越野能力较差;车身较长,转向半径大;作业时需要外伸支腿,不能吊重行驶。

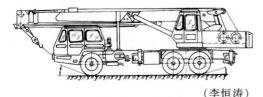

(李恒涛)

汽车抢险起重机 truck rescue crane

安装在通用或专用汽车底盘上的抢险起重机。具有汽车起重机的相似构造和特点,大多数具有越野性能并装备有牵引卷扬机构。 (谢耀庭)

汽车式混凝土泵 truck-mounted concrete pump

安装在汽车底盘上的混凝土泵。可以自行快速转移,随车装有较多的输送管,到达工地后靠人工铺设这些输送管。 (龙国键)

汽车式沥青喷洒机 mobile asphalt distributor

见自行式沥青喷洒机(362 页)。 (章成器)

汽车式挖掘机 truck mounted excavator

以汽车底盘为行走装置的挖掘机械。底盘大梁加强,上置转台,转台为全回转式,并设独立的操纵座,工作装置以反铲为主,也可改装抓铲或起重装置。作业时,需将液压支腿支地,将轮胎抬离地面。其特点是整机可以用汽车速度运行,机动灵活。斗容量一般小于 $0.4m^3$。适用于城市和场地分散的土方工程。 (曹善华)

汽车式桩架 truck-mounted pile frame

装在汽车底盘上的桩架。行走机动灵活,能进入比较狭窄的工地施工,适用于城市使用。 (邵乃平)

汽车塔式起重机 truck-mounted tower crane

装在汽车底盘上的自行式塔式起重机。通常为折叠臂、伸缩塔身。架设和转移方便迅速,起重力矩通常在 1200kN·m 以下,适于工期短,作业目标分散,需经常转移的场合。 (孟晓平)

汽车运输沥青罐车 asphalt truck tanker

又称沥青运输保温罐车。用于装载质量为 5～20t 的液态沥青短距离运输的沥青罐车。按其结构型式,有汽车式沥青运输罐车、半挂汽车式沥青运输罐车、拖式沥青运输罐车。 (董苏华)

汽油机 gasoline engine

又称点燃式内燃机。以汽油作燃料,汽油和空气在化油器内形成可燃混合气后进入气缸,通过活塞压缩产生一定的压力和温度,定时由火花塞点火燃烧而膨胀作功的内燃机。 (陆耀祖)

汽油链锯 gasoline chain saw

简称油锯。以内燃机为动力的链锯。不受电源的限制,但结构复杂,起动、操作、维修不便,适于在无电源地区(如森林中)作业。 (丁玉兰)

qia

卡规 calliper gauge

检验轴径或其他外尺寸的极限量规。两个钳口,一端为"通端",其基本尺寸为被测零件最大实体尺寸;另一端为"止端",是按照被测零件最小实体尺寸制成的。当用卡规检测零件时,如通端能通过,止端不能通过,就说明这个零件尺寸是在允许的范围内,是合格的,否则即为不合格。 (田维铎)

qian

千分尺 micrometer

精密长度检测读数量具。最常见的是利用精密螺旋副进行测量的一种机械式读数装置。分外径千分尺、内径千分尺、深度千分尺、螺纹千分尺、齿轮公法线千分尺等。分度值最精确的可达 0.002mm。在不少测量仪器中,也利用这种精密螺旋副作为读数装置。此外还有利用杠杆、齿轮传动复合式放大机构的杠杆千分尺,带有数字显示的千分尺等。 (段福来)

千斤顶 jack

又称起重器。用刚性顶升件作为工作装置,通过顶部托座或底部托架在小行程内顶升或支撑重物的起重机具。常用于车辆、结构和其他重型设备的拆装和维修等工作,起升高度常在 300mm 以内,起重量可达 500t。常见的有齿条千斤顶、螺旋千斤顶和液压千斤顶。通常由人力驱动。 (孟晓平)

千斤顶额定起升高度 rated lifting height of jack

千斤顶一次连续地顶升重物的最大安全高度。常以 mm 计。 (顾迪民)

千斤顶额定起重量 rated capacity of jack

千斤顶能安全地顶升重物的最大重量。以质量单位(kg 或 t)表示,是千斤顶的主参数。 (顾迪民)

钎杆　drill steel

　　凿岩钎上连结钻头、钎尾传递冲击和扭矩的杆。压力水和压缩空气通过杆中心的孔道进入岩孔底，起到冲洗岩粉的作用；断面形状有六角形、圆形和矩形；凿岩过程中主要承受弯曲应力，其次是轴向应力和扭转应力，弯曲疲劳是其主要断裂因素。目前常用材料为 35SiMnMoV 和 55SiMnMoV 两种。
　　　　　　　　　　　　　　　　　　（茅承觉）

钎焊　soldering and brazing

　　将焊件和钎料加热到高于钎料熔点但低于母材熔点的温度，使母材和钎料的原子在间隙内相互扩散，冷却凝固后形成钎焊接头，实现连接工件的焊接方法。采用比母材熔点低的金属材料作钎料。液态钎料则借助于毛细作用的吸力润湿并充填于母材接头间隙中。按钎料熔点的不同，可分为软钎焊和硬钎焊两类。软钎焊使用的钎料熔点在 450℃ 以下，常用的为锡铅焊料（又称焊锡）；硬钎焊使用的钎料熔点在 450℃ 以上，常用的有铜基、银基、铝基和镍基钎料。
　　　　　　　　　　　　　　　　　　（方鹤龄）

钎肩　shoulder of drill steel

　　保持钎尾在凿岩机中相对位置，在钎尾上设置的凸肩结构。带有凸肩可防止钎杆插到气缸里去；向上式凿岩机的气缸外口有一垫锤，钎杆不会插到气缸里去，所用凿岩钎不带凸肩。　　（茅承觉）

钎尾　shank

　　凿岩钎插入凿岩机的部分。有六角形断面和圆形断面两种。应进行淬火，硬度 HRC48～53，过硬易损活塞端头，过软则易墩粗，不易从凿岩机拔出。
　　　　　　　　　　　　　　　　　　（茅承觉）

牵引车　tractor

　　本身无承载车厢、专门用于牵引挂车的搬运车辆。不承受挂车重量的称全挂牵引车；承受挂车部分载重量的称半挂牵引车。后者便于运载长件物料，比前者操作灵活、倒车方便，可用普通载重汽车改装，轮距缩短以增加机动性，并设置支承转盘与半挂车联接。　　（叶元华）

牵引绞车　tractive winch

　　又称牵引卷扬机。利用卷筒卷绕钢丝绳完成起升或牵引作业的装置。是起重运输机械、机械式挖掘机等主要组成部分。　　（刘希平）

牵引力　rimpull

　　履带式、轮胎式、轨道式工程机械及车辆的履带、驱动轮对地面或轨顶面所能产生的切向推动力。是行走式工程机械的一个重要参数。与该机械的行走速度乘积即为牵引功率。对于如卷筒上钢丝绳的拉力，也称牵引力（tractive force）。　　（田维铎）

牵引式钻车　traction drill wagon

　　见凿岩钻车（335 页）。

牵引索　travelling rope of cable crane

　　缆索起重机中牵引起重小车沿承载索往返运行的钢丝绳。共有两根，一端分别连接在起重小车的两侧，然后分别引向两个支架，经导向滑轮至各自牵引机构或其中一根从一支架再返回另一支架上的同一个牵引机构。　　（谢耀庭）

牵引调平臂架　towed arm bracket of leveller

　　沥青混凝土摊铺机上具有左右长臂的 II 形架。长臂前端铰在机架左右侧的中部，或铰接在液压缸活塞杆端部（具有自动调平装置者）。臂架后部与熨平板前端铰接，臂架后端的厚度调节器又与熨平板后端铰接，起着牵引与调平作用。　　（章成器）

前部出草　front discharge grass

　　剪草机剪下的草由位于滚刀或旋刀前面的集草装置收集。　　（胡　漪）

前侧支承　front side support

　　安装于机械前端掘进机刀盘支承壳体两侧可稳定刀盘及进行水平调向的机构。下端与前支承铰接，液压缸装在支承靴上，活塞杆端装有槽形楔块，当液压缸伸长时，推动楔块向上移动使靴板撑紧洞壁，当靴板接触洞壁，可把前部岩碴向前推，使洞壁 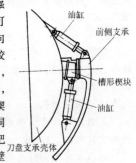 较干净；当液压缸缩回时，靴板渐渐松开洞壁。机械的水平转向（打弯道）或纠正水平方向可在掘进中进行，如一边楔块松开，另一边楔块顶撑，则机头会向松开一侧移动。楔块的位移量通过一小液压缸带动齿条齿轮装置，使位移量放大约 10 倍，然后传到一可作为传感器的旋转电阻器反应到驾驶室仪表上。
　　　　　　　　　　　　　　　　　　（茅承觉）

前车架　front frame

　　铰接式车架中的前半车架。由两根纵梁与若干横梁焊接而成。机械转向时，通过转向机构使前车架相对于后车架转动，从而使机械能实现大幅度转向，而车轮相对于车架则不发生偏转。
　　　　　　　　　　　　　　　　　　（陈宜通）

前导架　front guiding frame

　　设置在回转斗钻孔机主机与钻具之间，用于钻具的导向和传递动力的支架。
　　　　　　　　　　　　　　（孙景武　赵伟民）

前端卸料式混凝土搅拌输送车　front end discharge concrete truck mixer

　　搅拌筒出料口和卸料溜槽设置在车辆的前端、

汽车驾驶室顶上,实现前端卸料的混凝土搅拌输送车。驾驶员可以不离开驾驶室,在驾驶室内控制卸料溜槽使其准确地对准施工作业点进行卸料浇灌,卸料全过程可在驾驶员的直接观察和控制之下,视野宽阔便于定位。但结构较复杂,只适用于 6m³ 以上的大容量搅拌输送车。　　　　　　（蔺万亮）

前端卸料装载机　front dump loader

铲斗装在机械前端,通过连杆机构提升至一定高度,向前方倾翻卸料的单斗装载机。结构简单,司机操纵安全,视野良好;但作业时要经常调头,循环时间长。行走机构有履带式和轮胎式两种。
（黄锡朋）

前滚轮升降操作拉杆　lift control line for front roller

地板磨光机中,驱动扇形齿轮转动的操纵杆。下端与扇形齿轮轴上的摇臂铰接,上端在扶手处设杠杆式操作手柄和棘轮固定机构,控制操作幅度。
（杜绍安）

前滚轮升降机构　lifter of front roller

地板磨光机中,由带齿条的托座叉架和扇形齿轮组成的前轮支承机构。操纵扶手上的操作拉杆,可驱动扇形齿轮和叉架,使前滚轮升降,以调节磨削滚筒的接地压力和磨削量。　　　（杜绍安）

前卸式正铲斗　tipped unloading face bucket

正铲液压挖掘机依靠液压缸使铲斗向前翻转,土壤从斗的前方卸出的铲斗。一般为整体结构,构造简单,强度和刚度都好,而且不需另装卸土液压缸,但是要求铲斗能够向前转动很大角度,使土壤卸得干净,故所耗功率较大,卸土时间延长,有效卸载高度小。是通用式正铲铲斗普遍形式。
（曹善华）

前移式叉车　movable fork type fork lift truck

叉架或门架可在车体纵向前后移动的叉车。插腿式叉车的变型。装卸时货叉或门架伸出,行驶时退回到车体中部,整车稳定性好。因前轮较大,对地面要求低,室内外均可使用。　　　　（叶元华）

前支承　front support

安装在掘进机刀盘支承壳体下部,支承机械前部重力并保持机械中心位置的机构。是焊接结构件,上与支承壳体底部用螺栓连接成刚性体,下与洞底接触,随着机身向前或向后移动。　（茅承觉）

钳工　bench work

用手持工具对金属进行切削加工的加工方法。基本操作方法有划线、錾削、锯切、锉削、钻孔、铰孔、攻丝、套扣及刮削等,是装配和修理工作中不可缺少的加工方法。　　　　　　　　（方鹤龄）

潜水电机　diving motor

用于水中作业的潜水钻孔机的动力装置。为防止内部的变压器油向外泄漏和防止外部的泥水向内渗入,设有特制的密封装置。电机定子引出线也是采用经过特殊处理的电缆接头和外部电源接通。
（孙景武）

潜水钻孔机　diving boring machine

动力装置设在钻杆的下端,随钻头一起潜入水中的回转式成孔机械。工作时,潜水电机通过减速机构将扭矩传给主轴,带动钻头旋转切削土层,利用正、反循环方式进行排碴。在钻进中钻杆不转动,只起导向和平衡扭矩的作用。多用于地下水位高的基础施工中。
（孙景武）

潜在故障　hidden failure

和渐发性故障相连系,当故障在逐渐发展中,但尚未在参数和功能方面表现出来,同时又接近萌发阶段的机械故障。当这种情况能够鉴别出来时,即认为是一种故障现象,是潜在的可能发生的事件。采用事先检修和调整来预防这些故障,机械的损伤程度就是判断故障是否已临近的标准。
（杨嘉桢）

嵌条滚压器　out-corner wall-face rolling press

在墙面外角和边界接缝处滚压出清晰美观、富有立体感条形纹样的墙面装饰组合式滚压器。
（王广勋）

qiang

强磁锤头　strong magnetic hammer

电磁桩锤中用强磁材料制成的呈圆柱状的锤体。工作时,在由非磁性材料制成的导套内往复运动,进行打桩作业。　　　　　　（赵伟民）

强度　strength

材料、机械零件及构件抵抗外载荷而不失效的能力。是机械设计中一个基本要求。经受不同处理的、一定断面尺寸的各种不同材料具有不同的强度。按照载荷的性质,在上述情况下还有静强度、冲击强度及疲劳强度。　　　　　（田维铎）

强夯式地基处理机械　dynamic compaction ground treatment machine

利用夯锤的冲击作用边夯边填土,进行软弱地基处理的机械。按控制夯锤的方式有自动脱钩式、不脱钩式。　　　　　　　　（赵伟民）

强迫振动 forced vibration

又称受迫振动。物体系统在周期性或非周期性干扰力作用下所作的振动。在周期性干扰力作用下,当振动达到平稳阶段时,物体系统被迫按照干扰力的频率作等幅振动,其振幅大小决定于干扰力大小、阻尼因数、系统固有频率和干扰力的频率。

(曹善华)

强制式混凝土搅拌机 forced action concrete mixer

拌和料由安装在旋转着的转子上的铲片或由安装在轴上的螺旋叶片和铲片进行强烈搅动的混凝土搅拌机。适用于搅拌干硬性混凝土。分为立轴式和卧轴式两大类。立轴式又称为盘式,有涡浆式混凝土搅拌机和行星式混凝土搅拌机;卧轴式又称圆槽式,有单卧轴式混凝土搅拌机和双卧轴式混凝土搅拌机。

(石来德)

强制锁住式差速器 forced lock differential

带有差速锁的普通行星齿轮差速器。通常安装一个牙嵌式差速锁,在差速器壳上安装一个固定牙嵌,在一个半轴上通过滑动花键连接一个滑动牙嵌,当一侧驱动轮完全打滑时,驾驶员可强制两牙嵌接合,两半轴连成一体,使差速器不起作用。

(刘信恩)

强制卸料铲斗 constrained dump bucket

依靠液压缸使后斗壁向前推移强制卸料的单斗装载机铲斗。适宜于装卸粘性物料,使卸料干净。由于卸料时铲斗无需倾翻,与普通铲斗相比,满足同样的卸载高度和卸载距离,动臂所需提升高度较小,因而可缩短工作循环时间,提高生产率。主要缺点是结构复杂、自重大。

(黄锡朋)

强制卸土铲运机 push-off dump scraper

靠铲斗后壁沿侧壁和底板前移,强行把土推出铲斗,从而实现卸料的铲运机。卸土干净,功耗较大。

(黄锡朋)

抢险起重机 rescue crane

在工程、军事、交通和自然灾害等事故现场进行救援、清理等工作的特种专用起重机。有水上浮游式、铁路式、汽车式及履带式等种。构造和功能与相应的起重机相似,但具有较大起重能力和稳定性,较好的适应性和较高的行驶通过性能。通常都设有牵引用卷扬机和锚固装置。

(谢耀庭)

qiao

桥梁机械 bridge construction machinery

桥梁墩台基础和墩台施工,以及上部桥梁结构架设所用的机械的统称。墩台管桩或管柱基础施工,采用打桩机、振动沉桩机和钻孔机等桩工机械。沉井基础施工,采用抓斗、气动机具等。墩台施工,采用钢筋混凝土机械等。上部桥梁结构架设,根据不同桥跨与施工方法,采用各种通用起重机械或专用架桥机械。

(唐经世 高国安)

桥式拉铲 bridge scraper

在悬臂拉铲的臂架末端装一立柱的骨料拉铲。悬臂拉铲的臂架受力状况不好,当臂架较长时,常做成桥式。立柱下部装有行走轮,如堆场不平整,行走就困难,影响使用。用于混凝土搅拌站(楼)。

(王子琦)

桥式类型起重机 bridge crane

没有起重臂和回转机构,只有沿桥架或承载索移动的起重小车,桥架本身能沿轨道运行的起重机。有桥式起重机、门式起重机和缆索起重机。

(董苏华)

桥式起重机 bridge crane

俗称天车、行车、桥吊。装于厂房车间内或室外吊车梁上,桥架沿厂房墙壁立柱上的轨道运行,作短距离起重运输货物的桥式类型起重机。由大车行走机构、小车行走机构、起升机构、大车车架、小车车架、行走支承装置、司机室、缓冲器和电气设备等组成。按驱动方式有手动和电动两种;按大车车架结构可分为电动单梁和电动双梁两种;还有两种新机种:单主梁桥式起重机和电葫芦双梁桥式起重机。后者的技术性能介于电动单梁和电动双梁之间,也称作简易电动双梁桥式起重机。 (李恒涛)

桥式起重机大车 chassis of bridge crane

桥式起重机的主体及其运行部分。支承桥式起重机小车并为其提供轨道,在行走机构驱动下可沿大车轨道运行并将桥式起重机的载荷传给轨道和支承结构。由钢结构的桥式起重机主梁、桥式起重机端梁、行走机构、司机室和缓冲器等组成。

(李恒涛)

桥式起重机端梁 side-beam of bridge crane

简称端梁。桥式起重机主梁的支承梁。支承主梁,并将主梁的载荷经车轮传给起重机的轨道。采用箱形结构梁或由槽钢焊接而成。在端梁上装有角型轴承座和缓冲器。

(李恒涛)

桥式起重机馈电装置 electro-feeding of bridge crane

向桥式起重机供电的装置。其中有刚性滑线或电缆、集电器和滑线固定器等。刚性滑线采用尺寸不小于 40mm×40mm×4mm 的角钢,相邻滑线间铅垂方向上距离不小于 130mm,在水平方向上不小于 270mm。

(李恒涛)

桥式起重机小车 trolley of bridge crane

装有起升机构,沿桥式起重机大车上轨道运行的小车。配合桥式起重机大车完成货物的装卸和水平运输任务。是桥式起重机中机械设备最集中的地方,由小车

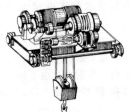

架、小车行走机构和起升机构组成。有三支点小车和四支点小车之分;按驱动方式分为手动和电动两种。　　　　　　　　　　(李恒涛)

桥式起重机主梁　main-beam of bridge crane
简称主梁。桥式起重机的承载梁。桥式起重机小车支承在主梁上,并沿其上的轨道行进。主梁的两端与桥式起重机端梁用螺栓刚性固接成桥架。有工字钢梁和箱形结构梁之分。　　　　(李恒涛)

qie

切断型回转斗　chopping bucket
斗底装有用来破坏土层的切断齿刃的回转斗。用于坚硬土层的钻进。
　　　　　(孙景武　赵伟民)

切割砂轮片　cutting grinding disk
安装在型材切割机上,用来切削各类型材的圆型薄片砂轮刀具。　　　　(迟大华)

切筋机　reinforcement cutting machine
根据要求长度对钢筋进行剪切的手持机具。依照驱动方式分为手动液压式和电动液压式。
　　　　　　(迟大华)

切泥绞刀　cutting rotor
挖泥船上用来绞切河底泥砂,使之成泥浆,以利泥浆泵抽运的工作装置。由多把刀片焊在转子上制成,转子以每分钟 30~50 转的速度回转切土。
　　　　　　(曹善华)

切坯机　cutter
将一定长度的泥条切割成相同厚度坯体的烧土制品成型机械。有单弓切坯机、链式切坯机、推板式切坯机等。　　　　　　(丁玉兰)

切土　soil cutting
土方机械刀形工作装置在重力或动力作用下,紧压刃口前的土壤,先使之紧缩,然后破坏其结构而破碎的作业过程。干燥坚硬土壤破碎成碎块状;软湿土壤破碎成层片状;胶粘土壤破碎成刨片状。
　　　　　　(曹善华)

切土犁　cutting plow
见鼠道犁(251页)。

切向涡流式喷头　turbulent sprayer head

灰浆料流先通过狭管增速,然后切向进入涡流室,形成涡流射出的非气动喷头。　(周贤彪)

切向综合误差　tangential composite error
被测齿轮与理想精确的测量齿轮单面啮合传动时,相对于测量齿轮的转角,在被测齿轮一转内,被测齿轮实际转角与理论转角的最大差值(以分度圆弧长计)$\Delta F_i'$。　　　　(段福来)

切削加工　machining
用切削刀具(包括刀具、磨具和磨料)把坯料或工件上多余的材料切去,使它达到符合要求的形状、尺寸和表面粗糙度的加工方法。不同的刀具结构和切削运动形式构成不同的切削方法。用刃形和刃数都固定的刀具进行切削的有车削、钻削、镗削、铣削、刨削、拉削和锯切等;用刃形和刃数都不固定的磨具和磨料进行切削的有磨削、研磨、珩磨和抛光等。
　　　　　　(方鹤龄)

切削刃最大切入力　maximum penetration force of cutting edge
利用铲运机铲斗重力或液压力和铲斗重力两个作用迫使铲斗切削刃切土的最大垂直作用力。
　　　　　　(黄锡朋)

qing

轻型带锯机　joiner's band saw
又称细木工带锯机。锯切细木工小料和加工各种曲线的立式带锯机。其构造及工作原理与台式带锯机基本相同。广泛用于门、窗、家具、模型及其他细木工产品的生产。　　　　(丁玉兰)

轻型轨道车　light railcar
铁道线路上供养路工上下班时乘坐及运输机具与材料的轻便线路工程专用车。用 10~20kW 汽油机作动力,自重约 300kg。可以方便上下道,也可拖挂 1~2 辆小拖车。　　(唐经世　高国安)

轻型井点　light type well point
利用整个管路系统形成真空而降低地下水位的井点降水设备。由管路系统和抽水系统组成。沿基坑或基槽的周围地下以一定的间距埋入井管,在地面上用水平铺设的集水总管将各井管连接起来,由产生真空的机械,使全部管路系统形成真空,地下水在真空吸力作用下,经滤管进入井管,然后经集水总管排出,而达到降低地下水位的目的。产生真空的机械有井点真空泵、井点水射泵和井点隔膜泵等。
　　　　　　(陈国兰)

轻型平地机　light-duty grader
刮刀长度 3m 以下, 发动机功率 66kW 以内,机械质量 5000~9000kg 的自行式平地机, 以及刮刀

长度 2m 以下的拖式平地机。行走装置为双轴四轮式，适于平整 I 到 III 级土壤的地面。　（曹善华）

倾翻出料式灰浆搅拌机　tilting mortar mixer

搅拌筒轴线倾斜实现卸料的灰浆搅拌机。搅拌效率高，出料迅速。　（董锡翰）

倾翻线　tipping line

又称倾覆线、倾覆边。自行式机械在失去稳定性而即将倾翻瞬时的支承线。常为机械倾翻一侧最外侧各支承点（轮胎或起重机支腿）中心的连线。
　　　　　　　（李恒涛　刘希平）

倾覆力矩　overturning moment

又称倾翻力矩。引起自行式机械倾翻的力矩（M_T）。工作载荷（起重机中为起升载荷）或部分倾翻外侧的载荷，相对倾翻线所形成的力矩。
　　　　　　　　　　　（李恒涛）

倾斜度　angularity

被测实际要素对基准要素成大于 0°至小于 90°之间某一给定角度的程度。　（段福来）

倾斜惯性筛　inclined inertial vibrating screen

筛面倾斜，用水向振动激振器激振的惯性振动筛。由于偏心块所产生的惯性力大小在任何时刻都是相等的，但方向却是由 0°～360°循环不断，故使筛面产生上下左右不定向的振动。为了便于进料出料，筛面必须倾斜设置，增加了机身的高度，制作不便。　　　　　　　　（陆厚根）

倾斜式水枪　inclined monitor

沉井施工用的具有两个水枪喷嘴、倾斜放置作业的水枪。用以破除沉井刃脚斜面下的土层。
　　　　　　　　　　　（曹善华）

清筛机道碴破碎器　ballast breaker of cleaning machine

道碴清筛机械上用以破碎因脏污而板结成大块碴团的破碎装置。　（高国安　唐经世）

清筛机清筛能力　productivity of ballast cleaning machine

铁道线路道碴清筛机械每小时能清筛的道碴量。以 m³/h 表示，是机械的主要技术参数。
　　　　　　　（高国安　唐经世）

清筛机筛分装置　screen of ballast cleaning machine

道碴清筛机械上所装的偏心块式振动筛。用以清筛污碴。也有采用惯性振动筛的。筛面可以用液压装置左右调平，以便在铁路曲线上作业时抵消外轨超高的影响。振动筛有三层筛面，板结的大块与细碎的石碴与污土均由输送机运出抛弃。尺寸合格的石碴送回线路上重复使用。
　　　　　　　（高国安　唐经世）

清筛机挖掘宽度　excavating width of ballast cleaning machine

道碴清筛机械挖掘道碴层的横向挖掘宽度。视线路垫碴宽度而定，按照普通线路与无缝线路的不同，挖掘宽度也不同。　（高国安　唐经世）

清筛机挖掘链　excavating chain of ballast cleaning machine

铁道线路道碴清筛机械刮板式挖掘装置中用以牵引刮板运移的运动构件。用高强度耐磨钢制成，由电动机或液压马达经减速器上的链轮驱动。
　　　　　　　（高国安　唐经世）

清筛机挖掘链刮板　excavating chain plate of ballast cleaning machine

铁道线路道碴清筛机械挖掘装置中直接挖掘道碴的零件。由高强度耐磨锰钢铸成，装在挖掘链上。为减小挖掘阻力与便于切入道碴，刮板上还装有锰钢刮板齿。　（高国安　唐经世）

清筛机挖掘料槽　excavating guided channel of ballast cleaning machine

道碴清筛机械挖掘装置中用以引导挖掘链运移的料槽。有左右两个。挖掘链从枕底挖出道碴，沿料槽推移，再升送到筛分装置，然后沿另一料槽复原到枕底进行再次挖掘，形成连续挖掘的封闭回路。
　　　　　　　（高国安　唐经世）

清筛机挖掘深度　excavating depth of ballast cleaning machine

道碴清筛机械挖掘道碴时，从枕底开始的挖掘深度。视线路所垫道碴层的厚度不同，挖掘深度约为 250～350mm。　（高国安　唐经世）

清筛机污土输送带　waste conveyor belt of ballast cleaning machine

道碴清筛机械上用以输送污土和细碎石碴的胶带。一般有两级，第一级将筛分后的污土升运到一定高度，经漏斗卸入可以水平回转的第二级输送带，从而将污土弃到远处。但在多股道的站线则要采用其他辅助设备弃土。　（高国安　唐经世）

清筛机贮碴漏斗　ballast storage hopper of ballast cleaning machine

道碴清筛机械上用以贮存石碴的漏斗。可以防止机械突然停止运转时，输送带上石碴堆集到线路上而造成的行车障碍。　（高国安　唐经世）

清洗车卷管器　winding drum for cleaning sewer truck

高压清洗车上用于缠绕输水胶管的装置。由电动机或液压马达驱动。射水作业时，在高压水反推力作用下，卷管器放管。在动力驱动时，卷管器可卷回或放出胶管。　（陈国兰）

清洗车射水头 jet for cleaning sewer truck

又称喷头。高压清洗车上喷射高压水流的主要工作部件。由铝合金制成。射水头后部钻有斜孔,高压水通过时产生反推力,带动胶管在管道中前进并疏通管道中的沉积物。 (陈国兰)

清洗车水罐 water tank of cleaning sewer truck

高压清洗车上的贮水容器。由薄钢板焊接而成,横截面为椭圆形或圆形。为减小车在启动、运行、刹车时水对罐壁的动力冲击,罐内中部设一井字方框,形成前、中、后三室。罐顶部有一人孔,装有过滤器,可直接从罐顶人孔灌水。还可在水罐下部的上水口,通过消火栓用水龙带上水。低压水通过罐体下部和球阀,经进水管、过滤器流入水泵。

(陈国兰)

清洗球 cleaning ball

用橡胶、塑料等制成的清洗管路的球形体。直径比输送管内径大 20～50mm,柔软而不透水。塞入管内后用高压水或压缩空气将其顶着混凝土拌和料向前运动,将管内清洗干净。 (龙国键)

清洗球承接套 cleaner catcher

当用压缩空气清洗管道时,为防止清洗球飞出而安装在混凝土泵输送管末端的装置。

(戴永潮)

qiu

球齿滚刀 rolling button cutter

刀圈镶嵌硬质合金球齿的掘进机滚刀。常被采用于过渡滚刀及边滚刀上。

(茅承觉)

球面刀盘 domed cutterhead

全断面岩石掘进机中正滚刀的刃口包络面成球面的掘进机刀盘。掘进时机头较稳定,机械晃动力由全部刀具承受,保护了边刀;但结构复杂,制造较难,刀具布置麻烦,刀具工作面容易积碴造成刀具二次破碎。用于坚硬而完整的岩层。 (茅承觉)

球磨机 ball mill

以钢球、钢段等为研磨介质的粉磨机械。水平安装的磨筒体回转时,借研磨介质的冲击与研磨作用粉碎物料。由磨筒体、进料、卸料、传动装置等组成。分间歇式和连续式;短筒磨机(俗称球磨机)和管磨机;有中心卸料式、算板出料式、中部卸料式及周边卸料式等类型。以砾石、卵石、瓷球作研磨介质者称为砾石磨。传动方式分周边传动和中心传动:前者的电动机经减速器及筒体外的一对开式齿轮传动驱动磨机筒体回转;后者的减速器直连磨机卸料端空心轴驱动磨机筒体回转,适用于大型管磨机。特点是对物料的适应性强,粉碎比可达 300 以上,调整细度方便、生产能力大、既可干法或湿法作业,又可粉磨兼烘干,主要用于水泥、冶金、选矿及电力等工业。缺点是机体笨重,电耗及球段的金属消耗量大。规格用筒体内壁直径×有效长度表示。 (陆厚根)

球磨机理论适宜转速 theoretical optimal speed of ball mill

磨碎机研磨体产生最大粉碎功时的转速 n(r/min)。以最外层研磨体具有最大抛落高度为基准,可得

$$n = \frac{32.2}{\sqrt{D_0}}$$

D_0 为筒体有效直径(m)。与临界转速的比值为 76%。实际工作转速按磨机规格、衬板型式、研磨体种类、填充率以及粉磨工艺等因素综合考虑,一般在 76% 上下调整。 (陆厚根)

球磨机临界转速 critical speed of ball mill

最外层研磨体开始贴随筒体作周转运动时的筒体转速 n_0(r/min)。即:

$$n_0 = \frac{42.4}{\sqrt{D_0}}$$

D_0 为筒体有效直径(m)。理论上认为,临界转速时无粉磨作用,但由于研磨体与衬板之间的滑动,以及物料对研磨体运动的影响,实际临界转速高于理论计算值。为此,出现了在超细粉磨作业中采用超临界转速,以强化粉磨作用的研究成果。

(陆厚根)

球窝轴承 ball and socket bearing

容许所支承的零件或构件可以在空间作任何方向转动的关节。 (曹善华)

qu

曲柄滑块机构 slider-crank mechanism

又称曲柄连杆机构。用曲柄和滑块来实现转动和移动相互转换的平面连杆机构。机构运动时,如连杆和滑块的铰链中心的轨迹不通过曲柄的转动中心时,称为偏置曲柄滑块机构(图 a),否则称为对心曲柄滑块机构(图 b)。如取不同的构件为机架,又可得到转动导杆机构、曲柄摇块机构和移动导杆机构。偏置曲柄滑块机构的滑块具有急回特性。内燃机、往复式空气压缩机等都应用曲柄滑块机构;牛头

刨中应用其作急回机构。

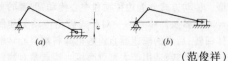

(范俊祥)

曲柄式钻臂回转机构 crank rotation mechanism

由液压缸带动曲柄的钻臂回转机构。

(茅承觉)

曲柄摇杆机构 crank and lever mechanism

两个连架杆之一为曲柄,作整周旋转,另一为摇杆,在一定范围内作往复摆动,不作整周旋转的四连杆机构。冲孔钻、简单摆动颚式破碎机皆应用此机构。

(范俊祥)

曲线窑 shaft kiln with curved exit

带曲坡可连续焙烧制品的小型立式砖瓦焙烧设备。由炉膛、保温层、挡土护膛墙、观火测温孔、曲坡、发火孔、控风板、排潮放热烟囱、出砖口、外围防炉墙等组成。砖坯在矩形炉膛的立窑中预热和焙烧,并沿着一定的曲坡下滑,从而形成窑顶加坯预热、窑中高温焙烧、曲坡下滑保温、窑尾冷却出窑的连续生产。结构简单、用材少、投资省。适用于小型砖瓦厂焙烧空心砖。

(丁玉兰)

曲轴 crank shaft

带有曲臂的轴。是活塞式动力机械及一些专用机械设备(如曲轴压力机、空气压缩机等)中的专用零件,可以通过连杆及滑块将旋转运动变为直线往复运动或作相反的运动转换。

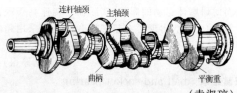

(幸淑琼)

曲轴连杆式低速大转矩马达 crank type low-speed high-torque motor

由往复柱塞通过连杆驱动曲轴而工作的径向柱塞液压马达。由配流轴、阀体、缸体、曲轴、活塞和十字接头等组成。活塞通常是5个或7个,沿缸体径向均布。与内曲线马达相比较,转矩和转速的脉动较大,低速稳定性较差,效率较低。

(嵩继昌)

曲轴箱通风 crankcase ventilation

为了将曲轴箱内的混合气和废气及时排出,使之导入大气或内燃机气缸中去所采取的措施。导入大气的为自然通风(柴油机通常用这种方式);导入内燃机供给系统的称为强制通风(汽油机通常采用这种方式)。通风后可以延长机油使用期限,减少零

件的磨损。强制通风还可提高内燃机的燃料经济性,并减少大气污染。

(岳利明)

曲轴转角 crank angle

曲柄以压缩上止点为基准旋转的角度。内燃机中各种位置关系(如活塞、连杆、曲轴的位置、配气相位、点火正时、喷油正时等)均以曲轴转角表示。

(岳利明)

驱动链轮 driving sprocket, track driving wheel

履带行走装置中驱动履带运动的链轮。安装在最终传动装置的从动轮轮毂上,一般用中碳钢铸成,经热处理后齿面不再机械加工。

(刘信恩)

驱动桥 driving axle

变速箱或传动轴之后,驱动轮之前的所有传动机构的统称。按行走方式不同,可分为轮式驱动桥和履带式驱动桥。

(陈宜通)

驱动桥壳 driving axle case

支承并保护主传动器、差速器、半轴和最终传动等零部件的空心梁。两端安装驱动车轮,通过悬架与机架相连,以支承整机重量。在行驶过程中,承受由车轮传来的路面反作用力和力矩,并传给机架。

(陈宜通)

取物装置 load handling device

又称吊具。抓获物料、构件的机具及辅助构件的统称。可钩取、抓取、吸取、夹取、托取或用其他方法吊运。必须具备提高生产率、自重轻、缩短装卸时间、减轻体力劳动、减少辅助人员、降低装卸劳动强度、保证作业安全等功能。其种类很多,有起重钩、起重钩组、抓斗、集装箱吊具、起重索具、扎具和起重夹钳等。用于各类起重机。

(曹仲梅)

取物装置位置指示器 load position indicater

指示起重机取物装置与支架基础支承面相对位置及起重小车在跨中位置的装置。通常由齿轮传动装置、钢丝绳滑轮系统、螺杆传动装置和标尺组成。齿轮由起升和牵引机构的卷筒轴带动,钢丝绳经导向送入操纵台,带动螺杆,再驱动螺母沿标尺移动,指出位置。在采用钢丝绳传动有困难时,可采用自动同步器,它有两台辅助电机,一台与卷筒轴联接,另一台与标尺指针联系,两电机同步转动指出位置。精度较高,系统复杂。

(谢耀庭)

取样长度 sampling length

判别具有表面粗糙度特征的一段基准线长度。规定它是为了在测量和评定表面粗糙度时,限制和

减弱其他形状误差尤其是表面波度对测量结果的影响。系列值分别为：0.08，0.25，0.8，2.5，8 及 25mm。在此长度内，一般应包含 5 个以上的峰谷。　　　　　　　　　　　　　　　　　　　　（段福来）

quan

全抱式振动桩锤　full chuck vibrating pile hammer

激振器中间设有比桩直径大的垂直孔，偏心装置设在孔的两侧，通过设在激振器上下两侧的夹桩器夹桩的机械式振动桩锤。　　　　（赵伟民）

全断面岩石掘进机　full face rock tunnel boring machine，TBM

旧称全断面隧洞掘进机，又称隧洞掘进机，巷道掘进机，隧道掘进机。以推进并旋转刀盘上的滚刀破碎岩石而使隧洞全断面（一般为圆形）一次成形的掘进机。由刀盘工作装置、支撑及推进机构、刀盘回转传动机构、激光导向装置、前后支架及调向机构、机架、护盾、液压系统、出碴系统、防尘系统、电气操作系统等组成。分为支撑式、护盾式和扩孔式三类。与钻爆法相比具有掘进速度快、无超挖、洞壁完整稳定、对围岩影响小、作业人员少、支护费用低、作业安全可靠等优点。　　　　　　（茅承觉）

全浮式半轴　full-floating semi-axle

只承受扭矩，不承受反力和弯矩的半轴。这种半轴的支承形式在工作中其外端只承受由车轮切向反力传来的扭矩，而车轮上的垂直反力、侧向反力、切向反力所造成的弯矩由桥壳承受。其内端，由主传动从动齿轮传来的力和弯矩全部由差速器壳承受。　　　　　　　　　　　　　　　　（刘信恩）

全功率调节变量　full power control displacement

两个或多个液压泵在液压系统中由同一个总功率控制机构平衡调节泵流量的变量方式。特点是两泵摆角始终相同，实现同步变量，因此，两泵流量相等。液压泵流量的变化决定于系统的总压力，每台泵输出的功率与其工作压力成比例，即使某一泵所在回路处于空载，另一泵仍可传递发动机全部功率。控制机构可为机械联动或液压联动调节。较大型的单斗液压挖掘机液压系统常采用这种变量方式。　　　　　　（刘希平）

全回转浮式起重机　full-circle slewing floating crane

起重部分可绕回转中心相对浮船作 360°连续回转的浮式起重机。通常设有起

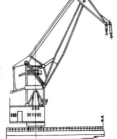

升、变幅和回转三个工作机构。具有性能好，使用方便及装卸效率高的特点。　　　　　（于文斌）

全回转挖掘机　full revolving excavator

转台和转台上部结构可以绕垂直中心轴线作全圆正逆向转动的单斗挖掘机。回转部分由回转滚盘和回转机构组成。由于机械能全圆回转，纵向挖掘和横向挖掘时，运土车辆的作业停靠和开行路线布置都较方便，机械作业灵活性大。为当前单斗挖掘机的最普遍形式。　　　　　　　　（曹善华）

全机工作质量　machine operating mass，with rated load

工程机械处于工作状态、带有额定载荷情况下的总质量。例如斗容量为 $1m^3$ 的单斗挖掘机，当其铲斗中充满 $1m^3$ 土壤时，挖掘机本身的质量与 $1m^3$ 土壤质量的总和即为其全机工作质量。不包括挖掘时的作用力。　　　　　　　　　（田维铎）

全机械化　whole mechanization

生产过程中全部以机械进行的生产方式。　　　　　　　　　　　　　　　　　（田维铎）

全机质量　machine operating mass，unloaden

工程机械处于工作状态，未加载荷时的整个机械质量。不包括操作人员的质量。　　（田维铎）

全路面轮胎起重机　full terrain crane

装在有多档行驶速度的、越野型的非公路车底盘上的轮胎起重机。优越的底盘性能，能使起重机适应各种路面和地面。高速时，能在公路上与汽车列队行驶；低速时，具有良好的牵引力和爬坡能力，能在崎岖地面上行驶。液压传动的工作机构，多节箱形伸缩起重臂使该类起重机具有广泛的使用范围。　　　　　　　　　　　　　　　（顾迪民）

全轮驱动　all-wheel drive

轮式车辆全部车轮都是驱动轮的驱动方式。整机重力均为附着重力，使牵引力得以充分发挥。但传动系内部将出现功率循环，增加传动零件载荷，加速轮胎磨损，为此在驱动桥间可设轴间差速器或脱桥机构。　　　　　　　　　　　　（黄锡朋）

全轮驱动振动压路机　all-wheel drive vibratory roller

又称无波纹振动压路机。所有碾轮均由动力驱动的振动压路机。由内燃机、变速箱、分动箱、激振器、传动系、碾轮等组成。碾轮前的土壤颗粒因有后移趋势而使地面碾压以后十分平坦，无波纹起伏。具有碾压质量好，压过的地面平坦，牵引力大等优点，但传动机构比较复杂。　　　　　　　（曹善华）

全轮转向　all wheel turn

工程机械和车辆的全部车轮都是转向轮的构造形式。可以增加机械的运行灵活性，如全轮转向平

地机。常见的是前轮依靠液压助力器转向,后轮依靠转向液压缸转向。前轮转向系统由方向盘、传动轴、万向节、方向机、转向臂和液压助力器等组成,当方向盘转动时,液压助力器油路接通,助力缸通过球节使车轮偏转,方向盘停止转动,车轮也停止偏转。后轮的转向液压缸缸体与车架直接连接,活塞杆则与后桥桥壳铰接,转向缸直接推动后轮偏转。后桥转向只当作业时实施,正常的机械行驶只用前轮转向。

(曹善华)

全轮转向装载机 all wheel steer loader

前后轮可同时偏转转向的轮胎式装载机。有两种转向方式:(1)前后桥车轮向相反方向偏转,以减少行驶阻力和转向半径;(2)全部车轮向相同方向偏转,实现机械斜向行驶(蟹行),满足特殊作业要求,提高在斜坡上的作业稳定性,改善因作业阻力不对中引起的机械行驶方向偏扭。机动性好,可缩短作业循环时间,但机械复杂,只在对作业和机动性有特殊要求的场合下才采用。

(黄锡朋)

全套管成孔机 whole casing tube boring machine

又称贝诺特法成孔机。用套管护壁,用冲抓斗挖取土壤的成孔机械。由冲抓斗、卸土机构、套

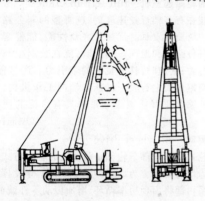

管作业装置等组成。钻孔时,一边先在桩位处压入套管保护孔壁,一边用冲抓斗将管内土壤挖出。

(孙景武 赵伟民)

全液压式 whole hydraulic type

各种工作装置(包括行走装置)全部用液压驱动的机械。

(田维铎)

全液压挖掘机 full hydraulic excavator

全部机构和装置(包括工作装置、回转机构、行走装置等)均采用液压传动的单斗液压挖掘机。具有机重轻,传动简单,传动系统布置方便,可以无级变速等优点,是当前单斗液压挖掘机的基本传动形式。

(曹善华)

全自动化 whole automatization

机械设备启动后,完全不需人工操作、控制,即可自行完成生产各个环节及生产过程的工作状态。

(田维铎)

全自动混凝土搅拌站(楼) automatic operating concrete batch plant

自行控制混凝土拌和料生产循环的混凝土搅拌站(楼)。常采用微机实现程序控制。基本控制系统能自动实现从供料→贮料→计量→投料→搅拌→出料的顺序控制,以及按预定的配合比、搅拌时间和搅拌罐数实现自动循环。将各种附加控制单元,如砂含水率测定系统和校正系统,混凝土稠度控制系统,出料管理系统等做成插接件,形成各种功能块,按需要配置。自动化程度高,效率高,仅需一人操纵和监视。

(王子琦)

que

确定性信号 deterministic signal

可用明确的数学关系式描述的信号。根据其时间历程是否有规律地重复分为周期信号和非周期信号。

(朱发美)

R

ran

燃烧室　combustion chamber

内燃机活塞在气缸中的位置到达上止点时,活塞顶部与气缸盖间所余留的空间。空气或混合气被压缩到此区域中进行燃烧,因此称为燃烧室,也称压缩室。　　　　　　　　　　　　　　　　　(岳利明)

燃油泵曲臂　fuel pump cam

筒式柴油桩锤中借锤体往复运动而驱动燃油泵供油的杠杆。可通过绳索操纵曲臂来停锤。当需要停锤时,操纵绳索拉住曲臂,使其不能返回缸体内,则可中断燃油供给而停锤。　　　　　　　(王琦石)

燃油滤清器　fuel filter

内燃机中装在燃油管道上,用以清除燃油中杂质和水分的装置。各种燃油都有一定量的杂质,如尘土、残炭、胶质、水分等,它们进入内燃机燃料供给系中,会加速精密零件的磨损或者引起各种故障。因此,燃油必须进行严格滤清。根据滤除杂质颗粒大小不同,燃油滤油器又分为燃油粗滤器和燃油细滤器。　　　　　　　　　　　　　　　　　(岳利明)

燃油箱　fuel tank

贮存发动机工作时所需燃料的箱体。对于汽油机,称作汽油箱;对于柴油机,称作柴油箱。有的车箱另备副油箱,以增加燃料的贮存量。

(岳利明)

燃油消耗率　specific fuel consumption

又称油耗率或比油耗。内燃机每小时单位有效功率所消耗的燃油量。用符号 g_e(g/kW·h)表示,是内燃机主要的经济性指标。　　　　(陆耀祖)

rao

绕线式三相异步电动机　wound-rotor three-hase asynchronous motor

转子绕组为绕线式结构的三相异步电动机。绕线式转子(图)是在转子铁芯的槽内嵌置对称的三相绕组。转子电路中串入的附加电阻,可改善电动机的启动和调速性能。结构比较复杂,成本较高,但具有较好的启动性能,在一定范围的调速性能也比鼠笼式好。适用于需要大启动转矩或适当调速的场

合,如起重运输机械和冶金工厂的许多生产机械上。

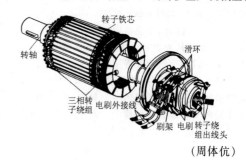

(周体优)

re

热拌混凝土搅拌机　hot-mixing concrete mixer

在搅拌时能向搅拌筒内通入蒸汽对拌和料加热的混凝土搅拌机。通常在强制式搅拌机上安装有供给蒸汽的气压机、手控和电控汽阀、蒸汽管道、调压阀和时间继电器等装置。为了防止漏汽,其盖子具有良好的密封性能,水泥和骨料的进料口,有自动密封的闸门。一般采用压力为 0.098MPa、温度为 110～120℃ 的饱和蒸汽,拌和料加热温度为 50℃ 左右。热拌混凝土是一种加速混凝土硬化的新工艺,热拌混凝土机械已在很多国家得到应用。　(石来德)

热风炉　heat generator

利用燃料燃烧加热换热器,以获得热空气供干燥坯体用的砖瓦焙烧辅助机械设备。由燃烧室和换热器组成,并设有隔墙隔开,以防止高温火焰直接烧毁换热管。换热器一般由铸铁管、钢管或陶管制成,采用具有流线型的外针和内针的铸铁管,换热效果较好。　　　　　　　　　　　　　　　(丁玉兰)

热骨料秤　hot aggregate balance

按沥青混凝土骨料的质量配合比,以分次叠加方式来称量不同规格的热砂石料的秤。旧式机械上用的是杠杆秤,近来均已改为电子秤。

(倪寿璋)

热骨料料斗　hot aggregate bin

将制备沥青混凝土的热骨料,按筛分成的不同规格分别暂贮的贮料斗。斗体外设有保温层,斗底有气动式或液动式闸门,以备卸料转运。

(倪寿璋)

热继电器　thermal relay

利用热效应产生动作的继电器。有温度继电器和电热继电器。温度继电器是当外界温度达到一定数值而动作的继电器;电热继电器是将控制电路内的电能转变为热能,并达到某一定值而动作的继电器。可作为过载保护或短路保护的电流继电器,以电流为函数的启动继电器及热延时继电器等。

(周体伉)

热加工　hot working

金属在其再结晶温度以上的加工变形。通常包括铸造、金属热处理和金属压力加工等工艺,有时也将焊接、热切割、热喷涂等工艺包括在内。能使工件的结晶组织得到改善,并形成特有的"纤维组织",从而使机械性能具有明显的各向异性,纵向的强度、塑性和韧性显著地大于其横向。对于某些低熔点的金属材料,如铅、锌、锡等,其再结晶温度低于0℃,故在室温下的加工变形,也属于热加工。

(方鹤龄)

热料筛分机　hot-aggregate screen

将制备沥青混凝土用的热骨料按不同规格进行分挡的筛分设备。有平面振动筛和圆筒筛两种。为防止粉尘污染,筛分机制成封闭形式并有除尘设备。

(倪寿璋)

热料输送机　hot aggregate conveyor

间歇作业式沥青混凝土搅拌机制备沥青混凝土过程中,将热骨料从干燥筒出料端提升到热料筛分机上的斗式提升机。为了避免粉尘飞扬,将提升机制成封闭形式,粉尘由机顶的导管送到除尘装置回收,可再作为石粉利用。

(倪寿璋)

热铆　hot riveting

铆钉被加温到赤热情况下进行的铆接。直径大于10mm的钉杆常需热铆才能保证铆接作业顺利进行。热铆后的钉杆径向收缩较大。

(田维铎)

热磨合

在冷磨合合格后,更换润滑油、滤清器等,并做好各项准备工作,然后使发动机在低速和无负荷下运转,并逐渐将转速从额定转速的1/2升到2/3左右,对活塞气缸等所进行的磨合。是发动机磨合过程采取的第二个主要步骤。其作用在于继续磨合配合表面并进行各部位的检查和调整。

(原思聪)

热象仪　thermal-imaging instrument

把物体表面温度场的信息转变成电视图像的仪器。由图像的颜色确定表面各点的温度。

(朱发美)

热压机　hot press

有供热装置的平压机。要求使用热固胶。加工十五层以下胶合板的热压机由热压系统、液压泵系统以及供手工装卸板料的升降台等组成。加工十五层以上胶合板的热压机由自动装卸机、热压系统、蓄压器、液压泵系统和板料传送系统等组成。广泛用于压制胶合板、刨花板等人造板材。

(丁玉兰)

ren

人工操纵式气动桩锤　manual control pneumatic pile hammer

由人工操纵气缸的进排气阀以控制锤体冲程的单作用式桩锤。结构简单,但冲击频率较低,只有20~25次/min,生产效率低,耗气量大,而且供气软管随气缸上下运动,容易损坏。

(王琦石)

人工基准法　method of artificial base

在摩擦表面人为地造成圆锥、棱锥或其他形状的精确凹坑作为基准的磨损测量方法。由于磨损结果使凹坑尺寸改变,测量凹坑磨损前后尺寸,即可确定摩擦表面局部磨损量。有台阶法、划痕法、压痕法及切槽法等。只适用于表面允许刻制凹坑的零件。

(杨嘉桢)

人工挖土顶管设备　manual excavation thrusting pipe device

采用人工挖土进行顶管施工的顶管设备。由人工挖土工具管、液压泵、导轨、千斤顶、后座墙、顶铁等组成。在工具管前端由人工挖成锅底形土孔,开挖方向与工具管前进方向一致,土孔直径应比工具管外径小5~6cm,使工具管略有切土向前顶进。用于在砂性土层或地下有容易清除的障碍物的粘土层中进行的管道施工。

(陈国兰)

人力换档变速箱　manually controlled transmision

人力拨动齿轮或啮合套进行换档的变速箱。具有结构简单、工作可靠、传动效率高的优点,但操纵费力,换档时需切断动力,影响生产率。

(黄锡朋)

人力脱钩装置　manual leaving hook device

用人力使落锤打桩机的落锤从吊钩上脱离的脱钩装置。

(赵伟民)

人为故障　artificially failure

机械设备在使用过程中,由于各种人为的过失而使其过早地丧失应有功能的现象。

(原思聪)

人物两用提升机　two-way lifter

既能提升混凝土等散状物料,又能载人升降的提升机械。

(龙国键)

人字架　A-type frame

装于起重机转台尾部,侧面呈人字形的支架。用于支承动臂变幅机构的定滑轮(组),或变幅及起升钢丝绳的导向滑轮。通常由一根横梁轴和左右两对支腿组成,前者用于安装定滑轮(组)或导向滑轮,后者抬高横梁轴,以增加变幅力臂,减小变幅力。在大型机械中常做成高度可调的伸缩式结构。

（孟晓平）

人字形滚筒刷　herringbonely lined roller brush

刷毛栽排成片,刷毛片按两个不同方向的螺旋轨迹固定在刷芯上,并形成"人字形"的扫路机滚筒刷。刷子旋转时,人字形刷子两端的刷毛先与地面接触,随后刷毛片与地面的接触点依次向中间移动,地面垃圾被扫抛到刷子中间。在连续清扫作业时,逐渐地将垃圾集中到滚刷中间很窄的范围里,便于捡拾系统将垃圾输入垃圾斗内。　　（张世芬）

人字形水枪　V-type monitor

沉井施工用的具有两个管身和水枪喷嘴,管身交叉成 α 夹角的水枪。夹角 α 视沉井井筒直径而定,用以破除沉井刃脚斜面下部附近的土体,效果较好。　　　　　　　　　　　　　　（曹善华）

刃磨机　cutter sharpen

磨锐各种木工机械刃具的木工刃具修磨机械。由床身、磨头电磁工作台、动力装置等组成。分为手动进刀和机械自动进刀两种类型。　（丁玉兰）

韧性　toughness

金属材料具有强度高而不脆的性能。目前尚无统一的测定标准。对于某些机械零件是有重要意义的,特别是在承受弯曲的动载荷下。回火可以提高机件的韧性。　　　　　　　　　　　　　（田维铎）

rong

容积节流调速液压系统　regulating speed hydraulic system of volume restriction

利用变量泵和流量控制阀联合调速的液压系统。泵的供油量与执行元件所需流量是相适应的。具有节能、高效、速度稳定性好等特点。工程上常用的有:限压式变量泵和调速阀联合调速、压差式变量泵与节流阀联合调速、压力反馈式变量泵与节流阀联合调速等形式。　　　　　　　　（梁光荣）

容积式称量装置　volumetric batcher

以容积为计量单位的称量装置。因混凝土配合比为质量配比,不能精确控制配合比,很少采用。适用于体积变化很小的水和添加剂的称量。有流量式称量装置。　　　　　　　　　　　（应芝红）

容积调速液压系统　regulating speed hydraulic system of volume

靠改变液压泵或液压马达的工作容积(即改变排量)实现调速的液压系统。按变量形式分为变量泵容积调速系统、变量马达容积调速系统、变量泵与变量马达容积调速系统。调速范围大、稳定性好,效率高,但结构复杂。多用于大功率的机械上。

（梁光荣）

容量　capacity

设备容器中,在不影响其正常工作情况下,所能装入松散或流体物料的最大体积。　（田维铎）

容器式供料器　box-type feeder

利用密闭容器内物料流态化后进行供料的气力输送装置压送式供料器。有单容器式和双容器式两种。被运物料在容器中装至一定高度后,关闭加料口并打开供料口,通进压缩空气使物料流态化后,借助于容器内外压力差将料气混合物经供料口压送到输料管中。单容器只能间歇供料;双容器可实现连续供料。用于高压输送粉状和细粒状物料。

（洪致育）

容器式气力输送装置　capsule-tube transport system

在管道中利用气流的静压对装有物料的容器进行输送的气力输送装置。由管道、容器、发送站、接收站、气源站及电控设备等组成。较早时用于输送邮件、试样等;容器呈桶状,称气送子。以后,容器加大,输送散料,并能越野布置管道线路。但容器需要回收。　　　　　　　　　　　　（洪致育）

熔模铸造　investmnet casting

又称失蜡铸造(lost-wax process)。用蜡质型制成的耐火型壳生产铸件的方法。整个工艺过程包括制作母模和压型、压制蜡模、装配蜡模组、制造壳型(包括结壳、脱模、造型和焙烧等)、浇注、落砂和清理等。能铸造各种合金铸件,尤其适用于高熔点合金及难切削合金的铸造,如耐热合金、磁钢等。铸件的精度可达 IT11～IT14,表面粗糙度可达 $R_a(5～1.25)\mu m$,节省了切削加工的工时和金属材料。但工艺过程复杂,生产周期长,费用高。主要用于制造汽轮机、燃气轮机的叶片和叶轮、刀具以及汽车、拖拉机、风动工具和机床的小型零件等。

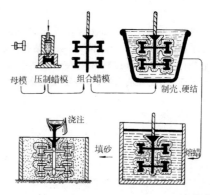

母模　压制蜡模　组合蜡模　　制壳、硬结

浇注　　填砂　　　熔模

（方鹤龄）

rou

柔性　flexibility

挠性零件易于单向或任意弯曲的性能。例如滚子链条,其单向柔性极好,但另一个方向的柔性极差,不能弯曲。麻绳、尼龙绳可以任意方向弯曲,柔性较好。现今只作为一种技术特性,无测定标准。

（田维铎）

柔性间接作用式液压桩锤　flexible nondirect acting hydraulic pile hammer

通过液压缸与柔性的钢绳滑轮机构和锤体相连接,使锤上下往复运动,产生沉桩力的间接作用式液压桩锤。

（赵伟民）

柔性拉索式组合臂架　double link jib with flexible rope

由压杆、拉索和象鼻架组成门座起重机的起重臂。象鼻架有一部分是曲线段,与拉索联合使象鼻架端部作水平运动。由于这种臂架系统工作时振动较大,目前已很少使用。　　　　（于文斌）

柔性式振动桩锤　flexible type vibratory pile hammer

动力装置与激振器之间采用减振弹簧连接的机械式振动桩锤。动力装置可采用普通型式,但由于采用了减振弹簧,动力传递受到影响。

（赵伟民）

柔性鼠道犁　flexible submerged gulley plough

切土犁与位于其后的挤孔器用挠性件(钢丝绳、链条)相连的鼠道犁。作业时,先由切土犁犁出垂直切缝,随之,挤孔器挤压成孔。宜于在土质较纯的表层土中作业。

切土犁钢丝绳挤孔器

（曹善华）

ruan

软地基桩机　weak soil layers pile machine

为了提高软地基的承载能力,采用钻孔方法,但不取土,而是将土通过钻具喷入土中的灰浆搅拌在一起形成桩,或者填入砂、石等密实形成桩的桩工机械。有振冲砂桩机、深层混合搅拌桩机、旋喷式桩机。　　　　　　　　　　　　　　　（赵伟民）

软弱地基处理机械　soft soil layers treating machine

为了改善软弱地基的承载能力而采用的各种处理方法所使用的桩工机械。有排水带式、网袋排水式、碎石桩排水式。　　　　　　（赵伟民）

软轴　flexible shaft

刚性很小具有弹性可自由弯曲传动的轴。用于联接不同一轴线和不在同一方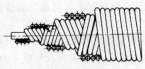向或有相对运动的两轴以传递旋转运动和扭矩。能把旋转运动和转矩灵活地传到任何位置。

（幸淑琼）

run

润滑　lubricating

为减少相对运动金属机件在接触部位的摩擦损失、散热及防腐,而注入某种介质以改善工作状况的手段。这些介质称为润滑剂,如润滑油、润滑脂及石墨粉等。　　　　　　　　　　　（田维铎）

润滑油泵　oil pump

筒式柴油桩锤中向润滑系统油路供给具有一定压力和流量润滑油的油泵。靠下活塞受冲击时的跳动来驱动,或由驱动低压燃油泵的燃油泵曲臂来驱动。　　　　　　　　　　　　　　　（王琦石）

润滑脂　grease

滴点一般不低于 $75\sim80℃$ 的油类润滑剂。用于滑动轴承时,需要加压才能到达润滑表面,不能获得液体摩擦;装于滚动轴承(座)中时,润滑情况可以不需人工照料。有钙基、钠基以及锂基、钡基、铝基、铅基、钙－钠基、钙－铝基、铅－钡基等多种,工程机械中以前二种的应用较为普遍。　　（田维铎）

润滑装置　lubricating device

给两个相对运动零件接触面之间加入润滑油的装置。可使两个相对运动零件的接触面之间形成油膜,从而减少摩擦、降低磨损及带走摩擦产生的热量。　　　　　　　　　　　　　　　（戚世敏）

S

sa

洒布管摆动杆 push rod of spraying pipe rocker

沥青喷洒机中推移洒布管的操纵机构。位于机械后部操纵台上。当喷洒机按施工路段要求,需要洒布管作左移或右移喷洒沥青时扳动之。

(章成器)

洒布管升降手轮 handwheel of spraying pipe

沥青喷洒机中升降洒布管的操纵机构。位于机械后部操纵台上。当喷洒机需要喷洒沥青时,可将洒布管放下。当喷洒机工作完成后转移施工路段时,可将洒布管升起,而处于运输状态。

(章成器)

洒水车 sprinkler

利用高压水进行喷水和洒水作业的环卫机械。主要用于城市路面冲刷、街道洒水,高树花草喷水喷药、消防灭火等。有单机洒水车、拖挂洒水车和半拖挂洒水车。车辆前端的水管上装有上下仰角和左右摆角都可调整的蹼形缝隙式喷口,多用于冲刷路面;车辆后端的水管上装有多孔吊壶式喷口,水从吊壶喷口的每个小孔喷洒出来,适用于道路施工时对路基填实料的喷洒;在罐体尾部上端安装有小型切线式喷雾嘴或缝隙式喷雾嘴,它的流量很小,水雾的粒度直径为 $300\sim500\mu m$,可向空中喷水雾调节空气湿度,减小空气中的粉尘,清新空气;车辆的侧面安装有射水喷枪,射程高度可达 $25\sim30m$,可对高树进行喷水喷药、消防灭火及疏通下水道。在隆冬降雪时可用来对积雪地面喷洒盐水,降低积雪冰点以助清除;夏日还可用来降低空气和路面的温度。

(张世芬)

洒水养护装置 curing water sprayer

装有全套洒水设备为水泥混凝土路面铺筑层洒水养护的可换工作装置。洒水设备装在四轮轨道车上,洒水管布置在机架下并能沿专用轨道横向移动而向路面洒水养护。可与铺层拉毛器互换。

(章成器)

撒布辊 spreading roller

石屑撒布机上装于撒布料斗底部,用以旋转拨撒石屑的长辊。

(倪寿璋)

撒布宽度调节板 spreading wide adjusting blade

石屑撒布机上装在撒布料斗卸料口,可以横向移位的调节板。

(倪寿璋)

撒布量调节板 spreading flow gate

石屑撒布机上装在撒布料斗卸料口,并和撒布辊保持一定可调间隙的弹性挡板。

(倪寿璋)

撒砂阀 sand valve

控制道碴捣固机械等线路机械砂箱启闭,以便在轨面上撒砂的开关。用以在雨雪天气机械作业时,增加轮轨之间的摩擦力。

(高国安 唐经世)

sai

塞规 plug gauge

检验孔径或其他内尺寸的极限量规。两个塞头,一头是"通端",其基本尺寸为被测部位最大实体尺寸,另一头为"止端",是按被测部位最小实体尺寸制作的。检验时,如通端能通过,止端不能通过,即表示被测尺寸是合格的,否则即是不合格的。

(田维铎)

san

三点式履带桩架 three point support crawler tread pile frame

为桩锤或钻具导向用的立柱,靠两根斜撑和一个下部支架支承的履带式桩架。在桩架后方斜撑支点的下面,增设两个间距较大的液压支腿,作为斜撑的下支座,以保证桩架的稳定性,成为名副其实的三点支承式。优点是稳定性好,承受横向载荷能力大,斜撑长度可以调整,立柱可以倾斜打斜桩。

(邵乃平)

三级保养 third-order maintenance

经规定的运行时间间隔后,由专业保修人员,对机械进行全面的清洗、检查、调整,换油,排除故障,零星小修,恢复各部件正常工作能力的技术保养。主要内容除全面执行二级保养作业内容外,拆下发动机,进行内外部清洗,检查调整配合零件间隙,更换磨损件,对其他所有运动件、配合件进行检查、调整,测试机械性能。对机架进行焊修、补漆。机械进行三级保养时,需要一定的作业时间,故一般均需停止运行生产。

(杨嘉桢)

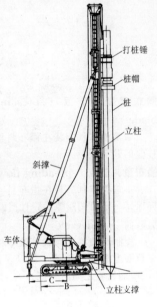

打桩锤
桩帽
桩
立柱
斜撑
A
车体
C
B
立柱支撑

三点式履带桩架

三角带　v-belt

横截面呈等腰梯形,以两个侧面为工作面的环形传动带。用得最多的一种为三角胶带。是由强力层、伸张层、压缩层和包布层制成的无端环形胶带。强力层主要用来承受拉力;伸张层和压缩层在弯曲时起伸张和压缩作用;包布层的作用主要是增强带的强度。三角胶带的截面尺寸和长度都有标准规格,按照断面尺寸分为 O、A、B、C、D、E、F 七级,依上述顺序其断面尺寸和传动能力均逐级增大,且带长以内周长度为标准。

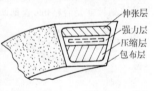

伸张层
强力层
压缩层
包布层

(范俊祥)

三角带传动　v-belt drive

用无端头、横截面呈倒梯形的橡胶及纤维带和具有型槽带轮的带传动。通常是数根并用,三角带嵌入带轮上相应的轮槽内,且只是两侧面和轮槽的两侧面接触,故根据楔形槽摩擦的工作原理,在同样的

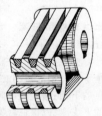

皮带张力作用下,带与轮槽之间所产生的摩擦力大于平型带与轮面间所产生的摩擦力,所以传动可靠,结构紧凑,传递动力及传动比均较大,因之在一般机械传动中已取代了平型带。

(范俊祥)

三角形可动支点履带装置　movable triangular support-frame crawler

支重轮和托轮装在可动的三角形支架上的履带行走装置。每两个支重轮和一个托轮形成一组,装在焊接支架上,支架的中部铰接在底座的悬臂轴上,故整个支架可绕铰点摆动。为了防止三角架因摆动过大而翻转,有的用拉杆将两个三角架联到一起。这种履带装置可使履带比较容易适应高低不平的障碍物,改善了通过性能,也改善了支重轮的载荷分布。缺点是行走装置对地面的净空小,结构比较复杂,价格高,故应用少。

(刘希平)

三轮压路机　three-drum roller

具有三个碾轮的自行式压路机。可以是两轴三轮或三轴三轮,前者的前轴装有一个碾轮,为转向轮,支架与机架铰接,后轴有左、右两个碾轮,为驱动轮,前后轮均可加砂或注水,以增加机重,提高线压力;后者机架有三根轮轴,每轴装一碾轮,具有很好的碾压性能。适于路基、路面基层的压实,也用于碎石路面和沥青混凝土路面的终压工作。

(曹善华)

三面刨床　three-side planer

可一次刨光工件三面的木工刨床。由主轴、前后上料辊、立刨轴、工作台、升降机构、动力装置等组成。经一次刨削加工便可使工件宽、厚合乎规格要求。如在两个立刨上添裁口、起线刀具,还可完成裁口、起线工序。其规格是指三面同时刨削的最大宽度。

(丁玉兰)

三排滚柱式回转支承　slewing learing with triple range roller

具有三排以直径不同的滚柱为滚动体的回转支承。由三个座圈、三组滚柱和隔离体、联接螺栓及防尘圈组成。根据载荷状况不同,上排滚柱尺寸最大,侧向滚柱尺寸最小,上下两排滚动体承受轴向力和倾覆力矩,而侧向滚动体承受径向力。是一种承载能力最大的回转支承。多用于重型建筑工程机械中。

(李恒涛)

三刃滚刀　triple disc cutter

带有三列刀刃的盘形滚刀。

(茅承觉)

三相工频电钻　three-phase power frequency drill

采用鼠笼型异步电动机驱动,运行于 50V 以上电压、50Hz 交流电系统的钻削电钻。由电动机、传动机构、主轴、钻夹头等组成。过载能力强,结构简单,寿命长,单位重量出力较小。

(王广勋)

三相四线制　three-phase four-wire system

对称三相电源引出中性线的星形联接,由三根火线(端线)和中线(零线)向用户供电的系统。可供给负载两种三相电压。低压系统中照明与动力混合供电线路所采用的 220/380V 电源就是这种系统。

其中 220V 相电压供照明用,380V 线电压供三相电动机等动力负载用。　　　　　（周体伉）

三相异步电动机　threephase asynchronous motor

又称三相感应电动机。需要三相电源供电的异步电动机。三相电流通过定子绕组时,产生旋转磁场,在转子绕组中产生感应电流,磁场与电流相互作用产生电磁转矩,使电动机旋转。按转子绕组的不同,有鼠笼式和绕线式两种类型。　（周体伉）

三星齿板换向机构
triple gear reversing mechanism

利用呈三角星状布置在可摆动的板形构件上的三个齿轮与另一齿轮之间不同组合啮合的换向机构。常用的布置形式如图示,当三星齿板

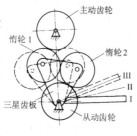

处于位置Ⅰ时,主动齿轮通过惰轮1,惰轮2使从动齿轮反向转动;当三星齿板处于位置Ⅱ时,惰轮1与主动齿轮脱开,从动齿轮不转;当三星齿板处于位置Ⅲ时,惰轮2与主动齿轮和从动齿轮同时啮合,使从动齿轮与主动齿轮同向转动。　（范俊祥）

三支点底架　chassis frame with three supporters

塔式起重机在工作时,与支承平面间呈三点支承的塔式起重机底架。起重机的全部载荷通过三个支承点传给基础或轨道,三点支承的支点反力可准确算得;在与四支点底架具有相同外形轮廓尺寸时稳定性较差,但轨道塔式起重机能实现在弯道上行走,不过此时不允许吊重。　（李以申）

三支点小车　three point supporting trolley

支承在三个车轮上的桥式起重机小车。由小车车架、小车行走机构和起升机构组成。轮压分配是静定的,只与载荷大小和小车尺寸有关。可降低对小车车架制造精度的要求,并能延长车轮寿命。　（李恒涛）

三轴式铲运机　three axles scraper

以双轴牵引车为动力的三轴六轮自行式铲运机。牵引车多为全轮驱动,可充分发挥牵引力。　（黄锡朋）

三轴式挤压制管机　triaxle extruder pipe machine

靠三根导辊和无端毛布挤压半干石棉水泥拌和料的石棉水泥制品成型机械。由导辊、管芯、无端成型毛布、传动装置、加压机构等组成。石棉水泥半干混合料加入三根导轨之间,由于无端毛布和管芯的

转动,半干料逐渐被卷到管芯上,同时借成型毛布的张紧和加压辊对管芯上料层的挤压而脱水,形成管坯。比内真空制管机结构简单,容易加工制造。　　　　　　　　　　　　　（石来德）

三轴压路机　three-axle tandem roller

具有分别装于三根轮轴上三个碾轮的压路机。三根轮轴与机架刚性连接,可以是全轮驱动,也可以只有两个碾轮驱动。其特点是可以随着所压路面的不平情况,自动调节分配在各个碾轮上的重力,并集中力量压实地面突出部分,使不平处被逐渐压平,压实效果好。　　　　　　　　　　　（曹善华）

伞形钻架　shaft drill rig

悬吊于竖井掘进盘上的伞状吊架式钻架。用于钻凿向下炮孔。　　　　　　　（茅承觉）

散热器　radiator

俗称水箱。内燃机冷却系中将热量散发给大气的装置。由上水室、下水室和芯部组成。气缸水套中的水流经芯部得到散热。按芯部构造区分,有管片式、管带式等几种形式。另见冷却器(161 页)。　　　　　　　　　　　　　　　（岳利明）

sao

扫路机　sweeper

收集、运送地面上垃圾、尘土等污物的环卫机械。按清扫原理分为纯扫式、纯吸式、吸扫结合式等;按使用场合分为街道用扫路机,公路、机场用扫路机,庭院、车站用扫路机等。　（张世芬）

扫路机副刷　side brush of sweeper

又称碟形刷、侧刷、边刷。安装在扫路机主刷前方、扫路机一侧或两侧的扫路机清扫工作装置。主要用于清扫路牙下及场地边缘的垃圾,把垃圾从侧边扫到主刷的扫道上。副刷刷毛栽在一个圆形刷盘上,刷毛与盘面成 45°～60°角,并成束径向栽入圆刷盘外围两圈,整个副刷呈碟形。刷毛材料多为较粗直径的尼龙丝、钢丝或矩形截面的钢片,亦有用塑料丝的。刷子的轴线安装成与地面倾斜,使刷盘向前、向外倾斜成一定的角度,刷毛有四分之一与地面接触,从前向内旋转,以保证垃圾向前和向里的"合成方向"扫抛。刷子的悬挂架采用平行四边形机构,使刷子在任何位置与地面的倾斜角度不变。
　　　　　　　　　　　　　　　（张世芬）

扫路机气力系统　air system of sweeper

使扫路机吸尘嘴形成负压气流的系统。包括抽气装置(作为动力源的风机),使空气和垃圾、尘土等污物分离并收存垃圾的垃圾斗以及吸管、吸尘嘴等,有时还包括空气循环管道(即反吹管道)和阀门等。

扫路机上的高压离心式风机进风口通过垃圾箱的滤尘系统与吸尘嘴吹风口相连,出风口接在吸尘嘴的吸风口上,风机产生的高速气流通过吸尘嘴将地面上的垃圾颗粒吹浮起来带进垃圾箱,气流经滤尘后80%～90%返回吸尘嘴进行吸尘循环,10%～20%的气体再次滤洁后排入大气,这部分气体靠吸尘嘴周围吸入空气来补充,这样可避免吸尘嘴内的垃圾尘埃溢出而造成扬尘。　　　　　　　(张世芬)

扫路机湿式除尘　wet dusting of sweeper

扫路机中采用喷水达到除尘目的的一种方法。为了防止侧刷旋转清扫产生扬尘,在其工作区装有喷雾嘴,使尘埃被水雾润湿沉降于地面。有的纯吸式扫路机和真空吸送式扫路机在垃圾箱吸入管内装有喷雾嘴,含尘气流流经水雾时,尘埃颗粒增大,重量增加,则经挡板在垃圾箱内沉降。

(张世芬)

扫路机吸尘嘴　suction nozzle of sweeper

扫路机上直接和路面相接触并利用通过其中的负压气流收集路面垃圾及尘土到垃圾箱的工作装置。有横置管道式吸尘嘴、椭圆罩式吸尘嘴两种。

(张世芬)

扫路机主刷　main brush of sweeper

又称滚筒刷。担负扫路机大部分清扫面积工作的主要清扫工作装置。成圆柱形,横置于扫路机底腹部的垃圾斗口处,直径为 ϕ400～450mm。由刷芯、刷毛以及把刷毛固定到刷蕊上的零件组成。刷毛成束沿着刷蕊圆柱表面密集布置,常用材料为钢丝、棕榈丝、剖开的扁竹条、人造纤维(尼龙)等。钢丝具有较高的耐磨性。以刷毛固定的形式分为圆辊式、一字片式、螺旋片式、人字形式和绳轮式滚筒刷等。　　　　　　　(张世芬)

扫吸式扫路机

见吸扫结合式扫路机(393页)。

sha

砂轮磨光机　grinder polishing machine

砂轮作为磨具,对工件表面进行磨削加工的电动或气动手持机具。砂轮轴与马达转子轴交叉成90°角。配备可互换的多种工作头:粗磨砂轮、细磨砂轮、抛光轮、橡皮轮、切割砂轮和钢丝轮等,以端面和圆周面为工作面,可进行磨削、抛光、切割和除锈等作业。适用于位置受限制不便使用普通磨光机的场合。按驱动方式分为电力驱动(电动机)和压缩空气驱动(气马达)两类。主要参数为砂轮直径、额定转速,气动式还包括工作气压、耗气量和导气管内径。　　　　　　　(王广勋)

砂石清洗机　sand-stone washer

利用水流的冲刷力,并辅以机械搅动,洗去容器内砂石料中污泥等杂物的石料加工机械。有圆筒洗石机、洗石分级机、洗砂机、洗砂盘等。用于混凝土骨料和道碴制备。　　　　　　　(曹善华)

砂纸打磨机　emery paper grinder

砂纸作为磨具,对各种材料的平面和成形表面进行抛光、除锈和除漆等作业的电动手持机具。电动机驱动,通过机械传动,带动夹持砂纸的工作夹板作往复运动进行作业。工作效率和质量高,劳动强度低。

(王广勋)

shai

筛板　sieve plate

在碳钢板上冲圆孔、方孔或矩形孔制成的筛面。筛分碎石多用圆孔筛板,筛分细粒物料则用方孔或矩形孔的筛板。为了提高筛分效率,筛孔均作错综排列。筛板厚度一

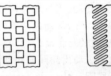

般是 3～12mm,若是圆孔,孔径必须大于筛板厚度,不然,影响颗粒的通过能力。具有坚固耐用的优点,但有效筛分面积小,筛分效率不高,一般供中筛和终筛之用。

(曹善华)

筛分　screening

通过筛面将颗粒物料按尺寸分为若干规格等级的作业过程。石块、煤、砂、矿石等松散大块物料多利用机械方法筛分;粉状细粒料也可利用风力、水力和磁力筛分。筛分的目的:一是把已破碎到合乎要求的颗粒及时取出,避免过度破碎,二是及时剔出不合规格的颗粒,以保证成品质量。　　　(曹善华)

筛分机械　sieving machine

借筛面和物料的相对运动,将物料按粒度大小加以分级的机械。由筛面和构成筛面运动的机构组成。按筛面结构分格栅筛、板筛、网筛;按筛面运动方式有固定筛,机械筛。此外,还有空气喷射筛分机、声筛仪等。除了干筛外,还有湿筛如弧形筛及洗涤筒筛等。

(陆厚根)

筛分效率　efficiency of screening

物料筛分以后筛下物的重量与物料筛分前实际含有筛下物重量的比率 η(%)。即:

$$\eta = \frac{A_1}{A}\%$$

A_1 为筛分以后筛下物重量(kg)；A 为实际含有的筛下物重量(kg)。用以衡量筛子的筛分质量。影响筛分效率的因素有：筛面上料层的厚度，物料颗粒形状和含水量，筛孔形状和排列，筛子的运动方式，筛子尺寸和倾角等。　　　　　　　　　（曹善华）

筛孔　sieve mesh, screen mesh

筛网和筛板上的孔眼。有圆形、矩形、正方形等形状，其大小决定了所筛分物料的等级尺寸。矩形筛孔的有效面积系数最大，可达到 75%，圆形筛孔的有效面积系数最小，一般是 45%，但筛面的强度与之相反。　　　　　　　　　（曹善华）

筛孔尺寸　size of screen mesh

表征筛孔大小的物理量。圆形筛孔以直径表示，正方形筛孔以边长表示，矩形筛孔以长度与宽度表示。圆形筛孔直径与其厚度的比率，对颗粒的通过能力有较大影响，要求筛孔直径为板厚度的 $1.6 \sim 1.75$ 倍。　　　　　　（曹善华）

筛面　sieve

筛分机械中直接与所筛物料接触，进行筛分工作的部分。有筛网、筛板和格栅（图）三种。筛面在筛分机械中可排列成并列式或复列式，前者是把不同筛孔尺寸的筛面排列在一个平面上，最细的颗粒先筛出，筛面太长，筛分质量差；后者是把不同筛孔尺寸的筛面排列成上、下平面，最细颗粒从最下面的筛面筛出，占地小，筛分质量较好。也有并列和复列混合采用的，称混合式。筛分作业所得物料的级数，总比不同筛孔尺寸的筛面数多 1。

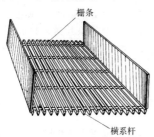

栅条
横系杆

　　　　　　　　　（曹善华）

筛面有效面积　effective sieve area

筛面上筛孔的面积总和。此面积与筛面总面积的比率称有效面积系数。筛网的有效面积系数决定于筛孔形状，矩形筛孔的有效面积远大于其他形状的筛孔，其有效面积系数可达 75%，但筛网强度较差。　　　　　　　　　（曹善华）

筛砂机　sand screen

剔除杂质和石块，并按一定粒径分选砂子的灰浆制备机械。有机械式和电动式等类型。详见偏心振

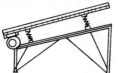

动筛(203 页)。　　　　　　　（董锡翰）

筛上级　sieve residue

筛分以后留在筛面上的物料颗粒等级。筛上级颗粒的粒径理论上均大于筛孔尺寸，但总有小于筛孔尺寸的颗粒混留其中，如果后者所占比率大，则筛分效率低。　　　　　　　　　（曹善华）

筛网　sieve net

用钢丝、不锈钢丝、青铜丝、黄铜丝、磷铜丝、锦纶丝等构成的筛面。有编织筛网和焊接筛网两种。如筛孔尺寸很小，也有用蚕丝或头发丝编的。金属丝筛网多编成矩形孔或正方形孔。是平面筛分机的工作部分，有效面积系数大，筛分质量好，但强度不足，金属丝容易叉开，使筛孔走样，物料含水量高时，筛孔容易被堵塞。一般供中筛和终筛用。

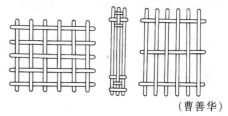

　　　　　　　　　（曹善华）

筛下级　minus sieve, minus mesh

经过筛分从筛孔中落下的颗粒等级。筛下级颗粒的粒径总是小于筛孔尺寸。　　　（曹善华）

shan

闪光留量　flash allowance

又称烧化留量。对焊时，考虑钢筋因闪光烧化减短而预留的长度。选择闪光留量应使闪光过程结束时，钢筋端部能均匀加热，并达到足够的温度。对连续闪光焊取两钢筋切断时刀口严重压伤部分之和，另加 8mm；对预热闪光焊取 $8 \sim 10$mm；对闪光－预热－闪光焊的一次闪光取两钢筋切断时刀口严重压伤部分之和，二次闪光取 $8 \sim 10$mm；直径大的钢筋取大值。　　　　　　　　（向文寿）

闪光速度　flash speed

又称烧化速度。对焊时，闪光阶段动夹具的移动速度。由慢到快，开始近于零，随后约 1mm/s，最后为 $1.5 \sim 2$mm/s。后期速度快，闪光强烈，是为了保护焊缝金属免受氧化，并烧去接口中的杂质。

　　　　　　　　　（向文寿）

闪光－预热－闪光焊　flash-preheat flash butt welding

在预热闪光焊前增加一次闪光过程的钢筋闪光对焊。增加一次闪光的目的是将钢筋端部闪平并预热均匀。适用于由于采用钢筋切断机断料而使钢筋

端部有压伤痕迹,端面不够平整的钢筋纵向对接。

(向文寿)

扇式闭锁器 sector valve

工作装置为圆弧形闸板的闭锁器。开闭卸料口时闸板绕水平轴转动。分单扇式、双扇式两种。后者打开闸板的劳动量比前者约少一半。按打开闸板的运动方向分上开式、下开式两种。上开式扇式闭锁器利用闸板开度变化调节物流量,关闭时易产生卡料和关不紧现象。下开式扇式闭锁器特性与前者相反。转动阻力小,调节物料流量省力方便。

(叶元华)

shang

上部转台最佳转速 optimal revolving speed of superstructure

挖掘机上部转台在经常使用的转角范围内所能达到的最大转速。根据经常使用的转角范围内,在角加速度和回转力矩不超过允许值的情况下,尽可能缩短回转时间,提高生产率加以确定。

(刘希平)

上部走台 supper platform

装在门式起重机主梁外侧的便道。其上铺有防滑的花纹钢板,侧面装有由角钢焊接的护栏并围以防护钢丝网。供安装和维修人员行走。

(于文斌)

上回转平台式塔式起重机 tower crane with upper slewing plateform

回转平台位于塔身顶部回转支承上的上回转式塔式起重机。起升机构、回转机构、变幅机构和平衡重均装在回转平台上。

(李恒涛)

上回转式塔式起重机 upper slewing tower crane

装有起重臂和有关机构的回转部分是安装在塔身顶部进行作业的塔式起重机。有塔帽回转式、塔顶回转式、转柱回转式和上回转平台式四种。多

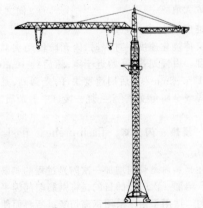

为小车变幅,常用于高层房屋建筑的施工中。

(李恒涛)

上活塞 upper piston

在筒式柴油桩锤气缸内往复运动的锤体。构造上有头部、密封部、导向部和顶部。

(王琦石)

上活塞导向部 guide way of upper piston

上活塞中部装导向环的部位。保证上活塞沿缸体中心上下运动,并使上活塞不与缸体直接接触。为不使润滑油迅速下流,在导向环槽之间加工有贮油槽。

(王琦石)

上活塞顶部 upper piston crown

上活塞上端设有惯性润滑油室的部位。

(王琦石)

上活塞密封部 seal part of upper piston

上活塞头部以上,导向部以下,切有若干道环槽的部位。一般装有六根活塞环和一根阻挡环。除了起密封作用外,还起着防止上活塞跳出缸口,以确保桩锤安全运转的作用。

(王琦石)

上活塞头部 upper piston head

上活塞下端的球面部分。与下活塞头部组成一个封闭的燃烧室。头部的几何尺寸要求精确,否则会影响燃烧室的容积,改变压缩比,导致改变桩锤的性能。

(王琦石)

上加节接高塔身法

上回转式塔式起重机借助于顶升机构在塔身的上端添加塔身节,实现增加塔身高度的方法。接高过程为:顶升液压缸的活塞杆外伸,顶升外套架;加入外套架与塔身上的定位销;回缩活塞杆;推入塔身添加节并与活塞杆上的顶升横梁相连接;微上提塔身节退出小车;下落塔身节并与塔身上端相连。至此,完成一个塔身节的加节过程。重复上述加节步骤,直到接高要求的高度为止。

(李恒涛)

上料斗水泥残留量 residual volume of cement in hopper

干混合料加入混凝土搅拌机搅拌后粘附在上料斗上的水泥量。以上料容重的百分数表示。是衡量上料机构性能的指标之一。

(石来德)

上料溢料量 overflow volume of feed

混凝土搅拌机上料时溢至搅拌筒外的混合料量。以进料容重的百分比表示。是衡量上料机构性能的指标之一。

(石来德)

上气缸 upper cylinder

筒式柴油桩锤中为上活塞(锤体)导向的缸筒。连接在导向缸之下,下气缸之上。后侧开有起吊上活塞用的长槽,外部焊有控制起落架升降高度的上下碰块。

(王琦石)

上压式塑料液压机 push up type hydraulic

press

又称下动式液压机。装于机身下部的活塞与压板由下向上移动而进行压制的液压成型机。其结构及原理与下压式液压机基本相同。　　（丁玉兰）

上掌子　upper face

挖掘机停机面以上的挖掘面。通常供正铲作业。　　　　　　　　　　　　　　　（曹善华）

上止点　top dead centre，T.D.C.

活塞在往复运动过程中离曲轴中心线最大距离时的位置。　　　　　　　　　　　（陆耀祖）

shao

烧土制品机械　calcined clay product machine

以粘土为主要原料，生产建筑用小型块状和片状高温焙烧制品的机械。包括粘土砖和粘土瓦的成型、干燥、焙烧等生产过程所用的机械和设备。
　　　　　　　　　　　　　　　　（丁玉兰）

少齿差

少齿差行星齿轮传动的简称。行星轮系中，内、外齿轮齿数相差很少的啮合传动。常用的齿数差为1～4。把行星轮系中的中心小齿轮取消，并把行星轮的齿数加大到与中心大齿轮只差很少几个齿，并安装成图示的结构形式，即可构成。　　　　　　　　　（苑　舟）

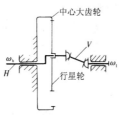

少点支承履带装置　minor-support-roller crawler

接地履带板数与支重轮数之比大于2的履带行走装置。其支重轮直径较大，数目较少，故履带在支重轮间有很大的弯曲，支重轮下的压力比支重轮间的压力大得多（对土壤的压力分布不均匀）。在轻级或中级土壤上，少支点的履带运行装置对地面的比压力比多支点的大60%～80%，但因有自由履节，易于适应高低不平的地面，宜用于岩石性地面上。　　　　　　　　　（刘希平）

she

蛇簧式防音罩　coiled pipe noise proof cover

可随桩的打入，以折叠伸缩的方式改变长度的桩锤防音罩。常用于液压桩锤。　（赵伟民）

蛇形管钢丝调直器　snake tube type wire straightener

以蛇形管为钢丝调直机构的手动钢筋调直机。蛇形管用长400～500 mm、外径约20mm的厚壁钢管弯成，内径略大于钢丝直径、钢管四周有许多小孔。钢丝用人工牵引通过蛇形管即可基本调直，铁锈从小孔中排出。适用于工程量很小、冷拔低碳钢丝的调直。

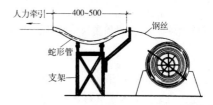

　　　　　　　　　　　　　　　　（罗汝先）

设备　facilities，equipment，plant

工业企业中可供长期使用、并在使用中基本保持原有实物形态、能继续使用或反复使用的劳动资料和其他物质资料的总称。在我国，设备通常指机械和动力生产设施。　　　　　（原思聪）

设备工程　plant engineering

对设备从调查、规划、设计、制造、安装、以至运转、维修直至报废为止，所进行的工程技术活动及管理活动。目的在于提高企业的生产能力及效率。一般将产生设备之前的阶段称为设备规划工程，而将产生设备之后的阶段称为设备维修工程。
　　　　　　　　　　　　　　　　（原思聪）

设备技术寿命　technical service life of equipment

设备在技术上有存在价值的期间。即设备开始使用，至被技术上更为先进的新型设备所淘汰的全部经历期。通常决定于设备无形磨损的速度。
　　　　　　　　　　　　　　　　（原思聪）

设备简易诊断　condition monitoring

对设备进行简单而又迅速的概括评价。具有以下功能：①设备所受应力、劣化程度、性能效率的趋向管理和异常检测；②设备的监测与保护；③确定下一步需要采取的措施。　　　（原思聪）

设备经济寿命　economic service life of equipment

又称设备价值寿命。根据设备的使用费（包括维持费和折旧费）确定的设备寿命。通常指年平均使用成本最低的年数。可用来分析和确定设备的最佳折旧年限和最佳更新时机。　（原思聪）

设备精密诊断　condition analysis

对经设备简易诊断判定为异常的设备作进一步的仔细诊断。具有以下功能：①确定异常部位和故障模式；②查明异常的原因；③了解危险程度，预测其发展；④确定改善设备状态的对策。

　　　　　　　　　　　　　　　　（杨嘉桢）

设备综合工程学　terotechnology

以设备一生为研究对象,以经济的寿命周期费用为目标,而进行的管理、经济、工程技术和其他应用于有形资产实际活动的综合学科。其要点可归纳为五个方面:①追求设备寿命周期费用最经济;②将工程技术,财务经济及组织管理有机地综合为一体;③注重研究设备的可靠性及维修性;④强调管理设备运动的全过程;⑤加强信息反馈,完成工作循环。

（原思聪）

射钉枪　nail gun

利用火药在枪筒中引爆所产生的气体推动力,将特别制造的螺钉射入建筑物表面内的手持机具。由枪管、引发装置、退壳器、消声器以及手柄和防溅护罩等组成。有整体式和折合式两种。其主参数取决于普通钢板上的最大冲孔直径和最大穿透厚度。

（迟大华）

射钉直径　diameter of nail

射钉枪进行射钉作业的特制螺钉的公称直径。

（迟大华）

射孔冲头　perforative drift

在火药爆发力作用下,可穿透钢板或混凝土构件而成孔的金属锥状冲子。　（迟大华）

射孔夹具　punching fixture

射钉枪穿孔作业时,用于将枪口对准孔位并固定枪体的夹持器械。

（迟大华）

射流泵　injection pump

又称喷射泵、喷流泵。利用高压水流作为工作液进行抽水的泵。由工作水管、喷嘴、混合室、扩散管和进、出水管组成。高压水经过工作水管,以极高的流速从喷嘴射入混合室,然后经过扩散管流入出水管。高速水流带走混合室内部分空气,混合室内形成局部真空,从而抽吸水源中的水,在混合室里与工作水混合,一起经扩散管、出水管排出。常与离心泵串联使用,动力装置与离心泵装在地面,射流泵淹入水中,以克服离心泵吸水高度不足的缺点。构造简单,制造与维修方便,但工作效率较低。

（曹善华）

射流式灰浆喷射器　jetflow mortar sprayer

使灰浆形成高速射流进行喷涂施工的灰浆喷射器。　（周贤彪）

射流式混药器　jet type mixer

喷雾车中利用射流在吸药管中产生真空,吸入农药母液并使之与水混合成为喷雾药液的装置。连接在喷雾车截止阀和排液管之间,由吸药滤网、透明塑料管、T形接头、玻璃球、衬套、射流体和喷射嘴等组成。　（张　华）

射水管　jet pipe

为高压水导向的射水式沉桩机的部件。

（赵伟民）

射水式沉桩机　water jet pilling machine

通过高压水冲削土壤使桩沉入地基的桩工机械。施工时,把射水管预埋在桩中,或安装在桩外侧,用高压水泵通过射水管的射水孔喷射高压水,冲削地基的土壤,同时靠桩上部的加压装置和桩的自重沉入地基中。

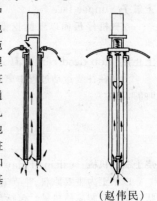

（赵伟民）

射水式盾构　hydrojet shield

用高压水冲挖土体的密闭式盾构。沿切口环边缘,垂直于盾构中心线,均匀地安装若干只（一般为 3 只）高压射水喷嘴,喷嘴可以左右摆动,掘进时,用以冲刷开挖面土体;同时在泥土室内充满可调压力泥浆支护液,保持压力平衡。由于喷嘴在压力泥浆中冲刷能力有限,所以这种盾构直径多为3m 以下。

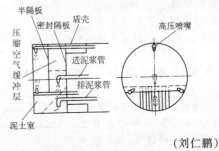

（刘仁鹏）

射水靴　jet shoe

与射水管相连,设置在桩前端,保高压水形成定向射流的射水式沉桩机的部件。　（赵伟民）

射线探伤　ray defectoscopy

利用物质种类、厚度和密度不同,对射线的吸收和散射程度也不同的原理发现零件内部缺陷的无损检验方法。将强度均匀的射线(通常为 X-射线或 γ-射线)穿射被检物体,当厚度相同而内部含有气孔时,气孔部位不吸收,射线容易通过;相反,当物体中含有容易吸收射线的异物时,射线就难于通过。射线穿透物体后照射在置于物体背面的底片上感光,显影后显示出与物体内部结构和缺陷相对应的黑度不同的图像。观察分析图像,就可检查出缺陷的种类、大小和分布状况。　（杨嘉桢）

shen

伸缩臂　telescopic boom

能按要求伸缩，改变作业范围的起重臂。通常为箱形结构；除与转台铰接的基础臂节外，至少有一个伸缩臂节；其伸缩功能借助起重臂伸缩机构来实现。结构紧凑，并能方便迅速地实现工作状态与行驶状态的互换。广泛用于汽车起重机和轮胎起重机。

（孟晓平）

伸缩臂节　telescopic boom section

在伸缩机构驱动下，伸缩臂中各相邻臂节沿其内滑块作伸缩运动的箱形构件。在伸缩臂中，除与转台铰接的基础臂节及副起重臂或加长臂之外，其他臂节通常都是伸缩臂节。距基础臂节最近的通常称为伸缩臂节1，其余依次称呼。借助于伸缩臂节，在工作时可改变起重臂的长度。

（孟晓平）

伸缩臂式高空作业车　aerial work vehicle with telescopic boom type

依靠动臂变幅和伸缩来改变作业平台位置的臂架式高空作业车。动臂为箱形套筒式结构。外套筒为基本臂，下端铰接在回转平台支承架上，可上下摆动。内套筒为伸缩臂，有单节和双节。作业平台铰接在伸缩臂的最上端。双作用液压缸直接驱动臂的伸缩或通过钢丝绳或链条机构使双节伸缩臂同步伸缩。

（郑　骥）

伸缩臂式挖掘平整装置　excavating-grading attachment with telescopic boom

动臂由两段套装，利用液压缸使之伸缩，带动装在伸出臂前端的铲斗挖掘刨平地面的挖掘平整装置。作业时，挖掘机停在坡脚旁，按照坡角要求调整动臂倾角，借助伸缩而挖掘平整边坡。动臂还能绕自身纵轴线回转，以改变铲斗的空间位置。

（曹善华）

伸缩臂挖掘机　telescopic-boom excavator

动臂可以伸缩的单斗液压挖掘机。动臂由主臂和副臂两节套装而成，利用装在主臂内的伸缩液压缸使副臂伸出或缩回，以改变动臂长度。有两种形式，一为伸缩臂反铲，即在副臂末端铰装以斗杆，除动臂能改变长度外，其他动作与一般反铲装置一样；一为伸缩臂式挖掘平整装置，为一专用工作装置。

（曹善华）

伸缩臂抓斗式掘削机械　telescopic boom-grab excavator machine

利用与多节伸缩臂相连的抓斗抓取和卸土，进行地下连续墙施工的抓斗式掘削机械。　（赵伟民）

伸缩斗式扩孔机　telescopic bucket reamer

斗由四块带有掘削齿的可伸缩斗壁组成的斗式扩孔机。工作时，靠推压机构使四块斗壁张开，边扩孔，边将土收入斗内；缩回时，可将残余土壤一并收回，完成扩孔作业。

（赵伟民）

伸缩副臂　hand telescopic boom

借助人工进行伸缩，不用时可缩进主起重臂内的副起重臂。

（孟晓平）

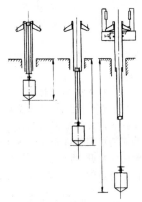

伸缩臂抓斗式
掘削机械

伸缩式布料杆臂架　telescopic boom

部分臂以滑动伸缩方式连接而成的布料杆臂架。安装在两节伸缩臂上的输送管以90°弯管和旋转管道接头成己字形铰接。　（龙国键）

伸缩式集装箱吊具　telescopic spreader

能适应不同集装箱尺寸、可伸缩的集装箱吊具。其上装有机械式或油压式伸缩机构，能够在6.1～12.2m(20～40英尺)范围内进行伸缩调节，以适应6.1m或12.2m集装箱的装卸要求。与固定式集装箱吊具的区别是增加了伸缩梁和一套伸缩机构，吊具的转锁装置和导向装置都装在伸缩梁上，吊具重量重，但适应范围大，调节方便，使用广泛。

（曹仲梅）

伸缩式立柱　telescopic leader

长度可以伸缩的桩架立柱。转移工地比较方便。　（邵乃平）

伸缩式钻杆　telescopic drill rod

由不同口径的方形钢管组成、可伸缩的回转斗钻孔机钻杆。有外钻杆、辅助钻杆和内钻杆。

（赵伟民）

伸缩速度　extending-retracting speed of boom

原动机处于额定转速时，起重机的主起重臂(常是箱形臂)由最小长度外伸到最大长度，或由最大长度回缩到最小长度时，起重臂头部沿起重臂轴线伸出或回缩的速度(m/min)。对于液压传动的伸缩机构，由于液压缸两腔的作用面积不同，起重臂外伸和回缩的速度不同。

（李恒涛）

伸缩塔身 telescopic tower

由套装在一起的内塔身和外塔身组成的格构式塔身。借助于塔身伸缩机构实现内、外塔身的伸缩，在塔式起重机工作状态时伸出到所需要的高度，以满足起升高度的要求，并借助连接件(常见的是分设在内塔身及外塔身上的销子、销孔及紧固件)将内塔身和外塔身相对固定，以减少摆动并可靠地传递载荷；在运输状态时呈缩回状态，缩短了整体长度，便于实现整个塔式起重机的整机拖行。常见于中小型塔式起重机。　　　　　　　　　　　(李以申)

伸缩套管式升降支架 telescopic tube lifting support

装修升降平台中，利用多节组合套管装在一起构成可伸缩的缸体，由液压或气压驱动的升降支架。有单柱式和多柱式两种。　　　　　　(张立强)

伸缩套架式高空作业车 aerial work vehicle with telescopic jib

由液压缸或钢丝绳卷扬机构驱动内套架沿外套架垂直升降来改变作业平台高度的垂直升降式高空作业车。伸缩内套架有一节和多节两种。后者有同步伸缩机构与液压缸或卷扬机构共同工作使每节内套架同步伸出。　　　　　　　　　(郑骥)

伸缩套筒式液压缸 telescoping cylinder

又称多级液压缸。具有多级套装在一起的筒状活塞或柱塞式液压缸。分单作用和双作用两种。主要特点是：各级活塞依次伸出时可获得很长的行程，而收缩后的长度又很短。　　　　　　(嵩继昌)

伸缩钻臂 telescopic drill boom

凿岩钻车中长度可伸缩的钻臂。由上、下两节组成，上节安装在下节中，可以伸缩。当震动时易产生变形，致使推进器在水平和垂直方向均发生位移，需要调整伸缩长度来纠正，因此除特殊情况外一般不采用。　　　　　　　　　　(茅承觉)

深层混合搅拌桩机 deep jet mixing pile machine

在钻入地基中的同时，对土壤喷射改良材料并进行搅拌形成桩的软地基桩机。工作时，通过带有搅拌翼的旋转轴贯入土层中，到达所需深度后，从搅拌翼的里侧喷口处向土壤中喷射灰浆或膨润土，同时回转提升，将土和改良材料混合搅拌在一起形成桩。有单轴式、多轴式、复合式、扩幅式。　　　　　　　　　　　　　　　(赵伟民)

渗碳 carburizing

将钢件放在含碳介质中加热到 $900\sim950℃$，保温，使碳渗入钢件表面层，以增加工件表层含碳量的化学热处理工艺。渗碳工件的材料一般为低碳钢或低碳合金钢(含碳量小于 0.25%)，渗碳后工件表层的含碳量应为 $0.85\%\sim1.05\%$，淬火并低温回火后硬度可达 $HRC58\sim62$，在提高表面耐磨性的同时，心部可保持相当高的韧性，可承受冲击载荷。多用于齿轮、轴、凸轮轴等。方法有固体渗碳、液体渗碳和气体渗碳等。气体渗碳是用得最多的一种渗碳法。　　　　　　　　　　　　　　(方鹤龄)

sheng

升功率 specific horsepower

在标定工况下内燃机每升气缸工作容积所发出的有效功率 $N_s(kW/L)$。是评价内燃机整机动力性和强化程度的重要指标，也是对气缸工作容积利用率的总评价。升功率越大则发出一定有效功率的内燃机尺寸越小，从而使内燃机更强化、更轻巧、更紧凑。　　　　　　　　　　　　　　(陆耀祖)

升降机标准节 mast standard section of hoist

组成附着式升降机导架的具有相同截面形状、尺寸和标准长度的结构单元。各标准节可以互换。若干标准节借助螺栓连接，组成所需要高度的导架。由钢管和角钢焊接成空间桁架，截面有正方形、长方形和三角形。在齿条式升降机上，其长度取决于齿条的模数。　　　　　　　　　　(李恒涛)

升降机底架 base-frame of hoist

用来支承附着式升降机，由槽钢焊接的平面框架。其上装有导架的基础节、缓冲弹簧和护栏等。用地脚螺栓与基础相固定并将升降机的载荷传给基础。　　　　　　　　　　　　　　(李恒涛)

升降机对重 counterweight of hoist

附着式升降机中，支承在头架导向滑轮上，并通过钢丝绳与吊笼相连，从而平衡吊笼重量的铁块。改善了导架的受力状态，减小了起升功率，使吊笼升降平稳。在吊笼的带动下，沿导架上的专用导轨或导架的主弦杆做升降运动。其上装有导向滚轮，以便保证运动方向。由下式确定其质量：$G_3 = G_2 + 0.4G_1/g$；G_1 为额定载荷；G_2 为吊笼自重质量。

　　　　　　　　　　　　　　(李恒涛)

升降机附着架 tie strut of hoist

在附着式升降机的导架与所施工建筑物之间，由钢管或槽钢焊接成平面桁架的支撑件。与塔式起重机附着装置在结构上不同，但起的作用一样。为便于调整导架与建筑物之间的距离，由两段组成，两端用螺栓分别与导架、建筑物相连接，两段之间借助于标准扣件连接在中间

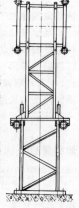

竖杆上。将导架上的水平载荷传给建筑物,保证导架有足够的竖向稳定性,以便升降机正常工作。

(李恒涛)

升降梯　lift companion ladder

沿着桩架立柱左右两侧升降梯导轨升降并能载人的工作台。承载能力和自重都较小。

(邵乃平)

升降梯卷扬机　companion ladder hoist winch

安装在桩架平台前端,或是安装在升降工作台踏板下部,通过顶部滑轮组,用以使升降工作台沿立柱上下移动的卷扬机。可采用自重轻、操作方便的小型电控卷扬机。

(邵乃平)

升降支架　lifting support

装修升降平台中,用以支承和升降工作平台的机架。下端装置在支承底盘上。有剪刀式、伸缩套管式、套装框架式、折叠臂杆式和螺旋式升降支架等多种结构型式。

(张立强)

升角　lead angle

又称导角。螺旋线的切线与垂直于螺纹轴线的平面间的夹角。在螺纹的不同直径处螺旋线的升角各不相同,通常按螺纹中径处计算。

(范俊祥)

升运式铲运机　elevating scraper

又称链板装斗式铲运机。利用装在铲斗切削刃上方的刮板输送器将刀刃切下的土屑输送到铲斗内的自行式铲运机。铲装土壤时,由于刮板输送器的作用,可以加速装土过程,减少装土阻力,提高铲斗装满程度,并可单机作业,不用助铲机,但土中夹有石块时不宜使用。刮板输送器一般采用液压马达驱动。

刮板输送器

(黄锡朋)

生产率　productivit

单位时间内所完成的工作量。单位时间,可以以每小时、每工作班、每月、每年计;工作量,可以为平方米、立方米、吨、件等,故其量纲有 t/h;m^2/h;m^3/h 等。

(田维铎)

生产维修　productive maintenance

从经济效益出发,提高设备生产效率的维修方法。根据设备对生产的影响程度区别对待,主要手段有预防维修、事后维修、改善维修及维修预防。

(原思聪)

声波混凝土搅拌机　sound wave concrete mixer

利用螺旋输送机的低频振动、螺旋叶片的搅动和高频振动使拌和料搅拌的混凝土搅拌机。由螺旋输送机、附在螺旋输送机外壳上的风动低频振动器及与螺旋叶片轴相连的压电晶体高频振动器等组成。低频振动器的频率为 1~50Hz,高频振动器的频率为 10^4Hz。混合干料从螺旋输送机的一端加入,至中部加水,而后由另一端卸料。拌和料在输送过程中被叶片搅动,由于高低频两个不同频率的振动,使水泥砂浆迅速扩散并和骨料紧密结合在一起,达到均匀搅拌的目的,搅拌时间仅 8s。(石来德)

声强　sound intensity

在垂直于声波传播方向上,单位时间内通过单位面积的声能。单位是 W/m^2,W 为声功率。

(朱发美)

声压　sound pressure

声波通过介质时,介质压强的改变量(与大气静压相比)。单位是 Pa 或 μbar。　(朱发美)

声压级　sound pressure level

声音的声压和参考声压比值的对数值。常用单位为分贝(dB)。

$$L_P = 20\lg\frac{P}{P_0}$$

L_P 为声压级;P 为声压;P_0 为参考声压(1kHz 纯音的听阈声压)。

(朱发美)

绳卡固结　fixing by clamp

钢丝绳与其他承载零件联接时,将其一端套在心形套环上,并用特制的钢丝绳卡使绳端固结的一种固定方式。使用绳卡应不少于 3 个。固结处的强度约为钢丝绳自身强度的 80%~90%。固结方法简单、可靠,应用广泛。绳卡已有标准,其型号及数量均与钢丝绳直径有关。

(陈秀捷)

shi

施工升降机　building hoist

用于工业与民用建筑施工的垂直升降机的总称。主要用来完成建筑材料、设备和施工人员的垂直运输任务。

(李恒涛)

湿地推土机　low ground pressure track-type bulldozer

又称低比压推土机。采用特殊的宽型履带板,具有低接地比压,适用于松软沼泽地带作业的履带式推土机。履带板的断面大都呈三角形或圆弧形,接地比压仅为 0.015~0.03MPa,即使在松软、泥泞地带也不会产生大的沉陷,具有较好的通过能力。

(宋德朝)

湿式粉磨机 wet grinding mill

湿法作业的粉磨机械。分开路和闭路两种流程。开路采用管磨机或棒球磨机;闭路采用管磨机、棒球磨机及无介质磨机与耙式分级机、弧形筛、振动筛及水力旋流器等分级设备组成闭路系统。湿法粉磨降低了研磨体与衬板间的摩擦系数,单位产品动力消耗比干法低 10%。此外,产量高、研磨体消耗低、产品粒度均匀,但料浆含水分高,须脱水、浓缩等处理。主要用于湿法水泥生产制备生料浆。　　(陆厚根)

湿式混凝土喷射机 wet concrete spraying machine

水灰比达到使用要求的混凝土拌和料在压缩空气作用下输送至喷嘴处喷出的混凝土喷射机。当混凝土拌和料送到喷嘴处时再次通入压缩空气使混凝土拌和料产生高速运动,喷至建筑物表面。喷出的混凝土质量均匀,回弹小,粉尘较少。但结构较复杂,不易维护保养。　　(龙国键)

湿式摩擦离合器 wet type friction clutch

摩擦件全部浸在油液中工作的摩擦离合器。常为多盘式。当离合器分开时,摩擦片与片间因有油压存在而互相打滑,在接合时,因施加压力而将片中间的油液挤出就能接合得很紧而传递扭矩。比干式摩擦离合器摩损小,散热好,温升低,寿命长,能传递较大的扭矩。　　(幸淑琼)

湿式筛分 wet screening

把水注在所筛物料上的筛分作业方式。边洗边筛,适用于所筛物料混有杂物的场合,可洗去杂物,进行物料分级。　　(曹善华)

湿式收尘器 wet dust collector

利用水或其他液体与含尘气体相互接触而分离尘粒的收尘设备。常用的有水膜收尘器和泡沫收尘器。结构简单,收尘效率较高,但使用时流体阻力较大,处理水硬性粉尘时会在内壁上结垢。　　(曹善华)

湿式凿岩 wet type rock drilling

凿岩机械用压力水排除岩粉的凿岩作业方式。　　(茅承觉)

十字锤破碎机 cross hammer crusher

见双转子锤式破碎机(258页)。

十字滑块联轴器 oldham coupling

由两个在端面上开有凹槽的半联轴器和一个两面带有凸牙的中间盘组合成的联轴器。中间盘两面的凸牙位于互相垂直的两个直径方向上,安装时

分别嵌入两半联轴器的凹槽中。工作时,因为凸牙可在凹槽中滑动,可补偿安装及运转时两轴间的偏移。故属可移式刚性联轴器。　　(幸淑琼)

十字块式振冲砂桩机 cross brock vibro-compacted sand pile machine

通过带动十字块轴产生振动的振动器对地基进行密实成桩的振冲砂桩机。工作时,振动器带动其上均布有十字块的长轴一边上下振动,一边贯入土中。由于有十字块的作用,振动密实范围大,当遇到较硬土层时,并用设在长轴上的射水器来贯入土层中,然后一边提升,一边填砂石密实成桩。　　(赵伟民)

十字轴 spider

装在差速器壳内呈十字形支撑差速齿轮的轴架。四只行星齿轮装在十字轴的四端,随差速器壳一起转动。　　(陈宜通)

石材加工机械 slabstone machine

将开采后的大理石、花岗石荒料加工成室内外装饰用板材的机械。包括石材锯割机、石材研磨机、石材抛光机及石材切割机等。　　(丁玉兰)

石材锯割机 stone sawing machine

将大理石、花岗石荒料锯割成板料的石材加工机械。由锯盘、锯架和传动机构等组成。利用动力带动锯盘,作 70～120 次/min 的往复运动,通过磨削和锯割作用将荒料锯成板料。有砂锯和金刚石锯两种。前者采用无齿带钢作锯条,锯割时加水和石英砂或钢砂作磨料;后者用带有金刚石齿的锯条,锯割时只加水,不需加磨料。金刚石锯锯割的板料较平整,可省去粗磨工序。　　(丁玉兰)

石材抛光机 stone polishing machine

将研磨后的板材表面加工以达到镜面光泽的石材加工机械。由机架、抛光盘、抛光机构、传动系统等组成。抛光盘采用毡盘或麻盘,抛光时再加上草酸、氧化铝和地板蜡等抛光材料。当传动机构带动抛光盘在板面作旋转运动时,在机械磨削和化学腐蚀作用下,使其达到要求的光泽度。　　(丁玉兰)

石材切割机 stone cutting machine

将加工后的大块板材切割成一定规格板材的石材加工机械。由锯架、锯片、冷却装置、传动机构等组成。锯片有碳化硅锯片和金刚石锯片两种。通常以 40m/s 左右的线速度进行切割,边切割边加水冷却。　　(丁玉兰)

石材研磨机 stone grinding machine

将锯割后的板料加工成平整和有光泽表面的石材加工机械。由机架、磨盘、研磨机构和传动机构等组成。一般配有由粗至细的多种磨盘,以便逐步将板面磨平,使其达到要求的光泽度。　　(丁玉兰)

石粉秤 filler balance

按质量配合比称量石粉(沥青混凝土填充料)的秤。有与骨料秤并列的单独秤,也有并入骨料秤进行叠加称量的。

(倪寿璋)

石灰消解器 slaked line container

将生石灰进行消解的硅酸盐制品机械。由筒体、轮带、托轮、传动装置、电动机及管路系统等组成。筒体为椭圆形容器,其圆柱部分开有舱口,作为进出料口,舱口的盖板上装置控制阀,便于在开启舱口前检查筒内压力。利用两球形端盖上固装的轮带,将筒体支承在托轮上。其中一个轮带上装设内齿圈,与传动装置的齿轮相啮合,从而带动筒体转动。水和蒸汽由管路系统喷入筒体内,使石灰消解成浆液。供制备硅酸盐制品混合料用。

(丁玉兰)

石料承载轮 supporting wheels of stone load

拖式石料摊铺机在工作时支承料斗前部重力的两只工作轮。

(倪寿璋)

石料加工机械 machinery for stone manufacturing

将天然石料加工成各种成品的机械和设备的统称。工程用的天然石料常需加工成石材或碎石。石材常用作构筑或饰面材料;碎石用量很大,常充作混凝土骨料、铁路道碴和路基路面材料。碎石的制备需将从采石场采出的大块石料经破碎机械破碎成碎石,再经筛分机械筛分成各种规格的碎石料。在破碎筛分工艺过程中,还常利用清洗机械将混在石料中的污泥杂物冲去,以保证碎石料的质量。

(曹善华)

石料摊铺机 coarse aggregate spreader

铺设碎石及砾石道路或修筑石质路基时,用来在路基上均匀摊铺碎石或砾石的骨料摊铺机。主要工作装置是料斗和加宽器。料斗前部支承在车轮上,

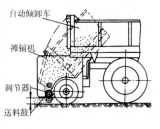

尾部支承在滑橇上,料斗中的碎石通过斗壁下部孔眼卸出,孔眼大小用带犁刀的闸板调节,以控制摊铺层厚度。料斗后部装有两个加宽器,用来把碎石均匀撒布在道路边缘上。料斗中的碎石经孔眼落在加宽器中,再经加宽器两侧孔眼,落到滑橇所遗留的轨痕内,以上两种孔眼都有闸门可调节碎石通过量。机上的螺杆操纵机构,用来提升闸板、闸门和滑橇。挂在自卸汽车后部工作,由自卸汽车供给碎石。

(章成器)

石棉开棉机 asbestos defibering machine

用于松解石棉去除砂石的石棉松解机械。由装有若干交叉扁钢棒的水平轴、壳体、传动装置和排风装置组成。石棉从喂料机连续地被排风负气流吸入开棉机壳体内,受高速旋转的钢棒猛烈打击,将石棉束打散,随即被负压气流抽走,而石棉中的砂石,通过筛网落入机壳底部,定时清除。

(石来德)

石棉水力松解机 hydraulic defibering machine for asbestos

利用水的冲击作用进一步松解石棉并制成石棉料浆的机械。由锯齿翼轮、内壁镶有挡板的筒体、泵和传动装置等组成。石棉浆在筒体中由于高速旋转翼轮所产生的强烈离心冲击作用,得到进一步松解。松解后的石棉料浆由泵送出。松解效果好,但动力消耗大。

(石来德)

石棉水泥制品成型机械 forming machine for asbestos cement product

使制品具有规定形状和尺寸的石棉水泥制品机械。有石棉水泥板成型机械,石棉水泥管成型机械和石棉水泥瓦成型机械等。

(石来德)

石棉水泥制品机械 asbestos cement product machine

以石棉和水泥为原料制成石棉水泥板、管瓦等制品的机械和设备。包括石棉松解机械和石棉水泥料浆制备机械、石棉水泥制品成型机械和设备及石棉水泥制品辅机。

(石来德)

石棉松解机械 asbestos fiberization machine

将石棉纤维束进行松散和分离的石棉水泥制品机械。常用的有轮碾机、开棉机和打浆机等。

(石来德)

石棉纤维芯钢丝绳 wire rope with asbestos core

绳芯为石棉绳的钢丝绳。具有较大的挠性及弹性,可耐高温,适用于冶金、铸造等高温车间工作的起重机上;但不能承受横向载荷。

(陈秀捷)

石屑撒布机 road grit machine

在路基上均匀撒布石屑以铺筑砾石、碎石或黑色路面的骨料摊铺机。主要工作装置是撒布斗及位于料斗下、前轮前面的给料转筒。需与自卸汽车联

挂工作。工作时,自卸汽车将石屑卸入后受料斗,石屑从中间的皮带运输机转送给前部的撒布斗。料斗后部的闸门及给料转筒之间有调整间隙,当转筒旋转时就可使斗内石屑通过缝隙均匀撒布在路基上。当自卸汽车向前行驶时,撒布机可以在没有喷洒结合料的路基上撒布粗粒屑末;而当自卸汽车向后倒退时,可以在有喷洒结合料的路面上撒布石屑。自卸汽车与撒布机的自动联钩有后推缓冲作用。联钩是在自卸汽车后退靠拢时自动联挂,而脱钩用手推杆。　　　　　　　　　　　　　　　　　　(章成器)

时间常数　time constant

测量值发生阶跃变化时,从输出开始变化的瞬间到达稳态输出值63.2%时所需的时间。时间常数愈小,动态响应特性愈好。　　　(朱发美)

时间继电器　time relay

当加上或去除输入信号时,输出部分需延时或限时到规定时间后才闭合或断开被控电路的继电器。有电磁式延时继电器、电动式时间继电器、热延时继电器、混合式延时继电器和固体时间继电器等。通常用于各种机械、电信或电器设备中作为自动控制系统的定时元件。　　　　　　　　(周体优)

时间继电器式配水系统　water distribution system by time relay

利用时间继电器控制水泵向搅拌筒供水时间的搅拌机配水系统。由水泵、管道和时间继电器组成。在供水之前,根据混凝土配比供水量的要求,调节时间继电器至规定位置,当供水时间达到要求时,时间继电器即切断水泵电路,使供水泵停止供水。

(石来德)

时效处理　aging

将淬火后的金属工件置于室温或较高温度下保持适当时间,以提高金属强度的金属热处理工艺。主要用于有色金属,如铝合金、铍青铜等。常温下进行的称为自然时效;在加热条件下进行的称为人工时效。　　　　　　　　　　　　　　(方鹤龄)

时序分析　time series analysis

将一组按时间顺序排列的观测数据(称为时序)与某种参数模型(如 AR 模型、ARMA 模型等)拟合,并利用此参数模型进行分析,以获取这些数据内部的规律性和产生这些数据的系统或过程的特性的先进分析技术。因此又被称为参数模型时序分析,以区别于传统的时序分析方法。后者是直接根据观测数据建立统计量(如相关函数、功率谱密度函数等)进行分析的。　　　　　　　　　　(朱发美)

实际尺寸　actual size

通过测量所得的尺寸。由于存在测量误差,故它并非尺寸的真值;同时,由于形状误差等影响,在零件同一表面不同部位所测得的尺寸往往也不相等。　　　　　　　　　　　　　　　(段福来)

实际故障　practical failure

机械工作能力遭到破坏而完全确定的机械故障。也即是已经发生的实际存在的故障。

(杨嘉桢)

实际生产率　actual productivity

对于某一台具体的工程机械来说,计及机械本身各部分的运转状况、生产环境及人的主观因素等影响,在单位时间内机械所完成的真实工作量。

(田维铎)

实线　real line

连续的线段。有粗实线及细实线。粗实线的宽度按图面的大小和复杂程度在 0.5～2mm 之间选用,可用于画轮廓线;细实线的宽度约为粗实线的宽度三分之一,可用于画尺寸线、剖面线及指引线等。

(田维铎)

使用载荷频谱　survice load spectrum

机械或设备在使用过程中,载荷随时间的变化规律。可用来分析设备的工况条件及其变化,以利采取相应的措施。比如分析载荷的分布、峰值、均值、方差等,即可对载荷特性有较清楚的认识,以便在相应的时间采取措施,满足工况要求。

(原思聪)

示功器　engine indicator

绘出气缸中气体压力随活塞行程、曲轴转角和时间不同变化过程的仪器。画出的图叫示功图。借助于示功图,可以确定指示功率。此外,还可大致了解发动机内部的工作情况。常见的有机械示功器(仅适用于较低转速)、机械－电动式示功器、电动(电子)式示功器等。　　　　　　(原思聪)

市政机械　urban construction machinery

用于城镇道路、桥梁、涵洞的兴建、维修和养护;上、下水管道的铺设、疏通和冲洗;污泥的抽吸和运输以及城市交通设施安装的作业机械和设备的统称。包括井点降水设备、管道施工机械、管道疏通机械等。　　　　　　　　　　　　(陈国兰)

试车　test run

机器在正式投入使用前进行的空载、半载、满载以及超载的各种试验。用以检查机器的强度、刚度、发热、噪声、震动、耗能、稳定性、功率、生产率以及其有关参数、性能方面的问题,为能否正式投入使用提供依据。　　　　　　　　　　(田维铎)

试验载荷　test load

起重机进行静态、动态试验时施加的载荷。起重机在出厂之前必须进行试验。根据起重机的类型和试验目的的不同,施加载荷的大小和方法也有所差

异。　　　　　　　　　　　　　　（李恒涛）

试验装置　experimental unit

使被测对象处于预期状态，以便充分暴露被测对象内在联系的设备。如用激振器激励某一结构，使之处于共振状态，以便测量该结构的动力参数。
　　　　　　　　　　　　　　（朱发美）

视在功率　apparent power

又称表观功率。交流电路中端电压有效值 V 与电流有效值 I 的乘积。用 S 表示，单位为伏安（VA）。交流电源、电力变压器等电器设备的额定容量就是指额定视在功率，即 $S_N = V_N \cdot I_N$。
　　　　　　　　　　　　　　（周体优）

适用最大桩长　suitable maximum length of pile

适合某桩架的桩的最大长度。　　（邵乃平）

适用最大桩径　suitable maximum diameter of pile

适合某桩架的桩的最大直径。　　（邵乃平）

适用最大桩质量　suitable maximum mass of pile

适合某桩架的桩的最大质量。　　（邵乃平）

室式干燥室　chamber drier

由若干个有多层钢制、木制或砖砌格架的室轮流干燥坯体的砖瓦焙烧设备。坯体码在托板上由小车运入后置于格架上，装满后即闭门送热干燥。适于干燥薄壁、异型制品。便于控制和改变作业制度，对单班制作业和多品种生产的工厂尤为适宜。
　　　　　　　　　　　　　　（丁玉兰）

shou

收尘设备　dust collector

又称除尘器、收尘器。为满足工艺过程和劳动卫生条件的需要，用以收集生产过程排出气体中粉尘的设备。有依靠重力作用使气体中尘粒分离的重力式；依靠气流运动方向改变时的惯性力使尘粒分离的惯性式；依靠过滤方法的过滤式；依靠电场作用使尘粒分离的电收尘式等。为了提高细粉粒的收集效果，常将尘粒在未进入收尘设备之前用超声或湍流先行聚结成粒，然后进行收尘。（曹善华）

手扳葫芦　lever block

由人力通过手柄驱动钢丝绳或链条，以带动取物装置运动的起重葫芦。可用来提升货物，拉曳或张紧系物绳。有钢丝绳手扳葫芦（HSS）和环链手扳葫芦（HSH）两种基本类型。能在水平、垂直、倾斜及高低不平、曲折弯曲的狭窄巷道的条件下工作，常用于林业的索道架设，集材道清理，矿山坑木的回收，铁道部门桥梁施工抽换枕木，电力线及电杆的架设，以及建筑业中清除障碍物等场所。是一种轻巧简便的手动牵引机械。

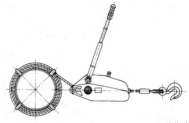

　　　　　　　　　　　　　　（曹仲梅）

手操作混凝土搅拌站（楼）　manual operating concrete batch plant

用手动操作控制混凝土拌和料生产过程的混凝土搅拌站（楼）。混凝土的搅拌质量和产量主要取决于操作人员的熟练程度。所需的操作人员多，费时费力。　　　　　　　　　　　　（王子琦）

手持机具　portable machines and tools

在土建施工中，用于建筑装修施工的手持式小型装修机械或工具。如，射钉枪、开槽机、切筋机、型材切割机、电钻、电锤、电动曲线锯、电动角向锯磨机、电动剪刀、电动磨石子机、气动锯、气动磨抛光机、拉铆枪、喷漆枪、组合式滚压器等。
　　　　　　　　　　　　　　（迟大华）

手持式道碴捣固机　ballast tamper

又称电镐。用一小型电动机带动偏心块高速旋转产生激振力，使插入道碴中的镐板振动的手持机具。　　　　　　　　　　（唐经世　高国安）

手持式气动高频凿岩机　high-frequency hand-held rock drill

见气动凿岩机（215 页）。

手持式气动集尘凿岩机　hand-held rock drill with dust collector

本身具有集尘结构，与集尘器配套使用的手持式气动凿岩机。　　　　　　　　（茅承觉）

手持式气动湿式凿岩机　wet hand-held rock drill

具有压力水排岩粉装置的手持式气动凿岩机。压力水由气缸盖顶部进水管引入，经水针直达钎子的尾部，再由钎子中心孔送到孔眼底部，将岩粉由孔底沿孔壁冲洗或吹洗出孔外并使钎头冷却。供水压力应低于压缩空气压力，一般为 $0.2 \sim 0.3$MPa，以免压力水浸入凿岩机内部。　　　（茅承觉）

手持式气动水下凿岩机　hand-held under water rock drill

整机潜入水下凿岩的手持式气动凿岩机。
　　　　　　　　　　　　　　（茅承觉）

手持式气动凿岩机 hand-held rock drill

用人手把持,无其他支承,靠凿岩机自重或操作者施加推力进行凿岩的气动凿岩机。分为:手持式高频凿岩机、手持式水下凿岩机、手持式集尘凿岩机、手持式湿式凿岩机等四类。机重为 10～35kg,常用于 f＝6～15 中硬或坚硬岩石中钻孔,钻孔深度可达 5m。由于手持操作劳动强度大,有逐渐被气腿式凿岩机代替的趋势。

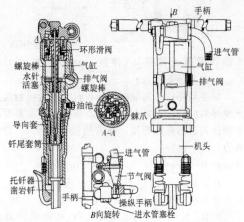

环形滑阀
螺旋棒
水针
活塞
气缸
气缸
排气阀
螺旋棒
排气阀
油池
棘爪
A—A
导向套
进气管
钎尾套筒
节气阀
机头
托钎器
凿岩钎
手柄
操纵手柄
B向旋转
进水管塞栓

(茅承觉)

手动变量机构 manual variable displacement mechanism

以人力驱动的变量机构。操纵不便且费力,但结构比较简单。 (刘绍华)

手动玻璃制品压制机 artificial glass forming press

从挑料、剪料,直至压制、脱模等均用手工操作的玻璃制品压制机械。有杠杆弹簧式和杠杆偏心式。成型部件主要是模型、冲头、模环、机座、加压机构和挤压机构。生产能力视制品的大小不同而异。目前除压制大型特殊的制品外,已很少采用。

(丁志华)

手动布料杆 manual placing boom

靠人力改变出料口位置的布料杆。由一节带输送管的臂架和一节较长的输送管铰接而成。在水平面内靠人力可以曲折改变出料口位置。结构简单,造价低,使用较广。 (龙国键)

手动钢筋切断机 manual steel bar shears

用人力切断钢筋的钢筋切断机。形式很多,常用的有手压切断机和手动液压切断机。前者利用杠杆原理加力切断钢筋;后者利用柱塞将油从储油筒中压入液压缸,推动活塞带动刀片将钢筋切断。一般只切断 16mm 以下的钢筋。 (罗汝先)

手动钢丝冷镦机 steel wire manual cold-header

在常温下用人力将钢丝端部镦粗的钢筋镦头机。由夹具及其扳手、偏心块及其扳手、镦模和夹紧弹簧组成。操作时,扳动夹具扳手,使夹具张开,将钢丝送入直抵镦模。放松夹具扳手,通过弹簧将钢丝夹紧,而后扳动偏心块扳手,使偏心块推动镦模对钢丝加压镦粗。适用于在长线台座上镦粗 $\phi^b 3～\phi^b 5$ 冷拔低碳钢丝。

(罗汝先)

手动杠杆式夹桩器 manual lever chuck

用手动杠杆产生夹桩力的机械式夹桩器。

(赵伟民)

手动换向阀 manual directional value

用手动操纵阀芯改变其工作位置的换向阀。分为滑动式和旋转式。滑动式根据阀芯的工作方式又分为弹簧钢球定位式和弹簧自动复位式。

(梁光荣)

夹具扳手
偏心块扳手
偏心块
压力弹簧
镦模
夹具
钢丝
手动钢丝冷镦机

手动绞盘 hand capstan

又称推杆绞盘。靠人力推动水平设置的推杆驱使卷筒转动的绞盘。历史悠久,常需众多劳力绕其回转中心环行,以推动卷筒缠绕钢丝绳。当今在动力机械难以使用的场合,仍然是有效的牵引工具。

(孟晓平)

手动卷扬机 hand winch

用人力驱动的卷扬机。原始型为辘轳,卷筒由手柄直接驱动。标准型通常采用齿轮传动或蜗杆传动,重物下降速度由摇把转速决定;在齿轮传动中,自锁能力通常由安全摇柄或螺旋式载荷制动器保证。摇把与主动小齿轮之间设置一套螺旋副制动装置,使升降平稳、自行制动。 (孟晓平)

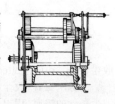

手动螺杆张拉器 hand tensioner with screw rod

用人力拧动螺母带动螺杆张拉钢丝的预应力筋张拉设备。由螺杆、螺母、偏心夹具、撑杆支脚和测力弹簧等组成。工作时用偏心夹具将钢丝夹牢,拧动螺母张拉钢丝。张拉力大小由弹簧压缩变形控制。当张拉力达到预定数值后,立即将钢丝锚固,反拧螺母,松开偏心夹具,抽出钢丝,即完成一次张拉操作。适用于规模小的预制厂在台座上张拉直径为 3～5mm 的冷拔低碳钢丝(每次张拉一根)。最大张拉力为 10kN,最大张拉行程为 400mm。

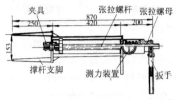

（向文寿）

手动喷浆机 manual paint sprayer

料浆泵靠人力驱动的喷浆机。料浆泵多为卧式柱塞泵。 （周贤彪）

手动偏心块夹具 eccentric block type jig

又称重力式偏心夹具。利用带齿圆弧面绕偏心轴回转而产生夹紧力的冷拉夹具。轻巧灵活,适用于 I 级盘圆钢筋冷拉。

（罗汝先）

手动升降平台 manual lifting platform

以人力驱动升降机构调整作业高度的装修升降平台。 （张立强）

手动伺服变量机构 manual servo variable displacement mechanism

用手操纵伺服阀,靠液体压力驱动的变量机构。是随动机构,斜盘倾角(输出)跟随伺服滑阀位移(输入)的变化而变化。操纵力小,控制灵敏。

（刘绍华）

手动液压千斤顶 manual hydraulic jack

利用手动液压泵提供液压油的液压千斤顶。顶升重物时摇动手柄,通过一个活塞式液压泵将液压油送入一个直径较大的顶升液压缸内,顶起活塞(重物位于活塞的托座上),抬起重物;下放时,打开液压缸底部的回油阀,借重物自重将液压油压回储油室,同时将活塞压回液压缸内。起重量为 2～100t。 （顾迪民）

手动有级调矩式偏心装置 manual graduated adjustable moment eccentric device

以手动插销轴的方式改变偏心力矩的有级调矩式偏心装置。 （赵伟民）

手动装修吊篮 manual hanging scaffold basket

以人力驱动升降机构,调整吊篮工作位置的装修吊篮。 （张立强）

手扶夯 walk behind rammer

依靠人力推动使机械定位、就位和移位的小型机械夯。由电动机、支架、轮胎、夯锤和扶手等组成。夯锤由电动机通过机械传动提升。常用于小规模夯实作业,或完成辅助性工作。手扶小型内燃夯,也属于手扶夯。 （曹善华）

手扶式压路机 walk behind roller

由操作者步行手扶跟随进行作业的压路机。常用于小面积土方压实,或进行土方碾压作业的辅助工作。分静作用式和振动式两类,均为小型或微型机。 （曹善华）

手扶振动压路机 walk behind vibratory roller

人力推动转向的小型单碾轮振动压路机。刚性光面碾轮内装偏心块激振器,利用碾轮重力和激振力压实地面。碾轮装于手扶支架上,由人力操纵转向。多采用小型内燃机驱动,经传动系统带动碾轮滚转和激振器振动。体积小、自重轻、移动灵活,常用于建筑物贴近处或沟渠边,以及小面积压实工作,也用于大型施工场地的辅助性压实作业。 （曹善华）

手工粗钢筋调直器 manual steel bar straightener

用手工调直直径为 10mm 以上钢筋的钢筋调直机。由卡盘、扳柱和横口扳子组成。将钢筋弯曲处置于扳柱之间,用横口扳子将其基本扳直,然后在工作台上用大锤将钢筋慢弯处打平。

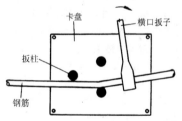

（罗汝先）

手工钢筋弯曲机具 manual steel bar bender

用人工将钢筋弯曲成型的钢筋弯曲机具。常用的有手摇扳,卡盘和钢筋扳子,手摇辘轳三种。手摇扳是弯曲细钢筋的主要工具,由钢底盘、扳柱和扳手组成,一般用来弯曲直径 12mm 以下的单根钢筋,也可每次弯曲 4 根直径 8mm 的钢筋,适宜弯制箍筋。卡盘和钢筋扳子配合使用,是弯曲粗钢筋的主要工具。卡盘由钢板和扳柱焊成,钢筋扳子有横口和顺口两种,横口扳子又有平头和弯头之分,常用的是平头横口扳子;最大弯曲钢筋直径为 32mm。手摇辘轳是螺旋形钢筋的成型工具。 （罗汝先）

手掘式盾构 manual shield

采用人工开挖土层,并将挖下的土砂用运输机上运出的盾构。构造简单,在开挖面遇到块石桩头等复杂情况时,较易处理,但施工效率较低。为了防止开挖面土层崩塌和减小地表沉陷,可根据土质条件,在切口环内安装活动前檐、活动平台和支撑千斤顶等装置。

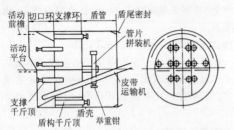

（刘仁鹏）

手拉葫芦　chain block, jenny wheel

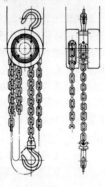

依靠人力直接拉动传动链,带动取物装置运动的起重葫芦。传动和起重的挠性构件均为焊接链,传动减速机构有蜗杆传动、普通圆柱齿轮传动和行星齿轮传动。蜗杆传动由于效率较低,目前很少采用。一般采用二级圆柱齿轮传动。行星传动结构紧凑,传动比大,采用逐渐增多。起升速度较慢,提升高度较小。　　　　（曹仲梅）

手拉葫芦传动链　gin block hand chain

俗称曳引链。手拉葫芦动力输入构件。由多节环链构成一个封闭的链条,套在传动链轮上,由人力拉动,将动力作用到传动链轮上,产生使重物升降的力矩。　　　　　　　　　　（曹仲梅）

手枪钻　pistol electric drill

形似手枪,由电动机驱动的手工钻。其内部结构与手提电钻基本相同。适用于石棉瓦、模板以至一般钢木构件的钻孔。　　（丁玉兰）

手提电钻　carry electric drill

用双手握住把手,以电动机驱动钻头进行钻孔的手工钻。由铁壳电动机、变压器、钻头、手柄和开关等组成。多用于木桁架钻孔。钻孔直径为12～22mm。　　　　　　　　　　（丁玉兰）

手提式水磨石机　portable terrazzo grinder

装有小型磨盘和引水装置的手持式电动水磨石机。　　　　　　　　　　　（杜绍安）

手推车　hand truck

人力推拉的搬运车辆。有独轮、两轮、三轮、四轮之分。独轮车可在狭窄的跳板、便桥和羊肠小道上行驶,能原地转向,倾卸物料十分方便。两轮车也较灵活,但仍需靠人的体力使其平衡。三轮、四轮手推车载荷全由车轮承担,载重量较大。三轮手推车中必须有一个(四轮车有二个)可绕铅垂轴回转的脚轮,该脚轮在行走中能随手推车运动方向的改变而自动调整到运行阻力最小的方向。可按物料特点制成各种通用或专用型式的手推车。　（叶元华）

手推式沥青喷洒机　hand asphalt sprayer

简易的由人力推移的沥青喷洒小车。一般只有沥青罐和加热器,以手提式喷洒热沥青液,用于沥青路面的小块修补。　　　　　（章成器）

手摇腿　hand cranking leg

又称机械腿。以手摇的齿轮、齿条传动机构驱动的凿岩机支腿。　　　　　（茅承觉）

shu

梳筋板镦头夹具

具有多个凹槽的梳筋板,将带有镦粗头的多根钢丝卡住,借助张拉钩和螺杆进行成组张拉和锚固的先张法夹具。适用于在长线台座上生产以高强刻痕钢丝配筋的多孔板、屋面板以及其他定型板材。配套使用的张拉设备为拉杆式千斤顶或穿心式千斤顶。

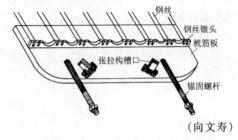

（向文寿）

输出轴　output shaft

由变速机构传出功率的轴。与输入轴相对应。　　　　　　　　　　　　　　（幸淑琼）

输出阻抗　output impedance

测量装置输出端的等效阻抗。在测量系统中,使测量装置与其后续电路或装置保持适当的阻抗匹配关系。　　　　　　　　（朱发美）

输浆管　feed pipe for mortar

用以联接灰浆输送泵和灰浆喷射器的灰浆输送软管。　　　　　　　　　（周贤彪）

输入轴　input shaft

与动力机械相联接,将发动机发出或传递出的功率传至变速齿轮或其他轴的轴。与输出轴相对。　　　　　　　　　　　（幸淑琼）

输入阻抗　input impedance

测量装置输入端的等效阻抗。是衡量测量装置对被测对象(或测试系统中的前一环节)干扰的严重程度的技术指标。　　　　（朱发美）

输送带 conveying belt

带式输送机中用来载运物料和传递牵引力的胶带。有织物芯胶带、塑料带和钢丝绳芯胶带。织物芯胶带由棉线织成衬里,经线与纬线相互交织,数层织物用橡胶粘合在一起,然后在挂垫的上下及两侧覆以橡胶。塑料带以维尼纶与棉混纺织物编织而成整芯,用聚氯乙烯兼作覆面,有耐油、耐酸碱等特点。钢丝绳芯胶带用一组平行放置的高强度钢丝绳作为带芯,钢丝绳的排列采用左绕和右绕相间,保证胶带的平整,比织物芯带强度高、弹性、残余伸长小,成槽性与动态性能好,使用寿命长,输送滚筒直径小,但横向强度低,接头和修理的劳动量大,价格贵。

(张德胜)

输送带清扫装置 belt scraper

带式输送机上清扫粘结在带条表面物料的装置。常用的有:清扫刮板和清扫刷。一般装在头部滚筒的下方,使带条在进入无载分支前,先将大部分粘附物清扫掉。有时在无载分支上还需装设若干组犁形刮板,清扫尚粘附着的物料。长距离带式输送机中,目前出现了带条翻转清扫法,主要有强制翻转法和定向翻转法两种。 (张德胜)

输送风速 conveying air speed

在气力输送装置中,保证被运送物料在所有输送管道内均能可靠地进行输送,防止物料在管道中堵塞,具有最经济工作性能的最小气流速度。一般根据沉降速度确定。 (洪致育)

输送辊道 conveying roller bed,roller conveyor

又称辊子输送机,滚柱输送机。利用间隔布置在辊道上的一系列辊子运送成件物品的连续输送机械。辊道一般由若干个直线或曲线段按需要分段拼成,可单独使用,也可在流水线上与其他输送机或工作机械配合使用。具有结构简单、工作可靠、装拆方便、易于维修、线路布置灵活等优点,可分为有动力式和无动力式两种。有动力式的常用于水平或向上微倾的输送线路,其中又有单独驱动和成组驱动之分。前者每个辊子都配有单独的驱动装置;后者是若干个辊子为一组,由一个驱动装置驱动。成组驱动的传动方式有齿轮传动、链传动和带传动三种。无动力式的分为长辊道和短辊道两种,一般用于向下微倾的方向输送物品,当物品较重、线路较长时,坡度可取 1%~1.5%。如要求物品自滑,坡度可增到 2%~3%。由于不易控制下滑速度,故长度一般不大。辊道宽度比物品宽度大 100~150mm。曲线段最小曲率半径为辊道宽度的 3~4 倍。辊子直径按载荷大小确定。 (谢明军)

输送混凝土的匀质性 uniformity of conveyed concrete

输送车装载预拌混凝土后,在规定的搅动速度下和规定的输送时间限度内运送到交货地点时所检测的混凝土匀质性。从同一车混凝土卸料的 15% 和 85% 处取得两个试样,检测下述 6 个性能的差值,有 5 个检测得到的性能差值符合下述最大允许差值的规定时,认为输送混凝土的匀质性合格。最大允许差值规定如下:无空气单位容积质量允差 $16kg/m^3$;混凝土含气量(容积的百分比)允差 1.0%;单位体积混凝土拌和物中粗骨料质量的相对误差(ΔG)5%;混凝土拌和物中砂浆容重的相对误差(ΔM)0.8%;坍落度允差 2.5cm;试样的平均 7 天压缩强度相对误差 7.5%。 (蔺万亮)

输送物料特性 properties of materials for conveyance

运输机械所输送物料的几何和物理性质。包括:粒度和粒度组成、堆积密度和堆积重度、湿度、堆积角、内摩擦、外摩擦系数、粘度(内聚性)等。

(张德胜)

输油泵 fuel transfer pump

内燃机燃油供给系中将燃油从油箱中吸出并输送至化油器或喷油泵的装置。柴油机多采用活塞式输油泵,而汽油机多采用膜片式输油泵或晶体管电动输油泵。 (陆耀祖)

鼠道犁 submerged gulley plough

利用挤孔器在地表下挤出排水孔道(鼠道)的挤孔机械。由切土犁和挤孔器组成,切土犁是一块边缘锐利的钢板,宽度 15~20cm,厚度 1~1.4cm;挤孔器是一个端部尖小、形似炮弹的钢钻头,长度 30~65cm,直径 5~25cm。作业时,利用动力装置牵引鼠道犁穿过地表浅层,切土犁上部露出地表,拉出垂直切缝,起导向作用,下部挤孔器在地表下挤压周围土壤,形成孔道。分刚性、柔性、双塑孔、振动鼠道犁等种,适用于粘性土壤浅层中拉出鼠道,以利排水。一般要求土壤粘粒含量多于 25%、砂粒少于 20%。结构简单,鼠道成形方便,工作效率高,排水效果好,但鼠道易崩坍,使用期短,适用于临时排水和农田排灌。 (曹善华)

鼠笼式磨机 squirrel cage mill

利用两鼠笼形转子相对回转时的打击力粉碎物料的粉磨机械。圆板上垂直固定 2~3 圈按同心圆布置、相隔一定间距的钢销圈,构成鼠笼形转子。两转子的销圈相对嵌套,并分别由各自的传动装置驱动作相对回转。入机物料由内向外运动时,分别受到自内而外层层钢销圈的连续打击而粉碎,卸落机底即为产品。钢销易损,仅适用于细磨干燥的软质物料,如粘土块、硅藻土、白垩等,也可用于松解石棉。 (陆厚根)

鼠笼式三相异步电动机 squirrel-cage threephase asynchronous motor

电动机转子绕组为鼠笼式结构的三相异步电动机。鼠笼式转子是在转子铁芯的槽内嵌入铜条作为导体,铜条的两端分别焊接在两个铜环(也叫端环)上,自成闭合路径。由铜条与端环构成的绕组,其形状如同鼠笼,故而得名(图)。结构简单,维护容易,价格低廉,但启动性能和调速性能均较差,适用于空载或轻载启动及不需调速的场合。

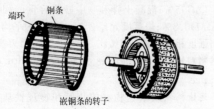

端环　铜条

嵌铜条的转子

(周体优)

树铲 tree spade

树木移植机上切断树根或挖坑的部件。由铲头、铲柄、液压缸和导轨等组成。共有四组铲刀。在液压缸的作用下,每组铲刀可沿导轨上下移动,四组铲刀也可同时沿导轨上下移动,当四组铲刀同时向下移至极限位置时,组成中空的圆锥体,完成切断树根作业。铲刀型式有直铲和曲铲(匙形铲)两种。目前我国多采用组合型直铲刀。铲头和铲柄可以分离,简化了刀体加工工艺,节省了贵重的耐磨材料。

(陈国兰)

树木修剪登高车

见高空作业机械(93页)。

树木修剪机 tree pruner

以汽油机或电动机为动力专门用于修剪大树曲枝废叉的园林绿化机械。按工作装置类型分为圆盘式、链锯式及气动往复锯式。按其工作特点尚有高树修剪机及树木修剪登高车。 (胡 漪)

树木移植机 truck-mounted tree spade

用于带土苗木换床和大苗出圃以及大树移植作业的园林种植机械。由树铲、液压系统、悬挂机构和机架等组成。机架由三点悬挂在拖拉机后部,也可选用汽车、装载机或其他工程车辆作为底盘。由这些机车的发动机提供动力,并通过液压系统,使树铲工作。可完成挖坑、起树、运树、栽植等移植工序。移植速度快,移植后的成活率高,且不需要包扎土根球的辅助工具栽植后不必再用人工填实泥土。被移树的最大胸径约为26cm。但其最大缺点是只能在空旷地区使用。 (陈国兰)

树枝粉碎机

见树枝切片机。

树枝切片机 limb chippers

简称切片机。利用平面刀盘对剪下的树木废枝进行切片处理的园林绿化机械。在安装切片刀盘圆周上的叶片产生的空气流和叶片的机械作用下,将削下的木片沿排料口输送到木片运输车或料仓中。按工作特点分为滚筒式和圆盘式。特别适用于城镇行道树修剪时作现场处理,将占地庞大的废枝转化为一袋袋木片,大大压缩了运输体积。粉碎物可用于造纸或制作人造纤维板等。 (胡 漪)

竖窑 vertical kiln

窑体垂直放置的耐火熟料煅烧设备。由给料器、窑体、冷却系统、出料器、烟囱等组成。物料由窑顶喂入,空气从窑底压入。物料借自重向下移动,至预热带靠烟气预热,至烧成带借助燃料进行煅烧,至冷却带靠压入的冷空气冷却,至窑底由出料器排出。分为直筒型、烧成带内径收缩型、哑铃型三种。构造简单,热耗低,占地小;但生产率较低,成本较高,煅烧欠均匀。 (丁玉兰)

数据处理 data processing

对测试所获得的数据(包括数字、曲线、图形、照片等)进行分析整理、统计计算或绘制图表的过程。目的是去伪存真,揭示测试数据所反映的客观内容和内在规律,并按不同使用要求绘出适当形式的资料,作为验证理论或解决工程技术问题的依据。

(朱发美)

数据处理装置 data processing device

对测试装置的输出信号作进一步加工处理的装置。目的在于提供所需要的、更为明确的信息和数据,是测试系统的延续部分。 (朱发美)

数控电火花切割 NC(numerical-control) electrical discharge cuttig

按数字指令规定的程序自动进行电火花切割加工的方法。将加工路线编写成具有一定格式的程序,然后将程序中的数字和指令通过专用的输入装置送到切割控制台,经过对程序的运算和处理,实现对工作台 X 和 Y 坐标拖动系统的控制,使之与确定的切割轨迹相符,自动地进行切割。电火花线切割加工采用的数控系统一般是连续插补式的开环系统,能够控制由直线和圆弧组成的任意平面几何图形。我国的线切割机床采用的控制装置以微机数控(CNC)方式为主。 (方鹤龄)

数控钢筋调直切断机 numerical control steel bar straightening and shearing machine

采用光电测长系统和光电计数装置的钢筋调直机。调直和牵引部分与普通钢筋调直机相同,只是在钢筋切断部分加装了一套由穿孔盘、光电管和光源等组成的光电测长系统和一个根数计数器。钢筋的长短是由控制台上脉冲讯号的多少来决定,当钢筋通过摩擦轮带动穿孔盘转动所产生的脉冲讯号个数与根据所需钢筋长度事先指定的脉冲讯号个数相符时,长度计数器即触发长度指令电路,接通电磁铁电源,电磁铁拉动连杆,从而切断钢筋。在钢筋切断时同时也发出脉冲讯号,当发出的讯号个数和指定的根数讯号个数相符时,根数计数器也能触发根数指令电路,使机械自动停车。

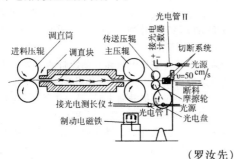

（罗汝先）

数控机床　numerically controlled machine tool

用数字代码形式的信息(程序指令)控制按给定的工作程序、运动速度和轨迹进行自动加工的机床。首先,根据零件图上的零件形状、尺寸及有关技术要求,进行程序编制。将机床动作的先后顺序、行程、切削用量等参数,按照一定的规则编成数码(数字)或指令码(用字母和符号表示)填入程序单中,再把它们记录在穿孔带或磁带上。加工时,使数码和指令码变成电的控制信号输入数控装置中,再通过控制器控制机床各运动部件的启动、停止、运动速度等,以便加工出符合图纸要求的零件。适合加工中小批量,改型频繁,精度要求高,形状又较复杂的工件,并能获得良好的经济效益。随着数控技术的发展,采用数控系统的机床品种日益增多,此外,还有能自动换刀,进行多工序加工的加工中心、车削中心等。　　　　　　　　　　　　　　　　（方鹤龄）

shua

刷镀　brush plating,electrodeposit coating

旧称擦镀,又称抹镀、无槽电镀、搭刷镀。依靠一个与阳极接触的垫或刷提供电镀所需电解液的电镀方法。电镀时,垫或刷与被镀阴极(工件)接触并产生相对运动,无需镀槽。一般以石墨外面包以棉花和涤纶套构成镀笔,作为阳极,接直流电源正极;工件作为阴极,接电源负极。通过浸满电解液的镀笔在工作表面上作相对运动的刷抹,利用电解使金属或合金沉积到工件表面形成镀层。优点在于设备简单,一套设备可镀积各种金属或合金,工艺灵活,工件尺寸不受限制,并可局部镀积,镀层质量好,具有良好的机械性能和物理－化学性能,经济效益高,

操作安全。在我国,还称为涂镀,金属涂镀、快速笔涂电镀、快速电刷镀及快速涂镀等。是重要的维修技术之一。　　　　　　　　　　　　　　　　（原思聪）

shuai

甩锤　hammer

又称破碎锤。装在淋灰筒内,用以粉碎石灰块的旋转金属板组。与转轴铰接,依靠旋转时的离心动能来破碎石灰块。　　　　　　　　　（董锡翰）

甩刀式剪草机　sickle-bar mower

由水平轴带动刀片在垂直平面内旋转进行切草的剪草机。由动力装置、刀片罩壳、刀片、行走和操纵机构等组成。作高速旋转的割刀利用冲击实现切割。刀片与回转臂之间通常采用铰接形式,以防止刀片在碰到石头等障碍物时被毁坏。　（胡　漪）

甩土转速　rotation speed for cast

短螺旋钻钻孔机钻杆提出孔外后,将土从钻杆上甩下的高速转速。　　　　　　　　　（王琦石）

shuan

栓流式气力输送装置　plug flow type pneumatic conveyor

在管道中利用气流静压使物料形成料栓进行输送的气力运输装置。对充填于管道中的高混合比物料通过间隔设置的许多旁通支管分段供气或用脉冲气流使之形成一定长度的料栓,在高压空气流静压推动下,以一定间隔接连地进行输送。料气混合比高,风速低,能耗低,物料破碎率小,分离除尘方便。广泛用于输送松散的、易充气的粉粒状物料。
　　　　　　　　　　　　　　　　（洪致育）

shuang

双摆动式整平板　dual oscillating screed

装在滑模式水泥混凝土摊铺机上用以压实水泥混凝土料,使路面初步成型并作初步修整的工作装置。工作时,前后两块平板作横向相对摆动。
　　　　　　　　　　　　　　　　（章成器）

双泵合流　duplex pump feeding

各自构成独立液压回路的两个液压泵同时向一个执行元件共同供油。中、小型液压挖掘机多采用双泵回路液压系统。为了提高机械生产率,当动臂或斗杆作单一动作时,常由两泵合流向动臂缸或斗杆缸供油,使动臂提升和斗杆收放有较快的工作速度。大型挖掘机的铲斗缸也常合流,可缩短作业循

环时间 20% ~50%。有手控和自动两种控制方式。

(刘希平)

双泵轮变矩器 double pumproll torgue converter

装载机传动系统中,以内、外两个泵轮调节吸收功率的液力变矩器。内泵轮与功率输入轴相连,外泵轮经滑差离合器与内泵轮相连,控制滑差离器片间压力,使内、外泵轮可同步转动(变矩器吸收功率最大)、滑差转动或内泵轮单独工作(变矩器吸收功率最小),以调节变矩器的吸收功率,达到根据作业工况把发动机功率合理分配给液压泵和变矩器的目的。

(黄锡朋)

双泵液压系统 two-stage pump hydraulic system

由两个液压泵分别向一个或多个执行元件供油的液压系统。可实现多执行元件复合动作和双泵合流有级调速。广泛应用于中小型挖掘机、起重机、装载机等建筑工程机械中。

(梁光荣)

双边驱动装置 twin sides driving device

工程机械的主动车轮或台车对称配置于行走底架两侧进行驱动的独立驱动装置。可保证主动车轮轮压之和不变,适用于桥式起重机、门式起重机。

(李恒涛)

双边小型枕底清筛机 both-side small-size ballast cleaning machine

横穿于轨枕下面的枕底道碴清筛机械。由于机械各部分位于铁路建筑限界左右两侧之外与枕底下方,作业时无需封闭线路。 (高国安 唐经世)

双带式输送机 double belt conveyor

由两条带式输送机组成的输送机系统。其中一条是承载带式输送机,另一条是覆盖带式输送机。两条输送机同步运行,将物料夹裹而提升。物料由专门的供料器抛卸到两条胶带之间。输送机的垂直区段两边有气囊,气囊充气后通过铰接铝板压向胶带,使两条胶带边缘互相贴紧,防止物料和粉尘漏出。主要用在沿陡坡或垂直方向输送物料。

(张德胜)

双导向立柱 double-side leader

具有两副导轨,可以同时悬挂桩锤和钻具的桩架立柱。两副导轨可以是同一种规格的,也可以是两种规格的。导轨安装形式为一组导轨在立柱正面,另一组导轨在立柱左侧面;或者两组导轨对称布置在立柱中线的左右各45°角方向上。在施工中如进行变换作业机具时,前者采用立柱本身回转机构,使立柱上部回转90°而达到变换作业机具;而后者则采用桩架平台回转来实现,可大大提高桩架的利用率。

(邵乃平)

双吊点起重臂 tower crane jib with two suspension centers

在塔式起重机上有二处截面具有与起重臂拉索相连接的起重臂。在设计计算时,起升平面内的力学模型为三支点外伸梁,是一次超静定结构,故架设、安装和调整稍嫌麻烦,但在特长的起重臂中,由于受力好可减轻自重,得到广泛应用。

(李以申)

双斗自动卸料提升机 double skip auto-discharging liefter

两个盛料斗交替上料和自动卸料的混凝土拌和料垂直运输机械。由提升架、提升动力装置和两个盛料斗组成。一个提升向上时,另一个下降,提升到要求位置后,料斗中的混凝土拌和料自动卸出。两个料斗共用一套提升架。提升动力装置可以共用一套,也可以各备一套。

(龙国键)

双发动机式 double engine type

一台机械用两台内燃机驱动。可分别装于上车及下车或装于前部及后部。

(田维铎)

双发动机式铲运机 double engine scraper

前后有两台发动机的自行式铲运机。装在牵引车上的发动机在机械作业全过程中正常运转,装在铲运机后部轴上的发动机仅在铲装作业时运转,使整机成为多轴驱动,以发出额外牵引力,克服铲装作业时之尖峰阻力。铲装作业结束后,后部发动机自动熄火,有利于节能和提高生产率。

(黄锡朋)

双杆双作用液压缸 double-rod, double-acting cylinder

活塞两侧都有活塞杆,并且双向均可为工作行程的活塞式液压缸。

(嵩继昌)

双缸液压式混凝土泵 double cylinder hydraulic concrete pump

利用液压传动驱动两个串联的混凝土缸来输送混凝土拌和料的液压传动式混凝土泵。可以实现混凝土拌和料的连续输送。改变混凝土分配阀与混凝土活塞运动方向之间的逻辑关系,可以将输送管中的混凝土拌和料吸回到料斗。即实现反泵。目前大部分混凝土泵属于这种结构。

(龙国键)

双钩 double hook

具有两个钩体的起重钩。结构对称,受力良好。

(陈秀捷)

双罐式灰浆泵 double pot mortar pump

具有两个压送罐,可进行交替作业以连续压送灰浆的气动式灰浆泵。

(董锡翰)

双辊破碎机 double roll crusher

利用两个相向旋转的辊子将物料轧碎的辊式破碎机。由电动机、支架、固定辊子、活动辊子和安全弹簧等组成。辊面大多为光面,活动辊子的轴承可以沿机架移动,并用强力安全弹簧顶住,遇到特别坚硬的物件掉入时轴承可以移开,吐出物件。正常作业以前,两辊之间要用垫片调整间隙,以保证破碎比。适用于中碎粘性石料。 (曹善华)

双滚筒式沥青混凝土搅拌机 double drum asphalt concrete mixer

砂石料以逆流加热方式在内筒进行烘干、加热,以连续强制式在外筒内进行拌和的沥青混凝土搅拌设备。由滚筒式沥青混凝土搅拌机演变而来。内筒旋转时,其外壁上的搅拌叶桨拨动从燃烧器一端内筒筒壁缝隙中流入到外筒内腔中的混合料,使其向与燃烧器相反的方向作螺旋推进运动,从而得到成品料。 (董苏华)

双机并联推土机 side-by-side bulldozer

由两台拖拉机并列组成、共用一个特宽推土铲的推土机。一人操纵,通过模拟遥控装置使两台拖拉机同步动作。适用于大型土石方工程,生产率要比单机高 2.5 倍以上。 (宋德朝)

双级真空挤泥机 two-stage vacuum-pumping screw extruder

由搅泥机和真空螺旋挤泥机联合组成的螺旋挤泥机。搅泥机安装在挤泥机的上部,由一个电动机和减速器驱动。经搅泥机拌和后的混合料,通过设置在搅泥机和挤泥机之间的真空室时,被辐射状布置的密封刀切成薄片,由真空装置排除其间的气体后落入下部的挤泥机,被螺旋绞刀挤成泥条。结构复杂,维修不便,供料不均时易引起真空室堵塞。

(丁玉兰)

双阶式混凝土搅拌站(楼) double step concrete batch plant

又称水平式混凝土搅拌站(楼)(horizontal concrete batch plant)。贮料仓和搅拌机等沿水平方向布置,骨料需经两次提升的混凝土搅拌站(楼)。自动化程度低,效率低,建筑高度小、只需安装小型运输设备,投资少,建设快。移动式混凝土搅拌站(楼),以及在地震区或风荷载大的地方使用的搅拌站(楼),采用这种布置形式。 (王子琦)

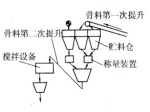

双锯裁边机 two saw edger

靠锯轴上安装两个圆锯片来锯切板边的裁边机。是结构形式最简单的圆排锯。 (丁玉兰)

双卷筒单轴起升机构 two drums single axle lifting mechanism

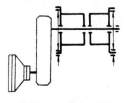

起重机减速箱输出轴上串联两个卷筒的起升机构。可提高起重机生产率,扩大使用范围。在每个卷筒上,各自装有制动器和离合器。驱动装置的动力经减速箱传给卷筒轴。需某卷筒转动时,合上该卷筒的离合器,同时其制动器被打开,卷筒由其轴带动一起转动。另一个卷筒则在其制动器的制动下,处于静止状态。两个卷筒分别驱动主起重钩和副起重钩。 (李恒涛)

双卷筒卷扬机 double-drum winch

设有两个卷筒的卷扬机。两卷筒可同装于一根驱动轴上,也可分装在前后平行的两根驱动轴上,各有自己的离合器和制动器,操纵相应卷筒的离合器与制动器,使卷筒分别或同时工作。通常为快速卷扬机。可以与桅杆起重机配套使用,能同时或分别进行起升与变幅作业;也用于钻机等其他有两种动作的设备上。 (孟晓平)

双卷筒双轴起升机构 two drums two axles lifting mechanism

起重机主、副卷筒分别装在平行布置的两根轴上,由液压马达或电动机通过减速箱集中驱动的起升机构。主、副卷筒上分别装有各自的制动器和离合器,保证其独立动作。主、副卷筒平行配置,减小了起升绳的偏摆角,并缩短起升机构的总长度。主、副卷筒可以分别驱动主、副起重钩,扩大了起重机的使用范围,节省了能源。 (李恒涛)

双连杆松土机

又称平行四边形式松土机。由松土器横梁、框架、连杆及拖拉机机体组成平行四边形机构的悬挂式松土机。松土器齿刃的切削角不随切削深度变化而改变。但切削角调整困难,多用于中型松土机。 (宋德朝)

双联滑轮组 double link pulley block

绕入卷筒的钢丝绳支数为 2 的滑轮组。由两组单联滑轮组组成,钢丝绳两端均固定在卷筒上。为平衡两单联滑轮组钢丝绳上的拉力和协调其长度,通常在中间装有一个平衡滑轮或一个平衡杠杆。

(陈秀捷)

双联叶片泵 dual vane pump

由同一传动轴驱动,装于同一壳体内的两个单独工作的叶片泵。 (刘绍华)

双梁桥式起重机 twin-beam bridge crane

大车车架由两根主梁和端梁组成的桥式起重

机。用于室内外短距离装卸和转运质量较大的货物。由大车、小车、起升机构、司机室和电气设备等组成。

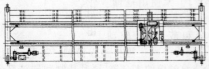

（李恒涛）

双梁式简支架桥机 freely supported bridge beam erecting machine with double boom

起重臂的两个梁分别置于架桥机械两侧，门式小车将梁吊起在起重臂两梁中间移行到位的架桥机械。作业时横向尺寸超出铁路限界。机械制成前后对称，前后起重臂相同，可以在前或后方向作业而无需掉头，缺点是机身过长。 （唐经世 高国安）

双笼客货两用升降机 twin-cage passenger-goods hoist

有两个吊笼沿导架运行，在高层建筑工地上完成客货垂直运输任务的附着式升降机。两个吊笼结构相同，分别配置于导架两侧，各有独立的驱动装置和对重。常采用齿轮齿条驱动。吊笼内装有手动制动器、超速限制器，底笼的底架上装有缓冲弹簧，可保证乘坐人员的安全。与单笼的相比，生产率较高。

（李恒涛）

双履带多斗挖掘机 double-crawler multi-bucket excarator

见履带式多斗挖掘机(173页)。

双轮振动压路机 tandem vibratory roller

装有两个碾轮的振动压路机。为两轮两轴串联式，大多是前轮转向，为非振动轮；后轮驱动，为振动轮，也有全轮振动的。是振动压路机的普遍形式。

（曹善华）

双螺杆挤出机 double worm extruder

挤压系统由两根螺杆和料筒组成的塑料挤出机。两螺杆作啮合同向回转时，物料在其间形成螺旋∞形运动，混合作用强烈，具有自洁作用，排气效果好；两螺杆作啮合异向回转时，剪切作用强，塑化均匀；如两螺杆为非啮合异向回转，则无自洁作用，功能近似于单螺杆。目前，又发展了三螺杆、四螺杆等多螺杆挤出机。 （丁玉兰）

双面刨床 double thicknesser

又称双面刨。一次可刨光工件两个工作面的木工刨床。两个刀轴分别安装在工作台上方和工作台上，用于刨削工件的上、下表面。通过螺旋和楔形装置可调整工作台的高度，以适应加工木料的厚度。

（丁玉兰）

双排滚球轴承式回转支承 slewing bearing with

twin range rolling ball

装有两排以钢球为滚动体的回转支承。由三个座圈、钢球、隔离块、防尘垫和联接螺栓组成。根据回转支承的受力情况，上排钢球直径常大于下排钢球直径。上下两圆弧形滚道的承载角为90°。下排滚动体承受向上的力，上排滚动体则承受向下的力。可提高承载能力，能承受轴向力、径向力和倾覆力矩。用于大型建筑工程机械。 （李恒涛）

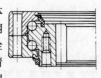

双盘水磨石机 double-plate terrazzo grinder

装有两只电动磨盘的水磨石机。 （杜绍安）

双曲柄机构 double crank mechanism

相邻两连架杆均为曲柄，作整周旋转的四连杆机构。 （范俊祥）

双刃滚刀 double disc cutter

带有双列刀刃的盘形滚刀。 （茅承觉）

双绳抓斗 twin rope grab

抓斗闭合绳和抓斗起升绳分开的抓斗。由头部、撑杆、颚板及横梁、闭合绳、起升绳等组成。抓取及卸料动作是利用起升卷筒、闭合卷筒及起升绳与闭合绳来操纵的。生产效率比单绳抓斗高，结构简单，所以用在工作非常繁重的场合，但需要配备专用的双卷筒绞车。 （曹仲梅）

双速电钻 double speed electric drill

具有两种输出转速的电钻。变速形式有两种，一种采用双联滑动齿轮结构，另一种是双速齿轮超越离合器结构。 （迟大华）

双速液压马达 dual-speed motor

本身能实现两种速度的内曲线液压马达。改变作用次数；改变柱塞数；改变柱塞排数和两排柱塞串、并联；就能实现高速小转矩工况和低速大转矩工况。 （嵩继昌）

双塑孔鼠道犁 double extruder submerged gulley plough

具有一个切土犁和两个前后串联挤孔器的鼠道犁。切土犁焊在前一挤孔器上，利用挠性件（钢丝绳、链条）把后一挤孔器连接在前一挤孔器后面，由于两次挤孔成形，鼠道质量好，适用的土质范围也广。 （曹善华）

双索索道 double ropes aerial ropeway

具有承载索和牵引索两根钢丝绳的架空索道。承载索锚固和张紧于装载站和卸载站，作为轨道支承吊具。牵引索通过抱索器与吊具连接，拖动吊具运行。 （叶元华）

双体抓斗挖泥船 double-body clamshell dredger

以双体船身为基座的抓斗挖泥船。具有作业平稳、能运载大量泥砂的优点。　　（曹善华）

双头钢筋调直联动机

用两台双头钢筋调直机配上电动跑车等其他设备组成的钢筋调直联动线。联动线中，电动跑车牵引经过一端双头钢筋调直机调直后的两根钢筋从一端跑到另一端后，调直机停车，人工剪断钢筋，跑车又牵引经过另一端双头钢筋调直机调直后的两根钢筋返回，这样，往返牵引调直。待钢筋调直一定数量后，绑扎成捆，通过拨料横移装置传送至钢筋切断机，按要求长度切断。优点是产量高，设备构造简单，制作方便；缺点是消耗动力多，钢筋短头损耗大。

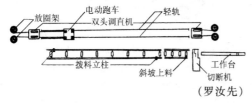

（罗汝先）

双头螺柱　stud

两端都制有螺纹的圆柱形钉杆。使用时，其座端旋入被联接件的螺纹孔，另一端穿过其余被联接件的光孔后，再配以螺母。用于一个被连接件较厚且不经常拆卸情况下的连接。　　　　（范俊祥）

双涡轮变矩器　double turbine torgue converter

功率内部分流的液力机械变矩器。发动机功率由泵轮输入，两个独立旋转的涡轮各自传递一部分功率，通过机械传动机构把两个涡轮的输出功率汇流，由输出轴输出。可根据机械运行阻力，通过超越离合器的作用，自动使两个涡轮同时工作或一个涡轮单独工作，达到自动变速的目的。具有变矩比大、高效率区范围宽的优点，应用于轮式装载机上。

（黄锡朋）

双卧轴式混凝土搅拌机　double-horizontal-axle concrete mixer

依靠装在两根反向旋转水平轴上的叶片对拌和料进行搅拌的强制式混凝土搅拌机。由两个水平安放且相连的半圆槽、两根反向旋转的搅拌轴、动力及传动机构等组成。水平轴上安装几组角度不一的搅拌叶片、中间叶片和推压叶片。双轴旋转时，搅拌叶片和中间叶片既将搅拌筒底部和中间的拌和料翻

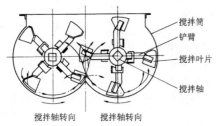

动，又将拌和料沿轴向前后推压，加上端部推压叶片向中间推压拌和料，使其迅速而又均匀地搅拌。叶片的线速度较小，耐磨。两个半圆槽底部装有气动卸料闸门，卸料迅速干净。　　　　　　（石来德）

双向超速限制器　revesible overspeed limiter

在吊笼升、降两个方向起作用的超速限制器。离心块的支承轴在支承架上呈对称配置，并能在两个方向上迫使锥形制动器起作用，防止吊笼坠笼或快速上升。多用于升降机对重质量大于空笼质量的升降机。　　　　　　　　　　　　（李恒涛）

双向式平板夯　reversible plate compactor

能够沿前、后两个方向移动的振动平板夯。

（曹善华）

双向式振冲砂桩机　double directional vibro-compacted sand pile machine

工作装置为可产生水平振动和垂直振动的振冲器的振冲砂桩机。工作时，在通过水平振动形成孔穴的同时，施以垂直振动，加强夯实作用。　　（赵伟民）

双向液压锁　bidirectional locking valve

在建筑工程机械支腿锁紧油路中，为防止竖直支腿液压缸"掉腿"（活塞杆在重力作用下自动伸出）或"软腿"（活塞杆受力后自动缩回）而设计的专用阀。由两个液控单向阀组合而成。　　（梁光荣）

双斜盘柱塞液压马达　double sloping cam plate plunger motor

转子的每个缸孔中沿轴向对称安装有一对柱塞，中间装有弹簧，将柱塞及连杆滑履压向两边的斜盘，由液体压力作用在柱塞上而进行工作的液压马达。结构简单，工艺性好，排量较大，因而输出转矩较大，转矩和转速的脉动小，低速稳定性较好，效率较高；缺点是轴向尺寸较大。　　　　（嵩继昌）

双悬臂门架　double cantilevers gantry

双悬臂门式起重机的金属结构架。桥架从两侧外伸呈悬臂状。主要由桥架、支承腿、走台及栏杆等组成。有刚性支承腿门架和刚—柔性支承腿门架。用来支承起重小车，形成起重机的骨架。使起重机在行走机构的驱动下，沿轨道行驶。　　（于文斌）

双悬臂门式起重机　gantry crane with cantilevers

桥架从两侧外伸呈悬臂状的门式起重机。在桥

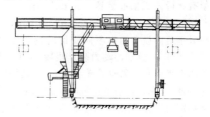

架主梁长度相同的条件下,由于受力情况改善,带悬臂的主梁要比无悬臂的主梁轻。在作业场地允许的条件下,通常都做成两侧带有悬臂的,以降低起重机自重和成本。　　　　　　　　　(于文斌)

双悬臂铺轨机　two-cantilever-beam track laying machine

吊臂向前后对称伸出,用小车将轨排直接从平车上吊起,穿过机身进行铺设的铺轨机。拆轨排时工序相反。更换作业工地时,没有掉头问题,但机身全长与机重略大。　　　　　(高国安　唐经世)

双摇杆机构　double lever mechanism

相邻两连架杆均只能摆动,而不能作整周旋转的四连杆机构。　　　　　　　　　(范俊祥)

双叶片摆动液压缸　double-vane actuator

以双叶片驱动而摆角小于150°的摆动液压缸。
　　　　　　　　　　　　　　　　　(嵩继昌)

双枕捣固机　two-sleepers tamping machine

可以同时捣固两根轨枕下道碴的道碴捣固机械。一般设置32个捣固头。　　(唐经世　高国安)

双支撑　dual-gripper

掘进机中由前、后两组支撑所组成的掘进机支撑机构。可分为:①两组支撑同时撑紧洞壁及同时缩回更换行程;②利用一组支撑撑紧洞壁进行掘进的同时,另一组支撑缩回并完成更换行程工作,可以连续掘进,平时只有一组进行支撑及推进工作,只有一小段时间可以两组同时工作,此时推力可加倍。
　　　　　　　　　　　　　　　　　(茅承觉)

双支撑移位机构　dual-gripper space adjustment unit

联接并调整掘进机前、后两组支撑间距的机构。根据岩石软硬及破碎程度,调整前支撑位置,使掘进过程中支撑机构增大承受反推力、反扭矩的能力,以保持整机的稳定并防止刀头下沉而使隧洞方向打偏。

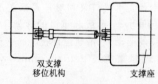

(茅承觉)

双质量有级调矩式偏心装置　double mass graduated adjustable moment eccentric device

在激振器内设有两组不同质量的偏心体,根据施工地质条件等,分别与动力装置相接,产生不同的沉桩力的有级调矩式偏心装置。　　(赵伟民)

双轴激振器　two eccentric rotor vibrator

又称定向激振器。有一对轴的机械式激振器。

工作时,两根轴在同步齿轮的配合下相向转动,这时,轴上的偏心块所产生的水平激振力相平衡,而垂直激振力叠加进行沉拔桩。

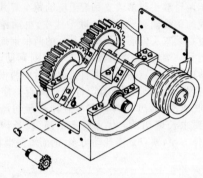

(赵伟民)

双轴搅泥机　double-shaft mixer

通过两根装有搅拌刀的轴在机槽中反向旋转,将生产砖瓦用的泥料及其他掺料混合均匀,并推到出料口的烧土制品成型机械。由机槽、搅拌轴、搅拌刀、动力装置等组成。机槽底部设有蒸汽喷头,可按需要对搅拌中的物料加热。　　　　(丁玉兰)

双轴三轮压路机　double-axle three drum roller

见三轮压路机(234页)。

双轴式灰浆搅拌机　double shaft type mortar mixer

具有两组叶片,分别由两根平行轴驱动的灰浆搅拌机。搅拌效率高且均匀,卸料快且干净。
　　　　　　　　　　　　　　　　　(董锡翰)

双轴式搅拌转子　double shaft mix rotor

单程式稳定土搅拌机上将前方翻松转子翻松的土块加以粉碎,并与胶结料进行搅拌的工作装置。搅拌设备的两根轴上均装有搅拌叶片。
　　　　　　　　　　　　　　　　　(倪寿璋)

双柱升降机　twin-mast hoist

导架为双立柱,顶端借助横梁相连接,呈门字形框架结构的附着式升降机。如龙门架。用于建筑材料、货物和设备的垂直运输。吊盘由卷扬机借助钢丝绳驱动,沿导架做升降运动。起升高度小于30m时,常采用缆风绳固定导架;而大于30m时,则用升降机附着架与建筑物相附着。　　(李恒涛)

双柱式钻架　double-column drill rig

靠两根柱支撑在岩石面上的钻架。由两根立柱和一根横臂组成,与导轨式凿岩机配套,用于开挖隧洞和井下采矿,钻凿水平或垂直的中深炮孔。工作时两根立柱支撑在开挖隧洞的顶面与地面之间,横臂上装有导轨,可使导轨与地面倾斜任意角度。
　　　　　　　　　　　　　　　　　(茅承觉)

双转子锤式破碎机 double rotor hammer crusher

在两个对称安装反向旋转的转子上装有若干击锤的锤式破碎机。转子上有多排十字架形钢板,钢板十字形端部铰悬有击锤,两个转子之间是进料处,设置预碎格栅,击锤锤头在栅条之间缝隙中自由通过,将卡在格栅栅条间的石块预先打碎,破碎腔底部装有出料格栅。由于两个转子反向旋转敲击,锤头沉重,装料口又大,故能装入大块石料进行破碎,破碎比可达 40。多用于粗碎和中碎中等硬度的石块。

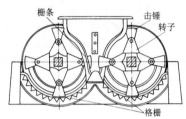

（曹善华）

双锥形反转出料式混凝土搅拌机 duplex-conical reversing drum concrete mixer

搅拌筒正转搅拌、反转出料的双锥形混凝土搅拌机。搅拌筒水平安放在托轮上,内壁装有两组对称交叉的高低搅拌叶片,出料锥内装有螺旋形出料叶片。电动机通过减速器和传动轴上的小齿轮带动搅拌筒上的大齿圈,使搅拌筒旋转;或者通过传动机构带动托轮旋转,依靠托轮和鼓筒滚道间的摩擦力带动搅拌筒旋转。搅拌筒正转时,拌和料一方面被高低叶片提升自落,另一方面又被强制沿轴线左右窜动,此时,出料叶片将拌和料推向筒体中心,搅拌作用强烈,搅拌质量好,搅拌时间短,能耗低。搅拌筒反转时,出料叶片将混凝土拌和料推出卸料,出料迅速干净、方便,易于自动控制。 （石来德）

双锥形混凝土搅拌机 duplex-conical concrete mixer

搅拌筒由两个高度不同的截头圆锥筒体和中间短圆柱筒体焊接而成的且内壁装有若干组交叉叶片的自落式混凝土搅拌机。有双锥形反转出料式混凝土搅拌机和双锥形倾翻出料式混凝土搅拌机两种。 （石来德）

双锥形倾翻出料式混凝土搅拌机 duplex-conical tilting concrete mixer

倾翻搅拌筒出料的双锥形混凝土搅拌机。由搅拌筒、曲梁、支架、支撑滚轮、托轮、电动机、传动机构、进料斗和倾翻气缸等组成。搅拌筒安放在曲梁的托轮上,由同装在曲梁上的电动机、传动机构和筒体外的大齿圈带动旋转。两锥形筒体内部各装有两片向中间倾斜的叶片,旋转时,拌和料被提升至一定

高度,靠自重沿叶片滑下,在中部形成交叉的料流,加之,物料在筒中的搅拌循环次数较鼓筒形搅拌机多,所以,搅拌效率高。由于拌和料被提升的高度小,骨料落下的冲击小,可以搅拌含大颗粒骨料的拌和料,搅拌容量可以较大。出料时,由气缸的活塞杆推动曲梁绕支架旋转使搅拌筒倾翻 50°～70°,将拌和料卸出,迅速且干净。

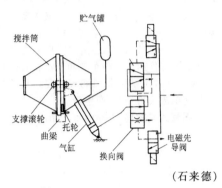

（石来德）

双作用 double action

机械在工作中,其工作部件可以对两个相反方向产生有效作用力的效能。另一种意义是机械向某一个方向可以同时有两种作用力。例如双作用打桩机,除了打桩锤的重力外还有压气作用力共同进行打桩。 （田维铎）

双作用伸缩套筒液压缸 double-acting telescopic cylinder

具有多级套装在一起的筒状活塞或柱塞,可向活塞两侧分别供给压力油的伸缩套筒式液压缸。靠压力油的作用,正、反两个方向均可为工作行程。短缸筒可实现长行程。 （嵩继昌）

双作用式气动桩锤 double acting pneumatic pile hammer

锤体升降均由气体压力推动的气动桩锤。配气机构由配气阀、阀杆和阀杆夹等组成。一般不要求有大的行程,即可拥有与单作用式相当的冲击能量。由于行程短,冲击频率可高达 100～200 次/min,从而提高了生产率。可打斜桩、水平桩和向上的桩,还可用来拔桩。另外,冲击体外有密封外壳,故还可用于水下打桩。缺点是死质量太大,占总质量的 70%～80%。 （王琦石）

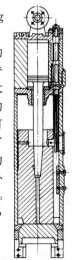

双作用式气动桩锤

双作用式液压桩锤 double acting hydraulic pile hammer

锤体的上下往复运动均由液压缸控制的直接作用式液压桩锤。锤

体下落时,为了消除液压缸下腔的液压阻力,通常采用快速下落控制阀,使液压缸的两腔相通,锤体呈自由落体状态下落冲击沉桩。亦可向液压缸的上腔输入高压油,来驱动锤体高速冲击桩,以增加沉桩力。

(赵伟民)

双作用筒式减震器 double acting trunk shock absorber

伸张和压缩行程都产生阻尼的减震器。外形圆筒状,上端与车架铰接,下端与车桥铰接。主要由贮油缸筒、工作油缸、活塞及压缩阀、伸张阀、流通阀、补偿阀等零部件组成。当车架和车桥相对往复运动时,活塞在缸内往复移动,油液便往复地从一个腔通过窄小孔隙流入另一腔,产生阻尼。 (刘信恩)

双作用摇臂式减震器 double acting rocker arm shock absorber

摇臂正、反时针摆动都能产生阻尼的减震器。由液压缸、活塞及压缩阀、伸张阀等主要零部件组成。整个减震器固定在车架上。活塞由凸轮驱动,凸轮轴输出端安装摆臂,摆臂的另一端借橡胶金属铰链接头经连杆同车桥连接。当车架和车桥相对往复运动时,通过摇臂的摆动使活塞在缸内往复移动,油液便从液压缸一个腔通过窄小孔隙流入另一腔,产生阻尼。 (刘信恩)

双作用叶片泵 double-acting vane pump

转子每旋转一圈,叶片间的每个工作容积完成两次吸、压油过程的叶片泵。转子和定子是同心的,定子内表面是特定形状的曲线轮廓,排量不可调节,只能作为定量泵。由于两个压油腔对称,转子体所受径向力是平衡的,所以,该液压泵工作压力较高。

(刘绍华)

shui

水冲法顶管设备 pour boiling water on earth thrusting pipe device

采用高压射水排土进行施工的顶管设备。由水冲工具管、高压泵、高压水管、污泥泵、排泥管等组成。用于在穿越河道等特殊地段进行顶管施工时,降水较难达到要求深度,并有较大的场地沉淀泥浆或有水土分离设备的管道施工。 (陈国兰)

水冷内燃机 water-cooled engine

用水作冷却介质来冷却高温零件(气缸、气缸盖等),以保持在适宜的温度状况下工作的内燃机。根据冷却水的散热方式不同,可分为蒸发式和循环式。蒸发式水冷系是指在内燃机工作时,冷却水在水套中吸收高温零件的部分热量,使温度升高而蒸发,然后直接散发到大气中去。蒸发式水冷系使用管理方

便,但冷却效果差,水耗量大,只用于小型内燃机;循环式水冷系其水套与散热器用水管连通,冷却水在水套中吸收热量后流入散热器,通过散热器把热量散发到大气中去,冷却水降温后再流回水套而构成循环。大多数水冷内燃机都采用循环式水冷系。

(陆耀祖)

水力测功器 hydro-monitor

利用水对内燃机产生的阻力矩来测量其功率的测功器。是测量内燃机转矩(功率)的一种常用仪器,属于吸收型测功器。由壳体、转盘、涡流钉及转轴等组成。工作时,壳体内保持一定水量,内燃机带动转盘转动,水被转盘带动旋转形成涡流,并不断被抛向机壳,冲击机壳后又回到转盘中心,水在壳体和转盘间运动,形成一层旋转水层而产生摩擦转矩,使壳体发生偏转。壳体上伸出的力臂随之摆动,所生的力由称量机构测出。在工作平衡时,壳体受到水的摩擦转矩就等于转盘对水的作用力矩,即等于内燃机产生的转矩。 (原思聪)

水力分级机 hydraulic classifier

根据流体力学原理使颗粒物料在水中按粒度和质量的不同进行分级的设备。有矩形耙式分级机、圆形耙式分级机、螺旋分级机、沉淀式水力分级机等种。 (曹善华)

水力排泥 hydraulic mud discharge

利用泥浆泵抽吸泥浆,沿输泥管排送到卸泥地点的土方排泥工艺过程。 (曹善华)

水力排泥设备 hydraulic mud suction equipment

利用水的动能,吸取、运送泥浆的设备。有水力吸泥机和泥浆泵两种,常与水枪等水力挖泥设备配套使用。 (曹善华)

水力输送装置 hydraulic transporter

在封闭管道或敞开槽内利用水流输送物料的连续输送机械。在向下倾斜的流水槽中,靠重力作用移送物料的称无压水力输送。在具有压力的封闭管道内输送物料的称有压水力输送。后者能向上输送,路线可灵活布置,且不受外界气候的影响。(叶元华)

水力土方机械 hydraulic earth-moving machinery

利用高速水射流冲击土壤,进行挖土、运土和填筑的土方机械。包括水力挖掘、水力排泥两个过程。水力挖掘用高压离心泵、水枪等设备;水力排泥用泥浆泵、水力吸泥机等设备。具有施工设备简单,配套设备少,工作效率高等优点,并可完成挖、运、填综合机械化施工,故在水资源充沛地区,对软土隧道掘进及水道港口施工有较好效益。河道港口疏浚用的各种挖泥、吸泥船,凡用泥浆泵排土运泥的,也属水力

土方机械。 （曹善华）

水力挖掘 hydraulic excavation

利用水枪、喷射器等设备射出的高速水流进行挖掘的土方挖掘工艺过程。 （曹善华）

水力吸泥机 hydraulic mud suction machine

利用高速水流附近产生的局部真空吸取泥浆，并使泥浆与水流混合而输出的水力排泥设备。由喷嘴、混合室、输送管、扩散器等组成。喷嘴射出的高速水流将周围空气带走，从而使混合室内产生局部真空，泥浆便流入室内，并与喷嘴射出的水流相混合，一起排送到卸泥地点。结构简单，操纵方便，运转可靠，但工作效率较低。 （曹善华）

水力旋流器 hydrocyclone

利用悬浮液从圆筒上侧沿切线方向进入作回转运动产生的离心力，使颗粒增稠的脱水设备。也可作分级设备。离心力大的大颗粒被抛向外围，随外层旋流下降到出口，而澄清的液体或含少量微细颗粒的悬浮液随着内层旋流回转上升，从上端溢出。调节悬浮液流入速度，改变离心力的大小，溢流中便可获得一定细度的颗粒，而成为分级设备。如离心力加大，溢流便是澄清的液体，而成为脱水增稠设备。其优点是体积小、处理量较大，但颗粒的冲刷作用较猛烈，产品含水多，生料浆需作浓缩处理。用于选矿、化工和建筑材料工业。 （曹善华）

水力原木剥皮机 hydraulic log peeler

利用高压水流的冲击，使树皮破碎而脱落的原木剥皮机。适应性强，木质损耗低，加工后木段干净。但能耗大，废水处理难，须设置围护屏蔽装置，设备投资大。 （丁玉兰）

水陆两用挖掘机 land-and-water excavator

采用浮筒结构的履带行走装置，或装有船体和轮子双重行走装置的单斗挖掘机。既可在陆地运行，也可在水中作业。 （曹善华）

水膜收尘器 water-membrance scrubber filter

含尘气体在旋风筒中旋转，并与水接触进行尘粒分离的湿式收尘器。气体沿切线方向进入旋风筒，水流从筒顶沿内壁流入，形成薄膜流下，气体中粉尘因离心力甩向内壁，与水接触后，生成的泥浆从筒的锥形底部排出。气体净化后从上部排出。收尘效率可达 95%～99%。 （曹善华）

水磨石机 terrazzo grinder

对建筑物（或物件）的混凝土、砖石表面进行研磨光整的地面修整机械。包括推移式水磨石机、手提式水磨石机和侧式磨光机、角式磨光机。按磨盘数量有单盘水磨石机和双盘水磨石机。 （杜绍安）

水母式底架 medusan chassis

为使轨道塔式起重机能在弯道上行驶而设计的可改变四支点底架支承点距离的塔式起重机底架。中心底座与各支承点之间装有与底座铰接可摆动的支腿，用来调整各支承点间的距离；塔式起重机在直道上工作时，四只摆动支腿与中心底座间以撑杆或其他紧固件相固定，进入弯道后则放松其中两只支腿，使其可绕垂直轴摆动，以适应进出弯道时对支承点间距离不断变化的要求，使起重机在弯道上能自由地行驶。 （李以申）

水泥仓容量 capacity of cement bin

水泥贮料仓能贮存水泥的实际容量。其值小于水泥贮料仓的几何容积，充满程度受水泥静止角的影响，一般要求能满足一个工作台班的需要量，并以经常生产的一种混凝土的配合比为基准进行计算。 （王子琦）

水泥混凝土摊铺机 concrete paver

全称为水泥混凝土路面铺筑机（machine for cement concrete pavement）。将水泥混凝土混合料均匀摊铺在路基上，并进行振实、初步振平的路面机械。按路面铺筑程序装设摊铺、修整、振实、振平等工作装置，在路基上能一次完成上述几个路面施工作业。有轨模式、滑模式两种。为了提高铺筑质量，新型摊铺机采用电液控制系统，可随时检测作业偏差，自行导向与调平。 （章成器）

水泥运输设备 cement transportation equipment

把水泥筒仓中的水泥运送到水泥贮料仓或直接运送到水泥称量料斗中的设备。分机械输送和气力输送两类。机械输送由作垂直运输的斗式提升机和作水平或倾斜运输的螺旋输送机组成。气力输送由给料机、输送管道、收尘器组成，水泥在给料机中被压缩空气吹散呈悬浮状态，混合气体沿管道输送到目的地，由收尘器把水泥从空气中收集起来。气力输送装置占地小，易布置，运送量大，速度快，但消耗能量大。 （王子琦）

水平惯性筛 horizontal inertial vibrating screen

筛面水平，用定向振动激振器激振的惯性振动筛。当对应相位带有相等不平衡质量的两轴反相旋转时，反向惯性力分力相抵消，同向惯性力分力相叠加，故与水平设置的筛框（筛面）成 45°角安装时，筛面即作定向往复振动。物料可由进料端自动移向出料端，降低了机身高度，制造简便。 （陆厚根）

水平换算距离 equivalent horizontal distance

实际泵送过程中，某一输送管路内的泵送压力与在相同管径水平直管内泵送标准试验混凝土拌和料的泵送压力相等时，水平直管的长度。日本标准试验混凝土拌和料的水泥用量为 $300\sim330kg/m^3$，粗骨料为按规定配比的卵石,细骨料比例占 40%～50%,坍落度为 18～22cm。一般都用表格列出各种弯管、锥管等异形管及垂直管在不同坍落度时的水平换算长度。各节输送管的水平换算长度不能超过混凝土泵的最大水平换算长度。

(龙国键)

水平伸缩台车 telescopic level carriage

装在平台前端主梁内侧两根轨道上,通过万向铰与桩架立柱底节相连,支承桩架立柱并在轨道上前后水平移动的部件。 (邵乃平)

水平仪 level gauge

用以检验和调整机器、零部件的水平位置或垂直位置的小角度测量仪器。分长条式、框式、合象式三种。仪器由壳体与水准器组成,水准器为一个玻璃管,管内装有乙醚或酒精,并留有气泡,根据气泡边缘在玻璃管刻度上的位置进行读数。水准器刻度值常以 mm/m 计,例如 0.02mm/m。有一种带千分尺的水平仪,通过千分尺使水准器玻璃管倾斜一定角度,调整气泡到零位,然后直接从千分尺上读出被测对象相对于水平位置的偏差。近年来国内外又研制了几种电子水平仪,电感式水平仪即是其中一种,其精度高,并可实现远距离测量。

(段福来)

水平引制机 horizontal sheet machine

采用平拉法、浮法生产平板玻璃的玻璃制品拉制机。由机架、拉制机、转向辊或过渡辊台和输送辊道和传动装置等组成。平拉法的玻璃液是从成形池的自由液面连续地向上拉引,板根边部被一对拉边机夹住,以保持一定板宽,急冷后形成玻璃带,拉引至一定高度时,借转向辊转为水平方向后,由辊式输送机送入退火窑。可生产宽度为 4m 左右,厚度为 0.8～15mm 的平板玻璃。浮法的玻璃液从池窑连续流入并浮在锡槽液面上,摊成火抛光的玻璃带,借助可无级调速的拉边机固定板边和板宽,由过渡辊台和输送辊道送入退火窑。经切割成浮法玻璃。具有优质高产,易实现自动化的特点,广为采用。

(丁志华)

水平支撑 gripper

由两个单支撑组成的水平方向掘进机支撑机构。支撑撑紧于洞壁,推进液压缸的一端铰接于支撑板上,另一端铰接于刀盘支承壳体上,以承受掘进机向前掘进的反作用力及反扭矩。 (茅承觉)

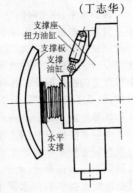

水平支撑支撑板 gripper shoe

俗称靴板。掘进机支撑机构中直接紧贴洞壁的撑板。 (茅承觉)

水平支撑支撑座 gripper carrier

俗称靴板座。掘进机支撑机构中与机架导轨衔接的框形构件。 (茅承觉)

水平指示器 level indicator

显示起重机工作装置部分(上车)处于的水平程度,以确定起重机能否正常工作的起重机安全装置。常用水泡式水平仪,如圆盘式水平仪。只能指示,不能报警。若采用精密的光电装置,则能达到报警、自动调平等功能。 (曹仲梅)

水气分离器 water-air seperator

吸粪车真空系统中将气体中的水分分离出来的装置。在吸粪作业中,从粪罐内抽出的气体不可避免地要混入水分,气流经两级水气分离器时水分被分离出来,流回罐体内,避免水分沾污真空泵(或发动机进气管)。 (张世芬)

水枪 monitor

形成高速定向水流束,冲击土体或矿层,进行挖掘的射水机具。由水枪上弯头、水枪下弯头、管身和可更换的水枪喷嘴等组成。下弯头与供水管相连,上弯头与管身相连,喷嘴以螺纹拧装在管身上,可以根据土质,换装口径不同的喷嘴。由于弯头、管身和喷嘴都作锥形收缩,管身内还有导向筋导向,水流从喷嘴口喷出时的流束密集,没有涡流,具有很高速度和很大破坏力,起到冲挖作用,是土方水力机械化施工的主要设备。高压水压力在 400kPa 以内时用单级离心水泵供水,更大的压力水(很少超过 800kPa)则用多级泵供给。

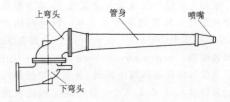

(曹善华)

水枪喷嘴 nozzle of monitor

又称喷管。流体流过其中,将位能变为动能,提高流体流速的零件。是水枪、喷水器和冲水设备的工作部分。水流从喷嘴中喷出时,成为流速很高的射流,具有很大冲击力,可冲挖土体。用于水力采煤、水力挖掘和消防灭火。 (曹善华)

水枪上弯头 upper bend of monitor

水枪中连接管身和水枪下弯头的部分。可以相对下弯头转动,使水流的喷射作 360°方向的改变。

(曹善华)

水枪稳流器　stabilizer of monitor

　　水枪管身内壁所焊的数条纵向导肋。用以引导高压水流的流动方向,不使产生紊流,增加射流喷出时的能量。　　　　　　　　　　　　（曹善华）

水枪下弯头　lower bend of monitor

　　水枪中连接进水管和水枪上弯头的部分。
　　　　　　　　　　　　　　　　　（曹善华）

水套　water jacket

　　内燃机气缸周围和气缸盖中通水的夹壁空间。前者称为气缸体水套;后者称为气缸盖水套。两者相通,冷却水在其中循环,起冷却作用。（岳利明）

水腿　water leg

　　以水压力推动的凿岩机支腿。现尚无定型产品,施工现场使用的都是将气腿的头部和阀加以改装而成的,一般使用水压力 0.5～0.7MPa。
　　　　　　　　　　　　　　　　　（茅承觉）

水下推土机　underwater bulldozer

　　在水下作业的推土机。按涉水深度有浅水型和深水型。浅水型水下推土机,也称水陆两栖型推土机,可在陆地上作业,也可在不太深的水下作业,结构基本上和普通履带式推土机相同。柴油机及传动系统各部件等分别装在密封罩内以防水浸。推土铲两端有可升降的档板,防止水下作业时所推运的土砂被水冲走。涉水深度可达 7m。运用于河流疏通、港湾的修整改良等工况。深水型可在海底作业,采用电液传动系统,装有气筒沉浮装置,电源及操纵系统安装在作业母船上或陆地上,潜水员亦可直接在座舱内进行操纵。目前潜水深度已达 60m。适用于水底资源开发工程。　　　　　　　（宋德朝）

水下挖掘机　underwater excavator

　　潜于水下进行挖掘作业的单斗液压挖掘机。均为液压传动,机舱密闭,无人驾驶,由陆上或指挥船上的控制系统实施自动控制或遥控,近年来发展有计算机控制的。其动作宛如机械手,可进行水下采掘、水下打捞或抓取,以及其他水下危险作业。用于海底石油开采,海底电缆敷设,海底土石方施工等。
　　　　　　　　　　　　　　　　　（曹善华）

水箱式配水系统　distribution system by water tank

　　又称配水箱。利用水箱中虹吸作用定量向搅拌筒供水的搅拌机配水系统。由水箱、三通阀、水泵、吸水管、套管、指针和刻度盘等组成。进水时,三通阀将水泵与吸水管相连。放水时,三通阀将吸水管与搅拌筒相连,靠吸水管和套管的虹吸作用使水箱内的水放入搅拌筒内。当水位降到套管的下缘时,虹吸作用遭到破坏,停止放水。因此,调整套管在水箱中的高度,就能控制放水量,套管和箱体外的指针相连,利用指针在刻度盘上的位置来调节水量。
　　　　　　　　　　　　　　　　　（石来德）

水压机　hydraulic forging press

　　以水基液体为工质的液压机。工作行程大,在全行程中都能对工件施加最大的工作力,能更有效地锻透大断面的锻件,没有巨大的冲击和噪声,劳动条件好,环境污染较小。适用于锻压 5t 以上的大型锻件和难变形的工件。可分为自由锻造水压机、模锻水压机、冲压水压机和挤压水压机等。

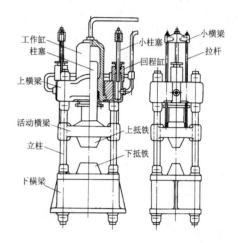

　　　　　　　　　　　　　　　　　（方鹤龄）

水压式混凝土泵　hydraulic concrete pump

　　利用水的压力输送混凝土拌和料的混凝土泵。
　　　　　　　　　　　　　　　　　（龙国键）

水银触头　mercury contact

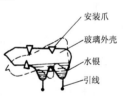

　　又称水银开关（mercury switch）。利用水银流动接通或切断杠杆秤控制电路的元件。有一个带左右泡的玻璃外壳,内装水银,左右泡上各有一根引线,可接在控制电路中。水平状态时,电路接通;倾斜时,电路切断。　　　　　　（应芝红）

水蒸气保护振动焊　vapour protected welding

　　利用水蒸气发生器产生的水蒸气作为保护介质将电弧和熔池笼罩起来,以防止氧气和其他有害气体侵入的振动堆焊。另外,水蒸气对溶池有一定的搅拌作用,有利于溶入液体金属中的气体逸出和溶渣浮起,大大减小焊缝中气孔和夹渣。可以得到气孔率低、强度高的焊缝或焊层。　　（原思聪）

shun

顺序阀　sequence valve

在具有两个或两个以上液压执行元件的液压回路中，控制各执行元件动作先后顺序的压力控制阀。按控制阀动作的方式分为直控型(利用自身油压)和远控型(利用外界油压)两类。 　　　(梁光荣)

顺序回路　priority circuit

控制多个执行元件动作先后顺序的方向控制回路。通常采用电磁阀、行程阀、顺序阀以及载荷本身的压力差来实现。按控制方式分为行程控制、压力控制和时间控制三类。 　　　(梁光荣)

顺序伸缩机构　sequential telescoping device

在起重臂的伸缩过程中，带动伸缩节按规定的先后顺序，自动实现伸缩运动的起重臂伸缩机构。与同步伸缩机构相比，在伸缩过程中起重臂的重心离起重机的回转中心较远，对起重特性有不利影响。 　　　(李恒涛)

Si

司机室　operator's cab

司机操纵建筑工程机械工作的座室。室内设操纵手柄、踏板及仪表等。为了使司机的视野开阔，常应设于机器上位置较高、较前之处。室内应有调温措施，为司机创造较舒适的工作环境。可装于建筑工程机械的上车或下车，前者可与上车一起回转。 　　　(田维铎)

丝杠式钢筋冷拉机　screw type cold-drawing machine

将丝杠的旋转运动转化为螺母的直线运动而实现钢筋冷拉的钢筋冷拉机械。工作时，电动机经皮带轮和减速箱，带动两根丝杠旋转，迫使活动横梁(螺母)作直线运动。待冷拉的钢筋两端分别夹持在活动横梁和固定横梁上的夹具中，活动横梁运动时即可实现张拉。生产线布局紧凑，冷拉动作均匀、稳定，安全可靠，维修简单，但行程小。

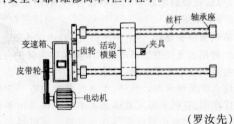

　　　(罗汝先)

死区　dead zone

又称非灵敏区，钝感区。输入极限值之间，输入量变化不引起输出改变的区间。 　　　(朱发美)

四冲程内燃机　four-stroke engine

曲轴每转两周，活塞经过进气、压缩、膨胀、排气四个行程完成一个工作循环的内燃机。 　　　(陆耀祖)

四辊涂胶机　four-roll spreader

设有两个涂胶辊和两个挤胶辊的涂胶机。由涂胶辊、挤胶辊、胶槽、供胶管道和传动机构等组成。在上下两辊的前后再各设一辊，上、下辊是涂胶辊，而前、后辊是挤胶辊。上辊由供胶管道供胶，下辊由胶槽给胶。单板通过上下辊即被两面涂胶。其优点是涂胶均匀，工艺质量高，用胶节省。 　　　(丁玉兰)

四连杆机构

见连杆机构(167页)。

四轮振动压路机　four-drum vibratory roller

具有前、后两对交替振动的碾轮的振动压路机。全轮驱动，常采用铰接车架。作业性能好，适用于碾压砂质土壤和松散颗粒物料。 　　　(曹善华)

四面刨床　four-side planer

从四个方面按照平面或成型面来刨削木材的木工刨床。由机座、工作台、进料器、压料辊、刀轴、导板、电气控制设备等组成。分为四轴、五轴、六轴、甚至八轴等几种类型。适用于成批加工地板，企口板及其他木构件。由于自动送料，生产效率高。 　　　(丁玉兰)

四速电钻　four speed electric drill

具有四种输出转速的电钻。转速变化是由二级机械变速和二级电气变速所得到，可适应不同工况的要求。 　　　(迟大华)

四支点底架　chassis frame with four supporters

塔式起重机工作时，与支承平面间呈四点支承的塔式起重机底架。起重机的全部载荷通过呈矩形或方形分布的四个支承点传递给基础或轨道。在相同轮廓尺寸条件下，其稳定性比三支点底架好。 　　　(李以申)

四支点小车　four point supporting trolley

支承在四个车轮上的桥式起重机小车。沿桥式起重机主梁上的轨道行走，配合大车完成货物的起升和运输任务。由小车车架、行走机构和起升机构组成。车轮轮压分配是一次超静定的，与结构件和支承面的刚度、制造精度和轨道的不平度有关。由于车轮轮压分配不均，车轮寿命较短。是桥式起重机应用最普遍的型式。 　　　(李恒涛)

四轴扭振式振动桩锤　four axles torsional vibratory pile hammer

采用两台电机通过伞齿轮来驱动设在四根轴上的偏心体，使之产生扭振力偶的扭振式振动桩锤。 　　　(赵伟民)

伺服电动机　servomotor

又称执行电动机。在自动控制系统中,将输入的电信号转变为轴转动的执行元件。具有直线(或近似直线)的机械特性和调节特性,对输入电信号能快速反应,而当输入信号消失时就能立即停转,灵敏度高。根据系统电源不同,分为交流伺服电动机和直流伺服电动两类。交流伺服电动机的基本结构与带有启动绕组的单相异步电动机相似,转子通常做成鼠笼式;直流伺服电动机的结构和工作原理与他励式直流电动机相同,比交流伺服电动有更好的线性特性,启动转矩较大,但结构复杂,又由于换向器和电刷之间有滑动接触,工作稳定性较差。

(周体优)

伺服系统　servo system

利用某一部件(如控制杆)的作用能使系统所处的状态到达或接近某一预定值,并能将所需状态(所需值)和实际状态加以比较,依照它们的差别(有时是这一差别的变化率)来调节控制部件的自动控制系统。　　　　　　　　　　　(周体优)

song

松键　loosen key

安装时不受预紧力的键。如平键、半圆键等靠侧面承压,水平断面承剪传递转矩。不能实现轴向定位。　　　　　　　　　　　　　(幸淑琼)

松螺纹连接　loose thread joint

连接装配时,螺母不需拧紧,且在承受工作载荷前,螺纹不受预紧力的螺纹连接。如起重钩钩颈端部与滑轮夹套支承座的螺纹连接等。

(范俊祥)

松土齿　shank-point

松土器上松土的齿状结构组件。由齿杆、齿尖镶套、齿杆保护板、固定销等组成。齿杆受力大,多用优质合金钢制成。齿杆外形分曲齿、直齿和折齿三种。松土时,曲齿破碎效果好;直齿结构简单,不易卡住土块,并可通过齿杆上部的固定孔来改变其相对横梁的位置,以调整松土齿的工作长度;折齿性能介于曲齿和直齿之间。　　　　(宋德朝)

松土齿最大切入力　maximum penetration force of ripper

松土齿齿尖对地面的最大垂直作用力。拖式松土机的松土齿最大切入力受松土机质量所限制;悬挂式松土机的松土齿最大切入力是在松土器升降液压缸推力作用下,松土机绕履带行走装置前支重轮向前倾翻时的齿尖对地垂直压力。　　(宋德朝)

松土除草机　loosenning weeder

利用锄铲或旋转锄进行松土和除草作业的园田管理机械。用以清除园林里的杂草,防止土壤板结,保证幼苗生长必需的水分和养分。有卧式和立式两种。工作装置呈横向水平配置的为卧式;工作装置呈直立配置的为立式。按行走方式分为悬挂式、牵引式、自行式和手扶式。　　　　　　　　　　　(张　华)

松土机　ripper, loosener

①土方施工中用齿形松土器耙松硬土、冻土、旧路面乃至中等硬度岩石的机械。按松土器与拖拉机的连接形式,有拖式和悬挂式两种。利用拖拉机提供的牵引力及松土器重量使耙齿切入土内,翻松硬土,机械通过后留下松土地带。常用于推土机或铲运机作业前的预先翻松作业。与传统的打眼放炮施工方法相比,具有施工工艺简化、施工机具减少、生产率高、生产安全性好等优点,为土石方工程施工的主要准备作业机种。

②用于翻松土壤,使土壤破碎成粒状,为种子的发芽和生长创造良好土质条件的园林种植机械。工作装置有犁刀式和转子式。转子式松土机有手扶式、悬挂式和自行式。工作宽度为 $300\sim750\mathrm{mm}$,翻耕深度为 $150\sim200\mathrm{mm}$。刀齿分为刚性齿、弹性承载齿和弹性齿。弹性承载齿用于有夹石的土壤,可避免石块或其他硬质物损坏刀齿。弹性齿用弹簧钢制作,强度和硬度较大,有较高的击碎石块能力。

(宋德朝　陈国兰)

松土搅拌机　pulvi-mixer

将沿路原土松碎并与撒布的胶结料就地搅拌的路拌式稳定土搅拌机。工作装置有两种作业方式:一种是单转子沿路翻挖土块,并将它向后上方抛掷到罩壳内壁,击碎后落在转子处,再由旋转的转子进行搅拌;另一种是先由翻松转子将土翻松,再由后续的粉碎转子进行粉碎与搅拌。均为拖挂的四轮机械,过后需用其他机械进行整型与压实。

(倪寿璋)

松土-搅拌转子　pulvi-mixer rotor

松土搅拌机上将土块松碎并使之与胶结料均匀搅拌的拖挂式或悬挂式铣筒工作装置。

(倪寿璋)

松土器　ripper equipment

松土机尾部用来耙松土壤的装置。由松土齿、横梁、框架等组成。根据作业及土质条件,松土齿数可以增减,有一根、两根和三根等型式。

(宋德朝)

送料跑车　log carriage

大型带锯机或圆锯机中用以载送木料的车具。由车架、车盘、车桩、卡木装置、摇尺器、离合器、翻楞器、传动和运行装置等部分组成。

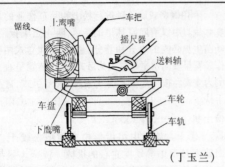

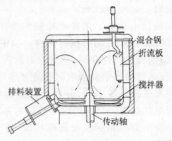

（丁玉兰）

送桩 pile fellower

桩的实用长度短于施工所需要的长度时,为便于打桩而接入的一段专用辅助桩。可以重复使用。

（王琦石）

su

速度控制回路 speed control circuit

调节液压执行元件速度的液压基本回路。包括调速、限速、同步等回路。是液压系统的核心部分,工作性能优劣对系统起着决定性的作用。 （梁光荣）

速度特性 speed characteristic

内燃机负荷一定时性能参数(扭矩 M_e、油耗率 g_e、功率 N_e 等)随转速 n 的变化规律。当燃料调节机构(喷油泵的供油拉杆或化油器的节气门)固定在部分负荷或全负荷位置时所制取的特性曲线分别称为部分负荷速度特性或全负荷速度特性,其中全负荷速度特性又称外特性,反映了内燃机正常运转所能达到的动力性能。内燃机的标定功率、最大扭矩及其相应的转速等都是以外特性为依据的。

（陆耀祖）

塑料层压机 laminate hydraulic press

供压制板材的多层式液压成型机。由固定横梁、导柱、压板、活动横梁、主工作缸和辅助工作缸等组成。其公称压力有: 10000kN、15000kN、20000kN、30000kN 或更大。常用的 20000kN 层压机可压制 8～20 层塑料板材,压板尺寸为 1050mm×1850mm×50mm。 （丁玉兰）

塑料高速混合机 super mixer of plastics

利用高速旋转的搅拌器,使物料受离心力作用上抛、下落的塑料混合机械。由回转盖、混合锅、折流板、搅拌器、排料装置等组成。当搅拌器以 500～4000r/min 的高速旋转时,物料因离心力作用抛向锅壁下部,因受锅壁阻挡,沿锅壁上升至旋转中心部位下落,又因折流板的作用使物料产生流态化运动,而达到均匀混合的效果。物料被运行过程中的内部摩擦热和外部加热夹套的热量加热,可同时使物料塑化。混合效率高,作业条件好。

塑料混合机械 mixer of plastics

将制备塑料半成品的原料组分进行预混合的机械。常用的有塑料捏合机、塑料螺带式混合机和塑料高速混合机等。 （丁玉兰）

塑料挤出机 extruder of plastics

依靠挤压作用使热塑性塑料连续形成制品截面与口模形状相仿的机械。由挤压系统、加热冷却系统、机头、切割装置、卷取装置、控制系统等组成。生产过程连续,生产效率高,应用范围广。适用于生产管材、棒材、板材、薄膜、单丝、异型材以及中空制品等。有单螺杆挤出机、双螺杆挤出机、排气挤出机、行星齿轮式挤出机、阶式挤出机、立式挤出机等。 （丁玉兰）

塑料开炼机 open-plasticator

使预混料在敞开式混炼室中进一步混合塑化的炼塑机械。由辊筒、减速器、电动机、开式混炼室、机架等组成。由于一对辊筒作反向、不等速的旋转、所产生的垂直钳取力和水平挤压力同时作用在物料上,使物料不断进入辊隙并反复经受挤压、压延、剪切、撕裂和加热作用,从而使各组分进一步均匀混合和塑化。结构简单,操作容易,维修方便,应用广泛。

（丁玉兰）

塑料螺带式混合机 screw mixer of plastics

利用一根或两根反向旋转的螺带搅动物料的塑料混合机械。在两端封闭的半圆形槽体内设螺带,其上设可启闭的盖子,槽壁附有夹套可通蒸汽加热或通冷水冷却。螺带旋转时,推动物料使其发生无规则运动而均匀混合。 （丁玉兰）

塑料密炼机 close-plasticator

使预混料在密闭式混炼室中进一步混合塑化的炼塑机械。由转子、减速器、电动机、闭式混炼室、压料装置、卸料装置、加热及冷却装置等组成。其压料装置下降,并以一定压力作用于混炼室内的预混料上,使预混料在两个具有一定速比而反向旋转的转子作用下,经受反复挤压、压延、剪切、撕裂和加热作用而进一步混合塑化。根据不同种塑料的需要,可在炼塑时进行加热或冷却。炼塑效果好,生产能力及作业条件均较开炼机为优。 （丁玉兰）

塑料捏合机 kneader of plastics

利用反向转动的搅拌器使物料重复折叠、撕扯的塑料混合机械。由一个呈鞍形底钢槽的混合室和一对反向旋转的Z形或S形搅拌器组成。混合室钢槽有夹套,可通蒸汽加热或通冷水冷却。捏合时,借搅拌器的转动使物料沿混合室的侧壁上翻而在室的中间下落,达到反复折叠和撕扯而均匀混合的目的。　　　　　　　　　　　　　　　　　（丁玉兰）

塑料压延机　calender

将已基本塑化的热塑性塑料,在加热辊筒中滚压成片材或薄膜的成型机械。由机架、调距装置、辊筒、挡料装置、传动系统等组成。包括主机和辅机两类。可分为两辊、三辊、四辊等。以三辊、四辊最为普遍,五辊目前少用。因辊筒排列方式不同,分为I型、F型、Z型和S型等。用于薄膜、室内墙壁装饰纸和地板以及各种片材的成型。　　　　　（丁玉兰）

塑料铸压液压机　casting hydraulic press

用于铸塑成型工艺中的液压成型机。将熔融状态的热塑性塑料、聚合物或缩聚反应尚未进行完全的浆状物或高分子化合物的熔料倾入塑模,或流成一定厚度的料层,分别借冷却、加热或蒸发使其硬化成制件。主要由启闭铸模液压缸和铸压用液压缸组成。铸压速度快,动作程序中无需排气。适用于制造简单的大件制品。　　　　　　　　（丁玉兰）

sui

随机过程　random process

不能用关于时间 t 的确定的函数描述,只能用适当概率统计方法加以描述的过程。分为平稳随机过程和非平稳随机过程。　　　　　（朱发美）

碎石投入斗　crushed stone hopper

碎石桩排水式地基处理机械中,设置在管螺旋的上部,用以向管螺旋内投放碎石的导料斗。
　　　　　　　　　　　　　　　　　（赵伟民）

碎石桩排水式地基处理机械　crushed stone drain treating machine

通过在软弱地基中建立碎石桩,提高地基的排水性能的软弱地基处理机械。由管螺旋、碎石投入斗、捣石棒等组成工作装置。工作时,采用管螺旋钻具钻进到所需深度,然后向管螺旋内投放碎石块,直至石块的重力打开管螺旋前端盖,同时,一边用捣石棒捣实石块,一边使管螺旋反转提升,直至筑成碎石排水桩。　　　　　　　　　　　　（赵伟民）

隧道干燥室　tunnel drier

形似隧道的连续式干燥坯体的砖瓦焙烧设备。一般由若干条隧道并联组成,码好的坯体装于干燥车由推车机推入隧道,在轨道上迎着热气流向前移动,坯体干燥后从另一端运出。干燥制度较稳定,热效率高,易于自动控制和调节,管理方便,生产率较高。　（丁玉兰）

隧道机械　tunnelling machinery

用于建筑铁路隧道、公路隧道、地下铁道、水工隧洞、矿山巷道等的所有机械和机具的统称。包括:(1)开挖机械和机具,如凿岩机、凿岩钻车、全断面岩石掘进机、盾构掘进机等;(2)出碴机械,如装岩机、短臂挖掘机、装载机、梭式矿车、经废气净化处理的内燃机车和自卸汽车等;(3)支撑、通风、排水、灌浆、衬砌等工序所用的专用机械。　　　（茅承觉）

隧道窑　tunnel kiln

形似隧道的连续式砖瓦焙烧设备。由窑体、燃烧室、通风设备、运输设备和余热管路等组成。窑长取决于烧成制度及产量要求;窑高取决于烧成特性及允许温度;窑宽则与产量及允许温差有关。坯体由一端运入,经预热、焙烧、冷却三带,烧成后由另一端出窑。热气流与坯体运动方向相反,废气流经预热坯体后,由排烟系统排入大气。分为单通道、双通道和多通道三种。燃烧方式有侧烧式、顶烧式、内燃式等。燃烧火焰分明焰、半隔焰、隔焰等。坯体运载方式有窑车式、辊道式、推板式、网带式等。产品质量稳定,作业条件好,易于实现机械化与自动化。　　（丁玉兰）

隧洞衬砌台车　tunnel lining jumbo

以预制混凝土管片进行隧洞支护操作的掘进机后配套车。由两台液压马达,内齿圈,纵向移动、张紧、推举、倾斜等液压缸,方位控制托轮组,托板支架等组成。另有拖车上的悬臂起重机配合工作。预制混凝土管片分顶、底及两侧共四块,是与永久支护相结合的一种支护。工作步骤如下:①带有轨道的底块管片由起重机吊装对位;②侧块管片由起重机运到已装好的底块管片上,纵向移动液压缸使台车伸向侧块管片;③由推举和张紧液压缸的作用将管片抓紧;④开动液压马达驱动内齿圈旋转,带着管片到预定位置;⑤由推举、倾斜与张紧液压缸动作,使管片对准前已安装好的管片;⑥液压马达反转,纵向移动液压缸收缩使台车复位;⑦重复以上步骤完成另一侧块及顶块管片的安装。

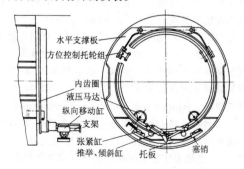

（茅承觉）

隧洞掘进机　tunnel boring machine

见全断面岩石掘进机(227页)。

隧洞挖掘机　tunnel excavator

专用于挖掘隧洞的挖掘机。有短臂式和伸缩臂式两种特殊工作装置和较小转台尾部回转半径。适宜在狭窄的地方进行挖掘和装载。　　　　(刘希平)

sun

损耗　loss

一般指交流铁芯线圈内的能量损失。包括铜损和铁损,铜损是线圈电阻的有功损耗;铁损包括磁滞损耗及涡流损耗。　　　　　　　　　　(周体侃)

榫槽机　mortising slot machine

加工方孔或沟槽的木工机械。由工作台、移动手轮、工作台升降机构、操纵手把、变速器、电动机等组成。其切削刀具为空心方凿套,套中装有旋转的螺旋凿芯。　　　　　　　　　　　(丁玉兰)

suo

梭式矿车　shuttle mine car

穿梭式往返出碴运输的掘进机后配套设备。亦可用于非掘进机掘进的出碴运输。由车体、输送机、转向架、牵引杆及机械、压缩空气和电气系统等组成,由机车牵引。车体分前后两部分,可拆卸搬运;输送机一般为刮板式,装在车箱底板上,只需从车箱装料端装碴,输送机自动装满整个车箱;当组列使用时,则输送机又能继续将岩碴均匀地运到下一节车箱内,直到组列车箱全部装满;转向架为铰接式,适应轨道高低不平等恶劣环境,高速行驶时平稳不掉道。

　　　　　　　　　　　　　　　　(茅承觉)

锁定机构　lock mechanism

在变速箱操纵机构中,用来保证拨叉轴和拨叉能拨到合适的位置,并锁定在此位置上,以防止自动挂档和自动脱档的装置。常用销式锁定机构。

　　　　　　　　　　　　　　　　(陈宜通)

锁紧回路　locking circuit

使液压执行元件的进、回油路关闭并锁紧,防止其漂移或沉降的方向控制回路。通常采用O型或M型换向阀、液压锁或平衡阀来实现。多用于工程机械的支腿油路和垂直运动部件的升降油路。

　　　　　　　　　　　　　　　　(梁光荣)

T

ta

他装倾翻卸料式垃圾车　passive-loading and dumping refuse collector

又称自卸式垃圾车。依靠人工或辅助设备装载垃圾并进行转运和自卸作业的垃圾车。在汽车底盘上加装液压倾卸机构和垃圾车箱改装而成的。有的液压举升机构可朝三个方向倾翻车箱,作业时可根据需要使车箱按规定的方向倾卸。为了防止在运输作业时车上垃圾飞散、抛撒和散布臭气,有的垃圾车上加装了框架式玻璃钢罩盖,通过连杆机构罩盖向驾驶室方向平移开启。适宜于装运建筑垃圾,与装载机或抓斗配合作业。　　　　(张世芬)

塔顶撑架　supporting frame on tower head

下回转式塔式起重机处于工作状态时,塔身顶部设有的格构式支撑结构件。支撑滑轮或固定起重臂拉索,使起重臂处于所需要的指定位置和状态,若其尺寸设计合理,同时也可改善塔身受力状态;在转移运输状态时,一般可拆除或折叠在适当位置。

　　　　　　　　　　　　　　　　(李以申)

塔顶回转式塔式起重机　top-slewing tower crane

起重臂及平衡臂直接装在塔身顶部并可绕塔身轴线回转的上回转式塔式起重机。　　(李恒涛)

塔尖　tower head

采用定柱式回转支承装置的塔式起重机的塔身顶部呈锥状的结构件。其上装有回转支承装置以及塔帽等,起将上部载荷传递给塔身的作用;有时也泛指上回转式塔式起重机中固定于转台上的尖塔状结构物,其作用是提供一个合适的拉索支撑点以牵引起重臂及平衡臂,使之处于预定位置并受力合理。

　　　　　　　　　　　　　　　　(李以申)

塔帽　cat-head of tower

位于上回转式塔式起重机的塔尖之上,与塔尖相配合的结构件。塔帽和塔尖是安装定柱式回转支承装置必不可少的配套结构件。起重臂和平衡臂的一端分别铰接于其相对应的两侧,回转时能随同起

重臂等绕塔尖一起转动。 （李以申）

塔帽回转式塔式起重机 hat-slewing tower crane

装有起重臂、平衡臂及其他机构的塔帽顶在塔尖上，并绕塔顶轴线作回转运动的上回转式塔式起重机。是一种较早出现的上回转式。中国1954年制造的第一台塔式起重机即为此型。

（李恒涛）

塔身 tower(mast)

旧称塔架。塔式起重机在工作状态时立于底架上的柱状结构。用来支承塔式起重机的上部结构和机构，承受各种外载荷引起的垂直力、水平力和弯矩，并将其传给底架和附着装置。按结构构造外形特点分为格构式塔身及筒形塔身；有一些小型塔式起重机采用整体塔身；对于塔身高度较高时，常由若干标准塔身节借助于塔身连接件连接而成。

（李以申）

塔身过渡节 joint tower section

在塔式起重机塔身中，用于联接由于尺寸不相同而无法直接联接的两个塔身节的中间节。起重机工作时，位于塔身不同高度处的各塔身节内力不同，为追求最佳经济效益需要有不同截面尺寸的若干种塔身节。使用时按需要的塔身高度及载荷选出若干节，再依所需要的次序组成塔身。 （李以申）

塔身基础节 bottom(base) tower section

塔身最下部的塔身节。与塔式起重机基础或底座直接相连，受力较大，故往往比添加节(标准节)做得粗壮，不能任意替换。 （李以申）

塔身节 tower section

采用分节方式运输或制作的塔身各基本组成单元。在塔身转移或运输时每一节被作为一个独立的运输单元，在组装成塔身时有时可选择其中若干必要的节段依某一定的次序用塔身连接件连接起来，以满足塔式起重机使用需要。按各节在塔身中的位置及作用不同，可分为塔身基础节、添加节(标准节)、塔身过渡节等。其结构构造形式可为格构式塔身，也可是筒形塔身。常见长度为3～10m。 （李以申）

塔身节装运装置 tower section carrier

在自升塔式起重机的顶升作业中，用来完成塔身添加节自重钩到塔身轴线间转运工作的装置。由托架、小车及吊架等组成。 （李恒涛）

塔身伸缩机构 tower telescoping device

将塔式起重机伸缩塔身中的内塔身相对外塔身伸出或缩回，以改变塔身高度，满足工作状态和运输状态不同要求的机构。有液压缸、液压缸四连杆机构和钢丝绳滑轮组等三种传动形式。该机构很少独立设置，常和立塔机构、架设机构、加节机构等合一，

以降低整机制造成本。 （李以申）

塔身外套架 outer guide section(outer climbing frame)

又称引导节。上加节自升塔式起重机在自升过程中套在塔身外部的结构框架。顶升过程中，承受未装入添加节前来自上部结构及机构的全部载荷。用于安装顶升机构的全套装置。 （李以申）

塔身折叠机构 tower-folding mechanism

采用折叠塔身形式的塔式起重机所附设的，能将塔身从竖立(或折叠)状态放倒(或伸直)并折叠(或竖立)起来的机构。按传动形式有液压折叠机构、钢丝绳折叠机构和螺杆折叠机构三种。

（李以申）

塔式混凝土搅拌站(楼) tower type concrete batch plant

又称垂直式混凝土搅拌站(楼)(vertical concrete batch plant)或单阶式混凝土搅拌站(楼)(single step concrete batch plant)。供料、贮料、配料、搅拌和出料各设备由上而下依次排列的混凝土搅拌站(楼)。骨料经一次提升到最高层，然后靠自重下落，经过各工序。自动化程度高，效率高，占地面积小，但厂房结构高，要配备大型运输设备，一次投资大。用于大型混凝土搅拌站(楼)。 （王子琦）

塔式起重机 tower crane

塔身顶上装有桁架起重臂的轨道式起重机。由塔式起重机底架、塔身、起重臂、平衡臂、平衡重、压重、起升机构、变幅机构、回转机构、行走机构、电气设备、安全装置和司机室等组成。用于工业、民用建筑施工中的材料、构件的运输、装卸和安装工作。按安装方式分为固定塔式起重机和自行式塔式起重机；按功能分为自升塔式起重机、移动式塔式起重机、自行架设式塔式起重机、拖式塔式起重机、上回转式塔式起重机、下回转式塔式起重机、动臂式塔式起重机、小车变幅式塔式起重机、折臂式塔式起重机；按用途分为建筑塔式起重机、工业塔式起重机、船坞塔式起重机、港口塔式起重机、贮场塔式起重机、堤坝塔式起重机、电站塔式起重机、海港塔式起重机、冶金塔式起重机。具有起升高度高和工作幅度大、起升速度快和调速性能好等特点。是建筑工

程中主要的起重设备。　　　　　（李恒涛）

塔式起重机底架　chassis frame

塔身与轨道之间(自行式塔式起重机)或与基础之间(固定塔式起重机)的支承结构件。用来传递上部载荷及为塔身提供必要的支承。按支点数有四支点底架和三支点底架两种；按结构构造形式可分为平面框架底架、门架式底架和水母式底架等。

（李以申）

塔式起重机附着装置　tying device

附着塔式起重机处于工作状态时，塔身与建筑物之间的连接杆件及相应的附件。利用建筑物具有较大刚度特性去支持起重机，以保证塔身的结构稳定性和起重机抗倾覆稳定性。通常在塔身高度方向每隔 20～50m 连接一道，使塔身的上部外伸梁段长度不超过 35～50m；附着装置通常采用 3～4 根杆件组成若干三角形，使塔身的连接点处的水平方向上无相对位移。　　　　　　（李以申）

塔式起重机拖运质量　trailing mass of tower crane

塔式起重机在整体拖运作转移时的质量。用来选择拖行设备和进行拖行桥总成设计。

（顾迪民）

塔式起重机整机自重　operating mass unloader of tower crane

整个塔式起重机处在工作状态下的全部重量。以质量单位 kg 或 t 表示。不包括工作载荷(如起升重物)的质量和保持塔式起重机不倾覆而外加的压重质量，但包括操作人员和平衡重质量。是表示机械技术和经济性水平的综合指标。　（顾迪民）

塔式桩架　tower pile frame

一种上小、下大的变截面桁架结构型式的桩架。桩架底盘面积大，稳定性好，通常与汽锤配套使用，起重能力大，配以动力臂可作为桅杆式起重机使用。　（邵乃平）

塔索式挖掘机 cable-tower excavator

在主、副塔间的支承索上装有特种拉铲型铲斗的挖掘机。有主塔分为移动式或固定式两种。工作时，铲斗沿支承索落至地面，开动牵引绞车、拉动铲斗挖土，经过一定的距离，把土装满。

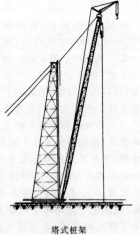

塔式桩架

收紧支承索，使斗离地，前进至卸土处，松开牵引索，靠自重转斗卸土；若牵引铲车不制动，铲斗将沿着支承索滑回挖土地点，放松支承索，使铲斗着地，进行第二次挖掘。多用于水利工程中。　　（刘希平）

塔桅起重机　tower-derrick crane

以塔式起重机的塔身作桅杆的固定式回转起重机。起重臂一端铰接在底架上，上端由变幅钢丝绳系统连接在塔身上部，塔身再由几根缆风绳支承保持稳定，并将载荷传递到地锚。由于塔身能承受较大轴向压力，故塔式起重机改装为塔桅起重机后，具有很大的起重能力，适用于厂房施工等重型构件吊装作业。　　　　　　（谢耀庭）

tai

台车架　bogie frame

履带式机械行走系统中，装有导向轮、托轮、支重轮及张紧装置而组成左右两个履带大台车的轮架。为由加强槽钢的箱形断面纵梁和横板焊接成的矩形框架结构，其内侧面上焊接一个斜掌臂。利用后部的轴承座和斜掌臂尾端的轴承安装在驱动轮轴上，可绕驱动轮轴上、下摆动；前部则通过一副横置的弹性平衡梁与机架铰接。履带式机械行驶时，两台车架可绕其后部铰点独立地上、下摆动，以保持机体的稳定性，同时台车架还承受地面传来的巨大冲击载荷。　　　　　　（刘信恩）

台基式液压挖掘机　fixed hydraulic excavator

固定于台基上，不能移动的单斗液压挖掘机。一般装有抓铲工作装置，并有全回转转台，用于料场和码头，进行散粒物料的装卸作业。　（曹善华）

台式圆锯机　bench circular saw

又称普通圆锯机。设有能放置木料的承载工作台面的圆锯机。用于纵切板材、边条、小方和拼板等。　　　　　　　　　　　（丁玉兰）

台座式千斤顶　table type jack

在先张法台座上成组张拉或放张预应力筋的千斤顶。构造与普通举重用液压千斤顶近似。适用于在三横梁式或四横梁式台座上生产大型预应力构件。其突出的优点是拉力大，但行程小，张拉长筋时需多次回油，反复张拉，工效较低。　（向文寿）

tan

摊铺斗　distributing hopper

水泥混凝土摊铺机机架上沿横向轨道移动将混合料直接均匀摊铺在路基上，并带有卸料闸门的料斗。斗底卸料闸门一般由液压缸启闭。

（章成器）

摊铺供料闸门 feeding gate of paver

在沥青混凝土摊铺机上控制刮板给料器输送混合料流量的装置。为可以独立升降的两扇平行闸板,分别控制左右刮板给料器的料流,也是受料斗的后壁。 (章成器)

摊铺刮板 distributing blade

沿水泥混凝土摊铺机机架上的横向轨道移动,可以上下升降并同时作小于180°回转的矩形刮板。 (章成器)

摊铺刮板给料器 bar feeder of paver

在沥青混凝土摊铺机上将混合料从料斗送到摊铺室的输送装置。由多块长刮板等距安装在两条辊子链上组成,下有底板从受料斗下延伸到摊铺室内。工作时,从受料斗来的混合料落在底板上,由辊子链传动的等距刮板连续将混合料刮送到摊铺室。每台摊铺机有两个左右对称布置并独立驱动的给料器,每根辊子链都有盖板保护。 (章成器)

摊铺夯实梁 tamping beam of paver

装在滑模式水泥混凝土摊铺机上,紧接着第一次刮板计量后,在首次振实之前先对混合料铺层进行一次夯击的梁。 (章成器)

摊铺厚度调节器 paving thichness controller

沥青混凝土摊铺机上用以调整熨平板底面的迎角来改变沥青混合料铺层厚度的装置。装在熨平板的左右端与牵引臂架之间。有手动螺杆调节式和液压缸调节式两种。 (章成器)

摊铺厚度调节闸门 paving thickness controlling gate

石料摊铺机中位于料斗后面,调整石料撒布厚度的可升降闸门。 (倪寿璋)

弹簧 spring

利用自身的变形来产生力或储存能量的机械零件。常用于缓冲、吸振和控制机械运动,或作为仪器、钟表的动力,也可用作测力元件。机械中常用的弹簧按受力性质可分为拉伸弹簧、压缩弹簧、扭转弹簧和弯曲弹簧;按形状可分为螺旋弹簧、平面蜗卷弹簧、扭转弹簧、板弹簧、碟形弹簧、环形弹簧等。非金属材料的有橡胶弹簧、空气弹簧。弹簧的变形与其载荷之间的关系曲线称为弹簧特性曲线。特性曲线的斜率表示弹簧刚度。有变刚度弹簧和定刚度弹簧之分。常用的弹簧材料有碳素弹簧钢、合金弹簧钢、不锈钢弹簧钢、铜合金、镍合金及橡胶、塑料等。 (范俊祥)

弹簧测力器 spring type dynamometer

将弹簧的压缩量换算成拉力,并通过测力表盘将测力数值放大的测力器。测力器的拉力和压缩量之间的关系经标定确定,并定期复核。

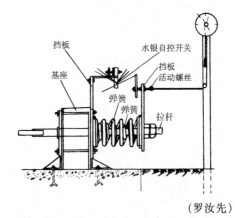

(罗汝先)

弹簧垫圈 spring washer

具有70°~80°斜开口的螺旋形圆垫圈。靠其弹性使螺纹副轴向张紧防止螺母松脱。另外,其斜口尖端也有防松作用,但应使螺旋方向与紧固件螺纹的螺旋方向相反,否则不起作用。这种垫圈一般由具有弹性较好的合金钢(如锰钢)制成。 (戚世敏)

弹簧刚度 spring stiffness

使弹簧产生单位变形量所需施加的载荷。弹簧刚度愈大,愈难使之变形,愈能承受较大的载荷,反之,则容易产生变形,只能承受较小载荷。是设计和选用弹簧的重要参量之一。

(曹善华　范俊祥)

弹簧工作行程 spring travel

弹簧受到最大工作载荷时的长度与最小载荷下的长度之差。最小载荷是指弹簧在工作前,为使其可靠地稳定在安装位置上,所预受的压缩力。

(范俊祥)

弹簧缓冲器 spring buffer

以弹簧为缓冲件的缓冲器。由于结构与维修简单,对工作温度无特殊要求,并且吸收能量较大,故被广泛应用。由撞头、压缩弹簧及壳体等组成。其参数有最大缓冲行程和缓冲容量。

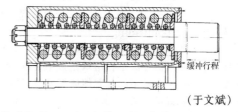

(于文斌)

弹簧减振器 spring vibration isolator

依靠弹簧减弱或隔离振动的装置。用以保护机电设备或仪表,免于因振动而损坏,或用于车辆、自行式工程机械行走部分上,使行驶时的振动迅速衰减,以提高乘坐舒适性,减少零部件的疲劳损坏,延长使用寿命。有螺旋弹簧减振器和板弹簧减振器两种,工程车辆行走装置中多采用板弹簧减振器。

(曹善华)

弹簧式蓄能器 spring accumulator

利用弹簧的压缩能来储存液压能的蓄能器。产生的压力取决于弹簧的刚度和压缩量。结构简单,反应灵敏,但容量小,不适用于高压和循环频率较高的场合。

(梁光荣)

弹涂机 paint catapult

以弹拨机件将各种涂料及色浆的料滴弹射并粘附在建筑物表面上,以进行装饰的机具。有手动弹涂机和电动弹涂机两种。工作时,由料斗通过流量开关控制料浆的供给,以一定速度驱动主轴及其上的若干尼龙弹棒转动,给挡棒产生弹力进行连续弹涂作业,弹力可由调节装置控制。能在墙面弹出绚丽多彩、质感强的饰面,体积小、重量轻、操作轻便灵活。可在各种场合及高空作业,适用于建筑物内外墙及顶棚的饰面装修。

(张立强)

弹性连杆式振动输送机

由弹性连杆式激振器驱动的振动输送机。分为单质体、弹簧隔振双质体和弹簧隔振双槽式等。单质体式结构简单、制造方便,但工作时槽体产生的惯性力不能平衡,会引起地基和建筑物的振动,常用于质量较小、频率较低的输送机中。弹簧隔振双质体式的底架装于隔振弹簧上,底架也产生振动,常将底架的质量增加到槽体质量的3～5倍,减小底架振动的振幅,以减小由弹簧传给地基的载荷。弹簧隔振双槽式利用两个等质量的槽体同时输送物料,输送能力大,平衡性能好,当两个槽体的质量得到准确平衡以及两个槽体中的物料相差不大时,可不必采用隔振弹簧,底架可直接固定于地基上。

(谢明军)

弹性圆柱销

纵向开缝的圆管状销子。比实心销轻,靠弹性挤紧在未经铰光的销孔中,可多次装拆。

(范俊祥)

碳氮共渗 carbonitriding

使碳原子和氮原子同时渗入钢件表层的化学热处理工艺。早期的方法是在熔融氰盐中进行,故又称氰化。目前采用最多的是气体碳氮共渗,按共渗温度不同有低温碳氮共渗（520～580℃）、中温碳氮共渗（780～880℃）和高温碳氮共渗（880～930℃）。低温碳氮共渗是以渗氮为主,故又称软氮化,可用于提高高速钢及高合金钢的表面硬度,耐磨性及红硬性;中温和高温碳氮共渗是以渗碳为主,可提高钢的硬度、耐磨性和疲劳强度。钢件经过处理以后还要进行淬火和回火。

(方鹤龄)

tang

镗床 boring machine

主要用镗刀对工件已有的孔进行镗削的机床。使用不同的刀具和附件还可进行钻削、铣削、切螺纹及加工外圆和端面等。主要类型有卧式镗床、落地镗铣床和坐标镗床等。

(方鹤龄)

tao

陶瓷喷涂 ceramics spraying

使用陶瓷或金属陶瓷作为待喷材料的喷涂。可得到一些特殊性能及用途的涂层,如耐蚀、耐磨、隔热涂层等。常用的陶瓷材料有环氧金刚砂等。

(原思聪)

套管 casing pipe

钻孔施工中用以保护孔壁和为钻具导向的套管作业装置部件。由内外两层钢管构成,其间设有加强筋,具有较高的抗扭能力。另外,前端套管底部设有耐磨的切削刃。

(孙景武 赵伟民)

套管作业装置 tubing device

配合冲抓斗施工,用以压拔管的工作装置。由套管、导向套、夹紧套、加压套、加压梁、压拔管装置、摇管装置等组成。

(孙景武 赵伟民)

套筒滚子链 bush-roller chain

由外链板、内链板、套筒、销轴、滚子等组成的链。外链板固定在销轴上,内链板固定在套筒上,滚子与套筒间和套筒与销轴间均可相对转动,因而链条与链轮的啮合主要

内链板 外链板 销轴 套筒 滚子

为滚动摩擦。可单列使用或多列并用,多列并用可传递较大功率。比齿形链重量轻、寿命长。在动力传递中应用较广。

(范俊祥)

套筒链 bush chain

由外链板、内链板、套筒、销轴等组成的链。当套筒链和链轮进入啮合与脱离啮合时,套筒沿链轮齿廓表面滑动,易于引起轮齿磨损。结构较简单,重量较轻,常在低速传动中应用。

(范俊祥)

套筒式防音罩 telescopical noise proof cover

可随桩的打入情况,以伸缩方式改变长度的桩锤防音罩。一般用于液压桩锤。

(赵伟民)

套装框架式升降支架 telescopic frame lifting

support

装修升降平台中,由多节断面尺寸递减的矩形截面框架套装在一起构成可伸缩的升降支架。动力通过钢索或液压元件驱动使之伸缩,实现工作平台的升降。 （张立强）

te

特殊机械化盾构　special mechenical shield

又称密闭式机械化盾构。切削刀盘安装在泥土室内工作的密闭式盾构。泥水加压盾构和土压平衡盾构即属此类。 （刘仁鹏）

特殊载荷　special load

起重机处于非工作状态时,可能受到的最大载荷,或者工作状态下偶然受到的不利载荷。有:最大的非工作风载荷、试验载荷、碰撞载荷和安装载荷等。 （李恒涛）

特种专用起重机　special-purpose crane

专用于某些专业性工作场合,转移作业场地时不需拆卸的运行式回转起重机。有浮式起重机、抢险起重机、屋面起重机等。 （董苏华）

ti

梯形铲斗　trapezoid bucket

断面呈梯形的成型铲斗。梯形的短边通常在下,不带斗齿,有侧刃。用于挖掘沟渠。 （刘希平）

提升机　elevating conveyor

在竖直或大倾角方向内运送散料或成件物品的连续输送机械。一般输送机在超过20°倾角时输送物料,输送能力受到限制。采用提升机能在较短的水平距离内将物料提升到相当大的高度处。一般由首尾相连的胶带或链条、承载构件(如料斗、托架等)、上端驱动装置、下端张紧装置、支承框架或箱体等组成。运送散料常用斗式提升机和袋式提升机,运送成件物品常用托架提升机、摇架提升机等。 （谢明军）

提式悬挂输送机　popular trolley conveyor

又称普通悬挂输送机。滑架与载货吊具等间距地与牵引链条相连接的悬挂输送机。可单机驱动,也可多机驱动。单机驱动输送路线可达500m,多机驱动的输送路线更长。能自动装卸物料,有时可组成临时性仓库。结构比推式悬挂输送机简单,尺寸较小,目前采用较广泛。 （谢明军）

提钻能力　auger lifting capacity

钻孔机提升钻具的最大提升力,对于短螺旋钻孔机提升钻杆时,因携带大量的土而形成的土塞,所以需要有较大的提升力。 （王琦石）

蹄式平衡制动器　shoe type balane brake

机械正、反转制动时,左右两蹄都是紧蹄或都是松蹄,且油压相等的蹄式制动器。 （幸淑琼）

蹄式制动器　shoe brake

通过操纵机构使制动蹄片张开紧压鼓形制动毂而产生摩擦力矩的制动器。接合平稳,接合力小,结构紧凑,安装方便。但磨损后不易调整与更换。广泛用于各种车辆。

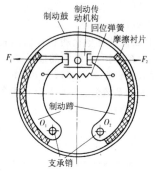

（幸淑琼）

tian

添加节　additional tower section

又称标准节。塔式起重机中可以随起升高度需要而按规定允许增添或删减的塔身节。为标准件,具有互换性。在自升塔式起重机中指那些可以采用顶升机构安装的塔身节。在施工现场组装及架设塔式起重机时,往往不是一次就将全部塔身节组装成塔身,而是最初只达到最低的起升高度,以后随着建筑物的增高而加高塔身。 （李以申）

填缝机　joint sealer

将热沥青灌注在水泥混凝土路面伸缩缝槽内的混凝土路面整平机。由小型沥青加热锅、沥青泵和注射管等组成,装在双轮手推车上作填缝作业。 （章成器）

填料　packing

俗称盘根。石棉绳或用石棉绳编织成发辫状的防漏填充物。有时还浸于油或石墨粉中,以减少对转动轴的摩擦阻力。使用时,缠于轴上,压入填料箱中,由于径向变形而起到密封作用。 （田维铎）

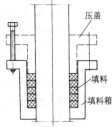

填料箱　packing box

在轴和机壳接合处为加

强密封而设置的填料装入设施。呈环形,内装填料,然后用压盖压紧,使填料产生侧膨胀,可防止壳体内具有一定压力的流体外漏。　　　　　(田维铎)

tiao

调平补偿滑橇 levelling compensation skid

拖式石料摊铺机上支承料斗后部的调平装置。左右两块长滑橇可减轻路面或底层不平的影响,并可降低对路基的单位压力。　　　　　(倪寿璋)

调伸长度 overhang

焊接前,而钢筋从电极钳口伸出的长度。根据钢筋品种和直径选择,Ⅰ级钢筋取 $0.75\sim1.25d$(d 为钢筋直径),Ⅱ~Ⅲ级钢筋取 $1.0\sim1.5d$,直径小的钢筋取较大的系数值。调伸长度过短不能使接头均匀加热,过长则在顶锻时导致钢筋旁弯。

　　　　　(向文寿)

调速阀 speed control valve

由定差式减压阀和节流阀串联而成的组合阀。减压阀的压力补偿使节流阀前后压差能在载荷变化时始终保持不变,通过节流阀的流量恒定不变(仅由其开口大小决定)。流量稳定性高,微动性能好,但消耗功率较大。多用于运动精度较高的小功率液压系统中。　　　　　(梁光荣)

调速回路 speed regulating circuit

改变输入到执行元件的流量或改变液压泵(马达)排量的速度控制回路。主要调速方式有节流调速,容积调速和节流容积调速三种形式。

　　　　　(梁光荣)

调速特性 governing characteristic

当内燃机的调速手柄固定在某一转速位置时,卸去负荷至空车转速,然后逐渐增加负荷恢复到原来工况,其间由调速器自动控制喷油泵的调节拉杆(齿杆)或化油器的节气门所得到的功率 N_e、扭矩 M_e 和油耗率 g_e 等随转速 n 的变化规律。也可以将调速特性曲线绘制成当内燃机的调速手柄固定在某一转速位置时各性能参数随负荷(功率 N_e 或平均有效压力 p_e)的变化规律。调速手柄固定在不同的位置就可制取不同的调速特性曲线。反映了内燃机在调速器自动控制下的动力性和经济性。利用调速特性还可检验调速器的工作性能。

　　　　　(陆耀祖)

调压回路 regulating pressure circuit

用来调定液压系统的工作压力,使之满足执行机构工作要求的压力控制回路。用溢流阀来限定系统压力并起过载保护作用。根据调压方式有远程调压,多级调压等回路。　　　　　(梁光荣)

调直模 straightening dies

钢筋调直机调直筒内完成调直工作的模具。由热处理过的锰钨铬合金工具钢加工制成,内径视钢筋粗细而异,调直 5mm 以下的钢丝,用内径为 6mm 的调直模;调直 6mm 和 8mm 的钢筋,用内径为 10mm 的调直模。安装时,调直模的喇叭口应全部向调直筒进口方向,最外端的两个调直模,必须在调直筒导孔的轴线上。　　　　　(罗汝先)

调直牵引力 drawing force for steel bar straightening

牵引钢筋通过钢筋调直机调直模所需的拉力。

　　　　　(罗汝先)

调质 quenching and tempering

钢件淬火后再进行高温回火的金属热处理工艺。多用于各种重要的结构零件,如各种轴、齿轮、连杆等。　　　　　(方鹤龄)

韶轮轴 pinion shaft

直接在轴上切铣齿轮的轴或小齿轮轴。

　　　　　(幸淑琼)

跳动公差 run-out tolerance

关联实际要素绕基准轴线回转一周或连续回转时所允许的最大跳动量。是位置公差的一种。对回转体零件的形状、位置误差有综合的控制能力。检测方便,应用广泛。分为径向圆跳动、端面圆跳动、斜向圆跳动、径向全跳动及端面全跳动等。

　　　　　(段福来)

tie

铁路运输沥青罐车 asphalt rail tanker

用于具有沥青储存能力的铁路沿线沥青供应站与沥青生产厂家之间远距离、大运量运输液态沥青的沥青罐车。　　　　　(董苏华)

铁谱分析法 ferrography spectrum analysis

将机械中低稳速下流经高梯度强磁场磁极的油样中悬浮的磨损颗粒分离出来,制成铁谱片,置于双色光学显微镜下,观察沉淀的磨损颗料的成分、形状、粒度分布和浓度,以此推断机械工作状况的磨损测量方法。根据磨粒特性可确定机械中发生的磨损类型,从而预测机械当前所处的工况。也可用电子显微镜分析观察,或用 X-射线能谱分析、确定微粒材料。　　　　　(杨嘉桢)

ting

停机面最大挖掘半径 maximum cutting radius at floor level

挖掘机工作装置铲斗斗齿尖在停机平面上所能达到的最远点至机体回转中心轴线的距离。当斗杆缸、铲斗缸处于最大挖掘半径工况,而铲斗斗齿尖靠在停机平面上时即可得到。为挖掘机的一个主要工作尺寸参数。　　　　　　　　　　　（刘希平）

tong

通过性能

工程车辆和工程机械以一定车速通过各种坏路和无路地带的能力。主要决定于行走装置的形式和功率,尤其是行走装置与地面直接接触部分的形状和构造。　　　　　　　　　　（曹善华）

通用捣固机　universal tamping machine

可在直线、弯道、道岔等各种不同轨线上作业的道碴捣固机械。捣固架可横向移动而适应于不同曲线的线路。并常装备有起道拨道装置与枕端夯拍装置。　　　　　　　（唐经世　高国安）

通用化　generalization

将某些零件、部件、基础件归纳、分类,以便能适用多种不同类型、不同结构的机械设备,达到通用效应的技术措施。使设计、选择、维修方便,品种减少。　　　　　　　　　　（田维铎）

通用式挖掘机　universal excavator

拥有可以拆换的多种工作装置,进行不同作业的单斗挖掘机。常用的工作装置是正铲和反铲,还可以换装拉铲、抓铲、起重装置、平坡斗、装载斗、耙齿、破碎锥、镐凿、麻花钻、电磁吸盘、振捣器、推土板、冲击工具、集装叉、高空作业架、绞盘等几十种可换品种。即使是常规的反铲和正铲,也可以根据土壤性质和挖掘条件,换装各种型式和不同斗容量的铲斗。是当前中小型挖掘机的普遍形式。适应建筑行业的需要,完成多种作业。多为单发动机驱动,行走装置采用多支点的双履带式或轮胎式,且两者可更换。广泛用于平整场地、挖掘基坑、拆除旧建筑物等,还可用于装卸、安装和打桩等工作。发展动向之一是进一步增加可拆换装置的品种,要求能够快速简便地进行拆换,甚至在司机室内按动电钮便能更换。　　　　　　　　　　（曹善华）

通用式支腿　universal leg

支撑小型非自行式挖掘机在斜坡上作业和装车运送的普通带爪支腿。为箱形套管结构,可以依靠液压缸上下摆动,也可以手动调节伸缩,还可手动调整其在支承板上的固定位置,使两腿分开或并拢。　　　　　　　　　　（曹善华）

通用钻车　universal drill jumbo

既能用于采矿又能用于掘进以及其他作业的凿岩钻车。行走装置有履带、轮胎及轨轮三种。　　　　　　　　　　（茅承觉）

通轴泵

驱动轴通过缸体和斜盘支承在两端轴承上的轴向柱塞泵。取消了缸体上的大轴承,使径向尺寸减小,结构紧凑。泵壳体为三段式,由前盖、泵体和后盖组成。在后盖中还放置摆线转子泵作为辅助泵使用。按结构分为缸体自整位式、缸体浮动式和配流盘浮动式三种。

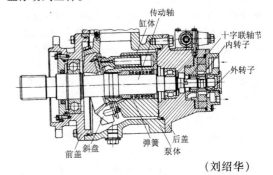

（刘绍华）

同步齿轮　synchronons gear

保证偏心装置的轴以同样大小的相反位相带动偏心块工作的齿轮。可防止激振器产生水平振动干扰。　　　　　　　　　　（赵伟民）

同步齿形带传动　synchromesh toothed belt drive

带的工作面及带轮的轮缘表面均做成相应的齿形,且带与带轮啮合的带传动。一般采用细钢丝绳作强力层,外面包覆聚氨酯或氯丁橡胶。强力层中线定为带的节线,节线周长为公称长度。采用模数制,规格用模数×带宽×齿数表示。与普通带传动相比,①钢丝绳制成的强力层受载后变形极小,齿形带的周节基本不变,带与带轮间无相对滑动,传动比衡定、准确;②齿形带薄且轻,可用于速度较高的场合,传动时线速度可达40m/s,传动比可达10,传动效率可达98%;③结构紧凑,耐磨性好;④由于预拉力小,轴承受力也较小;⑤制造和安装精度要求甚高,且要求有严格的中心距。

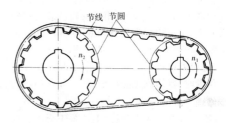

（范俊祥）

同步捣固　synchronous tamping

道碴捣固机械的许多捣固镐头具有同样的夹持

行程的捣固方式。每次捣固前均需对准捣固镐头与轨枕的相对位置,如果轨枕间距变化,会降低作业效率,或使道碴密实度不均匀,甚至捣固头会触碰轨枕。 （高国安 唐经世）

同步阀 equalizing valve

使液压系统中两个并联的液压执行元件在承受不同载荷时能获得相等或成一定比例的流量,从而实现同步或速度保持一定比例的流量控制阀。根据用途分为分流阀（把输入流量按比例分配给两个并联的执行元件）、集流阀（把压力不同的两分支油路流量按比例汇集起来）和分集流阀（兼有分流、集流作用）；根据流量分配比例分为等量式和比例式。同步精度很高（约为2%）；但外载荷相差较大时,节流发热较大,不适合于大功率系统。 （梁光荣）

同步回路 equalizing circuit

使两个或两个以上液压执行元件运动时,不受载荷的影响而保持相同位移或相同速度的速度控制回路。按控制方式分为容积控制式、流量控制式和伺服控制式三类。容积控制式包括等面积串联液压缸、同步缸、等排量液压马达等同步回路；流量控制式有调速阀控制、电液比例阀控制、分流阀控制等同步回路。这两种均属于开环控制,同步精度低,但价格便宜。伺服控制式是用电液伺服阀实现的闭环控制,同步精度高,但价格昂贵。 （梁光荣）

同步器 synchronizator

使常啮合变速器的接合套与对应的花键齿轮保持相同圆周速度的机构。阻止两者在达到同步之前接合,防止换档冲击。目前广泛采用的是惯性式同步器。 （陈宜通）

同步伸缩机构 symchronous telescoping device

起重臂在伸缩过程中,各伸缩节以相同的行程比率进行伸缩的起重臂伸缩机构。在液压传动的轮胎式起重机上多由液压缸和钢丝绳滑轮组组成。二节臂由液压缸缸体带动,三节臂则借助钢丝绳滑轮组系统由二节臂带动,进行伸缩运动。（李恒涛）

同步推辊 sgnchronous push roller

沥青混凝土摊铺机在边摊铺边受料工况下,推顶自卸汽车同步前进时所用的长辊。装在受料斗前的横梁上,左右两根推辊能自由转动。也有将左右推辊装在一根横轴上,而横轴可绕其中点作前后摆动,以适应摊铺机与自卸汽车前后非直线行进的工况。顶推时,自卸汽车应挂空档。 （章成器）

同步修理 synchromesh repair

同一生产线（或自动线）上的若干台设备或工艺相关的若干台设备同时进行的修理。可减少工序间在制品的储备量和生产线的修理停机时间。另外,也指把设备中损坏周期相同的零、部件安排在同一

时间进行修理。 （原思聪）

同向捻钢丝绳 twist on twist wire rope

又称顺绕钢丝绳。钢丝绕成股与由股绕成绳的捻向相同的钢丝绳。钢丝接触范围较大,表面较平滑,挠性好,磨损小,使用寿命长。但易自行扭转、松散和打结,故仅宜用于经常保持张紧或用于悬挂导轨（如电梯、矿井等）的场合。由股捻制成绳的捻向有右旋和左旋,但旋向对使用无影响,一般多为右旋绳。 （陈秀捷）

同心扭振式振动桩锤 concentric torsional vibratory pile hammer

动力通过两同心偏心体轴中间的伞齿轮分别传递给偏心体,使其转向相反产生扭振力偶的扭振式振动桩锤。 （赵伟民）

同轴度公差 coaxiality tolerance

被测要素的实际轴线对基准轴线的允许变动全量。 （段福来）

铜损耗 copper loss

在交流铁芯线圈中,线圈电阻 R 上的有功损耗。即：$\Delta P_{cu} = I^2 R$。 （周体伉）

筒式柴油桩锤 tubular diesel pile hammer

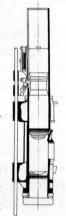

活塞（锤体）沿筒状缸体往复运动的柴油桩锤。根据工作情况可分为单动式柴油桩锤和复动式柴油桩锤。由导向缸、上气缸、下气缸、上活塞、下活塞、安全卡板、燃油供给系统、润滑系统、冷却系统、导向架及起落架等组成。 （王琦石）

筒式柴油桩锤安全卡板 safety guard of tubuler diesel pile hammer

通过将下活塞牢固地挂在下气缸的连接盘上,使安装或搬运转移桩锤时,防止下活塞从下气缸中滑出的安全装置。桩锤安装就位后,在桩锤进行工作前,必须卸掉卡板。 （王琦石）

筒式柴油桩锤

筒式干燥机 drum drier machine

在滚筒内利用蒸汽加温干燥刨花的刨花板生产机械。由滚筒、蒸汽排管、传动装置等组成。在滚

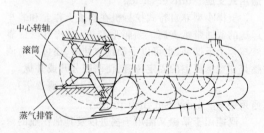

筒内设有180多根蒸汽排管,并固定在中心转轴上,可与中心轴一起转动,滚筒与中心轴反向低速转动。一般转速为8～12r/min,进气温度为160～180℃。
(丁玉兰)

筒式原木剥皮机　drum-type log peeler

靠原木与原木以及原木与筒壁间互相撞击、摩擦的原木剥皮机。由转筒、动力装置、进料挡板、出料挡板等组成。生产率高,湿材剥皮效果好,但必须短材进料。
(丁玉兰)

筒式钻头　shell bit

在直立筒下缘装有切削刃的钻头。在遇到大混凝土块、条石或大卵石时钻透效果较好。　(王琦石)

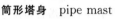
筒式钻头

筒形塔身　pipe mast

直接采用大直径钢管或以钢板卷制成型后焊接成筒形材料,所制成的实腹式结构的塔式起重机的塔身。截面多为封闭的圆环形。与格构式塔身相比,重量较重,但加工方便,截面尺寸较小,常见于自升塔式起重机。
(李以申)

筒形旋转筛　rotary drum screen

借倾斜放置的筒形筛面旋转运动的筛分机械。分圆筒筛、圆锥筛、多角筒形筛、截头多角锥形筛等。锥形筛因物料沿锥面的斜面运动,故轴线水平;圆筒筛轴线倾角为2°～10°。筛筒可有单层筛面或多层筛面。用于粒度1～75mm的物料干筛或湿筛。筛分效率低,筛孔易堵,体型大,功耗高;但转速低,运转平稳,使用牢靠,目前采用不多。　(陆厚根)

tou

头架　cat head(cop lid)

旧称天轮架。附着式升降机导架顶部的支承架。由型钢焊接而成,具有两根纵梁和一根横梁,横梁上有两个或四个导向滑轮,用来支承吊笼和升降机对重的钢丝绳;两根纵梁支承在导架的主弦杆上,借助于螺栓与导架相连接。　(李恒涛)

投影图　projective drwaing(figure)

为了能全面、正确地反映物体的形状、大小和结构,以一束平行光线从前方照射物体,在物体后方一平面上投影出的图形。这束平行光线,称为投影线。
(田维铎)

tu

凸块碾轮　padfoot drum

见凸块式压路机。

凸块式起落架　claw block tripping device

用凸块来提升筒式柴油桩锤的柴油桩锤起落架。由机体、导向板、凸块、机械锁、拉杆、摇杆、起动钩等组成。提锤时,拉动机械锁,拉杆便与机械锁脱开,借助板簧,带动齿轮转动,使带有齿条的凸块伸出,钩住筒式柴油桩锤上气缸的提锤挡块,将桩锤提起。如再拉动拉杆向下转,则凸块在齿轮的带动下缩回。此时,可用起动钩来起吊筒式柴油桩锤的上活塞,进行打桩作业。　(赵伟民)

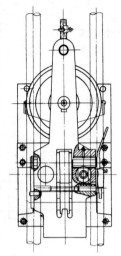

凸块式压路机　padfoot drum roller

刚性碾轮的外表面装有许多凸块的压路机。碾轮为钢铁铸件。作业时,随着地面的压实,逐渐减小碾轮与地面的接触面积,逐渐增大单位面积的作用载荷,最后只有凸块端部与地面接触,作用载荷最大,提高了地面的碾压质量,但作业后地面不平整。
(曹善华)

凸轮机构　cam mechanism

由凸轮的回转运动或往复运动推动从动件作规定往复移动或摆动的机构。结构紧凑,最适用于要求从动件作有一定规律的间歇运动的场合。与液压和气动的类似机构比较,运动可靠,因此在自动机床、内燃机、印刷机和纺织机中应用广泛。凸轮具有曲线轮廓或凹槽,常用的有空间凸轮和平面凸轮。
(范俊祥)

凸轮轮廓线　cam profile

根据工作要求合理选择凸轮从动件运动规律绘制出的凸轮周界线。通常把尖顶从动件的尖顶、滚子从动件的中心、平底从动件的导轨中心线与从动件平底的交点在复合运动中的轨迹称为凸轮的理论轮廓线。而把与滚子直接接触和与平底从动件平底直接接触的凸轮轮廓线称为凸轮的实际轮廓线。
(范俊祥)

凸轮转子式叶片泵　contour rotor vane pump

转子类似凸轮,叶片装在定子叶片槽内的双作用叶片泵。具有结构简单,流量无脉动,噪声低,径向力平衡,轴承载荷小,叶片受力情况好等优点。是一种新型叶片泵。
(刘绍华)

凸缘　flange

又称法兰。筒形端部有凸边的零件。凸缘周

边可以有孔洞或豁口,以便通过螺钉与另一个部件或凸缘相连接。凸缘可为铸件或焊件。

（田维铎）

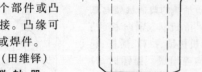

凸缘

凸缘联轴器 flanged coupling

俗称靠背轮。用螺栓把两个与两轴联接带有凸缘的半联轴器联成一体的刚性联轴器。

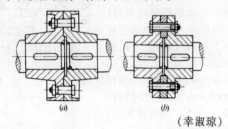

(a)   *(b)*

（幸淑琼）

突发性故障 sudden failure

由于各种不利因素和偶然的外界影响共同作用结果而引起的机械故障。特征是发生的故障率与使用时间无关,具有突然性,事前并无任何征兆。由于机械维护调整不当,不正确使用,某些零件的疲劳或隐患,不能及时发现,直至外界诱因而导致机械零部件的损坏或机械性能的突然变坏。这种故障通常难以靠早期试验和测试来预测。

（杨嘉桢）

突然卸载冲击系数 impact factor of sudden release of load

起重机起升重物质量的全部或部分突然卸载时的冲击系数。减小后的起升载荷是该系数与起升载荷的乘积,其方向与重力方向相反。 （顾迪民）

图样 drawing,draft

按照国家标准绘制出机器零件、部件和整机的构造以及标注有关的技术要求的图形。是现代工业生产中的主要文件之一,是机械制造、安装、检修的依据,为了便于生产和技术交流,图样的绘制必须完整、清晰、准确;图样中的表达方法、尺寸标注方法、符号的使用、幅面的选择等都必须符合国家标准。 （田维铎）

图纸幅面 size of drawing sheet

机械制图图纸的长×宽($B \times L$)尺寸。据此数值大小将图纸幅面分为0号(841×1189)、1号(594×841)、2号(420×594)、3号(297×420)、4号(210×297)及5号(148×210)六种。必要时,允许0号及1号幅面加长两边,其余只允许加长一边。图纸内边应按规定用粗线绘出图框。 （田维铎）

涂胶机 spreader

单板涂胶的胶合板生产机械。常用的有两辊涂胶机和四辊涂胶机。

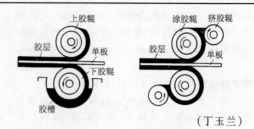

（丁玉兰）

涂料喷刷机械 paint spray machine

将涂料浆液形成射流或雾化喷涂到建筑物表面形成涂层的喷涂机械。包括喷浆机和喷雾器等类型。 （周贤彪）

涂料喷雾器 paint sprayer

用于喷涂油漆等粘性涂料的涂料喷刷机械。由空气压缩机、贮料液容器、喷枪和涂料输送管和输气管等组成。涂料进入喷枪的方式有吸入式、自落式和压入式。吸入式喷雾器的料液瓶位于喷枪喷嘴的后下方;自落式的料液瓶位于喷嘴后上方;两者均适用于工作量较小的场合。压入式的贮料容器为一较大的罐,料液借压缩空气压入喷枪。 （周贤彪）

土方机械 earth moving machinery

土方工程机械化施工所用机械和设备的统称。用以进行土壤的铲挖、推运、短距输送、铺填堆筑、压实平整等作业,也包括清理土方施工场地和翻松坚实地面,以利其他机械作业。分准备作业机械、铲土运输机械、挖掘机械、平整机械、压实机械和水力土方机械等。广泛用于房屋建筑的基坑开挖,铁路、道路的路基修筑,水利工程的堤坝和坝基施工,港口和军事工程的土方施工中。近来还开发有水下资源开采、高原地区施工和冻土地带作业的特种土方机械。发展趋向是:研制特种用途土方机械,研究土方机械的自控、遥控和计算机控制技术,以及研制整个土方施工过程的综合机械化成套设备。 （曹善华）

土壤工程分类 engineering sorting of soil

又称土壤工程归类。配合土方工程施工情况,把土和岩石按开挖的难易程度进行分类。通常分为16级,其中Ⅴ级以内为泥土,大于Ⅴ级是岩石。最易开挖的土(砂、种植土)属于第Ⅰ级,最坚硬的岩石属ⅩⅥ级。Ⅰ～Ⅳ级土可用机械开挖,Ⅴ级以上需爆破后才能用机械进行工作。 （刘希平）

土壤抗陷系数 depressive coefficient of soil

机械在地面上开行时使地面沉陷1cm所需的压力。单位为kPa/cm。如用p_0表示抗陷系数,它与作用压力p(kPa)和沉陷深度h(cm)之间的关系为$h = \dfrac{p}{p_0}$。 （刘希平）

土壤密实度 soil compactibility

土壤对土方机械切削和挖掘抵抗程度的物理力

学性质。也是保证道路、机场、水坝等基础承载能力的土壤力学性质。决定于土壤颗粒的粗细度、颗粒级配和排列、土壤含水量等。可用动力承载试验法、平板载荷试验法、射线穿透检测法和管状刀采样(或水袋采样)按干表观密度法等确定。现场的较简便方法是采用密实计测定,即以规定质量的重物沿立杆从规定高度自由降落,冲击抵在土壤上的杆头,待杆头深入土中规定深度时,计算冲击次数,冲击次数愈多,表明土壤密实度愈高,土壤承载能力愈大,切削阻力也愈大,挖掘时所耗动力愈多。

(曹善华)

土壤松散系数 loose coefficient of soil

同一质量的土,松散以后的体积和原始体积之比。其值大于1。是确定土方机械生产率的主要因素,与土的级别、切削装置形状和容量大小有关。

(刘希平)

土壤消毒机 soil sterilizer

把化学农药注入到土壤中进行消毒作用的园田管理机械。由药液箱(筒)、压力装置和注射器等组成。通过对土壤消毒,可提高土壤的肥力,消灭杂草和土壤里的害虫,有利于园林植物健康地生长。

(张 华)

土壤自然坡度角 natural slope angle of soil

又称自然静止角。松散土壤从高处卸下形成土堆时,自然形成的土堆坡角。决定于土壤的种类和含水量。一般以度数或以土堆边坡水平投影与垂直高度的比率表示。

(刘希平)

土压平衡盾构 earth pressure balance shield, EPBS

通过控制泥土室内的土压,达到与开挖面土层的水、土压力相平衡的密闭式盾构。在泥土室内装面板型切削刀盘,通过密封隔板,装有螺旋运输机。掘进时,刀盘切削下来的泥土充满泥土室和螺旋运输机的全部空间,弃土由螺旋运输机向后排出,调节螺旋运输机转速或调节盾构千斤顶推进速度,使开挖下来的泥土量与排出的泥土量相等,达到使泥土室的土压和开挖面土层的压力保持平衡。由于直接排出干土,不需泥水处理装置,所以较泥水加压盾构施工流程简单,占地面积小,因而得到较快的发展。适用于摩擦角小、流动性好的粘性土施工。

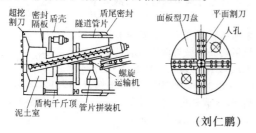

(刘仁鹏)

tuan

湍流聚积法 turbulent coagulation

利用介质的湍流使含尘气体中的尘粒互相碰撞、粘结和整合,使微细尘粒聚集成团,以利收尘器收捕的聚尘方法。 (曹善华)

tui

推板式切坯机 side cutter

用推头将泥条侧向推过钢丝架而切出多块坯体的切坯机。由传动机构、推头、台面、钢丝架等组成。当一定长度的泥条送到台面后,靠推头的侧向往复运动将泥条推过钢丝架而切出多块坯体。

(丁玉兰)

推车机 car pusher

又称顶车机。使窑车在隧道窑内移动的砖瓦焙烧辅助机械。由推车杆、底座、前后横梁、螺杆机构、导向滚轮、传动机构等组成。底座固定于混凝土基础上。传动机构带动两根螺杆旋转时,使固定在后横梁上的顶车杆移动,并带动前横梁使其顶在窑车下部底架上,推动窑内所有窑车向前移动一个窑车的距离。

(丁玉兰)

推进器螺旋副式翻转机构 spiral turnover mechanism of feed

凿岩钻车上由液压缸带动螺旋套使推进器翻转的机构。以弥补摆动式变幅机构不能使凿岩机紧靠巷道底板或帮壁钻凿炮孔的缺点。 (茅承觉)

推进行程指示器 propel stroke indicator

掘进机掘进时,标示机械推进距离的装置。装于掘进机操纵室内。 (茅承觉)

推力式滚动轴承 thrust ball and roller bearing

主要承受轴向载荷的滚动轴承。有球轴承和滚子轴承,其中球轴承又分单向和双向两种。双向推力球轴承能承受双向轴向载荷,滚子轴承比球轴承承载能力大。为了消除可能产生轴线不同心或轴线与外壳支承面不垂直等不良影响,安装时应使活圈外径与外壳孔之间保留0.5~1mm的间隙,有时还在支承面上垫以皮革、耐油橡胶等弹性材料。 (戚世敏)

推式悬挂输送机 pushing trolley conveyor

由牵引链条上的推头推送承载挂车在线路轨道上运行的悬挂输送机。牵引链条和承载挂车有各自的上下布置的运行轨道,推头固接在牵引链的滑架上,沿上轨道运行,承载挂车则沿下轨道运行。悬挂输送机的运行线路有主线和副线。挂车可在主线上运行,并由牵引链上的推头推行,也可在副线上沿斜坡滑行,此时由拉杆拨动或副链牵引。根据工艺需要,承载推车可与推头脱开或结合,从一条输送线路转到另一条输送线路。能同时完成运输、加工工艺和组织协调生产的任务。多用于大批量生产的企业中,除各机械部件外,在电气控制上采用小车自动寄送装置和线路自动装置,实现生产输送的机械化和自动化。

（谢明军）

推土铲　blade

又称铲刀。推土机上用来铲土、推土的刀形结构件。由弧形板和刀片组成。在铲土推土过程中,刀片切入土中,破坏土的组织结构形成土屑,土屑沿着弧形板的表面向上滑移的同时,向前翻落形成较大的土堆。推土铲横向呈直线形或 U 形两种。直线形切削力大,但两端有溢漏现象,铲刀前形成土堆的时间较长,主要用于短距离的剥离和运输;U 形的集土、运土能力较大,主要用于运土距离较远、松散物料的堆集场地。推土铲竖向呈圆弧形或由圆弧与直线组合的复合形两种。直铲推土机往往采用复合形,角铲推土机多采用圆弧形。推土铲断面结构有开式、半开式、闭式等。37kW 以下的小型推土机采用结构简单的开式铲刀,37～74kW 的中型推土机采用半开式,74kW 以上的大型推土机采用具有足够强度和刚度的闭式铲刀。　（宋德朝）

推土铲工作角度　working angle of blade

推土机在作业过程中推土铲位置相对于机械轴线或地面所形成的角度。包括:铲刀回转角、切削角、铲刀侧倾角和推土机的接近角等。　（宋德朝）

推土机　bulldozer

拖拉机前端悬装以推土铲,在行进中进行铲土、推土的自行式铲土运输机械。用来铲土、运土、堆土、填土、平地、压实等。也可作自行式铲运机的助推机,或压路碾、拖式铲运机的牵引车。机体后端一般装松土器或绞盘,用来破碎硬土、冻土和软岩,进行路面翻修或牵引作业。分履带式和轮胎式两种。其动力传动方式有机械式、液力机械式和液压式等几种,新型推土机多用液力机械传动方式;推土装置形式有直铲型和角铲型;按接地比压及作业现场,有普通式、湿地式和水下式;按推土铲的操纵方式,分为钢丝绳操纵和液压操纵两种。推土机的主参数是柴油机的飞轮净功率。目前世界上功率最大的推土机已达 1075kW。　（宋德朝）

推压机构　crowd mechanism

在机械式挖掘机中,用钢丝绳或齿轮齿条传动,强制斗杆进行伸缩运动的机构。有三种型式:(1)依从式(图a),即起升绳的一端固定在起升卷筒上,另一端绕到推压卷筒上。推压卷筒上还反向绕有返回钢丝绳,其另一端绕在返回卷筒上。这类推压机构依靠起升绳的力使斗杆推压,斗杆的回缩靠返回卷筒实现。其特点是构造简单,但由于不能独立操纵,切削厚度不易调节和控制;(2)独立式(图b),即起升和推压独立进行,能在任何位置准确地操纵斗杆的运动及调节切削厚度;(3)复合式(图c),即起升绳的末端绕在附加卷筒(装在独立式推压卷筒旁边)上,兼有(1)、(2)两种机构的优点。

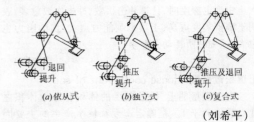

(a)依从式　　(b)独立式　　(c)复合式

（刘希平）

推压绞车　crowd winch

又称推压卷扬机。利用卷筒卷绕钢丝绳使机械式挖掘机斗杆作强行推压动作的装置。

（刘希平）

推移式水磨石机　plate terrazzo grinder

具有电动磨盘和支撑移动装置的手动推移式水磨石机。　（杜绍安）

退火　annealing

将金属工件加热到适当温度,保温一段时间,然后进行缓冷的金属热处理工艺。可以降低金属材料的硬度,提高塑性,以便进行切削加工或压力加工;消除残余应力,以防工件变形;细化晶粒,改善组织,为最终热处理做好组织准备。退火方法可分为:完全退火、不完全退火、球化退火、等温退火、扩散退火、软化退火、再结晶退火、去氢退火等。　（方鹤龄）

退壳器　case discharger

射钉枪中用以完成射击螺钉后,退卸出弹壳的装置。有半自动与自动两种结构。　（迟大华）

tuo

托架提升机　overhang element elevator

承载物品的托架与牵引链固接,在垂直或倾斜方向内向上运送成件物品的提升机。由两根围绕于上下链轮并构成闭合环路的链条等组成。在链条上等间距地固接着一系列悬臂式托架,托架的形式根据被运物品的种类而定。装卸载可人工也可自动进行,提升速度小于 0.2～0.3m/s。常用于运送小箱、包裹、桶等成件物品。

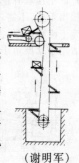

（谢明军）

托轮　supporting roller

承托引导轮和驱动链轮之间上部履带的滚轮。结构形式与支重轮相似,但承受的重量较小,工作条件较好,用来减少履带垂度,以减少机械运动时上部履带的振跳,同时引导上部履带的运动方向,防止履带侧向滑落。 (刘信恩)

托轮式离心成型机 roller support type concrete centrifugal casting machine

管模自由地放置在托轮上转动的离心成型机械。由电动机通过皮带轮带动第一对托轮回转,其他托轮和管模则靠摩擦传动。由于离心成型要求成型机应有几种转速,因此传动系统常采用直流电动机、整流子变速电动机或汽车变速箱等变速。在一台成型机上生产不同直径的管子时,务使管模中心和两边托轮中心的联线所形成的夹角保持在 70°～110°之间。构造简单,操作方便,应用广泛。但噪声大,振动剧烈。

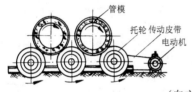

(向文寿)

拖挂洒水车 trailer sprinkler

装有水罐和喷洒系统,靠牵引车辆进行拖引行驶,可进行前喷、后洒、侧喷作业的洒水车。水罐尺寸较大。 (张世芬)

拖式铲运机 towed scraper

自身没有行走动力,借助牵引车牵引进行作业的铲运机。牵引车采用通用型,可独立于铲运机兼作他用,提高了牵引车利用率,并使整机构造简单,制造成本降低。缺点是整机总长度较大,转向不灵活,影响生产率。由于斗车和斗中土重不能成为附着重力,影响整机牵引性能。牵引车多采用履带行走装置,车速低,仅适宜于运距短的土方工程。铲斗容量为 3～24m³,合理运距为 200～400m。 (黄锡朋)

拖式粉料撒布机 towed spread for powdered material

由装有粉料的载重车牵引行驶,通过气体输送或用机械的方法将粉料输送到料斗中,用动力驱动撒布装置在行进中进行撒布的粉料撒布机。其组成装置主要有:料斗、撒布装置、计量控制装置和载有储料罐的牵引车。 (董苏华)

拖式犁扬机 towed elevating grader

由拖拉机牵引作业的犁扬机。 (曹善华)

拖式沥青混凝土摊铺机 towed asphalt paver

由自卸汽车牵引并接受其供料的沥青混凝土摊铺机。受料斗底板向后倾斜,其后下部有左右两只螺旋摊铺器。在牵引架后部铰装着熨平板,板的后端有左右两根调节螺杆控制摊铺迎角。这些设备均安置在单轴双轮车架上。这种简易摊铺机制造方便,生产率小,需要运料汽车牵引,降低了汽车的运转率。只宜于养路工作和摊铺量小的工程。

(章成器)

拖式沥青喷洒机 towed asphalt distributor

工作装置和操纵机构等安装在特制的机架上,由牵引车牵引运行的沥青喷洒机。用于筑路和路面养护的小面积作业。 (董苏华)

拖式轮胎压路机 towed pneumatic tyred roller

见轮胎压路机(178 页)。

拖式平地机 towed grader, drawn grader

没有行走动力,由牵引机拖曳进行平整作业的平地机。由刮刀、车轮、车架、挂杆和操纵机构组成。工作时,利用挂杆拖挂在牵引机后方移动,机动性差,操纵费力,已趋淘汰。 (曹善华)

拖式松土机 towed ripper

本身没有行走动力,由拖拉机牵引进行松土作业的松土机。由松土器、拖杆、拖轮以及升降松土器的操纵装置等组成。松土器的质量由拖轮承受,其升降用钢丝绳或液压操纵。纵向长度大,转向不便,松土能力较悬挂式松土机差。

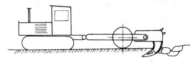

(宋德朝)

拖式塔式起重机 trailing tower crane

具有可拆卸的或固定在底架上的拖行桥,由其他车辆牵引行驶的塔式起重机。分为拖式和半拖式两种。有的还具有轨道式行走机构,在远距离拖行时,塔身和起重臂处于放倒和折叠状态。

(李恒涛)

拖式稳定土搅拌机 towed pulvi-mixer

由牵引机械拖曳工作的路拌式稳定土搅拌机。 (章成器)

拖式悬挂输送机 towed trolley conveyor

承载构件为地面上运行的小车的悬挂输送机。 (谢明军)

拖式压路机 towed roller, trailed roller

又称压路碾。自身没有行走动力,由外力牵引移动的压路机。碾轮内可以充填砂石或注水,以增加质量。常由履带式拖拉机牵引工作,具有质量大,爬坡能力强,生产效率高等优点,适用于大中型土石方的填筑碾压作业。 (曹善华)

拖式液压挖掘机 towed hydraulic excavator

自身没有行走机构和整机转向机构的小型液压挖掘机。底盘上装有四只可以伸缩的支腿(两个后支腿也可能是轮胎)，调整支腿可以使机械转台处于水平姿态，有利于挖掘机在山坡上或跨于沟渠上作业。上车借转台可以全回转。施工现场作短距离移动时，依靠铲斗卡住地面，再改变动臂与斗杆之间的夹角，拖动整机前移或后退。作长距离转场时，由汽车或牵引车拖移或装于卡车上搬运。结构简单，机重轻，造价低。斗容量一般在 $0.25m^3$ 以下。适用于建筑工地开挖格条形基础。　　(曹善华)

拖式振动平板夯　towed vibratory plate compacter

依靠牵引车拖曳移动的振动平板夯。振动方向垂直于地面。　　(曹善华)

拖式支承底盘　trailing chassis

装修升降平台备有行走轮子，由其他牵引机械拖拽移动进行现场工作位置转移的支承底盘。底盘面积小，重量轻，现场转移方便，但不能长距离的转移。一般设有辅助支承，以保持工作时的稳定性。　　(张立强)

拖行装置　transport attachment

塔式起重机整机拖行时，运载处于收放、运输状态的整机的非动力轮胎底盘。有单桥和双桥之分，前者用于小型塔式起重机。设有制动器、转向灯、尾灯等公路运输必备的设施。　　(谢耀庭)

脱钩装置　leaving hook device

落锤打桩机中使落锤从吊钩上脱离，进入自由落体状态的装置。有人力脱钩装置、自动脱钩装置。　　(赵伟民)

脱模机　stripping device

将养护后的石棉水泥瓦从瓦模上脱离，并分别堆成垛的设备。由回转机构、吸盘、传动装置等组成。有龙门式和悬臂回转式等种。真空吸盘用来吸附瓦坯，电磁式吸盘用来吸附钢模。　　(石来德)

脱水设备　water-deprivation equipment

利用离心力、过滤或风干等方法降低物料所含水分的设备。有浓缩机、干燥机、离心脱水机、过滤机等种，也包括利用风吹脱水的简单设备。　　(曹善华)

椭圆罩式吸尘嘴

吹风口成椭圆形并环绕吸风口布置的吸拾垃圾、尘土的扫路机吸尘嘴。由椭圆形罩壳、密封条、吹风口和吸风口组成。工作时吸尘嘴与地面密封，高速气流在吹风口形成正压，在吸风口形成负压。靠吹风口的风力将地

面垃圾吹动，靠吸风口的吸力将垃圾吸起并经风道吸入垃圾斗，达到净化路面的目的。

(张世芬)

W

wa

挖沟铲斗　trenching bucket

专门挖掘沟渠的铲斗。有带侧齿的反铲斗、断面为梯形或 V 形的成型铲斗等。　　(刘希平)

挖沟机　trencher

又称挖壕机，纵挖式多斗挖掘机。铲斗挖掘面和挖掘机运行方向相同的多斗挖掘机。能在机械所在平面以下挖掘一定截面的凹沟，沟截面一般为矩形，沟壁竖直。分链斗式和轮斗式两种，链斗式多用拖拉机改装而成，可通过改变斗架高度来改变挖掘深度或适应于转移工作地点，挖掘深度大于轮斗式；轮斗式较链斗式效率高，但挖深常限

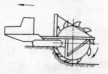

于 $2.0\sim2.5m$ 以下(见图)。行走装置一般为双履带，也有采用轮胎式的。常用来挖掘埋设管子、电缆和灌溉用的沟渠等。　　(刘希平)

挖沟机斗架　bucket-ladder of trencher

链斗式挖沟机上支持斗链和铲斗运动的金属构架。呈窄长梯形，两端分别装驱动链轮和张紧链轮，两侧装有支重滚子和导向滚子，装有铲斗的链条围绕在斗架外移转。斗架置于挖沟机后部，利用液压缸或钢丝绳滑轮组将其沿弧形导轨放下(放到停机面以下挖沟)或提起(机械运移)，并借以调节挖沟深度。　　(曹善华)

挖沟机斗链　bucket-chain of trencher

链斗式挖沟机上围绕于斗架外，牵引铲斗挖沟的无端链。其上按一定间距装有铲斗。　　(曹善华)

挖沟机斗轮　bucket-wheel of trencher

轮斗式挖沟机上装有铲斗的金属转轮。由框架

和圆环组成,圆环套装在框架外,可转动,铲斗等距固装在圆环上,框架上有驱动小齿轮,与圆环内侧的齿圈啮合,驱动圆环转动使铲斗挖土。框架借液压缸或钢丝绳滑轮组可以升降,通过框架的升降变幅,把斗轮放到停机面下挖掘、或提起到运输位置,并调节挖沟深度。　　　　　　　　　　　　　　　（曹善华）

挖壕机　trencher

见挖沟机(282页)。　　　　　　　　　　（曹善华）

挖掘轨迹包络图　envelope diagram of excavator

挖掘机在任一正常工作位置时,所能挖掘到的工作范围图。挖掘机工作装置的结构形式及结构尺寸已定时(包括动臂、斗杆、铲斗尺寸,铰点位置,相对的允许转角或各液压缸的行程等),由相应液压缸分别工作时的铲斗齿尖轨迹组合而成的挖掘轨迹的包络图,可用作图法求得,图上各控制尺寸即液压挖掘机的工作尺寸。　　　　　　　　　　（刘希平）

"挖掘机"铲装法　"excavator"shovelrun method

装载机前进的同时,配合以动臂提升进行铲装物料的作业方法。其作业方式类似挖掘机铲装,故得此名。操作比较简单,适宜于铲装颗粒比较均匀、表层密度不太大的物料。　　　　　　　　（黄锡朋）

挖掘机可换工作装置　changeable working attachment of excavator

通用式挖掘机根据作业需要可以换装的各种工作装置。单斗挖掘机的基本工作装置是正铲和反铲,可以有各种斗容量和斗形的正铲斗和反铲斗。此外,还有拉铲、抓铲、刨铲、夯土锤、破碎锥、电磁吸盘和集装叉等。拥有多种可换工作装置是当今中小型通用式挖掘机的突出优点。　　　　　　（曹善华）

挖掘机稳定系数　stability coefficient of excavator

挖掘机在工作或非工作状态时对于倾覆边缘的复原力矩 M_1 与倾翻力矩 M_2 之比,常以 $K = M_1/M_2$ 表示。其大小因挖掘机所处状态而异。
　　　　　　　　　　　　　　　　　　（刘希平）

挖掘机械　excavating machinery

利用一个或多个铲斗挖掘装载原土或松碎岩石的土方机械。只进行挖掘和装载作业,由车辆、带式输送机或其他工具运土。分周期作用式和连续作用式两类,凡挖掘、运载、卸载等作业依次重复循环进行的为周期作用式,如单斗挖掘机;凡上述作业同时连续进行的为连续作用式,如多斗挖掘机、滚切式挖掘机等。动力有内燃机驱动、电机驱动和复合驱动等,利用液压传动系统或机械传动系统传递动力。行走装置以履带式和轮胎式为主,也有采用步履式、轨轮式、拖式、浮式等。用于沟渠、基础、基坑的挖掘作业,砂石和矿岩的采掘装载作业,河道疏浚,水利建筑和土壤改良等工程中。　　　　　　（曹善华）

挖掘机行走稳定性　stability with travel of excavator

挖掘机在行驶状态下的整机平衡。机械在较大坡道上行驶,并有风力、惯性力作用;轮胎式挖掘机以较快速度在弯道上行驶时都可能有失稳现象。
　　　　　　　　　　　　　　　　　　（刘希平）

挖掘机整机稳定性　stability of whole excavator

挖掘机在承受各种载荷时重心始终在支承点形成的范围内而不倾翻的性能。因工作装置相对行走装置有纵向和横向两个位置,故有纵向稳定和横向稳定两种情况。根据工况的不同可分为作业稳定、自身稳定和行走稳定三类。影响稳定的主要因素有:工作装置尺寸,转台尺寸,配重大小,回转平台上的部件布置以及行走底盘支承面大小等。稳定性能好,不但能保证挖掘机安全工作,而且能使其在作业范围内充分发挥挖掘能力。挖掘机的稳定性用稳定系数 K 表示,即相对于倾翻线的复原力矩和倾翻力矩之比。　　　　　　　　　　　　　（刘希平）

挖掘机转台平衡　balance of the slewing frame of excavator

挖掘机转台以上的自重和载荷的合力在作业中对回转中心的偏心距基本相等的状态。挖掘机在一个工作循环中工作装置的位置经常变化,铲斗也因装载的原因质量不等,致使其上部重心位置变化较大,有时重心远远超出支承滚盘之外,不仅使滚盘受力和磨损不均匀,而且影响整机的稳定性。为了平衡载荷力矩,要重视转台上各机构的合理布置,把较重部件置于转台尾部。此外,在转台尾部还另加配重,使挖掘机在一个工作循环中转台可以平衡。
　　　　　　　　　　　　　　　　　　（刘希平）

挖掘机自身稳定　stability in body of excavator

挖掘机在空载状态下的整机平衡。挖掘机停在斜坡上,且位于上坡方向,动臂抬得最高,幅度最小,风向正面吹时,如机重分配不合理,平衡重质量不适当,就可能向后倾翻,而发生危险。为了安全,自身稳定系数 K 都较大,常取 K≥1.25。　　（刘希平）

挖掘机最大挖掘半径　maximum cutting radius of excavator

挖掘机铲斗斗齿尖所能挖掘到的最远点与机体回转中心轴线间的距离。此时,液压挖掘机的斗杆缸全缩,铲斗缸接近全缩(根据铲斗仰角大小决定),使斗齿尖离回转中心最远,同时,转动动臂,使斗齿尖与动臂和机体的铰接点等高。为挖掘机主要工作尺寸参数之一。　　　　　　　　　　（刘希平）

挖掘机最大挖掘高度　maximun cutting height of excavator

挖掘机铲斗斗齿尖所能挖掘到的最高点至停机

平面的距离。此时,挖掘机工作装置的动臂缸全伸,动臂处于最大仰角位置,而斗杆缸和铲斗缸则全缩,斗齿尖离地面最高。用它表示正铲挖掘机的主要工作尺寸。 （刘希平）

挖掘机最大挖掘力 maximum digging force of excavator

挖掘机由斗杆缸或铲斗缸工作进行挖掘作业时,铲斗斗齿尖端运动的切线方向所产生的挖掘力最大值。不计效率、自重及土壤重量的影响。是挖掘机的主要性能参数之一。 （刘希平）

挖掘机最大挖掘深度 maximum digging depth of excavator

挖掘机铲斗斗齿尖所能挖掘到的最深点至停机平面的距离。此时,下置式动臂缸全缩或悬挂式动臂缸全伸,斗杆与动臂的铰点、铲斗与斗杆之铰点和斗齿尖三点处于同一直线并与停机面垂直。是反铲挖掘机最主要的工作尺寸参数。 （刘希平）

挖掘机最大卸载半径 maximum dumping redius of excavator

挖掘机铲斗挖掘结束,斗中装满土,斗的垂心至机体回转中心轴线的最远距离。是土方施工中配置运输车辆和线路的依据。 （刘希平）

挖掘机最大卸载高度 maximum dumping height of excavator

正铲挖掘机工作装置处于最高位置时翻转卸土,铲斗斗齿尖所描出的轨迹最低点至停机面的距离及底卸式铲斗后壁或斗门最低点至停机面的距离。既是挖掘机的一个主要工作尺寸参数,也是土方施工中选择运输车辆的依据之一。 （刘希平）

挖掘机作业稳定性 working stability of excavator

挖掘机进行挖掘作业时保持整机平衡的性能。在作业过程中有挖掘失稳和卸载失稳两种状态,故作业稳定性又可分为挖掘稳定性和卸载稳定性。它们的容许稳定系数 K 较低,一般取 $K \geqslant 1.0$。因为作业状态下失稳时司机可通过采取操纵工作装置的液压缸使其很快支地等措施来消除失稳。 （刘希平）

挖掘机作业循环 working cycle of excavator

挖掘机挖掘作业的完整工作过程。包括转动上部转台,使工作装置转到挖掘地点,同时使动臂下降至铲斗接触挖掘面,然后使铲斗(或斗杆,或联合动作)进行挖掘和装载工作。斗装满后,举升动臂离开挖掘面,随之转动上部转台,使斗转到卸载地点,再使斗杆扬起,铲斗反转进行卸土。卸完后,将工作装置再转至挖掘地点进行第二次循环挖掘工作。 （刘希平）

挖掘平整装置 excavating-grading attachment

单斗液压挖掘机的一种既能挖掘,又能保证挖掘轨迹为水平或倾斜直线的特殊工作装置。所挖的地面平整,无需再加工。分伸缩臂式和铰接臂式两类,用于对表面平整度要求较高的土方工程,如修筑沟渠底部和道路边坡等。 （曹善华）

挖掘图 digging diagram

直观反映挖掘机整机理论挖掘力发挥情况的图。在工作装置挖掘范围内,按要求取许多挖掘点,每点予以编号,算出各点被动工作缸闭锁条件、整机稳定和地面附着条件分别限制的挖掘阻力,与主动工作缸在各点所能发出的挖掘力比较,取最小值即为各点挖掘力值,再求出此时的挖掘功率,连同各点编号一起注于图上,即为挖掘图。分斗杆挖掘图和铲斗挖掘图两种。可作为机械设计合理性的分析依据。 （刘希平）

挖掘图谱

挖掘机系列成套的挖掘图。能反映挖掘机各种工况下挖掘力的发挥情况,是评价挖掘机技术性能最主要的依据之一。 （刘希平）

挖掘线比压 linear specific pressure of digging

挖掘机工作装置进行挖掘时,斗齿宽度上每一厘米长度上的载荷。通常以不超过 7kN 为宜。为决定斗齿间距的依据。 （刘希平）

挖掘行程 digging stroke

挖掘机挖掘土壤时,工作装置中任一组液压缸的伸出(或缩回)过程中,斗齿尖所经过的距离。采用动臂缸工作进行挖掘时(斗杆缸和铲斗缸不工作)可得到最长的挖掘行程;斗杆缸工作进行挖掘,所得挖掘行程长度次之,铲斗缸工作进行挖掘得到的挖掘行程最短。挖掘行程除决定于各液压缸的行程以外,还决定于液压缸的铰点位置和连杆机构形式。 （刘希平）

挖掘装载机 loader-excavator

俗称两头忙。以轮式拖拉机为基础,后端悬装以液压反铲装置,前端悬装以装载斗的小型土方机械。液压反铲装置装于尾部转柱式回转支承上,回转角在 180° 以下,作业时须打支腿,以保持机械稳定。装载斗容量大于反铲铲斗,作业时须收起反铲。液压系统由齿轮泵驱动,并联回路。结构简单,造价低,但稳定性差,工作效率低。斗容量决定于拖拉机功率,通常在 0.4m^3 以内。适用于中小规模的土方工程和农田改造等施工。 （曹善华）

挖掘装载装置 excavating-loading attachment

利用连杆机构或液压缸的联动作用,使铲斗能够作直线轨迹挖掘的正铲液压挖掘机的工作装置。其特点是斗齿能发挥较大的挖掘力,能够水平铲装物料,而且挖掘后的工作面比较平整。按照实现直线运动的作用原理,分简单六连杆机构的普通型,特殊多连杆机构的 skooper 型,三角形连杆块的三功能机构型,具有辅助液压缸的液压联动型等种。适用于挖掘装载停机面以上的岩石块、土壤和散粒物料。

（曹善华）

挖掘阻力　digging resistance

挖掘机铲斗挖土时需克服的阻力。包括:(1)铲斗与土间的摩擦阻力,取决于铲斗对土的压力和两者间的摩擦系数;(2)土的切削阻力,决定于切开断面的面积和切削比阻力;(3)装土阻力和斗前小土堆的推移阻力,决定于斗容量、斗前小土堆的体积与斗容量的比率、斗的充盈系数等。实际应用中,常把上面的三个组成部分合并用下式表示:

$$W_1 = K_0 bh$$

W_1 为挖掘阻力(kN);K_0 为挖掘比阻力(kN/cm^2);b 为切削层宽度(cm);h 为切削层厚度(cm)。

（刘希平）

挖泥船　dredger

又称疏浚船。装有挖泥设备的浮船。利用机械方法或吸扬方法挖泥,前者有抓斗式、链斗式和铲斗式等种;后者有吸扬式和耙吸式等种。能将水底泥砂和淤积物挖起,送到驳船中或送到地面卸土处。主要用于港口和河道的疏浚,开挖运河,采掘水下砂石,以及农村积肥等。多为非自航式。　（曹善华）

挖泥船吃水　displace depth of dredger

挖泥船浮于水面时,船体在水面以下的深度。如船底沿纵向不平行于水面,则沿船的长度各处吃水不同。前、后垂线处的吃水,称前吃水、后吃水。船长度中点处的吃水,称平均吃水。　（曹善华）

蛙式支腿　W-type outrigger

起重机在工作状态时,左右支腿在垂直于起重机纵向轴线的平面内呈 W 型配置的起重机支腿。由带支脚的摇臂、支承液压缸和联接

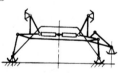

销轴等组成。扩大了起重机的支承面积,提高了起重机抗倾覆的稳定性。按构造分为滑槽蛙式支腿和四连杆蛙式支腿。结构简单,自重轻。当起重机处于工作状态时,与车架铰接的摇臂在液压缸的作用下,绕铰点转动并将支脚支承在地面上;起重机转移时,摇臂在液压缸回缩作用下,绕铰点上抬复原成运输状态。支腿下放时支脚有水平位移,且支腿距离不能过大,故只用于小型起重机。　（李恒涛）

wai

外抱式导向装置　outside holding guide device

又称"Ⅱ"形导向装置。通过导向板与桩架立柱导轨外侧接触,并沿其滑动,为桩锤导向的桩锤导向装置。　（赵伟民）

外齿式回转滚盘　swing ring with external teeth

座圈外侧加工有齿的滚动轴承式回转滚盘。是工程起重机、挖掘机等上车的回转支承装置。为了减少回转小齿轮齿数,提高其承载能力,改善传动性能,常采用角度变位齿形。　（曹善华）

外啮合齿轮泵　external gear pump

由外啮合齿轮组成的齿轮泵。流量脉动和压力脉动较大,噪声较高,但结构简单,工艺性好,应用广泛。　（刘绍华）

外啮合齿轮传动　gear-on-gear drive

以相邻两轴转向相反,分布在齿轮外表面上的轮齿相啮合进行运动和动力传递的齿轮传动。　（樊超然）

外塔身　outer tower

处于伸缩塔身外面的塔身结构。其内包容着内塔身,在工作状态时一般处于塔身的下部,且固结在底架上。在运输时与内塔身套在一起转移。　（李以申）

外钻杆　outer drill rod

伸缩式钻杆的外侧钻杆。上端设有防止过卷扬的缓冲装置;断面呈方形,通过驱动齿轮的中部以传递动力;下端口设有卡套,防止辅助钻杆脱出。

（孙景武　赵伟民）

wan

万能铣床　universal milling machine

纵向工作台可在刻有刻度的回转盘上转动 ±45°角度的卧式铣床。除可完成一般卧式铣床的工作外,与适当的铣床附件配合可以铣削螺旋槽、斜齿圆柱齿轮的轮齿和蜗轮轮齿等。　（方鹤龄）

万能圆锯机　universal circular saw

能锯割各种木制件的圆锯机。横臂可沿立柱轴线转动,可与导向板成垂直及左右各成45°角的三种位置,各个位置有专用定位器定位。电动机可水平旋转360°,每隔90°有定位器定位;轴线可与水平工作台成 0～90°之间的各种角度;距工作台面的高度可用手摇升降机构调整,并沿横臂的导轨移动,便于在不同方位上锯割。可用于各种横切、纵切、斜切、开槽、起线和钻孔等工序。　（丁玉兰）

万向联轴器　universal coupling

用以联接两相交轴并传递扭矩的联轴器。在传动过程中,两轴之间的夹角可变动,所以,是一种

常用的变角传动机构。广
泛用于汽车、机床、精密机
械及重型机械等。有普通
万向联轴器、等角速万向联
轴器和挠性万向联轴器等
几类。常用的普通十字轴
万向联轴器由两个叉形零件和一个十字形零件联接
而成。 　　　　　　　　　　　　　　　　　（幸淑琼）

wang

网袋排水式地基处理机械 pack drain treating machine

通过合成纤维网袋建立砂桩强化地基所采用的
软弱地基处理机械。特点是即使制作较细的砂桩也
不致断开，可保持连续的排水柱。 　　　　（赵伟民）

网格盾构 lattice shield

利用网格切削装置开挖并支撑开挖面土层的盾
构。网格切削装置由网格梁和网格板组成，网格梁与
盾构切口环连成一体，网格板则用螺栓安装在网格梁
上。掘进时，网格板插入土体中，开挖面土壤从网格
孔挤入，掘进停止时利用网格板与土体之间的粘结力
或摩擦力阻止土体流动而对开挖面土层起支撑作用。
网格孔大小可以调节，有时还可在网格板后面加装挤
压胸板而转换成闭胸挤压盾构。

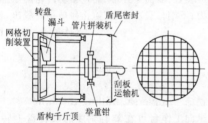

　　　　　　　　　　　　　　　　　　　（刘仁鹏）

网片折弯机 steel bar web bender

将平面钢筋网
折弯的专用设备。由
工作台、夹具和折弯
扇形板组成。工作
时，钢筋网置于工作

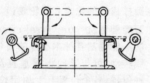

台上，由夹具夹紧，扇形板由电机驱动，将伸出台面
的网片弯曲成直角。 　　　　　　　　　　（罗汝先）

网筛 net sieve

筛面由金属丝及其他织物丝构成的筛分机械。
由筛架和筛网组成。优点是有效面积大，缺点是使
用寿命短。 　　　　　　　　　　　　　　（曹善华）

往复供料器 reciprocating feeder

利用底板往复运动或摆动供给物料的供料器。

由固定机体和活动底板组成。机体与料仓相连，底
板由曲柄连杆机构带动作往复运动。底板连同物料
向前运动时，料仓内物料随之填满机体内的空间。
底板向后运动时，底板上物料不能随之返回而受阻
卸出，实现供料。改变底板运动的幅度、频率和出料
闸门的高度，可调节供料量。 　　　　　　（叶元华）

往复活塞式内燃机 reciprocation engine

燃料在气缸内燃烧放出热能，驱使活塞在气缸
内作往复运动，再通过连杆将运动和作用力传给曲
轴对外作功的内燃机。 　　　　　　　　　（陆耀祖）

往复锯 reciprocating saw

泛指锯齿（切刃）向两个相反方向排列、锯条以
往复运动方式锯割木材的各类锯机。分为排锯、链
锯、弧尾锯等。 　　　　　　　　　　　　（丁玉兰）

往复式板阀 reciprocating flat valve

利用阀板往复运动控制混凝土拌和料吸入与压
出的混凝土分配阀。由两个阀板和两个阀室组成。
每个阀室对应着一个混凝土缸。阀板可以在一个阀
室的吸入口与压出口之间运动将其一个口关闭、一个
口打开；也可以在两个阀室的两个吸入口（两个压出
口）之间运动，将一个阀室吸入口关闭、压出口打开，
而另一个阀室的吸入口打开、压出口关闭。前者称为
斜置闸板阀，后者称为平置式闸板阀。 　　（龙国键）

往复式剪草机 reciprocating mower

铆接数把刀片的可动刀杆，通过曲柄连杆机构作往
复运动进行切草的剪草机。由动力装置、切割器、机架、
行走装置等组成。切割器上的锥形护刃器把草分成小
区，动刀片与铆接在护刃器上的定刀片配合对草进行剪
切。按行走方式分为自行式和手推式。 　　　（胡 漪）

往复式绿篱修剪机 reciprocating hedge trimmer

由曲柄连杆机构带动上下两把有锯齿的双刃刀
作往复切割运动的绿篱修剪机。由动力装置、微型
减速箱、切割器、机架等组成。每把刀上下两排锯齿
可在有效长度范围内同时剪切，剪切平整度比旋刀
式好。 　　　　　　　　　　　　　　　　（胡 漪）

往复式索道 reciprocating aerial ropeway

线路上只有一个或一组吊厢，往返运行输送物料的
架空索道。吊具与牵引索固接，故可在大倾角（达45°）条
件下工作。运输量随运距增加而减少，构造比循环式索
道简单。适用于运距短、高差大的场地。 　　（叶元华）

wei

微动 slight moving

为减小冲击、震动，以极低的速度来升降或水平
移动物件。是安装就位工作应有的重要特性。

　　　　　　　　　　　　　　　　　　　（田维铎）

微动下降速度 precise speed of load lowering

起重机在安装工件就位或堆垛作业时,起吊最大额定起重量稳定运动所能达到的最慢下降速度(m/min)。起重机在安装构件、设备或堆放货物时,需要具有较低的安装就位速度(2~6m/min),以便安全平稳地进行安装工作。 (李恒涛)

微观不平度十点高度 ten point height of irregularities

在取样长度内,五个最大的轮廓峰高的平均值与五个最大的轮廓谷深的平均值之和 R_z。标注时,如 $\overset{R_z 1.6}{\triangledown}$ 表示 R_z 值为 $1.6\mu m$。为表征表面粗糙度的主要参数。 (段福来)

微型盾构 minishield

直径小于2m的盾构。在城市上下水道、通讯电缆隧道施工中应用较广。与普通顶管法施工不同,管道结构仍采用管片拼装。 (刘仁鹏)

围窑 stack furnace

用砖坯围垒的筒形简易砖瓦焙烧设备。窑底固定,窑墙临时围成,边码边围,烧成后边拆边出。码坯时砖坯与燃料混装,下部留一定数量的通风口,控制通风量使燃料从下到上逐步燃烧,直至燃料烧尽为止。 (丁玉兰)

桅杆 mast

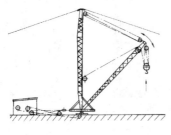

桅杆起重机中用于支撑起重臂并将载荷传递到基础的垂直竖立的柱形承载结构。由几节格构式柱拼接而成。桅杆顶部与上支座铰接,根部与下支座铰接,可以转动和摆动。通过导向滑轮将起重绳、变幅绳导向工作装置,并依靠缆风绳或斜撑的支承保持直立的工作状态。 (谢耀庭)

桅杆起重机 derrick crane

起重臂下端与桅杆下部铰接,上端通过钢丝绳与桅顶相连,桅杆本身依靠顶部和底部支承保持直立状态的可回转臂型固定式回转起重机。有全回转式和非全回转式;缆绳式、斜撑式及复合式;固定式和移动式之分。直立的桅杆和起重臂共同装在可回转360°的转盘上,起重臂可以实现变幅,直立的桅杆用牵缆固定。具有较大的幅度和起升高度。广泛地应用在建筑和安装工程中。 (于文斌)

桅杆起重机回转盘 slewing plate of derrick crane

固定桅杆和起重臂并能使之一起回转的盘状结构。通过球铰及回转轴承与下支座连接,在回转机构驱动下进行回转。 (谢耀庭)

桅杆起重机上支座 stay pivot of derrick crane

桅杆顶部连接缆风绳的盘状支承装置。盘的中央为滑动轴承,内部的轴与桅杆连接,因此桅杆可相对上支座转动,并将桅杆所受水平载荷通过上支座传递到缆风绳上。 (谢耀庭)

桅杆起重机下支座 bottom pivot of derrick crane

桅杆起重机底部的承载支承装置。球铰与回转盘连接,并将回转盘传来的载荷传递到地基。球铰可使桅杆能够摆动,并保证桅杆承受垂直压力。 (谢耀庭)

桅杆起重机斜撑 back stay

在斜撑桅杆起重机中,用以保持桅杆垂直位置,并将桅杆上支座的载荷传递到座梁和地锚的刚性结构件。上端与桅杆上支座相连,下端固定在座梁上。通常每台起重机设有两个斜撑。 (谢耀庭)

桅杆起重机座梁 sleeper

斜撑桅杆起重机中联接在地锚与下支座之间,用来固定斜撑的刚性结构件。一般两根座梁成90°布置。用来保证斜撑和桅杆的正确工作位置,不能承受很大载荷。 (谢耀庭)

桅架浮式起重机 derrik floating crane

起重部分为桅架式起重机的浮式起重机。起重机架由两根桅架或撑脚构成,桅架由刚性或挠性拉撑拉住,桅架有摆动式和固定式两种。主要用于起升特别沉重的载荷,起重量可达500t以上。 (于文斌)

维尔特－海尔克摇臂式掘进机 WIRTH-HDRK rocker arm tunnel boring machine, WIRTH-HDRK rocker arm TBM

又称连续采掘机(Continuous Mining Machine-CMM)。德国维尔特(WIRTH)公司和加拿大海尔克(HDRK)公司联合研制。由内外机架、刀盘、内外摇臂、顶支撑、前后底支撑、稳定支撑、侧支撑、前顶护盾、机架护盾、履带行走机构及装置、承碴盘及运碴输送带、锚杆支护设备、液压装置、电气设备、除尘装置和操纵室等组成。刀盘上装有一把内摇臂和三把外摇臂,摇臂顶部各装一把盘形滚刀,内摇臂上的滚刀从外向内切割隧洞掌子面的中心部分,三把外摇臂上的滚刀则由里向外进行切割,摇臂的运动靠液压缸来完成,是采用洞底切割方法破岩,刀具的推力方向和掌子面几乎平行,刀具克服的主要是相对较小的岩石抗剪强度,切割下的岩碴块比一般掘进机破碎碴块要大得多,最大岩碴块达400mm×200mm×100mm,能量消耗也大大减少。整机装在履带行走装置上可自行进退,掘进时履带装置升离洞底,靠各支撑承受工作反力。根据设计可开挖不同隧洞断面形状。　　　　　　　　(茅承觉)

维尔特式掘进机　Wirth tunnelling machine
　　由原英国豪顿集团(Howden Group)德国维尔特(Wirth)公司制造的全断面岩石掘进机。以全液压驱动、掘硬岩、斜巷(100%)掘进和分级扩孔式开挖四个特点著称。全液压驱动减少冲击载荷,有利挖硬岩,刀头重量减轻,重心移至中部两组X形支撑之间,整机稳定性好,结构布置合理;全液压驱动效率低、价贵、散热难是不足之处。公司近期发展:①掘进机系列标准做了修订,推力、功率、掘进行程等机械性能有了提高;②发展双护盾式(伸缩式)掘进机,适应开挖软、硬岩石及破碎岩层;③发展扩孔式掘进机,先打导洞然后再扩孔(见图),充分了解岩层,有助于扩孔。1997年5月豪顿集团的股份已全部转让给英国恰他集团(Charter Group),1999年维尔特公司独立存在,原生产掘进机及盾构机的英国詹姆斯·豪顿(James Howden)归属维尔特公司,更名为维尔特UK(Wirth UK)。　(刘友元　茅承觉)

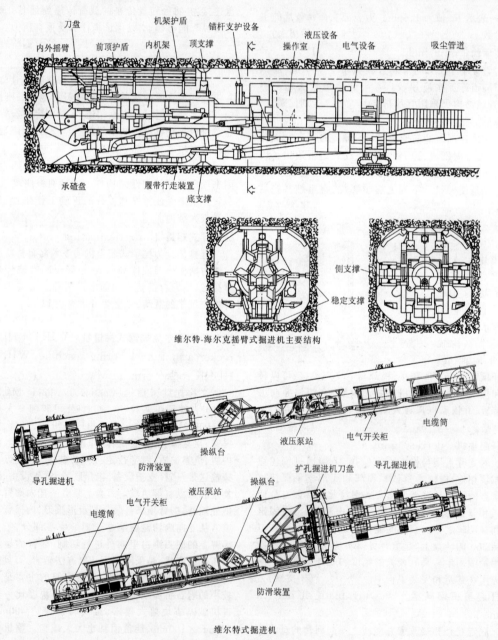

维尔特-海尔克摇臂式掘进机主要结构

维尔特式掘进机

维修　maintenance

保持或恢复设备规定功能的技术活动。包括技术维护与修理。　　　　　　　　　（原思聪）

维修工程　maintenance engineering

研究生产过程中所使用固定资产（如机械、装置等）的有关维持其性能的一切活动。不仅包括防止劣化而进行的日常保养活动，而且也包含为测定劣化而进行的必要检查，以及为修复劣化而进行的修理和管理。其作用是经常保持和迅速恢复所使用固定资产处于良好和待用状态。　　　（原思聪）

维修计划　maintenance plan

根据设备实际开动台时或实际技术状态的监测数据、零部件磨损规律、使用情况、设备在生产中所处的地位、对生产影响程度等，采取不同的维修类别而事先制定出的预防对策计划。同工厂企业的生产、技术、财务计划密切相关。　　（原思聪）

维修技术　maintenance technology

为保证或恢复设备的设计性能、工作精度和几何精度等所采取的技术措施。是各种修理方法、修理方案、维修材料和设备等及其基础理论的总称。
　　　　　　　　　　　　　　　（原思聪）

维修预防　maintenance prevention

设计新产品或设备时，根据反馈的维修信息采取对策，以消除或减少维修需要的活动。
　　　　　　　　　　　　　　　（原思聪）

位置度公差　position tolerance

被测要素的实际位置对其理想位置的允许变动全量。　　　　　　　　　　　　（段福来）

位置公差　position tolerance

关联实际要素的位置对基准所允许的变动全量。指关联实际要素的方向、位置相对于由基准确定的理想方向、位置的准确程度要求。准确程度越高，位置误差越小，则位置精度越高。限定关联实际要素位置误差大小的量是位置公差值；限定位置误差变动范围的是位置公差带。分为定向公差、定位公差和跳动公差三大类。　　　（段福来）

位置误差　position error

被测实际要素对一具有确定方向或位置的理想要素的变动量。理想要素的方向或位置由基准或理论正确尺寸确定。可分为定向误差、定位误差和跳动三类。　　　　　　　　（段福来）

喂模机　template feeding machine

把石棉水泥瓦钢瓦模分片送到接坯机滚道上的机械。由吸盘、回转机构、升降机构等组成。吸盘一般采用直流电磁吸盘，也有采用真空吸盘或其他机械形式的吸盘。有回转式、悬臂式和水平推动式几种喂模形式。　　　　　　（石来德）

wen

温度传感器　temperature transducer

感受温度，并将温度转换为相应的电信号输出的传感器。常用的有热电偶温度传感器、电阻式温度传感器、红外辐射式传感器等等。　（朱发美）

温室培育花卉设备　flowers-and-plant equipment for greenhouse

在有调温、调湿性能的温室内进行花卉培育的花卉设备。温室构架和屋面通常以钢、铝、木材等为材料，覆盖面为玻璃或刚性塑料。主要设备包括：加热设备、冷却设备、调湿设备、照明设备、灌溉设备、作物支架等。　　　　　　　　（胡　漪）

稳定力矩　stabilizing moment

又称复原力矩。维持自行式机械在任何工况下处于稳定状态的力矩（M_S）。对于不同的有关稳定性的计算工况，形成稳定力矩的载荷不同，视情况进行合理的组合。　　　　　　　（李恒涛）

稳定器　suspension-locked device

自行式机械用来锁死弹性悬挂并使轮胎、桥和车架成刚性连接的装置。轮胎式起重机在打支腿工作时，车架和轮胎等一起被抬起。这样轮胎和桥的重量成为起重机的稳定因素，增大起重机的稳定性。按结构不同分为钢丝绳式和杠杆式。

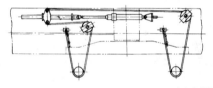

（李恒涛）

稳定调速率　steady statespeed geverning rate

内燃机突变载荷前后转速差的绝对值与标定转速的百分比值 δ_2。一般是指在标定工况下突然卸去全部载荷前后的转速变化情况。

$$\delta_2 = \left| \frac{n_3 - n_1}{n_b} \right| 100\%$$

n_1 为突变载荷前的转速（r/min）；n_3 为突变载荷后的稳定转速（r/min）；n_b 为标定转速（r/min）。表明内燃机在标定工况下最高空载转速相对于全载荷转速的波动量。不同的内燃机配套动力装置对稳定调速率有不同的要求。　　　　（陆耀祖）

稳定土搅拌厂　soil stabilization material mix plant

将路基上翻松的土块或他处的土块，运集一处与胶结料进行搅拌的工厂。搅拌设备有滚筒自落式和叶桨强制式两种。工作装置有：由供土斗、链板给料器、转子破碎器和带式输送机等组成的供土系统；由胶结料斗、提升机和螺旋输送机等组成的胶结料供给系统；计量喷水装置；双轴搅拌器和成品贮仓等。由于取来的土质好，又搅拌得细致均匀，适合修筑高级公路路基。　　　　　　　　　（倪寿璋）

稳定土搅拌机　soil stabilizer

修筑简易公路和机场跑道，以及高级路面的路基时，利用胶结料和添加剂与土互相拌和来稳定土壤的路面机械。处理材料主要是土壤。有路拌和厂拌两种。　　　　　　　　　　　　　（章成器）

稳定土压实轮　compaction tile of soil stabilizer

支承单程式稳定土搅拌机半挂式底盘后部，同时起到压实作用的单排充气轮胎。　　　（倪寿璋）

稳定土振捣器　puddler for soil stabilization

将已整型的稳定土路面或路基加以振实的单程式稳定土搅拌机的振动源。　　　　　（倪寿璋）

稳压器　voltage stabilizer

能自动保持负载电压不变的装置。多用在交流供电系统中。一般交流电网的电压可能在 5% ～ 15% 的范围内变化，使得通过整流器供电的直流负载电压也随之变化；此外，由于负载电流的变化也会引起负载电压的变化。有辉光放电管稳压器、硅稳压管稳压器、磁饱和稳压器、电子管稳压器、晶体管稳压器和磁放大器稳压器等。还有交流稳压器和直流稳压器。　　　　　　　　　　　（周体伉）

WO

涡浆式混凝土搅拌机　paddle concrete mixer

通过安装在转子上的拌和铲搅动拌和料的立轴强制式混凝土搅拌机。由内外环和圆盘构成的环行腔及装有拌和铲和刮刀的立轴式转子等组成。转子由电动机通过减速器和一对齿轮带动旋转，拌和铲扰动盘内的拌和料，使其形成交叉的物料流，进行搅拌。刮刀则将粘附在内外环壁的拌和料刮入盘内。圆盘底板上开有出料口，由气缸的活塞杆驱动闸板控制出料。　　　　　　　　　　　　（石来德）

涡浆转子　paddle rotor

装于强制式混凝土搅拌机搅拌筒中带动拌和铲旋转的回转体。搅拌叶片安装在铲臂杆上，铲臂杆与转子的连接处装有扭力弹簧构成的缓冲装置。防止大骨料嵌塞在叶片和盘底的隙缝中损坏机件。　　　　　　　　　　　　　　　　　（石来德）

涡流　eddy current

又称有旋流。流体在运动中，其微小单元不但有平动，而且绕着瞬时轴线作旋转运动的复合流动形式。在流体中速度变化较大处，由于流体内部粘滞阻力、压强不均匀等因素的影响，容易形成涡流。　　　　　　　　　　　　　　　　（曹善华）

涡流损耗　eddy current loss

导电物体中由涡流引起的损耗。表现为导电材料发热，引起涡流的交变磁场频率愈高，材料的电阻愈小，样品尺寸愈大，则涡流损耗愈大。为了减小涡流损耗，电机、变压器、交流电磁铁等电气设备的铁芯都采用彼此绝缘且顺着磁场方向的硅钢片叠成。硅钢片的厚度为 0.35～0.5mm，可使涡流限制在较小的截面内流通，又因硅钢的电阻率较大，故可使涡流及其损耗大为减小。　　　　　（周体伉）

涡流制动　eddy current braking

通过制动装置中电枢与感应子之间的电磁关系产生涡流的电制动方法。此涡流与电动机的旋转磁场相互作用并产生一个与电动机转向相反而大小受涡流控制的制动转矩来进行调速与制动。由于制动转矩的大小便于控制，操作简便可靠，设备经久耐用，使用环境不限，因而特别适用于负载较复杂（位能负载，负载变化幅度大）、经常频繁启动的起重机、卷扬机等工程机械中。但不适用于高速或长时间慢速运转的场合。　　　　　　　　（周体伉）

涡轮　turbine

在液力变矩器中，向工作机输出机械能并使工作液体动量矩减小的叶轮。　　　　　（嵩继昌）

涡轮 - 电力浮式起重机　turbine-electric floating crane

以涡轮机 - 发电机机组作为动力装置的浮式起重机。同蒸汽 - 电力浮式起重机一样，机动性大，操纵方便，各执行机构都用电动机独立操纵，其电能由涡轮机驱动发电机运转所发出的电提供。涡轮机较蒸汽机更加先进，故应用广泛。　　　（于文斌）

蜗杆减速器　speed reducer of worm

以蜗杆、蜗轮作为运动和动力传送元件的减速器。主要用于输入轴与输出轴位置在空间相互垂直而不相交的场合。工作时平稳无噪声，传动比大，结构较紧凑。单头蜗杆减速器具有自锁性，缺点是效率低。已标准化、系列化生产。　　　（苑　舟）

蜗杆蜗轮传动　worm-gear drive

由蜗轮和蜗杆相啮合的用来传递空间交错轴之间的运动和动力的齿轮传动。传动平稳、噪声小、传动比大，但传动效率一般都较齿轮传动低。　　　　　　　　　　　　　　　（樊超然）

蜗形器　eddy unit

具有变直径螺旋卷筒与定直径卷筒的组合体。装在钢丝绳式铲运机的尾架上，用来在卸完土后，靠回位弹簧将铲斗后斗壁自动复位。因弹簧力随行程变化,为保持回位力矩不变,采用变直径螺旋卷筒。

（黄锡朋）

卧式带锯机　horizontal band saw

两个锯轮的中心连线平行于地面的带锯机。结构与立式带锯机雷同。用于原木制材或锯解板材,但我国制材企业很少应用。　（丁玉兰）

卧式内燃机　horizontal engine

气缸中心线平行于水平面的内燃机。用于对发动机高度有严格限制的场合。　（陆耀祖）

卧式排锯　horizontal gang saw

两根或多根锯条水平安装在一个锯框内的往复锯。其功能同立式排锯。　（丁玉兰）

卧式平板电收尘器　horizontal electrofilter

含尘气体在机内的流动方向平行于地面的板式电收尘器。　（曹善华）

卧式双筒拔丝机　horizontal double drum wire-drawing machine

由两个水平安放的拔丝卷筒构成的钢筋冷拔机械。电动机驱动减速器使卷筒旋转,钢丝(筋)通过拔丝模拔细后绕在卷筒上。构造简单,人工卸丝方便,适用于建筑工地拔粗丝。

（罗汝先）

卧式镗床　horizontal boring machine

主轴水平布置,主轴箱能沿前立柱导轨垂直移动的镗床。除可扩大工件上已铸出或已加工出的孔外,还能铣削平面、钻削、加工端面和凸缘的外圆,以及螺纹等,是应用最广的一种镗床,主要用于单件、小批量生产和修理车间。使用时刀具装在主轴、镗杆或平旋盘上,通过主轴箱可获得需要的各种转速和进给量,同时可随着主轴箱沿前立柱的导轨上下移动。工件装在工作台上,工作台可随下滑座和上滑座作纵、横向移动,还可绕上滑座的圆导轨回转至

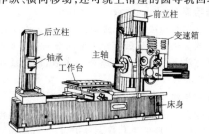

所需的角度,以适应各种加工情况,当镗杆较长时,可用后立柱上的尾架来支承其一端,以增加刚度。

（方鹤龄）

卧式振捣棒　horizontal internal vibrator

又称振动棒。可平卧插入水泥混凝土路面铺层内部进行高频(160Hz 以上)振动的棒状构件。在铺层不厚情况下,为了提高施工效率,常将振动棒的头部制成与水平面成 30°的弯角。让棒身平卧于铺层中,边拖移,边振捣。　（章成器）

WU

污泥装运车　mud loader

以汽车为底盘加装作业装置用于城镇下水管道污泥装运作业的管道疏通机械。由吊臂、污泥罐、液压提升机构、污泥罐倾卸机构、排泥门启闭机构等组成。装满污泥的小车由液压提升机构提升至指定高度、将污泥倒入污泥罐。运送到污泥堆放处后,吊钩挂好罐体,开启排泥门,液压倾卸机构使污泥罐倾卸污泥,污泥倒净后,罐体返回原位。　（陈国兰）

屋面起重机　roof crane

安装在正在施工中的建筑结构屋面或楼板上的特种专用起重机。以建筑物作为承载基础。动臂可回转。有固定式和轨道式二种。可随建筑物的升高而升高,外形小巧,常用于多层民用和单层工业建筑施工和维修。　（谢耀庭）

无泵吸粪车

又称发动机自吸粪车。蓄粪罐的抽气管与发动机进气管相接,利用发动机进气行程循环的吸气作用,抽取蓄粪罐内空气形成真空的吸粪车。一般获取真空有三种形式:将吸气管或取气器接在汽化器上端的上吸式;将取气器接在汽化器与缸体之间的下吸式和由汽化器上方吸气,当气路达到一定的真空度后自动打开汽化器下端补气口进行补偿的混合吸式。省去了真空泵和传动机构,结构简单。罐内空气被发动机抽进汽缸内,在发动机燃烧过程中,使恶臭气体成分分解,排出的气体臭味小。但罐内气体产生的酸性物质经过发动机时,会腐蚀发动机的有关零件。　（张世芬）

无波纹压路机

碾压作业以后,地面无波纹突起的压路机。能保证所压过的地面平坦,无需进一步加工整理。一般是指全部碾轮都是驱动轮的压路机,以及非全轮驱动的三轴压路机。　（曹善华）

无齿抓斗　toothless clamshell

颚缘不装斗齿的抓斗。用于装载松散物料(如砂)和煤块。　（曹善华）

无功功率 reactive power

含储能元件(电感、电容)的交流电路中,储能元件与电源之间进行能量交换的最大值。其值等于电路中瞬时功率的最大值,单位为乏耳(Var),简称乏。若电路的电压、电流有效值分别为 V、I,电压与电流的相位差为 φ,则无功功率 $Q = IV\sin\varphi$。

(周体优)

无沟铺管机 pipelayer without ditch-excavating device

利用挤孔器和切缝刀组成的工作装置,强制挤出暗沟,并在暗沟中铺设管子的铺管机。挤孔器和切缝刀的作用与鼠道犁相似,但切缝刀刀背上部制成柱状,内有导引波纹塑料管方向的斜槽,塑料管由此进入暗沟。作业时,切缝刀开出窄缝,挤孔器挤土成孔,波纹塑料管从贮管箱中引出,顺着斜槽铺设于暗沟中,边切、边挤、边铺,工作效率很高,无需挖沟,也无需回填,切缝刀所切沟缝自行弥合。适用于在砂石较多的松散地表下铺管。 (曹善华)

无机粘接 inorganic adhension

利用无机物进行粘接的工艺。其种类很多,主要是以硅酸盐,磷酸盐或硼酸盐等为粘料的水泥状物质,具有较高的粘附性能及耐热性能。比一般的粘接剂耐热性好(达 $600\sim900$℃),适用于工作温度高的部位的粘接。粘接剂的组成简单,配制方便,操作容易,经济性好;但脆性大,耐冲击性差。常用的无机粘接剂为氧化铜-磷酸无机粘接剂。

(原思聪)

无级变速箱 non-stage transmission box

能使传动比在一定数值范围内连续变化,即传动比为无限多的变速箱。目前使用的多为液力-机械式,主要由液力变矩器和机械变速箱组成,一般都采用动力换档。 (陈宜通)

无级调矩式偏心装置 non-graduated adjustable moment eccentric device

通过液压装置使同步齿轮或调矩齿轮任意改变啮合位置,来调整动、定偏心块的相对夹角,以达到调整偏心力矩的偏心装置。 (赵伟民)

无级调速电钻 stepless speed regulation electric drill

用可控硅或厚膜电路与交流、直流两用电动机的绕组联接,组成各种线路实现工作头转速无级调速的电钻。 (迟大华)

无级调速装置 stepless speed variator

不分级档的变速(调速)装置。能使输入轴和输出轴之间的转速比和扭矩比在一定范围内,根据工作需要作平顺连续的稳态变化。有液力、液压、电气、机械等多种形式,也可以是上述几种形式的组合。 (曹善华)

无绞刀挖泥船 suction dredger

又称吸泥船。不装挖泥设备,只依靠泥浆泵抽吸河底砂和土的挖泥船。泥浆泵吸泥口所形成的水流冲刷河泥成泥浆,然后吸运。只适用于吸取淤积不深的砂质土和砂,设备简单,但作业效率低。

(曹善华)

无介质磨机 autogenous grinding mill

又称自磨机。以被粉碎物料本身作为粉磨介质的粉磨机械。鼓形磨筒内装有径向提升衬板,两端盖上有楔形衬板,筒体回转时物料被提升至一定高度后,借自由抛落冲击作用和物料相互间磨剥作用粉磨物料。分气落式和瀑落式。前者为干式磨;后者为湿式磨。组成闭路粉磨系统。原矿石不经破碎直接入磨,一次即可达选矿工艺要求的细度;或原矿直接入磨粗磨后,再入球磨机细磨。为了粉碎无法自磨的临界粒度,或为提高产量,可加入占磨机有效容积 $2\%\sim3\%$ 的钢球作为助磨剂,以提高粉磨效率。

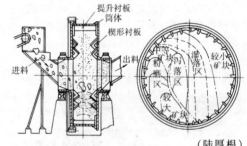

(陆厚根)

无损检验 non-destructive check

在不损害被检对象的前提下,对其进行各种检测的修理技术检验。可以了解其性质、状态和内部结构,探测其内部和外表层的缺陷(伤痕)。是控制产品质量、保证机械安全运行的一种手段。有:磁力探伤,超声波探伤,渗透探伤及射线探伤等。

(杨嘉桢)

无台架式振动台

将钢模直接夹持在许多均匀分布的小型激振器上进行振捣作业的振动台。由于没有了笨重的台架,减轻了设备重量。但因振动同步性差,能耗大,效率低,很少使用。 (向文寿)

无雾喷漆 nonfog-type painting

利用水压喷水击原理,使喷漆在一定的压力下,通过喷雾头分散成极细粒子射向被涂物件表面上的喷漆方法。大大减少了漆料的飞散,但需使用专用工具设备。 (王广勋)

无线报话机 radio telephone

便携式无线电通信联络工具。以镍镉电池作电源,为铁道线路施工和修理养护,以及线路检查人员

随身携带的袖珍工具。　　　（高国安　唐经世）

无形磨损　moral wear

由于科学技术进步,设备不断更新换代,使原有设备的价值贬低的现象。　　　　　　（原思聪）

五星轮　five-pointed star wheel

装在静力平衡液压马达曲轴偏心轮上能自由摆动的五角星形零件。仅起"油柱"密封件的作用,使柱塞与曲轴之间无机械连接,通过偏心轮实现自行配流,利用流体静压力设计成接近于受力平衡状态。对于轴转的静力平衡马达,只相对于壳体作平面平行运动。　　　　　　　　　　　　　（嵩继昌）

物料分离器　separator

气力输送装置中可将输送至目的地的料气混合物中的物料分离出来的密闭容器。分容积式和离心式两种。容积式的作用原理是:料气混合物由输料管进入容积突然扩大的容器中,使物料颗粒在重力作用下分离出来。离心式的作用原理是:料气混合物切线方向进入容器,物料颗粒在离心力作用下分离出来。离心式较容积式尺寸小,结构紧凑,应用较多。　　　　　　　　　　　　　（洪致育）

雾滴直径　diameter of droplet

表征喷雾车喷头一次喷雾中取样雾滴尺寸的物理量。有以下几种表示法:①雾滴算术平均直径,即取样雾滴直径的算术平均值;②雾滴体积平均直径,即取样雾滴的体积之和除以雾滴数;③雾滴沙脱平均直径,即取样雾滴的体积之和与表面积之和的比;④雾滴体积中值直径,即将取样雾滴的体积按大小顺序累积,当累积值等于取样雾滴体积总和的50%时,所对应的雾滴直径;⑤雾滴数量中值直径,即将取样雾滴按大小顺序累积,当累积的雾滴数为取样雾滴总数的50%时,所对应的雾滴直径。

（张　华）

X

xi

吸尘机　dust arrestor

利用空气压差将粉尘吸入集尘装置的收尘设备。当腔内叶片快速旋转时,形成局部真空,粉尘即随气流进入腔内,汇集于集尘器中。广泛用于水泥、石灰制造厂和其他粉状物生产加工厂,用以吸集粉尘,保护生产环境。　　　　　　　　（曹善华）

吸粪车

利用发动机驱动抽气真空装置,使粪罐罐体内达到一定的真空度,通过吸管将粪池内的粪便吸入罐体随车转运,并利用气压将粪便排出粪罐的环卫机械。是目前比较普及和比较有效的一种城市粪便清运车辆。常用的有两种:一种是真空泵吸粪车;另一种是无泵吸粪车。具有完善的抽排系统、除臭系统和可靠的报警装置。具有机动性好、操作简便、噪声小、密封可靠、运输过程中不遗漏粪液、不污染沿途环境的特点。　　　　　　　　　　（张世芬）

吸粪车真空系统

吸粪车中通过抽气真空装置排除密封粪罐中的空气,形成真空吸取粪便进入粪罐的系统。由真空泵(或是发动机进气管)、水气分离器、油气分离器,以及连接管道、阀门等组成。　　　　（张世芬）

吸泥船　suction dredger

见无绞刀挖泥船(292 页)。

吸扫结合式扫路机　sucking and sweeping sweeper

又称扫吸式扫路机、机械－气动式扫路机。机械式清除污物设备(包括扫刷)和真空气动输送设备相结合的扫路机。由清扫刷(滚筒刷和碟形刷)、吸尘嘴、垃圾箱、风机、风道、滤尘系统等组成。按吸风系统在扫路机中的作用,可分为真空吸送式扫路机和真空除尘扫路机两种。　　　　　　（张世芬）

吸收蓄压器　absorb accumlator

设置于低压管路中,吸收锤体快速下落时回油腔压力油的缸筒式液压桩锤的部件。　　（赵伟民）

吸污车　sewage tank truck

将沉井内的污物吸入罐体,并可自行卸料的管道疏通机械。按吸污的动力装置分为真空吸污车和风机式吸污车。　　　　　　　　　　（陈国兰）

吸油过程　suction oil phenomenon

液压泵吸油腔的工作容积由小变大时产生局部真空,油液在大气压作用下通过吸油管进入吸油腔的过程。即液压泵吸入液体的过程。　（刘绍华）

吸嘴　nozzle

气力输送装置的一种吸送式供料器。由内筒与可以上下移动的外筒构成,内筒与输料管相连。在吸嘴被埋入被运物料后,物料和空气混合物吸入输料管;并通过内外筒间形成的环形空间,在吸嘴下部端面处吸入补充风量。调节内外筒在端面处的间隙大小可使吸嘴获得最佳输送效率。用于船舶、车辆和仓库吸送散粒与小块物料。在吸取流动性差、湿度较大和结块的物料时,可使用外筒能旋转的旋转吸嘴。

（洪致育）

洗涤筒筛　washing and screening cylinder

见洗石分级机。

洗砂机　sand washer

利用叶片、链片或勺铲在水中连续搅动砂粒,以清除粘土、淤泥和其他杂物的砂石清洗机。一般为连续作业,适于洗涤粒径为 0.1~1.5mm 的细骨料。有螺旋洗砂机、链式洗砂机、锥形旋转洗砂筒、蟹爪洗砂机等各种类型。常与筛分机械配套使用。　　（曹善华）

洗砂盘　sand-washing tray

利用刮板搅动金属槽盘内所装的污砂和水的洗砂机。槽盆的前半部平放,装水和砂,后半部向上倾斜。内有轴向移动的刮板,搅动盘中的污砂进行洗涤。　　　　　　　　　　　　　　（曹善华）

洗石分级机　stone washer-classifier

又称洗涤筒筛(washing and screening cylinder)。利用卧式旋转筒体内壁所焊螺旋叶片的搅动和水的冲刷作用,洗涤石料,并利用筛面筛分分级的组合式砂石清洗机。包括洗涤筒和筛分筒两部分,两者先后连接成一体,倾斜支承在支座上,由电动机驱动。不净的石料在洗涤筒内被叶片反复搅动,并沿轴线移动进入筛分筒,水管引入的水,面对石料移动方向喷注,洗去污物,洗净的石料在凿有孔眼的筛分筒中进行筛分。能一次完成洗涤和筛分两种作业,用于混凝土骨料和道碴制备。　　　　（曹善华）

铣床　milling machine

主要用铣刀对工件进行铣削加工的机床。工作时铣刀旋转,工件由工作台带动作进给运动。加工范围广,主要用于加工平面、台阶、沟槽、型面和齿轮的轮齿等。类型也很多,主要有卧式铣床(图)、立式铣床、平面及端面铣床、龙门及双柱铣床、工具铣床、仿形铣床等。

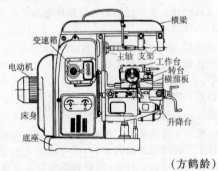

标注：横梁、变速箱、主轴、支架、工作台、电动机、转台、横溜板、床身、升降台、底座

（方鹤龄）

铣刀　milling cutter

铣削用多刃刀具。刀齿分布在回转表面,如圆柱表面、圆锥表面或端平面上,工作时各个刀齿依次间歇地切去加工余量。主要用于在铣床上加工平面、台阶、沟槽、成形表面和切断工件等。常用的有加工平面用的圆柱铣刀、面铣刀等;加工槽子用的立铣刀、三面刃盘铣刀、键槽铣刀、T 型槽铣刀、燕尾槽铣刀、角度铣刀等;加工成形面用的齿轮铣刀、各种成形铣刀等;切断用的锯片铣刀等。按结构不同,可分为整体铣刀、镶齿铣刀和机械夹固式铣刀等。　　（方鹤龄）

标注：圆柱铣刀、面铣刀、立铣刀、三面刃盘铣刀、角度铣刀、锯片铣刀

铣削机械　milling machine

泛指用于裁口、起线、开榫和铣削各种曲线木制零件的木工工具与木工机械。有手工凿削工具和木工铣床两大类。　　　　　　　　（丁玉兰）

系列化　seriation

将同类型的标准件及机械设备按主参数大小数值划分档次排列、形成标准的措施。按着系列化进行生产产品,用户可以根据不同的工作要求进行选用。例如装载机按照其装载质量定系列为 ZL10、ZL20、ZL30……ZL90,数字中的 10 表示 100kN,20 表示为 200kN。　　　　　　　　　（田维铎）

系统误差　systematic error

由固定因素的影响而产生的定值或按一定规律变化的误差。一般可通过标定(校准)予以消除。

（朱发美）

细化技术　zoom

在不增加样本长度情况下,提高频率分辨率的信号分析技术。一些先进的信号处理机上配有硬件细化单元,可实现实时细化处理。有的信号处理机上则用软件进行细化处理。

（朱发美）

细木工机械　joiner's machine

用板材、方材以及人造板制作各种木制品和构件所用的木工机械。包括完成锯、刨、铣、削、钻、磨等作业的各种加工工具和机床。用于加工建筑用的门、窗、楼梯、地板和壁板;加工各种日用家具;加工铸件木模、工具把柄等。　　　（丁玉兰）

细碎　fine crushing

将物料破碎到成品粒度为 3mm 左右的过程。粗碎后的物料经菌形锥式破碎机、辊式破碎机、反击式破碎机及细碎用锤式破碎机破碎取得。是混凝土骨料、道路材料的制备作业。以细碎粒度入磨,将降低粉磨能耗。　　　　　　　（陆厚根）

xia

下回转式塔式起重机 bottom slewing tower crane

回转支承位于塔身底部的回转平台下，回转平台上装有全部机构和塔身结构，并绕回转支承的垂直中心回转的塔式起重机。整机重心低，主要机构置于底部便于维修。常为自行架设的塔式起重机，适用于民用房屋建筑工程中。 　　　　　(李恒涛)

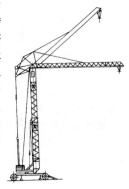

下回转式塔式起重机

下活塞 lower piston

筒式柴油桩锤中封闭气缸下端起锤砧作用的部件。由头部、密封部、导向部和底部等部分组成。头部与上活塞头部构成燃烧室，形状为凹形球面；密封部有数道活塞环，可传递热量和防止漏气；导向部为光滑的圆柱体，与半圆钢套相配合；底部连接桩帽以传递冲击能量。 　　　　　(王琦石)

下加节接高塔身法

下回转式塔式起重机借助于顶升机构在塔身的下端从地面上，添加塔身节接高塔身的方法。接高时，外套架不动由液压缸顶升机构将塔身顶起，接上添加节后，再次顶升以便第二节添加节连接，重复上述动作直到塔身达到要求高度为止。一般适用于中等高度的塔式起重机。 　　　　　(李恒涛)

下接逐节提升立塔法

由底部逐节进行塔式起重机塔身接高的方法。立塔时，将底架装好后，利用起重臂作为安装桅杆，将在地面上已装好的部分塔身由顶部往上提，提至底部离地一塔节高后再推入下一节塔节，并与已提升的塔身末节底部用螺栓连接好。然后再进行第二次提升，直至安装到需要高度为止。可防止塔身在安装过程中，出现过大的变形和内力。 　　　　　(李恒涛)

下气缸 lower cylinder

筒式柴油桩锤的工作气缸。连接在上气缸下部。中部设有进排气管，下部有一个清除孔。外壁上部焊有贮存燃油及润滑油的组合油箱，油箱下焊有上、下水箱。 　　　　　(王琦石)

下水道支撑推进式铺管机

用于排水管道开槽施工法的专用铺管机。适用于铺设直径 1.0～1.2 m，埋深 2.2～4.0m 的排水管道。工作特点是限量开挖，局部支护，素土弧基装配铺管，推移前进。 　　　　　(陈国兰)

下压式塑料液压机 push down type hydraulic press

又称上动式液压机。装在机身上部的活塞与压板由上向下方移动进行压制的液压成型机。由压制工作缸、分开压模和使活塞板回复至上部位置的回程缸、顶出缸、机台、活动板和上梁等组成。阳模固定在活动板上，阴模固定在机台上。 　　　　　(丁玉兰)

下掌子 lower face

挖掘机停机面以下的挖掘面。通常供反铲、拉铲、抓铲等作业。 　　　　　(曹善华)

下止点 bottom dead centre，B.D.C.

活塞在往复运动过程中离曲轴中心线最小距离时的位置。 　　　　　(陆耀祖)

xian

先导操纵 pilot operate

用先导阀操纵其他阀(主阀)的操纵方式。液压挖掘机常用手柄操纵若干个先导阀，使具有一定压力的控制油进入各个换向阀，推动阀杆移位，实现主机各机构的动作。由于控制油压力一般不超过 3MPa，流量多在 20L/min 之内(若由单独泵供油)，作用在操纵手柄上的力常小于 25N，较之直接操纵主阀要省力得多，大大减轻了司机工作强度，提高工作效率。此类操纵回路有直接作用式和减压阀式两种。 　　　　　(刘希平)

先导盾构 pilot shield

挖掘先导隧道的盾构。在复杂的地层中采用盾构法建造大型隧道，往往在主隧道盾构掘进之前，先应用一台尺寸小的盾构沿主隧道线路，挖掘一条小尺寸的先导隧道，以便对主隧道线路进行土层加固和排除地下水等辅助工作，使主隧道得以顺利施工，先导隧道衬砌，应在主隧道盾构掘进的同时予以拆除。 　　　　　(刘仁鹏)

先张法夹具 clamping apparatus

张拉时夹持预应力筋或张拉后将预应力筋固定在张拉台座或钢模上的临时性锚夹的预应力混凝土机具。能重复使用。分为螺杆式、镦头式、锥销式和夹片式等种。根据预应力筋的品种、规格、数量和使用的张拉设备等选用。 　　　　　(向文寿)

纤维板生产机械 fibreboard machine

以木材采伐加工剩余物、小径木或其他植物纤维为原料制成板材的机械。有削片机、制浆机、成型机、热压机、预烘机、干燥机等。 　　　　　(丁玉兰)

现场 worksite

正在进行建设施工的场地或发生特殊事故的地

点(scene of an incident)。　　　　　　（田维铎）

限速阀

见平衡阀(205 页)。

限速回路　confinement-speed circuit

防止工作部件由于自重下落发生超速现象的速度控制回路。工作原理是在执行元件的下行回油路上设置适当的阻力,产生一定的背压来与自重相平衡。一般采用平衡阀或单向节流阀来实现。

（梁光荣）

线接触钢丝绳　line contact wire rope

绳股中直径不同、螺距相等的各层钢丝在全长上平行捻制的钢丝绳。股中直径不同的各层钢丝,经断面几何尺寸的适当配置,外层钢丝位于内层钢丝之间的沟槽里,内外层钢丝在一条螺旋线上则呈线状接触。有外粗式(西鲁型,X 型)、粗细式(瓦林吞型,W 型)和填充式(T 型)三种基本型式。与点接触钢丝绳相比,钢丝间的接触应力降低,消除了二次弯曲应力,从而挠性较好。耐腐蚀,使用寿命较长。对直径相同的钢丝绳,因结构紧密,有效钢丝总面积较大,所以承载能力较高。　　　（陈秀捷）

线路除雪机　permanent way snow cleaning machine

清除铁道线路上积雪的线路机械。分犁式、转子式和集雪式三种。犁式最普遍,将积雪推到线路限界以外以利列车通过;转子式利用离心力将积雪抛扬到限界以外;集雪式用犁将积雪集入一列棚车、敞车(底部有胶带输送机)或梭车内送到远处卸出、积雪层太厚时采用此法。　（高国安　唐经世）

线路工程专用车　permanent way special vehicles

专门用于铁道线路施工、维修、检查和事故救援的轨道式运输车辆(含小车)。用于运送施工人员、工程材料和机具、以及进行起重、装卸和抢救等作业。　　　　　　　　　　（唐经世　高国安）

线路灌木切除机　permanent way brush cutter

具有左右对称的工作装置,分别在大小动臂前端设置液压马达驱动的旋转切头切除灌木的线路机械。切头是一圆盘,装有两把以高碳钢制作的切刀,当高速旋转时,切刀受离心力飞出而切割灌木,但如阻力过大,切刀可以让过,不影响圆盘的正常旋转而形成多次切削以切断树木。切头的切削直径为 2m 左右,其与液压马达之间设有防护板,既保护机械部件与软管,又防止树木枝条阻塞线路。左右工作装置可视线路情况在不同高度切除灌木,最大伸展时的作业宽度可达 15m。行走装置为轨轮式,或公路铁路两用式,后者的轨轮直径不大(约 400mm),采用油气悬挂以保证轮胎必要的附着牵引力。

（高国安　唐经世）

线路机械　permanent way machinery

铁道线路施工、养护、质量检测和安全防护用机械的统称。有道碴捣固机、道碴整形机、道碴清筛机、铺轨机、起拨道机、电气化铁路作业机械、线路工程专用车及各种线路整修机具等。

（唐经世　高国安）

线路检测通讯机具　machine and device for track measuring and communicating

用以检测线路质量,了解列车运行情况,实现通信联络,确保铁路行车安全的机具的统称。

（高国安　唐经世）

线路推车机　permanent way wagon pusher

铁路货场调车时推动单节车辆以代替人力作业的小型专用机动工具。　（高国安　唐经世）

线路挖边沟机　permanent way side-trencher

疏通土质路堑边沟的专用线路机械。多具有修坡和挖边沟双重功能。　（高国安　唐经世）

线路修边坡机　permanent way side slope scraping machine

整修土质路堤或路堑边坡的专用线路机械。一般为轨行式,具有可调犁板,强行修刮边坡(也称刷坡)。　　　　　　　　　（高国安　唐经世）

线路整修机具　permanent way renovating machines and devices

整修铁路线路保持正常运行的机具。包括修边坡机、挖边沟机、灌木切除机、除雪机、道岔清理机及其他机具。　　　　　（高国安　唐经世）

线轮廓度公差　profile tolerance of any line

实际轮廓线对其理想轮廓线所允许的变动全量。　　　　　　　　　　　　　（段福来）

xiang

相对误差　relative error

绝对误差的绝对值与约定值之比。通常用百分比表示。　　　　　　　　　（朱发美）

相干函数　coherence function

又称凝聚函数。表示在频域内两个随机信号 $x(t)$, $y(t)$相关程度的统计量。定义式为:

$$r_{xy}^2(f) = \frac{|G_{xy}(f)|^2}{G_x(f) \cdot G_y(f)}$$

$G_{xy}(f)$为随机信号 $x(t)$, $y(t)$的互谱密度函数;$G_x(f)$, $G_y(f)$分别为 $x(t)$, $y(t)$的自谱密度函数。

（朱发美）

相关分析　correlation analysis

描述各态历经性平稳随机过程时域特性的分析方法。其重要数字特征是相关函数。利用自相关函数可以检测出混淆在随机信号中的周期成分;也可根据其图形特点初步确定信号类型。互相关函数可以用来确定地下管道裂缝位置;评价或测定控制系统(如操纵、转向机构等)的灵敏度以及确定主振源等。　　　　　　　　　　　　　　　　　　(朱发美)

相关函数 correlation function

描述随机信号不同时刻或两个随机信号之间相互关系的统计量。可分为自相关函数和互相关函数。　　　　　　　　　　　　　　　　　　(朱发美)

相贯线 intersecting line

两形体相交时表面产生的交线。一般为空间曲线,在特殊情况下为平面曲线或直线。可以是外交线或内交线。　　　　　　　　　　　　(田维铎)

箱形起重臂 box boom

由板材焊接制成,横截面为中空的封闭式起重臂。通常比同一级的桁架起重臂略重,但工艺性好,易于制成伸缩臂。有倒梯形起重臂等。广泛用于汽车起重机和轮胎起重机。为减轻自重,可在箱壁上开孔,或用加筋薄板焊制。　　　　(孟晓平)

箱形伸缩臂起重机 crane with telescoping box section boom

采用可伸缩箱形结构起重臂的起重机。常是自行式起重机。主要有:汽车起重机、轮胎起重机和履带式起重机。借助于伸缩机构可改变起重臂的长度,伸缩方便,工作时辅助时间短。比桁架起重臂重,对起重特性有不利影响,特别在大幅度情况下更为明显。机动性好,工作就位快,起重量为8～200t及以上。在建筑、交通、冶金和军事等部门应用普遍。　　　　　　　　　　　　　(李恒涛)

镶套修理法 mounting repair method

在磨损部位镶嵌套子,补偿磨损的修理方法。有些零件只有工作部位磨损,其构造和强度容许时,可将磨损部分车小(或增大),再镶嵌特制的套子,最后再将其加工到名义尺寸。有些在结构设计制造时就已考虑到这一点。对一些形状复杂或贵重的零件,在容易磨损的部位,预先镶装一个附加部分,以便磨损后只需更换这一部分就能方便地达到修复目的。　　　　　　　　　　　　　　　　　　(原思聪)

响度 londness

反映人耳对声音强弱(声压级)和频率的主观感受量度。单位"宋"(sone),即规定声压为可听阈以上40dB,频率为1000Hz的纯音所产生的响度为1宋。人耳感受声音强弱的程度与声波功率大小不成线性关系,而是与声波功率比值的对数成正比。声压相同的声音,人耳感到1000～4000Hz之间的声音最响。超出此范围其响度随频率的降低或上升而减小,20Hz以下或2万Hz以上(即音频范围以外)响度均为零。　　　　　　　　　　　　(朱发美)

响度级 loudness level

噪声与1000Hz纯音比较,当两者听起来一样响时,这1000Hz纯音的声压级就是该噪声的响度级。单位为"方"(phon)。　　　　(朱发美)

响应 response

受外力或其他量作用时引起仪器输出的特性。　　　　　　　　　　　　　　　　　　(朱发美)

响应时间 rise time

当阶跃信号激励系统时,仪器的输出从稳定值小的规定百分数(如10%),上升到稳定值大的规定百分数(如90%)时所需要的时间。　(朱发美)

向上式气动侧向凿岩机 offset stoper

又称伸缩式气动侧向凿岩机。气腿与凿岩机缸体的中心不在一轴线上的向上式气动凿岩机。　　　　　　　　　　　　　　　　　　(茅承觉)

向上式气动高频凿岩机 high-frequency stoper

见向上式气动凿岩机和气动凿岩机(215页)。

向上式气动凿岩机 stoper

具有气力推动的轴向伸缩机构,用于向上凿岩的气动凿岩机。由凿岩机本体和轴向伸缩机构两部分组成。分为:向上式侧向凿岩机、向上式高频凿岩机两类。机重约45kg左右,可用于f=8～18中硬以上岩石中钻与水平成60°～90°的向上岩孔。具有扭矩大、效率高、噪声小等特点。　　　　(茅承觉)

向上式气动凿岩机

向心式液力变矩器 radial hydraulic torque converter

液流由涡轮外缘向轴线中心流动的液力变矩器。具有正透性,变矩系数较低($K=2.2\sim2.8$),但效率较高($\eta=0.86\sim0.91$)。　　(嵩继昌)

巷道掘进机 tunnel boring machine

见全断面岩石掘进机(227页)。

象鼻架 fly jib

见鹅首架(73页)。

象鼻形混凝土溜槽 trunk type concrete chute

由若干个锥形圆筒柔性串联而成的混凝土拌和料溜槽。根据浇注深度和位置的不同可以选择适当数量的锥形圆筒,并用链条联接好,引导混凝土拌和料向下流动浇注到需要的位置。由于溜槽能折成一定的曲线,混凝土拌和料流速度可以减缓,不易产生离析。 (龙国键)

橡胶缓冲器 rubber buffer

以橡胶为缓冲件的缓冲器。构造简单,但缓冲能力小,用于运行速度小的情况下,工作温度在 −30 ～ +50℃ 范围内。 (于文斌)

橡胶减振器 rubber vibration isolator

减弱或隔离振动的橡胶垫。用以保护机电设备或仪表免于损坏,延长使用寿命。 (曹善华)

橡胶弹簧 rubber spring

用块状橡胶制成的弹簧。弹性模量小,受载后有较大的弹性变形,借以吸收冲击和缓和振动。能同时受多向载荷,但耐高温性和耐油性比钢弹簧差。常用在机械设备、车辆行走机构和悬架中。根据工作需要可设计成各种结构形式,常用的有柱形、锥形、菱形、环套形及组合式等。为使受载后保持一定形状和传递载荷,均配有钢板、圆管、圆盘、圆锥等结构形式的刚约束件。 (范俊祥)

橡胶弹簧式减振装置 rubber spring vibration absorber

以橡胶弹簧作为减振部件的减振装置。由于橡胶具有较宽的适应频率范围,适用于变频激振器。 (赵伟民)

xiao

消声器 muffler, silencer

①安装在排气系统出口处,通过减少气流的脉动并减小气流与外界的压力差来减小排气噪声、消除废气中火星的装置。

②由射钉枪枪管前端缩颈部位和套管组成,用以降低排出爆发气体时响声的多孔气体阻尼式结构装置。 (岳利明 迟大华)

销齿传动 pin-gear ring transmission

以光洁的圆柱销作为轮齿,均装置在轮缘上形成销齿轮,并与摆线齿轮相啮合的啮合传动。可以减少大齿圈的制作困难,并可降低造价。 (苑 舟)

销接式夹桩器 pin connecting chuck

用销轴使桩与振动桩锤连成一体的机械式夹桩器。 (赵伟民)

销连接 pin joint

通过横向插销将轴与毂连成一体的可拆卸连接。可传递不大的载荷,有时也作为过载剪断的保险零件。还可固定两零件的相互位置,作为组合加工和装配时的重要辅助零件。已标准化,类型很多。

根据其形体,常用的有:圆柱销、圆锥销、槽销和开口销等。 (范俊祥)

销轴 spindle

用于铰接处,可使被联接件相对转动的圆柱形机械零件。属标准件。常见的是在圆柱体的一端有头,另一端有孔,使用时用开口销穿入孔中锁定,装拆方便。 (范俊祥)

小车变幅机构 radius-changing mechanism with trolley

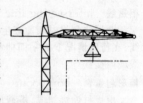

起重小车沿起重臂上的轨道做往复运动,实现改变起重机幅度的变幅机构。由驱动装置、牵引钢丝绳、导向滑轮和起重小车等组成。主要用于塔式起重机。变幅时,重物仅做水平移动,便于安装工作。有消耗功率小和幅度有效利用程度高的优点。但起重臂承受较大的弯矩,自重较大。 (李恒涛)

小车变幅式塔式起重机 trolley-jib tower crane

通过悬挂在水平起重臂上的变幅小车作往复运动进行变幅的塔式起重机。空间及幅度利用率高。起重臂也可以有一定的仰角,但此时变幅小车固定在臂端。

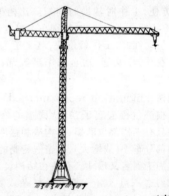

(李恒涛)

小口径管道水平钻机 small-bore drill for level pipe line

用于在城市地下暗铺 250～700mm 管径的混凝土管或钢管的管道施工机械。不需开挖明槽、破坏地面建筑物。由钻头、螺旋杆、导管、导架、驱动装置、持管器、管支架接头、操纵箱、液压装置、电气控制盘、导向控制系统等组成。电动机带动钻头旋转切削前端土壤进行钻孔作业,螺旋杆将钻头挖出的土输送到后方,经排土口卸至机外,通过调节液压缸和推顶支架纵向调整钻孔位置。导架上装有调整顶进倾角的水平液压缸和承受反力的液压缸。铺设管道位置准确,作业安全,效率高,无噪声,无振动。

(陈国兰)

小炮头掘进机

见煤岩掘进机(185页)。

小型电动捣固机　small-size electric tamping machine

电动机驱动,液压传动的小型道碴捣固机械。由小型电动机、捣固头、振动装置、升降机构、夹持机构、液压传动装置、下道装置等组成。质量为300kg左右,可以方便地上下轨道,利用行车间隔时间进行铁路道碴捣固作业。

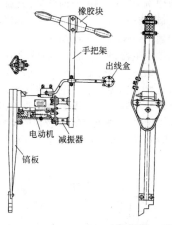

(唐经世　高国安)

小型夯土机　small-size mechanical rammer

利用链条提升夯锤,然后自由掉落夯击地面的机械夯。由门形支架、导架、链条、夯锤、轮胎和电动机等组成。链条首尾连接成环形,套在门形支架上,由电动机经链轮驱动链条垂直运移,链条某一链节上有提升钩,钩住夯锤,将其沿导架上升到门架顶部,然后脱钩,使之沿导架自由掉落,冲击地面。夯锤质量为数十千克,冲击力不大,常用于城市道路翻修工作,也可用来击碎破旧路面。

(曹善华)

小型内燃捣固机　small-size internal combustion engine tamping machine

内燃机驱动、液压传动的小型道碴捣固机械。由捣固头、振动装置、升

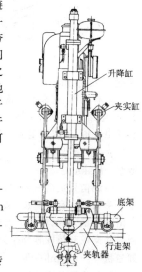

小型内燃捣固机

降机构、夹持机构、液压传动装置和内燃机组成。质量为300kg左右。可以方便地上下铁道,常利用行车间隔时间进行铁路道碴捣固作业。

(唐经世　高国安)

小修　minor overhaul

机械运行中的维护性修理的技术保养。主要是消除机械个别总成或部件在运行中发生的临时故障和局部损伤,以及保养过程中发现的隐患。没有规定的时间间隔,一般不易事前计划。作业范围有的属于机构的必要调整,有的属于对有故障零件的更换。

(杨嘉桢)

效率　efficiency

机械实际输出功与无摩擦及其他损耗的理想情况下输出功之比。例如:机械效率,为机械能的利用率,是因机械零部件运动具有摩擦阻力等因素产生的;热机的热效率,为热能的利用率,是因为各种热损失造成的;流体具有容积损失时,称为容积效率等等。各种效率的数值皆小于1。效率愈高,表示能量损失愈小,能量的利用率愈充分、合理。　　(田维铎)

xie

楔齿滚刀　tooth type rolling cutter

刀圈具有楔齿形刀刃的掘进机滚刀。用于早期全断面岩石掘进机破岩。　(茅承觉)

楔齿滚刀

楔块式夹具　wedge type jig

利用活动楔块在固定楔形槽内移动而产生夹紧力的冷拉夹具。夹紧力强,使用方便,Ⅰ～Ⅳ级粗细钢筋都适用。楔块加工后应进行热处理,硬度HRC=50～55。应用广泛。

(罗汝先)

楔块式夹具

楔式冻土锤　freezing soil splitter

工作部分由楔杆和落锤组成的冻土锤。利用自由落体的锤头打击杆尾,使楔形杆头插入冻土层而破冻。结构简单,但工作效率很低。适于在恶劣气候条件下破碎较厚的冻土层。　(曹善华)

楔式夹桩器　wedge chuck

液压缸的液压力通过沿楔形轨道上下滑动的楔形夹头产生夹桩力的固定式夹桩器。　(赵伟民)

斜撑伸缩机构　back stay telescopic mechanism

用于在一定范围内调整桩架斜撑长度的机构。目前主要有两种调整方式:丝杠调整和液压调整。前者

有机械式和手动两种,机械式调整机构即通过安装在桩架横梁上的电机和减速器,带动与调整丝杠相连的球轴旋转,从而改变丝杠的长度。　　　　（邵乃平）

斜撑桅杆起重机　rigid braced derrick crane

　　由两根刚性斜撑杆支撑,使桅杆保持直立状态的桅杆起重机。桅杆比起重臂短,它们的下端固定在回转盘上,回转盘与下支座铰接,起重臂可回转240°。斜撑和座梁使桅杆保持垂直。起升机构和变幅机构安装在起重机以外的机房内。分为固定式和移动式。结构简单、轻便,具有较大起升高度和幅度、较大的起重能力,拆装方便。　　　　（谢耀庭）

斜键　typer key

　　又称楔键。上表面带有斜度的键。装配时楔入底面有斜度的键槽中,键与槽的两侧面不接触,上下两面为工作面并受挤压,工作时主要靠键与键槽之间及轴与轮毂之间的摩擦力来传递转矩。用于轴向固定零件。　　　　（幸淑琼）

斜盘式轴向柱塞泵　cam-type axial piston pump

　　缸体与驱动轴同轴线,靠斜盘使柱塞在缸体内作往复运动的轴向柱塞泵。斜盘倾角固定的为定量泵;斜盘倾角可调则为变量泵。是一种无连杆式轴向柱塞泵。　　　　（刘绍华）

斜盘式柱塞液压马达　cam-type axial piston motor

　　柱塞轴线与缸体轴线平行并沿缸体圆周均布,柱塞伸出端作用在斜盘上,由液体压力作用在柱塞上而进行工作的液压马达。柱塞数为奇数,具有径向尺寸小,转动惯量小,容积效率高等特点。（嵩继昌）

斜楔套筒固结　fixing by taper sleeve

　　钢丝绳与其他承载零件联接时,将其一端绕过斜楔,并一同放入锥形套筒内,利用斜楔在套筒内的摩擦自锁作用使绳端固结的方法。固结处的强度约为钢丝绳自身强度的75%～80%。构造简单,装拆方便,但不适用于受冲击载荷的情况。　　（陈秀捷）

斜轴式轴向柱塞泵　angle-type axial piston pump

　　驱动轴与缸体轴线斜交成某一角度,柱塞通过连杆与驱动轴法兰盘铰接而在缸体内作往复运动的轴向柱塞泵。缸体倾角固定的为定量泵;缸体倾角

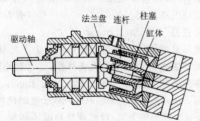

可调则为变量泵。耐震性好,能承受冲击载荷;但结构较复杂,外形尺寸和重量较大。在工作条件比较恶劣的工程机械,如挖掘机上应用较多。
　　　　（刘绍华）

斜轴式柱塞液压马达　angle-type axial piston motor

　　当液体压力作用在柱塞上时,柱塞缸体轴线相对于主轴倾斜一个角度而进行工作的液压马达。耐震性好,能承受冲压载荷,结构强度高。（嵩继昌）

谐波　harmonic wave

　　频率为基波频率整数倍的正弦分量。对应于傅立叶级数中 $n=2$, $n=3$……的分量,分别称为二次谐波、三次谐波……。　　　　（朱发美）

谐波减速器　wave-type reducer

　　将由波发生器、刚轮和作为柔轮的中间挠性件三者组成的谐波齿轮传动装置作为运动和动力传递元件的减速器。当波发生器连续转动时,迫使柔轮产生的弹性变形波近似于谐波,故称谐波齿轮传动。具有低速输出、较大的传动比和较高的承载能力;零件少、体积小、重量轻、传动效率高、运动平稳、无噪声等特点。

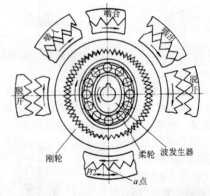

　　　　（苑　舟）

谐振　resonance

　　含有电感、电容的交流电路,出现电压与电流同相位,电路呈现纯电阻性的现象。可以通过调节电感或电容值,或改变电源的频率,使电路发生谐振。
　　　　（周体伉）

泄漏　leakage

　　时域信号加窗截断,导致频谱畸变的现象。由于窗函数具有有限宽度,致使截断后的样本在频域上谱峰能量分散,增加了很多频率成分,从而降低了傅立叶变换的精度和频率分辨力。　　（朱发美）

卸船机　ship unloader

　　把船舱散料连续输送至岸边带式输送机的码头专用装卸机械。分链斗卸船机、垂直螺旋卸船机和

气力卸船机等。前者用链斗提升机取料,通过悬臂上的带式输送机和门架上的溜槽,散料跌落于岸边带式输送机上。垂直螺旋卸船机的取料工作装置为一封闭的垂直螺旋。气力卸船机则用气力输送装置的吸嘴伸至舱内每个角落取料,能自行清舱。

(叶元华)

卸荷回路 unloading curcuit

当液压执行元件工作间歇时,液压泵输出的油液全部在零压或很低的压力下流回油箱的压力控制回路。节省动力、减少发热、延长元件寿命。包括滑阀中位卸荷、电磁溢流阀远控卸荷、卸荷阀自动卸荷等回路。

(梁光荣)

卸灰器 sluicing valve

见卸料器。

卸料漏斗 bin

又称料斗。传递或引导散状物料流动方向的小容积料仓。上部柱形部分很短,甚至无柱形部分而只有锥形部分,起中转料作用。一般用钢板焊接而成,亦可用钢筋混凝土或木料制成。内表面较光滑,有时镶有衬里,存放磨蚀性强的物料。按斗壁形状分直线形、抛物线形和对数曲线形。直线形漏斗结构简单,使用普遍,但易起拱,大多装有破拱设备。抛物线形漏斗容大,但起拱现象更严重。对数曲线形漏斗不易发生起拱,但容积较小。

(叶元华)

卸料器 sluicing valve

气力输送装置中用以卸出物料分离器分出的物料,并能防止空气进入分离器的阀件。亦可用于除尘器排灰,应用最广的是叶轮式卸料(灰)器,结构与叶轮式供料器相同。

(洪致育)

卸料小车 discharge cart

带式输送机中间任意点卸料用的行走小车。由车架、两个滚筒和导料漏斗等组成。卸料小车沿导轨在输送机长度方向内移动,物料经卸料小车的上滚筒抛出再经导料漏斗向输送机一侧或两侧卸料。

(张德胜)

卸土机构 discharged soil machinism

设在钻架上端,用以控制冲抓斗卸土的装置。由导向架、导向套和排土导向板等组成。

(孙景武 赵伟民)

蟹耙式装载机 scraper-type car loader

具有蟹耙状工作装置、能连续装载的装卸机械。由工作装置、埋刮板输送机、轮胎式或履带式行走机架等组成。工作装置为一对旋转圆盘和两个类似蟹耙的四连杆机构。装载作业时,工作装置伸入料堆,蟹耙作规则的平面曲线运动,将前面的物料交替耙至中部的输送机入口,然后运到后方输送机端部处装车。常用于堆料场、仓库散状物料的装载。

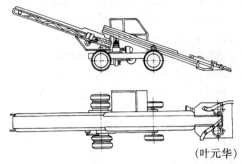

(叶元华)

蟹爪洗砂机 crab sand washer

利用两个刮爪交错摆动洗涤洗砂筒内污砂的洗砂机。

(曹善华)

xin

心轴 axle,mandrel

①只承受弯矩而不承受扭矩的直轴。在机器中起支持零件的作用。

②排水带式地基处理机械中,在打设排水带时,起保护和安设排水带作用的装置。其内装设有输送排水带和切断排水带的装置。 (幸淑琼 赵伟民)

信号 signal

携带和传递一定信息的电压(或电流)、无线电波、声、光、动作或其他形式的参数。如利用电压传递机械振动信息时,电压即为一种电信号。

(朱发美)

信号分析 signal analysis

从录取的原始信号中找出反映客观事物变化特性的信息的加工处理过程。在实测的信号中,往往混有各种噪声,只有经过必要的处理和分析,才能较准确地提取有用信息。信号处理和分析没有明确界限。通常把研究信号的构成和特征值称为信号分析,把信号经过必要的变换以获得所需信息的过程称信号处理。

(朱发美)

信息 information

①消息。

②用某种符号传递原先不知道的报道。

③经过加工处理的信号。机器振动、噪声、温度或压力等信息。

(朱发美)

信噪比 signal-to-noise ratio

有用信号的强度(幅值或功率)与噪声(或干扰)强度之比的对数值。单位为(dB)。

(朱发美)

xing

星形－三角形降压启动 star-delta starting

正常运转时作三角形连接的异步电动机,先接成星形,待转速升高后再改接成三角形的启动方法。由于启动时定子绕组接成星形,其相电压只有三角形接法的 $1/\sqrt{3}$,相电流也为三角形接法的 $1/\sqrt{3}$,而线电流和启动转矩则降到直接启动时的 $1/3$。由于启动转矩大幅度减小,故这种方法仅适用于电动机在空载或轻载情况下的启动。　　　(周体优)

行程　stroke

又称冲程。往复运动物体自上止点至下止点的移动距离。　　　(田维铎)

行程缸径比　stroke-bore ratio

活塞行程与气缸直径的比值(S/D)。是内燃机的主要结构参数之一,其数值对内燃机的结构尺寸、燃烧室形状、可燃混合气的形成与燃烧以及活塞热负荷、轴承惯性负荷等都有一定的影响。　(陆耀祖)

行驶　travelling

车辆或其他行走式工程机械在公路或铁路上进行长距离、速度较高的行走。行驶速度一般以每小时若干公里计(km/h)。　　　(田维铎)

行驶状态轴荷　axle load distribution under travelling state

工程机械在行驶状态下车桥所承担的静轴荷。如考虑动载荷,当另行计算。　　　(田维铎)

行星齿轮变速箱　spider gear transmission box

有些齿轮轴线在空间旋转的变速箱。由若干个基本行星排串联而成。基本行星排主要由太阳轮、齿圈、行星架和行星轮组成。常用的有两自由度和三自由度机构。与液力变矩器组成液力机械变速箱,以实现无级变速,一般都采用动力换档。具有结构紧凑、载荷容量大、传动效率高、齿间负荷小、结构刚度好等特点。　　　(刘信恩)

行星齿轮差速器　differential spider gear box

差动轮系构成的差速器。安装在驱动桥中部,主要由差速器壳、十字轴、行星齿轮、半轴齿轮等组成。差速器壳与主传动从动齿轮连接,两个半轴齿轮通过两根半轴与两侧驱动轮连接。当机械转弯行驶或在高低不平的道路上直线行驶或驱动轮实际滚动半径不相等时,该差速器可使两侧驱动轮以不同的角速度旋转而不滑磨。转速特性是左、右两半轴的转速之和恒等于差速器壳转速的 2 倍;传力特性是两半轴上的扭矩近似相等。

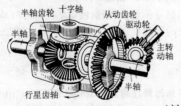

半轴齿轮　十字轴　从动齿轮　驱动轮　半轴　主转动轴　行星齿轮　半轴

　　　(刘信恩)

行星齿轮式挤出机　planetary extruder

挤压系统类似行星齿轮传动机构的塑料挤出机。其行星齿段由中心大螺杆和与之相啮合并围绕其作公转、本身又作自转的数根小螺杆以及与它们啮合的固定内螺杆组成。物料输送到行星段时,在中心螺杆、内螺杆和行星螺杆互相啮合所产生的捏合挤压作用下,很快塑化,并被送至口模后挤出。塑化质量高,熔体温度低;热应力低,自洁作用好,能耗低。是一种新型的挤出机。　　　(丁玉兰)

行星激振器　planetory vibrator

利用滚锥绕滚道作行星运动而产生振动的激振器。滚锥紧贴滚道公转又自转,其惯性力不断改变方向而引起振动。分内滚式和外滚式两种,前者的滚道在滚锥之内;后者的滚道在滚锥之外。根据行星运动原理,滚锥直径与滚道直径愈接近,振动频率就愈高,故直径比率恰当的情况下,滚锥以较低转速旋转时,可以得到激振器的高频振动。　(曹善华)

行星轮系　planetary gear train

只有一个中心轮能转动(即自由度为 1)的周转轮系。确定各构件运动规律的条件是只需知道其中一个构件的运动规律。　　　(樊超然)

行星式混凝土搅拌机　planetary concrete mixer

拌和铲在圆盘形搅拌筒内作行星运动搅动拌和料的立轴强制式混凝土搅拌机。由圆盘形搅拌筒、行星架、拌和铲、动力、传动机构及卸料闸门等组成。有定盘行星式混凝土搅拌机和转盘行星式混凝土搅拌机两种。　　　(石来德)

行星式搅拌桩机　planetary mixing pile machine

见复合式搅拌桩机(84 页)。

行星式扩孔机　planetary reamer

采用盘式刀头自转切削和公转扩孔的反循环式扩孔机。扩孔时做行星运动的盘式刀头在杠杆机构的推动下向外推张至所需孔径位置。　　　(赵伟民)

行走　travelling,walking

工程机械在工作面、地面、轨道上有限的范围内进行较低的速度行进。一般以每分钟若干米(m/min)计。　　　(田维铎)

行走冲击系数　impact factor of travelling

起重机或其部分沿道路、滚道或轨道运动时的冲击系数。它(大于 1 的系数)与运动着的总质量的重力载荷之乘积相当这个冲击载荷。　(顾迪民)

行走机构　travel mechanism

支承工程机械并实现水平运动的机构。由行走驱动装置和行走支承装置组成。借助于驱动装置实现水平运动,以便调整机械的位置。分有轨和无轨,

前者有专设的轨道,行走速度低,活动范围小,行驶
阻力小,如塔式起重机和桥式起重机;后者无专设轨
道,行驶速度快,机动性好,活动范围大,如汽车及轮
胎、履带式各种工程机械。　　　　　　　　(李恒涛)

行走马达　travelling motor

驱动挖掘机或起重机的行走装置运行的马达。
可为电动机或液压马达。　　　　　　　　(刘希平)

行走驱动装置　travel driving device

驱动工程机械主动车轮转动,实现水平行走的带
原动机的驱动装置。分有轨和无轨两种类型。

(董苏华)

行走速度　travelling speed

又称运行速度、行驶速度。工程机械的行走机
构原动机处于额定转速时,机械获得的稳定速度。
对具有有轨行走机构的机械,单位为 m/min,行走速
度在 20～240m/min 范围内;对于轮胎式或履带式
机械,单位为 km/h,轮胎式的机械行走速度可达
90km/h,履带式机械的行走速度在 20km/h 之内。

(李恒涛)

行走台车　equilibrium bogie

用以承受起重机的自重与吊重的载荷,传给轨
道并降低和均衡车轮轮压的装置。轨道的基础限制
了最大轮压值,当轮压超过规定值时,可采用均衡台
车增加车轮数,降低轮压值。另外,为使支腿下的各
个车轮都与轨道接触,使轮压均匀,也采用均衡台车
结构,均衡台车有二轮、三轮、四轮和八轮。由台车
架、竖轴、水平轴和车轮组成。台车架可绕竖轴、水
平轴转动,以便均衡车轮的轮压。可分为主动台车
和从动台车。　　　　　　　　　　　　(李恒涛)

行走台车均衡梁　balance beam of travel vehicle

门式起重机中为平衡轮压而在两个车轮或两个
台车之间采用的连接梁。与门式起重机下横梁之间
采用铰接连接。其上装有销轴,能自动调整轮压。

(于文斌)

行走支承装置　travel support device

支承工程机械底架之上结构与载荷的装置。与
底架相连接并将其载荷传给轨道或路面,配合行走
机构的行走驱动装置实现行走运动。分为有轨和无
轨两种。　　　　　　　　　　　　　　(于文斌)

行走阻力　travel resistance

轨道式或自行式工程机械行走时所承受的各种
阻力的总称。在露天条件下工作的机械,行走时的
阻力有:摩擦阻力 W_f、坡度阻力 W_s、风阻力 W_w 和
惯性阻力 W_p,用来计算行走机构的功率,选择电动
机、减速装置、传动零部件及行走支承装置。根据计
算目的的不同,应当对上述各项阻力进行适当的组
合。　　　　　　　　　　　　　　　　(李恒涛)

形状公差　form tolerance

单一实际要素的形状所允许的变动全量。是对
零件单一实际要素的形状与其理想形状的相似程度
的要求。相似程度越高,形状误差越小,则形状精度
越高。限定单一实际要素形状误差大小的量是形状
公差值;限定形状误差变动范围的是形状公差带。
分为直线度、平面度、圆度、圆柱度、线轮廓度和面轮
廓度六类。　　　　　　　　　　　　　(段福来)

形状误差　form error

被测实际要素对其理想要素的变动量。理想要
素的位置应符合最小条件(被测实际要素对其理想
要素的最大变动量为最小)。图示 h_1、h_2、h_3 是相
应于理想要素处于不同位置时得到的各个最大变动
量,其中 h_1 最小,则符合最小条件的理想要素为 A_1
$- B_1$。其误差值用最小包容区域(简称最小区域,
即包容实际要素时,具有最小宽度或直径的包容区)
的宽度或直径表示。如图中 $A_1 - B_1$ 直线与 $A_1' -$
B_1' 直线之间的 $h_1 = f$ 的区域为直线度误差。

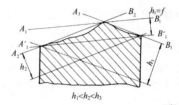

$$h_1 < h_2 < h_3$$

(段福来)

型材切割机　sections cutting machine

按照要求长度对各种型材进行切割的手持机
具。由可转夹钳底座、转位中心调整机构、切割砂轮
片、可转夹钳和电动机组成。　　　　　(迟大华)

型号　model

表示工程机械名称及主参数的方式。我国是以
汉语拼音字头及主参数数值来编写的。例如 QT-
40,即以 T 表示塔式、Q 表示起重机,其主参数为
400kN·m。国外厂家产品的型号编制各自不同,需
具体分析。　　　　　　　　　　　　　(田维铎)

型式　type

各种工程机械通过分类后,在作业方式、工作原
理、动力装置、传动系统以及操纵装置等方面所表现
不同的特征。例如汽车起重机是属于起重机类的,
但其型式有机械传动式、液压传动式及内燃电动式
等型式。　　　　　　　　　　　　　　(田维铎)

xiu

修理　repair

设备技术状态劣化或发生故障后,为恢复其功
能而进行的技术活动。包括各类计划修理和计划外

的故障修理及事故修理。　　　　　　（原思聪）

修理尺寸　repair tolerance

用机械加工方法恢复配合件中较贵重零件几何形状后所得到的新尺寸。以此尺寸为基准、并按照配合标准配制一个与之相配的零件，从而获得正确的配合关系。此时原有的尺寸已经改变，一般在一对配合副中，对复杂而贵重的零件用修理尺寸法修复，而另一配合件则重新配制。　　　（原思聪）

修理尺寸链

在修理过程中形成的尺寸链。设备修理时，根据设计尺寸链，按照设备精度检验标准和装配技术要求，通过计算确定修理后的封闭环和包括修理件在内的各组成环的名义尺寸及其公差。（原思聪）

修理方案　repairing plan

为恢复或改善零件、部件、设备的精度、性能所制定的工艺方案。　　　　　　　（原思聪）

修理复杂系数　complication coefficient to repair

设备修理复杂程度的标志。是由设备结构的复杂程度、工艺特性、规格尺寸及维修性等因素决定的。主要用于制定修理工作的各种定额。　　（原思聪）

修理基准　datum of repairing, repair datum

修理设备时，为恢复尺寸链精度而选作修理其他工作面基准的几何元素。　　　　（原思聪）

修理技术检验　technical check for repairing

监督修理工作和贯彻技术标准，确定技术检验的范围和方法。可保证机械的修理质量，降低成本、缩短停产周期，提高机械可靠性，减少故障率，促进机械的有效利用。　　　　　　　（杨嘉桢）

修理周期　repair cycle

机械从投入使用，经过若干次技术保养和局部维修，至机械达到最后恢复性大修理的时间间隔期。为了便于机械的充分使用和编制维修计划，经过一定的时间间隔应规定停机修理。其目的是能用最少的时间和费用来保证机械处于有工作能力的状态。最佳修理周期是一个反映机械类型的特征、完善程度、使用条件和维修制度主要参数。修理周期内维修次数、类别和排列方式对各型机械有所不同，但都反映了整机的可靠性指标与机械各零部件潜在寿命之间的关系。　　　　　　　　（杨嘉桢）

修整梁　screeding beam

在混凝土路面整平机上作横向往复摆动，将已振实的混凝土表面进行搓抹，并刮去多余砂浆的悬挂工作装置。　　　　　　　　　（章成器）

修正齿轮　profice modified gear

见变位齿轮(11页)。

xu

蓄电池　storage battery

采用正极板和负极板与电液发生化学反应来储存电能并向外供电的装置。工程车辆常用的酸性蓄电池，以硫酸溶液作为电液，阳极板为二氧化铅，阴极板为海绵状纯铅，通过充电

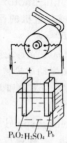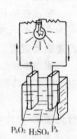

后储存电能，当发动机、起动或发电机发出电力不足时，由蓄电池单独供电或同发电机一起向用电设备供电。　　　　　　　　　　（岳利明）

蓄电池搬运车　battery cart

又称电瓶车。以蓄电池-直流电动机驱动的搬运车。具有驾驶方便、加速平稳、寒冷气候也能顺利启动、噪声小和污染少的优点。蓄电池与车架以及蓄电池之间必须垫橡胶垫块，以减轻振动和防止短路。载重量一般在2t以下。可牵引拖车扩大运载量或搬运长件物品。平台不与车架刚性固接，能作相对滑动和倾斜的称作滑动平台电瓶车，可自卸物料。带有可升降货叉，不需其他装卸设备协助即能自行装卸并搬运托架的称作升降式电瓶车。　　　　（叶元华）

蓄能器　accumulator

储存和释放液体压力能的液压辅助元件。在液压系统中起调节能量、均衡压力、减小设备容积、降低功率消耗及减少系统发热等作用。可作为辅助动力源、热膨胀补偿器和脉动、冲击吸收器等。按结构分为重力式、弹簧式和充气式三种。　　（梁光荣）

xuan

悬臂架桥机　cantilever bridge beam erecting machine

利用悬臂将梁片吊起，依靠机车经过渡车将其缓缓推到桥位的架桥机械。为了纵向平衡，机械另一端悬臂须同时将平衡重吊起。因受轨距限制，整机横向稳定性差，作业前要特别注意桥头路基填土的密实度与线路状况，否则运行时容易侧向倾覆。

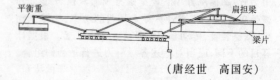

平衡重　　　　　　　　　　　　扁担梁

　　　　　　　　　　　　　　　　梁片

　　　　　　　　　　（唐经世　高国安）

悬臂拉铲 radial scraper

利用悬臂上的反向滑轮作切向运动,使铲斗在扇形范围内运动的骨料拉铲。由铲斗、卷扬机、导向滑轮、反向滑轮、旋转平台、悬臂和塔架等组成。反向滑轮装在悬臂端部,以实现其切向运动。装有卷扬机和悬臂的旋转平台安装在塔架上,堆料高度大,贮料仓容量大,一套设备可以兼顾多种骨料的扒取。用于混凝土搅拌站(楼)。 (王子琦)

悬臂式捣固架 cantilever tamping unit

悬置于道碴捣固机械一端的捣固架。多用于相对较小的重型捣固机。曲线作业与编组回送性能差是其主要缺点。 (唐经世 高国安)

悬浮气力输送装置 floating pneumatic conveyor

利用气流动能使物料悬浮并沿管道运动的气力输送装置。分吸气式、压气式和混合式三种。吸气式气力输送装置利用装在输送系统末端的真空泵抽吸空气,物料从吸嘴吸入输送管,通过卸料处的分离器使物料从气流中分离出来,能从数处取料。压气式气力输送装置利用装在输送系统起点的压气机将空气通入供料器与物料混合,然后沿输料管输送物料,能向数处卸料。混合式气力输送装置是吸气式和压气式的组合,能从数处取料和卸料。 (叶元华)

悬浮速度 floating speed

①使干拌和料在管道中移动所需的最低气流速度。超过这个速度的气流才足以使颗粒状的拌和料悬浮于气流之中,随风移动。

②见沉降速度(26页)。 (戴永潮)

悬挂式点焊机 suspended spot-welding machine

悬挂在单轨上,可沿单轨移动的钢筋点焊机。其电极为一独立的手持焊钳,利用各种软管与主机连接。能焊接各种几何形状的大型钢筋网架。 (向文寿)

悬挂式冻土破碎机 suspended freezing soil breaker

工作装置通过铰销悬挂在履带拖拉机机架后部的冻土破碎机。工作装置分刀形、齿形、钩形等种。有液压操纵和钢丝绳操纵两种,前者用液压缸控制工作装置入土深度和破冻角度;后者由钢丝绳滑轮组控制。适用于冬季土方施工和冬季农田基本建设。 (曹善华)

悬挂式履带桩架 hanging crawler tread pile frame

为桩锤或钻具导向用的立柱,由履带起重机起重臂或履带挖掘机的动臂悬挂,下部配以伸缩撑杆支持而构成的履带式桩架。伸缩撑杆用以调整立柱的垂直度。优点在于容易由履带起重机改装而成,结构简单,机动灵活,适应性大,便于短距离变更施工点;缺点是横向承载能力较弱,整机稳定性较差。在改装过程中,必须注意校核吊臂及其他有关部分的强度及履带起重机的稳定性和全装备重量行走的可能性。 (邵乃平)

悬挂式松土机 hinged ripper

拖拉机后端通过连杆机构悬装松土器,在行进中进行松土作业的松土机。分单连杆式、双连杆式和可调节式三种。松土器的升降全为液压缸操纵。与拖式松土机相比,整机长度短,机动性能好,由于松土器自重作为附着重力,提高了牵引性能,应用广泛。 (宋德朝)

悬挂式挖掘机 hanging excavator

以拖拉机或汽车底盘为基础,通过铰销将挖掘工作装置装于基座上的挖掘机械。大多装有转台,可以全回转或局部回转,利用拖拉机或汽车的内燃机驱动,经过液压系统传动进行作业,作业时必须打支腿,以保证机械的稳定性和安全性。多为小型机械,斗容量一般小于 $0.4m^3$。用于零星分散的土方施工。 (曹善华)

悬挂输送机 trolley conveyor

利用连接在牵引链上的一系列滑架在架空轨道环路上运行,以输送悬挂于承载构件上的成件物品的连续输送机械。架空轨道可在车间内根据生产需要灵活布置,构成复杂的输送线路。输送的物品悬挂在空中,可节省生产面积,能构成立体空间的连续输送线。能耗小,在运输的同时还可进行多种工艺操作,实现整个工艺过程的综合机械化和自动化。输送线路由几十米到几百米,如采用多级驱动可长达2000m以上;一个吊具的承载质量可由几千克到1t左右;运行速度按工艺要求决定,一般为 0.5~15m/min,最大可达20m/min。分提式、推式和拖式三种。 (谢明军)

悬挂输送机滑架 sliding frame of trolley conveyor

用来支持悬挂输送机的载货吊具,使其沿架空轨道运行或用来支持牵引链条,以免链条产生过大垂度的装置。前一种称载重滑架,后一种称空载滑架。其有效载荷根据线路的轮廓、运行速度、在各个垂直弯曲处的载荷值和载荷作用的延续时间以及输送机工作条件和计算载荷来决定。在给定货物的质量大于有效载荷时,可利用横梁将货物悬挂到两只或四只滑架上,滑架节距取决于吊具的节距和线路垂直弯曲处的半径值。　　　　　　　　　(谢明军)

悬辊磨　ring-roll mill

又称雷蒙磨(Raymond mill)。利用铰悬磨辊的行星运动作用于磨环的离心挤压力研磨物料的辊式磨机。带有3～5个臂辊的转架空套在固定立轴外,由底部传动装置驱动其回转,各辊内铰悬可自转的磨辊。操作时磨辊作行星运动甩压在磨环上,入磨物料被固定在转架下部的叶片铲刮至辊、环间研磨。磨细物料被从磨环下周缘孔口鼓入的气流带至上部分级器,粗粒落回磨室重磨,细粉由气流带出磨外,经收尘设备捕集为产品。可粉磨兼烘干,用于粉磨煤粉及水泥生料。　　　　　　　　(陆厚根)

悬架　suspension

车架与车桥之间一切传力连接装置的统称。路面作用于车轮上的垂直反力(支承力)、纵向反力(牵引力和制动力)和侧向反力以及这些反力所造成的力矩都要通过悬架传递到车架上。有刚性和弹性之分。　　　　　　　　　　　　　　(刘信恩)

悬轴锥式破碎机　suspeded-spindle gyratory crusher

又称旋回式破碎机。活动锥的转轴上端铰悬在支架上,转轴下端倾斜插装在偏心套中,作业时绕铰点作空间旋摆运动的锥式破碎机。活动锥几何轴线的轨迹是以铰悬点为顶点的圆锥面,活动锥上部的旋摆幅度甚小,愈近卸料口,摆幅愈大,物料在两锥间主要受到挤压和弯折作用。适于破碎坚硬而脆性的物料,一般用于粗碎石块。　　　　(曹善华)

旋摆运动　gyration

又称等进动运动。旋回式破碎机偏心轴套旋转时,活动锥轴线绕悬点所作的锥面运动。按照欧勒定律,物体绕空间固定点的旋转,相当于绕通过此点的某一直线旋转,因此,这种运动可归结为绕瞬轴的旋转。活动锥除绕固定点摆动外,还绕自身轴旋转,即作等进动运动。　　　　　　　(陆厚根)

旋刀式剪草机　rotary mower

由立轴带动固定在其上的刀片在水平面内高速旋转进行切草的剪草机。由动力装置、刀片罩壳、2～4片旋刀刀片、行走机构、操纵机构、集草装置等组成。高速旋转的割刀罩冲击力切草,刀片旋转产生的风力将剪下的草通过刀片罩壳里的螺旋风道吹入集草装置,再集中由排草口排出。按行走方式分为自行式、拖挂式和手推式,还有机动旋刀式、小汽车型旋刀式、大型旋刀式等。　　　(胡　漪)

旋刀式绿篱修剪机　rotary hedge trimmer

具有双边刃口的转刀刀盘作高速旋转运动,与放射形机架上的固定刀配合,对绿篱作冲击性剪切的绿篱修剪机。由动力装置、刀盘、定刀片、手柄等组成。以蓄电池为电源,不受电源和区域限制。

(胡　漪)

旋风式选粉机　cyclone separator

利用外部鼓风机沿切线方向吹入机内旋转上升的气流,使撒料盘抛出的粗细粉末分离的选粉机。由鼓风机、筒体、撒料盘、进气管、排灰管、气阀等组成。按结构形式,分长锥式、圆筒式、扩散式、旁通式等种。常用的是轴流式和切流反转式两种。一般装有空气调节阀和节气阀,可以在大范围内调节成品细度。选粉效率较高。用于水泥厂等。　　　　(曹善华)

旋风收尘器　cyclone collector, dust-collecting cyclone

含尘气体在旋风筒内高速旋转的惯性式收尘设备。含尘气体沿切线方向进入筒内而形成强烈旋风,尘粒在惯性离心力作用下被甩向周壁,碰撞后失去动能沿周壁滑下,经过灰筒落入灰仓。结构简单,制造方便,尺寸紧凑,可以处理含尘较多的气体,但筒体易于磨损。　　(曹善华)

旋罐式垃圾车　refuse collector with coiled pot

依靠螺旋挤压器和垃圾罐体的旋转进行挤压装载,转运后,罐逆转卸载的垃圾车。垃圾箱是一圆形的罐体,通过固定架与车架相连,并能灵活地在车架上的托架圈里转动。罐体内壁上设有螺旋筋板,当罐体转动时将垃圾推进或推出。外面装有垃圾桶提升架,可将桶内垃圾倒入车后门内,经螺旋挤压器迅速地将粗大的垃圾破碎,并挤送到罐内。当罐内垃圾装满后,螺旋挤压器可以把松散垃圾进一步挤压密实。强度、刚度较好,工作平稳,但效率较低。

(张世芬)

旋回式破碎机　gyratory crusher

见悬轴锥式破碎机。

旋喷式桩机　rotary jet pile machine

通过喷射压力水来贯入土壤中,达到预定深度后,再旋转喷射胶凝材料并提升,从而形成桩的软地基桩机。有二重管式、三重管式。　　　　　　　　　(赵伟民)

旋转变压器　rotary transformer

又称回转变压器。输出电压与转子转角有一定函数关系的交流控制

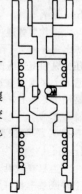

旋喷式桩机

电机。基本结构与绕线式异步电动机相似,在定子和转子上,分别各有两套互相垂直的绕组。按输出电压与转子偏转角之间的关系,有正余弦旋转变压器、线性旋转变压器、比例式旋转变压器、特殊函数旋转变压器等。在自动控制系统和计算装置中,可作为数据传递、计算、移相和角度—数字转换等之用。 （周体伉）

旋转法立塔　erecting by turning

利用卷扬机和钢丝绳滑轮组使塔身绕铰接点旋转起立到垂直工作位置的方法。利用较小型吊装设备,如汽车起重机,将塔式起重机塔身等部件在地面拼装到所需尺寸,塔身底部与底架铰接,起重臂作为立塔桅杆。需占用较大安装场地并设置地锚,安装时间较长,适用于中型非自升式塔式起重机。

（谢耀庭）

旋转翻车装置　turn tip plant

多节固定箱式矿车在不脱钩情况下,每节矿车逐个翻转卸料的掘进机后配套设备。由驱动机构、回转底架和底架托轮组成。设备的回转中心必须与矿车车钩回转中心在同一条轴线上。矿车进入回转架后,由电动机、行星齿轮减速器和链传动等组成的驱动机构牵引回转架低速回转,卸空矿车按原回转方向复位,再由重车顶出空车,重复上述动作;回转架由滚动盘、侧向支承架和承轨梁组成;底架是由钢板焊成数根大梁组成,底架上装有4只托轮,回转架的滚动盘就搁在其上。回转部分的重量和矿车的重量通过托轮传到底架上。装置的有关尺寸必须和矿车尺寸相配,以保证侧向和顶面的夹紧间隙。

（茅承觉）

旋转活塞式内燃机　rotary piston engine

又称转子机。燃料在气缸内燃烧放出热能,通过活塞作旋转运动使热能转变为机械能的内燃机。目前研究和应用较多的是三角活塞式转子机,其结构简单、体积小、重量轻、运转平稳,但低速动力性和经济性较差,起动性和可靠性还有待于进一步提高,仅用于少数小轿车及小型高速动力机械。 （陆耀祖）

旋转开沟机　rotary ditcher

利用旋转的铣抛盘铣切并抛掷土壤的开沟机。工作装置由铣刀和转盘组成,铣刀用来切削土壤,转盘用于抛土。要与中等功率的拖拉机配套使用,经一次或多次通过完成开沟作业。作业速度低(一般为 $50\sim400m/h$),因而所配套的拖拉机须有超低速挡。单位土方量的能耗大于铧式开沟机。适用于农田建设大型沟渠的开挖。 （曹善华）

"旋转木马"游艺机

利用电控调速,使木马组随大转盘在水平面内旋转并垂直起伏的游艺机。由电动机、大转盘、木马组、控制装置、液压系统等组成。工作时,电动机驱动大转盘旋转,通过液压系统使木马做上、下起伏运动。 （胡漪）

旋转式板阀　rotary flat valve

利用阀板的旋转控制混凝土拌和料吸入、压出的混凝土分配阀。有两种形式,其中一种只有一块旋转板,可以在受料斗和吸入混凝土缸之间形成吸料通道,同时在压送混凝土缸和输送管之间形成压送通道。阀板旋转到另一位置,形成新的吸入、压送通道。这种阀亦称蝶阀。另一种对应两个混凝土缸有两条吸入通道和两条压送通道,两块阀板固定在同一根旋转轴上,一块阀板控制两条吸入通道,另一块控制两条压送通道,因控制压送通道的阀板形似斧头俗称斧头阀。 （龙国键）

旋转式给料漏斗　swivel charging chute

把一台骨料运输设备运送上来的不同种类的骨料,装入相应的骨料贮料仓中的斗状分配器。由电动机带动旋转,当转至需要供料的骨料贮料仓时,行程开关切断,使其停止转动,并发出信号,向该仓供料,装满后即停止供料。 （王子琦）

旋转式气压节流阀　rotating throttle valve

通过旋转阀柱改变阀的流通面积来调节压缩空气的流量和流速,以改变气动锯气动执行机构工作速度的流量控制阀。 （王广勋）

选粉机　air separator

又称气力分选机。根据不同粒度或质量的粉末颗粒在气流中具有不同沉降速度的原理进行分级的设备。由风机、分级筒、气阀、进料管、卸料斗等组成。分离心式、旋风式、串流式、涡流旋风式等种。是水泥工业生产中闭路循环干法粉磨系统的重要辅助设备。能将合乎规定粒径的细粉,作为成品及时分出,免除过度粉碎,以减少能耗,并将大颗粒返回磨机再粉碎,以提高产量,保证质量。 （曹善华）

xue

穴蚀　cevernous erosion

零件与液体接触并有相对运动的条件下产生蜂窝状孔穴层的腐蚀磨损。零件与液体接触处液体的局部压力比其蒸发压低时,在接触边界部位形成瞬时低压区,这时将有气泡形成,同时溶解在液体中的气体亦可能析出。当气泡流到高压区,压力超过气泡压力时突然溃灭,瞬时产生的极大冲击力及高温作用到金属极小面积上。气泡形成和溃灭的反复作用,使零件表面材料产生疲劳而逐渐脱落呈麻点状,随后扩展成泡沫海绵状,进一步浸蚀深入到金属内层,产生聚集的蜂窝状孔穴层。是一种比较复杂的破坏现象,往往不单纯是机械力的破坏作用,液体的化学及电化学作用、液体中含有的磨料等均可加剧这一破坏过程。

(杨嘉桢)

xun

循环 cycle

几种动作或事件按照一定的规律自开始至终了不断重复地进行的运动形式。每重复一次，叫做完成一个循环。 (田维铎)

循环负荷率 circulating-load ratio

在闭路粉磨系统中，分级机回料量与成品量之比。以百分数表示。改变其值，即可调节产品细度。磨机愈长，其值愈低。例如，一级闭路水泥磨为150%～300%；二级闭路水泥磨(短磨)为300%～600%；一级闭路干、湿法生料磨分别为200%～450%与50%～300%。 (陆厚根)

循环管式气流粉碎机 circulating jet mill

粉碎-分级室为立式循环管状的气流粉碎机。循环管的下部为粉碎区，上部为分级区。工作气体经一组喷嘴进入粉碎室后，将经文丘里管加入粉碎区的物料颗粒加速，并发生冲击碰撞。气体旋流夹带着被粉碎的颗粒，沿上行管向上运动至半圆形分级区时，粗颗粒在离心力作用下集中到循环管外侧，并随循环气流沿下行管重新进入粉碎区。而细颗粒在向心粘性阻力的作用下，密集于循环管内侧，经出口处百叶窗式惯性分级器再次分级，粗颗粒弹回下行管，排出机外的细粒被收集为产品，细度达3～0.2μm。从热敏性和爆炸性的化学品到极坚硬的物料均可有效超微粉碎。

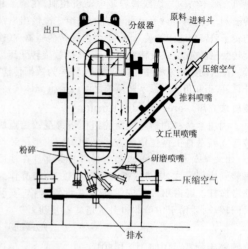

(陆厚根)

循环时间 cycle time

又称一个周期(cycle period)。每完成一个循环所需的时间。 (田维铎)

循环式索道 circulating aerial ropeway

带载吊具和空载吊具在平行架设的两根承载索上分开单向行走的架空索道。牵引索沿承载索两侧布置成一闭合环，由设在上站的驱动装置拖动，用设在另一站的张紧装置张紧。每隔一定距离布置一个吊具，多个吊具循环运行。空载吊具行近装载站，通过脱开器自动脱离牵引索，装载后送至自动发车装置处，定时或定距离靠抱索器自动与牵引索联结运货。带载吊具进入卸载站，抱索器松开，通过卸载设施进行卸载，然后空载吊具发回装载站循环作业。生产率高，适用于运量大、运距长的场合。 (叶元华)

Y

ya

压拔管装置 casing pipe press-extracting device

通过液压缸将套管压入土中或拔出的套管作业装置。 (孙景武 赵伟民)

压拔桩工作装置 operating device of pile press-extracting

产生和传递压拔桩力的液压式压拔桩机的装置。由液压系统和夹具等组成。 (赵伟民)

压拔桩机 pile press-extracting machine

对桩施加持续静压力或冲击力直至达到所需深度或拔出的桩工机械。有机械式压拔桩机、液压式压拔桩机、依附式压拔桩机、螺旋式压桩机、气动式拔桩机等。 (赵伟民)

压拔桩主液压缸 main cylinder for pile press-extracting

对桩施加压拔力的依附式压拔桩机的部件。活塞杆固定在主机体上，缸体与夹桩筒固连。工作时，通过导向装置沿立柱导轨滑动，进行压拔桩。

（赵伟民）

压力传感器 pressure transducer

感受压力并转换为与压力成一定关系的电信号输出的传感器。常用的有应变式、电感式、压电式以及霍尔效应式等。还可制成差压力传感器。

（朱发美）

压力环 pressure ring

靠定位环装在五星轮上主要起密封作用的零件。弹簧作用使其与柱塞大端之间初始压紧，保证液压马达正常启动。 （嵩继昌）

压力角 pressure angle

两个相啮合的渐开线齿轮在啮合点处，齿廓所受的压力方向（即齿廓曲线在该点的法线）与该点的速度方向线（即与该点向径 r 相垂直的方向）所夹的锐角。渐开线齿廓在不同的圆周上其压力角不等。分度圆上的压力角为标准压力角。一般 $\alpha = 20°$。

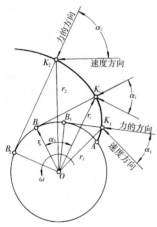

（苑 舟）

压力控制阀 pressure control valve

简称压力阀。控制液压系统中油液压力的液压控制阀。按用途分为溢流阀、减压阀、顺序阀、平衡阀及压力继电器等。 （梁光荣）

压力控制回路 pressure control circuit

利用压力控制元件控制液压系统中各油路的工作压力，满足各执行机构所需的力或转矩的液压基本回路。可合理使用功率，确保系统正常工作。包括调压、减压、增压、卸荷、缓冲补油等基本回路。

（梁光荣）

压力水循环钻孔机 circulating boring machine

又称工程钻孔机。借助于压力水的循环而排出钻碴，钻进成孔的旋转式成孔机械。按工作原理分为正循环钻孔机、反循环钻孔机。 （孙景武）

压力油箱

见充压式油箱(29 页)。

压梁 reaction beam

机械式压桩机中固定桩的位置并直接对桩传递压力的梁。由导向滑板、压梁箱体、送桩等组成。

（赵伟民）

压路机 roller

利用碾轮对铺筑料层或土壤进行密实作业的压实机械。有自行式和拖式两种。按密实原理分静载作用和振动作用等种。 （曹善华）

压路机工作速度 operating speed of roller

压路机碾压地面或料层时的开行速度。

（曹善华）

压路机工作质量 operating mass of roller

压路机工作时的额定质量。除机械质量外，加上标准规定的油、水、压载物、随机工具和一名司机(65kg)在内的质量。是压路机的重要技术性能指标之一。 （曹善华）

压路机清理杆 cleaning bar of roller

凸块式压路机上用以清除凸块碾轮上粘附物的构件。 （曹善华）

压路机洒水装置 sprinkler of roller

压路机作业时，对地面喷洒水分的装置。由汽油机、水泵、三通阀、水箱、喷水管、洒水管等组成。作业时，发动机带动水泵经进水三通阀抽水，然后旋开出水三通阀，将水引向洒水管或喷水管，再打开喷水阀或洒水阀进行洒水。喷洒水量可以通过阀门调节。 （曹善华）

压路机压载物 ballast of roller

填充在压路机的碾轮内，或装载于碾轮上面的车厢内，以增加压路机有效质量的重物。一般是砂、砾石、铁块、混凝土块或水等。如填充在碾轮内，碾轮端盖上须开装物孔，如注水，必须能密闭不漏。要求填、卸方便，不损坏碾轮和车厢。 （曹善华）

压路碾 towed roller

见拖式压路机(281 页)。

压滤机 pressure filtrator

在密闭容器内，依靠压力使含污物的水流强制通过滤材，进行过滤的脱水设备。由金属容器、配水系统、排气管、滤材等组成。分周期作用和连续作用两类。根据容器的安放，又分竖立式和卧式两种。滤速在 8～10m/min 以上。结构简单，过滤效率高，用于建筑材料工业。 （曹善华）

压气传动 pneumatic transmisson

以压缩气体为工作介质，靠其压力传递动力或信息的流体传动。其中传递动力的系统是将压缩气体经由管道和控制阀输送给气动执行元件，进而把压缩气体的压力能转换为机械能并对外作功;传递信息的系统是利用气动逻辑元件或射流元件以实现逻辑运算等功能,亦称气动控制系统。

(范俊祥)

压入铲斗式掘削机械 shovel excavator

通过液压缸借助于掘削机体的重量,将铲斗贯入土中,切取土壤的地下连续墙施工机械。

(赵伟民)

压绳器 rope guard device

起重机中,由压绳滚对卷筒表面施加一定压力,保持所缠绕的钢丝绳处于正常位置、防止乱绳的装置。由压绳滚、滚子支承杠杆及对压绳滚施加压力的弹簧或重锤组成。当缠绕到卷筒端板开始向另一层过渡时,钢丝绳在端板和里层钢丝绳推力作用下,克服压绳滚的压力开始缠绕新的一层。

(李恒涛)

压实机械 compact machinery

利用机械力使土壤、碎石等铺筑料层或地面密实的土方机械。根据作用原理分为:静力碾压式,如各种压路机;冲击式,如火力夯等;振动式,如振动压实机;复合作用式,如振动压路机等。用于地基、道路、堤坝和机场等工程施工中。 (曹善华)

压实宽度 rolling width

见碾压宽度(195页)。

压实力 densification force

碾轮滚压料层或地面时,使料层或地面密实的力。碾轮常以低速滚动,压实力等于作用在碾轮与料层或地面接触部分上的重力。 (曹善华)

压实能力系数 coefficient of densification ability

碾轮对所压料层压实能力的衡量指标。系数愈高表示压实能力愈大。与碾轮的质量 G 和尺寸(直径 D)有关,即:

$$\xi = G/b\sqrt{D}$$

式中 ξ 为压实能力系数,b 为碾轮宽度。中、小型压路机的 ξ 为 46% ~62%。 (曹善华)

压缩比 compression ratio

内燃机工作循环中,活塞到达下止点时气缸的最大容积与活塞到达上止点时气缸的最小容积(包括燃烧室容积)的比值 ε。用以表示气体在气缸内被压缩的程度。 (陆耀祖)

压缩弹簧 compress spring

又称压簧。主要用来呈受压力的弹簧。常用的为圆柱螺旋形压缩弹簧,用在车辆、起重等机械上能吸收振动、缓和冲击,用在压力控制阀上时,起安全保护作用。其中最常用的有:图示 a)为 YⅠ型,两端锻扁磨平;b)为 YⅡ型,两端圈不并紧,端面可磨

平也可以不磨平。在重要场合应采用前一种。此外尚有其他形式。

(a) YⅠ型   (b) YⅡ型

(范俊祥)

压套固结 fixing by press cover

又称铝合金压头法。钢丝绳与其他承载零件联接时,用铝套加压固结插入主索中绳股插头的方法。具体做法是:将钢丝绳一端拆散分为六股,各股留头错开,留头最长不超过压套长度,并切去绳芯,弯转180°后扦子分别插入主索中,然后套入铝套在气锤上打成椭圆形,再用压模压制成型,从而使绳端固结。工艺性能好,重量轻,安全可靠。 (陈秀捷)

压瓦机 tile press

将挤泥机中挤出与瓦型尺寸相似的泥片压制成瓦坯的烧土制品成型机械。压制平瓦的有轮转式、偏心式、摩擦式和自动拉模压制机等。用于瓦坯的湿法模压成型。 (丁玉兰)

压延机辅机 donkey of calender

塑料压延成型机组设备中辅助设备的统称。包括供料装置、辊筒加热冷却装置、制品冷却装置、卷取装置、切割装置及电气控制装置等。其作用与结构原理类似于挤出机辅机;其性能参数和组成随主机及其加工物料的品种、制品品种和规格的不同而异。 (丁玉兰)

压油过程 expel oil phenomenon

液压泵压油腔的工作容积由大变小时油液被排出的过程。即液压泵输出液体的过程。

(刘绍华)

压制成型机械 compression forming machinery

在压力作用下,使混凝土拌和料密实成型的混凝土成型机械。有模压成型机、辊压成型机、轧压成型机和挤压成型机等。混凝土拌和料在强大的压力作用下,克服颗粒之间的摩擦力和粘结力而相互滑动靠紧,空气和多余的水分被压出,从而密实成型。优点是振动和噪声低,效率高,混凝土制品质量好,但结构复杂,且只适于生产单一产品。 (向文寿)

压桩力测量装置 pile pressing force measuring device

机械式压桩机中对压桩力进行检测、计量、数据显示的装置。由测力液压缸、压力表等组成。设于送桩和桩帽之间。 (赵伟民)

压桩力传递系统 pile pressing force transmit-

ing system

所有传递压桩力的机械式压桩机的部件所构成的系统。主要由提升压梁动滑轮组、压桩动滑轮组、压桩定滑轮组等组成。　　　　　（赵伟民）

压桩速度　speed of pressing pile

压拔桩机在单位时间内将单桩压入土壤中的长度。　　　　　　　　　　　　　（赵伟民）

牙嵌离合器　jaw clutch

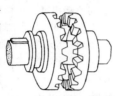

通过牙、齿的嵌合来传递运动和扭矩的离合器。两个结合件的端面都有凸起的牙,若将主、从动接合件上的牙相互嵌合或脱开,则能使主、从动轴接合或分离。工作时牙间没有相对滑动,能保证主、从动轴严格同步,没有摩擦损失,传动效率高;但接合时冲击较大,故应在主、从动轴转差不大甚至停车时结合或分离。常见的牙型有三角形、梯形、矩形和锯齿形。锯齿形齿只能单向传动,但接合比较方便。　（幸淑琼）

牙嵌式自由轮差速器　jaw clutch differential gear box

用牙嵌的接合和分离来实现两侧驱动轮以不同的角速度旋转的差速器。差速器壳上装有带牙嵌的主动环,带牙嵌的从动环通过花键与半轴连接,当机械转弯行驶或一侧驱动轮进入泥泞、冰雪路面时,两侧从动环可随机械不同的行驶状态分别与主动环接合或分离,分离一边的驱动轮可随路面情况自由转动,以实现两边驱动轮的差速运动,同时主动环的扭矩可全部或大部分配给另一边驱动轮。

（刘信恩）

yan

烟度计　carbon meter

测量发动机排气中的含碳量即烟度的仪器。种类很多,常用的是滤纸式烟度计。工作原理是先从发动机排气中抽取一定量的废气,并使其通过一定面积的滤纸进行过滤,使废气中的碳粒吸附在滤纸上。因此,滤纸的黑度随着废气中的游离碳粒含量的增多而增大,导致反光能力降低。在一定的光强照射下,不同黑度的滤纸所反射到光电池上的光强不同,从而产生不同的光电流,即指出了烟度的相对值。　　　　　　　　　　　　　（原思聪）

研磨体级配　gradation of grinding media

不同尺寸和数量磨碎机研磨体的配合。球、棒仓常用3～5种不同直径级配,段仓常用两种不同尺寸配。物料硬度、粒度大,研磨体中大尺寸级配的

数量比率亦大,反之亦小。前后仓研磨体应有一级尺寸搭接。常用平均球径表示,与物料性质、工艺流程、磨机结构、产品细度等有关。开路粉磨系统,要求细度细时,平均球径宜小,借以多装小球和钢段,加强研磨作用。闭路粉磨系统,因有粗粒返回,降低了物料平均粒径,故第一仓平均球径可比同规格开路粉磨系统小10mm。　　　　　　（陆厚根）

研磨体添补　grinding media supplement

磨机运转一定周期后,为抵消研磨体磨耗,向磨内补加研磨体的操作过程。根据定期测定的磨内研磨体表层下降值;或计算的单位产品研磨体磨耗量;或主电动机电流表读数下降值,添补相应数量研磨体。考虑到大球磨损变小球,只添补最大一级球。虽定期添补,仍难保持级配的正确性,故运转三个月左右须全部清出研磨体,按配球方案重新装填。

（陆厚根）

研磨体填充率　percentage loading of mill

又称装填率。磨碎机研磨体装填容积占磨碎机筒体有效容积的百分比。由研磨体动态分析,最大填充率理论值为42%。在一定范围内填充率增大,产量提高,但超过一定范围时,电耗增大,且不利于安全运转。生产上,短筒球磨机达40%以上;管磨机为25%～35%;棒球磨为26%～30%。干法闭路管磨系统,填充率逐仓降低,前后仓填充率相差25%～50%,以提高磨内物料流速。开路管磨系统则逐仓升高,以控制产品细度。最佳值必须依据磨机转速、衬板、隔仓板型式以及工艺条件等,通过实践确定。　　　　　　　　　　　（陆厚根）

研磨直径　diameter grinding cover

水磨石机的磨盘磨削覆盖的圆面直径。

（杜绍安）

焰管式沥青火力加热器　flame tube type fire heater for asphalt

以火箱中的火焰通过沥青贮罐内焰管加热沥青液的沥青火力加热器。由圆形或椭圆形卧式沥青液贮罐,伸入贮罐下部的U形焰管及燃烧煤或燃油的火箱等组成。为迅速加热沥青并避免沥青被局部烧焦,设有沥青循环泵。沥青加热到100℃以上所逸出的蒸汽由上部蒸发室经罐顶的离心式油汽分离器排入大气,分离后的沥青仍流回罐内。能起到使沥青脱水的作用。　　　　　　　　　（倪寿璋）

燕尾开榫机　dovetailer

加工燕尾榫、槽或方形榫槽的木工铣床。由机身主轴电动机、纵向移动手轮、偏心压料轴、板面定位挡块、定导轨等部件组成。更换不同刀具后,可铣削各种形状的燕尾榫。　　　　　　　（丁玉兰）

yang

羊足　sheep-foot

压路机钢质碾轮外表面所有象羊足的突出物。分不可反向式(图 *b*、*g*)和可反向式(图 *a*、*c*、*d*、*e*、*f*)两种,其形状须满足作业时尽可能少翻松土层,并便于自己清洁的要求,图 *a*、*e*、*f* 所示形状的羊足的使用效果最好。其特点是利用端面很小的接地面积很好地压实土层底层,而当分层填土压实时,层与层之间有很好的结合,但容易弄松土层的上层土,行走阻力很大。适用于含水量低的粘性土的压实。

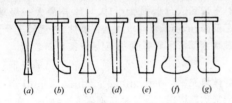

(*a*)　(*b*)　(*c*)　(*d*)　(*e*)　(*f*)　(*g*)

(曹善华)

羊足轮振动压路机　sheep-foot vibratory roller

利用激振器使羊足碾轮产生振动,以静载和振动的复合作用进行压实的自行式振动压路机。由发动机、变速箱、传动轴、机架、激振器、羊足碾轮和操纵机构等组成。碾轮表面有成排羊足状突出物,偏心块旋转带动羊足碾轮振动。用以碾压块粒状土,碾压深度大,用于水利和筑路工程。　(曹善华)

羊足压路碾　sheep-foot towed roller

刚性碾轮表面有成排羊足状突出物,以增大碾压效果的拖式压路机。作业时,羊足插入土中,压力集中,可以碾压较厚的土层。但羊足插入土中,又从土中拔出,容易把土层翻松,因此,羊足高度与碾轮直径之间须保持一定比率(1:5~1:8),而且羊足应具有合理形状。常在筑路工程、水利建筑中用来压实路基和堤坝基础。

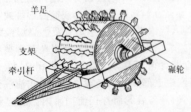

羊足
支架
牵引杆
碾轮

(曹善华)

养路工程车　road maintainer

修理黑色路面的自行式路面机械。挂有装运工具的拖车。由下列部分组成:装有搅拌器的保暖锅,装有沥青泵的两个沥青加热锅,空气压缩机,全套风动工具,以及沥青保暖锅与加热锅的喷燃器加热系统。齿轮式沥青泵可将融化的沥青压送到施工路段,并维持两个加热锅与所附的沥青桶之间的沥青内部循环流动。车上还装备着专用于保暖锅的手推车、风镐、风夯和手推压路碾。　(章成器)

氧－乙炔喷涂　flame spraying

使用氧－乙炔火焰作为热源的火焰喷涂方法。所喷材料可为粉末也可为线材。使用线材时,熔融后需由压缩空气吹喷雾化,又称气喷涂。使用粉末时,可直接用氧－乙炔火焰吹喷成涂层。有效温度范围在 3000℃ 以下,喷粉时粉末颗粒的最高速度可达 150~200m/s。涂层厚度可在较大范围内变动及控制。设备简单,操作方便,有良好的机动性,便于推广。　(原思聪)

样板　template

检验零件复杂轮廓形状的量规。分间隙式和迭合式两种。间隙式样板的工作表面轮廓,与工件被检验轮廓的形状相反,检验时将样板与工件对拼,由两者间的透光缝隙的大小来判断工件轮廓形状是否合格。迭合式样板的工作表面轮廓,与工件被检验轮廓的形状相同,检验时,将样板与工件迭合后,用百分表作相对测量,以求得工件的形状误差。

(段福来)

yao

窑车　kiln-car

在隧道窑内载运制品的砖瓦焙烧辅助机械。由底架、溜板、轴箱、车轴、车轮等组成。在铆接结构的底架上填盖耐火材料。两车衔接处彼此紧密结合,使与下坑道不相通。车架两侧的固定溜板埋入砂封内,其外露部分镶衬耐火材料以免受高温烧毁。轴箱内采用能耐受一定温度的轴承和润滑油,以免轴承烧损、润滑油气化或燃烧。　(丁玉兰)

摇动筛　shaking screen

长方形筛框借偏心连杆机构驱动作往复运动的机械筛。筛框以拉杆悬挂或滚轮支承。筛面可为单层的或多层的,可水平或倾斜(倾角 10°~20°)放置,视物料性质而异。物料与筛面之间的相对运动,取决于重力、惯性力以及物料和筛面间的摩擦力。分直线摇动筛、平面摇晃筛及差动筛三类。主要用于 3~25mm 物料的分级。但平面摇晃筛的筛孔通常不小于 25mm,小于 10mm 时易堵塞。在选矿、建材工业用于原料分级,煤炭工业用于细粒煤炭和泥煤的脱水。为平衡筛框运动惯性力,常用两个彼此偏心 180°的连杆机构驱动两个筛框。　(陆厚根)

摇管装置　casing pipe oscillating device

通过液压缸使套管作水平摆动的套管作业装

置。

（孙景武　赵伟民）

摇架提升机

又称翻梯。以链条牵引承载摇架，可垂直或倾斜地上下运送成件物品的提升机。根据被运物品的轻重，有双链式和单链式两种。可在上升分支任何位置装载和在下降分支任何位置卸载，摇架与装卸导板都制成梳板，装卸导板还可以收起，装或卸时装卸导板放开成一定角度，载有物品的摇架通过其间时，物品即装上或卸

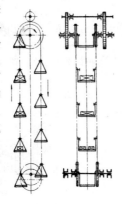

摇架提升机

下。当不需要装或卸载时，收起梳形装卸导板，让摇架自由通过。但在最下层处，卸载导板不可收起，以便在其他各层导板都未放开时卸下物品。多用于高层仓库内各层间运送物品。　　　　　　　（谢明军）

遥控挖掘机　remote control excavator

用声（超声）、光、电控制信号或机械方法控制信号进行远距离操纵的挖掘机。电控方式有无线遥控和有线遥控两种。无线输出连杆电控制的液压挖掘机，其控制部分主要包括电动比例位置控制器

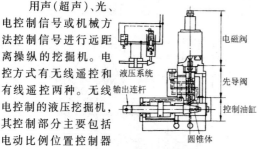

（遥控阀组）和由发射机与接收机两部分组成的无线电装置。遥控阀组（简称 RCVD）的结构如图所示。控制缸的活塞位置可随电磁阀的输入电压成比例移动，故当 RCVD 的活塞杆与控制阀的柱塞相接时，便实现了柱塞行程随输入电压的比例变化，从而实现对载荷的方向和速度进行控制。用在高温、有毒及放射污染等有害作业环境下。　　　　（刘希平）

遥控挖泥船　remote control dredger

依靠电信号远距离控制，以操纵船只作业或移位的挖泥船。控制台设在指挥船上或岸上，通过有线或无线遥控指挥挖泥船的工作。　　（曹善华）

要素　feature

构成零件几何特征的点、线、面。是考虑对零件规定形位公差的具体对象。分为理想要素、实际要素、被测要素、基准要素等。　　　　　　（段福来）

ye

冶金塔式起重机　metallurgical construction

tower crane

用于冶金建筑施工的塔式起重机。用来吊运和安装高炉、热风炉、动力站设备、厂房的梁柱、屋架及屋面板等。具有较大的起重量和起升高度。

（李恒涛）

叶桨式粉碎转子　mill rotor with flexible blades

松土搅拌机上将翻松的土块用挠性叶桨粉碎的筒式工作装置。位于翻松转子后方，两者组成一个搅拌器。　　　　　　　　　　　（倪寿璋）

叶轮式供料器　rotary pocket feeder

利用叶轮对输料管供料的气力输送装置压送式供料器。在壳体内装有绕水平轴旋转的圆柱形、具有多个格腔的叶轮，壳体上方孔与供料斗相连，物料从料斗自流地供入旋转叶轮的格腔内。当该格腔转至下方时，物料在自重作用下由壳体下方孔供入输料管。多用于中、低压压气式气力输送装置，适用于输送粉粒状和小块状物料。　　　　　（洪致育）

叶片安放角　tilt angle of vane

叶片泵的叶片槽方向与径向的夹角 θ。单作用叶片泵的叶片安放角，沿转子旋转方向是后倾的，双作用叶片泵的叶片安放角是前倾的，可改善叶片的受力情况，避免叶片在叶片槽内磨损严重和发生卡死现象。　　　　　　　　　　（刘绍华）

叶片泵　vane pump

转子转动时，借助凸轮环（定子）的制约，使镶在转子叶片槽中的叶片产生径向往复运动，相邻叶片间工作容积发生变化，从而完成吸油过程和压油过程的液压泵。具有运动平稳，噪声小，流量均匀性好，容积效率高等优点。但自吸能力差，对液压油的污染比较敏感。分为单作用叶片泵和双作用叶片泵。　　　　　　　　　　　　（刘绍华）

叶片式气马达　pneumatic motor with sliding-vane

又称叶片风马达。由压缩空气作用于转子叶片，从而驱动转子旋转的压力能转换为转动机械能的装置。转子装在偏心的定子内。转子与定子内壁之间形成的月牙形空间，被转子叶片分隔成

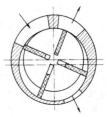

一个个彼此隔绝的空间，这些空间随着转子的旋转容积不断发生变化。当压缩空气进入定子腔后，周围径向分布的转子叶片由于偏心而受力不平衡，产生旋转力矩，由转子轴输出。用于气动锯中。结构简单，工作环境适应性强。　　　　（王广勋）

叶片式液压马达　vane motor

在转子的叶片槽中置有可往复滑动的叶片，由

弹簧(或其他方法)将其压向定子内表面进行工作的液压马达。通常为双作用式。叶片沿转子的半径方向安装,以适应正、反转工作的需要。为保证叶片与定子内表面间的密封,继而保证有足够的起动转矩,在转子端面的环槽中装有翼形弹簧。设置两个单向阀,以保证正反转时,叶片底部能始终和高压腔相连通。 (嵩继昌)

液动换向阀 hydraulic operated directional valve

靠液压系统中控制油路的压力油来改变阀芯在阀体内相对位置的换向阀。多为滑阀型。常用于大流量场合。按阀芯对中形式分为弹簧对中型和液压对中型。 (梁光荣)

液管式沥青火力加热器 asphalt pipe type fire heater

使贮罐内的沥青液通过火箱内壁的蛇形管而加热的沥青火力加热器。由圆形或椭圆形卧式沥青液贮罐,燃烧煤或燃油的火箱及通过火箱的蛇形液管等组成。沥青由沥青循环泵压入蛇形管内,火箱的废气经顶部烟囱排出。 (倪寿璋)

液控变量机构 hyraulic control variable displacement mechanism

由电液伺服阀控制,靠液体压力驱动的变量机构。优点是易于实现遥控。 (刘绍华)

液控单向阀 hydraulic operated check valve

由锥形单向阀和液控部分组成的液压控制阀。在不加控制时作用与单向阀相同,可防止油液反向流动。加控制后油液可在正反两个方向通过。根据液控方式分为简式和复式两类。复式带有卸荷阀,当液控活塞上移时先顶开卸荷阀的小阀芯,使主油路卸压,然后再顶开单向阀阀芯,使控制压力与工作压力之比降低到 4.5%,多用于压力较高场合。简式的不带卸荷阀,所需控制压力较大,约为工作压力的 30%～50%。 (梁光荣)

液力变矩器 hydrodynamic torque converner

输出力矩与输入力矩之比可变的液力元件。输入轴与输出轴间靠液体联系,构件间没有刚性联接。工作腔中泵轮、涡轮和导轮分别与输入轴、输出轴和壳体相连,泵轮将输入轴的机械能传递给液体,高速液体推动涡轮旋转,将能量传给输出轴,自动地适应于外界转矩而变化其转速。靠液体与叶片相互作用产生动量矩的变化来传递转矩。导轮对液体的导流作用使输出转矩可高于或低于输入转矩。特点是能消除冲击和振动,过载保护性能和起动性能好;有良好的自动变速性能;最高效率为 85%～92%。常见的有正转、单级液力变矩器及综合式液力变矩器。为避免产生气蚀,保证散热,要有一定供油压力的辅助供油系统和冷却系统。 (嵩继昌)

液力变矩器输出特性曲线 output characteristic of curve hydraulic torque converter

又称外特性曲线。液力元件与原动机共同工作时,液力变矩器的输出转矩(涡轮转矩)T_T、输入转矩(泵轮转矩)T_B、输入转速(泵轮转速)n_B、效率 η 与输出转速(涡轮转速)n_T 间关系曲线。

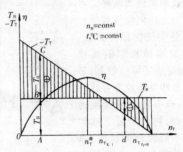

(嵩继昌)

液力变矩器输入特性曲线 input characteristic curve of hydraulic torque converter

不同转速比时,泵轮力矩 M_B 与泵轮转速 n_B 之间的变化关系曲线。当工况变化时,由于 $\lambda_B = f(i)$,这时的 $M_B - n_B$ 是一组抛物线。

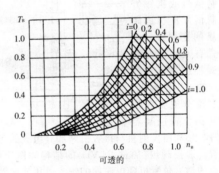

可透的

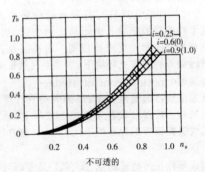

不可透的

(嵩继昌)

液力变矩器特性曲线 characteristic curve of hydraulic torque converter

液力变矩器基本参数变化关系的曲线。基本参数指泵轮转矩 T_B 与转速 n_B、涡轮转矩 T_T 与转速 n_T、变矩器的效率 η、泵轮力矩系数 λ_B、变矩系数 K

和转速比 i 等。这些参数是互相联系的。

（嵩继昌）

液力变矩器透穿性　penetrability of hydraulic torque converter

液力变矩器涡轮轴的力矩和转速变化时,对泵轮轴力矩和转速影响的大小的性能。当涡轮轴的力矩变化时,能保持泵轮轴的力矩不变或基本不变时,变矩器具有不可透穿性;而当涡轮轴的力矩变化引起泵轮轴力矩发生变化时,变矩器则为具有可透穿性。其透穿程度以透穿系数进行评价,当透穿系数大于 1 时,变矩器具有正透穿性;透穿系数小于 1 时,为具有负透穿性;透穿系数约等于 1 时,为具有不可透穿性;透穿系数等于 1 时,为完全不可透穿性。

（董苏华）

液力变矩器原始特性曲线　initial characteristic curve of hydraulic torque converter

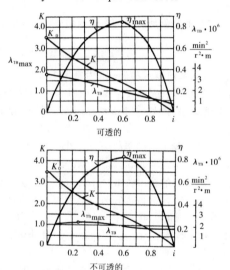

可透的

不可透的

又称无因次特性曲线。泵轮力矩系数 λ_B、变矩系数 K、效率 η 与转速比 i 间的关系曲线。$\lambda_B = f(i)$ 表示液力变矩器载荷特性;$K = \varphi(i)$ 表示液力变矩器变矩特性;$\eta = \varphi(i)$ 表示液力变矩器经济特性。某一系列几何相似的液力变矩器,在相似工况下运转时,原始特性曲线都是一样的。　（嵩继昌）

液力传动　hydrodynamic transmission

以液体为工作介质、在两个或两个以上的叶轮组成的工作腔内,用液体动量矩的变化来传递能量的传动。优点是能吸收冲击和振动,过载保护好,带载起动容易,能实现自动变速,能提高整个传动装置的动力性能。　（嵩继昌）

液力传动压路机　hydraulic dynamic transmission roller

利用液压油的动能,并经机械传动零件传递动

力的振动压路机。柴油机的动力输出轴经过液力变矩器或液力偶合器与变速箱联接,然后经传动轴、轮边传动带动驱动轮滚转。能改善柴油机的输出性能,提高压路机作业质量。　（曹善华）

液力-机械式　hydraudynamic-mechanical type

通过液力变矩器或液力偶合器,再经机械传动机构驱动工作装置的机械。　（田维铎）

液力偶合器　fluid coupling

输出力矩与输入力矩相等的液力元件(忽略机械损失)。只有泵轮和涡轮而没有导轮。泵轮装在输入轴上,涡轮装在输出轴上。原动机带动输入轴旋转时,液体被离心式泵轮甩出;高速液体进入涡轮后即推动涡轮旋转,将从泵轮获得的能量传递给输出轴;最后液体返回泵轮,形成循环流动。正常工况的转速比在 0.95 以上时可获得较高的效率。

（嵩继昌）

液力喷雾　hydraulic pressure spraying

仅利用液体压力进行的喷雾。雾滴较粗,雾化性能主要与喷头的几何尺寸、工作压力及药液的物理性质有关。　（张　华）

液力喷雾车　hydraulic pressure sprayer

用液力喷雾装置喷雾,无需气流辅助输送雾滴的绿化喷雾车。由底盘、药液箱、药泵和喷枪等组成。作业时,作业人员手持喷枪,对目标物进行喷雾。按行走装置的不同,有自行式和手扶式两种。自行式以载重汽车和工程车辆为底盘,工作动力有的从底盘传动机构直接取力,有的采用独立的动力装置。手扶式自身具有行走动力,工作人员手扶操纵杆实现现场内移动,动力消耗小、噪声小。适用于中、小行道树株及园林、苗圃的病虫害防治作业。

（张　华）

液力制动器　hydraulic brahe

利用与传动轴转向相反的液力偶合器,使传动轴达到减速效果的制动器。常与其他型式(如带式)制动器并用,以提高制动能力。　（幸淑琼）

液压刨铲　hydraulic plane shovel

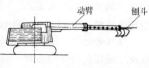

利用刨斗刨削土壤的单斗液压挖掘机工作装置。也是刨铲液压挖掘机的简称。由动臂和刨斗组成。利用液压缸使伸缩臂伸缩,带动刨斗沿着动臂下缘强制移动而刨土,动臂位置固定以后,可以挖出与动臂平行的地面。常用于平整地面或挖掘道路边坡,作业以后地面平整,不需再加工。　（曹善华）

液压泵　hydraulic pump

依靠工作容积变化进行吸、压油工作,从而将机械能转换为液体压力能的装置。按排量是否可调分为定量泵和变量泵。有齿轮泵、叶片泵、螺杆泵和柱塞泵等类型。 (刘绍华)

液压泵额定工作压力 rated working pressure of hydraulic pump

液压元件能正常连续运转所允许使用的工作压力。由液压元件的结构强度、刚度及密封性能所决定。保证液压元件使用寿命和容积效率。 (刘绍华)

液压泵额定角速度 rated rotation frequency of hydraulic pump

液压泵在额定压力下能正常连续运转,具有一定自吸能力并避免产生空穴和气蚀现象的角速度(rad/s)。 (刘绍华)

液压泵工作压力 working pressure of hydraulic pump

液压泵中流体传动工作介质单位面积上所受的作用力(单位为 Pa 或 MPa)。 (刘绍华)

液压泵机械效率 mechanical efficiency of hydraulic pump

由于机械摩擦引起液压泵转矩损失的程度。即理论转矩与输入转矩之比值。

$$\eta_{Bm} = \frac{M_{Bt}}{M_{Bi}} = \frac{p_B q_{Bt}}{M_{Bi}}$$

η_{Bm} 为液压泵的机械效率;M_{Bt} 为泵的理论转矩;M_{Bi} 为泵的输入转矩;p_B 为泵的额定工作压力(Pa);q_{Bt} 为泵的排量(m^3/rad)。 (刘绍华)

液压泵理论流量 theoretical flow of hydraulic pump

液压泵的排量与其额定角速度的乘积。即:$Q_{Bt} = q_{Bt}\omega_B$;Q_{Bt} 为泵的理论流量(m^3/s);q_{Bt} 为泵的排量(m^3/rad);ω_B 为泵的额定角速度(rad/s)。泵的理论流量与其输出工作压力无关。 (刘绍华)

液压泵流量 flow of hydraulic pump

液压泵在单位时间内输出液体的体积(m^3/s)。分理论流量和实际流量。 (刘绍华)

液压泵排量 displacement of hydraulic

液压泵每转一弧度排出液体的体积(m^3/rad)。取决于液压泵的结构参数,与液压泵输出的工作压力和泵的转速无关。 (刘绍华)

液压泵容积效率 volumetric efficiency of hydraulic pump

由于泄漏引起液压泵流量损失的程度。即实际流量与理论流量的比值。

$$\eta_{Bv} = Q_B/Q_{Bt}$$

η_{Bv} 为液压泵的容积效率;Q_B 为泵的实际流量(m^3/s);Q_{Bt} 为泵的理论流量(m^3/s)。 (刘绍华)

液压泵实际流量 real flow of hydraulic pump

液压泵的理论流量与其容积效率的乘积。即:$Q_B = Q_{Bt}\eta_{Bv}$;Q_B 为液压泵的实际流量(m^3/s);Q_{Bt} 为泵的理论流量(m^3/s);η_{Bv} 为泵的容积效率。 (刘绍华)

液压泵输出功率 output power of hydraulic pump

液压泵在额定压力和实际流量下输出的液压功率(W)。由下式算得:

$$P_{BO} = p_B Q_B$$

P_{BO} 为输出功率;p_B 为额定工作压力(Pa);Q_B 为实际流量(m^3/s)。 (刘绍华)

液压泵输入功率 inlet power of hydraulic pump

液压泵的驱动功率。为机械功率(W)。由下式算得:

$$P_{Bi} = p_B Q_B \eta_B^{-1}$$

P_{Bi} 为液压泵的输入功率;p_B 为额定工作压力(Pa);Q_B 为额定流量(m^3/s);η_B 为总效率。 (刘绍华)

液压泵输入转矩 inlet torque of hydraulic pump

液压泵轴上的转矩(N·m)。即:

$$M_{Bi} = p_B q_{Bt} \eta_{Bm}^{-1} = M_{Bt} \cdot \eta_{Bm}^{-1}$$

式中 M_{Bi} 为泵的输入转矩(N·m);p_B 为液体额定压力(Pa);q_{Bt} 为排量(m^3/rad);η_{Bm} 为泵的机械效率;M_{Bt} 为泵的理论转矩。 (刘绍华)

液压泵总效率 total efficiency of hydraulic pump

液压泵输出功率与输入功率的比值。等于泵的容积效率和机械效率的乘积。即:

$$\eta_B = P_{BO}/P_{Bi} = \eta_{Bv}\eta_{Bm}$$

η_B 为液压泵的总效率;P_{BO} 为泵的输出功率;P_{Bi} 为泵的输入功率;η_{Bv} 为泵的容积效率;η_{Bm} 为泵的机械效率。 (刘绍华)

液压泵最大工作压力 maximum working pressure of hydraulic pump

液压元件在短时间内超载所允许的极限工作压力。 (刘绍华)

液压操纵平地机 hydraulic control grader

利用泵、液压缸、换向阀、节流阀等液压元件,由操纵手柄控制刮刀的升降、倾斜、回转、侧移,前轮转向和松土耙升降等动作的自行式平地机。泵由发动机经过液力变矩器、变速箱和分动箱驱动,泵输出的压力油经过换向阀流入相应的液压缸,推动机构动

作。动作平稳,操纵轻便,工作安全可靠,操纵精确度高,是平地机普遍采用的操纵方式。　（曹善华）

液压操纵推土机　hydraulic control bulldozer

利用液压泵、阀、液压缸等组成的液压系统来控制推土铲升降的推土机。具有操纵轻便、强制切土能力强、平整场地作业质量高等优点。是现代推土机广泛采用的一种操纵形式。　（宋德朝）

液压成型机　hydraulic press

以液压传递动力的塑料压制成型机械。由机身、工作液压缸、活动横梁、顶出机构、液压传动和电气控制系统等组成。压制时,物料加入敞开的模具内,工作液压缸进压力油后,活塞连同活动横梁以立柱为导向,向下运动进行闭模,把液压机产生的力传递给模具并作用在物料上。经卸压、排气、升压、稳压及固化成型后,即开模取出制品。主要用于热固性塑料的成型。有上压式、下压式、角式、铸压及层压几种不同类型。　（丁玉兰）

液压抽换轨枕机　hydraulic sleeper renewer

利用液压抽出与插入各型轨枕的小型专用线路机械。以汽油机作动力,全液压传动。工作装置由夹持液压缸、抽枕液压缸等组成,抽出与插入各型轨枕只需两人操作即能完成。　（高国安　唐经世）

液压传动　hydraulic transmission

以液体为工作介质,主要靠压力能进行能量传递的传动形式。具有结构紧凑、重量轻;易于实现无级调速,调速范围大;工作平稳,安全可靠;操纵省力方便;易于实现自动化等优点。由液压泵、液压马达或液压缸、液压阀、辅助元件等组成液压系统。广泛应用于机床、飞机、建筑工程机械、船舶、冶金机械、矿山机械、起重运输机械、钻探机械、农业机械、林业机械和塑料机械等。　（刘绍华）

液压传动卷扬机　hydraulic winch

采用液压马达为驱动装置的卷扬机。借液压阀调速和换向,加速性好,可无级调速,操纵简便,但要求精心维护保养。压力油由电动机带动的液压泵提供,也可借助拖拉机、汽车等的液压系统来工作。用于大型卷扬机。　（孟晓平）

液压传动起升机构　hydraulic lifting mechanism

采用液压马达经传动装置或直接驱动卷筒、实现取物装置升降运动的起升机构。主要用在汽车、轮胎起重机上。　（李恒涛）

液压传动起重机　hydraulic crane

又称液压起重机。以液压油为工作介质,借助于液压系统,将发动机的能量传递给工作机构的起重机。由于采用了液压传动,液压元件尺寸小,结构紧凑,减轻了起重机自重;调速范围大,易于改变运动方向;传动平稳;易于防止过载,操纵简单省力。　（李恒涛）

液压传动式混凝土泵　hydraulic concrete pump

利用液体(油或水)压力来压送混凝土拌和料的活塞式混凝土泵。有单缸式和双缸式。由动力装置通过液压传动系统驱动液压缸活塞作往复运动,液压缸活塞通过连杆与混凝土活塞相连并带动混凝土活塞作往复运动,实现混凝土拌和料的吸入和压送。混凝土活塞运动与混凝土分配阀运动之间的关系亦通过液压传动来实现。应用广泛。　（龙国键）

液压锤　hydraulic hammer

液压挖掘机上以液压驱动而起冲击作用的可换工作装置。由锤壳(缸体)、控制阀、锤体(活塞)组成。作业时,装在斗杆端部。活塞在缸体内做上、下强制往复运动,活塞下降时冲击作业工具。用来破碎冻土、岩层,破坏旧路面表层,捣实土壤或进行打桩。　（曹善华）

液压打桩机　hydraulic hammer pile driver

由液压桩锤和桩架组成,用液压缸驱动锤体的打桩机。　（赵伟民）

液压弹簧　hydraulically damper

又称液压减振器。利用密闭容器中液体在流动过程中所产生的阻尼作用来吸收振动、缓和冲击的原理制成的起弹簧作用的器件。常与蓄能器和溢流阀等液压元件联合使用。多用于车辆的悬挂(图 a)和机械的防振系统(图 b)。

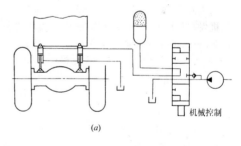
机械控制
(a)
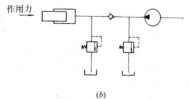
作用力
(b)

（范俊祥）

液压–电动制动器　hydraulic power-driven brake

由制动驱动电机带动离心泵使液压油推动活塞及推杆的制动器。为一个独立的部件。驱动电机与机构电机连锁,可联合进行调速。制动平稳,无噪声,允许每小时接合次数多,但合闸缓慢。

(幸淑琼)

液压顶 hydraulic jack

以液体压力推动,顶在岩石面上,稳定凿岩钻车或钻架的机构。 (茅作觉)

液压顶升机构 hydraulic climbing mechanism

采用液压传动的顶升机构。通常以液压缸为执行元件。当采用上加节接高塔身法接塔时,顶升液压缸装设于塔身顶部与其上部结构之间,液压缸的伸展使两部分结构之间形成足以容纳增加节的空间;当采用下加节接高塔身法接塔时,顶升液压缸设置在塔身与底架之间,当新增加的标准节在塔身底端接好后,液压缸的伸展可使其升到底架之上。由于结构紧凑,系统明确,操作简便、可靠,故被广泛采用。 (孟晓平)

液压动臂变幅机构 derricking mechanism with hydraulic device

通过液压缸驱动起重臂绕根部铰接点仰俯摆动,实现起重机变幅的动臂变幅机构。液压缸的上部铰接在起重臂上,下部与转台相铰接。根据变幅力的大小,有单缸、双缸之分;按液压缸的布置分为前倾式、后倾式和后拉式三种。具有结构紧凑、自重轻、便于布置和工作平衡等特点。用于自行式起重机。 (李恒涛)

液压冻土钻孔机 hydraulic freezing soil boring machine

利用液压系统驱动机械工作的冻土钻孔机。由拖拉机发动机驱动液压泵,利用液压使压力油导入液压马达,再经减速器带动钻钎旋转。钻钎的竖直、倾斜或置于运输位置,都由装在机架上的液压缸推动并固定。具有机重轻,传动性能好等优点。 (曹善华)

液压盾构 hydroshield

在密闭的泥土室内,以压缩空气压力调节泥浆支护压力,使之与开挖面土层地下水压力相平衡的泥水加压盾构。在泥土室内装一道隔板,将泥土室上部分隔成两格,隔板前后面的下部充满压力泥浆,而在隔板后面上部设置压缩空气缓冲层,气压作用在泥浆自由面上,调节压缩空气的压力,即可调整泥浆支护压力。掘进时,压缩空气压力为定值,但由于泥水流失或由于推进速度的变化,泥浆和空气的接触面会上下波动,用泥浆泵调节泥浆液面以取得平衡,加以空气的弹性作用,对稳定开挖面颇为有效。 (刘仁鹏)

液压辅助元件 hydraulic auxiliary components

在液压系统中起辅助作用的元件。如油箱、滤油器、空气滤清器、油管、管接头、蓄能器、冷却器以及各种控制仪表。可保证系统稳定可靠地工作。

(嵩继昌)

液压缸 hydraulic cylinder

将液压能转换为机械能而实现往复直线运动或摆动的执行元件。按结构分为活塞式、柱塞式和摆动式三类。 (嵩继昌)

液压缸钢绳驱动式落锤 hydraulic cylinder-rope drive drop hammer

落锤打桩机的锤体由液压缸-钢绳驱动机构提升至一定高度后,靠自重下落的冲击作用进行沉桩的落锤。 (赵伟民)

液压缸缓冲装置 cylinder cushion

减少和防止液压缸活塞在运动终端产生撞击的装置。有节流缓冲装置和卸压缓冲装置等形式。

(嵩继昌)

液压缸速比 velocity ratio of the cylinder

在输入流量相等的情况下,单杆双作用液压缸在有杆腔进油时活塞杆产生的运动速度 v_2 与无杆腔进油时产生的速度 v_1 的比值 φ。即

$$\varphi = \frac{v_2}{v_1} = \frac{D^2}{D^2 - d^2}$$

D 为液压缸内径;d 为活塞杆直径。 (嵩继昌)

液压钢筋冷拉机 hydraulic cold-drawing machine

由液压缸的往复运动实现钢筋冷拉的钢筋冷拉机械。液压油由两台电动机分别带动高压和低压油泵提供。冷拉时由高压泵经管路和控制阀供油,回程时由低压泵供油。液压缸的行程不少于600mm,否则不能满足一般长度钢筋冷拉率的要求。

(罗汝先)

液压钢筋切断机 hydraulic steel bar shears

利用液压油推动活塞运动,带动刀片切断钢筋的钢筋切断机。由电动机、高压柱塞泵、液压缸、阀、管路、刀片等组成。电动机功率一般为3kW,液压系统工作压力 45.5MPa,工作总压力320kN,最大切断钢筋直径32mm。

(罗汝先)

液压钢丝冷镦机 hydraulic steel wire cold-header

利用液压缸推

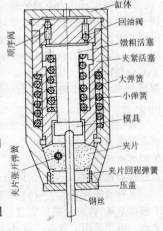

液压钢丝冷镦机

动模具,在常温下将钢丝端部镦粗的钢筋镦头机。适用于将 φ3~φ5 的碳素钢丝端部镦粗作为预应力筋丝的锚固头。由夹片、夹紧活塞、镦粗模具、镦粗活塞及复位弹簧等组成。钢丝置入夹片中由夹紧活塞使夹片将钢丝夹紧,而后由高压油推动镦粗活塞及模具将钢丝镦粗。各个复位弹簧在油压去除后分别使夹片、夹紧活塞和镦粗活塞复位。

（罗汝先）

液压钢丝绳式伸缩机构 hydraulic and cable driven telescoping device

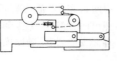

利用液压缸和钢丝绳－滑轮组系统实现起重臂伸缩动作的起重臂伸缩机构。常用于有三节臂的轮胎式起重机上。由于只有一个液压缸,自重较轻,成本低。

（李恒涛）

液压滑差离合器 hydraulic skid-differential clutch

利用齿轮泵和液压油的作用,使主动轴与从动轴或连接成整体,或完全脱开,或使从动轴转速连续平顺变化的部件。由若干小齿轮泵、中央齿轮、从动小齿轮、节流阀等组成,中央齿轮与从动小齿轮构成行星传动,当节流阀完全关闭时,整个部件变成一个刚性联轴器;当节流阀完成开启时,各泵排油路畅通,中央齿轮停止转动,离合器完全脱开;当节流阀部分开启时,泵的排油压力使从动行星小齿轮旋转,中央齿轮也随之转动,随着节流阀开启的大小,旋转速度发生变化,从而实现无级调速。用于一部分工程机械的轮式行走装置。 （曹善华）

液压缓冲器 hydraulic buffer

以液压油为缓冲介质的缓冲器。用于碰撞速度或碰撞动能较大的情况下。缺点是构造复杂、维修麻烦、精度要求较高。由活塞、顶杆、复位弹簧、塞头、壳体及加速弹簧等组成。 （于文斌）

液压换能器 hydraulic converter

通过液压油缓解冲击,存贮并释放液压桩锤能量的换能器。由锤砧、缸体、压力变换器等组成。锤砧靠液压油浮设在缸体上端。缸体内的液压油可通过压力变换器改变压力,以满足不同土质施工的要求。 （赵伟民）

液压基本回路 hydraulic basic circuit

由某些液压元件组成,并能完成特定单一功能的油路。按作用分为压力控制、速度控制和方向控制三类基本回路。 （梁光荣）

液压激振器 hydraulic vibrator

利用液压油快速轮番作用在活塞两端,使活塞在缸体内快速往复运动,撞击壳体,激起振动的激振

器。能耗小、噪声低、工作平稳,用于振动式工程机械上。 （曹善华）

液压加压装置 hydraulic pressure device

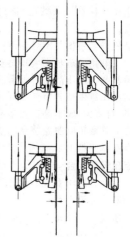

回转斗钻孔机钻孔时为加快进钻,用液压缸对钻具施加压力的装置。

（孙景武 赵伟民）

液压控制阀 hydraulic control valves

简称液压阀。控制液压系统中工作液体压力、流量、和流向的液压元件。按用途分为压力控制阀、流量控制阀及方向控制阀三类。

（梁光荣）

液压加压装置

液压块式制动器 hydraulic block brake

靠液体压力制动瓦块的块式制动器。动作迅速、平稳,无噪声,寿命长,能自动补偿制动瓦块上衬片磨损后出现的空行程。 （幸淑琼）

液压拉伸机 hydraulic tensioning equipment

利用液压千斤顶张拉预应力筋的张拉设备。由液压千斤顶、高压泵和连接油管等组成。高压泵产生的高压油经油管输入液压千斤顶使之动作,完成张拉、顶锚、回程等工序。具有体积小、重量轻、拉力大等优点,是预应力筋张拉设备中应用最多的一种。

（向文寿）

液压连杆架设机构 hydraulic erecting device

借助液压缸及连杆机构,使塔式起重机实现转移运输状态和工作状态互相转换的自行架设塔式起重机的附设机构。很少独立设置,常和塔身折叠机构,或塔身伸缩机构等合一,同时工作。

（李以申）

液压马达 hydraulic motor

以液体的压力能作动力,使产生旋转运动,输出一定的转矩和转速而对外作功的执行元件。有齿轮式、叶片式、柱塞式、高速、低速、双速、变速各种类型。 （嵩继昌）

液压千斤顶 hydraulic jack

借助液压能,以液压缸作执行元件顶升重物的千斤顶。液体压力一般在 $80N/mm^2$ 以下,起重量可达 500t。由液压泵、顶升液压缸、托座、机座和液压阀等组成。按供液方式分手动液压泵供液和电动液压泵供液两种。 （顾迪民）

液压上料机构 elevating feeding mechanism by

hydraulic cylinder

依靠液压系统提升料斗的混凝土搅拌机上料机构。由齿轮泵、手动换向阀、溢流阀、液压缸、油箱及油管等组成。操纵控制阀手柄,液压缸就能将料斗由接地位置提升到进料位置或将料斗放回接地位置。　　　　　　　　　　　　　　　　(石来德)

液压伸缩机构　hydraulic telescoping device

利用液压传动实现起重臂伸缩动作的起重臂伸缩机构。液压油通过油管进入液压缸,由控制阀操纵液压缸带动各节伸缩臂完成伸缩动作。液压缸数多,自重大,成本高。要求有较长的高压软管,并设有油管卷筒以便卷绕高压油管。常用于液压传动的汽车起重机上。　　　　　　　　　　(李恒涛)

液压升降平台　hydraulic lifting platform

通过液压系统驱动升降机构进行作业高度调整的装修升降平台。　　　　　　　　　　(张立强)

液压式　hydraulic type

以液体为介质,通过液压泵、管路、控制阀、液压缸或液压马达进行驱动的机械。　　　　(田维铎)

液压式铲运机　hydraulic scraper

工作装置由液压操纵的铲运机。铲斗升降、斗门启闭和后斗壁移动卸料等动作均分别由液压缸操纵。构造简单,操作轻便灵活。由于靠液压力强制切土,切入力大,可切较硬土壤,缩短切土距离,靠液压力强制关闭斗门,减少漏土。现代铲运机均属此型。　　　　　　　　　　　　　　　　(黄锡朋)

液压式激振器　hydraulic vibrator

通过控制液压油流产生振动的激振器。有直流式、交流式。　　　　　　　　　　　　(赵伟民)

液压式夹桩器
hydraulic chuck

通过液压力来夹持桩的夹桩器。有固定式、可调式。
　　　　(赵伟民)

液压式压拔桩机
hydraulic pile press-extracting machine

压拔桩力由液压方式传递的静力压拔桩机。由底盘、吊装起重机、桩架立柱、压拔桩工作装置、导向平台等组成。　　(赵伟民)

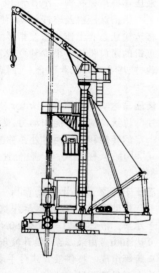

液压式压拔桩机

液压式振动桩锤　hydraulic vibratory pile hammer

依靠液压式激振器产生激振力进行沉拔桩作业的振动桩锤。　　　　　　　　　　(赵伟民)

液压松土器　hydraulic ripper

液压挖掘机上具有破碎、翻松功能的可换工作装置。是一个整体铸造的松土齿;上部有耳孔,分别与斗杆和铲斗缸相铰接,齿尖前端有硬合金堆焊的齿帽,当液压缸的活塞杆伸出时,推动齿尖强制插入并翻动土壤。用于开挖有裂纹的岩石,破碎冻土,也用来挖开沥青路面。
　　　　　　　　　　　　　　　　(曹善华)

液压系统调速范围　regulating speed scope of hydraulic system

液压系统中执行元件的速度变化范围。用速比i衡量,为液压马达(液压缸)的最大转速(最大运动速度)与最小稳定转速(最小稳定运动速度)之比。液压传动的调速范围最大可达1000∶1,这是其他传动方式难以做到的。　　　　　　(梁光荣)

液压系统工作压力　working pressure of hydraulic system

液压传动系统中容许正常工作的系统最大压力。国家标准规定有系列标准值,设计时应按照国家标准选定。　　　　　　　　　　(曹善华)

液压系统功率利用率　power utilization ratio of hydraulic system

液压系统的平均输出功率与原动机的有效功率之比。是反映主机生产率的重要指标。变量系统的功率利用率一般均高于定量系统。　　(梁光荣)

液压系统微调性能　slight regulating function of hydraulic system

液压系统中执行元件在额定载荷下不出现爬行(颤动或时动时停)现象的最低稳定调节速度。是评价液压机械速度调节灵敏程度的重要指标。起重运输机械对其有严格的要求。　　　　(梁光荣)

液压系统效率　efficiency of hydraulic system

液压系统的输出功率与原动机输入功率的比值。由液压泵效率、液压马达(或液压缸)效率和管路效率三部分组成。是评价液压系统能量利用情况及系统发热状况的重要指标。　　　　(梁光荣)

液压系统噪声　noise of hydraulic system

由液压系统发出的声强和频率变化均无规律、杂乱无章的声响。是一种紊乱断续或统计上随机的声振荡,频率很宽,从几赫兹到几万赫兹,主要是由流体压力急剧变化、紊流、气蚀及一些机械因素所引起的。是工作主机的一个重要噪声源。

（梁光荣）

液压线路扳手　hydraulic power track wrench

利用液压使工作头旋转，借以拧动混凝土轨枕的螺帽和鱼尾板螺栓的小型机动工具。以汽油机作动力，全液压传动，质量不超过150kg，可以方便地转换旋转方向与改变驱动扭矩。工作头经一套四连杆机构装到机架上，以保证拆装混凝土轨枕螺帽时，工作头保持垂直位置。也可用来拆装鱼尾板螺栓，换上钻头还可用来钻孔。　（高国安　唐经世）

液压压路机　hydraulic roller

利用液压系统传动的压路机。其操纵机构也用液压。具有工作平稳，机械起动、制动时冲击力小，压实效果较好等优点。是新型压路机采用的一种传动形式。　（曹善华）

液压油　hydraulic fluid

液压传动中所使用的工作介质。可分为石油基液压油和抗燃液压油两大类，前者有普通液压油、专用液压油、抗磨液压油、高粘度指数液压油，后者有合成液压油、水基液压油。　（梁光荣）

液压凿岩机　hydraulic rock drill

以液压油的压力推动活塞作功，实现凿岩作业的凿岩机。由冲击器、独立的液压马达转钎机构和蓄能器三部分组成。机重约80kg左右，适用于f=14～18中硬、坚硬岩石中钻孔，一般配置在凿岩钻车上，可钻任意方向岩孔。与气动凿岩机相比，具有动力消耗低、凿岩速度高、无排气、噪声低、使用寿命长、易实现最优钻进等优点；缺点是制造精度要求高、较笨重、造价贵和维修较困难等。

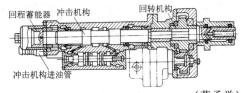

（茅承觉）

液压振动　hydraulic vibration

利用液压推动液压缸腔内的活塞，使其快速往复运动而产生的振动。由液压源、激振器、控制阀和蓄能器组成。液压源输出的压力油，由控制阀控制轮返地作用在活塞两腔，活塞因之作往返运动，振动位移由流量决定。具有工作平稳、噪声小等优点，用于液压振动打桩机、振动捣固机等工程机械上。此外，利用液压马达带动偏心块激振而产生振动的也是液压振动。　（曹善华）

液压振动压路机　hydraulic vibratory roller

利用静液传动带动激振器工作的振动压路机。液压激振器由缸体、活塞、控制阀、缓冲装置等组成。

控制阀控制液压油快速轮番进入缸体大腔和小腔，使活塞在缸体内作快速往复运动，从而冲击壳体，产生定向振动。也有通过液压马达带动偏心块快速旋转产生振动的。具有作业性能好，传动平稳，结构轻巧等优点。　（曹善华）

液压抓斗　hydraulic clamshell

依靠一个或多个液压缸控制抓斗颚片的开合，进行挖掘抓装的可换工作装置。有挖土抓斗、散料抓斗、木材抓斗、圆井抓斗等种。挖土抓斗可抓挖中等硬度的土壤，具有强制切土、动作灵活、功率利用好等优点。　（曹善华）

液压桩锤　hydraulic pile hammer

由特制的液压缸提升并驱动锤体产生冲击力进行沉桩作业的桩锤。按供给锤体冲击力的方式分为直接作用式液压桩锤、间接作用式液压桩锤。

（赵伟民）

液压钻孔器　hydraulic drill

液压挖掘机上具有钻孔功能的可换工作装置。由壳体、液压马达、控制阀和钻具等组成。壳体通过支座装于斗杆，依靠壳体内的液压马达使钻具旋转并钻孔。为了增加钻孔效率，还装有振动装置，实现振动钻孔。用于在岩层、坚硬土壤上钻挖直径不大的坑，以埋设电杆和钢筋混凝土基座等。

（曹善华）

yi

一次铲装法　single shovelrun method

装载机前进时仅靠铲斗平移插入料堆的铲装作业方法。铲斗插入料达一定深度后，装载机停止前进，上翻铲斗至装满位置，然后提升动臂使铲斗离开料堆，完成铲装工序。操作简单，但作业阻力大，用在铲装容重轻的松散物料。　（黄锡朋）

一次稳桩数　mumber of pile inserted at each time

压拔桩机在压桩时每次可以插入桩的数目。

（赵伟民）

一级保养　first-order maintenance

机械运行一定时间后，以操作者为主，维修工人配合，对机械进行专业性的检查、调整，更换必要的磨损件，排除可能的隐患，保持机械整洁和技术状况良好的技术保养。主要内容有：各部分连接件的检查、调整与紧固，查看油面，加注润滑油，检查各系统有无漏水、漏气、漏油以及机械外部状况。作业时间通常安排在机械不参加作业的班间。　（杨嘉桢）

一字片式滚筒刷　roller brush lined

刷毛栽排成片，刷毛片安装在刷芯上成圆周均布,并与刷芯轴线平行的扫路机滚筒刷。刷毛片数为6~12片。当刷子旋转时,每片依次间歇地与地面接触。由于刷毛栽排成片,当刷毛磨损后,可通过调整机构得到补偿。 (张世芬)

依附式压拔桩机 attachment pile press-extracting machine

本身无行走底盘,而是利用锚桩或已贯入桩的反力产生压拔桩力,并依靠已贯入桩来行走的静力压拔桩机。由主机体、机体滑动装置、反力夹头、逆反力夹头、压拔桩主液压缸、夹桩筒等组成。工作时,先打入几根锚桩,将桩机组装在锚桩上,压桩时,靠反力夹头夹紧锚桩,产生反力,然后用逆反力夹头夹桩上下往复动作,将桩压入地基中。每施工一根桩后,通过机体滑动装置移位,再施以上述动作,继续施工。适于地下连续墙的施工。 (赵伟民)

仪用互感器 instrument transformer

简称互感器。专供测量仪表、控制和保护设备用的小型变压器。在测量电路中使测量电路与被测高电压、大电流在电气上绝缘(只有磁的联系),并扩大仪表量程。按用途不同分为电压互感器和电流互感器。 (周体优)

移动缆索起重机 travelling cable crane

承载索支架可沿轨道移动的缆索起重机。根据运行轨迹的不同,分为平行移动式和辐射移动式。支架安装在运行台车上,台车一般为双轨,主动台车置于支架内侧。作业范围大,构造复杂,对基础要求高。 (谢耀庭)

移动轮 move roller

引导并移动水磨石机,改变作业位置的轮子。安装在扶手下、磨盘后方机架上的一对实心胶轮,与磨盘一起形成三点着地支承。 (杜绍安)

移动轮可调支架 regulating support of move roller

水磨石机中由机架、摆杆和螺旋伸缩杆组成的三杆支承机构。通过手轮伸缩螺杆,使装于摆杆上的移动轮升降,以适应磨盘工作情况。 (杜绍安)

移动式初碎联合机 movable primary crushing aggregate

对原石料进行初次破碎后的产品不进行筛分的移动式联合机。可独立使用,亦可与移动式次碎筛分联合机组合成移动式破碎筛分联合机。装有铁轮或装在轮胎底盘上。由发动机、颚式破碎机、进料斗、带式输送机等组成,共装于一个车架上。槽斗式进料器将大块石料送到格栅上,栅上的石块进入颚式破碎机,破碎以后的石料和通过格栅的石料一起由带式输送机送出。 (曹善华)

移动式次碎筛分联合机 movable secondary crushing and screening aggregate

将初碎联合机粗碎过的石料进行次碎,并进行分级的移动式联合机。是移动式破碎筛分联合机的组成部分。由发动机、进料斗、平面振动筛、辊式破碎机、环形升送机和带式输送机组成,共同安装在一个车架上。初碎联合机送来的石料经过进料斗送到振动筛上被分成两种规格,筛上石料送入辊式破碎机进行次碎然后再由环形升送机提升,再次送到振动筛筛分,形成闭式流程加工。 (曹善华)

移动式灰浆搅拌机 movable mortar mixer

具有行走装置,可拖行转移的灰浆搅拌机。适于相对机动转移的场合。 (董锡翰)

移动式混凝土搅拌站(楼) movable concrete batch plant

能分拆为若干功能的组件或整体组装在拖车底盘或汽车底盘上,随施工现场转移的混凝土搅拌站(楼)。能直接靠近施工现场,减少混凝土输送距离,提高经济性能。主要用于边远地区和小规模较分散的工程。 (王子琦)

移动式沥青混凝土搅拌机 movable asphalt mixer

所有部件集中装在一辆半挂式或全挂式轮胎底盘上,可随时拖运、转移工地而不用拆卸的沥青混凝土搅拌设备。

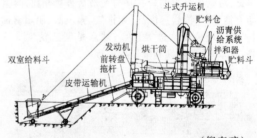

(倪寿璋)

移动式破碎筛分联合机 movable crushing and screening aggregate

可以随时由牵引车拖移转场的破碎筛分联合机。常见的由初碎联合机和次碎筛分联合机分别装在两个或几个底盘上配套组成,可以制备两到三种规格的碎石成品。机动性大,适用于工程量不大、工程对象分散或工作前线较长(如筑路工程和铁路铺渣工程)的施工场合。 (曹善华)

移动式破碎装置 movable crushing equipment

见移动式初碎联合机。

移动式塔式起重机 travelling tower crane

具有可行走的装置,可以在施工场地上自行或被拖牵行驶的塔式起重机。有自行式和拖式两种;

按行走装置不同分为轨道式、轮胎式和履带式。

（李恒涛）

移动式装修吊篮 travelling hanging scaffold basket

吊篮悬挂装置设置在可沿建筑物顶部移动的台车上,吊篮工作台兼有水平方向和竖直方向移动的装修吊篮。作业范围可覆盖整个建筑物立面。

（张立强）

移置式布料杆 portable placing boom

可以沿直线在一定范围内移动的布料杆。沿直线移动时折叠的输送管均匀地改变折叠角度。主要用于隧道施工和混凝土预制件厂。　　（龙国键）

移轴式起落架 slider bar tripping device

用可移动的方轴来提升筒式柴油桩锤的柴油桩锤起落架。由机体、导向板、方轴座、方轴、摇杆、起动钩等组成。提锤工作时,移动方轴,使筒式柴油桩锤上气缸的提锤挡块卡在方轴上,筒式柴油桩锤即随起落架升降。当方轴上的两个缺口和提锤挡块重合时,就可以用起落架上的起动钩来起动上活塞,进行打桩作业。

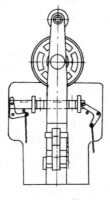

（赵伟民）

乙炔发生器 acetylene generator

使电石与水作用从而产生乙炔气体的装置。产生乙炔气的压力可小于45kPa(低压式),或为45～150kPa(中压式)。按电石与水接触的方式不同,有排水式(图)、联合式及浸离式(浮桶式)等型式。

（方鹤龄）

异步捣固 non-synchronous constant pressure tamping

道碴捣固机械的许多捣固镐头夹持行程可以因各自的阻力不同而为不同值的捣固方式。达到一定的阻力值时某个镐头的夹持行程即行中止。因此,即使枕木摆放间距不等,捣固后的道碴密实度也是均匀的。捣固镐头下降时,无需严格对准。

（高国安　唐经世）

异响诊断器 diagnostic instrument of anomalous sound

对机械设备异常声响进行诊断的仪器。主要有两类。一类是音频放大听诊器,通过电子放大电路,将由探头接收来的音响信号转换为电信号后进行简单的电压放大和功率放大,从喇叭或耳机中听到放大的声响,再结合不同转速及对比正常机械相同转速,即可判断故障,但须依靠听诊者的丰富经验。另一类是选频放大诊断器,在放大器输入线路中加入一个调频装置,使其能对不同频率的信号进行有选择地放大,从而根据所要听诊的对象的固有频率范围进行调频,可提高判断的准确性。　（原思聪）

易碎性 grindability

又称易磨性。物料对粉碎的阻抗。粉碎过程除取决于物料性质外,还受大量不确定的影响因素所支配,例如粒度、磨机类型、工艺流程等。为此,用易碎性概括影响粉碎过程的全部变量。以将物料粉碎至某一粒度需用的比功,例如庞德(F.C.Bond)粉碎功指数表示。用以评价粉碎设备的运行管理状况。

（陆厚根）

易损件 damageable parts

机械中由于某些工作的特殊而不可避免地要先于其他零部件破坏、损伤的零件或部件。例如滑动轴承中的轴瓦、内燃机中的活塞环等都是由于摩擦而提前损坏的零件。此外还有由于化学腐蚀、高温腐蚀、锈蚀等而成为易损件。如果将易损件设计成为与一般零部件具有同等的寿命,将会极不经济,所以凡属易损件皆需有备件。　（田维铎）

溢流阀 relief valve

调节和控制液压系统工作压力,使其维持恒定或限制系统最高压力,防止过载的压力控制阀。分为直动式、差动式和导控式三类。　（梁光荣）

溢流阀动态超调量 dynamic state overshoot of the relief valve

溢流阀在液体压力冲击下所产生的最高瞬时压力与额定压力之差。过大会引起较大的系统冲击,产生元件损坏,管件破裂等故障。　（梁光荣）

溢流阀动态特性 dynamic state characteristics of the relief valve

简称动特性。液压系统的液体压力突然变化后,溢流阀由前一个稳定工况过渡到新的稳定工况的性能。包括动态稳定性和过渡过程动态品质两方面内容。　（梁光荣）

溢流阀过渡过程时间 response time of the relief valve

液压系统突然作用一个载荷后,溢流阀从开始升压到压力稳定至调定压力值这一过程所需要的时间。时间越短,则阀的反应越灵敏,冲击越小,动态性能越好。　（梁光荣）

溢流阀静态超压 steady state overshoot of the

relief valve

又称溢流阀静态压力超调量。溢流阀开始溢流时的开启压力 p_K 与额定流量下的调定压力 p_S 的差值。表示阀工作压力的波动范围,其值越小,定压精度越高。 (梁光荣)

溢流阀静态超压率 steady state overshoot ratio of the relief valve

又称溢流阀压力不均匀度。溢流阀在额定流量下静态超压与调定压力的比值。是评价溢流阀在不同溢流量时系统压力不均匀程度的重要指标。

(梁光荣)

溢流阀静态特性 steady state charcteristics of the relief valve

在稳态情况下溢流阀控制压力和流量的特性。主要包括压力、流量调节范围、工作稳定性、卸荷压力及启闭特性等项指标。 (梁光荣)

溢流阀静态压力超调量

见溢流阀静态超压(323 页)。

溢流阀启闭特性

溢流阀从开启到闭合过程中,溢流量与系统受控压力之间的关系。是衡量溢流阀性能的重要指标,一般用溢流阀静态超压率来评价。

(梁光荣)

溢流阀压力不均匀度

见溢流阀静态超压率。

溢流节流阀 combination flow regulator

由压差式溢流阀和节流阀并联而成的压力补偿型节流阀。与调速阀作用相同。当系统外载荷发生变化时,压差式溢流阀能自动调节溢流口开度,保持节流口两端压力差为一常值,使通过阀的流量不受载荷变化的影响,从而使系统压力能适应载荷的变化。功率损失小,但流量稳定性和微调性能较差。

(梁光荣)

溢流型球磨机 over-flow ball mill

细磨的物料或料浆以溢流形式由卸料端空心轴卸出的球磨机,即中心卸料式。 (陆厚根)

翼式扩孔机 wing reamer

又称滑降式扩孔机。扩孔刀沿倾斜轨道滑降来扩大孔径的反循环式扩孔机。由推压环、推压杆、稳定器、扩孔刀、扩幅推杆、孔底整形刀等组成。按扩孔刀的多少分为二翼式、四翼式。 (赵伟民)

yin

音响报警器 audible warner

用声响作为信号发出警报的报警器。用电铃、蜂鸣器等制作,用声音的高低、声响长短、断续间隔等差别来区分危险、紧急等不同状态。

(曹仲梅)

引导轮 guiding wheel

履带行走装置中支承并引导履带的滚轮。断面呈箱形,中部具有凸缘,凸缘部分正好卡在履带的左右履带节之间。通过滑动轴承装在引导轮轴上,并与张紧装置一起使履带保持一定的张紧度,缓和道路传来的冲击,减少履带在运动过程中的振跳现象。

(刘信恩)

引发装置 percussion lock

设置于射钉枪枪管弹仓后部,用以引导火药爆发的机构。由击针和击杆组成。 (迟大华)

ying

荧光探伤 fluorescent penetration inspection

以渗入零件缺陷内部的荧光物悬浮液检测内部伤损的无损检验。将荧光物悬浮液涂于被检零件表面(或将零件浸入荧光液中 $10 \sim 15 min$),然后洗净吹干,涂以吸附力强的氧化镁粉末或石英粉末,或将零件稍许加热,渗入缺陷内的液体便向表面扩散,再将零件置于水银灯下照射,缺陷内发光物质便显明亮。根据绿黄色的光亮即可发现缺陷的位置和形状。所用溶液为变压器油、煤油和汽油的混合液,加入适当的金黄带绿的染料。荧光探伤与磁力探伤结合使用,则效果更好。 (杨嘉桢)

硬度 hardness

衡量材料软硬,尤其是金属材料表面软硬的指标。表面硬度大,有利于增强抗磨损能力。提高硬度的措施有淬火、渗碳、渗氮、氰化等处理方法。测定硬度方式有布氏硬度(HB)和维氏硬度(HV)等。

(田维铎)

硬度试验 hardness test

测量固体材料表面硬度的机械性能试验。有划痕法、压入法和动力法。机械工程常用的压入法硬度试验有布氏硬度、洛氏硬度和维氏硬度三种。试验可在零件上直接进行,留在表面上的痕迹很小,零件不会被破坏,方法简单、迅速。在机械工业中广泛用于检验原材料和零件热处理后的质量。

(方鹤龄)

硬质镀铬 hard chroming

在普通电解液中,通过选用不同规范,如电流密度、温度等,得到较高硬度铬层的镀铬方法。一般可得到三种性质不同的镀铬层:①在较低的温度和较高的电流密度下可得到灰暗铬层、硬度高(HV1200)、韧性差、有网状裂纹、结晶粗大、颜色灰暗,一般只用于某些刀、量具镀铬;②在高的温度和低的电流密度下可得到乳白铬层,硬度低(HV400~500)、塑性好、结晶细致、呈乳白色,适用于受冲击载荷零件及装饰性镀铬层;③在中等电流密度和温度下可得到光亮铬层,硬度较高(HV900)、韧性较好、内应力小、有密集网状裂纹、结晶细致、表面光亮,适用于修复零件的磨损。　　　　　　　(原思聪)

yong

"勇敢者转盘"游艺机

利用电控调速,使吊篮组随转盘由水平面逐渐上升和倾斜,直至垂直平面内旋转的游艺机。由电动机、大转盘、吊篮组、控制装置、液压系统等组成。工作时,电动机驱动大转盘在水平面内低速旋转,通过液压传动系统使转盘由水平到倾斜直到升为垂直,转速也由低到高,最后吊篮组利用离心力随转盘作高速圆周运动。　　　　　　　　　(胡　漪)

you

优化　optimization

寻找最佳的有关因素,使某些目标,例如尺寸、质量、产量、经济指标等,达到最好的(例如最紧凑、最轻、高产、低消耗、质量最优等)结果。

(田维铎)

优化设计　optimization for design

在选定某一设计中,通过数学等方法,确定设计中的参数、数值不仅使设计满足所有提供的限制和约束条件,而且使设计达到最佳(例如尺寸最小、重量最轻、生产率最高等等)的状态。　(田维铎)

优先数系　series of preferred numbers

国家标准规定的一种十进等比数列。数列包括 10^n 的项值,n 为整数;并规定分为 R5、R10、R20、R40、R80 五个系列,各系列的公比分别为:1.6、1.25、1.12、1.06、1.03。优先数系中的每一个数称为优先数,对其五位有效数字称为计算值;对其三位有效数字称为常用值(即优先数)。应用很广,适用于各地尺寸、参数的系列化和质量指标的分级,对保证各种工业产品品种、规格的合理简化分档和协调配套具有重大意义。　　　　　　　　(段福来)

油泵供油润滑　oil pump feed lubrication

利用油泵将油池中的油经管路、滤油器等输送到轴承上的润滑方式。具有冲洗和冷却轴承的作用,可以使轴颈对轴承获得液体摩擦。但装置较为复杂,成本较高,故常用在高速或高温环境下工作的轴承。　　　　　　　　　　　　(戚世敏)

油管　oil tube

输送液压油到各工作回路的管道。是将液压系统中各个液压元件连接起来,以保证液体的循环和传递液体能量的管路。液压系统中使用的油管种类很多,有钢管、铜管、尼龙管、塑料管和橡胶管等。

(嵩继昌)

油气分离器　oil-air seperator

吸粪车真空系统中将气体中的油分离出来的装置。真空泵工作时需用润滑油来润滑,润滑油随同气流喷出,气路中装有两级油气分离器将气流中的润滑油分离出来,经油管流回真空泵循环使用。

(张世芬)

油-气式换能器　oil-air converter

通过液压油和氮气来缓解冲击,存贮并释放液压桩锤能量的换能器。由缸体、浮动活塞、冲击头或锤砧(根据液压桩锤的结构要求而定)等组成。液压油和氮气由浮动活塞隔离。工作时,可调整氮气和液压油的压力来改变冲击力的大小。　(赵伟民)

油气悬架　oil-air suspension

以氮气作为弹性介质,在气体弹簧和减震器活塞之间引入了油液作为传力介质的空气弹簧悬架。由油气悬架缸和导向机构组成。油气悬架缸为气体弹簧和液力减震器的组合体。油气悬架缸装在机械上,可构成独立悬架或非独立悬架,只承受垂直载荷,而纵向力、横向力及其力矩由导向机构承受。具有变刚度特性,可使本身自然振动频率降低,使机械具有良好的行驶平顺性。　　　　　(刘信恩)

油枪　grease gun

手动活塞式润滑脂注入器。将润滑脂打入油眼或油嘴而进入轴承内。　　　　　　(戚世敏)

油石比自动调节系统　asphalt-aggregate ratio auto-system

连续作业式沥青混凝土搅拌机上按骨料的含水量与质量来自动调节沥青供给量以保持油石比恒定的整套装置。包括:插入冷骨料仓内的含水量探头,置于沥青供给系统中的沥青流量调节阀、沥青定量泵和沥青粘度计,置于骨料输送带上的骨料秤与测速计以及微型计算机等。将各部分测得的数据反馈给微型计算机,算出油石比后再考虑滞后的时差加以修正,以修正后的数据控制沥青供给量和骨料输送流量,从而达到某时刻的正确油石比。

(倪寿璋)

油腿　oil leg

以油压力驱动的凿岩机支腿。结构上与气腿相似,适用于液压凿岩机。　　　　　　(茅承觉)

油箱　oil tank

散热并分离油中所含空气和杂质的贮油容器。

按使用特点分开式和充压式两种。 （嵩继昌）

油中测铁法

将润滑介质中从摩擦表面磨损下来的金属微粒过滤或沉淀分离出来，然后秤量沉积物的质量，或者从润滑油中提取试样，然后将润滑油烧成灰烬，再进行化学法或光谱法分析，以确定试样中含铁量的磨损测量方法。润滑油中含铁量与零件磨损程度有关，若能确定油中含铁量，即可估计零件磨损程度。油中含铁量的变化反映了零件的磨损率。因此在不同时间间隔中所取试样的含铁量差值，即表征零件的磨损率。 （杨嘉桢）

油嘴 grease nipple

内部装有弹簧、钢球的单向活门式注油装置。润滑脂用油枪由油嘴压入，经油道送到润滑点。平时被钢球封闭而防尘、防漏。一般用螺纹连接在油道上。 （戚世敏）

游标尺 caliper

利用副尺（游标）一个刻度间距与主尺一个或几个刻度间距相差一个微量（即分度值），进行细分的机械式读数量具。由1主尺；2游标；3辅助游标；4、5紧固螺钉；6微调螺母；7小螺杆；8上量爪；9下量爪组成。通过副尺在主尺上滑动，可以表示所量尺寸的整数及小数。现在还有一种数字显示的游标卡尺，是利用光栅元件经光电转换进行数字显示的，其分度值为0.01mm。应用游标读数原理制成的量具有游标卡尺（图）、高度游标尺、深度游标尺、游标量角尺（如万能量角器）和齿厚游标卡尺等，应用广泛。

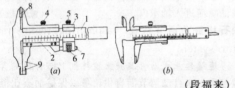

（段福来）

游艺机 amusement equipment

利用机械传动、液压传动、电力传动和电子控制的用于成人或儿童进行娱乐活动的各种园林机械。规模有大、中、小型，按场地分为室内与室外。室外游艺机通常为大、中型，可载人进行模拟火箭、飞机、各种车辆及动物等各种轨迹的运动；室内游艺机通常为微机控制的各种电子游艺机。 （胡 漪）

有槽卷筒 fluted drum

表面有螺纹槽的卷筒。绳槽有利于钢丝绳在卷筒上的排列，由于绳槽节距和槽底半径均相应大于钢丝绳直径和半径，增加了绳与槽的接触面积，从而降低了挤压应力和减少了绳间的侧向摩擦，可提高

钢丝绳的使用寿命。 （李恒涛）

有调噪声 colored noise

在指定频率范围内，功率非均匀分布的噪声。其概念与白噪声相对应。是白噪声通过限定带宽滤波器后的输出噪声。 （朱发美）

有功功率 active power

又称平均功率。电路从电源吸取并消耗掉的功率。单位为瓦特（Watt），简称为瓦（W）。若电路中电压、电流的有效值分别为 V、I，电压与电流的相位差为 φ，则有功功率 $P = VI\cos\varphi$。式中 $\cos\varphi$ 为功率因数。 （周体伉）

有轨行走驱动装置 rail travel driving device

驱动工程机械主动车轮转动，实现沿轨道行走的行走驱动装置。由电动机或其他原动机、减速装置、制动器和联轴节等组成。有独立驱动和集中驱动之分。 （李恒涛）

有轨行走支承装置 rail travel support device

支承工程机械在轨道上行走的行走支承装置。由车轮、轴、角型轴承箱或台车架组成。车轮通过轴和角型轴承箱或台车架与机械的底架相连接，并将载荷传至轨道。主动车轮借助于行走驱动装置实现机械的水平运动。 （李恒涛）

有机溶剂除油 organic flux unoil

利用有机溶剂能溶解各种油脂而又不损伤零件的特点，除去零件表面油污的方法。常用的有机溶剂有：①汽油、煤油、柴油等，能满足机械修理和装配的清洗要求，成本不太高，无需特殊设备；②酒精、丙酮、四氯化碳等去油能力强，挥发性好，清洗质量高，但成本稍贵；③三氯乙烯等清洗迅速、彻底、操作简便，成本低，对金属无腐蚀，但应注意使用安全。 （原思聪）

有机纤维芯钢丝绳 wire rope with organic core

绳芯为浸透润滑油的麻或棉绳的钢丝绳。工作时润滑良好，挠性及弹性较高，是最常用的一种。但不能承受横向压力，不宜用于高温环境。 （陈秀捷）

有机粘接 organic adhesion

利用有机粘接剂进行粘接的工艺。通常，有机粘接剂由粘料、固化剂、增速剂、稀释剂、填料和促进剂组成。粘接剂与被粘物体之间的牢固粘合，是由于机械联结、物理吸附、分子间互相扩散与化学键等多种方式综合作用的结果。有机粘接剂中粘料和固化剂是必不可少的，其余组分可根据需要添加。粘料包括合成树脂（酚醛、环氧、有机硅、聚酰胺等）或合成橡胶（丁腈橡胶、聚硫橡胶、氯丁橡胶）以及它们的混合体，以环氧树脂应用最广。加入固化剂旨在一定的温度和时间条件下，促使其硬化为固体。 （原思聪）

有级变量系统 hydraulic system of step flow varition

按一定的梯级改变流量的液压系统。用若干个定量泵,通过不同的组合,可以使一个泵单独向系统供油,或几个泵同时供油,使系统油流量实现有级变化,以适应载荷变化的要求。特点是所用泵的结构较简单,维修较方便。但与变量泵系统相比较,功率利用较低,控制元件也较复杂,应用不多。

(刘希平)

有级调矩式偏心装置 graduated adjustable moment eccentric device

仅可数级调整偏心力矩的偏心装置。有手动式、反转式、双质量式。 (赵伟民)

有效功率 brake horsepower

内燃机曲轴输出的可供动力装置利用的功率。用符号 N_e(kW)表示。用测功器可以测定内燃机运转时的扭矩和转速,然后按下式计算:

$$N_e = 0.1047 M_e n \times 10^{-3}(\text{kW})$$

式中 M_e 为扭矩(N·m), n 为每分钟转速(r/min)。N_e 是内燃机主要的动力性指标之一。

(陆耀祖)

有效起重幅度 efficient lifting radius

自行式起重机起重钩钩口中心与起重机倾翻线之间的水平距离。取决于支腿距离和最小工作幅度的大小。对于大型轮胎式起重机常为负值。最小工作幅度 R 与支腿横向跨距之半 a 的差值即为有效起重幅度 A。 (李恒涛)

有效压实深度 effective rolling depth

碾轮滚压料层时,使物料产生均匀变形的料层深度。约等于碾轮与料层接触表面最小横向尺寸的一倍,即碾轮压入料层中压痕弦长的一倍。

(曹善华)

有形磨损 physical wear

机械设备在使用过程或闲置过程中,由于载荷或自然力的作用使设备实体产生的损耗和磨损。

(原思聪)

yu

雨水井掏挖机 catch basin digger

在汽车或工程车辆底盘上加装抓斗装置,用于掏挖雨水井的管道疏通机械。由工作抓斗、提升、回转、倾翻机构和液压系统等组成。工作抓斗抓取雨水井中的污泥,通过提升机构提升至一定高度,由回转和倾翻机构将污泥卸到运输车辆上运走。

(陈国兰)

预防维修 preventive maintenance

为防止设备性能劣化,降低设备故障的概率,按事先规定的计划或相应技术条件的规定所进行的维修活动。通常是根据设备的实际开动台时或状态监测的结果进行。 (原思聪)

预烘机 preheat machine

对成型后的湿板坯进行预脱水的纤维板生产机械。由金属网带、接触辊、织物带、压辊等组成。湿板坯通过循环的织物带和电加热的金属网带,由辊筒连续向前输送。在温度和机械的压力作用下使含水率下降。

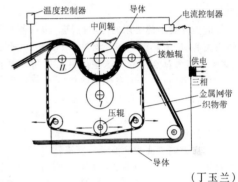

(丁玉兰)

预燃室 precombustion chamber

安装在内燃机气缸盖中,由耐热合金钢制成的一种特殊结构燃烧室中的辅助室。是柴油机预燃室式燃烧室的一部分。整个燃烧室由主燃烧室和预燃室两部分组成,两者之间由一个或数个孔道相连。在压缩冲程中,气缸内部分空气被压入预燃室而产生强烈的紊流,柴油首先喷入预燃室中燃烧,压力增高后,未燃料、空气、燃气等由预燃室的孔道喷入主燃烧室与大量空气混合,继续燃烧作功。可以提高燃料的燃烧效率。 (岳利明 曹善华)

预热留量 preheat allowance

采用预热闪光焊或闪光-预热-闪光焊时,考虑钢筋因预热烧化减短而预留的长度。选择预热留量应使预热过程结束时,钢筋端部能充分加热,对预热闪光焊取 4～7mm;对闪光-预热-闪光焊取 2～7mm,直径大的钢筋取大值。 (向文寿)

预热器 preheater

利用加热设备排出的烟气热量,使水、空气、煤气得到预热的装置。有换热式和蓄热式两种。可以提高燃料的利用率,加快加热的速度。

(曹善华)

预热闪光焊 preheat flash butt welding

在连续闪光焊前增加一次预热过程的钢筋闪光对焊。预热的目的是为了扩大焊接热影响区。预热的方法是使两钢筋端面交替地接触和分开。对Ⅱ、Ⅲ级钢筋,预热频率为1～2次/s,对Ⅰ级钢筋,频率还应再高些。当钢筋烧完规定的预热留量后,随即进行连续闪光和顶锻,即形成焊接接头。适于焊接较粗的但端面较平整的钢筋。 (向文寿)

预压机 precharge

对铺装好的刨花板坯进行初步压制的刨花板生产机械。由一组连续的钢带或胶带、预压辊、压榨辊、传动机构等组成。预压辊和压榨辊通过逐渐变窄的连续转动的钢带对板坯进行加压,使板坯厚度压缩到原厚度的 1/2～1/3。 (丁玉兰)

预应力混凝土机具 prestressed concrete equipment

预应力混凝土施工用的专用机具。包括各种类型的锚夹具、拉伸机、镦头机、刻痕机、压波机、涂包机、穿束器和张拉台座等。这些机具有的用来制作或张拉预应力筋;有的用来保持或控制预应力筋的拉力;有的是为了某种工艺的特殊需要。 (向文寿)

预应力筋涂包机

在预应力筋表面刷涂沥青并缠绕塑料布的预应力混凝土机具。也有刷涂油脂并套以塑料管的。预应力筋可以是钢绞线束,也可以是钢丝束或单根钢绞线。是无粘结预应力工艺制作预应力筋的设备。 (向文寿)

预应力筋张拉设备 prestressed steel bar tensioning equipment

预应力混凝土构件和结构生产中对预应力筋施加张拉力的预应力混凝土机具。分液压、机械和电热三类。除普通的张拉设备外,还有一些如生产板、管类构件和建造圆池类构筑物的连续配筋的专用张拉设备。选用张拉设备应以预应力筋的种类及其张拉锚固工艺为根据,而且预应力筋的张拉力不应大于设备额定张拉力,一次张拉伸长值不宜超过设备最大张拉行程。当设计拉伸长度超过行程时,可采取反复张拉的方法,但所用的锚夹具应适应反复张拉的要求。 (向文寿)

预硬传送带 precuring conveyor

简称预硬带。预硬石棉水泥管坯的带式运输机。由特制链条上相当数量的托辊、托架、传动装置、支架等组成。托辊在链条的带动下沿支架移动。管坯放置在托辊上,随托辊转动而自转,并随托辊的移动而移动。管坯在缓慢的移动中预硬。采用预硬的管坯,能减小椭圆度,提高质量。 (石来德)

预知维修 predictive maintenance

又称状态监测维修。根据状态监测和诊断技术所提供的信息,在故障发生前进行适当和必要的维修。 (原思聪)

yuan

元件 elements

由一个或几个零件组成、具有独立的功能、效应、工作、生产及销售特点的器件。例如在液压、压气及电气系统中的齿轮泵、换向阀、电风阀等。 (田维铎)

园林机械 horticultural machinery

种植和养护花草树木,培育花卉,供人们娱乐游艺的机械和设备的统称。包括园林种植机械、园林植保和园田管理机械、园林绿化机械、花卉机械、各种喷泉设施及游艺设备。可供公园、运动场、园林苗圃、游艺场和其他公共设施使用。 (陈国兰)

园林绿化机械 gardening green equipment

进行树木的修剪及废枝的粉碎处理,人工草坪的修剪、清扫及绿篱修整等城镇园林绿化作业所用的园林机械。主要有树木修剪机、剪草机、绿篱修剪机、树枝切片机、草皮清扫机等。 (胡 漪)

园林植保机械 plant protection machinery

利用雾化装置把溶于水或油的化学药剂、不溶性材料(可湿性粉剂)的悬浮液、各种油类以及油与水的混合乳剂等分散成细小的液滴,均匀地喷洒到园林植物体上进行植保作业的园林机械。用于园林植物防治病虫害和化学除草。根据农药剂型的不同,施用方法有喷雾、喷粉、弥雾、喷烟、熏蒸、拌种、浸种和土壤处理等。对于相应施用方法的器械有液化喷雾车、绿化喷雾车、喷粉机、烟雾机和多用机等。 (张 华)

园林种植机械 horticultural planting machinery

种植草坪、花卉,移植草皮、苗木和大树的园林机械。包括松土机、种子撒播机或播种机、草皮和树木移植机以及植树挖穴机、运树车等。 (陈国兰)

园田管理机械

进行园林、苗圃、草坪等地的松土、除草、肥料撒播、草皮通气和吸水、土壤消毒等园林田间管理作业的园林机械。包括松土除草机、肥料撒播机、草皮施肥机、草皮通气机、草皮灌喷机、土壤消毒机等。 (张 华)

原木剥皮机 log peeler

剥除原木树皮的胶合板生产机械。有环式原木剥皮机、筒式原木剥皮机、刀辊式原木剥皮机、锤辊式原木剥皮机、除节整形式原木剥皮机以及水力原木剥皮机等多种。 (丁玉兰)

"原子滑车"游艺车

在架空数米高的复杂曲线轨道上运行、并能在垂直面内作360°环向运行的游艺机。由电动机、大型钢结构轨道、游戏列车、链传动装置等组成。运行时列车利用自重和惯性沿轨道滑下,然后通过链传动将其牵引到轨道最高点,脱开链条,列车从最高处下滑,将全部势能转化为动能,以高速冲向垂直环行轨道作圆周运动。　　　　　　　　　（胡 漪）

圆池缠丝机

在圆形水池、油罐等大型混凝土构筑物外部缠绕环向预应力钢丝的预应力筋张拉设备。工作时悬挂在池壁上,沿池壁边转动边提升,预应力钢丝就按一定螺距连续不断地缠绕在池壁上。　（向文寿）

圆度公差　roundness tolerance

回转体垂直于轴线的截面上实际圆轮廓对理想圆所允许的变动全量。　　　　　　（段福来）

圆管缠丝机

在钢筋混凝土管坯上缠绕环向预应力钢丝的预应力筋张拉设备。由机头、卡盘、张紧机构、送丝小车和调直滚等组成。管坯夹持在卡盘上。钢丝穿过调直辊后在管坯上绕4～5圈,然后绕过两个张紧轮固定在管坯端部。张紧机构工作时,液压缸将两个张紧轮顶开,使钢丝产生预应力。缠丝时开动机器,机头带动管坯回转,管坯上就连续不断地绕上螺旋形预应力钢丝。螺距大小由小车的行走速度控制。

（向文寿）

圆辊式滚筒刷　roller brush

刷毛沿刷芯360°方向密布的扫路机滚筒刷。当其转动时,每一瞬间都有刷毛与地面接触,可获得较好的清扫效果。刷子的传动件承受均匀载荷。在满足清扫作业的情况下,可以尽量降低其工作转速,从而降低刷毛的磨损和功率的消耗。由于刷毛是直接固定在刷芯上的,刷子的直径不可调整,当刷毛磨损后,刷子的直径减小,使刷毛最外缘的线速度下降,当降到一定值时,清扫质量将大大降低,此时就需更换刷毛。　　　　　　　　　　　（张世芬）

圆弧铲斗　circular-shaped bucket

采用圆弧形切削边和中间凸出不装齿实体切削刃的铲斗。较普通结构斗的容量可增加33%～75%,斗重轻,单位容量的斗重约为普通结构斗的0.44～0.68,挖掘阻力小。　　　　（刘希平）

圆弧齿轮　helical gear with circular-arc tooth profile

以圆弧(或近似圆弧)线形成的曲面作为轮齿齿

廓曲面的齿轮。一般两相啮合的齿轮中,一个齿轮轮齿齿面做成凸圆弧齿廓,另一个做成凹圆弧齿廓。凡齿轮的轮齿齿廓由凸(或凹)圆弧组成,称为单圆弧齿轮。轮齿齿廓同时由凹、凸两段圆弧共同组成,称为双圆弧齿轮。具有轮齿强度高、承载能力大、结构紧凑、无根切现象等优点,但重合度低,故皆采用斜圆弧齿轮。　　　　　　　　　（樊超然）

圆弧齿圆柱蜗杆减速器

在主剖面内,以凹圆弧形作为蜗杆齿廓与以凸圆弧形作为蜗轮齿廓相啮合的减速器。承载能力和效率都比普通圆柱蜗杆减速器高,且体积小、重量轻。　　　　　　　　　　　　　　（苑 舟）

圆井抓斗　well-digging clamshell

水平投影呈圆形的双颚液压抓斗。可以挖出圆形基坑、柱脚和圆井。用于挖井和圆形基坑。

（曹善华）

圆锯机　circular saw

又称铜盘锯。在转动轴上安装盘型锯片进行锯割木料的锯机。由机架、锯轴、锯片、导板、传动机构和防护装置等部分组成。分为纵剖和横截两大类。有台式圆锯机、脚踏截锯机、万能圆锯机和吊截锯等几种,广泛用于小型木工加工场和建筑施工现场。　　　　　　　　　　　　　　　（丁玉兰）

圆锯锯轨机　rail cutting device with disc saw

用4～5kW的小型高速(6000r/min)汽油机作动力,经离合器、三角胶带使圆锯锯片高速旋转(5000～6000 r/min)的锯轨机。作业时,锯轨机置于导向架上,导向架再固定在所锯钢轨上。锯轨机连同导向架质量不超过50kg,移动方便,效率高。

（高国安　唐经世）

圆锯片　circular blade

安装于圆锯机上用以锯割木材的刃具。采用优质炭素钢经轧制而成的圆形薄钢板,中心开孔,经淬火和回火热处理后研磨成平滑表面,并在外圆开成各种形状的锯齿。圆锯片直径的大小是圆锯机分类的依据。一般分为大(直径100cm以上)、中(100～70cm)和小(70cm以下)三种。　　（丁玉兰）

圆盘刨　disc planer

以装有数把刨刀的直立圆盘代替刀轴的木工刨床。一般在铁制或木制的直立圆盘上安装四把刨刀,在圆盘中心处设工作台。工件置于工作台上,以电动机带动直立圆盘进行刨削。如转动工件,可削去其棱角和削尖工件。适用于刨削要求表面光滑的硬质木料。　　　　　　　　　　（丁玉兰）

圆盘刨片机　disk slicer

利用装在圆形刀盘上的刨刀将木材刨成薄片的

刨花板生产机械。由刀盘、进料链条、刀架、传动机构等组成。与进料链条成45°角的刀盘上装有刨刀和叶片,木段靠紧高速旋转的刀盘时,盘上的刨刀将其刨成一片片刨花,借助高速旋转刀盘上叶片所产生的风力将刨花吹送至旋风分离器或打磨机。

(丁玉兰)

圆盘铲抛机

装有旋转式圆盘抛土器的铲抛机。圆盘上有抛土板,以导引抛土方向。抛土距离可达 15～18m。用于农田建设中修筑梯田和开挖沟渠。

(曹善华)

圆盘供料器　disk feeder

以可回转圆盘供给物料的供料器。由可回转的圆盘、导料套筒和刮板等组成。料仓内物料通过导料套筒堆积在镶有耐磨衬板的圆盘上,圆盘转动,刮板刮出物料。调节刮板位置或导料套筒的高低即可改变供料量。能耗小,适用于粘性较小的粉粒状物料。

(叶元华)

圆盘摩擦离合器　disk friction clutch

摩擦件为圆盘的摩擦离合器。分单盘和多盘两种。工作时,利用摩擦盘端间的接触面产生的摩擦力来传递运动和扭矩,摩擦盘可作轴向移动而随意使其处于接合状态(图 a)或分离状态(图 b)。

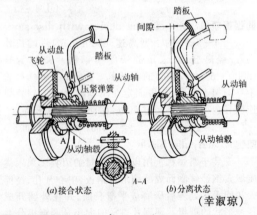

(a)接合状态　(b)分离状态

(幸淑琼)

圆盘式树木修剪机　disc tree pruner

以圆锯片为工作切刀的树木修剪机。由动力装置、刀盘、传动机构、机架等组成。工作时圆形锯片作高速旋转,对树枝作冲击性切割。　(胡 漪)

圆盘式树枝切片机　disc limb chippers

由立轴带动、在水平面内高速旋转的平面刀盘上的飞刀与底刀、旁刀配合进行切片的树枝切片机。由动力装置、切片装置、投料槽、排料管、行走轮等组成。工作时,在刀盘圆周上的叶片产生的空气气流和叶片的推动下,削下的木片沿排料管输送到运输车或料仓中。　(胡 漪)

圆盘式装载机　disk car loader

以圆盘作取料装置、能连续装载的装卸机械。前方有一个或两个带径向凸条的旋转圆盘,圆盘从料堆底部取料。圆盘后上方各有一个直径较小、带有垂直板条的转筒,以高于圆盘的线速度旋转,将物料推到输送机上,然后运到后方输送机端部处装车。常用于料场、仓库的块状物料装车。　(叶元华)

圆盘式钻架　ring guide drill rig

利用圆盘台架调整凿岩机导轨方向和位置的钻架。与导轨式凿岩机配套使用。可分为扇形和环形两种,前者可在地下工程中钻凿垂直向上和扇形布置的中深炮孔;后者可钻凿 0～360°任意方向的炮孔。

(茅承觉)

圆盘轴向压力制动器　disk brake with axial effort

利用轴向压力使固定摩擦盘与转动摩擦盘间产生摩擦力的制动器。摩擦件为圆钢盘附有衬面的卡钳式装置。体积小,质量轻,动作灵敏。

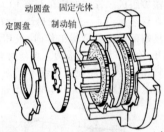

定圆盘　动圆盘　固定壳体　制动轴

(幸淑琼)

圆套筒三片式夹具　three-wedge grip with circular sleeve

利用圆套筒和三块夹片的锥面产生的楔紧作用将钢筋夹牢并锚固的先张法夹具。夹片内壁有细齿,能提高夹持力。套筒内壁和夹片之间涂以润滑油,以利拆卸。适用于夹

套筒　钢筋　夹片

持直径为 12mm 或 14mm 的单根冷拉Ⅱ、Ⅲ、Ⅳ级钢筋。配套使用的张拉设备为穿心式千斤顶。

(向文寿)

圆筒式磁选机　cylindric magnetic separator

利用旋转圆筒和筒内的固定磁力系统,使物料中磁性和非磁性颗粒分离的磁选设备。磁力系统为一铁轭,上装磁极,固定不动,圆筒套在外面绕自身轴线转动,物料连续倒注在圆筒外,磁性颗粒吸附在圆筒表面,随着圆筒的旋转被带出磁力系统影响范围之外而卸落,非磁性颗粒则因离心力而被甩离圆筒。圆筒用黄铜或锰钢制造。用于干选强磁性物料,也可充当带式输送机的驱动轮(须改装),借以选出喂入皮带上物料中的磁性物质。　(曹善华)

圆筒洗石机　cylindric stone washer

利用卧式旋转筒体内壁所焊的螺旋叶片的搅动和水的冲刷作用的砂石清洗机。斜置的圆筒两端支承在支座上，由电动机驱动旋转，从进料口送入的不净石料在筒中被螺旋叶片反复搅动，并沿着筒体被向上推移，水管引入的水流对着石料的移动方向喷注，将石料中污物冲去，石料洗净后从上端卸料口送出，污水由筒的下端排出。用于洗涤含有大量杂物的卵石和砾石，大多装在采石场或碎石厂中。

(曹善华)

圆网成型机 cylinder shave machine

简称圆网机。利用圆网辊使木浆料经脱水而形成湿板坯的纤维板生产机械。由纤维定量箱、真空脱水装置、浆管、浆箱、圆网辊和纵切、横切锯机等组成。可分为单网型和双网型两种。单网型的槽箱内只有一个圆网辊，浆料由圆筒箱流入槽箱内，经真空脱水的湿纤维在较大的圆网辊压力下形成湿板坯。双网型是由上下两个圆网辊组成，浆料在位差作用下流过两个转动的圆网辊经脱水而形成湿坯板。 (丁玉兰)

圆形带 O-belt

横截面形状呈圆形的传动带。常用来传递小的功率，主要用于仪器、台式机床、服装业机械和家用器械中。通常只用一根带进行传动。 (范俊祥)

圆形耙式分级机 bowl rake classifier

又称浮槽式分级机。由耙式分级机和带旋转齿耙的圆筒形浮槽合成的水力分级机。料浆从圆筒形浮槽上方加入，由于旋转齿耙的耙动，微细颗粒悬浮于水中而随之溢出，较粗颗粒沉降于浮槽底部，并被齿耙通过中心孔推入下面的耙式分级机中，再由耙式分级机的往复齿耙将粗料耙出，从而达到分级目的。由于浮槽沉降面积大，旋转齿耙的运动缓慢，微细颗粒比较容易分出，可以获得较细的粒料。 (曹善华)

圆周侧隙 circular backlash

齿轮副中的一个齿轮固定时，另一个齿轮的圆周晃动量。以分度圆上弧长计值，用 j_t 表示。

(段福来)

圆柱齿轮换向机构 spur gear reversing mechanism

利用装在花键轴或导向平键轴上的圆柱齿轮的轴向滑移来实现不同齿轮组合啮合的换向机构。多用于工程车辆及汽车的变速箱中。 (范俊祥)

圆柱齿轮减速器 parallel-shaft reducer

以圆柱齿轮作为运动和动力传递元件的减速器。应用广泛，成本低，制造简单，结构尺寸大。已标准化、系列化生产。 (苑 舟)

圆柱度公差 cylindricity tolerance

实际圆柱面对理想圆柱面所允许的变动全量。

(段福来)

圆柱螺旋弹簧 cylindrical helical spring

用弹簧钢丝绕制成外观为圆柱状的螺旋弹簧。根据用途不同，基本形式有压缩弹簧(Y型)、拉伸弹簧(L型)和扭转弹簧(N型)三种，当载荷大而径向尺寸有限制时，可将两个直径不同的弹簧套在一起，成为组合弹簧。其基本构成部分均是螺旋，结构简单，制造方便，应用较广。

压缩弹簧(Y型)　拉伸弹簧(L型)　扭转弹簧(N型)

(范俊祥)

圆柱面摩擦卷筒 cylindrical friction drum

工作表面为圆柱面的摩擦卷筒。用于卷筒转轴水平设置的场合。 (孟晓平)

圆柱蜗杆减速器 cylindrical worm reducer

以普通圆柱蜗杆、蜗轮作为运动和动力传递元件的减速器。普通圆柱蜗杆可做成阿基米德螺旋面蜗杆(其轴向剖面上齿廓为直线)或渐开线螺旋面蜗杆(在与蜗杆基圆柱相切的剖面上齿廓为直线)两种。在机械中应用最广，传动比一般为10~80。

(苑 舟)

圆锥齿板式夹具

利用套筒和齿板的锥面产生的楔紧作用锚夹单根钢丝的先张法夹具。套筒为一内壁呈圆锥形的短管。齿板为被切去一块的圆锥体，在切削面上刻有倒齿。锚夹时，将齿板面紧贴钢丝，然后将齿板击入套筒内。夹具构造简单，加工容易，使用方便。适用于夹持直径为 3~5mm 的冷拔低碳钢丝或直径为 5mm 的碳素钢丝。配套使用的张拉设备为手动或电动张拉机。

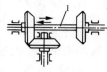

齿板　套筒　钢丝

(向文寿)

圆锥齿轮换向机构 bevel gear reversing mechanism

利用相向或背向装在同一轴(或轴线)上完全相同的两个圆锥齿轮沿轴向移动(或交替改变其为主动齿轮)以实现不同齿轮的组合啮合的换向机构。如图示结构，当纵向移动轴1时，即可进行换向。 (范俊祥)

圆锥齿轮减速器 bevel gear reducer

以圆锥齿轮作为运动和动力传递元件的减速器。使用于输入轴与输出轴位置相交的场合。

(苑 舟)

圆锥滚子轴承　taper roller bearing

滚动体为圆锥滚子的径向推力式滚动轴承。有小锥角和大锥角两种。小锥角主要承受以径向载荷为主的径向和轴向联合载荷,常成双使用,反向安装,内外座圈可分别安装,在安装使用中可调整径向和轴向游隙;大锥角主要承受以轴向载荷为主的轴向和径向联合载荷,一般不单独用来承受纯轴向载荷,当成对配置(同名端相对安装)时可用以承受纯径向载荷。　(戚世敏)

圆锥螺旋弹簧　cone helical spring

用弹簧钢丝绕制成外观为圆锥形的变径螺旋弹簧。多用作压簧。与圆柱形螺旋弹簧相比较,具有较大的横向稳定性,由于其负荷和变形关系是非线性的,所以自振频率是变值,可防止共振现象的发生。　(范俊祥)

圆锥摩擦离合器　cone friction clutch

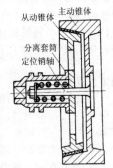

摩擦面为截锥体,利用两半离合器的圆锥面间的压紧产生正压力和摩擦力来传递扭矩的摩擦离合器。分单锥和双锥两种。结构简单,接合平稳,分离彻底,能产生较大的摩擦力;摩擦面磨损后,一般不需人工调整,但锥面的对中性要求严格。　(幸淑琼)

圆锥三槽式夹具

利用套筒和锥销的锥面产生的楔紧作用锚夹单根钢丝的先张法夹具。套筒为内壁呈圆锥形的短管。锥销为圆锥体,表面开有三个尺寸不等的弧形沟槽,槽内刻有细齿。锚夹时,将沟槽对准钢丝,再将锥销击入套筒内即可。构造简单,加工容易,使用方便,适用于夹持直径为3~5mm 的冷拔低碳钢丝或直径为 5mm 的碳素钢丝,但每次只能夹持一根。配套使用的张拉设备为手动或电动张拉机。　(向文寿)

圆锥式球磨机　conical ball mill

筒体为梨形的球磨机。筒体由圆锥角约120°的大圆锥筒、长径比为 0.25 ~0.8 的圆筒及圆锥角为 60°~80°的小圆锥筒焊接而成。物料由大圆锥筒一端入磨,小圆锥筒一端出磨,再送入分级机选分,组成干或湿法闭路粉磨系统。由于锥形筒体使研磨体大小尺寸的分布与物料粉磨过程相适应,故单位动力产量高、产品粒度均匀,但筒体结构复杂,衬板类型增多,有效容积减小。用于细陶瓷厂粉磨瘠化材料如石英、长石及伟晶岩等。　(陆厚根)

圆锥双曲面齿轮　cylindroconical hyperbolic gear

齿轮轮齿分布在双曲面体表面上的圆锥齿轮。如果齿轮轮齿分布在近似双曲面体表面上,则称为圆锥准双曲面齿轮(hypoid bevel gear)。用于两轴不平行、不相交、高速或重载荷下的传动。例如多桥汽车的差速器。　(樊超然)

圆锥延伸外摆线齿轮　oerlikon spiral bevel gear

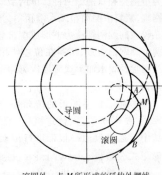

又称奥里康制螺旋圆锥齿轮。轮齿的齿面与分度圆锥面的交线(即齿线)为延伸外摆线一段的曲齿圆锥齿轮。延伸外摆线是指由滚圆在导圆上滚动时,固联在滚圆外的一点的轨迹。主要

滚圆外一点 M 所形成的延伸外摆线

特点是重迭系数大、传动平稳、承载能力大、寿命长、结构尺寸小。多用于高速重载传动中。

　(樊超然)

圆锥圆弧齿齿轮　curved teeth bevel gear

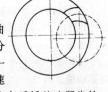

又称格里森制锥齿轮、曲齿圆锥齿轮。轮齿的齿面与分度圆锥面的交线(即齿线)成一圆弧的圆锥齿轮。常用在高速或重载荷下的传动中。例如汽车后桥差速器齿轮。　(樊超然)

圆锥轴向压力制动器　cone brake with axial effort

利用轴向压力使内、外摩擦锥结合而产生摩擦力的制动器。能产生较大的摩擦力,制动效果好;同时,摩擦面磨损后一般不需人工调整。但要求二轴的对中性严格。　(幸淑琼)

yue

约束　restrain,bind

消减机构中杆件自由度的措施。与自由度有着

相反的意义。机构中的运动副可以具有多种,由于每种运动引入的约束数目不同,致使保留的自由度也不一样。例如在平面机构中:回转副只保留一个自由度,约束了 x、y 轴线的两个移动自由度;而滑动副约束了沿另一轴线的移动和在平面内的转动两个自由度。 (田维铎)

越野轮胎起重机 rough terrain crane

装在专用越野型轮胎底盘上的轮胎起重机。采用内燃机-液力驱动的行走机构。设在下车的发动机通过液压系统将动力传至上车。箱形伸缩起重臂,双桥底盘四轮驱动、四轮转向,适用于无道路和狭窄的场合,能吊重行驶,在泥泞地有自救能力。起重量可达 80t,有的已超过 100t。 (顾迪民)

yun

允许故障 permissible failure

在正常使用情况下,由于机械零件磨损、腐蚀、疲劳等因素的影响,发生不可逆的变化,使机械初始参数恶化所造成的可以允许的机械故障。这种故障通过计划修理来排除。反之称为不允许故障。不允许故障无法预知,也只能在事故修理中排除。 (杨嘉桢)

运带打磨机 coated abrasive belt grinder

砂带(粘有磨料的带子)作为磨具,对各种材料的平面和成形表面进行抛光、除锈和除漆等作业的电动手持机具。砂带呈封闭形,套在几个导轮上,电动机驱动,通过机械传动带动后导轮轴旋转使砂带运动进行作业,同时风扇将加工产生的灰尘吸入集尘袋中。结构紧凑,工作效率高,质量好,使用方便。 (王广勋)

运动副 motion pair

机构中各杆件之间直接接触并保持着一定相对运动的联系方式。例如轴与轴承、活塞与气缸、齿轮与齿轮、螺杆与螺帽等之间的接合皆为运动副。有高副及低副之分。 (田维铎)

运输机械 transportation machinery

用于建筑施工现场、工矿企业、港口等场地短距离搬运、装卸和堆取、储存物料的工程机械。分连续输送机械、搬运车辆、装卸机械和仓储设备等。选用运输机械的主要依据是物料的特性、生产率、运输路线和现场条件、装卸方式、设备投资和运输费用等。在自动化生产过程中,运输机械已是生产流水线的主要组成部分。有时在搬运作业时还能完成对物料进行搅拌、清洗、烘干、分拣、计量等工艺操作。 (叶元华)

运行式回转起重机 self-propelled swing crane

具有行走机构和可作全回转的,起重臂并能在陆地上吊重行走的起重机。有自行式起重机、轨道式起重机和特种专用起重机。 (董苏华)

运行诊断 operating diagnosis

针对正常工作的机械,监视其故障发生和发展的机械故障诊断。主要是通过对机械运行过程中的噪声和振动的诊断或测定机械零件在运行过程中的磨损残物来判别故障情况。 (杨嘉桢)

熨平板 screed

沥青混凝土摊铺机上振动熨平器的工作部件。能相对机架浮动,由厚度调节器改变其迎角,以控制铺层厚度。在作业过程中,依靠熨平板的浮动还能减少基层不平对铺筑平整度的影响。熨平板内的加热器可在作业时防止沥青混凝土与板面粘滞。有的熨平板可以自动调节,利用传感器随时检测因基层不平引起的高程偏差,不断校正熨平板底面的迎角,以满足高速公路对路面平整度的严格要求。 (章成器)

Z

za

扎具 fastener

由环链、钢丝绳等挠性构件和圆环、挂钩或带有动滑轮的钩子等简单构件组成的取物装置。由一段或数段环链或钢丝绳,在其一端与一个圆环相连,另一端固定有钩子。用来捆扎棒状物件或大型块状物件。在固定物件及脱卸物件时比起重索具、起重绳具方便。根据捆扎物件的不同,可做成单绳(链)式、双绳(链)式、多绳(链)式和环圈式。 (曹仲梅)

zai

载荷 load

对机械或机件上施加的力、弯曲力矩、扭转力矩,机器在运转中所消耗的功率,电力系统中的电流、电压等统称为载荷。电力系统中一般又称负载。

(田维铎)

载荷谱 load spectrum

表示所受到的某一载荷与其相应额定载荷之比值和其相应的作用次数或时间与总的工作循环次数或总的持续时间之比值的相互关系的方块图形。用载荷谱系数来表示其量的大小。 (顾迪民)

载荷谱系数 load spectrum factor

表示载荷状态或载荷谱量值的系数。由下式求得:

$$K = \sum \left[\frac{n_i}{N} \left(\frac{P_i}{P_N} \right)^m \right]$$

式中 K 为载荷谱系数; m 为指数,一般取 3; n_i 为作用载荷 P_i 相应的作用次数或时间; N 为总的工作循环次数或总的持续时间, $N = \sum n_i$; P_N 为其额定载荷或 P_i 中的最大值。一般与轻、中、重和特重四种载荷状态相对应的载荷谱系数分别为 0.125、0.25、0.5 和 1.0。 (顾迪民)

载荷系数 facter of load

按承载能力极限状态法计算结构上可能达到的最大载荷与标准载荷之比。常用统计方法确定。

(李恒涛)

载荷状态 state of loading

表明起重机受载的轻重程度。同起升载荷与额定载荷之比和各起升载荷的作用次数与总工作循环次数之比有关。一般分轻、中、重和特重四级。与十档起重机利用等级相搭配,可以确定八个起重机工作级别。 (顾迪民)

载荷组合 combination of loads

在起重机设计中,根据不同计算内容对所承受各种载荷进行合理的组合。有Ⅰ类载荷组合、Ⅱ类载荷组合和Ⅲ类载荷组合三大类,以便适应相应的计算要求。 (李恒涛)

zan

暂态 transient state

又称瞬变状态或过渡状态。任一物理、化学现象从一种稳定状态到另一种稳定状态的过渡过程中所处的中间工作状态。如电路发生换路(接通、切断电源或元件参数变化)时的中间过渡状态。

(周体优)

zao

凿削工具 gouge tool

开孔剔槽和在不能用刨刀的狭窄部位作切削用的木工工具。一般由凿柄和凿头组成。分为平凿、圆凿和斜刃凿等。 (丁玉兰)

凿岩辅助设备 rock drilling auxiliary

钻凿岩孔时除凿岩机外用的其他设备。包括凿岩机支腿、机架、注油器、凿岩集尘器和磨钎机等。

(茅承觉)

凿岩机 rock drill

靠钻头在岩体上冲击与回转而钻凿岩孔的机具。具有冲击和回转两主要机构,冲击机构冲击钻头在某一位置上破碎岩石,再借回转机构把钻头旋转一小的角度,改换钻刃冲击的位置,进行下一次破碎岩石,如此反复循环钻凿,形成圆形岩孔。按驱动方式分为:气动式、电动式、内燃式和液压式四类。主要用于钻凿小直径的爆破炮孔,亦可用于基础灌浆孔和锚杆孔等。 (茅承觉)

凿岩机柄体 handle of rock drill

凿岩机中用以安装进气管和操纵手柄等的组合件。由柄体、风管弯头、水管接头和水针等组成。凿岩机内的压缩空气和冲洗水都经柄体供给,水针内也可用压缩空气强烈吹洗。 (茅承觉)

凿岩机机头 front head of rock drill

气动凿岩机中机头、转动套卡套等的组合件。转动套一端装有花键母与活塞杆外花键相咬合,另一端压入钎套,作为钎尾导向用;卡套与钎套用端面牙嵌联接,卡套内孔铣有凸凹槽与钎尾钎肩咬合,组成一个传递扭矩的刚性结构。 (茅承觉)

凿岩机气缸活塞 cylinder-piston of rock drill

气动凿岩机中以气缸、活塞零件为主的组合件。位于凿岩机的中部,是全机的核心部分。由活塞、转动机构、阀体和导向套等组成。与螺旋棒相配合的螺母装在活塞大端内;水针套在柄体内并同时穿过螺旋棒中心插入活塞里;而活塞杆前端与转动套尾端由花键啮合;阀体和棘轮用长螺杆夹紧在气缸体和柄体组件之间。 (茅承觉)

凿岩机推进器 feed of rock drill

能使凿岩机在导轨上前进或后退的装置。按其动作原理分为活塞式和转子式两类。活塞式有固定活塞式和移动活塞式之分;转子式有风动马达和液压马达之别。常用的为转子式风动马达推进器,一般由风动马达、丝杆、滑板、滑架、托钎器和顶尖等组成。工作时,由风动马达通过行星减速器带动丝杆转动,凿岩机滑板上的螺母使凿岩机沿导轨作直线运动;改变马达的进气方向,可使凿岩机前进或后退;调节进风量,可改变推进力和推进速度的大小。

(茅承觉)

凿岩机支腿 leg support of rock drill

支承、推进凿岩机的凿岩辅助设备。包括气腿、水腿、油腿、手摇腿等。 （茅承觉）

凿岩机注油器 line oiler of rock drill, lubricator of rock drill

靠压缩空气将润滑油带入凿岩机内部的凿岩辅助设备。装置位置直接悬挂在凿岩机机体外进气管口上的称为悬挂式；安置在地面上再用胶管与凿岩机进气口相连接的称为落地式。由注油嘴、油池、油管、调节阀等组成。凿岩机工作时，压缩空气经气道进入油池，对油面施加压力，同时从出油孔道高速流过使孔口形成负压，这样润滑油随之经吸油头、油管、环形道、前盖油道至出油孔道喷出，并被压缩空气吹成雾状带入到凿岩机和气腿内需要润滑的各部位。润滑油量的大小由调节阀控制。

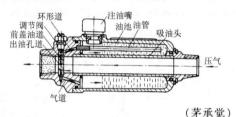

（茅承觉）

凿岩集尘器 dust collector

钻凿岩孔时，能将岩粉吸出并集中在专用容器内的凿岩辅助设备。由引射器、除尘挡板、织物滤袋、贮尘器等组成。压缩空气由进气嘴进入后，经引射器套与引射器座之间的环形空间高速地向外排出，引射器座的中心孔形成负压，将岩粉从炮眼底经排尘系统由吸尘嘴吸

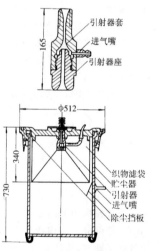

入贮尘器内，先与除尘挡板撞击，粗粒岩粉靠自重落下，细粒岩粉随气流进入滤袋过滤，干净空气透过织物滤袋排出集尘器外，岩粉则被集于贮尘器内。 （茅承觉）

凿岩钎 drill steel

凿岩机凿岩孔时，用于钻传递冲击，扭转破岩的钻具。由钎尾、钎肩、钎杆、钎头组成。按其结构形式分为：整体钎和组合钎两类。 （茅承觉）

凿岩死区 died area

钻车在一定位置上，凿岩机不能扫到的部分工作面。 （茅承觉）

凿岩台车 rock drill jumbo

见凿岩钻车。

凿岩型回转斗 rocking bucket

斗底侧装有偏心的硬质合金刀头，切削岩石的回转斗。 （赵伟民）

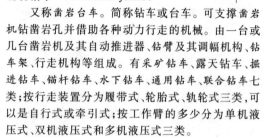

凿岩钻车 rock drill jumbo

又称凿岩台车。简称钻车或台车。可支撑凿岩机钻凿岩孔并借助各种动力行走的机械。由一台或几台凿岩机及其自动推进器、钻臂及其调幅机构、钻车架、行走机构等组成。有采矿钻车、露天钻车、掘进钻车、锚杆钻车、水下钻车、通用钻车、联合钻车七类；按行走装置分为履带式、轮胎式、轨轮式三类，可以是自行式或牵引式；按工作臂的多少分为单机液压式、双机液压式和多机液压式三类。

（茅承觉）

噪声 noise

包含声强及频率各不相同的多种声波组成的无规律的、间歇的声音。从生理学观点讲，凡使人感到烦躁、厌恶、不需要的声音均属之。工程机械工作发生的噪声，应在规定标准之内。 （朱发美）

zeng

增稠器 condensating device

利用重力使颗粒从悬浮液中沉淀离析的连续沉降作业的脱水设备。通常用于过滤前对悬浮液作初步分离。操作时，将悬浮液引入容器内，由于重力作用在容器底部可以得到较浓的悬浮液，再经过过滤达到最后分离，澄清液从容器上部溢出。广泛用于选矿、水法冶金和化学工业上。 （曹善华）

增速蓄压器 speed increase accumlator

设置于高压油路中，用以提高锤体工作速度的缸筒式液压桩锤的部件。沉桩时，其内的高压油通过控制装置送入液压缸内，促使锤体快速下降。

（赵伟民）

增压柴油机 supercharged diesel engine

用专门的压气机对进入柴油机气缸的空气预先进行压缩，提高进气密度，以便向气缸内的燃烧室喷入更多的燃油，从而提高平均有效压力和功率的柴油机。根据驱动压气机所用动力的不同，有机械增压系统、废气涡轮增压系统和复合式增压系统三种增压方式。 （陆耀祖）

增压回路 increasing pressure circuit

靠增压器(增压缸或马达)使系统的局部油路或某个执行元件获得比液压泵工作压力高若干倍高压油的压力控制回路。多用于载荷大，行程小和作业

时间短的执行机构。 （梁光荣）

增压气缸 supercharging cylinder

根据气体在一般温度下压力与体积的乘积值不变的原理,提高输出气体单位压力的活塞式气缸。在同一行程时,采用不同直径的活塞,低压为大活塞,高压为小活塞。气动增压拉铆枪中用来把压缩空气的压力进一步提高后再充入多级活塞气马达,以增大拉铆枪工作拉力。 （王广勋）

zha

轧压成型机 concrete rolling machine

利用轧辊连续轧压混凝土拌和料使之密实成型的压制成型机械。拌和料和钢筋网片在传送带带动下进入成型机,经几对轧辊轧压后即密实成型。生产率高,制品质量好,不需热养护,但设备复杂,适应性差,只能用细集料混凝土,水泥用量较大,目前很少应用。 （向文寿）

zhai

窄频带信号 narrow band signal

含有较少谐波成分的信号。如正弦信号是由分布在较狭窄的频域范围内的信号。 （朱发美）

zhan

毡圈式密封装置 felt collar sealing device

用毛毡填于轴与轴壳之间的密封装置。轴壳内具有梯状环形槽,松散、海绵状、有弹性的毛毡填于梯形槽中,既可以存贮润滑油,又可以防止壳体内的流体渗出或壳体外的水分进入。用于壳体内外没有压差的密封。 （田维铎）

粘附磨损 adhesive wear

摩擦副相对运动时,显微凸峰直接接触,由于产生固相焊合、撕裂、接触表面从软向硬迁移而造成零件表面破坏的磨损。直接接触的凸峰在压强下产生塑性变形,表面分子或原子极为接近,如无表面膜存在,极易产生吸附作用形成粘合点。在点的两侧发生局部再结晶、扩散或熔化,产生固相焊合作用,又在剪切力作用下被撕裂,使接触表面材料从较软面迁移到较硬面上,造成零件表面破坏,严重时摩擦副会咬死。为防止这种现象发生,摩擦副应避免采用相同材料或互相共熔金属。为降低金属分子或原子的结合力,表面可作渗硫、发蓝、磷化或软氮化处理,使金属表面形成一层化合物,避免直接接触。 （杨嘉桢）

粘接 adhesion

采用热熔、溶剂、胶粘等方法联结或修复对偶件、磨损件、断裂件及其他工件的过程。粘接具有许多独特的优点:不需耗用能源及特殊设备,操作简便,成本低廉,且具有良好的密封性,一般的有机粘接剂还有良好的化学稳定性和绝缘性能;接头应力分布均匀,工艺过程无热影响;还不受材料的限制,可实现金属和非金属及其他各种材料间的粘合。 （原思聪）

zhang

张紧装置 tensioning device

使柔性件时常地具有一定的张紧力,以防止柔性传动中工作部件、零件松弛的装置。柔性件使用一段时期后由于自身的伸长变形、磨损,造成结构松弛,工况变坏甚至失效。例如带传动由于带松弛而失去摩擦力;链传动由于链松弛造成与链轮轮齿啮合困难,甚至脱链;带式运输机由于带松弛而与驱动轮打滑;架空索道由于承重缆索松弛、挠度过大使吊斗难以运行等等。主要有螺旋式及重锤式两种型式。 （田维铎）

张拉台座 stretching bed

采用先张法生产预应力混凝土构件时,承受预应力筋全部张拉力的预应力混凝土机具。由台面,承力支架,横梁,定位板等组成。台面一般是厚度为 $6 \sim 10cm$ 的混凝土层,并按规定留伸缩缝,其功能除阻止承力支架因张拉力而引起的滑移外,在制作构件时,还作为底模使用。承力支架是台座的主要部分,承受预应力钢筋的全部张拉力。横梁用以将张拉力传递给承力支架。定位板是固定预应力筋位置用的工具。台座应有足够的强度、刚度和稳定性,不因受力而产生变形和位移。 （向文寿）

张拉液压千斤顶 hydraulic tensioning jack

张拉预应力筋的专用液压千斤顶。是液压拉伸机的工作部分。按构造分为拉杆式、穿心式、锥锚式和台座式四种;按功能分为单作用、双作用和三作用三种。使用时,应根据夹具和锚具型式选用。 （向文寿）

掌子 face

又称挖掘面。暴露于挖掘机前,供机械工作装置挖掘的工作面。 （曹善华）

zhao

沼泽地挖掘机 marsh excavator

具有特殊行走装置,可在沼泽地或软土地面运行的液压挖掘机。常见的是履带接长加宽,以增大机械接地支承面积,减低接地比压。履带板为箱形密封结构,可免进水。也有行走装置采用类似双体船浮箱结构的履带架,每一履带架有三个隔舱,可在沼泽地面上行走,也可在水上浮行。个别挖掘机采用了船体与支撑轮相结合的行走装置,在沼泽地或浅水地区,利用液压缸操纵支撑轮运行(称海龟式液压挖掘机),在深水地区,则由船体利用螺旋桨推进运行。　　　　　　　　　　　　　　　(曹善华)

zhe

折臂　folding jib

在工作状态时,能使各段中心线呈折线配置的塔式起重机起重臂。常见的是起重臂分为二段,靠臂端的一段中心线始终保持水平,靠塔身的一段中心线可由水平状态连续变化到垂直状态,此时与前段臂形成⌐型,减小了幅度,增大了起升高度,因而能较好地适应各种建筑物施工的需要。　　　　　　(李以申)

折臂式塔式起重机　gooseneck-jib tower crane

采用两节臂段、中间借助铰接组成起重臂的塔式起重机。后臂段由水平到与前臂段弯折成90°,可作俯仰运动。同时具有动臂变幅和小车变幅的性能,适合于起重作业区受到限制和有特殊要求的场合。　　　　　　　　　　　　　　　　　(李恒涛)

折叠臂　fold jib

带有可折叠臂节,并由折叠机构伸展或折叠的起重臂。主要用于采用桁架起重臂的汽车起重机和轮胎起重机,及整体拖行的塔式起重机,以减少或取消中间臂节的运输和装拆工作,较方便迅速地完成工作状态与行驶状态的互换。　　　　　(孟晓平)

折叠臂杆式升降支架　folding jib lifting support

装修升降平台中,以数节铰接臂杆从铰接点折叠组成的升降支架。相邻臂杆都由液压缸驱动,使之伸展或折合,工作时,臂杆伸展呈悬臂状,装于最上端臂端部的工作平台即被举升到适当的高度和位置。　　　　　　　　　　　　　　　　　(张立强)

折叠臂式高空作业车　aerial work vehicle with folding boom

依靠两节以上动臂相互折叠、展开和回转来改变作业平台位置的臂架式高空作业车。动臂为箱形结构。一臂(第一节臂)的下端铰接在回转平台的支承架上,另一端与二臂(第二节臂)的下端铰接,以此类推。作业平台铰接在最后一节动臂的上端。每节动臂的折叠和展开均由双作用液压缸驱动。为防止动臂在载荷和自重作用下产生超速下降,在液压缸两腔油路上安装有平衡阀。　　　　　(郑　骥)

折叠副臂　fold fly jib

不用时可折回并收藏在主起重臂下边或侧面的副起重臂。通常为桁架结构,架设与回收方便迅速,对主起重臂的结构设计影响较小。在汽车、轮胎起重机上应用较为普遍。　　　　　　　　(孟晓平)

折叠立塔法

采用折叠机构,使塔式起重机处于工作状态或运输状态的方法。下回转式塔式起重机的塔身、起重臂,可以做成伸缩的或折叠的结构型式。借助各种折叠机构,使起重机竖起进行工作或者放倒进行转移运输。适用于小型起重机,具有辅助时间短、转移快的特点。　　　　　　　　　　　　(李恒涛)

折叠式布料杆臂架　folding boom

以铰接方式连接,可以折叠的布料杆臂架。
　　　　　　　　　　　　　　　　　　(龙国键)

折叠式立柱　folding leader

可以折叠的桩架立柱。便于运输和转移工地,多用于中小型桩架上。　　　　　　　　(邵乃平)

折叠塔身　folding tower

由两段或多段格构式塔身铰接而成,并可折叠后整机拖行的格构式塔身。利用塔身折叠机构使各段沿段端铰接处展开伸直或折叠;展开伸直后整个塔身处于柱状直立状态,再用连接件固定,使之成为整体塔身。塔身的折叠是为了缩短整体长度,以便于实现塔式起重机的整体拖行,其总体的外形尺寸及轴压等应满足道路交通对特种车辆的要求,常见于中小型塔式起重机。　　　　　　　(李以申)

zhen

针齿轮　pin gear;pin wheel

以小圆柱形针销作为轮齿的齿轮。一般是将轮缘和针销分别加工成形并将针销均匀装配在轮缘圆周上。多用于摆线针轮传动系统中。　(樊超然)

针对性喷雾　placement spraying

使雾流针对目标物的喷雾作业方式。园林植保机械目前大都采用这种方式,主要特点是药液沉积量大,穿透性好,雾流容易控制和调节。　　(张　华)

真空泵　vacuum pump

抽吸密闭容器中气体使容器中出现真空的机械设备。真空的大小,以真空度(torr)来表示。将送风机、压气机的进气口接至容器出口,同样能起到降低容器内的气压出现真空的作用。对真空泵本身来说,是将容器内低压气压缩成高压气后排出的机械,其压力远较压气机大,故要求工作部件的密封性好。有活塞往复式、罗茨式(Roots)、螺杆式、旋转叶片式及滑阀式等多种类型。　　　　　　　　(田维铎)

真空泵吸粪车

依靠自身动力驱动真空泵,抽取粪罐罐体内空气形成真空,通过吸管进行吸粪作业的吸粪车。主要由储粪罐、真空系统、吊杆系统、传动系统、除臭系统、防冒报警系统等组成。有刮板泵吸粪车和水环泵吸粪车两种形式。刮板泵工作转数低,功率消耗小,冬季使用不受限制,但真空系统管路复杂、部件多、制造成本高,长时间连续工作泵温升高;水环泵吸粪车结构简单、制造容易、成本低、工作可靠、噪声小,可连续工作,温升极小。但水环泵工作介质是水,每天需加水换水,操作复杂,冬季使用受到限制,效率低,泵的工作转速高,传动结构复杂。　　　　　(张世芬)

真空除尘式扫路机　vacuum dusting sweeper

作业时由清扫刷将路面的垃圾扫入垃圾箱中,采用真空除尘系统控制扬尘的吸扫复合式扫路机。在侧刷和滚刷的周围均有橡胶围裙围住,使清扫系统处于一定的真空状态,为了消除侧刷转动时产生的扬尘,在侧刷中间有的还装有与真空系统相连的吸风管。当滚筒刷把大颗粒的垃圾抛入垃圾箱时,在负压作用下通过滤尘系统除去气流中悬浮的微尘,净化后的气体排入大气。这类扫路机采用的风机风量和风压都很小。　　　　　(张世芬)

真空螺旋挤泥机　vacuum-pumping screw extruder

设有真空室和真空排气泵装置的螺旋挤泥机。能将混合料中的气体在挤压成型过程中排出,使坯体具有较高的密实性,以提高成品的机械强度。
　　　　　(丁玉兰)

真空脱水成型机械　vacuum dewatering machine

利用真空泵将经振捣后的混凝土拌和料中多余的水分和空气吸出,以提高混凝土质量和早期强度的混凝土成型机械。由真空泵、真空吸盘、连接软管等组成。混凝土经真空脱水后,密实性、抗渗性和抗冻性均有提高,强度也提高20%～30%。主要用于现浇混凝土楼板、地面、道路及机场地坪等工程的施工,也可用于预制混凝土楼板、墙板等的生产。在实际生产中,常将真空脱水与振动密实成型工艺配合使用,亦称振动真空密实成型法。　(向文寿)

真空吸泥机　vaccum mud pump

利用快速旋转的转子将空气抽去,形成局部真空,在大气压力作用下抽吸泥浆的机械。由动力装置、壳体、转子、吸泥管等组成。结构简单,效率较低,适于抽吸稀薄纯质的泥浆。　　　(曹善华)

真空吸送式扫路机　vacuum suction sweeper

由清扫刷将路面的垃圾扫入吸尘嘴下,通过吸风系统将垃圾吸起,经吸风管道输送到高位垃圾箱内的吸扫结合式扫路机。由于垃圾箱容积大,气流速度降低,片块状垃圾因其自重较大而与空气分离,沉降于箱底部,含尘空气及纸张、树叶等轻质垃圾经垃圾箱上部的滤网后,废气排至大气。为了提高清扫输送的效果,选用高压离心式风机。通常风压在5466～8266Pa,风量为150～190m³/min或更大。由于风机的轴功率很大,因此都配有一台发动机专门驱动风机,因而油耗和噪声较大。　　(张世芬)

真空吸污车　vacuum sewage tank truck

利用抽气真空装置,使罐体内产生真空而抽吸污物的吸污车。由罐体、抽气真空装置、液位报警器、油水分离器、液压倾翻机构、罐门锁紧装置和阀门操纵机构组成。抽气真空装置有真空泵和射流抽气装置。　　　　　(陈国兰)

枕端稳定器　sleeper-end consolidator

置于枕木端部,振动夯拍枕端道碴的装置。可视轨枕长度不同横向调节其位置。在道碴稳定机上,枕端稳定器可以与轨枕盒稳定器顺序布置,也可并列布置于轨枕盒稳定器的外侧。
　　　　　(高国安　唐经世)

枕木钻孔机　sleeper drill

在木质轨枕上预钻道钉孔的专用钻孔机。可以减少强行钉道钉时枕木的损伤。由汽油机经减速器驱动木钻头。轻便,质量一般为10～15kg。
　　　　　(高国安　唐经世)

振波衰减系数

表示振动波在混凝土拌和料中传递时衰减难易的系数。与振动频率、混凝土坍落度和水泥的品种等有关。频率高、坍落度大,衰减系数小,振动波能传递到较远的地方;反之,衰减系数大,振动波传递不远就完全消失。在同样的频率和坍落度的条件下,普通水泥比火山灰水泥的衰减系数小。衰减系数对插入式内部振动器有效作用半径、平板式表面振动器有效作用深度,附着式振动器有效作用范围、以及振动台有效作用高度有直接的影响。
　　　　　(向文寿)

振冲砂桩机　vibro-compacted sand pile machine

采用振动器带动夯实装置,或用振冲器直接作用于软弱地基来建立桩的软地基桩机。通过振动密实方式来建立砂桩或碎石桩,以提高地基强度、抗液化能力和减少不均的沉降。有单向式、双向式、十字块式、直接能量作用式。　　　　(赵伟民)

振动　vibration

物体重心偏离平衡位置重复运动的现象。对零件和整机的强度、平稳性都是有害的,特别是共振,应设法远离共振区运转。但在某些领域,利用振动

进行工作又非常有利,例如混凝土振捣器、振动筛分机、振动沉桩机等。　　　　　　　　(田维铎)

振动沉拔桩机　vibratory pile driver-extractor

　　由振动桩锤和桩架组成的桩工机械。　(赵伟民)

振动成型机具　vibrating forming machinery

　　使混凝土拌和料产生振动、液化,从而密实成型的混凝土成型机械。有内部振动器、附着式振动器、表面振动器和振动台四种。可采用电动机、电磁铁、气动马达、液压马达或内燃机驱动。振动频率分低频、中频、高频和复频等几种。混凝土拌和料受振后,内部粘着力和摩擦力急剧减小,呈"重质液体"状态,粗骨料在重力作用下下沉,紧密排列,水泥砂浆填充其空隙,气泡被排出,从而得以密实成型。振动密实与手工捣实相比,混凝土强度提高 40% 左右。是混凝土工程中普遍应用的机具。　(向文寿)

振动冲击冻土锤　impact-vibratory freezing soil splitter

　　工作装置由激振器、钎子和弹簧组成的冻土锤。激振器通过弹簧装在钎子尾端。作业时,激振器通过弹簧对钎尾进行敲击,促使钎子振动,破碎冻土。适用于冻土层较薄的小量破冻作业。　(曹善华)

振动冲模　vibrating impact concrete mould

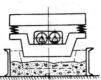

　　又称振动压模。带有振动和加压装置的冲模。有固定式和滑行式两种。工作时,将冲模放入模型中,压在混凝土拌和料(入模前须精确称量)表面,然后开动振动器,冲模即逐渐沉入,直到碰到限位装置,达到所需深度为止。混凝土拌和料被挤压填满冲模和模型的空间,获得所需外形。对不同干硬度的混凝土,冲模加于拌和料的静压力为 30~60kPa,密实厚度为 150~350mm。每平方米制品表面的脱模力约为 2.5kN。适用于生产密肋槽形板和槽形板。　　　　　　　　　　　　(向文寿)

振动传感器　vibration transducer

　　测量机械振动位移、速度、加速度传感器的总称。种类很多,按转换原理有应变式、压电式和磁电式等。　　　　　　　　　　　　　　　(朱发美)

振动冻土锤　vibratory freezing soil splitter

　　工作装置由激振器和钎子组成的冻土锤。利用激振器的激振力使冻土锤产生定向振动,钎子随之振动并插入冻土层破冻。如激振器的振动频率调整到接近冻土固有频率,可以增大工作效率。也有在钎子上加装一个铁砧,作业时,产生振动与敲击双重作用,破冻效果更好。多悬挂在履带拖拉机前,适于各种冻土层的破碎。

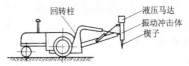

(曹善华)

振动堆焊　vibration build-up welding

　　一种电脉冲自动堆焊。堆焊时,焊丝在送进的同时按一定频率和振幅振动,造成焊丝与工件周期性的短路、放电,使焊丝在较低的电压(12~20V)下熔化并稳定均匀地堆焊到工件表面。可以在很小的电弧功率下进行,并获得非常细小的金属焊滴,同时堆焊区的冷却速度很高。对零件的热影响不大,一般不致引起零件的变形、热处理性质及组织;焊层均匀,生产率高,不需热处理就可获得很高的耐磨性,同时焊缝与基体金属的结合强度高。是目前我国修理行业中修复磨损零件的主要方法之一。　(原思聪)

振动功率　power of vibration

　　振动机械上激振器的驱动功率。即维持振动部件(振动轮或振动平板)振动所需的功率,包括克服振动器一切摩擦阻力和起动惯性阻力所需功率。振动功率 P 由振动周期内所做的功 W 和振动周期 T 所决定,即:

$$P = W/T$$

功率的最大值是相应于共振工况时的功率。

(曹善华)

振动供料器　vibrating feeder

　　利用输送槽振动供给物料的供料器。结构和工作原理与振动输送机基本相同。分为电磁式振动供料器和偏心块惯性式振动供料器。前者大多在共振状态下工作,振动频率为 50Hz,振幅小于 2mm。容易调节供料量,能实现自动精确控制,维护简单,耗电少。后者大多在超共振状态下工作,振动频率为 25Hz,常采用偏心块直接装在电动机上的惯性激振电动机。改变偏心块的相对位置也可调节供料量,但不能实现自动调整。　　　　　(叶元华)

振动夯　vibratory rammer

　　见振动夯土机。

振动夯土机　vibratory rammer(tamper)

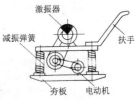

　　又称振动平板夯。依靠激振器内偏心转子的快速旋转,使夯板发生振动的夯实机。由动力装置、带传动、激振器、扶手、夯板、减振装置等组成。依靠转子的惯性离心力水平分力使机械向前移动,还可调整偏心块转子的位置,使机械沿弧线移动,或原地

不动。适用于含水量较低的非粘性砂土和碎石地基的夯实工作。　　　　　　　　　　　　　　（曹善华）

振动夯最佳激振力 optimal excition force of rammer

　　振动夯作业时,当振幅达到尽可能最大值而夯的底板仍未离开被压料层时的激振力。此时的振夯效果最佳。其大小决定于所压物料的性质、压实厚度和所要求的密实度,此时的振幅称最佳振幅。
　　　　　　　　　　　　　　　　　　（曹善华）

振动极限速度 critical speed of vibration

　　使混凝土拌和料达到足以克服物料颗粒之间的摩擦力和粘结力的振动速度。在此速度下,拌和料处于液化状态,能被充分捣实。由于振动波在拌和料中的传递是逐渐衰减的,因此振动设备应具有足够的振动速度,使距振源一定距离的拌和料的振动速度达到极限速度。但振动设备的振动速度也不能太大,否则振源附近的拌和料将因过振而分层。振动设备的振动速度可用公式:$V_{max} = 0.105Af$ 算出。式中,V_{max} 为振动速度（cm/s）;A 为振幅（cm）;f 为振动频率（次/min）。　（向文寿）

振动挤压成型机 vibrating and squeezing concrete casting machine

　　利用螺旋绞刀对混凝土拌和料进行挤压,并辅以振动器振捣,使之密实成型的混凝土成型机械。工作时,成型机放置在铺有预应力筋的台座上,拌和料从料斗灌入后,由一组绞刀将其挤进成型室成型,然后从机尾挤出。为了进一步将拌和料捣实,在靠近料斗处装有外部振动器,在绞刀内部装有内部振动器（也有只装内部或外部振动器的成型机）。采用内外振动可以大大减少绞刀的磨损,并降低动力消耗。由于挤压拌和料的反作用力,成型机能自动沿台座轨道缓慢向前移动。主要用于在长线台座上生产预应力混凝土空心板,要求采用水灰比为 0.28～0.38 的干硬性混凝土,粒径不宜大于 10mm 的集料。具有生产效率高,劳动强度低,混凝土密实性好,制品表面平整等优点。但螺旋绞刀磨损快,制品不易分割。

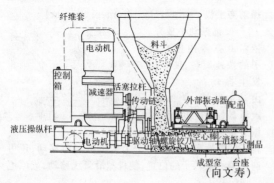

（向文寿）

振动加速度 vibrating acceleration

　　质点在振动运动中,某一瞬时的速度增大率。是振动频率和振幅两者的函数。其最大值为:$a_{max} = 0.01Af^2$,式中,a_{max} 为振动加速度（cm/s²）;A 为振幅（cm）,f 为振动频率（次/min）。对拌和料结构粘度有决定性的影响。当加速度开始由小增大时,粘度急剧下降,但若继续增大,粘度下降渐趋缓慢,待增大到一定数值后,粘度趋于常数。对混凝土强度也有类似关系,振动加速度增加,混凝土强度随之增加,但到一定值后,强度增加趋于缓慢。与混凝土拌和料的性质有密切关系。当其增大时,一般干硬性混凝土拌和料不易分层,而大流动性混凝土拌和料则会导致分层,降低混凝土强度。低流动性、干硬性和特干硬性混凝土拌和料的最佳振动加速度分别为 4～5g、6～7g 和 7～9g。g 为重力加速度。
　　　　　　　　　　　　　　　　　　（向文寿）

振动加压成型机械 vibrating and pressing type concrete forming machine

　　振动和加压装置组合的混凝土成型机械。振动装置即普通的振动台。加压装置有单一加压板（a）、振动加压板（b）、弹簧加压板（c）、振动－弹簧加压板（d）、气囊加压板（e）、液压缸或气压缸加压板（f）等。干硬性混凝土拌和料在普通振动台上成型时,需较长时间,表面加压后,时间缩短一半,密实度增加,表面光滑。在定向振动台上成型制品时,加压压力一般为 1～3kPa。

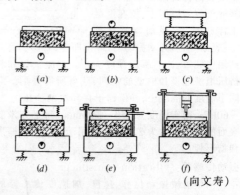

（向文寿）

振动梁 vibrating beam

　　混凝土路面整平机上以振动原理工作的箱形结构的悬挂工作装置。内置高频低振幅的振动器,用在塑性水泥混凝土路面铺层的提浆与振实。其高程、导角、频率和振幅均可调整,可随机械行进连续施工。　　　　　　　　　　　　　　（章成器）

振动磨 vibrating mill

　　利用研磨体在磨筒内作高频振动粉碎物料的超微粉碎机。由圆筒形磨体、激振器、支承弹簧等组成。磨体在激振器频率 16.7～50Hz 下强烈振动,占磨筒有效容积 65%～85% 的研磨介质产生高频冲击和研磨,物料沿微裂缝发生疲劳破坏而粉碎。激振方式分惯性式和偏旋式;筒体有单筒式和多筒式;操作分干磨和湿磨、间歇式和连续式。研磨介质有钢、不锈钢、瓷、丙酮等制的球、棒。结构简单,能有效地超微粉磨各种物料,粉磨效率高,粉碎比很大,成品粒度可达 1μm 以下。规格以筒体容积表示。

(陆厚根)

振动碾轮　vibratory drum

见振动压路机(342 页)。

振动频率　frequency of vibration

单位时间内完成振动的次数或周数。等于振动周期的倒数,常以符号 f 或 ω 表示,常用的单位是 Hz(赫兹)($1Hz = 1s^{-1}$)。　　　　(曹善华)

振动平板夯　vibratory rammer

见振动夯土机(339 页)。

振动切缝刀　joint vibrating knife

利用振动力对新铺而尚未凝固的水泥混凝土路面切割出横缝的长型路面切缝机。有双柄手携式和桁架手推式两种。激振器装在刀背中央。

(章成器)

振动切缝盘　joint vibrating disk

利用振动力对新铺而尚未凝固的水泥混凝土路面切割纵缝的圆盘型路面切缝机。圆盘刀装在双轮推车上,圆盘轴上装有激振器。圆盘刀在振动状态下切缝。　　　　(章成器)

振动筛　vibrating screen

借各种激振方式激振筛框的机械筛。有惯性振动筛、自定中心振动筛、共振筛等。　　(陆厚根)

振动输送机　vibratory conveyor

利用激振器使输送槽产生振动以运送散料的连续输送机械。一般用于水平输送,生产率小于 150t/h,输送距离小于 80m,倾斜上运时,生产率随倾角增大而下降。除激振机构某些零部件外,相对转动部件很少,结构简单,可输送各种粒度的物料,能对灼热的、易燃易爆的、有毒的、多尘的物料实行封闭输送,在运送过程中可同时完成筛分、脱水和冷却等工艺操作。但不宜输送粘性物料。常用于化工和建材工厂。按激振机构分机械式和电磁式两类,机械式中又可分为弹性连杆式和惯性式;按参与振动构件数目可分为单质体、双质体和多质体三种类型。单质体的只有输送槽产生振动,因而振动力传至地基,大多为轻型的;双质体和多质体的除输送槽外,还有对重架参与振动,结构稍复杂,但可以基本上消除对地基的振动力,还可利用共振原理使所需激振力最小。　　　　(谢明军)

振动鼠道型　vibratory submerged gulley

plough

装有振动式切土犁的鼠道犁。由动力装置的动力输出轴经过齿轮或链条传动,带动凸轮旋转,从而使切土犁振动。由于振动作用,作业时切土阻力一般可减小 30%～50%,振幅通常是 30mm。

(曹善华)

振动台　vibrating table

振动装置安装在台架上,对制作构件的混凝土拌和料进行振动密实的振动成型机具。由上、下框架、支承弹簧、振动子、动力和传动装置等组成。上框架是振动台的台面,通过螺旋弹簧支承在下框架上。振动子安装在上框架上,由动力带动激振。有环向振动台、偏心式定向振动台、摆式定向振动台、冲击振动台、滚轮脉冲振动台、无台架式振动台、电磁式振动台等种。载重量从 1kN 到 200kN 不等。小型振动台的台面都做成整体式的,而大型振动台则作成分段式的,段与段之间用万向联轴器连接传递动力。工作时,应将钢模紧固在台面上,使钢模、拌和料同台面一起振动。是混凝土预制构件厂中常用的成型设备。　　　　(向文寿)

振动台有效作用高度　effective action height of vibrating table

振动台工作时,每次能捣实的制品厚度。模子底部的混凝土拌和料振幅最大,随着高度增加,振幅逐渐衰减,当高度超过一定尺寸时,振幅衰减到不足以使拌和料密实,这个高度就叫做有效作用高度。与振动台的振动参数及混凝土拌和料的性质等有关。用来判断能生产多厚的制品,如制品过厚,还应采取其他措施补救。　　　　(向文寿)

振动台载重量　capacity of vibrating table

允许加于振动台上的总质量。一般包括模子质量和制品质量,如果采用振动加压成型工艺,还应把加压质量也包括在内。是振动台的主要性能参数之一,也是选用振动台的主要依据。　　(向文寿)

振动体质量　vibratory body mass

沉、拔桩时,振动桩锤加上桩和配重的总质量。

(赵伟民)

振动头　vibrator

又称振动子。棒形振动器的激振部件。按工作原理分偏心式和行星式两种,前者依靠偏心轴在棒体内的快速旋转产生振动,振动频率与转轴转速相等,可得中频振动(6000～7000 1/min);后者依靠滚锥在滚道上作行星运动产生振动,振动频率为滚锥公转速度与锥、滚直径比的函数,可得高频振动(20000～25000 1/min)。　　　　(曹善华)

振动误差　vibration error

测量仪器因振动带来的附加误差。

(朱发美)

振动芯 vibratory core barrel

又称芯管。生产钢筋混凝土空心楼板的专用内部振动器。由偏心轴、滚动轴承、钢管、软轴等组成。既是振实混凝土的振动器，又是成型圆孔的模具。经常成组使用，由电动机单个、分组或整组驱动。捣实效果好，应用较广泛。　　　　　　（向文寿）

振动压路机 vibratory roller, vibro-roller

以振动碾轮向地面或料层直接传递激振力的压路机。作业时，依靠机重和激振力双重作用。分单轮、双轮、轮胎式、复振式、组合式等种。有拖式和自行式两类。按照碾轮形状，又有光面轮和羊足轮两种。激振器装在驱动轴上，采用机械或液压振动，振动碾轮与机架之间装有悬挂装置和隔振设备。有的轮胎式振动压路机还采用频率可调的激振器，根据所压土层的状态调整频率。机重一般为 $1.5 \sim 18\text{t}$。应用广泛，适于各种压实作业。压实层厚度大，振压效果好，生产率高。　　　　　　（曹善华）

振动延续时间 duration of vibration

混凝土拌和料振动成型过程所需要的时间。当频率和振幅一定时，延续时间取决于混凝土拌和料的性质、制品（或构件）的厚度、振动设备和工艺措施等。其值在几秒至几分钟之间，应根据具体条件通过试验确定。一般为，从振动开始到气泡停止排出，拌和料不再沉陷，并在表面泛出灰浆时为止所持续的时间。振动成型时，若在混凝土拌和料表面施加一定压力（$1 \sim 6\text{kPa}$），振动延续时间可明显缩短。　　　　　　（向文寿）

振动羊足碾 towed sheep-foot vibratory roller

利用激振器使羊足碾轮产生振动，以振动与静力的复合作用进行密实作业的拖式振动压路机。由碾轮、机架、偏心块激振器、动力装置等组成。作业时，由拖拉机或牵引车拖动运移，成对的偏心块相向旋转时带动碾轮振动。用以碾压粘性块状土壤，碾压深度大，作业效果好，用于水利和筑路工程。　　　　　　（曹善华）

振动熨平器 vibrating screed

沥青混凝土摊铺机上用以熨平摊铺料层的工作部件。由熨平板、振动器、摊铺厚度调节器、路拱调节器、加热器等构成。与摊铺机机架两侧铰接，能上下浮动地压在铺层上前进，按一定宽度、厚度、拱度对铺层进行初步振实和整平。有的振动熨平器有伸缩结构，以适应路面的不同铺筑宽度。　　　　　　（章成器）

振动真空成型设备 vibrating and vacuum dewatering concrete casting equipment

振动台和真空脱水机械组合在一起的混凝土成型机械。将浇灌入模的混凝土拌和料先在振动台上振捣密实，然后用真空脱水成型设备从混凝土表面或内部（带孔的制品）将多余的水分和空气吸出，使混凝土进一步密实。经振动真空密实的混凝土，初始强度比单纯振动密实的约高 $40\% \sim 60\%$，可以提早拆模，加快模板周转。

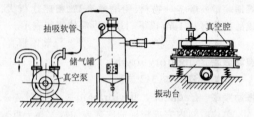

　　　　　　（向文寿）

振动真空压制成型设备 vibrating vacuum dewatering and pressure combined concrete casting equipment

将振动台、真空脱水机械和加压装置组合在一起的混凝土成型机械。模型底板上钻有许多小孔，其上铺放滤布，下面连接真空腔。混凝土拌和料浇入模型以后，固定在振动台上，并罩上密封罩，然后用软管将密封罩与加压泵以及真空腔与真空泵联接起来。工作时，混凝土拌和料在振动、压力和真空的联合作用下，得以密实成型，效果好。适于生产平板制品。

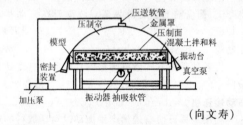

　　　　　　（向文寿）

振动桩锤 vibratory pile hammer

依靠激振器产生的激振力或振动冲击力进行沉拔桩作业的桩锤。通常由激振器、减振装置、夹桩器等组成。有机械式、液压式。　　　　　　（赵伟民）

振动阻尼因数 coefficient of dumping vibration

阻尼振动中描述阻尼程度的物理量。阻尼振动的振幅随时间衰减的规律可用公式

$$A = A_0 e^{-\beta t}$$

来描述，式中 t 表示时间，e 是自然对数的底；A_0 表示初始时刻的振幅，β 就是振动阻尼因数。

　　　　　　（曹善华）

振实 vibrating densification

利用固装在支架上的激振器所产生的高频振动，使物料发生接近于自身振动频率的振动，从而具有流性，颗粒重新排列，排出水分和空气，增加密实度的工艺过程。其效果决定于振动频率和振幅。工

艺特点是:表面应力不大,过程时间短,加载频率大。广泛用于低粘性物料的压实,如砂土和水泥混凝土混合料的密实。 （曹善华）

振实理论 theory of vibrating densification

振动体与被振实物料之间物理关系的力学表述。认为:颗粒混合料在振动作用下,物料内部摩擦力急剧减小,剪切强度降低,抗压能力很小,因此再加上重力作用,容易压实,即所谓内部摩擦减小学说,此外还有共振学说、反复载荷学说。

（曹善华）

震动 shocking

载荷间歇作用的现象。 （田维铎）

zheng

蒸汽－电力浮式起重机 steam-electric floatig crane

以蒸汽机－发电机机组作为动力装置的浮式起重机。较之蒸汽浮式起重机有较大的机动性,操纵方便,所有执行机构都用电动机带动进行工作。供给电动机的电能是由蒸汽机驱动发电机运转所发出的电提供的。 （于文斌）

蒸汽浮式起重机 steam floating crane

以蒸汽机作为动力装置的浮式起重机。结构简单、价格便宜。主要用于非回转式的起重机中。

（于文斌）

蒸汽夯 steam rammer

利用蒸汽压力将夯锤顶起到一定高度,然后排汽,夯锤下降,夯实地面的机械夯。由机架、导杆、汽缸、活塞(夯锤)、配汽阀等组成,依靠配汽阀的开闭,控制活塞升降进行工作。工作效率低、还要配置锅炉设备,热效应差,现已淘汰。 （曹善华）

蒸汽挖掘机 steam excavator

以蒸汽机为动力的挖掘机。本世纪以前只有这种挖掘机,基本上只能固定在一个地方挖掘,现已淘汰。 （刘希平）

蒸汽压路机 steam roller

用蒸汽机作动力装置的自行式压路机。由锅炉、蒸汽机、传动机构、碾轮、操纵机构和机架等组成。多采用机车型锅炉,配以并列复式蒸汽机,经齿轮传动,驱动后碾轮行走。前轮为转向轮。由于结构笨重,效率很低,已趋淘汰。 （曹善华）

蒸压釜 autoclave

又称高压釜。进行高压蒸汽养护的硅酸盐制品机械。由釜体、顶盖、压紧螺栓及供气系统等组成。圆筒一端焊有尾盖,另一端装有可拆卸的顶盖。靠铰接在筒体凸缘上的螺栓将顶盖盖紧。输送高压蒸汽的管子从尾盖开始并沿整个釜身铺设,管上有喷出蒸汽的小孔。筒体上焊有许多接头,分别装置安全阀、压力表、放气阀、废气排除阀,以控制向釜中输送高压蒸汽。 （丁玉兰）

整机实际挖掘力 whole machine actual digging force

挖掘机挖掘作业时,铲斗斗齿尖上能发挥的实际切向力。它在某一工况下的数值不仅决定于工作液压缸的主动挖掘力,而且还受下列因素的影响:工作液压缸的闭锁能力;液压系统的背压和效率、连杆机构的效率;整机的工作稳定性;整机与地面的附着性能;土壤(或其他作业对象)的阻力;停机面坡度、风力、惯性力和动载等的影响。是衡量挖掘性能的重要指标之一。 （刘希平）

整机拖行 transport in complete crane

塔式起重机转移工地运输时,各工作部件不必拆卸,处于整机装配状态并安装在拖行装置上由牵引车拖行的方式。部分结构(如起重臂、塔身、起重机支腿)折叠或缩短,使整机外形尺寸缩小到符合公路运输的规定。只适用于能整体自行架设式起重机,可减少运输车辆,降低运输费用,转移工地迅速。

（谢耀庭）

整面夯实梁 tamping beam of leveller

混凝土路面整平机上以振动原理工作的板梁结构的悬挂工作装置。由偏心轴驱动,对水泥混凝土路面铺层进行低频、大振幅的夯击,以提起混合料中的水泥浆并排除内部水分。常用于铺设干硬性混凝土路面。随机械行进连续施工。 （章成器）

整平滚筒 levelling roller

装在水泥混凝土路面整平机上当机械停驶时,在路面铺层上横向滚动进行平整工作的长滚筒。有单滚筒与双滚筒两种。 （章成器）

整平梁 levelling beam

在水泥混凝土路面整平机上作横向移动,对所铺水泥混凝土铺层表面进行整平的悬挂工作装置。工作时,可作高频微振,以刮去超过规定厚度的混凝土料,使摊铺层初步平整。梁的高度可依铺筑厚度的需要调节。 （章成器）

整体车架 unitized body frame

由纵梁和若干横梁铆接或焊接而成的车架。上面安装发动机、工作装置、传动系各总成、操纵机构的所有零部件、驾驶室及其他附件。通过悬架与车桥连接,承受整机的大部分重量,还承受机械作业和行走时产生

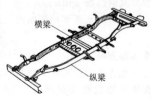
横梁
纵梁

的较大的动载荷。要求有足够的强度和刚度,同时重量要轻。　　　　　　　　　　　(刘信恩)

整体车架压路机　rigid frame roller

车架制成整体的压路机。是常见型式。在狭窄施工场地作业时,较难保证必要的转向灵活性。压路机的转向性能以车架纵轴线的最小转弯半径 R 来评价,取决于转向角 β、车架轴距 L、转向操纵方式以及有无差速器等因素。转弯半径可按下式计算:

$$R = L \operatorname{ctg} \beta$$

（曹善华）

整体动臂　whole body boom

单斗挖掘机的一种整体金属结构动臂。大多为箱形变截面,下端铲装在机械转台前部,可以绕铰点转动;上端与斗杆铰接(液压式)或装以滑轮(机械式),利用液压缸或钢丝绳滑轮组改变倾角。正铲采用直动臂,液压反铲采用弯成曲折形的弯动臂,还有采用双弯结构的动臂。弯动臂有利于增大挖掘深度。　　　　　　　　　　　(曹善华)

整体立塔　complete straight forward erection

自行架设式塔式起重机进入工作现场后,由拖行状态架设成为工作状态的方法。立塔过程不需要其他吊装设备,只利用自身的工作部件和机构,打支腿或上轨,拆除拖行装置,将收放的结构展开到工作位置。立塔迅速,费用节省。　　　　　　(谢耀庭)

整体起扳法立塔

将塔式起重机底架、塔身、起重臂及其他部件在地面水平拼装到需要的尺寸,利用变幅机构和变幅、立塔钢丝绳滑轮组将塔身整体拉起到垂直工作位置的方法。为保持安装过程的稳定性,需以压重进行自身平衡。不需大型吊装设备,不设地锚,但占用安装场地较大,适用于中小型下回转式塔式起重机。　　　　　　　　　　　(谢耀庭)

整体钎　integral drill steel

钎尾、钎肩、钎杆、钎头为一整体的凿岩钎。凿岩时不会产生掉头,适用于直径较小的浅孔,但要有较多备用钎。　　　　　　　　　　(茅承觉)

整体式防音罩　all cosing noise proof cover

打桩时,将桩锤、桩和桩架全部罩起来的桩锤防音罩。用于柴油桩锤。为了保证柴油桩锤的吸、排气需要,其上设有空压机等。　　　(赵伟民)

整体式射钉枪　integrative nail gun

将引发装置和枪管制成为一体的射钉枪。　　　　　　　　　　　　　　　　(迟大华)

整体型支腿　whole body leg

见整体支腿式液压挖掘机。

整体支腿式液压挖掘机　whole body outrigger hydraulic excavator

具有矩形支座(支腿)和轮胎行走装置的单斗液压挖掘机。机械移动时,放下轮胎,顶起支座,以较高的速度开行,机动性好;机械作业时,收起轮胎,支座支地。由于支座面积大,接地比压小,有很好的稳定性,从而提高机械的挖掘性能。轮胎的放下和收起依靠装在机体上的液压缸推动齿轮来实现,能原地转向。　　　　　　　　　　(曹善华)

整型板　profile plate

滑模式水泥混凝土摊铺机上使水泥混凝土混合料铺层形成规定的路拱断面,并作初次修平的悬挂装置。两端装有四只升降液压缸,可使中部向上拱起。　　　　　　　　　　　　(章成器)

正铲　face shovel

单斗挖掘机上,铲斗从近到远离开机身进行挖掘的工作装置。也是正铲挖掘机的简称。有机械传动和液压传动两种。机械传动正铲的动臂倾斜固定放置,动臂中部有支座,斗杆搁于其上,可以借钢丝绳滑轮组(或齿轮齿条)伸缩和转动。作业时以动臂为支承,铲斗压向挖掘面并借钢丝绳上移,斗齿切土,斗底可开启卸土。液压传动正铲利用动臂缸、斗杆缸和铲斗缸的伸缩配合进行挖掘。适于挖掘上掌子面,常用来挖掘土方和装载爆破后的松散矿石。　　　　　　　　　　(曹善华)

正铲液压挖掘机　hydraulic face excavator

具有正铲工作装置的单斗液压挖掘机。作业时,以动臂为支承,利用液压缸使铲斗在停机面以上作弧线或直线运动,进行挖掘装载作业。铲斗制成整体或由两部分铰接而成,中小型挖掘机也可直接将反铲铲斗反转装于斗杆而成正铲斗的。整机行走由左、右马达驱动,马达可逆转配合,机械就可以进退或转弯。用于开挖上掌子面土方,或装载爆破后的矿石。具有机重轻,挖掘力大等优点。当前大型或巨型液压挖掘机均为正铲,最大斗容量达 $34 m^3$。

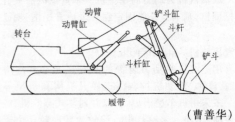

（曹善华）

正滚刀　inner cutter

又称面刀。布置在刀盘中心滚刀与过渡滚刀之间的掘进机滚刀。　　　　　　　(茅承觉)

正火　normalizing

把钢件加热到 Ac_3(亚共析钢加热时铁素体全部转变为奥氏体的温度)或 Ac_{cm}(过共析钢加热时,渗碳体完全溶入奥氏体的温度）以上 30～50℃，保温后从炉中取出在静止空气中冷却的金属热处理操作。冷却速度比退火快，得到的组织比退火时细，机械性能也有所提高。仅用于碳钢和低合金钢，可提高机械性能，细化晶粒，消除过共析钢的网状渗碳体组织，改善切削性能，并为最终热处理做好组织准备。　　　　　　　　　　　　　　　　（方鹤龄）

正时齿轮　timing gear
发动机曲轴带动凸轮轴、柴油机高压油泵或汽油机配电盘、磁电机等的传动齿轮。为保证装配时的正确位置，每对正时齿轮都打有啮合记号。
　　　　　　　　　　　　　　　　　　（岳利明）

正投影图　normal projective drawing(figure)
投影光线以垂直于投影面的方向照射物体得到的影像。

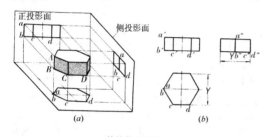

棱柱的三视图
　　　　　　　　　　　　　　　　　　（田维铎）

正弦尺　sine bar, sine gauge
用来测量与被测锥角有正弦函数关系的线性尺寸，再计算出锥度值的量具。分宽型和窄型。每种型式又按两圆柱中心距 L 分为 100mm 和 200mm 两种。按图所示，测量前先确定正弦尺下所垫量块组的尺寸 h，$h = L\sin\varphi$，φ 为欲测锥角的公称值。安置平稳后，再在圆锥母线上距为给定值 l 的两点 a 和 b 处，用千分表触测，以确定 a 点与 b 点的高度差 Δ，则欲测锥角对其公称值 φ 的偏差 $\theta = \Delta / l$。最后，欲测圆锥角的实际值 $\Phi = \varphi + \theta$。　　（段福来）

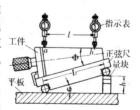

正循环钻孔机　positive circulating boring machine
在钻进过程中用正循环原理进行排碴的压力水循环钻孔机。用泥浆泵将适度的泥浆由钻杆内腔入孔底，钻碴随钻杆与孔壁之间的环形水柱向外流动而被浮托出来。泥浆携带钻碴排出后，经过沉淀处理又重新被泥浆泵压入孔内继续循环。
　　　　　　　　　　　　　　　　　　（孙景武）

正转液力变矩器　direct running torque con-verter
在牵引工况区，涡轮转向和泵轮转向一致的液力变矩器。其叶轮在循环圆中按照液流方向的排列顺序为泵轮-涡轮-导轮。是最常使用的类型。
　　　　　　　　　　　　　　　　　　（嵩继昌）

zhi

支撑式全断面岩石掘进机　gripper type full face rock tunnel boring machine, gripper type TBM
又称敞开式全断面岩石掘进机（open type TBM）。支撑机构撑紧洞壁承受向前掘进的反作用力及反扭矩的全断面岩石掘进机。适用于岩石不易塌落、整体性较好的隧洞。掘进时，支撑板撑紧洞壁，由安装在旋转着的刀盘上的盘形滚刀（多达数 10 把）在轴向推力作用下，切入并破碎岩石，岩碴由刀盘外缘所装的铲斗（10 只左右）从洞底铲起，随刀盘旋转提升到顶部倾入溜槽，再由皮带机转运到运碴设备中。当完成一个掘进行程后，后支承落地，支撑板回缩，外机架由推进缸拉回，准备下一次掘进。与其他类型全断面岩石掘进机相比，构造比较简单，方位调整灵活，机械在洞内空间较大，作业条件较好，便于维修。

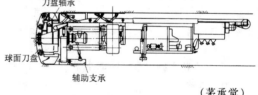

　　　　　　　　　　　　　　　　　　（茅承觉）

支承底盘　supporting chassis
装修升降平台中，安装平台升降支架并承载整个升降工作平台的可移式底座。对于小型底盘设有活动外伸支腿进行辅助支承，以提高工作稳定性。有拖式支承底盘和自行式支承底盘两种。
　　　　　　　　　　　　　　　　　　（张立强）

支承索　supporting rope of cable crane
又称防垂索。位于缆索起重机承载索上方，连接在两支架顶部，用以支承和分布支绳器的钢丝绳。整个跨度上分布有节套，用以均布支绳器。
　　　　　　　　　　　　　　　　　　（谢耀庭）

支承腿球铰　spherical joint of leg
在双悬臂门式起重机的刚-柔性支承腿门架中，柔性支承腿上部的球形止推轴承。由球座和支承球等组成，既能传递支承反力，又允许支承腿与主梁之间有相对转动。在结构变形时防止支承腿和主梁结构中产生较大的附加应力。　　（于文斌）

支承托辊 supporting idler

带式输送机中支承输送带和带上所承载的物料,并使输送带稳定运行的部件。有钢托辊、塑料托辊等。钢托辊多用无缝钢管制成。输送散粒物料的上托辊一般采用槽形托辊组。为防止输送带跑偏,上、下分支需设调心托辊,该托辊除完成一般支承作用外,还能促使输送带往输送机中心运动。在装载处,常设置缓冲托辊,该托辊间的间距较小,表面常用缓冲材料制成,可减少输送带在装载处与托辊间的冲击。 (张德胜)

支绳器 rope carrier

又称支索器或防垂器。支承在缆索起重机支承索上,用来承托起重索和牵引索,防止空载时垂度过大的装置。分为固定式和移动式。固定式沿跨度均布,固定在支承索或承载索上。移动式则随起重小车往返而收集或放放。 (谢耀庭)

支绳器收放装置 distributor

又称收放器。安装在缆索起重机起重小车两端,借助支承索上的节套,在小车往返运行时用来收集和分布支绳器的装置。 (谢耀庭)

支腿反力 reaction of outrigger

起重机工作时,作用在起重机支腿上的反力。随起重量和起重臂位置的改变而变化。全部支腿反力之和是一常数,等于起重机全部重力载荷和起重物重力载荷之和。 (顾迪民)

支腿横向距离 cross separation of outrigger

起重机处于支腿全伸的工作状态下,沿起重机的横向,两支腿支脚中心之间的水平距离。根据起重机的稳定条件来确定。 (李恒涛)

支腿距离 seperation of outriggers

又称支腿跨距。起重机和其他工程机械在支腿全伸的工作状态下,两相邻支腿的支脚中心之间的水平距离。单位 m。直接影响起重机的抗倾覆稳定性,支腿距离大,稳定性则好,但受结构尺寸的限制不宜过大。按测量方向不同分为支腿纵向距离和支腿横向距离。 (李恒涛)

支腿液压缸闭锁压力 locked pressure of outrigger cylinder

起重机支腿在最大反力工况时,支承支腿的液压缸中的被动液压油压力。由液压系统中的液压锁(阀)的密封性保证。是计算液压缸缸体强度、阀体强度及其弹簧等元件的依据。 (顾迪民)

支腿纵向距离 longitudinal separation of outrigger

起重机处于支腿全伸的工作状态下,沿起重机纵向,两支腿支脚中心之间的水平距离。以支脚中心线内外的力矩相平衡为条件来确定。 (李恒涛)

支腿最大反力 maximum reaction of outrigger

起重机起升最大额定载荷时,作用在起重机支腿上的最大反力。随起重臂相对于各支腿空间位置的改变,各个(常为四个)支腿反力也变化。在某一工况下,某一支腿反力将达最大值。用来计算支腿结构、支承液压缸和车架结构等。 (顾迪民)

支重轮 bearing wheel

履带行走装置中支承机械重量的滚轮。轮缘的凸边,有单边和双边两种,在机械行驶过程中,除了沿履带轨面滚动外,还夹持履带,防止履带横向滑移脱轨。在机械转向时,迫使履带在地面上横向滑移。 (刘信恩)

直铲型工作装置 straight dozer

推土铲垂直于拖拉机的纵向轴线安装,只能正面推土的推土装置。由推土铲刀、主推臂、斜撑顶杆、斜撑杆等组成。改变左右斜撑顶杆的长度,可调整推土铲刀片的切削角和推土铲垂直面内的侧倾角,以利硬土的铲掘。钢丝绳操纵推土机通常用螺杆调节,液压操纵推土机多用液压缸作为斜撑顶杆,通过液压缸的伸缩来调节。结构简单,坚固性好,多用于小型及经常重载作业的大型推土机上。 (宋德朝)

直动式溢流阀 direct relief valve

主阀芯直接由调压弹簧接触控制的溢流阀。工作时压力油直接作用在主阀芯下端,当系统压力超过弹簧预调力时,阀芯开启,压力油经此溢出,系统压力便不再升高。根据阀芯的结构分为锥阀式、球阀式及滑阀式三类。前两类反应较快,动作灵敏,但稳定性差、噪声大,常用作安全阀及压力阀的先导阀;后一类动作反应慢,密封性差,但稳定性好,多用于低压系统。 (梁光荣)

直管式挤压灰浆泵 straight tube squeeze pump

沿直线滚道挤压软管,以推送灰浆的挤压式灰浆泵。 (董锡翰)

直轨器 rail straightener

矫直铁道线路上钢轨水平面内出现的"硬弯"的机具。为液压式,能产生 $500\sim600kN$ 的直轨力。不包含推行小车,其质量约 75kg。 (高国安 唐经世)

直角坐标钻臂 rectangular coordinates drill boom

凿岩钻车中以直角坐标方式变换位置的钻臂。 (茅承觉)

直接能量作用式振冲砂桩机 direct poweraction vibro-compacted sand pile machine

通过振动器带动 H 型钢直接将振动能量传递

给地基的振冲砂桩机。由振动器和安装有活动压力板的 H 型钢组成工作装置。工作时,使 H 型钢下部的活动板张开,通过振动贯入土中,达到所需深度后,提升 H 型钢,活动压力板靠重力下垂,然后再使 H 型钢下沉,通过活动压力板将土压实。这样反复多次提升,填砂石压实,形成砂桩。　　(赵伟民)

直接式夹桩器　direct acting chuck

液压缸直接与可动夹头相连接产生夹桩力的固定式夹桩器。　　(赵伟民)

直接诊断　direct diagnosis

直接确定关键零部件的状态。如轴承间隙、齿轮齿面磨损、缸套磨损等。往往受到机械结构和工作条件的限制而无法实现。　　(杨嘉桢)

直接作用式灰浆泵　direct acting piston mortar pump

往复运动的活塞直接作用于灰浆,从而使其沿管道流动输送的灰浆输送泵。　　(董锡翰)

直接作用式液压桩锤　direct acting hydraulic pile hammer

液压缸的活塞杆或缸体与锤体直接连接,上下往复运动而产生沉桩力的液压桩锤。按液压油的供给方式分为单作用式、双作用式;按液压缸的运动方式分为活塞式、缸筒式。　　(赵伟民)

直列式内燃机　in-line engine

具有两个或两个以上气缸,且成一列布置的内燃机。六缸及六缸以下的内燃机多采用直列式布置。　　(陆耀祖)

直流电动机　direct current motor

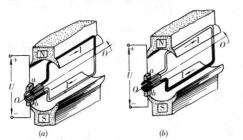

(a)　　　(b)

将直流电能转换为机械能的电动机。工作原理与直流发电机相反,将电枢绕组通过换向器和电刷接到直流电源上,载流的电枢导体与主磁场磁极相互作用而产生电磁转矩使转子旋转。按励磁方式(磁极的励磁绕组与电枢绕组的联接方式)可分为他励、并励、串励和复励四种。与交流电动机相比,结构复杂,价格较贵,维护较难,还需要直流电源;但启动性能、调速性能较好,适用于启动频繁、需要大范围均匀调速或大启动转矩的生产设备中,如初轧机、电铲、矿井提升机、电气机车、龙门刨床等。　　(周体优)

直流发电机　direct-current generator

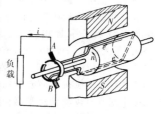

将机械能转换成直流电能的发电机。当电枢在原动机的带动下逆时针旋转时,电枢绕组的导线便切割磁力线产生感应电动势,感应电流由电刷 A 流出,由电刷 B 流进。当导线从 N 极范围转入 S 极范围时,线圈中的电动势改变方向。但由于换向器随同电枢一起旋转,使得电刷 A 总是接通 N 极下的导线,而电刷 B 总是接通 S 极下的导线,故电流仍然由 A 流出,由 B 流进,即 A 永为正极,B 永为负极,因而外电路中的电流方向不变。此时,电枢电流与磁场相互作用而产生的电磁力形成了与电枢旋转方向相反的电磁转矩。原动机只有克服这一电磁转矩才能带动电枢旋转。按励磁方式(磁极的励磁绕组与电枢绕组的联接方式)可分为他励、并励、串励、复励四种。后三种的励磁电流都是由发电机自身供给的,故又统称为自励发电机。是工业上的直流电源之一,可用来对直流电动机供电及蓄电池组充电,还可用于电解、电镀及机车、汽车、拖拉机等的照明和点火装置等。　　(周体优)

直流式液压激振器　direct flow hydraulic vibrator

通过循环的液压油路产生振动的液压式激振器。有滑阀式、转阀式。　　(赵伟民)

直榫开榫机　tenoner

铣削加工木制品零件直榫的木工铣床。由机座、机身、推车、刀具、电动机和调整手把等组成。应用极为普遍。　　(丁玉兰)

直通式喷头　straight advancing sprayer head

利用灰浆在通过缩径处的增速和扩散作用形成射流的非气动喷头。　　(周贤彪)

直线度公差　straightness tolerance

实际直线对其理想直线所允许的变动全量。　　(段福来)

直压成波机　corrugator

又称直压成型机。利用压辊直接滚压石棉水泥料坯压成波形瓦的石棉水泥制品成型机械。由压型组、辊道和传动装置等组成。将放有石棉水泥瓦坯的瓦模,送至滚道时,压型组的凸轮机构开始动作,压辊由中间向两侧依次压成与瓦模相符的波形。　　(石来德)

植树挖穴机　hole digger for tree

种植树木时挖掘圆形土坑和长形土坑的园林种

植机械。主要用于植树造林、果树栽培和大苗移植前的整机挖坑。目前有手提式挖坑机、拖拉机悬挂挖坑机和车载全液压挖坑机等。手提式挖坑机一般由单人或双人手提操作,坑的直径一般在30～45cm,最大挖坑深度40～45cm。拖拉机悬挂挖坑机由螺旋钻、悬挂架和液压传动装置组成,采用全悬挂方式悬挂在拖拉机后面或侧面,由拖拉机动力输出轴经中间万向转动轴及变速箱使螺旋钻获得动力;螺旋钻也可安装在汽车或其他工程车辆底盘上。车载全液压挖坑机是车载钻机,采用全液压传动,在回转盘上部装有微调装置,可在左、后、右280°范围内注意位置调整钻头,定点准确,能一次到位,对挖坑点的接近性好。可挖最大坑径100cm,最大坑深80cm,能更换各种不同大小的钻头。主要用于大面积绿化带,林场及公路两侧的施工。对坚硬路面,使用筒式钻头作业,特别适用于冬季冻土、柏油路面等土质施工。 (陈国兰)

植树挖穴机螺旋钻头 twist drill for hole digger for tree

植树挖穴机上用于挖坑的工作部件。有单钻头和双钻头之分。单钻头挖穴机挖圆形土坑,双钻头挖穴机挖长方形土坑。按螺旋钻的结构型式分为单头、双头和三头螺旋叶片。螺旋旋转下降入土时,定位尖首先切去中心部分土壤,继而钻头切土,螺旋叶片将土输送至地表面并抛出土坑。 (陈国兰)

止动 stopping

运动着的机械零件、部件或装置,只经过极小的滑动距离即被停住或不产生逆向转动的作用。有棘轮止动及利用自锁效应的摩擦止动两种主要形式。 (田维铎)

止动器 retainer

使机械停止运动或防止逆转的装置。 (幸淑琼)

指令信号 command signal

简称指令。在自控、远控、遥控系统中,通过有线或无线电方式传输给被控对象的反映人们意志的指令所变换成的相应的电信号。 (周体伉)

制材机械 machine of sawmill

将原木或大木料加工成各种规格商品材的木工机械。分为主要机械和辅助机械两类。主要机械包括:带锯机、圆锯机、框锯机、削片制材联合机和其他锯机。辅助机械包括:原木剥皮机、原木测量装置和金属探查装置等。 (丁玉兰)

制动 braking

对机械的转动轴施加阻力(一般皆为摩擦阻力)使其转速降低甚至完全停止运动的过程。制动时,常须切断驱动动力,制动其工作载荷及附加的各种惯性载荷。 (田维铎)

制动回路 brake circuit

使运动的工作机构在任意位置停止下来,并防止停止后因外界影响发生漂移或窜动的液压基本回路。多采用手动换向阀或液压制动器来实现。 (梁光荣)

制动距离 braking way

对移动物件,自开始制动至使其完全停止,该物件在此期间移动的路程。 (田维铎)

制动力矩 braking torque

将机器的传动轴由运动状态转变到静止状态所需的力矩。等于额定工作力矩加载荷及各传动零部件惯性力矩之和。各种摩擦阻力起着制动作用,产生相应的摩擦制动力矩。 (田维铎)

制动器 brake

俗称刹车或闸。靠摩擦力使机械中的运动停止或减速的装置。主要由制动架、制动件及操纵装置等组成。制动器常安装在高速轴上,可减小制动时所需之制动力矩和结构尺寸,但对于安全性要求高或有特殊要求的机器可直接安装在工作机构或其他轴上。按其结构形式有块式、带式和盘式等;按制动器所处的工作状态有闭式和开式之分,所用动力亦有电动、电磁、液压各种。 (幸淑琼)

制动时间 braking time

将机器传动轴进行制动,由工作转速至完全停止所需的时间。制动时间短,可以提高机器的生产率,但使制动力矩增大,冲击提高,平稳性降低,甚至有损机器的寿命。对于不同的机器及机构,多对制动时间有一定的限制。 (田维铎)

制动试验台 brake test stand

对车辆的制动性能如行车制动力或转矩、制动能力稳定性及方向稳定性、工作可靠性等进行综合测试的装置。有测试、转换、处理、显示及控制系统,能方便地测试车辆的各种制动信息,以鉴别其制动性能。 (原思聪)

质量 ①quality,②mass

①评定机械性能、特性、精度、外观、环境保护等方面的相对及抽象概念。按照制订的标准,可按分项或整机进行有关评定。

②物体中所含物质的量,也就是物体惯性大小。表示质量的单位为克(g)、千克(kg)。 (田维铎)

质量式称量装置 mass batcher

以质量为计量单位的称量装置。因混凝土配合比为质量配比,定量精确。适于对水泥、砂、石、拌和料的称量。 (应芝红)

置信度 confidence level

又称置信概率。被测量的真值被包含在置信区间的概率。置信区间则是根据一组测量值和给定的概率(即置信度)确定的一个数值范围。置信度与置信区间共同表征测量精密度的高低。　　(朱发美)

zhong

中部卸料式球磨机　central section discharge ball mill

又称中卸提升循环磨。磨细的物料经磨筒体中部卸料仓卸出的球磨机。筒体分烘干仓、粗磨仓、细磨仓,并在粗、细磨仓之间用前后两出料篦板分隔成卸料仓。卸料仓筒体沿轴向开设若干卸料孔。物料烘干、粗磨后,通过前出料篦板进入卸料仓,经卸料孔和提升机送入选粉机,分选出的粗粉中约四分之三送入细磨仓再粉磨。磨细后的物料经后出料篦板也进入卸料仓,同样,经卸料孔和提升机送入选粉机分选,细粉为产品。约四分之一的粗粉回粗磨仓再粉磨,构成两级闭路粉磨系统。特点是加速物料流速,增强粉磨作用,平衡粗、细仓负荷,用于水泥生料的干法粉磨兼烘干。　　(陆厚根)

中间继电器　intermediate relay

控制电路中作为中间环节,转换、传递信号,同时控制多个电路的多触点电磁式继电器。由电磁系统和触头系统所组成。当线圈通电时,吸动衔铁,通过联动机构使常开触头闭合,常闭触头断开;线圈断电时,在复位弹簧的作用下,触头恢复原来的常开或常闭状态。有交流、直流及交直流两用几种类型。选用时主要考虑电压等级和触头(常开和常闭)的数量。　　(周体优)

中冷器　mid-cooler

在废气涡轮增压系统中,安装在压气机出口处和柴油机进气管之间的空气冷却器。当增压压力比较高时,使进入柴油机的增压空气的温度得到降低。　　(岳利明)

中梁式车架　middle girder frame

又称脊梁式车架。只有一根位于中央纵梁的车架。中梁的断面可做成管形或箱形。有较大的扭转刚度并使车轮有较大的运动空间。捷克斯洛伐克生产的太脱拉(TATRA)越野汽车即采用此种车架。　　(刘信恩)

中碎　intermediate crushing

将物料破碎到成品粒度为 30mm 左右的过程。粗碎后的物料经复摆颚式破碎机、锤式、反击式、辊式破碎机破碎后制得。是混凝土粗骨料、道碴以及水泥原料——石灰石入磨粒度的制备作业。　　(陆厚根)

中心供气式喷头　converging diverging sprayer head

压缩空气从灰浆料流中心吹出,以形成直线式灰浆射流的气动喷头。　　(周贤彪)

中心滚刀　center cutter

布置在刀盘中心区的掘进机滚刀。一般用两组双刀圈(也有三刀圈),刀轴一根,直线排列,即四刀三支点。　　(茅承觉)

中心回转接头　center rotary joint

安装在旋转中心,连接旋转运动部件管路的多通路活动铰接管接头。　　(嵩继昌)

中心枢轴　central pivot

又称中心轴。滚轮式或滚子式回转支承装置中,在固定部分的圆形轨道中心线上装设的垂直轴。可使旋转部分与固定部分对中并承受旋转部分的水平力。　　(刘希平)

中心线　centre line

圆、圆柱体或其他形状对称的零件、部件、物体等中心、中央的点划线。　　(田维铎)

中心卸料式球磨机　central discharge ball mill

磨细的物料或料浆由卸料端空心轴以溢流方式卸出的球磨机。连续生产、效率低、细度难控制。大多湿法操作,进料口安装蜗壳喂料器,并与耙式分级机组成闭路系统。进料粒度不大于 65mm,产品粒度为 $0.075\sim1.5mm$,主要用于选矿工业。　　(陆厚根)

中心钻臂　centre drill boom

凿岩钻车中专供钻凿中心掏槽孔的钻臂。　　(茅承觉)

中型道碴清筛机　medium-size ballast cleaning machine

生产率为 $100\sim200m^3/h$,机械质量在 30t 左右的道碴清筛机械。作业时需封闭线路。

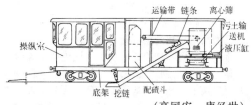

　　(高国安　唐经世)

中型平地机　medium-duty grader

刮刀长度 $3\sim3.7m$ 的自行式平地机,以及刮刀长度 $2\sim3m$ 的拖式平地机。前者发动机功率 $66\sim110kW$,机械质量 $9000\sim14000kg$,行走装置为三轴六轮(非全轮驱动),或双轴四轮。适于平整 I 到 IV 级土壤的地面,IV 级以上土壤或冻土刮运时,须进行预松。　　(曹善华)

中修　medium overhaul

在两次大修之间,对机械的某些总成进行一次计划性修理的技术保养。也即是一种平衡修理。根据修理对象不同分为整机中修和总成中修。其目的是将机械上各主要总成、零件的不平衡损坏,通过修理使其使用期限趋于平衡,以保证机械或总成到大修前在最经济、最合理的前提下,尽可能延长使用周期。　　　　　　　　　　　　　　　(杨嘉桢)

终筛　end screening

物料经过多次破碎以后,得出各等级规定尺寸成品的筛分过程。多采用惯性筛、振动筛和圆筒筛等。　　　　　　　　　　　　　　　　　(曹善华)

钟罩式窑　cover-type kiln

具有罩式窑体的间歇式砖瓦焙烧设备。窑顶和窑墙砌成整体,称为窑体或窑罩。窑体由起重设备升至一定高度后,载有坯体的窑车推至窑体下,窑体下降并罩在窑车上,用砂封封窑,以喷嘴高速喷入高温气流烧制,烧成后起罩出窑。适用于产量小、烧成制度特殊的制品。　　　　　　　　(丁玉兰)

种子撒播机　seeder, seeding machine

将园林作物的种子撒入土中的园林种植机械。通常有任意撒播和精确(定位)撒播两种撒播方法。任意撒播即为在大块面积上均匀撒播,其播种机由料斗、搅拌器、撒播盘、切缝刀、种子培土器等组成。种子经由料斗底部的开口落在带孔的料盘上,料盘上的小孔直径不等,随意排列。切缝刀为船形,切入土中形成缝隙,种子从撒播盘的孔落入土缝中,再由培土器培土将种子覆盖,这种播种法在种子发芽后需要间苗或选苗。　　　　　　　　　(陈国兰)

重锤式张紧装置　dead weight tensioning device, ballast tightening device

①将重物悬挂于柔性件端部或导向轮轴上,使柔性件常保持一定张紧力的张紧装置。不需人工进行经常性的照顾,整体结构比较笨重,多用于大型设备中,例如固定式带式运输机上。

②利用对重块的重量使承载索保持一定张力并减小垂度的装置。悬挂或安放在不设传动装置的一个支架上,通过导向滑轮与承载索连接。空载或重载时对重块上下移动。适用于各种型式的缆索起重机。　　　　　　　　　　(田维铎　谢耀庭)

重力式蓄能器　weighted accumulator

利用重锤的势能来储存能量的蓄能器。产生的压力仅取决于重锤的重力和柱塞的面积,故在全容积输出中可使系统保持稳定的压力。结构尺寸庞大、惯性大,反应不灵敏,有摩擦损失。多用于固定的大型设备上。　　　　　　　　　(梁光荣)

重力卸料　gravity discharge

斗式提升机料斗中的物料在重力大于离心力的作用下,物料颗粒向料斗内边缘移动并沿内缘卸出的卸料方式。提升速度常取 0.4~0.8m/s。对于挖取阻力大的物料可取链条作为牵引构件。由于速度低、卸料时间长,有利于物料卸空,可采用深斗、导槽斗。料斗连续密集布置。判别方式:极距 h 大于料斗外接圆半径,判别式参见离心卸料。常见于运送比较沉重的、磨琢性大的以及脆性物料。　　　　　　　　　　　　　　　(谢明军)

重力凿式掘削机械　gravity chisel excavator

靠重力凿的下落冲击来切取土的地下连续墙施工机械。　　　　　　　　　　　(赵伟民)

重型道碴捣固机　heavy ballast tamping machine

利用捣固镐插入道碴内,在振动力和夹紧力作用下将道碴捣固密实的大型或中型道碴捣固机械。按其功能不同有正线、道岔、通用、单枕、双枕等各种捣固车。一般以柴油机为动力装置,机械或液压传动,作业时需封闭铁路区间。

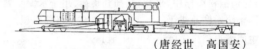

　　　　　　　　　　　　　　(唐经世　高国安)

重型刚性车架式正线捣固机　heavy plain track tamping machine with rigid frame

采用整体刚性车架的重型正线捣固机。整机刚度较好,制造与装配较方便,但转弯曲率半径大,曲线通过性能差,不能在大曲率线路上进行捣固作业。　　　　　　　　　　　　　(唐经世　高国安)

重型轨道车　heavy duty railway motor trolley

铁道线路检修与施工作业时运送人员、机具与器材的线路工程专用车。自重一般大于15t,发动机功率一般大于115kW,可根据工程需要加装发电设备。装有大小车钩,既便于编组运行,又便于牵引施工用的轨道平车。运行时要占据区间。　　　　　　　　　　　　　(唐经世　高国安)

重型铰接车架式正线捣固机　heavy plain track tamping machine with articulated frame

采用铰接车架的重型正线捣固机。有较好的曲线作业与曲线通过性能。尤宜于小曲率半径的线路上进行捣固作业。捣固架对位性能好。　　　　　　　　　　　　　(唐经世　高国安)

重型平地机　heavy-duty grader

刮刀长度 3.7~4.2m 的自行式平地机,以及刮刀长度大于3m的大型拖式平地机。前者发动机功率 110~220kW,机械质量 14000~19000kg,行走装置为三轴六轮,全轮驱动,全轮转向,铰接车架。适于平整Ⅰ到Ⅳ级土壤的地面,Ⅳ级以上土壤或冻土刮运时,须进行预松。　　　　　　(曹善华)

重型铺轨机　heavy-duty track laying machine

能吊装长 25m 钢轨和混凝土轨枕组成的轨排的铺轨机。也可以架设长 16m 的钢筋混凝土梁。

（高国安　唐经世）

重型正线捣固机　heavy plain track tamping machine

在没有道岔的地段进行捣固作业的道碴捣固机械。按其构造和性能的不同有铰接车架式、刚性车架式和捣固架纵向可移式等类型。（唐经世　高国安）

zhou

周边卸料式球磨机　peripheral discharge ball mill

磨细的物料经衬板上算孔及套装在筒体外的圆筒筛网卸出的球磨机。带有算孔的衬板逆磨机转向呈阶梯状搭接布置，用螺栓固定在筒体的两端盖间，筒体外设 1～2 层同心圆筛网。磨细物料在惯性离心力作用下，穿过衬板上的算孔，再经筛孔卸出。不能过筛的粗粒在重力作用下，逆磨机转向沿阶梯状布置衬板间隙返回磨内再粉磨。入磨粒度为 25～75mm，开式流程粉磨时产品细度为 0.5mm。用于耐火材料工业粉磨中等硬度物料如熟料、镁石、干粘土等。　　　　　　　　　　　　　　（陆厚根）

周期角

见角模数（141 页）。

周期式灰浆搅拌机　batch mortar mixer

按工艺程序周而复始地进行循环作业的灰浆搅拌机。　　　　　　　　　　　　　（董锡翰）

周转轮系　epicyclic gear train

又称动轴轮系。当齿轮运转时，其中至少有一个齿轮的几何轴线绕位置固定的另一个齿轮的几何轴线转动的轮系。有差动轮系和行星轮系两种。

（樊超然）

轴　shaft,axle

①用以支持各传动零件，并传递运动和扭矩或承受弯矩的机器零件。多为圆柱形金属杆件，各段可有不同的直径，支承在轴承上。按轴线形状的不同有直轴和曲轴之分。

②在《公差与配合》中，主要指圆柱形的外表面，也包括其他外表面中由单一尺寸确定的部分（如键宽）。　　　　　　　　　　　（幸淑琼　段福来）

轴测投影图　axonometric drawing

将物体和确定物体位置的直角坐标系用平行投影法投影到某一选定投影面上、能反映物体长、宽、高三个度量分向的投影图。不能确切地表达物体的真实形状，且作图比较复杂，但有立体感，因此工程上用来做为辅助图样。　　　　　　（田维铎）

轴承　bearing

支承轴作回转或直线运动的零件。有滑动轴承和滚动轴承两大类。既支承轴，又可保持轴的径向和轴向位置。应减少轴在运转中的摩擦阻力，以降低能量损失。　　　　　　　　　（戚世敏）

轴荷　axle load distribution

分配在每根车桥上的工程机械质量。以数值或百分数表示。　　　　　　　　　（田维铎）

轴荷分配　allocation of axleload

轮式车辆的重力在各车轴上的载荷分配。车辆在不同载荷工况下要有合适的轴荷分配比值，它影响车辆的运行、转向操纵和作业稳定性。是衡量总体布置是否合理的重要指标。　　　（黄锡朋）

轴距　wheel base

通过工程机械纵向中心线量取的前轴中心至后轴中心间的距离。对于多桥底盘（或台车），则为前组桥（或台车）中心横向垂直平面至后组桥（或台车）中心横向垂直平面间的距离。　　　（田维铎）

轴流式液力变矩器　axial flow hydraulic torque converter

液流在涡流内轴向流动的液动变矩器。具有不透性或稍有可透性，变矩系数和效率介于向心式和离心式液力变矩器之间。　　　　（嵩继昌）

轴式磨光机　bobbin sander

利用裹有砂纸的转轴磨光木材或木质制件表面的木工磨光机。有纵轴式和横轴式两种。

（丁玉兰）

轴向间隙补偿　compensation of axial clearance

在液压泵或液压马达中，为减少液压元件中的内部泄漏，所采取的自动补偿运动副间轴向间隙的措施。　　　　　　　　　　　（刘绍华）

轴向柱塞泵　axial piston pump

柱塞在缸体内轴向排列并沿周围均布的柱塞泵。具有工作压力高，转速较大，容积效率较好，结构上容易实现无级变量等优点。广泛应用在工程机械上。分为斜盘式轴向柱塞泵和斜轴式轴向柱塞泵。　　　　　　　　　　　　　（刘绍华）

zhu

主参数　main parameter

基本上可以表明某种工程机械主要性能的参数。为基本参数之一，例如，塔式起重机的主参数是起重力矩，可大致判定它的主要性能。由于各种机械都有其一定的设计规律，所以当主参数确定后，其他各基本参数等亦可随之大致确定。　　（田维铎）

主吊桩卷扬机构 main pile hoist mechanism

从吊桩卷扬机构的动力装置起到吊桩吊钩为止的一系列机械装置的总称。对有副吊桩卷扬机构的桩架而言，它是其中起重量较大的卷扬机构。由动力装置、卷筒、钢丝绳、滑轮和吊钩等组成。 （邵乃平）

主动台车 driving bogie

具有驱动装置、用于驱动起重机行走的行走台车。当起重机的起重量较大时，为了降低车轮上的轮压，采用行走台车作为行走支承装置。有双轮和多轮台车之分。 （李恒涛）

主滚压器 main wall-face rolling press

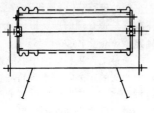

在平整大面积墙面上滚压出宽窄、疏密、凹凸各不相同的清晰美观、富有立体感条形纹样的墙面装饰组合式滚压器。 （王广勋）

主卷扬机 main winch

又称主绞车。机械式挖掘机中提升或牵引铲斗及起重机中提升主吊钩的卷扬机。可由电动机或液压马达（液压起重机中）驱动。 （刘希平）

主起升机构 main lifting mechanism

起重机上担负主要起升重物的起升机构。对于大型起重机，因工作需要常装有主、副两套起升机构。处于经常工作状态。在安装大型构件和设备时，需要副起升机构配合其共同工作。 （李恒涛）

主起重臂 main boom(jib)

简称主臂。从与转台或塔身铰接的根部铰点起，至起重臂头部装设的主起升机构钢丝绳导向滑轮轴心线之间的起重臂。当起重机无副起重臂时，即称起重臂。 （孟晓平）

助推机 assistor

用来顶推铲运机的尾部顶推架，帮助克服铲土尖峰阻力，提高装土效率的自行式机械。通常以推土机作为助推机。一台助推机一般可协同5～7台铲运机进行铲土、装土作业。 （宋德朝）

贮场塔式起重机 yard tower crane

设置在仓库、预制件场、贮所、补给站和基地，对货物、设备和构件进行搬运和装卸作业的塔式起重机。其高度不大，但幅度较大。 （李恒涛）

贮料仓 storage bin

在混凝土搅拌站(楼)中用以贮存生产混凝土拌和料所需的各种材料，并直接向称量料斗供料的容器。只存放少量材料以保证配料称量不中断，起中

间仓库的作用。主要有骨料贮料仓和水泥贮料仓。 （王子琦）

贮气罐 compressed air container

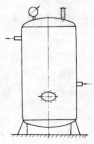

用于贮存压气机压出气体的筒形、密闭罐体。罐上有气压表及安全阀，以限定、控制罐体中的气压。贮气罐使气动设备（如凿岩机、风镐等）不直接受空气压缩机运转情况的影响，保持供气压力及供气量的稳定，使气动设备运转良好。可为直立或卧式设置。 （田维铎）

注射成型机 injection mold

将热塑性或热固性塑料注入模具中使其成型的塑料机械。由注射装置、合模装置、液压控制系统等组成。注射装置以一定压力和速度将定量的熔料注射到模具型腔中；合模装置实现模具启闭，保证闭模可靠以及脱出制品；液压控制系统保证预定的压力、速度、温度、时间和动作程序。适用于一次成型外形复杂、尺寸精确或带有嵌件的制品。适用性强，生产率高，易于实现自动化。有柱塞式注射机、螺杆式注射机、螺杆塑化柱塞式注射机几种。 （丁玉兰）

注水式换能器 water converter

通过水来缓解冲击，存贮并释放液压桩锤能量的换能器。将锤砧制成能够蓄贮一定量水的杯状，上侧设有注水口，下侧设有放水口。工作时，锤体直接冲击水来缓解并吸收、释放能量。 （赵伟民）

柱塞泵 piston pump

靠圆柱形柱塞在缸体孔内作往复运动而工作的液压泵。分为轴向柱塞泵和径向柱塞泵两类。是最常用的高压液压泵。 （刘绍华）

柱塞式灰浆泵 piston mortar pump

利用柱塞在密封容器内的往复运动，形成容积和压力的变化，从而将灰浆沿管道输送出去的灰浆输送泵。柱塞的往复运动，有机械式传动和液压式传动。 （董锡翰）

柱塞式液压缸 plunger-type cylinder

以柱塞在缸筒内作往复运动的单作用液压缸。当压力油进入缸筒时，推动柱塞带着载荷运动，回程则借助于外力或自重，同时由原路回油。（嵩继昌）

柱塞式注射机 piston-type injection mold

利用柱塞推动物料运动的注射成型机。注射装置由定量加料装置、塑化部件、注射液压缸、注射座移动液压缸等组成。柱塞的运动先使物料进入塑化室，再将塑化呈粘液流态的物料注射到制品的模腔中。 （丁玉兰）

铸造 founding

将液体金属浇注到具有与零件形状相适应的铸型空腔中,待其冷却凝固后,以获得零件或毛坯的机械制造方法。原材料来源广,生产成本低,工艺灵活性大,几乎不受零件材料、尺寸大小、形状和结构复杂程度的限制。铸件的重量可由几克至几百吨,壁厚可以薄至0.5mm,所以在机器制造业中,铸造零件的应用十分广泛。 (方鹤龄)

zhua

抓铲 clamshell

利用颚片的开合挖掘土壤或抓装物料的单斗挖掘机工作装置。也是抓铲挖掘机的简称。有双颚和多颚两种。利用液压缸或钢丝绳滑轮组使颚片张开,并掷于地上,颚口切入土壤或物料中,将颚片合拢进行抓装。双颚抓铲常用于基坑和水下挖掘,挖掘深度大,但工作精确性差,也用于抓装砂、石、煤块、谷物等散粒物料。多颚抓铲用于抓装爆破后的大石块。 (曹善华)

抓铲液压挖掘机 hydraulic clamshell excavator

具有抓铲工作装置的单斗液压挖掘机。抓斗通过吊杆悬挂在斗杆末端,作业时,利用动臂和斗杆将抓斗放到挖掘面上,抓斗张开,然后逐渐收拢,进行挖掘装载;挖满后提离地面,转向卸土处卸土。常用于装抓松散物料,或水下和基坑挖掘,也用于抓取石块和木材,利用特殊形状的抓斗,还可以挖出圆井。 (曹善华)

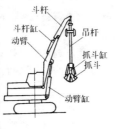

抓斗 grab

有多个斗瓣,能自行抓取重物的取物装置。主要用于装卸散粒物料,生产效率较高,但自重较大。按结构特点分为单绳抓斗、双绳抓斗、电动抓斗、双颚板抓斗、多颚板抓斗、液压抓斗及多爪抓斗等。 (陈秀捷)

抓斗式掘削机械 grab excavator

以抓斗作为切削取土工具的地下连续墙施工机械。按控制抓斗的方式有钢绳抓斗式、导杆抓斗式、伸缩臂抓斗式和动臂抓斗式。 (赵伟民)

抓斗挖泥船 clamshell dredger

利用抓斗装置挖掘河底泥砂的挖泥船。抓斗装置装于甲板上,由钢丝绳滑轮组或液压操纵,挖得的河泥卸于船舱或驳船中。大多不能自航,依靠锚碇定位后作业。挖掘深度大,但作业效率较低。适用于水下基础开挖、清淤等工作量不大的施工作业。 (曹善华)

抓片 flapper

见冲抓刀片(31页)。

抓钳装置 hydraulic pincers

液压挖掘机上具有装夹、耙松功能的可换工作装置。在反铲铲斗前加装一个长齿,长齿支架与铲斗共装在一根轴销上,利用两个附加液压缸使长齿与铲斗开合,斗与齿合拢时,宛似一把夹钳,具有耙松硬土和装钳物件双重功能。用于开凿冻土,掘开旧路面,拔出路缘石,装卸长件物料等。 (曹善华)

zhuan

专用式挖掘机 special purpose excavator

只装一种工作装置,只能从事一种专一作业的单斗挖掘机。常见的是矿山挖掘和装载作业用的正铲,多为大型挖掘机。 (曹善华)

砖瓦焙烧设备 roasting equipment of brick and tile

用于焙烧粘土砖、粘土瓦、耐火砖的建筑制品设备。包括干燥设备、烧成设备及辅助机械设备等。干燥设备有隧道式干燥室、链式干燥室、室式干燥室等。烧成设备有隧道窑、轮窑、曲线窑、串窑、倒焰窑、钟罩窑、围窑、罐窑等。辅助机械设备有码坯机、窑车、推车机、热风炉等。 (丁玉兰)

转动竖桅杆法 erecting derrick by turning

借助于自身的机构和辅助桅杆进行安装桅杆起重机的方法。在制作好的基础上安装下支座、回转盘,在地面按规定的尺寸拼装桅杆和起重臂,它们的下端与回转盘铰接。再在下支座上安装一小型桅杆,利用起重钢丝绳滑轮系统首先将起重臂绕铰接点拉起到垂直位置。再以起重臂作桅杆,利用变幅钢丝绳滑轮系统将桅杆绕铰接点拉起到垂直位置,系好缆风绳。由于桅杆较长,占用场地较大。 (谢耀庭)

转动栓 rotary bolt

能沿着射钉枪枪膛内作前后移动的手动栓体。呈L形。前后动作可控制,分待发或者退壳两种状态。 (迟大华)

转斗定位器 bucket setting device

反铲液压挖掘机上为防止铲斗过分俯转的挡块。常焊于斗杆下翼板下,挡住铲斗,保证两者间的必要间隙,防止斗齿碰坏斗杆下翼板。 (曹善华)

转阀 rotary spool valve

阀芯相对于阀体作旋转运动的换向阀。作用在阀芯上的液压径向力不易平衡,密封性能较差,仅适用于低压小流量的场合或者用作液动换向阀的先导阀。

（梁光荣）

转阀式液压激振器 rotory valve type hydraulic vibrator

以转阀来控制振动的直流式液压激振器。振动频率随阀芯开槽数的多少和马达的转数来决定。

（赵伟民）

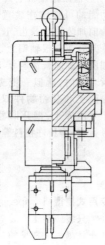

转阀式液压激振器

转轮式挤压灰浆泵 rotary squeeze pump

安装在中心转子上的滚轮,沿环形滚道挤压软管以进行连续排送灰浆的挤压式灰浆泵。 （董锡翰）

转盘 truntable circle

水磨石机中装夹磨石并带动磨石作旋转磨削作业的工作装置。

（杜绍安）

转盘式压砖机 rotary press

加料、压坯、顶坯分别在三个工位上同时进行的压制砖坯的耐火制品成型机械。由横梁、中心立轴、转盘、给料机构、压制机构、顶坯机构、动力装置、机座等组成。在给料工位由给料机构向模孔内加料;带料模孔随转盘回转至压坯工位由压制机构压实成型;带坯模孔再旋转至顶坯工位,由顶坯机构将坯体顶出盘面,由人工或取坯机运走。适于压制耐火砖、灰砂砖、粉煤灰砖、煤渣砖、矿渣砖等非粘土类砖。

（丁玉兰）

转盘行星式混凝土搅拌机 planetary concrete mixer with rotating cylinder

圆盘形搅拌筒绕自身轴线旋转而装有拌和铲的行星十字轴只作自转的行星式混凝土搅拌机。圆盘形搅拌筒安放在底部轴承上,由搅拌筒电动机和减速器带动安装在搅拌筒底部的大齿轮使其旋转。安装有 4 个拌和铲的十字轴由固定在支承臂架上的电动机和减速器带动旋转,旋转方向与圆盘形搅拌筒旋转方向相反,另有一个固定的搅拌叶片将拌和料不断引入行星架下,使拌和料得到充分搅拌,搅拌筒底部装有卸料口和卸料装置。 （石来德）

转速 revolution speed

又称回转速度或旋转速度。转动的机械零部件在单位时间内所转过的次数。通常以每分钟若干转（r/min）表示。

（田维铎）

转台 rotating platform

工程机械回转部分的支承结构。其上装有全部要回转的机构、设备和有关结构,在起重机中有起升机构、回转机构、变幅机构、操纵室、平衡重、起重臂（在挖掘机中为动臂和斗柄）、操纵系统和电气设备等。由型钢和钢板焊接的平台状结构,将承受的载荷传给回转支承,借助于回转机构实现绕其回转中心转动。

（李恒涛）

转筒松土器 cutting rotor

路拌式稳定土搅拌机的旋转松土装置。用于耙松、粉碎施工路段的土壤,与胶结料(水、水泥或沥青,或其他掺合料)拌和。转筒上均布多排耙刀,刀形如铲,相邻各排铲头弯向相错。有利于松碎土壤和搅拌。

（章成器）

转弯阻力 turning resistance

车辆和自行式工程机械行驶转弯时,抵抗行走装置转向的力。如履带式行走装置的转弯阻力包括:履带板与地面的摩擦阻力,履带板侧面挤切土壤的阻力和履带板突肋挤压土壤的阻力等,与机械重力、履带接地长度和履带与地面的摩擦系数有关。

（曹善华）

转位中心调整机构 rotational certer adjustment device

用以调整型材切割机砂轮转动中心与夹钳底座相互位置的机构。可适应各种规格型材切割的需要。

（迟大华）

转向 turning

工程机械在行驶中改变其前进方向的过程。

（田维铎）

转向从动桥 steering trailing axle

使整机转向的车桥。无驱动机构,转向时两边的车轮可相对车架偏转一定角度。除承受垂直载荷外,还承受制动力和侧向力以及这些力造成的力矩。

（陈宜通）

转向机构 steering mechanism

使转向轮偏转控制机械行驶方向的一整套机构。包括转向盘、转向器、转向摇臂、纵拉杆、梯形机构、转向节等。通过转向器将转向盘的动作传到转向臂,再由纵拉杆及梯形机构传到转向节,使装于转向节上的转向轮偏转。 （陈宜通）

转向角 turn angle

轮式车辆和轮式工程机械转弯时,行走轮转向以后轮子平面与原机械纵轴线的夹角。由于内轮和外轮的转弯半径不同,转弯时,内外轮的转向角不等。

（曹善华）

转向轮 steering wheel

用转向机构偏转的车轮。偏转车轮转向可分为偏转前轮、偏转前后轮和偏转后轮转向。

（陈宜通）

转向轮外倾角 steering calnber angle

转向轮滚动平面与垂直平面的夹角。转向轮外倾后，在地面对车轮垂直反力的轴向分力作用下，使轮毂压紧在转向节内端的大轴承上，防止车轮从轴上脱出。克服了满载时转向从动桥变形增加导致车轮出现的严重内倾现象并使转向操纵轻便。

（刘信恩）

转向盘 steering wheel

又称方向盘。由驾驶员直接操纵控制机械行驶方向的圆环形部件。与转向轴相连接，装在驾驶室的左方或右方，位于驾驶座位的前方。

（陈宜通）

转向器 steering-gear

转向盘、转向轴及啮合传动副等的统称。将转向盘上的作用力及转角在一定的时间内正确地以一定传动比及方向传递到转向传动连杆上。目前工程机械上采用较多的是循环球式、球面蜗杆滚轮式及曲柄指销式转向器。

（陈宜通）

转向桥 steering axle

除支承机械重量外兼起转向作用的车桥。中部一般是刚性实心或空心梁，通过悬架与车架相连，两端利用铰链与车轮连接，车轮可偏转一定角度以实现机械转向。

（陈宜通）

转向摇臂 pitman arm

在转向机构中，转向器输出轴和纵拉杆之间的连接杆件。将转向器输出轴的正、反时针的转动变为纵拉杆的空间往复运动。随方向盘的正、反时针转动而作正、反时针摆动，推、拉纵拉杆，可实现转向轮的左、右偏转。

（刘信恩）

转向中心 turning centre

自行式工程机械转向时，机械上所有各部位各质点皆以不同的回转半径绕同一点回转的瞬时中心。

（田维铎）

转向助力器 steering cylinder, steering booster

在转向系统中用以减轻驾驶员转向操纵力的装置。主要是由转向器、转向控制阀及转向油缸等组成的液压反馈随动装置。采用了转向助力器，驾驶员仅用很小的力和一般的速度就可操纵控制阀，而转向阻力矩是用发动机的能量来克服的。

（刘信恩）

转轴 shaft

既承受弯矩又承受扭矩的直轴。在机器中既支承零件又传递扭矩。

（幸淑琼）

转柱回转式塔式起重机 tower crane with slewing inner tower

装有起重臂等可回转的内塔身，支承在固定的外塔身顶部上下轴承内的上回转式塔式起重机。可回转的内塔身较小，如同一根立柱，下端由止推轴承支承着。

（李恒涛）

转柱式回转支承 slewing bearing with rotary pillar

由转柱、上部支承和下部支承组成的回转支承。上部支承承受水平力；下部支承为一止推轴承，主要承受垂直力。按转柱受力状况不同分为简支梁式和悬臂式。常用于桅杆起重机和门座起重机。

（李恒涛）

转子 rotor

挤压式混凝土泵中，带有作行星回转的滚压轮，对挤压软管进行挤压的装置。

（戴永潮）

转子泵转向装置 turn mechanism with orbit pump

用于轮式工程机械上的液压反馈式转向装置。由液压泵、转向器、转向臂等组成。不仅可以使轮胎的转向角与方向盘的转角随动而成正比，而且当液压泵出现故障时，可当手动泵使用，利用静压使机械转向。机械上的布置灵活，适宜于中小型轮式工程机械。

（曹善华）

转子式除雪机 snow remover with snow-blower

在底盘上安装有转子式除雪工作装置的除雪机。工作装置有犁刀式、螺旋式、铣刀式；工作装置传动方式有单级式、双级式和主轴式。单级式由一套传动机构完成积雪的扒削、集运和抛出工作；双级式有两套传动机构，一套驱动螺旋装置完成积雪的扒削与集送工作，另一套驱动转子将雪顺抛雪筒抛出；立轴式的切削和集雪螺旋是竖立放置的。整机传动有单发动机的液压传动式、齿轮变速式、液力机械式、动力换挡式以及双发动机式。行走机构有轮式、钢制履带式和橡胶履带式。对雪质具有广泛的适应性。

（胡 漪）

转子式混凝土喷射机 rotor concrete spraying machine

转子的料杯中加入混凝土拌和料，在压缩空气中作用下输送至喷嘴处喷出的混凝土喷射机。输送机构由多个料杯组成的转动体组成，工作时，在某一位置料杯加入混凝土拌和料，转至另一位置时，通入压缩空气，将混凝土拌和料喷出。一般适合于干式喷射。

（龙国键）

转足羊足压路碾 rotary sheep-foot towed roller

羊足突出物可绕自身轴线转动的羊足压路碾。

（曹善华）

zhuang

桩锤 pile hammer

　　桩工机械中用冲击法或振动法产生冲击或振动使桩沉入或拔出的主机。必须依靠桩架或起重机来提升和对准桩位。采用冲击法的有落锤、柴油桩锤、气动桩锤、液压桩锤和电磁桩锤。采用振动法的有振动桩锤。　　　　　　　　　　（王琦石）

桩锤导向装置 guide device for pile hammer

　　为各种桩锤导向用的装置。有内夹式导向装置、外抱式导向装置。　　　　　　（赵伟民）

桩锤防音罩 noise proof cover for pile hammer

　　为了防止打桩时产生的噪声、振动等公害，将桩锤罩起来，吸收其噪声、振动的装置。根据不同的桩锤有套筒式、蛇簧式、整体式。　　　　（赵伟民）

桩锤缓冲材料 buffer marterial

　　为防止过度冲击，损坏桩锤和桩而设置在其间的起缓冲作用的材料。通常为硬质木材、橡胶等。　　　　　　　　　　　　　　　　（赵伟民）

桩锤总质量 total mass of pile hammer

　　桩锤在正常工作状态下的总质量。是选用匹配桩架的依据。　　　　　　　　（王琦石）

桩工机械 pile driving machinery

　　在地基基础施工中，用于桩基础、桩围幕以及软弱地基加固的建筑工程机械。用于预制桩施工的机械主要有：打桩机、压拔桩机、振动沉拔桩机和射水式沉桩机等；用于灌注桩施工的机械主要是成孔机械；用于桩帷幕施工的机械主要是地下连续墙施工机械。此外，还有施工锚杆桩所采用的锚杆桩机。对于软弱地基的加固，目前主要采用软地基桩机和软弱地基处理机械。　　　　　（王琦石）

桩架 pile frame

　　支承和引导桩锤和钻具完成打桩或钻孔作业的专用机架。按其功能不同分为简易桩架和多能桩架。按其行走方式不同可分为履带式桩架、步履式桩架、轨道式桩架、轮胎式桩架、汽车式桩架、滚管式桩架、塔式桩架和船式桩架。为满足大型桩基础施工的需要，桩架也向大型化发展，如轨道式桩架总高度可达40m，履带式桩架总高度可达36m，全装备行走重量达300t。此外，桩架立柱可与各种作业机具结合的桩架也正迅速发展和普及。　　（邵乃平）

桩架横梁 cross beam of pile frame

　　桩架平台后方用于支承斜撑的梁。有的桩架没有横梁，而是将斜撑直接放到平台上。

　　　　　　　　　　　　　　　　（邵乃平）

桩架立柱 pile frame leader

　　悬挂桩锤或钻具并为之导向的部件。一般由多节组成，其顶端安装有悬挂桩锤或钻具以及吊桩、吊料的桩架顶部滑轮组，下部用活动支撑支承在桩架平台前端，中部由桩架斜撑或履带起重机的臂架或履带挖掘机的动臂支承，其上装有导轨。按其截面形式不同，可分为管形立柱、矩形立柱，三角形立柱等；按其结构形式不同可分为折叠式立柱、伸缩式立柱和上部可回转的立柱；按导向方式分有单导向立柱、双导向立柱和复合导向立柱。在陆地上施工的桩架，立柱长度一般在8~40m左右。　　　　（邵乃平）

桩架平台 platform of pile frame

　　固定在桩架回转支承上方的平台。桩架立柱、水平伸缩台车、斜撑、操纵室、电气设备及全部卷扬机构都安装在平台上。小型桩架平台是由两根大型工字钢和钢板焊成的平面结构件，大型桩架的平台由两根箱形主梁及数个横梁和钢板焊成的平面结构件。　　　　　　　　　　　　　　　（邵乃平）

桩架斜撑 back stay of pile frame

　　支承桩架立柱的倾斜撑杆。由支承节、标准节、球头丝杠、螺母等组成。上端支承节通过铰链与立柱相连，下端通过球头丝杠支承在桩架平台或横梁上。通过斜撑伸缩机构（也是立柱倾斜的调整机构），带动斜撑球头丝杠转动，用以调整斜撑长度，也可采用液压缸进行调整。调整斜撑长度不仅可以调整立柱的垂直度，与桩架的水平伸缩台车配合调整，还可以使立柱前后倾斜，以适应打斜桩的要求。

　　　　　　　　　　　　　　　　（邵乃平）

桩架行走速度 travelling speed of pile frame

　　桩架在单位时间内行走的距离。　　（邵乃平）

桩架载荷能力 pile frame load-carrying ability

　　由桩架自身的强度、刚度和稳定性所决定的能承受最大垂直载荷的能力。　　　　（邵乃平）

桩架总质量 total mass of pile frame

　　桩架除桩锤和钻具以外的总质量。

　　　　　　　　　　　　　　　　（邵乃平）

桩帽 pile cap

　　保持桩锤对桩顶的锤击位置，并起保护作用的部件。安置在桩顶，其上可安放缓冲垫以缓冲锤击作用，保护桩头及锤体，使冲击力较为缓和地传给桩身。　　　　　　　　　　　　（王琦石）

桩式台座

　　采用钢筋混凝土桩作承力支架的张拉台座。适用于叠层生产各种板、梁等中小构件。如与墩式台座或构架式台座组合使用，组成桩基墩式或桩基构架式台座，可以提高台座的承载能力。

　　　　　　　　　　　　　　　　（向文寿）

装船机 ship loader

把岸边带式输送机上散料输送至船舱的码头专用装卸机械。由带行走机构的门架,能俯仰、伸缩的臂架,装于臂架的带式输送机及输送机卸料端的伸缩料筒组成。为使散料填满舱角,设有摆动机构使料筒在任一垂直平面内摆动,或在料筒下端加装可旋转的带式抛料机。散料从堆场送来,经岸边带式输送机转至臂架上的带式输送机和料筒装入船舱内。 (叶元华)

装配 assembling

根据技术要求将若干个零件结合成部件,或将若干个零件和部件结合成产品的过程。前者称为部件装配,后者称为总装配。装配时,还要进行校正、修整、调节、平衡、配作以及反复检验等工作,是产品制造的最后阶段。 (段福来)

装配图 assembling drawing

表达机器或部件的图样。应有一组视图以表达机器或部件的构造、作用原理及各零件间的装配、连接关系;同时还应标注表明机器或部件的性能、规格、装配、检验时必要的尺寸。必须对每个零件标注序号并编制明细表。用文字或符号说明其技术要求。 (田维铎)

装卸机械 loading and unloading machine

对车、船或其他设备的物料进行装卸、搬运作业的运输机械。有车用和船用之分。车用包括单斗装载机,蟹耙式装载机,螺旋装载机,圆盘式装载机,翻车机及各种型式卸车机等。船用有卸船机、装船机、斗轮堆取料机和带式抛料机等。按物料特征又可分散状物料装卸机械和成件物品装卸机械。后者用于袋装、捆装、箱装的物品,以及木料、钢材、设备等成件物品的装卸工作,一般用配有相应取物装置的各种起重机和搬运车辆来完成。 (叶元华)

装修吊篮 hanging scaffold basket

沿建筑物立面悬挂并由专设机构使之升降或平移的可载人及物料进行建筑立面外装修的作业平台或工作室。由机架、吊篮悬臂、吊篮、吊篮提升机构及吊篮平移机构等组成。有手动装修吊篮、电动装修吊篮、液压装修吊篮、固定式装修吊篮和移动式装修吊篮等。用于各种中、高层建筑的外墙装修、防水处理、管道安装、墙面检修以及旧建筑外墙面的各项大修等施工操作。可替代一般脚手架,节省大量材料和扣件,减轻工人劳动强度;具有安装方便,应用灵活,工效高,不受建筑高度限制等特点。主要参数有:吊篮载重量、吊篮提升高度、吊篮提升速度、吊篮平移速度、吊篮自重和吊篮工作面积等。 (张立强)

装修机械 finishing machinery

对建筑主体物进行装饰及其他辅助工作的建筑工程机械。包括灰浆制备机械及喷涂机械、涂料喷刷机械、地面修整机械、屋面装修机械、手动机械及其他装修机械。用以完成诸如灰浆、石灰膏的制备,灰浆的输送、涂刷,地面的磨光及清理,壁板钻孔,内外墙面装饰等装修工程。 (董锡翰)

装修升降平台 lifting platform for decoration

通过自身设置的升降机构调节高度以载运工作人员和器材进行空中装修作业的设备。由工作平台、升降支架和支承底盘三部分组成。以升降的动力方式,有手动、电动、液压和气压升降平台四种。用于各种建筑物及车站、码头、广场等空中装修作业的场合。主要参数有:工作平台面积、工作平台承载能力、工作平台升降速度、工作平台最大举升高度等。

(张立强)

装运质量 shipping mass

机械装运状态下的质量。 (田维铎)

装运状态轴荷 axle load distribution under shipping condition

机械装运状态的轴荷。 (田维铎)

装载机"Z"形工作装置 "Z"bar linkage of loader

由转斗液压缸、反转连杆机构和单摇臂组成"Z"形的装载机工作装置。摇臂中部铰支在动臂上,其上端与转斗液压缸相连,下端经连杆与铲斗相连。转斗液压缸活塞杆伸出,铲斗上翻,实现铲掘和装料;活塞杆收缩,铲斗下翻,实现卸料。传动比较大,铲掘时,液压缸大腔进油,掘起力较大;动臂提升时铲斗转角变化小,物料不易撒落。是目前使用较广泛的一种形式。 (黄锡朋)

装载机比掘起力 specific breakout force of cutting edge

铲斗切削刃单位长度所具有的最大掘起力(N/cm)。用来比较不同载重量装载机的掘起能力,同吨位履带式的比掘起力比轮式的大,且随额定载重量增大而加大。中小型机其值在 200～600N/cm 之间。 (黄锡朋)

装载机比切入力 specific horizontal force of cutting edge

铲斗切削刃单位长度所具有的最大插入料堆作用力（N/cm）。用来比较不同载重量的装载机插入料堆能力。履带式的比切入力比轮式的大，且随载重量增加而增大。中小型装载机的比切入力值在 $200\sim800$N/cm 之间。 （黄锡朋）

装载机铲斗上翻角 roll back angle of loader

又称收斗角。铲斗斗底由水平面向上转动的角度。动臂在不同位置时，上翻角是不同的。作业要求在动臂低位具有较大的上翻角，以利于物料满斗和不撒落。动臂在高位，要求上翻角不过大，以免物料从铲斗后部撒落。 （黄锡朋）

装载机铲斗下翻角 dump angle of loader

又称卸载角。铲斗斗底由水平面往下转动的角度。为卸净斗中物料，一般要求在任意卸载高度的卸载角大于或等于 $45°$。 （黄锡朋）

装载机额定载重量 payload of loader

保证装载机作业时稳定性所规定的铲斗正常载荷的名义值。常作为标志装载机技术性能的主参数。按有关标准规定：对于轮式装载机，不应超过静态倾翻载荷的 50% 或动臂提升能力的 100%；对于履带式装载机，不应超过静态倾翻载荷的 35%。 （黄锡朋）

装载机工作装置 working attachment of loader

装载机中用以完成铲、装和卸载作业的工作部件总成。由铲斗、动臂、摇臂、连杆和转斗液压缸、升臂液压缸等组成。要求铲掘力大，铲斗易于装满，动臂提升时，物料不会从铲斗中撒落，满足卸载及结构强度的要求。按摇臂数分为单摇臂、双摇臂和多摇臂等，有正转连杆和反转连杆之分。正转连杆的摇臂转动方向与铲斗的转斗方向相同，反转连杆机构则相反。目前多采用单摇臂正或反转连杆和双摇臂正转连杆机构，并以"Z"形连杆机构居多。对中小型装载机还配有可更换的其他工作装置，可适应于推土、挖土、起重和装卸成件物品等多种作业需要。 （黄锡朋）

装载机静态倾翻载荷 static tipping load of loader

装载机在静止状态，动臂最大外伸时，作用在铲斗重心，使机械绕一点倾翻的最小载荷。此值愈大，机械的作业能力愈大。是装载机的主要技术性能指标之一。 （黄锡朋）

装载机掘起力 breakout force of loader

动臂处于低位，铲斗平放，利用转斗液压缸或提臂液压缸使铲斗或动臂绕铰销转动，作用在铲斗切削刃后 100mm 处的垂直向上力。当该力增大到使装载机绕前支承点倾转（轮式：后轮离地或整机绕动臂下支点转动；履带式：前支重轮离开履带）或液压

系统安全阀打开时达最大值，称最大掘起力。是表征装载机铲掘能力的重要性能指标。 （黄锡朋）

装载机使用质量 operating weight of loader

装载机操作时的全部质量。包括带基本型铲斗的装载机自重、保护司机安全的结构、随机工具以及按说明书规定灌注的油箱、水箱和司机质量。
（黄锡朋）

装载机挖掘深度 digging depth of loader

动臂处于最低位置，铲斗底平行于机械支承面时，从支承面向下至铲斗切削刃的垂直距离。表示机械铲掘不平地面的能力。 （黄锡朋）

装载机稳定度 stability gradient of loader

装载机重心至倾覆界限的距离与重心高度的比值。是机械在静止状态下不倾覆的临界坡度，其大小取决于机械重心位置，重心位置愈低、距支承界限愈远，则稳定度值愈大，该机稳定性能愈好，反之则差。稳定度既可度量纵向稳定性，也可度量横向稳定性。其值可将机械放在可侧斜的平台上实测得到。 （黄锡朋）

装载机卸载高度 dump height of loader

铲斗前倾卸载，铲斗底与水平面成 $45°$ 时，铲斗切削刃距地面的垂直距离。动臂提升至最高位置时的卸载高度为最大卸载高度。 （黄锡朋）

装载机卸载距离 dump reach of loader

铲斗前倾，斗底与水平面成 $45°$ 时，铲斗切削刃到装载机最前面一点（前轮胎外缘或车身、履带前端）之间的水平距离。动臂水平时的卸载距离为最大卸载距离。 （黄锡朋）

装载机最大牵引力 maximum traction of loader

装载机在平坦路面上进行牵引试验，当发动机被迫熄火、液力变矩器失速或履带、驱动轮打滑时所测得的拖钩牵引力的最大值。它受发动机功率或地面附着条件的限制。 （黄锡朋）

装置 device;plant

机械中某些具有独立作用的部分。例如工作装置、行走装置等；也可以解释为机组或设备，例如动力装置等。 （田维铎）

状态规律 law of state

以物理规律描述机械零件可逆过程相互关系的材料性能和状态变化规律。当外界因素的作用停止后，材料（或对应的零件）又恢复到自己原始状态时的规律。表示输入参数和输出参数间状态变化关系，但并不包括时间因素。 （杨嘉桢）

zhui

锥锚式千斤顶 tapered pintype jack，threeacting jack

又称三作用千斤顶。利用锥形卡环和楔块夹持钢丝束,能完成张拉、锚固和退楔块三项工作的液压千斤顶。主要由张拉液压缸、顶压液压缸、退楔装置、锥形卡盘等组成。仅用于张拉采用钢质锥形锚具的 12、18 和 24ϕ^s5 钢丝束。这种千斤顶中,有的没有退楔装置,仅能完成张拉和锚固两项工作。退楔块靠人工,劳动强度大,而且不安全。

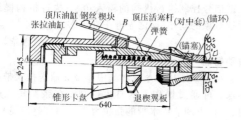

(向文寿)

锥面刀盘 cone cutterhead

全断面岩石掘进机中正滚刀的刃口包络面成截锥面的掘进机刀盘。锥度角根据刀盘直径和岩层情况确定,取 5°~12°,为避免岩石二次破碎量过大及保护边刀宜取小锥度角。用于岩层非常破碎,经常产生冒落现象的场合,可在上方架设超前梁,对空穴进行支护。 (茅承觉)

锥式破碎机 cone crusher

利用上小下大的活动锥悬装在固定锥腔内作旋摆运动,将置于两锥之间环形空间内的物料破碎的破碎机械。有悬轴锥式破碎机、定轴锥式破碎机和菌形锥式破碎机等种。作业时,活动锥作环形摆动,其几何中心线描出一圆锥面或圆柱面轨迹,活动锥表面上某一点时而靠近固定锥,时而分开,把夹在其间的物料轧碎。由于锥体的环形摆动,物料受到挤压、弯折、碾磨的复合作用。适宜于破碎抗弯和抗磨强度低的物料,用于破碎石料时,成品中呈立方体形状的块粒多,质量好。 (曹善华)

锥形螺杆锚具 conical thread anchorage

利用锥形螺杆的锥头和套筒将钢丝束夹牢,张拉后靠拧紧螺母将钢丝束锚固的后张法锚具。适用于锚固 14~28ϕ^s5 钢丝束。配套使用的张拉设备为拉杆式千斤顶或穿心式千斤顶。 (向文寿)

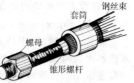

锥形旋转洗砂筒 rotary sand washing cone

可绕几何轴线转动的锥形筒式洗砂机。砂与水置于筒内,依靠旋转时的离心力使砂在水中搅动而洗净。容量 1.5~4.5m³。结构简单,但洗涤质量较差。 (曹善华)

着色探伤 dye check

利用染料的颜色来显示零件表层微细缺陷的无损检验方法。探伤时将具有高度渗透能力的溶液浸涂于被检零件表面,由于溶液的湿润作用和毛细现象渗透入零件表面微细缺陷中,然后将零件表面清洗干净并吹干,再涂上一层亲和力和吸附力很强的白色显像剂,溶液即被吸出于白色涂层上,显示出缺陷形状和位置的鲜明图案。常用的着色染料有苏丹红、刚果红,溶液为煤油、苯、水杨酸甲酯、松节油等。可用于金属或非金属材料的探伤。 (杨嘉桢)

自定中心振动筛 self-centering vibrating screen

又称万能悬挂陀旋筛。筛轴保持动平衡的陀旋偏心振动筛。筛框经凸缘轴承和偏心套筒安装在筛轴的偏心轴颈上,两者偏心距相等,相位相反。筛轴两端各装一对可调相位角的飞轮,其一与筛轴相连;另一与偏心套筒相连。筛框用弹簧悬吊。筛轴旋转时,其偏心轴颈带动筛框作环向振动,产生的惯性力由偏心套筒相连的飞轮保持动平衡。因此,筛轴中心位置保持不变,谓之自定中心。通过飞轮可调节振幅 0.2~6mm,筛轴转速 800~1200r/min,筛孔尺寸 3~100mm。运转平稳。用于中、细干筛或湿筛。 (陆厚根)

自动玻璃制品吹制机 automatic glass forming blow-machine

自动吹制玻璃瓶、罐、灯泡、器皿的玻璃制品吹制机。分行列式和转台式。行列式是采用压—吹法两步成型,料滴由分料器送入初型模内,靠冲压制成瓶口和雏形后移入成型模中,再吹制成制品。转台式成型机设有初型模和成型模两个转台,两个转台间歇、反向、同步转动。采用吹-吹法操作,料滴入初型模内,经芯子上升、抽气和倒吹气等制出瓶口和雏形,自动移入成型模中,再吹成制品。均由压缩空气或电动机驱动,各工序采用电子程序控制,由差动机构或同步电动机使成型机与供料机同步;实现自动化。行列式机应用广泛。 (丁志华)

自动玻璃制品压制机 automatic glass formig press

自动压制空心或实心玻璃制品的玻璃制品压制机械。由模具、冲压机构、转盘机构、模具风冷装置、夹取装置等组成,气动或电动机驱动。与自动供料

机、火焰抛光机一起用程序控制,同步协调,实现自动化。用于生产灯具等制品。　　　　　(丁志华)

自动操舵装置　automatic helm

利用陀螺罗经或磁罗经使船只能够自动保持预定航向的装置。在正常情况下,罗经刻度盘上的接触器处于绝缘位置,对舵不起作用,但船只偏航时,接触器接通电流,开动操舵电动机纠正偏航,直到船只复朝预定航向前进为止。因其对偏航的反应灵敏,可使船只沿预定航线前进。　　　　(曹善华)

自动操纵式气动桩锤　automatic control pneumatic pile hammer

起动后自动进行进排气转换,从而得到连续上下动作的单作用式桩锤。配气机构由配气阀、控制阀、控制挺杆和操纵轮等组成。　　　(王琦石)

自动电焊机　automatic welding machine

能自动引弧,送进焊丝并保持一定的弧长,并自动使焊接小车沿着平行于焊缝的导轨等速前进以完成焊接操作的电焊机。焊丝的自动送进有两种调节系统,等速送丝系统需用缓降外特性或平特性的电源,适用于埋弧半自动焊和部分埋弧自动焊机中;变速送丝系统也叫电弧电压调节系统,是根据电弧电压的变化来控制送丝速度的,需用陡降外特性的电源,适用于大直径焊丝的埋弧自动焊。

(方鹤龄)

自动冻土钻孔机　auto freezing soil boring machine

作业时,就位、钻孔、钻深控制、提杆等动作都是自动控制的冻土钻孔机。　　　　(曹善华)

自动扶梯　escalator

利用向上移动的梯级,在建筑物各层间运送人员的连续输送机械。由梯路和两侧扶手组成。梯路是一种变型的板式输送机,扶手是变型的带式输送机,许多梯级与牵引链构成闭合梯路,在梯路承载分支上,梯级必须保持水平以供乘客站立。梯级在入口处先作水平运动,以便乘客登梯,以后逐渐形成阶梯向上运行。在接近出口处阶梯高度逐渐消减,再作水平运动,便于乘客离梯。梯级与扶手同步运行。与间歇工作的电梯或其他载人升降机相比,自动扶梯具有客流均匀、连续输送、输送能力大、断电或故障时可当普通楼梯用、外形华丽可作为建筑物的装饰品等优点,因此在人流集中的公共场所如百货商场、车站、机场、地铁等处得到广泛应用。目前,自动扶梯已有多级驱动组合式、螺旋式等,运行速度一般为 0.5m/s,倾角一般为 30°,输送能力单人为 4000～5000 人/h,双人为 8000～12000 人/h。

(谢明军)

自动化　automatization

机械设备启动后,一般不再需要人工操作,即可自行完成各个生产环节及生产过程的工作状态。

(田维铎)

自动驾驶仪　automatic pilot

自动控制船只(或飞行器)航行(或飞行)状态的装置。由敏感元件、放大器和执行机构等组成。敏感元件用以测定运动对象的状态,并发出与正常状态偏离的偏差修正信号;放大器放大并修正信号,并根据信号控制执行机构的输入功率;执行机构操纵运动对象的动作,使之逼近正常状态。

(曹善华)

自动卷桶　auto belt drum

排水带式地基处理机械中卷绕和输送排水带的卷桶。可通过操作手柄自由控制。在张拉排水带时,可自由调节排水带的张拉力。　　　(赵伟民)

自动开关　automatic circuit breaker

见空气自动断路器(155 页)。

自动拉模压瓦机　tile press with automatic pull-mould

自动完成拉模和翻模动作的压瓦机。由压制、拉模、翻模三部分组成。动力装置通过传动机构和曲柄连杆带动压梁上下运动而完成压瓦动作;并由传动机构和凸轮挺杆机构带动瓦模翻转而脱出瓦坯;靠翻模凸轮轴上的摇臂牵动拉模凸轮轴,使支架两端的下瓦模往返移动而完成拉模动作。操作工人的劳动强度低,生产率高。　　　　　(丁玉兰)

自动人行道　moving sidewalk

沿水平或小倾角方向利用移动路面运送人员的连续输送机械。结构与自动扶梯相似,区别在于运动路面不是阶梯状而是平面。由运动的路面和扶手两部分组成。主要类型有三种:①踏步式(类似于板式输送机);②胶带式(类似于带式输送机);③双线式(类似于铸造车间用的铸工输送机)。扶手与路面同步运行。运行速度、路面宽度和输送能力与自动扶梯相近,最大倾角一般小于 12°。适用于商场、机场、车站等人流集中的场合。　　　(谢明军)

自动水表　automatic water meter

能自动控制,用于计量水的流量式称量装置。水流经水表时,推动螺旋叶轮旋转,叶轮通过一套传动装置带动指针旋转,指针旋转到预定水量刻度时,指针轴上的凸轮碰断微动开关,使电磁水阀关闭,停止供水。　　　　　　　　　(应芝红)

自动停止机构　automatic stoping mechanism

利用机械或电气控制等根据需要和要求使整个机械或某一部分自动停止运行的机构。常用于各种机械的行程、限位控制或安全保护控制。

(范俊祥)

自动脱钩强夯式地基处理机械　dynamic compaction ground treatment machine with automatic leaving hook

　　通过可自动脱钩的整体型夯锤的冲击作用进行地基密实处理的强夯式地基处理机械。

　　　　　　　　　　　　　　　　（赵伟民）

自动脱钩装置　automatic leaving hook device

　　落锤打桩机中设置有挡块或吊钩自动张开等装置，使落锤在到达预定高度后，即从吊钩上脱离的脱钩装置。

　　　　　　　　　　　　　　　　（赵伟民）

自动卸料提升机　auto-discharging lifter

　　混凝土拌和料提升到要求高度后自动卸料的提升机械。包括提升架、提升动力和装料斗。在卸料位置装有卸料机构迫使料斗卸料门自动打开或自动倾翻，卸料过程无需人来控制。卸料后由人操纵或自动返回上料位置。　　　　（龙国键）

"自控飞机"游艺机

　　将一组模型飞机装在刚性杆件末端、在空中绕回转体水平旋转同时模仿飞机运动的游艺机。由动力装置、回转体、连杆、模型飞机组、液压传动机构等组成。游客中一人担任驾驶员，自行操纵按钮，通过液压无级调速，控制飞机做起落、爬升、俯冲等动作，也可做平飞或低空飞行。　　　　（胡　漪）

自控纵坡铺管机　slope autocontrol pipelayer

　　利用激光束自动控制纵向铺设坡度的开沟铺管机。其自动控制系统包括：(1)装在机外三脚架上的低功率激光发射器，发射出坡度基准面；(2)装在开沟铺管机上的电子跟踪接受器。工作时，激光发射器发出信号，坡度信号被接受器接收后，经过与所挖坡度相比较，得出误差，通过液压系统调整切土犁的悬挂高度，便可自动挖出符合要求的沟渠深度和沟底坡度。　　　　　　　　　　　　（曹善华）

自落－强制式混凝土搅拌机　gravity-forced action concrete mixer

　　同时具有自落和强制式作用对拌和料进行搅拌的混凝土搅拌机。由一个椭圆形搅拌筒和装在筒内的带有螺旋叶片的搅拌轴等组成。椭圆形搅拌筒安装在两根同心的短轴上，由传动机构驱动旋转，搅拌筒将物料提升，而后自落，筒内的叶片对拌和料进行强制搅拌。具有搅拌周期短、金属耗量低等特点。

　　　　　　　　　　　　　　　　（石来德）

自落式混凝土搅拌机　gravity concrete mixer

　　拌和料由安装在旋转着的搅拌筒内的叶片带至一定高度，然后靠自重落下进行搅拌的混凝土搅拌机。用于搅拌塑性或半干硬性混凝土。常见的有鼓形、双锥形和梨形混凝土搅拌机。构造简单，应用范围广。　　　　　　　　　　　　（石来德）

自落式卧筒型混凝土搅拌输送车　gravity type concrete truck mixer

　　搅拌筒卧式安装，拌和料由安装在旋转着的搅拌筒内壁的叶片带至高处然后靠自重下落进行搅拌或搅动的混凝土搅拌输送车。分为拌筒水平回转式混凝土搅拌输送车和拌筒倾斜回转式混凝土搅拌输送车。　　　　　　　　　　　　　（蔚万亮）

自落卸土铲运机　free-fall dump scraper

　　铲斗向前倾侧或抽动斗底，土自落卸料的铲运机。卸土不净，应用不多。　　　　（黄锡朋）

自耦变压器　auto-transformer

　　初、次级绕组为同一线圈，初级绕组的部分匝数兼作次级绕组的变压器。多用于不需要分隔开输入与输出的升压或降压。输出输入电压值愈接近，经济效果愈明显。与切换开关可组合成电动机的降压启动补偿器，还可制成调压变压器。

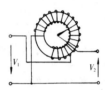

　　　　　　　　　　　　　　　　（周体优）

自耦变压器降压启动　auto-transformer starting

　　电动机启动时，由自耦变压启动器（又称补偿启动器）副边将较低的电压（相当于全电压的60%、65%或80%等）加在定子的三相绕组上，待电动机转速达到正常转速后，再去掉自耦变压器而将全电压加在定子绕组上的启动方法。可不受绕组接法的限制，启动电压可以调整，也可用于大功率电动机，但需增加一台自耦变压器，成本高，体积、重量大。

　　　　　　　　　　　　　　　　（周体优）

自谱密度函数　dower spectral density

　　又称功率谱密度函数。自相关函数的傅立叶变换。其定义式为

$$S_x(f) = \int_{-\infty}^{\infty} R_x(\tau)e^{-j2\pi f\tau}d\tau$$

在工程实际中，样本长度均为有限，故另一定义是：

$$S_x(f) = \lim_{T\to\infty} \frac{X(f)\cdot X^*(f)}{T} = \lim_{T\to\infty} \frac{|X(f)|^2}{T}$$

$X^*(f) = X(-f)$ 称为 $X(f)$ 的共轭复函数，T 为截断时间。$S_x(f)$ 具有能量（功率）和密度的含义。

　　　　　　　　　　　　　　　　（朱发美）

自然故障　natural failure

　　机械设备在使用和保存期内，由于受外部和内部各种不可抗拒的自然因素影响而引起的故障。

　　　　　　　　　　　　　　　　（原思聪）

自然磨损　spontaneous abrasion

　　零件表面经过跑合磨损阶段后，磨损变得缓慢，处于稳定的工作状态时的磨损。此时表面显微凸起的端部逐渐被磨平，凹谷部由于塑性变形而填平，达到比较光滑程度，润滑条件得到改善，磨损速率比较缓和、均匀，磨损量极小，并在长时期内均匀增长。这一时期也称为零件正常工作时期。　　（杨嘉桢）

自升塔式起重机　self-climbing tower crane

　　依靠爬升机构实现增加或者降低起升高度的塔式起重机。不同于一般塔式起重机，设有为安装和拆除塔身节或起重机自身爬升的爬升机构。分为附着式和内部爬升式两种。适用于高层建筑施工。
　　　　　　　　　　　　　　　　　（李恒涛）

自吸能力　suction capacity of hydraulic pump

　　液压泵运转时在吸油腔产生局部真空，从而使油液借助外界大气压的作用进入并充满吸油腔的能力。用吸油高度或真空度表示。　　（刘绍华）

自相关函数　autocorrelation function

　　又称二阶原点混合矩。随机信号 $X(t)$ 在任意两个时刻 t_1、t_2 时的幅值 x_1，x_2 乘积的平均量。表达式为：

$$R_x(t_1, t_2) = E[X(t_1), X(t_2)]$$
$$= \int_{-\infty}^{\infty} \int_{-\infty}^{\infty} x_1 x_2 \cdot f_2(x_1 x_2; t_1 t_2) dx_1 dx_2$$

式中 $f_2(x_1 x_2; t_1 t_2)$ 为相应的二维概率密度。是相关分析中重要统计量之一。在具有各态历经性的平稳随机过程中，自相关函数定量地描述了同一个随机信号中任意两个状态间的相关关系；也可以表示随机信号任一个样本函数 $x(t)$ 在 t 时刻和 $x(t+\tau)$ 时刻之波形的相似程度。　　（朱发美）

自卸汽车　dumping truck

　　具有自动卸料功能的载重汽车。由发动机、底盘、驾驶室、车厢及车厢倾翻机构组成。车厢前端有驾驶室安全防护板。通过倾翻机构车厢能向后或侧向倾翻。倾翻机构由油箱、液压泵、分配阀、举升液压缸等组成。高压油进入举升液压缸，推动活塞杆使车厢倾翻，利用自重和液压控制复位。土木工程中，常与装载机械等联合作业，组成装、运、卸生产线，进行土方、砂石等散料的装卸和运输。
　　　　　　　　　　　　　　　　　（叶元华）

自卸式垃圾车

　　见他装倾卸料式垃圾车（268 页）。

自行浮式起重机　self-propelled floating crane

　　能独自航行的浮式起重机。浮船具有动力装置、推进器和操纵舵。若装有直翼推进器，能兼起推进器和转向作用；无需转舵设备即可灵活转向，甚至可原地打转。　　（于文斌）

自行架设式塔式起重机　self-erecting tower crane

　　依靠自身的驱动装置，进行立（倒）塔和伸（收）起重臂等动作，使之处于起重作业或运输状态的塔式起重机。降低了使用成本，缩短了投入使用的准备时间，特别适用于城乡房屋建筑工程。
　　　　　　　　　　　　　　　　　（李恒涛）

自行式铲运机　self-propelled scraper

　　靠自身的动力装置驱动行走机构进行作业的铲运机。一般采用轮胎式行走装置。由牵引车、斗车和牵引铰接装置等组成。斗车通过牵引铰接装置与牵引车相连，允许两者相对转动，以实现转向和保证铲运机在不平地面行驶时四轮着地。按发动机数分为单发动机式和双发动机式。前者仅前轴为驱动桥，后者则为多轴驱动，提高了牵引性能。按轴数可分为两轴式和三轴式。两轴式以专用单轴牵引车为动力，三轴式以专用双轴牵引车为动力。与拖式铲运机相比，具有牵引性能好，通过能力高，运行速度快，运距长和生产率高等优点。铲斗容量最大达 40m³，合理运距为 500～5000m。　　（黄锡朋）

自行式粉料撒布机　self-propelled spread for powdered material

　　料箱和撒布装置安装在专用底盘或用其他工程机械改装的底盘上，边行走边撒布粉料的粉料撒布机。其组成装置主要有：料箱、输送装置、传动系统、计量系统和专用底盘等。　　（董苏华）

自行式犁扬机　self-propelled elevating grader

　　具有行走机构，可以自己运移的犁扬机。行走装置为轮式，机动性好。　　（曹善华）

自行式沥青混凝土摊铺机　self-propelled asphalt paver

　　具有履带行走装置或轮胎行走装置的沥青混凝土摊铺机。两者的工作装置与操纵机构均雷同。履带行走装置对地面的附着力较大，且对路基的凹凸不平有所补偿，使铺层较平，但不能长途转移工地。轮胎行走装置为了不致因受料斗载荷的变动引起轮胎变形量的变化而影响铺层的平整，故采用实心轮胎。　　（章成器）

自行式沥青喷洒机　self-propelled asphalt distributor

　　又称汽车式沥青喷洒机、沥青洒布车。依靠自身动力移动的沥青喷洒机。沥青罐、沥青泵、加热系统和喷洒系统等全部装置均装在一辆载重汽车底盘上，能在行驶中将热沥青液均匀地喷洒在碎石铺层

上。　　　　　　　　　　　　（章成器）

自行式平地机　self-propelled grader, autograd-er

又称自动平地机。依靠自身动力移动的平地机。由行走装置、刮刀、车架、发动机、操纵机构等组成。分双轴四轮和三轴六轮两种。常用者为三轴六轮式，其后桥为两轴四轮，装有平衡器，使各轮受力均衡，前桥为单轴双轮，装有差速器，以利转向。刮刀通过两个托架装在转环下，转环可以转动，以调节刮刀在水平面上的位置，转环两侧分别装有升降液压缸，悬挂于主架，还装有倾斜液压缸与转环相连，利用三个液压缸的配合动作，可使刮刀升降、倾斜和侧移。刮刀末端还可用螺栓加装接长刀或刮沟刀，后者用以开挖边沟。刮刀前方常装有松土耙，作业时，耙松坚实地面，以便刮刀平整。当前多采用全轮驱动、全轮转向、铰接车架等新技术，以提高机械的灵活性和运行性能，并重视提高机械工作平稳性。今后的发展趋向是采用轮胎充气压力调节技术，利用激光校正仪保证作业面的平整度和精确度。

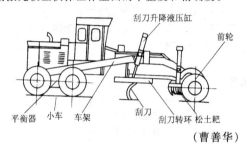

刮刀升降液压缸　前轮　平衡器　小车　车架　刮刀　刮刀转环　松土耙

　　　　　　　　　　　　（曹善华）

自行式起重机　mobile crane

又称自行式动臂起重机。无需轨道，利用本身动力驱动行驶装置，即能在陆地上自由转移或吊重行走的运行式回转起重机。分为轮胎式起重机和履带式起重机。由于机动性好，转移作业场地时一般也不需要拆卸或安装，因此得到广泛应用。　　（顾迪民）

自行式塔式起重机　travelling tower crane

能依靠自身的行走机构行走的塔式起重机。按行走装置型式不同分为轨道式、轮胎式、汽车式和履带式。工作状态下在工作现场可围绕作业目标作水平移动，以扩大作业范围，还可在邻近作业目标之间短距离整体转移，适于建筑物较多、较分散的大面积建筑工地。　　　　　　　　（孟晓平）

自行式稳定土搅拌机　self-propelled pulvi-mixer

能独立驱动全部作业和行驶的路拌式稳定土搅拌机。工作装置是前后两个转筒松土器，前转筒装有刚性刀刃，用以粗碎土壤；后转筒装有弹性刀铲，用以细碎土壤。前转筒前部装有带旋转量配器的水泥料斗，沿路面宽度方向布置有螺旋布料器，还有沥青泵、沥青喷洒器、水泵、洒水管，用以量配沥青和水。工作机构由液压缸升降，机械驶过时，将处治路段的泥土松碎，然后与水、水泥拌和，或与沥青液拌和，或与其他液态掺合料拌和。　　（章成器）

自行式压路机　self-propelled roller, roller

自身具有行走机构的压路机。由动力装置、传动系统和碾轮等组成。按动力传动方式，有机械式、液力机械式和

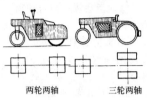

两轮两轴　　三轮两轴

液压式等，新型压路机多采用液压和液力机械两种传动方式；按照轮数和轴数，有两轮两轴，三轮两轴，三轮三轴等。具有结构质量轻，机动灵活等优点，但是，机械通过能力较差，主要用于道路和机场建筑工程。
　　　　　　　　　　　　（曹善华）

自行式支承底盘　self-propelled chassis

以自备动力设备驱动装修升降平台行走机构进行工作位置移动或转场的支承底盘。多为载重汽车底盘或电瓶动力的专用底盘。　　（张立强）

自行式钻车　self-propelled jumbo(drill wagon)

见凿岩钻车(335页)。

自移振动平板夯　self-propelled vibratory plate compacter

依靠激振器激振力的水平分力，作业时自动移位的振动平板夯。多采用偏心块定向激振器，激振力的方向必须与地面成一倾角，此时，激振力水平分力克服机械与地面的移动阻力而移位。也有装有两个对称布置的激振器的平板夯，调整两个激振器的位置，机械可沿弧线移动或原地不动。移动方便，适于在非粘性土壤上作业。　　　　　（曹善华）

自由出草　free discharge grass

剪草机剪下的草无导向或不予收集。
　　　　　　　　　　　　（胡　漪）

自由度　degree of freedom

机构中各杆件各自可以产生的运动形式及数量。从直观分析，任何一个杆件在空间皆可以沿 x、y、z 轴移动及绕 x、y、z 轴转动，共有六种运动的可能性，也就是有六个自由度。

如果为平面机构时，则将消去两个转动及一个移动，而仅有两个移动及一个转动，即为三个自由度。　　　　　　　　　　（田维铎）

自转内管　rotation inner pipe

以自转运动的方式带动搅拌翼和前端刀头将土壤切削成槽孔状的复合式搅拌桩机的部件。

　　　　　　　　　　　　（赵伟民）

zong

综合摆颚式破碎机 complex swing jaw crusher

整块活动颚板向着卸料口方向作椭圆形轨迹摆动的颚式破碎机。活动颚板上端悬装在偏心轴上，推动肘板的连杆上端也装在同一偏心轴的另一偏心上。作业时，板上各点都作椭圆形轨迹运动，椭圆的长轴方向顺向卸料口，整个颚板能够均匀地贴紧石料，板的下端垂直位移较小，颚板不易磨坏。综合有简摆式和复摆式颚式破碎机的优点，而消除其缺点。破碎质量好，颚板向下搓动，卸料容易。　　　(曹善华)

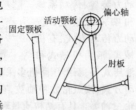
固定颚板　活动颚板　偏心轴　肘板

总功率变量泵 total power variable displacement pump

通过总功率调节器使两台泵各自使用功率之和等于发动机有效功率的变量泵。分为机械联系和液压联系两种类型。机械联系是用连杆将两台泵的变量机构连接在一起，共用一个功率调节器；液压联系是每个泵各有功率调节器，两者间用液压油路连接。　　　(刘绍华)

总排量 engine displacement

多缸内燃机全部气缸的工作容积之和。用符号 $V_H(L)$ 表示。　　　(陆耀祖)

总起升高度 total lifting height

又称起升范围。起重机的取物装置上下极限位置之间的距离。等于起升高度和起重钩下放深度之和。单位 m。由起升机构卷筒的钢丝绳容量决定。　　　(李恒涛)

总起重量 total suspended load

起重机能吊起的重物或物料和取物装置质量的总和。是起重机某些部件如起升机构、起重臂等设计计算的计算载荷。对移动式起重机，是起重机起重能力的特征数据。　　　(曹仲梅)

纵挖式多斗挖掘机 longitudinal-excavating continuous excavator

见挖沟机(282 页)。

纵向行驶稳定性 longitudinal stability on travel

自行式机械沿行驶方向，抵抗转向失灵或上坡打滑的能力。当转向轮或驱动轮出现对路面的法向力为零时，自行式机械失去了转向和牵引能力，出现失稳。常以行驶稳定条件来保证机械正常行驶。条件为：自行式机械重心到后轮轴的距离 L_2 与机械

的重心高度 h_g 之比大于 φ；φ 为随轮胎花纹、气压和路面而异的附着系数。　　　(李恒涛)

ZU

阻力轮式钢筋冷拉机 resistance wheel type steel bar cold-drawing machine

由阻力轮控制钢筋冷拉率的钢筋冷拉机械。工作时，电动机经减速机带动绞轮以大约 40m/min 的线速度旋转。钢筋通过 4 个(或 6 个)阻力轮后缠绕在铰轮上，绞轮转动拖动钢筋前进而实现冷拉。阻力轮中有一个是可调的，用以控制冷拉率。主要用于冷拉直径 6mm 和 8mm 的盘圆钢筋，冷拉率为 6% ~ 8%。工艺设备和操作人员少，布局紧凑，并可直接与调直机配合使用，对钢筋进行冷拉、调直和剪断。

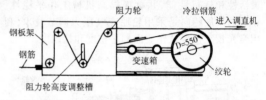
钢板架　钢筋　阻力轮　冷拉钢筋　进入调直机　变速箱　绞轮　阻力轮高度调整槽　D=550

(罗汝先)

阻尼 damping

在振动系统中表示能量消耗特性。阻尼与系统的固有频率决定了频响特性。如光线振子示波器，当振子的阻尼 $\beta = 0.7$ 时，其频响特性最佳。
　　　(朱发美)

阻尼器 damper, attenuator

在突然加载或卸载时，用来消减系统中振动的装置。　　　(曹善华)

阻尼振动 damping vibration

受有阻力的振动系统，因阻力作用造成能量损失而使振幅逐渐减小的振动。如振动压路机因机重阻尼而逐渐减小振幅，单摆因受空气阻力而振幅逐渐衰减，均属阻尼振动。　　　(曹善华)

组合动臂 combined boom

反铲液压挖掘机上由上臂、下臂、螺栓、连杆或液压缸连接组成的动臂。多为弯臂，通过螺孔位置的改变或连杆与液压缸长度的调节，可以改变动臂的弯角和长度。　　　(曹善华)

组合钎 combination drill steel

钎尾、钎杆为一整体，钎头(钻头)为另一体，相互用反扣螺纹联接组合的凿岩钎。钻头磨损后可卸下更换。　　　(茅承觉)

组合式滚压器 combined wall-face rolling press

在墙面上滚压出宽窄、疏密、凹凸各不相同的清

晰美观、富有立体感条形纹样的墙面装饰的手持机具。主要有主滚压器、角向滚压器和嵌条滚压器三种类型。由滚动压模、刚性支架、连接片和手柄等组成。花纹组合形式可以灵活多变,根据需要将配备的多种单元花饰套圈进行排列组合,每一种排列组合就是一个条形花饰品种,从而使不同的工程具有各自的墙面装饰艺术特色。施工效率高,材料损耗少,操作简便。 (王广勋)

组合式集装箱吊具 built-up spreader

又称可更换式吊具。通过可更换的吊具来吊运集装箱长度为6.1m[20英尺(ICC)]或12.2m[40英尺(IAA)]的集装箱吊具。有子母式和主从式两种。子母式具有作为母体的主横梁,动力装在这个共用的主横梁上,根据不同的集装箱尺寸,可换成6.1m或12.2m的下框架,吊具总重量较轻。主从式吊具是在6.1m集装箱用的主吊具下带一个12.2m集装箱用的吊具框架,动力部分装设在6.1m吊具上,当吊装6.1m箱时,可卸下12.2m的框架。吊具总重较重。比固定式集装箱吊具适用范围大。 (曹仲梅)

组合式射钉枪 combinative nail gun

通过铰接件将枪管和引发装置相连,并能根据要求进行折合的射钉枪。 (迟大华)

组合式压路机 combination roller

具有一个振动碾轮和三个以上并联充气轮胎的压路机。振动碾轮为驱动轮。兼有振动压实和轮胎碾压的双重优点,压实质量好。作业以后地面平整。 (曹善华)

组合式钻臂 combination drill boom

凿岩钻车中由主臂和副臂组成的钻臂。 (茅承觉)

组装立塔 assembly erection

将非自行架设式塔式起重机拆装运输的部件,按规定程序组装成为工作状态的整机的方法。立塔时需使用其他吊装设备(常用汽车起重机)。立塔时间长,费用高。 (谢耀庭)

zuan

钻臂 drill boom

又称支臂、钻车机械手。凿岩钻车上用以支撑凿岩机按规定炮孔位置打眼,并给予凿岩机一定推进力的主要工作机构。大多由主臂、副臂、回转支座、托架、液压缸和液压系统等组成。除用于凿岩之外,还可用以提举重物,如组装拱形支架、装药等。按臂的数目分为:单臂、双臂、三臂和多臂;按自动平移装置形式分为:垂直升降式、剪切式、平行诱导式、随动液压缸式和相似三角形式。

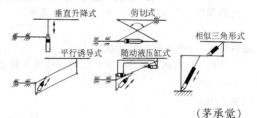

(茅承觉)

钻臂副臂 sub-boom

又称横臂。凿岩钻车钻臂中主臂前端的臂。悬出端装有托架,凿岩机及其导轨即安装其上。托架在垂直平面内的摆动藉副臂回转来实现。 (茅承觉)

钻臂回转机构 drill boom rotation mechanism

凿岩钻车中使钻臂回转的机构。在全回转式钻臂中能使钻臂围绕回转机构主轴旋转360°,又能使钻臂作往复摆动,以增加凿岩机的钻凿范围。回转机构有液压缸齿条齿轮式、曲柄式、螺旋副式三种。 (茅承觉)

钻臂弯臂 curved boom

弯形的钻臂主臂。凿岩钻车的回转式钻臂变幅机构中,为了避免凿岩死区,而把主臂弯成折线型,使凿岩机中心线尽量与主臂回转中心线相重合。 (茅承觉)

钻臂主臂 main drill boom

又称钻臂架、钻臂体。凿岩钻车组合式钻臂中支持副臂的主体部分。断面有圆形、矩形等。采用圆钢管、方钢管和钢板等焊制成箱形或管形结构,也有为了使钻臂受力更加合理采用变断面的。 (茅承觉)

钻床 drilling machine

主要用钻头对工件进行钻孔的机床。工件固定不动,钻头一面旋转,一面作给进运动。最常用的有立式钻床、摇臂钻床、台式钻床等。在钻床上还可扩孔、铰孔、攻丝、锪孔和锪凸台等。 (方鹤龄)

钻斗 drilling bucket

见回转斗(119页)。

钻杆 drill rod

为钻头传递扭矩的直杆。由钢管制成,也有横截面为方形的方钻杆。具有片状螺旋叶片的钻杆称为螺旋钻杆,钻头切削下来的土可沿着螺旋叶片向上运动。按改变长度的方法不同可分为伸缩式钻杆和分段接入式钻杆。 (王琦石)

钻杆长度 length of drill rod

钻杆与动力装置连接的法兰起至钻头定心尖的最大长度。为螺旋钻孔机参数之一。 (王琦石)

钻杆导向支架 screw holder

可沿桩架的立柱导轨上下滑动或固定,为钻具导向的部件。有滑动导向支架、固定导向支架。

（赵伟民）

钻杆转速　rod rotation speed

钻杆单位时间的转速。为钻孔机的性能参数之一。　　　　　　　　　　（王琦石）

钻花　drill bit

见钻头。

钻架　drill rig

根据钻孔设计要求可将凿岩机调整到所需位置及角度的支承设备。以柱或气顶或支撑臂支撑在岩面上。常用的可分为凿岩柱架、台架和吊架三类。柱架有单柱和双柱两种;台架为圆盘式;吊架有伞式和环式两种。　　　　　　　　　　（茅承觉）

钻进速度　drilling rate

钻头单位时间内钻进的深度。为钻孔机的性能参数之一。　　　　　　　　　　（王琦石）

钻进型回转斗　drilling bucket

斗底装有切土刀和开底机构的回转斗。多用于一般土壤的施工。

（孙景武　赵伟民）

钻进转速　rotation speed for drilling

短螺旋钻孔机向下钻进时钻头单位时间的转数。由于短螺旋钻孔机不靠离心力向上输土,要求把较多的土堆积在叶片上,所以钻进转速都选在临界转速以下。临界转速即钻头切削下来的土块有沿螺旋叶片向上运动趋势时的螺旋叶片的转速。

（王琦石）

钻具　rig

钻孔机械中钻穿土岩的主要工作装置。由动力装置、减速器、钻杆和钻头组成。长螺旋钻孔机大都采用电力驱动,因为电动机适合在满载的工况下运转,同时具有较好的过载保护装置。减速器大都采用立式行星减速器。短螺旋钻孔机亦有采用液压马达驱动的。　　　　　　　　　　（王琦石）

钻具额定扭矩　driving torque of rig

钻具工作时所需的扭矩。为钻孔机性能参数之一。　　　　　　　　　　（王琦石）

钻孔机械　boring machine

又称打孔机。利用刀轴旋转运动切削木材而产生圆孔、方孔或开槽的木工工具和木工机械。分为手工钻与木工钻床两类。　　　　　　　（丁玉兰）

钻扩机　drilling and reaming boring machine

施工扩桩孔所用既可钻孔又可对孔底进行扩大的成孔机械。其中双管双螺旋钻扩机具有钻进与扩孔合一,钻进与排土同时连续进行,孔形合理规则等优点。钻杆和钻头是由两根并列的钢管组成。在钢管内各有一根向上输土的螺旋叶片轴。以两根并列钢管为钻杆的下端铰接两根刀管,刀管下端装有钻孔刀刃,侧面装有扩孔刀刃。钻孔时两刀管并拢,钻孔刀旋转切土。扩孔时两刀管张开,扩孔刀旋转切土。管内螺旋叶片轴高速旋转向上输土。

（王琦石）

钻头　drill, drill bit, bit

①用以在实体材料上钻削通孔或盲孔,并能对已有的孔进行扩孔的刀具。常用的钻头为麻花钻,主要由工作部分和柄部组成,工作部分有两条对称的螺旋槽,形似麻花,因而得名。除麻花钻外,还有扩孔钻、锪钻、中心钻、深孔钻和套料钻等。

②又称钎头,俗称钻花。装在钻杆或潜孔冲击器前端,传递能量,直接破碎土岩的刃具。在凿岩机具上,整体钎的钎头磨损后须整体运回修钎厂修整淬火后再用;组合钎的活动钻头用优质钢或镶嵌硬质合金刃片,根据钻凿岩石特性不同,刃片有一字形、十字形和六角星形等几种。在桩工机械的螺旋钻孔机上,常用的是一块扇形钢板,通过接头装在钻杆上,在扇形钢板的端部装有切削刃。在前端装有定心尖起导向定位作用,防止钻孔歪斜。在钻软土或冻土时效果较好。但在某些杂填土地区则须用特殊形式的,如耙式钻头、筒式钻头或形状象笼子的笼式钻头。

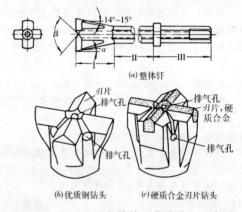

(a)整体钎

(b)优质钢钻头　　　(c)硬质合金刃片钻头

（方鹤龄　茅承觉　王琦石）

钻头自转转速　bit rotation speed

钻头单位时间内绕自身轴线的转数。为钻孔机的性能参数之一。　　　　　　　（王琦石）

zui

最大拔桩力　maximum extracting force on pile

静力压拔桩机所允许的一次拔出桩数的拉力之和。　　　　　　　　　　（赵伟民）

最大成孔深度　maximum drilling depth

停机面以下钻头切削所达到的最大深度。

（王琦石）

最大额定起重量 maximum rated load (capacity)

起重机处于最小幅度时，允许起吊重物的最大质量。对于汽车、轮胎起重机包括起重钩的质量。是标志起重机名义上最大起重能力的设计参数。

（李恒涛）

最大幅度额定起重量 rated capacity under maximum radius

在确定的工况下，起重机最大幅度时起升重物的最大质量。对于汽车、轮胎起重机，包括起重钩的质量。是表明起重机能力的一个指标。

（李恒涛）

最大工作幅度 maximum operation radius

又称最大工作半径。起重机起升额定起重量时的最大起重幅度。　　　　　（李恒涛）

最大功率 maximum horsepower

内燃机允许在短时间内稳定运转的最大功率 N_{max}(kW)。一般不是指标定功率所允许连续运转时的"最大有效功率"，而是比标定功率要大，但小于内燃机的极限功率。是内燃机的动力性指标之一。

（陆耀祖）

最大混凝土载重量 maximum concrete loadage

混凝土搅拌输送车能装载和运输的预拌混凝土的最大质量。单位为 kg。输送车在此载重量下在坡度为 14% 的路面上，出料口面对下坡方向时能够搅动而不发生混凝土拌和料外溢。　（蔺万亮）

最大扩孔直径 maximum diameter of enlarged bore

扩孔时能达到的最大直径。为钻扩机、扩孔机的性能参数之一。　　　　　（王琦石）

最大扭矩转速 maximum torque speed

内燃机全负荷速度特性（亦称外特性）上最大扭矩点所对应的转速 n_{Mmax}(r/min)。　（陆耀祖）

最大起升高度 maximum lifting height

动臂起重机起重臂为最长并处于最大仰角位置时，起重机支承面到取物装置允许最高位置之间的垂直距离。对起重钩和货叉从其支承面算起；对其他取物装置从其最低点算起。　（李恒涛）

最大压桩力 maximum pressure on pile

静力压拔桩机所允许的一次压入桩数的压力之和。　　　　　　　　　　　（赵伟民）

最佳压实深度 optimal rolling depth

压路碾以最小的机械功消耗和最大的滚压生产率情况下，碾压料层（或土壤）能够达到所需要密实度时的压层厚度。与碾轮的质量和直径，以及物料

性质有关。　　　　　　　　　　　（曹善华）

最少齿数 minimal number of teeth

为不发生根切现象对标准齿轮所允许的最小值。对于非变位的标准直齿轮其最小值为 17 个。

（苑 舟）

最小工作幅度 minimum operation radius

又称最小工作半径。起重机起升最大额定起重量时的起重幅度。在汽车、轮胎起重机的基本参数系列中，规定了最小工作幅度值。　（李恒涛）

最小贯入度 minimum penetration of pile

贯入度的最小值。规定小于该贯入度时应停止锤击。　　　　　　　　　　（王琦石）

最小路边石半径 minimum radius of curb clearsance circle

轮胎式工程机械贴着高 0.15m 的路边石所围绕的路面行驶转向时，路边石侧表面的最小曲率半径。为工程机械的最小转向半径加轮胎与地面接触面横向宽度的二分之一。　　　（田维铎）

最小转向半径 minimum turning radius

工程机械以最低的速度行驶，转向机构于其极限位置时的转弯半径。对于履带式工程机械，为履带压痕最外侧的轨迹；对于轮胎式工程机械，为其外侧转向轮与地面接触面中心轨迹的曲率半径；对于轨道式工程机械，为其行走轮不产生卡轨现象时，内侧轨道中线的曲率半径。　　　（田维铎）

最小转向通过半径 minimum radius of clearance circle

当工程机械以最小转向半径转向时，机械上最外侧一点轨迹的曲率半径。　　　（田维铎）

最小转向压痕宽度 turning track

轮胎式工程机械以最小转向半径转向时，最外侧轮胎与最内侧轮胎对地面接触中心线间的径向距离。对于履带式工程机械，为其外侧履带对地面压痕内边界之间的径向距离。　　　（田维铎）

最终传动 ultimate transmission

传动系统中最后一级增加扭矩减低速度的机构。轮式机构最终传动一般采用行星齿轮传动。其优点是以较小的轮廓尺寸获得较大的传动比，可以布置在车轮轮毂内部，而不增加机械外形尺寸。

（陈宜通）

ZUO

作用次数 number of action

液压泵（或马达）的转子旋转一周所完成的吸排油工作循环数。　　　　　　（嵩继昌）

作用辐角 amplitude of distribution

内曲线液压马达一个完整的导轨曲面所占有的中心角。柱塞的滚轮沿此曲面滚过后完成一个吸排油工作循环。可用下式表示：

$$2\varphi_x = \frac{2\pi}{x}$$

φ_x 为半个曲面的作用辐角，x 为马达作用次数。

(嵩继昌)

坐标镗床 jig boring machine

具有精密坐标定位装置，用于加工高精度孔或孔系的镗床。也可进行钻孔、扩孔、铰孔、铣削、精密划线和刻线等工作，还可作孔距和轮廓尺寸的精密测量。适用于在工具车间加工钻模、镗模和量具等，也用在生产车间加工精密工件，是一种用途较广的高精度机床。有单柱、双柱和卧式等类型。 (方鹤龄)

外文字母·数字

F 型塑料压延机 F-type calender

两个辊筒水平并列，其余辊筒仍为上下直线排列的塑料压延机。与 I 型相比，机器高度减小，加料方便，但仍存在 I 型的缺点。

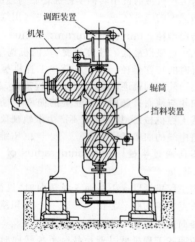

调距装置
机架
辊筒
挡料装置

(丁玉兰)

H 式支腿 H-type outrigger

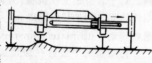

在垂直于起重机纵向轴线平面内呈 H 型的起重机支腿。由固定于车架上的箱形固定套、外伸箱形梁、销轴、支脚和液压缸组成。当起重机作业时，水平液压缸带动外伸箱形梁外伸，位于梁端的垂直液压缸的活塞杆带动支脚下移，支承在地面上抬起起重机。工作结束时，液压缸回缩使支腿处于运输状态。收放迅速、支腿跨距大。多用于中型和大型起重机上。 (李恒涛)

I 型塑料压延机 I-type calender

全部辊筒呈上下一直线排列的塑料压延机。由于物料顶开辊筒的作用，使所有辊筒的变形都近乎在垂直平面内，互相干扰。因速度、物料、辊温和进口存料量等因素的变化，辊筒变型也在变化，使辊道间隙大小不稳定，直接影响制品质量。 (丁玉兰)

JM 型锚具 JM type anchor device

锚环
夹片
钢筋束

利用锚环和夹片的锥面产生的楔紧作用锚固预应力筋的后张法锚具。夹片呈扇形，两侧有半圆槽、预应力筋就锚夹在其中。为增加夹片与预应力筋之间的摩擦力，在半圆槽内刻有截面为梯形的齿。锚环分甲型和乙型两种。甲型锚环为具有锥形内孔的圆柱体，外形比较简单，使用时直接放置在构件端部的垫板上。乙型锚环在圆柱体外部增添正方形肋板，使用时将锚环预埋在构件端部，不另放置垫板。目前工地常使用甲型锚环，因其加工和使用较为方便。适用于锚固 3～6 根直径为 12mm 的 II、III、IV 级钢筋组成的钢筋束，或 4～6 ϕ12 钢绞线束。配套使用的张拉设备为穿心式千斤顶。锚固性能好，操作方便，但制造精度要求高。 (向文寿)

KT-Z 型锚具 KT-Z type anchor device

锚环
锚塞

又称可锻铸铁锥形锚具。利用锚环和锚塞的锥面产生的楔紧作用锚固预应力筋的后张法锚具。适用于锚固 3～6 根直径为 12mm 的螺纹钢筋组成的钢筋束或相同直径的钢绞线束。当用来锚固螺纹钢筋束时，宜采用锥锚式双作用千斤顶；锚固钢绞线束时，宜采用穿心式千斤顶。 (向文寿)

MPS 辊式磨 MPS-mill

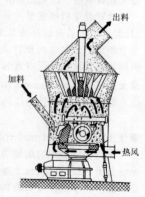

出料
加料
热风

用轮胎形磨辊与转动磨盘研磨物料的辊式磨机。由德国普费佛(pfeiffer)公司制造。液压气动预应力弹簧系统将三个轮胎形磨辊压在带沟槽的转动磨盘上。烘干用热风通过绕磨盘的一圈风嘴吹入磨内,并把物料带入上部分离器内分级,粗粉返回磨盘重磨,细粉排出机外用收尘设备捕集为产品。特点是粉磨区自由横截面大,磨内压力降低,可利用窑尾热废气,如配以辅助热风炉,可将原料初始含水量18%烘干至0.7%。用于粉磨兼烘干原料及煤粉。　　　　　　　　(陆厚根)

QM 型锚具　　QM type anchor device

利用锚板上的直锚孔和夹片的锥面产生的楔紧作用锚固钢绞线束的后张法锚具。其锚孔中心线与锚板中心线平行,锚板顶面是平的,夹片垂直开缝,需有喇叭形铸铁垫板、弹簧圈和波纹管与之配套。适用于锚固4～31φ12 和 3～19φ15 钢绞线束。配套使用的张拉设备为具有大口径穿心孔的 YCQ 型穿心式千斤顶。

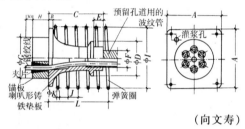

　　　　　　　　　　　　　　　　　　(向文寿)

S 型塑料压延机　　S-type calender

辊筒呈 S 型排列的塑料压延机。保留 Z 型的优点,克服 Z 型的缺点。新型的四辊压延机以采用 S 型居多。　　　　　　　　　　　　　(丁玉兰)

T 形支撑　　T-gripper

由三个单支撑组成 T 形的掘进机支撑机构。在掘进机上有两组,可以连续掘进,利用一组支撑撑紧洞壁进行掘进的同时,另一组支撑缩回并完成更换行程工作。

　　　　　　　　　　　　　　　　　　(茅承觉)

U 形沥青加热火管　　U type fire tube for asphalt

伸入沥青罐内腔下半部,出口接烟囱的两根 U 形管。将喷入管内的火焰热量传给罐内的沥青。

　　　　　　　　　　外文字母·数字
　　　　　　　　　　　　　　　　　　(章成器)

V 形铲斗　　V bucket

断面呈 V 形的成型挖沟铲斗。不带斗齿,有侧刃。用于开挖边沟。　　　　　　　　(刘希平)

V 型内燃机　　V-engine

具有两个或两列气缸,其中心线夹角小于180°呈 V 形布置,通过一根曲轴输出功率的内燃机。八缸及八缸以上的内燃机气缸多采用 V 形布置。这样虽然增加了气缸列数而使内燃机的宽度增加,但内燃机的高度和长度都大为减小,不仅可使内燃机

结构紧凑,而且使机体、曲轴、凸轮轴和连杆的结构刚度增大,平衡性良好。　　　　　(陆耀祖)

V 型摊铺板　　V-paving blade

石料摊铺机中将卸于路基上的石料向两边摊开的刮板。　　　　　　　　　　　　(倪寿璋)

XM 型锚具　　XM type anchor device

利用锚板上的斜锚孔和夹片的锥面产生的楔紧作用锚固钢绞线束的后张法锚具。锚板上的锥形斜锚孔沿圆周排列,中心线不与锚板中心线平行,倾角1:20。锚板顶面垂直于锚孔中心线,以利夹片均匀塞入。夹片为三片式,按120°均分的开缝沿轴向有偏转角。偏转角的方向与钢绞线的扭角相反。既是工作锚,也是工具锚。由于每根钢绞线是分别锚固的,因此任何一根钢绞线的锚固失效(如钢绞线拉断、夹片碎裂),不会引起整束锚固失效。适用于锚固 1～12φ15 钢绞线束。配套使用的张拉设备为具有大口径穿心孔的 YCD 型穿心式千斤顶。

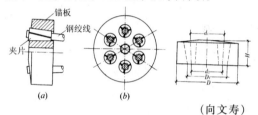

　　　　　　　　　　　　　　　　　　(向文寿)

X 式支腿　　X-type outrigger

在起重机纵向轴线的垂直平面内,左右两支腿呈 X 型配置的起重机支腿。由固定箱形套、外伸箱形梁、液压缸、支脚和销轴等组成。

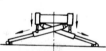

当外伸液压缸外伸时,带动外伸箱形梁沿固定箱形套外伸增加支腿长度。垂直液压缸外伸时,使支腿绕铰接点向下转动支脚落地,并支承在地面上。当液压缸回缩时,支腿收回呈运输状态。具有支腿受力状态好,支腿下放时支脚有水平位移,支腿在车架下交叉配置,起重机的离地间隙小等特点。　　　(李恒涛)

X 形支撑　　X-gripper

俗称对角支撑、四角支撑。由 4 个对角分布的单支撑组成的掘进机支撑机构。在掘进机上有两组,每个单支撑均可被单独操纵,以达到在换行程时进行调向、调坡和扭正机身的目的。为不影响刀具与铲斗作业,在掘进时不能进行调整。

　　　　　　　　　　　　　　　　　　(茅承觉)

Z 型塑料压延机　　Z-type calender

辊筒呈 Z 型排列的塑料压延机。与 F 型相比,有利于提高制品精度,加料和辊筒拆装、维修方便。因辊距较小,不便设置附属装置。　　　(丁玉兰)

Π 形立柱导轨　　Π type guide-way of leader

断面呈Ⅱ形,使外抱式导向装置在其外侧上下滑动,为桩锤或钻具导向的立柱导轨。

（赵伟民）

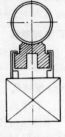

Ⅱ形立柱导轨

Ⅰ类载荷组合　load combination Ⅰ

只考虑基本载荷的载荷组合。主要有自重载荷、起升载荷和惯性载荷。用来计算起重机传动件的疲劳、磨损和发热等。　　　（李恒涛）

Ⅱ类载荷组合　load combination Ⅱ

考虑基本载荷与附加载荷的载荷组合。用来计算起重机传动件的强度、金属结构件的强度及稳定和整机抗倾覆稳定性等。　　（李恒涛）

Ⅲ类载荷组合　load combination Ⅲ

考虑基本载荷与特殊载荷的载荷组合。用来验算起重机传动零件、金属结构件的强度和非工作状态下整机的抗倾覆稳定性。　　（李恒涛）

词目汉语拼音索引

说　　明

一、本索引供读者按词目汉语拼音序次查检词条。

二、词目的又称、旧称、俗称、简称等，按一般词目排列，但页码用圆括号括起，如(1)、(9)。

三、外文、数字开头的词目按外文字母与数字大小列于本索引末尾。

409

yi

外文字母·数字

词目汉字笔画索引

说　明

一、本索引供读者按词目的汉字笔画查检词条。

二、词目按首字笔画数序次排列；笔画数相同者按起笔笔形，横、竖、撇、点、折的序次排列，首字相同者按次字排列，次字相同者按第三字排列，余类推。

三、词目的又称、旧称、俗称简称等，按一般词目排列，但页码用圆括号括起，如(1)、(9)。

四、外文、数字开头的词目按外文字母与数字大小列于本索引的末尾。

十六画

词目英文索引